U0359220

陟彼梅岭四部曲

南昌市湾里管理局
文学艺术界联合会 ◎ 主编

龚家凤 ◎ 著

梅岭草木

中国旅游出版社

序

南昌地处赣抚平原，水网密布，唯西北方向有山，翠插云霄，是为梅岭。梅岭，又名洪崖山、西山、飞鸿山、散原山。山中风光秀丽，名胜众多，文化蕴藉深厚。陟彼梅岭四部曲发掘整理梅岭地方文化，对促进生态保护和文旅产业发展具有重要现实意义。陟彼梅岭四部曲作者龚家凤生于斯长于斯，对研究梅岭地方文化抱有极高热忱，数十年如一日行走山间，体察入微，用情至深。此前，他已有多部有关梅岭著作出版，为我们深入认识梅岭打开了一扇窗。现在又有陟彼梅岭四部曲问世，实在令人欣喜。四部曲包括《梅岭览胜》《梅岭民俗》《梅岭草木》《梅岭动物》。

梅岭为山，贵在滨江近城，人类活动频繁，至少在汉代便已成为一座文化名山。山中长期生活着原住居民，同时隐逸高士、游客和佛道信徒纷至沓来，各种文化现象层累交织，蔚为大观，成为南昌的文化聚宝盆。总的来看，梅岭至少从三个方面给人以深刻印象：

一是风景游赏胜地。梅岭在赣抚平原边缘地带异峰突起，势如天外飞来，其主峰罗汉峰更是整个南昌地区的制高点，十分引人瞩目。天气晴好时，人们在南昌城登临滕王阁，或舟行江上，均可远眺梅岭。梅岭山势嵯峨，群峰竞秀，进入山中寻幽访古，或登顶览胜则更为快意。古豫章十景中，梅岭占其二，分别是“西山挹翠”和“洪崖丹井”，一为山之远景，一为山中名胜。进山游览线路通常是乘船渡赣江，由天宁寺经鸾岗、鸾陂至翠

岩寺、洪崖丹井、乌井至洗药湖；或由铜源峡经香城寺、云峰寺至洗药湖；或由妙济桥、落马岭、梅岭镇至太平镇再至洗药湖。现在许多地名已发生变化，但三条登山线路大致相同，即我们常说的中线、南线和北线。历代到访梅岭的文人墨客络绎不绝，张九龄、欧阳修、曾巩、黄庭坚、岳飞、周必大、张位等文化名流有300多位，他们来到梅岭，诗兴勃发，留下古文188篇、诗词1450首。与之相关的历史古迹和摩崖石刻也不少，如张九龄之风雨池、欧阳修之天下第八泉、留元刚之摩崖石刻，凡此种种，文化的层累无疑使梅岭更具有魅力，引得更多人接踵而至。

二是高士隐逸秘境。梅岭，出则城，进则山，既可远离喧嚣，又可洞观天下，是高士退隐的理想之地。梅岭有记载的第一位隐士当属黄帝的乐臣伶伦先生。相传他在洪崖山掘井炼丹，世称洪崖先生，故南昌又称洪州。他在山中断竹而吹，又从凤凰鸣叫声中获得灵感，创制十二音律，被后世尊为“乐祖”，梅岭便成为中国古典音律的发祥地。此后，历代来梅岭隐逸的高士众多，汉有罗珠、梅福，唐有施肩吾、陈陶、贯休、齐己、欧阳持，宋有刘顺，明有张位、徐世溥、陈弘绪，等等。这些隐逸高士在山中悠游唱和，使梅岭更具有文化魅力和神秘色彩。其中，汉代罗珠重点值得一提。罗珠是西汉开国功臣，曾任治粟内史，后出守九江郡，奉命筑南昌城，晚年辞官隐居洪崖山，自号罗汉。罗珠是南昌城的建造者，也是当今1500多万罗氏后人的始祖，南昌罗家集、罗亭镇因其后裔聚居而得名。梅岭与罗珠相关的地名、物名众多，如罗汉峰、罗汉坛、罗汉坡、罗汉祠、罗汉松、罗汉柏、罗汉茶、罗汉菜均因其得名，可见其对后世的影响深远。罗珠生活的年代比佛教传入中国早约200年，“罗汉”一词因罗珠在当时的南昌已被广泛使用，由此不难推测南昌市井是流传的罗汉文化源头所在。

三是佛道擅场福地。梅岭山水灵秀，更兼水陆交通便利，历史上高僧名道竞相在此开辟道场，是一座宗教名山。据张启予先生统计，梅岭有佛道寺庙观坛多达136处。相比于佛教，道教在梅岭的发展较早且更为兴盛，自古有“神仙会所”之誉。梅岭紫阳宫就是一处道教圣地，最初是祭祀东汉开国

大将邓禹的邓仙坛，后来当地百姓将其与紫阳真人吕洞宾合祀。与之毗邻的罗亭镇名山村，历史上有“九里十八观”之说，可见当年道教发展的盛况。三国时期，著名道士葛玄曾来梅岭传道，留下葛仙台遗迹。西晋许逊在此修炼“拔宅飞升”，“一人得道鸡犬升天”的故事广为流传。唐朝著名道士张蕴在梅岭隐居修道，留下许多传说。在宋代张君房《云笈七签》中梅岭位列第十二小洞天、第三十八福地，这是当时梅岭道教繁盛的最好印证。佛教传入梅岭则略晚，东晋西域僧人昙显得到豫章刺史胡尚的资助，在梅岭修建崇胜院与香城寺。这是梅岭最早的佛教寺院。此后，梅岭先后出现寺庙数十座，“西山八大名刹”最为有名，分别是翠岩寺、香城寺、双岭寺、云峰寺、奉圣寺、安贤寺、六通寺、蟠龙寺。翠岩寺位列八大名刹之首，也是八大名刹中目前唯一存世的。此外，梅岭颇具影响力的寺庙还有天宁寺、云岩禅寺等。宗教在梅岭曾经的繁荣发展，也给这座山平添了几许仙气与禅意，人们游历山中，或许有见山不是山与见山还是山的人生思考。

昔日的梅岭是城外山，今天的梅岭已是城中山。随着南昌加快梅岭揽山入城步伐，梅岭正在成为城市中央公园。前湖快速路、湾里大道、梅岭大道和正在推进建设的西外二环高速、地铁六号线构建完善的大交通网络，使山城融合进程加速，依托梅岭打造高颜值的生态旅游区、高质量的生态经济区、高标准的生态居住区，一幅主客共享的生态福地画卷正在湾里徐徐展开。省委常委、南昌市委书记李红军指出，湾里要保护好梅岭生态，持续提升颜值和品质，坚定走发展生态旅游的道路自信。文化是旅游的灵魂，越是梅岭的就越是世界的。系统发掘整理梅岭地方文化，是助力湾里全域旅游发展，打造旅游目的地的必要之举。

客观来说，当前有关梅岭地方文化的研究还不够深入，既有高度又有深度的力作还不多见。龚家凤利用业余时间，深入梅岭开展田野调查，笔耕不辍数十年，于整理和传承梅岭地方文化功不可没。陟彼梅岭四部曲的出版，是整理研究梅岭地方文化、记录山区自然与社会变迁又一重要成果，确实值得祝贺。

认真读来，这四部曲有两点让人印象深刻：

一是饱含真情。读家凤的书，深刻感受到他对家乡的深情。书中用得最多的词是“我的家乡”。例如，《椿芽树》开篇写道“在我的家乡，只要有屋场，便有椿芽树”。短短一句话，乡情跃然纸上。

二是虚实相间。四部曲从名胜、民俗、草木、动物四个层面系统梳理了梅岭的自然与文化资源，有情感的抒发和主观的推断，更多的是真实记录山中的风景名胜、民俗风情、多样植物和可爱动物。

当然，这四部曲还有一些将来需要继续完善提升的空间。例如，作者在写作的过程中参考了一些文献，但对史料的甄别和考证有待进一步深入，引证严谨性有待加强。同时，部分篇章存在资料信息堆砌感较为明显的问题，去粗取精、去伪存真的工作还要再加强。总体来说，陟彼梅岭四部曲是梅岭地方文化研究的重要阶段性成果。希望家凤再接再厉，再建新功，也希望以此为契机，带动更多热爱梅岭、关心梅岭的文人学者研究梅岭，为建设“生态梅岭，幸福湾里”贡献力量。

目　录

第一卷　木　本

第二卷　草　本

第三卷　藤　本

第一卷　木　本

枫林晚

从我记事起，家乡的山尚是一处未曾开发的原始林带，参天古木，铺天盖地。村上杂生着好些枫树、樟树、松树、檀树、麻栎树……夏日里，整个屋场笼罩在绿绿的、凉森森的氛围之中。远远望去，颇有古风；近处领略，犹如梦境。

这些古树，以枫树居多。村头一排，村后一溜，村中也散落着很多棵。这些树似有神佑，有的因水土流失，其根都露于地表。有的被雷劈得只剩半爿，屹立不倒。《山海经》有言："黄帝杀蚩尤于黎山之丘，弃其械，化为枫树。"怪不得枫树会这样坚韧不拔。

关于枫树的得名，李时珍曾说过，枫树枝弱善摇，故字从风，俗呼香枫。

民谚有云："枫树不下坪，樟树不上岭。"坪指坪下，岭是岭上。此话虽不是绝对，但这种倾向还是比较明显的。

荀子曾说过，树成荫而众鸟息焉。可惜，祖辈没栽梧桐，引不来凤凰，却引来了一群群乌鸦，每棵树上都有十多个老鸦窝，它们长着黑漆漆的羽毛、凶巴巴的长嘴，天刚亮或黄昏时，它们都要呼朋引伴，叫上一通。

我们去山上斫柴，或在田里打猪草，听见乌鸦的叫声，总觉得不吉利，心里瘆得慌，便齐声和乌鸦对唱起来。我们的声音，远远盖过了乌鸦的聒噪。

有一年夏天，乌鸦像喝醉了酒，在树上扑闪着翅膀，纷纷坠落。有一天，我同两个伙计，来到枫树最多的村头，有几只乌鸦在树上凄凉地啼着。我们吆喝了几声，有一只乌鸦受到惊吓，掉了下来。我一步当先，要去看看情况。谁知乌鸦反扑过来，啄住我的衣裳，拍打着翅膀，吓得我逃之夭夭。

然而，就在乌鸦消失后的短短十几年，许多枫树渐渐枯萎而死。村里人怎么也想不明白，千百年来，竟然是这些乌鸦保护了枫林。

白果树下

白果树，学名银杏树。小时候，我同母亲去太平村母舅家做客，总喜欢到村头的白果树下玩耍。这棵树太大了，我们十来个小孩手牵手才能把它围一圈。这里是屋场的下关，有一排参天大树，长得郁郁葱葱。我们经常在树下做游戏、捉迷藏。

母舅家距离白果树就几十米远。盛夏的晚上，屋里闷热难当，我们搬着竹床，来到树下纳凉。说也奇怪，天气不管多炎热，你只要往树下一站，汗就干了。

夜空中，飘荡着扑朔迷离的荧光。我唱着："夜火虫，蓬蓬飞，日里飞出，夜里飞归……"

母亲一边扇着蒲扇，一边教我唱《月光光》歌谣：

月光光，夜装香。夜间暗，跌下坎。坎下一包针，针有眼，换把伞。伞又圆，换丘田。田又曲，换紫曲。紫曲红，换条龙。龙会走，换只狗。狗又花，换冬瓜。冬瓜箩样大，挑到江西省里去卖，卖到一吊钱，爷话打酒吃，崽话留得娶老婆。

母亲隔一会儿要咕嘟咕嘟抽一通水烟筒，母亲还打谜语给我猜："三国路不通，孔明借东风，曹操用水战，周瑜用火攻。"我一下子就猜到了谜底"船"。

我说："月亮上的桂花树，有这棵白果树大吗？"

母亲说："也许差不多吧。这是我见过的最大的一棵树呢。我小时候它就这么大。"

我说："它有多少岁呢？"

母亲说："我听你阿公说，它有一千五百多岁了。"

我问："我怎么从来没有见过阿公阿婆呢？"

母亲说："他们老了，都过世了。"

我说："阿公阿婆小时候，白果树就这么大吗？"

母亲说："是呀，这棵白果树和月亮上的桂花树一样，千年不老，是神树。"

深秋，白果树扇形的叶子变成了金黄色。风一吹，白果便落了下来。

我们这些孩子，每当起风或雨后，就往树下赶，寻找白果。白果掉在地上，果肉稀烂，还散发着一股臭气。不可以用手直接捡，我们便用夹子把这些白果一个个夹到篮子里。最多时，一次可夹一百多颗。

我们夹到白果，要到港里反复洗，然后煨来吃，或叫母亲炒来吃，香酥可口。

白果滋补了我的身体；听白果树的故事，也增长了我的见闻。

这棵白果树，据说是南朝梁大通年间（527—529），由太平观道士周月潭手植的。

清《江西通志》记载："太平观，在安义县东依仁乡，梁大通三年，道士周月潭建，唐贞观三年修，明永乐庚寅重建，正统景泰间修，后废。"

在道观落成的那一天，正是风和日丽的春日。周月潭余兴未尽，和几个道士，从山中寻来这棵白果树种上。周月潭亲自从义井打来一桶甘泉浇上，用手捋了捋花白的胡须，说："庄子说，人生天地间，若白驹过隙，忽然而已。而这棵白果树，却是树木中的老寿星，也许百年千载，它还在这里吐故纳新，荫蔽后人呢。"

话说南宋绍兴元年（1137），唐太宗李世民的第二十三代孙李达，身背斗笠，脚着芒鞋，自山外的李公垴来西山卜基。他是个落第秀才，适值家道中落，遂心灰意懒，景仰世外桃源般的山居生活。他见这里群峰拱秀，奇岩突兀，山环水绕，古木参天，早已中意三分。时值炎夏，他口有些渴，便来到太平观，想讨口茶喝。笃笃笃，他敲了一通门，却没人应，就在观前的一块大岩石上，坐下歇脚，取下斗笠，随口吟诗道：

远来太平观，山高水又长。

想要喝碗茶，道士不在家。

吟罢，他便打起盹儿来。待他醒来，见斗笠不见了。他于是四处寻找，却见斗笠高高地挂在白果树上。李达以为是神意，便在这里开基建村。

据说清朝时，村中有一位貌若天仙、心灵手巧的村姑。她擅长刺绣，绣尽了山中百花，无不栩栩如生。村姑多次想为白果树绣花，但只见它结果，不见它开花。听老人说，白果树子时开花子时谢，若谁见了，就会死的。村姑决心冒死为神品一般的白果树绣花，好让世人见识见识。

暮春三月，苍老的白果树绽出了醉人的新绿。村姑准备了上等的白绢，每晚静立树下，翘首等待。一个风清月朗的夜晚，月华映照得白果树叶好似一朵飘来的云彩。蓦地，村姑觉得有异香扑鼻，定睛察看，只见树叶间，有花细碎如桂，洁白如玉，璀璨夺目。村姑欣喜万分，忘我地飞针走线，觉得整个身子轻飘飘的，如浮在云雾中……

第二天，村里人发现村姑倒在树下，手里拿着针线和那幅白果花刺绣图，脸上还凝聚着一丝若有若无的微笑。村姑为了追求美，献出了如花的生命。

在20世纪40年代的一个深秋，一队中国军人，驻扎在白果树下的祠堂

里。这是一个连队，连长姓李。他们在梅岭一带打鬼子，是第九战区罗卓英的部下。

李连长看见祠堂里李达的牌位，当即三跪九拜，在白果树下也是长跪不起。李连长说，道光年间他曾祖父，迁徙到山东。参军前，曾祖父告诉他，他老家在江西南昌附近太平村，村头有棵白果树，村子的始祖叫李达。

屋场里的人闻讯，都来问候。我的大母舅李传书，立马把家里一头三百多斤的猪杀了，犒赏他们。

大母舅长得高大威猛，还学过几招武艺——学的就是江西传统的字门拳。

大母舅行侠仗义，在当地名望很高。他早年在山外的万埠老街，从杀猪卖肉起家，渐渐发展到开饭店、饼铺、钱庄。他的“李泰和”钱庄，自己印的票子，可以在安义、新建、永修、靖安、奉新、上高、高安等县流通。可见，钱庄在当时影响之大、诚信之高。

在此八个月前，山外据点曾有两个鬼子，私自进山来找“花姑娘”，大母舅把他们请到祠堂里，好酒好肉招待。等鬼子喝得醉醺醺时，把门一关，三拳两脚，就结果了他们的性命。

就在李连长驻村几天后，鬼子一个营的兵力，朝太平村进发。有个叫修德的上佐，骑着一头高头大马，飞扬跋扈地走在前头。李连长他们埋伏在白果树下，等鬼子走到射程内，一声令下，枪声大作。首先击毙的是修德上佐，紧接着，十几名鬼子被撂倒。

李连长知道敌人会来报复，立即号召屋场里的人转移，从大步头、洗药湖，撤到马口。

不久，鬼子的飞机来轰炸。屋场片刻成了火海。村里的人如梦方醒，四处逃命。当时，我的母亲是个十五六岁的女孩，带着大表哥李家郁，往后山走。敌机在人群中不时丢下一颗颗罪恶的炸弹，炸得人血肉横飞。

这次轰炸，村子里炸死了十几人。李家宋一家，被炸死了六人。李家宋因在山上斫柴，留得一命。

紧接着，疯狂的日本强盗，把一个上千人的村子烧得片瓦无存。他们连白果树也不放过，架柴焚烧此树。这棵经历了一千多年风霜雨雪的白果树，在敌人的淫威面前，“面容”憔悴了，似乎要谢世而去。可就在第二年春天，它又长出了新枝嫩叶。

山榧树

小时候，我总把山榧树与红豆杉混为一谈。父亲说："山榧树针刺长一些，硬一些，略带点弯曲，摸过去有些扎手。红豆杉的针刺要短一些。"

山榧树，也叫三尖杉，和红豆杉一样，是一种红豆杉科植物，为植物界的活化石，树龄可达两三千年。山榧树的果实，大小如枣，成熟后为紫褐色。核如橄榄，两头尖，呈椭圆形，黄白色。炒熟后，其果实吃起来又香又脆。

我喜欢阅读地方文献，经常会读到有关山榧树的诗文。

同治《新建县志・果之属》记载："榧出西山香城寺者佳，俗名丁香榧。"

傅春宫《江西物产总汇》有关于山榧的记载："该品为榛橡之属，俗称榧子，形如橄榄核而不锐，类使君子。《韵会》：榧，音篚。甘濇而平杀虫，故可入药。间可作果食，文火炒熟，粘以糖屑，颇觉香美。"

魏元旷《西山志略》记载："香城寺，晋时僧昙显建。……寺在灵官峰下，峰有灵观尊者坐禅室，上为香城绝顶。寺前有白雪溪、半天亭。寺之古木，旧方丈侧，有婆罗树两株；门外榧林，有大合丈五围者，号将军树；又一银杏，大数围，四面孙枝千颗，环抱树身，俗呼作千佛绕毘庐。碑刻有潘兴嗣跋张唐公记、顺禅师碑，内一壁，罗饭牛满涂山水。代多高僧，为西山第一名刹。"

乾道三年（1167）冬，周必大四十二岁时，从京城临安（杭州）回庐陵省亲，绕道来游西山，在游记中，他写到香城寺的山榧："饭罢，策杖登山。初过榧林，其间一株最大者，围丈五，号将军树，相传近千年矣。次至砚石，长一丈四尺，阔六七尺。"

杨廷麟《香城雪坐诗》、陈弘绪《寿慧公六秩诗曰》、欧阳桂《同及门帅万尚游香城即景》，都写到过这棵山榧树。

徐世溥《榆溪逸稿》中，九篇写西山的游记，多次写到山榧。

《鄢家山记》："茅屋十余，居人皆闷闷不可识。从之沽，赠以榧栗山蔬，因上山坐竹下饮之。竹叶满天，仰不见日。俯见日影，风来竹动，日影摇碎，方圆不定。欣慨良久。问其山，不知名；问其氏，鄢姓云。"

《西山灵迹记》："猗遂导至程氏山庄。程氏者，故东庄人，入居于此，室中老幼数口，青山当檐，修竹四映，园中杂植果实，纬以药蔬。其人好道，颇授仙箓。闻予至，即下园果数品，有栗有柿有榧有橘，从以新酒。时菊载黄，杂英照山。”

《罗汉坛记》:“若高公、榧林者，本猎人。尊者生时，二人逐鹿入石室，寻至不见，问尊者不应。二人怒，遂杀之。既去，尊者仍将其头就磐石，触而安之，还坐故处。明日二人至见尊者，愕而相谓曰:‘昨未断耶？’尊者曰:‘我不知也！’因投弓拜，称弟子。死为尊者行雨之官。高公以姓著，榧林指树为神。今磐石犹在，坛南触合头项分明，土人谓之‘斗头石’，此二士所由皈依也。”

古人喜欢用山榧树做棋盘，是一种雅玩。时至今日，方圆三百里的梅岭，再也找不到一棵古山榧树了。据说，就因为山榧树木质堪与楠木媲美，不但坚实牢固、纹理细密、色泽金黄，而且气味芳香，古山榧树已被砍得一棵不剩。

清代陈淏之《花镜》卷四花果类考就说:“榧，一名被子，一名玉榧，俗呼赤果。……叶似杉而异形，其材文彩而坚，本大连抱，高有数仞，古称文木，堪为器用。树有牝牡，牡者开花，而牝者结实，理有相感，不可致诘也。冬日开黄圆花，其实有皮壳，如枣而尖短，去皮壳，可以生食。若火焙过，便能久藏，食更香美。大概以细长而心实者为佳，一树可得数十斛，二月下子种。”

其实，在梅岭潮湿的山谷或乱石丛中，经常能看见小山榧树，只是长不到刀把大，就被人当作红豆杉，挖走了。

山榧树，耐得了干旱，又不怕潮湿，在贫瘠的石缝中也能生存，可就是不喜欢被人摆弄。怪不得文人墨客，对它情有独钟。

在太平村村头，我母舅家屋边，倒是有一棵碗口般粗、丈把高的山榧树。

这棵山榧树，在一丛参天古木的狭缝中，顽强生长，盘曲如龙，苍劲若铁，最后昂起头来，笑傲苍穹。

至于这棵山榧树的树龄，就难说了。

母亲说，自她小时候，它就这么大。村里人把它和红豆杉统称为扁柏。小孩受了惊吓，便折一枝，挂在门口，用来压邪，去浊扬清。若是肚子痛，把它的叶子捣得稀烂，和上高度酒，敷在肚子上，包扎好，有消积、润肠、通便的作用。

每年深秋，我总记挂着它的果实。在它墨绿色的枝叶中，能找到三四十个熟透的果子。揭开皮，果肉橙黄，黏糊糊的，吃在嘴里都粘口，但很甜。有的人摘它，竟然可以用来当糨糊用。

它的核心，却是果核。经常食用，可延缓衰老、润泽肌肤。

山榧果成熟，需要三年。每年四月，山榧树会开出许多素雅的小花，不久，就结出了米粒大小的果子。第一年开花，第二年挂果，第三年成熟，也就是说，一个果子，要长一千多天。

山榧树，是奇花异果，更是树中伟丈夫！

访红豆杉

辛丑霜降，我和二哥开车来到太平李家，看白果树——主要想拍些黄叶飘零的景象。可远远望去，高大挺拔的白果树，还是绿得那么深沉，我们不觉有点儿失望。来到树下，只见这里坐着一群七老八十的老人，在晒太阳。其中有一人是我堂姐夫，打过招呼后，他硬要我们去他家坐。

堂姐夫叫李家洪，八十四岁，身板依然硬朗，声音洪亮。他感叹地对我说："岁月不饶人！我们这一辈的人，都老了，你还算年轻一点。"

其实，我也快到耳顺之年了！

姐夫说："要看白果树黄叶，大概在每年十一月十五左右。你俩看过村子前面那棵红豆杉吗？树龄有一千多年，三抱多粗，正好果子红了。我这就带你们去。"

二哥说："那好呀！我自小在这里做客，还没有听说过。"

我们直奔主题，走过田间小路。稻谷收割过了，荷叶已残，空中有白鹭在飞翔。过一条溪，山脚下一大片菜地，被野猪拱得寸草不生。

堂姐夫说："山上已经没有豺狼虎豹了，生物链失去了平衡，就导致了这样的结果。20 世纪中叶，当地人总觉得这些猛兽会威胁到人类，巴不得斩尽杀绝。"

是呀，这世界上没有虎啸山林，鹰击长空，只剩下这些野猪，横冲直撞，多么无趣！

来到山上，眼前尽是密匝匝的毛竹。才走几十米，我们便见一棵苍老的红豆杉屹立在竹林间。堂姐夫悄声说："不要作声，脚步放轻一些！经常会有'白面子'来吃红豆杉果子，看是否能撞见。"

所谓白面子，也叫猸子，学名为鼬獾。

此树树干伟岸，可惜有半边被火烧灼过，显得很有沧桑感。其枝叶疏朗，缀满了红艳夺目的果实。地下有许多新鲜的树枝。枝头还有或红或青的几个果实。

堂姐夫说："这便是白面子啃下来的。它们摘不到，就啃树枝。只要听见脚步声，就溜下树，跑了。我遇见过好多次。"

我踮起脚，摘了几颗红豆，放在嘴里品尝，的确甜美可口。

堂姐夫说："我小的时候，只叫它扁柏。到了这个季节，就来采果子吃。大人喜欢摘果子来浸酒，说是能延年益寿。它的树龄可达几千年，四季常青，屋场上娶亲嫁女，会折一点树丫，放在床上、嫁妆上，有着'松柏常青，福寿安宁'之意。只是近些年，我才知道它叫红豆杉。说是它含有一种叫'紫杉醇'的成分，可以抗癌。"

我说："红豆杉雌雄异株。这棵是雌性树，可附近没有雄性树，怎么会结果？"

堂姐夫说："前些年，植物学家来这里，说红豆杉属于风媒花，花粉传播距离可达几十里路。你看过梓木坑的红豆杉吗，有一棵母的，两棵公的。它的花粉就可以传到这么远。它还有一个缺点，会影响别的果树挂果。"

我绕树三匝。

二哥说："这样一棵宝树，怎么就没有像那棵白果树一样，宣传出去，保护起来？"

堂姐夫笑了笑说："这树和育人一样，痛而害之。这棵树一旦加入保护之列，开发旅游，要砍去周边竹树，平整地基，建设围栏，修游步道。有的游客更要给它披红挂彩，还要向它祈福，这样一折腾，这棵树还能活多久，未可知也。"

红豆杉也叫南方红豆杉，又名紫杉，古代统称为柏。

此树生于太平村。太平村，原来属于太平观所在地。《道德经》就说："人法地，地法天，天法道，道法自然。"

自然之道，乃生存大道。

南酸枣

南酸枣，长在梅岭山北。

辛丑仲秋，天气异常燥热，天气预报发布高温黄色预警。我已在屋里蛰伏了整整一个暑天，经不起大山的呼唤，也经不住朋友老刘的撺掇，一头扎进梅岭山中。我们一行有六人。时近当午，我们挥洒着汗水，离开罗亭镇名山村，往里观走。走过一片油茶林，越过一道溪涧，攀过一道山脊，进入一个幽暗的山谷中，我只觉得眼前一黑，暑气全消。恍惚间似乎有乌云压顶，我抬头一看，只见横柯上蔽，不见天日。这里除了茂密的竹林，还有许多乔木，拔地而起，互争高低。还有油麻藤、紫藤、猕猴桃藤，纵横交错。沉醉间，我脚底一滑，跌倒在地，身下尽是圆滚滚的东西。我捡起一个，好像茶籽，又似大枣。

老刘开心地笑着说："吃吧，免费午餐。这可是鼎鼎有名的南酸枣哦。"

我诧异道："这就是南酸枣？"

我曾和江西省杂文协会同人一起，出版过《梅岭遗梦》，是"南酸枣丛书"之一。家里的孩子，有时消化不良，我经常买南酸枣糕给他们吃。可我还是第一次见到南酸枣呢。

大家都说这里凉快，坐下来歇一歇。

有人捡起一个南酸枣在身上擦了一下，就往嘴里送。我也挑了一个，剥掉皮，其果肉橙黄多汁。吃在嘴里，很糯，酸中带甜，但肉少核大。我把南酸枣核吐在手心里，这核白净如玉，坚硬如石子，顶头还有五个眼。

老刘说："这核暗合佛教'五眼六通'之说，被称为五眼六通菩提子。前几年，我用袋子捡了不少回家，把首尾打通，做成许多佛珠手串，送给亲朋好友。这五眼哪，还有五福临门之说，后来，我灵机一动，干脆把它做成门帘，倒也品位十足，瑞气盈门。"

在佛教中，五眼为：肉眼，天眼，法眼，慧眼，佛眼；六通为：天眼通、天耳通、他心通、宿命通、神境通、漏尽通。

原来这果核，还蕴含着禅意呢。

老刘原来是中学的历史老师，退休八年，几乎每隔一天，就会在梅岭山中行走。

南酸枣树干高大挺直，树皮纵裂，灰褐色。枝叶间，果实累累。一阵山风吹来，只听得“噼——啪——”一声，落下几个果实来，更是幽趣逼人。

咩咩——！山间传来羊叫声。有一大群山羊，在吃南酸枣。

老刘说：“山羊酷爱吃南酸枣，囫囵吞下，把果肉消化后，又囫囵拉出核来，经过了肠胃的打磨，这些核更是光洁亮丽。真是化腐朽为神奇！”

山的不远处，传来鸡鸣犬吠声，这便是里观村。

里观村，土地平旷，住着五六户人家。村头古木参天，奇岩耸立。村中保留着碓臼、石碾，还有斗大的石槽。溪中，沙明水净，有石鱼在岩石间往来翕忽。

我们来到杨典荣家，与之闲聊。他说村里人喜欢把南酸枣泥和粳米粉与酵母和在一起蒸成发糕食用，可使消化不良、食滞腹痛得到缓解；用来泡酒喝，有行气活血、养心安神、消积解毒、润肺利咽等功效。

里观，因一里一观而得名，古有九里十八观之说。时至今日，观虽不存，却是一个南酸枣成荫的清凉世界。

菝葜

记得小时候，每年秋天要搞副业，我除了摘箬竹叶、砍小山竹、采猕猴桃外，就是挖菝葜。

菝葜，在我的家乡俗名叫马鞍兜、马加簕，为攀缘灌木，实为刺蓬的一种。这种植物枝干细长，油光滑亮，满身长刺；叶片椭圆形，像涂了蜡一样光亮，脉络清晰。菝葜夏日开花，几十个花序结成一团，或青翠，或雌黄。结果时，大如黄豆，二三十粒结成球状。菝葜适合在夏天采食，青涩如橄榄，嚼之软糯，秋天则红如玛瑙，甘甜可口。其块茎如土茯苓，更像生姜，很坚硬，不用快刀切不开。其晒干后可酿酒，也可制药。

一棵菝葜，一般能挖到三到六斤块茎。

一天，我背着一只背箩，扛着一把锄头，来到山上寻找菝葜。

我从竹林中走过，它好似会自作多情，牵扯我的衣服。好心把它挖出来吧，一个块茎还不到三五两呢。

菝葜多半生长在荒山上。如长在竹树茂密的地方，永无出头之日，虽是生命力强劲，但还是零零散散、稀稀疏疏。

我翻山越岭，来到一个幽深的山谷中。这里鸟鸣嘤嘤，兽粪累累。在一片梓树丛中，我看见一大片菝葜，丛生如林，果实累累，娇艳欲滴。我把柴草和菝葜砍掉，便抡起锄头挖了起来。这里的土壤太肥沃，都是烂梓树叶堆积起来的腐殖酸性土壤，只要用锄头掀动几下，就能挖出一大堆菝葜块茎来。渐渐，我身后菝葜块茎堆成山了，不要说背篓，就是箩担也装不下。我估摸一下，有三百多斤。我犹如挖到一座金矿般高兴，在空旷的山间，引吭高歌。

吃午饭的时候，我先背一些菝葜块茎下山。下午，父亲装了三担，才把一大堆菝葜块茎挑下山。

随后，把它洗净，晾干，切成一片片的。晒干后，卖给收购站，每斤两角五分。那天，我的收获相当于一个工人两个月的工资呢。

按照我的经验，只要长刺的植物，都能吃。母亲说，在饥荒年代，村里人摘菝葜嫩苗，炒来吃，清香爽口。宋代苏门四学士之一张耒，有《食菝葜苗》云：

江乡有奇蔬，本草记菝葜。
驱风利顽痹，解疫补体节。
春深土膏肥，紫笋迸玉裂。
烹之芼姜橘，尽取无可辍。
应同玉井莲，已过猫头茁。
异时中州去，买子携根拔。
免令食蔬人，区区美薇蕨。

《补缺肘后方》记载：菝葜酿酒，可治疗腰脊挛痛，脚不能行。

在我的家乡就有人用菝葜酿酒，据说酒香醇甘洌，可惜我没有尝过。

豆腐柴

豆腐柴是一种用来打豆腐吃的植物。

豆腐柴为落叶灌木，树高两三米。叶片形状有点儿像木槿，两面均有短柔毛，边沿有波浪纹。五六月间，开出淡黄色、钟状的小花。此时，用豆腐柴来做豆腐最为合适了。

我们小的时候在山间砍柴，不经意时碰到豆腐柴，就被它一股特有的清香味吸引。总有人建议：“嗨，我们来打柴豆腐吃吧？”

大伙响应道：“好哇！”

我们便把豆腐柴连枝折回家，摘下叶片，放在溪水里洗净，装进木盆里，蘸点水揉搓。

我们边搓，还边唱着歌谣：

手掌掌，手巴巴，重重叠叠结木瓜。

木瓜谢，听娘话，娘上街，打金钗。

爷下河，买绫罗，多买绫罗少买纱，

打发细姑嫁谢家，谢家有，满坛酒。

谢家冇，满坛糟，不如一碗柴豆腐。

经过大家的忙碌，把一堆豆腐柴叶子搓成糊状，调一些上好的山泉水，用纱布过滤，一般要把边收拢，用力挤，去掉叶渣。再垫几层纱布，上面放一些灶膛柴火灰。如是稻草灰更好。灰含碱，起到凝固的作用。过一会儿，豆腐柴就变成碧绿如翡翠，晶莹似璞玉的豆腐。我们会用刀子切成块，分给大家品尝。我感觉有点像吃果冻，也有些像吃薜荔凉粉，滑溜溜、凉生生，鲜嫩可口，清香宜人。盛夏酷暑，它是山里人家，消暑降温的佳品。

柴豆腐也叫观音豆腐。据说很久以前，江南发生饥荒，饿殍遍野。救苦救难的观世音菩萨，用杨柳枝一洒，甘露所到之处，漫山遍野都长出这种树来。饥民天天吃观音土，吃得腹胀心慌，喉咙冒烟，转而吃观音豆腐，身心俱爽。

豆腐柴也叫救命柴。相传五代十国时期，南昌有个读书人叫宋齐丘。他是个没落贵族子弟，穷且益坚，有匡扶天下之志。他来到洪崖丹井附近，搭了一间草庐，静心读书。有一年夏天，大雨连绵不断，他没有粮食果腹，赣江水涨，又回不了家，一日，饿昏在山中。适逢一老者，冒雨来山中采药治疗蛇伤，把他叫醒，问明情况后，便在草庐边，急忙摘了一把树叶，经过一番揉搓，撒点草木灰，柴豆腐就做成了。宋齐丘吃过之后，顿觉体力倍增，神清气爽。

后来，宋齐丘果然做到了兼济天下，辅佐李昪建立了南唐，位至宰相之尊。宋齐丘念念不忘豆腐柴的救命之恩，把它叫作救命柴。

这种豆腐，可用麻油、酱油、生抽凉拌，也可加红椒、葱花等作料煮熟，味道可口。有人把这道菜叫神仙豆腐。

我有很多年没有吃过柴豆腐了。写到这里，它那浓得化不开的草木清香，至今还让我觉得口齿留香，回味无穷呢。

穿破石

穿破石，看过去很像柘树，我小时候养蚕，桑叶告罄，就错把它的叶子当桑叶，蚕宝宝却不肯吃。到后来我才知道，它叫穿破石，属桑科柘属植物，有小柘树之称。

穿破石是常绿灌木。满身长刺，长且尖，油光光的。叶片互生，革质，椭圆形。雌雄异株，头状花序。聚合果，球形，肉质，橘红色或橙黄色，表皮微皱，乍看像荔枝。树高一丈，有时会有旁枝逸出，长出几根枝条，像抛物线一样，在空中散开。

穿破石，多长在人迹罕至的山涧旁，或乱石丛中。因其根质地致密，能穿岩破石，故而得名。

穿破石，这名字不同凡响，让我想起李贺诗《李凭箜篌引》，"女娲炼石补天处，石破天惊逗秋雨"的诗。

穿破石的根是一种名贵药材。挖出来，其根皮色橙黄，削去毛根，会流出白色的浆汁。通常，我们将其洗净后，截段或切片晒干。

山里水质含矿量高，很多人长年饮用，肾脏、胆囊会有结石。摘它的嫩叶晒干，泡茶喝，可起到抑制结石的作用。

穿破石别名可多了，莨芝、金蝉退壳、黄龙退壳、牵牛入石、金腰带、黄蛇根、山荔枝、千重皮、鸟不踏、老鼠刺、野梅子等。

穿破石的果子，可是野果中的极品，有仙果之誉。

穿破石在四川比较常见。

宋祁《益部方物略记》记载，"隈枝，生卭州山谷中，树高丈余，枝修弱，花白，实似荔枝，肉黄，甘味可食。大若爵卵。赞曰：挺干既修，结花兹白，戟外泽中，甘可以食"。

张淏《云谷杂记》卷四："蜀中有一种木，彼人呼为莨芝，其树常高丈余，不甚增长。花小而白，每一岁开花，次年方结子，又次年方熟，盖历三岁。子如楮实，有文如龟背，味甘酸可食。今青城山范仙观、卭州蒲江县崇真观，皆有之，故俗传以为仙果。”

穿破石的果子，甜而不腻，美味可口。聚合果有许多细籽，可吞食。如用来泡酒，更是妙不可言。

几年前的一个深秋，我在洗药湖一个山谷中探幽，遇见一棵穿破石，橙黄色的果实挂满枝头，有几只黄莺正在啄食。我把树上的果实摘下来，放在包里，足有六七斤。拿回家，洗净、晾干，家里人吃剩下的，就用来泡酒，把酒密封好，放在阴凉处。三个月后，开坛饮之，酒呈琥珀色，甘美可口，如玉液琼浆。

穿破石果子好吃，却可遇不可求。

椿芽树

在我的家乡，只要有屋场，便有椿芽树。椿芽树和果树一样，栽在屋前屋后，或菜园里。

它虽不长果子，叶子却可作菜蔬。人们称它为树上的蔬菜。

民谚有云：“三月八，吃椿芽。”

每年的春天，光秃秃的椿芽树，长出红艳艳或绿油油的嫩叶，摘在手里，浓香扑鼻。洗净后，切成细末，加点盐，放进鸡蛋里搅匀。先把锅烧红，放点油，把鸡蛋倒下去，顷刻煎成蛋饼。食之，椿香浓郁。椿芽含有丰富的糖、蛋白质、脂肪、胡萝卜素和大量维生素。

《本草纲目》中记载：“椿樗，香者为春，即香椿；臭者叫樗，名山樗。又称臭椿。”

它还可以用来煮豆腐，一清二白。

相传，乾隆皇帝下江南，一日微服私访，同几个人走进一家茅屋小店避雨。正是吃午饭时间，乾隆饥肠辘辘，便道：“老板，有拿手菜，炒两个来。”老板拿出两块豆腐，又从门前的一棵椿芽树上摘下一把嫩叶，洗净后切碎，与豆腐同煮片刻，放入各种调味品。才端上桌，乾隆尝了一下，滑溜爽口，清香扑鼻，令他食欲大增。随行人员详细询问了这道菜的配料及制作细节，此菜便成了清代御膳房的常菜。

椿芽树，用来做菜，只是小菜一碟，它主要用来做栋梁。

椿芽树一般都长得笔直伟岸，自古以来，人们筑屋，喜欢用它做栋梁。

大人总是对孩子说："好好学习，天天向上，以后要做国家的栋梁。"

《庄子·人间世》就说："夫仰而视其细枝，则拳曲而不可以为栋梁。"

梁是屋脊上的一根横木，是一栋房子的主心骨。常言道：上梁不正下梁歪。栋梁，也象征着正直。

椿芽树做梁，还可镇宅辟邪，祈求长寿。

《庄子·逍遥游》云："上古有大椿者，以八千岁为春，八千岁为秋。"

人们常用"椿萱并茂"，来比喻父母健在。

据说，椿芽树还可以避雷、防虫蚁呢。孩子的摇床、童车、椅子，也多用椿芽树做成，都有它深刻的用意。

一棵椿芽树，要长到二三十年，才可以做梁。有的人，在生下儿子那天，就栽下一棵椿芽树，好等到儿子长大做屋。

这是一种企盼。

时间易过世难过。人生就那么几十年，要活得体体面面、稳稳当当，还得有安身立命的看家本领。待到事业有成，鬓却已染霜。其时，那棵出生时种下的椿芽树也亭亭如盖了。于是，就要谋划人生中成家立业后的又一件大事——立基建宅。在农耕时代，一个人的一生顶多也就只能建一两栋房子。

从古至今，房子是个人财富的重要组成部分，也是一个人的脸面，不可不慎。它还能充分彰显主人的兴趣、爱好和品位。

那时在我的家乡建房，都是一栋三间为主，中间有两列屋树，堂屋必用梁。四围用青砖或土砖，屋顶盖瓦。

民国《安义县志》记载："安邑高楼大厦，望之材木则大杉，墙垣则砖石。雕梁画栋者，乃乾嘉时之栋宇也。……近年虽间创西式楼房，然为数无几。"

俗话说：做屋造船，日夜不眠。做屋子，从起手到上梁，需要忙大半年时间。上梁是最为重要的一件事。犹如乡村的一个重大节日，大家都来围观。

是日，要根据主人的生辰八字，选择良辰吉日。在旭日东升的时候，主人和木工，来到椿芽树下。砍树有讲究，要往地势高的地方倒。树一倒下，便打爆竹。削去树枝，用一块一丈八尺长的红绸布披在中间。木工还要喝彩：

伏以，天地开张，日吉时良。我问此梁生长何处？生在昆仑山上，长在卧龙山岗，大树长了数千年一对，小树长了数百年一双，八洞神仙从此过，眼观此木粗又长，特请东家采来做主梁，有请鲁班先生下天堂。

此梁此梁，不同寻常，栋梁上屋，稳稳当当，吉星高照，金碧辉煌，合家吉庆，人丁兴旺，老者长寿，寿比南山，少者添喜，兰桂芳香，仕者升迁，鹏鸟高翔，学者荣发，青云直上，万事如意，大吉大昌。

喝彩毕，把梁抬回家，要打爆竹迎接。放在木马上出梁，量好尺寸，锯掉头，去掉尾，削去树皮，做好榫头。中间画太极图，左画龙，右画凤。待吉时一到，便爆竹喧天，鼓乐齐鸣，开始上梁了。

在这里补充一下，在我的家乡，还有"偷梁"的习俗。如有的人家建屋，没有椿芽树，便跟人家买梁。说好了价钱，把梁砍下，在树根下放下钱和烟酒，也不喝彩，待快要把梁抬回家时，后面有人打着铜锣大喊大叫："捉贼啊！捉贼啊！"

这边把梁放下，迎了上去，说："呵呵，请坐，请到屋里坐。"便设宴款待来人。

上梁的时候，要图个吉利，切不可胡言乱语。

我的一个堂伯父盖房子，弄不到椿芽树做梁，在山上相中了一棵挺拔的松树。松树，在我的家这边。伯父出梁的时候，正是寒冬腊月，村里一个后生，缩着脖子，揣着手，缓缓走来，说："哎呀，你家怎么弄一棵枞（当地话读作穷）树做梁？"伯父气得脸色乍变。

随着时代的发展，现在建房子再也不用椿芽树做梁了。

打茅栗

十月的山，野果飘香，最让人垂青的莫过于茅栗了。

茅栗，是一种毛茸茸，满身长刺的野果，与家栽板栗相比，只是树小粒细而已，但它的味道，却格外香酥可口，细腻甜美。

茅栗，有人写作毛栗。我认为它比板栗小得多，叫毛栗最为合适了。

茅栗树属于落叶灌木，多丛生于海拔五六百米的高山上，树高四五尺，其叶为椭圆形，边缘有锯齿。茅栗树如果长在土壤肥沃的山谷，高可达二丈，枝繁叶茂，树冠如云。茅栗树花期较晚，在春夏之交，争相怒放。花序长条形，白中带青，长三寸许，像一条条倒挂的蜈蚣。微风过处，满山繁花，雪白芬芳，虽不美艳，但高雅脱俗，让人陶醉。

茅栗从扬花孕果到栗苞坦开，已是仲秋了。童谣唱道："八月八，茅栗地下踏；九月九，茅栗乌溜溜；十月十，茅栗一粒粒。"

童年，每到这个季节，我便要驮着背篓，手拿竹夹，上山打茅栗。

竹夹不但可摘茅栗，也可剥茅栗。用一根长约一尺三四寸的小竹筒，砍开，从中间刨去竹肉，再用温火煨烤，待竹青炙出油后合在一起，便是竹夹。

我到屋场近处打茅栗，只要打满了一背篓，就回家，可在家中慢慢剥壳。一背篓可剥三四斤茅栗子。

一颗茅栗，就像一只让人望而生畏的刺猬。剥开壳斗，里面一般是一到三粒茅栗子。茅栗子呈黄褐色，油光滑亮。其仁大如杏仁，食之清脆香甜，余香满口。

茅栗子，古人称之为山中药、树上饭，常食茅栗子，可抗衰老，延年益寿。药王孙思邈称之为："肾之果也，肾病宜食之。"苏辙有诗赞曰："老去自添腰脚病，山翁服栗旧传方。"时珍本草说："以袋盛生栗，悬挂风干，每晨吃十余颗，随后吃猪肾粥助之，久必强健。"

老一辈的人说：火不烧山地不肥。

在先前，我的家乡有放火烧山的习俗。当然，烧的多是洗药湖、马口这样的荒山。长竹木的山，则叫禁山。越是烧山，茅栗长得越好。

有熊荣《西山竹枝词》为证：

东风吹火一层层，二月烧山远寺僧。

拉得小姑依槛望，蜿蜒恍惚是龙灯。

此诗注脚云："烧山有二利，一则除其阘冗不藏恶兽；一则灰烬遇雨泽尽归田。故正二月间，取次焚烧，因风纵火，万仞垂空，村里远望酷似龙灯。"

打茅栗，多是去洗药湖、马口、萧峰等高山上。村里的妇女、孩子，总是在清早四五点钟成群结队摸黑而去，披星戴月而归。

我年年都要去洗药湖打一两次茅栗。有一次，我兴奋得一夜不曾合眼，当时没有钟表，估计不了时间，只要听见鸡鸣，炒了点饭吃了，我就和伙计们踏着月色上路了。可我们走到半山腰，又闻鸡叫。一个伙计说："鸡啼夜半，狗叫天光。鸡叫第一遍是二点，现在估计就是四点呢。"到了山顶，天才蒙蒙亮，凉风习习，云来雾往。瞭望东方，一片红光。渐渐，天边涌出一轮鲜艳的日头来，让人眼睛为之一亮。就在这时，鸡叫第三遍，我们开始打茅栗了。

这里是西山山脉的最高峰，怎么称之为湖呢？

所谓湖，多是泥潭沼泽，人踩上去会沉下去，且深不可测，冰冷彻骨。据说这里有七十二只垴，四十八处湖。

相传，明代李时珍曾携弟子洗药于湖中，故名。

山中多茅栗。中秋过后，茅栗像是遇见了开心事，咧口而笑。山风吹来，茅栗子便滚落地上。如不及时捡取，就被野兔、山鼠掠走。我偶尔看见兔子，都是肥滚滚的。如看见它们钻进洞，你去挖，里面准有三四十斤茅栗子，且粒粒饱满。

满山都是打茅栗的人。这是当地一种特有的风情。

当打满了一背篓沉甸甸的茅栗，我就把背篓放下邀几个伴，坐在石头上。边剥壳，边聊天。

中午，我们吃随身带来的月饼、红薯，另外摘一些山楂、油柿、野葡萄等佐餐，别有一番情趣。夕阳西下，晚霞满天。我们各背着十几斤茅栗子，听着山野唧唧虫鸣，踏着暮色下山。

大槐树

村前，偃卧着一棵大槐树，枝叶繁茂，可匝地二亩荫凉。

初夏的时候，满树槐花，一串串悬挂于枝头，玉团锦簇，仿如一朵白云飘然而至。树下，常坐着品茶的老者，说悄悄话的村姑，打来蜻蜓喂蚂蚁的孩子。

孩子们唱着歌谣："问我祖先何处来，山西洪洞大槐树。问我老家在哪里，大槐树下老鸹窝。"

一阵山风吹来，树摇枝动，槐花飞谢。空气里香香的，甜甜的，令人心旷神怡。

在槐花落得差不多的时候，不经意，树冠上会突然吊下一只凉阴阴的槐树虫来，着实让人大吃一惊。槐树虫，从树上吐丝挂了下来，在空中吊着，荡着，似伞兵降落。人们戏称它为"吊死鬼"。

有的年头，槐树虫多得可以将整个树叶啃个精光，然后，千丝万缕往下吊着。它们要去另谋"吃"路。

虫子着陆后，满地乱爬。尾巴一缩，腰部一弓，往前一推，就各奔前程。

有的被行人踩死，有的被鸡啄食。蚂蚁则是它们的天敌，不分日夜，到处布下了天罗地网，围追堵截。

蚂蚁力大好斗。它一口将比自己大好几倍的虫子咬住，任其挣扎折腾，以不变应万变。待虫子精疲力竭，便拖着回巢。好在一物自有一物治。要不然，许多虫子，散发开来，岂不要毁掉好大一片林子。

孩子们齐声唱道："蚂蚁蚂蚁哥哥，大大细细拖拖，前咯前后咯后，骑马嘀笃过桥。"

唐代段成式《酉阳杂俎》，记载了一件这样的事，忠州垫江县有个叫冉端的县吏，父死，卜地，挖到一个蚁城，方数丈，外围仿若城堞，城内街道纵横交错。每个碉楼似的土堆里，有蚂蚁数千。土堆一个连一个。有雄蚁、工蚁、兵蚁，各司其职。最中央，宫殿似的巢穴里，有二蚁，长寸余。一紫色，足作金色，为蚁皇；一有蚁，细腰长身，双翼能飞，为蚁后。

一窝蚂蚁，竟然是一个秩序井然的蚁国。

在槐树下，有一个南柯一梦的故事。

古代有一个叫淳于棼的士子，一次过生日，很多朋友前来祝贺。是夜，月色清朗，凉风习习。大家在院子里一棵大槐树下喝酒，推杯换盏。夜阑人静，淳于棼就在树下的躺椅上，酣然入睡。梦中，淳于棼在两个紫衣使者引导下，上了马车，朝树下一个洞穴驰去。洞中别有洞天，风和日丽，人马不绝于途。

槐花黄，举子忙。淳于棼来到槐安国都，正赶上会试，他报了名，最后高中状元，做了驸马。旋即，他被派往南柯郡任太守。如花美眷，似水流年。一眨眼二三十年过去了，淳于棼政绩卓著，深得百姓爱戴。他和公主很恩爱，生有五男二女。有一年，擅萝国进犯，槐安国屡战屡败，已兵临京城。皇帝急得像热锅上的蚂蚁，想起了神通广大的驸马爷，便派他统领全国的精兵，与敌背水一战，却也是一败涂地。皇帝大怒，说他丧师辱国，把他痛打五十大板，削职为民，遣回老家。淳于棼正在羞愤难当时，大叫一声，从梦中惊醒，只见明月中天，槐荫满地。

第二天，淳于棼按梦境，寻到所谓的槐安国，只是大槐树下的一个蚂蚁洞而已。淳于棼顿悟道："所谓的荣华富贵，也只是南柯一梦！"

这个故事出自唐李公佐《南柯太守传》。

汤显祖还根据这个传奇故事，创作了"临川四梦"之一的《南柯梦》。

淳于棼说："人间君臣眷属，蝼蚁何殊？一切苦乐兴衰，南柯无二。"

作者通过梦境，抒发人生感悟。

民谣有云：“人生一世一树槐，先为儿女后为财；有朝一日槐树倒，丢下儿女撇下财。”

一滴水里观沧海，一粒沙中看世界。槐树下的一个蚂蚁洞，竟然蕴含着人世间的荣辱兴衰。

杜鹃花

清明时节，我漫步在梅岭之巅的洗药湖，晴天丽日下，杜鹃花开遍了山野，沉醉间，仿佛有人放了一把火焰。

杜鹃花，就是这样热情奔放，每年把春潮，推向极致。有人把它称为木本花卉之王，这一点不为过。只有走进杜鹃花丛中，才会让人深深领会“春深似海”这四个字的妙处。湿润的空气里，夹杂着花草的芬芳，沁人心脾，令人陶醉。

我见青山多妩媚，青山见我应如是。

宋代杨巽斋有《杜鹃花》诗云：“鲜红滴滴映霞明，尽是怨禽血染成。”

相传，古时蜀王杜宇（望帝）死后，魂化杜鹃，无家可归，啼飞不止，身心交瘁，落在花木丛中，口吐鲜血，染红了山花，此花故名杜鹃花。

唐天宝十四年（755），诗仙李白客居安徽宣城时，恰逢杜鹃花正开得如火如荼，恍惚耳边传来了故乡杜鹃鸟的啼叫声，惹起他的乡愁，他黯然神伤，便写下著名的《宣城见杜鹃花》：“蜀国曾闻子规鸟，宣城还见杜鹃花。一叫一回肠一断，三春三月忆三巴。”

南唐有个叫成彦雄的诗人，写过《梅岭集》五卷，其中作品，有很多是写梅岭的。他有一首《杜鹃花》诗云：“杜鹃花与鸟，怨艳两何赊。疑是口中血，滴成枝上花。一声寒食夜，数朵野僧家。谢豹出不出，日迟迟又斜。”

杜鹃花，也叫山石榴花。唐代大诗人施肩吾，幽居距离天宝洞不远的施仙岩时，写了很多山中景物、花鸟虫鱼、四时更迭的诗，曾作《山石榴花》诗云：“深色胭脂碎剪红，巧能攒合是天公。莫言无物堪相比，妖艳西施春驿中。”

杜鹃花，在我的家乡俗称染柴红，是说它能把山上的柴草染红。这是个很形象生动的叫法，但也有人叫它映山红或艳山红。熊荣《西山竹枝词》诗云：

“山花烂漫笑春风，山妇梳妆个个同。只要髻头常热闹，一枝斜插映山红。”

有民谣《染柴红杈杈蓬》唱道：

染柴红，杈杈蓬，大姐嫁，细姐送。

一送送到梅岭头，梅岭头上打一铳。

在梅岭南麓，有个花坑村，村子里有人，别出心裁，在村口栽了许多老干虬枝，高丈余的杜鹃花，每到花季，杜鹃花千朵万朵火红一片，鲜艳亮丽，让人惊叹。桃李不言，下自成蹊。花坑的杜鹃花，惹得游春赏花者纷至沓来，摄影爱好者更是流连忘返。几年过去了，这些高山杜鹃，离开本土，渐渐枯死，我很为之叹息！

我的家乡的杜鹃花，从颜色上大致有红、紫、黄三种。

红杜鹃，是常绿灌木，其秀色可餐，山里人砍柴时，口渴难耐，便摘花朵，放在嘴里嚼。花的味道微酸，能生津止渴。我们小时候，看见开得较为浓艳的红杜鹃，总是爱不释手，总想折点回家，插在花瓶里，慢慢欣赏。

紫杜鹃是落叶灌木，又名满山红。这种花喜欢长在山崖边上，一长就是一大片。远处望去，仿佛山间飘着一朵彩云。

黄杜鹃是落叶灌木，又叫羊踯躅、闹羊花。一般开在红杜鹃丛中，惹人眼球。花序聚生枝顶，十几朵缀成一个球形。此花虽有极高的观赏价值，可惜有毒，只能远观，不可近玩。陶弘景《本草经注》说，羊踯躅，羊食其叶，踯躅而死，故名。李时珍《本草纲目》中说，此物有大毒，曾有人以根浸酒，饮之，马上毙命。

鹿角杜鹃是常青乔木，高可盈丈，叶片轮生，碧绿肥厚，花大而艳。花开之后，能看到花蕊中两根长长的花须，形同鹿角，因此得名。此花多开在峭壁上或竹林深处。这种花看似浓艳，却不太受人欢迎，俗名叫老鸦花。

我们这里杜鹃花，还有花开二度的现象。每年秋冬之交，正是江南小阳春天气，不经意间，你会发现有红的杜鹃花与黄的菊花、白的茶花争相开放。

这种景观，在南唐沈汾的《续仙传》有过记载：有道士殷七七，想在九月初九看鹤林寺杜鹃开花，于是，前二日到寺，半夜，司女花仙来，告曰：“今与道者开之。”果然，于重九再开，灿然如春。

喜欢欣赏杜鹃花的朋友，你如果错过了春天的花季，那么请秋天再来吧。秋高气爽的十月，丛林深处，这里依然有杜鹃花盛开，笑迎着你的到来！

乌 桕

小时候，家里的书被抄得精光，我不知从哪个角落找出一册泛黄线装本《古唐诗合解》来，有一些通俗易懂的南朝乐府民歌，其中一首《西洲曲》，我很喜欢。当读到“日暮伯劳飞，风吹乌臼树”时，问父亲，什么是乌臼树？父亲说，臼通桕，乌桕树，就是我们当地所谓的木子树。

乌桕树，在我的家乡的田间路旁、房前屋后，随处可见。树高不过二丈，枝干虬曲如龙，姿态婆娑。叶片呈菱形，温润如碧玉。穗状花序，淡黄色。蒴果球形，子分三室；外壳青翠，秋后变黑色，自行炸裂、剥落，露出白色的籽来。

李时珍《本草纲目》释名说：乌桕，乌喜食其子，因以名之，或云其木老则根黑烂成臼，故得此名。

陆游诗云：“鹁鸪声急雨方作，乌桕叶丹天已寒。”

清代藏书家王端履《重论文斋笔录》说：“江南临水多植乌桕，秋叶饱霜，鲜红可爱，诗人类指为枫，不知枫生山中，性最恶湿，不能种之江畔也。此诗江枫二字亦未免误认耳。”

王端履是说，张继笔下的江枫，实乃乌桕。

这里以前还专门在路边、港边，种有血多乌桕，初霜一染，云蒸霞蔚，火红一片。

乌桕的叶子有毒，以毒攻毒，却是治疗蛇伤的好药。

在早先，邻村一位孤寡老人，一日在吃中午饭时，见一个云游道人，拄着一根拐杖，趺趺撞撞来到他家中。道人说，不小心被蛇咬了一口，刚敷了药，不能走路，需要到府上歇歇脚。老人很是善良，泡了好茶，炒了好菜，拿出好酒，来招待这位道人。

日头快要落山，道人起身赶路，要付饭钱，老人不肯收。

道人说：“你是个好人。我教你一个偏方，用乌桕叶和糯米饭，捣碎，可治蛇伤。”

此后，老人用这个方子给村子里的人治疗蛇伤，屡试不爽。治好后，人家总用礼篮提一些礼品来谢他。

老人快要过世，怕这个方子失传，便把此事讲给村子里的人听。

乌桕木质有毒。有人曾用乌桕树砧板，剁千刀肉吃，引起急性中毒，恶心呕吐、腹痛腹泻，严重者会口唇发麻，面色苍白，心跳加快。相反，用乌桕树打菜碗橱，可不馊菜，或说饭菜可多放一些时间。

村里人做蒸馏酒，多是砍乌桕树枝当柴，说是火势温和，出酒率最高。

弹棉花的人，都选老乌桕树，用来制作压棉花的磨盘。把树锯下一截，埋在淤泥里发酵数月，取出来打磨，起到既光滑，又粗糙的效果。大磨盘，需要好几块木头拼凑而成。压棉花时，双脚踏上磨盘，手舞之，足蹈之，可把拉好的纱粘牢。

初冬，乌桕的叶子落尽后，剩下尽是白花花的乌桕籽，如披纱点雪。

袁枚《随园诗话》说："眼前欲说之语，往往被人先说。余冬月山行，见桕子离离，误认梅蕊；将欲赋诗，偶读江岷山太守诗云：'偶看桕子梢头白，疑是江梅小着花。'杭堇浦诗云：'千林乌桕都离壳，便作梅花一路看。'是此景被人说矣。"

宋应星《天工开物》记载："乌桕种子榨出水油，清亮无比。贮小盏之中，独根心草，燃至天明，盍诸清油所不及者。"

早先，初冬的时候，很多村民不失时机地采摘乌桕籽。树高摘不到，就在竹篙上反向绑一把锋利的弯刀，把乌桕籽连同树枝，一起削下来，把籽摘下。

乌桕籽含有很高的脂肪油。老一辈的人，没有肥皂洗衣裳，便把乌桕籽捣烂，放在水里泡，可去污。随后，妇女把衣裳放进去，浸上一阵子，用木桶提到港里，跪在蒲团上，用木槌捶打，再清洗干净。这此起彼伏的捣衣声，已成为绝响。

我还见过用皂角、禾秆灰、油茶枯饼洗衣裳的。

乌桕籽多用来榨油，做蜡烛。乌桕籽榨出的油，开始还清亮如水，不过多久，便成蜡状。

时过境迁，自从有了电灯照明，很少有人摘乌桕籽了。

有人说，乌桕树蕴含着浓浓的乡愁。是的，近年来，随着城镇化建设，乡村在迅速消失，乌桕树也只能生长在人们的心中了。

枸 杞

说起枸杞，似乎它只是宁夏的特产，其实在梅岭山野田间，枸杞处处都有。我去菜市场，就经常看见有野枸杞芽、枸杞子卖。

我家的屋后面及菜地边上，栽了好几棵枸杞树。这是几年前，我的姻亲黄小平、华慧兰，因房子拆迁殃及菜地，才移植到我家的。我对这几种枸杞树爱如珍宝。

我这几棵枸杞，有十多年的树龄，蓬蓬勃勃，生机盎然。枸杞高可四尺，主杆虽像梅树一样虬曲，枝条却柔如柳枝，叶子有点儿像辣椒叶。夏天，枸杞开出很别致的小花，淡紫色，喇叭形。夏秋之交，就会结出一串串红如樱桃，艳如玛瑙的果实。

每年开春，我都会给这几棵树施一次有机肥。开花的时候，很容易招虫，如不及时防治，就会颗粒无收，需要隔三岔五，用辣椒水喷射枝叶，或用淘米水，清洗叶子。

枸杞栽在园中可供观赏，更可作为美食，滋补身体。

枸杞芽采来，洗净晾干，用旺火炒。这芽虽略带苦味，但清香爽口。

唐孟诜《食疗本草》载:“枸杞头有坚筋耐老、除风、补益筋骨和去虚劳等作用。”

新鲜的枸杞子，可以用来蒸鸡蛋、蒸肉饼，就是煲汤、煮粥，放上一些，也别有风味。它含有丰富的胡萝卜素、多种维生素，和钙、铁等营养物质。对肝血不足，所导致的双目干涩、头晕眼花、视力疲劳等症状，有明显缓解作用。

枸杞根中医叫地骨皮，具有凉血除热、清肺降火、补肾明目等功效。晋朝葛洪，就经常用枸杞子治疗眼疾，故有明眼子之称。

道书云:“千载枸杞根，其形如犬者，食之成仙。”

南唐沈汾《续神仙传》，记载了一个很有趣的故事。有个名叫朱儒的人，自幼在大箬山跟着王玄真学道。山中多黄精，深秋可采其根茎煮食。一日，朱儒在溪边洗黄精，忽见岸边有两只小花狗在打斗嬉戏。他心想这里并没有人家，哪来的小狗？便来到枸杞丛边看个究竟。小花狗却突然遁去。他将此事告诉师父。于是两人静候一处，不过多久，两只小花狗又出现了，不过多久，又隐形在枸杞丛中。两人挖得二个枸杞根，形状如花狗者，却像岩石一样坚硬。经过烹煮，朱儒吃了，忽觉得身轻如燕，便羽化而去。

徐铉《稽神录》记载了这样的一个故事，南昌有个姓梅的郎中，来梅岭采药。那是一个阴晴不定的秋日，梅氏攀藤附岩，来到天宝洞一带。此时天阴欲雨，他正要下山，猛听的一声炸雷，大雨倾盆而下。梅氏急忙躲进天宝洞中，才行几步，见这里别有一番洞天：松柏苍翠，芳草鲜美，鹤唳凤翔，霞光朗朗。有一鹤发童颜的道长，身穿羽衣，头戴星冠，遣一童子，托盘盛一类似婴儿和狗的东西，给梅氏食。梅氏再三拒绝。道长抚须叹曰："子善人也，奈无仙缘。千岁人参，万年枸杞，今不得食，是尔无份也。"梅氏出洞，回顾烟霞缥缈，犹如一梦。

熊荣《西山竹枝词》诗云：

西山半是仙人居，十二洞天载道书。
觅得人参与枸杞，管教脱履昆仑墟。

时珍本草云：枸杞，二树名。此物棘如枸之刺，茎如杞之条，故兼名之。

唐代药王孙思邈，深知药性，唯独青睐枸杞子。他常年饮用枸杞酒，活到一百四十二岁。

白居易亲手种植枸杞，还专门写了一首咏赞枸杞子的诗：

枸杞枸杞悦我目，荆枝挂子红欲滴。
玩此聊慰南国思，移情冷落东篱菊。
枸杞枸杞健我足，甃浸杯斟筋血活。
日日笑饮枸杞酒，老来不惮关山越。
枸杞枸杞得我心，玉态姣颜味复珍。
回首又生多恨事，幸得桑榆识此君。

苏东坡年老体衰时，就很渴望遇见一个似小花狗的枸杞根，在《小圃五咏·枸杞》诗云：

灵厖或夜吠，可见不可索。
仙人倘许我，借杖扶衰疾。

在春光明媚的日子里，我经常去野外采摘枸杞芽，奢望能遇见一只传说中的"小花狗"，可惜我无仙缘。

构 树

构树古称楮树，属不材之木。

袁中道在《楮亭记》中说:“以为材，则不中梁栋枅栌之用；以为不材，则皮可为纸，子可为药，可以染绘，可以颒面，其用亦甚夥。”是的，在土地肥沃、风光无限的地方，很难见到它的身影。它总是很委屈地长在悬崖陡壁上，岩石缝中。只要能扎下根，构树就能茁壮成长，三年两载，就长成了参天大树。

构树树干笔直修长，树冠像一把张开的巨伞。其叶大如掌，有的呈椭圆形，但多数为三裂或五裂，乍看有些像桑叶，但表面粗糙，毛茸茸的。花为雌雄异株，雄花为柔荑花序，也就是长条形。荼荑，在古时比作女子的细嫩的手指。雌花序为头状，一个毛茸茸的小球。果实看过去很像杨梅，成熟时，果肉橙红色，很是鲜艳。

李时珍在《本草纲目》中说：楮、穀是一种树，不必分别，惟雌雄不同。雄者皮斑，而叶无丫杈，三月开花成长，穗如柳花状，不结实。歉收之年，人采花食之。雌者皮白，而叶有丫杈，开碎花，结实如杨梅，半熟时洗去子，蜜煎作果食。二种树并易生，叶多涩毛。

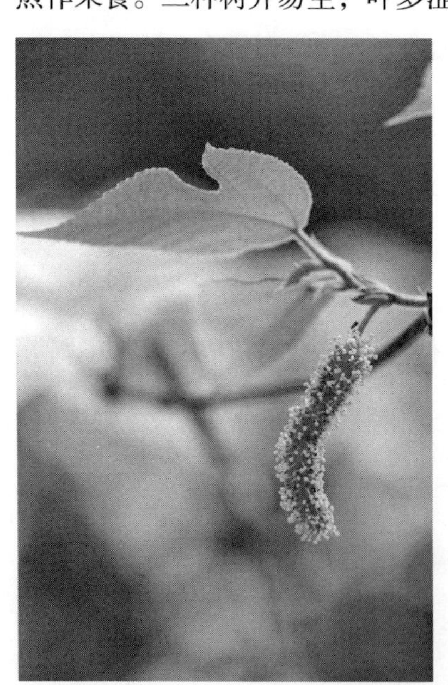

构树，古称穀树。《诗经·小雅·黄鸟》有云:“黄鸟黄鸟，无集于穀，无啄我粟。此邦之人，不我肯谷。言旋言归，复我邦族。”

在我的家乡，还是将构树称作穀树。在饥荒的年代，乡亲们把穀树摘叶剥皮，在开水焯过，漂去涩味，用来溲饭吃。

我小时讨猪草，喜欢摘构树叶。用手撸过，叶子会流出许多乳白色的浆水，黏糊糊，一瞬间就变成黑色。过后，手掌上会结一层厚厚的壳，用肥皂洗不掉，只有在石头上摩擦才能掉。这浆水，很多人竟然用来治皮癣。

构树叶煮潲，清香扑鼻，猪喜欢吃，且

能长膘。就在当下有的地方会专门种植构树摘来给猪生吃，这样猪肉会更加细嫩鲜美。

初秋，构树挂满了红艳夺目的果实，总有鸟雀在啄食。我总是禁不住摘一个，用舌头舔一舔，甜丝丝的，真想一口吞下去。

这时，总有伙计在说："嗨，这是野人泡（莓），野人吃咯。"

那时，我是相信山中有野人的。寒冬腊月，经常会有很多人来我家烤火，讲故事。野人吃人的故事，最让我心惊肉跳。说野人身高如塔，浑身长毛，还撅着一个尾巴，指甲老长。它有一个致命的弱点，跌倒了，就爬不起来。它每捉到人，就大笑一阵，然后把人掐死吃掉。那时的人上山，要在手臂上套上竹筒，如被野人捉住，等它仰天大笑时，甩手就跑，或猛推上一掌。

至于野人和构树，《山海经》开卷第一篇就有记载："南山经之首曰鹊山。……有木焉，其状如榖而黑理，其华四照，其名曰迷榖，佩之不迷。有兽焉，其状如禺而白耳，伏行人走，其名曰狌狌，食之善走。"

《山海经·海内经》记载："南方有赣巨人，人面长臂，黑身有毛，反踵，见人笑亦笑，唇蔽其面，因即逃也。"

其实，构树果实是可以吃的，还有补肾利尿、强筋健骨之功。只是果实上，经常爬满蚂蚁和苍蝇，让人食之无味。

构树果实可治哽噎病，《南唐书》云："烈祖食饴喉中噎，国医莫能愈。吴廷绍独请进楮实汤，一服疾失去。"

构树也叫沙纸树。它有一层厚厚的皮，是很高级的造纸原料。据考证，蔡伦当年就是用树皮、麻头、破渔网造的纸。早先，西山很多屋场，都有造纸作坊，多是用竹麻、构树皮为原料。

在明代，西山曾设官局造纸。屠隆《考槃馀事·纸笺·国朝纸》："永乐中，江西西山置官局造纸，最厚大而好者曰连七、曰观音纸。"邑人陈弘绪《寒夜录》说："国初贡纸岁造于吾郡西山，董以中贵，即翠岩寺遗址以为楮厂。其应圣宫皮库，盖旧以贮楮皮也。今改其署于信州，而厂与寺俱废。"

据记载，这种纸雪白如玉、厚薄匀称、防虫耐热、着墨易干，叫白棉纸。据专家考证，巨著《永乐大典》就是用这种纸写成。后来由于当地楮树消耗殆尽，才将造纸厂迁到上饶铅山。直到今天，铅山还保留了这种古法造纸的技艺。

苏轼《宥老楮》云："肤为蔡侯纸，子入桐君录。黄缯练成素，黝面颓作玉。灌洒烝生菌，腐余光吐烛。"

构树虽属不才之木，却有不少实用价值。

猴楂

深秋的一天，我带着孙子牧之回桐源老家看望大哥。才坐下来谈些家常，大哥猛然起身，打开橱柜，捧出一大把黄澄澄的猴楂来，让我大为惊喜。

猴楂，久违了！看到猴楂让我回想起许多童年往事。

猴楂就是人们通常说的山楂，属蔷薇科，苹果亚科，山楂属植物。猴楂树枝干遒劲，满身长刺，灰褐色。叶片墨绿色，棱状卵形有裂纹。春天，猴楂树会开出密匝匝的白花来。深秋，它的果实或红艳艳，或黄澄澄，形状像苹果，却只有枣子那么大，酸甜多汁，美味可口。

李时珍《本草纲目》中说："山楂，味似楂子，故亦名楂。"又云"此物生于山原茅林中，猴、鼠喜食之，故有诸名也"。

郭璞注《尔雅》云："树如梅。其子大如指头，赤色似小柰，可食，此即山楂也。"

猴楂自古以来，就成为开胃健脾、消食化滞的良药。

父亲每年要晒一些猴楂干，在我消化不良的时候，让我煎水喝。还会挖猴楂根，晒干，泡给我喝。

那时，在山中砍柴、打茅栗或摘橡栗，我经常见到猴楂，便呼朋引伴地吃起来。吃饱了，就摘下一些装进口袋里，带回家慢慢吃。

其中，黄猴楂稍大些，椭圆形，我们喜欢给它插上竹签，扮成小胖猪状，玩赏几天后，待它有些发软时才恋恋不舍地吃掉。

洗药湖多猴楂。村里妇女打茅栗，经常会摘一些回来。

洗药湖，是一座海拔八百多米的高山，距离我村有十里路。

我第一次去洗药湖，是我读小学四年级那年，老师带四、五年级学生去秋游。清早四五点钟就吃过了早饭，我们带着干粮，摸黑上山。经过一个叫南门头的村盘，从狗骨岭登山。那天，我们举着红旗，一路上意气风发，唱着歌曲，歌声响彻云霄。路上，有成群结队的妇女，去打茅栗。她们多是头上系着一条手巾，穿着旧衣裳，背着背箩。

我来到洗药湖，见果然满山都是野果琼浆。最多的是茅栗、橡栗，其次要算猴楂、油柿子、秤砣子、猕猴桃了。这里的猴楂树，多是长在山崖上，乱石丛中，树形更是苍劲，且结满了或红或黄的果实。大人忙着打茅栗，对猴楂是不屑一顾，而我们却对它偏爱有加，书包装得满满的。可这东西越吃越饿，带来的干粮早吃完了。在回家的路上，我们肚子咕咕直叫，大腿也软软的。

猴楂在我的印象中只是高不过三尺的灌木，而有一次，我带着女儿鹿鸣、儿子崇怡在三分宕采风，发现一株猴楂树，一枝独秀，高有二丈，挂满了黄澄澄的猴楂。

我们惊叹着，赞美着。

这时，一幢被土蜂钻得千疮百孔的土屋，门“吱呀”一声开了，走出一位头扎毛巾的妇人，用惊讶的目光打量着我们三位不速之客，然后，很客气地说：“你们想吃猴楂，就上树去摘吧！”

久居闹市的我，被妇人古道热肠所感动。我深深地向妇人道了一声谢就走了。几年后，我再次来到这村子，可村子已经搬空，树也被砍了，我十分惋惜。

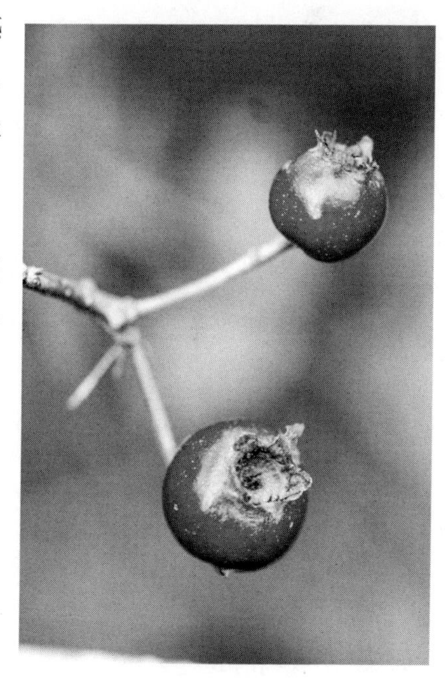

张艺谋导演的电影《山楂树之恋》，故事中的山楂树，就是一棵高丈余，枝繁叶茂的大山楂树。山楂树下的爱情，也格外纯真唯美，令人荡气回肠。

流年似水，我已是步入老年的人了。

大哥把猴楂洗净了，牧之拿在手里，硬说是小苹果，吃了一口，酸得直流口水，皱着眉头，不想再吃了。

等哪一天，我带牧之去洗药湖，让他亲自摘一次猴楂，可能吃起来才会觉得有味。猴楂里有野趣、有乐趣，也有情趣。

胡颓子

我第一次看见这几个字，不知所云，误以为就是指美艳的胡姬花呢。可到网上查了一下，它竟然是我小时候常吃的一种叫卢都的野果。

我依稀记得孩提时摘卢都的情景。那是生产队栽早稻的时候，大田小田水汪汪，大人们正在忙着插秧。

我们呢，成群结队，带着狗儿，在鹁鸪的叫声里，踏着湿漉漉的田间小路，去摘卢都吃。我们一边走，还一边唱着童谣：

鹁鸪鹁鸪咕咕，上山去吃卢都，

下山去吃奶子，钻到姆妈怀里。

鹁鸪即斑鸠。熊荣《西山竹枝词》诗云："雨丝风片拂花溪，一带春山碧草萋。日唤哥哥行不得，鹧鸪相对尽情啼。"

我们的狗，一路打斗嬉戏，忽前忽后。我们欢快地唱着《黄狗嘚，白狗嘚》童谣：

黄狗嘚，白狗嘚，跟我看家家。

我到背后园里摘朵花，

左手摘一束，右手摘一桠。

很快到了丈母家，两个姨筛碗茶。

你是什么茶？我是芝麻豆子茶。

你咯芝麻豆子就在吃，我咯芝麻豆子冇开花。

结冬瓜，结西瓜，结得婆婆眼昏花。

梳洋头，戴洋花，抱个娃娃去走家。

胡颓子喜欢长在高山的灌木丛中。那里有豺狼虎豹，没有大人做伴，我们不敢贸然前去，只是在山脚下、禾场边上"浅尝辄止"。

胡颓子树，细瘦如藤，高可丈许，满身长刺。胡颓子的叶片呈椭圆形，碧绿如洗，背面为银白色。深秋，树上开出米黄色的钟状小花。果实成熟了，累累垂垂，挂满枝头，如珍珠似玛瑙，红艳艳的。这样漂亮的浆果，理所当然叫"如珠"，我当时是这么想的。

唐代陈藏器《本草拾遗》说：胡颓子生平林间，树高丈余，冬不凋，叶阴白，小儿食之当果。又有一种大相似，冬凋春实夏熟，人呼为木半夏，无别功效……胡颓子，即卢都子是也。其树高六七尺，其枝柔软如蔓。其叶微似棠梨，长狭而尖，面青背白，俱有细点，如星，老则星点如麸皮，经冬不凋。春前生花朵，如丁香，蒂极细，倒垂，正月乃敷白花。

胡颓子吃起来酸酸甜甜，很可口，至今想起来，我仍然回味无穷。

我们吃够了，就在禾场的闲屋里及禾秆堆丛中，玩蒙蒙躲躲。几个小拳头叠在一起，一人用手点着拳头说："竹端打水竹端沉，哪个按眼哪个寻。"点到谁，就由谁寻。竹端，是舀水用的竹筒。

那时的乡下孩子，父母生，天地养，活得简单，却很快乐。他们自幼与山水草木、花鸟虫鱼为伴，汲日月之精华，凝山川之灵秀。他们在劳动中、游戏中，增强体质，开发智慧。民间文学也是对他们人情事态、处世哲学的启蒙。

可现在的乡村，连孩子都不多见了，孩子们都进城里读书了，每天背着沉重的书包，来去匆匆。他们有做不完的作业，参加不完的各种补习班。

如果我有来生，还是愿意做个山地里的孩子。

胡颓子的别名可多了，有蒲颓子、半含春、雀儿酥、甜棒子、牛奶子根、石滚子、四枣、半春子、柿模、三月枣、羊奶子等。它的每一个名字都透着一股甜蜜、一股野趣。

胡颓子中空，有的老人把它改作烟筒，还有一个作用，可当拐杖用。

胡颓子是制作盆景的上等材质，枝叶扶疏，姿态古雅。我每到花鸟市场、盆景园中看到胡颓子，便倍感亲切，它会让我想起童年的家乡，更会想起那时唱过的歌谣。

秋日胡枝子

初秋的一天，我来到洗药湖采风，这里漫山遍野开遍了胡枝子花，虽不美艳，但也繁花似锦，引来蜜蜂飞满天。

胡枝子别名胡枝条、随军茶、扫皮、萩。粗不过拇指，高不过六尺，却枝繁叶茂。胡枝子有三片羽状复叶，卵形，毛茸茸的，有些像大豆叶。花朵紫红色，有点像紫藤。

胡枝子为豆科亚灌木，在我的家乡就俗称豆叶柴。

胡枝子生命力极强，干也耐得，湿也处得，酸性土也长，盐碱地也行。在很多贫瘠的石头山上，只有它长得茂盛。

胡枝子枝条修长柔软，可以用来扎扫帚，或编篮筐。

萩，通樵，本是柴火之意。它含的水分少，砍回来还是青翠欲滴，放进灶里烧，便火光熊熊。记得小时候砍柴，捡不到干柴，就砍两捆胡枝子，用尖担挑回家。

20 世纪 80 年代初，农村实行联产承包责任制，父亲为了改良土壤，喜欢割嫩树枝和芭茅，抛在田里积肥，割得最多的却是胡枝子粗壮的嫩苗。

胡枝子叶子，可以撸回家，煮给猪吃。听父亲说，在饥荒年代，胡枝子的叶可当饭吃。其味道微苦，略显粗糙。

明代周定王朱橚《救荒本草》记载："胡枝子，俗亦名随军茶，生平泽中，有两种叶形，有大小，大叶者类黑豆叶，小叶者茎类蓍草叶，似苜蓿叶而长大，花色有紫白，结子如粟粒大，气味与槐相类，性温。救饥：采子微舂，即成米，先用冷水淘净，复以滚水汤三五次，去水下锅，或作粥或作炊，饭皆可食，加野绿豆味尤佳，及采嫩叶蒸晒为茶煮饮亦可。"

胡枝子性苦微寒，有很高的医用价值。不仅全草都可入药，还可医治家畜。

在我国，胡枝子从未受到过文人墨客的青睐，可在日本，它却很受推崇，被列入"秋日七草"之一。

所谓秋日七草，乃胡枝子、芒草、葛花、抚子花、女郎花、兰、朝颜。平安时代宫中女官清少纳言，在一个朝露未晞的清早，漫步山间，看见满山摇曳多姿的胡枝子，写下这样的文字："胡枝子原先看起来是挺沉重的样子，待露晞之后，径自枝动，也无人触摸，竟会忽然向上弹起，有趣得很。"

日本俳句大师松尾芭蕉，一次在乡间漫游，夜宿小店，听见邻舍有女子在哀叹世事艰难，想投身佛门。第二天清早，他正要上路，与此女子在门口打了个照面，女子问松尾芭蕉，能否携带她同往伊势神宫。松尾芭蕉说，人生不得意之事十有八九，一时困顿不算什么，天照大神会眷顾你。松尾芭蕉晚间写日记："夜宿旅店妓为邻，秋月朗照胡枝子。"

日本植物史学家中尾佐助曾说："胡枝子不属于原生林植物，是在原生态破坏后的松林二次林中很显眼的植物。跟胡枝子相关的诗歌很多，说明《万叶集》时代自然已经被人类行为破坏，所以周围胡枝子相当普遍。如此，在破坏自然的过程中，产生了日本最初的美学。"

胡枝子在我国名不见经传，只是一种柴火、野菜、猪饲料而已，而在日本却集风、雅、颂为一体。

由于地理环境的不同，传统文化的差异，不同国家和地区的审美也是迥异的。

有椒其馨

花椒是一种很有名的调味品，可它俗中有雅，二三千年前，就登入大雅之堂，被写入《诗经》中。

《诗经·周颂·载芟》:“有余其香，邦家之光。有椒其馨，胡考之宁。”是说丰收的时候，举行祭祀，酒食芬芳，是邦家的荣耀，而椒酒馨香，能使人们平安长寿。

《诗经·唐风·椒聊》云:“椒聊之实，蕃衍盈升。彼其之子，硕大无朋。椒聊且！远条且！椒聊之实，蕃衍盈匊。彼其之子，硕大且笃。椒聊且！远条且！”

朱熹在《诗集传》中对这首诗做了诠释:“兴而比也。椒之蕃盛，而采之盈升矣。彼其之子，则硕大而无朋矣。椒聊且，远条且，叹其枝远而实益蕃也。此不知其所指,《序》亦以为沃也。”

花椒树生命强盛，籽粒繁多，寓意多子多福，吉祥如意。古人喜欢用花椒和泥，粉刷墙壁，气味馨香，芳香怡人，还可保健养颜。

班固《西都赋》就有记载:“后宫则有掖庭椒房，后妃之室。”意思是后宫用花椒泥涂墙壁，谓之椒房。史籍记载，汉成帝宠妃赵飞燕，久无身孕，御医奏请用花椒粉饰四壁，不久，果然产下一子。

少年时，我同父亲在山上锄油茶山，看见花椒树，便和杉树、梓树一样对待，把它移栽至荒地，栽在菜园里。

花椒树多长在乱石丛生，流水潺潺的山涧边。我砍柴时，看见花椒红艳夺目，缀满枝头，便摘下一些，放在口袋里。坐在石头上采摘花椒，听着山涧中的流水声，嗅着花椒浓烈的香气，清风吹来，令人心旷神怡。

花椒树高不过二丈，粗不过碗口。枝头上带刺，类似荆棘。叶轴有狭窄的叶翼。叶椭圆形，对生，边有细齿。花序顶生，黄绿色。秋天，花椒结出的果实大如豆，表皮疙疙瘩瘩，由青转紫，十天半个月后，裂开，露出乌黑发亮的籽。

父亲曾经出过一条谜语给我猜:“小时青溜溜，老来红溜溜，张嘴乌溜溜。”我很快猜出是花椒。

花椒树，无论是叶子还是果实，都散发着一股特有的香气，有一种麻辣的感觉。

春天，我喜欢摘花椒树芽煎蛋，味道比椿芽还要好。

用花椒烧肉、煎鱼，可去腥味，并且格外美味可口。

如果有关节炎、肩周炎等，可把花椒碾碎，用高度白酒上泡三四天，倒一点在手上，在痛处使劲揉搓，不停地拍打，再用热水袋敷上一会儿，效果甚佳。

牙痛难忍，含几粒花椒在嘴里，那股很冲的麻辣味可起到缓解疼痛的作用。

听说有个蛔虫钻胆患者，痛得满地乱爬，郎中叫他家里人将醋烧滚，放上两把花椒，喝上几口，便好了。

长期吃花椒好处很多。山里人家，喜欢用花椒烧鸡，起锅时，用自家酿的酸酒，浇一下，顿时，香气扑鼻，食之，肥而不腻，别具风味。

久而久之，花椒烧鸡，便成为当地的一道名菜。

荆　柴

荆柴，在我的家乡是对黄荆的俗称。

荆柴是一种极为常见的灌木，田野、山间处处都是。它经常与刺蓬混在一块，人们习惯用“荆棘”二字，来泛指那些低矮带刺的灌木。有个成语叫披荆斩棘，用来比喻创业中或前进道路上，要清除的障碍。可见，荆和棘一样，长期受到人们的蔑视。

荆柴，高不过丈，就是长上百年千载，也不过刀把大，实乃不材之木。民间谚语说它：千年盖不得板，万年架不得桥。沈复《浮生六记·坎坷记愁》：“况锦衣玉食者，未必能安于荆钗布裙也，与其后悔，莫若无成。”古人用荆钗布裙，来形容贫贱妻子。因前人喜欢用荆条做成簪子，来别头发，固有此说。

山里人砍柴烧，嫌它不起焰，连烧出来的木炭也很劣质。人们看见荆柴，就像看见刺蓬一样，总是毫不留情，一刀砍去。

然而，一物自有一物的价值。

夏天，山里蚊虫特别多，有人砍下荆柴晒干，用来熏蚊子。

深秋，有人砍下细长荆柴，拿来编筐子，做藤椅。

荆柴烧成灰，用布袋子装好，放在水里可提炼出碱水。用这种碱煮粥、扎粽子、做艾饼，味道格外醇厚可口。

西山北麓的潦河流域，做黄黏米年糕，就用这种碱。先用上好的糯米，放在箩里浸泡两三天，要经常搅拌，使米粒变得更晶莹透明。然后把泡好的米放进木甑里蒸，待白气上腾，把碱性的黄荆水倒入，糯米饭被染成黄色。下一步，把糯米饭放进碓臼，用木棒使劲捶打。这个时候，村子里的人都来帮忙，一会儿，就把糯米饭捣成一团，搓成长条形。晾晒几个天后，抹上黄荆草灰，把饭团放入缸储存，一两个月也不会变质。

这种年糕，颜色橙黄，色泽亮丽，嚼之，柔韧爽口，余味悠长。

荆柴还可入药。南朝山中宰相陶弘景在《本草经集注》中说，黄荆，处处山野有之，多被樵夫采为薪。年久不砍，其树大如碗。其木心方，其枝对生，其如榆树，有五叶或七叶者。叶长而尖，有锯齿。五月杪间开花成穗，红紫色；其子大如胡荽子，有白膜皮裹之。苏颂云，叶似蓖麻者，这不对。黄荆有青、赤二种，青者为荆，嫩条皆可为围栏。早先，贫妇以荆为钗，即此二木也。

唐陈藏器《本草拾遗》说，荆木取一截，在火上烤，用器皿装滴下的水，饮之，可去心闷烦热，头晕目眩，恶心欲吐，卒失声。

农人在田里割禾，山上砍柴，手脚破了，便摘点荆柴嫩叶，嚼烂，敷在伤口处，可止血消炎。如中暑晕厥，可采摘鲜叶捣烂，榨出汁水，滴进口中，患者很快便可苏醒。另外，还可敷一些在肚脐眼儿上。

荆柴根上的皮捣烂，可用于缓解关节炎、骨折。

荆柴籽，可祛风解表，化痰止咳，理气止痛。

荆柴通常只有五叶，七叶更为神品。

七叶荆的根或叶，主要可预防、治疗小孩惊风。

朝鲜人许浚《东医宝鉴・小儿》就说：“小儿疾之最危者，无越惊风之症。”

据说，有惊风症状的孩子，你用手摸他的头发，有三根会竖起来。

山里人只要在山中发现七叶荆，便用红布系住。一是表示对它的敬重，二是把它当作精灵，怕遁去。

我父亲只要发现七叶荆，便用红布系住，等到端午节或深秋的时候，把它的根，挖回家，削成一片片，晒干，备不时之需。连叶子都摘来烘干，做茶饮。

父亲说：七叶荆喜欢长在阳光充足，或发过火的地方。所以它阳气最足，药性最烈。

荆柴虽普通，经过千百年风雨，吸天地之灵气，汲日月之精华，终于长出了七片叶子，提升到千年人参同等地位，能救人急，救人危。这是一种草木传奇！

人生也是如此，又有几个男儿能经过岁月的锤炼，摆脱平庸，达到圣贤的境界呢？

捡尖栗

尖栗的果粒像个圆锥，也称锥栗。

它和板栗、茅栗，都属壳斗科栗属植物，树叶、果实都很相似，就连味道、营养成分也差不多。

要说它们的不同，尖栗树要高大得多，且壳斗内只有一粒坚果。

茅栗树高不过数尺，可用竹夹子采摘。板栗树高不过数米，可用竹篙敲打。而尖栗树呢，高可达数丈，只能等它的果实落下来了。

小时候在山上砍柴，我看到满树毛茸茸长刺的尖栗，便垂涎三尺，感叹道："哎呀！好高哇，摘不到，怎么办？"

我们等待着，等到了霜降后，尖栗果实坦开了口，自己会落下来。我便邀几个伙计，背着鱼篓，上山去捡。尤其是风雨过后，尖栗掉得满地都是。我们一边捡，一边唱：

一粒一粒捡尖栗，粒粒甜到我心里。

你吃我吃大家吃，吃得大家笑嘻嘻。

眼快手快，吃得莫怪。我们捡完了一树又一树，捡完了一山又一山。一上午，可捡个五六斤。

秋收后，父亲几乎每年要烧一窑木炭过冬。有时，我陪同父亲来到人迹罕至的高山上，选一个林深木秀的山谷，挖窑烧炭。

在这样的高山上，尖栗没有人捡。我捡来尖栗，放在火里煨，一会儿，啪的一声，它便跳出火堆。我剥掉壳，放到嘴里吃，又香又甜，比家里炒的尖栗好吃多了。

有时候，在尖栗树下，还能遇见兔子。它们也在捡尖栗准备过冬呢。父亲说，如果能挖得到一个兔子洞，准有几十斤尖栗。我很想找到一个这样的洞，可惜就是没遇见过。

在我的家乡，有个叫羊角山的村盘，那里的尖栗，是一山接一山，夹杂在毛竹、油茶树丛中。

在春夏之交，尖栗花开了，一树树的繁花，洁白如雪，清香四溢。

我乡有个惯例，打茅栗要去洗药湖、马口等高山上。捡尖栗，便来羊角山。

那时，我只去羊角山捡过一次尖栗。一般是在风雨后的大清早，我们早早吃过油炕饭，带着红薯、萝卜、生糖月饼等干粮，翻过几座山，经过南门头、涂家边、坳上、枫林、岩下等村庄，走了七八里路，才来到羊角山。日头还没有出来，屋场上吱吱呀呀，才开大门。有几只黄狗，朝我们“汪汪”地叫着。

这个屋场有几十户人家，都姓杨。据说他们从先祖来到这里定居，就是看中了这片尖栗林。村人有个约定，禁止砍伐尖栗树。不过到20世纪七八十年代，还是砍去许多。

我们钻进幽暗的尖栗林里，猫着腰，睁大眼睛，柴里草里，寻寻觅觅。不时，用柴棍拨动几下枯枝烂叶，一粒粒尖栗，跳入我们的眼帘，我们就把它们捡进囊中。有时，一阵山风吹来，尖栗就像雨点一样，窸窸窣窣落了下来。我们沉浸在收获的喜悦中。

过不多久，满山都是捡尖栗的人。就连山外的人，也走一二十里路赶来。

太阳快落山了，我们踏着夕阳回家，我们的肚子饿得咕咕叫，一边吃着尖栗，一边往回走。

尖栗树下的守望者

又见秋风起。我的家乡没有莼菜可采、鲈鱼可捉，去捡一捡尖栗也很好。而捡尖栗，最好的去处是羊角山。

我以前在一篇《捡尖栗》的文字中，写过羊角山，那里曾经是人烟浩穰的山村。可这次，这里却关门闭户，瓦砾满地，杂草丛生，有的房屋竟然只是用木料支撑着。在一户人家门口，有几只鸡在觅食。一条小黑狗，只吠了两声，就夹着尾巴躲起来了。屋侧的柚子树、橘子树、柿子树，果压枝低。门前水沟，深不盈尺，却有几条小鱼在游弋。极目远望，安义坪下的远山近水，城郭村落，尽收眼底。

多次听说，这个村中仅有一位留守老人，这肯定是他家。我敲了一阵门，没有人应。难道这个老人也捡尖栗去了？

村后的竹林里，尖栗树这里几棵，那里一片。它们高大伟岸，在这丰收的季节，绿得越发深沉、厚重。

太阳还没有升起，朝露未晞。我沿着一条小路，来到尖栗林中。树下都是光秃秃的，只有一些枯枝败叶和陈年的壳斗，尖栗散落其中，显得格外光洁亮丽。一阵山风吹来，树下下起了“尖栗雨”。

山间传来脚步声。出现在眼前的是一个身材矮小的老人，手里拎着一只布袋子。他一副很和善的样子，满脸堆笑，与我搭讪道：“捡到了尖栗吗？嘿，这里我早就捡过了。”

我说：“才天亮，您怎么就捡过了？”

老人抖了抖手里的布袋子说：“你来看，我都捡到二十多斤了呢。”

我走过去打开袋子一看，果然有半袋多。袋子里面还有一盏应急灯。

老人说：“我经常在凌晨两点就开始捡。天亮了，山里山外的人都来捡，哪还有我的份？”

我说：“我才上山，您怎么就下山呢？”

老人说：“今天是阴历九月十五。只要是初一、十五，我都要添斋饭，上香，祭祀天地神灵。”

我多次想来这里，拍一组照片——《一个人和一个村庄的守望》，这不正好！就对他说：“我带相机来了，可以跟着您拍一点照片吗？”

他呵呵一笑：“你去拍鲜花、拍美女，还说得过去，拍我一个糟老头儿有什么意思！”

我不捡尖栗了，跟着老人下山。

老人叫杨封木，小名木金，年过七旬，满脸沧桑，脸上沟壑纵横，但头发乌黑如漆。

老杨很喜欢说话，絮絮叨叨，给我说起尖栗树的故事。

老杨说，他祖居在离这不远的冈垴杨家。有一天，他的一个先祖来羊角山砍柴，看中了这里满山的尖栗树。他心想，居住于此，有这些个“铁杆庄稼”，子孙后代就不会饿肚子。于是，他便开基拓荒，定居于此。

老杨说，他从开始走路，就晓得捡尖栗。饥荒年头，到了深秋，有的人把孩子放养在尖栗树下，保管不会饿着。……可惜的是，在赚工分的年代，生产队长为了让大家年底能多分红，便把尖栗树砍倒，卖了许多到南昌县蒋巷打船。真是吃断子孙根！

这时，陆陆续续，有人开车来捡尖栗了。

老杨把尖栗倒在楼板上晾，估计足足有三百多斤。

老杨开始做饭了。他塞了一把柴在灶膛，随手抓一把削筷子的竹屑，点燃，放进灶里，遂见熊熊火光。

村子里，升起袅袅炊烟。

饭煮熟了，他添了满满一碗斋饭，点燃七炷香，端起斋饭，站在大门口敬天地，接着来到村中家庙敬菩萨。把斋饭供在神像前，两手拿着香，拜了三拜。

老杨说，他们村的菩萨是十老倌，也叫细阿公，是他们村的保护神。

最后，老杨还拿了一炷香回来，插在灶的烟筒上，敬灶神。

中午，我就在老杨家吃午饭。他还保留着传统习惯，把饭添起来，留下锅巴，倒下米汤，又塞一把柴，把锅巴粥煮得香喷喷的。

我们就围着灶，边吃边聊。

老杨说："村子里人口最多时，有三百多人。实行土地承包责任制那几年，大家欣喜若狂，恨不得把山都开出来，留给子孙种。可后生家却不领情，不甘心修地球，纷纷走出山去，做铝合金门窗、做生意。我们村里人，全国各地，那个城市没有留下他们的足迹？后生家立稳脚跟，立即把家眷也带去了，村里只留下老人。慢慢地，随着老人们的辞世，田地渐渐荒芜。我的田也有三年没有耕种了。我有六个儿女，都在外地安了家。我也去外地住过一些日子，但在外面就像丢了魂一样，十天半月必须回来。有一次，我去县城小儿子家住，和几个老人晒太阳聊天，却突然不省人事。我只能老死在家乡，再说，这祖堂、家庙也要人来祭拜。还有，这一大片祖宗相中的尖栗树，也要人来守望哦。"

老杨说到这里，用饭碗装了一碗晾干了的尖栗，把锅洗干净，又烧一灶火，炒熟给我吃。

饭后，老杨泡了一碗自己在高山采的茶，给我喝。这茶叶看上去十分粗糙，喝起来味道却甘醇清爽。

老杨说："你来捡一次尖栗，不能叫你空手而归。我带你去偷牛洞，那里有一棵尖栗树才叫大呢。”说完，哈哈大笑起来。

走进油茶林，这里蝶舞蜂吟，我们不时看见几个捡尖栗的人。

不久，我们钻进幽深的竹林中。山势逐渐陡峭，竹子密密匝匝，枯竹倒了一地，可见很久没有人砍伐过。接着，便是高山灌木林，层林尽染，特别好看。这里乱石丛生，我们不时要攀岩而上。

所谓的偷牛洞，是两块巨石架在一起，形成一个人字，可容二三十人避雨。相传，因早先有几个人，在饥荒年代偷了一头牛在这里杀掉吃了，而得名。

这里奇岩突兀，气象万千。在山谷，有一棵尖栗树，大有四抱多，高可数丈，蓊蓊郁郁，结满尖栗。我们来到树下，见树上满是尖栗，颗粒比山下边大得多。我俩各捡了六七斤。

我俩坐在偷牛洞旁的岩石上休息，看风景。山谷中，有竹鸡发出欢快的啼叫声。

我问老杨：“您会唱山歌吗？”

老杨唱道：“有人叫我打山歌，我的心中不快活。一来担心田地荒，二来担心爷娘老，叫我如何唱得快乐歌。”

老杨说：“其实我不会唱山歌。早先，村里有会唱山歌的，有会讲故事的，有会拉胡琴的，有会吹笛子的，有会武功的，有会吟诗作对子的。还有能打一整套锣鼓的，有的能玩转一条龙灯。可这些东西都后继无人。村里都没有人了，田地荒芜了，哪里还有山歌！”

老杨顿了顿，指着山顶说：“再往上走半个钟头，就到马口了。山顶有个青草坪，有几百亩，以前年年放火烧山，让青草坪长草，好放牛羊。洗药湖也年年烧山。早先的人都说，火不烧山地不肥。你看，村左一片田，有两百亩；村右一垄田，有一百多亩。这些都是良田，都是祖宗打下的基业，都这样荒掉了！”

老杨说得有些激动，眼圈都红了。

以前的村落就像一个完整的农耕社会，巫医乐师百工齐全，自给自足，自怡自乐，长幼有序，尊卑有别。随着现代文明的进程、城镇化的扩张，加上计划生育政策的执行，使人口急剧减少，许许多多像羊角山这样的村落，正在逐渐衰败！

日头快要落山了，我俩匆匆下了山。

江南越橘

江南越橘，在我的家乡叫“六月爆”。

江南越橘的杆秀如瘦竹，紫褐色，高可二丈。叶片长圆形，青翠光亮，边缘有细齿，经冬不凋。越橘暮春开花，筒状，白色，枝头就像挂了许多小铃铛，小巧而精美。浆果才红豆那么大，由青转红，再转紫，就熟透了。

在老家的日子，每到农历六月，我同伙计们上山斫柴，实在苦不堪言。身上汗水，就像泉水一样冒出来，衣裳干了又湿。花脚蚊子不住地在我的耳畔哼着小曲，还经常遇见毒蛇猛兽。然而，在不经意间，我在林中经常能遇见一两棵“六月爆”，累累的果实，红中带紫，便呼朋引伴吃起来。捋一把，放进嘴里，果实酸甜可口，还透着一股草木的清香。

大家边吃边唱《果子》歌谣：桃子吃发病，李子来送命，不是“六月爆”（原唱是沙果）来得快，差点送掉一条命。

直到大家吃得打饱嗝儿，我们才肯离去。有时候，我还要砍几枝回家，给侄子、侄女吃。

山里孩子，是父母生，天地养，只要到了五六岁，就山野、田畈、港里乱跑，还要帮家里斫柴、打猪草。像“六月爆”这类的野果，是大自然对我们的馈赠。那年月，苹果、香蕉、菠萝之类的水果，是难得一见的。夏天的野果不多，除了“六月爆”，还有地菍、杨梅。那时，我得感谢这些野果，滋养了我们的身体。

我是近几年才弄清“六月爆”的学名叫江南越橘。它的花、果、叶都与乌饭树很像，且同属杜鹃花目杜鹃花科植物。但它们果实成熟期一个在盛夏，一个在深秋。

记得少年骑竹马，转眼便是白头翁。自从离开故乡后，已经有好几十年没有吃过“六月爆”了。

一年春天，我在院子里种了一棵“六月爆”。

有朋友来我的庭院观赏花木，看见这棵“六月爆”，不以为然，说：“你应该多栽奇花异草、名贵树木。古人云，室雅何须大，花香不在多，可你怎么连杂柴也种在这里？”

我说："我种下的是一个故乡情结，一段难忘的童年记忆。"

乌 药

乌药，在我的家乡名为叫子柴。所谓叫子，是对哨子的俗称。因乌药的叶很柔软，卷起来可当哨子吹，且音节多变，如泣如诉，故得名。

山里的孩子，在山中砍柴，或在田野间嬉戏，总喜欢摘上一片叫子柴叶，卷成喇叭形，使劲地吹，吹出一曲曲故园恋歌。

俚语有云：江西乌药当柴烧。

叫子柴，漫山遍野随处可见。高不过一丈，粗才一握。叶片菱形，表面翠绿，背面灰白。夏日开黄绿色花序，结实如豆，慢慢由青转黑。它的根为乌黑色，状似山芍药、乌樟。

我家的猪，只要拉肚子，父亲便去挖些叫子柴块茎，放在潲水里煮。猪吃上两三天，就好了。

叫子柴舂粉，多是用来做柴香。柴香，一可用于上香，祭祀天地、神灵、祖宗。二可用于抽水烟或旱烟。那时的百姓人家，自给自足，自己种的烟叶，烤制后，将烟丝装入水烟筒，点燃一根香，便"咕嘟咕嘟"地抽起来。更多的人，抽小竹蔸做成的旱烟。

在20世纪七八十年代，很多山里人家，有一轮水碓。

因势利导，村民在急水滩头，垒石为堰，作水为圳，设有水碓。村中一律为泥石、土砖黏合成的土屋，茅草、树皮盖就的屋顶。水轮带动着碓杵，与石臼相撞击，不分日夜，不知疲倦，咿咿呀呀，轰轰隆隆，似闷雷，如战鼓，声声不息。飞溅的水沫与飞扬的尘埃交融，烟气氤氲，如梦如幻。水碓错落有致，或孤零零一座，或串联成一大片。置身其中，如入远古洪荒。

水碓，起初只是一种古老的舂米工具。水碓有浇轮，有顺水轮，浇轮安轮于碓尾，顺水轮安轮于碓旁，皆相水势缓急高下之所宜。轮中间贯以长轴，轴上木齿参差，溪水激流，轮随水转，转则齿触碓尾而碓起，齿离碓尾而碓落，倏起倏落，一刻不停。

徐世溥有诗云："曲曲悬流石作门，层层茅屋上如村。暗笼响雾锁香骨，误拟飞冰踏米痕。"

村民用叫子柴舂成细嫩的杂木粉，可用来做香。他们每天早上把叫子柴斩碎，倒在石臼里，傍晚时分，便来收获木粉。这种木粉，比我们常见的面粉、米粉，还要细腻得多，几乎都是从石臼里扬起的飘尘，落到地上。所以，碓房必须密封。取木粉时，要从地上把粉末扫起。

为什么要用叫子柴舂杂木粉呢？因它黏性好。另外还有茅栗柴，也是很好的做香材料。

寒冬腊月，或起风落雨的日子，村里人多在家里砍“香骨”。把竹子锯成一尺许，砍成一根根比筷子还小的香骨。

我的族叔龚兆椿在《农耕生活之砍篾骨，做柴香》中写道：“做香要经过七道程序。先用簸箕装进杂木粉，十指捏着一大把香骨的一头，将另一头放进装有水的水桶浸湿，大概浸湿香骨的三分之二部分，然后拿出来，洒上香粉，反复旋转搓动，使香粉牢牢沾在香骨上。在做第七遍时，香粉上添上洋红。”

水碓以铜源港、北流港居多。在北流港枫林村涯港嶆溪段，干脆就叫碓下港。

“虚窗熟睡谁惊觉，野碓无人夜自舂。”这是陆游在庐山时，写水碓的诗。在我小时候，午夜醒来，经常能听见“轰隆、轰隆”的水碓声。这是一种抹不去的童年记忆，这是一种故乡情结。

近一些年来，乡亲们再也不砍叫子柴做香，水碓也渐渐停转了。就连叶笛也很少有孩子吹了。

金缕梅

甲午残冬，我独自开着车，来到梅岭高山之巅——洗药湖，拍摄雾凇。车快接近山顶时，路上有覆冰，光滑如琉璃，我只有弃车步行。山中寒雾紧锁，北风呼啸。那满山的柴草树木冻成了玉树琼花，寒光四射。绿的叶、黄的花、红的果，被冰裹着，格外亮丽，胜似珍珠玛瑙。

我正在为这异彩纷呈的雾凇奇观叫绝时，发现一道山崖上，有一棵黄颜色的花，虽是雪压冰封，却显得格外神采奕奕。

也许这就是金缕梅，我又惊又喜，因为我对金缕梅仰慕已久，今日才得一见。

据我所知，金缕梅和银杏树一样，是我国仅存的几种活化石树种之一，在七八千万年前便生存在这个地球上，灼灼其华，散发着清香。令人感叹的是，这种树在我家乡的山上，生长千万年，却一直默默无闻。山民只要等它长到手臂般粗，就把它砍下，装进窑里，用于烧制木炭。直到2012年早春，有一个植物学家，偶然经过一个叫雷公尖的高山，发现这里生长着上千棵金缕梅。当地几家晚报连篇累牍地报道，使金缕梅成为梅岭山中的一个传奇。

我把照相机装进包里，抱着一种朝圣的心态，跌跌撞撞，在山谷中穿行迂回来到金缕梅身边。

这棵金缕梅高丈许，有着古梅的枝干，蜡梅的颜色，红梅的意蕴。满树繁花，如丝如缕。这些古梅虽裹在冰里，飘散不出清香，却逸如遗世独立的隐士，秀如玉树临风的美人。

我取出照相机，拍了几张金缕梅的照片，恋恋不舍地下山。

我把金缕梅的图片挂在我的微博上，几天后，几个好友硬要我带他们去访金缕梅。

我说：那就去雷公尖吧，据说那里有上千棵呢。

我们从乌井水库方向上山，车行十多里，来到雷公坛村。这里竹篱茅舍，有八九户人家。此村四面环山，气象清幽，鸡鸣犬吠，恍如隔世。

听村民说，以前这里有雷公坛，供奉着雷神。说来奇怪，这里还真是全国著名的雷区，雷电交加的时候，经常劈死人畜。中央电视台都对这个现象，做过探索性的报道。

村子左侧，有一山尖，有亭翼然。这正是雷公尖所在。

我们从村后上山。走过一片稻田，钻进一片幽暗的竹林。一会儿，就走进了高山灌木丛中。路上不时遇到几个行色匆匆的游人，都是为寻金缕梅而来。阴凉处，积雪犹存。我们边走边寻觅金缕梅的芳踪。先是东一棵，西一丛。走到山脊上，只见一大片金缕梅，开得黄灿灿的，或高或低，或横枝逸出，或一枝独秀，在艳阳的照耀下，清香四溢，让人陶醉。

此地游人如织，来到雷公尖的亭子里更是喧哗。或高歌，或狂饮，笑声一片。满地都是食品袋、罐头盒、水果皮。

我在这里，呼吁每一位来梅岭的游客，随身带走垃圾！

张潮《幽梦影》中说："赏花宜对佳人，醉月宜对韵人，映雪宜对高人。"

高启诗云："雪满山中高士卧，月明林下美人来。"

山水乃清幽之地，如此喧嚣，真的会使花容失色。我再也找不到第一次见到金缕梅的心情了。

金樱子

金樱子，一长就是一大丛，人们通常把它叫作簕蓬。

它潜伏在林中或路边，牵扯人的衣服，划破人的手脚，很令人讨厌。山里人见到它，总是毫不留情地快刀斩乱麻，只差没有斩草除根。

然而在人间四月，流水落花春欲尽的时候，山野间，却有许多金樱子花，与蔷薇花争相怒放。金樱子与蔷薇虽是同科的常绿攀缘灌木，但比蔷薇狂野多了，既能攀藤附树，又能独木成林。

金樱子花分五瓣，洁白亮丽，花蕊为黄色，远处看去，颇有点儿像栀子花。

《梅岭十二月采花》云：“三月桃花红胜火，四月簕花就地开。”

熊荣《西山竹枝词》：“飒飒秋风门外过，万山高髻拥青螺。笑郎采得金樱子，不似车前用处多。”

金秋十月，金樱子成熟了，或红或黄。其果实形状有些像黄栀子。头部有五角，还保持着当初花开的形状，中间圆鼓鼓的，尾端很尖，满身是刺，像个小刺猬。人们采摘的时候，应小心翼翼。吃的时候，用一根小柴棍刮掉刺，再剖开，去掉里面的籽。可洗净后，放在口里嚼，口感很好，甜美可口，清香怡人。

我读小学时，每逢放学后或节假日，经常上山摘金樱子吃。金樱子给我缺衣少食的童年带来了无穷无尽的快乐。

苏颂《本草图经》记载：“金樱子，今南中州郡多有，而以江西、剑南、岭外者为胜。丛生郊野中，大类蔷薇，有刺，四月开白花，夏秋结实，亦有刺，黄赤色，形似小石榴。十一月、十二月采。江南、蜀中人熬作糖，酒服云补，治有殊效。”

金樱子我的家乡俗称糖灌子。相传，早先它的表面没有刺，里面还有一罐糖水呢。

一天，一个叫罗隐的秀才来西山，看见两个放牛娃，摘了一堆糖灌子，吃得津津有味。罗隐没有吃过，就想向放牛娃讨一个尝尝。放牛娃硬是舍不得。罗隐是金口玉言，就说：不拿罗隐尝，今年一罐糖，明年一罐籽，浑身长簕刺得你会死。

现代科学证明，金樱子含有十九种氨基酸，十八种无机盐，及丰富的锌、硒等矿物微量元素，享有南国人参之美誉，可促进胃液分泌，帮助消化，又能使肠黏膜收缩，对金黄色葡萄球菌、大肠杆菌、绿脓杆菌、痢疾杆菌及流感病毒，均有较强的抑制作用，还可防癌。

金樱子含糖量高。我小的时候，家里买不到糖，父亲就用金樱子熬糖给我吃。

金樱子泡酒，可益气补肾，提高人的免疫力、记忆力。

山里人喝金樱子酒时，禁不住会说：“簕蓬虽是扎人，金樱子却是个好东西！”

锦鸡儿

清明时节，我院子里的锦鸡儿开了，这种植物仿佛是一群黄雀，在林间翩翩飞舞。

锦鸡儿丛生如林，高不过四尺；树干褐色，枝头有棱；叶片细细，呈瓜子型，叶轴上有针刺。花萼钟状，花冠黄色，旗瓣狭窄，为倒卵形，具短瓣柄，翼瓣稍长于旗瓣。锦鸡儿喜欢生于向阳的港边、山坡上，因根系发达，且有根瘤，能抗旱耐瘠，在石隙中都可生长。

锦鸡儿也叫黄雀花、阳雀花、金雀花。

明周定王朱橚《救荒本草》说，锦鸡儿生山野间，中原人多栽于菜园宅院。其叶似枸杞，有小刺。开黄花，状类鸡形。结小角儿，味甜，采花煠熟，油盐调食，炒熟晒干，沏茶亦可。

王象晋《群芳谱》描写道：金雀花丛生，茎褐色，高数尺，有柔刺，一簇数叶，花生叶旁，色黄形尖。旁开两瓣，势如飞雀，甚可爱，春初即开，采之，滚汤入少盐微焯，可作茶品清供，春间分栽，最易繁衍。

吴其濬《植物名实图考》云：此草江西、湖南多有之，摘其花炒鸡蛋，色味皆美，或呼黄雀花。

以上三则引文可见，锦鸡儿是一道美食。

小时候，我去山上斫柴，或讨猪草，看见锦鸡儿开了，便摘回家。母亲用腊肉炒，以韭菜、大蒜、生姜、豆豉为作料，起锅时淋点酱油，清香可口。用开水焯过，可凉拌。

那时，母亲经常用锦鸡儿蒸蛋给我吃，说是可以消食化积。

锦鸡儿枝条柔软如藤，可做各种造型，或盘根错节，或虬曲如龙，或枝叶纷披，衬托于假山旁，花开之日，满树芳华，风姿绰约，令人陶醉。因枝头有刺，很多人用它来做绿篱，家禽对其望而却步。

王越《金雀花》诗云："侯门爱金雀，金雀颜色好。化作枝上花，凌春独开早。冶游亭馆多，芳容等闲老。东风一飘零，不及涧边草。"

这些年，大家都渐渐了解了锦鸡儿的好处，引起了人们强烈的占有欲，致使今日，锦鸡儿在野外都难得一见了。

捡苦槠

苦槠与甜槠、米槠，都是壳斗科锥属的长青乔木，一般人很难分辨出彼此的异同。

甜槠、米槠颗粒比苦槠要小，只有黄豆大，可直接煮来吃，味道甘美。当然也可做豆腐。甜槠的叶子是全缘，没有锯齿，比苦槠要小。

苦槠树，高可数丈，枝丫纵横。叶片长圆形，边沿有锯齿。初夏的时候，开满穗状的花。果实被壳斗包住，成熟后露出三分之一。果实圆中带尖，褐色，皮很薄，有的会胀开来。

李时珍说，槠子山谷处处有之，生食苦涩，煮炒乃甘，亦可磨粉。

在我祖居安义长埠桐冈，村侧长着十二棵两三抱粗的苦槠树，蓊蓊郁郁，枝繁叶茂，像一把把撑开的巨伞。村民喜欢坐在树下纳凉、吃饭、聊天、讲故事。在霜降后，山风吹来，果实“啪嗒，啪嗒”，往下落，大家纷纷去捡。

苦槠树木质坚韧，富有弹性，有很多人爬上树去摘它的果实。摘不到，他们便用竹竿敲打。切记，老树多枯枝，千万不要乱踩，容易摔伤。

在东源村，有一大片的苦槠树，大约有四五十亩吧。据说是他们村的始祖在这里开基时，把从老家带来的苦槠树种子撒在这里，几百年过去了，长成这样一大片林子。每年深秋，远近的人都会钻进林子捡苦槠。

人们把苦槠捡回家，经曝晒脱壳，磨成浆，用水漂去涩味，晒干后，将干粉储藏起来，慢慢享用。苦槠豆腐，清嫩可口，略带苦涩，是我的家乡的一道名菜。

苦槠豆腐，据说能光洁肌肤，延缓衰老。

日本作家安西水丸说：“人的感官其实是很念旧的，小时候喜欢的东西，长大后总还忘不了。”

有首歌唱道：“待到秋风起，落叶落成堆。”在这个季节，我不失时机地往苦槠林走去。

浮生若梦，为欢几何。童年捡苦槠的情景，依然历历在目，转眼间我带着儿女捡苦槠，如今又领着孙子们捡苦槠了。

这苦槠，就像童话世界里的魔幻果。捡着捡着，人就长大了；吃着吃着，人就老了。

两棵桂花树

“天井里种树，岂不成了‘困’字吗？”当我在天井中种下这两棵桂花树时，父亲这样说。

高考落榜时的我，真可谓困难重重。回乡务农，却肩不能挑，手不能提，被父亲“废物利用”去放牛，我每日拿着一本《唐诗三百首》，跟在牛后背。村里人笑我“作田不像长工，读书不像相公”。我很孤独、苦闷，为了给自己寻找精神的避难所，我便躲入家里闲置多年的百年老屋，在天井里，种起花来。偏远的山区，弄不到奇花异草，我就就地取材，去山上寻来兰花、瑞香、百合、天门冬、八角莲等，不到一个月的时间，就栽培了二三十盆。

我陶醉在自己营造的小天地。

一天，我上山砍柴，在一丛乱石中，发现了这两棵笔直清秀、亭亭玉立的桂花树，喜不自禁，把它们种在近天井大门的两侧。

桂花树，人称花中神品，是月宫中的仙葩。唐代宋之问有诗云："桂子月中落，天香云外飘。"宋朝杨万里又云："不是人间种，移从月中来。"清人李渔在《闲情偶寄》中，也特别赞赏桂花树："秋花之香者，莫能如桂。树乃月中之树，香亦天上之香。"古人还常用"蟾宫折桂"来比喻金榜题名，"广寒宫中一枝桂"来比喻杰出的人才。

我曾想，等到哪天我的桂花树开放了，我也会走好运的，会出息的。

我的桂花树，在我的精心呵护下茁壮成长。三四年过去了，村里大大小小的桂花树开了又谢，谢了又开，而我的桂花树已高过屋檐了，却连零星的花也开不出来，如同它一文不名的主人一样，被人讪笑。

我很为这棵桂花树感到不平。但我坚信，它一定会开出令人刮目相看的花来。

此后，为了开创一条适合自己走的路，我告别了桂花树，走出了家乡。我的人生道路，走得很曲折，曾摆过地摊、贩过竹木、开过饭店，也曾漂泊过流浪过。在此同时，我为了实现自己的梦，我一直坚持着自学。我很卑微，但很执着。经过了十几年的艰苦努力，我在经济上、学问上，都取得了一些小成绩。

我虽是一个无益于时代的人，日子却过得"采菊东篱下"般悠闲，渐渐的，我把这两棵桂花树忘却了。一天，父亲从故乡来对我说，两棵桂花同时开放了。我十分欢喜，第二天，就急匆匆赶到老家，回到了久违的老屋。天井里长满青苔，原先莳的花草一盆不存，唯有两棵桂花树，卓然挺立，高过了屋顶，满树繁花，光华四射，芳香浓郁，沁人肺腑，荡人心弦。

这两棵桂花树，没有辜负我的期望，终于一鸣惊人！

麻栎树

早先，村前的港边，有一座大不到三亩的小山丘。山丘的东西两端，像孪生兄弟一样，屹立着两棵古老而苍劲的麻栎树。山丘的中央，相映成趣地立着两块巨石：一块立着，一块卧着。

这山丘、巨石、麻栎树，远远望去，恰似一个大型盆景，既典雅，又清秀，妙趣横生。

麻栎树，是落叶乔木，高三四十米。树身黝黑，裂纹纵横交错。其叶细长，边缘有细齿。果实比通常看见的橡栗、苦槠个头大得多，也亮丽得多。

暮春的时候，麻栎树嫩绿的叶子，在月华的映照下，如青云，似薄雾，令人陶醉。我多次伫立树下，萌生出有一天要把它写成文字的冲动。

麻栎树，以木质坚硬而著称，是红木中的上品。我的家乡“栎”字读作“捩”，骂顽固不化的人，就说它是栎木脑袋。

深秋叶子泛黄时，麻栎成熟了。每当风雨后，或天蒙蒙亮，我们纷纷跑出来捡麻栎。多时，一次可捡三四斤。

我们平时练得打弹弓的本领这时很管用，捡一块小石子，“嗖”的一声，射到树丛中，紧接着，树下就会像下冰雹一样落下几粒麻栎来。

麻栎可煨来吃，直接吃稍有点儿苦涩，所以多用来打豆腐吃。

我们捡麻栎，听见斑鸠声，就会唱歌谣：

鹁鸪咕咕，眼睛墨乌。

崽崽享福，娘打豆腐，

崽吃三碗，娘打饿肚。

这两棵麻栎树，在饥荒年代帮助乡亲渡过危难，大家对它感恩戴德，把它当作神树。

可惜，这两棵麻栎树，连同小山丘，已被三栋民房所替代。从此，每当我回老家，总觉得缺少了那种水墨丹青般的意境。

我再也没有见过这种树了。

这两棵养育了祖祖辈辈的麻栎树，只能在我的心中永生！

茶　话

南昌自古便是一个茶文化很浓的地方，民间小调称为采茶调，地方戏种称为采茶戏，就连一般的小吃铺，至今还保留着称之为茶铺的习惯。季肇《唐国史补》中，就有南昌“风俗贵茶”的记载。

旧时的南昌，有吃立夏茶的习俗，清杨垕《立夏茶词》写道：

城中女儿无一事，四季昼长愁午睡；

家家买茶作茶会，一家茶会七家聚。

风吹壁上织作筐，女儿数钱一日忙；

煮茶须及立夏日，寒具薄持杂藜栗。

君不见村女长夏踏纺车，一生不煮立夏茶。

此地由吃立夏茶，发展到平时也常吃茶、去茶馆喝茶成风。

然而南昌浓得化不开的茶文化发源地，就在西郊的梅岭。

梅岭，从滕王阁眺望：“云烟葱茏，岩岫蓊郁，千态万状，毕献于其前。”

梅岭地处亚热带，气候温和，空气湿润，雨量充沛，云雾飘绕，酸性的腐殖质土壤中，含有丰富的氮、磷、钾等元素，故而生长出的茶树，叶片肥壮，柔软细嫩。茶叶制成后，青翠多毫。泡出来，汤色鹅黄明亮。饮之，清爽甘醇。

明孙汝澄游记云：“香城、罗汉坛产茶，色味如煮青子，汤可解酲。”

明代邑人丁此吕，曾送一斤茶叶给好友汤显祖。汤显祖品过后，两腋风生，欣然作《右武送西山茗饮》：“春山云雾剪新芽，活水旋炊绀碧花。不似刘郎因病酒，菊荠才换六班茶。”

王世贞之弟王世懋在《二酉委谭》一书中，记载了其在江西为官时的一件茶事：

余性不耐冠带，暑月尤甚，豫章天气蚤热，而今岁尤甚。春三月十七日，觞客于滕王阁，日出如火，流汗接踵，头涔涔几不知所措。归而烦闷，妇为具汤沐，便科头裸身赴之。时西山云雾新茗初至，张右伯适以见遗，茶色白大，作豆子香，几与虎丘埒。余时浴出，露坐明月下。亟命侍儿汲新水烹尝之。觉沆瀣入咽，两腋风生。念此境味，都非宦路所有。琳泉蔡先生老而嗜茶，尤甚于余。时已就寝，不可邀之共啜。晨起复烹遗之，然已作第二义矣。追忆夜来风味，书一通以赠先生。

梅岭茶叶，以山高雾大的鹤岭为最，这里出的茶叶曾屡获“贡茶”殊荣。明代顾元庆《茶谱》中也有“洪州鹤岭茶极妙”的记载。清《新建县志》载：“鹤岭茶，又名云雾茶。西山白露，号绝品，以紫清香城者为最。”

在我的家乡，只要有人家，就有茶树，或种在屋边上，或栽在菜园里，修剪成一个酒坛子的形状。清明后，满树新芽，毛茸茸的，充满活力。待这些新芽长到二叶一芽后，便开始采摘。采茶者胸前挂着茶篓，拇指和食指捏住茶梗，芽尖一折便断。

有《采茶歌》唱道：“三月里采茶茶叶青，女在娘家绣手巾。两边绣个茶花朵，中间绣个采茶人……”

这里的茶叶，有西山群体大青叶、西山群体小叶。前者梗壮叶肥，后者叶小且圆。茶叶采下山，放在阴凉通风处摊开，晾上五六小时，叫作摊青。当然，这要根据天气和青叶的干湿度而定。接下来的一步最关键，叫杀青。把灶火烧旺，眼见锅快要红了，把五六斤青叶倒进去，只听见“噼啪”作响，水汽蒸腾，香气四溢。炒茶人手掌朝下，撩起一捧青叶，往上一翻，茶叶便簌、簌、簌，落回锅里。这样可去掉青叶的泥土味和日晒气。就这样茶不离锅，手不离茶，循环往复。感觉水分烤干了，便拿到簸箕里揉搓。如是一芽一叶到一芽三叶，以搓为主。到了清明以后，则以揉为主。这道工序叫理条。炒第二锅后，灶里的火渐渐减小。同样是边炒边揉搓，做到第六遍，茶叶就成形了。把成型的茶叶放在明火上烘干，不可有烟，怕茶叶变味，这叫提香。

炒茶叶的过程、中浓烈的香气，令人陶醉。

炒茶的工序，看似简单，但要掌控好锅温，把握好力度，却很难。过犹不及，做人做事都是这个理。

百姓人家，每日煮饭的时候，要在灶里炆茶。用一只生铁罐，装满水，盖好，用一块三四个指头宽的竹片，卡在罐子把上，送到灶里左边。待水烧开，倒在热水瓶里。一般是用碗泡茶。有时来得洒脱，抓一把茶叶，放进热水瓶里，一家人都喝。早先没有热水瓶，用锡壶泡好茶，放在坐炉上保温，或用棉衣包好，放在坐桶里，可保一天到晚都有热茶可喝。只要有客人来了，必敬上一碗茶。客人吃完饭也要献茶。从来茶倒七分满，留下三分是人情。

《西山竹枝词》中，就有采茶、制茶、敬茶的记载：

经过谷雨莫蹉跎，枝上枪旗取次多。

阿姊背篮随阿妹，低声学唱采茶歌。

小姑十五学蒸茶，伶俐应教阿母夸。

作妇时多作女少，明年归去好当家。

峰腰折处辄为家，山店荒凉酒莫赊。

任是客来无外敬，到门一盏雨前茶。

唐代刘贞亮就说：“以茶行道，以茶雅志。”吃茶，要讲究茶道。关于品茶，梅岭还流传着一个意味深长的故事。

相传，梅岭之巅有一座破道观，里面住着一位披头散发的老道人。道人精通茶道，对种茶、制茶、品茶颇为讲究。

道人每日品茶自娱，品到高兴处，便放声吟啸，声振林木。他是多么的渴望有一个知音，来与他品茶论道呀！

一日，大雪封山，有一个捉麂子的猎人，来观中避风雪。天寒地冻，居然有人上门，真是难得！老道破例给猎人倒了一碗茶。猎人接过茶，喝了一口，说：“好茶！”

老道以为撞上了一个懂茶的人，满心欢喜，便用滚开水，重新泡了一碗好一点的茶，双手捧上，猎人见老道热情有加，很是感动，边喝边说：“好，比刚才那一碗还要好！”

老道深信遇上一个知音了，冒着风雪，跌跌撞撞去半山腰，汲了一桶山泉来，用松枝煮沸，拿出了珍藏的上等毛尖茶，将紫砂壶沏了一壶。顿时，清香四溢，飘满山谷。老道精神抖擞地坐下，给自己和猎人各斟上一碗，就要品茶论道。

猎人见这架势，很紧张，说：“茶好茶歹我不懂，数九寒天，越滚越好！”

原来如此！老道顿时感到浑身冰冷。猎人走后，他挥笔在壁上题了一首诗：“凡夫不识宝，灵芝当野草。喝茶不品茶，越滚越叫好。”

写完，把笔一丢，在蒲团上打坐，不吃不喝，静静地往极乐世界寻找知音去了。

梅岭钟灵毓秀，自古有洞天福地，神仙之府的美誉。茶圣陆羽，曾应洪州御史萧瑜之邀，来这里做客，把洪崖瀑布泉评为“天下第八泉”，真可谓好山好水出好茶。

梅岭有梅

我以前在一篇文章里写道：“梅岭无梅，满山皆竹。”在不经意间，梅岭一个叫太阳谷的地方，满山遍野的梅花，横空出世，似乎在向世人证明：梅岭有梅。

说起梅岭，很多人会想起大余梅岭。我说的是南昌梅岭，这里是因为汉代梅福隐居于此而得名。

太阳谷位于原湾里区向阳林场，原名叫太阳坑。因这个峡谷是东西走向，因日照时间得天独厚而得名。我的家乡有个叫赵子方的地仙，有偈云：“头顶云堂寺，脚踩阳灵观，若能在此间，天下得一半。”

赵子方为梅岭石门村人，著有《洪都记》一书，在民间有手抄本广为流传。

其实，这里本是一条荒废了的古驿道，以前是山里人进城的大路。

乙未残冬，细雨霏霏的一天，我应园主之邀，来到了太阳谷中。

我们撑着雨伞，才进入大门，见一块架空的假山石上书有一个笔力雄健的“梅”字，似乎在向游客点明主题。烟雨朦胧中，太阳谷若一幅宛如天成的中国传统山水画轴。这里有高耸的楼阁，有曲折的回廊，亭台楼榭，皆依山临水。满山的梅花，点缀在这诗意的空间里。

园主是个儒雅的中年人，喜欢弹琴，更喜欢园林艺术。多年来，他每年要去杭州西湖、苏州园林、成都宽窄巷子流连数日，慢慢心中就有了一个宏愿，在自己的家乡打造一处园林景观。

踏进21世纪暮春的一天，他来梅岭踏青，无意走进了这个山谷，被这里的宁静和秀美所震慑，就向当地林业部门申请，采用土地流转的形式承包了这片山水。他根据地貌，叠山理水，种植花木。

园主说：“我打造这个以梅花为主题的山水园林，并不是为了占有这里的一草一木。一是为了实现少年时候的园林梦，二是想充分展示山水自然之大美。园中的每一个细节，我都要反复构思，深思熟虑，做到移步换景，让园林虽由人作，宛自天开。人生一世，总得做点有意义的事。其实，我就是在为社会做事，希望做出精品来，为后世留下一处经典的人文景观。”

一路上，山溪流水潺潺，如琴如簧。时而茂林蔽天，时而繁花覆地。一会儿走上风韵别致的小桥，一会儿穿过意境幽深的长廊，一会儿在梅香阁中小憩。所到之处，梅香馥馥，疏影横斜。

园主每见到一片梅花，便向我介绍说："你看，这是磬口梅，花瓣较圆，颜色深黄，按花蕊又分为荤蕊和素蕊两种。荤蕊的花蕊为紫色，香气很浓，又称檀香梅。你看，这是狗爪蜡梅，或叫红芯蜡梅，花被狭而尖，外轮黄色，内轮有紫斑，香气就要清淡多了。你看，这是红梅，含苞待放……"

在另一片山谷中，还分片区栽了海棠、芙蓉、杜鹃等，能确保这里一年四季花开不断。

来到一处繁茂的梅林中，园主指着地势较高的岩石丛说："根据朱权在缑岭整理《臞仙神奇秘谱》的典故，在那里放了一尊王爷抚琴的石像。"

他又指着一处气势恢宏的庙宇说："你看，别处都是粉墙黛瓦，为明清风格的建筑，唯有这处禅林，则是红墙黄瓦，是唐式风韵。根据唐代贯休在梅岭画罗汉的传说，雕塑十八罗汉像，取名叫云堂院。"

雨小了，我正在取景对焦拍摄梅花。这时，空中扑棱棱飞来一只大鸟，就停在我们附近。我还以为是谁家的鹅呢。一会儿又飞来了两只。这是大雁，也叫鸿雁。梅岭在古代也叫飞鸿山，可见古人诚不欺我。

我们分析，也许是空中雾大，大雁看不清方向，才在此处降落；也许是下雨，大雁的羽毛湿了，飞不高，就飞进了这个峡谷中栖息。

我开玩笑地对园主说："真是奇遇！鸿雁当头过，又来到你的太阳谷中。园主，祝你鸿运当头！"

雁过留声，人过留名。但愿此处以梅花为主题的山水园林能与青山同在！我作为一个地地道道的梅岭人，感谢园主，在这里翻开了梅岭有梅的崭新一页。

木 槿

俄罗斯田园派诗人叶赛宁说："我抵达故乡，我即胜利。"

羁鸟恋旧林，池鱼思故渊。我年届五十，思乡情切，在桐源老家，依山傍水建了一栋砖瓦房，美其名曰：凤鸣山房。为了使我的居住环境能有点儿情调，我在屋后凿池，池中筑亭。坐在亭中，看着水里倒映着天上闲云朵朵，我干脆把亭子叫闲云亭。

一日，杨圣希老先生来访，将“闲云”二字，作了一联：“野鹤有情怜我拙，闲云无意看人忙。”另有诗云：“小小池塘小小亭，小亭中有小乾坤。小憩小亭虽小事，却能随意看闲云。”

为了不让小孩钓鱼或落水，我在池子周边，打了木桩，拉了几道铁丝网。这样一弄，与周边田园山水很不协调。南朝梁朱异《还东田宅赠朋离诗》云：“槿篱集田鹭，茅檐带野芬。”还说：“木槿，小木也，可种可插，易生之物。人家往往为篱笆，所谓槿篱。”我灵机一动，砍来一捆木槿，沿塘插了一圈。木槿落地生根，几个月后，便长得郁郁葱葱。夏天一到，木槿花开得姹紫嫣红，如霞似锦。

木槿高可六七尺，亭亭玉立，枝叶婆娑。叶多为三裂，基部为楔形。单瓣紫红，萼呈钟状，分五瓣，花柱米黄色。复瓣多是纯白，姿态更为清雅。

我闲暇时，经常坐在亭子里品茶、看书、钓鱼。渐渐，发现清晨还明媚鲜艳的木槿花，到了夜晚便枯萎了，蔫耷耷，风稍一吹，纷纷坠落。

花才落到水面，只听“哔”一声，被鱼一口吃掉。池中草鱼，不但喜欢吃草，更喜欢吃花。一日，我把花按到钩上，抛在水里，过一会儿，钓上一条两斤重的草鱼来。

《诗经·郑风·有女同车》：“有女同车，颜如舜华。”意思是：姑娘与我一同乘车，容貌就像花一样。舜华即木槿花。舜与瞬相通，可是一刹那的意思。

杨万里见木槿朝开夕落，写诗感叹道：“晓艳欲开孙武阵，晚风争坠绿珠楼，来如急电无因驻，去似惊鸿不可收。”

木槿花期很长，边长边开，从初夏，一直可以开到深秋。诗人徐凝《夸红槿》赞曰：“谁道槿花生短促，可怜相计半年红。何如桃李无多少，并打千枝一夜风。”

木槿花被韩国人奉为国花，作为美丽和幸福永存的象征。

明周定王朱橚《救荒本草》说：采嫩叶炸熟，冷水淘净，油盐调食。

木槿花可作为蔬菜食用。先把花洗干净，沥干水。用旺火把油烧滚，将肉丝、生姜、辣椒、蒜头一起放锅中，炝一下，再将花倒下去，炒一下，片刻即可。也可以用于煮鲫鱼，烧豆腐。食之，甘而不腻，润滑爽口，清香扑鼻，鲜美可口。

木槿花给我的山居生活增加了美景，也增添了美食。

女贞树

女贞树，在小城街头巷尾或景观绿化带，比比皆是。乍一看，还以为是桂花树呢。其实它与桂花树是近亲，同为木樨科。

女贞树干直且高，树皮为灰褐色，树枝多为紫红色。叶片，碧绿光亮，长卵形，比桂花树叶短一些，全缘。花很细，却十分繁茂，如披纱点雪。其果称为女贞子，长椭圆形，微弯曲，熟时蓝紫色，敷有白粉。

残冬，乌鸫、白头翁寻找不到可口的昆虫，就以女贞子为食，呼朋引伴，喳喳地叫。

晋代苏彦在《女贞颂》云："女贞之树，一名冬生，负霜葱翠，振柯凌风，故清士钦其质，而贞女慕其名。或树之于云堂，或植之于阶庭。"

李时珍说，此木凌冬青翠，有贞守之操，故以女贞状之。

早先，有个员外，有一女，年方二八，才貌双全，芳名远扬，求婚者络绎不绝。员外是一个世故的人，偏偏相中了只会斗鸡的县令之子，而员外小姐却暗中与府上的教书先生私订终身。逼嫁之日，小姐触柱身亡。从此，教书先生卧床不起，形销骨立，白发苍苍。三年后的一个深秋，教书先生拄着竹杖，来到小姐坟前凭吊，见坟上长了一棵枝繁叶茂，结着乌黑果实的树，觉得这是小姐的化身，抱着树干，大哭不止。一阵山风吹来，窸窸窣窣，落下许多果实，教书先生捡了几粒，放入口中，味道微苦，直沁心脾，仿佛小姐的音容笑貌，就在眼前。从此，他经常摘果实充饥，寄托哀思。他的病情渐渐好转，白发转黑。后来，人们将这种果实命名为女贞子。

《本草纲目》记载，女贞子是一味药材，有补肝肾、强腰膝的功效，可使人安五脏、养精神、除百疾。

山里人家，喜欢摘女贞子泡酒，说是有

降低血脂、滋补肝肾、提神醒脑、美容养颜、缓解便秘、抗衰老等功效。

记得小时候，我冬天与父亲来到高山上烧木炭，山上满目尽是光秃秃的灌木和衰败的枯草，唯有女贞树长得青翠可爱，且果实累累。

女贞树，霜也经得，雪也压得，只要找到立足之地，就能展示自己强大的生命力。

枇 杷

在我车库一侧的一个角落，长着一棵枇杷树。

我刚住进小区时，它才高过人头，粗枝大叶的，在这亭台林立、花木葱茏、一片锦绣的花花世界里，显得有些寒碜，有些不起眼。

我觉得它只适合生长在田间地头，竹篱茅舍旁。

它虽默默无闻，却努力成长。一眨眼的工夫，就枝叶婆娑，亭亭如盖了。

在寒风萧瑟、雨雪霏霏的一天，我下班回家，正要上楼去，但闻得一股清香，就像小时候，在林中闻见兰花香一样，让我惊喜。只见枇杷浓密的树叶间开满繁花。每条枝上都有花一二十朵，萼筒作浅杯状，花分五瓣，白色，花蕊蜡黄。就在这草木凋零的日子里，它却像梅花一样，众芳摇落独暄妍，占尽风情向小园。

春天里，别的树正在忙着开花，它却挂了果。

时序进入初夏，人们正感叹春光易老，却见枇杷橙黄如橘，又给人一个惊喜。

宋周必大有诗云："琉璃叶底黄金簇，纤手拈来嗅清馥。可人风味少人知，把尽春风夏作熟。"

这时，小区的孩子们来到树下，摘枇杷果吃。这亲手摘的果子吃起来别有一番滋味。

树下孩子们在喧闹。树上有一种比麻雀大一点，头上有黑冠的鸟，也在啄食枇杷。一会儿，就从树上落下一粒粒滚圆的枇杷籽来。

枇杷，古称卢橘。苏东坡有诗云："客来茶罢空无有，卢橘杨梅尚带酸。"

黄岳渊、黄德邻父子所著《花经》中说："果中惟枇杷备有四时之气，秋萌冬花，春实夏熟；树干高大，枝叶婆娑，凌霜不凋，花贯霜雪而愈繁；初夏果

熟，色作正黄，外披茸毛，汁多如蜜，江南之名果也。”

陈淏子《花镜》记载：“枇杷一名庐橘，树高一二丈，叶似琵琶，又似驴耳，背有淡黄色毛。枝叶婆娑，凌冬不凋。秋发细蕊成毬，冬开白花，来春结子，簇结作毬，微有毛，如鹅黄小李，至夏成熟，满树皆金，其味甘美。”

吴昌硕先生喜欢画枇杷。他创作过一幅《五月枇杷图轴》，画面中，湖山石傍，一树黄绿交映的枇杷，看似拙朴，实则厚重。画上的题诗，笔画遒劲，气势雄浑：“五月天热换葛衣，家家庐橘黄且肥；鸟疑金弹不敢啄，忍饿空向林间飞。”

吴昌硕先生认为，鸟是不忍心啄食枇杷的。其实，树梢上那些人们摘不到的枇杷，尽被它们啄食了。

枇杷叶是治疗咳嗽的良药。

李时珍《本草纲目》中记载：“枇杷叶，治肺胃之病，大都取其下气之功耳。气下则火降痰顺，而逆者不逆，呕者不呕，渴者不渴，咳者不咳矣。”

谁家的孩子咳嗽，便来树下，摘几片枇杷老叶，刷掉叶背的白毛，将梨子去核，切成片，加点冰糖、贝母，用文火煎水，疗效显著。

我每从树下走过，就像见到一位忠实的老朋友一样倍感亲切。

枇杷树就是这样朴素无华，默默奉献。

蔷薇诗话

人间四月，颠狂柳絮随风去，轻薄桃花随水流，不由得让人伤春感怀。然而，不经意间，你会惊喜地发现，山野、田边、溪畔，有许多蔷薇花，灿若云霞，开得十分热闹，风摇枝动，芳香馥郁，惹得蝶舞蜂飞。

蔷薇，又名蔷蘼，为蔷薇科攀缘灌木，或一枝独秀，或作藤蔓状，柔枝纤条，随风起舞。

李时珍为其释名曰，此草蔓柔靡，依墙援而生，故名墙蘼。其茎多棘刺勒人，牛喜食之，故有山刺牛勒诸名。其子簇而生，如营星，然故谓之营实。

徐光启《农政全书》说，蔷薇又名刺蘼，今处处有之。生荒野冈岭间，人家园圃中也栽，科条青色，茎上多刺，叶似椒叶而长，锯齿又细，背颇白，开红白花，也有千叶者，味甜淡。

蔷薇还有一个名字，叫买笑花。

相传，汉武帝与妃子丽娟在园中赏花，正值蔷薇怒放，好似迎风而笑的美人。

武帝不禁赞叹曰："此花绝胜佳人笑！"

丽娟戏问："笑可买吗？"

武帝说："可以。"

于是，丽娟拿出黄金百两，作为买笑钱，以尽武帝一日之欢。

《寰宇记》载："梁元帝竹林堂中，多种蔷薇。康家四出蔷薇，白马寺黑蔷薇，长沙千叶蔷薇，并以长格校其上，花叶相连其下。有十间花屋，枝叶交映，芬芳袭人。"

梁元帝，名萧绎，与其父萧衍、兄萧统、萧纲合称为"四萧"，皆以诗文著称。梁元帝有《看摘蔷薇》诗云："倡女倦春闺，迎风戏玉除，近丛香影密，隔树望钗疏，横枝斜绾袖，嫩叶下牵裾，墙高攀不及，花新摘未舒，莫疑插鬓少，分人犹有余。"

白居易三十五岁时，在陕西周至县当县尉，依然孑然一身。一天，在野外挖了一棵野蔷薇，种在花园的墙根下，作《戏题新栽蔷薇》曰："移根易地莫憔悴，野外庭前一种春。少府无妻春寂寞，花开将尔当夫人。"草木本无心，何求美人折。这棵蔷薇，竟然有幸做了大诗人的"夫人"，真是风雅至极。

唐代诗人柳宗元和韩愈经常传递诗文。柳宗元每接到韩愈寄来的诗文，必须用蔷薇香水洗手，然后才开读，以示尊重。

北宋郭祥正有诗云："番禺二月尾，落花已无春。唯有蔷薇水，衣襟四时薰。"

明代王象晋说，蔷薇露，出大食、占城、爪哇、回回国。今人多取其花，浸水以代露，或采茉莉为之。试法以琉璃瓶盛之，翻摇数四，其泡周上下者为真。

清代诗人叶申芗《转应曲·蔷薇》诗云："春风，春风，染出春花无数。

蔷薇开殿春风，满架花光浓艳。浓艳，浓艳，疏密浅深相间。”真可谓蔷薇的绝唱。

清代安义诗人熊荣《西山竹枝词》诗云：“山云片片欲侵衣，墙脚嘉宾款款飞。泽发如蒸花上露，教人多摘野蔷薇。”

注脚有云，野蔷薇开白花，篱落处处有之，蒸成香露，可以泽发。

郭沫若先生曾赞美一种叫“十里香”的蔷薇：“香气随着微风可达数里。”

蔷薇香气浓郁，可以用来制成香水。

蔷薇，我的家乡叫簕蓬，山间、田野、溪边、竹篱茅舍旁，随处可见。《梅岭十二月采花》云：“三月桃花红似火，四月簕蓬就地开。”

诗人杨圣希《梅岭竹枝词》云：“空谷幽兰只自芳，满山红遍杜鹃忙。看来要算蔷薇好，老是牵衣问短长。”

我小时候，经常在清晨或傍晚去溪边捉金龟子。金龟子总是喜欢群居在蔷薇花丛中。我捉了几只金龟子，总不忘摘一些蔷薇花，用竹枝插上，拿回村子炫耀。蔷薇长出的嫩苗，粗壮者如小手指，折断，撕去皮，食之清甜可口。

在我居住的小区有一户主，在阳台上栽了一丛蔷薇，一年四季花开不断，五彩缤纷，成了一道亮丽的风景线。去年春天，恰逢他家在打枝，我捡了一些，在老家的庭院中插了一溜儿，到秋天，就开出了美丽的花朵。待来年，希望这蔷薇能给我营造出“水晶帘动微风起，满架蔷薇一院香”的美好意境。

蔷薇，虽是朴实，但也清丽，深得人们的钟爱。

青冈栎

早先有个樵夫，家里房前屋后，尽是荒山秃岭，连草都不长。有一年深秋，他在远处砍柴，捡了一口袋青冈栎回来。来年春天，他把青冈栎果实抛撒在山冈上，十多年后，竟然长成郁郁葱葱一大片栎林。

可见，青冈栎生命力很强。

青冈栎，是壳斗科柯属，雌雄同株树种。我家乡的青冈栎，是这二三十年来封山育林的成果，其树多为碗口粗，高丈余。其实它可长成参天古木，千年不朽。树皮光滑，青褐色。叶片椭圆形，边缘无锯齿。花序细长如鞭，米黄色。果实一束束地，成熟了，赤红发亮，还裹着一层白霜。青冈栎的果实比苦槠要大得多。如果上树去摘，可连枝折下。

在我的家乡，有人把它称作饭槠、长槠。

我来山城湾里居住已多年。一次在蟠龙峰秋游，发现一大片刚成林的青冈栎，果实累累，只要站在地上，一扳树杈，就可摘到。于是，每年霜降后，我都要去采摘一次，每次可摘几十斤。

有一年春天，我在一个叫云湾的村子采苦苣菜，发现一大片青冈栎，这些青冈栎树下满地都是头年冬天落下的果实。我问村里人，为什么不捡去打豆腐吃？他们说，他们只喜欢吃苦槠豆腐。

深秋的时候，我来到这里，满树的果实在风雨后落得满地都是。我同家人去捡，多时一次可捡五十多斤，可谓满载而归。

后来，我发现新湾里一中后山，青冈栎长得一山连一山，不知有几百亩。初冬，满山都是捡青冈栎的人。山风吹来，果实落在地上，噼啪作响。

老乡们把青冈栎打成豆腐，在菜市场里卖，一概称之为苦槠豆腐。

我闲暇时，喜欢捡尖栗、捡苦槠，但我捡得最多的是青冈栎。把青冈栎果实捡回家晒干，敲开壳，把肉剥出来，泡上一天，再放进料理机里打碎，在锅里煮滚，冷却后凝固，便是青冈栎豆腐了。它的味道和橡栗、苦槠豆腐一个样。每次有客人来了，妻子都会弄上一盘。我说："吃吧，这是我亲手做的苦槠豆腐呢。"

是的，很多人和我一样，分明吃的是青冈栎豆腐，却硬要说是苦槠豆腐。

人类历史也好，现实生活也好，这类欺世盗名的事，实在太多了！

我在这里为青冈栎正名。

松　树

在我的记忆深处，有一抹松林，犹如梦境一样，幽深而缥缈，悠远而迷人。

我家乡的山，村前，山势高峻，秀竹蔽天。村后，则山势平缓，尽生苍松。松树一冈接一冈，铺天盖地，万绿参天，涛声不绝。这些苍松或笔直参天，或曲虬如龙，一般都在两三抱粗。

松树，在我的家乡称枞树。我们的先人，或许是见它枝繁叶茂，亭亭玉立，或是把它剖开，其色泽油光滑亮，故把此树命名为枞树，也叫琼树。

春天里，满山的松花，淡淡地开着，不张扬，不醒目，也不见蝶舞蜂吟。只有那些高士隐者，才对它特别垂青。元末杨维桢诗云："方瀛山上风飕飕，五月六月常如秋。松花落地鹤飞去，万顷白云空翠浮。"清代奉新诗人况志宁，来游梅岭，作了一首赞美梅福的诗："上疏归来事可叹，岭头谁为筑星坛。先生不食炎汉禄，自食松花当晚餐。"

我有感于松花的高洁与朴实，曾附庸风雅，把自己的书房取名为："松花书屋"。

记得很多个松花开放的春天，姐姐带着我，挑着箩筐，去扒松针，作引火料。松针，我的家乡叫"枞毛蒜"。

松林中，很少长柴草，满地尽是琉璃色的松针，人躺上去，松软温和。姐姐用竹耙，把松针扒成一堆又一堆，装进箩筐。我在松林中跑着，跳着，唱着："穿林海，跨雪原，气冲霄汉！"这都是当时从革命样板戏中学来的词句。

或唱着《时仙草》的童谣：

松峰岭，松树下，半棵时仙草。

端午节，子午时，长得离离葆。

日头一出就难找，有牛吃得时仙草，

放牛娃骑牛天上跑，做个逍遥神仙佬。

我问姐姐："时仙草长得什么样子？"

姐姐说："我没有见过，据说呀，牛吃了都可以成仙，大概像兰花，或许像灵芝。你自己去找吧。"

我在一棵一棵松树的根部找着，找到的却是一团又一团的松香。我早把时仙草给忘了，每捡起一团松香，就像捡起一个大鹅蛋似的欢喜。

姐姐说，早先松树和其他的树种一样，在砍伐后留下的树根上，可以长出新苗来。据说，凭罗隐先生的一句话，才靠飞籽播种。

相传，罗隐乃金口玉牙。在罗隐小时候，一次同母亲翻山越岭，去阿婆家做客。走在松林中，母亲累得气喘吁吁。罗隐是大孝子，要母亲坐在路边一块石头上坐下休息。自己呢，见一个松树桩，就一屁股坐了下去，待起身时，裤子上净是松脂油。罗隐气得骂道："绝子灭孙的松树。"

母亲嗔怪道："孩子呀，松树做柴，干好烧，湿好烧；做家具，干千年，湿千年，就是剜把勺子也蛮好用的。"

这时，一阵山风吹来，松涛阵阵。罗隐改口道："那就风吹松子遍地生吧！"

松香，在我的家乡叫枞光油，色如琥珀，很亮丽。松香是松树分泌出的油脂，一滴一滴，日久聚成团状。我们把它烘软，和上棉纱，塞进竹筒，点燃做火把，用它走夜路，看夜戏，照泥鳅。

假期里，我们这些孩子们，常在松林中捉迷藏、做游戏。

在南风劲吹的日子，我们便去松林中捡松菇。松菇，我乡俗称枞树菇，一般生长在山势比较平缓的小松岗上，大似竹菇，表层光滑，白中带点栗色，往往是一丛丛生长。

我们左手提一个竹篮，右拿一个耙子，在松林中，拨开茅草寻找。我们在林子里钻来钻去，健步如飞，一会儿就捡了满满一篮子松菇。

深秋的时候，我们则去松林中打茅栗、摘橡栗。

松树，在我的家乡是一种仅次于杉树的树种。人们常用松木来建房子、打家具。

当时是人民公社年代，社员只要向生产队交纳一元钱，就可以在上山任意挑选一棵松树。可松树大者，有数抱粗，就是锯成一节节，也抬不起。于是就请来了解匠。解匠即锯板匠，是木工的一种。

解匠在山中开辟出一块场地，架起两只木马，把木料抬上去，将顶钉、马钉，固定好位置。用墨斗弹上线，便用锯一个推来，一个送去，把木料解成一块一块的板子。

有一次，我们家请了解匠，天不亮，父亲、大哥和他们一起，到村前一座叫插壁的高山上去。那天当午，母亲叫我去送饭。走过一处荒田，路边白的是檵木，红的是杜鹃，紫的是藤萝，姹紫嫣红一片。空气里弥漫着花香，芬芳醉人。油茶林中，可摘到茶泡、茶耳。我边吃边走。

在一丛乱石中，我看见一棵盛开的鹿角杜鹃上，有一个雀窝，里面有几只嗷嗷待哺的小鸟，见了我，都张开漏斗似的黄嘴，要吃的。我摘几朵杜鹃花，揉成一团团，丢进它们嘴里，它们吞了下去。凭我的经验，杜鹃花是可以吃的。

走过一段奇岩耸立的陡坡，我来到竹林中。山中幽暗，不见天日。

嘎嘎——！林间飞出两只曳着长尾巴的蛇雀，让我大吃一惊。

山中有豺狼虎豹，一有风吹草动，我的心就怦怦直跳。就说那豺狗吧，一群有二三十只，三两下，就能把一头壮实的水牛撂倒。

我越想越害怕……

我为了给自己壮胆，高声喊了一声："爸爸！"

山谷回应着："爸——爸——！"

这一声喊，老虎听见，也是闻风丧胆吧。

我气喘吁吁，额头冒汗。隐隐约约，听见了解板的声音，心花怒放。

走过毛竹林，便是幽旷的松树林。那松树都有几抱粗，这许多的松树，该是一百年也砍不完吧！山风吹来，松涛阵阵，窸窸窣窣，落下一些松毛来。

我很快找到了父亲他们。

吃饭的时候，我发现筷子找不到了，估计是摘茶泡的时候丢了。父亲到山谷里，砍了一棵箬竹，分成八节，权当筷子。

那两个解匠，一个五十多岁，一个三十左右。

解匠是叔侄俩，枫林村人，也姓龚。年长者竟然与我祖父是一辈的。

年长者总是笑嘻嘻地和我开玩笑。他说："你听过老虎叫吗？老虎叫的声音，就像锯木头，'吭哧、吭哧'你还好，怎么没有跑到老虎窝里去呢。"

大哥对我说："那是前年，我同爸爸也是在这里砍倒一棵松树。那天锯下一截树枝，抬到路上，正准备回家吃午饭。猛见得，一只老虎追赶着一只麂子，呼啸而来。我同爸爸用刀敲着竹子，大声吆喝壮胆。老虎呢掉头而去。那只惊慌失措的麂子，满身血污，吓得躲在我胯下，瑟瑟发抖。它只知道老虎恶，哪知道人比老虎还厉害。"

说完，大家笑了。

这棵松树太大了，锯成十来节，一块半板，就可打一张八仙桌，且松木含油量高，密度大，我们花了七天，才解完。

父亲和大哥，像蚂蚁搬家一样，把板子一块块往家搬。

村前的高山之巅，有几棵松树，高大挺拔。我家住的是有天井老屋，三五之夜，吃饭的时候，明月的清辉，洒在饭桌上，特别有情调。

我分明记得，月光先是从那几棵松树的缝隙里，透出一点光辉，慢慢才漫洒清辉。

突然有一天，我发现那几棵松树不见了。我急了，问父亲："山头上的那几棵松树，是不是被我们家砍了？"

父亲不置可否，笑着说："直树有人谋，曲树守山头。谁叫它长得那么高大呢！"

后来村子通了电，不久就有了带锯解板机。社员们在农闲时，把一山山的松树，一棵棵砍倒，锯成一节节，抬下山，做成床梃、枕木、模子板等，一车车运去山外卖。每年分红，在大家吐着唾沫点钞票时，我才发现这里的山瘦了，水也枯了。

李渔在《闲情偶寄》中说："苍松古柏，美其老也。"如今，每当我走进后山，看到这里虽是长满了幼松，满目葱茏，却缺少了往昔那种苍凉古意。

山还是那座山，松林却不是记忆中那一片松林。

瑞　香

早春二月，在山上砍柴，我闻到异香扑鼻，便知近处有瑞香。很快，我就在林下或岩石边，找到一两棵瑞香。

瑞香树冠如坛，高不过一米。叶片椭圆形，碧绿光亮，沿有金边。枝头缀满繁花，喇叭形，分四瓣，正面雪白，背面淡紫，黄蕊。

瑞香的别名，让人陶醉，有睡香、风流树、蓬莱花、风流树，千里香、雪地开花等。

宋陶谷《清异录》载："庐山瑞香花，始缘一比丘，昼寝磐石上，梦闻花香烈酷，不可名，既觉，寻香求之，因名睡香。四方奇之，谓花中祥瑞，遂名瑞香。"又云："庐山僧舍，有麝囊花一丛，色正紫，类丁香，号紫风流。江南后主诏取数十根，植于移风殿，赐名蓬莱紫。”

宋张景修根据这一传说，有《睡香花》诗云“曾向庐山睡里闻，香风占断世间春。窃花莫扑枝头蝶，惊觉南柯半梦人”。

宋吕大防《瑞香图序》记载：“瑞香，其木高才数尺，生山坡间，花如丁香，而有黄、紫二种，冬春之交其花始发，植之庭槛，则芳馨出于户外，野人不以为贵，宋景文亦阙而不载。予今春城后二十年守成都，公庭、僧圃靡不有也。”

李时珍是湖北蕲州人，为了写《本草纲目》，经常来一江之隔的庐山，采集药物标本。他在鄱阳湖畔的星子、湖口、彭泽一带，一边行医，一边收集民间偏方。一天，他住在东林寺，看见一个小和尚牙痛，右腮红肿，还在喃喃念经。老和尚去山中采来瑞香叶，煎水，让小和尚含在口里，很快就止痛消肿了。李时珍便把庐山瑞香，写进书中。

牙痛时，摘瑞香叶嚼碎，含在嘴里可止痛。但它的汁水有毒，最好不要吞食。

20 世纪 80 年代，南昌人把金边瑞香评为市花，当地的报纸杂志，连篇累牍地宣传，说金边瑞香是世界园艺三宝之一，色香姿韵俱佳。

广大市民更是闻风而动，以养殖金边瑞香为一大乐事、雅事、盛事，使得原本默默无闻的金边瑞香，价格扶摇直上，多时卖到上千元一盆。

我当时也买来一棵瑞香，养在家里，花期可保三个月不败。生活中有了瑞香，就有香气萦绕，为单调的山居生活，平添了许多情趣。

时过境迁。当下的南昌人，很少人还记得瑞香曾经有过的辉煌。但梅岭山中的瑞香，依然青翠如故，花香不断。正如庄子《逍遥游》中所说：“举世誉之而不加劝，举世非之而不加沮，定乎内外之分，辩乎荣辱之境，斯已矣！”

品读瑞香，感悟处世之道。

桃之夭夭

《梅岭十二月采花》就唱道：“三月桃花红似火。”一年中最美好的时节，莫过于桃花盛开的日子吧。

在我的家乡，很多人家都要种一两株桃树，或种在小桥流水边，或植在竹篱茅舍傍，或栽在菜园里，无论是一枝独秀，还是绯红一片，都会让人感到惊艳。

桃树属蔷薇科落叶小乔木，高可二丈，枝干虬曲似梅，叶细长如柳。花多为五瓣，粉红色，也有重瓣的，花色多为深红。

桃树，古人尊为仙木，可以驱邪制鬼。《南华真经》中曾言，插桃木于门上，令孩童不惊，让鬼邪不敢入。故民间孩子用的摇篮、枷椅等，多用桃木。

我国的春联，据说起源于周代的桃符。《后汉书·礼仪志》说，桃符长六寸，宽三寸，桃木板上书神荼、郁垒二神。正月一日，造桃符著户，名仙木，百鬼所畏。相传，神荼、郁垒是远古时候的一对兄弟，擅长捉鬼，如有鬼怪骚扰百姓，便将其擒伏，喂老虎。后人在门上画神荼、郁垒的像，也有驱鬼避邪之效。

桃子是长寿的象征，后生晚辈给老人祝寿时，就常以“寿桃”相赠，或画一幅“寿星捧桃”图案，以表达祝福。

民间用桃花煮粥，据说可以美容养颜呢。

“桃之夭夭，灼灼其华。”这是《诗经·国风·周南》写桃花的诗，来比喻新婚燕尔新妇的美艳。

桃花才骨朵，人心已乱开。桃花盛开，总让人联想起美好的爱情。

我乡有情歌《三月桃花艳艳开》唱道：

三月桃花艳艳开，二八娇娥踏青来。
缓步轻摇田边过，胡思乱想口难开。
日头落山落岭背，哥哥牧牛牵牛归。
牛婆转眼看牛崽，哥哥转眼看情妹。
昨夜无米到如今，对个山歌当点心。
我歌只当白米饭，妹歌赛过好人参。
一把扇子两面花，情妹爱我我爱她。
情妹爱我年纪小，我爱情妹一枝花。
人在外面心在家，家中妻子一枝花。
少年夫妻恩爱多，只因无钱难回家。

宋代高士潘兴嗣的曾祖父潘承佑，在五代十国时，先事吴，后在南唐任卫尉少卿，又迁鸿胪寺卿。为官直言敢谏，针砭时弊。他辞官后，有诗云：“胸中唯存忠恕，县里遍栽桃花。”后退居西山，去世后也葬于此。其后世为西山世家，名门望族。

《西山志》记载，在西山腹地，有王真君结庵于此，种桃满山，施水济人。只要有疾疫者，摘桃叶与水服之即愈。故自此处以下，名桃花乡。

桃花乡有桃花岭，山势突兀，犹如凌空落下的一朵桃花而得名。走进山中，这里幽谷凝翠，林深木秀，怪石嶙峋，流水潺潺，鸟鸣山幽。

熊荣《西山竹枝词》诗云："家在桃花岭下住，一生不见有桃花。"

杨圣希年少时，作《桃花岭》诗云："何年有此桃花岭，谁见桃花岭上开。想是避秦人去后，连根移向武陵栽。"

有民间小调《桃花岭》唱道："一步走哪两步行，三步来到了桃花岭，桃花妹子快开门啰喂……"

张位，字明成，号洪阳，江西新建县人。明穆宗隆庆二年（1568）进士。曾官居吏部尚书、武英殿大学士、太子太保。万历二十六年（1598）罢官在家。一日，他走进桃花岭，流连忘返，犹如走进心灵的故乡。

过不多久，张位便在真君殿后，靠山崖建一栋别墅，名曰接云庵，也叫养神斋。这位昔日权倾一时的阁老，独居山中，侣鱼虾而友麋鹿，每日看日出日落，听山中鸟语虫鸣，倒也悠然自得。

一天黄昏，张位喝下几杯淡酒后，写了一首《桃花岭隐居即事》，请人刻在庵后的岩石之上以明志。

桃李不言，下自成蹊。一天，昔日的门生汤显祖、曹学佺来访，见张阁老《桃花岭隐居即事》，便写诗唱和。

清代文人熊文举，晚年也来这里隐居，在《桃花岭记》中写道：

桃花岭接连西山，以其拔地峭起，四面葱蒨如桃花，紫金蔚蓝，朝夕异状。此岭去吾家六、七里，开门即在几案间，最为切近，向属相国别业。相国有诗云："家住杏花村，日对桃花岭"，喜可知也。往相国在林时，汤睡庵、汤义仍两先生皆门下士，并曾陪游桃花岭，有诗纪胜，予於两公集中见之。

岭上有石屋三间，予题之曰："桃花禅栖"，延一僧住持，资其斋供。屋西有片地，松竹森秀，可以眺望，举江城风帆塔影都在日中。山僧为我言，每夜月当空，一碧千顷，辄闻仙乐之声，异香扑鼻，安得小结茅庐，收揽名胜，遍刻诸名公题咏，以志来游。相国之遗徽不泯，而予藉附骥，以声施荣贶多矣。壬寅春，书於师陶小阁。

丁酉清明前几天，我与几个朋友，来桃花岭访古。张位《桃花岭隐居即事》石刻，在20世纪70年代已被炸毁。在接云庵的遗址上，有三株桃树，灼灼地开放。正是阁老不知何处去，桃花依旧笑春风。

桃文化，是博大精深中华文化的一个重要组成部分！

山矾

山矾，在我的家乡被称作郑花。

山矾树高不到一丈，青翠欲滴，凌冬不凋。到了早春二月，繁花似雪，香气馥郁，浓得有些化不开的感觉。

有民歌唱道："二月里来郑花开，梁山伯与祝英台，杭州攻书同床睡，不晓贤弟是裙钗。"

山矾因花香浓烈，又有七里香、山桂花、春桂等别名。

陈淏子《花镜》："江南有二十四番花信，大寒，一候瑞香，二候兰花，三候山矾。"

黄山谷在《戏咏高节亭边山矾花二首》序："江南野中，有一小白花，木高数尺，春开极香，野人号为郑花。王荆公尝欲求此花栽，欲作诗而漏其名，予请名山矾。野人采郑花以染黄，不借矾而成色，故名山矾。"

诗云：

其一

高节亭边竹已空，山矾独自倚春风。
二三名士开颜笑，把断花光水不通。

其二

北岭山矾取意开，轻风正用此时来。
平生习气难料理，爱著幽香未拟回。

黄山谷的外甥徐俯，与其舅趣味相投，对山矾也偏爱有加，写有一首《南柯子·山矾》：

细蕊黄金嫩，繁花白雪香。共谁连壁向河阳。自是不须汤饼试何郎。婀娜笼松髻，轻盈淡薄妆。莫令韩寿在伊傍。便逐游蜂惊蝶过东墙。

山矾，宋以前寂寂无名，自黄山谷先生一点染，便为花中名士，深得文人墨客青睐。杨万里曾言："君不见郑花不得半山句，却参鲁直称门生。"

袁宏道在插花专著《瓶史》中，对山矾评价说："山矾洁而逸，有林下风，鱼玄机之绿翘也。"

室雅何须大，花香不在多。折一枝山矾插在花瓶里，斗室中顿时清雅芬芳，情趣盎然，似乎拥有了整个春天。

摘一片山矾的叶，放在嘴里咬上一口，有一股沁人肺腑的甜味。很多人家端午节包粽子，每个里面放上两片山矾叶子，更是清香宜人、美味可口。

山矾花叶皆可入药，有清热利湿、理气化痰之功效。

山矾，古人还用来做染料，颜色可紫可黄，谓之山矾染。

杉 树

方圆三百里的西山，覆盖率最高的植物除了苍松翠竹，便是杉树。你看，它漫山遍野，不择地而生，无论是雪压冰封，还是狂风暴雨，依然生机勃勃，直指苍穹。

杉树不种自生，只要果实落地，来年春天，便可长出幼苗来。生长到七八年，便可砍来做成木板、打家具。杉树砍去，一眨眼，老根上会报出许多新苗，且根系发达，长得格外快。

山里人对杉树情有独钟，从不随便伤害它。

朱熹有诗云："门前杉径深，屋后杉色奇。"这便是我的家乡山居生活的写照。

杉树，在我的家乡通常读作沙木。

宋范成大在《桂海虞衡志·草木》中说："沙木与杉同类，尤高大，叶尖成丛，穗少与杉异。一说杉树的别称。"

杉树，又叫正杉、刺杉、椠木。杉树小时像宝塔，亭亭玉立。长大后，则像把撑开的巨伞，遮天蔽日。

杉树笔直伟岸，不枝不蔓，只是在顶端散开许多枝丫。树皮很厚，像披挂着盔甲，颜色或灰褐色，或淡褐色，有粗糙的裂纹。叶子条状，披针形，革质，在主枝上辐射伸展。杉树雌雄同株，花为球状，杉果形状有点像松果。

郭璞注《尔雅》曰："似松，生江南，可以为船及棺材，作柱埋之不腐；又人家常用作桶板，甚耐水。"

杉树木质细腻顺直，风吹日晒不变形，年深日久防蛀虫。山里人从生到死，都离不开它。

小娃娃呱呱坠地，睡的摇床，坐的枷椅，站的企桶，都是杉树做的。吃饭的桌椅板凳，睡觉的摇椅梁床，也是杉树做的。这里的民居多为砖木结构，梁柱斗拱，墙壁地板，是杉树做的。就连人百岁以后长眠的棺材，也是杉树做的。杉树已与民俗风情融为一体。

以前山里人家，有钱人家住砖瓦房，甚至是雕梁画栋的土屋。穷苦人家则用泥筑墙，杉树皮盖顶建屋。至于灶下、柴房、猪槽、茅厕等，更是用杉树皮盖的顶。这是从前乡间的一道风景线。

此地诗人杨昫谷在《述梦》中云："梦访山巅及水滨，一家寥落旷无邻。树皮盖屋有高致，花气满园皆古春。桥畔鹭鸥共还往，阶前鹿豕小逡巡。我来欲问幽居意，几度敲门不见人。"

剥树皮，最好要选没有节的树，裁成两米许，在树身划一条笔直的口子，再把皮剥下。把皮叠在一堆，用石头压着，几天后便可用了。一块树皮，要当二三十块瓦，真是多快好省，既挡风，又避雨。

山里的孩子上山砍柴，最喜欢劈杉树枝杈了。

在炎热的下午，我经常要等到日头偏西，才拖着长长的身影，去山上砍柴。走在路上，我挥汗如雨。才到山上，倏地，日头已经下山了。残阳如血，其时的蝉鸣，不是此起彼伏，而是歇斯底里地嘶叫，汇成了一片蝉鸣的海洋。我们最好的办法，就是选一两棵高大的杉树，爬上树，把椏劈下。杉树枝很脆，只要斩一两刀，哗的一声往下掉。下树后，把树丫削掉旁枝，用藤一捆，就是一捆好柴。把柴捆掮在肩上，我踏着暮色下山来。

杉树枝可以用来烧火做饭，也可烧成炭。

有时候，我会把带刺的杉树枝叶捡回家，为菜园的竹篱笆加固，防止牛羊糟蹋蔬菜。剩下的放在灶里烧，噼啪作响。

杉树，就是这样一种朴实无华、默默奉献的树。

柿子树下

小时候，屋场上长得高大繁茂的果树屈指可数，除了我姨娘家的枣子树，就是村西边的那棵大柿子树了。

这棵柿子树是我们村二房的，有上百年了，大有数抱，树干如龙，枝繁叶茂。春天里，树上开满了米黄色的花，香气袭人。一阵山风吹过，树摇枝动，窸窸窣窣落下许多铜钱大的花朵来。我们如获至宝，把它们收集起来，用来过家家。

过家家，也叫煮土饭、办酒酒，我们把村子里大人丢掉的烂脸盆、破碗盏，全部捡回来，有模有样搭起了灶台，生火煮饭。用泥土或棕花当饭，柿子花当肉，松果当蛋，去田野溪边，割来夏天无、夏枯草等嫩草作蔬菜。

七八个人，大点的当爷、当娘，小点的当儿子、女儿。角色分得一清二楚，男女有别，尊卑有序，日子过得有模有样。我们还会模拟种田、种菜。

喜鹊叫，人客到。一会儿母舅来了，要打酒剁肉；一会儿外甥又来了，要煮三个鸡蛋一碗面。

大家忙得不亦乐乎，还唱着歌谣："母鸡咯咯咯，下蛋阿婆家，阿婆不杀鸡，气得外甥归。"

或唱："苋菜梗，蔸下红，叶也红；韭菜开花蓬似蓬。三担糯谷要我砻，四担糯米要我舂，婆婆起来管事多，先洗筷子后洗锅。洗得铜盆来量米，问得婆婆量几多。有客来，量一斗，没客来，量八升。锅里弄饭甑里蒸，听到爷来喜相迎。又想留爷吃餐饭，公婆大人不作声。爷哇崽呀崽，十年媳妇熬成婆，再过十年你做婆，日子可要耐烦过。"

有个小姐姐，摘来一朵荷花做菜，大家皆大欢喜。她出谜语给我们猜："妹子妹，水中企，撑把伞，过安义。"

当我们装模作样，吃得津津有味时，家里的狗、猫，有时候也来凑热闹，看了半天，不见半点荤腥，便懒洋洋地走了。

我们经常玩过家家，玩得很开心，但人还是精瘦精瘦的。

那时候我们个个都是食不果腹，衣不蔽体。只有在过家家的时候能吃上"鱼肉"。还无头绪地唱着："全民全民鸡蛋糕，三十夜晚肉蛋糕，骑匹马还带把刀，走到路上敲一敲。”

什么鸡蛋糕、肉蛋糕，村里哪个吃过？只听说比桃酥好吃多了。

家里难得有个客人来，能在萝卜里面找到几片咸肉。我们美其名曰：萝卜田里赶猪。

寒来暑往，满树的柿子长得果实累累，像拳头般大了。霜降后，树叶红了，柿子变得黄澄澄的，透明发亮，叫人垂涎欲滴。

每年摘柿子的时候，我们这些孩子就站在树下，一个个伸长脖子，睁大眼睛，如饥似渴，翘首盼望着树上落下一个可人的柿子来。“啪”的一声，落下一个柿子，五六个人就抢作一团。每捡得一个柿子，我们就像得到一个长生果般的欢喜。

有一年夏天，柿子结得快鸡蛋那么大了，家人要建房，需要打地基，硬是把柿树砍了。

记得一天中午，我走在放学的路上，只听一声巨响，柿树轰然倒地，犹如一声沉重的叹息。我便急急跑了过去，摘了满满一书包毛柿子，把它藏在一个坛子里。十几天后，柿子由青变黄，掰开一尝，却又苦又涩。

那又苦又涩的毛柿子啊，真像我那缺衣少食、辛酸的童年生活。

桐子树

民谚有云：“千棕万桐，永世不穷。”这里说的是油桐。这条谚语，足可佐证桐子树在百姓心中的分量。

丛林中，有梧桐、泡桐、油桐。三者虽都有一个“桐”字，却有着本质的区别。它们唯一的相似点，就是高大挺拔、叶大如扇而已。

百姓人家，屋前屋后，喜欢种上几棵油桐，一则因为这种树长得快，可遮阴纳凉，二则可摘桐子榨油，漆家具。

油桐的生命力很强，在荆棘丛生的荒山上，只要丢下几颗桐籽，几年后，它便可长成参天大树。

时序进入初夏，桃李成荫，而只有油桐树独领风骚。或一树树，如瑞雪盈枝；或一片片，似白雾笼罩。它的花瓣洁白丰盈，有淡红色脉纹，花蕊为黄色，子房密被柔毛，雌雄同株异花。

一阵山风吹来，树摇枝动，花谢花飞。空气中飘散着油桐花的清香，令人陶醉。

北宋陈翥著有《桐谱》，其中有《桐花》诗云："我有西山桐，桐成茂其花。香心自蝶恋，缥缥带无遮。华白含秀色，粲如凝瑶华。紫者吐芳英，烂若舒朝霞。素奈未足拟，红杏宁相加。世但贵丹药，天艳资骄奢。歌管绕庭槛，翫赏成矜夸。倘或求美材，为尔长吁嗟。"

清代文学家王士祯，在《蝶恋花·和漱玉词》中有"郎似桐花，妾似桐花凤"之句，时人击节叫绝，送他一个雅号，叫"王桐花"。

台湾的客家人，每年五月左右都会举办规模宏大的"桐花祭"活动，大家一起来到缤纷的油桐花树下，祭拜天地神灵，表达他们对故乡及祖先的怀念。台湾诗人刘兆玄有诗赞曰："阳春四月过客家，疑有千鹭栖枝桠，振衣长啸惊不去，原是满山油桐花。"诗虽写得直白，但生动形象。

到了深秋，一树树桐子，果压枝低。桐子像拳头般大，一个紧挨一个，或黄澄澄，或碧绿绿。

每年霜降，村民摘完茶籽，又纷纷挑着箩担，去摘桐子。因这种树高大，木质很脆，枝丫稀疏，够不到便用竹竿敲打。桐子掉在地上，"扑通扑通"，很有质感。

这时的山上，红枫似火，菊花飘香。这是一个丰收的季节，乡亲们一个个行色匆匆。到日头落山、炊烟袅袅的时候，一担担桐子挑下山来。

桐子摘回家，不像茶籽一样，晒着、晾着，就开口了。如是晒干，用榔头也敲不开。一般倒在阴暗的角落，让它沤上个把月，才能剥出桐籽来。一个桐子，有六七粒黑黝黝的桐籽，等晒干了，就挑到榨厦去榨油了。

桐子壳很厚，六担才剥得到一担籽，可榨二十斤左右桐油。

那时，桐油是家家户户不可或缺的一种天然油漆料，用来油漆房子、家具、木船、凉亭及棺材等。就连以前的油纸伞、油纸蒲扇，都是桐油浸透的。桐油有着附着力强，干起来快，光泽度好，耐热耐酸，防腐防锈等优点。

清傅春官《江西物产总汇》："春季桐始华，秋分后结实，每株多可数百颗，原质含浆汁，榨击成油。有胶漆性，涂饰各物，泽滑坚固。世界彩画家每用其油和颜料，绘出种种器具，美观耐久。"

桐油也可用来点灯，和茶油一样，都叫清油，但不可吃，有人误吃桐油，会出现呕吐症状。

油桐与油茶、核桃、乌桕，并称我国四大木本油料作物。

时过境迁。油桐树只有每年花开的时候，人们才投以惊艳的目光，至于桐子，如今再也无人问津了。

望春花

望春花，即玉兰花。因为它开得早，本地人都这样称呼它。

齐白石先生说它：“草木知春君最先。”

每年残雪依存的早春，我在山上斫柴，或在田间割猪草，不经意间，发现望春花开了，总会给我带来惊喜，一个万紫千红的春天又来到了！

在村前的港边，像孪生姊妹般长着三株望春花，都在一搂多粗，高大挺拔，枝杆苍劲，如生铁所铸。望春花花大若莲，香气若兰，玉洁冰清，高雅脱俗。它让我想起明代画家文徵明一首写望春花的诗：

绰约新妆玉有辉，素娥千队雪成围。

我知姑射真仙子，天遣霓裳试羽衣。

影落空阶初月冷，香生别院晚风微。

玉环飞燕元相敌，笑比江梅不恨肥。

这是文徵明一幅《玉兰图卷》的题诗，落款中还写道：“庭中玉兰试花，芳馥可爱。”诗中把望春花，比作仙子、美女，又将玉、雪、素娥，来形容它的颜色，意境空灵而优美。

其时，周围的一些有名或无名的树木，依然老态龙钟，沉浸在冬的昏睡里，没有半点醒意。每年，是春的使者——望春花，唤醒它们的吗？它，也唤醒了我新一年的新希望。

在牛岭上章村，一株望春花，树龄有三百年，三抱粗，高数丈。早春时一树繁花白灿灿的，粉妆玉琢，不知有几千朵，像是在召唤春天，笑迎着远方游客。

屈原《楚辞·九歌·湘夫人》：“桂栋兮兰橑，辛夷楣兮药房。”

望春花又叫辛夷，可采微开的花蕾入药，有发散风寒，通鼻窍之功。

紫色的望春花叫木笔，因它的花苞像个毛笔头，而得名。它更是点缀春天的妙笔，花色艳丽，清雅逼人。

唐吴融诗云："软如新竹管初齐，粉腻红轻样可携。谁与诗人偎槛看，好于笺墨并分题。"

《离骚》有云："朝饮木兰之坠露兮，夕餐秋菊之落英。"

望春花，还可以作为蔬菜，用来制糕点、煮稀饭。据说常吃它，可加速血液循环，排除肌肤毒素呢。

梧　桐

说起梧桐，实乃不材之木。用来做房子，经不起风吹日晒；用来打家具，会开裂变形；用来烧木炭，火会打爆；用来做柴烧，也不起焰。

梧桐在中国文化史上，却一枝独秀，堪与松柏媲美。

《诗经·大雅·卷阿》，第九段写道："凤凰鸣矣，于彼高冈。梧桐生矣，于彼朝阳。菶菶萋萋，雍雍喈喈。"

那是一个清秋佳日，周成王姬诵率族人与文武百官，来到秦岭南麓岐山游宴。这里是周王室的发祥地，古有凤鸣岐山之说。因这里三面环山，形似簸箕，故又称卷阿。与之随行的召康公姬奭，是成王的叔父，与成王饮酒甚乐，即兴赋诗一首，这便是其中的一段。诗中主要渲染了一种国泰民安、君臣和谐的氛围。

《庄子·秋水》篇："夫鹓鶵发于南海而飞于北海，非梧桐不止，非练实不食，非醴泉不饮。"

鹓鶵，就是传说中的凤凰。后来，中国民间便有了"栽下梧桐树，引得凤凰来"之说。

《吕氏春秋》记载，周成王刚继位时，还是个孩子，一天和弟弟叔虞玩耍，听说周公姬旦灭了古唐国，便在地上捡起一片桐叶，剪成珪形，对弟弟说："把这个玉珪送给你，封你去唐国做诸侯。"叔虞后来把这事告诉了周公，周公立即请求把唐分封给叔虞。周成王说："我不过是和叔虞开玩笑呢。"周公说："天子无戏言！"成王就这样稀里糊涂把唐封给了叔虞，就是后来的晋国。后来，历史上有赵、魏、韩三家分晋的事件，这便是东周时期，春秋与战国的分界点。也就是说，一片桐叶改写了中国的历史。

南北朝沈约《咏梧桐》："秋还遽已落，春晓犹未荑。微叶虽可贱，一翦或成珪。”说的就是桐叶封弟这个典故。

柳宗元还专门写了一篇《桐叶封弟辩》，尖锐地批评了这种荒唐的现象。

《后汉书·蔡邕传》记载了这样一个故事。

东汉大文学家蔡邕，一天路过一个叫观山（江苏溧阳市）的地方，看见有人正在拿桐木当柴烧饭，熊熊烈焰，噼啪作响，有金属声。蔡邕赶过去，把这块桐木抽出，掸灭上面的火。他的举动，把做饭的人弄蒙了。蔡邕拱了拱手，解释说：“很不好意思。因为这块木头可用来做琴，烧掉实在是太可惜了。”

做饭的人笑道：“哦，原来是这样。既然你这么喜欢，就拿去吧。”

蔡邕把这段烧焦的桐木，精心制作成一张古琴，并取了一个雅致的名字：焦尾琴。这焦尾琴，与齐桓公的号钟，楚庄公的绕梁，司马相如的绿绮，合称为中国古代四大名琴。今日的溧阳人，依然称当地为焦尾琴故里并感到荣耀。

读从古到今的梧桐诗词，犹如拨响了一根悲秋的琴弦。李煜《相见欢·无言独上西楼》：“无言独上西楼，月如钩。寂寞梧桐深院锁清秋。”写的是亡国之痛。温庭筠《更漏子》：“梧桐树，三更雨，不道离情正苦。一叶叶，一声声，空阶滴到明。”写的是离别之情。李清照《声声慢》：“梧桐更兼细雨，到黄昏点点滴滴。这次第，怎一个愁字了得。”写的是相思之苦。

梧桐，挺拔清秀，叶大如扇，掌状分裂。花朵细小，淡绿色，为圆锥状花序，顶生。蓇葖果棒状，成熟了就开裂，成卷叶形，有籽二到四粒，黄褐色，皱巴巴的，大如豌豆。剥开壳，果肉洁白，食之，口齿间有一股淡淡的清香。

秋天里，孩子们提着篮子，来到梧桐树下，捡梧桐籽。捡好拿回家，晒干，可炒着吃，满嘴飘香。

陈淏子《花镜》说：梧桐，又叫青桐。皮青如翠，叶缺如花，妍雅华净。四月开花嫩黄，小如枣花。五六月结子，蒂长三寸许，五稜合成，子缀其上，多者五六，少者二三，大如黄豆。

早先，我们村家家有造纸作坊，谷雨那天，就把梧桐砍下来，剥皮，用来造纸。后来，不造纸了，就用梧桐皮做绳索。

对了，梧桐不但叶大，叶柄更长。秋风乍起，桐叶“唰”的一声，砸在一位诗人身上，他不由得感叹道：“梧桐一叶落，尽知天下秋！”

五加簕

刺五加，在我的家乡叫五加簕。刺，在我乡叫“簕”，如刺蓬，就叫“簕蓬”。

几年前的一个暮春，我和好友龚声森在西山北麓、潦河之滨的安义桐冈采风。走在河堤上，龚声森兴味盎然地对我说：“你看，这叫五加簕，是一种很好吃、也很有药用价值的野菜。”

这是一种满身长刺的灌木。它最显著的特征就是有长长的叶柄，撑起五片椭圆形的叶子，像是一只伸开的巴掌。其时，它的嫩芽水灵灵的。我们采了好几把，放在相机包里。

当午，我来到龚声森家。我急不可待，要弄五加簕吃。龚声森兴致勃勃，亲自掌厨，把五加勒洗净，晾干。先把辣椒和大蒜在锅里爆一下，再放下五加簕，炒片刻，即可。食之微苦，但清香悠远，让人神清气爽。

我连声说好吃。

龚声森说，五加簕吃法有很多种，在开水里氽一下，可用于凉拌，也可包饺子，或像香椿一样煎蛋吃。吃五加簕要掌握时令，如果等它的叶子展开后摘来吃，味道就很重，可以说是很苦。晒干当作茶喝也可。

北宋天文学家、药物学家苏颂在《本草图经》中说，刺五加，今江淮、湖南各地都有。春生苗，茎叶皆青，丛生。其干赤色，似藤蔓，高三五尺，上有黑刺。五叶者为佳，四叶、三叶者最多，为次。每一叶下生一刺。三、四月开白花，结细青子，至六月渐转黑色。根若黄荆根，皮黄黑，肉白，骨坚硬。五月、七月采茎，十月采根，阴干用。蕲州人呼为木骨。

此后，我在梅岭山间常能邂逅五加簕，但以小岭村一带最多。在深山密林中，五加簕粗如酒瓶，高可丈余。

五加勒夏日开花，几十个花序结成一团，颜色黄绿，姿态淡雅。深秋，果实成熟了，呈深黑色。几十粒浆果像球一样抱成一团。

暮春的一天，我和好友张扬亭、申和谈，从云岩寺登山，去鄢家山访秦人洞，看见很多类似的植物，多是三片叶子的。张扬亭说这是三加簕，其性能和五加簕差不多。

李时珍说，刺五加，以五叶者良，故名五加，又名五花。五加治风湿，壮筋骨，其功良深。古语有云：宁得一把五加，不用金玉满车。

五加簕，有着补中益精、壮筋健骨、活血化瘀、健胃利尿、强意志、祛风湿等功能。

《桂香室杂记》有诗赞曰："白发童颜叟，山前逐骝骅。问翁何所得？常服五加茶。"

有风湿病的人，可在冬天挖五加簕根，切成一片片，晒干后用高度酒浸泡，这就是五加皮酒。此酒色如琥珀，气味芬芳。

橡 栗

我这里说的橡栗，也叫短柄枹栎、橡实、白反栎，在我的家乡俗称反子。壳斗科栎属，为落叶灌木。它的树形和茅栗相仿佛，一般在两米左右为多，同样喜欢生长于高山灌木丛中。它的花序也和茅栗一样，一挂挂，或一串串，但颜色黄中带绿。

在这里我顺便说一下，我乡类似的果实就有七八种之多，如苦槠、甜槠、米槠、石栎等，好像都是壳斗科，栎属或栲属植物。它们的果实都一样，都为圆锥形，基部还有杯状壳斗包着。对于它们具体的名称，人云亦云，莫衷一是，很难细分。

《诗经·大雅·旱麓》就有诗云："瑟彼柞棫，民所燎矣。"柞、棫，说的都是这类树。

吴其濬《植物名实图考》中有：橡实，即橡栗也。曰柞、曰栎、曰芧、曰栩，皆异名同物。

《庄子·盗跖》说："古者禽兽多而人少，于是民皆巢居以避之。昼拾橡栗，暮栖木上，故命之曰有巢氏之民。"

安史之乱，年近五旬的杜甫，前往甘肃天水。穷愁潦倒的大诗人，拖家带口，依赖捡橡子充饥。据《杜甫年谱》记载："至同谷，居栗亭。贫益甚，拾橡栗，掘黄独以自给。"他还苦中作乐，欣然作歌曰："有客有客字子美，白头乱发垂过耳。岁拾橡栗随狙公，天寒日暮山谷里。"

贯休在云堂寺，写了《山居诗二十四首》，有诗云："拾栗远寻深涧底，弄猿多在小峰头。”

以上诗文可见，橡栗对先民日常生活有着深远的影响。

小时候，经常走十几里路，去洗药湖打茅栗，而满山的橡栗，却是无人问津。

每年霜降后，父母亲会叫我去摘一些橡栗，做豆腐吃。只要来到村子附近的松林中，就能看到橡栗长得粒粒饱满，油光滑亮。背箩挂在胸前，看见橡栗，用手一搓，就掉进去了。花上两三个小时，就可摘满一背箩。

橡栗摘回家，晒干，去掉壳，在碓臼里舂成粉末，再用夏布袋子过滤。将橡栗粉放入锅里熬成糊状，舀入盆中冷却，橡栗豆腐就做成了。这种豆腐呈咖啡色，晶莹透亮。用水漂上几天，把它切成一块块，放在锅里煮，添一些生姜、香葱做作料，吃起来虽稍有一些苦涩，但爽滑柔韧，回味无穷。

橡栗豆腐，南昌人习惯称栎子豆腐。四十岁以上的人，一定会记得，以前的南昌街头，一年四季都有橡栗豆腐的叫卖声：“栎子豆腐！”

橡栗豆腐，冬天吃了暖心田，夏天吃了凉肺腑。栎子豆腐的叫卖声，已遗落在岁月的风尘里。

贾铭《饮食须知》有橡子的记载：“味苦，性涩，气平，入足太阴脾、手阳明大肠经。健脾消谷，涩肠止痢。”

千百年来，橡栗从山野、榛莽，走进人们的餐桌，走进医学典籍，也走进了大雅之堂的《诗经》《南华经》《全唐诗》中。

言采其桑

《诗经·魏风·汾沮洳》云：“彼汾一方，言采其桑。”

据统计，《诗经》三百零五首，写桑树的就有二十二首，可见我国种桑养蚕历史之悠久。

《诗经·小雅·小弁》云：“维桑与梓，必恭敬止。”

人们常用“桑梓”比喻故乡。朱熹说：“桑、梓二木。古者，五亩之宅，树之墙下，以遗子孙，给蚕食，供器用也。”孟子《寡人之于国也》说：“五亩之宅，树之以桑，五十者可以衣帛矣。”

中国民间栽桑树是有讲究的。俗语说：“前不栽桑，后不栽柳，当院不栽鬼拍手。”是说，桑者，“丧”也，桑树在前，很不吉利。因柳树靠扦插繁殖，不结籽，房后植柳，会影响子嗣。再说后柳，音“溜”，会跑光财气。鬼拍手，是指杨树，杨树遇风，叶子哗哗地响，像“鬼”拍手。

孙汝澄有游记云：“罗汉坛灵观尊者祠后有桑树，传为尊者手植，干盈拱，枯株如炭，出地尺余，岁烬于野烧，当春必再茂。”

在茶园山，民国元老伍毓瑞别墅前，却惊世骇俗，生长着一棵两抱多粗的桑叶树。老先生是南昌县武阳人，祖辈以养蚕为业，不忘根本，才种下这棵树，至今有八九十年树龄了。

在当下，我乡种桑养蚕，并不是用于纺纱织帛，只是孩子们的一种乐趣。我小时候，也跟着邻居的孩子学着养蚕。看见屋后的桑树开始萌芽了，就向邻居家讨来一张纸的蚕子。

蚕子像油菜籽那么大，密密麻麻，布满一纸。把蚕子折叠好，再用一张大纸包好，小心翼翼，放在内衣口袋里孵化。三四天后，孵出许多毛茸茸，黑黝黝的蚕宝宝来。我用羽毛撩拨，把它们装在有桑叶的盒子里，就不停地吃起桑叶来。几天后，蚕宝宝就长得白白胖胖。“沙、沙、沙”，它们吃桑叶的声音，好像从来就没有停止过，它们争分夺秒地大吃特吃，像是饿鬼投胎。才丢下一把桑叶，一会儿就被蚕吃掉了。有的年头蚕养得多了，桑叶不够吃，我真是忧心如焚。迫不得已，我便将自己珍藏的图书，跟人家换桑叶，也换桑树。听大人说，山上的柘树叶可代替桑叶，于是，就是起风落雨我也出去寻找。蚕宝宝经过几次蜕变后，就长成指头般大了。接下来就开始吐丝，作茧自缚。它在茧里就是蛹了，十几天后破茧而出，变成蛾子，交配后，产下子，翩然而去。

桑树在展开叶芽时，开就出米黄色的花来。我们摘一些花，用来煎蛋、烧肉，倒也清香可口。

桑树结的果实叫桑葚，由青转红，再变紫，就可以吃了。桑葚一个个悬于枝头，让人一看就流口水。

桑葚远看像一串小小的紫色葡萄，近看是

一种像草莓的聚合果。吃起来酸甜适中，美味多汁。桑葚含有丰富的蛋白质和多种人体必需的氨基酸、钙、铁、锌等多种矿物元素，具有补肝益肾、生津润肠、乌发明目等功效。

每年到了冬至，桑叶有点儿泛黄，有些人家会摘一些晒干，炮制成桑叶茶。

桑叶茶，色泽嫩黄明亮，饮之清鲜甘醇。

桑树的叶，经霜后采收，称之为霜桑叶或冬桑叶。李时珍说，这种桑叶可治劳热咳嗽，明目，长发。

在城镇化迅速扩张的当下，我们的乡村、田园在逐渐消失。陶渊明“暧暧远人村，依依墟里烟。狗吠深巷中，鸡鸣桑树颠”的悠远意境，已经很难找到了！

盐肤木

小时候打猪草，我会割红花田里的黄光菜、水沟里的鸭跖草、山脚下的苦菜、就连禾田的浮萍也不放过。稍大点，我便喜欢去山上捋盐肤木。

盐肤木为落叶乔木，高可二丈，枝干苍黑。羽状复叶，椭圆形，披满柔毛，边缘有锯齿，正面暗绿，背面灰白。八九月间，枝头开出一束束乳白色的花序，虽不美艳，但也芳气袭人，引来蝶舞蜂吟。十月结果，球形，有核，一个个悬于枝头；青涩时，表面上附着一层白霜，成熟后呈红色。食之略酸，还有点儿咸。早先，在买不到盐的时候，摘它的果子，可用来调味或熬盐。

盐肤木，别名也叫敷盐柴，意思是果子表面上裹了一层盐。

盐肤木在中医上，则叫五倍子。有倍蚜虫寄生在它叶内，形成虫瘿。

李时珍《本草纲目》载：“五倍子，宋《开宝本草》收入草部。《嘉祐本草》移入木部，虽知生于肤木之上，而不知其乃虫所造也。肤木，即盐肤子木也。此木生丛林处者，五、六月有虫如蚁，食其汁，老则遗种，结小球于叶间，正如蛄蟖之作雀瓮，蜡虫之作蜡子也。初起甚小，渐渐长坚，其大如拳，或小如菱，形状圆长不等。初时青绿，久而细黄，缀于枝叶，宛若结成，其壳坚脆，其中空虚，有细虫如蠛蠓。山人霜降前采取，蒸杀货之，否则虫必穿坏，而壳薄且腐矣。皮工造为百药煎，以染皂色，大为时用。他树亦有此虫球，不入药用，木性殊也。”

它的根、叶、花及果，均可入药。

在我的家乡，有的村子把它叫谷皮柴。饥荒的年代，摘它的叶和米煮，用来充饥。如没有米掺和，吃进去会造成便秘。但更多的村子把它叫作糠皮柴，把它晒干碾碎来代替糠，或直接煮给猪吃。

那时，家家都养猪。而我的家乡山多田少，粮食产量不多。猪吃的只是洗锅、洗碗的水，加点糠，就是潲水了。很多猪养了一年，也就狗那么大。有的人家，菜种得好，多余的都用来喂猪。勤俭的人家，都会去打猪草。

清明时节，盐肤木或红艳艳或绿油油的嫩芽，乍看有些像椿芽。我们来到山上，很快就摘满一背箩。盛夏的时候，有的一棵树，就可以捋大半背箩。

盐肤木属漆树科。它乳白色的汁液，染在手上，干了，会变得黑漆漆的，很难洗掉。如在野外，被黄蜂蜇了，取它的乳汁滴在伤口上，可消炎止痛。

野漆树我们叫漆柴，与盐肤木相仿佛。涉世不深的小孩，错把它当盐肤木采摘，便会生漆疮，手上会流水、流脓，又痛又痒。需要寻找“捌柴”叶，捣烂，敷在疮上，或用皮煎水洗也行，一两天便好。好在一物自有一物治。

捌柴学名叫鬼箭羽，有破血通经、解毒消肿之功效。

人们盐肤木洗净后，放进锅里煮。煮烂后，和上潲水，倒进潲盆。主妇只要呼唤一声：啰啰！猪便纷纷跑而来，大嚼起来。

我们家的猪吃饱了，就懒洋洋地在村子里散步或晒日头，一副悠然自得的神态。以前的人经常说，没吃过肉，看过猪走路。可现在的人，天天吃肉，却看不到猪走路。

如今的乡村，连猪也看不到了，盐肤木自然无人问津。

摇钱树

摇钱树，单听这名字，就让人心生羡意。

摇钱树可是一种稀有树种，走遍方圆三百里的西山，也就五棵，而大岭熊家就有四棵。

相传北宋年间，安义黄冈熊家的一个地仙，来西山卜居，见到这四棵挂满铜钱似的树，很是惊喜。他仔细考察地形，摇钱树靠后两百多米，是一个小山坳，有个泉眼，汩汩冒出清泉来，周边繁花似锦，这正像是一个聚宝盆。

看山势，东有罗汉坛，西有萧峰，南有南岭，北有何家垴。

正是："玄武拱北，朱雀峙南，青龙蟠东，白虎踞西，四势本应四方之气，而穴居位乎中央，故得其柔顺之气则吉；反此则凶。"

且看何家垴，一条长长的山冈，像一条蜈蚣。有偈子云：何家垴，面朝东，像只飞天蜈蚣。有人葬得到，代代出阁老。

且说田多地广的地方，人家早开了基。风水轮流转，福地福人登。此地正好！

地仙的子孙后代，有了摇钱树的庇护，日子果然过得顺风顺水，人寿年丰。村里人把它当作神树。

村中有古训：勤是摇钱树，俭是聚宝盆。只有勤来没有有俭，好似有针没有有线。

村里流传着这样一个故事。早先，有个老人家，每天清早就起来捡粪。一天，天才蒙蒙亮，他来到聚宝盆，看见一只母鸡带着一群鸡崽，颜色黄灿灿的，有些耀眼。老人快步上前，用粪扒敲死一只鸡崽。把鸡崽捡到手里，发现是一锭黄金。他正心花怒放，却被母鸡猛啄了一口。等治好伤口，刚好把这锭金子花得一文不剩。

这个故事似乎在告诫后人：君子爱财，取之有道。

摇钱树，它的学名其实叫青钱柳。它和白果树、金缕梅、红豆杉一样，是第四纪冰川幸存下来的珍稀树种之一。一般生长在海拔七百米以上的高山上。高可三四丈，叶椭圆形，边缘有锯齿。花序一挂挂，如珠如豆；果实一串串，如钱如铙。深秋十月，山风吹来，沙沙作响，有金属声。

现代医学证明，青钱柳含有大量的铁、锌、硒、铬、锗、镁、钙等无机营养成分，还含有锰、铜、铬、锌、硒、钒、锗等微量元素，有消炎杀菌、抗血栓、降血糖等功效。

话说明末，屋场上有个后生，一天中午，提着一个竹筒，去送饭给正在耕田的父亲吃。他见父亲累得腰驼背曲，一身是泥。想起种田的艰苦，长叹一声。心里想：都听说摇钱树是财富的象征，我何不到山外去闯一闯。于是，他回到家中，跟娘说想去罗田黄家母舅家走一趟。

在母舅的帮助下，他买了一把屠刀，开起了肉铺。

后生赚到第一桶金，便来到南昌开了一家钱记昌商行，生意很是红火。

偌大山河偌大天，万千年又万千年。前人过去后人继，几个男儿是圣贤。商行兴旺了二百多年，到了民国，店铺占了半条街，黄金白银川流不息捎回家中。家里封了土屋，田地多得鸟都飞不到尽头。

第九代掌柜外号就叫熊半街，不愁赚钱，只愁花钱。

还真如《贤文》所说：“贫穷自在，富贵多忧。”世道乱哄哄的，他家钱多得没有地方放。埋地窖觉得不妥，存钱庄也不放心。家里人多次被亡命之徒绑票，天天担惊受怕。于是，他再也不管店里的事，天天沉湎于赌博。

起家针挑土，败家水推砂。三四年下去，家中田地卖光，加上日本鬼子攻打南昌，店铺付诸战火。

他们家已有九代没有打过赤脚，在乡里传为美谈。可到了第十代，又回家种田，面朝黄土背朝天。

与他家相反的是，村中有一户卖豆腐的，日上耕田，夜里做豆腐、熬米糖，天一亮，就挑去卖。他家吃完了饭，碗上有个油珠都不放过，要用开水荡得吃干净。卖豆腐的口头禅是：节约好比燕衔泥，浪费好比河决堤。十多年过去，村里二百九十八亩田，有九十八亩是他家的。

适值中华人民共和国成立，天翻地覆慨而慷，钱记昌老板的后代，成了贫下中农，又当家，又做主；而卖豆腐的却成了地主，天天挨斗，日日游行，被打断了腰，要拄拐杖才能走路。

卖豆腐的经常在半夜三更，伫立于摇钱树下，摇头浩叹，说：天地神灵啊，列祖列宗啊，摇钱树啊，我这辈子辛苦劳动，好像没有做过亏心事，为什么遭此劫难？天理何在！

一阵山风吹来，似乎摇钱树也发出一声沉重的叹息呢！

油茶飘香

故乡的油榨厦，位于三个村子丁字路口。这里依山傍水，山，是南方的秀岭，土壤肥沃，空气湿润，很适宜生长油茶树；水，是江南的山溪，弯弯曲曲，所到村落，皆有小桥流水人家的韵致。

在溪中筑一堰，把清凉的溪水，拦到水圳，流到屋侧的一个木槽里，“哗啦啦”跌落在水轮车上，水轮车咿咿呀呀地转动，不知疲倦，还带动油榨厦内的碾盘。碾盘的四个铁轮，轰隆轰隆地转动，将碾槽内的茶籽碾成细末。

油榨厦，这“咿咿呀呀、轰轰隆隆、砰砰嘭嘭”声，组合成一支古老的歌谣，从古一直唱到今。

饮水思源。说起油榨厦，首先让人想起油茶树。

油茶树，在我的家乡是一种数量上仅次于毛竹、杉树的常绿灌木。不择地而生，漫山遍野，随处可见。它的叶片碧绿肥厚，枝丫交错；树干高可二丈。你只要适时砍去藤萝，锄去荆棘，它便能茁壮成长，风雨一百年不衰。它是山里人的主要油料来源之一，素有“铁杆庄稼”的美誉。

清代王世雄在《农居饮食谱》中对茶油推崇备至：“茶油烹调肴馔，日用皆宜，蒸熟食之，泽发生光，诸油唯此最为轻清，故诸病不忌。”

春天，油茶树长出新枝嫩叶的同时，滋生出许多茶泡、茶耳来。

茶泡，开始像毛桃子似的，或红或绿，待长得像碗口般大的时候，脱去一层涩皮，便光洁如玉。

茶泡只有一层薄肉，内空有瓤，食之清甜可口，有一股浓郁的山野气息。我们上山砍柴或放牛时，总是有意无意地寻觅。有时，一棵树上结几百个，就像挂满彩球，吃不完，就用荷包装，装不下，就用树枝串。拿回家，还可用茶油炒着做菜吃呢。

茶耳外形像叶片，但要厚实得多，一束有四五片。开始还绿里透红，待脱去皮，便白嫩晶亮，酷似翡翠做的工艺品。吃起来比茶泡更甜更脆。据说，茶耳是嫩叶受到细菌感染所致。真的是化腐朽为神奇！

茶泡、茶耳，是油茶树给予山里人的一道额外馈赠。

《梅岭十二月采花》歌曰："九月菊花黄似锦，十月茶花小阳春。"

深秋，给人的印象是水瘦山寒，初雪飘飞，而油茶花，却开得白茫茫，银灿灿，如烟似雾，胜似春日梨花。

油茶花，单瓣黄蕊，虽不华美，却也清雅脱俗。

不知道是什么缘故，每个花蕊中间，蓄着一点透明黏稠的花蜜。每到这个季节，我们都会成群结队上山吃花蜜。折一根干芒萁棒，抽去芯，插入花蕊，一吸，吃在嘴里，甜在心里。

我们吃着花蜜，还唱着民谣："十月茶花小阳春，西山有个许真君，三尊大圣朝南坐，十二真人两边分。"

其时的山上，蝶舞蜂吟，红枫似火，菊花金黄，美不胜收。

油茶树有十二月怀胎之说。油茶树开花之日，也就是茶果飘香之时。

油菜果在霜降前后，长得油光滑亮，红艳夺目。此时，家家户户，一家老小，一齐上山摘茶籽。有的挑着箩担，有的背着背篓，有的拿着竹钩，这便是摘茶籽的行头。昔日空旷寂寥的山间，一时热闹起来。摘完这棵，再摘那棵。茶树很有韧性，人在树上就像荡秋千。

到了傍晚，乡亲们挑着一担担压弯扁担的茶籽，喜气洋洋地下山来。

茶籽摘下山，就倒在门口或村前的场地上。各家用竹竿、木料围成一块块，像画地图似的。村子里，所到之处都是茶果飘香。这些或红或绿的茶果，晒上几天后，像碰到什么开心事似的，裂口而笑，都露出黑油油的籽来。人们便把它们带回家，倒在一处。到了数九寒天，家里人一边烤火，一边拣茶籽。茶籽倒在一个筛子里，堆成山状。把茶壳剔除，留下乌黑的籽。

茶壳晒干了，还可放在火塘里烧，用来取暖。顺便交代一下，油茶枯饼，可以用来洗衣裳、烤火、捞鱼。

农闲时候，乡亲们就是忙着晒日头，烤火，拣茶籽。因为我们这里山多，茶籽自然就多。那时，谁家都要榨上一二百斤油。四担茶果，剥掉壳，一担茶籽。一担茶籽，可打一下榨，可获二十多斤油。如，我和我的大哥、二哥加在一起，一年最多可打十三下榨。

拣茶籽，是一种很温馨的活儿。一家人围成一团干活儿，或聊家常，或讲故事，或猜谜语，或打山歌，其乐融融。

母亲一边拣茶籽，一边脚踏摇篮，还哼着童谣：

摇啊摇，摇啊摇，红米饭，干鱼头。

一摇摇到金堂桥，吃饱了饭又来摇。

喔喔喔，不要哭，带大崽崽快享福。

不纺棉花不织布，带大崽崽封土屋。

哦哦哎，哎哎哦，带大崽崽捡田螺。

田螺捡得多又多，捡到一篮搭一锅。

哦哦哎，哎哎哦，带大崽崽快乐多。

出外赚钱多又多，黄金白银装满箩。

呵呵哎，哎哎呵，带大崽崽打铜锣。

打破铜锣打花鼓，打破花鼓娶老婆。

有钱娶个花花姐，冇钱娶个鬍头婆。

本来，迷迷糊糊快要睡着的侄子，听到这里，咯咯地笑了起来。

人间有味是清欢。我的父亲是个十分乐观豁达的人，他的一生充满了波折和磨难，可谓九死一生。他活着，从不奢望“富贵”二字，只要有田种，有茶籽拣，就十分知足。他经常说：“世上哪有耕田苦，半年辛苦半年闲。朝见父母晚见妻，抱着孩儿笑嘻嘻。”

邻居家来串门，也帮着我们拣茶籽，一起摆起了龙门阵。

油榨坊在我的家乡，叫榨厦；榨油，便叫打榨。

油榨厦以前是我村大房的，新中国成立后充公，归生产队。改革开放后，物归原主。

油榨厦，外砌土砖，上盖青瓦。室内浑然一体，没有壁，由十几根黝黑的屋树支撑着。没有窗户采光，只在屋顶盖了几片明瓦，显得很幽暗。但一年四季，这里都透着一股醇酽的茶油香。

中间是榨油区。榨筒是由一截枫树挖凿而成，有数抱粗，长丈许，内空，下有小孔。距离榨筒六七步之遥，竖起一个木头架子，上面悬着一个粗如屋树，长七尺的撞锤。撞头上，包有钢铁。

右边是碾盘。碾盘是周圆的，碾车却是方方正正，架在上边，在地底下齿轮的带动下，无休止地运转着。这种结构，是人类最早机械化的雏形吧。

左边是焙笼。土砖砌成的灶，留有烟管。上面有厚竹篾做的烘罩。下面生火。人们把茶籽倒在焙笼上，不断地烧火。油榨坊一般有好几个焙笼。

油榨厦给人的感觉既原始而又古朴。谁也说不清，是哪个太公手里留下的家当。

茶籽拣好了，天气好时，便倒在晒垫上晒上几日，有的人直接把茶籽挑到油榨坊去烘干。

留得青山在，不愁没柴烧。柴，就在附近山上砍的。不管干湿，就往灶里塞。火光熊熊，烘得茶籽上烟雾缭绕。

常言道：烧窑打榨，酒肉枕头。榨匠师傅，是我们村的长房长孙，叫龚绍甲，个子不高，背有些驼，似乎是为打榨量身定做的身段。他要不时抓一把茶籽，在耳边摇一摇。待茶籽摇起来唰唰有声，说明茶籽的确烘干了。

把茶籽碾成细末，拿到木甑里蒸。待气雾腾腾，湿漉地，火候便到了。

踩制油饼是一项技术活。榨匠师傅，将一圆形铁箍模具，放进一个木盆里，在铁箍内安放一个事先制作好的禾秆包，从甑里，量一桶热腾腾的茶籽细末，倒进去，卷起裤脚，踩成一个个细筛子那么大的“油饼”。把它装进榨筒里，一般装二十个。加檵，再上楔。木楔是杂木做成，一个个油光滑亮。另外，还有一个倒檵，是为了方便加楔，或榨完了油，方便卸楔用。

一切准备就绪后，榨匠师傅赤着膀子，提起榨头，迈开膀子，在两人的帮助下，吆喝一声，朝主楔撞去。边撞边吆喝，只撞了三两下，清亮的茶油，就汩汩流进了油桶里……

霎时，一股茶油的清香，弥漫在整个空气里，令人陶醉。

茶油，在我的家乡叫清油。在没有电灯、煤油之前，人们吃的是清油，点的是清油。开门七件事，柴米油盐酱醋茶。它是我们日常生活中一个重要组成部分。

然而，随着商品经济浪潮的冲击，今日的乡亲们，再也不摘茶籽，就连油榨坊，也在日渐腐朽倒塌。

譬如说，我的父亲暮年的时候，每年要在茶山修好路，砍好柴，等我回去摘茶籽。在他老人家去世后，我就从来没有摘过一个茶籽。

近十几年，村里年轻人纷纷外出打工，做得好，一年要赚一二十万元。随着老一辈人渐渐谢世，谁还会去摘茶籽呢。山上的油茶树，没人锄垦，没人护理，也渐渐被荆棘、藤萝、芭茅所侵蚀。皮之不存，毛将焉附。油榨坊自然成了多余的摆设，无人问津。

谁都知道，茶油好吃又养人。但摘茶籽太苦，挑下山又硌肩，拣茶籽也麻烦。只要有钱，买油吃多方便呀。

油榨厦，以前在我乡隔三五里就有一座。可它正在慢慢淡出人们的视野。它是一道即将消失的风景线！

它那咿咿呀呀的水轮车声，轰隆轰隆的碾盘声，砰砰嘭嘭的榨油声，犹如一个歌咏者，为古老的农业文明，唱完最后一支挽歌！

又见乌饭树

甲午冬日，一个天气晴朗的午后，我拿着一本书，来到离家很近的那片山上闲逛。晒晒太阳，看看闲书，听听鸟语，倒也悠然自得。在山冈的灌木丛中，我无意中看见好多当地人叫“饭染子”的野果。

这种果子，才红豆那么大，颜色呈紫色，却是密密匝匝，缀满枝头。虽是寒冬，但它的叶子依然青翠。也有的叶子被霜染了，有些泛红，却也不凋零，显得格外精神。

我随手捋了一把“饭染子”，放在嘴里吃，味道酸甜可口。它的味道，和蓝莓相似。吃过后，唇齿边，还散发着草木的清香。

在故乡的岁月，深秋去山上砍柴、打茅栗、摘橡栗，不经意时，常能遇见这种野果，我总是大快朵颐。可一转眼间，我好像已有三十年没有邂逅它们了。

饭染子的学名叫什么？我想起了网络上常见的一个字眼：乌米饭。我掏出手机，一查，这种树果然就叫乌饭树，也叫南烛树。在南方很多地方，四月初八有吃乌米饭的习俗。在那一天，人们采摘乌饭树的嫩叶，榨取汁水，将糯米染成黑色，再放到甑里去蒸，便是乌米饭。民间传说，早先佛祖有个叫目连的弟子，母亲被打入了十八层地狱中的饿鬼道。目连天天去地府送饭，可在路上，饭总是被小鬼抢去吃了。后来，佛祖教他，用乌饭树叶，捣汁染米，煮成乌米饭，送去，小鬼们不敢吃，目连的母亲才得以吃饱。

我当时就拨通了一位年近九旬的老朋友的电话，向他询问，咱们家乡早先是否有吃乌米饭的习俗。

他说:“有。我小时候经常吃。这种植物俗称‘饭染子’，肯定是用来染饭的呀。”

这时，我突然想起前不久，一个亲戚送给我家一些发亮的乌米。她只是说，是用山上的柴叶染了颜色，蒸熟后晒干的，只要在锅里稍蒸片刻，就可以吃了。这种饭吃起来和普通的糯米饭一样绵软滑溜，格外的芬芳可口。但怎么也没有想到，这竟然是有着悠久文化内涵的乌米饭。

这时，有五六个孩子在山间玩耍。我向他们搭讪道:“小朋友，快过来，我请你们吃野果。”

他们蜂拥而至。我摘着乌饭子，边吃边说:“吃吧，这叫乌饭子，是一种很好吃的野果。”

他们面面相觑，就连尝一颗都不敢。也许，他们的祖父、父亲，就是吃这种野果长大的呢。可现在孩子，好吃的东西太多，渐渐就把这类野果淡忘了。

可以说，我小时候为吃到野果，满山乱跑，其幸福指数，绝对不会比现在的孩子差。我在采摘野果的同时，锻炼了体质，也滋养了身体。

时过境迁。随着现代文明的进程，很多农耕时代的物产，在慢慢淡出我们的视野，就连彰显孝道文化的乌米饭，也渐渐被人遗忘了。

芫　花

芫花，灼灼其华，开在春光荡漾的二月里。其高不过三尺，却是满树繁华，给人以惊艳的感觉。花序有些像瑞香，颜色淡紫。

小时候，我上山砍柴、割猪草、摘野菜、捡蘑菇，看见一丛丛芫花，便十分喜欢，想把它折下来，插在家里的花瓶里。可它怎么也折不断，用力一扯，却把它连根拔出来。把芫花养在家里，可保一个多月不凋谢呢。

后来听说，此花有毒，闻多了会头疼。

芫花也叫闹鱼花，可用来药鱼。把它拌在油茶枯饼里，药性要烈得多。

正因为芫花的皮很有韧性，大人们用它来打绳，很是结实，故又叫金腰带。

我们这些孩子，则喜欢取这种皮，用来打陀螺。

把芫花皮撕下来，绑在竹鞭上，在陀螺上绕上几圈，用力一扬，陀螺便在地上转了起来。用芫花皮抽打陀螺，可比布带子生猛，声音清脆响亮。

制作陀螺，需要去山上砍来手臂粗的檀树或油茶树，锯之，削之，刨之，雕之，刻之，再用火烘干，涂上各色颜料，一个漂亮的陀螺就做成了。

那时的乡下孩子，只要有一个人开始玩一种游戏，大家便纷纷效仿。如跳房子、踩高跷、推铁环、踢毽子、打酒瓶盖，一种东西玩厌了，又换一种玩法，一年四季，花样不断。

那时，什么玩意儿都靠自己动手做。在做游戏的同时，孩子们增强了体质，也锻炼了生存本领。

打陀螺，一般在秋高气爽的秋天。放学后，我们便不约而同来到禾场，左手握住陀螺，右手用竹鞭上的带子把陀螺缠紧，只要将鞭子一扬，陀螺便旋转起来。

用芫花皮抽打陀螺，声音清脆而响亮，而我们的欢声笑语，更是响彻云霄。

栀子花

五月梅岭，栀子花开。即使是人们坐在家里，也能感受到那扑鼻的芬芳。

野生栀子花，都是单瓣的，那晶莹洁白的花瓣，托着一根长长的黄色花柱，虽不像家栽栀子花那样，雍容华贵，却像乡村人家的小家碧玉一样，朴素动人。

这是个青黄不接的季节，人们纷纷上山去摘栀子花当蔬菜。

我们经常会起早摸黑，走十多里路，来到山外的丘陵地带。似乎这种地形，更适合栀子花的生长。只要一走进花丛里，就像笼罩在白雾之中。热浪一吹，那股浓烈香气，真让人陶醉。

《梅岭十二月采花》唱道："五月栀子心里黄，六月莲花满池塘。"

民谣唱道："栀子花，白皑皑，日日盼望姐姐来。姐姐头上戴满了花，为什么不撑洋伞遮？又怕山风吹掉伞，又怕日头晒蔫花。"

熊荣《西山竹枝词》诗曰："缑岭遥连鹤岭斜，萧疏烟村暗藏鸦。薝匐五月无人采，绕径年年开白花。"

注脚云："《通志》载：'缑岭在西山，隶新建县仙游乡。'《水经注》：'鸾冈西有鹤岭，王子乔控鹤所经过也。’薝蔔，即栀子。”

杨万里来西山，见栀子花盛开，有《栀子花》诗云：“树恰人来短，花将雪样看。孤姿妍外净，幽馥暑中寒。有朵篸瓶子，无风忽鼻端。如何山谷老，只为赋山矾。”

有一日，我在村后采摘栀子花，看见路边的崖壁上，一棵造型奇特的栀子花，便与土一起挖出，栽在天井中一个四方形浅浅的陶盆里，经过一番打理，这棵栀子花好似一只正在开屏的孔雀，叫人百看不厌。一日花开，香气袭人。就是在夜里，我也要观摩再三，才肯离去。

栀子花凋谢了，便长出满树青涩的果实来。果实成熟了，便换了个名字，叫黄栀子，其状有些像金樱子，粒粒饱满，橙黄如橘。

这棵栀子花，让我一年四季玩赏不尽。

那时，我们去山间砍柴，看见一树树的黄栀子，爱如珍宝，摘下来装进口袋里。

黄栀子晾干，搁在家里，有很多用处。

古籍记载：“染园出栀、茜，供染御服。”黄栀子不但可以当染料，还可以调桐油，漆家具。

早先，家家户户都捡桐子榨油。我记得家里油漆东西，只是在桐油里调一些颜料，便可作油漆用。如用黄栀子调桐油，就成了黄漆。这种漆光洁度好，木纹清晰，浑然天成。

以前的孩子着了凉，或受了惊吓，会出现食欲不振、面黄肌瘦、夜里啼哭、低烧不退等症状。大人便用黄栀子三个、葱蔸三个，面条三根，把它们捣碎，和上米酒或高度白酒，用红布、红头绳，扎在手腕上。男左女右。到第二天早上，打开红布一看，手腕上会有一块青痕。如斑痕形状像什么，便认为是被什么吓到了。说起来，这是一种迷信。前不久，我请教过一个老郎中，他说从中医的角度讲，这是一种很原始的疗法，有着清热利湿、凉血解毒的功效。

如果崴了脚，肿痛难忍，用黄栀子、苎麻兜、四季葱、面条、米酒，一起捣烂，敷在患处，很快就可以化瘀消肿。

栀子花开，不但是芳香袭人，还蕴含着丰厚的民俗文化呢！

梓木情

早春的梅岭，冰雪尚未消融，寒风依然肆虐，满山遍野却开满了金灿灿的梓木花。

梓木也叫檫木。檫，音擦。好像是谁“擦”亮了一根火柴，把整个山给点燃了。一时，就像奏响了春天的序曲，引得百花齐放、百鸟争鸣。

梓木是落叶乔木，高可数丈，大者有几抱粗。暮春，花朵凋谢，便长出满树鹅掌形叶片来。

它是我的家乡仅次于杉、松的第三大家用木材树种。用来做屋树，笔直伟岸；用来打家具，不翘不裂；用来造船，百年不朽。

《埤雅》载：“今呼牡丹谓之花王，梓为木王，盖木莫良于梓。”还赞其“取材为器，其音清和。”

桑与梓，古人喜欢栽在屋前屋后，所以常用“桑梓”代表家乡。

《诗经·小雅·小弁》云：“维桑与梓，必恭敬止。”诗中的意思是，见到故乡的树木，就会联想到是先人手植，因而要满怀敬意地去爱护。

朱熹说：“桑、梓二木。古者，五亩之宅，树之墙下，以遗子孙，给蚕食，供器用也。”

民国陈嵘《中国树木分类学》中说，梓“在适地生长颇速，春日满树白花，秋冬荚垂如豆；木材白色稍软，可做家具。制琴底，所谓‘桐天梓地’者是也。古人以为木莫良于梓，书以‘梓材’名篇，礼以‘梓人’名匠。宅旁喜植桑与梓，以为养生送死之具，故迄今又以桑梓名故乡也”。

我高中毕业后，在家务农、放牛。农闲时候，与父亲垦殖油茶山，种植杉树、梓木。那时，父亲已是六十好几的人，夜以继日的辛劳，背驼了，头发花白，步履也蹒跚了。一天在山坳中种梓木，坐下休息的时候，父亲抓起一把黝黑的土壤对我说：“这里土地很肥沃，十多年后，梓木便长成大树了，等你成家立业后，有了钱，斫来做屋吧。以后走得再远，也要回来哦。”

我当时是个落榜青年，心想：这一辈子能走多远，能有多大出息呢？我当时只是一片茫然！

一年后，我为了摆脱祖辈面朝黄土背朝天的生活，毅然走向山外。我的生活道路走得很波折，曾摆过地摊，开过饭店，贩卖过竹木，也曾漂泊过，流浪过。

几年后，我又同父亲来到垦殖过这片林子。梓木却长得郁郁葱葱，得其时哉，而我呢，还是穷愁潦倒，一文不名。

父亲安慰我说："常言道，作田为大业，富字田打脚。种田就种田吧！万般都是命，半点不由人。这田也是祖辈千百年留下的产业，也得有人继承。我也是个读书人，时运不济，种了一辈子田，不也过来了？人生哦，做什么都是吃碗饭！"

我成家后，先是经商，后来走上工作岗位。父亲总是源源不断为我提供粮食、茶油、蔬菜。在我年近四十，事业稍有成就，"著书立说"时，父亲却辞世了。这时何等的遗憾！

正如庄子所说："人生天地之间，若白驹过隙，忽然而已。"

乙未深秋的一天，我带着儿子崇怡、孙子牧子回到故乡。满山的梓木叶，红得有些绚烂。我们祖孙三代，走进了这一片林子。当年柔弱的树苗，已经长成了合抱粗的参天大树。

其时，一阵山风吹来，林间沙沙落下几片叶子，有的砸在我身上。它们似乎还认得我，在与我打招呼呢。我想起当年与父亲栽树的情景，不由得潸然泪下，感叹道："树犹如此，人何以堪！"

紫荆

紫荆因枝条细长像黄荆，花色红紫，而得名。它为豆科紫荆属落叶灌木，丛生。

紫荆风流雅艳，一般点缀在小桥流水边，亭台楼榭旁，用来渲染春色。早春二月，红艳夺目的花朵，一簇簇缀满树干，也爬满枝头。在满园春色里，它不但一枝独秀，且花期特别长。待心形叶片伸展开来，绿满枝头，才慢慢坠落，化作春泥。这时，它的枝头，挂满了扁扁的荚果。

苏颂说，紫荆处处都有，人多种于庭院间。木似黄荆，叶小无丫，花深紫可爱。

紫荆花，寓意兄弟和睦、骨肉情深、家业兴旺。

吴均《续齐谐记·紫荆树》记载了一个这样的故事。在南北朝时，京兆尹田真，位高权重，肥马轻裘，硬要与兄弟田庆、田广分家。待财产分置妥当，才发现庭院里，还有一株开得花团锦簇的紫荆树，他们当即商量好，将它一分为三。第二天清早，兄弟三个正准备砍树，发现这株树不但花谢了，叶也枯了。田真见状大惊，抛下斧头，感叹道："树本同根，闻将分斫，所以憔悴。是人不如木也！"说完，不胜感慨。兄弟三人抱头痛哭，又把家合起来，和睦相处。且说那株树，又恢复了生机。

"诗仙"李白《上留田行》感慨道："田氏仓促骨肉分，青天白日摧紫荆。"

"诗圣"杜甫《得舍弟消息》诗云："风吹紫荆树，色与春庭暮。"

韦应物《见紫荆轮》诗："杂英多已积，含芳独暮春。还如故园树，忽忆故园人。"

中华民族，是一个重孝悌、重情义的民族，时至今日，华夏大地，有的家族，还采用"紫荆堂""紫荆世第"作为堂号。

棕　榈

棕榈在乡间随处可见。这种树笔直伟岸，高可丈许。叶长三尺，成弧形，形似车轮，又作孔雀开屏状。叶片簇生树顶，四季常青，无论是炎炎夏日，还是数九寒天，都郁郁葱葱。风吹，叶片相撞，沙沙作响；雨来，琮琮琤琤，有金玉声。

它有着椰树的风姿，梧桐的挺拔，芭蕉的意蕴。

苏颂说，棕榈出岭南、西川，今江南也有。木高一二丈，无枝条。叶大而圆，如车轮，萃于树杪。其下有皮重叠裹之，每皮一匝，为一节。二旬一采，皮转复生上。六七月生黄白花。八月、九月结实，作房如鱼子，黑色。九月十月采其皮用。

清代李渔《闲情偶寄·棕榈》说："棕榈树直上而无枝者，棕榈是也。予不奇其无枝，奇其无枝而能有叶。植于众芳之中，而下不侵其地，上不蔽其天者，此木是也。较之芭蕉，大有克己妨人之别。"

民谚有云："家有千棕，永世不穷。"

棕榈树的主要经济价值，是它的棕衣。它每月长一片叶子，便要加一片棕衣，包裹在棕榈上。每年须割一次棕衣，这样更有利于棕榈的生长。否则，棕榈反被自缚而死。

我看过剥棕衣，用刀在它的周身割一圈，棕衣就可以剥下来。因为棕榈每年要挨十二刀，所以很多人忌讳在大门口栽它。

棕衣可用来编织蓑衣、打箩绳、做床垫、蒙沙发。

以前耕田种地的人家，都有一两件蓑衣。天晴时，便同斗笠一起，挂在屋树上。

蓑衣，一般分上衣与下裙两个部分，不但可以避风遮雨，还可保暖。

中国古代的农耕、渔猎文化，与蓑衣密不可分。《诗·小雅·无羊》："尔牧来蓑思，何蓑何笠。"何，荷也，戴的意思。张志和《渔歌子》词："青箬笠，绿蓑衣，斜风细雨不须归。"柳宗元《江雪》："孤舟蓑笠翁，独钓寒江雪。"吕岩《牧童》："草铺横野六七里，笛弄晚风三四声。归来饱饭黄昏后，不脱蓑衣卧月明。"苏轼《定风波·莫听穿林打叶声》："莫听穿林打叶声，何妨吟啸且徐行。竹杖芒鞋轻胜马，谁怕？一蓑烟雨任平生。"

我的家乡有个穿蓑衣、戴斗笠耕田的谜语："三头六臂，七脚落地，太公钓鱼，咒天骂地。"

还有一个关于蓑衣的歇后语：穿蓑衣打火——惹火烧身。

我小时候，对棕榈情有独钟。春天里棕榈开出米黄色的花，我把它摘下来，用它来玩过家家，当作饭，用竹筒，添成一碗碗。几个人或当爹，或当妈。男女有别，尊卑有序。还模拟耕田、种菜。角色分得一清二楚，日子过得有模有样。母亲说，在饥荒年代，有很多人把棕花炒熟，放点盐当饭吃，其味道有些苦涩。

初夏的时候，我们摘半老的棕籽，洗净后，放到罐子里炆。煮烂了，放点作料，嚼着吃。虽有点儿涩，但有一股清香味。我们用竹榼子，装着棕籽，边吃边走，倒也快乐逍遥。

也许，我们小时候经常吃不饱，才会想到吃棕籽。现在的孩子，再也不会去吃了。

时过境迁。近些年来，蓑衣已经成为一种老物件，棕树也很少有人栽了。

第二卷　草　本

红花草开花了

在我小的时候，每当红花草盛开的时候，田畈里姹紫嫣红一片，与溪山村落相互辉映，仿佛是绣娘刚织完的一幅锦缎，让人心醉神迷。

红花草，学名紫云英，古称翘摇。本草释名说，翘摇，言其茎叶柔婉，有翘然飘摇之状，故此得名。汉武帝时，张骞出使西域，从在大宛国把它带回大汉。其茎细嫩，长可三尺；羽状复叶，翠绿鲜嫩；总状花序，呈伞形，白里透紫。

徐珂《清稗类钞·植物类》:“紫云英为越年生草，野生，叶似皂荚之初生，茎卧地，甚长，叶为复叶。春暮开花，为螺形花冠，色红紫，间有白者，略如莲花，列为伞状，结实成荚。”

还是在头一年，晚禾快要扬花的时候，人们田的周边、中间，打上水沟。待排干水，才可以撒红花籽。红花草虽对土壤要求不严，但既怕涝，又怕旱。

先用稀薄的盐水，将红花籽浸上一天，搓去表皮上的蜡层，去掉秕粒，捞出晾干，再用钙镁磷肥，或草木灰拌好，选天气晴和的午后，按每亩田三斤的量撒播。

红花草很快就发芽抽茎了。在收割晚禾时，红花草已有二三寸长，绿油油的。看似很柔弱。割禾、捆禾或笪桶搭禾，并不影响它的成长。可到了霜降，它就会停止生长，蓄势过冬。

它虽是纤弱瘦小，却坚韧顽强，经受了冰霜雨雪的洗礼，到了第二年惊蛰，它如大梦初醒，欣欣向荣，拔节成长。田野里，就像盖上一层厚厚的被褥。民间有九跪红花拜四门之说，意思是说，红花草长到四五寸高，就会趴下，枝丫继续往上长，循环多次，谓之九跪。

傅春宫《江西物产总汇》:“红花，即肥田之草料也。收割后下种，殆至暮春，其苗勃发，绿叶红花，稍有清香。结实收籽后，所余之根，均以雍田。”

红花草开花了，如火似霞，彻地连天。孩子们激动得在花丛里打着滚，或把花朵穿成一个花环，戴在女孩子头上，还唱着歌谣:

打竹板，开红花。红花谢，听娘话。娘买线，嫂买花，妹子门前学绣画。画中屋前有条港，留给阿婆洗衣裳。画中屋旁有棵树，留给阿婆做屋住。

绿盒子，装红花，细妹子，嫁人家。娘话乖乖女，爷话一枝花。哥话亲兄妹，嫂话扒两家。嫂啊嫂，石头长草、马长角，扁担开花我回家。

蜜蜂漫天飞舞，嗡嗡地唱着欢歌，忙得有时往人身上撞。

红花草开了。父亲吆喝着水牛，开始春耕。我总是在离父亲不远处挖野菜或捉泥鳅。只要听见父亲不住的吆喝声，心头便感到无限温馨。犁田是父亲的一手绝活，犁铧所到之处，掀起一片片沃土，就像屋上盖的鱼鳞瓦一样平整。父亲每日犁田。犁了一丘又一丘，耕了一垄又一垄。红花草埋到地底下，就是上好的有机肥。

红花草开了。我经常同母亲提着篮子，在红花草丛中，寻找黄光菜。将钩子往黄光菜蔸头一插，稍一扯，就把它连根拔出。不经意时，总会传来轰隆隆的开山炮声。母亲说，那是落马岭在修马路。随着炮声越来越近，汽车就开进村来了。不久，村里来了一些架线工人，家家户户点上了电灯。千百年来，刀耕火种的山村，迎来了一个骤变时代。

黄光菜学名叫稻槎菜，可做腌菜吃，也可炒饭吃，更多是用来喂猪。

母亲说，在饥荒的年代，家家户户挑着箩去山上挖野菜。后来野菜也吃光了，就吃糠饼，吃多了，消化不了，浑身水肿，眼睛迸花。只有偷偷去田里，摘一些红花草回家，炒来吃。红花草吃起来甜丝丝的，有豌豆苗的味道。正好它还可清热解毒、利尿消肿、祛风明目、健脾益气。但红花草也不可以多吃，否则会导致腹胀，就是牛羊猪吃多了，也会腹胀而死。

母亲说，她一日割黄光菜，见过这样一个情景：村里有个老地主，从山上驮柴下山，饿得有气无力，跌倒在地，过一会儿，就在田塍上，捉了几只蛤蟆和着红花草生吃。接着，他又到圳里喝了几口水，才恢复元气。

这红花草不但可以肥田，关键的时候，还可解救饥荒。

母亲每年要养大两头猪。她做完家务，经常同我在田畈上挖野菜。

一般在山的角落中的稻田里，还会有很多红花草。初夏，它便结成一个个小牛角形状荚果，剥开来，里面是一颗颗猪腰子形、栗褐色的红花籽。

我在生产队挣工分的时候，也曾与妇女们搬着矮凳子，摘过红花籽。到了下半年，又可以撒播，生生不息。

民谚有云：农家两大宝，猪粪、红花草。田野红花草，绿色又环保。可这些年来，人们习惯用化肥，再也不种红花草了。

八角乌

这几年，我着力于写一本关于梅岭草木方面的书。我的宗旨是，把当地的民俗风情、礼仪风景、民间文学，融进篇什中，来彰显地方特色。

一日，我在擅长研究民俗文化的族叔龚兆椿家中闲坐，聊到梅岭山中的草药，他立即起身，去书房拿出一套上、下册的《土方草药汇编》来。下面落款是：安义县太平公社医药防治管理站、枫林大队合作医疗医药防治组汇编。时间是 1968 年。那时湾里区还没有成立，太平归属安义县管辖。此书，图文并茂，文字精练简洁，书写工整，图画也精妙传神。很多草药，都是采用本地的叫法，读起来十分亲切。其中一段这样写：

八角乌，草本，茎秀长，叶面光洁呈半弧形，开黄色花朵似菊。性凉味辛，微苦，具有清热解毒，活血止血，散结消肿之功效。

这是一种刻印本。就是当年用蜡纸铺在钢板上刻写、绘制的。此书纸张已经发黄，字迹也有些模糊。掐指一算，这书已有五十年的历史了。

兆椿叔说，当年洪都中医院有几个老医生，下放在枫林，看见这里山高林秀，民风淳朴，不但有取之不尽的药材，还有丰富的医药知识，便倡导编写这样一本书。

我说：“这本书主要是谁捉刀呢？”

兆椿叔说：“是傅家边一个叫杨华太的人。可拿当时的话来说，是一个臭名昭著的官僚地主。他的父亲杨盖雄毕业于黄埔第三期，是国民党的少将。”

我与兆椿叔聊了一些杨华太的家庭背景及当时编写这套书的过程。我觉得杨华太还真是一个人才，很想去拜望他。

第二天一清早，我同朋友熊学帆赶往太平镇傅家边。这里高低错落，住着几十户人家。我们向一个正在吃早饭的老人打听，杨华太住哪里？他用筷子指了指村后，说走到尽头，山脚下就是。

来到山脚下，果然有一栋独门独户的平房。大门还没有开，有一只狗在朝我狂吠。

我敲了几下门，里面传来一个苍老的声音："哪个？"

我说："我是龚兆椿的朋友，前来拜访你。"

他说他还没有起床，叫我等等。

这是一个寥廓的霜天，加上山里气温寒冷，草木凋零，一派萧瑟。日头刚从门前高山升起，照得山村大地，腾起一股雾气。这时，我发现门口有一丛八角乌，叶面覆着霜，依然油青墨绿，生机勃勃。还有几枝菊黄色的花朵，高高擎起。

门吱吱呀呀地开了，出现在眼前的是一位年迈的老者，高鼻梁，目光深邃，须发尽白。我向他问好，说明了来意。

老人说："到房间里坐，里面暖和些。"

堂屋神厨上，摆放着一张威武英俊的军官相片，上端书有"杨盖雄"三字。

老人说，这是他妹妹在20世纪80年代，从黄埔军校档案馆中翻拍来的。

他妹妹在贵州生长，以前不知道世上还有他这个哥哥。他妹妹是从档案中提供信息，经过到安义、湾里，找到傅家边，才与哥哥相认。

老人颤颤巍巍走进房间，在他的摇椅上坐下。

他的书桌上，还堆着二三十本旧书，有《西游记》《镜花缘》《三国演义》《东周列国志》等。

我们闲聊起来。老人说，他出生于1932年。新中国成立前毕业于豫章中学，在村里当过几年民办老师，由于成分不好，在家务农。但只要每次搞运动，他都会被当作靶子，被批斗。年近三十，他讨了个老婆，跟他过了四年，就跑了。

如今，他有一个儿子，三个孙子，都出外打工。他常年一个人在家。一个年近九旬的人，还要洗衣、做饭、砍柴。

我向他问起《土方草药汇编》一书的编写过程。

他说，那是1968年，在洪都中医院几位老医生倡导下，太平公社医药防治管理站找到他，要他完成这项工作。他便带了一个本子，在几个赤脚医生的协助下，挨家挨户收集偏方，满山遍野采集标本，经过半年多时间编写，又用蜡纸在钢板上刻画，油印，装订成册。这书一共印了500套。

我说："怎么没有署您的大名呢？"

他叹一声说："人到何时，命到何时。当时我是官僚地主，又是反革命，两顶沉甸甸的帽子，压得我头都抬不起。树叶落下来，都得按头呢，哪敢要名分！当时，书印出来，我想要一套，被大队书记骂得狗血喷头。说我骨头发酥。说实在的，在编写《土方草药汇编》的日子，是我一生中最幸福，也是最充实的时光。一个人能学有所用，为社会做事，是莫大的幸福。"

老人说得有点儿激动，有些累，顿了顿，又说："早先的人，多少都懂一些疾病防治常识。百草百药。一般的病，吃几味草药，也就好了。可现在的人，看重西医，重辄打针吃药，这不合乎养生之道。我就很少打针、吃西药，不也活到快九十岁了。有个头痛脑热，喝个一两天草药，也就好了。"

我说："您通过写这本书，肯定会看病行医吧？"

他说："没有。我会看日子，看风水。"他从抽斗里，拿出一个罗盘来。

我说："我以为你会种很多草药，我在门口就看见一丛八角乌呢？"

他说："草药要哪种，满山遍野都是呢。只是我对这棵八角乌特别有感情，是它伴我度过残生。它是一门特效伤科药。我虽不给人看病，但对跌打损伤很在行。久病成医！"

老人一口气说了二十来种伤科药。还有民间谚语：土里开花土里谢，不怕一日打到夜。打得地下爬，要吃地南蛇。打得满身伤，要吃矮脚樟。打得不做叽（声），要吃土牛膝。家有八角乌，不怕把血吐。

听了老人的话，我觉得他身上似乎还透着一股八角乌的气味。不觉心头一阵隐痛。见贤思齐焉，见不贤而内自省也。

是的，凡是一个贤能的人，不被人尊重学习，反被划为另类，被绑吊、被辱骂，这是一个时代的悲剧，也是人类的耻辱。恶因必导致恶果！

告别了老人，他门前那丛八角乌的根，好像扎进了我的心田，迫使我写下这些文字。

甘草为志

记得小时候，侄子、侄女那白白胖胖的手腕上，总绑着一节甘草。他们或站在企桶里，或坐在枷椅上，尤其是肚子饿了，更是拼命吮吸甘草，咂咂有声。

甘草，顾名思义很甜，有清热解毒、祛痰止咳之功效。

一日我问父亲：这甘草是哪里挖的?

父亲说：甘草长在大西北。我们这里没有，但香城寺流传着一个关于甘草故事。

香城寺，为古西山八大名刹之一。地处罗汉峰南边，铜源港的上游，是为西山绝胜处。自古英雄都归佛。大江南北很多富商巨贾、达官贵人，到了晚年，看穿世事，带了许多金银财宝，来此出家。

在唐末，寺中有一位高僧叫镇南大禅师，他白眉白须，还喜欢穿着一身白色的袈裟。

镇南大禅师是宁夏人，自幼学得一身本事，能飞檐走壁，舞起剑来，就像秋风扫落叶。

一个落叶飘零的晚秋，黄巢手下一彪人马，经过西山，来到香城寺，要抢劫钱财，补充军饷。

镇南大禅师一马当先，伫立在山门外的一块巨石上，手执宝剑，对起义军说："尔等起事，打的是义旗，岂可冲撞佛门！君子爱财取之有道。贫僧给你们一次机会，给一缸墨水，只要能洒一点在贫僧身上，寺中财宝由你们拿便是。"

镇南大禅师命人抬来一缸墨水，还有十把毛刷。起义军势在必得，拿起毛刷，蘸上墨水，向镇南大师狂洒。镇南大禅师舞动双剑，只见寒光闪闪，地下的银杏叶也跟着飞舞。起义军一队人都看傻了，目瞪口呆。镇南大禅师立定，气定神闲，通体雪白，一尘不染。起义军头领拱了拱手，知趣地走了。

镇南大禅师快要圆寂时，偷偷把寺中九缸十八甏金银财宝和十八把金交椅，埋在寺后山坡上，咽气时，只说了"甘草为志"四个字。

几天后，有不安分的和尚，想打这些金银财宝的主意。想起镇南大禅师禅房边，原有一丛甘草，还是他从老家宁夏带来的，就跑去看，只见这丛甘草不见了。和尚满山寻找，却不见甘草。

有一天，田尾村有个放牛娃，在山坡上放牛。他每天中午吃从家里带来的竹筒饭。那天，他忘了带筷子，就随手折了一根小柴棍，权当筷子。他找到一块平整的石头坐下，揭开盖子，开始吃饭。吃着吃着，他觉得筷子是甜的，猛然想起"甘草为志"的传说，便热血沸腾，丢下竹筒，去寻找甘草，可怎么也找不到了。

后来，很多人都来这里寻宝，山坡都被挖平了，但他们什么都没有找到，这里倒是裸露出许多像元宝的石头来。

此处今日还叫藏宝坪，探访者依然络绎不绝。

白 及

仲夏，我院子里的白及开花了，清雅多姿。它姿态与树兰别无二致，每束有花八九朵，颜色有粉红，也有淡紫。叶片乍看像兰草，但又有点像棕榈的幼苗。

白及是兰科、白及属多年生草本植物。在王象晋的《群芳谱》中，有紫兰、兰花、箬兰之称。

苏颂《本草图经》云："白及叶似初生栟榈及藜芦；茎端生一薹，四月开生紫花；七月实熟，黄黑色，冬雕；根似菱，三角，白色，角头生芽。今出申州。二月、八月采根用。"

我小时候，经常流鼻血，有时候鼻血喷涌而出，十分吓人。我问母亲："这样会死吗？"

母亲大惊失色，说："你不要乱说，我的娃长命百岁！"

一天，父亲从山外一个本家老郎中那里得到一个偏方，将白及粉用唾液调和，敷在鼻梁上，可止鼻血。如还是流血，再用一钱白及粉，温开水冲服。

寒冬腊月，父亲经常锄茶山，手上裂开一道道口子，就用白及粉和上蚌壳油搽，很快便可愈合。

有的年头，父亲会带我去挖白及。父亲平时捡柴、砍毛竹，晓得哪里有白及。如是愿意多走路，来到大岭庵、洗药湖等高山乱石丛中、松树林下，白及一长就是一大片。那时，洗药湖每年要烧山，很适合中草药生长。

白及的块茎呈三角形，有点像菱角，为白色。晒干后，碾成粉末，备用。

本草释名说，其根白色，连及而生，故名白及。

白及很多人写作"白芨"，总觉得应有个草字头。至于白及的得名，还有一个这样的故事。古时候有一名将军，一次在关外护驾有功，身负重伤。太医治好了他的外伤，可肺痈导致咯血，他的生命危在旦夕。皇帝征召天下名医，却有一个叫白及的农夫，拿一把像菱角肉似的块茎献上。把这些块茎烤干碾末，一半冲服，一半外敷。才用完药，这位将军就停止了吐血，就连气喘也平息了。皇帝大喜，命令太医把此方编入药书，就赐名白及。

鄱阳人洪迈《夷坚志》一书中，有一个关于白及的故事。从前有个侠义之士，因触怒权贵，锒铛入狱，被屈打成招，沦为死囚。有一位狱卒，敬佩他的为人，每日无微不至地照顾他的起居饮食。死刑犯十分感激，说："我将要告别这个世界了。这些时日，承蒙仁兄厚爱，我感激不尽，无以为报。我有一个祖传偏方，以白及为末，米汤饮服，治疗胃出血，效果神奇。"

洪迈听他讲了这些，便记下来。后来，他将此方用于肺痨咳血、胃穿孔，都十分灵验。

今日，我的家人出鼻血，还是用此方。白及从我记事起，就扎根在我心里。

白　茅

白茅是禾本科、白茅属，多年生草本植物，多生长于田野路边。其秆直立，高可一米。其叶像禾，要长得多，边缘有细齿。仲夏，白茅开出毛茸茸、白棉絮一样的花来，有着《诗经》中，蒹葭苍苍的意境。

《诗经·小雅·白华》："白华菅兮，白茅束兮，之子之远，俾我独兮。英英白云，露彼菅茅，天步艰难，之子不犹。"

李时珍说：茅叶如矛，故谓之茅。有数种：夏花者，为茅；秋花者，为菅，二物功用相近，而名谓不同。

平时我们所谓的茅草，多指白茅。那么成都杜甫草堂，盖的就是白茅了。

我听过这样一个故事。以前我村在山外请了一个先生坐馆，有人问他的家境如何？先生说："家里边锅边缸，娘亲筛箩吃饭。千根屋树落地，两只盐船水上浮。"乍一听，好似世家大族、钟鸣鼎食之家。

赵彦卫《云麓漫钞》云："中原人以击锣为筛锣，东南人亦有言之者。"《西游记》第六回就写道："摇旗擂鼓各齐心，呐喊筛锣都助兴。"

一年后，有一个学生到先生家做客。先生家是一栋土砖屋，怕风雨侵蚀，还用茅草遮着，屋上盖的也是茅草。家里穷得只有碗筷，连锅子都是破的，水缸只有半边。正是当午，他母亲把一只筛子搁在箩上，当桌子吃饭。

这境遇，与先生所说的前两句正好吻合。但千根屋树、两只盐船又怎么说？

先生马上解释说："这屋，有茅草护墙，正是千根屋树落地，两只盐船嘛，就是门口池塘里两只鸭子——我老母亲常年将蛋换盐。老夫没有欺骗你吧？"

学生说："受教了，我佩服先生的智慧与豁达。也正如孔夫子所云，君子居之，何陋之有？"

苏颂《本草图经》云：茅根，今处处有之。春生芽，布地如针，俗间谓之茅针，亦可啖，甚益小儿。夏生白花，茸茸然，至秋而枯，其根至洁白，亦甚甘美，六月采根用。

我们小时候，把白茅根称为眉毛根，经常挖来吃。

那时，寒冬腊月，我们来到一处荒田，挖两孔脸盆般大小的窑洞，一边装柴，一边烧火，学着大人烧木炭。由此，我们经常挖到白茅根，细如织毛衣的针，洁白如玉，和甘蔗一样有节，到清溪里洗干净，放进嘴里嚼着吃，清甜可口。

那时，我们日复一日地烧窑，烧得月起日落，烧得晚霞满天，可就是烧不出一根木炭来，白茅根倒是吃了不少。

我们躺在草地上吃着白茅根，还唱着童谣："一送二送，送到田垄，捡管烟筒，戳到盲人咯喉咙，盲人你到哪里去？我去省里当相公。"

有的大人笑着对我们说："你们这些孩子，每天空手而来，空手而归，简直是偷天卖日头。"可人生的本质，何曾不是这样！

十几岁时，我还在读书，节假日经常和几个伙计去生产队赚工分。我们最喜欢做的事，就是在刚开春的时候烧田塝。每个人都用五六根毛竹片，扎成火把，来到田边点燃。田塍上长满了白茅，其时已经干枯，只要沾上火，就呼啦啦燃烧起来。顷刻间，整个田垄火光冲天、噼啪作响。我们几个伙计，工作热情空前高涨，总喜欢挑选白茅长得茂盛的田塍烧。小脸一个个红扑扑的，笑逐颜开，挂满汗水。

烧田塝的好处是，毫不费力就除去了杂草，剩下的灰烬还可以肥田，弊病是经常引发山火。

民谚有云：人不出门身不贵，火不烧山地不肥。

以前不但烧田塝，还烧荒山，洗药湖、马口等高山，一烧就十几天，可谓烈焰排空。

后来，林业部门明文规定禁止烧田塍，这项农活从此绝迹。

烧完田塍，紧接着就是铲田塍。我们一只脚在田里，一只脚在田塍上挨着田沿，连土带草用锹削去一层。这样，就削出许多白茅根来，作为我们的美食。

现代科学证明，白茅根含多量蔗糖、葡萄糖，少量果糖、木糖及柠檬酸、草酸、苹果酸等，可凉血止血。记得村中有一个人，得了慢性肾病，就是三伏天也不出汗，用白茅根长年泡水喝，竟然痊愈。

老子说，五色令人目盲，五音令人耳聋，五味令人口爽。现在的孩子，只怕再也品不出白茅根的甜味了，再说，他们也没有时间挖白茅根了。

稗酒十里香

稗子，是一种酷似禾苗、生长在田间的野草。民间传说，稗子与谷子本是一对孪生兄弟变的。

有人考证，败家子中的"败"字，就是从"稗"字演变过来。《醒世恒言·张孝基陈留认舅》："看他这模样儿，也不像落寞的！谁道倒是个败子！"

人们常说，稗草长不出稻穗，鸡窝里飞不出凤凰，以此来鄙视稗草。

李时珍《本草纲目》中载，稗乃禾之卑贱者也，故字从卑。

稗草之于禾苗，犹如狗尾草之于粟米，野燕麦之于小麦，如影随形。

作田不耘禾，收谷冇半箩。最早，稗草生长在秧田，不显摆，也不张扬，似在韬光养晦。待栽在禾田里，就锋芒毕露，与禾苗抢养分，争生存空间。禾田里，一眼看过去，只要长得格外壮实的准是稗草。以前的农人，禾苗要耘上三遍，才会有好的收成。在收割稻子的时候，还是有许多的稗子，在金黄的稻田里迎风招展。它们好像在庆祝最后的胜利。它们的种子，总是源源不绝。

稗子吃进人的胃里，容易让人得阑尾炎。

有个说法，说是在早先，人们不用付出辛勤劳动便五谷丰登。于是，人们闲来无事，惹是生非，骄奢淫逸，残害生灵。玉帝大怒，就下旨把稗子撒到田里，省得他们无事可干。

民间有一个这样的传说。一天，罗隐先生骑着一头驴子，见几个农人在田里耘禾，嘻嘻哈哈地嘲笑他四体不勤，五谷不分。他便说："耘田不弯腰，稗草高齐腰。"罗隐可是金口玉言，从此稗草便与稻谷相伴，生生不息。

农谚有云：一株稗草一餐粥，百株稗草一担谷。千百年来，稗草让农人伤透了心，流尽了汗水。

我乡有一个禾稗不分的笑话。

早先，梅岭高家有一个秀才，不仅在私塾当先生，还耕了十多亩田。不过，这些田都是雇人种的。一天，高先生又请了几个禾客耘禾。禾客扯了许多稗草，丢在田塍上。高先生见了，以为是禾，十分心痛，总认为禾客早饭吃得太差，在发泄不满。他急忙回家，交代娘子杀鸡打酒。禾客午饭吃得好，下午越发仔细，田塍上丢满了稗草。高先生从学堂回家，见了，眼都黑了。他瞪着一双白多黑少的眼睛，拱了拱手，说："各位禾客，这就是你们不对了。早饭招待不周，扯了若干禾苗，情有可原。可午饭又杀鸡，又割肉，还打酒，可……"禾客们听罢哈哈大笑。

人们耘禾有的拄一根棍子，一只脚立定，另一只脚在禾蔸下游离，见到稗草，便用脚指夹住其蔸，往下踩。也有的人蹲在田里，用手抓。

高中毕业后，我同父亲种过两年田。当我和父亲各拄着一根棍子，在炎炎烈日下耘禾的时候，父亲便给我讲故事，更不失时机向我灌输一些农本思想，什么"作田为大业""富字田打脚""世上哪有作田苦，半年辛苦半年闲；朝见父母晚见妻，抱着孩儿笑嘻嘻"之类的话。

父亲教导我说："记住，叶面有毛的是禾，无毛的是稗。千万不要弄错了。"

一天，父亲说："人是三节草，不知哪节好。稗子也有鸿运当头的时候呢。"

我惊得目瞪口呆，以为父亲老糊涂了。

父亲便给我讲了一个关于稗子的故事。

那是在清光绪年间，我祖父的一个堂弟长得高大帅气，还有一身好武艺。他在家里种田，农闲时就挑一担自家造的"西山火纸"去山外卖。有时，碰到痞子不给钱，他便用一根扁担，撂倒人家一个村子的人。我这个堂祖父，在三十出头就去外面卖艺，还参与赌博，染上了赌瘾。一次，他到徽州地界，把身上的钱全输光了，便来到黄山脚下一个酒坊打工，混碗饭吃。

这个酒坊，酿的便是稗子酒。此酒，闻之清雅，饮后绵柔，晶莹透亮，甘洌醇厚。

我的堂祖父，渐渐饮酒上瘾，乐不思归。几年后，他做了账房先生。有一年秋天，他回到故乡，正赶上收割稻谷的季节。由于虫灾，加上山里雀子多，一亩田收成不到两百斤。堂祖父就苦口婆心，劝大家种稗草，做稗子酒。

他说：古人就说过，五谷不熟，不如荑稗。稗子不怕虫害，不怕雀子吃，还不用耘。只要栽下去，施点肥，就有五六百斤的收成。他特别把稗子酒如何浓香描述了一番，说得大家馋涎欲滴。

到了第二年，果然大家种起了稗草。这时，人们的观念来了一个一百八十度的大转弯，看见禾苗，立斩不赦。那年，满田畈长满了稗草，到了秋天，多半有人的肩膀一样高。人们看到随风翻滚的稗浪，还以为自己在做梦呢。

紧接着，村子里办起了酿酒作坊。我们村子里的稗子酒香飘十里，远近闻名。

就在那年过年，大人们喝着稗子酒，孩子们则唱着《古怪歌》：

往年古怪少，今年古怪多。板凳爬上墙，灯草打破锅。月光西边出，日头东边落。母鸡来打更，炀鸡会抱窝。小鸡长牙齿，蚯蚓长骨头。蛇长脚来马长角，眼睛吃饭耳唱歌。老鼠肚里下猫崽，蚂蚁驮着大象走。船在岸上跑，鱼在树上游。抽干塘水找火屎，烧掉山林捉黄鳅。树梢朝下根朝上，石头从下滚到上。泥巴会开花，石头发了芽。水往山顶流，火往水里钻。冬天热得打赤脚，夏天冷得钻被窝。数九寒天穿单衣，三伏暑天穿皮袄。筷子会跳舞，桌子会唱歌。谷子当野草，稗酒十里香。

此一时，彼一时。有时候五谷丰登，还不如稗酒飘香，来得有价值。

杜甫《可叹诗》云："天上浮云似白衣，斯须改变如苍狗。古往今来共一时，人生万事无不有。”

半枝莲

梅岭山间，关于“莲”字的草药太多了：八角莲、穿心莲、半边莲、朱砂莲、凤眼莲、旱莲草，还有半枝莲。一不小心，容易混淆。

半枝莲，多生长于空气湿润的空谷中、山脚下、田塍上。这种植物高一尺余，叶片呈心状卵圆形，两面有柔毛。三四月开花，花萼钟状，冠檐唇形，上唇盔状，下唇中裂片梯形，颜色紫中带蓝。因花朵往一边倾斜，有的地方也叫牙刷草。

半枝莲可煎水喝，也可同酒糟热敷。

半枝莲，也叫韩信草。关于其得名，有一个这样的故事。韩信未成年时，父母双亡，贫且贱，靠打几条鱼度日。他虽长得很高大，看上去却很文弱。一有闲暇，便手不释卷，就连卖鱼的时候，也喜欢拿书瞄上几眼。一天，他正温习《孙子兵法》，看着看着心绪飞扬，好像听到了古战场的厮杀声。有几个地痞来买鱼，吆喝了几声，见韩信不理他们，便对他大打出手。韩信被打得遍体鳞伤，爬着回家。邻居老妇人扯来半枝莲，煎水给他服用。几天后，他恢复了健康。丈夫一怒安天下。韩信文武双修，后来帮助刘邦打败了项羽。每次战斗结束，便有很多伤员，韩信亲自采来半枝莲，熬汤让伤兵喝。战士们都非常感激韩信，便把半枝莲叫韩信草。

半枝莲，可用于疮痈肿毒、肠痈、肺痈、毒蛇咬伤等。记得小时候，村子里的孩子，脸上得了腮腺炎，脖子上淋巴结肿大，都用此药。

这个草药偏方在我的家乡流传很广。每年到了七八月间，人们就会把它才采回家，晒干备用。

半枝莲很是寻常，我把它养在庭院中，施点肥，却堪与奇花异草媲美。

薄采其芹

我这里说的是水芹，是一种生长于水边的野菜。碧绿的叶，青翠的杆，身姿挺拔，亭亭玉立，闻起来有一股独特的清香，故又称香芹。

商朝的开国元勋、名相伊尹，是大思想家、政治家、军事家、教育家，还被尊为烹饪鼻祖。他教民众调和五味，开创了华夏美食文化之先河，把水芹称为天下第一美食。

《吕氏春秋》就说："菜之美者，有云梦之芹。"

李时珍说，芹有水芹、旱芹。水芹生江河湖泊的水边；旱芹当然生旱地，有赤、白两种。二月生苗，其叶对节而生。其茎有节棱，中空，气味芬芳。五月开细白花，如蛇床花。楚地的人，采它充饥，对身体颇为有益。

旱芹，长在菜地里，朴素平淡，其文化内涵远不如水芹。

《诗经·鲁颂·泮水》："思乐泮水，薄采其芹。鲁侯戾止，言观其旂。"

诗的意思是，读书人若中了秀才，到孔庙祭拜时，可在泮池中摘采水芹，插在帽缘上。当年泮水之畔，鲁僖公曾建学宫。

《列子·杨朱》有一个故事，说从前有个人，在乡里的豪绅前大肆吹嘘芹菜如何好吃，豪绅尝了之后，觉得不好吃，竟"蜇于口，惨于腹"。后来就用"献芹"，来谦称赠人礼品菲薄，提建议也叫"芹献"。

李白也说："徒有献芹心，终流泣玉啼。"

曹雪芹写的《红楼梦》中，甄士隐曾对贾雨村说："今夜中秋……特具小酌，邀兄到敝斋一饮，不知可纳芹意否？"

我看到很多乡村，喜欢在村前的风水塘里，栽上一丛水芹，一可祈求吉祥，二可净化水质。

我乡有《野鸡公》的童谣唱道：

野鸡公，急匆匆，驮袋米，看阿公。

阿公吃什么菜？吃芹菜。什么芹？水芹……

或唱《虾公嘚》：

虾公嘚，背驼驼，我请阿公来栽禾，

阿公问我吃什么菜？吃芹菜。什么芹？水芹……

我小时候，在山上斫柴、割猪草，或在溪中捉鱼，看见水灵灵的水芹，总是要采一把回家。

母亲喜欢用水芹梗炒腊肉，淋点香醋、酱油，吃起来嫩脆爽口，清香扑鼻，味胜藜蒿。在煮鱼汤时，她通常也放点水芹叶子，格外鲜美。

彼岸花开

庚寅中秋，我在梅岭西庄村丈母娘家做客。闲来无事，我寻了一竿钓钩，挖了几条蚯蚓，提着一只水桶，慢悠悠地往村后的溪边走去。

村后有清溪如带。我年轻时，常游于斯，钓于斯。

是日，天色漠漠，凉风习习。田野里，稻谷金黄，丰收在望。大路因行人很少，荒草埋径。不时，山间传来几声鹁鸪悠长的鸣叫："鹁鸪——咕！"我有好多年不曾来溪边钓鱼，也有好多年不曾听过这样亲切的鹁鸪鸣。我仿佛通过时间的隧道，又回到了童年，脚步变得很轻盈的。

我走过一座风韵别致的板桥，上行百余步，来到道士潭。相传，道士潭因古时候有一道士，在潭边筑坛修炼而得名。

我坐在潭边，垂下钓钩。潭畔，奇石突兀，藤蔓纵横，竹舞清姿，虫声唧唧。

道士潭，也叫锣音石。溪中有一石，大有七八围，高出水面五六米，如中流之砥柱，屹立于溪的中央。其上，溪流斗折而下，至此形成一个深潭，潭中绿水萦回，深不可测。据说，此石基脚已空，恰成三足鼎立状。夏日水涨，水石相搏，夜深人静时会发出一种轰轰隆隆，似锣鼓的声音，因此得名。

潭水清澈，水美而鱼肥，可就是没有鱼儿咬钩。不时，看见一只巴掌大的脚鱼时隐时现，引起了我的好奇。

这时，有一个牧童牵着一头大水牛来到潭边，和我搭讪道："你还钓鱼呢，上个星期有人放了鱼藤精，溪中的鱼，大小都死绝了！"

哦，原来如此！怎么会有人做出这样大煞风景、破坏生态之事！我放下钩，很无奈地看着溪水，发了一会儿呆。

蓦地，我眼睛一亮，发现溪的对岸，有

一丛石蒜花，开得红彤彤的，像是一堆燃烧的火焰。正如古人有诗云：“一箭向天艳如火，秋蕊无香守山泉。”

石蒜，久违了。记得小时候，每逢秋天我在溪边钓鱼或摘野豆，经常在竹篱茅舍前，或小桥流水边，或阴凉的竹林下，发现几枝或一大片嫣红的石蒜花，总会给我一个意外的惊喜。我曾将石蒜球根数枚，种植于老屋天井的一个石缝中，石蒜长得油绿葱茏，花开时，让人惊艳。

石蒜，又名野水仙、一支箭、忽地笑、平地一声雷。这些名字都很美，倒也道出了它的一些特质和风韵。其叶细长深绿，岁寒不凋；其杆颀长，如箭；其花像擎天的佛手，每枝有花五至七朵，花瓣如反卷之龙爪，似若波斯之菊，又好像绽放的烟花。每到中秋前后，红花怒放，娇柔优雅，美态独特，犹如曼妙起舞的仙子，能使溪石倍增野趣。

我在溪的此岸，石蒜花在溪的彼岸。石蒜还有一个好听的名字，叫彼岸花，也有人把它叫作曼珠沙华。这名字来自《法华经》“摩诃曼陀罗华曼珠沙华”，梵语原意为天界之红花。佛家说：此花，超出三界之外，不在五行之中，生于弱水彼岸，无茎无叶，绚烂绯红，那便是彼岸花。

此花有个现象，花开不见叶。叶是在花谢后，十月上旬才从地下鳞茎中抽出。

《佛经》云：彼岸花，开一千年，落一千年，花叶永不相见。情不为因果，缘注定生死。花与叶，生生相守，生生相错。

故民间有彼岸花，开彼岸，只见花，不见叶之说。

因此，有人把彼岸花比作没有结果的爱情。

彼岸花，就是这样一种美艳动人，却哀婉忧伤的花。

彼采艾兮

《诗经·王风·采葛》诗云：“彼采艾兮，一日不见，如三岁兮。”这里是以艾起兴，来写刻骨铭心的爱情。

艾草，是一种很常见的菊科草本植物。高二米许，不枝不蔓；叶片作羽状深裂，正面碧绿如染，背面则为灰绿色。一般长在土壤贫瘠的田头、地角、菜地边。它的姿态，虽不高雅，也不华美，但自古以来，我们的先民，就把它作为端午节祈祥避邪的吉祥物。

李时珍《本草纲目》中曰："此草多生山原。二月宿根生苗成丛，其茎直生，白色，高四五尺。其叶四布，状如蒿，分为五尖，丫上覆有小尖，面青背白，有茸而柔浓。七月、八月，叶间出穗如车前穗，细花，结实累累盈枝，中有细子，霜后始枯。皆以五月五日连茎刈取，曝干收叶。"

端午节又叫重五节。先秦时期，先民普遍认为，五月是毒月，五日为恶日。汉代应劭《风俗通》说："俗说五月五日生子，男害父，女害母。"宗懔《荆楚岁时记》："五月俗称恶月，多禁。忌曝床荐席，及忌盖屋。"

晋代周处《风土志》记载："以艾为虎形，或剪彩为小虎，帖以艾叶，内人争相裁之。以后更加菖蒲，或作人形，或肖剑状，名为蒲剑，以驱邪却鬼。"

清人熊荣《西山竹枝词》记载了我乡端午节的风俗：

蒲人艾虎颤钗头，鸭子家家竟献酬。

盘上任教堆角黍，却愁无处看龙舟。

另有注脚云："山中旧俗，家家门首插艾数株，挂菖蒲其上。内人剪纸处，同艾叶拴髻或以蒲根刻葫芦方胜作肩坠，清晨饮雄黄酒，食大蒜，谓可啐百毒。随以鸭子交相馈遗。架溪村采新箬，裹糯米为粽子，芳香可喜。"

同治《安义县志》记载："端午馈角黍、涂雄黄、泛菖蒲、悬艾叶、竞龙舟、夺锦标，始于初一，终于初五。各村镇演戏而城隍祠为盛，每以五月初起，六月中止。惟黄洲市以十三日当墟，远近云集交易。"

我家乡的风俗，在五月初一早起，把艾蒿和菖蒲一起割回来，几乎是每个大门及房门口都挂上一副。各家的大门，不管是木壁，还是泥墙，好像都按着一对小竹筒，以备插艾蒿，挂菖蒲用。一大清早，整个村子里，散发着浓郁的艾蒿、菖蒲的馨香。

接着，便要摘箬竹，包粽子了。

早饭吃过后，我们不用大人吩咐，便邀好几个伙计，上山去摘箬竹叶扎粽子了。其时的田野，早稻正好扬花、灌浆，谓之拜节。

其时的山野，新竹成林，蝉鸣不绝于耳。满山的芒花，开得红艳似火，或一簇簇，或一片片，乍看似少女的笑靥，仿佛又如天边的彩霞。

箬竹叶，一般长在地势较阴暗的山坳里。其竿细细，其叶硕大。山风吹来，叶叶相撞，沙沙作响。摘箬竹叶，要拣新叶，用拇指和食指夹住叶片，中指一顶叶柄，"啪"的一声，就脱落了。

箬竹叶摘回家后，母亲拿到锅里淖过，再拿到清亮的溪水里，一张张洗刷干净，就开始包粽子了。母亲把湿漉漉的箬竹叶，卷成圆锥形，然后用饭勺，填进糯米，用筷子插实，包好，将嫩竹篾一捆，一只只棱角分明的粽子便扎成了。五只再串成一挂。

糯米需淘洗干净，晾干，用少量的碱和之。有时还在粽子中包上一些红豆、红枣、花生米及腊肉，味道就更好。

扎好粽子便是晚上了。晚饭过后，父亲把粽子放在锅里，用准备好了的干柴，煮上三四个小时，再让它焖到第二天天亮。掀开锅，粽子余温尚存，还带着浓郁的箬竹叶清香，很好吃。

粽子，可以从初二一直吃到初五。

到初五那天，各家还要做包子，蒸发糕、煮咸蛋，煨大蒜。母亲还在蛋壳染上红色，用五颜六色的网袋装着，挂在我们的脖子上，意谓“逢凶化吉，平安无事”。

如有嫁出去的女儿，回娘家拜节，除了粽子、咸蛋、发糕外，必送蒲扇。因为端午节后，天气热了，蒲扇可以带来清凉。

初五的傍晚，要把艾蒿、菖蒲收起来，蘸雄黄酒，撒到屋内的每一个角落，消毒避虫，驱魔避邪。

如今，还有人用艾煎茶、熬汤、煮粥、做菜。

古人行军打仗，会带上艾，如缺水，就会将艾点燃，因烟会朝湿气重的地方跑，就很容易可以挖到水。

夏天，孩子生了痱子，用艾煎水洗澡，可止痒；冬天大人用艾水泡脚，有安眠解乏之功。

彼采艾兮，吉祥如意。

博落回

梅岭山中，作为草本植物，很少有高得过博落回的了。

其秆笔直，高可丈余，粗壮如乔木，中空。博落回叶大如扇，有七到九裂，表面碧绿，背面灰白。圆锥花序，小花苞初为浅绿，花绽放后为乳白色，花丝丝状，花药条形。雌雄同株。蒴果倒披针形，像一颗颗倒挂的香瓜子，成熟时，为酱红色，日光照射下，能看见每颗里面有五六粒细籽。

它不但叶大，柄也长，山风吹来，翩翩起舞，蒴果唰唰作响。

博落回多长在荒坡地、道路旁。哪里有荒山野岭，它就在哪里生长。

前些年，我曾在洗药湖一个山谷中，给一家公司种过草药，唯有博落回，株高、叶大、花繁，鹤立鸡群。

博落回，大江南北都有。江西人名其为号筒杆，四川人叫勃逻回，福建人叫菠萝筒，浙江叫喇叭筒，贵州人叫黄薄荷，安徽人叫号筒管，河南人叫野麻杆，湖北人叫黄杨杆，广西人叫三钱三。

因其茎空如竹，日本人叫它竹似草。

博落回属于罂粟科，博落回属，多年生草本植物。

陈藏器《本草拾遗》中说，博落回生江南山谷。茎叶如蓖麻。茎中空，吹之作声如博落回。折之有黄汁，药人立死，不可轻用入口。

《中国植物志》记载："全草有大毒，不可内服，入药治跌打损伤、关节炎、汗斑、恶疮、蜂螫伤及麻醉镇痛、消肿；作农药可防治稻椿象、稻苞虫、钉螺等。"

我记得村里人被蜈蚣、黄蜂咬伤，疼得坐立不安，就砍来一棵博落回，折断，就有黄色汁液流出，把黄汁搽在伤口上，就可缓解疼痛。博落回根加一点食盐，倒些浓茶汁，捣烂，可治疔毒、无名肿毒。

在大岭熊家，有两个十多岁的孩子牙痛，错把博落回当作黄芩挖回来，煎水喝。药煎好，倒了两碗。一个嫌苦，只喝了一口，就不喝了；另一个说，苦口才是良药，一口喝下去，马上毙命。

我记得博落回根很粗壮，为橙红色。我同父亲挖过多次，斩细，放在尿桶里，浸两三天，掺水，用来浇菜，可杀虫。

博落回，虽不能与名贵花卉媲美，但也摇曳多姿，尽显草木一秋的精彩。

采采芣苢

芣苢就是车前草。《诗经·周南·芣苢》诗云：

采采芣苢，薄言采之。

采采芣苢，薄言有之。

采采芣苢，薄言掇之。
采采芣苢，薄言捋之。
采采芣苢，薄言袺之。
采采芣苢，薄言襭之。

这是在三千多年前的一天，一群少妇，手提竹篮，一边唱着歌谣，一边采着车前草。古人认为，吃了结了籽的车前草可以助孕、利产。诗作格调明快，少妇们对美好幸福生活向往，跃然纸上。

车前草，因蛤蟆喜欢躲在下面纳凉，故也叫蛤蟆衣。多生长于田野、路边、菜地旁。叶片为椭圆形，细长，贴着地面而生。数条穗状花序，高高擎起。

大热天，我看见蛤蟆躲在车前草下，“呱呱”乱叫，我也跟着唱：“细蛤蟆，叫呱呱，大姐头上戴满花，又怕大风吹落伞，又怕日头晒蔫花。乘不得船，坐不得车，肚里带个小蛤蟆。”

相传，东汉大将马武，率大军西征匈奴。时值酷暑，被敌军困在沙漠上，缺食少水，很多人面部浮肿，小便带血。敌军大军压境，大军人困马乏，有全军覆没的危险。一天，有个叫张勇的马夫，灵机一动，试着用车前草充饥，无形中把战士们的病治好了。这个消息很快在军营中传开了。马武闻讯，亲自赶着马车来找张勇，还没有下车，就说：“张勇，这草在什么地方采到的？”张勇用手一指，说：“将军，那不是嘛。就在你马车前面！”马武哈哈大笑，扯了一棵在手里闻了闻，说：“真乃天助我也，我们就叫它车前草吧！”

宋代大文豪欧阳修，有一次得了痢疾，卧床不起。皇帝叫来宫中御医，开了几副药，吃了还是不见效。一日，欧阳夫人灵机一动，想起江西老家的偏方，只用车前草炆粥，吃两回就好了。

在我的家乡，车前草的用途很广泛。

车前草可用来煎水喝，也可像蔬菜一样炒来吃，味道爽嫩可口。没吃过的人可以尝尝。

垂盆草

春天的时候，我看见小区楼下的一块空地上，有一棵人家抛弃的垂盆草，扎根在地上，长得生机勃勃。我喜欢侍弄花草，从不奢求什么名品，但求易活，便扯了几根垂盆草，种在阳台一只空置的花盆里。几个月后，它枝叶像藤蔓一样往下垂挂，姿态婆娑，还开出许多黄色花朵来，熠熠生辉。

垂盆草是景天科、景天属，多年生草本多肉植物。其茎纤细，浅红色，节上生根，三叶轮生。聚伞花序，花瓣黄色，五角形。

垂盆草，也叫鼠牙半支、狗牙半支、狗牙瓣、石指甲、佛指甲等。

清赵学敏《本草纲目拾遗》："鼠牙半支，生高山石壁上，立夏后发苗，叶细如米粒，蔓延络石，其根嵌石罅内，白如鼠牙。"

垂盆草在我的家乡叫瓜子金，很多人家喜欢把它种在院墙、客厅的花盆里，来美化环境，净化空气。

垂盆草可做蔬菜，清炒或用开水焯过凉拌，除了油盐，不放其他作料，可以保持它的自然风味。入口有点儿酸，随之清香满口。

垂盆草有清热解毒、利湿退黄的功效。

民间流传着一个商朝开国元勋，杰出的政治家、思想家，中华厨师鼻祖伊尹，用垂盆草治病救人的故事。

有一年，长江流域出现了洪灾，哀鸿遍野。老百姓饥不择食，经常以腐烂的动物、植物果腹，相继染病。伊尹来到这里视察灾情，见他们面色苍黄，腹胀如鼓，经过诊断，多半是得了急性肝炎，用汤药调治，不见好转。

一个炎热的夏日，伊尹挥洒着汗水，在山中采草药，看到滚烫的岩石上有一种草，竟然长得翠嫩欲滴。他扯一株放进嘴里咀嚼，发现这种草不仅爽口，吃了连精神也为之一振，于是采了一大把，熬制成汤，让几位患者试着喝了几天，这几位患者身体竟然康复了。伊尹狂喜，很快将这种草药推广开来，百姓得救了。伊尹将这种草种在家里，因其茎蔓下垂，称之为垂盆草。

垂盆草，不仅给人间带来清凉，也带来了健康。

采菊东篱

采菊东篱下，悠然见南山。我很喜欢这种恬淡悠闲的生活情调。

春天里，我采的是菊花嫩苗。母亲打蛋汤时，先煮滚水，再将打散的鸡蛋倒下去。接着，把洗净的菊花苗放下去，放点油盐，这样做出的汤既有鸡蛋的鲜美，也有菊花苗的气味。

菊花苗也可用来包饺子。饺子煮熟后，一口咬下去，那股清香，在唇齿之间久久不散。

菊花苗可炒来吃。把锅烧红，倒上点油，先把拍碎的大蒜放下去，炝一下，紧接着，倒下菊花菜，炒一会儿，放点盐，也可加点糖，就可装盘。

菊花苗形色颇似野艾。一次，我摘了一些菊花菜回家，放下就出门了，等我回家，妻子却把它当野艾，和上糯米粉和面粉，做成了饼。这种饼吃起来味道稍有点儿苦涩，但还算可口。

《梅岭十二月采花》歌曰："九月菊花黄似锦，十月茶花小阳春。"

杨圣希《梅岭竹枝词》诗云：

一年一度一重九，燕去鸿来菊正黄。
人自登高山自笑，笑人今古一般忙。
秋到山中遍地金，打场天气说渊明。
菊花不是陶家物，却被先生占到今。

深秋的时候，菊花开了，就连空气里也透着一股浓得化不开的香气。你瞧，屋前屋后、田野路边，遍地皆是呢。

这个季节，山里的孩子们，成群结队去摘菊花。

采来菊花，先在太阳下晒蔫，再用水蒸上二十来分钟，这样晒干，可保菊花颜色不变，也可防虫。可密封在陶罐里，一年四季备用。

菊花性味甘、稍苦、清凉。如果家里有谁得了风寒感冒、咽喉肿痛，把菊花当茶一样喝上三两天，便能痊愈。

在早先，医疗条件不好，人们稍有点儿头疼脑热之类的小病，就用菊花、金银花、车前草、鱼腥草之类的花草泡水喝。

俗话说：常饮菊花茶，老来眼不花。菊花对治疗眼睛疲劳、视力模糊有显著的疗效。尤其是我等年过半百，且天天上网，需要经常喝一杯菊花茶。

菊花茶色如琥珀，芳香宜人。

《神农本草经》就说，经常服用菊花，可利气血，轻身，耐老延年。

《荆楚岁时记》记载，先民有重阳节饮菊花酒的习俗。在这一天，佩茱萸，食蓬饵，饮菊花酒，令人长寿。

《菊谱》云："山林好事者，或以菊比君子，其说以为岁华委婉，草木变衰，仍独灼然秀发，傲睨风露，此幽人逸士之操。"

菊花，还与梅、兰、竹合称“四君子”。

又到了秋高气爽的日子，我便采菊东篱，去享受那种远离凡尘的宁静与悠远。问君何能尔，心远地自偏。

春在溪头荠菜花

荠菜，多生长在田野或菜地边，俗称地花菜。基部生叶，作莲座状，叶片为羽状；其茎直立，高可四五十厘米；总状花序，花细碎，白晶晶的，越蹿越高。暮春，荠菜长出倒三角形的角果，成熟了，椭圆形的种子，散落于地，来年春天，再长出遍地的荠菜来。

《诗经·邶风·谷风》有云：“谁谓荼苦，其甘如荠。”

宋代辛弃疾的《鹧鸪天·陌上柔桑破嫩芽》：“陌上柔桑破嫩芽，东邻蚕种已生些。平冈细草鸣黄犊，斜日寒林点暮鸦。山远近，路横斜，青旗沽酒有人家。城中桃李愁风雨，春在溪头荠菜花。”此词上阕写近景，下阕写远景。借景抒情，流露出作者对乡村田园生活的热爱。

明朝陈继儒的《十亩之郊》：“十亩之郊，菜叶荠花，抱瓮灌之，乐哉农家。”

相传，晚唐丞相王允之女王宝钏，一日抛绣球选婿，偏偏砸中了在相府做粗活的薛平贵。薛虽贫贱，却长得相貌堂堂。王允哪肯应允。王宝钏与薛平贵私奔，来到长安城南的五典坡，过着男耕女织的贫苦生活。不久，适逢西凉国反唐，薛平贵从军远征。因他骁勇善战，战功卓著，成为一代名将。而王宝钏只身一人守寒窑靠吃野菜度日。十八年后，就在三月三日这一天，王宝钏头上戴着荠菜花正在挖荠菜，薛平贵回来了夫妻相会。就这样，“三月三”就成为我国的一个民间节日。

民谚说：“三月三，荠菜可以当灵丹。”

三月三，这个诗意的日子里，村里的妇女和孩子都会提着竹篮，来到田野溪边挖荠菜。看见没有开花的荠菜，连根挖出。尤其是山脚下的荒田里，遍地都是荠菜，一会儿就能收获一篮子。

挖来的荠菜，抖去沙土，择去黄叶，在清亮的溪水里洗净，直到叶绿根白。

荠菜的吃法可炒、可蒸、可腌。尤其是用来凉拌，更是色香味俱佳。把洗净的荠菜，在滚水里氽一下，沥干水，切碎后装入盘中，加上姜末、蒜泥、酱油，再滴几滴麻油花拌匀，一盘凉拌荠菜就做好了。荠菜看上去绿油油的，闻起来香喷喷的，吃起来脆生生的。

苏轼有诗云："时绕麦田求野荠。"他在外贬官时，喜用荠菜、萝卜和粳米，熬成"东坡羹"。

荠菜开了花，只能当作药材了。

在早先，人们还用荠菜花来洗眼睛，说是荠菜能明目，故也叫眼亮花。

荠菜不但能滋补我们的身体，还能擦亮我们的眼睛。一个人只有眼亮，才能心明。

慈　姑

慈姑是一种很常见的多年生草本植物，属泽泻科慈姑属。池塘中、水沟边、禾田里，都能见到它的倩影。

它如临水照花的美人，一看就让人欢喜。青葱的叶柄，托起一片片或戟形或像箭头的叶片。夏天，抽出一根修长的花序来，从下到上，开起花朵。在膨大的关节处，开三到四朵，三瓣白色的花。花蕊为黄色。

山慈姑处处有之。冬月生叶，如水仙花之叶而狭。二月中抽茎，如箭杆，高尺许。茎端开花白色，亦有红色、黄者，上有黑点，其花乃众花簇成一朵，如丝纽诚可爱。三月结子，有三棱。四月初苗枯，即掘取其根，状如慈姑及小蒜，迟则苗腐难寻。

宋代诗人董嗣杲《茨菰花》诗赞曰：

剪刀叶上两枝芳，柔弱难胜带露妆。
翠管嫩粘琼糁重，野泉情心玉蕤凉，
春成白粉资秋实，种入盆池想水乡。
小小沧洲归眼底，幽研自觉成炎光。

陈淏子《花镜》中说："至冬煮食，清香，但味微苦，不及凫茨（荸荠）。"

汪曾祺先生在《咸菜茨菰汤》里写道："民国二十年，我们家乡闹大水，各种作物减产，只有茨菰却丰收。"可见，慈姑生命力强，荒年能救人命。

孔子曰："德不孤，必有邻。"

慈姑也写作茨菰。相传，古代有个叫四姑的妇人，一天半夜，听到邻居家的婴儿啼哭不休，一夜未眠。第二天，她发现其母暴病而亡。岂能见死不救！四姑将婴儿抱回家，与自己的宝宝一同喂养。她的奶水远远不够，就挖来"茨菰"磨成粉，做成羹，喂自家的宝宝，而奶水却留得邻家婴儿吃。众邻被四姑的善举所感动，改称她为慈姑，是后来将"茨菰"，改作"慈姑"。

我们村山环水绕，盛产慈姑，有的地名，干脆就叫慈姑坑、慈姑垴。

慈姑喜欢长在沼泽田里。沼泽田，在我的家乡叫饭田，也叫冷浆田，一年到头，有冰冷的泉水汩汩流出，长的禾稀稀拉拉。于是村里人干脆将这种饭田抛荒，田里便长出许多慈姑来。

村里人耘禾的时候，看见杂草，便一脚踩进泥里。看见慈姑，另当别论，甚至会移栽到田的角落或水沟里，等深秋来挖慈姑。

慈姑肉色微黄，含有丰富的淀粉，味道细腻甘甜，酥软微苦。

每年，只要它的种子成熟，便可挖慈姑了。看准一棵，一锹铲下去，用力一掀，便可见十几粒花生米大小的慈姑。

我把慈姑拿回家，母亲将它洗干净，或放在饭上蒸，或用肉炒来吃，都别具风味。

时至今日，在我家院子里，还种了几盆慈姑，可以时时欣赏它的芳姿。

香 葱

园里菜蔬，一年四季，青葱可爱者，便是香葱了。

香葱生命力强，有着耐旱耐湿，耐寒耐热的特质，是百合科，葱属，多年生草本植物。香葱的鳞茎单生，叶子为圆筒形，中空，中部以下膨大，向顶端渐狭。伞形花序，球状，开小白花。

香葱可作蔬菜或调味品，也可药用。忌与蜜同食。

相传，神农尝百草，把葱作为日常膳食的调味品，故香葱又有"和事草"的雅号。

李时珍《本草纲目》中说：葱从囱。外直中空，有囱通之象也。芤者，草中有孔也，故字从孔，芤脉象之。葱初生曰葱针，叶曰葱青，衣曰葱袍，茎曰葱白，叶中涕曰葱苒。诸物皆宜，故云菜伯、和事。

苏颂说，葱分好几种，一种叫冻葱，经冬不死，分茎栽时不结籽；一种叫汉葱，到了冬天则叶枯萎。食用入药，冻葱最好，气味也香。

我这里说的香葱，就是冻葱。

百姓人家，每当风寒感冒初起时，可用粉或面，加香葱、生姜、辣椒末，熬一碗浓汤，病人喝过后，蒙头大睡，出一身汗，便浑身通泰。

俗话说：生葱熟蒜。做菜快起锅时，抓一把香葱压味。

人们常用小葱拌豆腐——一清二白，来形容做人做事清清白白，泾渭分明。

以前的孩子受了惊吓，或着了凉，会出现食欲不振、面黄肌瘦、夜里啼哭、低烧不退等症状。大人便用葱白三个，黄栀子三颗，面条三根，把它们捣碎，和上米酒，或高度白酒，用红布，红头绳，扎在手脉上。男左女右。到第二天早上打开红布一看，手脉上会有一块青痕。斑痕形状像什么，便认为是被什么吓到了。

唐代大医学家孙思邈，被后人称为“药王”。有一次，一位员外小便不通，腹部憋胀，遂延请孙思邈诊治。孙思邈一看，认定患者是“癃闭症”。孙思邈经过反复琢磨，去菜园里摘了一根细长的小葱，掐去头尾，插进患者尿道里，用力一吹，尿液从葱叶中汩汩流出。患者病情得到缓解，然后服药调理。此为我国最早的导尿法，记载在《千金方》中。

天地有正气。香葱乃一茎弱草，也有驱邪扶正之功。

大　戟

我这里说的大戟，是一味中药。

大戟与大蓟同音，又与古代一种兵器同名，真有些让人费解。

《本草纲目》中说，其根辛苦，戟人咽喉，故名。今俚人呼为下马仙，言利人甚速也。

大戟，在我的家乡叫千层塔。姿态有点像百合。其干直立，有的会分叉，高可一米。单叶互生，长圆形或披针形。杯状花序，总苞坛形，多为米黄色。蒴果三棱状球形，表面具疣状突起。块根通常二到三个，纺锤形，红褐色。多生长于山坡、路边。

宋代苏颂《本草图经》中说："近道多有之。春生红芽，渐长作丛，高一尺以来。叶似初生杨柳小团。三月四月开黄紫花，团圆似杏花，又似芜荑。根似细苦参，皮黄黑，肉黄白色。秋冬采根阴干。淮甸出者茎圆，高三四尺，花黄，叶至心亦如百合苗。江南生者苗似芍药。"

大戟主治水肿，并有通经之效。

我的家乡有个偏方，说大戟对肝腹水有极好的疗效。

早先，邻村有个财主，十分小气，自己得了肝腹水，肚子肿得像水桶一样大，他痛苦万分，还不许家里人请郎中。一天，家里人瞒着他，请来了郎中，气得他捶胸跺脚，对儿子说："你开药可以，要一文钱不花。要不然，我马上死给你看。"

郎中只撩一眼，就晓得病人得了不治之症，开药也是瞎子点灯——白费蜡，就对财主的儿子悄悄地说："我很尊重尊翁的意见。这样吧，你家屋旁，有三棵大戟，把大戟根挖来，熬汤给他喝。记住，这是一剂猛药——虎狼药，好了万幸，如有不测，也是解脱痛苦。"

郎中背着药箱要走，财主的儿子有些过意不去，硬要留他吃一个汤——一碗面条煮三个蛋。

财主的儿子掮锄头，挖了药来，郎中说了一声慢些，又配了一些车前草，一同煎熬。

财主喝完药，不过两分钟，便狂飙大泻，差点儿脱水。说来奇怪，十多天后，他竟然痊愈了。

明代缪希雍《本草经疏》记载："大戟，苦寒下泄，故能逐诸有余之水。苦辛甘寒，故散颈腋痈肿。"

乡村人家，生疖毒，多摘大戟叶治疗。牙痛难忍，可切点大戟块根，咬在痛处，有消炎止痛的效果。

大戟毒性很大，有经验的中医，要根据病人的性别、年龄，还有身体强弱、体重来控制分量，做到恰如其分，体弱者及孕妇应慎用。

戟，本是古代一种合戈、矛为一体的长柄兵器。

我总觉得大戟，犹如一位身披盔甲，手执大戟的人体卫士。

大蓟

大蓟，多生长在村子的角落或路边，高可五尺，亭亭玉立，叶片羽状深裂，边缘长满了针刺。大蓟头状花序，紫红色，开在顶端，像烟花一样炸开。

它看似秀色可餐，可从没有人采，连牛都不吃，猪都不拱。大蓟花孤独地开着，经常会有翩翩起舞的蝴蝶、肥胖的土蜂，在它的周围逗留片刻。

《本草纲目》释名说，蓟犹髻也，其花如髻。

蓟分为猫蓟、虎蓟，也可称为小蓟、大蓟，同为菊科植物。

宋代药物学家寇宗奭《本草衍义》曰："大、小蓟皆相似，花如髻。但大蓟高三四尺，叶皱；小蓟高一尺许，叶不皱，以此为异。作菜虽有微苦，不害人。"

苏颂《本草图经》载："小蓟处处有之，俗名青刺蓟。二月生苗，二三寸时，用根作菜，茹食甚美。四月高尺余，多刺，心中出花，头如红蓝花而青紫色，北人呼为千针草。四月采苗，九月采根，并阴干用。大蓟苗根与此相似，但肥大尔。"

大蓟在我国大江南北均有分布。唐代医家陈藏器说，蓟门以多蓟得名，当以北方为胜。

北京就因多大蓟，古有蓟城之称。沈括在《梦溪笔谈》中，记载了他在北宋熙宁年间，出使辽国，也就是今天的河北、北京一带，在回忆中写道："予使虏，至古契丹界，大蓟茇如车盖，中国无此大者。其地名蓟，恐其因此也。"

沈括的这段文字很有意思，今日的首都北京，那时却是异国他乡。

20世纪末，我在北京生活过半年，不但没有看见车盖大的大蓟，就连小蓟也没有见过一棵。

三国时期，刘备手下有一个谋士叫庞统，胸怀兼济天下之志，一次在攻取涪城（今四川绵阳）战役中，身中数箭，落于马下。医官拔下了箭头，可伤口血如泉涌，怎么也止不住。有一个士兵，出生在中医世家，颇懂医道，从路边摘了一把大蓟叶，揉搓成糊状，敷在伤口上，很快就止血了。

大蓟，在我的家乡叫猪婆簕、野芥菜。

一次我同母亲从菜园归来，看见一丛大蓟，笑着说："这猪婆簕看似吓人，其实很好吃。"

我说："它满身是簕，怎么吃呀？"

母亲说："洗干净后，在开水汆一下，簕就软了，漂上半日，去掉苦味，就可以当饭吃。用油盐凉拌，如加点酱油、大蒜、生姜等佐料，更加可口。一九五八年闹饥荒，大家挑着箩担，去洗药湖寻野菜，这猪婆簕很抢手呢。"

大蓟虽是满身长刺，锋芒毕露，却是一味济世救民的良药。

紫花地丁

紫花地丁，在我的家乡叫犁头尖，屋前屋后，菜地边上，丛林之下，皆有它的身影。属堇菜科草本。叶基生，灰绿色，柄细长，托起一片犁头形的叶片。花茎纤细，五瓣，紫堇色或淡紫色。蒴果长圆形，三裂，籽淡棕色。

在土壤肥沃的山坡上，紫花地丁一长就是一大片，在日光的照耀下，如霞似锦，十分壮观。

《本草纲目》说，因其花色紫，地下根如钉，故名。

民间传说，有兄弟二人，不到十岁，父母双亡，只得提着篮子，拄着竹棍，拿着破碗，在外讨饭，过着饥寒交迫的日子。一天，弟弟右手中指生了一个疔疮，开始还不介意，后来又红又肿，痛得他坐立不安，只得在一间破庙寄宿。如不及时治疗，手指有烂掉危险。哥哥心急如焚，带弟弟求医问药。他们来到一家门诊，郎中是一个很势利的人，借口要一两银子的药钱，将他们拒之门外。一日，在日头快要落山的时候，哥哥看见庙前山坡上，开满了这种紫色的鲜花，与晚霞交相辉映，就灵机一动，摘了一把花，在香炉上撮了点灰，捣成一团，用布片，扎在弟弟的手指上。弟弟顿时觉得凉丝丝的，浑身舒坦了许多。到第二天，手指竟然消肿了。

我小时候，一次同父亲上山砍柴，不记得是毛毛虫落到衣裳里，还是被毒虫咬了，身上多处红肿，又疼又痒，我大喊大叫。父亲就摘来一把紫花地丁叶，搓成绿色的浆水，敷在患处。一会儿，我便安静下来了。

此后，我在山上砍柴，常会遇到这种情况，便如法炮制。后来，我还发现，紫花地丁可以治疗蛇伤、疖毒、湿疹、痈疽等。

紫花地丁，高不过四寸，平素只是被人践踏，但在需要时，人们才把它视为珍宝。

当归

戊戌仲夏，我与药师赵令堤、龚邦鸣，在洗药湖北面的会仙峰探幽，在竹林中，我们发现一丛当归，大喜过望。它高可四尺，叶三出，羽状分裂，伞形花序。有着芹的姿态，前胡的意蕴。

当归喜欢长在人迹罕至的高山幽谷中，适宜高寒，似乎有隐逸之风。

自古有“十方九归”之说，可见当归用处之广。它可延缓衰老、提高免疫力。

当归，能使气血各有所归故名。当归乃妇科之神药，且有娶妻、续嗣、思夫之意。

“胡麻好种无人种，正是归时不见归。”这是唐人葛鸦儿《怀良人》的诗。

相传，古时候有个后生，新婚不久，便抛开如胶似漆的妻子，外出学做郎中。临行前，他交代母亲说，学医可不是容易的事，长年要去高山采药，山高路险不说，还经常遭遇毒蛇猛兽，我若三年未归，媳妇可另嫁他人。切不可耽误青春！

婆媳二人日思夜盼，不见游子归来。

转眼三年过去了，母亲遵照儿子的托付，劝媳妇改嫁。谁知几天后，后生学成归来，背箩里还装着一些当地不曾见过的当归。后生本想把这些当归种在院子里，见妻子已改嫁，伤心欲绝，便把当归送给她，叫她拿去种植，好卖钱过日子。改嫁的妻子更是悲伤，忧郁成疾，月经不调，骨瘦如柴。她听说是药三分毒，就把当归煎水喝，想一死了之。谁知，过了十来天，她干瘪的身躯如春溪水涨，她逐渐恢复了健康。

三国时期，司马昭攻陷蜀国，刘禅投降，而姜维还在坚守剑阁。司马昭派人将姜维的母亲抓去，使得他无心恋战。姜母写了一封信，偷偷叫人送给姜维，说人生天地间，要以忠君为本，不可苟且偷生。姜维看到母亲教谕后，用中药寄托自己的抱负：“良田百顷，不在一亩（母）；但有远志，不在当归。”姜母一看，心领神会，知道儿子有重振蜀汉，收回失地之志。姜母为了让姜维毫无牵挂，一心报救国，竟撞墙而死。后来，姜维战死，蜀人在他屯兵多年的剑阁，建了一座姜公祠，祠内有联云："雄关高阁壮英风，捧出热心，披开大胆；剩水残山余落日，虚怀远志，空寄当归。"

明代天文学家欧阳斌元，年轻时曾在丰城坐馆。一天他正与几个文友高谈阔论，接到一封家书，打开一看，妻子只写了一、二、三、四、五、六、七、八、九、十，另有一片当归叶子。文友瞥了一眼，掩嘴而笑。

欧阳斌元有点难为情，灵机一动，说："莫笑，莫笑。一片当归叶，已经点破了主题。莫看是简单的十个字，其中大有深意呢。"

欧阳斌元说："一是到长街去卜一卦，二是问夫人在何方？三是恨玉郎无心中一点，四是至今我欲罢又无能，五是吾今有口不能语，六是想起交情也不差，七是你是一匹漂白的皂罗纱，八是想分开刀如何下，九是抛得我才穷力尽，十望郎君早日回家。"

文友呵呵大笑，说："写得好，解得妙！"

当归，散发的不仅是浓郁的药香，还蕴含着丰厚的中华文化。

灯笼草

儿时的一天，我同母亲在院子里除杂草，母亲却捡了一些砖头，把墙脚下一棵小草围了起来。

我说："这也是蔬菜吗？"

母亲说："这是灯笼草，是一种草药。"

这棵灯笼草，在我和母亲的庇护下，茁壮成长。高可一米，枝繁叶茂。叶子和龙葵很相像，呈卵形，基部阔楔形，边缘有波纹。花萼白色，钟状。果实为球形，熟时橙红，藏于囊内。

灯笼草也叫酸浆，又名红姑娘、挂金灯、戈力、灯笼果、洛神珠、泡泡草、鬼灯等。

宋代寇宗奭著有《本草衍义》，记载药物四百六十种，较详尽地阐发药性，还强调开处方，不但要根据病者的病历，还要根据年龄、体质等。他笔下的草药也是溢彩流光，如："酸浆，今天下皆有之。苗如天茄子，开小白花，结青壳，熟则深红，壳中子大如樱，亦红色，樱中复有细子，如落苏之子，食之有青草气。"

时珍本草说，酸浆入秋开小白花，五出黄蕊，结子无壳，累累数颗同枝，子有蒂盖，生青，熟紫黑。其酸浆同时开小花黄白色，紫心白蕊，其花如杯状，无瓣，但有五尖，结一铃壳，凡五棱，一枝一颗，下悬如灯笼之状，壳中一子，状如龙葵子，生青熟赤。以此分别，便自明白。按《庚辛玉册》云：灯笼草四方皆有，惟川陕者最大。叶似龙葵，嫩时可食。四、五月开花结实，有四叶盛之三叶酸草附于酸浆之后，盖不知其名同物异也。其草见草之九，酢浆下。

有一年，村里很多孩子得了水痘。这是一种带状疱疹病毒，奇痒，用手一抓，水泡就破了。偏偏水流到哪，水痘生到哪，传染性极强。村里人都用灯笼草煎水敷。只敷两三天，孩子们居然都痊愈了。

那时，社员们都在生产队赚工分，另外，还要养一两头猪增加收入。可有的年头，碰到猪发瘟，就麻烦了。叫肠瘟病，是一种严重的急性、热性、接触性传染病，感染的猪便秘与腹泻症状交替出现。以在耳、颈、腹、四肢等处出现紫色斑点为特征。不少人家请了兽医，花钱打了针，吃了药，还是不管用。村子里的猪一头接一头死去，大家还舍不得埋掉，用辣椒炒着吃，好解馋。那年头，饭都吃不饱，只有过年才能大块吃肉。后来村里有个研究草药的人，用灯笼草煮潲给猪吃，居然把猪瘟治好了。这消息在村中广为流传。

灯笼草喜欢长在村子周围。秋天里，灯笼草挂满果实，很好看。我们有时摘他的果实，煮土饭、过家家。这果实太漂亮了，我禁不住用舌头舔了一下，果肉微甜。

近来才得知，灯笼草叶子可炒着吃，味道清爽，没有半点苦涩味。果实也可食用，酸甜可口，香气浓郁。

灯笼草不仅是种草药，还是一种很好吃的野菜、野果。

灯芯草

灯芯草，生长在水沟边、荒田里、沼泽地中，四季常青。灯芯草看过去丛生如韭，实则茎圆而细，叶鞘为红褐色或淡黄色，长可三尺。秋天，它便开出穗状的花，淡绿色，乱蓬蓬的。

明孝宗时，太医刘文泰等奉敕编绘的《本草品汇精要》说：“灯芯草，莳田泽中，圆细而长直，有簳无叶。南人夏秋间采之，剥皮以为蓑衣。其心能燃灯，故名灯芯草。由其性味淡渗，故有利水之功。”

灯芯草，早先多用来做灯芯。需要时，人们会来到水边，挑选粗壮的灯芯草，割回家。把灯芯草掐去头，剪去尾，用一根细长的竹签，往里面一捅，灯芯就出来了。灯芯，乃其茎髓也。上好的灯芯，细长柔软，洁白似锦，长可二尺许。

灯芯草，看似松软，其实很耐点。远古的时候，我们的先人，为了保留火种，把灯芯草浸在油里，点燃，蓄在风雨不侵的山洞里。

我的家乡在有煤油灯之前，点的都是清油灯。也就是用茶油、桐油、菜油之类做燃料。把清油倒进一只小碟子大的灯盏里，放进一根灯芯草，点燃，灯就大放光芒了。

我五六岁时，家里点的还是这种清油灯。

我依稀记得，若干个夜里，我家有天井的老屋里，一灯如豆，父亲坐在床上，戴着眼镜，为生产队记工分；母亲坐在桌旁，飞针走线纳鞋底；姐姐在做作业，由于灯光太暗，鼻尖都快靠到作业本上了。

姐姐老说，灯太暗了，要再加一根灯芯，母亲断然不肯，说：“不可以。常言道，有油莫点双心，有衣莫嫌补丁。一天省滴油，汇成大河流。不细不成家嘛。”

一阵风吹来，灯火摇曳，我们一家人映照在墙上的影子，也一摇一晃的。

父亲记完了工，出谜语给我猜：“一粒谷，毛灿灿，一间屋，装不下。”

我猜了半天，才猜出是灯。我说没有道理，怎么把灯光比作一粒谷呢。

二哥出了一个灯芯草的谜语给我猜：“一盏清油冇有渣，一棵白树又无椏。一条白蛇搭过港，口里衔朵珍珠花。”

母亲教我唱歌谣：“灯盏嘚，矮波波，三岁孩儿会唱歌，不要爷娘教乖我，自己聪明会唱歌。”

如果灯芯起了花，母亲便说：“明天有客人来呢。”

不久，有了洋油（煤油），用的是棉纱灯芯，这灯芯草似乎退出了人们的视线。然而，在特殊的节日或有重要活动，这种灯依然能重放光彩。

正月十五，要点七星灯，据说可消灾延寿。也有传说，说是这一晚，凡间灯光灿烂，与银河交相辉映。七仙女会下凡赏灯，人们点七星灯，是表示对她们的迎接。

在七月半，则点三到五个心的灯，迎接祖宗回家过年。

村盘子嫁女儿，把大小脚盆套在一起，点上七星灯，放在祖堂里，盖上筛子，让新娘从上踏过，可保多子多孙，一生平安。

有老人过世，会在亡者头边，点一盏长明灯，据说这可照亮去阴间的路。在入殓前，人们为亡者穿寿衣，每一层，要放几根灯芯草，据说这样可以庇佑后人。

有歌谣唱道："公公死了婆婆哭，公公头边点对毛蜡烛。毛蜡烛，呼呼烧，照见公公走过奈何桥。"

在我国挖掘出的古墓中，有神秘的长明灯。据说长明灯可数百年不灭，用的就是灯芯草。

古人还用灯芯草编草席睡觉，可安神，助人好梦。

灯芯草煎水，味道寡淡。我幼时，肺部有炎症，咳嗽不止，母亲便用灯芯草煎水给我喝。喝个两三天，也就好了。

孩子心火太重，睡觉磨牙，用灯芯草煎水，煮豆腐吃，效果显著。

灯芯草被国人视为吉祥的象征。我的家乡用糯米粉、白糖、猪油、红丝等作原料，做成糕点，切成一丝丝，叫灯芯糕，这种糕成为走亲访友，做客的必备礼品。

地　菍

地菍多半长于路边的山坡上。

它们好像专门为填补这块空地而生。地菍匍匐于地，高不过数寸，似草，又似藤，却属灌木。叶对生，椭圆形，有点儿像枣树叶。花朵大如铜钱，淡紫色，分五瓣。

这种植物看似平凡，但耐旱耐瘠，耐晒耐冻，且耐践踏。一年四季，绿意盎然。怪不得在很多园林中，利用它点缀路沿和山坡，倒也平添了不少自然韵味与乡土气息。

民间有这样的偏方，孩子有惊风症，可采上一把地菍，捣汁用蜂蜜调服。如遇毒蛇咬伤，用地菍鲜草适量，捣成汁，和淅米水一杯煎服，渣外敷。

盛夏，地菍的果实成熟了。形状有点儿像个酒坛子，却只有花生米那么大，颜色深紫。食之，甜美可口。

这是山里孩子常吃的一种野果。

我和伙计们，在山上砍柴或放牛，夏日炎炎，我们没精打采地走在山路上，不经意时，看见满山坡的地菍，便欢天喜地，采着吃起来。吃过之后，一个一个嘴唇发黑，舌头发紫。大家盼着鬼脸，相视而笑。

廖稼轩《牧童吟》，描写过牧童吃地菍的情景：

林山草何盛，牛悠人自闲。
下解拴牛绳，依树系秋千。
牧铃尚犹在，清脆鸣长天。
无意雀惊飞，就花拈黄蝶。
蝶隐地菍熟，齿墨相笑颜。

这首古风，写得淳朴自然。

整个夏天里，地菍花常新，果常鲜，极大地丰富了我们的童年生活。

我们从小在民歌民谣里成长，似乎没有白费工夫，还欣然作歌曰：

地菍子，贴地长，红花绿叶满山冈。
浆果子，串串长，又紫又黑富营养。
放牛娃，斫柴郎，尝到美味忘时光。
地菍地菍我至爱，漫山遍野寻找忙。

那时，一个个甜美的地菍子，就像一坛坛丰盛的美酒，吃在嘴里，甜在我记忆深处。

山中吊兰

近年来，网络、报纸、电台，都在炒作一种叫石斛的植物，说它为中华九大仙草之首。后来我一留心——似曾相识，这神秘的石斛，竟然就是我们以前在山上很常见的吊兰。

吊兰丛生，梗粗如箸，直而挺，茎节处，长出一片片竹叶形的叶子来。长可一尺，样子倒也朴实。春夏之交，它便开出花瓣黄绿，花蕊紫色的花朵来，姿态优雅，玲珑可爱，风韵与树兰别无二致。吊兰多生长于枯死的树干上或石头缝里。它适合腐叶土壤，喜欢阴凉。

《本草纲目》说，石斛丛生石上，其根纠结甚繁，干则自软。其茎叶生皆青色，干则黄色。开红花。节上自生根须。人亦折下，以砂石栽之，或以物盛挂屋下，频浇以水，经年不死，俗称千年润。

吊兰对跌打损伤有特殊的疗效，称之为不死草、还魂草、救命草。有的老人弥留之际，或是等着见儿女最后一面，就喂吊兰水“吊”着，比人参还灵验。

还是在我小的时候，村里没有马路，满山都是原始森林。有不少的老树，枯死山中，暮春长出很多木耳来。我在采摘木耳的时候，不经意间，发现树的缝隙处，生长着吊兰。

有一次，我和几个伙计在乱石从中捉迷藏，看见在石壁的缝隙里，长出一大蓬吊兰，清香撩人，旁边蝶舞纷飞，令人陶醉。

我惊呼了一声:“哎呀，发现了一棵好大的吊兰!”

可他们没有听见。

回到家里，我把发现这棵吊兰的事给父亲说了。父亲说，屋场上很多人都晓得这棵吊兰，谁家要用时，就摘点梗子，从不会伤它的根本，此乃自然之道。

可在20世纪80年代初，山外来了一个采药人，发现了这棵吊兰，把它连根拔走了。

在太平镇石壁岭村，因村后有一道横竖数十丈的石壁而得名。这里便是当地著名的景点狮子峰。从村子里朝后仰望，只见一座巍峨壮观、乱石崩空的石山，仿佛是一头昂首挺胸的雄狮。石壁上有涓涓细泉流下，在阳光的照耀下，熠熠然，闪着银光。此地乃风水宝地，叫狮子流涎，相传明末大将军刘綎，就葬母于此。早先，狮子口边流涎处，长着一棵吊兰，像瀑布一样，倒挂而下，花开的时候，香飘十里，乃西山岭里一大奇观。说来奇怪，这棵吊兰没有人敢采。说是狮子口里，住着两只比人还高的大鸟，轮流守候吊兰，寸步不离。夜里，经常能听见大鸟的叫声，如鬼哭狼嚎，令人心惊胆战。它好像在说：攀登狮峰，十有九凶。绳索攀岩，十股九崩。

有人说，他在山上砍柴，突然觉得有一朵乌云飘过，抬头一望，是一只大鸟。这种大鸟以喜欢吃豺狗而著称。豺狗可是山中一霸，集群而居，连老虎、豹子都怕它。可大鸟却是它的天敌。就在豺狗站在岩石上或悬崖上打斗嬉戏时，大鸟在空中，看准一只，俯冲而下，强健有力的巨爪，抓住豺狗两只耳朵，用力一拽，豺狗就跌下了崖壁。就在豺狗惊魂未定时，大鸟的大钩嘴三两下就啄开豺狗的肚皮，抓取一把热乎乎的肠肝肚肺，长啸一声，飞走了。

后来有个人，在石壁下砍柴，捡到过一只学翅的幼鸟。

有人说这种大鸟叫石鹰。无法考证。

后来，这只大鸟不知去向，这棵吊兰也被人采走了。

时至今日，西山大岭中再也找不到一棵野生吊兰了！

访櫜吾

这些年来，我常与好友张扬亭，游山玩水时，寻访古树名木、奇花异草。

张扬亭是个很有情趣的人，闲暇时，喜欢读《花镜》《花经》《本草纲目》。读着、读着，竟然把家里四周的空地圈了起来，种上各种花卉、草药，美其名曰：百草园。很快，他就把庭院打理得芳菲满目，溢彩流光。

五一劳动节假期，张扬亭来电，说认得一个叫赵令堤的药师，可带我们去认识草药。药师是梅岭镇石门赵家人，我们立即开车，来到他家。赵师傅六十有五，皮肤黝黑，但精神抖擞，一点也不显老。一走进他家，就闻到一股醇酽的药香。他的家里除了各种版本的中草药书籍外，还堆放着各类中草药。他从事中草药生意近三十年了。

赵师傅带我们到长岭林场，又沿着一条弯弯曲曲的小路，来到一个小村落。这里说是村落，才三栋房子。门前，有几亩自给自足的水田，半亩自娱自乐的水塘。屋后，奇岩突兀，秀竹迎风。不时，山间传来几声鸟鸣，更把这里渲染得如同隔世。

门前坐着一位老态龙钟的老者，便是户主。老者姓樊，年近九旬。几栋房子都是他家的。

老人一生主要以采药为业，兼治疑难杂症。很多大医院治不好的病，只要将他开的几副偏方吃下去，经常能起到起死回生的神奇效果。

我们聊了一会儿，赵师傅便要老人带我们去屋后园子里，参观他种的草药。所谓的园子，只是一个山谷，一路上，因地制宜地种着各种草药，有七叶一枝花、八角莲、八角乌、仙客来、白接骨、射干等。很多花绚丽地开着，争奇斗艳，异香扑鼻。

老人是个至情至性的人，谈起草药，更是兴致勃勃。他说："多年来，我有个愿望，就是再上洗药湖一次。我年轻的时候，在洗药湖采药，发现一个山谷中，有一大片橐吾。这是名贵花卉，也是稀有的中草药。我在七十岁之前，几乎每年要去那里看一次，或弄点根茎配药方，但从不带人去。自古道：七十风前雪，八十瓦上霜。我年近九旬，还想去探望一次，不知你们有兴趣吗？”

我们一则以喜，一则以忧。喜的是，又能梅岭山中见证一种名贵花卉。忧的是老人年事太高，怕身体吃不消。

我们在好奇心的驱使下，同老人上了车。来到洗药湖，步行七八里羊肠小道，我们就来到一个人迹罕至的山谷。

山谷是沼泽地，有泉水汩汩流淌。沼泽中，郁郁葱葱，东一丛西一簇，长满了橐吾。它们高七八十厘米，笔直的杆，撑起一片片形状像手掌形的叶子。它们给人的感觉，十分水灵秀雅。

听樊老说，它准确的名字，叫糙叶大头橐吾，七八月开花。花秆高近一米，花色金黄，娇柔优雅。

我说：“在梅岭山中有这么好的名贵花卉，要不要拍几张照片，宣传一下。”

张扬亭说：“不可。如果一宣传，就会惹得很多‘采花大盗’前来糟蹋。”

赵师傅说：“那就建议政府有关部门，加以保护。”

樊老摆了摆手，说：“罢了，都不要。它千百年来，或荣或枯，或花开花落，顺应自然而生长。如果有了过多的人为因素，就失去了精气神，反而会戕害了它。”

听了老人的一席话，我们犹如上了一节顺应自然的哲学课。

是的，只有顺应自然，才是对草木最好的爱护。

凤仙花

“夏季凤仙花儿红，女儿看见乐融融。”儿时的一天，我同父亲在园里浇菜，看见凤仙花开了，父亲教了这样两句歌谣。

那时的乡村，不知道为什么，每家都会在菜地边上，种上一两棵凤仙花，或为美化生活，或是感情维系。

凤仙花属一年生草本花卉，雌雄同株。只要一块地上种过凤仙花，不需你记挂，它便会萌出许多幼苗来。凤仙花胚芽阔大，全缘，随即，长出的叶片，却是披针形，有些像桃叶，边有锯齿。初夏开花，红艳艳，宛若彩蝶飞舞。陈淏子说，凤仙花，因其花形宛如飞凤，头翅尾足俱全，故名金凤。

李时珍说，凤仙花，百姓人家多种之，极易生长。二月下种。五月可再种。

是的，凤仙花的生命力很强，石头缝中，屋前屋后，只要沾上土，就能茁壮成长。

我高中毕业，在家务农，独自一人住进家里闲置多年的老屋，认真侍弄过花草。我从安义县城亲戚家，引进了一些凤仙花新品种，不但有重瓣、单瓣，颜色上有粉红、大红、浅紫、白碧等。花开之日，我的庭院里，更是五彩缤纷，灿若明霞。

凤仙花有一种花瓣上有金点的，叫洒金花。《花史》记载，晋代有位叫谢长裕的绝色美女，一日在花园中款款细步，见凤仙花盛开，只可惜皆为红色，于是回房，取来金膏，洒在花朵之上。花瓣瞬间金光点点，更加绚丽多姿。第二年凤仙花便多了一个品种。

凤仙花也叫指甲花。女孩子摘凤仙花，捣碎，加入明矾，绑在指甲上，第二天，指甲就染好了。染过的指甲色泽鲜艳，色彩经久不褪。

周草窗《癸辛杂识》云："凤仙花红者捣碎，入明矾少许，染指甲，用片帛缠定过夜，如此三、四次，则其色深红，洗涤不去，日久渐退。人多喜之云云。"

元代女词人陆绣卿《醉花阴》云："曲阑凤子花开后，捣入金盆瘦。银甲暂教除，染上春纤，一夜深红透。绛点轻濡笼翠袖，数颗相思豆。晓起试新妆，画到眉弯，红雨春山逗。"

凤仙花又叫急性子。荚果纺锤形，由青转黄时，只要轻轻一碰，果瓣急向内卷拢，圆滚滚的籽，四散而去，各奔前程。

晚清词人赵熙说："生来性急，小红豆，一房秋裂。"

凤仙花有小毒，可避蛇虫，但闻多了对身体有害。尤其孕妇，应敬而远之。

浮　萍

呦呦鹿鸣，食野之苹。《毛诗故训传》："苹，蘋也。"

浮萍，是一种漂浮植物，俗称浮漂。多生长于池沼、湖泊、田间。

常见的浮萍，有青萍、紫萍。青萍叶状体对称，绿色，倒卵形或椭圆形，根单生，白色，线条状垂于水中。紫萍叶状体扁平，倒卵形，先端钝圆，表面绿色，背面紫色，中央生根。

一种叫满江红。植株呈三角形或菱形，幼时呈绿色。根茎细弱，下垂水中。叶细小如鳞片，肉质。浮萍繁殖极快，用不了多久就长成一大片，叶内含有花青素，渐渐转为红色，因此得名。

一种叫槐叶萍，因叶子形似槐树叶，作羽状排列而得名，也叫蜈蚣萍，不多见。

古代的文人墨客，喜欢把浮萍，比喻行踪不定，漂泊天涯。曹子建《浮萍篇》里有“浮萍寄清水，随风东西流”的诗句，以寄托自己命运难以主宰的感叹。文天祥《过零丁洋》写下“山河破碎风飘絮，身世浮沉雨打萍”，是国破心碎的浩叹。

相传，一个暑热天气，李时珍在庐山脚下的鄱湖、赣江边上采草药，收集民间偏方。一日，风雨骤至，李时珍就近来到一条渔船上避雨。正是当午，老渔翁和他的两个孙子，烧了一条鳜鱼，炒了一碗鸡藤梗，煮一钵慈姑，正准备吃饭，便热情地邀请李时珍一同进餐。李时珍从行囊里拿出一瓶酒来，与老渔翁对酌起来。

船头四只鸬鹚，不时钻进水里，叼上一尾鱼来，吐在船舱里。

酒过三巡，李时珍面色微红，说：“老人家，我是蕲春李时珍，经常行走乡间，也曾漂泊江湖。其实呀，我十分羡慕你们，驾一叶扁舟，养上几只鸬鹚，远离喧嚣，迎朝日，送晚霞，饱览湖光山色。”

老渔翁激动不已，拱了拱手说：“哎呀呀，真是有眼不识泰山，你竟然就是名满天下、救死扶伤的李先生，幸会幸会！”

李时珍说：“赣鄱大地，地灵人杰。我经常在这一带，收集民间偏方，老人家，你可有祖传秘方？”

老人家看着江面的浮萍，笑着说：“我认得一种草药，能治痒身病。”

李时珍问：“那它生长在什么地方，有什么特征？”

老渔翁说：“我出一个谜语你猜——有根不带一粒沙，有叶不开一朵花。最爱随风水面漂，江河湖泊便是家。”

李时珍不假思索，指着浮萍说：“就是它！”

老人还说，在五月五日，将浮萍阴干，可用来熏蚊子、苍蝇。这一切，都被李时珍记载到《本草纲目》中。

《本草纲目》中有这样的记载："世传宋时东京开河，掘得石碑，梵书大篆一诗，无能晓者。真人林灵素逐字辨译，乃治中风方，名去风丹也。"

这首诗是这样写的：

天生灵草无根干，不在山间不在岸。

始因飞絮逐东风，泛梗青青飘水面。

神仙一味去沉疴，采时须在七月半。

选甚瘫风与大风，些小微风都不算。

豆淋酒化服三丸，铁铸头上也出汗。

有户姓程的夫妇，酷爱吃脚鱼。一日，他们买来一条脸盆大的脚鱼，让丫鬟红烧。丫鬟来到池塘边宰杀脚鱼，左看右看，觉得它的目光像星光一样闪烁，下不了手，一松手，将它放生了。丫鬟回禀主人，说脚鱼走失了。主人气得暴跳如雷，将她痛骂一顿。

后来，这位丫鬟感染了瘟疫，病得奄奄一息。主人害怕被传染，就把她放在池塘边等死。丫鬟痛苦地呻吟着，到了半夜，黑灯瞎火，有一物背负许多浮萍，涂在自己身上。丫鬟顿时感到一阵清凉，仔细一看，竟然就是自己放走的脚鱼。过了一会儿，她出了一身大汗，浑身轻快了许多，坐起来，病竟然好了。主人得知了这件事，十分惊讶，此后再也不吃脚鱼了。

浮萍是水田里的优良绿肥，也可作鱼类、家畜的饲料。

每年雨季，水田里浮萍飘飘荡荡，流向水圳、溪流。这时，我喜欢在流水滩头用筲箕去接，一接就一筲箕，倒进提箩里，拿回家用来喂鸭，也可倒进鱼塘喂鱼。

我在很多文章中写到讨猪草，其实到了十几岁，我经常会捞浮萍喂猪。捞得最多的便是满江红了。

满江红一般生长在中稻田里。初夏，每当日头偏西，我便挑着谷箩，拿着筲箕上路了。

中稻田多处于山的角落，水的源头，一般离家都很远，但景色格外清幽，上空经常有白鹭翻飞，山脚下有野鸡在"咯咯"啼叫，水田里更是蛙声一片。

我来到田边，中稻刚刚塞行。满江红像地毯一样，铺满一田，有的甚至堆叠起来。记得栽禾时，还不见萍踪，怎么一下子就长出这许多来？

我放下箩担，撸起裤脚，就下田了。水冰凉彻骨，因这里多是饭田（冷浆田），一不小心，就会陷入沼泽里。右手把筲箕放在水里，左手随便一挎，就是半箩箕。只要个把小时，就能捞满一担。

如果时间充裕，我会在水圳里、水凼里，捉一些小虾。那时候生态好，随便就可捉到一两斤。运气好时，还可以在岩石洞里摸到脚鱼呢。这成了我捞浮萍的一大乐趣。

浮萍挑回家，放在港里洗去泥沙，倒进锅里，量上一升米，煮熟后，便是上等的猪饲料。

白居易《九江春望》有云："淼茫积水非吾土，漂泊浮萍是我身。"我少年时，也曾漂泊江湖，随波浮沉。每当看见浮萍，我便有些伤感，会引起我的故园之思。

狗尾草

初秋的一天，我走进旷野，满目尽是摇曳多姿的狗尾草。由于狗尾草成片生长，倒也有几分壮观，几分凄美。

狗尾草，古人称莠，常用来比喻品质不好的人。如：良莠不齐、不稂不莠。

《诗经·齐风·甫田》云："无田甫田，维莠骄骄。无思远人，劳心忉忉。无田甫田，维莠桀桀。无思远人，劳心怛怛。婉兮娈兮。总角丱兮。未几见兮，突而弁兮！"

李时珍说：莠草，秀而不实，故字从秀。穗形象狗尾，故俗名狗尾。其茎治目痛，故方士称为光明草，阿罗汉草。原野垣墙多生之。苗叶似粟而小，其穗亦似粟，黄白色而无实，采茎筒盛，以治目病。恶莠之乱苗，即此也。

民间有个故事，说远古的时候，粮食像野草一样，不种自生，食之不尽，人类便骄奢淫逸，随意挥霍。玉帝大怒，便命风伯雨神，连降大雨，山河大地，一片汪洋。人类找不到粮食果腹，饿殍遍野。有一只灵犬，动了恻隐之心，在天庭里窃得稻谷，藏在尾巴里，从南天门，来到人间。其时，正逢洪水消退，它便走遍九州，把稻谷播撒四方。与此同时，还把一种野草的种子带到了下界，就是狗尾草。这种草如果不及时除去，就会影响粮食的收成。从此，人们用辛勤汗水换来的粮食再也舍不得糟蹋了。

杨圣希《梅岭竹枝词》云："草名狗尾路边生，玉立亭亭看似妍。无奈有风吹草动，慌忙摇尾乞人怜。”

自古道：直如弦，死道边；曲如钩，反封侯。

庄子讲过一个这样的故事。说宋国有个叫曹商的人，本来和他一样穷。一天，曹商游说宋偃王，得五辆马车，并以使臣身份出使秦国。秦王一高兴，又赏他一百辆马车。曹商衣锦还乡，十分得意。当车队走到庄子家门口，曹商见这个漆园小吏，穷得无米下锅，衣衫褴褛，正拿着几双打好的草鞋准备去集市上卖。曹商一看就乐了，说：“庄周先生，你和我一样，也是个有学问的人，怎么把自己弄成这个样子？”

庄子说：“听说秦王有痔疮，请医生医治，治好一个，赏车一辆。能为秦王舐疮者赏车五辆。你得车一百辆，该为秦王舔舐了不少痔疮吧？”

从此，人们常用吮痈舐痔，来比喻那些行为卑劣的小人。

俗话说：方的不会滚，会滚的不方。然而，那些为人处世棱角分明的人，则是举步维艰。正如马致远在元杂剧《荐福碑》所唱：“这壁拦住贤路，那壁又挡住仕途。如今这越聪明越受聪明苦，越痴呆越享了痴呆福，越糊涂越有了糊涂富！则这有银的陶令不休官，无钱的子张学干禄。”

李叔同十二岁时，就大彻大悟，写下：“人生犹似西山日，富贵终如草上霜。”

是呀，人生只要衣食无忧，活得逍遥自在便好。

狗尾草，从古到今，虽然受到人们的蔑视和诅咒，但依然生机勃勃。尤其可恨的是，它们的种子竟然绵绵不绝呢！

骨碎补

骨碎补是一种神奇的草，不但能攀岩，还能上树。

其根茎扁平，肉质粗壮如指，多弯曲，裹着一层棕黄色的绒毛，外表还披着披针形鳞片。这鳞片起到吸收水分，收集尘土的作用。叶片竖起，高可一尺，羽状，对生或近对生，背面的孢子囊群，便是它的生殖细胞。

孢子成熟后，随风飘散，落在适宜的地方，就会成活。在有的枯藤老树上，满是这种寄生植物，大有喧宾夺主之势。

骨碎补，其实叫槲蕨，别名猢狲姜、石毛姜、过山龙、石良姜、爬岩姜、石岩姜、树蜈蚣等。

陈藏器《本草拾遗》说：骨碎补本名猴姜。开元皇帝以其主伤折，补骨碎，故命此名。或作骨碎布，讹矣。江西人呼为胡孙姜，象形也。

相传，唐代开元年间，深山老林里有一位采药人，养了一只小猴子，经过训练，这只小猴子能帮他攀岩采石斛。这只猴子虽然很机灵，可有一次不慎从悬崖上跌落，摔断了左脚。采药人给它敷了草药，但不见好转。晚上，小猴就躺走廊上的草窝里，不时痛苦地叫上几声，恰巧有一只老猴经过，探明情况后，老猴就走了。第二天清早，老猴衔了一些草药来，放在口里嚼烂，敷在小猴伤处。十几天过去了，小猴腿伤痊愈。采药人仔细辨认了草药，并尝了一口，有点儿辣味，便给它取名"猴姜"。此后，采药人经常用此药，为乡亲们治疗骨伤，效果神奇。有一年，唐玄宗李隆基因不小心跌伤腰脊骨，站不起，坐不住，躺着也难受，咳嗽一声，更是疼得钻心，度日如年。御医用尽办法治疗，均未见效，只有在各地张贴皇榜，求医问药。采药人揭下皇榜，很快就治愈了唐玄宗的腰伤。唐玄宗大喜，问明此药的来历，遂赐名"骨碎补"。

我的细公学过武功，擅长治疗跌打损伤。记得那时，村子里有人手脚摔断或脱臼，都来找他。他拿手过去把捏一下，在伤者不注意时，突然发力，猛然一拉，一推，"咔嚓"一声，就接上了。细公每次都会采一些骨碎补，或配点接骨草、接骨丹，捣烂，给患者敷上，再用夹板夹上，伤者很快就好了。

可惜细公过世后，这门绝活就失传了。

骨碎补，自古至今减轻了不少人的痛苦，功不可没。

禾镰草

初秋的一天下午，我与朋友在凤鸣湖边散步，看见路边长着一大片青翠欲滴的植物，高近一丈，似草，又似灌木。羽状复叶。每一柄叶，像蜈蚣一样排列着二十多片小叶。有的开满繁花，为总状花序。花冠为淡黄色，有紫纹，旗瓣无爪，翼瓣有爪。花型有些像紫藤花。有的结籽累累。荚果长条形，微弯，有六到十个荚节。

朋友说："这就是禾镰草，学名叫合萌。"

我大喜，就像见到久别重逢的老朋友，生怕自己看走了眼。在我的记忆中，禾镰草喜欢长在田塍上、水沟边，只有尺把高。它是一年生豆科植物，对土壤要求不高，喜欢湿润。

有人说它的叶片有点儿像合欢，但更像田菁。它的叶片有个特点，白天展开，夜里合拢。

谚语云：栽禾忙，割禾忙，千金小姐请出房。我从十二岁起，在暑假和几个伙计参加生产队劳动。栽禾还好说，歪歪扭扭栽上好一阵子，也就栽正了，可割禾就要付出代价了。

我拿着镰刀，开始下田的时候，大人就会郑重其事地对我说："左手握紧禾秆。右手握紧镰刀，记住，镰刀口一定要向下。割到了五六棵，就铺在禾茬上晒。"

我高兴地说："好的。"

当时正是农历六月天，骄阳似火，热浪翻滚。但一不小心，镰刀就会往无名指和小拇指上割。这种血的教训，只要做过农活的人，都经历过。

当我割到手指时，大叫一声，鲜血直流。这时便有大人随手摘七个镰刀草嫩叶，叫我放在嘴里嚼烂，敷在伤口上。说也奇怪，伤口马上止血止痛。我从荷包里，拿出一块擦汗的手帕子，包扎在伤口上。

那时候，我家藏书被洗劫一空，却有几本草药书。很多草药书上都说，禾镰草可清热利湿，消肿止血。

在农村实行联产承包责任制后，父亲喜欢割一些嫩草来改良土壤，割得最多的便是田塍上的禾镰草。把禾镰草踩在禾田里，几天后就腐烂了，是上好的有机肥。

禾镰草，给了我们无穷无尽的恩惠。可近些年来，禾镰草已不多见了。

虎 杖

乍一看这个名字，就把我吓了一跳，不知是何等稀罕物。

近年来我才知道，所谓的虎杖，只不过是我儿时所认得的一种叫酸桶梗的植物。它看过去似灌木，实为草本。高可二米，中空，梗上有赤色斑点。叶片椭圆形，大如小孩的手掌。中秋前后，虎杖的枝节上开出许多繁茂的花序来。它们丛生于溪畔、田边、山谷。

《本草纲目》释名说，杖言其茎，虎言其斑也。或云一名杜牛膝者，非也。一种斑杖似头者，与此同名异物。

苏颂《本草图经》云，虎杖，一名苦杖。旧典没有载明出自哪个州郡，今处处有之。三月生苗，茎如竹笋状，上有赤斑点，初生便分枝丫，叶似小杏叶。七月开花，九月结实。虎杖在云贵一带生长，却不开花。根皮黑色，破开即黄，似柳根。亦有高丈余者。

明鲍山《野菜博录》中说虎杖可做菜吃：酸桶笋，生山野间。初发笋叶，后分生茎叉。科苗高四五尺，茎似水荭茎，红赤色；叶似白槿叶而澁，纹脉亦粗。味甘微酸。食法：采嫩笋叶炸熟，水浸，去邪味，淘净，油盐调食。

可我只吃过生的。那是在生产队的时，母亲接到一个任务，到秧田边催赶雀子。母亲搬了一把竹交椅，坐在田边，不时，用“竹呱板”朝天敲打一阵，还喂嗬、喂嗬地吆喝几声。

那时，我只有五六岁，像尾巴一样，跟在母亲身后。田畈里有无穷无尽的乐趣，可以捏泥巴、捞泥鳅、捡田螺、捉蛤蟆……

中午，母亲回家煮饭，我代母亲司职，把竹呱板打得更响，吆喝声更是一声接一声。

秧田里水汪汪的，映照着蓝天白云。有一群蝌蚪在游来游去。我下田去，用手捞它们。这时，有只很大的蛤蟆跳过来，朝我呱呱地叫了两声。

母亲说：“快上来，蝌蚪妈妈生气了。”

我上了田塍。母亲说：“我出个谜语你猜：有尾不会跳，会跳没有尾。你猜是什么？”蛤蟆。我一下就猜中了。

母亲又给我出谜语：“什么上山点头啄？什么下山尾巴拖？什么田里打花鼓？什么树上唱清歌？”

谜底分别是：野鸡、蛇、蛤蟆、知了。

母亲来了兴致，又给我出谜语：“大哥山上坐，二哥捡田螺，三个偷鸡不用秤，四哥偷谷不用箩，五哥攀高叫叽叽，六哥五更叫人起，七哥剁肉不用刀，八哥天生被人骑，九哥行走要人牵，十哥是尺拿不起。”

这个谜底分别是：老虎、鸭子、野猫、老鼠、知了、公鸡、家猫、马、牛、蛇。

田塍上，长着各种野草，让人目不暇接。地锦苗、夏天无、黄光菜都开花了，这一切都让我觉得欣喜。有一天，我发现有种苗子，比大人的手指还要粗，颜色红艳。母亲说，这叫酸桶梗。两三天后，酸桶梗便长得有一尺多高了。

母亲“啪”的一声，扳了一根粗壮的梗，撕去皮，给我吃。我吃了几口，味道清脆爽口，就是酸了一点。

这时，有女孩子来讨猪草，除了黄光菜、蒲公英、苦苣菜、灰灰菜，连虎杖嫩叶也摘。此后，我讨猪草，也会摘一些虎杖的嫩叶，放在篮子里面充数。

有人被毒蛇咬伤，痛得死去活来，可根据自己的酒量，喝上几两虎杖根浸泡的酒，可以止痛消炎。但千万不可以喝醉。把酒敷在伤口上，也很有疗效。

在秋收的时候，父亲会挖一些药材去供销社卖。

父亲喜欢挖麦冬、菝葜、虎杖等。

一天，我同父亲来到一个幽深的山谷里挖虎杖。那里的虎杖，有锄头把一样粗，一丈多高，迎风而立。

父亲挖出一棵，我就抖去虎杖根茎上的土，放进箩里。

我有些惋惜地对父亲说：“爸爸，要是不挖它，再长下去，它是不是会长得像村子里的古树一样大呢？”

父亲放下锄头，坐了下来，笑了笑说：“虎杖再努力成长，也摆脱不了草木一秋的命运。你看村里的大树，十年百年，似乎也不见其长高一寸，但它能傲霜斗雪，吸取天地日月之精华，屹立千年而不倒，吐故纳新，荫蔽众生。做人要学参天大树，顶天立地。”

“呼啦啦”，一阵山风吹来，虎杖叶子相互撞击，似乎发出了一声无可奈何的长叹！

虎　耳

在我五六岁的时候，一天父亲上山砍柴，顺便把我带上。

父亲砍柴，我则捉蜻蜓、扑蝴蝶，乐此不疲。蓦地，我看见岩石缝里，长着一丛毛茸茸，像野兽耳朵似的植物。

我问父亲：“这叫什么草？”

父亲说：“虎耳。”

我说：“是因为它像老虎的耳朵吗？”

父亲说："是呢。"

我说："爸爸，你见过老虎吗？"

父亲说："看见过很多次。有一天，我收了工，日头都下山了，我急急忙忙，赶到山上捡柴。突然山中刮起一阵狂风，我还没弄清怎么回事，一只头高马大的老虎从我身边一闪而过。估计这只老虎是受了弓弩伤，疼痛难忍，才这样狂奔不止。"

从此，我牢牢记住了这种像老虎耳朵的草。

后来我发现，我家的老屋墙头，村后的石壁上，都长着虎耳。

虎耳的叶柄秀长，叶片圆圆的，毛茸茸的，表面翠绿，背面红紫，边缘有波纹。虎耳的根须发达，有时跃出地面，张牙舞爪，见缝插针，只要有土壤，几天后又长出一棵虎耳来。虎耳夏日开花。花茎长可二尺，聚伞花序，圆锥状。花分五瓣，下面两瓣，白色，要长一些；上面三瓣，粉红色，还有紫色斑点；另有八根花丝，显得格外娟秀。

《本草纲目》中说，虎耳，生于阴湿处，人们多喜欢把它栽于石山上。茎高五六寸，有细毛。一茎一叶，如荷叶盖状，人呼为石荷叶，叶大如钱，状似初生小葵叶及虎耳。夏开小花，淡红色。

沈从文先生在《边城》中多次写到虎耳："……梦中灵魂为一种美妙歌声浮起来了，仿佛轻轻的各处飘着，上了白塔，下了菜园，到了船上，又复飞蹿过悬崖半腰——去做什么呢？摘虎耳草！白日里拉船时，她仰头望着崖上那些肥大虎耳草已极熟悉。崖壁三五丈高，平时攀折不到手，这时节却可以选顶大的叶子作伞。"

汪曾祺在《星斗其文，赤子其人》中说："沈先生家有一盘虎耳草，种在一个椭圆形的小小钧窑盘里。很多人不认识这种草。这就是《边城》里翠翠在梦里采摘的那种草，沈先生喜欢的草。"

我有一盆假山，抛在一处已多年，懒得打理。一天，我灵机一动，放在阳台上，在石缝隙中栽上虎耳，每日濯以清泉，几个月后，只觉得丘壑之间，花草葱茏，云烟满目。

每日，在我读书写稿之余，对着这盆假山端详片刻，便觉神清气爽。

黄光菜

我常怀念儿时讨野菜的情景。清明节前后，田畈刚刚返青，每到节假日，或放学后，我便提着竹篮，呼朋引伴，飞快地往田边跑去。

讨，在我乡有采摘的意思。如去园里摘菜，就叫讨。

我们讨得最多的是黄光菜。

黄光菜，学名叫稻槎菜。清代吴其濬《植物名实图考》："稻槎菜生于稻之腐余，其性当与谷精草比，吾乡人喜食之。"

在荒田里，或紫云英丛中，黄光菜多得像满天的星星。叶似荠菜，梗紫红色，还开着精致的鹅黄小花。

讨黄光菜，用一根比筷子小一点的钢丝，一头弯成钩状，另一头安上木把。使用时，将钩子往黄光菜根部一插，稍一扯，就能连根拔出。

有时，我们翻过一座山，来到水库边上，这里的黄光菜虽不多，但长得格外粗壮，有的一棵能炒一碗。

黄光菜可用来炒饭，也可用来做腌菜，味道稍有点儿苦涩，但清香宜人。

每次只要出去半天，我就可以挖满一篮子，家里人那里吃得了，多是用来喂猪。

"春日迟迟，卉木萋萋。仓庚喈喈，采蘩祁祁。"这是《诗经》中，先民对美好春天的描绘。其时的田野，空气湿润，阳光煦和。我们这些孩子，在春光里跑着、跳着。边挖，还边唱着《黄光菜》的童谣：

黄光菜，开黄花。剁精肉，请亲家。亲家坐上，亲母坐下，头对头咯跟你话。

甲午暮春，我和本家龚声森，来到西山北麓，潦河之滨采风。一个叫果田洲的村子，有这样的歌谣：

黄光菜，苦悠悠，有女莫嫁果田洲。

粟米饭，天天有，若要想吃白米饭，

要等腊月二十九。

果田洲在潦河故道上，尽是沙壤土，据说只适合荞麦、粟米生长。春天里，河边沙洲上，有很多这种野菜。

那天，我们看到河堤上还长着许多枸杞芽，竟没有人采摘。

这个村子姓龚，与我同为南唐礼部尚书、金紫光禄大夫、太子太傅、上柱国、越国公龚愈之后。翻开家谱，我的第十二世祖龚世广，在元季，从高安良港，迁徙于此。这很让我感到意外。说不定，我的先人在这里吃过黄光菜镶的粟米饭，也唱过这支忧伤的歌谣呢。

中华文明，博大精深。这样一种名不见经传的野菜，竟然也蕴含着深厚的世情、乡情、亲情！

黄　精

黄精，多生长于丛林下或乱石丛中，看似秀雅逼人，实有隐逸之姿。其杆颀长，往一边倾斜。其叶似百合，嫩绿如碧玉；其花开于五六月间，状若小钟，颜色淡黄或雪白。用黄精来制作盆景，衬托假山，倒也别具风姿。

李时珍对黄精推崇备至，在本草释名中说，黄精为服食之要药，故列于草部之首，仙家以为芝草之类，以其得坤土之精粹，故谓之黄精。

黄精与玉竹，很多人难以辨认。黄精植株较高，杆子是圆的，根茎为黄色，一块块的。玉竹矮一些，杆子有棱角，根茎为长条形，白色多须。

我的家乡生长的为多花黄精，以根状茎肥厚而著称，俗称蔓姜。山里人家，把它挖下山，洗净，放在砂锅里，要连煮干七锅水，熬成胶状，食之，甜美异常，这叫作烂煮黄精。

黄精也叫太阳精。晋代张华《博物记》说："昔黄帝问天姥曰：天地所生，有食之令人不死者乎？天姥曰：太阳之草，名黄精，食之可以长生。"

华佗有个叫樊阿的弟子，常吃黄精，活了一百多岁。

今日九华山"百岁宫"中，供奉了一尊肉身菩萨，便是明代高僧无暇禅师的真身。无暇，法名海玉，顺天苑平（今北京）人。他少时出家，潜心修道。游历五台、峨眉等名山大川后，来九华山东崖峰结庐，名曰：摘星亭。饥餐黄精，渴饮山泉。他从八十多岁开始，每日用针刺破舌头，滴血来调金粉，写《大方广佛华严经》，共有八十一卷，耗时二十八载，真可叫呕心沥血。在他一百二十四岁圆寂时，明思宗朱由俭尊他为"应身菩萨"。

吴承恩《西游记》开篇第一回，就写到黄精之妙："众猴采仙桃，摘异果，刨山药，劚黄精，芝兰香蕙，瑶草奇花，……熟煨山药，烂煮黄精，捣碎茯苓并薏苡，石锅微火慢饮羹。人间纵有珍馐味，怎比山猴乐更宁。”石猴在山中，过得逍遥自在：“春采百花为饮食，夏寻诸果作生涯。秋收芋栗延时节，冬觅黄精度岁华。”

“曾骑竹马傍洪崖，二十余年变物华。”

熊荣《西山竹枝词》诗云：“阿郎服食好长生，每日山头采药行。寄语认苗须仔细，莫将钩吻作黄精。”钩吻即断肠草。

鸡冠花

鸡冠花，乡村菜地边、都市绿化带，都能见到它的倩影。微红的叶子，橙红的梗子，紫红的花朵，给人一种喜庆的感觉。鸡冠花为苋科，青葙属，一年生本草。夏秋季开花，花朵扁平，呈鸡冠状，故名。

鸡冠花，又叫鸡冠头、鸡公花、鸡髻花、老来少等。宋代袁褧在《枫窗小牍》里说：“鸡冠花，汴中谓之洗手花。”

鸡冠花原产非洲及美洲和印度的热带地方，故喜阳光，不耐霜冻，适合疏松肥沃，排水良好的土壤。

《本草纲目》中说，鸡冠处处有之。三月生苗，入夏高者五、六尺；矮者，才数寸。其叶青柔，颇似白苋菜，梢有赤脉。其茎赤色，或圆、或扁。六、七月，梢间开花，有红、白、黄三色。其穗圆长而尖者，俨如青葙之穗；扁卷而平者，俨如雄鸡之冠。花大有一二尺者，层层卷出可爱。子在穗中，黑细光滑，与苋实一样。其穗如秕麦状。花最耐久，霜后始蔫。

鸡冠花唐代才传入我国。唐代诗人罗邺诗有诗云：“一枝浓艳对秋光，露滴风摇倚砌旁。晚景乍看何处似，谢家新染紫罗裳。”

齐白石先生的画作，有着浓厚的乡土气息，淳朴的农民意识，笔法看似浑朴稚拙，但平中见奇。他画的鸡冠花，红艳夺目，透着一股萧疏的秋意。他曾为鸡冠花赋诗一首：“老眼朦胧看作鸡，通身毛羽叶高低。客窗一夜如年久，听到天明汝不啼。”

其实鸡冠花五颜六色，只是大家偏爱红色鸡冠花而已。关于白鸡冠花，江西民间流传着一个有趣的故事。

永乐年间，翰林学士解缙一日在御花园，陪同明成祖朱棣赏花。正值初秋，园林中姹紫嫣红一片，赏心悦目。朱棣兴起，令解缙以鸡冠花为题，赋诗一首。解缙脱口而出："鸡冠本是胭脂染"，可话音刚落，朱棣从衣袖中取出一朵白色的鸡冠花来，呵呵一笑，说："爱卿请看，这分明是白色的！"解缙从容不迫，吟诗道："今日如何浅淡妆？只因三更贪报晓，如今却戴满头霜。"朱棣和在场的文武大臣都为之喝彩，叹服解缙才思敏捷。

鸡冠花可做菜蔬。明周定王朱橚《救荒本草》就记载：鸡冠花救荒，采叶炸熟水浸淘净，油盐调食。

鸡冠花为植物中之高蛋白食物源，系高级补品，富含蛋白质、氨基酸、脂肪、叶酸等多种维生素，以及十三种微量元素和五十多种天然酶和辅酶。用鸡冠花来炖母鸡，格外浓香可口。

记得儿时，鸡冠花像野草一样长在路边，或长在房前屋后。很多孩子出鼻血，大人会摘几朵鸡冠花，煮鸭蛋吃给他们吃，一可止血，二可补身体。

每当鸡冠花大红大紫之时，村里小公鸡也长了鸡冠，学着打鸣，天气就要转凉了。

鸡头梗

我曾在《潦河的记忆》一文中，描述了当年在万埠老街摆地摊时和朋友胡露打鱼的情景，其实，还有摘鸡头梗、采菱角等往事，也让我难以忘怀。

我和胡露在河汊放好网，便来到野塘摘鸡头梗。

野塘，很多是以往筑堤时，取土留下的水坑。

鸡头梗，学名芡实，也叫鸡头米，属睡莲科。乍看过去，荷叶田田，浮在水面。仔细一看，鸡头米叶面长满了刺。有花，或开或落。有的果实已长成球形，苞顶如鸡喙仰天，满是青刺。

有的一方野塘，大有数亩，长满了这种植物。只是在岸边，长了一些菱角、茭白。有田鸡在呱呱地叫，不时惊起一两只白鹭。岸边有很多芦苇，白茫茫的，使我想起《诗经》蒹葭苍苍的意境。

我摘了一截鸡头梗，撕掉带刺的皮，发现里面果肉一粒粒，有点像石榴，吃起来，清甜可口。

这一切，对我这个生长在山里的人来说，十分新鲜。

胡露说："我们弄一棵鸡头梗，回家做菜。"

我说："不可多弄一些吗？"

胡露说："只要弄上来，你才知道一棵有多大。"

胡露和衣下塘。只见他用手捏着一根鸡头梗，用脚踩断它的根，渐渐，一大蓬鸡头梗便浮出水面，叶茂、花繁、果丰，真让人惊叹。

这许许多多带刺的梗子，就是鸡头梗了，撕掉皮，炒着吃，起码也有二十碗的量。

我高兴得手舞足蹈，脱光衣服，就要跳下塘去。

胡露说："莫急莫急，我要交代一些事宜。第一，要和衣服下来，因鸡头梗满身带刺。第二，下来后，脚要贴着泥巴，慢慢移动，因塘里有很多陈年菱角，比生铁还坚硬，如硬踩上去，那就惨了。"

我穿上衣裳，一脚踏进塘里，水就没过了我的腰。水里还能采到鲜嫩的菱角。

我按照胡露的指示，很快就扯起了一棵鸡头梗，极有成就感。

我说："这满塘的鸡头梗，怎么就没有人来采呀？"

胡露呵呵一笑，露出雪白的牙齿，说："就单这一塘鸡头梗就有几万斤。沿潦河而下，鸡头梗多的是，就像你西山岭里春天的竹笋一样，哪里吃得完呢。"

那天晚上，我们的晚饭除了有清炖脚鱼、红烧鲤鱼外，还有清炒鸡头梗、鸡头梗根，就连芡实也煮了汤吃。那是一顿令人难忘的晚餐。

胡露其实是我的远亲。前不久，我遇见他，问他还打鱼否？他说，由于20世纪六七十年代，潦河源头的九岭山脉，大面积挖条垦造林，造成水土流失，河床淤塞，河里打不到鱼了。至于那些野塘，也不长鸡头梗了。

菖 蒲

菖蒲与艾，如影随形。儿时，我们去野外斫艾蒿，一定要割一些菖蒲回来。

农历五月初一，家家都插着艾蒿，挂着菖蒲，让人觉得格外的温馨，格外的清凉，也渲染了节日的氛围。这和过年贴对子一样，是中华民族一种传统风俗。

在先秦时期，我们的先民普遍认为，五月是毒月，五日为恶日。在端午节要悬挂艾蒿、菖蒲，洒雄黄酒，驱魔避邪。

尤其是菖蒲，民间方士把它称为“水剑”，说是可以“斩千邪”，便在它身上附上了驱邪避害的文化含义，成为中国人端午节必不可少的吉祥物。

晋代周处《风土志》记载：“以艾为虎形，或剪彩为小虎，帖以艾叶，内人争相裁之。以后更加菖蒲，或作人形，或肖剑状，名为蒲剑，以驱邪却鬼。”

菖蒲丛生，叶子碧绿，端庄秀丽，挺直似剑，直刺苍天，还散发着一股浓烈的香气。

苏颂说，菖蒲，今处处有之，……春生青叶，长一二尺许，其叶有脊，一如剑刃，无花实。药用五到十二月采根，阴干。今多以五月五日收割。其根盘屈有节，状如马鞭，主根长出许多傍根。傍根节尤密，以一寸有九节者佳，也有一寸十二节者。

菖蒲是有毒的，早先，农民将它的根茎捣烂，兑水，可有效防治稻飞虱、稻叶蝉、红蜘蛛、稻螟蛉、蚜虫等虫害。

中国民间有黄巢杀人八百万之说。唐僖宗年间，黄巢起义，所到之处赤地千里，尸陈遍野。他把人肉当军粮，就连骨头都磨碎来吃。真是骇人听闻！只要黄巢大军所到之处，百姓望风而逃。一次，黄巢看见逃难队伍中，有位妇人怀中抱着一个年纪大一些的孩子，手里牵着的孩子反而小一些。

黄巢觉得奇怪，就问道：“你这是什么意思？难道那个小的不是你亲生的？”

那妇人吓得瑟瑟发抖，指着怀里的孩子说：“恰恰相反。这是我大伯的孩子，他老婆死了，唯有这根独苗。万一情况危急，我为了救他，宁可牺牲自己的孩子。”

黄巢虽是一个杀人不眨眼的魔头，但也是颇有诗人气质的人，他感动得热泪盈眶，对那妇人说：“那你快回家走吧，在门口挂上菖蒲和艾蒿，可保平安。”

这个消息传开了，很多百姓纷纷效仿。黄巢为信守诺言，果然对挂菖蒲、艾蒿的人家秋毫无犯。

菖蒲，人们常用它来点缀庭院、花园，与兰花、菊花、水仙并称为“花草四雅”。

一日，我读南宋江西诗人曾几《菖蒲》诗：“窗明几净室空虚，尽道幽人一事无。莫道幽人无一事，汲泉承露养菖蒲。”于是，我在凤鸣山房屋侧的溪中，养一丛菖蒲，为我平淡无奇的山居生活，增添了一份风雅。

记得儿时种芦粟

在我小的时候，家家都种芦粟，当作小孩的零食。

芦粟，实属高粱的变种，也称小甘蔗、甜高粱、甜杆、芦穄、芦黍、芦稷。其实我们还是习惯把芦粟称作甘蔗。

据说，早先南方人从北方引进高粱种在菜地里，渐渐变成了芦粟。芦粟似乎和红高粱伯仲难分，但红高粱籽是红的，芦粟籽却是乌的。它和甘蔗又有着异曲同工之妙，可以制糖、造纸、酿酒，还可以做芦粟饼。

芦粟之于高粱，犹如《晏子春秋·杂下之十》所说："橘生淮南则为橘，生于淮北则为枳，叶徒相似，其实味不同。所以然者何？水土异也。"

芦粟像小山竹一样挺拔清秀，成熟时像红高粱一样壮观。

那时，每到清明时节，母亲在一块地上撒菜籽的时候，我也不失时机地把珍藏了一个冬天的芦粟籽种上，再撒上草木灰，浇透水，盖上薄膜。过几天去看，它们都长出了嫩芽，又过几天，长出娇嫩的叶片来。芦粟叶和玉米叶也很相像，但要瘦长一些。待它长到三四寸高，就移栽在菜地边上。

在我七八岁时，母亲为了培养我的独立精神，也为了满足我的心愿，便划了一块地给我。我很高兴，横直成行栽下芦粟。一有空，我就去拔草、浇水。有一次，我看见别人家的芦粟长得好，便求教于母亲。母亲教我捡一些猪粪，挑一点淤泥，倒在芦粟的缝隙里。母亲说，只要勤动手，肥料处处有。樱桃好吃树难栽，不下苦功花不开。你要记住，只有付出了辛勤的劳动，才能吃到甜芦粟。

功夫不负有心人。几场大雨过后，我跑到园里一看，我的芦粟茁壮成长，杆杆如玉树，叶叶闪光辉。微风吹来，芦粟随风而舞。我闭着眼睛一闻，似乎闻到了芦粟的甜味，听到了它们努力成长的拔节声。

一眨眼，芦粟就长得一丈多高了，渐渐吐穗了。

夏日炎炎，在我的期盼里，芦粟籽长得乌黑发亮。我便一次剁一棵，拖回家，斩成一节节的，分给家人，一齐分享。撕去皮嚼着吃，甜津津的，十分爽口。

有民歌唱道："剁根甘蔗给妹尝，甘蔗甜得像蜜糖；哥送甘蔗原有意，妹子莫把哥哥忘。妹吃甘蔗甜津津，多谢哥哥一片心；倒吃甘蔗节节甜，妹爱哥哥步步深。”

芦粟长得好的，有一丈五尺高；肥料不足的，高不过一米。

村里的伙计们很多和我一样，都有一块自己的芦粟地，但付出的劳动不同，收获也是截然不同。

人勤地不懒。我从儿时种芦粟的往事中，感悟到人生必须勤勉，才会有好的收获。

接骨草

村子中，人们很少践踏的水沟边、陡坡上，竹篱茅舍旁，总会生出许多杂草，唯有接骨草长得格外高大，枝叶纷披，有些像灌木。

它是五福花科接骨木属高大草本植物，也可称为半灌木。

我们网蜻蜓、追蝴蝶时，从中走过，它的叶片像麻一样扎人，还散发着一股刺鼻的臭味。

我从草药书上得知，它叫八棱麻、大臭草，而我的家乡俗称其为蛇芥菜。那时我觉得它是蛇吃的菜，很不喜欢它。

有一年，我家养了一窝兔子，我试着割了一些接骨草给它们吃，结果母兔流产了。

接骨草草秆笔直，有八条纵棱，高可二三米；羽状复叶对生，长椭圆状或披针形，边缘有细齿。它夏日开花，雪白耀眼，幽香袭人。花序伞形，生于顶端，花冠如雪花状，分五瓣，花药黄色或紫色，柱头有三裂。接骨草果实细长，大如绿豆，秋冬之交变得光彩夺目，比珍珠玛瑙还要鲜艳。我们看得眼馋，却不敢尝一粒，只见白头翁、伯劳，经常来啄食。

李时珍说，接骨草也叫陆英，又叫作蒴藋，开花白。子初青如绿豆颗，每朵大如盏面，又平生，有一二百子，十月方熟红。

民间有句老话说：打得地上爬，只怕八棱麻。

我的细公学过武功，会治疗跌打损伤。村子里有人手脚摔断，或脱臼，都来找他。细公会扛着锄头，来到坡地挖接骨草。一锄头下去，用手一扯，一条一两米长、拇指粗、黄白色的根茎出来了。把接骨草洗净捣烂，和上米酒，敷在伤处，用夹板夹上。有时，配上接骨丹（白接骨），效果会更好。

我听过这样的一个故事。有一位郎中在山中采药，坐在一棵空了心的大树下休息，突然，从树中钻出一条八九寸长的蜈蚣来。他大吃一惊，拔出刀来，砍了下去。只差一点皮，蜈蚣没有砍断。蜈蚣在地上苦苦挣扎。不久，又有一条蜈蚣爬过来，用触须碰了一下，作慰问状，便匆匆而去。不过多久，这条蜈蚣嘴里衔了一片叶子回来了。它把叶子咬碎，敷在另一条蜈蚣伤口上。郎中躲在一处，静观其变。到了日头快要落山的时候，奇迹出现了，那条受伤的蜈蚣，伤口愈合，蠕动了几下，又爬进树洞去了。郎中捡起地上那片遗留的叶子，仔细地辨别，知道了这种草药有接骨治伤功能。

据《全国中草药汇编》记载：接骨草，味甘淡、微苦，性平。全草可供药用。

接骨草虽然很普通，也不讨人喜欢，但它能为众生解除痛苦。

芥菜的滋味

人们常用须臾芥子，极言一件事物的渺小。然而，秋天播下一粒芥菜籽，经过雪压冰封，到了春天，芥菜便茁壮成长，高可四五尺，叶大如芭蕉扇。

李时珍释其名曰：按王安石《字说》云：芥者，界也。发汗散气，界我者也。王祯《农书》云：其气味辛烈，菜中之介然者，食之有刚介之象，故字从介。

清同治《新建县志·蔬之属》：“菘芥，有紫芥、白芥、南芥、花芥、石芥，皆芥之类。”

芥菜叶面有针刺，边缘带锯齿，摸过去很粗糙，但经煮熟，却清香扑鼻。乍入口，还有点儿苦涸涸的，但多嚼几下，却爽脆可口，余韵悠长。

钱起《蓝上采石芥寄前李明府》云：“渊明遗爱处，山芥绿芳初。玩此春阴色，犹滋夜雨馀。隔溪烟叶小，覆石雪花舒。采采还相赠，瑶华信不如。”诗人通过对芥菜本色的描绘，表现着一种恬淡闲适的生活情怀。

百姓人家，和芥菜紧密相连。芥菜滋润着他们日常生活，伴随着他们辛劳的岁月。

在我小时候，寒冬腊月，大地冻得比石头还硬，门前鱼塘可以走人。天阴沉沉，空气凉飕飕，老人家在胡子上呵口气，会结成冰霰。雪一下就十天半月，田野山间空旷而寂寥，时而会传来几声“爆竹”声，把雀子惊得满天乱飞。家家关门闭户，用心炙火。有的人家，在堂屋里打一个火塘，天天烧篝火。用一个木柴根部，搭上几块砍柴，或油茶枯饼，便可烧一天。

听村前大岭庵的老和尚说，在一个天寒地冻的下雪天，他们正在炙火，忽闻“笃笃”敲门声，以为有施主来了，开门一看，竟是一只老虎坐在门口避风雪，在不经意时，尾巴敲打在门上。和尚念了一声阿弥陀佛，吓得赶快把门关上了。

这篝火炙得暖和了，左邻右舍纷纷来赶热闹。聊着聊着，就有人猜谜语、唱歌谣、讲故事。那时候没有电视可看，也没有收音机可听，摆龙门阵，便是山里人最好的娱乐。

母亲经常在早上，把米煮得半熟，捞起一半，用木架子，架在锅上，上面蒸饭，下面煮粥。粥里面放一些芥菜。有时候，母亲把锅里的芥菜夹起来，放进盘子里，用猪油拌，加一些辣椒、大蒜、生姜之类的作料，真乃人间至味。

清明节前后，桃红柳绿，芥菜，也要与其他植物争奇斗艳。父亲适时把芥菜一棵棵砍下，一担担挑回家。

芥菜根用来烧肉，味道醇厚可口。就是削下的芥菜皮，腌上一两天，用豆豉、辣椒末炒，嚼起来也又爽又脆，别有风味。清明节，我们还用芥菜和糯米粉做成团子吃，可用来祭祖。

芥菜叶子晒得半干，在簸箕里切碎，装进坛子里，用木棍使劲塞紧。再在坛口塞一团禾秆，倒扣在一个装水的盆子里。过几天，开坛一看，芥菜便变成黄灿灿的腌菜了。把腌好的芥菜洗干净，用大蒜、生姜、辣椒做作料，拌来吃，酸脆可口，很是开胃。那年头，腌菜可是一年四季的长菜。

芥菜的滋味，蕴含着人生百味。

金钱草

金钱草，也叫马蹄金，多生于田间地头。其叶似荷，大如铜钱，故得此名。其茎如丝，贴地而长，长不过五六寸，一脚踩去，似若无物。到了暮春时节，金钱草开满了繁密的黄花，就像披上了锦缎。

它常年被人畜踩踏，没有埋怨命运的不公，在沉默中，酝酿出一场盛大的花事。于是，人们给它取了个好听的名字：过路黄。

此草在我的家乡，叫路边黄。

吴其濬《植物名实图考》记载，过路黄，江西坡塍多有之。铺地拖蔓，叶如豆叶，对生附茎。叶间春开五尖瓣黄花，绿跗尖长，与叶并茁。

《百草镜》中把金钱草称之为神仙对坐草，在清明时发苗，高尺许，生山湿阴处。叶似鹅肠草，对节，立夏时开小花，三月采，过时无。

很多人会把香菇草当作金钱草。香菇草叶片要大得多，有人把它养在盆子里，或玻璃瓶里，施点肥，便有荷叶田田的感觉，秀雅可人。这是一种外来植物，每年能以一比五十以上的速度扩散。种植时，只能禁锢在一定范围内。如抛在野外，便成燎原之势，不可遏制。

早先，有一对小夫妇，恩恩爱爱，如胶似漆。人有旦夕祸福，一日男的小腹疼痛，好似刀绞，折腾了两天，一命呜呼。女的哭得死去活来，满以为丈夫是被人毒死，恳请郎中查明原委。经仔细解剖，发现男的胆囊里有一块小结石。女的伤心欲绝，说：“哎呀呀，就是这样一块小石头，要了我男人的命！”

女人用丝线织成一个小网兜，把这块结石装在里面，天天挂在脖子上，以表示对男人的思念。

几年后，这个女人牙痛，便扯了一抱金钱草回家，准备煎水喝。忽然，她发现挂在胸前的那块石头已经化去了一半。她感到十分奇怪，请教一位郎中。

这郎中恍然大悟，说：“金钱草也许就是一种化石药呢。”他扯来一把金钱草，叫妇人把脖子上的结石与其放在一起，一会儿，结石就化为乌有。郎中高兴地说：“踏破铁鞋无觅处，得来全不费工夫。像你男客这样的结石病，以后有救啦！”

这位郎中也是丧偶不久，于是两人结为伉俪，用金钱草外加鱼腥草、白茅根、当归、大活血，还有鸡内金，合成一剂专治化石的药，叫化石丹。招牌打出去后，果然药到病除，赢得了华佗再世的美誉。

菊 芋

我的凤鸣山房，位于村边山脚下的溪畔。围墙外有一块空地，是以前村民倒垃圾的地方，看过去尽是瓦砾碎石，其实肥力很足，到了盛夏，野苎麻、接骨草、小飞蓬等植物，长得比我围墙还高。

我想在这里种点东西，来为我的山房增色。我先后种了黄花、艾蒿，可惜都被野草淹埋没了。

一天，我同几个朋友爬山，在一个被人遗弃的荒村中，发现一大片菊芋，时值六月，鲜花盛开。

这些菊芋长得高大粗壮，叶片毛毛糙糙，颇有些像葵花叶，但花色却有着菊花的意蕴，在日光下亮丽迷人。

我用手机搜索了一下，菊芋还真的是菊科，向日葵属植物。

我查了李时珍《本草纲目》、朱橚《救荒本草》、陈淏子《花镜》等著作，皆无记载。后来弄清它的原产地在北美洲，曾经是印第安人的主要食物，到20世纪才传入我国。因它的块茎像姜，故又叫洋姜、鬼子姜。

菊芋以耐严寒，耐干旱而著称，其地下块茎，在-40℃都能够安全越冬；春天里的幼苗，能抵御零下几度的低温。很多地方用它治沙、固沙，效果甚好。不管在哪里，只要丢下一个菊芋块茎，每年以百分之二十的速度蔓延，很快成为一个庞大的家族。

菊芋多是用来做菜蔬。把菊芋的块茎切成薄片，可清炒，也可以烧腊肉，很多人喜欢腌制菊芋，味道更好，吃起来清脆可口，还发出“咯嘣咯嘣”的声音。

我在围墙外，栽上了几十株菊芋，不用施肥，不用除草，到了夏天，一片锦绣。初冬枝杆枯萎了，我挖出了一大篮子菊芋块茎。菊芋给予了我满满的收获感。

蕨　菜

蕨菜梢头，是一个拳头似的小叶卷，我总觉得，它像打着一个问号，在叩问苍天。

蕨菜，凤尾蕨科。陆玑《毛诗草木鸟兽虫鱼疏》云：“蕨，山菜也。初生似蒜，紫茎黑色，可食如葵。”陆佃《埤雅》说：“蕨，状如大雀拳足，又如人其足之蹶也，故谓之蕨。”

《本草纲目》中说，蕨，山中处处有之。二三月生芽，拳曲状如小儿拳，长则展开如凤尾，高三四尺。其茎嫩时采取，用灰汤煮去涎滑，晒干作蔬，味甘滑，用肉煮味道甚美，姜醋伴食亦佳，荒年可救饥。根紫色，皮内有白粉，捣烂洗澄，取粉名蕨粉，可蒸食。

蕨菜，是一首爱情诗。

《诗经·召南·草虫》云："陟彼南山，言采其蕨。未见君子，忧心惙惙。"

一个春光撩人的日子，一位思春的少女，提着竹篮，说是去南山采蕨菜。露水打湿了她的罗裙，柴草挂乱了她的青丝，荆棘划破了她的手脚，她却浑然不知。她情思绵绵，心绪烦乱，渴望与意中人不期而遇，却是爱而不见。

蕨菜，是清高守节的代名词。

我的家乡明末的文人杨益介，经甲申之变，痛不欲生，作《采薇之歌》以明志。不久归隐上天峰，构冰雪草堂，堂列圣贤图像，引集同志之士，行礼讲学。采蕨为食，捡松子为柴。当时归隐上天峰的还有何一泗、徐思爵。前朝遗老宋之盛、魏禧、彭士望、朱议雱、徐世溥、欧阳斌元、程元极等人，常往来堂中。时江西巡抚蔡士杰请他住持白鹿书院，他以病相辞，说："谓士子之守道，犹女子之守节，失节非人也。"

蕨菜，更是山里人家的家常菜。

在我的家乡，蕨菜分山蕨、水蕨两种。

水蕨只长在溪畔、水湄。只要看见蕨类植物，便可以细细寻找，看是否有水蕨。水蕨颜色青翠，比山蕨要细嫩得多。在梅岭饭馆吃的蕨菜，一般都是这种。

山蕨的颜色，或浅绿、或淡紫，稍有绒毛。它多生于向阳山坡的疏林下，刚出土时，探头探脑，一两天后，就长到一尺来高。如不及时采摘，等到蕨叶伸展开来，就不能吃了。

春天里，山上尽长蕨菜，肥肥的，嫩嫩的，或高或矮。只要采摘一会儿，就能装满一篮子。

蕨菜，经沸水焯过后，洗掉绒毛，切碎后，用腊肉炒上片刻，加点生姜、大蒜、辣椒，再淋点酱油、生抽，便可以起锅。食之，脆嫩爽滑，清香可口。

蕨菜采得多了，哪里吃得完，可以用沸水焯过后，晾干，留得平时慢慢吃。

在寒冬腊月，山里人家不但挖葛，还挖蕨根。把蕨根洗净，捶碎过滤，沉淀后晒干，就是蕨粉。蕨粉吃起来略似葛粉，可用开水冲，也可打粑。蕨粉粑嚼起来，韧性十足，余味悠长。

蕨菜营养丰富，含高蛋白、十七种氨基酸、大量的碳水化合物，及人体必需的钾、钙、锌、锰等多种矿物质。

可近些年来，据日本科学家考证，蕨菜含有一种叫“原蕨苷”致癌物。

本是被誉为“山珍之王”的纯天然绿色安全食品，却成了令人望而生畏的致癌物。

科学证实，原蕨苷只要在超过 70℃高温的环境中，就会分解。山里的父老乡亲，哪个不是吃蕨菜长大的？还没有听说有谁得过食道癌呢。

每年春暖花开，我一定会带着孩子们，吟着“陟彼南山，言采其蕨”，采一些蕨菜炒着吃，感受一下春天的气息。

扛板归

扛板归的茎细长如丝，长满倒刺；其叶呈三角形，像一张张举起的盾牌。在梢头一叶如荷，托起一束淡紫色的花。秋天到了，它的果实十几颗缀成一串，颜色深紫，艳如玛瑙。

此草也叫雷公藤、刺犁头、老虎刺、蛇不过、蛇倒退等。我的家乡这边叫甜柴罐。

《本草纲目拾遗》记载：“雷公藤，生山阴脚下。立夏时发苗，独茎蔓生，茎穿叶心，茎上又发叶，叶下圆上尖如犁耙，又类三角枫，枝梗有刺。又出江西者力大，土人采之毒鱼，凡蚌螺之属亦死，其性最烈。以其草烟熏蚕子则不生，养蚕家忌之。山人采熏壁虱。”

可见此草有毒，不可随便食用。

此草田野、山间处处有之，却最喜欢长在菜园的篱笆边上。在秋虫争鸣的时候，我们喜欢摘它的果实，把小指头染成紫色。大人见了，大惊失色，说：弄不得，弄不得，有毒的。

我乡流传着一个“扛板归”的故事。

说是在早先，有个人在高山上，看中一棵几抱粗的松树，就把它放倒，裁成一节节的，一个人扛不动，两个人也抬不起。于是，就请了两个解匠，起工架马，在山中解板，好一块块扛下山去。

一天下午，此人扛着一块板下山，走在杂草丛生的荒田里，不小心踩到一条蝮蛇，蛇在脚背上咬了一口。一阵剧痛，他疼得似万箭穿心。这里离家很远，叫天天不应，叫地地不灵。总不可能坐以待毙吧？他听过很多毒蛇咬伤的应急经验，便坐下来，扯了一块布片，在膝盖下扎了一道防线，以免毒气攻心。就在身边，有一棵满身长刺，叶子形状有些像毒蛇头的植物。他想，百草是百药，我不妨摘点叶子来试试。

他摘了一些叶子，放在嘴里嚼过，敷在伤口上，在衣服上，又撕了块布条包扎好。过了片刻，那刻骨铭心的剧痛竟然舒缓了许多。

渐渐，他能爬到溪水边饮水。他躺在草地上，欣赏天上的云卷云舒、身边的鸟语花香。

到了夕阳西下的时候，两个盖板匠，扛着工具下山了。此人不经意站了起来，能走路了。干脆，把板扛上，一同回家。

他回到家里，就把这个经历向村里人说了。村里人说，这种神奇的草让我们也认识一下，今后以防不测。他来到菜园的篱笆边，摘了一把回来，说：很可惜，我不知道它叫什么呢。

大家笑着说：你遭毒蛇咬伤，还能扛板而归，不如就叫扛板归吧！

民间有谚语云：家有扛板归，吓得蛇倒退。

此草因此而得名。这个有趣的故事广为流传，扛板归的用处也随之广为人知。

苦 菜

《诗经·唐风·采苓》云："采苦采苦，首阳之下。"这里所谓的采苦，就是指采摘苦菜。

苦菜多半长在空气湿润的港边、山脚下。在土壤肥沃之处，苦菜长得格外粗壮，其叶大如掌，梗粗如笔，长可一二尺。我们只要一顿饭的工夫，就可摘满一篮子。

在谷雨前后，草莓熟了。我们采摘苦菜的同时，还能摘到很多草莓，这给我们带来了很多快乐。

苦菜多半用来做腌菜。洗净后，用沸水淖过，浸泡一些时间，漂去苦味，切碎，用清油炒一会儿，再加上大蒜、辣椒、生姜做作料。食之稍苦，却清香可口。

苦菜用来炒饭吃，可补粮食之不足。那是人民公社时代，一个星期难得吃到一个鸡蛋，一个月也吃不到一块肉，粮食不足以糊口，就用苦菜等野菜充饥。

在早先，虽说吃苦菜就象征着贫穷和饥饿，但吃起来清香满口，回味无穷。

每到灾年，乡亲们首先想到的是苦菜，很多人挑着箩担，漫山遍野去寻找它的踪迹。有的人竟然去山高路远的洗药湖、马口一带，一采就是一担。故民谚有云："春风吹，苦菜长，荒山野岭是粮仓。"

苦菜融进了民俗文化中。

民间传说，东吴孙权的祖父孙钟，曾隐居于仰天锣，靠种瓜，吃苦菜度日，人称苦菜神。

旧时，在安义架溪与新建西庄两村的接壤之处，有一座分界殿，祀奉的是吴源圣帝孙钟。

今架溪与西庄皆划归湾里管辖。

如今殿已毁，唯有殿前两株叫不出名字的古树，依然清荣峻茂，匝地数亩阴凉。

欧阳桂《西山古分界殿记》："……再进有古分界殿在焉。询之比丘云，祀吴源老祖，即三国时敝屣王侯，成真于十八磷。中为吴源大帝，先世讳钟者也。予与同人周视其处，见庙貌庄严，林木苍秀，殿之南北高峰屹立，远接半天，西分安邑之界，故殿额曰：分界。东则人烟辐辏，即所谓霞溪也。殿之势不能一亩，而群山拱护其中，以望则山之高，云之浮，人物之遨游。"

我的家乡很多地方因孙钟得名。梅岭主要溪流，因吴源圣帝，叫吴源港。西山东面的吴城，就因孙钟雇人种瓜收籽于此，而得名。

每年到了孙钟成仙日，远近数十里的人，都来到分界殿赶庙会，进香朝拜。还要举行"游苦菜神"的活动，由几个人抬着神像，敲锣打鼓游行，所到之处，村民鸣炮相迎。

据说，迎苦菜神可消灾避难。

按照惯例，赶庙会所捐的钱，尽用于唱采茶戏，一连数日数夜，观者人山人海。其情形犹如鲁迅笔下的社戏。

分界殿，是往昔梅岭民俗风情极为浓郁的一个地方。

邑人徐世溥《榆溪逸稿》中，有《委源洞记》一文记载：“邑之极西有洞曰委源，人迹所不至也。舒叔厚遭乱，仅存一身，今子孙繁衍至数万，赖入此洞以免也。其初火粒两断，有神日以苦菜啖之，得活，故其岁时祀祖，必以苦菜、舞傩，以报洞神之赐。”

徐先生这段文字的意思是，在九岭山腹地靖安，元末有一个舒叔厚的人，遭时变，只身一人躲进委源洞内，每日以苦菜为食，方得活命。乱息，舒叔厚出洞，子孙达数万人。后来的舒姓子孙，在每年腊月初八，必吃干苦菜，跳舞傩，以报苦菜神。

苦菜根是苦的，叶是苦的，连花也是苦的。秋天，田野山间，开遍了白花花的苦菜花，就连空气也是飘荡着它特有的清香。

苦菜，也叫败酱草，在当下，苦菜已成为健康绿色食品，含有各种氨基酸及丰富的胡萝卜素、维生素C、钾、钙、镁、磷、钠、铁等多种人体必需的元素。有很多商家，针对现代人的富贵病，开发出各类苦菜茶，在市场上很畅销。这种茶，汤色晶莹，隔夜不馊，爽醇浓郁，回味无穷。

时过境迁，今日的苦菜，再也不是用来充饥了，而是用来保健。

兰之猗猗

记得儿时，父亲要我描红，常写的几个字是：“芝兰君子性，松柏古人心。”谁知，字没练成，兰花却深深地扎根在我的心里。

至今想起来，也许父亲是要我在练字的同时，熏陶出芝兰一样的品性、松柏一样的人格。

孔子云：“芝兰生于深林，不以无人不芳；君子修道立德，不为穷困而改节。”

兰花，质秀而气清，飘逸而潇洒，端庄而娴雅。

我家乡这边的兰花，有春兰、蕙兰两种。春兰，叶秀且柔，一茎一花，其色黄绿，舌瓣上有细紫点；蕙兰，也叫夏兰，叶长且劲，一茎数花，其色淡黄，一般开在初夏。

清同治《新建县志·花之属》：兰干短而藏叶中者曰兰，出西山幽谷中。蕙干长者曰蕙，似兰而叶差大。

以前，山上的岩石缝中，还寄生着一种生命力极强的野吊兰，可治跌打损伤，如今已难得一见。它有一条肉质的梗，两边长叶。叶长不到三寸，样子很朴实。

兰花开过后，有的会结果实。果实大如拇指，颜色青翠，初冬时，渐渐转黄，风干后裂开，里面的种子便飘散开来。待来年春天，种子发芽了，又长出新苗来。

兰花，一般生长于土壤肥沃的深山幽谷之中，故有“空谷佳人”“花中君子”的美誉。采挖兰花的人，只要看看山的坐落或气象，便知道是否生长兰花。

魏元旷《西山志》物产篇，对我的家乡的兰花有记载：“叶细，色粗浅，香亦清幽。花时入城卖之，价极贱，无蓄之者。居人云：岩谷深岭中，兰蕙皆有，素心之品，不亚建兰，但采之者少耳。”

晚唐陈陶，报国无门，来到翠岩寺前的一个沙洲上搭建了三间茅屋，美其名曰：湖山清隐。在屋前屋后，栽上美竹、桂花、梅花，尤其是以柑橙为主。又在屋侧挖一池，种上荷花、菖蒲。溪上搭一木桥，在东岸用竹篱笆圈了好大一块地，叠石成山，遍植兰花。

陈陶有《种兰》诗云：

种兰幽谷底，四远闻馨香。春风长养深，枝叶趁人长。
智水润其根，仁锄护其芳。蒿藜不生地，恶鸟弓已藏。
椒桂夹四隅，茅茨居中央。左邻桃花坞，右接莲子塘。
一月薰手足，两月薰衣裳。三月薰肌骨，四月薰心肠。
幽人饥如何，采兰充糇粮。幽人渴如何，酝兰为酒浆。
地无青苗租，白日如散王。不尝仙人药，端坐红霞房。
日夕望美人，佩花正煌煌。美人久不来，佩花徒生光。
刈获及葳蕤，无令见雪霜。清芬信神鬼，一叶岂可忘。
举头愧青天，鼓腹咏时康。下有贤公卿，上有圣明王。
无阶答风雨，愿献兰一筐。

作者借兰花，向世人彰显自己隐逸坚贞之志。

我小时候，在早春二月，上山砍柴、捡竹菇，或元宵节给祖坟上灯，不经意间，空气中，好像有一股若有若无的清香，仔细一闻，却沁人肺腑。于是，大家便在柴草丛中寻找，总能找到几茎春兰来，让我们且惊且喜。我们把这春兰拿回家，就送给姊姊、妹妹戴。

高中毕业时，我在家种田，迷惘失落，养花便成了唯一爱好和寄托。那时，我每日牵着一头大水牛，在故乡的崇山峻岭，丛林深处闲逛，看到好的兰花，总是迫不及待地挖回来一些，种在老屋的天井里，或栽在竹篱花园里。不到三个月的工夫，满院葱茏，小院成了名副其实的兰圃。春天一到，便开出许多紫茎黄蕊的兰花来，每当雨过天晴，清远的幽香，飘散到整个村子。

我整日沉浸在有着兰花芳香的王国里。闲暇时，找来一些有关兰花的诗文，吟诵之余，也就乐而忘忧了。

初夏的一天，我沿着羊肠小道，来到村前的大岭庵访兰。这里与梅岭第一峰洗药湖对峙，古松倒挂，云来雾往。山下边已是绿肥红瘦，而这里紫藤正开，杜鹃正艳。林下，有蕙兰苗壮茂盛，幽芳正发，多得令人目不暇接。我寻寻觅觅，来到一个清幽的竹谷，在一丛乱石丛中，有一棵蕙兰长得蓬蓬勃勃，叶片众多，长约两米，花正开，每茎有花数十朵，高三尺余，亭亭玉立，逸如遗世独立的隐士，秀如玉树临风的美人，芳香浓烈得可叫人酲醉三日不醒。我如获至宝，在这空旷的山间，高兴得手舞足蹈，狂歌不已。

昔日，读《荒鹿偶记》，唐代有个叫林之栋的画家，擅长画兰花。只要听说哪里有好的兰花，就不辞辛苦去寻找。有一次，他偶尔听到一个樵夫说，在一座深山老林中，经常能闻到浓郁的兰花香，但那里路途艰险，虎豹横行。林之栋闻之大喜，当即请樵夫引路，召集一些壮士，拿着刀剑弓弩，背着干粮，鸣锣开道。果然，他找到一棵兰花：叶长丈许，花大如掌。他欣喜若狂，赶忙把它画了下来。

我对这个故事很是向往，但又怀疑这只是作者极尽夸张之能事。可巧的是，在与省城南昌隔江相望的家乡的山中，有兰神奇如此，可见作者所说不假。

我从腰间取下随身携带的柴刀，把它和土一起挖出，小心翼翼地带回家。

为了不辜负上苍所赐，我特去城里买了一只昂贵的青瓷花钵，若干种花肥，又去山上弄来一些腐殖酸土壤，将这株神品般的兰花精心栽培，置于天井的一个大树桩上。它在我的陋室中，显得那么超凡脱俗。每日早晚，我总要绕着兰花欣赏片刻，才肯离去。

他人种瓜得瓜，我是爱兰得兰。

这棵兰花，神采斐然，葳葳蕤蕤，在我的案头，陶冶我的性情，熏陶我的精神。

刘寄奴

我这里说的只是一味草药。

20世纪90年代，我经常跟一位药农去山上挖草药。刘寄奴、泽兰、三脉紫菀在没有开花时，很难分清。比较再三发现刘寄奴其茎直立，棕黄色，有细棱。叶互生，卵状披针形，边缘有尖锯齿，背面有蛛丝状微毛。初秋开花，为头状花序，花朵很细，白色，虽不艳丽，却透着一股令人陶醉的幽香。

刘寄奴是菊科蒿属植物，也叫六月霜、六月雪、奇蒿。它的得名，与南北朝时期宋武帝刘裕有关。

刘裕，字德舆，小名寄奴，东晋时出生在晋陵郡丹徒县京口里（今江苏省镇江市），乃汉高祖刘邦之弟楚王刘交的后裔。他早年贫贱，母亲在分娩后得病，不久去世。父亲刘翘请不起乳母，多次想把他抛弃，幸好姨母用乳汁喂养了他。他自幼就靠砍柴、种地、打鱼、卖草鞋为生。一次，他在江边砍柴，遇见一条大蟒蛇，便拉弓搭箭，“嗖”的一声，射中了蟒蛇。蟒蛇疼得竖起一丈多高，张开血盆大口。他猛吃一惊，吓得跌倒在地。等他定睛察看时，蟒蛇一闪身，就消失在芦苇丛中。刘裕搜寻了一会儿，空气中分明散发着一股浓烈的血腥气，可天色已晚，他只得踏着暮色回家。

第二天，刘裕又来到江边，寻找受伤的蟒蛇，却听见树林中，有杵臼之声，他寻声走去，见几个青衣童子，在树下捣药草，说是主人被人射伤，正要换药。他觉得蹊跷，这蟒蛇肯定成了精，便大吼一声说，你家主人是我射伤的，我正要捉拿你们。吓得童子丢下杵臼和药草，四散而去。刘裕捡回药草，试着用来给受伤者治疗，效果非常好。

刘裕出落得相貌奇伟，气度宏大，卓尔不群。从军不久，他在北府军名将刘牢之手下做参军，渐渐发迹。自晋安帝隆安三年（399）起，他对内平定孙恩起义，消灭桓楚、西蜀及卢循、刘毅、司马休之等割据势力。对外消灭南燕、后秦等国，降服仇池，又以“却月阵”大破北魏铁骑，收复淮北、山东、河南、关中等地，光复洛阳、长安两都。凭借着巨大的军功，他得以总揽东晋军政大权，官拜相国、扬州牧，封宋王。

永初元年（420），刘裕代晋自立，定都建康，国号“宋”，史称刘宋。

刘裕称帝后，稳固政权，发展经济，整顿吏治，废除苛法，重用寒士，减轻赋税，振兴教育，国家逐渐强盛起来。

刘裕在南征北战中，用此草药治愈了无数受伤的将士，大家将此草称为刘寄奴。

时至今日，身为帝王的刘裕，很少被人记起，而以他的小名命名的草药——刘寄奴，却广为人知。

马齿苋

马齿苋，介于蔬菜与野菜之间，因它喜欢长在菜地边上。田野、溪边、庭院里，都能见到它的倩影。

杜甫《园官送菜》诗云：“苦苣针如刺，马齿叶已繁。青青佳蔬色，埋没在中园。”

马齿苋因它叶片像马齿，味道像苋菜，故此得名。

马齿苋有着白色的根，红色的梗，绿色的叶，黄色的花，黑色的籽。这刚好切合中医五色、五味、五行的说法，有人把它称为“五行草”。

马齿苋的生命力极强，落地生根，并且多头并发，十天半个月，就长得蓬蓬勃勃。有人把它做过实验，拔来，挂在屋檐下，任凭风吹日晒，依然生机盎然，开花结籽。故，它又名长命草。

马齿苋是治疗痢疾的特效药。民间流传着一个这样的故事：有个童养媳，常年受婆婆的虐待，做的是牛马活，吃的是猪狗食。她经常要吃马齿苋等野菜充饥。有一年，瘟疫流行，很多人得了痢疾，卧床不起，可唯独她很健康，很快，大家发现了马齿苋的妙处。

马齿苋还可以治疗恶疮。唐李绛《兵部手集》记载，唐朝武元衡，是唐宪宗年间宰相。早年他到西川视察时，小腿上生了恶疮，又痛又痒，苦不堪言。他寻遍当地名医，都治不好。回京后，有一个小吏，用马齿苋捣烂，外敷在他的疮口上，不过三两天就痊愈了。

马齿苋可清炒，可凉拌，也可以晒干来吃。味道稍微有点儿酸，还算爽口。马齿苋性寒，脾胃虚弱者不可多食。

马齿苋有活血润肠的作用，孕妇不可多食，以免引起流产。相反，分娩前适当吃一些，可助产。

自古道：物以稀为贵。也许马齿苋太常见了吧，从来上不了正席，但千百年来，它为人类的健康做出了不可磨灭的贡献。

马兰头

我怎么也没有想到，就在小时候，每日来来往往的田塍上，竟然长满了马兰头。

那是癸巳清明，我和妻子在故乡的田野中采摘鼠曲草做清明饼，无意中，看见一群孩子在摘一种野菜。

我问："这叫什么野菜呀？"

一个长着一双美丽的大眼睛的七八岁的女孩子，嗔怪道："你这个人，一大把年纪，连马兰头都不认得吗？"

我大为惊喜。哦，这就是鼎鼎有名的野菜——马兰头！

我打小就经常听到马兰头的歌谣，如："马兰头，马兰头，春天到了就探头。"还有周作人先生《故乡的野菜》，就有："荠菜马兰头，姊姊嫁在后门头。"辄心向往之。

于是，我和妻子再不想满田畈去寻找鼠曲草了，只要随便蹲下，就可摘起一大把马兰头来。

马兰头，遍地都是呢。茅草地有之，菜园边有之，小桥流水畔有之，竹篱茅舍旁有之。它长在杂草丛中，叶呈椭圆形，颜色深绿；茎长二三寸，带点红色，可挑其嫩苗采之。

在春风里，艳阳下，摘野菜的孩子，越来越多了。正如宋代陆游《戏咏园中百草》诗云：

离离幽草自成丛，过眼儿童采撷空，

不知马兰入晨俎，何似燕麦摇春风。

此情此景，让我似乎穿过时光的隧道，又回到了童年，心情也轻快多了。

中午，炊烟袅袅的时候，我们满载而归。妻子将马兰头在溪水里洗净，晾干，先是用旺火，清炒了一盘。然后，将马兰头在开水焯过，冷却后切碎，拌上生姜、大蒜、辣椒、陈醋、盐、糖等，再淋点麻油、生抽。食之，清香爽口，回味无穷。

马兰头含有丰富的钙、磷、铁、钾等多种矿物质，及胡萝卜素、维生素B、烟酸等。

在我的家乡，把马兰头叫田塍苋菜、田边菊。

《土方草药汇编》记载："田塍苋，草本，茎直立，叶互生，狭长，边缘似锯齿，绿色，开蓝色花。"

马兰头，古人称之为马拦头。

元代高邮王磐《野菜谱》曰：

马拦头，拦路生，我为拔之容马行。

只恐救荒人出城，骑马直到破柴荆。

清人袁枚《随园诗话补遗》中记载，当时上海有一位官员，爱民如子，在其离任时，同僚在江边摆宴为他饯行。这时，几个村童跑来，各献上一篮马兰头。有一个守备，突发灵感，赋诗云："欲识黎民攀恋意，村童争献马拦头。"

杨圣希《梅岭竹枝词》，有一首写到野菜的诗云：

野芹略比山薯娇，芹趁春生薯趁秋。

听说好官爱野菜，去时可有马拦头？

这里说的山薯，乃山药是也。

吃马兰头，也要趁早。待它长到初夏，便高可二三尺，还开出一种酷似菊花的花朵。花蕊为黄色，花瓣白中带紫。一开，就是一大片，明丽自然。

我与马兰头，真是相见恨晚。

也祝愿天下为政者，能为官一任，造福一方，不但喜欢吃马兰头，还留得一个"马拦头"的好名声。

芒　花

六月的一天，我步入梅岭山中，满眼尽是红艳夺目、摇曳多姿的芒花。或一簇簇，或一片片，乍看似少女的笑靥，仿佛又如天边的彩霞。

它比北方平原的红高粱更壮丽，比南方河边的芦苇更凄美。置身其中，给人一种梦幻般的感觉。

芒花，是一种叫芭茅的植物吐的穗。芭茅生命力极强，飘零如柳絮的种子，落到哪里，便在哪里生根发芽，很快就发展为一个庞大的家族。

芭茅似草非草，既不能喂牛，也不可当柴烧，还总是不失时机地侵占良田，吞噬荒山。人们十分讨厌它。

然而，正如人们常说：一物自有一物的价值。

在流火的七月，大地在骄阳的燎烤下，连山中的青松翠竹，都显得有些蔫头耷脑，芒花却精神抖擞，开遍了山野，给世间注入一股清凉。

清同治《新建县志·花之属》就记载："芒可织为席，茎可为帚。"

待数旬后，芒花飞谢时，人们把它割下山去，扎成笤帚。

它，又给人间掸扫出一个洁净的世界。

竹　韵

梅岭无梅，满山皆竹，一山连着一山，绵延几百里。村村落落，就像行进在竹海中的船。家家户户，临窗是山，开门见竹，日日有竹报平安。

竹，非草非木，生命力极强，只要它的根伸到那里，春风一吹，便长出竹笋来。十天半个月后，新竹就成林了。

笋，竹萌也。《诗经·大雅·韩奕》有“其蔌维何，惟笋及蒲”的诗。同治《新建县志·蔬之属》记载："笋有春笋、冬笋，西山冬笋味香美，它处所产皆莫及。"

冬笋，其实是长不成竹子的，只是大自然馈赠给人类的一道美味佳肴而已。它在头年秋天萌芽，春节前后，正是吃冬笋的时候了。

挖笋，有“当年”“寡年”之分。如是当年，竹叶青翠浓密，你就可努力“多挖”，就是拿锄头在山上随便挖，都能碰到笋。若是“寡年”，竹叶稀疏泛黄，满山也难得寻到一只笋。

我国二十四孝中，还有一个孟宗哭竹的典故。晋代吴郡，有一个叫孟宗的人，娘亲病得奄奄一息，滴水不沾，只说要吃竹笋。可是，屋外天寒地冻，大雪纷飞。孟宗去山上找，怎么也找不到一只竹笋。他心急如焚，抱着一棵竹子，号啕大哭起来。他的嗓子哭哑了，几乎要晕死过去。哭累了，他睡着了。在梦中，他见雪地里长出好多竹笋来。孟宗惊醒，果然看见雪地里有几只笋，破土而出。从此，竹林里才有冬笋。

有经验的山民，只要看竹叶，就知有无竹笋；只要观竹枝的伸展，就知晓竹鞭的走向。用铁镵试探，一凭感觉，二闻笋香。

冬笋深藏土里时，笋箨呈淡黄色，猫儿似的模样，肥大鲜美，山里人称“黄芽头”。若是出土了，笋箨便变黑，就叫“黑芽头”，笋的味道也就大打折扣了。

熊荣《西山竹枝词》写到山里人挖冬笋的情景：

闲携长椠过山腰，十月龙孙未有苗。

巧向竹根寻稚子，夜来酌酒倩侬烧。

另有注脚云：“山人巧于刨笋，冬日未出土时，长镵一过，取如探囊。拙者竟日遍锄，不获一株。”

有竹子的谜语：细来紧包紧扎，大来开枝发桠。

有竹子的民谚：清明出土，谷雨上林。

《西山竹枝词》云：

村里村连山里山，琅玕万户绿成湾。

豹皮箨子迎风解，放出当门玉笋班。

清明时节，细雨霏霏，新笋萌出，拔节有声。看似毛茸茸，水灵灵，却有着极强劲的生命力，能掀翻斗大的岩石，顶倒千年古木。有的一夜工夫，可蹿上四五尺高。唐代诗人李贺有诗云：“更容一夜抽千尺，别却池园数寸泥。”

山里的孩子，上山砍柴或游玩，总是念念不忘挖笋。他们走在路上，猫腰一径寻去，看见地面隆起或有裂缝，用柴刀刨土，一会儿，露出一个黄酥酥的笋头来，如获至宝，那股高兴劲就别提了。挖笋给我们童年山居生活，带来了无穷无尽的乐趣。

竹笋，自古有“寒土山珍”的美誉。其味恬淡而清鲜，气美醇而蕴藉，清脆鲜嫩，莫过于此物。它的吃法有很多种，可荤可素，可炒可煮，也可加工成笋干或笋脯。

青山不老，笋味长存。

梅岭，有毛竹、实竹、苦竹、箭竹、箬竹、淡竹、麻竹等数十个品种，而毛竹实用价值最大。

毛竹全身都是宝，竹笋可以做菜，竹篠可造纸，竹叶可入药，竹梢可扎扫把。

梅岭的先民，以前用竹片盖屋，用竹管引泉，用竹筏代舟。就连日用家具，也多是用竹子做成，如：竹筷、竹碗、竹桌、竹凳、竹床、竹枕、竹橱、竹箱、竹篮。真是何可一日无此君。

俗话说，靠山吃山。梅岭山区有悠久的制作竹器历史。《西山竹枝词》云：

绕庐四面是高丘，不用镃基不买牛。

郎制笭箵侬织箄，一家生计在刀头。

注脚有云：“山中无田可耕，无桑可蚕，居人制一切筐筥箕帚之属，货卖以自给。男妇操作，昼夜不停。”

梅岭山中，十里不同风，五里不同俗。每个村庄，都有自己以竹为原料的传统手工艺。

竹纸，以桐源村为主。村民在农历四月间，将刚成林的新竹，砍成五尺许，去掉青，将竹麻放在石灰塘里浸，一两个月后，把它碾成细末，放到楻桶里煮上三日三夜，再在石槽中打磨成浆，做成“西山火纸”。我村始祖叫龚惟芝，据说他早年从奉新山里、高安华林，学得造纸的技术，在桐源办起了造纸作坊，这种工艺，延续了数百年。我的祖父龚远楠，每年七月半前夕，要从潦河水路，运“西山火纸”去吴城、德安、星子、湖口、九江兜售。我祖父他们，也被称为“西山纸客”。

斗笠，邓家的传统工艺。把竹篾破得细细的，编成草帽状，中间衬箬竹叶。斗笠或大或小，顶尖而口圆。晴可遮日，雨可避雨。江南农村家家有之。不用时，常同蓑衣挂在柱子上。

筲箕，以大小沙田，高徐观上为主。用竹篾丝，编织成浅浅的竹筐，半弧形。煮饭时，用来捞饭，沥干米汤。也可用来洗菜。乡间的孩子则用它去溪里捉鱼，去田里捞泥鳅。

土箕，以石门、港下、杨梅岭为主。土箕一面敞口，形状像半只朝天蛤壳。每只在边沿留四个孔，按上竹环两根，用来挑东西。常用来挑土砂、砖块、秧苗、树苗等。

花篮，以西庄为主。这里说的花篮，是用小山竹破成篾，刮得细嫩如酥，编制成的竹篮。其做工精巧，可用来装菜、洗衣、采蘑菇。早先，多半销往武汉。

扫把，以梓木坑、丁家山、南源刘家为主。村民到山上捡回竹枝，一家人，剁的剁、编的编、扎的扎。在一小捆竹枝上按一根竹棍，用竹篾绑牢固，扫把就扎成了。

交椅，以申家、袁家村为主。将刀把大的竹子砍来，裁之、凿之、刨之；炙之，经过十几道工序，竹交椅终于四平八稳，可以让人坐了。

竹床，以东庄村为主。用细细的竹条，镶成竹板，按上脚，用来睡觉。以前没有电扇、空调，乡亲们喜欢搬竹床到天井、溪边、村头大树下纳凉。

竹，亭亭玉立，婆娑有致，挺拔清秀，虚心劲节。日出有清荫，风来有清声。与松、梅合称“岁寒三友”，和梅、兰、菊誉为“四君子”。

竹，是中华民族士大夫精神的写照，也是民俗文化一个重要组成部分。

梦中的百合花

小时候，我经常在炎炎夏日去山上砍柴，不经意间，看见山崖上有百合花盛开，十分欢喜。百合的叶，温婉如玉，秀色夺人。喇叭形的花朵，洁白若雪，让人艳羡。

它端庄高雅，充盈着祥瑞之气。

那时，我猜过一个百合花的谜语：远望青荷嫩叶，近看红茎绿桠，生在莲花秀墩，搭在五六月开花。

《灌园录》云：“洪州西山多百合，有一种香者，即夜合花，根甜可食，宜多种圃中，土人不识也。”

高中毕业，我回乡务农。农闲时，更多时间是放牛、砍柴。我的同学们，有的金榜题名，有的下海经商，有的走上了工作岗位，而我却一文不名。

为了不让青春年华，过得太寂寞，太无聊，我躲进家里闲置多年的老屋，认真侍弄起花草来。

我们家的天井，大如庭院，前半截铺青砖，后半截码条石。我在天井里种桂花、植文竹、栽兰花……

开大门，有一块深七八步，宽十五六步的空地，用竹篱笆一围，种上花，即便是我的花园。我从亲朋好友家，寻得常见的指甲花、状元红、一串红、百日菊、向日葵、牵牛花、美人蕉、蝴蝶花……还从山间访得各种奇花异草，如八角莲、绣花针、黄精、百合等，分门别类，各种一块。

我挨着墙脚，栽了一畦百合。

到了盛夏，百合长得郁郁葱葱。花开了，一朵更比一朵蹿得高，芳香浓烈，令人心醉。

当时，我每天要读十几页《红楼梦》，当我读到史湘云醉卧芍药圃，很是欣赏这个憨态可掬、豪爽开朗的少女。甚至到省城书店，买来一张《史湘云醉卧芍药圃》的画，张贴在床头。

月圆之夜，我干脆搬一张竹床，睡于百合花荫中。云破月来，花影扶疏，萤光点点，虫声唧唧，助我恬然入梦。

在我的梦里，有百合花的芬芳，格外缤纷多彩。

一日，我在《花卉》杂志上，看到这样一个故事。有一座环境清幽的古庙，庙中花花草草争奇斗艳。庙里寄宿着一位飘逸俊秀的书生，在温习功课。一日，他到藏经阁翻阅佛经消遣，看着看着，忽然醍醐灌顶，大彻大悟，决心抛弃功名，皈依佛门。

炎夏永昼，书生的清梦被喧嚣的蝉鸣吵醒，他信步来到庙廊，观看壁画：有神态庄重的菩萨，有形象夸张的罗汉，有衣带飘飘的飞天女……

当他走到曲廊的转角处，邂逅一位白衣少女。少女年方二八，艳美绝伦，仿佛是走下了神坛的天女，又好似仙女下凡尘。书生方寸大乱，情不自禁，挽着白衣少女的手，走进书房，把她拥入帷帐，做起了高唐梦……

梦醒时分，书生赠白玉指环为信物，信誓旦旦，要娶她为妻。白衣少女，伸出纤纤玉手，接过白玉指环，匆匆离去。她走到一丛百合处，居然不见了。

书生来到百合丛中，见其中一株，花繁叶茂，不同凡响。便从庙里拿来锄头，和根挖出。只见百合的球根如玉，大如拳头。他把这株百合捧回书房，一瓣瓣剥开，白玉指环已深藏在她的“心里”。可就在这时，百合花顿时枯萎了。书生看着地下凋零的花、破碎的球根，心都碎了。

这场爱情，迅如疾风，去如闪电。人生何曾不是这样呢？如梦亦如幻，如露亦如电。书生更是心灰意懒，遂遁入空门。

我很痴迷这个凄婉动人的故事。我睡在百合的花荫下，嗅着百合花的芬芳，也渴望着在梦中能遇见这样一位百合仙子，哪怕是惊鸿一瞥，足以快慰平生。

人生富贵也好，潦倒也罢，不可无梦！

牛　膝

前些年，我的新屋刚落成，在我着手种植庭院花木的时候，大哥抢先栽上了一棵牛膝。

正好那时我的腰椎、颈椎有些不适，好友龚晓新给了我一个偏方，用牛膝、红花、杜仲、鳖甲，研成细末，日服两次，这四剂药，就牛膝怎么也碾不细，每次服用只有放在嘴里嚼。好在牛膝不苦，还有点儿甜。我嚼了近一个月的牛膝，对它情有所钟。

牛膝多生长在山脚下或溪边。高可五尺，茎有棱角，多为四方形，分枝对生，节膨大。叶面长着细绒毛，椭圆形，边沿有细锯齿，为顶生穗状花序。

李时珍说：牛膝，处处有之，谓之土牛膝，不堪服食，惟北土及川中人家栽莳者为良。秋间收子，至春种之。其苗方茎暴节，叶皆对生，颇似苋菜而长，且尖艄。秋月开花，作穗结子，状如小鼠负虫，有涩毛，皆贴茎倒生。九月末取根，水中浸两宿，挼去皮，裹扎暴干，虽白直可贵，而挼去白汁，入药不如留皮者力大也。

周定王朱橚《救荒本草》，把牛膝称为山苋菜。牛膝有红白二种，嫩叶可炸食。

关于牛膝的得名，有一个故事。早先，有一个后生十分孝顺，母亲得了风湿病，整天卧病在床，下不得地，每到阴雨天，更是呻吟不止。后生经常衣不解带，坐在床边伺候着。他为了治好母亲的病，经常外出，寻医问药。

一天，后生一边牵着一头老牛在山上吃草，一边寻找草药。他看到山崖上有一棵地南蛇，是治风湿病的好药。他正要攀崖，老牛开口说话了：“主人，别劳心费力了。我是被你的孝心所感动，禁不住开口说话。我本是天上给太上老君看守丹药的童子，因偷食了一粒丹药，被罚到凡间耕田。在我的脚边，有几棵梗子像牛膝骨的草药，就可以治好你母亲的病。”

后生把草药挖回家，煎水给母亲喝，不久后，母亲痊愈。后来，后生用这种草药，给许多腿疼的人治病，消除痛苦，因其茎很像牛的膝骨，便叫牛膝。

中国古代，有一个关于牛膝的笑话。

一天，药铺老板进城去购买药材，叫儿子看守铺子，再三交代，人家捡药，千万要看清字，要不然会出人命。有个顾客要买牛膝，他急忙吩咐用人，把牛槽耕牛捆绑好，砍下两条腿来，交给顾客。购药人花钱不多，买到两条牛腿，感觉很划得来，回家烧着吃了。药铺老板回来，问儿子卖了什么药？儿子十分得意，把砍牛腿的事，告诉了父亲。父亲听了，哭笑不得，说："幸好没有人来买知母、贝母、益母，要不然，你老娘都贴进去了！"

其实，我在孩提时就认识牛膝。民谚有云：牛膝五加皮，四脚不能移。是说，牛得了关节炎、走癀病，用牛膝、五加皮治疗。

春耕时，牛得关节炎或走癀病，很常见。尤其是走癀病，不但耕不了田，连走路都跌跌撞撞。请来兽医，兽医会用一根宽针，在牛脚腕的寸子穴上，扎上一针，把里面黄色的黏稠液，放出来，再用一小块草纸，浸上桐油，贴在寸子穴上，点火烧热，马上吹灭。这时，牛便可站起来，行走自如了。下一步，用牛膝、五加皮根一起煮。药煎好，舀进水桶，来到牛槽。一人牵住牛鼻子，把头高高抬起，另一人用手从牛嘴边伸进，抓住牛舌头，拉出来，然后用一端削成斜面的竹筒，装好汤药，从嘴里灌汤进去。只要连服两剂，牛就可以耕田了。

这棵牛膝，勾起了我一些难忘的记忆！

糯米草

小时候讨猪草，看见糯米草，总是会摘回家煮粥吃。

糯米草喜欢生长在潮湿的山脚下、田塍上、水沟边。在土壤肥沃的地方，一长就一大片。用手一把抓住它十多根嫩茎，稍用点力就断了。

糯米草，其蔓细细，颜色稍带点红色，长可两米。叶对生，卵圆形或椭圆状，摸过去毛刺刺的。其花簇生于叶腋，黄绿色。雌雄同株，雄花蕾中镊合状排列，裂片急内弯；雌花花萼筒状，柱头钻形。

那是人民公社年代，生产队按计划分口粮，谁家也不够吃。村中有人喝稀粥，还颓然作歌曰："一篙撑到底，全无一粒米。来了一阵风，浪花还烧嘴。"

稀粥两三碗下肚，吃起来且寡淡无味。若用糯米草一起煮，就另当别论了。

在粥快要煮好时，把洗好的糯米草切细，放进去。才一会儿，粥变稠了，颜色呈黄色，散发着一股浓郁的芳香。吃起来，更是香糯可口。糯米草也因此得名。

糯米草还是一剂村里人常用的草药。外伤出血，把糯米草叶子揉成泥敷上，可止血消炎。孩子有疳积，可用全草煎水喝。

民间偏方，用白接骨、糯米草根，另放一只螃蟹，放一些米酒一起捣碎，对骨折特别有疗效。

时至今日，很少有人吃糯米草粥了。只有上了年纪的人，偶尔吃上一次，也只是怀旧。

箬　竹

其竿细细，看似弱不禁风，却坚韧挺拔；其叶硕大，宽如巴掌，长可一尺。山风吹来，竿摇枝动，竹叶相撞，沙沙作响。

箬竹的新叶开始像一根绣花针，直刺蓝天，慢慢才伸展开来，碧绿如染，娟然如拭，承接着阳光雨露。

我家屋侧就有箬竹丛，每当月朗风清之夜，竹石相依，仿佛郑板桥挥毫泼墨画就的一幅浑然天成的《竹石图》。

箬竹是禾本科、箬竹属植物。它的花序有些像禾花，绿中带紫。它只要开花，就象征着一个生命的轮回。

《山海经》中有“竹生花，其年便枯”的记载。

戴凯之《竹谱》说，竹六十年一易根，而根必生花，生花必结实，结实必枯死，实落又复生。

我在2012年，看到过箬竹开花，不久，果然有箬竹大量枯死。我正担心箬竹会死绝，而第二年春天，落下的竹实，又开始了新的生命。

李时珍说，箬竹，生南方平泽，其根与茎皆似小竹，其节箨与叶皆似芦荻，叶片面青背淡，柔而韧，新旧相代，四时常青。南方人采来作笠，及裹茶盐，包米粽，女人以衬鞋底。

每年快过端午节时，我们不用母亲吩咐，便邀上好几个伙计，上山去摘箬竹叶扎粽子。

其时的田野，早稻正好扬花、灌浆，谓之拜节。

其时的山野，新竹成林。还有满山的芒花，开得红艳似火，或一簇簇，或一片片，乍看似少女的笑靥，仿若天边的彩霞。

摘箬竹叶，要拣新叶，用拇指和食指夹住叶片，中指一顶叶柄，啪的一声，就脱落了。

我们这些孩子们，跑着，跳着，留下一路欢笑。我们攀比着，谁摘得箬竹叶多，谁摘的箬竹叶大。

箬竹叶摘回家后，母亲会拿到锅里淖过，再在清亮的溪水里一张张洗刷干净，就开始包粽子了。母亲把湿漉漉的箬竹叶卷成圆锥形，然后用饭勺，填进糯米，再用筷子插实，包好，将嫩竹篾一捆，一只只棱角分明的粽子就扎成了，五只再串成一挂。

糯米需淘洗干净，晾干，用少量的碱和之。有时还在粽子中掺上一些红豆、红枣、花生米及腊肉，味道就更好。

粽子扎好，便是晚上了。晚饭过后，父亲把粽子放在锅里，煮上三四个小时，再让它焖到第二天天亮。第二天早饭时吃，粽子余温尚存，还带着浓郁的箬竹叶清香。

每年小秋收的时候，我们要摘箬竹叶卖给人家做斗笠，赚钱补贴家用。

而这时，我们是不管新叶老叶，大叶小叶，一起摘。右手摘，左手拿，多了就在腋下一挟，待挟不下，就扯根藤绑好，放在一处。我们像风卷残云一般，一会儿就把一片绿油油的箬竹林，摘得光秃秃的。我们一般都是早出晚归，一天可摘十四五斤。

我多次去邓家村卖过箬竹叶，也大致晓得做斗笠的工艺流程。把竹子砍下山，破成细篾，先织顶，再用竹青打面子，竹黄编里子。中间衬箬竹叶，要密不透风。最后是锁边。

我家乡的斗笠，顶尖而口圆，小者遮日，大者避雨。

斗笠，江南农村家家都有。

曹雪芹《红楼梦》第四十五回写道：“一语未完，只见宝玉头上戴着大箬笠，身上披着蓑衣。黛玉不觉笑了：‘那里来的渔翁！’”

时过境迁。烟雨江南，端午节虽然家家有粽子飘香，但再也见不到斗笠了。

蛇 萢

那时，我大约四岁吧，走路都趔趔趄趄，跟着伙计们去摘萢子（山莓）吃。走在田塍上，我看见地里满是红艳夺目的泡子，正要摘，伙计们都惊叫道：哎，这是蛇萢，吃不得！

因有一种空心萢，也叫谷萢，和这蛇萢长得很相似。

伙计说：你要记住，谷萢有刺，蛇萢没有刺。蛇萢是蛇吃的，你要是吃了，蛇会生气，专门咬你。

我听他这么一说，脑门冒出了冷汗。村里有个伙计，被蛇咬过，痛得死去活来，我猜就是吃了蛇萢的缘故。所以，做人做事，要步步小心才是。

蛇萢，其实它的学名叫蛇莓，属蔷薇科，多年生草本植物。

从此后，我很注意观察这种小草，蛇莓田野路边随处都有，匍匐于地，长长的叶柄，有三出复叶，边缘有钝锯齿，表面有柔毛。花分五瓣，金黄色。它的藤蔓上，经常分泌出一种白色的液体。

后来，我发现有一种类似的草，却长着五片复叶，且要挺拔秀气得多，开花结果都相似。我把它们混为一谈。父亲说这叫蛇含，也叫蛇衔草。

父亲虽是个农夫，但他一有时间就喜欢看书。父亲说从前有个农夫，看见一条蛇伤得很厉害。过一会儿，有一条蛇衔来几片草叶，敷在其伤口上，到了太阳快落山，负伤的蛇竟然走掉了。农夫试着用这种叶子治外伤，果然很灵验。因此，这种草叫蛇含，也叫蛇衔草。

我们在摘萢子吃的时候，经常遇见竹叶青蛇和蝮蛇。它们头像烙铁，目光咄咄，让人心惊胆战。有胆大的伙计，捡来一块石头，狠狠地向蛇砸去，也不敢细看蛇是死是活，转身赶紧往村里跑。

后来我才知道，所谓的蛇萢，蛇是不会吃的。因为蛇经常出没的地方，蛇萢长得特别好，给人一种假象而已。漂亮的蛇萢，就像毒蘑菇一样，披上了一层很“邪恶”的外衣。

其实蛇萢是一种很好的药材，古往今来，给人类解除病痛，带来健康。《日华子本草》说，蛇莓通月经，熁疮肿，敷蛇虫咬。在野外不小心被虫蛇咬到，可以采用蛇莓捣烂，再敷于患处，能消肿止痛，有效解毒。

蛇萢虽好，就因为名字不好听，人们总戴着有色眼镜看它。

石菖蒲的记忆

石菖蒲，属天南星科。叶片碧绿，长一二尺许，丛生如韭，飘逸俊秀。花穗米黄色，长可一尺。

古代的文人墨客，对石菖蒲偏爱有加。苏东坡十分喜欢石菖蒲，采了几棵回家养殖，还写了一篇《石菖蒲赞》。

明代王象晋写《群芳谱》说，石菖蒲不假日色，不资寸土，不计春秋，愈久则愈密、愈瘠则愈细，可以适情，可以养性，书斋左右一有此君，便觉清趣潇洒。

同治《新建县志·药之属》："石菖蒲生水石间，不啻九节出洪井者佳。"《农谱》："煖云，一寸九节者，真品。江西天宝洞天、洪崖丹井两处所生九节者，种之一年，至春，剪洗一泼，愈剪愈细。夜灯观书，置一两盆，可以收烟，不熏入眼。星月之下置一盆，至朝，取叶尖露珠以洗目，大能明目，久则白昼见星。栽于石山，亦可种于炭上，炭必用有皮者佳。"

凤鸣山房，依山傍水。我借助地理的优势，在后院一丛芭蕉旁边，挖一小池，用半边竹笕，引进泉水，种上睡莲、水竹、慈姑、唐菖蒲等水生植物。总觉得美中不足，又去溪中，捡来一些附有石菖蒲的石块，砌作池沿。这样一点缀，使我的庭院格外的情味盎然，野趣十足。

我又去溪中，挑选了好几块附有茂盛菖蒲的石头，用盆供养在书斋案头、花架上，果然清雅逼人。

宋人曾几《石菖蒲》诗云："窗明几净室空虚，尽道幽人一事无。莫道幽人无一事，汲泉承露养菖蒲。"

我家地处梅岭腹地的桐源村，山高水冷。到了草木摇落，白露为霜的日子，园中花木，无不蔫耷耷的，一派萧瑟，唯有我的石菖蒲，越发显得清荣峻貌，有超然物外之趣。

每当我坐在书斋沉思默想的时候，只要闻到那股若有若无的石菖蒲气息，就经常会想起儿时在溪中捉鱼的情景。

那时，每到放学后，或节假日，我总是打着赤脚，穿着短裤，腰间系着一个鱼篓，手里拿着一个渔网，飞一般往溪边跑去。

溪中多岩石，且多石菖蒲。水美而鱼肥。

有时我还在岸上走，只见得清亮的溪水里有鱼往来如梭。它们听见我的足音，躲进一丛石菖蒲下面。我走进溪里，把网拦好，用手一搪，网兜里就多了一两只活蹦乱跳、红白相间的红车公马口鱼。

每当夕阳西下的时候，我总是不失时机地掮着笱笼，往溪边走去。在鱼往来如织的溪段，用石块、石菖蒲筑一渔梁，在缺口处，将笱笼安置好。再去上游，将鱼驱赶得急游直下，尽入彀中。有时，将笱笼放过夜，在进口处，用一丛石菖蒲掩护好。第二天清早去取，常能装到一两只脚鱼，或三四斤鱼虾。

我每日与石菖蒲耳鬓厮磨，它那郁勃之姿，自然融进我的精神气质中。细细想起来，我的很多文章，还是从家乡岩石洞里摸出来的，甚至透着一股石菖蒲的气息。

水　蓼

水蓼通常长在水沟边、沼泽地，或湖泊、溪流的沙洲上。高二尺许，茎紫红色，关节膨大，叶子大如辣椒叶，中间有黑斑。初秋的时候，顶端开出穗状花序，红艳艳的，亮丽迷人。

水蓼我的家乡叫辣椒草，或叫辣马蓼。只要用手触到它，就有一种辛辣的气息。

小时候，在溪中捉鱼，总见沙洲上一大片水蓼开着，蝶舞蜂飞的同时，有虫在唧唧地清唱。一阵凉风吹来，给我一种既明丽又清冷的感觉。

《诗经·小雅·蓼莪》云："蓼蓼者莪，匪莪伊蒿。哀哀父母，生我劬劳。"诗中以水蓼起兴，联想到父母的劬劳，就把一个人不能行孝的悲痛心情表现出来了。

宋徽宗赵佶画过一幅《红蓼白鹅图》。一只引颈回眸的白鹅，在红蓼花下，安闲地梳理自己的羽毛。整幅画面意境清旷，幽远辽阔，呈现出一派深秋的肃杀气氛。

杨慎有诗："海鳌江蟹四时供，水蓼山花月月红。自是人生不行乐，莼鲈何必羡江东。"诗人描绘了水蓼等山花开放的气象。

水蓼，还可以治疗外伤或救人性命呢。

我们在山上砍柴，手脚每被割破，就到荒田里，泉水边，摘几片嫩叶搓烂，敷在伤口上，即刻止血、止痛。水蓼还能缓解中暑症状。

我中暑时也吃过水蓼。把水蓼放在嘴里嚼上几口，有一股很辛辣的气味，呛得我眼泪都出来了。吞下去，一直辣到肚子里，让人发汗，打通血脉。

水蓼还可用于防蚊虫叮咬。夏天的晚上，蚊子多，人们就用晒干了的水蓼点燃熏蚊子，效果极好。

罗隐有诗云："水蓼花红稻穗黄。"

宋朱辅《溪蛮丛笑·痨鱼》："山猺无鱼具，上下断其水，揉蓼叶困鱼，鱼以辣出，名痨鱼。"

水蓼虽是平凡，自有它的妙处。

天门冬

天门冬，这名字本身就蕴含着诗意。

《本草纲目》中说，草之茂者为虋，俗作门。此草蔓茂，而功同麦门冬，故曰天门冬，或曰天棘。

天门冬多半生长在空气湿润的幽谷中。在流水潺潺的山涧里尤其长得茂盛。它枝疏叶茂，长可二丈。有着文竹的清秀、茑萝的飘逸。夏天里，天门冬密匝匝开着精致的白花，散发着一股若有若无的清香。深秋里，天门冬长出许许多多红艳夺目的果实，似珍珠玛瑙，更似南国红豆。

朱熹有《天门冬》诗云："高萝引蔓长，插棱垂碧丝。西窗夜来雨，无人领幽姿。"

天门冬在我家乡这边也许太常见了，大家从没有把它当作花卉看待。只是山民采草药的时候，挖一些它的根茎入药。

我曾陪同堂叔挖过天门冬。一般挑选粗壮的老藤挖。每棵天门冬能挖出二十来只指头般粗，像小薯似的根茎来。有的一棵能长出上百只，有好几斤。

堂叔长年用天门冬浸酒，说吃了可以生津润燥，延年益寿。但切不可喝醉。

我年轻时，在北京住过一段时间，租房租在一家园林所附近。他们的苗圃里，栽得最多的就是天门冬，竟然不下千盆。我身在异乡，能见到故乡山中的植物，很是亲切。

一天我向正在浇水的花工老赵请教：“赵伯，你们北京人为什么对天门冬情有独钟？”

赵伯说：“天门冬四季常青，很适合点缀庭院、花园、会议室。它耐寒，也耐旱，能适应这里的气温。”

后来，我走上工作岗位，案头一直养着一盆从家乡带来的天门冬。其叶亭亭，其枝蔬蔬。丛生如林，宛如碧竹。伏案之余，一丛苍翠映入眼帘，让人感到目清思澄，怡性悦性。

一日，我改写贾岛诗赞之曰：潇潇天门冬，洒洒尘外姿，知音如不赏，归卧故山秋。

罗汉菜

初夏的一天，我与几个朋友，沿着盘山公路来到西山之巅的洗药湖采风。我们迎着习习清风，信步来到罗汉坛，只见得满山开遍了红彤彤的黄花菜。

它的别名叫金针菜、忘忧草，是萱草科植物。叶片碧绿，乍看似兰草；其杆细长，笔直坚挺；花开时，一朵朵像火焰一样往上蹿。颜色有红、黄两种。野黄花菜，则多为红色。

晋人夏侯湛《忘忧草赋》赞曰：“远而望之，烛若丹露照青天；近而观之，晔若芙蓉鉴绿泉，萋萋翠叶，灼灼朱花，炜若珠玉之树，焕如景宿之罗……”

以前的山里人家，家家都喜欢种上几棵黄花菜，用来蒸蛋、打汤、烧肉。堂客生了孩子，可用来下奶，还可帮助清热止血。

黄花菜，因含有丰富的卵磷脂，对增强和改善大脑功能，有重要作用。对注意力不集中、记忆力减退、脑动脉阻塞等症状，有特殊疗效。因此，人们称它为“健脑菜”。

因黄花菜性寒，有小毒，只可适量地吃，故，一般人家也不多种。以前所见，也只是零星的几棵或几丛，只是菜园里的一种点缀。

就在这样的高山之巅，却长满了红艳夺目的黄花菜，乍一看，像是擎天的火烛，实在是蔚为壮观，让人惊叹。

黄花菜，在我的家乡称为罗汉菜。我乡诗人熊荣《西山竹枝词》云：

“西山美菜称罗汉，二月春风岭上生。却笑陈氏不知味，无端烹作玉叶羹。”

《西山志》物产篇记载：“罗汉菜，一名花菜，又名琼枝，即越中鹿角菜之类。独罗汉坛生之，称罗汉菜。陈友谅取以和曲江金花鱼作羹，名玉叶羹。曲江，即丰城之金花潭。”

我的家乡流传着一个《陈友谅与罗汉菜》的故事。

陈友谅本是湖北沔阳洪湖的一个渔夫，元末参加红巾军起义，初为簿书掾，由于他精通权谋，心狠手辣，掠夺了“天完”的政权，在九江自立为汉王。不久，他建国，国号“大汉”，年号“大义”。

南昌当时有他的行宫。他残暴不仁，横征暴敛，当地百姓都看不起他，背后只称他为“野王”。

“天完”是红巾军开国的国号。意在“大元”的大字上加一横，在元上加个宝盖头，想以此来镇住大元。本是建国大业，却玩起了文字游戏。

陈友谅有了江南一隅，在生活上荒淫奢侈，吃的是山珍海味，穿的是绫罗绸缎。他在九江时，日日要吃鄱阳湖的天鹅、大雁；来到南昌，则天天要吃西山的麂子、兔子。有时供不上，就用鹿来代替。

他在章江门外建鹿囿，养鹿数百头，亲笔题写鹿囿的名字：娱鹿山庄。他喜欢骑的一只苍鹿，配有镂金做的花鞍，角上挂着瑟珠缨络。如若有驭鹿高手，在他那里所得的赏赐，绝不低于出生入死的将士所得的犒劳。故，当时南昌有民谚云：“拼死争城夺地，不如骑鹿献戏。”

熊荣《西山竹枝词》又云：“朝来纵猎涉崔嵬，射得伊妮傍晚归。角上细看缨络少，不从伪汉囿中来。”

另外，陈友谅还加速建造宫室，派人去民间到处搜罗美女充实后宫。为了壮阳，他常吃鹿鞭、鹿血、鹿茸。这些都是温性补品，吃多了上火不说，也不容易消化，还造成便秘，使他腹胀腿软，头晕目眩。

有个御医给他开了一包泻药，他不肯吃，说：“本王吃了一辈子苦，难道还要吃苦吗？”

又有个御医要给他用针灸治疗，他也不肯，还大发脾气，说：“本王多年出生入死，一身的刀箭伤，难道还要用针来扎吗？”

陈友谅的部下怕主公一病不起，耽误了大家的锦绣前程，慕名来到香城寺，请教明灯禅师。禅师问明症状，登罗汉坛，摘了一篮子黄花菜，赶到南昌，请厨师煮了一碗黄花菜汤，给他喝。

陈友谅闻之，清香扑鼻，食之，味道鲜美。他赞不绝口，说："真乃玉液琼浆也。"

第二天，陈友谅便胃口大开、神清气爽。他听说丰城的金花鱼很好吃，便要厨师把金花鱼与黄花菜煮在一起。这道菜汤色泛黄，鲜美异常。

汉王如获至宝，下旨："今后凡是敬献野黄花菜者，可以免纳军粮。"

第二天，就有梅岭山民，来到行宫，送黄花菜。

值勤的军士问："贵干？"

老表说："送野黄花。"

南昌话"黄""王"同音。这时，陈友谅正好路过，以为老表故意揶揄他，大为恼火，就下令，将送黄花菜者，各打三十大板。

老表挨了打，心里很委屈。口口声声说："这是为何呀？"

军士是南昌人，知道其中缘故，心里暗暗发笑，说："这黄花菜长到哪里呀？"

老表说："长在洗药湖罗汉坛。"

军士说："你们以后就管它叫罗汉菜吧。这样，保证你们不会再挨打。"

从此黄花菜，在我的家乡就叫罗汉菜了。

就在大元政权日薄西山时，陈友谅和朱元璋，同室操戈，争夺天下。

陈友谅的部将，多数为"天完"政权的旧属，他们对陈友谅弑主、篡权、夺位等行为深为不满。陈友谅六十万大军，与朱元璋二十万人马交锋大战鄱阳湖时，将士们不愿意为他卖命，纷纷倒戈投降。陈友谅落得个中箭身亡的下场。

元至正壬寅年（1362），朱元璋获得鄱阳湖大捷后，来到南昌，在滕王阁上，大摆庆功酒宴，犒劳三军。当陈友谅倒戈的旧臣胡廷瑞，谈到鹿囿时，朱元璋立即下令，把鹿放归西山。

此举让百姓称快，传为佳话。湾里以前有个鹿聚村，有人说是因为经常有鹿聚集于此而得名。

陈友谅和罗汉菜的故事，对后来人很有启发。

人家逐鹿中原，他却骑鹿取乐。

天下，乃万民百姓之天下，岂容某个暴力集团作威作福，倒行逆施。多行不义必自毙，这是颠扑不灭的真理。

人生有三不朽：立德、立功、立言。不立德，何以建功立业？何以著书立说？

青山依旧在，几度夕阳红。陈友谅和他的“大汉”王朝，在中国历史上，只是昙花一现，而罗汉坛的罗汉菜，依然花开花落，直到天荒地老。

八角莲

很多年前，我和几个朋友在梅岭山中探幽，邂逅一大片八角莲。朋友大惊，说:“哎呀，荷叶怎么长到山上来了?”惹得我哈哈大笑。

八角莲，有着荷叶一样硕大的叶子，却有八角，高可二三尺。它一枝独秀，亭亭玉立，喜欢生长在土壤肥沃，空气湿润的幽谷中。

八角莲，雄株笔直，雌株分叉。在夏天，雌株叶片下开出六七朵紫红色、钟状的花朵来。果实大如橄榄，椭圆形，表皮覆着一层白霜。深秋，果实成熟了，裂开来，籽掉在地上，来年便可萌芽。只要有适合生长的土壤，八角莲繁殖很快。

我儿时，在山中砍柴或放牛，常能看到八角莲。

高中毕业，我独自一人，住进家里闲置多年的老屋，把门前的一块空地，用篱笆圈起来，栽满花花草草。其中有几棵八角莲，被村子里的烟火气一熏，渐渐死去了。真是暴殄天物!

八角莲，是和七叶一枝花齐名的特效蛇药。

我的家乡多蛇，被毒蛇咬死、咬伤的事时有发生。

我有一个叔祖父，在他九十岁生日那天，清早起来穿鞋，哪晓得一条小蛇蜷在他的鞋子里，在他脚上狠狠地咬了一口。这是一条剧毒的五步蛇。他马上清洗伤口，见有四个牙印。我家乡这边有“一差二错，三冤四仇”之说。意思是说，有了三四个牙印，便是与蛇结下了冤仇。村里人都说，叔祖父往日喜欢捉蛇吃，与蛇结下了仇。当天，他毒气攻心，身上的皮肤都变成乌紫色。生命危在旦夕！村中的草药郎中，立即上山寻来八角莲，给他敷了两个疗程，叔祖父就转危为安了。

从这个故事中，可见八角莲的妙处。

山中的八角莲，正是由于大家无节制的采挖，如今已成了稀罕物。

乙未仲夏的一天，好友张扬亭来电，说几天前，他同几个人去风雨池探幽，下山迷路了，走进一片茂密的竹林中，无意中，看见一大片八角莲。

这年头，八角莲可算奇花异草。我便迫不及待地开着车和张扬亭上路了。风雨池在梅岭镇三分宕村。因此地交通不便，村人已搬至山下，另外开了基。这里人去楼空，杂草遍地，屋前屋后的果树上，却长满了果实。

我俩从村侧上山。林中幽暗，我们披荆斩棘，攀崖越涧。有红蜻蜓在款款而飞，有长脚的蚊子在嗡嗡而鸣。行二里路，在竹林之下，乱石丛中，我们果然看到有八角莲不下百棵，或高或低，郁郁葱葱。其时，八角莲正盛开，异香扑鼻。

爱花就要惜花。我不想把它们挖回家，占为己有。我俩玩赏许久，恋恋不舍地下山。

仙鹤草

年轻时，我经常陪同采药人进山采药，多次听说用仙鹤草和白茅根煎水喝，可治流鼻血，可惜我没有尝试过，但我牢牢记住了这种以止血而著名的草药。

它高可三尺许，羽状复叶，边缘有锯齿，被柔毛。花瓣为黄色，花柱为丝状。

仙鹤草，也叫龙牙草，为蔷薇科植物。

徐珂《清稗类钞·植物·龙芽草》说：龙芽草为多年生草，山野自生，高二三尺，叶为羽状复叶。夏日出花轴，花黄，五瓣，实多刺。俗称仙鹤草。

我很小就认得仙鹤草。因每年小秋收，父亲便会顺便挖一些仙鹤草晒干，卖给收购站。父亲讲过一个关于仙鹤草的故事给我听。

早先，有两个举子，进京赶考。因考期临近，急急忙忙，一天迷了路，走进荒野，草都高过人头。时值正午，烈日炎炎，他们又饥又渴。其中一人，急火攻心，鼻血喷薄而出。鼻孔塞上了布条，血还往嘴里出。这时，只见一只仙鹤从头顶掠过。那个出鼻血的读书人，张开满是鲜血的嘴，仰天大叫：“仙鹤啊，你能借给我一对翅膀吗，让我尽快离开这个绝望的地方！”仙鹤受到惊吓，嘴里叼的一根草飘然而下。另一个读书人捡起这根草，说：“这草还真有点像儿鸟的羽毛，你把它嚼着吃，润润嗓子吧。”那个流鼻血的读书人，接过草，塞进嘴里嚼起来。他顿感清香满口，不知不觉把草吞了下去，鼻血止住了。此后，人们就把此草叫仙鹤草。

黄鹤楼，因仙人王子乔驾黄鹤过黄鹤山而名，于是有了崔颢“昔人已乘黄鹤去，此地空余黄鹤楼”的千古绝唱。

其实，还有一个传说。很久以前，鹦鹉洲住着一个仙风道骨的老者。老者一边修炼，一边行医。有一天清早，老者正与人把脉看病，听见“扑棱棱”一声，一只黄鹤落在院子里，不时发出凄惨的哀鸣。大家围上去，只见黄鹤满身是血污，明显是中了猎人的弓箭。老者把黄鹤抱住，钻进屋后的竹林中，采了一把仙鹤草，擂成汁，涂抹在黄鹤的伤口上。几天后，黄鹤康复了。一日，老人乘黄鹤仙去。后来，人们便把老者住过的楼称作黄鹤楼。

相传，乾隆皇帝来到江南微服私访，看见一家药店，所见皆为耄耋老人，于是询问，有何长寿秘诀？一老人说：“草名曰仙鹤，气血双双补，若想延寿限，共与红枣煮。”乾隆回京，叫御医如法炮制食之，他的精神体质大为好转，成为历史上最长寿的君王。

仙鹤草，将葱茏绿意布满大地，还将健康带给人间。

仙　茅

戊戌仲夏，我与药师赵令堤、龚邦鸣在洗药湖的百药苑种植药材，经常穿梭在丛林深处。一天，赵令堤指着几株酷似幼棕的植物说：这叫仙茅，以温肾壮阳而著称，还能抗衰老，增强免疫力。

我说：那可是仙药哦。

龚邦鸣说：你说对了，仙茅是修道之人常服之药。传说中的彭祖老寿星，就常服仙茅。

仙茅，高不过七寸，其叶似茅，叶面纹理似幼棕。花朵金黄，有六瓣。《海药本草》称：“其叶似茅，久服轻身，故名。”

罗汉坛北边，有会仙峰。峰正中有棋枰石。相传，许真君与弟子——十二真君，经常在此或对弈，或打坐。

罗汉坛西面的山谷中，原有广福观。《南昌府志》有广福观的记载：“在安义县四十里的依仁乡，前有大石，广数丈，有茅生顶上，四时青翠，传许旌阳所植。”

许逊经常在此种药、采药，沿袭了神农尝百草的传统，精心鉴别各种本草的药性。

沈括《梦溪笔谈》中记载："夏文庄性豪侈，禀赋异于人。才睡即身冷而僵，一如逝者；既觉，须令人温之，良久方能动。人有见其陆行，两车相连，载一物巍然，问之，乃绵账也，以数千两绵为之。常服仙茅、钟乳、硫黄，莫知纪极。晨朝每食钟乳粥。有小吏窃食之，遂发疽，几不可救。"

是说宋仁宗时的宰相夏竦，有阳弱精寒症，怕风怕雨，出门都要带上车马绵账。后常服仙茅，把身体调养好了。而那个倒霉的小吏，听说仙茅是神丹妙药，偷吃了一些，可他阳气盛，反把命给搭上了。是药三分毒，不可不慎。

仙茅与净明道有诸多渊源，民间就有仙茅催虎的故事。

南宋吴曾《能改斋漫录》说，洪州西山有谌母观。谌母乃许旌阳受道之师。观中有谌母所种仙茅，与山野中野生的差不多。采来作汤，则香味差别甚远。有一个少年喝了，因药性偏暖导致口鼻出血。

在新建区松湖有个黄堂宫，是祭拜谌母娘娘的地方。在元代揭傒斯《黄堂观仙茅述》中，记载了这样的一个典故：

谌母是许逊的师父。许逊功德圆满后，念念不忘恩师教化之德，一次和吴猛千里迢迢来到江苏丹阳黄堂宫，拜谒谌母。许逊说：师父之恩，如同再造，我必须每年来这里朝拜师父。谌母摇了摇头，顺手拔起一根仙茅，往南一抛，说：我不久就要离世了。你回去吧，离你居住的地方四十里，找到仙茅落下之处，为我建一座黄堂宫，每年的秋天，去那里拜谒一次就行了。许逊来到松湖边，找到一处仙茅丛生的地方，建了黄堂宫。

熊荣《西山竹枝词》云："重重芳树绿阴交，几个鸦儿次第巢。郎欲延年兼却疾，好似谌母乞仙茅。"

一千六百多年过去了，黄堂宫屡经兴废，而仙茅却一直郁郁葱葱地长在西山深处，年年花开不断。

寻找蒲公英

小时候，我喜欢在禾场玩耍：推铁环、打陀螺、做游戏。不经意间，我发现周边山坡上有一些蒲公英开得热闹，引来蝶舞蜂飞。它们羽状的叶片，长得油青碧绿；花为黄色，大如铜钱。

蒲公英，处处有之，屋前屋后，田头地角，到处能见到它们的芳姿，但远没有此处长得肥壮，故我的印象特别深。

十天半个月后，蒲公英的花朵结成一团毛茸茸的圆球。我们轻轻地把它摘下来，憋足劲，仰天一吹，“噗”的一声，绒毛满天乱飞。

我们的心，也随之飞向了蓝天。

但不知什么缘故，蒲公英渐渐消失在我们的视野里。也许是饥荒岁月，把它吃得寸草不留了？也许是有的年头特别寒冷，把它的种子冻坏了？

去年春日，我同家人到安义古村游玩。我友龚声森尽地主之谊，陪同我们走了罗田、水南、京台。当天中午，他请我们在一家农家饭庄吃饭。山木兄知道我的嗜好，点了蒲公英、枸杞芽、刺五加等野菜。

我上桌，夹起一筷子蒲公英说：“这年头，蒲公英都难得一见，你这里竟然一大盘、一大盘地吃。暴殄天物，太奢侈了！”

声森呵呵地笑，说：“嗨呀，我们这里遍地都是蒲公英，吃完饭你就知道了。”

饭后才出饭店，他指着菜园边上和废弃的猪槽里一丛丛繁茂的植物说：“你看，那都是蒲公英。”

我进去一看，这植物长得像菜园里的山莴苣，又像田边的苣荬菜，高可三四尺，只是梢头还开了几朵与蒲公英相似的花朵。

这与我印象中的蒲公英相去十万八千里。我说：“你有没有搞错？”

他说：“我们这里的人，都把它当蒲公英，怎么会错！”

一天，我问亲家母：“听说您有个朋友圈，圈里人专门喜欢吃野菜，可知道哪里有蒲公英？”

她说：“可多了！我带你去，可用箩担挑。”

我大喜过望。才十多分钟的车程，我们就来到一个叫云湾的地方，所谓的蒲公英，和安义古村所见一个样。但我这次死心塌地地认为，这就是蒲公英。

亲家母这个朋友圈来自五湖四海，多是大学教授、中学老师，都是很有知识的人，哪还会错！

我甚至怀疑，我小时候只是在梦中见过蒲公英吧。

那次我采了许多蒲公英，美美地吃了很多天。

一次我同朋友李宪，来到乌井水库采野菜。李宪看见路边一些黄鹌菜，硬说是蒲公英，挖进篮子里，说是要晒干泡茶喝。

我说："这叫黄鹌菜，能吃，但不是蒲公英。"

黄鹌菜叶片稍有绒毛，还带点红色，乍看很像荠菜，但开花为黄色。其实，也有很多人把黄鹌菜当荠菜。

李宪说，他有许多朋友，都把这当蒲公英，并且身上有点儿肿块或瘙痒，一吃就好。

这次我信心十足地说："嗨，我现在就带你去认识真正的蒲公英吧。"

于是，我们来到云湾，摘了许多"蒲公英"。

丁酉暮春，我和大哥来到村前的大岭庵采野茶。在庵的遗址上，看见一大片似曾相识的植物。我敢断定，这才是蒲公英！

我像邂逅失散多年的亲人一样欣喜。

自小起，蒲公英分明就生长在我心田，但由于世事的纷扰，竟然动摇了我对它的认识。这是多么可笑！

我茶叶也不采了，一棵棵地为蒲公英除草、松土。还去山谷弄来一些腐殖酸土壤，培在其根部。我希望它们在这里生生不息，并且把它那飘零如柳絮的种子，撒遍天涯，让更多的人认识它、喜欢它。

阳　绿

阳绿是我的家乡对鼠耳草的俗称。当地有一本《土方草药汇编》，则把鼠耳草写为杨柳草。周作人先生《故乡的野菜》中，所谓黄花麦果就指它。在江西的一些地方志中，很多把阳绿写成碎蚁花、水莳花、水蚁草、鼠耳草、清明菜等。但我更喜欢阳绿这个名字。这个名字，透着一股浓浓的春意。

阳绿虽是野菜之一，但从不用来做菜，只是用来和上糯米粉，做成阳绿饼，或叫清明饼。

陈藏器《本草拾遗》记载："鼠曲草，生平岗熟地，高尺余，叶有白毛，黄花。"

《荆楚岁时记》云："三月三日，取鼠曲汁蜜和为粉，谓之龙舌，以厌时气。山南人呼为香茅。取花杂樟皮染褐，至破犹鲜。江西人呼为鼠耳草。"

阳绿总是一丛丛、一簇簇，生长在向阳的田间、路边、山坡上。看过去水灵灵的。它高不盈尺，其茎灰白，其叶像鼠耳，有茸毛。暮春，开出黄花。

春光荡漾的日子里，妇女、孩子们提着篮子，满田畈去寻找阳绿。

如吃得苦，就走十多里路，去海拔六七百米的洗药湖、马口等高山上摘棉艾。棉艾，学名叫香青，看过去和普通阳绿很相似，但要茁壮得多。每次去，都是天才蒙蒙亮，我们就吃早饭上山，到日头下山才回来。一次可摘一背篓。棉艾是做清明饼的上品。

从元宵一直到清明节，都是采摘阳绿的好时节。

采摘阳绿，只可掐其嫩茎，切不可连根扯回家。这样，阳绿过几天就可以长出嫩芽来，供别人采摘。

整个春天里，村子里两座麻石碓，不停地舂着阳绿饼，“嘀笃嘀笃”，碓起碓落。

早先，在江南农村，每个村庄都有一到两座脚踏碓，用来舂糯米粉、辣椒粉、红薯粉等。用两根石柱架起一根木杠，杠的前端，装一块长而圆的石碓，用脚连续踏动木杠后端，石碓一起一落，舂石臼中的米。一般都是男的踏碓，女人筛粉。夫唱妇随，谁也离不开谁。可这样的生动场面，再也见不到了，因为脚踏碓已被电动粉碎机所替代。

待阳绿舂成糊状，再和上糯米粉，做成阳绿饼。蒸熟后，其色如翡翠，食之，韧性十足，清香四溢。

我家乡这边的风俗，阳绿饼要送给邻里相互品尝。我家做了阳绿饼，母亲便要我和姐姐满村子去送。两只合成一双，一次送八到十双。礼尚往来，当然人家也会送给我们家品尝。好像整个春天，日日都有这种饼吃。似乎每一双阳绿饼里，都蕴含着一股浓浓的乡情呢。

我乡诗人杨圣希《梅岭竹枝词》云：“采得清明碎蚁花，舂成团子打成粑。村里亲邻都送遍，不忘岭下是娘家。”

阳绿饼为什么也叫清明饼呢，因为它是清明祭祀祖先的必备品。

上坟时，通常是合族而动，结队而行，有时还敲锣打鼓。祭祀时，要有阳绿饼、红烧肉、米粉等三到五盘，及茶、酒、饭各一盅。摆好筷子，然后叩三个头，插上香，挂上纸，燃放爆竹。

往事如烟。我已是步入老境的人了，只要到了春天，都要回乡去采阳绿，做阳绿饼。因为故乡的每一寸土地都留下了先人的足迹，每一双阳绿饼里都有春天的滋味。

野 艾

在老家的岁月，清明节前后，家家户户都做清明饼吃，但以阳绿、棉艾为主，偶尔有邻居家送来一些野艾饼，我总嫌它味道有些苦涩。

那时，我几乎每隔三两天就要背着背箩或提着篮子，去摘野菜。一是为了填饱肚子，二是为了养猪。我就连田里的浮萍，港里的虾须草也不放过，却从来没有关注过野艾。

故，野艾对于我，一直是一种很陌生的植物。

近些年来，我居住在城里，一直在吃城里的蔬菜，吃得令人心惊胆战总觉得不够天然。于是，我经常说，等退休回老家去，用有机肥，自己栽禾、种菜，或干脆摘些野菜吃。

我有一个朋友圈，经常在一起讨野菜：挖鱼腥草、摘紫藤花、捡地木耳、采苦菜……

至于野艾，还是他们带我认识的呢。

野艾和端午节插的艾，同样是菊科草本植物。叶片也作羽状深裂，正面碧绿如染，背面则为灰绿色。

端午节插的艾，多是人工种植的，且一枝独秀，亭亭玉立。而野艾则是不种自生，枝繁叶茂，高可五六尺，秋天还会开花结籽。

听我友王建华说，古人去荒漠行军打仗，要带上艾或野艾，如缺水，就会将它点燃，因艾烟会朝湿气重的地方跑，挖下去就很容易找到水。

野艾多用于食疗。唐代孟诜《食疗本草》中记载，三月三日，采艾煮熟捣碎和面，或包在馄饨里作馅，也可做成弹丸，一次吞三五枚，以饭压之，可排一切邪毒，长服止冷痢。

宋代韩淲一日居家，有个叫昌甫的邻居，送来一些艾饼，色如碧玉，食之清香满口，他欣然作《昌甫送艾叶饼》云："我爱邻居者，春芽艾叶长。云春和豆实，雾摘带麻香。杞菊天随旧，蓬蒿仲蔚常。近来关膈病，且得暖枯肠。"

明代朱元璋第五子朱橚，在《救荒本草》中说，野艾蒿，生田野中，苗叶类艾而细，又多花叉，叶有艾香。味苦。救饥，采叶煠熟，用水淘去苦味，以油盐调食。

野艾遍地都是。在我每天散步的小溪旁，在我经常垂钓的野塘边，在我凤鸣山房的屋角，都能看见它的倩影。

摘野艾有着无穷的乐趣。像我这样天天伏案盯电脑的人，颈椎、腰椎多有不适，但一来到田野中，闻到野艾的清香，精神便为之一爽。我几乎每个双休日都要去野外采风，摘一些野艾回来，做艾饼吃。

野艾和藜蒿酷似。丁酉仲春，我们一家人去秀峰看瀑布，下山后，又来到鄱阳湖边，看见许多"野艾"，长得格外水灵，便采了起来。采着采着，我觉得不对劲，仔细一闻，却是藜蒿。藜蒿的叶子和野艾几乎一样，但梗要细瘦一些，颜色多为紫红。我回家在网上查了一下，藜蒿的学名本来就叫狭叶艾，也叫香艾、水艾等。可藜蒿吃梗，野艾吃叶。

我把野艾摘回家，洗净，把锅里的水烧开，把野艾放进去煮上片刻，滤去水，冷却捣碎，与糯米粉合二为一。只放少许的碱，少量的盐，便可去苦涩。如是用稻草或黄荆树烧灰，提炼出来的天然碱，做成的艾饼味道则更香更醇。做成的艾饼，用蒸笼蒸熟。下面最好垫一些箬竹叶，可平添一股若有若无的竹叶清香。刚出笼的艾饼，色泽如翡翠，香气浓烈。食之，令人神清气爽。

也可用面粉、糯米各一半和上野艾汁，包上肉馅、豆沙、腌菜或小竹笋做成野艾饺子。

野艾煎蛋也很好吃。有人把野艾酿酒，酒呈绿色，饮之芳香浓郁，略带点苦味。

野艾，春天吃苗，夏天吃杪。秋天里，野艾开满了繁花。寒冬腊月，它又把种子撒遍天涯。

我与野艾相见恨晚。

野茼蒿

我经常在下班后，带孙子牧之去小区对面池塘边玩。池塘大有三亩许，碧绿如染，有红鲤鱼出没、蜻蜓点水，还有小蝌蚪在浅水滩上游来游去。这一切，都给小牧之带来无穷无尽的惊喜。

池塘边，有五六亩空地，是以前当地居民的菜地，据说马上要进行房地产开发，无人打理，便长满了杂草。有一种植物，长有蒲公英似的绒毛，只要一碰，就飞满一天。

我经常会摘一朵圆球形的绒毛，给牧之，说：“吹吧，这是蒲公英呢！”

随之，我拍下了一张张童趣十足的照片。看了照片的人，都说是吹蒲公英。我也点头称是。

就凭我在乡间长大的经验，蒲公英高不过四五十厘米，叶片为羽毛状，花为黄色。而这种植物，高过了牧之的头顶，叶片有点像苦菜，花序圆柱形，赤红色，只有果实成熟后炸开，像一个绒毛球。

我仔细打量，它有些像刺儿菜，又有些像苦苣菜、苣荬菜。反正我没有把握。

乙未重阳节，我和好友张扬亭、申和谈、赵令堤、高水文、刘以昂等，登临风雨池。赵令堤是当地有名的药师，一路介绍所见植物的名称和药性。我们几个都是比较关注草药的人，一路听得津津有味。

来到三分宕村后，张扬亭指着这种似蒲公英的植物，笑着对我说：“你可认得这叫什么？”

我模棱两可地说：“也叫蒲公英吧？”

他说：“错了。它叫野茼蒿，也叫革命菜。因战争年代，革命前辈缺衣少食，用它来充饥，所以得名。”

我摘了一片叶子，闻了闻，果然有茼蒿味。

张扬亭就把怎么认得野茼蒿的经过，说给我听。今年春天，梅岭一个景区规划种几十亩蒲公英作为点缀，以吸引游客。景区在网上购买了一千多元的蒲公英种子，种上。两个月后，这一片郁郁葱葱的“蒲公英”开花了。可不管是当地人，还是游客，都说这不是蒲公英。据方家考证，这是野茼蒿。

野茼蒿是一种营养丰富的野菜，含蛋白质、粗纤维、胡萝卜素、维生素C等营养成分。于是，歪打正着，当地人就把它当作野菜开发，竟然很受游客的欢迎。后来发现，这种野菜根本不需要种，一年四季，遍地皆是。

明鲍山《野菜博录》记载：“野同蒿，生荒野中。苗高二三尺，茎紫赤色，叶微青黄，色、形似初生松针而茸细。味苦。食法：采嫩苗叶炸熟，换水浸，淘净，油盐调食。”

我听如此一说，便急不可待，采摘了一些。我们从风雨池下山，来到一家农家饭庄，点了几个当地特产，有野山药、苦槠豆腐、清水鱼，随后便将野茼蒿清炒了一盘，凉拌了一盘。野茼蒿吃起来没有一般野菜的苦涩，味道与家栽茼蒿相仿佛，却更清香。

从此，我家餐桌上又多了一道野菜。

夜雨剪春韭

杜甫《赠卫八处士》:“夜雨剪春韭，新炊间黄粱。”韭菜这样的家常菜，被大诗人一点染，有了无限的诗意。

韭菜是多年生宿根草本植物。其叶条形扁平；其花伞形顶生。

早春二月，韭菜在春风春雨的召唤下，探出头来，十几天后，便是一畦春韭绿。

春日佳蔬韭为先，而又以第一茬为上品。韭菜割来，洗净，墨绿似翡翠。用来清炒，清香扑鼻。用来煎蛋，鲜嫩可口。

韭菜还叫起阳草。对于吃素的佛门弟子来说，属于“小五荤”之一。相传，济公活佛，一次吃了酒肉，腹内翻腾，吐了一地，化作了一地韭菜。

韭菜割而复生，过十八九天又可以割了。韭菜太老了，味道辛辣，还挂牙。

韭菜忌铁，我们割韭菜习惯用蚌壳。

有句老话说：韭菜不用肥，割后一把灰。割完后，撒上草木灰，一可愈合割后的伤口，二是补充肥料。草木灰含有丰富的钾磷肥。

六月韭，臭死狗。夏天的韭菜不但索然无味，多食还对身体有害。《本草纲目》就有记载:“韭菜春食则香，夏食则臭，多食则神昏目暗，酒后尤忌。”

韭菜最初的名字叫“救菜”。相传，西汉末年，王莽篡位，天下大乱，汉室宗亲刘秀相时而动，在家乡起兵。在一次作战中，刘秀因寡不敌众，败走亳州泥店村。刘秀饥寒交迫，走进一户人家，想讨口饭吃。主人因连年战乱，颗粒无收，只好在屋边割了些野菜和两个鸡蛋煮给他吃。

刘秀觉得很可口，便问：这叫什么菜?

主人说：屋边上的野菜，无名。

刘秀说：它救了我的命，就叫它“救菜”吧。

后来“救菜”就演变成“韭菜”了。

常言道：人是三节草，不知哪节好？韭菜也一样。

秋天，韭菜花开了，白花花开成一大片，素雅明丽，清香可人。

《诗经·豳风·七月》："四之日其蚤，献羔祭韭。"

说起韭菜花，让我想起五代杨凝式《韭花帖》，全文如下：

昼寝乍兴，輖饥正甚，忽蒙简翰，猥赐盘飧。当一叶报秋之初，乃韭花逞味之始 。助其肥羜，实谓珍羞 。充腹之馀，铭肌载切 。谨修状陈谢，伏惟鉴察，谨状。七月十一日，凝式状。

这是一封信札。是日，杨凝式午睡醒来，腹中有些饥饿，恰逢有人送来韭菜花，他便把韭菜花捣碎，用羊肉蘸着吃。他觉得这道菜美味可口，欣欣然，写下了这些文字。这随手挥就的信札，意趣闲逸，格调淡雅，却清秀洒脱，满纸烟霞。

杨凝式何许人也？他曾仕后梁、唐、晋、汉、周五代，官至太子太保，世称杨少师。他的丰功伟绩及诗文很少被人记起，这《韭花帖》被人奉为圭臬，评为天下五大行书。

苏东坡说："自颜柳氏没，笔法衰绝，加以唐末丧乱，人物凋落，文采风流扫地尽矣。独杨公凝式，笔迹雄杰，有二王颜柳之余，此真可谓书之豪杰，不为时世所汩没者。凝式书颇类颜行。"

在我们这个诗意的国度里，有了杜甫的诗、杨凝式的字，吃韭菜也别有一番滋味。

一枝黄花

晚饭后，我喜欢出门散步。一天，我走在一条通往山中的小路上，突然发现路边盛开着许多绚丽夺目的黄花。我不知其为何物，请教了很多当地的老人，都说只是近年才得见。

它们或一丛丛，或一大片，长在路旁，高两米左右，不枝不蔓，叶片从脚到头，都贴着杆子生长；花序像一朵爆炸的烟花，开得热烈奔放、有些夸张。

一日，我与姻亲华斌兄聊天，谈起梅岭山中的草木，他从手机里找出一张图片给我看，正是这种植物。他说，它叫一枝黄花，也叫加拿大一枝黄花，原产美洲北部，1935 年潜入我国，正以燎原之势，在我国大江南北迅速繁殖。是一枝黄花一种臭名昭著的恶草，素有生态杀手、霸王花之称。它的根系发达，只要落地就能生根，马上和别的植物争阳光，抢肥料、争地盘。它每株有花序1500个左右，每个花序有14粒种子，估算一下，一株就可产种子2万余粒，或随风而散，或随土壤传播。

据专家说，这种植物，很难斩草除根，只要沾上土壤，就能成活。唯一的办法就是把它连根拔出，晒干后烧成灰烬，或深埋。

据报载，上海最早引进了这种植物，已有十分之一的本地植物被其吞噬。在江西，它每年以翻倍的速度蔓延。近期，我很留心这种植物，在山间、田野、河滩、高速公路旁、小区住宅边，都能看到它的身影。它在有的地方长得铺天盖地，成为一片黄色的花海。

近来，很多地方政府，为了保护生态平衡，对其进行绞杀，但都没有取得很好的效果。

然而，就是这样的一种恶草，近年来很多商家，将这种花美其名曰“黄莺”“幸福草”“吉祥花”，它混进了大小花店，装点在百合、玫瑰、牡丹、康乃馨丛中，走进了千家万户。

由此，我从一枝黄花对我国的侵害，联想到西方文化对中华文化的渗透。

在近一个世纪的时间里，我们学习西方先进的科学技术，我们的国力日渐强盛，已成为世界瞩目的大国。就在现代科技给我们带来丰厚文明成果的时候，你是否觉得我们的城市建设、衣食住行、意识形态都在日渐西化呢？尤其是年轻人，对老祖宗留下的传统文化越来越淡漠。他们对本不属于自己的节日——情人节、万圣节、感恩节、圣诞节等，过得比外国人更有滋味。可你知道人家节日的文化内涵和渊源吗？他们沉浸其中，忘记了自己是黑眼睛、黄皮肤的中国人。我们有自己的灿烂文化、传统节日，为何要人家牵着鼻子走？这是我们民族的悲哀。

加拿大一枝黄花的侵害，只是一种对自然生态的破坏，而文化的入侵更可怕，是一种对民族根本的伤害，对民族自信的动摇。

益母草

春夏之交，村子里被人遗忘的角落，总是会长出一丛丛茂盛的益母草来。

益母草高可二寸，叶细长，作羽状裂开，五月间，开出淡红色、钟形的花朵来。我觉得它姿态，颇有些像芝麻。

百草是百药。村里的人牙龈肿痛，会采一些益母草叶子和马鞭草一起捣碎，敷在患处。尤其是产妇生产后，摘叶煎水喝，可以排淤血、清胞衣。益母草因此得名。

龚廷贤《四百味药性歌括》云："益母辛苦，女科为主，产后胎前，生新祛瘀。"

益母草可用来做酒药。

姑姑家地处西山脚下，潦河之滨一个叫桃花庄的村子。村中因多桃树而得名。

桃花庄家家做酒药，且历史悠久，远近闻名。早先很多村子，都有着独到的传统工艺。

桃花庄的酒药，以酒味醇厚，香甜甘美而著称。

每年益母草开花的时候，我会把它们割下来，晒干，送到姑姑家。

那时，我最喜欢去姑姑家做客了。那里有电灯、广播、汽车。运气好时，还能看上一场电影呢。这边与我原始封闭的山村有着天壤之别。

姑姑家住在小山坡上，房屋整齐划一，属于新农村。按当时的说法叫：八字头上一口塘，两边开渠在山旁，中间一条机耕道，新村盖在山坡上。

我到了十多岁时，便同秋生送益母草去姑姑家，还参与了做酒药。把益母草和马蓼晒干，用碓舂碎，筛一遍，拌在糯米粉里，放上石膏和几个老酒药，让它发酵后，做成一个个比鸽子蛋大一些的酒药。把这些酒药放在筛子里晒干，酒药就做成了。据说这种工序，传男不传女。我在姑姑家是客人，也只是知道个大概罢了。

每次回家，姑姑照例送一些酒药，让我带回家。我家长年都有酒药卖，两分钱一个。

姑姑已去世多年。每当我见到益母草，就会想起这段往事。

据说，桃花庄再也不做酒药了。

茵 陈

茵陈和野艾相仿佛，都是菊科植物。我在刚认得野艾的时候，总把它两混为一谈，采得做饼吃了。好在茵陈是可以吃的。

后来我发现，很多人都采茵陈做饼或做菜。他们把茵陈煮烂，和上糯米粉，做成饼，可煎可蒸，食之松脆芳香。也有把茵陈切细，在开水里焯一下，加调料凉拌，食之清香宜人，回味无穷。

茵陈长大后，丛生如林，高可五六尺，叶子作羽状深裂，叶表碧绿，背面灰白，有茸毛。秋天里，茵陈开满穗状的花，气味清香。

苏颂《本草图经》："茵陈蒿，今近道皆有之，而不及泰山者佳。春初生苗，高三、五寸，似蓬蒿而叶紧细，无花实，秋后叶枯，茎干经冬不死，至春更因旧苗而生新叶，故名茵陈蒿。五月、七月采茎叶阴干，今谓之山茵陈。江宁府又有一种茵陈，叶大根粗，黄白色，至夏有花实。阶州有一种名白蒿，亦似青蒿而背白，本土皆通入药用之。今南方医人用山茵陈，乃有数种，或著其说云：山茵陈京下及北地用者，如艾蒿，叶细而背白，其气亦如艾，味苦，干则色黑。江南所用，茎叶都似家茵陈而大，高三、四尺，气极香芬，味甘辛，俗又名龙脑薄荷。吴中所用，乃石香柔也，叶至细，色黄味辛，甚香烈，性温，误作解脾药服之，大令人烦。以《本草》论之，但有茵陈蒿，而无山茵陈。"

关于茵陈治疗黄疸病，有个这样的传说。

一次，名医华佗给一位黄疸病人治病，他绞尽脑汁，无药可用。这个贫病交加的可怜人，只能绝望地等死。适值饥荒，他拄着拐杖，天天到野外摘这种野菜充饥，十多天过去了，他的病竟然好了。

初夏的一天，华佗又遇见这位病人，原本眼黄、脸黄，身上水肿的他，竟然红光满面，健步如飞。华佗急忙问，他究竟是吃什么药治好的？

这个人说，春天青黄不接，没米下锅，他天天摘类似野艾的野菜充饥，不知不觉就好了。华佗大喜，采了许多这种野菜，晒干备用。可他给黄疸病人试服，没有半点效果。华佗百思不得其解，又去问这个人，是在几月采的？这个人说是三月。华佗醒悟到，也许阳春三月，阳气上升，这野菜才有药力。

来年春天，华佗又采集了这种野菜，给黄疸病人们服用，果然，病人一吃就好。华佗便把它取名叫"茵陈"，过后的则叫"茵陈蒿"。还欣然作歌曰："三月茵陈四月蒿，传于后人切记牢。三月茵陈治黄痨，四月青蒿当柴烧。"

这首歌谣广为流传，很多黄疸病人，只要用三月的茵陈煮粥，吃上十来天，就可康复。

淫羊藿

看草药书，是我一以贯之的爱好。当看到淫羊藿这个名字，我就猜这是一味补肾壮阳药。细看内容，果然如此。

戊戌暮春，我与好友张扬亭、徐新富等，走进虹河谷，沿一条古驿道逶迤而上。山石耸立，壁立数仞，如雄狮吼天。一路水声喧嚣，或瀑似垂帘，或潭深数尺。

谷深木秀。林下多奇花异草。八角莲叶大如荷，虎杖梗子粗得像锄头把，大叶百合叶如蒲扇。还有黄精、玉竹、沙参、玄参、江西参、五加皮、天门冬等珍贵药材。

山谷直通洗药湖。还真不愧是古代仙道、神医采药、洗药的地方。

杨圣希《梅岭竹枝词》诗云："洗药湖边洗药材，药王忙过百千回。相传湖水都成药，无病无灾我也来。"

迷花倚石。张扬亭指着石缝一棵草药，问我："你晓得这叫什么吗？"

其叶长三角形，边缘有锯齿。高二尺许，梗细瘦如丝。叶下开了许多花朵，白色，四瓣，黄蕊，异香扑鼻。

我说："似曾相识。"

张扬亭说："这叫淫羊藿。"

陶弘景《本草经集注》记载："服之使人好为阴阳。西川（四川）部有淫羊，一日百遍合，盖食藿所致，故命淫羊藿。"

相传，陶弘景一日在山中采药，听一位老羊倌说，山中有一种草，公羊吃后，便疯狂地追逐母羊交配，而且经久不衰。陶弘景思忖：这很可能是一味补肾壮阳良药。于是，他反复观察验证，此草果然不同凡响，便把它取名淫羊藿，载入药典。

淫羊藿，也叫仙灵毗。李时珍说，豆叶曰藿，此叶似之，故亦名藿。仙灵脾、千两金、放杖、刚前，皆言其功力也。鸡筋、黄连祖，皆因其根形也。柳子厚文作仙灵毗，入脐曰毗，此物补下，于理尤通。

柳宗元四十二岁，贬谪永州，心情郁闷，疾病缠身，腿脚无力。"其隙也，则施施而行，漫漫而游。日与其徒上高山，入深林，穷回溪，幽泉怪石，无远不到。到则披草而坐，倾壶而醉。”一日在潭水边，他酒意朦胧，看见这种草，当地有一同僚，叫他采回去煎水喝。十多天后，他便健步如飞，欣然作《种仙灵毗》诗：

穷陋阙自养，疠气剧嚣烦。隆冬乏霜霰，日夕南风温。
杖藜下庭际，曳踵不及门。门有野田吏，慰我飘零魂。
及言有灵药，近在湘西原。服之不盈旬，蹩躠皆腾骞。
笑忭前即吏，为我擢其根。蔚蔚遂充庭，英翘忽已繁。
晨起自采曝，杵臼通夜喧。灵和理内藏，攻疾贵自源。
拥覆逃积雾，伸舒委馀暄。奇功苟可征，宁复资兰荪。
我闻畸人术，一气中夜存。能令深深息，呼吸还归跟。
疏放固难效，且以药饵论。痿者不忘起，穷者宁复言。

淫羊藿，喜欢长在空气湿润的山谷中。而虹河谷的淫羊藿，经过洗药湖水的浸润，越发飘逸灵秀。

鱼腥草

写完这三个字，空气里，仿佛弥漫着一股触鼻的鱼腥味。

儿时，我在田畈里挖野菜，或打猪草，不经意间，总是闻见一股腥臭气味。这种草只要沾惹一下，就有一股挥之不去的恶臭。这时，我便狠狠朝鱼腥草跺几脚。

鱼腥草，只可远观而不可亵玩焉。

李时珍释其名说，其叶味腥，故俗称鱼腥草。

它碧绿的叶，乍看有点像红薯叶；梗青紫色，高可二三尺。夏秋之交，它便开出一朵朵洁白花来，四瓣，托着一个黄色的蕊柱，虽不美艳，但也有几分雅致。

鱼腥草，田野山间处处都有。有的地方一长就是一大片。这种草鸡不啄，猪不吃，牛不尝，羊不理。千百年来，人们总是恶言恶语地咒骂它。

有一年春天，村里来了几个福建石匠，在面前山上的乱石丛中挥捶打石。一錾打下去，火光四溅。“叮叮当当”之声，不绝于耳。

令我大跌眼镜的是，他们的家眷，只要一有空，就在路边、水沟旁挖鱼腥草。我问他们挖去干嘛？她们说做菜吃。我以为自己听错了呢。他们把鱼腥草连根挖起，在溪水里洗净，叶炒来吃，根用来凉拌。

他们说，鱼腥草不但是美味佳肴，用来做药，还能清热解毒、消肿疗疮、利尿止痢、健胃消食呢。

他们在鱼腥草花开的时候，扯来晒干，一年四季用来当茶喝。

他们还说："吃得鱼腥草，百病都治好。"

后来，村里人也学着吃鱼腥草，这种草成了春天里不可或缺的一种野菜。

村里很多人在它开花的时候，把它采来晒干当茶喝。这种草闻过去，有一股刺鼻的腥味，但泡的茶喝上一口，吞下去，口齿间还似乎有一股薄荷似的清凉味。多泡几遍，感觉还有点儿甜。因它有小毒，不能连续喝。

鱼腥草，古称蕺菜。宋代苏轼及沈括《苏沈良方》说，蕺菜生湿地山谷阴处，亦能蔓生。叶似荞麦而肥，茎紫赤色。山南、江左人好生食之。关中谓之菹菜。

四川、贵州、云南等省份的人，尤其喜欢吃鱼腥草，称其为折耳根。他们的菜市场、超市，一年到头都有卖的。

相传，李时珍有一次在山中采药，因过度劳累而病倒了，山民用鱼腥草熬玉米糊给他喝，他很快就康复了。李时珍一生念念不忘鱼腥草，把它写进了《本草纲目》中。

画家张大千年幼时，经常和母亲去田边挖鱼腥草做菜吃，这个经历让他终生难忘。后来，张大千名扬四海，吃尽山珍海味，他总是说，还是我母亲凉拌的鱼腥草好吃。

据报载，鱼腥草是唯一在原子弹爆炸点顽强再生的植物。1945年8月6日，美国人在日本广岛投下原子弹，许多暂时生存下来的人，都得了放射病。在缺医少药的情况下，有的居民采集鱼腥草自救，日渐康复。而未服鱼腥草的人，则出现发热、脱发、腹泻、便血等放射病症状，处于濒死状态。于是他们开始吃鱼腥草，最终摆脱了死神困扰。

20世纪70年代，在中越自卫反击战中，有位解放军战士身负重伤，掉队了，在无医药、无食品的情况下，他挖身边的鱼腥草来充饥，并自疗伤口。几天后，他被战友找到救回，是鱼腥草救了他一命。

如今，我不但喜欢在春天里吃鱼腥草，还经常把它当茶喝。

此一时也，彼一时也。同样是一棵鱼腥草，只因为你对它的认识不同，对它爱憎就不一样。

玉簪

我闲暇时，喜欢在梅岭的丛林间闲逛，偶然间，邂逅了一大片玉簪，让我感到有些惊艳。

它卵形的叶，温润如碧玉，袅袅婷婷，秀色可餐。六七月间，绿叶丛中，抽出几根细细长长的梗子来，梢头长有十几朵花苞，由下而上，有序开放。它的花欲开未开时，像一根用来绾住头发的簪子，因此得名。花的形状像喇叭，六瓣，黄蕾。颜色有白、紫两种。

相传，王母娘娘在瑶池举办宴会，众仙女醉倒，云鬓散乱，玉簪纷纷散落人间，化为玉簪花。

黄庭坚有诗云："宴罢瑶池阿母家，嫩琼飞上紫云车。玉簪堕地无人拾，化作江南第一花。"

据明弘治年间刘文泰等人撰辑的《品汇精要》描述，玉簪花，苗高尺余，叶生茎端，淡绿色，六月、七月抽茎分歧，生数蕊，长二三寸，清香莹白，形如冠簪，故名玉簪花也。至秋作荚。其花四瓣，如马蔺子，其实若榆钱而狭长。

李渔《闲情偶寄》记载："花之极贱而可贵者，玉簪是也。插入妇人髻中，几不能辨，乃闺阁中必需之物。然留之弗摘，点缀篱间，亦似美人之遗。呼作：江皋玉佩，谁曰不可？"

正如李渔所说，它是花之极贱而可贵者，很多市民，连她的名字都不知道，才能众芳摇落独暄妍，要不然会像兰花、八角莲、七叶一枝花一样，早被挖个精光了。

玉簪花虽是美丽，却有小毒。

有一个很神奇的故事，说玉簪花可用来助产。商纣王有个妃子酷爱玉簪花，每日浸淫其中，随着年华的流逝，人分外有韵致，深得纣王喜爱。有一年，她有了身孕，临盆时孩子就是生不下来。她自知性命难保，便吩咐宫女，端来那盆她亲自侍弄的玉簪花来。其时，正是六月初，玉簪花含苞待放。妃子见花落泪，说，我来到世间，最幸福的事，是与尔等相伴，可惜就要永别了！

话音刚落，玉簪花刹那间开放了。妃子流下了幸福的眼泪，与此同时，只听“哇”的一声，传来孩子的哭声。因此，此草又名催生草。

近年来，玉簪花的美，被人们所认识，它被广泛移植到庭院花园中，栽于林荫下，道路旁，岩石缝，流水边。每到傍晚，玉簪花开了，芳香浓郁，美不胜收。

每当我在景区园林中看到玉簪花，虽感到亲切，但总觉得不如在山野林间开放的玉簪花那么有野趣、有情趣、有真趣。

芋　头

我家乡这边的杂粮，以红薯、芋头为主。尤其是芋头，以丰产而著称，据说比稻谷要多五倍的收成。

芋头有干芋，适合长在疏松干爽的土壤里；而水芋头吸水性很强，喜欢潮湿，长在水田里。

种芋头要分行。待它长出幼苗后，施足肥，培上土，最好割一些嫩草盖上，省得长杂草。

王象晋《群芳谱》:“宜晨露未干及雨后耘锄，令根旁虚，则芋大子多。若日中耘，大热则蔫。以灰粪培则茂。”

芋头叶柄肥壮，高可三四尺，顶起一片片如盾似戟的叶子，有着荷的神韵，慈姑的隽秀。我觉得它有些像乡下扒谷的簸箕，落雨的时候，总有一个晶莹的水珠，在上面跳跃，闪耀。我们钓鱼，捉泥鳅的时候，被日头晒得难受，就摘一片芋头叶，戴在头上。

到了霜降，就可以挖芋头了。锄头要大，力气要猛。一锄下去，用力一掀，只见得一个满是根须的母芋，周身结满了子芋。多的一棵就有六七斤。

许慎《说文解字》说:“大叶实根，骇人，故谓之芋也。”

徐锴注释释:“芋犹言吁，吁，惊辞也。故曰骇人。”

徐锴和其父徐延休，其兄徐铉，都是南唐、北宋时期的名臣和学者，在洪崖居住过多年，不知种过芋头否？八大山人是在这里种过的。

八大山人的《传綮写生册》中，有一幅《题芋》，画了一个钵大的芋头，还题了一首七绝：

洪崖老夫煨榾柮，拨尽寒灰手加额。

是谁敲破雪中门，愿举蹲鸱以奉客。

芋头，又名青芋、芋艿、毛芋头，在古时候称蹲鸱。《史记·货殖传》记载："吾闻汶山之下，沃野，下有蹲鸱，至死不饥。"朱熹诗云"沃野无凶年，正得蹲鸱力，区种万叶青，深煨奉朝食。"

明崇祯十七年（1644），清兵入关，对朱皇室的人赶尽杀绝，毫不留情。八大山人的父亲朱谋鹳，在逃难途中去世，葬在洪崖一带的祖坟山中。这首诗描述了当年守墓时一个情景。

那是冰天雪地的一天，先生在一栋简易的茅棚中烤火，时近中午，肚子有些饿，便放了几个芋头在火中煨。寒气侵骨，他拨了拨火，怕灰尘侵入眼中，便把手搁在额前。突然传来敲门声，打破了山间的寂静。大雪封山多日，有谁来访呢？唉，就是有客人来访，也只有几个赖以果腹的芋头奉送了。

当时的洪崖老夫——八大山人，其实只有二十来岁，但国破家亡，他处境凄惨。

我和父亲在水库边黄泥地种田的日子，为了节省时间不回家吃饭。中午，母亲送饭来了，还带来一些芋头，种在水库边荒田里。那天，坐在田塍上吃饭，父亲出谜语给我猜："天地玄黄日月长，宇宙洪荒儿抱娘。云腾致雨各带伞，结露为霜行对行。"我猜出是芋头。

父亲还讲了一个《芋将军》的故事给我听。说是元朝末年，有三个流浪汉，学着刘、关、张，结拜为兄弟。一日找不到吃的，他们偷了人家的芋头，在沙洲上用瓦罐炆来吃。傍晚时分，芋头熟了，散发着一股浓烈的香味。这时一条狗闻香而来。三人于是想把这条狗打来吃。可狗没有打到，却把瓦罐打破了，芋头散了一地。三人将就着吃了。

后来，三人从军，投奔在朱元璋麾下。老大因战功卓著，当了武德将军。一天，老二来将军府打秋风。将军设宴款待。在就桌上，老二乘着酒兴，吐沫横飞，当着大家的面，说起当年偷芋头、打破瓦罐的事。将军脸一沉，说去方便一下，顺便交代衙役，把胡说八道的老二，打了二十大板，赶出衙门。

老二找到老三诉苦，说老大忘恩负义。

老三说，这不怪老大，是你自己说错了话。我去就不一样。

第二天，老三也来拜会老大，同样是好酒好肉招待。

酒过三巡，老三说，大哥你记得当年我们一起攻打沙洲府，火烧瓦罐城，赶跑了汤元帅，活捉了芋将军吗?

将军听了，哈哈大笑，连饮三杯。说，是啊，想当年是何等的威武，那沙洲府的狗头军师，不是跑得快，差点被我活剥了他的皮。

老三走的时候，还得了赏银二十两。

水库的淤泥特别肥，那年我们家收获了一担多芋头。

挖芋头的时候，最好不要弄破芋头的皮或梗。它的水碰在手上，会让人奇痒难忍。它含有一种草酸钙物质，会使皮肤过敏。如沾上，可用草木灰擦一擦，就好了。

洗芋头的时候，父亲把它装在一个篾制的“撞箩”里，来到港里，死劲地撞。可撞脱芋头那层粗糙的表皮。

冬天里，几乎家家清早都用红薯、芋头煮粥。端起一碗热腾腾的芋头，拿起一个撕去外皮，露出白嫩如凝的肉。吃上一口，爽滑可口，清香扑鼻。既暖手，又暖心。

母芋头也叫种芋头，大如把碗，食之无味，弃之可惜。把它洗净去皮，切成方块，用五花肉烧，佐以生姜、生抽、白糖、味精等，食之，香软可口。

那时的寒冬腊月，雪一落就一个多月，且冰冻三尺，我们没有菜吃了，就把晾干的芋头梗，剪成一节节的，用辣椒粉、大蒜子一煮，放点盐，吃起来特别美味可口。

清代周容写过一篇《芋老人传》。一天，一个贫寒交加的书生，在芋老人的屋檐下避雨，芋老人请他吃了一顿芋头。后来，这个书生考取了功名，官至宰相。可他吃遍了天下的山珍海味，总觉得还是当年芋老人那一顿芋头好吃。于是，他叫人把芋老人请了来，煮了一锅芋头。这位书生，如今的宰相大人吃了一个，就皱了皱眉头，说味道还是差多了。芋老人说出了一番“犹是芋也，而向之香且甘者，非调和之有异，时、位之移人也”，让人深思的道理。

是的，我走南闯北，吃过广州的蓝莓芋头，广西的红糖荔浦芋头，上海的奶茶芋头，可就是不如母亲做的芋头粥有味道。

摘萢子

草莓，我们叫萢子。这是我的童年，最早接触到的一种野果。

当时我才三四岁时吧，走路还有些踉踉跄跄，在鹁鸪声声里，踏着湿漉漉的田间小路，去摘莓子吃。田间有燕子在呢喃，我唱着《燕子谣》："小燕子，尾巴长，不借油盐不借粮……"

这正是莺飞草长的暮春三月，熊荣《西山竹枝词》诗云："雨丝风片拂花溪，一带春山碧草萋。日唤哥哥行不得，鹧鸪相对尽情啼。"

这个季节的莓子，一般分两种。

一种叫树莓，就是山莓，也叫米莓、刺莓。树高两米左右，弓腰曲背，往一边倾斜。叶子的形状有点像桑叶，边缘有锯齿。树的满身长着钩刺。惊蛰的时候开白色的钟状小花，到了谷雨，浆果红艳夺目，像小灯笼似的挂满枝头。

树莓也叫覆盆子，这是很多人不知道的。据说是因它的形状像一个倒扣的盆子而得名。

苏东坡著名的《覆盆子帖》云："覆盆子甚烦采寄，感怍之至，令子一相访，值出未见。尝令人呼见之也。季常先生一书并信物一小角，请送达。轼白。"

小时候我读《从百草园到三味书屋》，里面写道："如果不怕刺，还可以摘到覆盆子，像小珊瑚珠攒成的小球，又酸又甜，色味都比桑葚要好得远。"

我当时怎么也没有想到，覆盆子就是树莓。

树莓，经大文豪一点拨，就显得格外风雅，也就有了深远的文化内涵了。

还有一种贴着地面长的草莓，我们叫地莓，也叫谷莓、空心莓。它的学名叫蓬蘽。它高可二尺许，叶子很像大棚里的草莓，花有铜钱那么大，白瓣黄蕊。地莓满身长刺。地莓大的有乒乓球那么大，红艳欲滴，内空，有一个白心。

对了，还有一种蛇莓，就是所谓的蛇莓，总与地莓长在一起，很难分辨。

我们摘莓子时，经常能捉到红的蜻蜓，黑的知了，还有金龟子。但每次碰见蛇，就毛骨悚然了。

草丛中，还有四脚蛇出没，我们叫它郎中蛇。据说蛇被人打伤了，它们会用蛇衔草来治疗呢。

随着年龄的增长，我们会漫山遍野去寻找莓子吃。有时在人迹罕至、土壤肥沃的空谷或荒田里，能寻到一大片莓子林，莓子粒粒饱满，个个红艳。这个时候，我们就能大快朵颐，饱餐一顿。自己吃够了，还要摘一些，留给家里的侄子侄女们吃。

就是到后来放牛、砍柴、赚工分，我每每能在田头、路边、山谷里，碰到一树红艳艳的藨子，心里便是一阵欢喜。

至于藨子，我家乡这边还有几种，以下稍做介绍。

夏天的时候，我在溪边钓鱼，经常能遇见茅泡，也叫插田泡，虽是酸甜可口，但略显粗糙。

金秋十月，有一种叫寒莓的藨，也叫高粱藨。树高三四米，长成藤状，或攀岩，或附树，蓬蓬勃勃。叶大如掌，果实一挂挂、一串串，有红、紫两种。我们一般喜欢吃红色的。

近些年来，我经常会带着孙子去大棚里采人工繁殖的草莓，虽是个大香甜，但总怀疑是用药催大的，这样一想，便索然无味。

只有故乡青山绿水中孕育出来的草莓，才是正版草莓，让我们摘得开心，吃得放心。

种豆南山下

陶渊明《归园田居·其三》："种豆南山下，草盛豆苗稀。晨兴理荒秽，戴月荷锄归。道狭草木长，夕露沾我衣。衣沾不足惜，但使愿无违。"诗作节奏明快，风格清新，回归田园的恬然与自足之情，跃然纸上。只有天纵之才，才能将极为平凡的农家小事，写得这样亲切有味，震古烁今！

对于我等凡夫俗子来说，种豆可远没有这么浪漫了。

豆，又叫菽，与稻、黍、粟、麦合称五谷，可见豆在中华五千年农耕文明史中是多么的重要。

《诗经·小雅·小宛》云："中原有菽，小民采之。"

《战国策》说："民之所食，大抵豆饭藿羹。"

常言道：屋前屋后，种瓜种豆。

我小时候是人民公社年代，家家就几块巴掌大的菜地，种菜还不够下饭，哪有闲地来种豆。但我的母亲每年会在菜地边栽上几棵，一是为了让豆子繁衍，二是秋天多少可尝个鲜。

傅春宫《江西物产总汇》就有田塍豆的记载："豆为粮食一大宗，种于田塍，可收余地之利。"

有一年，生产队队长在社员们的一致要求下，把生产队田塍分给各家种豆。

面带菜色的乡亲们一个个笑逐颜开。播种的时候，大家一并把豆种撒在菜地上，浇透水，施足肥。到了谷雨，豆苗长得有三寸多长，扯下来，放进土箕里，挑到田塍上去栽。父亲用削尖了的棍子，每隔七八寸戳一个洞，母亲撮一点灰，我取两根豆苗栽上，再把洞口合上。

田塍栽豆，得天独厚。我们种下的豆肥力及水分充足，又通风，又向阳，十天半月，便长得油青碧绿。母亲隔一段时间，还要锄一次杂草。

在双抢的时候，田刚用“辘轴”扎过，还没有栽下禾，父亲在收工后，披星戴月，双手抓起泥巴，抹在一棵棵豆子根部。这样，既可增加肥力，也可抹杀杂草。

有时父亲忙不过来，我来帮忙，溅得满身、满脸是泥不说，还招来蚊子、蚂蟥、牛虻叮咬，苦不堪言。把一条田塍的活做下来，经常是累得腰酸腿痛。抬头一望，已是繁星满天，萤火点点，蛙声阵阵。

盛夏，豆子迅速成长，枝繁叶茂。将近一米来高时，豆子开花了，细碎的花，颜色微紫。花叶腋或茎的顶端，每簇都有好几个花序。

初秋，豆子结荚累累，逐渐膨大。

到割晚稻的时候，豆荚长得鼓鼓的，待叶子黄了，落了，便可收割。

那一年，家家都收获了上百斤的豆子，可炒来吃，可生豆芽吃，可煮南瓜干吃，也可做豆腐吃，日子一下子变得滋润起来了。

每年的大年三十，父亲要为村里人写对子。那一年，他为了纪念大豆丰收，写了一副对子：“靠水吃水，靠山吃山，吃好吃歹须考究；种瓜得瓜，种豆得豆，得多得少靠工夫。”

农村实行联产承包责任制后，我家有一亩三分地，在距离村子二里多远的黄泥地，要翻过一座很高的山，才能到达。虽只有一亩多地，却有二三十丘。

黄泥地下边是一汪盈盈的湖水，碧得叫人陶醉，清得看见水底的游鱼。岸上，成片的松林，郁郁葱葱，山风吹来，松涛阵阵，送来可人的松脂香味。林中画眉、黄莺歌喉婉转。山脚下时而传来野鸡“咯咯”的啼叫声。湖面不时有野鸭出没，白鹭翻飞。

这个湖叫献忠水库，一个有着深深时代烙印的名字。

我同父亲在黄泥地里种田，为了节省时间，中午，母亲便送饭来了。我和父亲坐在田塍上吃饭的时候，母亲顺便把带来的豆苗一棵棵种在田塍上。

秋天的时候，我和父亲收割稻谷，母亲则收获豆子。

几千年来，中国农民追求的是五谷丰登，丰衣足食。他们只要有地种，有饭吃，日子就过得很知足，很安逸。切不可用过多的政治元素去干预他们！

我与父母种豆“南山”的日子，过得虽清苦，却很温馨。

竹梗草

小时候讨猪草，很喜欢来到港边上、水圳里，采竹梗草。

港水初涨的时候，竹梗草也长得郁郁葱葱，似满地翡翠。叶如竹叶青，梗若竹节秀。采在手里，一股若有若无的清香，让人心醉。

我们采着竹梗草，还唱着自己编的歌谣：“竹梗草，开蓝花，田畈水沟是它家。缺粮食，少菜吃，挎个竹篮寻找它。”

我们自小受民歌民谣的滋养，还能编点小曲，可谓得天独厚。

我们采着采着，蓦地，看见有鱼在游弋，便把篮子里的竹梗草倒在地上，用它来捉鱼。有时，还真能捉到几条鱼呢。正心花怒放，裤子湿了，省得回家挨骂，就坐在晒得滚烫的石头上晒太阳。裤子老是晒不干，却把人晒得黝黑。

竹梗草不单是用来喂猪，还可以做菜吃。

竹梗草洗净后，滤干水。把锅烧红，筛下油，先把拍碎的大蒜炝一下，便倒进竹梗草，稍炒片刻，放点盐，就起锅。食之，鲜嫩可口。

听父母说，在饥荒年代，村里人漫山遍野找竹梗草，连根都挖出来当饭吃呢。

竹梗草，学名鸭跖草，也叫碧竹子、翠蝴蝶。属一年生披散草本。陈淏子先生在《花镜》一书中说，淡竹叶一名小青，一名鸭跖草。多生南浙，随在有之。三月生苗，高数寸，蔓延于地。紫茎竹叶，其花似蛾形，只二瓣，下有绿萼承之，色最青翠可爱。土人用绵提取青汁，卖给人家作画灯，夜色显得更为清幽。画家多用此汁做绘画材料。竹梗草秋末抽茎，结小长穗，如麦冬而更坚硬，性喜阴。

另有注脚云：夏日茎梢开花，花下有大型的叶状苞，花盖二片，呈蓝色，供观赏用。

夏天，百草丰茂，很少有人注意到竹梗草。可到了秋天，它却开出一朵朵蝴蝶状、蓝莹莹的花朵来，令人刮目相看。

我牵起一根竹梗草，这草有一米多，枝叶纷披，开满繁花。每朵花，由一绿色心形折叠苞片包着。两片蓝色花瓣，如蝶的翅膀；两根秀长的花丝，若蝶的触须。娉娉袅袅，飘逸隽秀。

竹梗草，也叫碧蝉花。宋代杨巽斋《咏碧蝉花》云：“扬葩簌簌傍疏篱，薄翅舒青势欲飞。几误佳人将扇扑，始知错认枉心机。”

此诗把竹梗草栩栩如蝶之姿，描写得入木三分。

竹梗草的花瓣，蓝得深沉，像宝石一样耀眼，古人把它提炼成染布、绘画的颜料，还用来染信笺。李时珍《本草纲目》载：“巧匠采其花，取汁作画色及彩羊皮灯，青碧如黛也。”明代高濂养生专著《遵生八笺》载：“淡竹花，花开二瓣，色最青翠，乡人用绵收之，货作画灯，青色并破绿等用。”

竹梗草的花，清早还挂着露水，楚楚动人，鲜艳欲滴，可到了中午就凋谢了。

竹梗草虽是普通的路边小草，但能吸取天地日月之精华，努力展示出草木一秋的丰富与精彩。

苎　麻

在我的家乡，20世纪八九十年代以前，家家都要栽几畦苎麻，用来搓麻绳、打鞋底、织渔网。

苎麻是中国古代最重要的纤维作物之一。《诗经·陈风·东门之池》就有：“东门之地，可以沤纻。”陆玑《草木疏》：“纻，亦麻也，科生数十茎，宿根在地中，至春自生，不岁种也。荆扬之间，一岁三收，今官园种之，岁再刈，刈便生，剥之以铁，若竹刮其表，厚皮自脱，但得其里韧如筋者，煮之，用缉，谓之徽纻。今南越纻布皆用此麻。”

从陆疏中可知，苎麻不用播种，春天来了，宿根便长出绿里透红、粗且壮的嫩芽来。

我记得母亲总是不失时机地在鸡埘里铲一些鸡粪，或把扫地的垃圾，倒进苎麻地里。苎麻便日长夜大，我们似乎能听见它的拔节声。到谷雨前后，它便粗如拇指，高可二米了。其叶大如小孩手掌，正面青翠，反面灰白。虽不秀雅，但也亭亭玉立。收割的时候，齐根砍下。削去枝叶，就留光杆。

我帮母亲把苎麻一捆捆扛回家，放在天井里。母亲立即将它的皮撕下来，在一条长凳上，蒙一块皮料，坐在一把竹交椅上，用一把半圆形的刮刀，轻轻一抽，刮去那层青褐色的表皮，剩下的就是麻了。把麻苎放进水里浸上三五日，晾干，便可以搓鞋绳了。

苎麻，一般在小满、小暑、秋分收割三次，分别叫春麻、月麻、寒麻。

在砍苎麻和刮麻时，我总是陶醉在一股清香中。

苎麻的叶，可用来做谷芽饼吃。

谷雨时节，先是将稻谷按照浸种的方式，包上禾秆和棕片，再装进饭甑里。每天早上淋上一次温水。谷芽发酵，温度很高，如不及时淋水，就会“烧包”。大约十来天时间，谷芽长到一寸多，便抖开，放在太阳下晒干，然后舂成粉，再以一比三的比例，和上糯米粉、苎麻叶，舂成一团，做成一个个谷芽饼，放在锅里的蒸笼上，蒸上半个小时便熟了。食之，略显粗糙，但芳香扑鼻，清甜可口。

我家乡的风俗，谷芽饼出笼，也要送给邻里相互品尝。

苎麻杆晒干后，白得有些耀眼。以前我们村，用苎麻杆来造纸，后来只用来熏蚊子。

母亲搓鞋绳的时候，坐在天井里，卷起裤脚，打一碗水，放在身边，不时将麻打湿，分成三股，各在膝盖处搓一下，再绞成鞋绳。渐渐，一根根均匀细长的鞋绳便搓成了。

母亲说，在早先，很多人家把苎麻织成夏布。家里的蚊帐就是苎麻织的。村子里很多上了年纪的老奶奶几乎都是小脚，热天穿的多是夏布衣裳。

清黄原裕《种苎麻法》说:“豫章织绩苎布工细甲天下。”

到后来才得知，江西万载的夏布，闻名四海，其纱质轻软，经纬咸宜，边缩平整，编织均匀，色泽清香，不易皱褶，不易变形，易洗涤，凉爽清汗等特点。

宋代大文豪欧阳修，就曾经描述过当时万载织夏布的盛况:“酿酒烹鸡留醉客，鸣机织苎遍山家。”

那时，在我的家乡家家纳鞋底，就是通常所说的千层底鞋。

母亲做鞋底时，先是用一块木板，将旧衣服上拆下的破布片，一块块用米汤粘上，一般五层一列，晒干后，用鞋样剪成鞋底，五到六列加在一起，差不多有书本厚，便开始用鞋绳密密匝匝纳起来，也叫打鞋底。你想，厚厚的几十层布，用针穿不过，就用顶针顶，穿过去了，有时还得用夹子把针拉过来。打好一双结实的鞋底，十分费力，最快要花上两三个月呢。鞋底打完后，做成鞋子，又是一整套工序。

20 世纪六七十年代的乡村堂客们，除了洗衣服、弄饭、种菜外，就是打鞋底，纳袜底。时间再往前推，还要纺纱织布呢。

我的家乡有《纺纱谣》唱道：

小女在娘家，日夜纺棉花。

牵纱又织布，不久就出嫁。

我记得村中女人打鞋底、纳袜底时喜欢坐在一起聊天、唱歌谣、打山歌。有《红绸布》唱道：

红绸布，白绸布，
哪有娘边女好做。
娘边女，睡到饭熟起，
婆边新妇睡到子鸡啼。
打开前门冇天光，
打开后门闻到桂花香。
脚又细，水难挑，
眼泪流到桂花蔸。
红绸布，白绸布，
哪有娘边女好做。
娘边女，睡到饭熟起，
婆边新妇睡到子鸡啼。
爬起来，事又多，
先洗碗盏后洗锅。
问婆婆，量几多米？
有客来，量一斗，
无客来，量八升，
筲箕捞饭甑箅子蒸。

宋范成大《田家》：“昼出耕田夜织麻，村庄儿女各当家；童孙未解供耕织，也傍桑荫学种瓜。”

元曹文晦《夜织麻行》：“松灯明，茅屋小，山妻稚子坐团团，长夜缉麻几至晓。”

熊荣《西山竹枝词》有云：“自来生长在山家，不解描鸾祇浣纱。莫笑阿侬真笨拙，年年业得是桑麻。”

如今，随着工业文明的进程，机器制造代替了手工。苎麻打的鞋底，苎麻织的渔网，渐渐淡出人们的视野。

苎麻，昔日传家宝，今日当野草。

淡竹叶

在老家的岁月，我深秋去山中砍柴、采草药、摘茶籽，不经意时，总会粘惹一身草籽。

这是淡竹叶的籽，多少有点儿扎人，我便坐在路边，用手来摘。可在山中行走一会，又是一身。这草籽也太讨厌了！气得我放几粒在嘴里嚼，却有淀粉，还有新谷粒的清香味。每次回家，脱下满是草籽的衣裳，就有鸡来抢着啄食，我大为欢喜。

淡竹叶也叫山鸡米，禾本科，为多年生草本，高近三尺；叶披针形，很像竹叶；圆锥花序，颖果椭圆形，很尖；根膨大，为纺锤形肉质块根，黄白色。多生长于荒山及林下的阴湿处。

吴绡有《黄莺儿·淡竹叶》词云：“嫩碧长阶前。似新篁，叶叶烟。”

李时珍说，淡竹叶处处原野有之。春生苗，高数寸，细茎绿叶，俨如竹米落地，所生细竹之茎叶。其根一窠数十须，须上结子，与麦门冬一样，但坚硬尔，随时采之。八九月抽茎，结小长穗。俚人采其根苗，捣汁和米作酒曲，甚芳烈。

淡竹叶虽不讨人喜欢，但其药用可清热除烦，泻火利尿。每挖起一棵，可获取二十来只天门冬似的根茎。

民间传说，建安十九年（214），曹操在朝中独揽大权，挟天子以令诸侯。此时刘备，在诸葛亮的辅佐下，已取得了巴蜀、汉中，兵强马壮，于是兵分二路，攻打曹操。且说张飞一路，到巴西郡后，与曹军大将张郃相遇。张郃三万人马，分三寨驻扎，借着险要地形，多置檑木炮石，坚守不战。张飞急攻不下，指使军士骂阵。张郃不予理睬，天天在山寨饮酒作乐，引吭高歌。一个多月过去了，张飞差点没被气死，众军士也因天天骂阵，口舌生疮，十分烦躁。诸葛亮得知此事，便派人送来了五十坛“佳酿”。张飞吩咐把酒抬到阵前，与军士们席地而坐，大块吃肉，大碗喝酒，还大骂张郃是个缩头乌龟。不到一个时辰，有的人呼呼大睡，有的人还在骂骂咧咧。张郃位居高处，看得分明，心想：这个张屠夫，欺我太甚，该教训他了。当夜，月光皎洁，张郃引人马下山劫寨，结果惨遭埋伏。原来，张飞他们在阵前喝的只是淡竹叶汤，一可为军士消除烦躁，二可诱张郃上当。

今日很多山里人家会挖淡竹叶根煲汤，做凉茶。

淡竹叶虽是平淡无奇，但自有它的妙用！

紫　苏

我小的时候，在太阳落山后，经常同母亲在菜园里除草、浇水、讨菜。

一次，我看见菜地边上，长出一些紫色的植物，便问母亲：“这是什么呢？”

母亲说：“是紫苏，一种药用蔬菜。”

李时珍《本草纲目》释名：“苏性舒畅，行气活血，故谓之苏。”

有个故事，可以说明紫苏的妙处。

有一年夏天，华佗在江南一条河边采药，看见浅水滩上，有一只水獭，逮住一条大鱼在吃。也许是很久没有进食了，它狼吞虎咽，直到把肚皮塞得鼓鼓囊囊。它撑得太难受了，在水滩上翻滚折腾。

过了一会儿，它爬到岸边，发现一片紫色的草，就吃了起来，马上摇头摆尾，逐浪而去。

华佗心想，此草准能健胃消食。

后来，华佗把此草药用，发现这种草可益脾、利肺、理气、宽中、止咳、化痰，还可散表发汗。华佗给它取名为“紫舒”，后人写作紫苏。

紫苏生命力强劲，不择地而生。母亲有时把它的种子撒在屋前屋后，它就能长得生机勃勃。种紫苏无须锄草，也不用施肥。不知为什么，家禽从不啄食它的叶子，连猪也懒得拱它。它高可一米，亭亭玉立。叶片对生，大如小孩手掌，呈卵圆形，或棱形，边缘有锯齿。秋天，紫苏抽穗了，茎上开满繁花，花萼钟形，颜色微紫。果实大如萝卜籽，圆溜溜的，灰褐色，晒干后可榨油。

我在门口玩，有意无意间，总能闻见紫苏那股特有的芳香，令人神清气爽。

《本草纲目》说："紫苏嫩时有叶，和蔬茹之，或盐及梅卤作菹食甚香，夏月作熟汤饮之。"

家里人有点儿风寒感冒，母亲摘一把紫苏叶子，用辣椒、生姜、胡椒煎水喝。只要出一身汗，便舒坦了。

我从港里钓鱼回来，母亲用辣椒煎，打点汤，再放些紫苏，更是鲜美无比。这是我一生中吃过的最好吃的菜。

我捉的泥鳅，捡的田螺，摸的蚌壳，都用紫苏去腥味。

曾令香《务本新书》云："凡地畔近道可种苏，以遮六畜。收子打油燃灯甚明，或熬之以油器物。"

听父亲说，早先用紫苏籽榨油，用来点灯。这种灯分外明亮，清香四溢，读起书来，格外提神呢。

七叶一枝花

七叶一枝花，通常是七片椭圆形的叶子，轮生在它纤细而颀长的主杆上，顶端开出淡绿色、丝状的花序，故名。它的花序似乎平淡无奇，但深秋的时候，几十粒浆果，结成一个球形，红艳夺目，真可用光芒四射来形容。

它的果实熟透了，雀子喜欢啄食。到了寒冬腊月，所剩无几，落在地上，来年春天，便发芽了。

它一年长一片叶子；七年长七片叶子。有的又过七八年后，又额外长出新一轮叶子来，加起来就有十四片叶子了。这些叶子分两层，所以，它还有一个名字，叫重楼或重台。

它是奇花异草，很多人在山里摸爬滚打一辈子，也难得一见。它就像深山老林中的人参一样，可遇不可求。

它喜欢生长在空气湿润、土壤肥沃的幽谷中。它的生长环境还须狗不叫，鸡不啼。意思是它需要远离人群。村里的老人家说得更神奇，说七叶一枝花不可乱挖，有的根下边盘着一条五步蛇呢。

一次，我在高山上采茶，中午吃了点干粮，觉得口干舌燥，听山涧流水潺潺，便去找水喝，发现在一块岩石旁边，一丛七叶一枝花有十几根苗，长得郁郁葱葱。我想挖两棵回家栽，可惜没带工具。两年后，等我带着工具，邀了伙伴，再次来到这里，那丛七叶一枝花，却已被人挖得一根不剩。按照以往采药人的老规矩，一定要留下一两根苗子，好让它繁衍。

李时珍《本草纲目》有歌曰：七叶一枝花，深山是我家，痈疽如遇者，一似手拈拿。

其实，七叶一枝花是一门特效蛇药。在我的家乡，如被蛇咬伤，宁可先用半边莲、乌桕叶、南天星、扛扳归、石见穿、半枝莲、夏枯草等普通蛇药。如直接用七叶一枝花，一旦治不好，就有性命之忧。

民间有个关于七叶一枝花的传说。

说是在一深山老林里，有一个老郎中，专治蛇伤，杀蛇无数。老郎中生有七子一女。有一年，山中来了一条巨蟒，祸害牲畜不说，还残害人类。老郎中闻讯，磨刀霍霍，一心想为民除害，可走在路上，突然雷雨交加，他脚一滑，腿被摔折了。他的七个儿子义无反顾，与蛇搏杀，纷纷毙命。最后，老郎中的女儿急于为兄报仇，口袋里装满了急性毒药，她让蛇活吞，与蛇同归于尽。就在巨蟒的葬身之地，不久长出一种植物来。老郎中晓得这是儿女的化身，有人被毒蛇咬伤，把这种植物捣烂，敷在伤口上，果然效果很好。人们便把它叫七叶一枝花，来纪念他们兄妹。

七叶一枝花，就是这样一种药中传奇，花中奇葩！

第三卷　藤　本

一棵丝瓜藤

早些年，我们家商店门口做水泥地面时，留了一块碗口大的空当种树，好乘荫凉。树倒是种过几次，不是被顽童折去树枝，就是被猪拱坏，让人扫兴。

这样单调、枯燥的石头街上，我真希望能有点儿绿色来点缀。

丁亥春天上的一个假日，我替妻子坐店，有一个顾客拿着十几棵丝瓜秧，过来买东西。我灵机一动，向他要了一棵，栽在这块空当上。就这样，这棵瓜藤有些不合时宜地长在人来客往的闹市上，叶片被邻家鸡啄得伤痕累累，还有几次遭到粗心顾客的践踏。有一次下大雨，被地面积水冲去两丈多远。我把它捡回来，又栽上。

初夏到了，芭蕉绿了樱桃红，万物莫不欣欣向荣，甚至街面上已有丝瓜在叫卖着，而我的丝瓜藤却细细瘦瘦，病态恹恹，虽长在闹市，却被人遗忘。

我没有气馁，总是适时给它浇水、施肥，并用砖头把它圈了起来。还给它搭了一个颇有田园风味的架子。我心说：这棵丝瓜藤已倾注了我的心血，就要让它长出像样的丝瓜来。

丝瓜藤终于茁壮成长起来了。它昂起了头，奋力向上，触须在空中乱抓，只要有所依附，藤蔓便迅速攀缘而上。不久，满架丝瓜藤，长得油青碧绿，清影摇曳，使人仿佛置身深山。炎夏，我喜欢搬上竹床，睡在丝瓜架下，风清月朗之夜，地上光影斑驳，犹如一幅绝好的水墨画，令人陶然心醉。

丝瓜藤还惹来了许多小生灵。蝴蝶在叶上产卵，黄蜂在藤上筑巢，蛐蛐在枝上清唱……给我的生活带来了不少情趣。

渐渐的，金黄色的丝瓜藤开花了，一日一层，常开常新。繁盛时，竟有上百朵，有顾客来店里买东西，总是要驻足赞叹一番：呵，你们家都成花园了！

丝瓜花不但好看，还好吃，用来煎蛋，鲜嫩爽口，回味无穷。

丝瓜花一拨接一拨地开着，偶尔哪天不采摘，到黄昏就洒落一地“黄金”。花开花谢，可就是不结丝瓜。

莫非这棵丝瓜藤是公的吗？

邻居老徐告诉我，丝瓜藤是雌雄同株的。

都快到七月半了，我才发现，在正在开花的藤上，长出许多小丝瓜来。十天半月后，碧绿粗壮的丝瓜，像是一枚枚惊叹号悬挂在藤蔓上，几乎一节一只，宛如一幅叫人喜悦的丰收画卷，让人叹为观止。

这棵丝瓜藤，终于没有辜负我的期望！整个秋天，我家都有吃不完的丝瓜，有时还用来送人呢。

小时候，猜过一个丝瓜的谜语：青藤开黄花，就地到处爬。老了不可吃，家家可用它。

霜降后，它的枝叶渐次枯萎了，结束了它草木一秋的生涯。但它在艰难的条件下，努力成长的过程却永远给我一种精神的力量！

八月瓜

童年，我在山中砍柴，或上树摘茶籽，经常会有八月瓜，碰在脑门上，好像在说：吃吧，吃吧！给你一个惊喜。

八月瓜，它的学名叫三叶木通，也叫牛卵袋、香蜜果、野香蕉、拿子等。一看这些名字，就知道它是很好吃的野果。

它藤蔓纤细，长可数十丈，或攀岩，或附树。长长的叶柄上，长着三片卵形叶子。花为淡绿色，六瓣，中间有一个五角形的花蕾。果实两三个结成一挂，或灰白，或淡紫，形状像猪腰，更像牛的卵子。霜降时，它的果实成熟，腹部便裂开一条缝，露出乳白的果肉。食之，香甜可口，清润芬芳，入口即化，吸下果肉，随即把籽吐掉。若吃得太快，把籽咬破了，便苦不堪言。

摘八月瓜，去早了没有成熟，去晚了，便被鸟儿啄空了。大凡做人做事，都得掌握分寸。过犹不及！

我们这些山里孩子，放牛、砍柴虽苦，但这可口的八月瓜，好像是大自然对我们奖励。

每到节假日，我们更是呼朋引伴，漫山遍野去寻找。八月瓜更喜欢长在乱石丛中，运气好一棵藤能摘二三十只。有时自己舍不得吃，要留给家里的亲人们品尝。

民间有谚语云："八月瓜，九月炸，十月摘来诓娃娃。"

李时珍说，其结实如小木瓜，食之甘美，其枝今人谓之木通。

现代科学认为，八月瓜含多种可溶性果糖、碳水化合物及钙、磷、铁、锌、硒等多种人体所需的微量元素。还有各种有机酸，蛋白质，多种维生素，十二种氨基酸，是养颜美容，健身强体，延年益寿的果中奇葩。

野史记载，龙虎山道教第十六代天师张应韶，博学多思，精通道术。在他的水井旁，有一架八月瓜，年年果实累累。他擅长辟谷之术，能百日不进食，每天就吃一只八月瓜。他年迈时，牙齿只剩下几颗了，吹铁笛时，依然声传数里。

他经常说："感谢上苍的赏赐，是八月瓜滋养了我的精气神！"

张应韶九十九岁那年，瞑目而化，就葬在八月瓜旁边。

青山不老，八月瓜常在。

薜　荔

薜荔，既是灌木，可以独木成林；又是藤本，可作攀爬状。

其藤，纵横如网，或攀岩，或附树，或缘墙。

其叶，碧绿肥厚，绿油葱茏，岁寒不凋。

其果，好似一个个惊叹号，翡翠色，如莲蓬倒挂，又似秤砣悬于枝头。

小桥流水旁有之，枯藤老树上有之，竹篱茅舍边有之。人们还常用它来点缀山水园林，平添了许多诗情画意。

薜荔，似乎有高士之风，隐士之德，古人常用它来比喻隐士的衣裳或住处。屈原《山鬼》诗云："若有人兮山之阿，被薜荔兮带女萝。"

清陈淏子《花镜》载："薜荔一名爬山虎。无根可缘木而生藤蔓，叶厚实而圆，劲如木，四时不凋。在石曰石绫，在地曰地锦，在木曰长春。藤好敷岩石上与墙上。紫花发后结实，上锐而下平，微小似莲蓬，外青而内有瓤，满腹皆细子。霜降后，瓤红而甘，鸟雀喜啄，儿童亦常采食之，谓之木馒头；但多食发瘴。夏月毒蛇，喜聚丛中，如或纳凉其下，不可不慎。"

薜荔果，我的家乡叫凉粉果，还有一个名字叫"膨膨"。它在暮春开花，果实迅速膨大。薜荔果有两种，里面有籽的，我们叫"米膨膨"；有一种，除了包衣外，里面空空如也，像个皮球，则叫"皮膨膨"。

那时，暑天里没有空调、电扇，更没有冷饮。每当蝉鸣不止、酷热难当的时节，我们便去山上摘薜荔果，打凉粉吃。

薜荔果一般长在数抱粗的枫树上及乱石丛中。长在枫树上的，我们用梯子摘，梯子摘不到的，就用竹篙打。

我们平时上山砍柴、放牛，只要留心，就知道哪里有这种果。出去半天，我们大多十拿九稳，可摘上一袋子回来。

回到家里，把籽剖出。薜荔果的籽有些像无花果，一丝丝，一粒粒，米黄色。晾干后，便可以打凉粉。

每次打凉粉，都是一大家子在一起劳作，其乐融融。

高山有好水，平地有好花。那一天，我和堂哥赶早，走一里多山路，去山上汲山泉水。好泉水是活的，有几个泉眼，汩汩往上涌出。泉眼边，还长着一棵青青的水草。尝一口，清甜可口。我们舀了一桶泉水，小心翼翼抬回家。

母亲将凉粉籽，装进布袋里，再放一团米饭、一点石膏坐引子，搁在水桶里反复揉搓，挤出果胶。渐渐，清亮的水变稠了。搓好后，在上面盖几片茄子叶，或在纱布上放点草木灰，待它凝固，就成为晶莹透亮的凉粉。盛上一碗，放上糖，调点薄荷水食之，只觉其柔韧爽口，清香淡雅，令人两腋生风，暑气顿消。

村子里，不管谁家打了凉粉，都要邀请邻里前来品尝，你打一钵，我添一碗，热热闹闹，犹如过一个欢乐的节日。

葛之覃兮

身居山中，常有葛藤在心中缠绕。

那时，我们或在田边嬉戏，或在山间游玩，或在溪边钓鱼，看见葛藤，便牵藤扯蔓，觅其根茎，只要葛根有手臂般大小，就回家拿锄头，或折根柴棍，欢天喜地挖起来。由此，生产队的田畦，被我们挖坏不少。有时，寻觅到一只大葛，几个伙计正挖得起劲，猛见得生产队队长拿着一根竹梢，气势汹汹跑过来，我们嬉笑着作鸟兽散。等生产队队长不见了踪影，我们便把葛根挖出、洗净，用小刀分做几截，边嚼边往村子里走去。

葛，在江南山区随处可见。

明陈淏子《花镜》记载："葛一名鹿藿，产南方。春初生苗，引藤蔓一二丈。叶类楸青，而小。七月开花，红紫色，结荚累累，似豌豆形，但不结实。

根形大如手臂，紫黑色……”

早期人类，似乎与葛有着颇多的纠葛，《诗经》三百零五首，写到葛的就有九首之多。

其中最著名的要算《葛覃》，诗云：

葛之覃兮，施于中谷，
维叶萋萋，黄鸟于飞，
集于灌木，是刈是濩，
为絺为绤，服之无斁。
言告师氏，言告言归。
薄污我私，薄澣我衣。
害澣害否，归宁父母。

诗中所写，好似一组电影镜头，生动地记录了女主人采葛、煮葛、织布、制衣整个劳动过程。

在一个幽静的山谷中，葛藤碧绿如染。几只黄鹂飞来了，栖息在灌木枝头，鸣声婉转，打破了山间的寂静。有个美少妇在弯腰割葛藤。转眼，又在家中煮葛织布。一会儿，又幻化成一匹洁白飘拂的葛布。她披着葛布，在铜镜前试身。等制好衣裳，要告假，去探望父母呢。

远在周朝时，朝廷还设立“掌葛”官职，负责征收和掌管葛麻类纺织原材料。

左思《吴都赋》：“纶组紫绛，食葛香茅。”刘渊林注云：“食葛，蔓生，与山葛同，根特大，美于芋，豫章间种之。”

我国在宋朝以后才开始种植棉花，以前的百姓人家，多是穿葛布衣裳。

宋应星在《天工开物》中说，葛则是蔓生的，它的纤维比苎麻的要长几尺，撕破的纤维非常细，织成布就很贵重。

我的家乡把葛分粉葛、苎麻葛两种，苎麻葛则是用来织布。

傅春官《江西物产总汇》说，葛布产南昌府新建西山一带。附记云：“葛茎之皮，亦苎类，三四月截尽枝叶，取与擗麻法织，与夏布同。”

清同治《新建县志·布之属》：“葛布出西山、厚田者佳。按《吴越春秋》所谓‘入山采葛作黄丝布’，即此。”

在我的家乡，用葛织布的习俗沿用到民国。熊荣《西山竹枝词》诗云：

葛丝分劈乱如麻，织罢还教上纺车。

纤手织成蝉翼薄，含风细软比轻纱。

把葛根捣碎，过滤，可制作淀粉。熊荣另有诗云：

秋菘春韭及时良，不尽山蔬喜饱尝。

更有葛根堪渍粉，刨来也得备岁荒。

注脚有云：“岁荒，山人挖葛根细捣，取其汁浆，用水澄渍，粉作糊，以充饥。大者每株可得粉一二升活人。不少年丰，则无人取。”

到了秋天，从横交错的葛藤丛中，开出一串串紫色的葛花。

致力于葛花研究的陈亚平说得好：葛花真好，不与牡丹争富贵，不与丁香比芬芳，只为人类健康而开。

在故乡的岁月，每年的初冬，我都要同父亲去村前的大岭庵挖葛。

大岭庵与西山第一峰的洗药湖对峙，这里古松倒挂，云来雾往。林中兽粪累累，兰草茂盛。从前，这里有尼姑庵，村中可闻庵里的晨钟暮鼓声。

我与父亲，在山坳的灌木丛中牵藤扯蔓，每寻到大葛，就将周围的柴草砍去，抡起锄头挖起来。山间寂静，锄头震得山谷回响。有时，一棵葛就有一百多斤，千辛万苦才把它挖出来，把它掀出坑时，我累得眼睛一黑，自己掉进坑里，一时不知身在何处。

挖葛都要早出晚归，在山上吃午饭。几个红薯，几张煎饼就是一餐。有时，从葛藤中剥出一二十粒葛虫来。葛虫大如花生米，白如玉，胖乎乎的，食之，柔软如糯，细腻清悠，有着葛粉似的清香。如葛虫多，就带回家，用油炸食，更是香脆可口，回味无穷。

父亲每挖下一条葛，都累得汗流浃背，气喘吁吁，还要把葛藤埋栽回原处，说是还会生根发芽呢。父亲说，这也叫前传后教，当年祖父也是这样做的。

夕阳西下，我同父亲各挑着一担葛根下山。

葛根拿回家，洗净后，捶之，洗之，滤之。反复三遍。淀粉沉淀后，晒干，就是葛粉了。

钩　藤

小时候我到山上砍柴，本来就破衣烂衫的，还常常被钩藤勾住衣裳，只要稍用力，就扯掉好大一块布。气得我挥舞柴刀，朝着钩藤乱砍一通。

钩藤是一种藤本植物，四季常青，或攀岩，或爬树，长可十几米。它主干浑圆碧绿，而小枝却是棱形的，为褐色。叶片对生，卵形，全缘，叶腋下长着成双或成单的钩子。头状花序，黄色，像绒球一样，挂满枝头。

《红楼梦》第八十四回，写到薛姨妈被泼妇夏金桂气得肝气上逆，左肋作痛，躺在炕上。看情形来不及叫医生，薛宝钗先叫人买了几钱钩藤，浓浓地煎了一碗，给母亲吃了，让她睡了一觉，她的肝气才渐渐平复。

在我的家乡，很多新生儿要吃钩藤茶，预防惊风。朝鲜人许浚《东医宝鉴·小儿》就说："小儿疾之最危者，无越惊风之症。"

《本草纲目》记载："钩藤，手足厥阴药也。足厥阴主风，手厥阴主火，惊痫眩晕，皆肝风相火之病。钩藤通心包于肝木，风静火息，则诸症自除。"

端午节，很多人家要摘钩藤、黄连、野艾、紫苏、苍耳、柴胡、淡竹、薄荷、山楂、车前草、夏枯草等，做午时茶。说是这一天喝了午时茶，可保一年身体安康。

用午时茶治病，清吴趼人小说《劫余灰》就写到过。朱婉贞流落肇庆，在一家庵堂里病倒了，庵主妙悟进来，看了道："阿弥陀佛！这是昨夜受了感冒了。翠姑，你赶快拿我的午时茶煎一碗来。"

这一天，一家人要分头去田野山间采药。我们这些男孩子，就喜欢上山采钩藤。钩藤多半长在乱石丛中，我们叫"石管"或"石垄"。在石管中攀登穿越，或捉迷藏。只见石管内忽明忽暗，时宽时窄，环回曲折，妙趣无穷。钻到深处，只见伸手不见五指，只听得到谷底的涓涓流水声。

有一次，我在一个石坎下面捡到一本脱了线的《康熙字典》和一个瓷器罐子。这是村里人当年躲日本人，遗失的东西。

石头上爬满了藤蔓，除了钩藤，还有油麻藤、冠盖藤、三叶木通等。

玩累了，我们摘一些鹰爪一样的钩藤钩子，串成一挂，唱道："钩中钩，挂中挂，中间挂个锄头把。"

我们在石头、藤蔓中摸爬滚打，有的伙计衣裳挂破了，就有人打趣："年将二十五，衣破没人补。若想有人补，再过二十五。人生七十古来稀，哪有五十来娶妻。子牙八十遇文王，到了五十又何妨。"

煎午时茶，要踩准时间。村子里升起了炊烟，我们各砍了一小捆钩藤回家。

每次我看见钩藤，便会勾起对一些对童年往事的回忆。

瓜蒌

瓜蒌，也叫栝楼，《诗经》谓之果臝，《吕氏春秋》叫作王菩，我的家乡俗称“王八”。瓜蒌属葫芦科，多年生攀缘草本。藤蔓纤细，长可十米。叶片互生，有点像丝瓜叶。花朵乍看像葫芦花，但花冠裂开，丝丝缕缕。夏天结出瓜来，酷似梨瓜，长成橙黄色，就成熟了。

在我的家乡，瓜蒌多用于治疗肺结核、咳嗽多痰以及妇女面黄肌瘦、月经不调等症。

《唐本草》说，今用栝楼根作粉，如作葛粉法，洁白美好。

有不少村民，在冬天挖瓜蒌根，洗净后，捶碎，过滤，把粉晒干后，叫作“天花粉”，说是可清热泻火、生津止渴。可惜，我一直没吃过天花粉。

在山里采风，我经常看见人家的屋檐下或堂前的屋树上，挂着一束瓜蒌，我眼睛总为之一亮。当下，很多山庄、别墅，喜欢在墙壁上装点一两只葫芦，来彰显田园情调，但哪有这一束瓜蒌来得亲切自然。

《诗经·国风·豳风》云：“果臝之实，亦施于宇。”

我曾看见乡下很多干打垒房子的泥墙上，爬满了瓜蒌藤，还七上八下，悬挂着许多瓜蒌，让人惊叹不已。我每看见瓜蒌，就会想起童年的一段往事。

那是深秋的一天，我和几个小伙伴，在山脚下的荒田里采野果子吃，有金樱子、八月瓜、扁担杆等。在一丘荆棘丛生的荒田里，我摘到二十只瓜蒌。我连藤带瓜捆成一团，背回家。

村里人见了，惊艳不已，说以前中药铺收购，估计一只可顶五角。

那是人民公社年代，社员一个工不到一块钱。我心里狂喜，如能卖到十块钱，就可以买一大堆图书了。那时，图书一般也就一两角钱一本。我经常在节假日捡蝉脱、摘箬竹叶，卖给收购站，卖来的钱已经买了六七十本图书了。我买的当时出版的八个样板戏剧本以及《闪闪的红星》《奇袭》《渡江侦察记》《白毛女》《鸡毛信》《红色娘子军》等一些革命题材图书，应有尽有。闲来无事，我总喜欢拿出这些五颜六色的封面的书，摆开来，欣赏一番。就算两角钱一本，十元钱可买五十本图书呢。

我兴奋得一夜没有睡着。第二天，我爬山越岭，走了十里路，来到镇上供销社收购站。

我一进门，就对那个店员说："瓜蒌怎么收？"

那人瞟了一眼，说："这东西不收，你拿回家去吃吧。"

是的，瓜蒌籽比西瓜籽、葵花籽绝对要好吃得多。

我当时只想换钱，又来到卫生院，还是没有人理睬我。

我很失望，来到卫生院门口的港边，把瓜蒌摆在路上，一只只往港里踢去。

当踢到第十八只时，我却把凉鞋踢到港里去了，凉鞋沉到了深潭里。我沮丧极了，真巴不得沉入潭底的是自己，而不是凉鞋。

何首乌

孩提时的一天，我同四五个伙伴，在村边的一个斜坡上牵藤扯蔓挖葛吃，却挖出了一只黑乎乎、像人一样的怪物，大家大吃一惊，吓得作鸟兽散。

听母亲说，树有树精，藤有藤怪，这就是藤怪吗？

吃晚饭的时候，我把此事说给父母听。

父亲说，这是一种很珍贵的药材，叫何首乌。何首乌要好几百年上千年，才会长成人形呢。在早先，有个屋场，八九十岁的人，都是满头黑发。甚至有的老者，还羡慕别的屋场老人家，有一头白头发呢。后来有个老郎中发现他们井边有棵何首乌，藤蔓粗壮，枝繁叶茂，把井沿都盖住了。这事很快流传开了。村中有个好吃懒做的人，偷偷把这棵好几百年的何首乌挖出来卖了。奇怪的是，几个月后，村中的老人，不但头发白了，连胡子也白了。

这个故事给了我强烈的震撼。第二天大清早，我去寻那只遗弃的何首乌，它却不翼而飞，只见满地都是何首乌的藤。

此后，我对何首乌格外留心，菜园的篱笆上，断垣残壁边，岩石缝中，都能看见它的倩影。它的藤蔓长得很繁茂，多为淡红色；叶子有些像山药，呈三角形，青翠欲滴；花序为圆锥状，顶生或腋生，看过去白花花的，清丽脱俗，芳香逼人。

苏颂《本草图经》说："何首乌，今在处有之。以西洛嵩山及南京柘城县者为胜。春生苗叶，叶相对如山芋而不光泽。其茎蔓延竹木墙壁间。结子有棱似荞麦而细小，才如粟大。秋冬取根，大者如拳，各有五棱瓣，似小甜瓜。”

很多人在小学课本里，读到过鲁迅先生《从百草园到三味书屋》中写到的何首乌:“有人说，何首乌根有像人形的，吃了便可以成仙，我于是常常把它拔起来，牵连不断地拔起来，也曾因此弄坏了泥墙，却从来没有见过有一块根像人样。”

我后来挖过许多棵何首乌，不但没有见过像人形的根，连红薯大的也少。

唐代文学家李翱《何首乌传》记载：有个叫何首乌的人，是顺州南河县人，祖父名能嗣，父亲名延秀。能嗣本名田儿，生而孱弱，年五十八，无妻子。常慕道术，随师在山。一日夜晚，他醉卧山野，忽见有藤两株，相去三尺余，苗蔓相交，久而方解，解而又交。田儿大为惊讶，第二天清早，挖了一兜像人形的块茎回家，请教多人，都不认得。这时，有一个老者飘然而至。田儿同样向他请教。老者说:“你既无嗣，其藤不同凡响，恐怕是神药，可以吃吃看。”于是把它晒干，放在碾盘里，捣成细末，每日清早空腹用酒服一钱。第七天，便思男女之事。数月后，他身强体壮。后来加至二钱，痼疾痊愈，白发转黑。他娶妻生子，十年之内，生了好多个男孩，乃改名能嗣。后来，与子延秀同服此药，都活到一百六十岁。延秀生子叫首乌。首乌服后，亦生数子，他活到一百三十岁时，犹是黑发。有个叫李安的人，与首乌为同乡好友，打听到这个秘方，服之，也很长寿。

这个故事，把何首乌写成了灵丹妙药，不但能让人身强体壮，还能延年益寿。

有民间秘方为：用何首乌，配大枣、核桃、枸杞，浸泡白酒，能让白发变乌，面部红润。

清代傅春官在《江西物产总汇》中说，何首乌忌铁器，只可用竹刀切。

万物皆有灵。何首乌能吸取天地日月之精华，经过千百年风雨的“锻炼”，成为植物王国的一个传奇!

红薯的记忆

细长的藤蔓，嫩绿的梗子，叶片呈三角形，秋天还开出淡紫色、喇叭状的花朵。这里说的是红薯。

打我记事起，家里的菜园就那么几块地，种蔬菜都不够吃，那奢望种红薯。生产队的旱地里，倒是种了许多红薯，但由于肥料不足，藤蔓病怏怏的，挖出的红薯还没有鸡蛋大。

我很渴望自己家能种上红薯。

有一年春天，很多社员坐在一起，把一根根细长的红薯藤剪成一截截的。三四个节分做一棵。我在他们剪过之后，捡到五六根被遗弃的红薯秧，栽在自家菜地里。我就像种下了一个美好希望，隔三岔五去浇水、施肥。红薯藤不负我的厚望，长得绿油油的。过上几天，我急不可耐，用手指插进红薯根部，试探着，看是否长了红薯。我每摸到一块硬邦邦的块茎，便心花怒放。

初秋的一天，我看见一户人家在吃红薯，心里一急，就抡起锄头，就把这几棵红薯给挖了。嗨，也就碗把子红薯。

我把红薯拿回家，母亲说："红薯正长呢，你却把它挖了。饭熟差口气，太可惜了！"

那天晚上，我急着要母亲把红薯煮来吃。自己栽的红薯，吃起来格外的香甜。

记得一个秋阳高照的下午，生产队队长吩咐父亲，去一个叫棚里的地方耕地，说是要播种油菜。那片地，生产队刚挖过红薯，父亲叫我去捡薯根。父亲的犁铧过处，我紧随其后，捡起一只只指头般大小的薯根，就像宝贝似的，装进口袋。若捡到一只有鸡蛋大的红薯，便会欢喜地向父亲报告一声。父亲脸上掠过一丝难得的微笑。

那时的父亲，颇有一些历史问题，经常被批斗。洗澡的时候，我看见他身上有一道道疤痕。有一次，他被关在离村两里远的江下村，在漆黑的仓库里，一关就是四十九天。每天只许吃一顿饭。在天寒地冻的一天，母亲冒着瑟瑟寒风去送饭，却滑下了木桥，右手腕被摔成骨折。

那天，父亲休息的时候，把牛放在山坡上吃草。这里距离村子有一里多路，鸡犬相闻。

父亲说，早先村里人不种红薯，是住棚的人带来的。他们多是修水、武宁人，也有外省人，但一律称之为客家人。这里叫棚里，如我们村还有茅棚口、方家岭、谭家垄等地方，都是他们留下的地名。这块薯地，也是他们开垦的。你看这山坡上的油茶树、茶叶树也多是他们种下的。客家人为什么喜欢种红薯呢，因为他们居住的地方，差不多都是当地人遗弃的荒山野岭。再说，红薯产量高，一亩地种得好，可收好几千斤，可以补粮食的不足。

我说，那他们现在人在哪儿呢?

父亲说，他们大部分都回老家去了，有的和当地人娶妻生子，就成了当地人。如，我们村也是龚维芝太公，在明代弘治年间，从安义桐冈迁到这里，开烟发户，为了不忘根本，才叫桐源。

这里村民十天半月都吃不到荤腥，生产队的口粮难以果腹，个个面带菜色。

有人颓然作歌曰：黄叶子菜油盐炒，肚子饿了塞塞饱。

我的家乡有句老话：王法是假，饿法是真，饥寒起盗心。有一年，生产队队长瞒着大队，把田边、山边、路边的荒地，分给了大家，把山洞里储藏的薯种，也取出来分了。

我们家一次分到葛山、面前山上、老虎头上三块薯地，大约有五六分地吧。

父亲起早贪黑，把地锄了一遍。

母亲把红薯种种在一块地上，浇透水，蒙上薄膜。几天后，便长出白白嫩嫩的红薯芽来。把薄膜揭掉，施足肥，十多天后，红薯藤就长到一米多长。我们把红薯藤割回家，剪成一截截的，分行栽在地上。

母亲一贯体弱多病，一般不参加生产队劳动，而这浇地除草的活儿，就由我母子承担。我们经常在太阳快下山的时候，提着草木灰，扛着锄头，来到地里施肥、除草。

在去菜园的路上，母亲教我唱着歌谣：

我家有个王小妹，烧火弄饭带扫地。
天辰光，爬起来，炒口饭吃斫捆柴。
斫得柴来卖了钱，挑对水桶到菜园。
打开园门望呀望，望到园里好像样。
看到青菜好大一匹，看到著莛在逢时。
看到苋菜红又红……

母亲说：“你要像王小妹一样勤俭治家。人勤地生宝，人懒地生草。我们有了自己的自留地，只要勤快一点，就不愁吃饭了。”

薯藤每过个把月，就要翻一次藤。这样可防止它节外生根，影响红薯生长。

夕阳西下，我们母子踏着露水回家，还要提一些红薯梗子、叶子回家做菜吃。

到了秋天，红薯藤长得碧绿肥厚，地上像盖着一层厚厚的被子。有的藤还开出几朵牵牛花似的花朵，好像是对我们母子俩的嘉奖，又好像是在提醒我们，挖红薯的时候到了。再看看地上，红薯果然把地都涨开了。

正在我们家沉浸在丰收的喜悦里时，却有豪猪经常来偷红薯吃。据说，它只要把土刨松在地上打一个滚，就能把红薯插在自己的刺上，到了窝里，抖动一下身子，红薯就掉在地上，可留下慢慢享用。

父亲曾扎稻草人来吓唬豪猪，也曾安绳套来制止它偷吃，可没有起到一点效果。父亲便在菜园和山间相连接的地方，挖了一个两米多深的坑，上面用东西蒙着，盖上土。终于有一天，有一只豪猪掉进陷阱。

到了霜降，我和父亲挑着箩担来挖红薯，割去藤，一锄头下去，就能挖出五六个拳头大的红薯来。奇了怪了，同样是一块地，比生产队的收益要多十来倍。就拿种水稻来说吧，生产队种两季，产量还不到五百斤，实行家庭联产承包后，只种一季，产量就能上千斤。

有了红薯真好，早上用红薯煮粥，中午吃红薯丝濩饭。还可以刨薯片，磨薯粉，来丰富伙食。

寒冬腊月的时候，我们一家人坐在火盆边，一边烤火，一边煨红薯吃。父亲吃着香喷喷的红薯，感叹道，嗨，人活着，说简单也很简单，做什么都是为了吃一口饭。有地种，有红薯吃，便是人间好光景!

洪崖老藤

今日洪崖丹井的自然景观，除了水秀石奇外，还有一个特征，就是藤蔓长得茂盛。

人们经常用巨藤如蟒来形容藤蔓的粗壮。而此处的老藤却像钵一样壮，在山崖上，林木间，溪涧里，或垂直而下，或纵横交错，真乃天下奇观也。

明代武英殿大学士、太子太保张位罢官后，来此探幽，有诗云：

逢泉皆可坐，击石自成吟；
处处藤萝好，重重紫翠深。
人稀莺啭谷，院静鹤盘林；

何福生居地，桃源莫更寻。

佛家说：万物皆有灵。这里的藤，似乎沾了洪崖先生的灵气和仙气，又好像是答谢张相国题咏的知遇之恩，才横空出世，不同凡响。

山中自有千年树，世上难逢百岁人。听老一辈的人说：藤有藤精，树有树怪。难道此藤成精了？

此藤，叫常青油麻藤，乃豆科藤本植物。叶片有些像三叶木通。

暮春三月，油麻藤开花了。深紫色的花，一串串悬挂于盘曲的老茎上。每串有花二三十朵，每朵花有五瓣。花托似禾雀头，两旁还有眼睛似的小黑点。正中的一瓣似雀背，两侧的花瓣似雀翼，底瓣后伸，像尾巴。有人干脆就叫它禾雀花。

有人这样形容常青油麻藤："一藤成景，千藤闹春，百鸟归巢，万鸟栖枝。"

常青油麻藤结的荚果，长可二、三尺，有点像菜园里的刀豆。子的形状像蚕豆，乌黑，色泽光亮，比算盘子还要大一倍多，真像传说中的魔豆。

常青油麻藤处处有之。深秋的时候，乡间的孩子把常青油麻藤籽摘回家，剥开，将子晒干，在中间钻一个孔，用牛筋串成一个圆圈，代替瓦片，用来跳房子。在地上画上八个方格，每个方格一平方尺见方。每到放学后，孩子们便呼朋引伴踢起来。一脚踢去，要确保不压线。急不得，也慢不得。从第一间踢到第八间，便可封一间房，写上自己的名字。房子封得多了，孩子就犹如封疆大吏一样，颇有成就感呢。

用常春油麻藤子跳房，踢起来既不滑溜，也不呆笨。若做人学得此道，可就老道了。

常春油麻藤，皮可造纸，枝可编箩筐，根可提取淀粉，子可榨油。还可药用。

据老一辈的人说，洪崖的常春油麻藤，要隔三十年才结一次籽呢。我经常到洪崖丹井游玩，真的是只它见开花，不见它结果。

洪崖老藤，就是这样的神奇！

葫　芦

关于葫芦，古人有瓠、匏、壶之分。

李时珍《本草纲目》说："古人以壶、瓠、匏三名皆可通称，初无分别。而后世以长如越瓜首尾如一者为瓠，瓠之一头有腹长柄者为悬瓠；无柄而圆大形扁者为匏，匏之有短柄大腹者为壶；壶之细腰者为蒲芦。"

在我的家乡，习惯把细而长者叫瓠子，短而粗者称为葫芦。葫芦多半可作瓢。

可近年来，所见尽为瓠子，不见葫芦。

记得小时候，我们家在菜园的一角，总要种一架葫芦。其藤纤细，长可二十余米。其叶似南瓜藤，叶面有柔毛。其花夜间开放，缀于藤蔓的叶腋上，分五瓣，洁白如雪，清香幽远，引来萤火虫，荧光闪烁，如梦如幻。葫芦雌雄异株，雄花梗长，花蕊多粉。雌花花朵下端长着一个葫芦状的子房，如是太阳出山前没有授花粉，子房就会与花一起萎谢。

小葫芦为暗绿色，毛茸茸的，得阳光雨露滋润，像气球一样，逐渐膨胀起来，只要地肥，水分足，几天后，就长成一只迎风摇摆的大葫芦了。待葫芦柔毛退去，由绿变白，就可以采摘了。

常言道，奈冬瓜不何，捉葫芦刨皮。

葫芦去皮，切成片状，用五花肉炒，变软后，洒点水，稍煮一会儿，加点葱花，起锅。食之，清甜可口。

《诗经·小雅·瓠叶》云："幡幡瓠叶，采之亨之。"

元代王祯《农书》说："匏之为用甚广，大者可煮作素羹，可和肉煮作荤羹，可蜜前煎作果，可削条作干……"又说："瓠之为物也，累然而生，食之无穷，烹饪咸宜，最为佳蔬。"

在缺衣少食的年代，母亲摘葫芦嫩叶，洗净沥干水，用清油爆炒，放少许辣椒，吃起来又嫩又脆。

母亲做完家务后，在夕阳西下的时候，总带着我去菜园。因为浇菜地时，需要我帮忙抬水。由于我太小，母亲又没有力气，一次只抬半桶。我们家有四个菜园，还要养两头猪，还有一群鸡鸭，家务事足够母亲忙的了。

在去菜园的路上，母亲教我唱歌谣：

摇橹摇橹叽咔，
撑只船到河下，
河下看丈母，
丈母不在家，

两个姨子筛碗茶。

你是什么茶?

我是芝麻豆子茶。

你的芝麻豆子就在吃,

我的芝麻豆子冇开花。

长葫芦,结冬瓜,

结得婆婆眼昏花。

梳羊头,戴羊花,

抱个娃娃去走家。

有一次,母亲在栽葫芦,我突发奇想,说:“拿一块桌子大的地,把十颗葫芦栽成一个圆圈,等到它们长一米多长,用胶布把它们缠拢,其余的九根藤剪掉,合成一棵,多施一些肥,也许能长成水桶一样大的葫芦来呢!”说完,我还张开手,比画了一下。母亲笑得合不上嘴,很欣赏我的想象力,果然划了一块地给我。我为了实现自己的愿望,除草、施肥、捉虫、搭架。后来,这棵葫芦,倒是长得格外大,结的葫芦也格外多,但没有长出一只水桶大的葫芦来。

母亲说,孟姜女就出生在水桶大的葫芦里。

有民歌唱道:“六月禾花箩装米,烈性女子孟姜女。鸿雁引路长城到,哭倒长城八百里。”

古时候,有一家姓孟的,与姓姜的毗邻而居。两家同样喜欢种葫芦,有一年,葫芦的藤蔓缠绕在一起,结出一只水桶大的葫芦来。两家商量好,这只大葫芦留得做种。到了中秋,见这只葫芦长得油光滑亮,便把它摘了下来。两家找来锯子,准备把葫芦锯开,一家得一半。正要开锯,葫芦像鸡蛋破壳一样,“啪”的一声裂开了,里面竟然有一个白白胖胖、眉清目秀的女娃子。这个女孩就叫孟姜女,由两家人共同抚养,后来嫁给了范喜良。而这女娃子就是那个哭倒长城的孟姜女。

母亲每年留葫芦种,要筛选皮色光亮、周正匀称的葫芦。挑选葫芦籽,也要粒粒饱满,洁白如玉。

有人把葫芦籽比作美人的牙齿。《诗经·卫风·硕人》有云:“手如柔荑,肤如凝脂,领如蝤蛴,齿如瓠犀,螓首蛾眉,巧笑倩兮,美目盼兮。”

庄子有言,若有葫芦,应把它做成腰舟系在腰上,浮于江湖中。

八仙过海时,铁拐李腰间就系着一个大葫芦。

古人喜欢把葫芦里面掏空，用来保存丹药。唐代孙思邈行医时，就喜欢把丹药装在葫芦里，悬壶济世。

文人墨客喜欢把葫芦当作雅玩，做乐器、作酒壶。

百姓人家，讲究实用，把葫芦横着锯开，可作葫芦碗，侧着锯开可作葫芦瓢。

今日的人们已不用葫芦瓢了，便改种瓠子了。

金银花

金银花又是金，又是银的，乍一听，像是一个乡下妇女的名字，很是土气。它初开为白色，两三天后，便变成金黄色，故得此名。

它的藤蔓芊芊，或青翠，或暗红；叶片墨绿如黛玉，若即若离；缀上这黄白相间的花朵，真的是袅袅婷婷，风韵别致。

金银花又叫鸳鸯藤，是因为它的花朵，都是并蒂而开，成双成对，像依偎在一起的恋人。唐才女薛涛有《鸳鸯草》诗云："绿英满香砌，两两鸳鸯小。但娱春日长，不管秋风早。"

北宋诗人宋祁说：鸳鸯草春叶晚生。其稚花在叶中两两相向，如飞鸟对翔。

金银花也叫忍冬，是清热解毒的良药。忍冬者，凌冬不凋之谓。它在佛教里，比喻人的灵魂不灭。

江西鄱阳人洪迈，在志怪笔记小说《夷坚志》中说："中野菌毒，急采鸳鸯草啖之，即今忍冬草也。"

相传，有几个和尚，在山中赶路。天色将暮，他们前不着村，后不着店，饥肠辘辘，无处化缘，看见路边有一丛蘑菇，便架起沙窝，煮得吃了。哪晓得这丛蘑菇是毒蘑菇，吃下不久，他们就感到天旋地转起来，上吐下泻，生命危在旦夕！其中有个和尚做过郎中，见近处有棵金银花开得茂盛，就叫大家连叶带花，嚼着吃。吃了金银花的和尚都化险为夷。

金银花的全草均可入药。盛夏酷暑，用金银花和茶叶沏泡，或以花代茶，有祛暑明目之效。

在我的家乡，很多人家都备有金银花。孩子风寒感冒、咽喉肿痛、痢疾肠炎、疔疮疖毒等，只要把金银花当茶喝个两三天就康复了。但脾胃虚弱者，要慎用。

我家在用牛、羊、鸡、鸭、猪的肉煲汤时，放上一把金银花，做出来的汤汤色橙黄，更是鲜美。

我的大爸，在金银花开前夕，连同新的藤蔓割回家，斩成一截截的，晒干密封，可一年四季当茶喝。大爸经常在锡壶里放一把金银花藤，倒上开水，放在座炉上保温，一家人一天喝到晚。我经常去大爸家喝这种茶，茶倒在碗里，呈琥珀色，味道清淡，略带一点草木清香。

大爸说，金银花只能排五脏里的毒，而其藤蔓却可排筋骨里的毒。

经常吃点金银花，可延年益寿，但不可过量。

金银花藤蔓长得很快，头年割去，来年便粗如筷子，且生命力强盛，一插就活。

金银花多半长在空气湿润的港边、山脚下。或依附在灌木丛中，或攀爬在岩石上。

在雨过天晴的一天，我来到一处荒田摘金银花。我跨过一道港，只见得，田塍上开满了金银花，香气浓郁，令人陶醉。

摘金银花，讲究在晴天丽日的时候，在太阳底下摘下金银花，晒干。含苞待放者，品质最佳。每年有人来收购，他们看成色出价，每斤大约五六十元。

金银花开的季节，我们成群结队去采摘。一边采，还一边唱着歌谣。

青山不老，绿水长流。可今日的乡下孩子去摘金银花，再也不会唱着这样的歌谣了！

癞瓜瓢

每当想起童年的故乡，总有一颗癞瓜瓢的种子，在我的脑海里飘荡着，挥之不去，拂之还来。

癞瓜瓢也叫飞来鹤、老鸹瓢、萝藦，是一种常见的长在山上的藤本植物，高三四米，藤蔓青翠，叶对生，心形，嫩如碧玉。它的花序为圆锥形，五瓣，白色，有淡紫色斑纹。它的果实，长约三寸，中间鼓，两头尖，似如玉簪。秋天成熟，变成黄褐色。就在深秋或初冬，满山黄叶飘零的时候，癞瓜瓢的果实，因天干物燥崩裂，跳跃而出。它飘若柳絮、似若蒲公英的种子，在空中随风飘荡。它的绒毛洁白，日光照射下，闪闪发亮。它的种子黝黑，宛如降落伞下的空降兵。故，我们也叫它毛蜡烛，有歌曰：

公公死了婆婆哭，

公公头边点对毛蜡烛。

毛蜡烛，呼呼烧，

照见公公走过奈何桥。

这歌哀婉伤感，唱出了人生的无奈。

我们在山上斫柴，受了伤，总是会采点癞瓜瓢的毛或嫩叶搓烂，按在伤口上，马上就能止血止痛，几天后，便能结痂。

我从《诗经植物图鉴》中得知，癞瓜瓢，古人叫芄兰。

《诗经·卫风·芄兰》诗云：

芄兰之支，童子佩觿。

虽则佩觿，能不我知？

容兮遂兮，垂带悸兮。

芄兰之叶，童子佩韘。

虽则佩韘，能不我甲？

容兮遂兮，垂带悸兮。

这是一首以芄兰起兴的爱情诗。

三国陆玑《毛诗草木鸟兽虫鱼疏》："芄兰一名萝藦，幽州人谓之雀瓢。蔓生，叶青绿色而厚，断之有白汁。煮以为茹，滑美。其子长数寸，似瓢子。"

沈括《梦溪笔谈》："芄兰荚枝出于叶间，垂垂正如解结锥。疑古人为韘之制，亦当与芄兰之叶相似。"

记得那时，在天高云淡的日子，我或在枫树下扒枫叶，或在田埂上玩烧窑的游戏，或在山中斫柴，有意无意间，总会看见有许多癞瓜瓢的种子在飘。我们会跳起来追，用嘴巴吹，还唱着：

癞瓜瓢，癞瓜瓢，浑身长白毛；

飘呀飘，飘呀飘，飘上天，做神仙。

"呼啦啦——"一阵山风吹来了，癞瓜瓢飘过了小溪，飘过了田野，飘过了村庄，飘过了山林……

它把我童年的梦，也带向了远方。

癞瓜瓢，飘到哪里，就在哪里生根发芽了。

它，犹如童年的伙伴，长大后，或嫁给远方，或各奔前程。有的再也没有见到过！

成年后，我一直在外奔波，再也没有见过癞瓜瓢了。但它，一直在我记忆里飘荡，直到永远！

凌霄花

凌霄花，乍看就像一团燃烧的火焰。

在这秋风萧瑟，落叶飘零的晚秋，它竟然枝蔓青翠，艳压群芳。

凌霄花也叫紫葳、上树蜈蚣。它看似弱不禁风，但凭它那蜈蚣似的细脚，就能攀墙附树，直冲云霄。凌者，逾越也；霄者，云天也。凌霄，本来指的是九天之上，玉皇大帝的凌霄宝殿。

也许是它开在清秋缘故吧，看似开得很热烈，但给人的感觉却很清冷。

它的生命力很强，能适合各种土壤。小桥流水边，竹篱茅舍旁，深山老林里，都能看到它婀娜多姿的身影。很多山里人家的院墙上喜欢栽一些凌霄花作为点缀。

凌霄花是一种很常见的园林花卉。苏州园林、杭州西湖、凤凰古城，就是异国他乡的首尔北村，都能看到它的倩影。

我记得小时候去马口打茅栗，要经过流水潺潺，乱石磊磊的北流港。很多流水滩头，有一座接一座舂木粉的水碓，在吱吱呀呀地唱着古老的歌谣，更吸引我们眼球的是，这样古拙的碓房上，竟然开满了凌霄花。

北流港，因往北流，故名。

《诗经·小雅·苕之华》云："苕之华，芸其黄矣。维其伤矣，心之忧矣……"苕就是凌霄。余冠英先生《诗经选译》说："这诗反映荒年饥馑，诗人感于凌霄花的荣盛而叹人的憔悴。"

陈淏子《花镜》："凌霄一名紫葳，又名陵召、鬼目。蔓生，必附于木之南枝而上，高可数丈。蔓间有须如蝎虎足着树最坚牢，久则木大如杯。春初生枝，一枝数叶，尖长有齿，深青色。开花每枝十余朵，大若牵牛状。花头开五瓣，上有数点黄色。夏中乃盈，深秋更赤。八月结荚如豆角，长三寸许，子轻薄如榆仁，用有蟠绣石，自是可观。但花香劣，闻太久则伤脑，妇人闻之能堕胎，不可不慎。昔洛阳富韩公家植一本，初无所依附而能特立，岁久遂成大树，亭亭可爱，亦草木之出乎其类则也。”

凌霄花粉有毒，但它的花、根、叶，都是很好的中药材。

那时，在我们村头的一棵古枫树上，缠绕着一棵手臂粗的凌霄花，每年深秋，它都喧宾夺主，开得热闹。后来枫树枯死了，凌霄花更是一枝独秀。有一年，凌霄花正开得如火如荼的时候，古枫树因根基霉烂，支撑不住，轰然倒地。凌霄花也香消玉殒，趴在地上，再也起不来了。

白居易《有木名凌霄》诗云：

有木名凌霄，擢秀非孤标。
偶依一株树，遂抽百尺条。
托根附树身，开花寄树梢。
自谓得其势，无因有动摇。
一旦树摧倒，独立暂飘摇。
疾风从东起，吹折不终朝。
朝为拂云花，暮为委地樵。
寄言立身者，勿学柔弱苗。

在诗中，诗人严厉抨击依附权势、攀附高位的小人。告诫世人，为人处世，要自立自强。

凌霄花虽有凌云之志，却难得独善其身。

马兜铃

端午节饭后，我喝了二两酒，正要休息。大哥进门来，一身汗水，衣裳都湿透了。

我说：“这样大的日头，你从哪里来？”

大哥说：“在港边挖了一棵土青木香。”

我晓得，这是一种治疗中暑的特效药。

我说：“那你为什么不等凉快点，再去挖呢？”

大哥说：“端午午时，土青木香药性最烈。以前没有钟表，要把锹插在地上等待，看准正中午才挖呢。”

我小时候中暑，吃过这种药，可不曾认得，就要大哥带我去见识一下。

来到港边，我们果然找到好几棵，藤蔓一长就是一大蓬。

其藤纤细，叶形如戟，花朵呈漏斗状。有的结了许多乒乓球那么大、椭圆形的果实。

大哥说：“它的根茎如指头般粗，也带点扁平。晒干，放在家中备用，关键的时候，还能救人命呢。”

土青木香的学名叫马兜铃，也叫水马香果、蛇参果、三角草、秋木香罐。

李时珍释名说：其根吐利人，微有香气，故有独行、木香之名。岭南人用治蛊，隐其名为三百两银药。

《本草纲目》中记载，其为独行根，生古堤城旁，所在平泽丛林中皆有之。山南名为土青木香，一名兜铃根。蔓生，叶似萝藦而圆且涩，花青白色。其子大如桃李而长，十月以后枯，则头开四系若囊，其中实薄扁似榆荚。其根扁而长尺许，作葛根气，亦似汉防己。

每年端午节这一天，家家要悬挂艾蒿、菖蒲、洒雄黄酒，为驱魔避邪。如是中暑，便要用午时的土青木香，解表化湿、理气和中。

猕猴桃

猕猴桃古称苌楚。《诗经·桧风·隰有苌楚》云：

隰有苌楚，猗傩其枝，夭之沃沃，乐子之无知。

隰有苌楚，猗傩其华，夭之沃沃。乐子之无家。

隰有苌楚，猗傩其实，夭之沃沃。乐子之无室。

诗以苌楚起兴，表达了对世俗生活的烦恼，人们向往和草木一样，过无忧无虑、无牵无挂的生活。

猕猴桃别名藤梨、阳桃。李时珍说，其形如梨，其色如桃，而猕猴喜食，故有诸名。

宋代《开宝本草》记载，猕猴桃一名藤梨，一名木子，一名猕猴梨。生山谷，藤生，着树，叶圆有毛，其形似鸡卵大，其皮褐色，经霜始甘美可食。

猕猴桃，我的家乡俗称杨梅梨，是一种猕猴桃科落叶藤本果树。猕猴桃仲春开花，状若蜡梅，淡黄色的花瓣，暗红色的花蕾，气味芬芳。中秋后，其果子成熟，呈黄褐色，椭圆形，表层有毛。食之，果肉柔软多汁，味道酸甜可口。

我家乡的猕猴桃，满山遍野。每年的中秋节后，我们便翻山越岭，去摘猕猴桃。

有时，在土壤肥沃的幽谷中，一棵猕猴桃能占地数亩，攀岩附树，果实累累。有时背箩装满了，我们就脱下裤子，解下鞋绳，扎好裤脚，用来装猕猴桃。夕阳西下的时候，我们才穿着裤衩，挑着猕猴桃，欢天喜地下山。

猕猴桃摘回家，要放在坛子里催熟。待它软了，才可以吃。要不然，会麻口。待它长到霜降后，熟透了，会落到地上，捡起来，掰开就能吃，甜美可口。

我们小时候，根本没有见过苹果、香蕉、菠萝之类的水果，猕猴桃倒成了秋天的主打水果。

不过，因猕猴桃性寒，吃多了会拉肚子，有人把它称作“鬼桃”，所以，猕猴桃多半在山上烂去。随着知识的增长，我才渐渐认识到猕猴桃的妙处。它营养丰富，维生素C的含量居然高于一般水果的数十倍，还含有丰富的脂肪、蛋白质及钙、磷、铁等多种矿物质。

猕猴桃，昔日山中的“烂果”，已成为今日市上的珍品，赢得了“水果之王”的美誉。

唐代诗人岑参《宿太白东溪李老舍寄弟侄》诗云：“中庭井栏上，一架猕猴桃。”

猕猴桃，已从山野，走向了普通百姓人家的庭院、花园。

牵牛花

初秋的一天，我带着孙子牧之、黄庭，在桐源老家转悠，一是寻找童年的记忆，二是想给孩子拍点乡土气息的照片。

走到村中，那条被踩踏了几百年、光洁滑亮的麻石路，被抹上了水泥。这一抹，就抹去了我许多的童年记忆，也抹去了许多人的乡愁。我正觉得痛心疾首，发现我家已经坍塌了的老屋门前的篱笆上，有牵牛花开着，眼前为之一亮。牵牛花有好几十朵花，互争高低。喇叭形的花，有着蓝天一样的颜色。晨露未晞，妩媚鲜艳。牵牛花的藤细细瘦瘦，毛茸茸的。叶柄很长，叶片却像手掌一样宽大，有三裂。蒴果，球形，子房三室，多为黑色，故又名黑丑。有子房是白色的，叫白丑。

时下，百姓人家，或市区公园中所见的牵牛花，多与外来品种杂交，有绯红、桃红、深紫、纯白等品种。我总觉得，蓝色为其本色。

苏颂《本草图经》说，牵牛花二月播种，三月生苗，作藤蔓绕篱墙，可二三丈；其叶青翠，有三个尖角；七月生花，微红带碧色，似鼓子花，要大一些；八月结实，外有白皮，里面为球形。每球内有子四五枚，大如荞麦、三棱，有黑、白两种，到九月后收。

杨万里《牵牛花》云："素罗笠顶碧罗檐，脱卸蓝裳著茜衫。望见竹篱心独喜，翩然飞上翠琼簪。"

从以上诗文可见，我们的古人所见的牵牛花，都是天蓝色。

湘绮老人王凯运，有一篇文采飞扬的《牵牛花赋》写道："牵牛花者，蔓生蒙茏，不任盆盎之玩。待晓露而花，见朝日而蔫。虽无终朝之荣，而有连月之华。豪贵之士，将晡而起，终莫能睹也。湘绮楼前，往架植一丛。花时侵晨，对妇晓妆。乘露簪鬓，明丽清灩。盖名花，五色翠碧为绝。胎于初秋。应灵匹之期，故受名矣。又采花浸泉，为染姜梅。备尊俎之荐，案考图谱。长沙又谓之姜花是也。"

这棵牵牛花长在篱笆边的石头缝里，也一直长在我的记忆深处。据父亲说，从他小时候起，牵牛花就这样开着。

记得少年骑竹马，转眼便成白头翁。我依稀记得当年在这里玩鹞鹰抓小鸡的游戏。一大群孩子，一个人扮作鹞鹰，一个人扮作母鸡，其余的人都扮作小鸡。小鸡排成长队，一个揪着另一个的衣裳，跟在母鸡身后，唱道：

牵牛牵牛卖狗，狐狸狐狸拖狗，
半斤荞麦半斤面，一脚踏进孟家庄。
孟家庄，大又大，孟家姐姐把酒卖，
孟姐卖酒不要钱，只想换点米过年。
孟家姐姐打开门喽。噢，来了。
你是哪里人啰？我是天上人哦。
那你是怎么下来的？簸箕簸下来的。

那你下来做什么？牵牛卖狗哦。

牛有几大？粟米大。

那下次来。

唱到这里，鹞鹰发起了攻击。母鸡展开翅膀，遮遮掩掩。小鸡则躲躲闪闪。直到鹞鹰把所有的小鸡抓到为止。

我们也玩捉迷藏。由一个人边说边点："点兵点将，骑马打仗，有钱吃酒，无钱快滚。"点到谁，就由谁捉迷藏。

我家的老屋多时没有修整，如今已是瓦砾遍地，长满蒿草、葛藤。我想起从前与亲人生活的情景，不禁潸然泪下。

牵牛花还有一个名字，叫朝颜，是说清早花开，傍晚凋谢，有红颜易老，生命短促的意思。它来年又是绿荫遍地，花满枝头。可我的祖父祖母、父母双亲，却一去不复返了。

《乐府诗集·相和歌辞二薤露》："薤上露，何易晞。露晞明朝更复落，人死一去何时归。"

牵牛花虽是朝开夕落，但它留下了生命的种子，却能绵绵不绝，花开不败。

山　药

中秋佳节，我回桐源老家与亲人团聚，路过太平心街，见一个老乡提着一篮野山药在叫卖，一问价格，要二十元钱一斤，比菜市场人工种植的要贵好几倍。

我说："十五块，卖不卖？"

老乡说："宁吃鲜桃一口，不吃烂李一筐。我这是货真价实的野山薯哦。"

我心头一热，一口气把一篮子山药全买下来了。

邑人陈弘绪《洪乘编遗》云："唐代宗讳豫，凡豫章上书者，去豫止称章。又以薯蓣为薯及山药，今吾郡仍称薯蓣曰薯，盖沿宝应之讳也。"

到了北宋时期，宋英宗赵曙登基，也是为了避讳，改名为山药。后来，又因河南怀庆府（今博爱、武陟、温县等地）盛产山药，故又名怀山药。此外，山药还有玉廷、修脆、山芋、山薯、土薯、延草、蛇芋、玉茅、九黄姜等二十多个名称呢。不过山药在我的家乡还是习惯叫山薯。

它藤蔓细长，攀树而生，叶片呈卵状或三角形。根茎如棍，长可一米，且多须。肉质洁白细嫩，多黏液。花为黄绿色，穗状花序。子房为菱形，分三翅，一串有几十个。孩子摘来，喜欢架在鼻子上玩，习惯称它为“鼻子”。

《本草纲目》中是这样描述它的：四月生苗延蔓，藤蔓紫色，叶碧绿，有三尖，似白牵牛叶。五六月，开花成穗，淡红色。结荚一簇簇，三棱形，很坚硬。其子别结于一旁，状似雷丸。其根皮色土黄，肉白如玉，煮食甘滑。薯蓣入药，野生者为胜，若用来食用，则家种为良。

《神农本草经》说山药补虚，除寒湿、邪气，补中益气力，长肌肉。久服耳聪目明。

陆游有诗云：“久缘多病疏云液，近为长斋煮玉延。”

《红楼梦》第十一回，写到秦可卿身体日渐衰弱，贾母专门派人送去枣泥山药糕。一日，王熙凤前去探望，秦可卿说：“昨日老太太赏的那枣泥馅的山药糕，我倒吃了两块，倒像克化得动似的。”凤姐儿答道：“明日再给你送来。”

枣泥山药糕，补血行气、健脾益气，的确是很好的滋补品。

我家乡这边流传着一个故事，说有个老妇人，年迈体衰，卧床不起。一日，她的儿子请了个老郎中来为其看病。

郎中把完脉，摆了摆手说：“罢了，不用开药。”

老妇人以为自己没得救了，吓得面如土色，浑身哆嗦。

郎中一笑，对老妇人说：“这样吧，叫你儿子去山上挖一些山薯，炆粥吃，连吃五日，包好！”

后来，老妇人的身体果然日渐硬朗。这个故事，可见山药的妙处。

就在山药果实成熟的时候，叶子也泛黄了。

我小时候挖山药，肩上扛着一把锄头，腰间插着一把刀，手里提着一只篮子，人在田畈走，只要看见山间绿树上，披挂着黄叶，就可以判断，那就是山药藤，便勇往直前，过去挖。

在阳光充足、土壤肥沃的山谷中，只要找到指头般粗的老藤，就可以挖出手臂粗的根茎。其实挖山药是个苦差事，因它的根茎长得太深，挖到半截，我就累得气喘吁吁，稍一扳，山药就断了。有的长在石头上，它的块茎横向发展，形状有些像巴掌。我最喜欢挖这种山药了。

山川大地，厚德载物。我十几岁时，与社员混在一起，赚工分。寒冬腊月锄油茶山的时候，我常能挖到冬笋，还有山药。劳动虽是辛苦，常能给我们带来意外的惊喜。

山药的吃法很多种，可炒、可煮、可煨。

山药是美食，更是良药。

石头上种瓜记

有歇后语云：石板上种瓜——难发芽。我却反其道而行之，竟真的做起石头上种瓜的事来。

几年前，我公司的一位经理离任时，弃下一个假山盆景。这个盆景被人撂在楼道的一角，水枯草死，许久无人问津。此情此景，虽不至于让人联想青埂峰下女娲的弃石，也会引发人走茶凉的感慨。人走茶凉，世情从来如此。

人弃我取。我把假山盆景搁置在办公室前的水泥栏杆上，根据“丈山尺树，寸马豆人”的盆景布局特点，重新种上花草藤蔓，匹配上亭台楼榭，每日濯之以清泉，顷刻，只觉得丘壑之间，草木葱茏，云烟满目。

盛夏的一日，同事小刘从菜市场归来，飨我半边香瓜。我灵机一动，在石隙间种上一粒瓜子，十几天后，竟长出一茎藤蔓来。

藤蔓先是细细的、瘦瘦的，有些病态，慢慢倒也茁壮成长起来，叶片墨绿，触须张牙舞爪。在藤蔓长到两尺来长时，每日都要开出一两朵精致的小黄花，与此同时，还节外生枝，结出许多小香瓜来。可惜的是，香瓜才长到扣子般大小，就掉了。石隙中终是肥气不足，也是理所当然，只怪它生不逢其时，长不逢其地。正如吾乡有句俗话说得好：蛇要抬头腰无力。

瘦地开花晚，贫穷发达迟，莫道蛇无角，成龙也未知。这是父亲在我人生找不到出路时，教给我的。我有望作无望地给瓜藤培上一点土，还经常洒上一些液体肥料。功夫不负有心人，有一只香瓜逐渐长大，几天过去了，竟然有拳头般大了，还散发一股若有若无的瓜香。

香瓜，就是因其清香袭人而得其名的吧。

每日劳作之余，我总要站在假山旁边观摩片刻，就像欣赏自己的一件得意作品。

每有同事经过，也会停下脚步，搭讪道："咦，还是你有本事，石头上也能种出瓜来！"

威灵仙

威灵仙，光这名字，就叫人见之不忘。

《本草纲目》为其释名：威，言其性猛；灵仙，言其功神。

清代黄宫绣说："威喻其性，灵喻其效，仙喻其神耳。"

威灵仙是一种攀缘植物。羽状复叶，每回有五片小叶。聚伞花序，通常为五朵花，花四瓣，白色。多生长于凉爽湿润山坡疏林下，或沟谷岩石上。很多人用它来点缀院墙，花开之日，倒也溢彩流光，幽香撩人。

唐代嵩阳子、周君巢《威灵仙传》云："威灵仙去众风，通十二经脉，朝服暮效，人服则四肢轻健，手足微暖。"

书中还记载着这样一则故事：有一员外，得了手足不遂症，已十几年了。他终日瘫痪在床，脚不能下地，十分痛苦，遍访良医，皆无疗效。于是，家里人想了一个绝招，用一床凉席垫着，让他躺在大路旁，旁边放一块牌子，写上其症状，乞望高人救治。一天，新罗（朝鲜）一位游僧经过，说此疾有一药可治，就怕你这里没有，便把此药特征描述了一番。有采药人，带他进山寻找，他说的便是威灵仙。员外服药后，便健步如飞，如获新生。

朱权在西山南麓，著有《乾坤生意》一书，说采威灵仙根茎，用米醋浸二日，晒干研成细末，加点面粉，做成梧桐子大，每服二三丸，可治诸骨哽咽。

至于威灵仙治疗骨头或鱼刺卡在喉咙里，民间流传着这样一个故事。

有一座道观，观里一位老道有一手绝活，叫九龙下海，也就是专治骨头或鱼刺卡喉咙里。

老道心术不正，这症状本来用一碗威灵仙煎水喝下就好了，可他偏要故弄玄虚，求取钱财。

他把一碗煎好冷却的威灵仙水，叫灵水。只见他点燃三炷香，闭上眼睛，念念有词："两眼向青天，法师在眼前。急求法师在身边。一二三四五，金木水火土，日出东方起，盘装万年水，……四水下咽喉，万物化成灰。"一边念，一边在灵水上写火字。念完，叫患者当场喝下，十分灵验。

观中有一个小道士，经常遭受老道虐待，吃不饱，穿不暖，还经常挨打。

有一回，一位猎人的儿子因兽骨卡喉，前来医治。小道士有意捉弄老道士，用另一种野草来替代威灵仙。猎人的儿子喝下后，根本无效，依然是吞不下，吐不出，脸色发紫。道士硬说猎人杀生太多，作多了恶，灵水不灵了。

猎人很是沮丧，便往山下走。走到观后，小道士端来一碗药水，说："请不要听老道装神扮鬼，你的儿子只要吃了我的药，包好。"

从此，老道士的灵水不灵了，来求小道士的人倒是络绎不绝。很快，老道知道这个秘密，气急败坏，拿着手杖追赶小道士，说这次不打断你的骨头，也要挑断你的脚筋。

小道士飞奔在前，老道士追赶在后。老道士终因体力不支，一失足，摔下山崖，一命呜呼了。

此后，小道士当家，专治这种病，且分文不取。由于此药出自威灵观，故人们把此药称为威灵仙。

种南瓜

南瓜的生命力很强，只要在田头地角，丢下一粒种子，就能茁壮成长，开花结果。

那年，我大约五岁多吧，一次在田畈里讨野菜，在港边杂草丛中，发现一棵南瓜藤。它除了两片芽叶外，还长了四片巴掌大的叶子，油青墨绿的，触须张牙舞爪，彰显着勃勃生机。这棵南瓜藤显然是不种自生的，或是被大水冲到这里，或是谁遗落的种子。

我把它当作自己种的；搬了一些石块，把它四周围成一个圈。隔三岔五来看它，给它浇水施肥。有一种貌似萤火虫的虫子，经常来蚕食它的叶子，我请教母亲，在它叶子有露水的时候，撒上几把草木灰，果然虫子不再来了。

渐渐地，我的南瓜藤开花了，结瓜了。到了盛夏，有四个南瓜，长到脸盆一样大，少说也有十斤一个。我经常来到这里欣赏这四个南瓜，心里别提有多高兴了。一天大雨终日，溪水暴涨。我来到溪边一看，四个南瓜在激流中漂荡。我当机立断，把南瓜摘了下来。

我家的菜园子，东面有一溜茅厕和猪槽。母亲因地制宜，挨着茅厕和猪槽，年年栽下一行南瓜。因南瓜藤根系发达，能吸收人畜粪便，另外，南瓜藤可直接爬到茅屋上去。我们家的南瓜，年年收获颇丰。摘南瓜的时候，我便号召村里的伙伴们帮忙，就像跑马灯似的往我家搬。

种南瓜真好，可当菜，又可当饭。

南瓜叶可炒来吃。如果嫌它有些粗糙，起锅的时候，加点米汤一煮，便爽口多了。

南瓜花可蒸蛋。两个鸡蛋在碗里打碎，调上温开水，放进三四朵切碎的南瓜花，放在蒸锅里蒸熟即可。

南瓜梗可炒辣椒，清脆可口。

南瓜除了做菜，还可煮粥、濩饭，做南瓜饼。南瓜晒干，用豆子煮，可做零食吃。南瓜子留得过年炒熟待客，还可省下买瓜子的钱。

《本草纲目》中说，南瓜种来出南番，转入闽、浙，今燕京等地亦有之。三月下种，宜沙沃地。四月生苗，引蔓甚繁，一蔓可延十余丈，节节有根，近地即着。其茎中空。其叶状如蜀葵，大如荷叶。八九月开黄花，如西瓜花。结瓜正圆，大如西瓜，皮上有棱，如甜瓜。一棵藤可结数十颗，其色或绿或黄或红。经霜后，把南瓜放在暖和处，可留至第二年春天。其子如冬瓜子。其肉浓色黄，不可生食，惟去皮瓤瀹食，味如山药。同猪肉煮食更良，亦可用蜜煎。王祯《农书》云：浙中一种阴瓜，宜阴地种之。秋熟色黄如金，皮肤稍浓，可藏至春，食之如新。疑此即南瓜也。

当年红军在井冈山，吃红米饭、南瓜汤，挖野菜当干粮。井冈山的南瓜，成了艰苦朴素的代名词，也成了人们心中的红色记忆。

记得读小学的时候，我学过一首《井冈山下种南瓜》的歌，歌词开头几句唱道："小锄头呀手中拿，手呀么手中拿呀，井冈山下种南瓜，种呀么种南瓜呀……"

南瓜，江南农村家家都种，只是种在菜园里。

我们在山上开荒种过南瓜。记得就在我们村，干部群众齐动手，将村前一座碧绿茂盛的油茶山砍个精光，再将山垦了一遍，挖了一个个坑。又挑来一担担猪粪、牛粪，名曰改良土壤。每个坑种上一粒南瓜子，浇上一瓢泉水。十天半月后，南瓜发芽了，抽蔓了。不久，还真的开出金黄色的花，长出了翡翠色的瓜。连喇叭里都唱着："公社是棵常青藤，社员都是藤上的瓜，瓜儿连着藤，藤儿牵着瓜，藤儿越肥瓜越甜，藤儿越壮瓜越大。公社的青藤连万家，齐心合力种庄稼，手勤庄稼好，心齐力量大，集体经济大发展，社员心里乐开花……”

据说，我们村种的南瓜还上了当地的报纸版面，省广播电台也做过宣传。不少公社、大队干部因南瓜而得以升迁，唱出一折现代版的《南瓜记》。

但终因山上地底肥力不足，南瓜才长得像碗口般大，就打住了，藤蔓瘦下去，叶子也枯黄了。

秋天的时候，一整座山才摘了三四担南瓜。

那年，虽然村里人家家户户如愿以偿，分得了几个南瓜，吃上了几顿南瓜饭，但付出的代价太大！太大！

如今，南瓜作为自然健康的绿色食品，依然占据着人们餐桌上的一席之地。

紫 藤

暮春三月，紫藤花开了，一挂挂，一串串，俯垂于枝头，风姿绰约，如霞似锦，轻风吹来，枝摇花动，宛若彩凤起舞。

紫藤花是我国的传统名花。或攀岩，或附树，或枝干盘曲作灌木状。人们常用它来点缀庭院花园，颇具诗情画意。

唐代陈藏器说，紫藤花四月生紫花，很可爱，长安人也种，用来装点庭院池塘，江东人呼为招豆藤。

黄岳渊、黄德邻父子《花经》记载：“紫藤缘木而上，条蔓纤结，与树连理，瞻彼屈曲蜿蜒之伏，有若蛟龙出没于波涛间。仲春开花。”

明代王世贞《紫藤花》诗云：

蒙茸一架自成林，窈窕繁葩灼暮阴。

南国红蕉将比貌，西陵青柏结同心。

裁霞缀绮光相乱，剪雨萦烟态转深。

紫雪半庭长不扫，闲抛簪组对清吟。

诗中的紫藤花艳丽可爱，给人以身临其境之感。

画家吴冠中在苏州拙政园，见到文徵明手植的紫藤，爱而画之，并题了款：“偷来名园紫藤，移植自家庭院，手忙脚乱，恐难成活。”还洋洋洒洒，另作

《偷来紫藤》一文，以记之。

据报载，美国洛杉矶有一株紫藤，由一位女士种于1894年，时至今日，藤蔓盘旋缠绕，可遮地好几亩，花事最盛时，开出一百五十万朵花。它的原产地在中国，是吉尼斯世界纪录认证的世界最大开花植物、世界七大园艺奇迹之一。

在我的凤鸣山房，因车库简陋，种了两棵紫藤花作为点缀。花开之日，满园芬芳，蝶舞蜂飞，让人陶醉。

紫藤花不仅神奇美丽，还可入馔。

小时候，每年的清明节前后，我们背着竹背篓，爬山越涧，去采摘紫藤花。人还在山路上走，远远便见紫藤花，花枝招展，笑迎着我们。一路上，我们唱着歌谣："招豆藤，招豆藤，打发哥哥辘秧田。秧田发了坼，打发哥哥去卖马。卖马蚀了本，打发哥哥去钉秤。钉秤难扯眼，打发哥哥去补伞。补伞难透油，打发哥哥去打油……"

有时，在人迹罕至的高山上，一棵紫藤花可摘上一担。

摘紫藤花，通常是在雨后的晴天，花儿湿润欲滴，在日照下，雾气氤氲，花气袭人，深深地呼吸一下它的花香，肺腑生香，令人心醉。

紫藤花的吃法有很多种。最直截了当的是将花洗净了，晾干，筛点油，用旺火炒一下，放点盐，立即装盘，保持着原香、原色、原味。食之，清香甜美。也可用紫藤花和粳米粉，加糖，蒸成紫藤糕。或和糯米粉，加盐，炸成紫藤饼。

有时，紫藤花多得吃不完，人们便把它蒸熟晒干，密封起来，可一年四季慢慢品味。我的家乡有道名菜，叫"紫藤花压肉"，就是把二三斤五花肉放在锅里煮，快要烧烂时，再把几斤干紫藤花放进去煮上片刻，装进一个钵子里，用盖子盖上。放上十天半月再吃，肉里的油，慢慢会渗到紫藤花里，味道香醇可口。要吃时，盛上一盘。

紫藤花就是这样，雅能入诗入画，俗能贴近生活。

跋

一方水土养一方人。

对于人类来说，世代受地域、气候、信仰等影响，形成长久固定的习俗，总会在时间长河中，慢慢沿袭、承继，即使时代在转变，所在地的人也会留下根深蒂固的影响。这就是民俗看上去既文远，又充满活力的原因。南昌梅岭，青山不老，绿水长流，自古至今，形成了特色民间文化。

得知龚家凤先生出版陟彼梅岭四部曲，分《梅岭览胜》《梅岭民俗》《梅岭草木》《梅岭动物》四册，我是既觉惊讶，又觉在意料之中。龚家凤生于梅岭、长于梅岭，对这里的山川草木、民俗风情，如同自己的掌纹一样，谙熟于心，并在自己的文章中娓娓道来，再一次印证，他被称为“梅岭之子”是当之无愧的。

平日里，家凤先生一有空闲，就行走在三百里梅岭山水间。这不只为简单的脚步移动，而是有心灵深度的行走。对于他来说，一草一木都有不凡的意义，一山一石都有内涵丰富的故事。他用心、用笔一一与之深情对话。

而对于山中的任何一位老人、任何一处老屋，家凤先生都有种难以割舍的情怀。他一次次接近他们，记下他们的所述，拍下他们的照片。不止一次，他说“这位老人我前段时间去时还在，这次却过世了”，眼里饱含遗憾与泪水。这些山中祖祖辈辈生活的人，在他看来，如同梅岭千年来的草木、胜景一样，成为梅岭民俗的活化石和传承者，让他情不自禁生出敬意，时刻在引起他的关注。

为什么写作？为谁写作？听起来是个老话题。却是在提醒每一个写作者，手中的笔其实力敌千钧。代表的是自己的内心之想、血液之淌，还有自己最关怀的一类人及生命的存在。

这种存在，既是物质的，又是精神的。现代科技和社会的发展，使梅岭和

其他地方一样，天天在变化，甚至一些看似千年生长下来的草木也在变化。只是在这个变化之中，还有许多不变的东西。这种不变，家凤一直在寻找、在证明。他以一位梅岭人的情怀、以一位有担当的作家精神引领，一年又一年，投入大量时间与精力，深入梅岭的内部及角落，以自己多年的采访和写作，为梅岭、为南昌文化建设寻找着最深的印记。

湖南的湘西很美。可在中国大地之上，还有许多美的地方。只是，湘西由于有了沈从文，它的美变得立体、深邃、久远起来。其中的山水、民俗、草木、动物等精雕细刻，为那片古老之地绣上了自己神秘、动人的特殊色泽，也成为沈从文文章的特色。这也是为什么人们想起沈从文，会想到湘西的原因。同样，想到作家迟子建，就会想到东北大兴安岭、想起如同童话的冰雪之乡；而一谈论到作家老舍，就会涌上浓厚的京味儿，仿佛进入了北京胡同……因为这些作家的作品中，都有着浓厚的当地特色。这是他们作品的特色，也是当地山水、草木、百姓生活底色、民俗等在作品中的反映。

现在，“陟彼梅岭”四部曲的出版，正是承载着梅岭的历史、文化，是与梅岭百姓心灵相连的，对梅岭地域文化、民间精神与思想意识的最厚重的呈现。

梅岭山中，草木种种，皆不相同；而地域上又十里不同风，五里不同俗。钟灵毓秀之中蕴藏着一代代人沿袭、相传下来的民间文化。其中的民俗部分，有许多并不为人知、不为人关注。在书中，我们可以看到，对于过年，此地不同于别处：一年之中要过两次年。即山中的客家人，在一年的六月初六这天，要采摘新鲜瓜果、蔬菜，进行祭拜天地，祈求五谷丰登。中午，还要用新米煮饭，好酒好菜吃一顿，名为“吃新”，这种“过半年”的民俗许多人都不了解。

而对于与百姓生活息息相关的牛，梅岭山里村民体会着牛一生的辛劳与勤恳、奉献与忍耐……每到端午节的日子，晚上人们纷纷赶着牛上山，让它寻找传说中的时仙草，特别希望这种动物能够升天成仙。书中，年同爷说的一句话：“牛为我们劳作了一辈子，到老来，肉被吃，皮用来蒙鼓。我们看杀牛时，千万记得手交背，要不然有罪过。”把人对牛的感激、体恤、歉疚和自责道了出来，引人泪目。

无论在中国，或世界何处，说到万寿宫，人们都知道是中国江西的象征。可万寿宫祖庭，就在梅岭南麓的西山镇上。时至今日，那里常年人声鼎沸、香火不断，依然能看到宗教在民间的力量……

从书中，我们可以看到，由于位于山中，梅岭从前民风淳朴，百姓日出而作，日落而息，相对封闭。也因此相对能完整保留着民族四时八节、婚丧嫁娶等传统风俗。清明节、七月半，一个家族会在一起上坟、祭祖。过年谁家杀了猪，煮好了的血旺，要相互赠送。清明节的阳绿饼、谷芽饼，也要送给邻里，相互品尝。寒冬腊月，很多人家坐在一起烤火，讲故事、唱民谣、猜谜语……

在“陟彼梅岭”四部曲中，萦绕种种名胜、草木、民俗、动物，经过一代代的历史冲刷，在这里有的延续，尚有踪迹，有的芳影难寻、成为传说…… 比如，山中几百座世代帮助人们舂米磨面的水碓，由人们生活所需之物，最后变成在野外自生自灭的无用之物。凡此种种，想来滋味百般。

“陟彼梅岭”这套丛书，全面抒写了梅岭世代相袭、相承以及几经演变、延续、变化的胜景、民俗、草木、动物，无疑成为走近梅岭之人了解梅岭、知晓梅岭最具价值的书籍。

南昌的西山指的就是梅岭。家凤先生所在的桐源村，原属安义县管辖。通过作家的写作，每个人都会深深体会到，方圆不大、山势并不高的梅岭，却有着一种博大、宽广的历史文化和民间传统。而正是这深度与广度造就了一个文化意义上的大梅岭。

其中就因为有了梅岭特殊的胜景及民俗、草木之故。

草木生命力顽强，民俗同样具有极强的生命力，因为它的气息会活生生地存在于日常生活之中，往往在无声无息中影响着一代代人。虽然我们每天生活在一些民俗之中，民俗就在每个人身上，有时也浑身不觉。好在家凤先生以这本书，以对大梅岭民俗文化的挖掘、展示，提醒我们每个人，如何对待民俗、继承民俗、推动民俗，成为一个有意识的个体。这将对开发民族的古老精神力量，提供极为强劲的精神支持。

“陟彼梅岭”这套书，不仅让梅岭人了解了梅岭，让南昌人了解了梅岭，更让南昌以外的人了解了梅岭，已然成为研究、探索当地民俗、文化最好的桥梁，它必将不仅以对梅岭胜景、草木、动物的描写，还以对梅岭民俗的挽留、展示、吟诵，让梅岭真正走出深闺，成为大梅岭的一块文化基石。

傅玉丽

2023 年 3 月 15 日

项目策划：段向民
责任编辑：赵　芳
责任印制：钱　宬
封面设计：武爱听

图书在版编目（CIP）数据

梅岭草木 / 南昌市湾里管理局文学艺术界联合会主编 ; 龚家凤著. -- 北京 : 中国旅游出版社, 2024. 9.
（陟彼梅岭四部曲）. -- ISBN 978-7-5032-7414-5

Ⅰ. Q948.525.61

中国国家版本馆 CIP 数据核字第 2024SM5350 号

书　　名：梅岭草木

主　　编：南昌市湾里管理局文学艺术界联合会
作　　者：龚家凤
出版发行：中国旅游出版社
（北京静安东里 6 号　邮编：100028）
https://www.cttp.net.cn　E-mail:cttp@mct.gov.cn
营销中心电话：010-57377103，010-57377106
读者服务部电话：010-57377107
排　　版：北京旅教文化传播有限公司
经　　销：全国各地新华书店
印　　刷：三河市灵山芝兰印刷有限公司
版　　次：2024 年 9 月第 1 版　2024 年 9 月第 1 次印刷
开　　本：720 毫米 × 970 毫米　1/16
印　　张：17
字　　数：284 千
定　　价：300.00 元（全四册）
I S B N　978-7-5032-7414-5

陟彼梅岭四部曲

南昌市湾里管理局
文学艺术界联合会 ◎ 主编

龚家凤 ◎ 著

梅岭览胜

中国旅游出版社

序

南昌地处赣抚平原，水网密布，唯西北方向有山，翠插云霄，是为梅岭。梅岭，又名洪崖山、西山、飞鸿山、散原山。山中风光秀丽，名胜众多，文化蕴藉深厚。陟彼梅岭四部曲发掘整理梅岭地方文化，对促进生态保护和文旅产业发展具有重要现实意义。陟彼梅岭四部曲作者龚家凤生于斯长于斯，对研究梅岭地方文化抱有极高热忱，数十年如一日行走山间，体察入微，用情至深。此前，他已有多部有关梅岭著作出版，为我们深入认识梅岭打开了一扇窗。现在又有陟彼梅岭四部曲问世，实在令人欣喜。四部曲包括《梅岭览胜》《梅岭民俗》《梅岭草木》《梅岭动物》。

梅岭为山，贵在滨江近城，人类活动频繁，至少在汉代便已成为一座文化名山。山中长期生活着原住居民，同时隐逸高士、游客和佛道信徒纷至沓来，各种文化现象层累交织，蔚为大观，成为南昌的文化聚宝盆。总的来看，梅岭至少从三个方面给人以深刻印象：

一是风景游赏胜地。梅岭在赣抚平原边缘地带异峰突起，势如天外飞来，其主峰罗汉峰更是整个南昌地区的制高点，十分引人瞩目。天气晴好时，人们在南昌城登临滕王阁，或舟行江上，均可远眺梅岭。梅岭山势嵯峨，群峰竞秀，进入山中寻幽访古，或登顶览胜则更为快意。古豫章十景中，梅岭占其二，分别是“西山挹翠”和“洪崖丹井”，一为山之远景，一为山中名胜。进山游览线路通常是乘船渡赣江，由天宁寺经鸾岗、鸾陂至翠

岩寺、洪崖丹井、乌井至洗药湖；或由铜源峡经香城寺、云峰寺至洗药湖；或由妙济桥、落马岭、梅岭镇至太平镇再至洗药湖。现在许多地名已发生变化，但三条登山线路大致相同，即我们常说的中线、南线和北线。历代到访梅岭的文人墨客络绎不绝，张九龄、欧阳修、曾巩、黄庭坚、岳飞、周必大、张位等文化名流有300多位，他们来到梅岭，诗兴勃发，留下古文188篇、诗词1450首。与之相关的历史古迹和摩崖石刻也不少，如张九龄之风雨池、欧阳修之天下第八泉、留元刚之摩崖石刻，凡此种种，文化的层累无疑使梅岭更具有魅力，引得更多人接踵而至。

二是高士隐逸秘境。梅岭，出则城，进则山，既可远离喧嚣，又可洞观天下，是高士退隐的理想之地。梅岭有记载的第一位隐士当属黄帝的乐臣伶伦先生。相传他在洪崖山掘井炼丹，世称洪崖先生，故南昌又称洪州。他在山中断竹而吹，又从凤凰鸣叫声中获得灵感，创制十二音律，被后世尊为“乐祖”，梅岭便成为中国古典音律的发祥地。此后，历代来梅岭隐逸的高士众多，汉有罗珠、梅福，唐有施肩吾、陈陶、贯休、齐己、欧阳持，宋有刘顺，明有张位、徐世溥、陈弘绪，等等。这些隐逸高士在山中悠游唱和，使梅岭更具有文化魅力和神秘色彩。其中，汉代罗珠重点值得一提。罗珠是西汉开国功臣，曾任治粟内史，后出守九江郡，奉命筑南昌城，晚年辞官隐居洪崖山，自号罗汉。罗珠是南昌城的建造者，也是当今1500多万罗氏后人的始祖，南昌罗家集、罗亭镇因其后裔聚居而得名。梅岭与罗珠相关的地名、物名众多，如罗汉峰、罗汉坛、罗汉坡、罗汉祠、罗汉松、罗汉柏、罗汉茶、罗汉菜均因其得名，可见其对后世的影响深远。罗珠生活的年代比佛教传入中国早约200年，“罗汉”一词因罗珠在当时的南昌已被广泛使用，由此不难推测南昌市井是流传的罗汉文化源头所在。

三是佛道擅场福地。梅岭山水灵秀，更兼水陆交通便利，历史上高僧名道竞相在此开辟道场，是一座宗教名山。据张启予先生统计，梅岭有佛道寺庙观坛多达136处。相比于佛教，道教在梅岭的发展较早且更为兴盛，自古有“神仙会所”之誉。梅岭紫阳宫就是一处道教圣地，最初是祭祀东汉开国

大将邓禹的邓仙坛，后来当地百姓将其与紫阳真人吕洞宾合祀。与之毗邻的罗亭镇名山村，历史上有“九里十八观”之说，可见当年道教发展的盛况。三国时期，著名道士葛玄曾来梅岭传道，留下葛仙台遗迹。西晋许逊在此修炼“拔宅飞升”，“一人得道鸡犬升天”的故事广为流传。唐朝著名道士张蕴在梅岭隐居修道，留下许多传说。在宋代张君房《云笈七签》中梅岭位列第十二小洞天、第三十八福地，这是当时梅岭道教繁盛的最好印证。佛教传入梅岭则略晚，东晋西域僧人昙显得到豫章刺史胡尚的资助，在梅岭修建崇胜院与香城寺。这是梅岭最早的佛教寺院。此后，梅岭先后出现寺庙数十座，“西山八大名刹”最为有名，分别是翠岩寺、香城寺、双岭寺、云峰寺、奉圣寺、安贤寺、六通寺、蟠龙寺。翠岩寺位列八大名刹之首，也是八大名刹中目前唯一存世的。此外，梅岭颇具影响力的寺庙还有天宁寺、云岩禅寺等。宗教在梅岭曾经的繁荣发展，也给这座山平添了几许仙气与禅意，人们游历山中，或许有见山不是山与见山还是山的人生思考。

昔日的梅岭是城外山，今天的梅岭已是城中山。随着南昌加快梅岭揽山入城步伐，梅岭正在成为城市中央公园。前湖快速路、湾里大道、梅岭大道和正在推进建设的西外二环高速、地铁六号线构建完善的大交通网络，使山城融合进程加速，依托梅岭打造高颜值的生态旅游区、高质量的生态经济区、高标准的生态居住区，一幅主客共享的生态福地画卷正在湾里徐徐展开。省委常委、南昌市委书记李红军指出，湾里要保护好梅岭生态，持续提升颜值和品质，坚定走发展生态旅游的道路自信。文化是旅游的灵魂，越是梅岭的就越是世界的。系统发掘整理梅岭地方文化，是助力湾里全域旅游发展，打造旅游目的地的必要之举。

客观来说，当前有关梅岭地方文化的研究还不够深入，既有高度又有深度的力作还不多见。龚家凤利用业余时间，深入梅岭开展田野调查，笔耕不辍数十年，于整理和传承梅岭地方文化功不可没。陟彼梅岭四部曲的出版，是整理研究梅岭地方文化、记录山区自然与社会变迁又一重要成果，确实值得祝贺。

认真读来，这四部曲有两点让人印象深刻：

一是饱含真情。读家凤的书，深刻感受到他对家乡的深情。书中用得最多的词是“我的家乡”。例如，《椿芽树》开篇写道“在我的家乡，只要有屋场，便有椿芽树”。短短一句话，乡情跃然纸上。

二是虚实相间。四部曲从名胜、民俗、草木、动物四个层面系统梳理了梅岭的自然与文化资源，有情感的抒发和主观的推断，更多的是真实记录山中的风景名胜、民俗风情、多样植物和可爱动物。

当然，这四部曲还有一些将来需要继续完善提升的空间。例如，作者在写作的过程中参考了一些文献，但对史料的甄别和考证有待进一步深入，引证严谨性有待加强。同时，部分篇章存在资料信息堆砌感较为明显的问题，去粗取精、去伪存真的工作还要再加强。总体来说，陟彼梅岭四部曲是梅岭地方文化研究的重要阶段性成果。希望家凤再接再厉，再建新功，也希望以此为契机，带动更多热爱梅岭、关心梅岭的文人学者研究梅岭，为建设“生态梅岭，幸福湾里”贡献力量。

目　录

乐祖探源

洪崖丹井，是为古“豫章十景”之一。

很多人只知道这个地方因远古的时候，有个叫伶伦的先生，在此炼丹而得名。然而，这里更是中国音律的发祥地之一。

据《吕氏春秋·仲夏记·古乐篇》中记载：“昔黄帝令伶伦作为律。伶伦自大夏之西，乃之阮隃之阴，取竹于嶰溪之谷，以生空窍厚钧者，断两节间，其长三寸九分而吹之以为黄钟之宫。……听凤皇（凰）之鸣，以别十二律，其雄鸣为六，雌鸣亦六，以比黄钟之宫适合。黄钟之宫皆可以生之，故曰黄钟之宫，律吕之本。”

西汉文学家刘向，著有《列仙传》一书，是我国最早的一部神仙传记，有从上古到夏、商、周，及秦、汉之间，七十多位神仙的事迹，其中就有洪崖的记载：“洪崖山者，山之阳洪唐寺，山中有洪崖坛，每亢旱祷此。”

西汉张衡《西京赋》有“洪涯立而指麾”，就是写伶伦指挥音乐的描述。三国吴太子少傅薛琮在《西京赋注》中说：“洪崖，三皇时人，或云即黄帝之臣伶伦。”宋代张君房道教典籍《云笈七签》卷八十八载《仙籍旨诀部》说：“钟陵郡之西山有洪崖坛焉。”

东汉蔡邕《郭有道林宗碑》云：“将蹈洪崖之遐迹，绍巢许之绝轨。”

晋代著名文学家、训诂学家、风水学者郭璞，曾与许逊、吴猛遍游梅岭。据白玉蟾记载：“真君……遂与郭璞访名山，求善地，为栖真之所，得西山之阳逍遥山金氏宅，遂徙居之。”郭璞在《游仙诗十九首》其三中写道：“左揖浮丘袖，右拍洪崖肩。”《游仙诗十九首》其六有云：“姮娥扬妙音，洪崖颔其颐。”

北魏郦道元《水经注·赣水》：“西北五六里，有洪井，飞流悬注，其深无底，旧说洪崖先生之井。”

郭子章《豫章书》载：“洪崖先生者，得道居西山洪崖，或曰即黄帝之臣伶伦也。”

邑人徐世溥在《西山纪胜》中载：“洪崖先生，三皇时人也。……石间大水出流为洪，峭石壁为崖。邃古之初，姓氏未起，依事立名，因其得道处，称之为洪崖先生。”

《江西省志·文化艺术志》中这样说："被称作中国音乐鼻祖的黄帝乐臣伶伦（洪崖先生），于远古时期就在江西省南昌地区的梅岭山掘井（又名洪崖丹井）修炼，并与荣将创制音律，又断竹而吹，以为黄钟之宫。这对促进江西省民间音乐文化的发展，有着重要作用。"这是许多专家学者，经过反复考察认证，得出来的结果。

据我所知，全国有很多地方，以洪崖为名。

"笑拍洪崖，问千丈，翠岩谁削？"这是宋代大词人辛弃疾《满江红·游南岩和范廓之韵》的词句。词中的南岩，位于江西省上饶市弋阳县，这里不但有洪崖，还有翠岩呢。据说这里也是为纪念黄帝的乐臣伶伦而得名。

河北易县城北有一景，叫"洪崖积雪"。据南北朝高僧慧皎著《梁高僧传》记载，东晋僧人道安奉诏在庆化寺建伶伦塔，从此把附近的地方都称为洪崖山。今日的易县洪崖山，还保留下了一年一度的"点笙对调"，这是祭奠乐祖伶伦的活动。

四川青城山，在南北朝时期，称为洪崖。据南朝梁陶弘景《真诰》说，洪崖先生曾经在青城山修道。据杜光庭《青城山记》引《上清记》记载："洪崖真人隐居其内。"如今，重庆留下了洪崖洞等地名。

"问我祖先在何处，山西洪洞大槐树。祖先故居叫什么？大槐树下老鹳窝。"山西洪洞县，古称杨县。据雍正年间《洪洞县志》记载，隋朝义宁元年"因有洪洞镇，故名。相传南有洪崖，北有古洞。镇故以得名"。

唐代张氲的家乡晋州（今山西浮山），也被称为洪崖里。张氲曾隐姑射古洞十五年，因仰慕乐祖伶伦——洪崖先生仙迹，来到洪崖丹井筑坛修炼，道号洪崖子。因而有不少他落过脚的地方，也被称为洪崖。

旧时湾里原南宝村南面，有一片小山，也叫洪崖山。堎上村右边一个小山岗，就叫下洪崖院。魏元矿《西山志略》记载："直指庵，在张公窝。明崇祯间，僧觉心建。后有恒慈上人别置下洪崖院。"

各地出现这许多"洪崖"地名，犹如梅福云游过的地方，很多叫梅岭，葛洪落过脚之处，很多叫葛仙峰，都是想在他们身上沾点仙气和灵气。

《礼记·乐记》中说："乐者，天地之和也；礼者，天地之序也。"钟灵毓秀的梅岭，与华夏音乐史有着诸多的渊源。春秋时期，萧史、弄玉在这里吹箫引凤。明代宁王朱权，历时十二载，在这里整理了我国现存刊印最早的琴谱《臞仙神奇秘谱》。今日广为流传的《高山流水》《梅花三弄》《阳春白雪》《平沙落雁》《浔阳月夜》《广陵散》《昭君怨》《大胡笳》，都是从这位王爷的琴谱中、琴匣中，飘散开来，渗透到每一个中华儿女的精神气质中。

在庸常的日子里，我总喜欢听中国古代十大名曲来怡情养性。有时，听着听着，神思缥缈，追根溯源，就会遥想洪崖先生在我家乡的山上，取竹断节而吹，那一幕遥远的往事。

远在黄帝时，中华民族还没有创造音律，人们打了胜仗、庆祝丰收、祭奠神灵、节日庆典，只是用棍棒，敲打皮鼓、陶罐、兽骨和竹木之类的东西，以示欢庆，声音除了嘈杂，便是喧嚣。

黄帝，乃华夏民族的人文初祖。其时的黄河、长江流域，文明曙光乍现，我们的先人开始播种五谷、创造文字、穿衣戴帽、发明舟车、打造兵器、推广医术……

伶伦以前是雨师。部落里每有干旱，他便率领巫师，敲着皮鼓，打着竹板，载歌载舞，祈祷神灵。黄帝见他高大英俊，精力充沛，每次都能把一场普通的祈雨，导演成一场音乐盛会，便知人善任，把他选拔为乐官。

一日，黄帝召见了乐官伶伦，请他发明音律。伶伦领旨后，首先来到昆仑山下的泉水边，选用了树叶、兽骨、陶罐等作材料，制作成各种乐器，吹之，声音呜呜然，没有阴阳之分。有时，吹着吹着，空中竟然愁云惨淡，天地都为之昏暗。

伶伦心情很是沮丧。他用自己制作的乐器吹奏出呜呜然的声音，倒也恰如其分地表达出自己苍凉悲愤的心境。

就在伶伦快要绝望时，听说长江以南一带，山秀水媚，四季如春。他想，不妨去那遥远的江南，找找感觉。

伶伦在昆仑山水瘦山寒、彤云密布、寒风呼啸、初雪飘飞的深秋，打点好行装，杖策南行。他心中有一种强烈的使命感，跨着大步，日夜兼程。越往南走，空气越湿润，山色越秀美，他似乎到了另外一个世界。

伶伦不记得走了多少时日，来到了今日的洪崖一带，只见这里层峦叠嶂，松竹满山。山涧流水潺潺，如泣如诉。在山间，油茶树花开得白花花，银灿灿，如烟似雾，胜似春日梨花。菊花丛中，蝶舞蜂吟。就连空气也是香香的，甜甜的。

伶伦觉得自己走进了仙境，耳朵里也总觉得有仙乐在飘。他再也迈不开前进的步伐，在此结庐而居。

伶伦先生当年长得什么样子呢？明代胡俨《洪崖丹井》诗云：

闻有古仙客，紫髯九尺躯。
浴丹洪崖井，脱屣白玉壶。
碧藓青苔古，寒泉夜月孤。
不知千载后，还饮雪精无？

原湾里区文化馆馆长钟丰彩先生，创作的民间故事《洪崖丹井》，这样描述道：

很古很古的时候，在洪崖瀑布旁边的山岩下，住着一个采药炼丹的老人。他身高九尺，身架子就像西山的岩石那样结实；头发、胡子红里带紫，就像飘着一片晚霞。

伶伦每日在山野间，流连忘返，寻找创作灵感。或在林下听松涛阵阵，或在草丛里听虫鸣叽叽，或在飞瀑下听水声喧嚣……饿了，就采野果、野菜、蘑菇充饥。渴了，就趴在溪边，喝几口清凉的山泉水。这里的水都是甜的，喝过之后，神清气爽，两胁生风。

伶伦的到来，给处在洪荒蛮昧中的当地人，带来一束文明之光。他教大家用文字记事、结网捕鱼、野菜充饥、草药治病……

钟丰彩先生写道：

他天天上山采了药草回来，就拿给一只小猫去尝，小猫尝过以后，再拿到一个大石臼中捣碎，然后用悬岩下的瀑布水合成丸，给人治病，非常灵验。住在附近的人家，有病就去找他，年年如此，代代如此。这个老人家官名叫伶伦，不过，大家都叫他洪崖先生。

……有一次，洪崖先生在捣药时，一瓣月华飞溅在药臼旁的茶叶树上。那时正好是茶叶树开花的季节，茶花与月宫粉一撮合，就孕育了一颗新种子，种子落在溜光溜光的岩石上，照样发了芽，趴着岩石伸着根，长成矮矬矬的一棵小茶苗。洪崖先生每天舀一勺洪崖水，把它从叶到根淋得湿漉漉。不几年，山坡上这样的茶树越来越多，长成矮矬矬的新茶林了。用洪崖瀑布水滋养的茶叶，气味淳厚，异香扑鼻，与众不同，后人把它作为献给宫廷的贡品，并根据茶叶树矮矬矬的样子，给它取了名字叫“罗汉茶”。

在距离洪崖丹井南边二里许，有一座绿树葱茏的小山冈，名叫鸾冈。北魏郦道元《水经注疏》云：“言鸾冈周有水，谓之鸾陂。”《西山志》记载：“相传为洪崖先生乘鸾所憩，在洪崖丹井南崖，瀑汇其四周，曰鸾陂。”张商英《徐铉墓记》说："洪州西山之鸾冈，洪崖先生洞府之所在。"

《禽经》曰："鸾，瑞鸟，一名鸡趣，首翼赤，曰丹凤；青，曰羽翔，白，曰化翼；玄，曰阴翥；黄，曰土符。"《说文》载："鸾，神灵之精也，赤色五彩，鸡形，鸣中五音。"

五音是指中国古代五声音阶中的宫、商、角、徵、羽五个音级。

伶伦在这里用泥土、石块、茅草搭建了一间茅舍，接待那些寻医问药的人。在周边，种了上千种草药，郁郁葱葱，一年四季，鲜花不断。他把这里命名为"百草园"。

桃李不言，下自成蹊。洪崖一带的人，在伶伦的影响下，能歌善舞，成为名震天下的部落，长江流域的人，都沿赣江、乌沙河逆流而上，前来朝拜他。

冈的东面，有一洼水，碧波荡漾，名曰鸾陂，也叫凤池，很多水鸟云集于此。鹭鸟就有白鹭、苍鹭、池鹭、夜鹭、牛背鹭。伶伦便经常坐在水边听鸟语，捕捉灵感。芦苇荡里、水草丛中，此起彼伏的鸟鸣声，让他心荡神迷。一天，有两个小孩子在打水漂，还一唱一和：

上快板，下快板，
一对鲤鱼河里玩。
鲤鱼哥，你也好，河阔深，
可怜我田螺爬田塍。
田螺哥，你也好，有丘田，
可怜我麻雀钻屋檐。
麻雀哥，你也好，有农莨，
可怜我燕子空中寻。
燕子哥，你也好，住雕梁，
可怜我斑鸠无处藏。
斑鸠哥，你也好，有雀窝，
可怜我脚鱼泥里拖。
脚鱼哥，你也好，泥宫香，
可怜我杜鹃满山嚷。
杜鹃哥，你也好，有春山，
可怜我水牛日夜耕。
水牛哥，你也好，满山草，

可怜我骡马长途跑。

骡马哥，你也好，有辆车，

可怜我黄狸满树爬。

黄狸哥，你也好，有果树，

可怜我春蚕汤里沉。

春蚕哥，你也好，有桑叶，

可怜我公婆空悲切。

八十公公婆婆呀，没的说，

一副棺材等着你去歇。

伶伦听到这里，不禁潸然泪下。呵，一个人生活在这个美丽神奇的星球上，能活个七八十岁，也算是颐养天年了，还有什么可悲切的啊。可很多人，活个四五十岁，就匆匆和这个世界告别了呢！

其时的伶伦，已年过半百，头发花白，牙齿也开始松动了。光阴如白驹过隙，生命正在加速衰老！

伶伦想，轩辕黄帝交给我的使命还没有完成，我可不能稀里糊涂就老死了。他听说吃了仙丹可以长生不老，就在洪崖丹井幽谷的流水边，凿了五口丹井，打了一眼丹灶，用朱砂、雄黄、硫黄、芒硝等炼丹。

钟先生是这样写伶伦采药和炼丹的：

……洪崖先生炼丹捣药，不怕疲劳，不管日夜，不计年月，直炼得西山顶上烟雾腾腾，炉火映得西边天空一片通红。岩石被烤得坚硬如钢，西山水被药气熏得甜津津，西山土被药渣掺得香喷喷，西山的草木也因此长得特别青翠，四季飘香。一座方圆二三百里的西山，竟炼成了一座钟灵神秀的仙山。

伶伦一边炼丹，一边断竹而吹之。模仿流水声、鸟语声、虫鸣声、松涛声、天籁声，竹管中，渐渐飞出了一串串美妙的音律……

一天，伶伦正吹得如痴如醉，一对凤凰飞来了，在天上翩翩起舞。雄鸣，唧唧；雌鸣，啾啾。一时，引来百鸟来朝，彩霞纷纭，天籁齐鸣。伶伦一激灵，打开了灵感之源，很快谱成了十二律，音律从低到高，依次为：黄钟、大吕、太簇、夹钟、姑洗、仲吕、蕤宾、林钟、夷则、南吕、无射、应钟。十二律，又分阴阳，凡奇数六种称阳律，凡偶数六种称阴律。

伶伦先生发明了音律，很快回到了黄帝身边。

黄帝立即让乐师演奏。那优美的旋律，时而似高山流水，时而如莺歌燕舞，时而像黄钟大吕……

在场的人听着听着，灵魂都出了窍，随着美妙的旋律，飘向了山明水秀的江南……

张衡在《西京赋》中，描写了当时的情景："女娥坐而长歌，声清畅而蜲蛇。洪涯立而指麾，被毛羽之纤丽。度曲未终，云起雪飞。"

伶伦完成使命，不久还是回到洪崖丹井炼丹，最后飞升而去。

仙井今犹在，洪崖久不还。隋开皇九年（589），全国统一命州，当时的豫章郡，因洪崖丹井所在，改名为洪州。

洪崖丹井位于伏龙山中。背倚释迦峰，面朝钵盂山。左有翠岩寺，右有紫清宫环抱。乌晶源，如游龙吐水般贯穿其中，"飞流直下，若飞虹垂空，疋练拖玉，触石成声。又若迅霆奔出，长风怒号，游人非附耳疾呼，不相闻也"。

明代徐世溥在《游洪崖记》中描写道：

曲江三十里，抵洪崖，两崖数十寻，皆釜色。时有白绣，纷若叠菊。相望四五丈，势常欲合，无土有草，剥落成文，直上高五六里。

西山之水，飞鸣而下，时从石壁横洒飘忽，若疾风吹雨，莫不斜飞。前有巨石当之若堑，水稍汇之，上瀑奔流至此，则复冲激上山，左右喷薄洗石壁，逆流而下矣。左右有钟磬两石，巨若轮，横无所倚。若水东奔激之，则滃然为钟声；若倚泻西激，则铿然若磬声。至春夏水弥不复见，但闻水中钟磬声也。石壁上有镂文，岁久苔填不见，盖神仙迹云。昔洪崖仙人尝居此，故因以名地。洪崖之书，是岂洪崖迹耶？下石为渚，时潆时流，遇石翔鸣，遇沙明绮，九十七曲入于江。

在一道陡峭的岩壁上，刻有"洪崖"两个古朴苍劲的大字，为清康熙丙辰年九月，笑堂白书。其左有一联曰："两峡悬流联瀑布，一泓活水出洪崖。"由闽长溪游起南题刻。其右侧刻有："海陵周次张、龚甦中、郲枚惟，以淳熙乙巳冬，携樽访药臼，徘徊不觉暮矣。曝西日，掬清泉，相与乐而忘归。次张志。"

这里还有许多前人题咏的石刻被毁。那时在 20 世纪 60 年代末 70 年代初，南昌为备战之需，大量行政机关及工矿企业迁至湾里，为了解决吃水问题，便在洪崖丹井上游修了三座水坝，因需要石头，便炸毁了许多名胜古迹。据我所知，有南北朝谢庄的《游豫章西观洪井》，唐张氲《醉吟三首》，清施润章的《振衣石记》，都已被毁。

就是这样一处称为南昌第一名胜的洪崖丹井，却从战乱频繁的清末，一直掩埋在榛莽荒草中。1981 年，湾里区进行名胜古迹普查，第二年，洪崖丹井才被发现。

民间传说，洪崖丹井四两丝线都打不到底，下通赣江、东海呢。《南昌府志》记载，洪井洞居水中，人罕能见。明宁王朱宸濠，尝借来许多桔槔，把水车干，见有五井，各方广四尺。片刻，水又从井中涌出，顷刻如故。

在洪崖丹井的下游，以前经常有人在此处捡到金龙、铜鹿、铜马等物件。史料记载，宋代太常卿杨杰，奉祭西山时，就曾投金龙、玉简于此。

洪崖丹井的瀑布泉，被大文豪欧阳修确立为天下第八泉。

“逢泉皆可坐，击石自成吟。处处藤萝好，重重紫翠深。人稀莺哢谷，院静鹤盘林。何福生居此，桃源莫更寻。”这是明代万历年间位至宰相之尊的张位咏洪崖瀑布的诗。

自古至今，达官显贵、文人墨客、僧侣道人，把造访洪崖丹井，当作一种时尚。

今日的洪崖丹井，已被打造成一处以音乐为主题的山水园林。流连其间，步移景换，妙趣天成：时而跨溪越涧，时而奇岩耸立，时而繁花似锦。芭蕉冉冉，浓荫匝地；绿竹猗猗，秀气逼人；巨藤如蟒，纵横交错。更有乐祖宫、品泉亭等仿古建筑，飞阁流丹，古韵盎然……

在一块浑圆的巨岩上，塑造了一尊伶伦的紫红色赤身石雕。他半跪半蹲，下身披着一块葛巾，左手高高托起排箫，仰望苍穹，似在祈祷上苍赐予人间美乐。石雕线条粗犷古拙，意味深远，内涵丰富，足以引发游人思古之幽情。

我的文友孙建平女士在《聆听洪崖》写道：

……

一缕丝竹之音
若有若无
透过雨滴松风泉声鸟鸣
在我心中萦绕
哦！伶伦
听见了
我终于听见了——
从《风·雅·颂》到《春天的故事》
民族之魂
大音希声

雷次宗《豫章记》说，豫章郡人多尚黄老清净之教，重于隐遁，盖洪崖先生、徐孺子之遗风。

《北史·隐逸传序》也说，洪崖开隐逸之先河。

然而，伶伦——洪崖先生在此，更是奏响了恢宏大气的华夏音乐第一乐章。

乐祖伶伦，民族之魂，大音希声。

翠岩诗韵

“笑拍洪崖，问千丈，翠岩谁削？”这是宋代大词人辛弃疾《满江红·游南岩和范廓之韵》的词句。

湾里的翠岩寺，与洪崖丹井仅一崖之隔。

翠岩寺，西山八大名刹之一。始建于南北朝梁天监初年（502），初名常缘寺，唐武德中，改名洪井寺，后乃名翠岩。几经兴废，如今又殿宇巍峨，金碧辉煌地展现在世人面前。早晚钟磬悠扬，四季香火不断。

然而，翠岩寺的原址，却是在以前湾里区委、武装部一带。背倚释迦峰，面朝钵盂山；左有东源，右有乌晶源相环抱。

翠岩寺的历代住持均博学多才，长年给落魄文人提供吃住。桃李不言，下自成蹊，天下的学士名流，自然把访翠岩当作一种时尚。

唐天复元年（901），高安进士欧阳持，辞去丰城县令，隐居在翠岩寺。他遍游梅岭后，作《西山歌》以明志，诗的最后几句写道：

到此间，万事足，清风高洁无荣辱。

任他拜相与封侯，且将一板岩前筑。

翠岩寺后，有一迎笑堂，欧阳持便住在这里。

迎笑堂依山而筑，结构讲究。来客进堂，要登九级阶梯，每级由九个节的竹子构成，称为“九节筇”。堂前，有一棵千年橘树，一年四季，郁郁葱葱，因屡遭雷击不倒，称为“雷护橘”。

据《洪都纪异》:“翠岩寺迎笑堂旧有一橘，传为神僧所植。每结实时，雷辄护之，无敢窃取。”

欧阳持的后裔，清代欧阳桂在《西山志》中记载:“寺后一室，扁曰迎笑堂，阶前有九节筇、雷护橘。常人取之，雷即振声。有蟒蛇盘石，禅师去，蛇即去，常人不得坐。前有鹤巢松，半山有钟鼓二石，击之有金革之声。”

欧阳持的隐居生活过得很悠闲，读书之余，或与高僧参禅悟道，或与文朋诗友悠游林泉之下。

一日，饮着用洪崖泉酿的美酒，三杯下肚，他逸兴遄飞，挥笔在墙壁上，题了一首《书翠岩寺壁》：

迎笑堂前九节筇，闲来无事得从容。

时闻雷护千年橘，夜听风传万壑松。

茅屋人家芳草外，竹房僧住翠微中。

一蓑烟雨归来晚，遥听云间起暮钟。

当时的西山，贯休、齐己、陈陶、郑谷、胡玢、方干、施肩吾经常在一起饮酒吟诗，可谓人文荟萃。

一天，在漂泊中的曹松，在方干的再三邀请下，骑着毛驴，风尘仆仆地来到翠岩寺。进入山门，在一位小沙弥的引领下，经过九节筇，来到迎笑堂。两人久别重逢，握手言欢。寺中的住持听说大诗人曹松来了，也来叩见。曹松饮过一杯慧泉泡的明前茶，浏览了一下前贤的题壁诗，在住持的盛情邀请下，也题了一首《书翠岩寺壁》：

何年话尊宿，瞻礼此堂中。

入郭非无路，归林自学空。

溅瓶云峤水，逆磬雪川风。

时说南庐事，知师用意同。

南唐“词天子”李璟与寺僧澄源禅师无殷交往甚密，经常穿着便装，带着几个侍从，来到翠岩寺与无殷探讨佛法。

无殷，也叫禾山无殷，为福州连江县人，俗姓吴，七岁于雪峰山出家，受具之后，遍参诸方，后受李璟之邀，来翠岩寺当住持，赐号澄源禅师。

据《五灯会元》记载：江南李氏召而问曰：“和尚何处来？”师曰：“禾山来。”曰：“山在什么处？”师曰：“人来朝凤阙，山岳不曾移。”国主重之。

相传，春寒料峭的一天，李璟与徐铉，带着几个侍从，乘一叶小舟，从章江、乌沙河逆流而上，快到鸾冈时，突然乌云排空，雷电交加，暴雨倾盆，他们的衣裳一下子全湿了。正好左岸有一小庙，名曰赐福寺。一行人弃舟登岸，霎时，只觉得晴光朗朗，别有洞天。李璟感叹道：“真不愧于洪崖先生乘鸾起驾之地也！”

无殷圆寂时，李璟亲自为之写祭文，徐铉作了墓志铭。

宋代西山高士潘兴嗣，陪同浙江文友任大中，夜宿翠岩寺，一起欣赏迎笑堂题壁诗。任大中建议各作诗一首。

潘兴嗣说：“有欧阳先生的《西山歌》在上，我等再写都显得苍白无力，不如联诗一首，才显得与众不同。”

任大中说："甚好。"

于是，两人合写了一首《夜宿翠岩寺连句》：

苍龙夭矫西北来，銮破明珠成碧岫。（潘）
何人驾空起楼阁，地灵不敢藏余秀。（任）
锁窗云重衣巾润，梳木风清肌骨透。（潘）
客来一夜与僧谈，气觉浩然充宇宙。（任）

写完，两人哈哈大笑，走到户外。翠岩寺宫殿巍峨，在清朗的月光映照下，如置身在月宫琼楼玉宇中。

江西诗派开山祖黄庭坚，妹妹嫁给安义黄洲洪民师。黄庭坚四个外甥洪朋、洪刍、洪炎、洪羽就读于黄洲雷湖书院。黄庭坚经常来此讲学。一次，他横跨西山，来游翠岩寺，有《翠岩玑禅师真赞》云：

一步一弥勒，一句一释迦。
逢人虽不杀，袖里有青蛇。
是翠岩则二，非翠岩则别。
弥勒下生时，亦作如是说。

北宋元祐年间（1086—1094），张商英在江西负责漕运时，渡江来访翠岩。是日，翠岩寺住持释保宁玑风闻张商英来访，率众僧相迎于道。张商英见他仪表不俗，便问："老僧迎客下烟岚，试问如何是翠岩？"

保宁玑对曰："门近洪崖千尺井，石桥分水绕松杉。"

张商英说："闻长老之名久矣！怎么对答如此之妙？"

保宁玑曰："适然尔。"

保宁玑与张商英握手大笑，一见如故。

这一问一答，不仅介绍了当时的情景、翠岩寺的地理位置，还巧妙地组合成一首诗。

后来，有人把这首诗刻在了翠岩寺的妙高台上。

南宋绍兴二年（1132），一个艳阳高照的清秋，几记清脆的马蹄声，打破了洪崖往日的寂静。翠岩寺有幸迎来了名震山河的大英雄岳飞。

南宋绍兴元年（1131），他奉诏留存江西弹压寇乱，间隙，来访翠岩。

岳飞时年三十，意气风发。在众僧的陪同下，到洪崖。那水声震天的飞瀑，荡涤了他心中的尘埃，也增添了他的雄心壮志。

走过征君桥，穿过半月轩、听松堂，踏着"九节筇"，他来到迎笑堂。

此处不但环境清雅，一尘不染，且满壁尽是前贤的题咏。笔走龙蛇，气象万千。岳飞才坐下来，有僧人递过一碗西山云雾茶来。岳飞揭开碗盖，透过蒸腾的水汽，只见得汤色绿黄清澈，品了一口，清香馥郁、鲜醇爽口，顿觉得神清气爽。

岳飞道："好水，好茶。怪不得此水被大文豪欧阳修确立为天下第八泉。"

住持是个儒雅的人，给岳飞一一介绍题壁诗的来历和妙处。

住持说："岳将军不但武功盖世，文采也是天下闻名，何不也题诗一首，好让弊寺蓬荜生辉。"

岳飞呵呵一笑，说："翠岩自古乃风流蕴藉之地，岳某只是个武夫，但也略懂风骚，只好献丑了。"

于是提起笔，稍做凝思，就写了一首《题翠岩寺》：

秋风江上驻王师，暂向云中蹑翠微。
忠义必期清塞水，功名直欲镇边圻。
山林啸聚何劳取，沙漠群凶定破机。
行复三关迎二圣，金酋席卷尽擒归。

翠岩寺西有齐安王墓。

齐安王乃赵宋宗室赵士褭。他为人慷慨，有大义，心忧天下。他是赵构的族叔父，关键是，他是苗刘之变救驾的功臣。

绍兴十二年（1142），就在岳家军北伐节节胜利之际，岳飞被十二道金牌召回，等待他的是灭顶之灾。很快，以"莫须有"的罪名，他被解除兵权，投入大狱，含冤而死。

齐安王多次与主和派秦桧等人据理力争，泣曰：中原未靖，祸及忠良，是欲二圣不复中原也。他还用全家百余口人的性命，为岳飞名节担保。

后齐安王罢黜王位，隐遁西山，改名遥光，取其时照千里之意。他曾在新建县太平乡（今石鼻）齐源岭建有别业，晚年皈依佛门，捐赀翠岩，买田供僧。

明嘉靖年间，翠岩寺废为民居。一百年后的清顺治年间，高僧古雪，在熊文举、陈弘绪等人的帮助下，不辞辛苦，四出募捐，才将翠岩寺赎回，并修葺一新，重新铸造了一尊一丈六尺高的如来佛，一座七八尺高的铜瓶，一只四尺多高的铜香炉，一个可饱千僧的"千僧锅"。一时，众僧云集，香火旺盛。熊文举写了一首《题重兴翠岩寺》：

宝殿辉煌映雪书，因缘有待未虚徐。

从教万法超万劫，须识真源湛一如。

大士了心非棒喝，道人生计在耕锄。

茅亭楚楚青灯话，二老风流来往初。

清咸丰四年（1854）十月初九，历经沧桑的翠岩寺又遭劫难。南昌府同知张斌林，为镇压太平军补充军饷，领一队人马，来到翠岩寺，强行将铜佛及其铜器砸碎，共得铜 11141 斤。

抗战期间，翠岩寺被日军烧毁。抗战胜利后修复。“破四旧”时又被夷为平地。

青山依旧在，几度夕阳红。翠岩寺屡经兴废，但迎笑堂的题壁诗却广为流传，犹如翠岩不死之精神！

洗药湖走笔

梅岭之巅，有罗汉峰，海拔 841.4 米，为南昌市境内最高峰。因山中多湖，相传，药圣李时珍曾携弟子洗药于湖中，故名洗药湖。

当地人来这里采药，习惯在湖里洗脚、洗药，所以此湖也叫洗脚湖。当地方言，“湖”读作“坞”。

所谓的湖，其实多是泥潭沼泽，人踩上去，会往下沉，且深不可测，冰冷彻骨。民间有传说，说这里是当年神仙赶西山填东海留下的泉眼。有的专家则认为这里是冰碛湖群。

有人统计，这里有四十八处湖泊。湖大者十余亩，小者才几张桌子大。分别叫熨斗湖、碓臼湖、柳树湖、东湖、长湖、蒿笋湖、车子湖、和尚湖……

涂兰玉《西山志》记载：“濯足湖，在太平乡罗汉岭前。周径数亩，中尽无底，泥沙泉自湖出，觱沸不竭。土人疑为尊者濯足处，亦名洗药湖。”

峰顶有罗汉坛，有人说是因西汉治粟内史罗珠，隐居山中而得名。罗珠，字怀汉，也称罗汉。《中华罗氏通谱》说：“洪崖所名罗汉之坛，装像建祠祀之，以高其节。”

罗汉坛，也有祀灵观尊者、雨师罗汉尊者之说。灵观尊者，乃隋开皇初年，新罗沙弥是也。

时至今日，坛已毁，此处已被江西省 702 电视差转台发射塔所替代。

罗汉坛北去四里，有会仙峰，也叫棋盘垴，因峰正中有棋枰石而得名。许逊与其弟子十二真君，经常在此对弈或打坐。

那是盛夏的一天，逍遥山道观实在闷热难当。许逊携弟子来到会仙峰。这里苍松倒挂，云来雾往，凉风习习，使人飘飘欲仙。

许逊为弟子讲起了《太阳元经论》：“玄元大道，无象无形。感于自然，而有动静，动者元阳也。元阳即元精，元精生真火，发生于玄玄之际，离合而成魂，乃日之始判也……”

许逊反复告诫弟子，道以忠孝为本，德以阴骘为先，不忠不孝，枉求成仙。

不知不觉，暮色苍茫。山谷竹鸡的啼叫声，此起彼伏。

许逊立起身，抖落身上的尘土。只见晚霞满天，一轮又大又红的日头，衔在天边。

许逊深深地叹了一口气，感叹道：“又一天！”弟子一个个沉默不语。霎时，蝉声响成一片，人也好似这声浪中的一粒芥子而已。它们为什么要这样不要命地歌唱呢？是要证明自己的存在？是要感叹生命的短促？是为了挽留行将下山的夕阳？

庄子说，人生天地之间，若白驹之过隙，忽然而已。许逊想起了母亲，日里夜里，无时不想。母亲在他五十二岁过世，一晃已五年了。母亲临终的那段时光，让他刻骨铭心。他在梦中，经常被母亲痛苦的呻吟声惊醒，心如刀绞。人来到世间，操劳一辈子，临终还要遭受病痛的折磨、承受对死亡的恐惧。那时，他三天两头来洗药湖采药，最终还是没有挽留住她老人家。他一生医人无数，可为什么就医治不好母亲呢！为旌阳令时，瘟疫流行，是他用千金藤、金银花、贯众等草药煎水，救活了很多人。当时还流传着一首民谣：“人无盗窃，吏无奸欺，我君活人，病无能为。”这山水千年万载还在，而人只不过是匆匆过客而已。什么时候能通过自己的修炼，打开一扇长生之门呢？他四顾茫然，感慨系之，吟诗道：

洪都处处皆仙迹，故老相传俱太息。
磨剑长溪水渺茫，镇蛟铁柱泥灭没。
拦牛埂畔仙风古，饮马泉边云气激。
仙都大会聚此方，八百仙真堪驻跸。

从此，许逊立下宏愿：敬天崇道，济生度死。

许逊的母亲，葬在罗汉坛南面的南岭。站在罗汉峰，母亲的墓田依稀可见。

明代赵子方《洪都记》载：

新建萧坛发龙结许祖地，名飞天蜈蚣。临穴时，拱起一节，又伏一节，如此九拱九伏，合飞龙格，后乂手乃坤申龙。诸山转身，面向大龙，绕正穴盖穴，坤山艮向，近案对灵官坛尖峰，名仙人跨鹤形；远朝庐山五老峰，鄱湖作明堂，不取脚下小明堂，系郭祖扦葬，真乃道眼。又扦阳基是凤形，住在凤冠上。万寿宫建在翅上。似此道场，万年不朽。

另有歌云：

仙桥玉骨似蜈蚣，九曲腾腾对九峰。东日西月，立金阙；东鼓西旗，臣僚便至；东狮西象，百代侯王。案前旗帐来相遮，文武官员到君家。

关于许逊葬母，徐世溥有《旌阳母符元君墓记》记其事：

西山南岭，旌阳葬母之处。旌阳先时母丧，求吉地于列郡，名山秀岭，无所不至。一日，游西山，揖萧史循山而东，忽遇老人，幅巾短褐，皓首庞眉，持藜杖于道侧，谓旌阳曰：“吾本山神也，受天命为太夫人守此地，五百年矣。今幸主人至，谨以奉献。”遂引旌阳度叠石，履层崖，立于藤萝下，曰：“此即夫人吉壤也。”旌阳曰：“山高崖陡，界落不清。”老人曰：“千里行龙，半天作穴。”急呼山魑扫开屏障，现出真龙。即时山源秀发，脉络分明，真异境也。老人以杖指之曰：“庐山为案，富有万贯；彭蠡为塘，贵显万邦。”旌阳掘地，得石匣记曰：“地在眼前，留与真仙。许他葬后，拔宅升天。”旌阳遂以母葬其穴焉。

其实，许逊的父亲就葬在罗汉峰。《安义县志》记载：“罗汉峰在县东三十五里依仁乡，晋许旌阳葬父处，相近有会仙峰。”

许逊出生在赣江之滨的南昌县麻丘，在还没有记忆时，父亲就离开了人世。还是在他卜居逍遥山后，才将父亲的墓，迁移至此。

《万寿宫通志》：“有观曰广福。灵苗丹药，瑶草琼花，多产于此，旌阳采药，尝居其地，里人德之，爰立生祠祀焉。旌阳斩蛟神剑藏于室中。”

此观就在会仙峰西面山谷中。许逊居此，沿袭神农尝百草的传统，精心鉴别各种本草的药性。

《南昌府志》：广福观“在安义县四十里的依仁乡，前有大石，广数丈，有茅生顶上，四时青翠，传许旌阳所植”。

所谓“茅”，是指仙茅。《海药本草》称：“其叶似茅，久服轻身，故名。”

李时珍《本草纲目》就记载：“按《许真君书》云：仙茅久服长生。其味甘能养肉，辛能养肺，苦能养气，咸能养骨，滑能养肤，酸能养筋，宜和苦酒服之，必效也。”

今日洗药湖的林下，处处能看到仙茅的倩影。

罗汉坛西，有一景观，叫金钗杀金龟。其地势似三个尖叉，对准湖对面一个似龟的山头，金钗中间一钗稍长，正中央有一墓。关于此墓，有一个很有趣的故事。

清同治六年（1867），永修有一个姓彭的员外，父亲去世，请了风水先生踏遍了梅岭的各个角落，才相中了这块宝地。

出殡的那一天，员外家把灵柩送到山上，就在山上搭凉棚，安排午宴。拳头大的肉，巴掌大的鱼，觥筹交错。当时，有一个放牛的牧童，正饥肠辘辘，想讨一点吃的，填填肚子。员外不但不给，还命令家人赶他走。牧童很生气，想报复这个吝啬的员外。

下午三点，下完肆，爆竹响过。风水先生一边敲着铜锣，一边喝起了关山彩：“伏以！金钗杀金龟，代代着朝衣，坐大轿，骑高马，穿朝靴，戴金盔……”

那牧童坐在对岸的龟背上，对着说：“悲哉！金钗杀金龟，代代着蓑衣，坐大石，放群牛，穿草鞋，戴斗笠……”

员外家气急败坏，立即派人去抓他。才等走近，牧童一溜烟地往山下跑去。

据说 1967 年，此墓被盗，尸首完好如初。

说到墓，从柳树湖到会仙峰的半山腰，有一块神秘的墓地，叫九个堆。一块碑纪，一对华表，却有九个坟堆。这是修坟者为盗墓贼设下的一个迷魂阵。

罗汉坛南边，有香城寺、碧云庵、留元刚石刻、磨鹰崖观星台等胜迹。

洗药湖，是一座天然的药材宝库，黄精、玉竹、百合、桔梗、茯苓、瓜蒌、丹参、八角莲、八角乌、何首乌，随处可见。

杨圣希《梅岭竹枝词》诗云：“洗药湖边洗药材，药王忙过百千回。相传湖水都成药，无病无灾我要来。”

我小时候便经常来这里采药。有时，走在山涧中，眼前豁然一亮，是一丛忽地笑，开得如火如荼，真好似绝色美人嫣然一笑。其杆笔直如箭，高过三尺，花序伞形，花色金黄。有时，我坐在岩石上小憩，忽然闻得异香扑鼻，发现山谷中一株荞麦叶大百合，灿然开放。它高有六尺，叶大如掌，开有几十朵喇叭形的花，让人惊艳。有时，在山崖下走，偶尔抬头一望，只见崖头有几朵药百合，手掌大小，六瓣。花瓣似波斯菊，花丝如龙爪，美态独特，曼妙可人。

山中多黄花菜。《西山志略》记载：“罗汉菜一名黄花菜，又名琼枝，即越中鹿角菜之类，独罗汉坛生之称罗汉菜。陈友谅取以和曲江金花鱼做羹，名玉叶羹。”

熊荣《西山竹枝词》云：“西山美菜称罗汉，二月春风岭上生。却笑陈氏不知味，无端烹作玉叶羹。”

我曾在这里为一家单位种过黄花菜。山谷中，一锄头挖下去，尽是枯枝败叶淤积而成的腐殖酸土壤。六月天，骄阳下，种下的黄花菜，开始还蔫奄奄的。一阵山风吹过，一朵乌云飘来，沙沙地落起了雨。到第二天，就能听见黄花菜成长的拔节声。

花开时，黄花菜一朵朵像火焰一样往上蹿。漫山开遍，红彤彤一大片。

这里盛产棉艾（香青），其茎直立，似鼠曲草，但要茁壮得多。它不但可以用于舂糯米团子吃，还可以晒干煎水喝，对腹泻有奇效。

这里山高雾大，土壤含有丰富的氮、磷、钾等元素，生长出的茶树，叶片肥壮，柔软细嫩。茶叶制成后，青翠多毫。泡出来，汤色明亮。饮之，清爽甘醇。明孙汝澄游记云："香城、罗汉坛产茶，色味如煮青子，汤可解酲。"

民谚有云：人不出门身不贵，火不烧山地不肥。早先，我的家乡有放火烧山的习俗。当然，烧的是洗药湖这样的荒山秃岭。

有熊荣《西山竹枝词》为证："东风吹火一层层，二月烧山远寺僧。拉得小姑依槛望，蜿蜒恍惚是龙灯。"

注脚有云："烧山有二利，一则除其阘冗，不藏恶兽，一则灰烬过雨，泽尽归田。故正二月间，取次焚烧，因风纵火，万仞垂空，村中远望，酷似龙灯。"

今日，此地封山育林，遍植柳杉，自然不利草药生长。

百草是百药，百药医百病。上下几千年，中华民族的健康与繁衍，是与神农本草密不可分的。早先的人，多少都懂一些疾病防治常识，有点头疼脑热，就寻几样清热解毒的草药，煎水喝。在20世纪70年代初，洗药湖边的一个人，把一个从五六百人的村子中收集的偏方、秘方，整理起来，几个月就写成了一本《土方草药汇编》。

当下，草药已经远离人们的日常生活。国人看重西医，稍有点风寒感冒，打针吃药，用抗生素，这很不符合养生之道。

洗药湖，自古便是幽士隐居、雅士登高作赋的胜地。

它有着"云连海岱千山雨，风撼云松万壑雷"的雄伟气势，有着"自食松花当晚餐"的淡泊境界，有着"山峻风高六月寒"的可人凉意。

人们常用"朝观东方云海日出，暮瞰洪城万家灯火，春赏十里火红杜鹃，夏纳百丈仙台凉风，秋品千峰野果琼浆，冬览万山玉树银花"来赞美它。

早春，这里冰未解冻，残雪犹存，云遮雾绕，正在酝酿着一个美好花季的到来。

暮春，展现在人们眼前的，是一个五彩缤纷花的王国。开得最热烈的是杜鹃花，远远望去，火红一片，把整个山都染红了。此花在我的故乡就叫染柴红。山崖上，紫藤花一串串悬挂于随风飘摆的枝蔓上，犹如彩凤起舞，娇艳照人。山谷的青松下、岩石边，有幽兰吐芳。

酷夏，外面的世界如蒸似烤，洗药湖却以习习凉风，迎来山外来客。七八月间，这里平均气温才20℃，正如当地山民所说："白天不用扇，晚上被搭肩。"这里被人誉为"小庐山"，已经成为全国十三大避暑胜地之一。

在山庄前面，有一湖，乍看像一个药葫芦。大有十亩，碧波荡漾。湖畔，花木扶疏，松柏苍翠。不远处，点缀着一个水榭或凉亭，更把此处衬托得如同仙境。湖中有一石雕，是李时珍采药图。

在山庄疗养的人，都喜欢来湖边散步。湖水清澈见底，游鱼历历可数。忽然，扑哧一声，一条三四十斤重的鲤鱼，跃出水面，有两米多高。不经意间，有野鸭从头顶飞过。

湖畔有一个竹子搭成的门头，上书：百草园。园中种有山中移栽过来的奇花异草，有二百种之多。一年四季，花开不断，草药飘香。

从百草园翻过一个山头，有一湖，叫天净湖，远远望去，湖水碧绿如染。湖畔山脊，一直有长廊环护，更有亭台楼阁镶嵌其间，宛如一幅浑然天成的画卷。

深秋，这里野果飘香，茅栗咧口笑，山楂满山，八月甜得滴蜜。还有许多叫不出名的野果，或红或紫，正如杜甫《北征》所描写："山果多琐细，罗生杂橡栗，或红如丹砂，或黑如点漆。"令人眼花缭乱，目不暇接。

放眼望去，多是果实累累的茅栗子。满山都是打茅栗子的人，山里山外的人都来赶场。这是一种特有的风情。我打满了一背篓茅栗子，只觉得肩上沉甸甸的，就邀几个同伴，坐在石头上剥壳。边剥壳，边聊天，还可远眺安义、新建、永修、南昌等地的山川大地及田园风光。近处村落的炊烟依稀可见，鸡犬相闻。

隆冬，如若连下几日寒雨，再加上一场大雪，不论山下有无冰冻或积雪，这里便成了一个冰雕玉砌，水晶宫般的世界。积雪盈尺，一匹芭茅叶，冻得像一柄闪着寒光的长剑；一丛枯草，冻得像一株银珊瑚。满山都是玉树琼花。欣赏着这一幅幅大自然精美绝伦的杰作，会给人们心灵一种圣洁的洗礼。

其时，有金缕梅盛开，它有着古梅的枝干、蜡梅的颜色、红梅的意蕴。满树繁花，如丝如缕。虽裹在冰里，飘散不出清香，却飘逸如遗世独立的隐士，秀丽如玉树临风的美人。

今日的洗药湖，再也没有归隐山林的隐士了，而登高作赋的雅士却不减往昔。

狮子峰游记

一个艳阳高照的秋日，我与友人来到太平镇石壁岭村，寻访狮子峰胜迹。从村子里朝后仰望，只见一座巍峨壮观、乱石崩空的石山，让人触目惊心。村民指点：山之巅，有数块巨石，珠联璧合，仿佛一头昂首挺胸的雄狮。

其实整个狮子峰，就像一蹲吼狮。

清同治《安义县志》记载："狮子峰，在县东四十里依人乡石壁岭上，巉然万仞，势若狮。每天将雨，则泉自石窟中出，俗称'狮子流涎'。"

石壁岭村，也叫泮溪村。村前，有一汪湖水，叫泮溪湖，也叫观察水库。

从村后上山，景区有石板路环回。从左侧，拾级而上。山色斑斓，山果或红或紫。走过大片茂盛的板栗林，山风吹来，不时落下几颗板栗，给人以意外的惊喜。

过半山亭，忽见两石壁立，拱起一块巨石，形成一道天然石门，上书"补天"二字。石门上，披藤挂蔓，妙趣横生。

步入石门，风景殊异，恍若仙境，竹石相生，幽邃如画。山石或峭或削，或平或仄，从从叠叠，千姿百态。有一块巨石，高二三丈，用篆体书有"一柱擎空"四字。周边五块巨石上，分别书有"福禄寿禧"四字。

秀竹竿竿挺拔，叶叶生风。有一株竹子，可谓奇绝，在离地面的第三至第六个节间，非枝丫，却长出七枝拇指般粗的小竹来。树中生树，已属奇观，竹中生竹，只怕是亘古未有吧！旁边插有一块竹牌，美名曰：七仙竹。

沉醉间，有一道石壁，恍若天河，挡住我们的去向。石壁横竖数十丈，浑然一体，形似弥勒佛的大腹，上有涓涓细泉流下，在阳光的照耀下，熠熠然闪着银光。壁上书有斗大的四个字：狮子流涎。

传说，明末一位威镇南北边陲的将军，母死葬于狮子峰。

将军本姓龚，名刘綎，梅岭龚家人。在下葬的那一天，八仙抬着笨重的柏木棺材，怎么也上不了又陡又仄的山巅。日头当空，眼看到了地仙规定的下殡时辰，刘綎急了，向送葬的人，要了一块红扎巾，绑在手臂上，夹着灵柩，快步如飞地上了狮子峰之巅。吉穴就选在狮子口里。刘綎乃天上的星宿下凡，孝子绑了红扎巾，违背了孝道，也触怒了天庭，就在他正要把灵柩放进去时，猛的一声炸雷，狮子口訇然一声，合上了。刘绖大怒，朝石狮子猛踹一脚，大喝一声："孽障！"一时间，愁云惨淡，天地为之昏暗，从此，石狮子就流下涎来。

石壁陡不可攀。在它的左侧，开辟了一条石径，细如绳，曲折蛇行，可上狮峰。路途险阻，不时要前拉后推，攀藤附树，才可上攀。山顶上，巨石如林，或峥嵘如猛兽，或矫健如雄鹰，或立起如刀斧。我们不时穿行于石隙洞穴间，忽高忽低，忽明忽暗，一会儿宽如洞府，一会儿窄如细巷。空穴来风，阴森森，凉飕飕。

葫芦洞，须匍匐而进，渐渐开旷如厅，可容数百人。民国《安义县志》记载："咸丰辛酉年寇至，里人谋避乱处，入之，得铁锅二口，大径二尺，厚寸许，古色斑斓，何代何年不可得名，姑纪以俟情雅者。"

早先，狮子口边流涎处，长着一棵吊兰，像瀑布一样，宣泄下去，花开的时候，香飘十里，乃西山岭里一大奇观。说来奇怪，这棵吊兰没有人敢采。说是狮子口里，住着两只比人还高的大鸟，轮流守候，寸步不离。夜里，经常能听见大鸟的叫声，鬼哭狼嚎，令人心惊胆战。它好像在说：攀登狮子峰，十有九凶。绳索攀岩，十股九崩。

有人说，他在山上砍柴，突然觉得有一朵乌云飘过，抬头一望，是一只大鸟。这种大鸟以喜欢吃豺狗而著称。豺狗可是山中一霸，集群而居，连老虎、豹子都怕它。可大鸟却是它的天敌。就在豺狗站在岩石上或悬崖上打斗嬉戏时，大鸟在空中看准，便俯冲而下，用强健有力的巨爪，抓住豺狗的两只耳朵，用力一拽，豺狗就跌下了崖壁。就在豺狗惊魂未定时，大鸟的大钩嘴，三两下就啄开豺狗的肚皮，抓取一把热乎乎的肠肝肚肺，长啸一声，飞走了。

有人说这种大鸟叫石鹰，但无法考证。后来，这只大鸟不知去向，这棵吊兰就被人挖走了。

登上狮子峰的制高点——狮子脑，我们只觉得有凌虚御风，羽化登仙的飘然感，不禁心有些怯，脚有些抖。耳际松涛阵阵，山风习习。放眼四望，只见群山苍苍，环抱一汪浩渺的湖水，湖畔村落，炊烟袅袅，鸡犬之声相闻。

地灵人杰。山下的石壁岭、观察村，乃东汉名臣杨震的后裔，他们的堂号便叫：四知堂或清白堂。四知者：天知，神知，我知，子知。四知，后来成为我国为官廉洁自守的代名词。

今日四知堂中有对联曰：清风衍四知，景运隆三代。

杨氏祖训：孝为大、和为贵、书为上、勤为本、礼为先、德为重。

清代村中有个叫杨继宽的诗人，一日偕同弟子裘行简来游，有《偕裘可亭制军登狮子峰》诗云：

石壁狮蹲壮，扶筇快此过。
地高南斗近，秋尽北风多，
万仞开丘壑，一村依薜荔。
山灵能课雨，飞瀑天下河。

清同治《安义县志》记载："杨继宽，号虚谷，依仁里人，早通经史，为文有国初诸老之风，性内介而外和，潜心道学，望重经师。新建裘行简制军率其子弟授业于门下，其后皆成名去。继宽以岁贡生屡荐不第，便一意陶成子孙，生平绝迹城市。言论风采，乡人熏其德焉。晚年著有《石壁斋诗文集》。"

踏着光洁的石板路，在村中漫步，"进士及第"的牌坊，就有好几座。

村中人才辈出，这里是远近闻名的才子之村，难道不是得力于这里山光水色的灵气吗？

身临斯境，只觉得这里山美，水美，人更美！

梅岭溪漫笔

梅岭山区，层峦叠嶂，风光旖旎，一年四季，有络绎不绝的游客来这里踏青览胜，寻幽访古。人们也许熟知洗药湖主峰的雄奇，神龙潭瀑布的壮美，千年银杏树的苍劲，可是，却极少有人注意过梅岭溪。其实，它是一条极其富有风采情趣的山溪。

梅岭溪又叫吴源港，也有人写作乌源港。港，在我的家乡泛指一般的溪流。

涂兰玉《西山志》记载:“吴源，在城西北，隶桃花乡。水出山椒，乃风雨池之余波，奔流下注。十余里间，堰水作陂，凡十一所，每堰溉田千余顷。”

清同治《安义县志》是这样记载的:“桐源水，在县东三十里控鹤乡，与礼源同源，分流至架溪合水桥，与吴源、南源之水，入新建象牙潭。”桐源水便发源于此村。

梅岭溪的源头，来自大山深处，田畴角落，许多涓涓细流，随着山涧流来，聚成这梅岭溪，又绕着山脚流去。它犹如大山的琴弦，永远唱着与之合节合拍的歌，有着年轻人的朝气，蜿蜒曲折，流向赣江，流向鄱阳湖，流向东海。

太平街，当地人习惯称合水桥。合，当地方言读 gē。有七房港、太平港、南溪三港在此会合，因而得名。其实这三港之说，是针对太平村始祖李达后裔分布而言。说法莫衷一是。

七房港，也叫李源。涂兰玉《西山志》:“李源，自罗汉坛一支北流，与西河之水会，地名合水。其处四面皆高山，深岩峭石，似壁垒形。”

桥的一侧，有一棵古老苍劲的枫杨掩映其上。站在桥上，环顾四周，修竹满山，秀气逼人。桥下，清流激石，泠泠作响，如七弦琴，从古吟唱到今。更有粉墙黛瓦的心街，翘角飞檐的凤凰台，犹如印在这山水之间的画卷。

凤凰台是一个仿古戏台，上书有“盛世太平”四字。每到节假日，有采茶戏班，用采茶调，唱响赣风鄱韵。

杨圣希《梅岭竹枝词》诗云:“合水桥边野草花，太平街上夕阳斜。”

合水桥，已成为当地一地标性建筑。一直是山里人纳凉，游人观景，画家写生的好地方。

梅岭溪，在架溪村画了半个弧形，又飘然而去。

架溪，是一个有四五百人口之众的村庄，溪上架有拱桥一座，木桥三座，与外界相衔接，故名。村前，绿树成荫，有苍老的枫树、白果树；有新育的桃、李、枣、杏。鸭鹅悠然浮游于水中。早晚，有村妇挥槌的捣衣声。偶尔，可见穿花裙子的少女，伫立水中，在洗濯秀发，桃花般的秀脸，倒映在水里。此情此景，真乃风情万种。

村四周，净是些玲珑的小山，翠竹青青，松柏苍苍，古时候所谓“西山积翠”，大概也就是此景吧！

从村东，过一小木桥，走过几丘稻谷飘香、荷叶田田的田园，有一气宇轩昂的古庙，叫“古回龙庵”。庵里供有一尊形神兼备的木雕观音。这里香烟缭绕，明烛高照，旧式清油灯一盏，荧荧如豆。据墙壁上石碑记载，此庙始建于晋代，每年的九九重阳节，邻近乡民都来此赶庙会。可见，此庙不同凡响。庙左有一株红豆杉，大约三抱许，高大挺拔。庙右有一株叫不出名的古树，曲虬如巨龙，满树披挂如莽的巨藤。这棵树的成长不平凡呢！在一千多年或数百年前，一颗种子落在一条石隙中，石隙中有土，这颗种子发芽了，成长了，硬是以万钧之力，将这块花岗岩石“劈”成两半，真让人叹服它的神奇伟力！

曲径通幽。沿溪小径，竹荫相夹，繁花似锦，溪中岩石，或立或卧。行不多远，有花岗岩石，高低错落，形成一大片，溪水便从岩石的石隙中穿过，水花飞溅，如雷贯耳。有的岩石被水琢磨得光平如镜，有的被漩涡冲撞得如螺壳、如碓臼。柔莫如水，却能穿石。身在此境，一股回归大自然的亲切感油然而生。

西庄村后清溪蜿蜒，土地平旷。走过一座风韵别致的板桥，往上行百余步，到锣音石。

石大有七八围，高出水面五六米，如中流之砥柱，屹立于溪的中央。其上，溪流斗折而下，到此形成一个深潭，绿水萦回，深不可测。据说，此石基脚已空，恰成三足鼎立状。夏日水涨，水石相搏，夜深人静，会发出一种轰轰隆隆似锣鼓的声音，故有锣音石之名。

潭畔奇石突兀，藤蔓纵横。

相传，古时候有一道士在潭边筑一坛，白日静坐水边，参禅悟道；晚上与孤灯做伴，苦读经书。过着一种“山中无甲子，寒尽不知年”的苦修生活。

道士本是心如止水，内心不起半点波纹。

附近村庄有一个喜欢开玩笑的后生，一日趁道士不备，在他床上藏了一双绣花鞋。过一会儿，后生故意装作漫不经心，将鞋抖落于地，便瞪着眼睛，大声指责道士假正经。道士羞赧得满脸通红，有口难辩，收拾法器及经书，不由分说，纵身跳下潭去。因此，此潭也叫道士潭。

有人说，夏天静夜那轰轰隆隆的锣鼓声，是道士的冤魂在作祟。那锣音石的鼓声，似乎在提醒人们少开些作孽的玩笑。

梅岭溪流过的村落，总是有三五株或十来株各具姿色的古树，点缀在溪的左右，有的挺拔苍劲，有的古藤披拂。不远处，或一小桥，或几户人家，间或传来几声狗吠鸡鸣。

在人迹罕至处，经常看到一两只白鹭盘旋于天空，与美丽的溪相衬托，更使它像画一般优美，诗一般迷人。

清代乾隆年间，合水桥有个叫熊荣诗人，著有《西山竹词》，详尽地描写了此地的山川风物，历史掌故，民俗风情，人生百态。其中，写到梅岭溪的就有十多首，我在这里列举几首：

千峰万壑拥柴门，瀑挂檐前水绕村。
夹径有花篱有竹，侬家不愧小桃源。

春溪一道锁横矼，峡口奔雷雪浪撞。
鱼狗伺鱼游水面，飞来飞去日双双。

双村对面不为遥，隔个清溪长板桥。
过访不须频问路，奴家门首有芭蕉。

过桥柳絮随流水，出寺钟声带暮霞。
高树根头茅盖屋，不成村落二三家。

当门瀑水成三叠，压屋苍松只两株。
碧嶂丹崖看不厌，尽堪写作辋川图。

一泓秋水漾枫溪，绕岸参差长蒺藜。
闲看儿童飞堉戏，浪痕多少较高低。

溪水清浅，卵石、游鱼历历可见。其中有红车公马口鱼、石斑鱼、红鲤鱼、白鲢鱼。有的鱼，竟有一两斤重，它们似乎很胆小，一发现人，就躲进水草里、岩石洞里。

春夏雨后，水色稍浑，最宜钓红车公马口鱼。红车公马口鱼喜欢游弋于急水滩头，浮子随波逐流，人须跟着走。浮子急动，一提竿，就可钓上一只“花花公子”似的红车公马口鱼来。红车公马口鱼一二两，头部为黑色，口阔，身段修长，有红黄蓝白相间的花纹。这种鱼性急，吃钩凶，运气好时，一上午就可钓七八斤。

秋冬季节，我喜欢坐在潭边钓鲫鱼。就一个人，如老僧入定，或坐在岩石上，或立于大树下，或倚在竹林旁，手执一竿，静悄悄的，只有鸟语，只有花香。不时，鱼竿一抖，便钓起一只只巴掌大的鲫鱼来，这种情趣，只有身临其境才能领略。

石斑鱼，在我的家乡叫锈金鱼、石坎鱼。它的学名叫斑条光唇鱼，或叫浅水石斑鱼。梭形，头小而体胖，背低而脊宽，全身呈棕褐色，腹部花白，各有六七条黑色横斑纹。石斑鱼属冷水鱼类，只生活于南方山溪水质清冽的石缝里、深潭中。以溪中的石虫、小型水生动物和微生物为食。因此，生长缓慢，大者也不过二三两，以肉质细嫩，味道鲜美而著称。每钓到一条石斑鱼，宛如空中闪过一道彩虹，让人心花怒放。

山溪多秤星鱼。秤星鱼也叫月鳢，像乌鱼，又像鲇鱼，头大，身长如蛇，上下颌有四须，因身上有秤杆上秤星一样的花点而得名。它们喜栖居于山溪、沼泽地、冷浆田中，多藏于岩洞里，会钻泥，会打洞。用小青蛙作钓饵，挂在钩上，对准有秤星鱼出没的岩洞，上下摆动。不一会儿，秤星鱼摇头摆尾，出来了，张开血红大口，将钩吞下，待它掉过头回洞时，提钩，可十拿九稳把它钓上来。

溪钓，既不同于海钓，也不同于河钓，从不奢望钓什么巨鲸大鲤的，只要有指头大一尾的小鱼频频上钩，足以快慰平生。

春天，溪水如同怀春的少女，流水逐着粉红的花瓣，似乎在做着一个柔情的梦。夏天，沿溪的野蔷薇开得引人注目，艳美鲜亮，可与名花奇卉相媲美。对了，还有栀子花的芳香，浓烈得比酒还要醉人。秋天，菊花黄得似锦，石蒜碧绿的叶，颀长的杆，嫣红的花，姿态高雅得如从天而降的仙子。冬天，大地沉寂，一片冰冻，雪花飘落在溪上，溪水却蒸腾着雾气，仍然显示着勃勃生机。

梅岭溪，当地人又叫霞溪。欧阳桂《西山古分界殿记》：“乾隆丙戌春，予遍游西山，历层峦叠嶂，采异登奇，得山水大聚之处曰：霞溪。霞溪形胜幽秀，环山如城郭，其间古迹仙踪，可供凭吊者，不一而足。有大溪当中流，蜿蜒而东注，为吴源大港。”

相传很久以前，有仙女来溪中戏水，天上彩霞映照，溪中霞光万道，因此得名。20 世纪 50 年代，此地兴修水利，在下游筑一水库，便叫溪霞湖。

写到这里，我并没有详尽地描述出梅岭溪的美妙来。梅岭溪还有潜在的美，就像一块未经雕琢的璞玉，随着当地旅游事业的开发，它将以更新更美的姿态，展现在世人面前。

香城寺纪胜

香城寺，为古西山八大名刹之一。

香城寺所在的锦绣谷，地处铜源港的上游，罗汉峰南边。细细算来，周边有三十几个山头环合，是为西山绝胜处。

欧阳持在《西山长歌》中赞曰："香城寺，倚高巅，古柏森森不记年。锦绣谷中花早发，桃源洞口柳掩烟。"

张位《重修香城寺疏》云："鹤岭鸾冈，呈奇献秀，重峦叠嶂，拱伏环回。面对萧坛，彩凤祥云时五色；背连梅岭，青鸾瑞气拥三花。"

徐世溥《香城记》："东庄尽处稍开，复束为关山口。岧亭竦峙，望若边墉，邈然若有抵疆投国之思焉。关中田圃历落，水石皓静，濯足引领，左指云峰，右则香城之路盘纡数四。度布袋岭，蹊尽天开，云崿秀见，有三十九峰环之，参差如雉堞，濠以碧涧，陵麓为隍。以其周回环匝，兰薰菊麝，游绕此山，香不外散。"

同治版《新建县志》记载："原属隶原新建太平乡，在云峰山右，碧云寺左，度布袋岭，复东为关山口，四面绕合，有如雉堞然。中开平谷，美田畴，前后周围三十庵。其地出产名茶叶。山有寺名香城，赞皇李上交称为最幽胜处。慎蒙记海内奇迹，于南昌独载香城一寺。陈陶石室，即此。"

东晋太元年间（376—396），净土宗初祖慧远大师的高徒，天竺人昙显，从庐山大林寺，来到豫章拜谒刺史胡尚。其时的胡尚，年过五旬，察觉到东晋大厦将倾，早有归隐之志。

胡尚与昙显谈经说法，恍若同道中人，便把西山南麓双岭别业，改作崇胜院，介于书院与佛堂之间。不久，又建筑了几间大殿，开法传经，声名远播。

几年后，因战事不断，崇胜院毁于战火，甚至年轻和尚都被拉去当兵了。

《水经注》有"昙显建精舍于山南"的记载。宋代僧人倚遇，居此三年，有《上堂偈》诗云："春山青，春水绿，一觉南柯梦初足。携筇纵步出松门，是处桃英香馥郁。"在今日的崇胜院遗址，有很多古枫、古樟，依然保持着森然古意。

隆安初年（397），昙显决定另建道场。踏遍了西山大岭，见这里地僻人稀，别有洞天，便大为欢喜。因山中盛产沉香、香榧等古木。就地取材，伐木作柱。殿成，焚烧木屑，青烟缭绕，数日不绝，香闻十里，故名香城寺。

当时，香城寺就有骑马关山门之说。

据《西山志》记载：“其盛时，云铙霞钹，响彻焰摩；鸣钟会餐，百釜齐熟，九楼十八殿。”

在方丈室两侧，各有一棵娑罗树，枝繁叶茂、浓荫蔽日，夏日，满树繁花，被当地人视为祥瑞之兆。旁边有一片榧林，每年秋天，有榧实可拾。其中一棵榧树，树围一丈有五，高大嵯峨，名曰将军树。还有一棵白果树，大有数围，周围有上千棵小白果树环绕，呼作千佛绕。寺的右边，几棵古松，虬曲如龙，旁有一块巨石，像一块蒲团，昙显常在此打坐，听松涛。寺的左边，有一大片竹林，林中挖一池，更是风月无边。

寺前溪流，水清沙白，为白雪溪。溪畔有亭，曰半天亭。寺的周边，有良田百余亩。

张位疏曰：“水穿石窦而涧底鸣雷，月映岩虚而峰头积雪。”

田垄中有石碑，上刻“且喜到来”四字，相传是当时白云禅师所书。白云禅师为谁，昙显是也。

寺后二里许，有罗汉坛，便是昙显结坛祷雨之处。

南唐陈陶《题豫章西山香城寺》诗云：

十地严宫礼竺皇，栴檀楼阁半天香。
祇园树老梵声小，雪岭花香灯影长。
霄汉落泉供月界，蓬壶灵鸟侍云房；
何年七七金人降，金锡珠坛满上方。

陈陶隐居的碧云，与香城寺，也就相隔三四里山路。

香城寺路边，有一岩洞，宽敞如屋，可容十余人。洞口有几竿瘦竹迎风。因宋齐丘访陈陶，在此歇过脚，又名相公洞。

宋齐丘从南唐朝廷宰相之位，被贬洪州节度使时，就住在旧居。把“爱亲坊”，改作了“锦衣坊”。因临行时，烈祖李昪赐以锦袍，并亲自为他披上。

宋齐丘多次听说，香城寺附近，有个叫陈陶的隐士，本想去金陵求官，成就一番功业，但觉得与自己不是一路人，就断绝了这个念头，隐居于此。前两年，严宇几次请他出山，就是用美色诱惑，他也不为所动。

这个陈陶究竟是个什么样的人？很想去会一会。宋齐丘帮助李昪成就帝业后，位至宰相，李璟继位后，被贬南昌，正觉得寂寞。

那是一个艳阳高照的秋日，宋齐丘偕同几位文友，来到西山，缘铜源港而上。

至此，见这样一个好所在，便坐下来歇脚。当时，寺中僧人和香客都知道这就是大名鼎鼎的宋齐丘，就把此洞命名为相公堂。

据说，陈陶风闻宋齐丘来访，故意避而不见。

宋齐丘站在陈陶书院前，感叹一番，就下了山。

张瑰，字唐公，安徽滁州全椒人。乃金紫光禄大夫、上柱国、清河郡开国侯张洎之孙。

西山高士潘兴嗣，晚年热衷于参禅学佛。经常来香城吃斋打坐，与高僧探讨人生及宇宙奥秘。

潘兴嗣与张瑰是世交，也是忘年之交。

他们的祖父辈都是南唐旧臣，后都归宋。张瑰知洪州时，多次邀请潘兴嗣游西山。一日，来到香城寺，张瑰在壁上，写了一篇洋洋洒洒数千言的《香城记》。

几年后，张瑰告老还乡，《香城记》字迹日渐模糊。香城寺的住持真觉上人，把它抄录下来，刻在石头上，硬要潘兴嗣写一篇后记。潘兴嗣也不推辞，挥笔草就了一篇《跋题张唐公香城记后》：

唐公，国士也。立朝敢言，名动缙绅，视万钟之禄，不易其操，一丘一壑，自谓过之。方此时，仆齿发不少，已无仕宦意，第以琴书为乐。相视莫逆，至于忘年，可谓以无累之神，合有道之器，不愧于古人矣。每一至此，视公笔迹于坏壁间，字浸漫灭，惘然于怀，真觉上人好事，次录其言，勒于石。

徐世溥《香城记》说："寺后有大石刻，曰芗林研石，周益公所记，长一丈四尺，阔六七尺。"这是乾道三年（1167）冬，周必大四十二岁时，从京城临安（杭州），回庐陵省亲，慕名来游西山，逗留多日，写了《西山游记》。

距离香城寺东南一里许，有石幢庵，边上有三笑洞。

南宋绍兴元年（1131），岳飞奉诏在江西革乱，大破叛军，听说有不少逃到香城寺到洗药湖半山腰的山寨里，便率一队人马赶来。叛军望风而逃。岳飞站在这个石洞前，哈哈哈笑了三声，因此得名：三笑洞。

香城寺一个幽谷里，还有个敦信书院，是明万历年间宰相张位罢相后，习静之所。同治版《新建县志》记载："敦信书院，在西山香城寺，张相国位、刘司成曰宁、邓少宰以赞、喻给谏致知同建，为结侣习静所，今废。”

万历二十七年（1599）夏天，有着火炉之称的南昌，格外炎热，张位居住的杏花村，虽是三面环水，还是闷热难当。张位像老农一样，打着赤膊，坐在自家庭院里的大树下，摇着蒲扇，还是挥汗如雨。时序刚进入秋分，乌云盖顶，下了几场透雨，院子里的梧桐树，嗖的一声，飘下一片叶子来。

正好这个时候，香城寺的半岩和尚托人送来信札，邀他去游山。他便跨过赣江，跋山涉水，来到香城寺。

他把一路所见的景物，做了一首《题香城寺》：

嶂合疑无路，云间别有天。
松岩飞曙雪，石涧注鸣泉。
境僻希来客，心空得上禅。
萧坛霞飘缥，隐隐凤笙传。

是日，张位在香城寺逗留片刻，便同半岩游桃花岭。他在游记中写道：“流火之后，秋光荐爽，予始兴由章江至香城，拉僧半岩，循西山，经草庵，观逐鹿……”

万历三十八年（1610），宋应星二十四岁，父亲要他去庐山白鹿洞书院求学。九九重阳节那天，他路过南昌龙沙，正是南昌人登高的日子。宋应星在龙沙西禅堂，与李曰辅一见如故，两人聊着聊着，一同登上了西山。

龙沙夕照是古南昌十景之一。北魏郦道元《水经注》记载：“赣水，又北径龙沙西，沙甚洁白，旧俗九月九升高处也。”

两人在洪崖丹井观瀑后，夕阳西下，两人来到翠岩寺的迎笑堂投宿，彻夜长谈天下大事及宋明理学。

宋应星最推崇的是张载的关学。

李曰辅，字元卿，号匡山，一号匡庐山人，南昌松山人。幼时于村塾读书，与肉铺比邻，听杀猪声，悲痛不能进饮食。父母把村塾迁移到僧寺附近，开始他很喜欢寺庙的清静及和尚的诵经声、钟磬声。时日既久，亦不喜欢和尚所作所为。他独居一室，从不打扫，专心攻读经史，研究诗文。万历三十四年（1606）中举后，居住在南昌龙沙西禅堂，长期素食。孤傲耿直，从不与俗人交际。所作的诗文，也从不给别人看。

第二天两人分手，李曰辅紧握宋应星的手说：“宋兄，人生得一知己足矣！三十年后的重阳节，你我相约西山如何？”

宋应星说："一言为定！"

崇祯十一年（1638）宋应星旋升任福建汀州府推官，为省观察使下的属官，掌管一府刑狱。

崇祯十三年（1640），时序刚进入立秋，宋应星与李曰辅相约在西山的日子临近了。宋应星归心似箭，没有来得及等待上司的批准，便挂冠而归。

其时的李曰辅，从云南道监察御史位置，因直言上书，罢官在家，归隐在香城寺多年。

宋应星没来得及回家，直接来到香城寺，与李曰辅相见。久别三十年，一旦复聚首，畅谈久别离情，国家大事，不胜愤慨，在山中盘桓十数日，经过石鼻，渡过潦河，回到久别的牌坊村。

当时，宋应星写了一首《访香城李侍御夜话》：

闻道云城里，先生久挂冠。
心婆知爱国，疏直志无官。
一衲忘朝野，千峰见岁寒。
不因瞻佛岭，何以共盘桓。

明朝灭亡后，宋应星因积极参加反清复明活动，隐姓埋名于此。他的《天工开物》等著作，也被禁。

香城寺几经兴废，最后一次毁于日寇战火。

今日的香城寺，被一个林场所替代，住着十来户人家。

我第一次来香城寺采风，是20世纪90年代中期，有幸找到了躬耕多年的香城寺老和尚纯正。老和尚七十有四，俗名杨桃子，祖籍河南，五岁时，被人贩子卖给香城寺。

老人打开了尘封的记忆，给我讲述了许多香城寺的往事。

当时日寇对香城附近的三十六处寺庙及宫观，或轰炸，或焚烧。其主要目的是不让中国兵藏身。

在以往，每逢战乱，南昌附近的僧侣，都躲到这里避难。而在当时，自身难保。僧人纷纷逃离。只有他孤身一人，在原址搭建一屋，礼佛数年。中华人民共和国成立后，他成了香城林场的一名职工。但他一直供奉着佛祖，一直坚持吃斋念佛。

眼见得，香城寺遍地遗物，在慢慢消散；眼见得香城寺的许多参天大树慢慢被林场砍伐掉，他的心在滴血！

就说那白果树吧，若干棵合抱粗的“子树”，环着中间一棵高耸入云的“母树”，乃天下奇观。就因树荫罩住了一个姓涂农民的半丘田，他就下狠心，把树砍了。据说他们家把树解板，先后解了两年，陆陆续续运往南昌出售。后来，树蔸、树根顽强地冒出许多新枝来，他干脆用一堆禾秆，把几千年生生不息的树蔸，给煨死了。

欧阳桂当年携弟子帅万尚来游，是这样描述这丛白果树：“予最不能忘者，莫如千佛绕毗庐，乃银杏树也。树大数围，云是六朝旧物，四围有孙枝千棵紧抱树身，时夜放神光，扳其一枝人辄有病，此奇观也。”

我友龚晓新说，他于1997年深秋，在杨桃子的引领下，与翠岩寺住持释明空、法藏寺住持释容嵩、南昌县显教寺住持释界诠，来到香城寺后竹林中，探访历代僧人合葬墓。只见一个深坑，上面井字形架了四块长条麻石。只是地宫里满坑的骨灰坛子，被文物贩子盗走。三位高僧，一起跪拜在地。

后来，杨桃子多次向相关部门呼吁，恢复香城寺。到20世纪末，翠岩寺大雄宝殿落成，香城寺作为香城寺的一支香火，并入翠岩寺。

香城寺延续了一千五百多年的香火，从此熄灭了！

碧云旧事

从招贤镇的田尾村，行三里机耕道，到香城寺。寺已毁，已被一个林场所替代。再行三四里弯弯曲曲的山路，我们就来到了碧云庵。

我们去的那天，正是一个凉风如水的清秋，山间油茶果累累，田野稻谷金黄。此地山高水冷，一年只种一季水稻。路边不时看见猕猴桃、油柿、葡萄、茅栗等野果。间或，田边还能见到凌霄、倒挂金钟、桔梗等野花。我看见山崖上，有一种似彼岸花，又似百合的花，一枝独秀，长在山崖上，给人一种特别惊艳绝俗的感觉。此花大如手掌，六瓣，白质红章，飘逸似波斯菊；其花丝如张扬的龙爪。我自幼在梅岭山间流连，这种奇花，还是第一次见到。后来我研究草木，才晓得叫药百合花。

我们在一个樵夫的指引下，在距离元公碑不到一百米的田垄上方竹林中，找到了碧云庵的遗址。石门头尚存，遍地都是残垣断壁或散乱的石块。庵毁于日寇战火。当年，日本鬼子走到哪里，就把厄运带到哪里，连佛门圣地也不放过。

碧云庵四面环山，竹林茂密，清溪潺湲，还有几丘荒芜了的农田。眺望远方，峰峦连绵起伏，萧峰遥遥在望。

附近，有碧云八景，清代欧阳桂来游，一一作了描述：

观音崖：普院不在海之南，月作禅灯石作龛。灵显何须寻弱水，莲花现在碧云庵。

归云洞：四时幽静只山间，出岫云归古洞闲。朝被天风吹散去，暮随林鸟自飞还。

度人桥：溪声终古不曾消，柳色毵毵映石桥。只恐夜深风景寂，谁于月下学吹箫。

钵盂山：盂钵天成绣石花，山中留得伴烟霞。不夸当日伊蒲馔，带露清香供释家。

元公碑：词林遗爱匪寻常，诗落山房草木香。石上分明成古篆，后人珍护若甘棠。

习公塔：巍然一榻老烟霞，暮月朝云可作家。一片灵光真冷淡，年年清供有松花。

剑石峰：石作青萍百魅除，蠢然山怪远藏诸。何须夜静依星斗，自有光芒照太虚。

瀑布泉：素练飘来胜白纱，轻飞玉屑点袈裟。散珠溅沫俱难肖，还拟晴空滚雪花。

正如明代天文学家欧阳斌元《憩碧云忆陈公》所云：

碧云深处景苍茫，昔是高人退隐堂。
古寺已更新日月，上方不见旧文章。
僧房犹洒山河泪，法窟曾为星象场。
欲问前因遗老尽，临风想象总难忘。

碧云庵的前身，乃南唐隐士陈陶的书院。在宋代，书院被佛教曹洞宗所据，改为碧云庵。欧阳斌元乃山下龙冈村人，唐代诗人欧阳持之后，明朝灭亡后，他仰慕陈陶遗风，隐居于此，研究天文历法。

陈陶（894—968），字嵩伯，江西鄱阳人。少年求学长安，才识超群，十分自负，以子房、孔明、吕端自居。适逢世乱，本是建功立业、大显身手的大好时机，而他却不逢其主，便自叹道："近来世上无徐庶，谁向桑麻识卧龙""乾坤见了文章懒，龙虎成时印绶疏"。

后来听说南唐立国，他希望李昪能收拾旧山河，重新打造一个大唐盛世，便与妻儿南下，投奔李昪。到南昌，感觉到自己与宰相宋齐丘不是一路人，便隐居于东湖的南涯，号南涯处士。曾赋《闲居杂兴》五首以示自己怀才不遇。其中第二首云：

一顾成周力有余，白云闲钓五溪鱼。
中原莫道无麟凤，自是皇家结网疏。

几年后，南唐有个叫严宇的尚书，读到这首诗，认为他是一个难得的奇才，便亲自来到南昌东湖访贤。其时的陈陶，已五十挂零，华发早生，早把功名看淡，婉言谢绝了严尚书的聘请。

严宇思贤若渴，费尽心机，用美人计，送了一个叫莲花的绝色歌妓，来诱惑陈陶出仕。陈陶心如止水，不为声色所动。

莲花姑娘敬佩陈陶的人品及风骨，临去时赠诗一首：

莲花为面玉为腮，珍重尚书遣妾来。
处士不生巫峡梦，空劳神女下阳台。

来而不往非礼也，陈陶也答诗一首：

近来诗思清如水，老去风情薄似云。
已向升天得门户，锦衾深愧卓文君。

陈陶把莲花打发后，为躲开严宇的纠缠，才携妻儿隐居于此，建陈陶书院。在此研读中国历史，作《续古二十九首》对历代帝王进行评价。

他和妻子种植瓜果蔬菜、芋头、荞麦自给，还栽培各种药材。他的书院周围，一年四季，长满奇花异草。

他学神仙有得，出入无间。还研究天文、历法。到了晚上，他经常来到半山腰的磨鹰崖上，目不转睛地观察星空。一天晚上，他见天空中有彗星划落，便感叹道："哎，大唐国运也将式微矣！"

元辛文房《唐才子传》说：

陶金骨已坚，戒行通体，夜必鹤氅，焚香巨石上，鸣金步虚，礼星月，少寐。所止茅屋，风雷汹汹不绝。忽一日不见，惟鼎灶杵臼依然。开宝间，有樵者入深谷，犹见无恙。后不知所终。陶工赋诗，无一点尘气。于晚唐诸人中，最得平淡，要非时流所能企及者。有《文录》十卷，今传于世。

据宋代龙衮《江南野史》记载：在开宝年间（968—976），常见一叟，角发被褐，与老媪在南昌市上卖药材，有了钱，买鲊就炉对饮，旁若无人，喝醉了且歌且舞："蓝采和，蓝采和，尘世纷纷事更多。争如卖药沽酒饮，归去洪崖拍手歌。"

有人说，这就是陈陶夫妇。后不知所终，或云得仙矣。

"处士家何处，白云为四邻。今朝山下客，犹是故乡人。"这是明代曹学佺同恩师张位及汤显祖等人前来碧云凭吊陈公古宅，题写的诗。

陈陶与欧阳持、施肩吾人称"西山三逸"。

陈陶的一生，虽没有像张子房、诸葛孔明一样，建一番不朽的功绩，却为西江胜地梅岭，书写了一段不朽佳话。

元公碑记

碧云庵一带，古有元公碑、观音崖、剑石峰、刁公塔、度人桥、钵盂山、归云洞、玉泓泉，谓之“碧云八景”。时过境迁，很多景观如今已渺无痕迹，唯有元公碑，依然屹立在青山绿水间。

古时候，这里是一个颇有人文气息的地方，南唐大诗人陈陶在此建书院，宋代佛教曹洞宗在此建庵，明代天文学家欧阳斌元在此观察天象。

碧云庵，四面环山，竹林茂密，背倚洗药湖罗汉峰，右有清溪潺湲，左有几丘农田。眺望远方，峰峦连绵起伏，萧峰遥遥在望。

从香城寺，往东北行四华里弯弯曲曲的山间小路可达。

元公碑，又叫留元刚石刻，《江西通志》载，翰林侍讲元刚诗石上，留字非姓刘之刘也。

留元刚，字茂潜，号云麓，南宋福建永春留安人。他出身官宦、书香世家。其祖父留正，历仕孝宗、光宗、宁宗三朝，曾任过签书枢院密院事、右丞相、左丞相、少师观文殿大学士等要职。他先后受封申国公、卫国公、魏国公丞相。从政四十余年，留无刚清正廉明，直言敢谏。其父亲留恭及叔父留丙、留端，留硕先后皆官至尚书、侍郎。

开禧元年（1205），留元刚登博学宏词科，初授国子监学录，累官直学士院、起居舍人。嘉定十年（1217）知赣州，十三年（1220）知温州。为政以“勤恤民隐，百废皆修，发奸擿伏，人服精敏”著称。

他任赣州知州时，去赣中北考察，途经南昌，慕名来访碧云。那是早春的一天，他在几个地方官员的陪同下，一路上阳光明媚，好鸟相鸣，心旷神怡，便作《游碧云庵》。全诗及题记如下：

文右史侍讲直院舍人留公诗翰：

未行陶令里，蚤自惯舁篮。
米市呼千许，香城访晋昙。
神游青黛岳，诗到碧云庵。
不管冲寒去，乘风破晓岚。
融结知何日，权与属此年。

通泓藏玉甃，筑屋贮金仙。

飞瀑四时雨，冲崖一缕烟。

后来鸣屐者，输我着鞭先。

留元刚将过庐阜，取道西山，宿香城兰若，独登灵官受戒坛，游碧云庵赋此，嘉定十一季一月。十二季闰三月丁巳，释元澄祖能立。

前一个日期为作诗时间，后一个日期为刻诗时间。

此石浑然一体，高丈余，宽五米，突兀在路边。共有一百四十三字，每字大约十五厘米见方。雄浑朴拙，大气磅礴，气韵生动，似龙腾虎跃。

诗中，对香城寺、碧云庵一带自然景物作了生动的描绘，同时，从侧面反映了佛教曹洞宗，在西山一带的深远影响。

留元刚为人仗义，至情至性，心地如山涧流水般清澈，为官场所不容，不久罢官回乡，便在永春大鹏山支脉云龙山下，建“云麓圃”，早晚吟诗作文其间，倒也悠然自得。

据方志记载，他“博闻强记，为文奇峭，颇负盛名”，著有《云麓集》。

留元刚擅长书法，在全国各地留有石刻四处：有福建武夷山石刻和题咏、浙江丽水仙都君子石题记、江西庐山三叠泉摩崖石刻和南昌碧云庵石刻。

还有员峤石刻、泓泉石刻等多处石刻，掩埋在荒草中。

苏东坡有诗云：“人生到处知何似？应似飞鸿踏雪泥。”

留元刚的身影，虽已离我们远去了，可他的文采风流却与青山同在、日月同辉。

我们都是“后来鸣屐者”，在这个世界上匆匆而过，又能留下什么呢？

彩鸾冈逸事

南昌自古就有踏歌的风俗。

踏歌，又名跳歌、打歌，一般是一二十人围成一圈，载歌载舞，用脚打着节拍。

踏歌，相传起源于黄帝乐臣伶伦在洪崖制律时期。

梁武帝萧衍《江南弄（其一）》：“众花杂色满上林，舒爽耀绿垂轻阴。连手蹀躞舞春心。舞春心，临岁腴，中人望，独踟蹰。”

这“蹀躞”而舞的情景，显然就是踏歌。

八仙之一的蓝采和就有《踏歌》诗：“踏歌踏歌蓝采和，世界能几何。红颜三春树，流年一掷梭。古人混混去不返，今人纷纷来更多。朝骑鸾凤到碧落，暮见桑田生白波。长景明晖在空际，金银宫阙高嵯峨。”

北宋《宣和书谱》记载，南方风俗，中秋月夜，妇人相持踏歌婆娑月影中，最为盛集。

晚唐杜光庭《仙传拾遗》说：彩鸾是三国时吴西安（今江西武宁西）令吴猛之女。时有得道之士丁义，授吴猛以道法。彩鸾师事于丁义之女秀英，道法亦深。

明正德年间《南康府志卷七·古迹》也有吴彩鸾的记载：娉婷镇，在县东三十里，唐太和中，仙女吴彩鸾舞鹤于此，故名。

娉婷镇，就是今日安义县长均乡，位于狮子峰下的观察水库下游。

胡俨《彩鸾冈》诗云：“相随一径入烟萝，隐隐云中尚踏歌。松暝渐看山色近，桂寒偏恨月明多。一时座上屏帷彻，半夜岩前风雨过。自是神仙形迹泯，千年元契奈渠何。”

诗中所说的故事，发生在唐大和年间（827—835）。

八月初的一个夜晚，一轮上弦月，清辉洒在洪都城南的紫极宫。

紫极宫，庭院深深，古木参天。门前，有清波环绕，水光接天，是为凤池。

正殿左侧，修竹丛中，有一间秀雅的屋舍，叫写韵轩。轩中，一个丰神俊朗的美少年，正在如豆的灯光下，挥笔抄写经书。

美少年叫文箫，不知何许人也。三年前，他会试落第，因无颜见父老乡亲，仰慕“滕阁秋风”，辗转漂泊，来到洪都。

文箫在赣江的南浦码头下了船，第一件事就是拜谒滕王阁。

当飞阁流丹、金碧辉煌的滕王阁映现在他眼帘时，王勃《滕王阁序》中的逐字逐句，像雨点一样，敲打在他的心田，禁不住吟诵起来。当吟到“关山难越，谁悲失路之人；萍水相逢，尽是他乡之客”时，便悲从中来，泪流满面。他心里在说：王勃先生来到物华天宝，人杰地灵的洪都，写下了千古绝唱的《滕王阁序》，而我此行，又能做什么呢？禁不住长叹了一声。

文箫站在高阁之上，看着滚滚北去的赣江，惊涛拍岸。西山衔着落日，把霞光抛在江面。

天色将暮，要去投宿。文箫哑然一惊。原来，因行色匆匆，他的行囊，丢在船上。今晚吃什么？住哪里？

文箫一片茫然。

辞别滕王阁，他像一个流浪者一样，在街上转悠。暮色越来越浓，他肚子越来越饿，身体也越来越疲惫。从每家酒店走过，都闻到了酒肉飘香。这时，哪怕有一碗阳春面充饥也好。举目无亲，怎么办？

文箫漫无目的地走着。

月上中天。文箫来到了洪都城南，见一座气象清幽的道观，门楣上书有：紫极宫。

他鼓足了勇气，“笃、笃、笃”，敲响了道观的大门。不一会儿，有一位年过五旬的道长，把他迎了进去，问明缘由后，就收留了他。

道长叫柳栖乾，面容清瘦，风度儒雅。一打照面，就喜欢上了这位读书人。当听说他是为拜谒滕王阁而来，风雅可知，更是待他为上宾。

文箫没有了换洗的衣裳，很快就换上了道袍，俨然一个年轻道士。他每日为柳栖乾抄写经文，渐渐，被精深博大、奥妙无穷的道家文化所感染，一心向道。从此，他心如止水，不想回归故乡，也不想再去考什么功名了。几年下来，已是练就一身仙风道骨。

是夜，文箫为了赶抄一本经书，连续伏案好几个时辰，累得他腰酸手软，眼皮打架。打开窗棂，如水的月华，泼洒在身后的女墙上。蓦然回首，女墙上张贴的仙姑画像，好像正在含情脉脉地看着自己呢。

仙姑，便是传说中的神话人物——吴彩鸾。她是东晋道士吴猛之女，仙龄该有六百多岁了吧。

在道观的正殿，一直悬挂着一幅《西山列仙图》，画中有在西山修炼成仙的十几位道士。其中，因吴彩鸾身材姣好，面容娟秀，呼之欲出，文箫便把她描摹下来，挂在写韵轩中。每当内心寂寥，抄经劳累时，便要看上几眼，顿时觉得肺腑生香，神清气爽。

那天，也许文箫实在是太疲劳了，看着画中吴彩鸾顾盼神飞的眼睛，竟然打起盹来。

在梦中，吴彩鸾裙带飘飘，走下画来，向他道了万福，说："相公，西山诸仙，你为何情有独钟，把我描摹下来，挂在堂中？"

文箫道："这……实不相瞒，因我爱慕仙姑的风采。"

吴彩鸾含情脉脉道："那你是否愿意，与我结成连理？"

文箫道："仙姑是神仙中人，我只不过是肉眼凡胎，怎敢高攀。且说我一无所有！"

吴彩鸾道："相公，神仙也是凡人做。我们一个有情，一个有意，只要不嫌弃，一起上西山，修成正果，共登仙界，如何？"

两人正在情绵绵、意缠缠时，道观一声嘹亮的鸡鸣，划破了夜空。

吴彩鸾说："相公，我去也。八月十五，我们在逍遥山游帷观相会。"

说完，回到画中。

文箫好不容易等到八月十五日，一大清早便渡过赣江，三步并作两步，往"净明忠孝道"的祖庭——逍遥山赶去。

走了三个多小时，才来到这个闻名天下的道教圣地。它位于梅岭山脉东南边沿，是为"九龙聚首，凤凰饮水"的风水宝地。

这日，是中秋节，又是赶庙会的日子，附近数县的士农工商，纷至沓来。有的打着旌旗，上面绣着"游帷观进香"字样；有的抬着菩萨，来这里开光；有的三跪九叩，顶礼膜拜。时而，锣鼓声声；时而，丝竹阵阵；时而，爆竹喧天。街面上，有卖唱的、跳傩舞的、卖把式的、算命打卦的、掷色子赌钱的，也有卖酒糟汤圆、云片糕、冻米糖、茅栗子、菱角、麻糍、糖饼、水煮花生、薜荔果凉粉之类小吃的。香客们多是结对而来，一个个神情肃穆，着红、黄衣裳，身背香烛，头戴柏枝。车水马龙，扶老携幼，十分热闹。

文箫在观中朝拜完高明殿、关帝殿、谌母殿等六大殿，便在往来如梭的人群中寻找意中人，却是"爱而不见，搔首踟蹰"。

日头下山了，香客渐渐离去。文箫这才记得中午饭还没有吃，垂头丧气，坐在游帷观的大门口，心里在想：嗨，本来就是一个梦，何必这样认真。他一味责怪自己太多情了。

晚风轻吹，一轮皎洁的月光，从东山升起。文箫走进一家酒店，填饱了肚子，正要去寻旅店住下。猛然，看见游帷观前，一群青年男女，手牵着手，一边用脚打着拍子，一边唱歌。这些人，与白天的香客迥然不同，超凡脱俗，恍若神仙中的人物。

他们好像各唱一阕歌词，唱出心中的愿望和祝福，谓之“酬愿”。其中一个妙龄少女唱道：

若能相伴陟仙坛，应得文萧驾彩鸾。

自有绣襦并甲帐，琼台不怕雪霜寒。

文箫猛吃一惊，呀，这歌词分明有自己和彩鸾的名字。仔细一看，歌者正是自己的梦中情人。

文箫心花怒放，但又不好前去搭讪。

灯阑人散。吴彩鸾点一支蜡烛，带着两个童子，往山里走去。

文箫紧随其后。

才到山上，鲜花夹道。时而泉瀑交流，时而奇岩耸立，时而松竹交映。

走过一道山门，吴彩鸾手中的蜡烛燃尽，正好两个童子，拿着松明，迎了上来。

文箫停下了脚步，借着月光、火光，只见一座介于宫殿和楼阁之间的木屋就在前方，四周碧桃累累，丹桂飘香。

吴彩鸾快要进屋时，蓦然回首，说：“后面莫非是文相公？”

文箫道：“正是小生。”

吴彩鸾转过身，款款上前，携着文箫的手，眉目含情道：“相公，屋里请，正合你我有姻缘之分。”

文箫道：“感谢仙姑抬爱。”

吴彩鸾嗔怪道：“我都叫你相公了，你就叫我娘子吧。”

跨进木屋，他顿觉异香扑鼻，身子好像飘飘欲仙。两人拉上帘子，情意绵绵，进了帷帐。

从此，两人形影不离。或在萧峰之巅，比翼双飞；或在铜源港中，鸳鸯戏水；或在葛仙岭中，寻仙访道；或在罗汉坛里，纵览云飞；或在洪崖丹井，寻幽访古……

一天，他俩沿乌晶源逆流而上，来到一个清幽的山谷中，这里云遮雾绕，草木润泽，鲜花遍地，清泉涌动。这就是洪崖之源头活水。两人在这个鲜花盛开的山谷里，捡来松枝，汲泉煮茶。品到高兴处，便放声吟啸，声振林木。两人给此处取了个名字，叫四季花谷。

这对神仙眷侣，天天饮酒吟诗，月月临摹山水。待遍游西山诸峰，才回到木屋。

一个秋夜，两人在木屋外的月光下，饮酒甚乐。虫声唧唧，花香撩人。吴彩鸾即兴作诗三首：

其一

心如一片玉壶冰，未许纤尘半点侵。
霾却玉壶全不管，瑶台直上最高层。

其二

宠辱无稽何用争，浮云不碍月光明。
何呼牛马俱堪应，肯放纤尘入意诚。

其三

身居城市性居山，傀儡场中事等闲。
一座须弥藏芥子，大千文字总堪删。

这三首诗，表达了吴彩鸾高洁的情操和超迈的思想。

文箫谱了曲，鼓瑟而歌。吴彩鸾在月光下，花影里，翩跹起舞。

这时，只见一位仙娥走来，递了一册簿子给吴彩鸾。

回到木屋中，她在灯下展开一看，杏目圆瞪，怒叱道：“舟中妇人、孩子何罪，如此草菅人命，天理何在！”

仙娥走后，文箫问：“娘子，何故发怒？”

吴彩鸾摇了摇头，不肯说。文箫苦苦纠缠。

吴彩鸾不得已才说：“相公有所不知，娘子在仙界，掌管江南水神。簿上所载，便是本月因翻船溺水而亡的人数。常言道，恶有恶报，可这次淹死的人中，竟有好几个无辜的妇人和孩子。水神失职，因而我发怒。”

才说完，狂风怒号，木屋摇摇欲坠，乌云逼空，花月失色，强光闪过，一声震雷，把屋中的几案都掀翻了。

吴彩鸾失声道："不好！刚才泄露天机，要遭天庭处罚了。"

说完，便拉着文箫，走出木屋，跪倒在地。

这时，有一天神伫立云头，宣判道："玉帝有旨：吴女彩鸾，违反天规，触犯仙律，逐出天界，贬为民妇。钦此。"

顿时，木屋夷为平地。两人惊慌失措，踏着星月下山。

两人回到洪都城的紫极宫，天已大亮。拜见了柳栖乾道长，便重操旧业。

常言道：字如其人。文箫的字和他的人品一样，挺拔俊秀，卓尔不群。而吴彩鸾的字，写得清丽秀雅，用笔圆润，气韵生动，不但有灵气，还有仙气。

陶宗仪《书史会要》说她的书法，字虽小，而宽绰有余，全不类世人笔，当于仙品中别有一种风度。

大唐盛世，人们写诗成风。当时有个叫孙愐的，编了一本《唐韵》，在各地都十分畅销。吴彩鸾每日抄写一本，文箫便拿到绳金塔市上去卖。每本可卖五千文钱，足以养家糊口。

几年后，两人心血来潮，把在西山所作《西山仙游诗》合集抄写了好几百本，拿去卖，也是一抢而空。

这样一来，大家都知道鼎鼎大名的仙姑吴彩鸾就住在紫极宫。消息不胫而走，很快传遍了洪都远近十里八乡，探望者络绎不绝。两人都是神仙人品，哪里受得了这种喧嚣。

吴彩鸾的师父丁秀英知道了这个消息，派来两只老虎，风驰电掣，来到紫极宫，围观者吓得魂飞魄散。吴彩鸾认得是自已曾经饲养过的老虎，把文箫推上虎背，各骑一只，腾空而起，朝奉新山里的越王山，飞奔而去。

在路上，吴彩鸾还作了一首《跨虎登越王山》：

一斑与两斑，引入越王山。

世数今逃尽，烟萝得再还。

箫声宜露滴，鹤翅向云间。

一粒仙人药，服之能驻颜。

后来，两人不知所终。他们以前的仙居之地，名之曰：彩鸾冈。

欧阳桂《西山志》记载：

此冈在吴仙观侧。鸾，即吴仙真君女也。颜色绝世，善歌词，晓音律，与东源丁义之女秀英炼丹学道，好种碧桃、丹桂，四时开花。八月中秋日，吴真君朝天，令鸾在山，因而谓曰：今夕，汝乘龙人至，可于前冈结彩迎之。时有文箫，乃唐太和末人，钟陵宦族之子，年方二十，美如冠玉，善吟咏，素慕西山胜景，遍游名山，命二童囊琴载酒，随步从容，凡遇流水高山、层崖怪石，辄操一曲以畅其怀，酌酒数杯以遣其兴。酷嗜前途，竟忘归路。已而夕阳在山，明月在天，百鸟飞鸣，归宿于乔林之下。三人心惧，彷徨于石径之间，忽然桂香扑鼻，促步前行，见彩楼高结，花烛交辉，绣帘下，侍立两姬，请文生早赴彩楼，与鸾佳偶。

历代有很多画家，根据这个传说，画过《吴彩鸾跨虎入山图》。

吴彩鸾的书法作品，《唐韵》十三卷，今藏于台北故宫博物院，《刊谬补缺切韵》今藏于北京故宫博物院，都被定为顶级国宝文物。至今还有很多书法作品，流散于南昌百姓人家。他们的爱情故事，更是广为流传，可惜的是，“踏歌”这一风俗早已失传了。

陈弘绪再访逍遥洞

徐世溥《寿张逍遥》诗云：

名在南华第一篇，谁将甲子问胎仙。

自披茅屋餐灵药，不出幽岩已廿年。

短短二十多个字，交代了张逍遥在道教中的重要地位，及在梅岭山中修炼的情景。由此，也让我想起明末、清初陈弘绪等人访张逍遥的那段尘封的往事。

苏东坡有诗云："何时杖策相随去，任性逍遥不学禅。"

张逍遥，一看这个名字，就知道是一个闲云野鹤似的道家人物。他是河南杞县人，本在朝廷为官，却因心灵像清风明月一样清朗，不被尔虞我诈的官场所容，干脆就辞官不做。因仰慕道教净明忠孝派创始人许逊的道术，在崇祯五年（1632），三十七岁时，抛妻别子，来到南昌，寻访许逊的仙迹。他见方圆三百里的西山，山清水秀，云雾缭绕，男耕女织，鸡犬相闻，别有一番洞天，便流连忘返。开始居住在洪崖丹井中的一个凉亭中，既不挡风，又不避雨。

一日，与紫清宫的道友闲聊。道友说，西山的腹地，有一个老虎洞，天然如屋，大可容数十人，洞中有细泉涓涓，常年不涸。可洞中有三只老虎，雄踞其中，就是砍柴的人，也从不敢走近。

张逍遥听说，立马就背上行李，拄着竹杖，要去看个究竟。道友则背着几十斤粮食和攀岩用的绳索，上路了。两人披荆斩棘，爬山越涧。那时的西山大岭，走上三四里路，也难得遇见几户人家。老虎洞渐行渐近时，只见古木参天，巨藤如蟒。山间不时传来几声凄厉的鸟鸣，把此处渲染得如同隔世。

来到老虎洞前，果然有三只吊睛白额虎，或蹲或立，虎视眈眈。它们似乎晓得来者不善，连声都不敢发。

张逍遥断喝一声："孽障！"

老虎竟然像病猫一样，灰溜溜地走了。

老虎洞处于一处乱石丛中，既旷且幽，既可避风，也可避雨。大可容三十人，薜荔如帘，垂在洞口。

张逍遥很喜欢这个安身之所。为防野兽的侵袭，编了一扇柴门。从此在这里过着“星月离离，覆面霜雪”的山居生活。

施闰章《张逍遥石洞》诗云：

人来夺虎穴，人去敞岩扉。
丹灶知何在？忠云守翠微。

张逍遥在山坳开垦了几亩薄地，种上瓜果蔬菜代餐。每日除了炼丹学道外，还手不释卷，勤学苦读。身在山中，却通晓天下大事。

《西山志》记载：“逍遥洞，隶洪崖乡。初名老虎洞，洞有三虎，张逍遥居此，虎始去。洞檐挂巨蛇，人问之曰：‘此行雨龙也。’时天旱，张为祷雨，辄应。”

据说张逍遥也在此居住过。往洞的左侧，上行三十米，有一丛乱石，在一石壁上，“一坞白云”四个清秀的大字映入眼帘，相传为张逍遥所书。

张逍遥远离功名，超尘出世，借白云以明志。

《南康府志》有摘自《安义县志》的记载：“云隐洞在治东四十里依仁乡，架（湾）溪村。石岩如洞，深广数丈，相传张逍遥修真时始栖此洞，洞上为结茅处，石臼遗迹尚存。旁有巨石，上书‘一坞白云’四字。”

桃李不言，下自成蹊。当时，天下学士名流纷纷慕名来访。

崇祯年间（1610—1644），大明江山危机四伏，风雨飘摇。一个阴雨绵绵的深秋，陈弘绪邀请徐世溥、周令嗣、杨廷麟、朱旅庵等人，专程来老虎洞，访张逍遥。

当谈到大明王朝气数时，张逍遥摇了摇头，说：“山人以为，明廷朝纲不振，军旅不力，阉党当道，污吏横行，农商凋敝，民不聊生，气数已尽。日后，如若闯王义旗一倒，建州满人必定南下，那么，覆巢之祸就不远矣！”

先生一言中的。

几年后，清兵入关，江山易主。到清顺治六年（1649）一月，南昌发生了惨绝人寰的屠城。其实，这是清兵第二次大兵压境。

说到这次屠城，首先要说到金声桓、王得仁这两个人。

金声桓，辽东人，乃明宁南侯左良玉的部将，官至淮徐总兵，清兵压境时，叛明降清。

王得仁，绰号王杂毛，陕西米脂人，原是闯王李自成旧部，后降清军英亲王阿济格。

《增广贤文》有云：“易涨易退山溪水，易反易复小人心。”此二人，正是这样，先据守九江，后移师南昌，甘为清军当走狗，一举攻占了十三府的七十二个州县。二人自以为劳苦功高，会得到清廷的厚待，其结果是，金声桓得了个提督军务的副总兵，王得仁只当了把总。因此，二人对清廷大为不满，后来，在南明皇帝朱聿键旧部的劝说下，举兵反清。

清朝摄政王多尔衮，派正黄旗满洲谭泰为征南大将军，率兵镇压。

南昌被围八月，破城后，清兵大开杀戒。徐世溥先生在《江变纪略》记载了清兵的暴行：

……妇女各旗分取之，同营者迭嬲无昼夜。三伏溽炎，或旬月不得一盥拭。除所杀及道死、水死、自经死，而在营者亦十余万，所食牛豕皆沸汤微集而已。饱食湿卧，自愿在营而死者，亦十七八。而先至之兵已各私载卤获连轲而下，所掠男女一并斤卖。其初有不愿死者，望城破或胜，庶几生还；至是知见掠转卖，长与乡里辞也，莫不悲号动天，奋身决赴。浮尸蔽江，天为厉霾。

顺治十七年（1660）暮春，劫后余生的陈弘绪、周令嗣、朱旅庵、黎元宽、李明睿等人，有感于张逍遥的预言，相邀再次拜访张逍遥。

几个人渡过赣江，一路游山玩水。到西山南麓的翠岩寺时，已是日暮时分。寺中住持早已在门口等候，一同往迎笑堂走来。

陈弘绪是当地人，一路介绍翠岩寺的名胜："这是妙高台，刻有张商英与保宁玑的联诗；这是钟鼓石，用石头敲击会有钟磬声。在大雄宝殿后面有慧泉，泉水汩汩，从地下冒出，饮之甘甜。寺后的最高处是释迦峰；对面是为钵盂山。右边便是名震天下的洪崖瀑布。往左走，可到落马岭，往西翻过山，走十几里路也可到张逍遥居住的地方。"

经过九节筇，来到了迎笑堂。这里地处半山腰，钵盂山、鸾冈、烟火顶，尽在眼底。

这时，一轮皓月从东山升起，照得远山近水及近处灯火明灭的村落如梦幻般迷人。猛然，空谷传来几声雷鸣般的虎啸声，令人毛骨悚然。有人敲打竹子，发出"当当"的声响，虎声则止。

宿迎笑堂。唯闻钟磬声、木鱼声、念经声，此起彼伏，山谷传响，令人有出尘之想，俗虑皆忘。

第二天清早，陈弘绪说："去逍遥洞，山高路远，在钵盂山旁，我有个亲戚，可为向导。"

几个人就在他亲戚家吃了早饭，带着柴刀、绳索上路了。

陈弘绪的亲戚说："往落马岭方向进山，要走二十多里路。往乌晶源方向抄近路，不到十里路可达，但路途阻塞，很难走。"

大家都说，还是抄近路好。

经过洪崖丹井，几个人坐在井边小憩。瀑声喧嚣，水花飞溅。由于连年战乱，井边长满青苔。

陈弘绪当即作了一首《洪崖》诗：

玉龙蜿蜒劈苍石，湫雨摇风几千尺。
清泠荡涤自古尘，轰飞忽见崩崖折。
捣药臼存仙已去，雪积藤笠知何处。
幽草幽丛阅代深，白云落落堆寒絮。
峭壁古篆点画疑，一字两字扪且推。
读之不了踟蹰立，刮削老苔留新诗。
赤日坠山暝烟重，吼泉势撼孤亭动。
筇枝遥指紫微灯，虫声满径催清梦。

他们翻过一座山，沿乌晶源而上。与十年前相比较，住棚的人倒是多了许多。他们有的来自武宁、修水，有的来自中原大地。好像都是为了避战乱，躲到山里来的。他们开垦土地，种植庄稼，养一些家禽，集族而居。

在一茅棚门口，一个小孩子坐在交椅上唱歌谣：

我是修水人，出来当难民。
清军恶又恶，看到百姓捉。
捉得百姓哭，还要烧房屋。
烧屋不留情，捉到妇女淫……

陈弘绪说："你们听，这亡国的悲歌，听得水声都会幽咽。南昌破城那阵子，尤其是皇室的朱姓子孙，成了头号被追杀对象。朱耷先生的父亲朱谋鹳，在逃命途中不幸去世。朱耷陪同母亲隐姓埋名，在祖坟山结庐而居，一为父亲守灵，二为躲避清军的追杀。几年后，他在介冈灯社出了家。据说他曾经是一个意气风发，口若悬河的青年，国仇家恨，使得他变得喑哑不能言。每日在惶恐、悲愤中度日……"

李明睿感叹道："真的是人到何时，命到何时啊。"

拾级而上，至绝顶，古松树下面，站立着一位老者，须眉尽白，头戴纯阳冠，身穿葛布衣裳，手拿一柄白羽扇，这正是张逍遥。

张逍遥拱了拱手说："诸公为何不辞劳苦，远道而来？"

周令嗣说："我们是来朝拜活神仙的。"

张逍遥把他们引入洞中坐下，沏上上好的云雾茶，拿出煮烂了的黄精，给他们吃。

张逍遥对李明睿说："你在明廷贵为翰林，活到今天，也算躲过一劫了。如果当年崇祯帝听你的意见，迁都南京，再集中兵力与清军抗衡，也许历史就要改写了。当然，这是劫数！"

大家叹息了几声，默默无语。

张逍遥又对陈弘绪说："士业兄，我们又有十多年没有相见了，世事如白云苍狗，变幻莫测。山之下，几次见僵尸堆积如山，南昌城火光冲天，最多时烧一个月。这都是我从山上看到的。可惜，忠勇可嘉的杨廷麟为大明朝捐躯了，才华横溢的徐巨源也死在这乱世了。"

接着，张逍遥又对周令嗣说："我不是什么活神仙，来此修炼几十年了，还不懂得炼丹之术。只知道打坐，以不变应万变，如此而已。"

陈弘绪说："民族英雄文天祥有《遣兴》诗云：莫笑道人空打坐，英雄收敛便神仙。你才是世外高人！"

晌午时分，几个人与张逍遥揖别，沿老路下山。

顺治十八年（1661）正月十五日清晨，逍遥洞上空，有鹤在盘旋，时刻传来几声凄厉的叫声。张逍遥这天再也没有起来打坐，卧病在床，对弟子说："我将去矣！此后有电闪雷鸣，狂风大作。国破山河在，以后你等要勇猛精进，弘扬老庄及真君学说，济世救民，拯救苍生。我在碧落中等你们！"

深夜，果然狂风大作，暴雨如注。猛然一道闪电，划过长空，接着一声地动山摇的炸雷。张逍遥溘然长逝。

山不在高，有仙则灵。逍遥洞虽然简陋，却因张逍遥闻名遐迩。

紫阳山记

梅岭，自古便是佛道两教的圣地，道书称此为：天下第十二洞天。据记载，清代山中有寺庙坛观一百三十多处，沧海桑田，如今唯一幸存的，只有紫阳山的紫阳宫了。

南唐成彦雄有《游紫阳山》诗云："古殿烟霞簇画屏，直疑踪迹到蓬瀛。碧桃满地眠花鹿，深院松窗捣药声。"

成彦雄，南唐进士，诗作多写景咏物，著有《梅岭集》五卷。徐铉为之作序。可见，紫阳宫在南唐以前就有了。石刻上有记载，明朝万历年间，乐安府姜彦重修。

熊荣《西山竹枝词》诗曰："紫阳山上紫阳宫，斗大石坛耸碧空。可惜白云遮五老，朝朝对面不相逢。"

注脚有云："紫阳山在新之桃花乡霞溪村，三峰并出，俗谓之三尖岭，又呼名山，以朱紫阳（朱熹）曾至其地。中峰有石坛，祀邓真君，前明宗室乐安王建。峰高插天，与匡庐对峙，隐相抗衡，若不想让。"

所谓邓真人、邓仙真，据很多人考证，是唐代江西临川道士邓紫阳。邓紫阳本名思瓘，号紫阳，南宋嘉定时封为真人。这个传说还需进一步考证。

乐安王乃朱权之孙朱奠垒。

紫阳山脚下，原有翊真观。观前的两棵"义松"相距五尺，居然枝干合二为一，结为连理。黄庭坚慕名而来，曾作《义松赞》颂之："西山之松，有岁寒之质。怀其同气耶，既分矣复合而为一。涔露云雨，老大霜雪。匠石辍斤，樵夫叹息。人之同气，去本未远。宰上之杞，蔽芾成阴。有其干戈日寻，余不知其何心。"

翊真观近处有潘仙洞。涂兰玉《西山志》记载："潘仙洞，在西山伍涑乡。流水潺湲，旁多植桃。相传潘仙姑隐处。洞侧有径极险，其上有石台，方广四五尺，其平如砥，云是仙人棋枰。西有义松，山谷有记，旁有翊真观。"

紫阳山，从店前街往瓦窑村方向行六七华里可达。

春暖花开的一日，我与好友逯昶，沿崎岖山道，逶迤而行。沿途时而苍岩耸立，如虎；时而古松虬曲，如龙；时而泉水叮咚，如琴。山花烂漫，芳香醉人；鸟声悦耳，如歌如簧。偶尔，还有白鹇从林间惊起。

山渐高，雾越浓，忽聚忽散，忽左忽右。

山之巅有一石坛，十几平方米，梁柱及斗拱之间，皆由石榫自如衔接，为仿木结构。石坛被岁月的风雨侵蚀得苔藓斑驳，古意盎然。门楣上，书有“紫阳宫”三字。两边有对联云：“仙府巍峨接银汉间近，蓬莱迢递观弱水中透。”坛内有一联：“一窍道通冲北极，万年仙境镇西山。”神龛上供有一蹲石罗汉，双手作揖，目视天边。神龛下，有一石香炉，密匝匝插满香烛。

紫阳宫又名邓仙坛，据说是祀奉东汉开国元勋、首任大司徒邓禹的。邓禹，字仲华，河南新野人。十三岁游学长安，为京师太学生，与后来光复汉室的光武帝刘秀同窗，情同手足。数年后，王莽篡权，天下大乱，邓禹凭他的文韬武略，辅佐刘秀，很快平定了天下。由于老先生居功至伟，才华盖世，渐渐地，后人便把他当作神来供奉。

在罗亭镇将军岭南的塔下村，塔高三米，七级六面，镂文云：“东汉光武新立，公孙述隗嚣作乱，邓禹将军征服南方九郡，设塔留念。”

同治《安义县志》这样记载：“笔架山，一名紫阳山，在县东四十里依仁乡，相传邓真君得道处，凿石为祠。”

坛下，有仙人墓，仙人洗脸盆等古迹。

坛的背面，乱石叠起，纵横数里，从山顶至山脚，势如万马奔腾。

坛的右侧，有石级，穿行于石隙中，环回曲折，约三十米处，有一洞府，宽敞如厅，东西来风，既旷且幽。洞中有一石床，这便是昔日山中高人卧榻之处。清代诗人杨超琳《紫阳山访石床仙迹》诗云：

仙人已乘黄鹤去，洞门应借白云封，
石床五尺无关锁，几度斜阳卧牧童。

石洞万载，石床千年，悠悠岁月中，一代又一代的幽士哲人、牧童樵者，曾躺在石床上，感叹世事的沧桑。

石壁上，刻有“邓仙真”三个大字，笔力遒劲。洞口有瘦竹迎风，如屏风焉。

邑人杨增荦，当年请林彦博、李霈两名画家，合画了一幅《紫阳山图记》，还亲自写了题记：

西山在豫章城西，一名厌原，迤北五十里，有峰曰紫阳。予童子时，习闻长老称其胜。今年正月，偕宗人楚叟、雪生始造峰顶，憩于邓仙坛。坛之梁柱椽壁，皆取斑石，不杂一木。坛下有塔藏，高峰骨九具。西有石洞，为邓真人沐浴处。又南则巨石叠架，为仙人床……

时近晌午，云开日出。我们坐在紫阳宫旁的一块大岩石上，一边吃着干粮，一边俯瞰眼底的山川湖泊及田园风光。这时，对面山峰一朵白云飘荡而至，更使人有种飘然出世之感。

紫阳山真是一座神奇的仙山！

春到桐树坑

戊子暮春，多时未联系的好友袁猷火来电，邀我去梅岭爬山。我从早春冰灾后搬到山外来，天天居住在钢筋水泥丛林中，还不曾领略到春的气息，于是怦然心动，欣然应允。

我们以前都住在梅岭店前街，常结伴而游。而我们逛山，从不去景点凑热闹，总是瞄准某片没有去过的山，虽是穷途，还一往无前，真可谓壮游。

一会儿，袁猷火驾着摩托，载着一家三口来了。我们商量了一下旅游线路，决定从堎上村，爬到一个叫桐树坑的地方。桐树坑是省林科所的所在地，据说那里的植被茂密，有各种苗木花树。

于是，我们来到市场上，买了一大堆卤菜、糕点、水果及酒水，背着照相机，乘坐公交车，到了堎上村。

我们向村民打听了一下去桐树坑的方位及路况。村里人说，这是一条长满芭茅和荆棘的羊肠小道，且多歧路，你们拖家带口，如何去得?

我们顾不得村民的劝阻，从村后上山。钻进了幽深的毛竹丛中，遍地都是或高或低，毛茸茸的春笋，我们让孩子，各抱着一只同等身高的笋，照了一张野趣十足的照片。

路边有一大片的油茶林，在不经意时，看见几个茶泡，或几片茶耳，我们便欢天喜地地攀上树，摘下来给孩子们吃。

茶泡茶耳，是山里孩子常吃的一种野果，对居住在城里的孩子来说，实在难得。

此时，山花烂漫，空气里散发着一股浓郁的香气。杜鹃、檵木、紫藤像赶场似的怒放。有万寿竹，高尺许，每棵开出七八朵倒挂金钟似的黄花，楚楚动人，鲜艳无比，我们流连再三，拍了几张照片才走。

山渐行渐高，道路越来越艰险，还有许多横七竖八的爆竹架在路上。我们如入迷宫，几乎是在荆棘、丛莽中挣扎，举步维艰。途中，还经过了一片火烧过的灌木林，我们一个个满身乌七八糟的，狼狈不堪。我们边走边歇，经过千辛万苦，好不容易，来到山脊上。顿时，眼前豁然开朗。放眼远眺，可见南昌城郭、飘若彩带似的赣江，及近处的层峦叠嶂，烟村溪流。我们眼底有一条细如绳的小路，连着一个屋场，估计这就是桐树坑。

下山，越陌度阡，来到屋场，一打听，此地正是桐树坑。在一个山坡上，高低错落，有三四十户人家，或是竹篱茅舍，或是青砖黛瓦，或是干打垒，或全木头结构，却没有一栋钢筋水泥房子。这样正好，古风悠然。村中多为张姓多只剩老人孩子。本来是因山中多油桐树而得名，20 世纪 70 年代改名为更生村。

在屋场最前面，有一户人家，完全掩映在毛竹丛中。在干打垒的泥壁上，挂着两只酒葫芦，一束瓜蒌，倒也显得很风雅。门前场地上，种有各种花草，让人目不暇接。主人姓陈，年过七十，白发披肩，长髯飘飘。他除了种点树苗外，长年采药，还经常去奉新、靖安、铜鼓深山中，寻访奇花异草。挖得最多的，是兰花。

我说老人很像个道长。

老人爽朗地笑了，说:“我似乎与道教也结了一点缘。从村子右侧，行一里路，有个金岭，也叫金丘，是明代丁栖霞修炼的地方，叫铁祖仙坛。我倒是喜欢去那里静坐，沾点仙气。可惜庙已经倒塌，只剩遗址。丁道士可是明代高道张逍遥的嫡传弟子，饱读诗书，且练就一身仙风道骨。当时的江西布政司参议施闰章，在一个菊花飘香的秋日来访。两人坐在道观前面的石桌边，饮酒正酣，丁道士要他题诗一首。他即兴在墙壁上，写了一首《书西山丁道士壁》诗云：山豆花开野菊秋，隔林茅屋是丹丘。客来问道惟摇手，随意清泉绕屋流。”

我很佩服老人的博闻强记。

老人说，他在旧社会读过七年私塾，中华人民共和国成立后，虽成分不好，但从没有放弃过学习。

我们根据老人的指点，来到金岭。有几栋简陋的平房，其中有一间，上书有“金丘观”三字。看得出，这房子是 20 世纪 70 年代所建。四周有五六棵古樟、七八棵枫杨。

我们来到近处一高地，这里松竹满山，林下多是高山灌木，山花红紫，芳菲满目，尚能看见很稀有的黄踯躅及紫色杜鹃。山谷里有竹鸡、黄鹂，在唱着春天的颂歌。我们在花的海洋中，席地而坐，开始了野餐。我们饮着美酒，吟着春天里的诗，还有茶泡、茶耳佐餐，这真是一次春天里的盛宴！

长春湖记静

暮春三月，莺飞草长，我独自来到长春湖。

湖虽不大，却碧波荡漾，一尘不染。春山如笑，赏心悦目。沉醉间，山脚下的茅草丛中，扑棱棱惊起几只大雁，展翅高飞。我从万丈红尘中来，惊扰了它们的清静！

吱——呀——！有蝉在叫，此起彼伏。这让我感到惊怵。从早春起，各地疫情暴发，我每天蜗居在办公楼里、家里，两点一线，还不曾感受到桃李的芬芳，一个美好的春天，就这样过去了。我不由得感叹道：芭蕉绿了樱桃红，岁月太匆匆。

这种蝉，通体黛黑色，翅上有白色花纹，眼睛处朱红如漆，叫红眼蝉。

到长春湖，要经过坑头王家。这些年的城镇化建设，一日千里，难得留下了这样一个自然村落。

村前八字形的祠堂大门前，两口水塘，倒映着蓝天白云。麻石铺成的村街，依次有家庙、祖堂。屋舍多是青砖黛瓦，庭院深深。屋前有果树成荫，屋后有菜地成畦。村头的条石上，总坐着几个老人，在晒日头、聊家常。

这里的村民，依然有地可种，有林可护，倒也怡然自乐。农民就得有自己的土地，要不然就成“流民”了！

中华大地，每一个古村落，都是厚重的历史；每一栋老屋，都有独特的故事。

村落，是宗族、方言、乡约、民俗等文化的复合体，是民族的根本所在。

村后有苦槠林。树都很苍老，多虬曲如龙，遮天蔽日，占地数十亩。其时，苦槠花开，白花花的，空气里的花香，分明有着一股苦味。秋天，远近的人，都来这里捡苦槠。

有溪流从村的右侧流过，竹林掩映，深潭中，经常能见到村妇在捣衣、洗菜，有着“明月松间照，清泉石上流”的幽美意境。

沿溪而上，流水潺湲，乱石磊磊，林木蓊翳，间或，有飞湍瀑流争喧豗。有人把这里誉为南昌的九寨沟。

长春湖，修建于20世纪50年代末。昔为灌溉用水，今为湖山胜地。

走过湖堤，沿一条小路登山。一会儿松杉葱郁，一会儿竹舞清风，一会儿油桐花开。沿途多奇岩，更有潺潺流水。阴湿处，一片桌子大的地方，就有十几种奇花异草，如江西参、兔耳风、兔儿伞、黄精、黄独、百部、金兰等。一路上，以韩信草、绣花针居多。

在竹林中，我还看到四尺多长白鹇的羽毛。白鹇生性高傲，超凡脱俗，一般栖居在人迹罕至的高山竹林中。

到观音洞，时近中午，我有些燥热，可才到洞口，就感到凉气侵人。洞宽敞如厅，可为四五十人避风雨。洞底通透，有涓涓细泉流出。

石碑有云，西晋永嘉年间，孽龙兴风作浪，暴雨肆虐，洪水滔天，附近村民来此避难。几天过后，带来的食物都吃完了，观音老母施法，将许多山果悬挂于洞侧树枝上，还长出许多豆腐柴，提供给大家打豆腐。不久，她将飞腾术、五音法，传授给许真君，才制伏了孽龙。

洞口，有石菖蒲悠闲地开着花，岩头，有藤蔓披拂。在近处，我摘到了茶泡、茶耳、胡颓子等野果。

尤其是茶耳，在一棵油茶树上，摘到一斤多，且大如小儿手掌，碧绿如玉。

我坐在洞口一块岩石上，和小时候一样，野果没有洗，就吃了起来。它们不但清甜可口，还透着日晒和雨露的气息。

这段时间，疫情让我提心吊胆，职场也让我身心俱疲……

我静静地坐着，听着山中的鸟语声、蝉鸣声、流水声，身心为之一洗。

大岭庵采茶

少年时，在家乡的岁月，每到杂花生树，群莺乱飞的暮春三月，我便要到村前的大岭庵采茶。每年只要去采那么一两次，便可炒成两三斤干茶，一家人可以喝上一年。

我的故乡家家喝茶。煎水时，用生铁罐子盛水，用竹片卡在把上，放在煮饭的灶里烧开，装在热水瓶里，放进一撮茶叶，从早喝到晚。当然是喝完一瓶，再泡一瓶。乡亲们过惯了粗茶淡饭的日子。平时，母亲总是说："吃什哩，都没有茶饭养人呢！"

那时，去大岭庵采茶，给我留下了许多美好的记忆。大岭庵与梅岭第一峰——洗药湖对峙，古松倒挂，云来雾往。其时，山下已是落花流水春去也，而这里却是山花红紫，春意盎然。林下，有蕙兰茁壮茂盛，幽芳正发，多得令人目不暇接。据方家说，山上有兰花，会使茶质更佳。

从前，这里有尼姑庵，村中可闻庵里的晨钟暮鼓声。这里的茶树，大多是当年尼姑栽下的。

人生易老！我自十九岁离开故乡，一眨眼工夫，就到了知天命之年了。真正感到韩愈《祭十二郎文》所写："吾年未四十，而视茫茫，而发苍苍，而齿牙动摇。"也正如元代诗人陈草庵《山坡羊》所云："今日少年明日老，山依旧好，人憔悴了。"

却顾所来径，苍苍横翠微。

可我自幼孤且傲，总以为自己来到这个天地间，能干一番大事业。可高中毕业，我被父亲"废物利用"，在家放牛、砍柴，被乡党传为笑柄。

一天，我的表哥李家祁找到我，说："老弟呀，你年纪还不算很大，可以去学一门手艺，以后好养家糊口。人生在世，没有一技之长，可不好混。"

我口吐狂言，说："这等小人物做的事，我岂能为之。"

时间易过世难过。走向社会的第一站，是到山外摆地摊、开商店。之后，我也曾漂泊过、流浪过，最终在一家企业，混了个蓝领。既不入品，也不入流。我曾苦心孤诣，潜心研究过李宗吾的厚黑哲学，就是玩不转。正如人们常说的：性格决定命运。

三十不豪，四十不富，五十将衰靠子助。我一直很羡慕那些平步青云、步步高升的成功人士。项羽说，富贵不还乡，如锦衣夜行。我真是愧对先人，愧对故乡。

人们常说：得意喝酒，失意喝茶。多年来，我有一个心愿，去大岭庵采一次茶，重温一下童年的旧梦。

五一劳动节假期的一天，天才蒙蒙亮，我就同妻儿从湾里开车赶往桐源老家。

在大哥家吃过早饭。同大哥、大嫂带上干粮，就出发了。

大哥说，去大岭庵的路，不像以前那样好走，容易迷路。我们都换上了旧衣裳。

我走在家乡的田野上，倍感亲切。已是农忙季节，乡亲们有的在耕田，有的在整田埂，有的在撒秧。还有一大群鸭子，在追逐泥鳅、蝌蚪呢。

大哥的黑狗阿虎，也紧跟在后面，以壮我们的行色。

爬了一段山路，我们来到一个叫棚里的地方。这里有一大片农田，长满柴草。大哥说，这里山高水冷，收成不好，再加上虫害严重，雀子又多，耕种不划算，就荒掉了。田埂上，有的杂柴长得比碗口还粗。有一棵李子树，高有二丈，已果实累累。

一会儿，来到我们家的油茶山。原来被父亲整治得绿油葱茏的油茶林都被藤树、荆棘掩埋了。

我问儿子："这是我们家的油茶山，以后就交给你管理吧！"

儿子说："我才不管呢。"

我说："我祖惟芝公，自明朝弘治年间从山外桐冈来桐源开基，已五百余年，一代代先人，在此挥洒汗水，披荆斩棘，开荒拓土，建设这个家园。可到了当今的社会，在商品经济浪潮的冲击下，将脚下安身立命的根本——土地，弃之如敝屣，稍有一点办法的人，就离开故土，巴不得走得越远越好。甚至过了二三代，把西装一穿，领带一系，就连自己的老家都忘了。"

哥哥笑着说："不要这样说了。自古道：人不出门身不贵，火不烧山地不肥。时代变了，作田锄地能有多大出息。"

归去来兮，田园将芜胡不归。

我们来到半山腰的一条横路上，再往上，就没有路了。满山都是冰灾压倒的毛竹。我们十分艰难地在横七竖八的毛竹丛中钻来钻去，不时被荆棘、藤萝挂住衣裳。我们的脸上、手上，划出了一道道血痕，汗水早已浸透了衣裳。

阿虎却一点不累，一会儿走前，一会儿断后，俨然是我们的保卫者。有时，看见了野兽，它会猛追一阵，并汪汪地叫着。一会儿，它无功而返，累得呼呼喘气，直吐舌头。

在密林深处、石坎下，经常看见一个柴草垛，内空如屋，这便是野猪窝。

兰花却是很少见到。大哥说野猪喜欢吃兰花的根，全部被它们给糟蹋了。

有时，竹林中掠起一只白鹇，真让人感到惊艳。

一会儿，有一丛岩石，高耸数丈，叫虎啸岩。在早先，村里人经常看见老虎站在这里长啸。

我们攀到岩上。远近数十里的山光水色，田园村落，尽收眼底。

来到大岭庵山顶，我们在一个葱郁的幽谷中采茶。这里的茶树，或高或低，或疏或密，夹杂在松树林里，灌木丛中。脚下土质疏松，净是腐烂的树叶。茶叶片片肥壮，柔软细嫩。

有的茶树有茶碗粗，高可丈余，要攀树，才摘得到。

我们便在这松涛阵阵，鸟语花香，蝉鸣嘶嘶的家山，采起茶来。

夕阳西下的时候，我们跌跌撞撞，按照原路下山。

儿子身上的衣裳，已挂成一片片的，埋怨说："老爸，你总把小时候采茶的情景，说得那么美好，我看实在是苦不堪言！"

我说："我来大岭庵采茶，采的是故土情结。"

独处的花翁

壬午春日，我背着相机，独自来到梅岭风景区采风。

从合水桥沿溪而下，石奇水秀，夹岸有秀竹临风，崖头有迎春樱绚丽地开着，鸟鸣悦耳，幽趣逼人。我正摆弄着相机，对焦取景，天公不作美，忽然唰唰地下起雨来。

我匆忙上岸，忽闻一声嘹亮的鸡鸣，只见山坳入口处，有一屋舍，青砖红瓦，但见庭院里花木扶疏。

敲了一通柴门，有一年过七旬的老者前来开门。老人发白齿稀，慈眉善目，笑容可掬地把我迎进门。有犬吠如豹，老人喝了一声才止。

拾级而上，夹道尽是欣欣向荣的盆景，有的高大婆娑，仪态天然；有的虬曲如龙，造型夸张。有瑞香芬芳馥郁，有杜鹃怒放如火。

走进屋，那条德国猎犬不但不咬人，还和我亲昵起来。它长得高大健壮，大眼珠血红如玛瑙，鼻耸如拳，耳大如掌。两只小花猫喵喵地叫着，等主人坐下，便各占据一脚背取暖，乍看似两只绣花鞋。这时，门外飞来两只灰喜鹊，站在主人肩上，喳喳乱叫。主人各喂了它们两条小鱼，它们才飞去。

门前场地上，另有几只悠然觅食的鸡。

屋侧，有涓涓细泉流过，辟一小池，水清见底，鱼虾历历可数。池边有几块岩石，披挂着常青藤。

我十分仰慕老人悠闲自在、情趣盎然的山居生活，便同他闲聊起来。

老人姓李，南昌县武阳乡人。南昌市盆景协会会员。他曾在人民公园、八一公园、滕王阁风景处等地当花工，退休后，来梅岭探幽，相中了这处僻静的山谷，便租赁下来，种上花草、盆景。每日盘桓园中，为花卉锄草、浇水、捉虫、施肥。老人说，已有盆景两百多盆，其中有几株榔榆、檵木、铁树、小叶黄杨，已养了三四十年，他关注着它们每枝每叶的成长，看得比自己的生命还贵重。老人的盆景从不出售，只是逢年过节，有单位租去当摆设，赚点小费还地租。

雨停了，我便随老人上山。园二十余亩，有桃李争相怒放，万紫千红。山风吹来，花谢花飞，落红满地。我不由得想起清人龚自珍的诗：“落红不是无情物，化作春泥更护花。”这正是老人的生活写照。

如今，满世界的人都在熙来攘往，为名为利，难得梅岭大山深处，还有这样一位知天趣、甘寂寞的护花使者！

访亮公洞

一次，我在南岭的秦人洞探幽，偶遇一位采药老人。我问，近处有何名胜古迹?

老人说，南岭老屋周家以前有白法院，庙已毁，但周边还有亮公洞及石刻。且说这个地方就在萧峰东面，石奇水秀，很值得一看。

戊戌初夏，我友陈立立来访，邀我去访秦人洞。

我说，好吧，就在秦人洞不远，有个亮公洞，正好顺便去看看。

到南岭老屋周家，村头数棵古枫树，遮天蔽日。屋舍多是一栋三间的砖瓦房，高低错落，有数十户人家。从村中走过，有犬吠声，让人心惊胆战。

经村民指点，我们从村的右侧登山。菜园篱笆上，路边茅舍间，开满金银花，浓烈的芳香，让人陶醉。两边的梯田，都已改种茶叶。有村妇正在忙着采茶。

拾级而上，石板踩得油光滑亮，这分明是条官道，拿当地老百姓的话说，叫官马大道。抬头一看，萧峰在望。以前的文人墨客，去萧峰雅集、看日出，从此登山。近些年，则多从北坡的魏家村上山了。

陈宝箴《登萧峰》诗云:“西山高处白云飞，蜡屐穿云入翠微。彭蠡连江烟漠漠，匡庐溅瀑雨霏霏。乘鸾萧史今何在，跨鹤王乔去不归。四望渺然人独达，天风直为浣尘衣。”

路过一丛乱石，有溪流水从中穿过，水声淙淙。乱石丛中，有八九棵八角莲，其叶硕大如盆，有的叶片下，开出五六朵紫红色、钟状的花朵。还有两棵油桐开得烂漫，山风吹来，落英缤纷。

前方是一片田畴，刚耙过，水汪汪的，倒映着蓝天白云。这里山高水冷，田地没有撂荒，实属难得。沿山脚望去，只见溪水清亮，随便捡起几块瓦片，都是古物。陈立立是历史学家，在大学从教多年，对考古很擅长，他能一一考证出这些瓦片的年代。

陈立立说，窥一斑而见全豹，从这些瓦片就可以推断出，这里曾经是个很兴盛的佛教禅林。

一会儿，我们便遇到了歧路，不知走哪条，却远远看见路边立着一块石碑。我们猜想，这肯定是白法院遗址。走近一看，果然是。

挨着山脚，有一块平整的草地，满地石块、瓦砾、瓷片。有几棵一米多高的大蓟，悠闲地开着，惹来肥胖的土蜂，弄得满身花粉，幸福地唱着小曲。

自古名山佛占多。这里青山环合，竹木葱翠，真是个出家修行的好所在。

亮公洞在何处？这时，有两个采茶女经过，我们便向她们打听。她们指了指一丛竹子说，那只刚成林的竹笋下面便是。

竹林中，乱石层层叠叠。很快，我们发现一块浑圆如盖的巨石下面，有一个高不过一米五的石洞，仅可容一人打坐。上端书有"公洞"二字。仔细一看，发现"亮"字被人用水泥填满，上面长了青苔。落款为："明凡夫颉书。"在洞的右边，有一块巨石，被雷公劈成两半，平整得像刀切。我们正感叹大自然的神奇，却隐约看见也有"亮公洞"三个字，可惜字被人为磨平。落款为："邓宗助刻。"地上有个塔顶，大如桌面，也被打翻在地。这肯定是"破四旧"时所为。

《西山志》记载："亮公洞，在白法左侧十余武。大石下一洞，亮在此打坐，石上有'亮公洞'三字。亮，本蜀人。好讲经，初诣洪州开元寺，参马祖，尽得其妙，遂住西山，终身不出。"

马祖，就是唐代高僧马祖道一，洪州宗的祖师。马祖道一主张："即心即佛、非心非佛、平常心是道。"

人们常说："马祖建丛林，百丈立清规。"在马祖之前，汉传佛教，承袭古印度禅宗僧人托钵化缘，或寄迹于山林岩洞，或寄身于其他宗的庙宇中，是马祖开宗建派，才有了自己的寺院。后来，是他的弟子百丈，制定了清规戒律。

亮公，便是马祖道一禅师之法嗣。

法嗣者，是指禅宗继承祖师衣钵，而主持一方丛林的僧人。

陈弘绪《江城名迹记》记载：

亮座主，蜀人也，颇读经论，因参马祖。祖问："见说座主大讲得经论，是否？"师曰："不敢。"祖曰："将甚么讲？"师曰："将心讲。"祖曰："心如工技儿，意如和伎者。怎讲解得？"师抗声曰："心既讲不得，虚空讲得否？"祖曰："却是虚空讲得。"师不肯服，便出。将下阶，祖召曰："座主。"师回首，祖曰："是甚么？"师豁然大悟，便礼拜。祖曰："这钝根阿师，礼拜作么？"师曰："某常所讲经论，将谓无人及得。今日被大师一问，平生功业，一时冰释。"礼谢而退，乃隐于洪州西山，更无消息。

陆放翁言其从子慧绰为浮屠，传豫章西山香城寺之旁有野人，身被绿毛，每雨霁，多坐石上暴日，见人辄避去，追之不可及。有识者曰："此马祖弟子亮座主也。"

可见，亮座主是个传奇式人物。

当时的僧人智文有《题亮公洞诗》诗云：

马祖参来住此山，终年趺坐掩禅关。
林中明月常光皎，岭上飞云自往还。
已有烟霞居世外，绝无踪迹到人间。
不留绀宇于身后，何处临风想佛颜。

亮座主，住持白法院时，天下名僧云集，为一时之盛。亮公洞也因此而声名远播！

风雨崝庐

素来，我写作前喜欢收集当地的文献资料，来充实、丰富自己的写作素材。在不经意间，我经常能看到一些有关陈宝箴和其儿子陈三立及崝庐的文字。

陈家有“一门三代四豪杰”“中国文化之贵族”的美誉，在政治史及学术界，都有着深远影响，令人高山仰止。可他们家的崝庐，竟然位于我的家乡梅岭南麓，幸福水库右侧的青山三房程家自然村。

陈三立《崝庐记》写道：

西山负江西省治，障江而峙。横亘二三百里，东南接奉新、高安诸山，北尽于彭蠡，其最高峰曰萧坛。纷罗诸峰，隆伏绵缀，止为青山之原，吾母墓在焉。墓旁筑屋，前后三楹，杂屋若干楹，施楼其上为游廊，与母墓相望。取青山字相并属之义名：崝庐。

庚寅仲夏，一个天阴欲雨的日子，我与儿子龚崇怡，越陌度阡，一同去拜谒崝庐。

山不在高，有仙则灵。在三房程家村渐行渐近时，我们仿佛走进王摩诘的山水画轴中，又好似沉浸在陶渊明“暧暧远人村，依依墟里烟”的诗意境界里。当时的田野，早稻金黄待割，荷花飘香，不时有白鹭飞过，野鸡在咯咯啼叫。蝉声聒噪，此起彼伏。走上一个山岗，一会儿是一片平整的茶林，一会儿是一抹碧绿的瓜地。不久，便见绿树掩映处，有竹篱茅舍十几户人家。村人多种枣树，青白色的果实，缀满枝头。来到村前，在七八棵苍老的枫树下，有几个老人坐在石墩上，悠然自得地扎芒花笤帚。

我俩和老人搭讪了几句，便向他们打听崝庐。有位八十多岁的老人道：“哪里还有什么崝庐，早被拆掉了！”

他有些颤颤巍巍地站了起来，指着不远处的一片竹林说：“喏，就在竹林那边，还有崝庐花园围墙的遗址。”

老人叫程宗宿，八十三岁，听说我们是来缅怀前贤的，便热情有加，带我们沿崝庐遗址走了一圈。崝庐占地约三亩，掩埋在杂树、荆棘、荒草中。

花园围墙明显看得出是干打垒土墙，可见陈家生活之简朴。

修水陈家女婿、陈家大屋的义务守护人欧阳国太先生曾说："陈家家风崇尚简朴、自然、节约，一切以实用为宜，不重视形式上的东西，更多的是关心家国大事，有精神追求。"

老人说，峥庐有两层三进，两个天井，外砖内木结构。四周有回廊。园内有池塘、假山、凉亭，还植有各种花草树木。

陈三立《峥庐记》记载：

吾父既大乐其山水云物，岁时常留峥庐不忍去，益环屋为女墙，杂植梅、竹、桃杏、菊、牡丹、芍药、鸡冠红、踯躅之属。又辟小坎，种荷蓄鲦鱼，有鹤二，犬猫各二，驴一。楼轩窗三面当西山，若列屏，若张图画，温穆杳霭，空翠蓊然，扑几榻，须眉、帷帐、衣履，皆掩映黛色。庐右为田家，老树十余蔽亏之。入秋，叶尽赤，与霄霞落日混茫为一，吾父澹荡哦对其中，忘饥渴焉。

文中所述，与老人所说，很吻合。

陈三立《峥庐述哀诗》五首，诗中生动地描述了峥庐所在的地理环境和风貌，并把时代的风云和家族的命运连结在一起，长歌当哭，读之令人感动。其中第二首写道：

架屋为层楼，可以望西山。
咫尺吾母墓，山势与迴环。
龙鸾自天翔，象豹列班班。
灵光散光采，机牙森九关。
其上萧仙峰，形态高且娴。
雨如戴笠翁，妍晴立妖鬟。
云霞缭绕之，光翠迴面颜。
父顾而乐此，日夕哦其间。
渺然遗万物，浩荡遂不还。
今来倚栏杆，惟有泪点斑。

陈宝箴罢官后，想效仿陶渊明过"采菊东篱下，悠然见南山"般的田园生活，才卜居于此。虽心忧天下，但不问政事。正如他当年在峥庐门楹上题联云："天恩与松菊，人境托蓬瀛。"把这里作蓬莱仙境。陈氏父子或在峥庐对酒当歌，或游于梅岭林泉之下，倒也怡然自得。

可惜的是，两年后，陈宝箴便与世长辞了，葬于距离峥庐一箭之遥的夫人黄氏墓的左侧。

此后，陈三立移居南京，于青溪畔构屋十楹，名曰：散原精舍。每年清明，都要回峙庐吊祭父母。

他在《别墓绝句》中写道：

夜乌啼尽晓鸥闲，日日松林烟岫间。

赢得九原念游子，春风吹泪湿西山。

据程宗宿老人说，在土改时，峙庐分给了附近三家贫农，三家各拆一楹而去。1958年，修幸福水库时，陈宝箴及夫人的墓石、墓砖，被挖去筑堤了。当时，陈宝箴的尸首完好如初，见阳光便风化了。有个叫朱海生的人，是陈家旧时的守墓人，把其骨殖火化后，另葬于一个叫狗盆的小山岗上，连碑记也没有立一块。

这，成了陈宝箴夫妇留在西山一个永远的谜！

陈宝箴的棺材是"下柳上柏"。有人把棺材盖架在水圳上搭桥，供人走路，三十多年不烂。到2007年村村通水泥路时，棺材盖不知去向。如今，只有墓地的一对石狮子，散落在近处一个村委会大门口的一丛杂草中。

石狮子长约一米，高二尺，造型朴拙，憨态可掬。

一个对国家民族的政治、经济、文化、艺术有巨大影响的家族的故居和墓地，不被保护，反遭破坏，行文至此，我禁不住一声长叹。

我的文友方子华在《陈宝箴墓地上的惆怅》中写道："墓地没有墓，峙庐不见庐。我心中顿生一种世态炎凉、万事皆空、人生如梦的伤感。"

我的博友龚民主在《南昌西山寻访一代名臣陈宝箴陵墓及峙庐遗址》中写道："身为江西人的陈宝箴在湖南凤凰城尚有纪念馆，在江西却无葬身之地，这是陈氏一族的悲哀，更是江西人的悲哀！"

诚哉斯言！

陈宝箴，谱名观善，字右铭，生于道光十一年（1831），江西义宁州安坪乡（今修水县义宁镇）竹塅村。曾祖父陈公元，于清雍正八年（1730），从福建上杭迁居于此，先在山中住棚栖身，种蓝草为业。史称"棚民"。蓝草，是一种可以制造靛蓝染料的植物，可用于染布。风雨五十年过去了，经过了陈公元、陈克绳两代人的艰苦努力，才打造了一栋名为"凤竹堂"的砖瓦房。"凤竹堂"青砖黛瓦，风火墙高耸，两进，中置天井，有点儿像徽派建筑。陈家取意"凤非梧桐不栖，非竹实不食；凤有仁德之征，竹有君子之节"。

这种屋，江西人叫土屋。一般做这等房子的人家，才可跻身为耕读之家，或跻身乡绅之列。当时有个叫陈书洛的贡生，写了一首《凤竹堂诗》赞曰：

凤竹堂开哕凤凰，山明水秀映缥缃。
天生文笔窗前峙，地展芝华宅后藏。
俎豆千秋绵祀典，儿孙百代绍书香。
应知珍重迁居处，冠盖蝉联耀祖堂。

陈宝箴自幼聪慧好学，性格刚毅。咸丰元年（1851）中举。咸丰十年（1860），第三次入京会试，落榜了。一日，他在酒楼与朋友喝闷酒，正为报国无门而唉声叹气时，适值英法联军入侵，陈宝箴遥见圆明园浓烟滚滚，烈火冲天，更是悲愤万分，泪湿衣衫。他立下宏愿：如若他年得志，要效仿日本明治维新，寻找一条能够让国家富强，百姓安康的新路子。

陈宝箴的发迹是因为太平天国运动的兴起。其父陈伟琳，在家乡办团练。光绪五年（1855）父亲辞世，团练就由他一直掌管了。他曾做过一件很漂亮的事，就是向湘军席宝田建策，生擒太平天国幼主洪天贵福和洪仁玕。

咸丰帝时，陈宝箴补了一个知县的缺，从此踏上仕途。他先后任浙江、湖北按察使、直隶布政使等职。他以超群的学识人品，过人的才略胆识，深得曾国藩的赏识，以海内奇士视之。一次他过生日，曾国藩赠联曰："万户春风为子寿，半瓶浊酒待君温。"

光绪二十年（1894），中日甲午战争爆发，京师危急。年底，光绪皇帝在太和殿召见了陈宝箴，询问御敌方略。陈宝箴对时局切中肯綮的对答，让光绪帝大加赞许，委任他为督东征湘军转运，驻天津及专摺奏事。

光绪二十一年（1895），陈宝箴擢升湖南巡抚。他以变法维新，富国强民为己任，推行新政。其主要内容包括：肃吏治、辟利源、变士习、开民智、敕军政、公官权等措施。使湖南开风气之先河，成为全国最有生气的省份。

他认为："国势之强弱，系乎人才；人才之消长，存乎学校。"在他的倡导和支持下，湖南在教学内容及教学方式等方面进行了改革，并创办了湖南师范，还把梁启超请来担任总教习。同时，由谭嗣同、唐才常等创办的《湘学报》《湘报》，大力宣传维新变法，介绍西方社会科学和自然科学知识。

《湘学报》有一篇叫《论湘中所兴新政》文章，说陈宝箴："我湘陈右铭中丞，亟力图维，联属绅耆，藉匡不达。兴矿务、铸银圆、设机器、建学堂、竖电线、造电灯、引轮船、开河道、制火柴，凡此数端，以开利源，以塞漏卮，以益民生，以裨国势，善于变法，而不为法所变。"

当时，陈宝箴在致李鸿藻的函中，倾诉了自己的政治理想和作为：

宝箴到任月余，考察湘中吏事、军事及民间生计风俗，皆觉迥逊往时，而本年旱荒，尤数十年来所未有。目前惟赈抚最为急务。取巧牧令，惟知给以户照，纵令逃荒，以邻为壑，醴陵一邑，给发至八百纸，每纸皆近百人，设有奸宄从中构煽，即此七八万人，为患已不可胜言。况他县之继起者。更将不可数计耶！宝箴抵任。即将醴令撤差，别委贤员，筹给银米赈恤，止其逃徙，而严饬各属并委员绅，设法拊绥，断不可任令流亡，且酿隐患。第公私匮窘已久，亏累日积，藩司解款，支绌已甚，截留漕项三万金，散给旱馨，幸开办赈捐之情，昨已奉准，略可措手，然究未可深持，抑非一时所能集事，私衷懔懔，实与悬军远峤日忧馈军者同，一如朽索之驭悍骑。伏思每年例有查询接济谕旨，嘉惠蒸黎，无远弗届。湘民自军兴以来，出力输财，颇竭忠悃，倘蒙圣慈垂念，恺泽覃敷，士民感戴皇仁，益沦肌髓矣。民生利害，惟天时、吏治二者，最为切身，荒政而外，饬吏为要。宝箴行能窳薄，无能为役，惟有明是非，公好恶，树之准的，期渐知所趋向，恩怨毁誉，非所敢计而已。忝辱知眷，谨用附陈。手肃伸意，恭请崇安。宝箴再拜上。

光绪二十一年（1895）五月，陈宝箴奏请光绪帝，力行新政，并提出兴事、练兵、筹款三策以挽救危亡。还竭力举荐杨锐、刘光第等维新志士。

当时的湖湘大地，在被龚自珍喻为“万马齐喑究可哀”的晚清，犹如闪过长空的一道电光。

光绪二十四年（1898），康有为、梁启超、谭嗣同等辅助光绪皇帝发起了维新运动，史称“戊戌变法”。这场变法，很快被以慈禧太后为首的保守派扼杀。慈禧幽禁光绪，通缉康梁，斩杀六君子。

很快，慈禧下谕：“封疆大吏滥保匪人，实属有负委任。陈宝箴着即行革职，永不叙用。伊子吏部主事陈三立，招引奸邪，着一并革职。”

陈三立隐约其词地记述了当时的情景：

二十四年八月，康梁难作，皇太后训政，弹章遂蜂起。会朝廷所诛四章京，而府君所荐杨锐、刘光弟在其列。招坐府君滥保匪人，遂斥废。既去官，言者中伤周内犹不绝。于是府君所立法，次第寝罢。凡累年所腐心焦思废眠忘餐艰苦曲折经营缔造者，荡然俱尽。独矿物已取优利，得不废。保卫局仅立数月，有奇效，市巷尚私延其法，编丁役自卫，然非其初矣。

陈宝箴一家，回江西后，先在南昌磨子巷（万花楼）赁屋暂居。第二年，崝庐完工，才迁居于此。

光绪二十六年（1900）六月二十六日，陈宝箴在崝庐忽以“微疾”卒，享年七十岁。

关于陈宝箴之死，是个扑朔迷离的谜团。据近人戴明震的父亲戴普之《文录》记载：“光绪二十六年六月二十六日，先严千总公（戴闳炯）率兵从江西巡抚松寿驰往西山靖庐，宣太后密旨，赐陈宝箴自尽。宝箴北面匍匐受诏，即自缢。巡抚令取其喉骨，奏报太后。”

这位被光绪帝誉为“新政重臣”的人物，最终未能逃脱那拉氏的魔掌。

陈三立在《湖南巡抚先府君行状》：“不孝不及侍疾，仅乃及袭敛。通天之罪，断魂锉骨，莫之能赎。天乎！痛哉！……不孝既为天地神鬼所当诛灭，忍死苟活，盖有所待。”

文中透露出陈宝箴之死，有着不可排解的隐情。

陈宝箴临终前告诫儿孙，千万不要涉足官场，不要广置田产，以免招祸。

其子陈三立，近代同光体诗派重要代表人物，被誉为中国最后一位传统诗人。与谭嗣同、徐仁铸、陶菊存并称“维新四公子”。他远离官场，悠游林下，只与当世俊杰交往，以诗唱和。自称：“凭栏一片风云气，来作神州袖手人。”1937 年，当日寇入侵，一夕，他在梦中狂呼：“杀日本人！”北京沦陷后，陈三立绝食五日而逝，享年八十五岁。著有《散原精舍文集》十七卷行世，有不少是写西山的诗文。散原是陈三立的号，取意于西山旧时的称谓。可见老诗人对西山是一往情深的。

其孙，陈衡恪为著名画家，陈寅恪为著名史学家。

陈寅恪是近代“独立之精神，自由之思想”的倡导者，当年清华“四大导师”之一，在师生中享有“盖世奇才”“教授的教授”“太老师”等称誉。著名学者吴宓在《空轩诗语》中说：“合中西新旧各种学问而统论之，吾必以陈寅恪为全国最博学之人。”

陈氏一族，正如陈衡恪之子，我国著名植物学家陈封怀在一篇文章中所说：“我家三代四人得以青史留名，可以说是坚贞爱国主义思想和高尚的中国传统道德修养加上各自奋发不懈的进取精神所成。”

一百年风雨过去了，崝庐虽只剩遗址，但陈宝箴及其后人的光辉事迹，在国人心中树立起一座永远的丰碑！

凤台仙府

唐代诗人欧阳持，在《游西山长歌》中诗云："紫霄峰，悬又陡，凭高看遍江南小。凤台观里景长春，日照崖前天易晓。"

紫霄峰，也叫萧峰，古有"西山第一峰"之称。经现代科学考证，它是仅次于洗药湖罗汉坛的西山第二大峰，海拔有799米。位于招贤镇牛岭魏家自然村附近。

萧峰，民间有"风扫地，月点灯，日有千人朝拜，夜有万盏明灯"之说，是极言它地势之高。俚语还有："萧仙戴笠，凤凰翅湿；萧仙著衣，鸟雀淋漓。"是说山民根据山顶的风云变幻，而知晴雨。

《西山志》记载："紫霄峰，一名萧史峰，萧史、弄玉吹箫引凤处。"

山之巅，原有萧史、弄玉吹箫的凤台遗址，可惜在1940年毁于日寇炮火。据说当年一队中国军人，占据地利优势，在此打阻击战。日寇便用钢炮猛烈轰炸，硝烟散去，古台被夷为平地。

今日，只有一堆打磨得平整如洗的石块，横七竖八，掩埋在榛莽、荒草、藤萝中。"凤台仙府"匾额犹存。据当地的老乡说，在月黑风高的晚上，这堆石头，还会发出病牛般的叹息声。

山顶乱石迭起。一块狭长的石头上，刻有："员峤真逸来游。延祐改元二月二十三日也。"字迹婉润清丽，潇洒飘逸。员峤真逸，是元代李倜的号，官至集贤侍读学士，擅长墨竹，亦善行书，与赵孟頫齐名。

一块浑圆的岩石上，刻有明万历年间（1573—1620）江西按察使、《江西大志》总编修王宗沐，题写的"振衣千仞"四个遒劲有力的大字。

"振衣千仞"，出自晋朝诗人左思的名句："振衣千仞冈，濯足万里流。"

无独有偶。清代学者施闰章游洪崖丹井时，作《振衣石记》，刻于洪崖丹井上游的溪畔。

凤台前有一石臼。石高五六尺，石臼深七八寸。传说，早先此臼小如酒盅，每晚有油溢出，供山中道人食用。有一道人，贪心不足，偷偷请来石匠，将洞拓宽，自那天起，石臼再也不出油了，只有一汪清水常年不涸，至今犹能照出世间贪婪者的丑恶嘴脸。此石壁上书有"天门"二字。近处一块平躺的石头上书有“钓台”。皆为王宗沐门人欧阳暖立。

凤台的东边，相距百米远，有一石高耸，名曰：日照崖。顾名思义，是观日出的好地方。

凤台往南走十几步，刻有明代重修时间：“清松道人重修上下仙坛，□□用纪在域，涂门妙觉祖师、喻门妙安□、道士陶太清。弘治元年八月□日。”

山中还有好几处石刻，因年深日久，字迹模糊，不可辨认。

凤台南边一里许，竹林深处，原有飞升观，如今也只留下乱石一堆。

旧时，从龙岗到萧峰有一条登山的石级路。每年的春节至元宵，当地居民成群结队、张灯结彩，上萧坛朝拜。

我自幼就会唱：西山九十九个包，要算萧坛第一高。西山岭里一管尺，走来走去不敢拿。西山岭里一顶磨，走来走去不敢坐。可我第一次去访萧峰，是在 1997 年深秋的一天。从南岭周家登山，没有向导，我走过一处田垄，便在榛莽中，这山望着那山高，一个劲爬去。开始，发现几棵小山柿，我很是稀罕，见有的已熟透，便高兴地采食起来，味道特别甜美可口。后来才知道，这里满山都是这种野果，多得就像天上的繁星。偶尔，还能见到山楂、茅栗、畏芝、秤砣子、狗卵子（扁担杆果子）等野果。可见此地人迹罕至。

萧峰的东面，与梅岭主峰洗药湖对峙。紧接着，与之互争高低的山峰，有安峰尖、花垴、葛仙峰、梅岭头。萧峰的南麓，有幸福、萧家、梦山三个湖泊，澄然若镜，银光闪耀。

明代徐世溥来游，是这样描写当时情景的：

至萧峰，岭为西山最绝。俯视在下，茫若烟海。田塍、溪谷、山阜、平川、深灌、川浍、江河、城郭、都邑、庐舍，皆在青烟中。西北至庐阜，北至于彭蠡，近睹丰城、南昌、武宁、豫章之治，若可顷刻飞集。天亦稍近，云在其下，冉冉若绵，俯而临之，若从地上观井也。上有石室，可坐三人。昔人构之，以期神仙。萝缠其梁，薜荔满壁，亦且千年。因坐石室中，饮酒良久，日曛乃反。前后行山数日，费酒十余壶，芋栗数升，皆采诸山中。

可我游萧峰时，既没有当年徐先生幸运，有石室可坐，也没有徐先生那么潇洒，有美酒可饮。只是饱餐了一顿野果，在蒙蒙细雨中下了山。

西汉刘向《列仙传拾遗·萧史》记载：

萧史善吹箫，作鸾凤之响。秦穆公有女弄玉，善吹箫，公以妻之，遂教弄玉作凤鸣。居十数年，凤凰来止。公为作凤台，夫妇止其上。数年，弄玉乘凤，萧史乘龙去。

唐杜光庭撰《仙传拾遗·萧史》云：

萧史不知得道年代，貌如二十许人。善吹箫作鸾凤之响。而琼姿炜烁，风神超迈，真天人也。混迹于世，时莫能知之。秦穆公有女弄玉，善吹箫，公以弄玉妻之。遂教弄玉作凤鸣。居十数年，吹箫似凤声，凤凰来止其屋。公为作凤台。夫妇止其上，不饮不食，不下数年。一旦，弄玉乘凤，萧史乘龙，升天而去。秦为作凤女祠，时闻箫声。今洪州西山绝顶，有萧史仙坛石室，及岩屋真像存焉。莫知年代。

话说，春秋五霸之一的秦穆公，一日正在当朝议事，有宫女来报，说娘娘生下一个公主。恰在此时，有邻国使者执璞玉觐见。此玉形似雀卵，润莹莹，翠滴滴，日光照之，七彩夺目，乃稀世珍宝。秦穆公大喜，就给女儿取了个名字，叫弄玉。

春去秋来，弄玉渐渐长大了。她长得玉洁冰清、文雅娴静，不但精通琴棋书画，而且擅长吹箫。她吹出的上百种鸟鸣声，无不惟妙惟肖。

秦穆公尤其疼爱这个女儿，还专门在宫中为她筑了一座凤楼。

一天夜里，月光如水。弄玉让侍女设好香坛，倚在朱栏上，对月吹箫。她神思缥缈，想起传说中的凤凰，想起了世上的痴男怨女，渐渐，谱成了一曲《凤求凰》。

弄玉的箫声，如仙乐飘飘，如泣如诉，在夜空中飘荡。隐隐约约，她觉得好像有人在和自己和鸣，且合节合拍，琴瑟和谐。

是夜，弄玉梦见一个风度翩翩，丰神俊朗的美少年，吹着箫，骑着一只彩凤飞来。少年对弄玉说：“我叫萧史，住在华山中峰明星崖。我很喜欢吹箫，因为听到你的吹奏，特地来这里和你交个朋友。”说完，又飘然而去。

此后一连好几天，弄玉一心想着梦中少年，情思绵绵，茶饭不思。秦穆公问清原委后，急忙派人去华山明星崖打探，果然找到了萧史。秦穆公见萧史骨骼清奇，超凡脱俗，很是喜欢，第二天就给他俩操办了婚事。

他俩就住在凤楼，过着神仙般的眷侣生活。

然而，刚度完蜜月，萧史就对弄玉说：“娘子哦，王宫虽好，我还是怀念在华山的清苦生活。如今我攀上了金枝玉叶，如不远走高飞，绝对不能修成正果。”

弄玉说：“我愿与夫君同甘共苦。”

于是，萧史拿出箫来，对空吹奏一曲，有赤龙彩凤，落于楼台前。萧史乘龙，弄玉跨凤，一直飞到吴头楚尾的西山一带，见紫霄峰，秀出云表，翠竹常青，风光秀美，便筑凤台，定居下来。夫妇俩盛甘露为茶，收花蕊当饭。

弄玉跟萧史吹箫，渐渐也学成了凤鸣。每当他俩合奏的时候，天空祥云冉冉，有凤凰飞来。十几年后，俩人乘着鸾凤，吹着箫，双双升天成仙去了。

唐代诗人沈佺期《凤箫曲》诗云："昔时嬴女厌世纷，学吹凤箫乘彩云。"吟的就是这一传说。

汤显祖《牡丹亭》柳梦梅唱道："萧史无家，便同瑶阙？"

前一段时间，学术界有人提出，汤显祖《牡丹亭》的灵感，就发源地在南昌西山萧峰。万历二十六年（1598）年年初，汤显祖辞去遂昌县令后，经常与他的恩师张位云游梅岭，有感于萧史、弄玉的梦中奇缘，得到启发，便创作出千古绝唱《牡丹亭》来。

汤显祖在《豫章揽秀楼赋有序》有云："乃有紫清悬瀑斗绝而起，隈若秦人，秀若萧史。天宝开而霞曙，云盖移而烟靡。昆膏玉以明球，冈流珠而覆米。洒泉坛于冠石，度松门于屏几……吹笙之台晻蔼，文箫之宅氤氲。侧控鹤之元景，挹写韵之清神。渺仙尉兮难即，掞丹华而散雯。伶崖兮有觌，响天乐以鸣真。"

据考证，中国古典文学中乘龙快婿、龙凤呈祥这两个成语，也出自这个典故。此处，在2010年6月，已入选江西省非物质文化遗产。

今日，静坐在萧峰斑驳的竹荫下，听竹叶泠泠作响，仿佛就是萧史、弄玉夫妇不绝如缕的箫声。

牛岭道中

牛岭，位于萧峰西南侧，是古时候安义、奉新、靖安人去省城南昌的一段古驿道。旧时，因牛贩子常赶牛经过此地而得名，也叫牛渡岭、牛路岭。

南宋左丞相周必大在游记中，则称此地为牛栏岭。

涂兰玉《西山志》记载："牛渡岭隶太平、忠信二乡之间，势如兕蹲，群峰列若儿孙。岭耸盘纡为数县行客要道。彳亍亍，既陟而降，若释重负然。"

北宋大文豪欧阳修行云至此，有《愁牛岭》云："邦人尽说畏愁牛，不独牛愁我亦愁。终日上山千百转，却从山脚望山头。"

据说，这古驿道起源于西汉，由车骑将军灌婴开辟。沿途多由麻石铺成，也称麻石古商道。长路漫漫，时而见小桥流水，时而见桑麻芃芃，时而穿街过巷，似走不到尽头。

千年古驿道，长亭连短亭，留下几多离情别恨，留下几许传奇故事。

山志记载：齐源岭，在太平乡，宋齐安王别业所在。其下有佛名石，若人状。相传石能为厉，有僧应徽镌弥陀佛号于上，其妖遂绝。

齐安王，乃赵宋宗室赵士褭也。

萧峰西北，有齐源，奔流而下，水石相搏。沿流以前多水碓，徐世溥有诗云："曲曲悬流石作门，层层茅屋上如村。暗筅响雾锁香骨，误拟飞冰踏米痕。"

在齐源毛家附近，有一深潭，绿水潆洄，深不见底。岸边有一块巨石，一分为二,一半屹立山崖上，一半倒在溪中。山崖岩石上刻着四个大字：阿弥陀佛。

早先，深潭中有一条大蟒蛇，像水桶一样粗壮，目光如电，日久成精，隔一段时间，就要兴风作浪，引得山洪暴发，冲毁庄稼、屋舍。它本来只吃飞禽走兽，一天饿急了，把香城寺一个去奉新化缘的小和尚一口吞了。它觉得这童男细皮嫩肉的很好吃，便施展法术，瞬间乌云排空，大雨倾盆，大蟒蛇在空中发号施令，说：我就是龙王爷，我命令你们，每年端午节要送一个童男到潭水边。要不然把这里变成汪洋大海！

有一年端午节前几天，逍遥山道人许逊携弟子，沿潦河防汛，来到齐源毛家，见一个妇女抱着一个小男孩，在号哭。许逊问明缘由：这是一个寡妇，蟒蛇精托梦给她，端午节那天，要吃掉她的儿子。许逊听了，咬牙切齿，说：贫道会为你做主。

许逊来到香城寺，邀应徽禅师一起除害。就在端午节那一天，两人带着小男孩，来到潭水边。许逊对着水潭喊：龙王爷，请出来，小男孩来了！

蟒蛇听到，呼地一下从洞中窜到水面上，张牙舞爪正要吃小男孩，许逊施展法术，随手摘下一匹芭茅，往岩石上一挥，只听得一声巨响，岩石一半滚到溪中，正好压在洞口。应徽禅师念了几声咒语，用禅杖在石壁上写字，只见火光四溅，“阿弥陀佛”四个字出现了。从此，那条作恶的蟒蛇精被镇在里面，永世不能翻身，只能靠喝清水过日子了。

齐源毛家寡妇儿子得救了，她十分感激许逊的恩德。她儿子长大后，成为名震一方富商巨贾，捐资修了一条宽阔的官马大道，从齐源岭翻过牛岭，一直可通到许逊修道的逍遥山。

在牛岭半岭邓家村后的古驿道边，有一石壁立，上书有：毋作盗贼，毋惰农业，毋学赌博，毋好争讼，毋以强凌弱，毋以众暴寡，毋以恶凌善，毋以富吞贫。豫章拙牧书。弘治十六年岁在癸亥二月吉日立。

这叫劝民石刻，相传是一个姓魏的寡妇所立。

寡妇娘家就是牛岭魏家。魏氏出生在书香门第，知书达理，嫁给山外刘姓一大户人家。刘公子考取秀才后，家里指望他能金榜题名，光宗耀祖，可几次落榜后，他便心灰意懒，染上赌博，把家当败光了一大半，觉得无脸见家乡父老，干脆飘零在外，不久染病死去。

魏氏到了晚年，把家当变卖，在牛岭修桥补路，并请人刻下了这些文字，告诫后人。

魏氏还建了一座凉亭，为过路行人歇脚用，并提供茶水。

魏氏一生过得很不幸，没有留下一男半女，但为人间留下了大爱，依然被人称颂。

清代名医喻嘉言，明末出生在新建县石岗朱坊村。他精通诸子百家，工诗。崇祯年间乡试中副榜，为贡生，在国子监就读，曾以诸生名义，上书朝廷，请求严明法纪，整肃吏治。会试落第，心忧天下，报国无门。

清兵入关后，他耻于与清廷合作，削发为僧，潜心医学，多在新建、安义、奉新、靖安一带行医，悬壶济世。与张路玉、吴谦齐名，号称清初三大医家。

喻嘉言有一个姐姐，嫁给靖安舒家。姐弟情深，他经常逗留靖安。《靖安县志》有载云："嘉言居靖安最久，治疗多奇中，户外之履常满焉。"

喻嘉言善弈，康熙三年（1664）甲辰，与围棋国手李兆元对弈，棋逢对手，持续三昼夜，在收局之际，喻嘉言方溘然长逝，享年八十一岁。可惜所著《寓意草》《尚论前后篇》《伤寒答问》《医门法律》等书，还没有来得及刊印，这应是他一生最大的遗憾。

乾隆二年，喻嘉言的高足高士铨，正在忙着为先生整理书稿，一个落叶飘零的晚秋，他前去靖安舒家，取一部书稿，当日就急匆匆往回赶。走到牛岭，天已渐暗。高士铨高度近视，误入樵夫斫柴的小路，荆棘丛生，他感觉迷路了，正在此时，只听山头上传来：啊——呜！一声虎啸。山间树叶，随风乱舞。高士铨吓得跌倒在地，浑身哆嗦。他心想，我葬身虎口事小，先生文稿佚失就罪过了。

高士铨仰天长啸：先生在天之灵，保佑我！这时隐约传来人语声，四五个猎人走来，说老虎吃了他们家的猪，出来追赶。

天色漠漠，落起细雨。高士铨夜宿旅店。石块砌的墙，树皮盖的顶，竹篾编的壁，篱笆编的门，虽是简陋，却也清雅。

雨声潇潇。他很快安静下来，从行囊中取出书稿，放在案头，拜了三拜，在昏暗的清油灯下，开始看稿。远山不时传来几声虎啸，令人心惊胆战。鸡都叫第一遍了，他有些困，蒙眬中，看见一位头戴角巾的老人，对他说：为师在此，无惧虎也！这不是我朝思暮想的先生吗！定睛一看，依旧是一灯如豆。

风停雨歇，近处传来跌宕的流水声，是为潭源。

涂兰玉《西山志》记载："潭源，在城西五十里，隶忠信乡。自萧峰东北之麓，下翔鸾洞，至仙人桥，南流数十里入瑞河。乃西山七源之一，防堰灌溉，所利甚多。"

牛岭头，有水往西北而流，是为齐源。徐巨源有《入齐源》诗云："岐头会樵径，人家面径旁。桥回俄入谷，天豁别为乡。野碓充邻舍，秋苗间芋秧。向来愁恍惚，但见石苍苍。"

有古驿道，与齐源相依相伴。半路有亭如屋，名曰：憩云亭。有麻石垒到门框，再有青砖砌到屋顶，上盖黛瓦。供行人歇足，避风雨。

亭侧有石级，行数十步，有一座古塔，三层，高不到一丈，叫惜字塔，是为焚烧字纸而建。第二层有焚烧炉，第三层有出烟孔。

古人有敬惜字纸之说，认为文字是神圣的，不可随意亵渎。印光大师《德育启蒙》有云："字为至宝，远胜金珠，人由字智，否则愚痴，世若无字，一事莫成，人与禽兽，所异唯名。"凌濛初《二刻拍案惊奇》开篇有诗曰："世间字纸藏经同，见者须当付火中。或置长流清净处，自然福禄永无穷。"

据史料记载，有惜字塔，始于宋代，至明清时相当普及。惜字塔多建造于书院、寺庙、村口，及道路、桥梁边。

据第一层碑文记载，该塔由清代翰林二品顶戴况桂馨建于同治十二年（1873）。

况桂馨是山脚下的况家人。谱名修萍，字颜山，晚年自号思补居士。同治元年（1862）壬戌补行戊午科副贡，同治三年（1864）甲子并补行辛酉举人，光绪二年（1876）丙子恩科进士。官至散馆授编修，翰林院二品顶戴。

塔后有塚，上刻有：字塚。光绪戊寅四年秋月。

惜字塔前，有旗杆石。众所周知，旗杆石多在家族祠堂前，作为光耀门庭的象征。旗杆石竖立于此，有人说，顶部点天灯，为过往客商，指引方向！

沧海桑田，往昔通衢大道，今日荒草满径，再也看不见成群结队的牛群走过，再也听不到独轮车吱吱呀呀的声响，再也留不下旅人行色匆匆的脚步。

现代文明进程，一日千里，早就有飞机、轮船、高铁代替了我们南来北往的脚步，这古驿道，已完成了历史使命，被人遗忘，留下的只有无边的寂寥、寂静与寂寞，使人觉得，古驿道昔日的繁华似乎只是一个传说！

岗楼秋风

在梅岭西庄村头的山上，有一座日本侵略军当年遗留下来的岗楼。它犹如一根耻辱柱，钉在那里，至今依然痛在人们的心里。

这个小山岗，像眉毛似的一撇，在梅岭峰峦叠嶂的万山丛中，一点也不起眼。步入山中，却犹如置身林海，一望无边的松林，高大挺直，秀气逼人。一种俗名叫蛇雀（红嘴蓝鹊）的鸟儿，拖着修长的尾巴，在林中翩翩起舞。蝉声被秋寒所禁，唯闻虫声唧唧。

岗楼高数丈，六角形，连顶端共四层，由青砖及钢筋混凝土筑成。

在半个世纪前的一个风雨如晦的秋天，一队日本军人，侵占了梅岭山区，用皮鞭和刺刀，驱赶一些被称作“苦力”的当地民工，在此修筑了岗楼，并沿山脚圈起了铁丝网，为了不让满山葱茏的树木挡住他们罪恶的视线，还将山上的树木砍了个精光。

侵略者，在梅岭实行了惨无人道的“三光”政策。据说实行这一政策的事由，是这样的：

梦山附近有个据点，横直几十里，就三个人把守。这三个鬼子，经常去附近村里骚扰，要保长、甲长给他们安排吃喝。每次喝得醉醺醺，就赤身裸体，跑到民宅中，奸污人家妻女。是可忍孰不可忍。有一天，三个鬼子来到萧家吃米塘。那天，萧家人特意安排好吃饭时间，酒菜特别丰盛，把三个鬼子灌醉，用绳子捆绑好，打死，想拖去山上埋了。刚挖好坑，就听到马蹄声，吓得大家往山里跑。其中有一个鬼子死里逃生。萧家随后遭到血洗，烧得寸草不留。为了起到震慑作用，整个梅岭，遭到鬼子的毒手——杀光、抢光、烧光。

1940 年 2 月 29 日，仅东昌村就活活烧死二十三人。太平村有飞机轰炸四遍、火烧七遍的记录。李家宋一家七人，炸死了六人。当年日军在我华夏大地犯下的罪行罄竹难书，在这弹丸之地的梅岭，可见一斑。

杨圣希先生《梅岭杂咏》诗云：

路过东昌万感生，南京屠市此屠村。
痛寻陈迹肠堪断，惨忆当年泪又淋。
缚虎谁还忘费力，养狼人却是何心。

当前又见群魔舞，战犯居然想返魂。

如今，硝烟远去了，中国人民是不会忘记国耻的，当年侵华日军的幸存者，何曾忘记他们在中国制造的灾难？随着他们被军国主义训练成的兽性慢慢退化，人性、良心的渐渐苏醒，灵魂依然每时每刻都不得安宁。曾有人见过这样一幕：五位白发苍苍的日本老人，来寻梅岭故地，长跪岗楼下，流下了浊泪，无言中，他们的心灵在忏悔，多么希望中国人民饶恕他们的罪行！

况复高风晚，山山黄叶飞。秋风吹得紧，黄叶像小鸟一样飞满天空。松涛阵阵，好像每根松针都在弹奏着当年的悲声。眼前铺天盖地的松林，正是当年被砍树木的后代。它们象征着我们不屈不挠的民族精神。

暮色苍茫，岗楼在怒吼的松林中颤抖！

葛仙坛

葛仙坛，位于梅岭头西南面的葛仙峰上，因晋代葛洪曾炼丹于此而得名。

葛仙峰，林深木秀，人迹罕至。在峰的北面，有巨石静卧如龟，卷尾舒足，昂首北向。石上可坐数十人。相传，葛洪喜欢在此读经、打坐。

峰的东边，有棋盘石，面子很平整，隐约能看见棋盘的痕迹。风清月朗之夜，葛洪便以月光为灯，在此下棋。

传说，山下有个姓齐的樵夫，来此斫柴，经过棋盘石，见两位老者在下围棋。樵夫颇懂棋道，把尖担插在地上，斧头抛在脚下，静静观看，忘了时间。等一盘棋下完，老者飘然而去。樵夫弯腰去捡斧头，只见一撮铁锈，而尖担只剩半截朽木。

站在葛仙峰，可纵览梅岭远山近水，有飘飘欲仙之感。

宋代余靖的《西山行程记》详细介绍了葛仙坛的地理位置：

自石头西行二十余里，得梅岭，乃梅福学仙处也。岭峻折羊肠而上十里，有坛曰梅仙坛，坛侧有观曰梅仙观，今曰阳灵观。自岭纡徐南行六七里，得葛仙峰，在山之东北。山下有村，村侧有川，今呼为葛仙源。

徐世溥来游，有《葛仙坛访见明尊宿》诗云：

幽居几岁狎偷安，特为孤峰上葛坛。
一卧烟萝忘入径，长看云石对凭栏。
崖径野烧松鳞古，涧夹余冰竹影寒。
最爱相逢无佛语，成蹊共在不言端。

说到葛仙坛，在清代还有过一段公案。在明末，战乱频繁，山中的几位道士只顾保命，作鸟兽散。有一个叫寂诚的和尚，乘虚而入，鸠占鹊巢。时至康熙年间，僧道两家为此事在新建县衙对簿公堂。知县杨周宪乃风雅之士，秉公执法，断了此案，还作了《葛仙坛记》：

……西山之名，得附神仙以不朽，葛仙坛其最著者也。坛为葛真人炼丹处，去城三十里。坛前有观，规制巍峨，不能考其所自第。余尝读史，知李三郎好道，崇祀浑元，而观宇遂遍天下。今观之甍坚栋古，殆亦非天宝以后物矣。

葛洪，字稚川，号抱朴子，江苏句容人。自幼父母双亡，家里穷得买不起书籍和纸笔，以砍柴助读。有时，为了弄清一个问题，他不远千里，跋山涉水，向人请教，终于成了一个学识渊博的大学者。

同时，他还好神仙导养之术。认真研究炼丹方面的知识，曾拜从祖葛玄的弟子郑隐为师，得其真传。后来又师从于南海太守鲍玄。鲍玄精通谶纬之学，能预测未来，见到葛洪后，非常器重他，把自己的女儿许配他为妻。葛洪继承了鲍玄的学业，同时又兼攻医术，所撰写的著作都精准无误，而文辞丰美。

晋元帝时（276—323），葛洪任咨议参军等职，因镇压石冰领导的农民起义有功，被赐爵关内侯。

后来，他辞官不做，遍游名山，想通过炼丹得到长生。他先后在杭州葛岭、广州罗浮山、南昌西山等地，修道炼丹。

《冲虚观志》谓葛仙曾学道郑思远公，郑曾为南昌太守，因蔽命案，遂修道西山。

葛元兴《葛仙坛记》："至洪都，望西山爽气，寻得此峰，状若飞凤，飘飘绝尘，心乎爰矣。爰筑一坛，结茅入静。旧无源泉，插剑而得。坛旁有藤蜿蜒，抱于古朴，著书名《抱朴子》。"

葛洪称，炼丹当于名山之中，无人之地，结伴不得超过三人。先斋戒百日，沐浴五香，致加清洁，勿近秽污，不可与俗人往来，又不令不信道者知之，谤毁神药，药不成矣。

葛洪主张以道家养生为内，以儒术应世为外，又不满道家的无为而治，提出"身在山林而心存魏阙"。把道家术语附会到金丹、神仙的教理，使道家思想系统化、理论化，并和儒家的名教纲常思想结合。

葛洪强调"欲求仙者，要当以忠孝和顺仁信为本，若德行不修，皆不得长生也。"他还说："览诸道戒，无不云欲求长生者，必欲积善立功，慈心于物，恕己于人，仁逮昆虫，乐人之吉，愍人之苦，赒人之急，救人之穷，手不伤生，口不动祸，见人之得如己之得，见人之失如己之失，不自贵，不自誉，不嫉妒胜己，不佞谄阴贼，如此乃为有德，受福于天，所作必成，求仙可冀也。"

《抱朴子》一书，是葛洪的代表作，其内容几乎囊括了他所研究探讨的一切问题，是葛洪思想的汇集。他的口号是"我命在我不在天，还丹成金亿万年"。他自称"其内篇言神仙、方药、鬼怪、变化、养生，延年、禳邪、却祸之事，属道家；其外篇言人间得失，世事臧否，属儒家"。

《抱朴子》讲述了自战国起各炼丹家的理论及炼丹的方法：

夫金丹之为物，烧之愈久，变化愈妙。黄金入火，百炼不消，埋之，毕天不朽。服此二物，炼入身体，故能令人不老不死。此盖假求于外物以自坚固，有如脂之养火而不可灭，铜青涂脚，入水不腐，此是借铜之劲以扞其肉也。金丹入身中，沾洽荣卫，非但铜青之外傅矣。……世人不合神丹，反信草木之药。草木之药，埋之即腐，煮之即烂，烧之即焦，不能自生，何能生人乎?

《抱朴子》收入《道藏》，被奉为道教的经典著作。

葛洪在医学方面也有着杰出的成就。他总结了前人的经验，著有《金匮药方》一百卷,《肘后备急方》四卷。他详细地记录了天花、伤寒、痢疾、结核等传染病。另外，他还介绍了用中药常山治痢疾，麻黄治哮喘，松节油治关节病等单方，都是符合现代医学理论的。

《西山志》记载，洪常采铅彭泽，炼丹于此。山民有得怪石者，或曰铅精所化，或曰棋子。今高峰犹有石坪存。

古代方士认为，只要炼成仙丹，人可借金石之精气，长生不老。这只是一种妄想。葛洪当年所炼出的，只不过是山民所拾得的“怪石”而已。

《抱朴子》上曾有点石成金术的记载，就是用铜、铅等，炼成黄色或白色的合金。

葛洪意在成仙，可仙丹没有炼成，却歪打正着，无形中推动了我国化学、冶炼及医学的发展。

古分界殿

旧时，在安义架溪与新建西庄两村的接壤处，有一座分界殿，祀奉的是吴源圣帝孙钟。

今架溪与西庄皆划归湾里管辖。

殿已毁，唯有殿前两株叫不出名字的古树，依然清荣俊茂，投下数亩阴凉。

昔日的分界殿，很是气派，八字大门，门楣上书有“古分界殿”四字。有一联曰：“出蓬莱楼十二界，开云汉路三千殿。”

进大门，便是一个雕梁画栋，典雅古朴的戏台。绕过戏台，有天井，周围是一个四合院式的厢房，供看戏用，最里面才是吴源圣帝殿。殿中供有吴源圣帝像，上端悬一匾“泽被洪都”，为清代乾隆年间，南昌知府边学海题。殿柱上有对联云：“志不在王侯十八磷中成圣果，心惟利民物数千境内沐皇恩。”这一联，是吴源圣帝孙钟一生功德的写照。

欧阳桂《西山古分界殿记》：

乾隆丙戌春，予遍游西山，历层峦叠嶂，采异登奇，得山水大聚之处曰“霞溪”。霞溪形胜幽秀，环山如城郭，其间古迹仙踪，可供凭吊者，不一而足。有大溪当中流，蜿蜒而东注，为吴源大港。

溯溪而上，过冲虚观旧址，遥闻疏钟、清磬之声，飘出林外。再进有古分界殿在焉。询之比丘，云祀吴源老祖，即三国时敝屣王侯，成真于十八磷中，为吴大帝先世讳钟者也。

予与同人周视其处，见庙貌庄严，林木苍秀，殿之南北高峰屹立，远接半天。西分安邑之界，故殿额曰“分界”。东则人烟辐辏，即所谓“霞溪”也。殿之势不能一亩，而群山拱护，敞其中以望，则山之高，云之浮，人物之遨游。

西山百二洞天，兹殆其一矣，予于是有概焉。夫神之在三国，枕藉富贵，何求不遂，而独来寂历空山，修真炼性，鲜不以迂且癖者，而孰知千载后，歌功颂德，建殿于此，禋祀报享。至今四境之人，莫不祀之恐后。夫富贵而名磨灭者，何可胜道。而神之享祀若此，然后知富贵非常恃之具，而功德留无穷之誉也。“不以富，而以异”，其斯之谓与。

清代李步瀛有写分界殿的一首古风：

梅岭之西三五里，映带回环大山水。
桑麻处处蔼人村，傣路西行神庙起。
神庙巍峨压路低，南山北山接云齐。
额名分界由来久，西去架溪东霞溪……

无独有偶，在梅岭吴源港的下游，溪霞水库西北边，有一座海拔六百多米的高山，叫仰天锣，也叫十八磷。山之巅，用乱石围起一道数亩之广的院墙故名。墙内原有一石殿，是孙钟的修炼处。

据史料及《富春孙氏宗谱》记载，孙钟乃乌程侯孙坚之父，东吴大帝孙权之祖父。东汉末年，天下将乱，他隐居于故乡富春江畔的阳平山，以种瓜为业。路人有求，慷慨相赠，因此孝友之名，闻名乡里。孙钟种瓜，行善积德，惠及子孙，后来，子孙后代果然建国称帝。孙钟的事迹，也被富阳人传为美谈。南朝宋刘义庆《幽冥录》记载：

孙钟，吴郡富春人，坚之祖也。与母居，至孝，笃信，种瓜为业。忽有三年少诣乞瓜，钟为设食。临去，曰：“我司命也，感君不知，何以相报？此山下善，可作冢。”复言：“欲连世封侯而数代天子耶？”钟跪曰：“数代天子，故当所乐。”便为定墓，曰：“君可山下百步后顾见我去处，便是坟所也。”下山行百步，便顾见悉化成白鹤也。

梅岭这里很多地方因孙钟而得名。如西山东面的吴城，就因孙钟雇人种瓜收籽于此，而得名。

民间传说，孙钟晚年隐居于仰天锣，靠种瓜，吃苦菜度日，人称苦菜神。孙钟得道后，墙内年年长出瓜藤，不开花，也不结果。民谣有云：“仰锣墙下种仙瓜，有藤无果又无花。有人吃得瓜中水，即为蓬莱活仙家。”

清代诗人陈式玉来游，作《游仰天锣诗》云：

仰天锣即风雨池，乘兴登临有所思。
丹灶空留人去也，瓜田依旧我来迟。
山中岁月春常在，个里乾坤俗不知。
为问吴源何处去？白云无意任差驰。

每年的农历五月二十七日，为孙钟的成仙日。

在这一日，远近数十里的人都来到分界殿赶庙会，进香朝拜。还要举行

“游苦菜神”活动，由几个人抬着神像，敲锣打鼓，所到之处，村民鸣炮相迎。

据说，迎苦菜神可消灾避难。

按照惯例，赶庙会所捐的钱尽用于唱采茶戏，一连数日数夜，观者人山人海。其情形犹如鲁迅笔下的社戏。

古分界殿，是往昔梅岭民俗风情极为浓郁的一个地方。

何家垴览胜

庚寅初夏，我与友人张扬亭、余海波、邓进生、袁宏孙、况传文等，一行八人，来到何家垴览胜。

何家垴，位于湾里区招贤镇芦田村附近。

我们从芦田村侧，沿羊肠小道上山。至山脊，有防火带，宽丈余，皆种辛柯树。辛柯树来源于非洲安哥拉，枝叶繁茂，四季常青，有防火的功效。无形中，这防火带给游人铺开了一条坦途。

是日，雨后天晴，闲云冉冉，凉风习习，蝉鸣嘶嘶。

此地的蝉，只有小指般大，似乎得天地日月之灵气，分外漂亮，通体黛黑色，翅上有白色花纹，眼睛处朱红如漆。它们似乎很警醒，只等人一走近，便停止鸣叫，扬长而去。

山中多长茅栗树，其时，花白如雪，一串串，一挂挂，悬于枝头，美若锦缎。更有山楂、秤砣子、鸡脚梨等青涩的果子，挂满枝头。若是金秋十月来此，便可饱尝这满山的野果琼浆。

我们还看到一只野山猫，从不远处，一闪而过。野山猫比家猫大得多，黄白相间的花纹，矫健似豹。

林下，偶尔能见到兰花、黄精、百合等奇花异草。

在半山腰，有一石似卧牛。我们有些累，坐在石头上小憩。况传文是当地人，少年时，经常在这里放牛、砍柴，便讲起了何家垴得名的由来。

古时候，有个姓何的客商，从中原来安义石鼻定居。当时，此地地广人稀，外来的人可以任意搭棚垦荒。一日，姓何的客商，想圈一块地，建一个农庄养羊。当地人许诺他，往西山的方向打马圈地，只要在太阳下山之前，跑到哪里，哪里便是他的地盘。姓何的客商，意气风发，飞马扬鞭，不管是荆棘丛生，还是乱石纵横，一往无前，狂奔至此，被乱石绊倒，一命呜呼。因葬身于此，由此得名：何家垴。

至山顶，有巨石拔地而起，恍如诺亚方舟。其侧，有松亭亭如盖。往下俯瞰，有乱石，纵横数里，或卧、或立，如天马狂奔，气象万千，又似江河决堤，一泻千里。

沧海桑田。据说，花岗岩是三千万年前欧亚板块与太平洋板块相碰撞，又经过多次冰川期及风雨的剥蚀，才形成的地貌。

我在沉思默想间，恍惚听见几千万年前，地壳运动的山呼海啸声。

我说："再过千万年后，也许这堆石头还在，而我们呢，只不过是天地间的匆匆过客。可笑那个姓何的客商，为了自己农庄无限制地扩张，最后赢得的，只是一处墓地。这个故事，似乎在告诫人们，人生百年，凡事要知足常乐，切不可贪婪。正如老子所说：'祸莫大于不知足；咎莫大于欲得。故知足之足，常足矣。'"

扬亭兄说："李白说：'夫天地者，万物之逆旅也；光阴者，百代之过客也。'我们至此，也只是雪泥鸿爪而已呢。"

说到这里，大家感叹不已。

苏东坡《和子由渑池怀旧》诗云："人生到处知何似，应似飞鸿踏雪泥。泥上偶然留指爪，鸿飞哪复计东西。"

鸿，大雁是也。在汉代之前，梅岭就被称作过飞鸿山呢。

山脚下，有一汪湖水碧波荡漾，这里是安义县新开辟的仙游谷景区。此景区与安义古村连成一片。

我多次到安义古村，经过此地，感叹这片神奇的石头世界，以不曾一游为憾。今日，才填补了这个空白。

湖边有一条麻石砌成的古道，相传为汉代灌婴开辟，是江西古时候南北交会之地，是靖安、奉新、宜丰、修水等地的人，去西山万寿宫进香的必由之路。

西望牛渡岭。山腰间公路飘若彩带，用九曲十八弯来形容它，一点不为过。公路上下，有屋舍、梯田、茶园之属。鸡犬声相闻。

《西山志》对牛渡岭的记载："势如兕蹲，数县行客要道。"

明代南昌诗人万时华，一日云游于此，作《晚度牛岭诗》：

巨灵避幽壤，瀚然划兹区。
错落兕儿蹲，亦若千羊趋。
寒光积岩壑，高厚气有馀。
忼疑虎豹宅，或有仙人居。
山中建子月，万岭天风俱。
云气助奇势，车马争盘纡。

鸿蒙遇云将，灵境将焉如。

东望梅岭群峰，层峦叠嶂，林木葱茏。梅岭第一峰的洗药湖七〇二电视差转台发射塔，遥遥在望，直插苍穹。

在山中逗留半日，我们本欲从仙游谷下山，但不得蹊径。在石隙中，我们采得石耳三斤多，大者盈尺，小者如掌。石耳，有清凉解毒、降血压的疗效。有人苦苦寻觅而不得，我们得来全不费功夫。

中午时分，我们只得按原路返回。

湖山清隐

很多年前，我在开始研究西山文化的时候，被两个在这里当道士的施肩吾，搞得有些晕头转向。但他俩，一个是唐代，一个是北宋，这样一分也就一目了然了。可更叫我头疼的是，竟然还有两个陈陶，同样是隐居在西山，同样是大诗人，并且年代相隔不远。古代的野史也好，今日的《辞海》也好，都把他俩混为一谈。我在前些年，写作《碧云旧事》一文，就把他俩合二为一了。

邑人陈弘绪《江城名迹记·陈处士园》提道："在东湖南岸。南唐处士陈陶隐居洪州，辟小园，植花竹，种蔬茹，日自灌溉。……唐末自称三教布衣，开宝中人犹见之，或云已得仙矣。"

最近，我经钟丰彩、张启予等方家指点，也多方考证，这两个陈陶，一个生活在晚唐，一个生活在南唐。

"皇天从来具老眼，胜地不肯栖凡夫。"这是宋代诗人真德秀《题湖山清隐》的诗。

湖山清隐，乃晚唐陈陶隐居之地。位于翠岩寺前，原湾里区一中所在地。

陈陶（约812—约885），自号三教布衣，鄱阳人。虽博学多才，但他多次上京赶考，却铩羽而归，遂耽情于山水之间。足迹踏遍了福建、江苏、浙江、河南、四川、广东、甘肃、江西等地。

一次，他来到陇西边关，看见遍地的白骨，令人触目惊心，便写下脍炙人口的《陇西行》：

誓扫匈奴不顾身，五千貂锦丧胡尘。

可怜无定河边骨，犹是春闺梦里人。

陈陶所处的时代，正是乱世纷争的晚唐。诗的开头两句，写唐军将士浴血奋战，横扫匈奴，五千身穿锦衣貂裘的精兵，尽死边关。后两句，以"无定河边骨"与"春闺梦里人"作对比，虚实相对，情景交融，读之令人潸然泪下，极富感染力。诗中反映了那个时代长期征战给人民带来的痛苦和灾难。

此诗被选入《唐诗三百首》，乃千古名篇。

人生不过几十年，所谓的功名富贵，也不过是过眼云烟。陈陶虽生不逢时，壮志未酬，然而，就他一首《陇西行》，就享誉千载，赢得了生前后世名。

陈弘绪评曰："瑰响骤发，杰思突来，如《鸡鸣曲》《陇西行》诸篇，亦千古之绝调也。"

陈陶胸怀"达则兼济天下"之大志，却是报国无门。他早年在《海昌望月》诗中说："平生烟霞志，读书觅封侯。"陈陶先后在泉州、福州、温州、南海等地当过幕府，想依附权贵，干一番事业。

他的一生，或拜谒权贵，或游历山水，或寻仙访道，最终郁郁不得志，发出"消磨世人名利心，淡若岩间一流水"的感慨，来洪崖隐居。他在翠岩寺前的一个沙洲上，搭建了三间茅屋，在屋前屋后栽上了美竹、桂花、梅花，尤其以柑橙为主。又在屋侧挖一池，种上荷花、菖蒲。溪上搭一木桥，在东岸用竹篱笆圈了好大一块地，叠石成山，遍植兰花。

兰花大多是他从西山的幽谷中访得的。他园中有春兰、蕙兰两种。春兰，叶秀且柔，一茎一花，其色黄绿，舌瓣上有细紫点；蕙兰，也叫夏兰，叶长且劲，一茎数花，其色淡黄，一般开在初夏。春夏两季，园子里开出许多紫茎黄蕊的兰花来，每当雨过天晴，气浪一冲，清远的幽香，传遍了整个洪崖丹井及翠岩寺一带。

陈陶有《种兰》诗云：

种兰幽谷底，四远闻馨香。春风长养深，枝叶趁人长。
智水润其根，仁锄护其芳。蒿藜不生地，恶鸟弓已藏。
椒桂夹四隅，茅茨居中央。左邻桃花坞，右接莲子塘。
一月薰手足，两月薰衣裳。三月薰肌骨，四月薰心肠。
幽人饥如何，采兰充餱粮。幽人渴如何，酝兰为酒浆。
地无青苗租，白日如散王。不尝仙人药，端坐红霞房。
日夕望美人，佩花正煌煌。美人久不来，佩花徒生光。
刈获及葳蕤，无令见雪霜。清芬信神鬼，一叶岂可忘。
举头愧青天，鼓腹咏时康。下有贤公卿，上有圣明王。
无阶答风雨，愿献兰一筐。

有一次，他来到一个清幽的竹谷，在一片乱石丛中，发现一棵蕙兰，蓬蓬勃勃，叶片不下百匹，长约两米，花正开，每茎有花数十朵，高三尺余，亭亭玉立，逸如遗世独立的隐士，秀如玉树临风的美人，芳香浓烈得可叫人醒醉三日不醒。他如获至宝，在这空旷的山间，高兴得手舞足蹈，狂歌不已。

柑橙熟了，果实累累，吃不了烂掉也可惜，陈陶便同童子挑去卖。

陈陶把这里美其名曰：湖山清隐。

陈陶为了访兰，爬遍了西山的山岭，邂逅过豺狼虎豹，也听过鹿鸣鹤唳。因此，他也结识了施仙岩的施肩吾，云堂院的贯休，蟠龙寺的齐己，还有翠岩寺的曹松、方干等。这些人，都名满天下，与之神交已久。他们好像前生有个约定似的，在弹丸之地的西山，一个个“粉墨登场”。

我曾在《诗僧齐己》中说：“大唐三大诗僧：皎然、贯休、齐己，西山就占其二。当时，著名诗僧尚颜誉之为：文星照楚天。”在唐宋诗中，经常会把西山称作楚山。

陈陶的日子过得很是悠闲，也很写意。或在园中赏花，或在溪中钓鱼，或在山中访友。

好鸟枝头亦朋友，落花水面皆文章。人生只要抛开了名缰利锁，便风月无边。

陈陶与贯休交往甚密。贯休《赠钟陵陈陶处士》有诗云：“高吟千首精怪动，长啸一声天地开。”可见，贯休对陈陶的推崇。

在一个春风拂面的日子，贯休的僧寮边，芳草萋萋，山花烂漫，青翠欲滴的竹林间，有黄莺在欢唱。他想起了陈陶，如此柔和悦目的景色，不能与他共赏，贯休深以为憾，便写了一首《春寄西山陈陶》：

搔首复搔首，孤怀草萋萋。
春光已满目，君在西山西。
堑水成文去，庭柯擘翠低。
所思不可见，黄鸟花中啼。

一个丹桂飘香的日子，贯休不期而至，可这位老先生同童子卖柑橙未归。只有他的妻子在兰圃里除草，儿子在溪边读书。贯休便写了《书陈处士屋壁两首》：

其一

有叟傲尧日，发白肌肤红。
妻子亦读书，种兰清溪东。
白云有奇色，紫桂含天风。
即应迎鹤书，肯羡于洞洪。

其二

高步前山前，高歌北山北。

数载卖甘橙，山赀近云足。

新诗不将出，往往僧乞得。

唯云李太白，亦是偷桃贼。

吟狂鬼神走，酒酽天地黑。

青刍生阶除，撷之束成束。

“寿尽天年命不通，钓溪吟月便成翁。”这是方干写陈陶的诗。

陈陶过世后，就葬于园中。几年后，儿子回鄱阳老家去了。他著有诗集十卷，已散佚，后人辑得《陈嵩伯诗集》二卷，编入《全唐诗》。

栖居在翠岩寺多年的曹松，以前经常散步至此，与陈陶谈古论今，推敲诗文。

又是暮春的一天傍晚，曹松信步来到这里，只见人去楼空，八棵合抱粗的柑橙树，花开花落，空对旧宅院。陈陶的坟冢，淹没在荒草中，有几只小鸟在上下飞鸣。曹松想起往事，伤心欲绝，写了一首《哭陈陶处士》：

园里先生冢，鸟啼春更伤。

空余八封树，尚对一茅堂。

白日埋杜甫，皇天无耒阳。

如何稽古力，报答甚茫茫。

曹松是安徽潜山人，因久困屋场，便居住在翠岩寺抄写经书度日。他直到唐昭宗天复四年（901），七十一岁高龄才中进士。因同榜有五人皆在七十岁左右，故时称“五老榜”，也称“白头进士”。曹松被授任校书郎，后任秘书省正字。终因已是风烛残年，他不久就谢世了。遗作有《曹梦征诗集》三卷。“凭君莫话封侯事，一将功成万骨枯”便是他的千古名句。

南宋年间，著名江湖派浙江天台诗人戴复古，仰慕陈陶事迹，前来凭吊。当时，有一个叫宋正甫的人在这里居住，与之交谈，感慨不已，便写了一首《伏龙山民宋正甫湖山清隐乃唐诗人陈陶故圃曾景建作记俾仆赋诗》：

故人昔住金华峰，面带双溪秋水容。

故人今住伏龙山，陈陶故圃茅三间。

千载清风徐孺子，门前共此一湖水。

百花洲上万垂杨，白鸥群里歌沧浪。

故人心事孺子高，故人诗句今陈陶。

短衣饭牛不逢尧，何如绣鞍上着锦宫袍。

瓦盆对客酌松醪，何如紫霞觞泛碧葡萄。
豆萁然火度寒宵，何如玉堂夜照金莲膏。
成秃笔写芭蕉，何如沉香亭北醉挥毫。
再三问君君不对，目送飞鸿楚天外。
细读山中招隐篇，超然意与烟霞会。
照影湖边双鬓皓，此计知之悔不早。
三椽可办愿卜邻，荷锸相随种瑶草。

湖山清隐，古往今来不知有多少文人墨客描绘过它。这里是昔日洪崖的一个胜地。可惜的是，那段尘封往事，已不为一般人所知。以前这里是湾里区一中所在地，成千上万的孩子们，在这里读过陈陶的《陇西行》，如果跟他们说，作者曾经就隐居于此，他们肯定会倍感亲切，终生难忘。

君自故乡来，应知故乡事。一个人热爱家乡，一定要了解家乡深厚的文化底蕴。

特撰此文，以存风雅。

禹港李迁

西山南麓，蟠龙峰下的禹港李家，以前，在村口有一座汉白玉牌坊，上面雕刻着精美的狮象鹿马，以及龙飞凤舞之类的图案。

牌坊气势磅礴，屹立在这样的田间地头、竹篱茅舍间，显得有些太显眼，太奢侈，也太不可思议。

涂兰玉《西山志》:“禹港，在洪崖乡。”

相传，这是明朝隆庆五年（1571），时任刑部尚书的李迁，在告老还乡时，穆宗朱载垕赐给他的。

可惜的是，在民国后期，这座牌坊被一次雷电击倒。

也许是当时的国民政府，挂羊头卖狗肉，打着“三民主义”的幌子，而权贵们却把权力当作资源，搞经济掠夺，如风卷残云似地搜刮民脂民膏。也许，老天爷觉得这象征着“清正廉洁”的汉白玉牌坊，与世道太背离了，才大发雷霆，把它给劈了。

如果说，这座牌坊要留到人民当家做主、世道清明的今天，应是岿然不动、大放光彩吧?

我在该村采风时，见到很多光洁如玉的石头，散落在寻常百姓家。有的用于砌阶檐，有的用于铺路，有的用于做磨刀石。

我在一间破庙里看见一对石龟，其中一只龟头被人为敲掉。还有一块刻满了李迁一生丰功伟绩的石碑，铺在村后的水圳上当桥，已经被践踏得字迹都看不清了。

顿时，我心中生出“昔日王谢堂前燕，飞入寻常百姓家”之感慨。

据村民说：该村已不在原址上，20世纪70年代初建设新农村，拆除了许多深宅大院，还有古戏台。很多屋树，都在几抱粗。如这些老房子保留下来，像安义古村一样，可成为一个景点呢。除了汉白玉牌坊外，还有一座叫“高年善行牌坊”，是朝廷为李迁的叔父李素芳九十三岁而建的，也被拆除。

这足以让当政者为戒。尤其是如今的城镇化建设，千万要考虑这些因素。有的村子里，好好一条列祖列宗走了几百年、油光滑亮的石板路，被重铺成水泥路。更有的明清古建筑，也用石灰一抹，古意没有了，乡愁也没有了。

李迁乃唐太宗李世民第三子李恪的后裔。据《磨刀李氏大成谱》记载：李恪第十一世孙李衙，搬迁到永修一个叫“磨刀”的山村，故名磨刀李。

禹港村的始祖叫李俊，在元初又从西山腹地的太平李家，迁徙于此。这里出门不久，便是赣江支流乌沙河，交通便利，且信息发达，与省会南昌隔江相望。

李家居住于此，不但人丁兴旺，而且人才辈出。

李迁，字子安，因蟠龙峰所在，号蟠峰。他天资聪颖，酷爱读书。小时候，喜欢拿着书去蟠龙峰上吟读。有时，他在山上看书，看得入迷，不知下雨，把衣服和书淋湿了，才如梦方醒。

有一次，父母在家门口晒了谷，要出远门，交代李迁，如若天下雨，赶紧把谷收起来。那天，李迁只顾摇头晃脑地读书，大雨不但把谷给淋湿了，还冲走了许多。村里人都把他当作笑柄，说他读书读呆了、读傻了。只有他的父亲不屑一顾地说：书中自有千钟粟，何必在乎这点谷。我儿将来必成大器！

相传，李迁的一个堂弟，整天游玩，不学无术。一天，堂弟在外面回来，捡到一个七彩鸟蛋，问李迁：“此为何物？”

李迁说：“喜鹊蛋。”

堂弟说：“那你怎么晓得？”

李迁说：“《诗经·召南·鹊巢》诗云‘维雀有巢，维鸠居上。’鸠是指鸤鸠，杜鹃是也。这个典故就叫鸠占鹊巢。”

李迁侃侃而谈：“《论语·阳货》篇，孔子有云：‘小子何莫学夫诗？诗可以兴，可以观，可以群，可以怨，迩之事父，远之事君，多识于鸟兽草木之名。’”

堂弟瞪着大大的眼睛，望着李迁，说：“哥，从今后我要向你学习，也要做一个博学的人。”

李迁说：“老弟，我距离博学二字，还差十万八千里。学无止境。我要努力读遍圣贤书，日后好光耀我们李家的门庭。”

蟠龙峰，距离村子二里许。因山中岩石苍苍，形似龙首，故名。其山下险上平，东南两山夹峙，有点像个马鞍。徐世溥在《蟠龙寺记》中写道：

高峰背矗，两袖夹持，左干迤出回抱。过此，初不知其中有人天也。树木荫蔚，若鬐鬣石苍苍，比次若磷，象其形而命之，故曰蟠龙之寺。

明代新建诗人魏良政，来游蟠龙峰，诗云：“东望蟠龙峰，见山不见龙。龙蟠不可见，上有云万重。”

唐代诗僧齐已，在此建蟠龙寺，名列古西山八大古刹之一。齐已是有名的大诗人，他的千古名篇《早梅》，便创作于此。据记载，他的住处也不像僧寮，摆满了古籍和字画，犹如书林墨海，就叫：齐已书堂。

在元季，天下大乱，洪崖一带的山民，集聚于此，结寨自保，名曰蟠龙寨。

钟灵毓秀的蟠龙峰，集结着仙气、灵气和霸气。李迁每到此处读书，更是心无旁骛，更能神交古人。

暮春的一天，李迁踽踽独行在寂寂的山道上。其时山间红的杜鹃，白的檵木，紫的藤萝，开得十分娇艳。李迁想起蟠龙峰那些尘封的往事，思绪万千，吟了一首《咏蟠龙寨》：

烽火千仞旧有城，洪民团结备侵兵。
凭高负固为形胜，募勇储粮立义名。
山谷旌旗时见影，墩隍烽火夜无惊。
临崖欲问当年事，尽属东风一炬焚。

有一次才到山脚，只见路边红泡（山莓）果实累累，娇艳欲滴。他边走边吃，不知不觉，钻进一丛杉树林。林中有一处乱石，或立或卧，犹如石府洞天，其中有两石，如桌如凳，他便常坐在此处读书。他给此处取名为：红泡书洞。

他曾想，等我将来学有所成，就来这里建一书院，传道授业，教化乡民。

张位《新建司寇李迁公传》说：“公生而封目隆准，气宇轩旷，简约，至孝，好读书，不为声色之娱。”

司寇是明代对刑部尚书的别称。

李迁二十岁补县诸生，并拜大学士徐阶为师。徐阶，明松江府华亭县人（今上海奉贤区），是王阳明学说的继承者。徐阶为官谨慎，善于韬光养晦，最终以柔克刚，击溃了权奸严嵩。这就是历史上有名的“徐阶曲意事严嵩”的典故。徐阶后来入阁十七年，为李迁的政治生涯铺开了一条坦途。

明嘉靖十九年（1540），李迁二十九岁中举，次年进京又荣登进士榜。历任兵部车驾主事、任济南知府、兵部右侍郎、两广总督、刑部尚书等要职。

一日，李迁随同众僚到郊区祈雨，他即兴作了一篇《三居祷雨诗》，得到了同乡内阁首辅严嵩的欣赏，有意要栽培他，推荐他参加馆选。他却看不起严嵩的为人，不想搭这趟顺风车，借辞推脱，说母亲身体欠佳，要回南昌老家一趟。吏部尚书同乡熊浃等老前辈，都很敬佩他的风骨。

嘉靖二十三年（1544）他补任南京兵部车驾主事，一年过手舟船费用五十万两，按照惯例，他本可以私自支配，却登记入库。还选拔清廉能吏来督办此事，既不麻烦百姓，又堵塞了漏洞，贡船官造，即由此开始。

在李迁出任济南知府伊始，遇上了干旱，赤地千里，老百姓连草根也吃不上了，饿殍遍地。他冒着被弹劾，甚至被杀头的风险，毅然开仓赈灾。

他的部下提醒说："李大人，千万慎重，若被朝廷怪罪下来，轻则罢官，重则掉脑袋。"

他掷地有声地说："大丈夫敢作敢为。我宁愿掉自己一人的脑袋，而救千万苍生！"

他还贷款给灾民恢复生产，重建家园。

他思想开明，敢为人先，在当地办药局、染织局等，大力发展工业。为了教化民众，兴办学堂，建王阳明祠堂，彰显"心学"，使济南文风大盛。

隆庆四年（1570），他升兵部右侍郎，接着又以左侍郎总督两广军务，有倭寇在沿海一带烧杀抢掠，胡作非为，他亲率一支劲旅，在端州（今广东肇庆）一带，一次擒斩倭寇一千三百余人。他还雷厉风行地征讨了广西的韦银豹，广东潮州的蓝一清、赖元爵叛乱。

隆庆五年（1571），因办事果断，清正廉洁，朝廷授他刑部尚书。

李迁见好就收，年届六十，就向明穆宗请求辞官还乡，侍奉老母。临走这一天，他把刑部节余的五千两银子封存入库。库管官员对他说，按以往做法，这些钱可以带走。

他说："我为官几十年，别无长处，就是不妄取一文钱。今有幸得到皇上的恩赐，告老还乡，有赐金足以养亲，为什么还要这些钱呢。"

他做官三十多年，除了朝廷的俸禄，皇帝的赏赐，他两袖清风，从不多要一文钱。

王世贞之弟王世懋评价他说："德高一世而无道学之名，身登八座而无自贵之荣，雅重艺林而无自炫之色。"

在他离开京城时，明穆宗朱载垕破例率文武百官相送。在经过汉白玉牌坊时，明穆宗为了让文武百官向他学习，就把这座牌坊赐予他。

据说，李迁还在路上走，工部已派人把牌坊运到了西山脚下的禹港李家，在地方官员的大力配合下，按原来的样子，组装耸立在村口。

这件事，让南昌府、新建县的官吏为之震惊，都以为这个李迁又要升迁——当阁老了。听说李迁快到南昌了，大小官员在十里以外相迎，一个个作揖打拱，媚态十足。只要他动一下脚步，便是前呼后拥。到南昌府，更是山珍海味，玉液琼浆，应有尽有。

酒过三巡，李迁站起来，拱了拱手说："李迁承蒙圣上恩准，告老还乡。从今以后，诸位就是我的父母官了，还请多多关照！"

大小官员听他这么一说，心里就像浇了一盆冷水，面部表情一下子僵硬了好多。

酒席很快就散了。李迁坐着一顶轿子，悄然回乡。

李迁正在为世态炎凉而感叹时，轿子落地了。轿夫请他下轿。李迁以为轿夫也要欺负他，火冒三丈。他正要发作，却发现原来，快到长头坡时，要过一条港，以前那座平坦如砥的石桥被大水冲垮，几块嶙峋的石头架在桥墩上。桥下水流湍急。莫说轿子过不去，就是步行也叫人心惊胆战。李迁打桥上走过，看见绿水萦回的漩涡中，自己的乌纱帽还若隐若现。

李迁自言自语道："没有想到，这样一座通往省城的通衢大道，石桥坍塌了，竟没有人管。这些地方官都干什么去了？真是尸位素餐！我在京拿朝廷俸禄几十年，真没有脸面戴着这顶乌纱帽，去见家乡父老乡亲！"

说完，李迁把乌纱帽甩到港里。

近乡情更怯！

其时，李迁的父亲早已去世，家中还有年过八旬的老母在等他回家呢。

已近黄昏，有几只乌鸦在呱呱乱啼，李迁浮想联翩，哦，一眨眼，我已在外宦游数十年，往事如烟，真如南柯一梦。西山依然青翠，蟠龙峰依然蔚秀。离开故乡时，我是一个翩翩少年，今日回来，已是满头白发，垂垂老矣了。

李迁不禁吟了一首元代诗人陈草庵的《山坡羊》：

晨鸡初叫，昏鸦争噪。

那个不去红尘闹？

路迢迢，水迢迢，功名尽在长安道。

今日少年明日老。

山，依旧好；人，憔悴了。

这首词，好像正是为李迁此时此刻写的。吟完，他已禁不住潸然泪下。

几天后，李迁拿出自己的养老金，修缮了这座桥，当地人便把它取名为乌纱桥。因此水叫乌沙河，故也叫乌沙桥。

李迁返乡后，在蟠龙峰少年时的读书处，创办了洪崖书院，他亲自讲课授徒，教化乡民，使得洪崖一带更加崇文尚礼。

在这里还要顺便提一下，此后李迁家族，在明廷为官的还有李逊、李鼎、李克家、李奇等人。

李鼎诗文写得不错，我在《西山志》上读过他很多写家乡山川风物及历史人物的作品。我写的《长啸道人张氲》《陈弘绪二访张逍遥》，就脱胎于他留下的文字。他著有《经话》二卷、《诗经古注》十卷、《海策》六篇、《安边策》六篇、《解庄》八篇、《长卿杂志》若干卷。

李鼎，乃李迁堂第李逊之子。李奇则是李迁的曾孙，与陈弘绪、徐世溥为至交。

每有门生故吏远道来访，李迁便用亲自采摘的茶叶和竹笋、山蕨、苦菜、蘑菇来招待客人。

自古英雄都归佛。李迁晚年，常去翠岩寺、天宁寺，讨论佛法，参禅悟道，曾作《天宁寺》二首：

其一

寒月频过释氏庐，不堪时事日纷如。

红尘未必能污我，懒性从来好索居。

其二

一入空门迹便幽，嘤鸣同气复相求。

坐观疏雨来经席，应是天花散比丘。

李迁著有《莺谷山房藏稿》，诗集四卷，文集三卷，明隆庆五年（1571），由湖北省公安县龚大器刊刻。

这个龚大器与李迁是莫逆之交。龚大器做过刑部主事，广西、江西、浙江等直隶藩臬，后升河南布政使。他为政尚勤，平易近人，提倡废苛行、从素俭，时分俸禄予族人，人称“龚佛”。名满天下的公安“三袁”，就是他的外孙。

万历十年（1582）十月十九日清晨，李迁坐在莺谷山房的摇椅上，手持佛经，离开了人世，享年七十一岁。明神宗皇帝追谥他为“恭介”，赐国礼祭葬。

李迁葬于天宁寺附近的溪畔，以前唐家村前。当时有仇家放风，说墓里葬有九缸十八甏的金银财宝，其墓不久被盗墓贼挖开，结果却空空如也。墓地的墓碑、华表皆不知去向。那一隆起的大土墩，就显得很不同凡响。

我去拜谒李迁墓，在一个阴雨绵绵的秋日。我骑着一辆脚踏车，问了很多人，才找到。这些乡亲们，你说李迁，不知所云，要说李蟠峰，他们才点点头，说：晓得，晓得！还会眉飞色舞给你讲汉白玉牌坊的故事，乌沙桥的故事。他们总是自豪地说：李蟠峰是我们家乡的骄傲，是一个好官！好官！

孔曰成仁，孟曰取义。古代读书人讲求一种君子人格。这是一种高贵的人生姿态。

古调虽自爱，今人多不弹。

大司寇李迁离我们远去了，穆宗皇帝赐给他的汉白玉牌坊也坍塌了，但其人格魅力却与西山同在，与蟠龙峰满山的松柏一样长青。

皇姑墓访古

从太平镇的合水桥，往垴上村后，行两华里山路，到皇姑墓。

墓的主人，乃清朝乾隆年间内阁大学士、《四库全书》总裁裘曰修，及其妻一品诰命夫人熊氏。

此墓，是按照清代一品大员标准下葬的。

墓在20世纪70年代被盗，墓碑已遗失。今日复制的青石墓碑上书有：裘文达公、一品夫人熊太君合葬墓。墓的顶部，立着一圈圈的瓦片，不知是何创意？

民间相传，熊氏下葬之日，有十八副棺材同时抬出，真假皇姑墓难辨。《裘氏族谱》记载，熊氏“殁嘉庆辛酉年（1801）八月初三日酉时，合葬于安义县之杨柳尖山”。

据考证，正是此处。

记得我在太平中学读初二那年，听说皇姑墓被盗，也跑去看。只见有两个才一人进出的窟窿，里面黑洞洞的。地上都是新鲜的黄土和墓砖。墓砖上用阳文印有“裘文达公墓”或“一品夫人熊太君墓”字样。

墓地坐西朝东，呈座椅形。墓前甬道长六十多米，坡度甚陡，用花岗岩石板铺成一百余级台阶，两边依次排列着石翁仲、石马、石狮、石羊、赑屃。

翁仲历史上确有其人，名秦阮，南海人，魁伟端勇，秦始皇使将兵守临洮，声振匈奴。翁仲死，铸铜像置成阳官司马门外，后世便刻石像置于墓前。

唐代司马贞《史记索隐》就记载：“各重千石，坐高二丈，号曰翁仲。”

赑屃，为龙生九子之一，好负重，人多置碑于其上。

原来进入墓道，可看到一对华表和一座四柱石牌坊，还有袁枚书《太子少傅工部尚书裘文达公神道碑》，可惜毁于20世纪。

墓地周围，秀竹蔽天，奇岩耸立，泉水叮咚，环境清幽。其下有一湖，清幽见底。

此处原为裘家的祖坟山。早先，在合水桥附近，有裘姓祠堂，日寇侵占此地时被毁。

那么，此处缘何称为皇姑墓呢？

墓的女主人熊氏，乃清代乾隆皇帝弘历的干妹，至嘉庆年间，时人都以皇姑相称。她去世时，葬于此，故称为皇姑墓。

裘曰修和他夫人，在江西民间有很多动人的传说，最有名的是《裘皇姑千里救夫》《裘皇姑义救戴衢亨》。

在这里我只叙述一下裘皇姑千里救夫的故事。

熊氏，名月英，南昌县冈上月池熊家人。其父曾任广东海丰县知县。七岁时，定下娃娃亲，许配给隔江相望的新建双港裘曰修。

裘曰修字叔度，又字漫士，谥号文达，康熙壬辰五十一年（1712）十月二十九日出生于北京，排行第五，江西新建县双港村人。为南宋大诗人裘万顷十九世孙。父亲裘君弼，是康熙丁丑（1697）进士，曾任建德县知县，后在吏部供职。裘曰修十岁时，父亲过世，便随母王太夫人扶柩南归。

王太夫人出身于江宁秣陵关（今南京秦淮河畔）名门望族，知诗书，工刺绣，今在江宁故地仍享有盛名。

光阴荏苒，且说裘曰修和熊月英，到了男大当婚女大当嫁的年纪。人们常说：女大十八变，越变越好看。熊氏虽说“幼明惠，知大体，居不识厅，屏言不出阃阈”，可天生一张麻脸——七颗绿豆大的麻点，像北斗七星似的镶在脸上；而裘曰修，却是一个风流倜傥，貌若潘安的美少年。

雍正壬子十年（1732），一个风清月朗的中秋之夜，两人在鼓乐声中，双双走入洞房。当亲朋散去，裘公子满心欢喜，揭去新娘的红头盖时，惊呆了，心中的颜如玉，却是个麻脸婆。裘曰修如春潮水涨的心，顿时一落千丈。他信步走到书桌前，推开窗户，只见一轮明月被乌云所遮，随手提笔，在纸上写上一句：“抬头不见月。”

熊氏也来到书桌前，说：“夫君，为妻愿续之。”

提笔写道：“遥见满天星，众星拱北斗，牛女朝帝京。”

裘曰修一看，惊得目瞪口呆，夫人不但有才气，还有气度，实非寻常女子可比，便回心转意，与她握手言欢，拥入帷帐，共度好时光。

乾隆四年（1739），二十八岁的裘曰修中殿试二甲第七名进士，擢为庶吉士、散馆，随之又春风得意授职为编修。两年后，祸从天降，他受同乡胡中藻文字狱的牵连，被打进天牢。

熊氏得到消息，千里进京救夫。她在京辗转数日，一筹莫展。一日，坐在紫禁城前的金水桥上，熊氏掩面而泣，悲悲切切，适逢太后钮祜禄氏的御辇经过，见熊氏身材长相，酷似两个月前病逝的女儿贵枝格格，便令人把她带进宫，认作了干女儿。裘曰修也因祸得福，摇身一变，成了皇亲国戚，开始了荣耀的一生。

新建县旅台学者周仲超先生认为：“夫人循例晋见太后，其貌酷似太后已故女儿，受封为皇姑。”

据学者裘有崇先生《裘曰修年谱》记载：“乾隆辛未十六年（1751）十一月二十五日，裘曰修四十岁，授光禄大夫。妻熊氏循例晋见皇太后，封一品夫人，畀御妹，后世称裘皇姑。”

裘曰修一生历任兵、吏、户部侍郎，礼、刑、工部尚书及军机处行走、四库全书总裁、太子少傅等要职。

裘曰修主要政绩是治水，被民间尊为“水神”。他提出的治河理念是：“亦顺其自然导之而已”，反对围垦造田及拦河作坝“不得横加堤埝，则水皆有所归，不至壅遏为害”。至今，这些理念仍被尊为治水的圭臬。

裘曰修足迹踏遍大江南北的各大水系，“以一书生，冒矢石，行万里外”。他曾在一个奏折中说：“臣所治水，计州县二十有八，开干支河道六十有七，延三千余里。”

乾隆二十一年（1756），新疆的阿里克叛乱，其时，在军机处行走的裘曰修奉旨前去平叛。乾隆赐给他红绒结冠一顶，御衣一袭，以壮行色。他胆识过人，单骑入疆，从陕甘各调集一支劲旅，以迅雷不及掩耳之势，将叛乱分子瓦解。并作《闻北路大兵屡有捷音诗以记事》《至嘉峪关闻兆将军归驻乌鲁木齐喜而有作》以示庆贺。

乾隆三十七年（1772），裘曰修年逾六十，要求告老还乡。乾隆赠诗挽留，让他担任《四库全书》总裁，加封太子少傅。

盛世修典。《四库全书》是继明代《永乐大典》之后，又一次浩大的典籍编纂工程。

裘曰修到翰林院亲点了二十名大学士，其中，有曹秀先、彭元瑞，都是品学兼优的南昌老乡。

士为知己者死。裘曰修为报答乾隆皇帝的知遇之恩，日夜编写纲目，征集资料，对经史子集等古籍认真核对，详细考究。不久，他就病倒了。乾隆亲自写诗慰问：“不忍养苛例香树，还希香树例痊愈。”另外，裘曰修还奉敕撰修《热河志》《西清古鉴》《钱录》《秘殿珠林》《石渠宝笈》等大型著作。著有

《裘文达公文集》六卷，其中《治河论》上中下三篇，为治河经典。

裘曰修的诗文空灵淡定，意境高远。他常与乾隆帝诗文唱和。治水时，还写了许多名山大川、历史掌故、风俗民情的诗。

裘曰修对家乡故土怀有深厚的情感。如《临川道中》《过峡江县》《抵于都寄家兄盛修》《南昌道中》《舟中望庐山》，都是写家乡的诗作。

有一次，他离开故乡，返京时写道："我家西山陲，松间足幽讨。……奈何舍之去，扬舲涉远道。"

他身在京城，却情系故园，在《乡思》中写道："秋声来几日，客枕最先闻，乡思浓于酒，诗情冷似云。"

裘曰修的书法，在当时颇有盛名。清沉初《西清笔记·纪文献》说："裘文达尚书，书法自成一家，其潇洒拔俗之致，似不食人间烟火者。"

袁枚与裘曰修论书法时说："有功德者、有大福泽者、有文学者，其落笔必超，……若无此数者，虽摹仿古人，不过如剪彩之花，绘画之美，谓之字匠可也，谓之名家不可也。"这段话，深刻阐述了字如其人，书法艺术与人格关系。

裘曰修和袁枚为同年进士，又同朝做官，交从甚密。乾隆己未四年（1739）袁枚回乡娶亲，他在赠袁枚诗《送同年袁子才归娶》诗云："从今厌看闲花草，新种湖头并蒂莲。"在《寄袁子才》诗中有："千万教侬访玉姝……雨云踪迹属虚无"之句。袁枚外放为县令，裘曰修送诗感叹："自古诗人鲜宦达，往往大府多雄才。"

裘曰修多次主持乡试会试，袁枚在《子不语》中描写了裘曰修在福建主持乡试的情景：

裘文达公典试福建，心奇解元之文，榜发后，亟欲一见。昼坐公廨，闻门外喧嚷声，问之，则解元公与公家人为门包角口。公心薄之，而疑其贫，禁止家人索诈，立刻传见。其人面目语言，皆粗鄙无可取。心闷闷，因告方伯某，悔取士之失。

方伯云：公不言，某不敢说。发榜前一日，某梦文昌、关帝与孔夫子同坐，朱衣者持《福建题名录》来，关帝蹙额云："此第一人平生作恶武断，何以作解头？"文昌云："渠官阶甚大，因无行，已削尽矣。然渠好勇喜斗，一闻母喝即止，念此尚属孝心，姑予一解，不久当令归土矣。关帝尚怒，而孔子无言，此亦奇事。"未几某亡。

乾隆曾赐京城宣武门内石虎胡同给裘曰修。裘曰修同并构"好春轩"燕见宾客，为早朝后与众同僚常去的休闲处。

相传纪晓岚为裘曰修的弟子。纪晓岚在《阅微草堂笔记》卷七中记道：

裘文达公赐第在宣武门内石虎胡同，文达之前为右翼宗学，宗学之前为吴额驸府，吴额驸之前为前明大学士周延儒第，阅年既久，故不免有时变怪，然不为人害也。厅西小房两楹，曰："好春轩"，为文达燕见宾客地，北壁一门，横通小屋两极楹，童仆夜宿其中，睡后多为魅出，不知是鬼是狐，故无敢下榻其中者。

裘曰修还酷爱藏书，在今日南昌裘家厂一带，筑有"爱日堂"，藏有大量图书，多是罕见的孤本、善本和抄本。

裘曰修在《过滁洲欲访醉翁亭不果》中云："醒者亦何为，人生忽如寄。"感叹人生短暂。乾隆癸巳三十八年（1773）五月初一日巳时，裘曰修辞世，享年六十二岁。弥留时，仍语：吾为燕子矶水官！真可谓鞠躬尽瘁，死而后已。

袁枚书神道碑赞曰："聪强机警，受大任举重若轻。……本以文学受知始终，与书局相终始。"戴震撰墓志铭谓之："习处最久，莫如公；志同见合，相知无间，莫如公。"乾隆皇帝亲自为他写了一副挽联："平生正直为民品德高尚清廉淳朴传万代；一世精忠许国文韬武略贻厥孙谋耿千秋。"横批为："荣光永垂。"并赞誉他："品学端醇，才猷练达。"谥号文达。

家住湾里

我这一生，似乎注定与一个叫湾里的地方有缘。

十几岁时，在此读书；二十多岁时，在此经商；三十多岁时，在此就业；四十多岁，干脆就定居于此。

湾里的得名，可追溯到八百年前的宋代，北方有一家姓熊的农民，为了避战乱，迁居于此，这里因处于山的角落，门前的溪水在这里拐了个弯，便取名叫湾里。随后，有王、陈、李、符、刘等姓迁入，人口一多，慢慢形成湾里街。每到赶集的日子，山里人，挑着竹木制品、山鸡野兔赶来；山外人，用独轮车推着瓜果蔬菜、鸡鱼鸭鹅走来。

几百年过去了，湾里街，还是那条街，主人却换了一拨又一拨。

1969 年 11 月，当时南昌市革委为战备之需，以梅岭山区为中心，设立梅岭管理区，先后将新建县的招贤、梅岭，永修县罗亭，安义县太平、红星、名山等地划入，成为一个总面积近 300 平方公里的行政区域。

这里重峦叠嶂，林木葱茏。素有“七山半水半分田，一分道路和庄园”之称。

梅岭南麓的湾里，有一百多家南昌的工矿企业陆续迁入。很快，这里规划了街道，铺设了铁路，兴修了水库。配套的商场、医院、学校、书店，一应俱全，甚至还有火车站。

一时，湾里成为名震江南的重镇。

有人说，活着的乐趣，是能切身感受身边的世界，不断地发展变化。如此说来，我是幸运的。

那时，我的老家桐源村，是绝对的原始封闭，村里人依然承袭着祖辈们日出而作，日落而息，刀耕火种的生活模式。

我每日砍柴、割猪草时，经常听到轰隆隆的开山炮声，那是落马岭在修马路。

有时候，我会同伙计们，站在村前的高山之巅，听山外火车的长鸣，看南昌城的万家灯火。但我们都是井底之蛙，谁也没有到过与这里隔江相望的南昌。只知道，那里的房子很高，车子很多，还有糖子、饼干、香蕉、苹果卖。

依稀记得，我九岁时，同姐姐翻山越岭，第一次来到湾里，看望在工厂上班的二哥的情景。

我的二哥本是手艺人。那时，由于家里成分不好，他读完小学，就辍学了，去山外跟人家学做篾匠。二哥每日劈竹子，破竹篾、做竹器。学徒三年，吃尽了苦头。走遍了安义、靖安、奉新的山山岭岭、村村落落。可刚刚出师，买了全套“家伙”，正要另起“炉灶”，在大队当支书的堂叔，给他了一个招工指标，他摇身一变，成了“工人阶级”。那年头，工人按月拿工资不说，还有肉票、布票、粮票、油票发。

二哥成了一家人的骄傲。每次回家，他总是穿着崭新的蓝色工作服，脚着一双铮亮的三接头皮鞋，背着一个黑包，起风下雨时，还撑着一把钢骨伞，很是神气。

当时，就连钢骨伞，也是仅次于自行车、缝纫机、手表、收音机“三转一响”之后的时髦物件之一。有顺口溜为证：钢骨子伞，塑料子把，男人不买，女人不嫁。

那时，二哥去湾里上班，据说要翻过两座山，走二三十里路。那是一条我的先辈们披荆斩棘开辟出来、连接山外的小路。

有很多个风雨交加的日子，我站在门口，目送二哥走过村前的田野，一会儿，他的身影又出现在半山腰的荒田里，不久，消失在林莽中。那时，山上有豺狼虎豹，我深为二哥的安危担忧。

但每到星期三，二哥照例要回家一趟，经常买回来一些别人家买不到东西。有一次，二哥买了香蕉回来，送了一把给大妈吃。大妈吃了，问：“这是糯米做的，还是粳米做的？”

二哥还常给我买回来一些小物件。一只口哨、一个气球、一把小刀、一本图书，都让我感到其乐无穷。

二哥回来跟我住，经常给我讲一些山外的新鲜事。湾里有高楼大厦、电灯、电话。出门看得到汽车、拖拉机，经常有火车开来。每天都有油条、馍馍吃。我很是向往山外的世界。

有一个星期三，二哥没有回来。父母便叫姐姐和我去湾里看他，同去的还有我的一个堂姐。

我记得是年后的一个早春，山间的梓木花开得金灿灿的，我们三人上路了。

以前我也去过山外，是往北走，去桃花庄的姑姑家做客，还多半是父亲和大哥用箩担挑着，或背着的。这次和姐姐出山，是往南走。姐姐是一个弱女子，可不能背我，全靠我自己走。开始，都是平时砍柴、摘野果、捡竹菇走过的路。渐渐地，山高而林密。那时这里的山，是块没有开垦的处女地，路边随便一棵树，都有几抱粗，藤蔓如蟒。不时，还能看见狐狸、麂子，在眼前一闪而过。

高山上，冰雪犹存。

翻过了两座高山，山势才渐渐平缓，不久我们便到了湾里。但见高楼林立，街道宽敞，人来车往的，很是热闹。在我当时的眼光来看，这里也算是锦绣繁华之地了。我记得，我在湾里碰到一辆手扶拖拉机冒着黑烟，“突突突”叫着，朝我们开来，我站在路边，目不转睛地看着，对姐姐说：“它怎么好像一只蚱蜢！”

姐姐笑着说：“你说对了，大家习惯叫它蚱蜢呢。”

我们经过再三询问，找到了二哥上班的工厂。厂房都是低矮的平房，中间是花圃。我们在机声隆隆的车间，找到了正在工作的二哥。

那次，我们在湾里住了两夜。二哥带我们逛商场、上馆子、看电影，还给我买了好多本图书。二哥的同事，送了很多糖果、饼干给我。对了，我还把人家抛弃的灯泡，当宝贝捡来，挂在自家的堂屋里炫耀呢。

初到湾里，让我第一次接触到一缕现代文明的曙光！

斗转星移。时至1981年3月，才正式成立了湾里区。

改革开放后，大批企业回迁南昌，一时极度繁荣的经济，跌入低谷。随之，湾里区凭借丰富的旅游资源、优良的生态环境和深厚的文化底蕴，在旅游、休闲度假、娱乐方面，找到了突破口。

今日湾里，临窗见山，出门见水。

这里，有着“山光照槛水绕廊，舞雩归咏春风香。好鸟枝头亦朋友，落花水面皆文章”的幽美意境。

这里，有着“修竹压檐桑四围，小斋幽敞明朱晖。昼长吟罢蝉鸣树，夜深烬落萤入帏。”的灵秀之气。

我再套用宋代翁森《四时读书乐》两句古诗，作为结尾：家住湾里乐如何？绿满窗前草不除。

上天峰拾萃

西山山脉，往东走，到了溪霞、桃花岭一带，似乎到了山的尽头，可不远处，有山拔地而起，一峰秀出，这就是上天峰。它地处新建区的乐化与金桥两个乡镇的交界处，与匡庐遥相呼应。

这里层峦叠嶂，林深木秀，却以多奇岩怪石而著称。

相传，很久以前，上天峰日长三尺、夜长一丈，很快超过了庐山，就要捅破青天，直逼天宫。有天神向玉皇大帝汇报。玉帝大怒，令雷神前去镇压。雷神领旨，施展法术，行云布雨，一时，电闪雷鸣，顷刻，将上天峰击沉三万丈，为了遏制它，还在山顶打了三道箍。

其实所谓的“雷打箍”，就是山间的三道石痕，远远看去，好像三道箍，紧紧地箍在山间。

山之巅有两块巨石耸立，高低不一，叫巨石壁。石隙宽可行人，人称石巷。站在石壁上瞭望，远山近水，尽收眼底；南昌城郭，依稀可见；天清气朗，匡庐在望。

巨石壁的左侧，有石平坦如砥，刻有“仙人床”三字，相传为八仙慕名而来，在此打坐而得名。

山的西面，有老虎洞。洞侧一块倾斜的石头上，立起一块状若钟磬的巨石，看似摇摇欲坠，可就是千百人也推不动。上书有“西罄”二字。

据说东边还有鼓石，名曰“东鼓”。在近处，还有“老妪赶鸡”“晒谷场”诸胜。

上天峰东南方山脚下的牯牛石，似一头卧牛，蹲在溪涧旁。相传此地每逢盛夏，时常山洪暴发，经常冲毁农田房屋，当地人觉得，就是这头牯牛精在兴风作浪。

上天峰正南方山脚下有一口山塘，水满时，好像四条鲤鱼作望天状，叫“四鲤朝天”。

明代邑人王少华有《咏石头》诗云：“古迹名石头，乾坤亘古留。山灵隐呵护，仙子托遨游。风起时飞燕，图成岂湿鸥。幽人乐高枕，矢志不公侯。”

王少华还有《咏石室》《咏石床》《咏石巷》等诗作。

上天岭脚下，有岭霞村，附近有一座建于初唐的佛寺，叫金盘院，可惜毁于20世纪50年代。文友万启象是岭霞村人，他说，原来的金盘院，殿堂有三进，雕梁画栋，金碧辉煌。民间相传，唐高宗、武则天之子唐睿宗李旦，来此避过难。遗址上仅存两根3米长的石柱。

据记载，明武宗正德十二年（1517）状元公舒芬，也曾在此读书。

欧阳桂《西山志》记载："金盘院，在伍涑乡麒麟山，唐时建。掘井得光化遗偈云：金盘金锡及瑜伽，龙寿禅堂共一家。悉是南平施事业，山园田地悉如沙。"

明万历年间，文渊阁大学士张位罢官后，隐居桃花岭，多次携同门生汤显祖、曹学佺等来游。他在《游上天峰记》写道："次早，命驾孤往，抵其山。林耸茂美，坛宇幽荫，乃上帝直武行宫，其下龟蛇之迹宛然。后峰特陡之，四望旷如也。左有仙人床，啸台鼓磐，类形厥肖。石含青而带露，草挟黄而犹香。境转山迴，步步引人著胜地。住持笨钝，无足语。询其山主，则为上田徐氏之业。徐氏为此地大族。随着耆老徐少柏同宇竹林，具山肴茗果，楚楚可人意。问事能解，知古今治乱兴亡贤否之迹，颇有隐君子风。出香熏厚棉纸一幅，乃书数语，且以志此游忻喜之意，期异日之再逢也。率笔口占，并酬二老：山澄云淡兴幽然，坐在清空别一天。杖履逍遥忘远近，不知人世有闲仙。"

山志记载："上天峰，在城西北七十里伍涑乡。峰有浤岭谷、麓有象虎坑，一名上天坑。甲申变后，高士杨益介隐于冰雪草堂，即其地。"

杨益介，字友石，新建人，经甲申之变，痛不欲生，作《采薇之歌》以明志。后作《绝命辞》曰："天崩地裂兮，何处采薇。党邪不正兮，天道非矣。无意人间兮，不如归矣。春秋绝笔西狩兮，圣人衰矣。"

不久，他归隐西山上天峰，构冰雪草堂，堂列圣贤图像，引来志同道合之士，行礼讲学。采薇为食，捡松为柴。年逾六十，足不渡章江者，有三十年。前朝遗老宋之盛、魏禧、彭士望、朱议霶、徐世溥、欧阳斌元、程元极等人，常往来堂中。时江西巡抚蔡士杰请他住持白鹿书院，他以病相辞，说："谓士子之守道，犹女子之守节，失节非人也。"

当时归隐上天峰的，还有何一泗、徐思爵。

万历壬辰年（1592）三月初，何一泗遍游庐山后，去南昌，过天峰之象虎坑，作《浤岭谷记》，就写到这里的奇石与秀水："谷两崖多石，石龃龃然如笋茁地，如人执圭，泉潺潺然。悬者为瀑，注者为湫，皆潜行侧出，星置棋列，坐卧漱濯，无适不可。虽匡庐奇秀甲天下，当为名士，此则隐然高士矣。已又穷日而深入，不知其深，而忽以高也。”

何一泗，字衍之，本姓李，新建人。自幼博览群书，擅长作文。崇祯十二年（1639）举人，为清江县令。明亡后也隐居于此，杜门讲学。晚年益贫，粗衣粝食。著有《北冈遗稿》《巾崖甲乙草》等。

徐思爵，南州高士徐孺子后裔，淡泊名利，不应科举，隐居上天峰，终日以诗酒自娱，以名节情操相砥砺。徐思爵在上天峰有诗云：“此山秀峙已千年，曾从方丈遇神仙。”

上天峰，乃西江胜地，有着仙气、灵气和秀气，自古就是文人墨客的精神家园。

里观春色

有一次，我和几个同学在一起聊天。

我吹嘘道，这些年来，没有升官，也没有发财，但足迹跑遍了整个西山的山山岭岭、村村落落。情之所钟，正在我辈！

杨君说，你可还没有到过我们里观村呢。那里有九里十八观之说，观虽已不存，却别有洞天。

己亥早春二月，我来到西山北麓的罗亭镇里观新村，访杨君。

这里的屋舍，格调一致，粉墙红瓦，庭院秀雅，花木葱茏。村民多是近些年陆续从半山腰的老居搬下来的。

杨君说，你难得来一次，就同你去我的老基看看吧。正合我意。

杨君说，有四里路程。有相对平缓的马路，也有弯弯曲曲的小径。你喜欢走哪条路？

我说，曲径通幽，还是走小路有情趣。

田野中，不时有白鹭从我头顶掠过，鹁鸪声声，此起彼伏。有几个孩子提着竹篮，在挖野菜。我似乎找到了童年的自己，脚步轻飘飘的。

山间，开遍了金灿灿的梓木花，白花花的望春花，就连空气也是香的，有些醉人。

拾级而上。乱石重重叠叠，藤蔓披拂。山涧流水，淙淙潺潺。不时，有迎春樱开得绚丽夺目。

至岭口，路边石头上刻着：若有机谋者，终须不到头。行善虽无人见，存心自有人知。南阿弥陀佛。

山重水复，来到村口。有奇岩，或立或卧，如石门焉。还有十几棵苍老的古树相迎，显得古意盎然。

只见得，土地平旷，住着五六户人家。不见人影，但闻鸡鸣犬吠。菜园里，菜花金黄，蝶舞蜂吟。

村后，还保留着碓臼、石碾，还有斗大的石槽。尤其是这完整的碾房，我还是第一次见到。

我说，村里人呢？

杨君说，村里才住着几户人家，都是故土难离的老人。他们有的去菜园了，有的放牛去了，有的下山买东西去了。在隔壁的名山村，以前有三四百人，可如今一个人影都找不到。前几年，还有几个老人住在这里，可老人过世了，这里就成了名副其实的空心村。据说有一位老人养的猫还在，整天喵喵地叫着，还在寻找主人。那里的房屋，不是东倒，就是西歪，有的已经坍塌了。如今芭茅丛生，灌木成林。

走过一道木桥，来到杨君的哥哥家，也是关门闭户。一栋三间的楼房，除了瓦，全部是木头结构。有肥胖的土蜂在木头上钻洞，嗡嗡地唱着小曲，自鸣得意。

杨君说，他哥哥年过七十，养了好几头牛，三十只羊，一般都在山上看护。

溪水里，沙明水净。有石菖蒲开着米黄色的花，娴静淡雅。有石鱼，在岩石间往来翕忽。

据说整个西山大岭中，就这里还有石鱼。它和庐山石鱼一样，以肉质细嫩、味道鲜美、营养丰富而著称。

我说：这样山高水急，鱼从何而来？

杨君说，草籽千年，鱼子万年。只要有水便有鱼，此乃自然之道。

里观，里观，一里一观。里观到名山山间，共有龟凤观、赵仙观、许仙观、青竹观、杨梅观等，十八个道观遗址。

杨君说，这里不但有道观遗址，还有许多寺庙遗址。村前竹林中，以前有一个有宝华寺，还是破四旧时才拆掉。我们今天就去龟凤观吧，这条线路最值得看。

穿过一大片油茶林，有巨石宽数十丈，看似浑然一体，实则中间有一条深不见底的缝隙，故名一线天。往东边望去，石的一角，很像大象的鼻子和耳朵，有人又叫它象石。

站在象石上，可俯视安义、永修、新建的远山近水、村落阡陌。就罗亭镇而言，五个行政村，名山从安义县划来，罗亭、上坂、义坪从永修划来，红源从新建划来。这里自古便是三县通衢。

再行半里许，有一田垄。靠山脚，乃龟凤观遗址。除了断垣残壁外，还有一只当年储水用的大石槽。

近处有多处石刻。有一块巨石，被几块石头架起，如船，一头悬空，可避雨。石壁上刻有：洞云是西天，三教同一根。人心皆不明，枉诲尽多善。赵州开山为记。

后面还有一百多字，难以辨认。另有一块石刻，更是苔藓斑驳。

杨君说，相传朱棣发动靖难之役，渡江后，很快就占领了南京。建文帝在大臣黄子澄、梁良用、齐泰的精心安排下，装扮成难民，从道士王升所在的神乐观，通过明皇宫暗道，穿越鬼门逃脱追杀，得到江苏下邳卫世袭指挥佥事汤忠（明开国功臣东瓯王汤和第七子）的一路护驾，经江、浙，至江西洪州府。来到这里，他见这里地形隐秘，人烟稀少，就将行宫建成道观式样，隐居其中。建文帝因汤忠护驾有功，封汤忠为芙王。

今日山中还有汤忠的墓。却是清初当地百姓为纪念他立下的虚冢，墓碑上刻有：前朝汤老芙王之主位。

关于建文帝的下落，是个没有被揭开的谜团。有放火自焚说，有出家当和尚说，也有流落海外说。没有想到，建文帝也给里观留下一个谜障。

有一首《罗亭恋歌》唱道：月挂将军塔，日照紫阳宫，古老里观迷醉了天上的星辰。云庵巍巍，仙殿层层，绿林葱葱掩盖不住历史的厚重……

里观，就是这样一个神秘，而又令人神往的地方！

松　丰

松丰也叫黄泥壁，位于梅岭北麓，是湾里区罗亭镇最为偏远，或最僻静的一个自然村落。

暮春三月，岁在辛巳，我搭便车来到罗亭，从岭脚下的周丰村，沿马路踽踽独行。周丰村也叫里造周家，明正德年间（1506—1521）建村。村前绕山脚一湾湖水，鹅鸭在戏水，洗衣埠头，村妇捣衣声不绝。湖边芦苇丛中，有水鸟在嘎嘎乱叫。

走进一条狭长的马路，山崖高耸，人如在狭缝中行走。这便是松丰与山外相通的突破口。松丰人有感于外面的世界变化太快，才学愚公移山，把它劈开。

峰回路转。一会儿，就见土地平旷，屋舍俨然，有桑竹、良田之属，鸡犬相闻。竹树掩映中，这里四五家，那里六七户。

正是雨后天晴，云雾飘荡，山色如洗。路两边的山莓，红艳艳，缀满枝头，有牧童在采食。他们还摘到了茶耳、茶泡。杜鹃花在枝头凋谢，地上落红无数。粉红娇艳的蔷薇花，洁白夺目的刺蓬花，满目皆是。溪流里，乱石磊磊，水流湍急，有水碓在吱吱呀呀唱着古老的歌谣。

田畈里，有耕田的，扯秧的，更有栽禾的。如今栽禾，出神入化，人站在田埂上，往田里抛秧，像是天女散花，禾苗落地生根。

路上，有两个提着饭桶上学的小孩。前面不远，果然有一所小学。小学是土筑的泥屋，小得如乡间常见的庙宇，唯有一间教室，里面坐着十来个学生，还是一、二年级两个班合班。课桌破旧，连抽屉都没有。一名五十多岁的女教师，承担全部课程。21世纪的南昌市郊，竟有如此一所小学，真叫我觉得好奇。

从小学沿石级上坡，有高低错落，十多户人家，一律是土筑的平屋——泥墙黛瓦，一栋三间，另有灶下、柴房、猪槽、茅厕，有上古之风。村子四周竹树葱茂，奇岩高耸，泉流石上。屋前屋后，果树成荫。桃李已果实累累，橘子、柿子才开花，芳香扑鼻，引来蝶舞蜂飞。园圃中，有刚抽芽的茶叶，才出苗的草药。

走进一户农家，有一老者，很客气地招呼我坐，还泡了新茶捧上。茶香撩人，我吃了一小口，肺腑生香。

老人姓陈，说先祖是陈继韬，在清嘉庆四年，自湖北大冶县来此住棚，开垦田地，已历七世。山背后的鱼子背、塔下的陈姓，都是从这里迁去的。

他们这种房子结构，叫干打垒。建筑时，两边用木板相夹，中间用土筑。边添土，边擂紧，慢慢形成墙了。这种房子虽然土气，但冬暖夏凉。堂前、房间里，都铺着杉木地板。其他家具，倒是与别地农家别无二致。

我问老人，此地如何叫松丰？他说先祖来此开基时，见山上松树丰茂，才得此名。又因村子在黄泥壁对面，也叫黄泥壁。村头有一大石头，还叫大石。

我环顾四周，只见群山环绕，乱石成林，修竹满山，只有寥寥无几的几棵歪脖子松树。

松丰，松树虽不多，展现在世人面前的却是一幅民风淳朴、古风依存的风情画卷。

时间跨越了廿载，壬寅初冬，我与好友涂小生、魏玉华夫妇，来到松丰采风。令我惊喜的是，当年那些土屋，还保存完好，只是物是人非，村中只剩几位老人。

当年那所小学，没有留下任何痕迹。还有那舂木粉的水碓，也不见了。世间很多东西，消失了，就永远消失了，留下来的应该珍惜！

涂小生是一位摄影家，十分喜欢这里的宁静秀美，说，这里受现代工业文明影响不大，是一块难得的处女地。人有亲近自然的本性，在喧嚣的都市待久了，走到此地，身心都特别放松。

是的，当下的新农村建设，使很多古村落渐渐淡出了人们的视线。取而代之的是拔地而起的是钢筋水泥丛林，虽高大又时尚，但缺少了文化底蕴，没有了乡愁的滋味。

我希望当地政府，能保留这个古村落，适当恢复一些旧时的农业生产，使其成为一个农业文明的标本。这里将会成为一道亮丽的风景线！

洗药湖看雪

庚寅十二月十五日夜，狂风怒号，雪花飞舞。翌日，大清早醒来，只觉得窗外晴光，分外明亮。我素来喜欢下雪，还没有来得及穿好衣服，就撩开窗帘，只见室外，银装素裹。遥望梅岭诸峰，白雪皑皑。

我刚洗漱完毕，正品早茶，好友徐新富来电，约我去洗药湖看雪。

我说，天寒地冻，车子怎么上得去呢？他说穿套鞋，从乌井水库爬山上去，这样才有情趣呀！

洗药湖的罗汉峰，海拔 841 米，是南昌境内的最高峰。

《西山志》云：“罗汉峰，在香城寺后，垒石为屋，曰罗汉坛，祭灵官尊者，前有濯足湖，地产罗汉茶、罗汉菜……”

明代本土作家徐世溥在《罗汉坛记》记载：“峰尖有石，望之如髻。中座屋石像，其名曰灵官尊者，土人称为‘雨师罗汉’。言罗汉所治三百余里，每岁旱必祷焉。”

今日，罗汉坛已毁，被江西省 702 电视差转台发射塔所替代。

洗药湖在夏日里，有着“山峻风高六月寒”的可人凉意，在这冰天雪地的日子，又是如何一番景象呢？

我们把车停在洪崖丹井所在的琴源山庄，咯吱咯吱，踏雪而行。我背着照相机，徐新富扛着摄像机。我们还带了中午野餐的酒食。

路过的村落，大人们多在火塘边烤火。小孩们都乐呵呵地，在塑雪罗汉、打雪仗、挖雪窑。竹篱茅舍旁，不时窜出一只壮硕的狗来，朝我们两个不速之客汪汪地叫着，把这雪后的山村衬托得更加清冷寂寥。一会儿，云开日出，雪地上折射出耀眼的光芒。

在乌井水库的堤坝上，看见一对夫妻，带着两个十来岁的孩子在看雪。孩子们跑着，跳着，唱着。

他们目光里，荡漾着难以抑制的喜悦，看见我俩，就像他乡遇故知一样亲切，聊起天来。他们来自广州，看天气预报，知道南昌要下雪，为了让孩子开阔眼界，昨天驱车而来。在宾馆听说梅岭是南昌看雪的最佳地点，他们没有等天亮，就匆匆赶来。

他们问我俩去哪？我指着寒雾笼罩的高山说："喏，要去高山之巅看雪，才叫精彩呢。"

那个主妇说："山高路远，我们的孩子又小，去不了。再说，我们看了这许多的雪景，已经是很满足了！"

由此，我想到明代张岱在《湖心亭看雪》的结尾写道："及下船，舟子喃喃曰：'莫说相公痴，更有痴似相公者！'"

是呀，我们有幸活在这个美丽的星球上，很多人，有佳山胜水，不知道去游历；有春花秋月，不懂得去品味。正如清代张潮《幽梦影》云："有山林隐逸之乐而不知享者，渔樵也，农圃也，缁黄也；有园亭姬妾之乐，而不能享、不善享者，富商也、大僚也。"

明代屠龙《娑罗馆清言》云："登华子岗，月夜犬声若豹；游赤壁矶，秋江鹤影如人。但想前贤，神明开涤。"可试看当下，有几人走得出名缰利锁？官无顶，钱无数，何日是个尽头！

我向这四口之家致敬。

从乌井水库边上的乌井村登山。一会儿钻过一片茂密的油茶山，一会儿穿过一片清幽的毛竹林，一会儿走过一片荒凉的田垄。雪地不时出现些横七竖八的野兽足印。雪压枝低，加上日头的照射，不时"哗"的一声，掉下一团雪来，惊得山雀满天飞。

避风处，有时雪深过膝。北风口，地上则尽是冰，很滑。

山越高，雪越深。渐渐，满山雾凇奇观，在阳光的照射下，闪烁着五颜六色的光芒。真犹如进入童话般的世界！

快到洗药湖了，路边平时那些挺拔的柳杉、雪松，一律匍匐于地，如虎蹲，似狮立，倒也异彩纷呈。满山寒光激射。一匹芭茅叶，冻得像一柄闪着寒光的长剑；一丛枯草，冻得像一株银珊瑚；一棵树，冻得像玉树琼花。山中绿的叶、黄的花、红的果，被冰裹着，胜似珍珠玛瑙，我们一一把它们拍了下来。

到洗药湖，杳无人迹。山庄的工作人员，皆因耐不住山中的寂寞和寒冷，下山去了。湖水碧波荡漾，蒸腾着雾气。湖畔，雪深五寸。屋檐挂满冰柱，长尺许。瘦瘦的细竹，皆匐倒在地。

到了下午三时许，我俩登上三层高的景观亭，摆好酒馔，开始野餐。我们端起了酒杯，站在这样的冰天雪地里，环顾四周，只觉天高地远，既不见飞鸟，也不见人踪。远山近水、田园村落、城郭道路、江河湖泊，尽收眼底。把酒临风，宠辱皆忘。

我俩各饮了半斤白酒，醺醺然。日已西斜，山风浩荡，我们遂踏着暮色下山。

刘綎都督府

梅岭方圆三百里，其中本土人物，官位之显，名望之高，影响之大者，莫过刘綎。

他是晚明西风残照下的一个悲情人物，一个末路英雄！

刘綎，字子绶，号省吾，祖籍南昌县高田龚家。嘉靖三十九年（1553），生于梅岭妙泉村。

今日的梅岭妙泉村，尚存“刘都督府”后花园遗址的一角。每块墙砖重十六斤，两侧分别用阴文印有“刘府砖”“万历庚戌孟冬月造”和“万历辛亥春造”等字样。

都督府为三进式明代官邸，梁枋、斗拱、窗棂、影壁、柱础等皆饰有戏文人物和龙凤图案，另有亭台楼榭之属相衬托，既豪华气派，又幽雅别致。可惜，都督府于1972年破“四旧”时拆除。

《明史·刘綎传》载：“綎于诸将中最骁勇。平缅寇、平罗雄、平朝鲜倭、平播酋、平倮，大小数百战，威名震海内。”

官做得最高时，至都督同知，为从一品。

世事如棋局局新。朝代可以更迭，但一个英雄的民族气节和风骨却是永远不变的。然而，一个横刀立马，为国家、为民族征战一生，冲锋陷阵，血染沙场的大将军，他的官邸不被保护，反被拆去，只要是一个有良知的人，心中除了悲哀，还有什么呢！

刘綎本姓龚。其父龚显，少时流落到四川。在一个大雪纷飞的夜晚，四川卫使刘岷，梦见自家柴房中有黑虎长啸，被惊醒，心里十分纳闷，掌灯到柴房一看，看见一个身穿皂衣的英俊后生，卧于梦境之处。刘岷大惊，心想，此人定非等闲之辈，遂把他带到堂中，问清缘故，敬为上宾。两年后，龚显为报答刘岷的知遇之恩，改姓为刘。

据《明史·刘显传》记载：“刘显，南昌人。生而膂力绝伦，稍通文义。家贫落魄，之丛祠欲自尽，神护之不死。间行入蜀，为童子师。已，冒籍为武生。”

由此可见，龚显也有可能是为了冒名为武生，改姓的。后来，刘显平苗乱、抗倭寇、征缅甸，屡立战功，名重一时，官至左军府都督、太子太保。

在今日的滕王阁人杰厅，墙上壁画有江西历代八十位名人，其父子，就占其二。此乃何等的显耀！

常言道：将门出虎子。刘綎自幼便习武，弓马娴熟，单臂能举千斤。野史记载："命取板扉，以墨笔错落乱点，袖剑掷之，皆中墨处。又出战马数十匹，一呼俱前，麾之皆却，喷鸣跳跃，作临阵势，见者称叹。"《武备志》记载："袖箭者，箭短而簇重，自袖忽发，可以御人三十步之远。近世大将军刘綎最善之。"

据清初无锡计六奇《明季北略》记载："去吾乡六里悟空有寺，寺有老僧，自言少年时尝为刘綎小卒，刘善舞刀，故世号刘大刀，每战还营以力竭，即仰卧营中，血集甲手，握刀不解，为血所凝，渍於汤中，久之乃解。又云：无锡秦灯，力举千斤，闻滁州武状元陈锡多力，往与之角，将柏木八仙台列十六簋，果盒悉具，设酒二爵，秦灯只手握案足，能举而不能行。陈锡则能行。力较大矣。然仅数步而止耳。惟刘綎绕庭三匝，而爵簋如故，其力更有独绝者。"

刘綎性情侠义率直，性嗜酒，广交天下豪杰。他子侄辈的姻亲徐世溥在《刘少保外传》说："凡见技勇臂力过人，无贵贱，交之唯恐不及，故门下得人为多。苟有一能，虽鸡偷豕阉，未曾不可蓄焉。其可任偏裨者，与之姓，呼之儿。通史书，能会计，知四方赛道里堪向导者，俸之宾客。"他收留的人，有来自天竺（印度）、高丽（朝鲜）、暹罗（泰国）、日本、缅甸等，还有来自非洲的黑人。经过多年的努力，他训练出一支骁勇善战的队伍。不过，他的队伍素来以川人为主。

刘綎并非一介赳赳武夫，少年时，还师从内阁大学士沈一贯，接受过良好的教育，熟读兵法，能诗善文。

关于他的神力，民间有很神奇的传说。

刘綎小时候同一群伙计在吴源港玩，看见一条红色的黄鳝，他捉了去，回家后，母亲用罐子炆烂，让他吃了，从此，他力大无穷。据说，他吃的是一只黄鳝精。

今日，刘綎的后人，皆恢复龚姓，居住在梅岭龚家村，多以种田、采药为业。

刘綎十二岁便随父从军。一把镔铁偃月刀，渐渐从六十斤，加到一百二十斤，能在马上轮转如飞，人送外号刘大刀。

万历元年（1573）初，刘綎正好弱冠之年，随父征讨一个叫都掌蛮的少数民族部落。

都掌蛮凭借九丝山（今四川宜宾、珙县一带）之险，打家劫舍，攻州夺府，蜀中的大盗、失地的农民、脱逃的军犯，也加入他们的队伍。《明实录》说："都掌蛮盘踞其中，实为大患，……擅抬大轿，黄伞蟒衣，僭号称王。"

《辞源·九丝山》注释云：

明时都掌人据山称王，周围30余里，四隅峭兀。上有九岗四水，地面极广，可以播种，下唯一径可通东北，连峰鼎峙，峻壁皆数千仞。

都掌蛮公然与朝廷分庭抗礼，是可忍孰不可忍？

可明廷已经发动了十一次征剿，都宣告失败。最著名的是"成化之征"，调集了二十万大军，也是无功而返，真叫大明王朝颜面尽失。

朝廷考虑再三，决定第十二次征剿，派能征善战的刘显为帅，率十四万精兵，浩浩荡荡奔赴四川。

巡抚曾省吾亲自作了《平蛮檄》：

山都群丑，聚恶肆氛，虽在往日，叛服不常，未着近日猖獗尤甚。都蛮近日长驱江、纳，几薄叙、泸。拥众称王，攻城劫堡，裂死千百把户，虏杀绅监生员。所掠军民，或卖或囚，尽化为剪发凿齿之异族；或焚或戮，相率为填沟枕壑之幽魂。村舍在在为墟，妻孥比比受辱。六邑不禁其荼毒，四川曷胜其侵凌。

三月，刘显率大军集结于四川叙州（今宜宾市翠屏区）。战鼓擂响了，刘氏父子，冲锋在前，与都掌蛮先锋部队搏杀，首战杀敌数百人。明军军威大震，一路高歌猛进，势如破竹。很快，有着重兵把守的凌霄城、都都寨被攻陷。一向尚武好战的都掌蛮，见刘字大旗就心惊胆战，退守九丝城中。

都掌蛮借九丝城的鸡冠峰天险，背水一战，"乘城转石发标弩，下击栩栩如电霰不休"，明军伤亡惨重。双方相持数月，到了九月九日，是都掌蛮的赛神节。是日，天降大雨，他们以为山高路滑，明军不会来袭，便张灯结彩，敲响铜鼓，跳起舞蹈，祭祀天地神灵、列祖列宗。明军攻其不备，在半夜攀岩杀入九丝城。刘綎挥舞大刀，第一个杀入城中，生擒酋长阿大。

此役，攻克山寨六十四座，斩杀及俘虏叛军四千六百余人，缴获铜鼓九十三面，开拓疆土四百余里。

捷报传至京师，兵部下令：对逃遁在深山中的都掌蛮继续剿杀，"铲削祸本，席卷云彻”。此后，都掌蛮这个民族消失了，据说剩下的一些人，也改作了汉姓。

都掌蛮最早称作僰人。据古《珙县志》上说：“本古西南夷服地，秦灭开明氏，僰人居此，号曰僰国。”

据史料记载：僰人乃西南早期游牧民族，是夏朝的遗民，商朝的俘虏。后来参加周武王伐纣，立下赫赫战功，在四川宜宾建立僰侯国。

都掌蛮是个有着独特风情的民族，除崇尚武功外，喜好铜鼓与岩画，还是悬棺墓葬的始作俑者。

《明史·刘显传》载，都掌蛮的首领阿大，被明军擒获后，死到临头，还为失去了九十三面铜鼓而痛心疾首。“阿大泣曰：‘鼓声宏大为上，可易千牛，次者七、八百。得鼓二、三，便可僭号为王。鼓山巅，群蛮毕集，今已矣。’”

他们把铜鼓看作财富和权力的象征。

都掌蛮族留下的岩画、悬棺、铜鼓，是中华大地的一个谜团，一个绝响。

刘綎牛刀小试，因功迁至云南迤东（今寻甸县）守备。后改南京小教场为坐营，他出任教官，传授武艺和兵法。

万历十年（1582）冬，云南土司作乱，引缅甸军队大举进犯。

其时，江西抚州商人岳凤行商至陇川（今云南陇川西南），与宣抚司（土司）多士宁交往甚厚。多士宁把妹妹嫁给了他。岳凤为人凶狠残酷，且足智多谋，指使儿子岳曩乌毒死了多士宁全家，夺其金牌、印符，自己做了宣抚司。

宣抚司虽然归属于中央集权统治，但有自主权，相当于土皇帝：“世有其地、世管其民、世统其兵、世袭其职、世治其所、世入其流、世受其封。”

当时的缅甸东吁王朝首领莽瑞体，用武力征服周边部落后，控制了大半个中南亚半岛，拥有了缅甸史上最大的版图，野心逐渐膨胀，屡屡骚扰明朝边关。

到莽应里继位时，在岳凤的唆使下，他遣士卒战象十万，兵分数路，攻打云南，雷弄、盏达、干崖、南甸、木邦、老姚、思甸等地相继沦陷。缅军之所以所向披靡，就倚仗他们的大象阵。象背上的弓弩手，居高临下，发射毒箭，让明军闻风丧胆。明军的指挥吴继勋、祁维垣同日战死。云南巡抚刘世曾火速向朝廷请求援兵。明廷如梦方醒，提携刘綎担任腾越游击，邓子龙担任永昌参将。邓子龙是丰城人，也是一代名将。

万历十一年（1583），明军十万之众，在姚关一带，与缅军主力形成对峙局面。

刘綎为先锋，首战就歼敌一千六百余人。

刘綎、邓子龙看出了大象阵的弱点，将其引入峡谷中，用火攻之。大象被烧得四处狂奔，缅军一片混乱。岳凤有些害怕，令妻子、儿子和部属假降。刘綎将计就计，责令他献出金牌、印符以及蛮莫、孟密的地盘。第二天以护送岳凤的妻儿回陇川为借口，迅速拿下沙木笼山，占据险要地形。紧接着，以迅雷不及掩耳之势，进入陇川境内，当地土司不敢抵抗，纷纷投降，都绑了缅甸士卒，牵着战象、战马，向刘綎献俘。至 1583 年 4 月，明军一共剿灭入侵的缅军一万余人，收复了失地。刘綎因战功卓著，被朝廷提升为副总兵，迁到蛮莫驻扎。

在今日缅甸新店大盈江东岸瑞享山顶，还有一块刘綎当年留下的“威远营碑”。碑长九尺，宽五尺。中镌“威远营”三大字，右镌“大明征西将军刘綎筑坛誓大众于此。誓曰：六慰拓开，三室恢复，诸夷格心，永远贡赋，洗甲金沙，藏刀鬼窟，不纵不擒，南人自服”，左镌“受誓孟养宣慰司，术韧宣慰司，孟密安抚司，陇川宣抚司，万历十二年二月十一日立刻石匠”。

万历十三年（1585），云南曲靖府罗雄知州者浚之子者继荣，杀父夺位，被妖道坐拥为主，煽惑百姓，结成会党，四处抢掠。巡抚刘世曾发布檄文，调集军队防御。刘綎奉命来到军中，刘世曾令他跟裨将刘绍桂、万鏊分路讨伐敌人。刘綎率军一连攻克三座敌营，仅斩首五十余级，而招降了万余人。

灭者继荣时，有人举报刘綎私藏财物，朝廷不为他记功，经刘世曾为他辩白，才获赐白金。不久，被起用担任四川总兵。

当时的总兵是什么官职？《大明会典 · 兵部九》记载：“凡天下要害地方，皆设官统兵镇戍。其镇一方者，曰镇守……其总镇，或挂将印或不挂印，皆曰总兵。”

刘綎在当总兵期间，民间流传着一个选官的故事。

刘綎到四川上任的第一天，就接到十几起抢劫案。案发地点多是在与云南交界少数民族集中的地方。新官上任三把火，他迅速召集手下的参将、游击、守备、千户等大小官员商量对策，并勒令他们在三天之内各自完成缉拿盗匪的数量。几天内，盗匪纷纷归案，可他才问一句话，就把人家放了。

有一个姓朱的守备说：“大人，你如此放纵犯人，岂不是养虎为患？”

刘綎说：“你不要急，到时候自有分晓。”

一会儿，捉来两个穿苗服的青年，两人身材魁梧，听说还身手不凡。刘綎当场审讯，把惊堂木一敲，呵斥道："你抢劫过几次，从实招来？"

其中一个把头一昂，说："不计其数。"

刘綎又问："那你敢跟我比武吗？"

两人同声说："敢！"

刘綎见两人气度不凡，命人给他们松绑。说："你们用什么兵器呢？"

两人说："我们就用缴去的长矛吧。"

士兵找来他们的镔铁长矛，刘綎拿到手里，稍一使劲，长矛就断成三截，往地下一丢，说："咳，这只不过是小孩子的玩意儿。给他们取过两样兵器来。"

士兵给他拿来多种精致的兵器来，由他俩挑选。

紧接着，有人抬来了刘綎的镔铁偃月刀。

刘綎接过刀，往地上一震，总兵府都为之颤抖，说："校场有请！"

两个苗人早被震慑住了，趴在地上求饶："将军饶命，我们是有眼不识泰山，哪里敢跟您比武呀！"

刘綎说："比也好，不比也好，这兵器送给你们。另外，还各给一个官做，管辖地方的治安。"

刘綎采取以夷制夷，地方自治的策略。这一招很灵验，此后，在那一带很少发生抢劫事件。

有一年，湖北右江一带发生叛乱，咸宁知府一面向朝廷告急，一面派信使到四川请刘綎平叛。刘綎借故有病在身，不肯出战。

信使回咸宁后，叛军得知刘綎不肯出战，气焰更是嚣张，竟然围攻起咸宁府来。其实，刘綎采用的是瞒天过海之计，在信使走后，他率军奇袭叛军大本营。在咸宁知府正要打包袱逃命时，刘綎军队包抄过来。他大刀一晃，就活捉了叛军首领。

据我的忘年之交杨圣希老先生说，他少年时，看过一则民国野史记载，有一次，刘綎被派遣到福建沿海抗倭。他一把大刀，威震南疆，叫鬼子闻风丧胆。有一个倭将夸下海口说：刘綎的功夫其实不如我，只是他胯下的一匹白马十分厉害，如谁偷得，我准能胜他。几天后，有一个倭寇化装成卖酒的，把刘綎的两个马夫灌醉，偷到白马。两个马夫酒醒之后，哭着向刘綎请罪。刘綎说，无妨。第二天，倭寇因偷得白马，在摆庆功宴，以为再也不用怕刘綎了。刘綎徒步，单刀直入，斩杀倭将，骑白马归。

万历二十年（1592），日本发动侵朝战争。这便是朝鲜历史上有名的“壬辰倭乱”。

早在明万历十三年（1585），日本天皇任命丰臣秀吉为“关白”（摄政），相当于我国的宰相之职。丰臣秀吉，乃一代枭雄，他有一个很大的野心，就是实现他的大东亚构想——征服全亚洲。

丰臣秀吉在战略上，采用德川家康的提案，确定了陆海并进、以强凌弱、速战速决的战略。

据维基百科记载：

丰臣秀吉（1537 年 3 月 26 日—1598 年 9 月 18 日）日本战国时代、安土桃山时代的武将及大名，原名木下藤吉郎、羽柴秀吉等，绰号秃鼠，本是一足轻（下级步兵），后因事奉织田信长而崛起，自室町幕府瓦解后再次统一日本，并发动文禄、庆长之役（朝鲜征伐），最高的官位是太政大臣。

从几百年后的今天来看，日本就是一个侵略成性，不安于岛国地理狭小、资源贫乏现状的国家。

日本侵朝前夕，即万历十九年（1591）六月，丰臣秀吉派特使宗义智曾通告朝鲜国王第十四代君主李昖：“吾欲假道贵国，超越山海，直入大明，使其四百州尽化我俗，以施王政于亿万斯年。”

在此之前，日本已大量打造战船，购置兵器，储备军粮，试图把朝鲜变为日本的版图后，使之成为向亚洲大陆扩张的桥头堡。

在万历十九年春（1591），名古屋有三十万日军，如箭在弦。

万历二十年（1592），丰臣秀吉正式发布命令，第一步以九个军共十五万兵力，大小舰艇七百余艘出征朝鲜。小西行长率领的第一军，共一万八千人为先锋，分乘三百五十艘舰船，于 4 月 12 日，浩浩荡荡，渡过对马海峡。翌日凌晨，抢滩登陆，以迅雷不及掩耳之势，攻下了釜山。

4 月 18 日，加藤清正率第二军两万两千人和黑田长政率第三军一万一千人，相继在南部海岸登陆。紧接着，日军后续部队八万人，相继入朝。朝鲜军队只在乌岭天险，忠州的背江，做了两次像样的抵抗，随后，日军如入无人之境，沿途各道守军，望风而逃。才几天工夫，日军就打到了王京汉城城下。汉城守将李阳元，竟然把兵器沉入汉江，落荒而逃。5 月 2 日，登陆的日军便兵不血刃地进入了朝鲜国都汉城。日军所到之处，烧杀掳掠，宫殿、宗庙、社稷、衙署、城门全部被焚毁。

紧接着，日军还着手在朝鲜展开了“日本化”运动，强迫朝鲜人按照日本的方式改姓名、剃发，还教授儿童日语。

日军稍做调整，以乌云盖顶之势，往北挺进。仅两个月零两天，朝鲜三都（王京汉城、开城、平壤）十八道全部沦陷，两个王子被俘。日本天皇洋洋得意，作诗给丰臣秀吉以表庆贺：“朝鲜八道几尽没，旦暮且渡鸭绿江。”

是时，国王李昖，逃到义州（鸭绿江南岸的一个重镇），派使臣向明朝求救，还美其言说：“因朝鲜人民奋起抵抗，日军进攻暂告停止。”

丰臣秀吉见轻而易举就实现了大东亚构想的第一步，欣喜若狂。5月26日，他在写给养子丰臣秀次的信中说：“高丽都城已于（五月）二日攻克，所以，近期内需迅速渡海……此次如能席卷大明，当以大唐（明朝）关白之职授汝。宜准备奉圣驾于大唐之京城，可于后年行幸，届时将以京城附近十国，作为圣上之领地。诸公卿之俸禄亦将增加，其中下位者将增加十倍，上位者将视其人物地位而增。……任汝为大唐关白，以京城百国之地封汝。日本关白一职，将视大和中纳言与备前丞相二人情况，择任之。”

6月3日，丰臣秀吉下达了进攻明朝的总动员。他煽动说：“如处女之大明国，可知山之压卵者也，况如天竺、南蛮乎？”丰臣秀吉把明朝比作任“猛汉”日本宰割的“处女”，可谓狂妄至极。日将锅岛直茂，请求丰臣秀吉干脆把明朝领土赏封给他。有一个外号叫独眼龙的伊达政宗写下了这样的狂言：“何知今岁棹沧海，高丽大明属掌中。函剑囊弓为治国，归帆应是待秋风。”

侵朝日军被一时的胜利冲昏了头脑，等着一声令下，就要跨过鸭绿江了。

卧榻之侧岂容他人鼾睡！

日本对朝鲜的入侵，震惊了明廷。兵部侍郎宋应昌在上疏中说：“关白之图朝鲜，意实在中国。我救朝鲜，非止为属国也。朝鲜固，则东保辽东，京师巩于泰山矣。……而我兵之救朝鲜实所以保中国。”

其时的大明，以天朝上邦自居。而明神宗朱翊钧，过着“每夕必饮，每饮必醉，每醉大睡”的逍遥日子。他闻奏，只是淡淡一笑，说：“倭人弹丸鼠国，早几年犯我海境不逞，今日竟敢复返侵我藩邦？真是不自量力，告诉兵部，就近从辽东派支兵马，把倭人赶下海去。”

明廷上下，基本达成了“迎敌于外，毋使入境”的共识。

万历二十年（1592）七月，明朝廷只派了区区两千骑兵做先锋，由辽东游击史儒率领，前往朝鲜。另派副总兵祖承训率三千骑兵作后援。

祖承训在入朝的路上，骑着高头大马，还颐指气使地说："蛮夷野人，安能与天朝大军抗衡哉？"

史儒至平壤附近，既不摸清地形，也不侦察火力，适逢大雨，犹如盲人骑瞎马，误中埋伏，全军覆没，史儒战死。

祖承训率军，乘其不备，几声炮响后，就从七星门攻入平壤，陷入巷战。日军只派了七百名火绳枪手连番伏击，而明军骑兵和大炮的威力却无法发挥出来，结果溃不成军，只有祖承训等寥寥几人逃回。

平壤守军是小西行长的第一军，有二万五千余人，是日军中最精锐的部队。这次攻防战，明军伤亡五千余人，日军伤亡不到一千人。

兵败的消息传来，朝野上下，群情激愤，纷纷要求出动大军远征朝鲜。明神宗再也不敢麻痹大意了。10 月 17 日，明神宗命宋应昌为经略，总领抗倭事宜，李如松为东征提督。调集了四万三千精锐，渡过鸭绿江。

是时，刘綎在四川任五军三营参将，便主动向朝廷请缨。他说："我自十三岁从父亲领兵征战，横行天下。将外国向化者作为家丁。今所统虽只有五千，水陆之战皆可用，倭贼不足畏也。且我惯于倭战，熟知其情。"

明神宗很快下诏：刘綎以副总兵从征，带五千有山区作战经验的川军赴援，为后续部队。

在刘綎率领人马下长江时，平壤之战打响了。

万历二十一年（1593）1 月 5 日，大军进抵平壤城下。此战由主帅李如松坐镇指挥。明军有王牌武器——佛朗机炮、虎蹲炮，灭虏炮、鸟铳。

当时日本守军还是小西行长的第一军，共一万八千人。主要装备是火绳枪、土炮等。

日本人靠几杆相当于鸟铳的火绳枪，就想征服世界，真是人心不足蛇吞象。可见，其野心一膨胀，就不知天高地厚了。

明军的战略是进攻平壤的南、西、北三个方向，东面给日军留出撤退路线。

1 月 8 日清晨，平壤之役再次打响了。随着主帅李如松一声令下，百炮齐发，杀声四起。朝鲜史料记载："在距城 5 里许，诸炮一时齐发，声如天动，俄而花光烛天……倭铳之声虽四面俱发，而声声各闻，天兵之炮如天崩地裂，犯之无不焦烂……"

我国的一个随军医官记载："每落炮一发，倭兵辄死伤数百，然毫不在意，仍蚁聚而突之，直至中炮仆地乃止。”

当时的战况十分惨烈：总指挥李如松冲锋在前，坐骑被敌火绳枪手击毙，面无惧色；其弟李如柏的头盔中弹，置之不顾。老将吴惟忠年近六十，胸部中弹，依然奋勇督战。神机营参将骆尚志冒险登城，身上好几次被檑木滚石击中，还是勇往直前。祖承训再次参战，率部乔装为朝鲜军，以此来麻痹日军，率先突破城南的芦门，接着含谈门、普通门、七星门、牡丹峰也相继被明军攻占。激战到中午，日军纷纷从东门逃窜。

根据《日本战史》记载：平壤之役后，小西行长部减员一万一千三百余名，只余六千六百人，减员近三分之二。

朝鲜史书称：“正月初八日壬戌进攻平壤，不崇朝而城破，除焚溺斩杀之外，余贼丧魄，逃遁。其军威之盛，战胜之速，委前史所未有。”

明军稍做修整，乘胜进军。才几天工夫，朝鲜三都十八道，已收复平壤、开城二都，和黄海、平安、京畿、江源、咸境等五道，直逼汉城。

此时，在朝日军还有十万之众，集结在汉城的就有六万余人，已编成三部，准备迎战明军。而明朝联军人数才不过五万。

说起万历朝鲜战争，不能不说到碧蹄馆之役。此役，明军先后投入战斗的只有五千人，击溃日军四万人的包围圈。双方交战一昼夜，明军伤亡二千五百余人，日军伤亡超过八千人。碧蹄馆遭遇战，以少胜多，气壮山河，打出了我大汉民族的威风。

刘綎率部马不停蹄日夜兼程，到达朝鲜前线的时间，已是1593年4月。

其时，大军正围攻汉城，双方处于胶着状态。

此时，李如松得知汉城附近的龙山储藏了日军军粮数十万石，便效仿曹操官渡之战夜袭乌巢之计，派出敢死队夜袭粮仓。这一招，是对日军的致命一击。日军缺粮，无心恋战，只好放弃汉城向南逃遁。刘綎奉命率部打头阵，所向披靡，斩敌无数，直趋尚州鸟岭山（韩国中部）。鸟岭山绵延七十里，山势险峻，易守难攻。日军屯兵于此。

查大受、祖承训等，率领骑兵沿小道翻过槐山，突然绕到鸟岭山背后。日军腹背受敌，为免被围剿，于5月2日全都南撤至釜山一带。明军入朝不到五个月，朝鲜大部分国土已被光复。

值得一提的是，在朝鲜壬辰卫国战中，中朝海军在邓子龙和李舜臣的指挥下，在鸣梁海峡之战中，以十三艘战舰，击退倭舰三百三十余艘，创下了世界海战史上的一个奇迹。而也是这一战，年近七十的邓子龙将军战死。

此后，明、日议和，朝廷命令李如松率大军回国，只留刘綎和吴惟忠率七千六百人把守要道。刘綎驻朝期间，积极帮朝鲜训练军队，打造兵器，演习阵法，大大提高了他们的实战能力。刘綎还与朝鲜高僧四溟堂结为好友。

四溟堂，名惟政，字松云。他本是一个远离凡尘、清心寡欲的僧人，国难当头，他便率僧兵深入抗倭一线。

万历二十二年秋（1594），刘綎回国。他自以为战功卓著，却未得升迁，也未被记功。刘綎心里十分憋屈，思量再三，便贿赂御史宋兴祖。宋兴祖却把这事给举报了。按照大明律法，行贿者应该革职查办，但吏部一致认为，刘綎许多年来，南征北战，劳苦功高，最后，只革除了他在云南时加封的官阶，令他以副总兵的职位去镇守四川。

万历二十四年（1596）三月，刘綎任青海兆总兵官时，鞑靼火落赤部（蒙古）入境袭扰。刘綎出奇袭敕川脑，斩首数百级，获牲畜两万多头。为此，神宗皇帝亲临郊庙，举行祭祖仪式，以贺大捷。此后，神宗曾多次称赞刘綎，说他是文武全才的常胜将军。

万历二十五年（1597）五月，丰臣秀吉因议和没有捞到多少便宜，再次发兵十四万，入侵朝鲜。此时，李如松正与辽东鞑靼作战正酣。明廷派邢玠为经略，刘綎受封御倭总兵前往救援。

万历二十六年（1598）二月，刘綎抵达朝鲜时，先头部队杨镐、李如梅已经战败。

邢玠把明军分为三路，中路董一元，东路麻贵，西路刘綎。陈璘率水兵并进。日军也兵分三路对接。

这次刘綎与之交锋的是小西行长。小西行长据守一面靠山，三面临海，壕砦深固顺天。刘綎并未采取猛攻，想智取。刘綎假意要同小西行长和谈，引诱其出城，想活捉他，但是刘綎的部卒泄露了计策。刘綎见计谋失败，只有强攻。然而顺天城居高临下，大炮打不到敌人的要害。明军屡攻不利，有些泄气。小西行长便率骑兵主力，冲出城来，突然袭击，明军首战失利。刘綎指挥部队反冲锋，日军反被明军包围。此战消灭日军七千五百余人，明军伤亡三千余人。

朝鲜国王李昖曾高度评价刘綎："顺天之贼在诸贼号为强大，赖刘大人神谋妙算，摄魂而遁。小国之再造，皆刘大人之力也。"

此时的战争形势，日军处于被动挨打局面，面对明军的围攻，只是苦守据点。至于丰臣秀吉先生的大东亚构想，更犹如痴人说梦。

是时的日本国内，更是民怨沸腾。丰臣秀吉内外交困，在忧愤中病故，终年六十三岁。他留下一首辞世歌曰：“随露珠凋零，随露珠消逝，此即吾身。大阪的往事，宛如梦中之梦。”

丰臣秀吉这个魔头，给中国和朝鲜带来了深重的灾难。明廷“举海内之全力”，前后用兵数十万，费银近八百万两。《朝鲜通史》载：“人民离散，虽大家世族，举皆失业行丐……积尸遍野……父而卖子，夫而当妻……自有东方变乱之祸，惨酷之甚，未有如今日者也。”汉城的户数，从战前的八万户，变为战后不到四万户。

丰臣秀吉死后，日本密不发丧，于万历二十六年，（1598）11月15日，全线撤军。刘綎趁夜追袭，夺取栗林、曳桥，斩获颇多。战后，刘綎被加封为都督同知，世荫千户。

《明史》称万历朝鲜之役的胜利为：东洋之捷，万世大功。如果此战失败，日本侵华战争，就要提前四百年了。

今天韩国泗川市还有一座“朝、明联合军战殁慰灵碑”，内容是为怀念“遥远异域土地上，不归的恨客——那些明代盟邦民的深厚战友的爱”。

朝鲜战争的硝烟还没有散去，征战将士的戎装未甫，神宗朱翊钧下诏：在朝鲜战场的几支部队，迅速移往西南征讨播州（今遵义市）宣慰使杨应龙。

这真是一个多事之秋。

杨应龙家族统治播州七百二十五年，经历了唐、宋、元、明四个朝代。他是杨家第二十九位宣慰使司，可谓树大根深。杨应龙袭职后，野心膨胀，东征西讨，攻城略地，有不臣之心。在万历十八年（1590），万历十八年（1590），贵州巡抚叶梦熊上疏，请求朝廷对杨应龙进行征缴；贵州巡按陈效上疏弹劾杨应龙，犯有二十四项大罪。据《明史·四川土司传二》载：

十八年，贵州巡抚叶梦熊疏论应龙凶恶诸事，巡按陈效历数应龙二十四大罪。时方防御松潘，调播州士兵协守，四川巡按李化龙疏请暂免勘问，俾应龙戴罪图功。由是，川、贵抚按疏辨，在蜀者谓应龙无可勘之罪，在黔者谓蜀有私暱应龙之心。于是给事中张希皋等，以事属重大，两省利害，岂漫不相关者，乞从公会勘，无执成心。十九年，梦熊主议，播州所辖五司改土为流，悉属重庆，与化龙意复相左。化龙遂引嫌求斥。

明万历二十七年（1599）二月，明廷调集二十四万大军，任命李化龙为主帅，兵分八路，分进合击。

刘綎为主力军，受命担任最为重要的綦江一路。杨应龙久闻刘綎威名，挑选精兵，扼守要道。时至1600年正月，刘綎已攻克丁山、铜鼓、严村等地，直捣楠木、山羊、简台三峒。峒者，崆峒也。杨应龙部将穆照率兵数万，连营把守。有一天，刘綎借着风势，采用火攻，叛军死伤甚众，完全乱了阵脚。刘綎跃马至敌阵，左手持金，右手举刀，大呼："听从命令者赏，不听从命令者吃刀！"说完，刘綎大刀飞舞，叛军血肉横飞，人头纷纷落地。叛军有的放下武器投降，有的边跑边喊："快跑，刘大刀来了！"

杨应龙之子杨朝栋，不知深浅，执戈来战。刘綎大叱一声，一刀劈来，杨朝栋用戈一迎，当的一声，火光乱迸，杨朝栋丢戈而逃。

三峒攻克，生擒穆照。

杨应龙为扭转败局，派其子杨朝栋、杨惟栋及部将杨珠率领精兵数万，由松坎、鱼渡、罗古池三路并进，围攻刘綎。刘綎将计就计，在罗古伏兵一万，自己的大营外伏兵一万。叛军一到，伏兵尽起，一战歼敌数百，追杀五十里。叛军退而据守石虎关。

此时，刘綎觉得自己拼杀一生，屡立战功，却得不到重用，心里很是憋屈，想借此要挟朝廷，故意逗留不前，命士兵挖掘战壕，与叛军对峙。

朝廷的言官毁谤他，说应把他调到南京任右府佥书，他便提出辞职不干。

敢和朝廷抬杠，真乃牛人，当然这也要资本的。他仰仗的是自己的盖世武功。

总督李化龙认为，刘綎人才难得，极力保荐。刘綎这才发兵越过夜郎旧城，连克滴泪、三坡、瓦窑坪、石虎等隘口，直抵娄山关。娄山万峰插天，山间一条小径才数尺宽，加上叛军设木关十三座和排栅深坑等诸般工事，严密防守，有一夫当关，万夫莫开之险。刘綎分兵左右二路，绕到关后，自率大军仰攻，攻下关口，追至永安庄。刘綎为预防叛军突袭，联合诸营分兵据守：一营占据娄山关，一营占据白石口，一营占据永安庄。都指挥王芬，有勇无谋，被叛军袭击，守备陈大刚、招讨使杨愈同时战死，损失士卒二千人。刘綎得知后，亲率骑兵救援，部将周以德、周敦吉分两翼夹攻，大破叛军，一口气追至养马城。杨应龙差点儿被擒，从此再不敢进犯娄山。刘綎坚壁固守十余日，出击攻克后水囤，会合马孔英军和吴广军，直逼海龙囤下。

铲平杨应龙叛乱，刘綎立功最多。刘綎因感激总督李化龙的保荐，派使者携玉带一条、黄金百两、白金百两，到李化龙家送礼，被李的父亲赶走。他还是不甘心，又派使者到巡抚御史崔景荣家去送礼，也遭到同样对待。李化龙、崔景荣一起将此事上报朝廷，朝廷便下令革除了刘綎的职务，说是永不录用，并把他的财产充入官府。

万历三十六年（1608），云南土司阿克发动叛乱，刘綎被重新启用，任总兵。

万历四十年（1612），四川建昌的倮族发动叛乱，刘綎受命征讨，大小五十六战，斩首三千三百余级，倮族人几乎被杀光。

刘綎因身经百战，屡建战功，性情骄横，目中无人，虽多次被罢黜，依然如故。曾经殴打马湖知府詹淑，被罚俸禄半年。不久，以军政拾遗闲职罢归。

其时，刘綎的都督府已经落成。这位戎马一生的大将军，在故乡怀抱里，和亲人享天伦之乐，渐渐，倒把功名利禄忘得干干净净了。

万历四十六年一个黄叶飘零的晚秋（1618），刘綎正在忙于打造后花园亭台楼榭之类的附属工程，皇上的圣旨到了，说满人进兵辽阳，叫他速去待命。

在刘綎北上的那一天，南昌知府和地方乡绅都在滕王阁为他饯行。滕王阁乃西江胜地，人文荟萃，满墙都挂满了历代文人的诗词歌赋。酒过几巡，有人提议，刘将军名震天下，我们各写一首《送刘都督出征》，乃为不朽之盛事。在座者，都题了诗。有人说："刘将军久戍边关，荣归故里，乘此酒兴，何不赋诗一首。"

刘綎心想，我一生征战数百回，一口把大刀叫敌人闻风丧胆，可不能为作一首诗出丑，于是稍作构思，提笔写道：

幼习干戈未读书，滕王阁上逼留题。
江南佳景君共尝，塞北烽烟我独知。
斩发结疆拴战马，拆袍抽线补旌旗。
貔貅百万临城下，安用先生一首诗。

写完，刘綎把笔一掷，拂袖而去。

是时，努尔哈赤召集建州的八旗首领和将士誓师，宣布与明朝有七件事结下了冤仇，叫作"七大恨"。其中的第一恨，就是明朝无故挑衅，害死了他的祖父和父亲。为了报仇雪恨，决定起兵伐明。

其实，早在两年前，努尔哈赤就在八旗贵族的拥护下，在赫图阿拉（今辽宁新宾）即位称汗，国号大金，与明朝分庭抗礼。

誓师的第二天，努尔哈赤亲自率领二万人马，攻打抚顺。守将李永芳投降，努尔哈赤俘获战马九千匹，盔甲七千副，兵器不计其数。辽东巡抚派救兵援抚顺，也被后金在半路上打垮，杀守将张承胤、颇廷相、蒲世芳等人。

明廷大震！

万历四十七年（1619），明神宗派兵部尚杨镐为经略，立即召集兵马十二万，号称四十七万，在辽阳誓师。分别以杜松、李如柏、马林和刘綎为主将。限令四路兵马，于3月2日合攻赫图阿拉。

在祭祀时，因屠牛刀迟钝，三次才砍下牛头。在阅兵式上，刘綎之养子刘招孙，在表演武术时，居然因为枪柄腐朽，以致枪头当场脱落。

孙子曰："兵者，国之大事，死生之地，存亡之道，不可不察也！"可人家在对你虎视眈眈，磨刀霍霍，而你的兵器却窳朽至此，岂有不亡之理。

后金有八旗精兵六万余人。明军虽然数量稍微占优，但是质量处于绝对的劣势。

杨镐的战略是：以赫图阿拉为目标，兵分四路，分进合击。

努尔哈赤得知明军的战略部署后，采取降将李永芳"凭尔几路来，我只一路去"集中优势兵力，各个击破的战略。

杨镐为人既昏聩又骄躁，人称白痴书生。原定2月21日出师，因16日天降大雪，不宜行军征战，刘綎和杜松请求缓师。

杨镐勃然大怒，说："国家养士，正为今日，若复临机推阻，有军法从事耳。"

孟子有云："天时不如地利，地利不如人和。"杨镐完全置此三者不顾。

刘綎在战前向杨镐提出："只要给我两三万川军，可以独挡奴酋。"杨镐却不同意。

西路杜松，率领三万人马，从沈阳出抚顺关，沿浑河北岸，入苏子河谷，从西面攻打。杜松为刚愎自用之人，为抢头功，孤军深入，在冰天雪地里，驱赶军士策马渡河，浑河湍急，淹死、冻死军士不计其数。3月1日，率先在萨尔浒与努尔哈赤开战，结果全军覆没，杜松中箭身亡。

北路马林，率领二万人马，由靖安保出发，经铁岭，从北面进攻。得到杜松兵败的消息，丧失了斗志，转攻为守，在尚间崖组成牛头阵——三营为犄角，很快被清军攻破营垒，他只率数骑逃脱。

南路李如柏，率军二万，从清河出鸦鹘关，从南面进攻。李如柏更是胆小如鼠，在撤退过程中，被山上巡逻的二十多个清兵哨兵远远看见，便擂鼓呐喊，作召集大军状，明军以为有追兵，争先恐后地逃跑，乱成一窝蜂，自相践踏，死伤无数，不战而败。

刘綎率东路军，由宽佃出发，沿董家江北上。理论上刘綎是四路中最强的，有兵马四万，而实际上除他的儿子刘结、刘佐和义子刘招孙各自所带领的家丁七百余人外，其余的都是杂牌军。他从浙江调集了一万五千人，还有朝鲜兵一万三千人。朝鲜兵以姜弘立为元帅，金景瑞为副元帅，下辖三个营。二十六日，在榛子头与朝鲜军会合。

刘綎与杨镐在朝作战时，就有前嫌。据李琮《光海君日记》记载：

朝鲜元帅姜弘立曾问刘綎："然则东路兵甚孤，老爷何不请兵？"

刘綎回答："杨爷（杨镐）与俺自不相好，必要致死。俺亦受国厚恩，以死自许，而二子时未食禄，故留置宽奠矣。"

姜又问："进兵何速也？"

刘綎回答："兵家胜筹，惟在得天时、得地利、顺人心而已。天气尚寒，不可谓得天时也，道路泥泞，不可谓得地利也，俺不得主柄，奈何？"

杨镐真乃天字一号傻瓜，面对这样一场关系到江山社稷、民族存亡的战争，竟然计较一点私人恩怨，公报私仇。

刘綎率兵急进，但是道路崎岖难行，丛林密布，而且后金军还布下了很多路障。《光海君日记》）云："贼新斩大木，纵横涧谷，使人马不能行，如此者三处。且斩且行，日没时到牛毛寨。原有三十余胡家，已经焚烧，埋置米谷。"还加上"风雪大作，三军不得开眼，山谷晦冥，咫尺不能辨"。刘綎首战连克牛毛、马家二砦。三月二日才到达浑河，此时杜松与马林两路兵马已经败亡，而由于通信不畅，刘綎竟一无所知。

努尔哈赤知道刘綎是一员骁勇善战的猛将，不想与之硬拼，心生一计，选了三个投降过来的明兵，叫他们冒充杜松部下，送信给刘綎，说杜松已打到赫图阿拉城下，只等东路军去会师攻城。

刘綎信以为真，怕杜松得了头功，下令火速进军。走到阿布达里山冈，山峦重叠，道路险阻，马不能成列，兵不能成伍，忽然，杀声四起，漫山遍野，都是后金伏兵，向明军杀来。刘綎治军很有章法，素来以"行则成阵，止则成营"而著称，至此完全乱了阵法。刘綎正着急，努尔哈赤又派一支后金兵，穿明军衣甲，打明军旗帜，装扮成杜松部前来接应。刘綎毫不怀疑，把人马带进了努尔哈赤布下的包围圈里。后金里应外合，四面夹击，明军溃不成军。其时，刘綎年过花甲，手舞大刀奋战，左臂中箭，置之不顾。自巳时战至酉时，面中一刀，被砍去半边脸颊，且身中多箭，仍左右冲突，杀敌数十人，终因寡不敌众，最后力竭而死。

不久，努尔哈赤策马而来，在雪地里，拾起刘綎的大刀，感慨万千："明廷以杨镐这个草包为经略，真乃天助我也。只是白白断送了许多像刘綎这样英雄豪杰的性命！"

萨尔浒之战，明军战死四万六千人，其中有三百多名中高级军官。

此战，为满清的崛起奠定了基础。大明江山，已是风雨飘摇，江河日下。

天启元年（1621），明熹宗追赠刘綎为少保，并在南昌东湖的西岸百花洲为他立了"表忠祠"。此处也叫刘将军庙，分三进，主殿刘将军镀金塑像，手持大刀，骑高头大马，威风凛凛。徐世溥在《刘将军祠待客书感》一诗中赞曰：

奕世西南拓地声，中原只有杜齐名。

一呼作气三军胆，百战功高万里城。

带砺未酬恢井络，衣冠空殉应搀枪。

关西祠庙何如此，夜作双虹贯紫清。

今刘将军庙被毁，犹存刘将军庙社区。

无独有偶，在台湾漳化县鹿港镇有一座巍峨庄严的威灵庙，祭祀的正是刘綎，这本是当地黄姓的家庙，却被当地人顶礼膜拜，香火旺盛。

清同治《新建县志》记载："将军刘綎墓，在上双港阳山洑（今芦坑源）。"

时至崇祯元年（1628），将刘綎衣冠与夫人张氏合葬于此。张氏诰封夫人，乃同邑尚书张鏊之女。龚晶志其墓云："少保字子绶，别号省吾，都督显之子也。其先为南昌高田龚氏，自都督始徙巴蜀，隶籍黄门刘姓，故宗刘而祖龚云。"

刘綎将军的一生，南征北战，是用自己的鲜血和生命，为晚明历史书写了最悲壮的一页。

罗珠墓

伶伦仙去之后，第一个归隐洪崖的，便是罗珠。他说："昔张子房为赤松之游，吾今为洪崖之游，盖上友洪崖异人，与禽鸟为乐。"

民间素有天下罗姓出豫章之说。

秦嘉谟《世本》云："罗氏，本自颛顼，末胤受封于罗，国为楚所灭，子孙以为氏。"

《南昌耆旧记》载，罗珠"实为罗姓鼻祖，分布天下者皆其后也"。

罗珠，字怀汉，号灵知，又称洪崖先生，湖南长沙人。他生于秦王政十六年（前231），为武陵令君用之子。

君用在任武陵令期间，勤于政务，事必躬亲，在一次督运官铁时，从洞庭湖经过，遇龙卷风，船触礁石而沉，他溺水而殁。是时，罗珠尚在垂髫之年。

罗珠由叔父君赞抚养长大，并受到良好的教育。罗珠乃有识之士，相时而动，在抗暴秦及消灭项羽的战争中，为汉王朝立下了赫赫战功，经车骑将军、御史大夫灌婴奏表，升迁参军知政。汉高祖五年，为治粟内史，掌管全国财政税收。

《汉书・百官公卿表》："治粟内史，秦官，掌谷货，有两丞。"汉景帝时，改治粟内史为大农令，实为副丞相之职，故又称他为汉相大农令。罗珠任职期间，借鉴了秦王朝灭亡的教训，实行"赋税宽平，国用优给"的政策，使得社会经济很快好转。

汉惠帝时，吕后专权，把刚正不阿的罗珠视为眼中钉。古语道：直如弦，死道边；曲如钩，反封侯。不久，罗珠被迫出守九江郡。

正如《论语》所说："为政以德，譬如北辰，居其所而众星拱之。"其间，百姓争相投奔。当时，有个叫张交的人，向罗珠献出一块地方，就是今日南昌，供其使用。斯地，倚西山，临赣江，面朝彭蠡湖（鄱阳湖），为水陆要道。不久，罗珠在灌侯婴的指使下，历时九年，在此修筑了一座城池，周环十里，开辟六门：一曰南门，二曰松阳门；西二门，一曰昌门，二曰皋门；东北各一门，门以东、北为名。

城筑好后，罗珠就定居下来，在庭院及护城河边亲手种植了许多樟树。很快，朝廷在此设郡，因城中多种樟树，也为不忘罗珠的筑城之功，便将这里命名为豫章郡。豫章，一作豫樟，本为木名。《水经注》云："豫章树生庭中，因以为名。"

向来，古豫章有灌婴筑城之说，也有陈婴、章文筑城之说。近年来，这些说法都被国内外学者否定。

元熊良辅《豫章沟亭记》称："汉景帝三年，吴王濞连七国反，命下太尉周亚夫讨其叛，灭之。亚夫请建置，以新南服。以九江郡属有新城，灌侯婴公之所计，大司农罗珠之所筑也，请定为郡，隶十八邑。时大农手植豫章于庭中，始称郡曰豫章。……今城隍庙，文锦局之樟，世传乃大农手植也。"

清雍正《江西通志》载："罗珠，高帝时从灌婴定豫章，有功德于民。卒官，子孙因家焉。晋末有罗企生、遵生，今南昌柏林罗氏是其后也。罗太史洪先家谱备述其事。"

《太平寰宇记》就说，豫章五大姓，罗姓居首。

唐代诗人陆龟蒙曾有《筑城词》赞曰：

城上一培土，手中千万杵。
筑城畏不坚，城坚人何处？
莫叹将军逼，将军要却敌。
城高功亦高，尔命何在惜！

汉惠帝七年（前 188），吕后临朝称制，恣意妄为，纲常紊乱，民怨沸腾。罗珠为了避"诸吕之乱"，辞官隐居在西山洪崖。他结庐而居，以清贫为乐。在庐舍前后，种植罗汉柏、罗汉松、罗汉茶。他潜心研究《黄帝内经》，采药为百姓治病，还开坛讲学。汉文帝时，曾征罗珠入朝。其时，他已年过六旬，便以年事已高推却。罗珠在景帝后元二年（前 142）去世。

宋代杨龟山曾为罗珠遗像作赞曰：

公避诸吕，隐迹西山，为汉相国，十里城环，至色立朝，直道如矢，长佩湘兰，与澧沅芷，效彼子房，从赤松子。

罗氏通谱网《汉相大农令像赞》曰：

罗珠，字怀汉，长沙人，秦武陵令君用子，仕汉高祖为治粟内史。奉命守九江郡，因郡人张交献地，遂与灌婴侯筑城，环十里辟六门，告成，遂居豫章沟。宏才钜略，智识超群，督运粮饷，静洗秦暴奸党。灌侯时奏起，为参军知政，节制诸镇，官拜相国大司农令，赋税宽平，国用优给。至惠帝时，以直道不容，出守九江，民亟趋之。七年避诸吕之乱，遂隐西山洪崖，托迹仙游，结草为庐，上友洪崖异人，乐禽彘，王公不得臣。植罗汉柏罗汉茶遗洪洞，迄今诵之，卒隐不起，自称罗汉，亦不忍忘汉之意。殁景帝后元二年，寿九十。

罗汉本是佛教名词，指断绝嗜欲、解脱烦恼的高僧，但在南昌，罗汉泛指神通广大、道行很深的人，很多人认为，这正与罗珠有关。只是后来，把打架不要命的人，也叫罗汉，就有些滥用了。

在梅岭腹地的招贤镇南岭村蜈蚣岭上，有一座两千多年的古代墓葬，青石墓碑上用隶书书有："汉相国治粟内史罗公珠、字怀汉之墓。"

墓碑及墓道，并没有那种苍凉古意。墓碑记载，此墓是在2004年清明，由罗氏后人重修。

据说早在20世纪90年代，在南岭杨家水圳上，发现一块风化严重的墓碑。上书有：大农令罗公珠之墓。嘉靖甲辰冬十二月吉旦。南昌柏林裔孙立。还有很多字看不清。这块墓碑，今日保存在"豫章罗氏忠孝祠"内。

罗珠被尊为罗氏的一世祖，故而一年四季都有海内外的罗姓后人，前来祭拜。慎终追远，不忘祖德，这是我们中华民族的优良传统。

罗珠墓位于洗药湖之南，萧峰东侧。群峰环拱，四望气势磅礴。左右有象狮两山守护，前有清溪环绕，为九节蜈蚣地。东晋风水学家郭璞，曾为挚友许逊的母亲踩地至此，作诗赞之曰：

仙桥玉骨似蜈蚣，九曲奔腾对九峰；
案供秀星前列帐，朝东大港气冲融。

罗珠夫人有二，原配张氏、继配傅氏。据清道光年《罗氏大成谱》记载："珠公原配张氏：葬于新建县忠孝乡黄古巷侧茅园（今西山镇万寿宫前黄古巷）。继配傅氏：亦葬新建县忠孝乡万寿宫五里曹坊乌龟岭（今西山镇锯塘罗家乌龟山）。"

傅氏生有罗居厚、罗宣礼、罗子成、罗知正、罗祇德、罗成通六子。

大儿子居大罗埇，三儿子居小罗埇。这两个地方都在铜源港北岸，距离罗珠墓不远。

今日西山万寿宫地址是由于罗珠十三世孙罗瑭捐献。罗瑭便是南昌县柏林罗家开基祖。相传许当年逊斩蛟宝剑，就是罗瑭所赠。今日柏林村口，尚存"赠剑古迹"门头。

梅岭洗药湖制高点就叫罗汉岭，原有罗汉坛。《中华罗氏通谱》说："洪崖所名罗汉之坛，装像建祠祀之，以高其节。”据说当地出产的罗汉茶、罗汉菜（萱草），均因他而得名。

《柏林罗氏重修大成族谱》就说：“公又种茶，叶如豆苗者，香味奇异。墓之前后左右十余里，茶叶甚茂。晋裔孙铿，以是供上用，昭先德，故今曰罗汉茶。”

魏元矿《西山志》：“罗汉菜，一名花菜，又名琼枝，即越中鹿角菜之类。独罗汉坛生之，称罗汉菜。陈友谅取以和曲江金花鱼作羹，名玉叶羹。曲江，即丰城之金花潭。”

豫章，自古乃香樟葱郁之地，文章锦绣之乡。正如南朝宋时的雷次宗《豫章记》所说：豫章郡人“多尚黄老清净之教，重于隐遁，盖洪崖先生、徐孺子之遗风”。这里说的洪崖先生，应该是指乐祖伶伦。豫章筑城者罗珠，正是如此，达则兼济天下后，就来到西山，独善其身，开一代隐逸之先河。

阳灵观

旧时的阳灵观，又叫梅仙观，位于梅岭脚下的高坊村附近，占地三十余亩，规模宏大，气势磅礴，据说宫殿及屋舍有九十九间之多，可惜毁于1958年大炼钢铁时。

欧阳桂《西山志》记载："阳灵观，在桃花乡。旧名梅仙观，相传梅子真常隐此。"

余靖《西山行程记》云："自石头西行二十余里，得梅岭，乃梅福学仙之处。岭峻，折羊肠而上十里，有坛曰梅仙坛，坛侧有观，曰梅仙观，今曰阳灵观。"

梅岭，王勃千古绝唱《滕王阁序》中所描述的"画栋朝飞南浦云，珠帘暮卷西山雨"的西山是也，气势磅礴，雄峙东南九岭山之余脉，西起高安梧桐岭，止于鄱阳湖畔的吴城，周回有三百余里。

九岭山古称虬岭。清代欧阳桂在《西山志自序》中写道："西山据洪都之胜，发脉自筠阳虬岭，先辈所云岩岫四出，千峰北来是也。"

梅岭位于南昌西郊，俗称西山。汉代以前称之为飞鸿山，北魏郦道元《水经注》称散原山，南朝刘宋雷次宗《豫章记》称厌原山，宋朝乐史《太平寰宇记》称南昌山，因洪崖先生炼丹于此，又号洪崖山。最终，因梅福隐居于此，得名梅岭。

全国各地有梅岭多处。说到南昌梅岭，很多人会把它与陈毅曾经打过游击的赣南大余梅岭混为一谈。

南昌梅岭与滕王阁隔江相望。宋人范致虚在《滕王阁记》中描述："西有山焉，云烟葱茏，岩岫蓊郁，千态万状，毕献于其前。有江焉，则波涛浩渺，岛屿坡陀，春涨秋澄，横陈于其下。岿然杰阁，盖一览而尽有之！"

梅福，字子真，西汉九江郡寿春（今安徽寿县）人。少时在长安求学，熟读《尚书》《左传》《谷梁春秋》等历史文献，深明大义，虽博学多才，但性格耿介如豪侠。他命途多舛，年近四十，才做上郡文学，后又补南昌县尉。县尉，是一种协助县太爷管理治安、刑狱的小吏而已，既不入品，也不入流。

《汉书》记载："是时成帝委任大将军王凤，凤专势擅朝，而京兆尹王章素忠直，讥刺凤，为凤所诛。王氏浸盛，灾异数见，群下莫敢正言。”

王凤，西汉东平陵（今山东济南东）人，字孝卿。其妹王政君为元帝皇后。至汉成帝刘骜时，王凤为大司马、大将军、领尚书事，其弟王谭、王商、王立、王根、王逢五人，同日封侯，朝中文臣武将皆拜倒在他的门下。王凤独揽朝纲，党同伐异，胡作非为。京兆尹（京都长安长官）王章怒不可遏，劾奏王凤，被诛杀全家。一时，朝野上下更是噤若寒蝉，言路堵塞。然而，只有这个南昌县尉梅福，位卑不忘国忧，不顾杀头的风险，三次上书给皇帝，直指时弊。

班固《汉书·梅福传》，洋洋二千七百余言，其中，上书就占一半以上的篇幅。

在上书中，梅福血脉偾张，把矛头直指皇帝刘骜，为王章打抱不平：“今陛下既不纳天下之言，又加戮焉。夫鸢鹊遭害，则仁鸟增逝，愚者蒙戮，则知士深退。……及至陛下，戮及妻子。且恶恶止其身，王章非有反叛之辜，而殃及家。折直士之节，结谏臣之舌，群臣皆知其非，然不敢争，天下以言为戒，是国家之大患也。”

梅福呼吁：“士者，国之重器；得士则重，失士则轻。……昔高祖纳善若不及，从谏若转圜，听言不求其能，举功不考其素。陈平起于亡命而为谋主，韩信拔于行陈而建上将。故天下之士云合归汉，争进奇异，知者竭其策，愚者尽其虑，勇士极其节，怯夫勉其死。合天下之知，并天下之威，是以举秦如鸿毛，取楚若拾遗，此高祖所以亡敌于天下也。”

梅福希望：“愿陛下循高祖之轨，杜亡秦之路，数御《十月》之章，留意《亡逸》之戒，除不急之法，下亡讳之诏，博鉴兼听，谋及疏贱，令深者不隐，远者不塞，所谓辟四门，明四目也。”

刘骜是一个沉湎酒色，荒于政事的昏君，闻奏，大怒，斥之曰：“边鄙小吏，妄议朝政！”梅福险遭杀身之祸。

至元始中（1—5），天下大乱。梅福辞官，先隐居于南昌青云谱梅湖一带。

一个杂花生树，群莺乱飞的暮春三月，梅福满腹心事，踟蹰在飞鸿山的山道上。至半山腰，遇一仙风道骨的长者拄杖静立松下。梅福独具慧眼，认为这一定是世外高人，便推心置腹，向他请教国事。

长者说：“西汉气数将尽，天道不可逆转。你一介书生，回天无力，在此多事之秋，也只有明哲保身，无须做无谓的牺牲了。后生家，切记！切记！”

梅福听完，慌忙下拜，当他抬起头来，长者不见了，面前却矗立起一方巨

岩。梅福为感谢仙翁指点，便在石旁筑坛修道。

由于他常坐于石上读书，人称此石为“梅福读书石”或“仙翁石”。此石，位于今日上梅岭头的半山腰公路边。

时至公元8年，王莽篡汉，改国号为新。梅福为了逃避王莽的挟嫌追究，离开飞鸿山，四海云游去了。

梅福离开南昌后的第一站，来到福建的泰宁栖真岩。《泰宁县志》载，栖真岩“在长兴保，高二丈许，广五尺余。相传梅福避世炼丹处，今丹炉尚存。中有朝斗石，采药涧。宋宝祐间，乡人立祠岩下。”

不久，梅福听说海上有一座神奇的仙山，便漂洋过海，来到了浙江的普陀山。

浙江《昌国县志》记载：“普陀洛迦山，在东海中，佛书所谓海岸孤绝处也。一名梅岑山，或谓梅福炼丹于此，山因以名。”

《资治通鉴》云：“梅福知王莽必篡汉祚，一朝弃妻子去，不知所之。其后，人有见福于会稽者，变姓名为吴市门卒云。”

当我每次到普陀山西天香道中，拜谒梅福庵时，犹如他乡遇故知一样，倍感亲切。

梅福最终还是回到了南昌，来到飞鸿山继续修行。只有这里才是他精神的家园，心灵的故乡。

梅福仙逝后，当地人为了纪念他的高风亮节，把当时的飞鸿山，改作梅岭，还在山脚下建有梅仙观来祀奉他。唐代诗人罗隐行吟至此，作《汉南昌尉子真梅先生碑》：

汉成帝时，纲纽颓圮，先生以书谏天子者再三。夫火政虽去，而剑履间健者犹数百位，尚不能为国家出力以断佞臣头，复何南昌故吏愤愤於其下。得非南昌远地也？尉，下僚也？苟触天子网，突幸臣牙，止于殛一狂人，噬一单族而已。彼公卿大夫，有生杀喜怒之任，有朋党蕃衍之大。至於出一言，作一事，必与妻子谋。苟不便其家，虽妾人婢子，亦撄挠相制，而况亲戚乎？况骨肉乎？故虽有忧社稷心，亦噤而不吐也。呜乎！宠禄所以劝功，而位大者不语朝廷事。是知天下有道，则正人在上。天下无道，则正人在下。余读先生书，未尝不为汉朝公卿恨。今南游，复过先生里。吁！何为道之多也。遂碑以吊之。

清代诗人况志宁有诗赞曰：

上疏归来事可叹，岭头谁为筑星坛。

先生不食炎汉禄，自食松花当晚餐。

今日，王菱香道长在上梅岭的半山腰，新开辟了一个道场，虽只是恢复了主要殿宇，不像以前一样气势宏伟，古韵盎然，但梅福在天之灵，终于又有了安身之所。

梅岭山中，还有梅福种莲池、梅福读书石等遗迹。梅福如同出淤泥而不染的莲花一样，品行高洁，卓然独立，可为万世为官之楷模。

青山不老，绿水长流。梅福虽羽化而去，梅岭却因他而声名远扬。梅岭与梅福，成为山水与人文融为一体的千古佳话。

秋游梦山

梦山，地处梅岭南麓，新建区梦山湖畔。因山上有梦娘娘庙而得名。

走进气宇轩昂的“梦山”大门，只见一峰峙起，蔚然而秀。一条笔直的石磴，直通山顶，如登天之梯。

坡，叫好汉坡，有石级四百二十级，为清末辫帅张勋捐修。我才爬到一半时，已累得气喘吁吁，额头冒汗，恰有一亭翼然。坐在亭中小憩，山风习习吹来，令人神清气爽。眺望梅岭诸峰，层峦耸翠，叠嶂云来；俯瞰梦山水库，澄然若镜，银光闪耀。

距亭一箭之遥，有一石质旷地，建有一檐牙高起的楼阁，叫望月楼。若在风清月朗之夜，邀得雅友四五人，登楼赏月，把酒临风，真不晓得身在天上还是人间。

山，渐行渐深。寂寂的山径上，时有幽篁夹道，时见古木参天。时值深秋，一阵凉风吹来，飒飒飘下几片黄叶，间或，“啪”的一声，落下一枚山果，幽趣逼人。

“大梦梦中原是梦，此山山外更无山。”这是“梦娘娘庙”中的一副对联。庙堂上，供有梦娘娘像。两厢设有梦房，男左女右，供求梦者眠梦之用。

相传，梦娘娘能以山果感人入梦。

南宋宝祐元年（1253）五月，屡试不中的新昌（宜丰）举子姚勉，拖着有些疲惫的步伐，又一次赴临安（杭州）赶考。他多次听说梦山求梦很灵验，绕道来此求梦，卜个凶吉。

姚勉是在西山衔着落日，倦鸟归林时，登上梦山的。他拖着长长的身影，在罕王庙烧了香，许了愿。是夜，他住下，做了一个稀奇古怪的梦，醒来，百思不得其解。第二天，山中僧人给他解梦说：“你此番进京，一定会考中状元！”

本来是三月举行的“春试”，因蒙元分兵攻打万州（重庆）、海州（连云港）而推迟。这次殿试题目从“选举八事”方面设问，是说如何为国家选拔人才。八事即：学、术、才、智、选、举、教、养。姚勉梳理了一下思路，便从“求士以文，不若教士以道”立论，直言时政的弊端和官吏的昏庸，极力呼吁人才对安邦治国的重要性。

文章写得起承转合，得心应手，且汪洋恣肆，风生水起。

当初审官徐经孙看过他的策论，评价曰："议论本于学识，忧爱发于忠诚，洋洋万言，对奏得体。"私自拟将此卷置之第一名。

复审官良贵看了，也是拍案叫绝，评语云："一笔万言，水涌山出，尽扫拘拘谫谫之习，张程奥旨，晁董伟对，贾陆忠言，皆具此篇。"

众考官的总体评价是：规模正大，词语恳切，所答圣问八条，皆有议论，援据的确，义理精到，非讲明礼学，该博传记者，未易到此，奇才也！宜备抡魁之选。

宋理宗赵昀阅卷后，且见姚勉体貌丰伟，大悦，钦点为状元。

朝为田舍郎，暮登天子堂。古代读书人，也许就凭一篇文章做得好，就能平步青云。一不靠拼爹，二不靠拍马屁，这有利于完美人格的建立。

姚勉春风得意，写了一首《贺新郎》以记其事：

月转宫墙曲。六更残，钥鱼声亮，纷纷袍鹄。黼坐临轩清跸奏，天仗缀行森肃。望五色、云浮黄屋。三策忠嘉亲赐擢，动龙颜、人立班头玉，胪首唱，众心服。殿头赐宴宫花簇。写新诗、金笺竞进，绣床争蹙。御渥新沾催进谢，一点恩袍先绿。归袖惹、天香芬馥。玉勒金鞯迎夹路，九街人、尽道苍生福。争拥入，状元局。

词中，把当时殿试、唱名、赴琼林宴及打马游街等情景，作了生动细致的描绘。

不久，姚勉衣锦还乡，他来到梦山还愿，重修罕王庙，并且作了一篇《罕王庙碑记》：

罕王者，刘先主曾孙刘获也。当晋怀，愍时，寇氛作乱，肆掠中原，义师失援，王独仗天戈，扬威烈，率其将何唐、李发，佐晋中兴。寇寨焦毁无遗。元帝颁敕，以旌其功，封广惠、广顺二王。母罗氏，有孝节，劝王扶晋，封协庆夫人。广济惠泽英毅王罗铿，乃协庆夫人之弟，与王共祀于今丹陵也。后五寇云扰，同铿隐居西山之翠岩。梁景明初，僧李月鉴庐於翠岩，梦山赐罕王，及母罗氏为民拯灾。醒觉，惟二蟒蛇同榻，鉴惊，蛇忽不见。临轩出，盼红云蔽空，乃知罕王母子之神也。事闻都督江州王公茂与刘公准，建祠以 其神，即翠岩广化院。王生三子，均受侯爵。孚应、庆善、昭利、乃三子侯封之号也。时里民祠於西山凤台之封，奉敕额曰"显灵"，祷者辄应。勉因试漕司不利，夜宿王祠。梦一兀加爿犬肉，达旦不能决，乃辨於承觉寺解道。道曰："爿犬肉是壮字，一兀是元字，子必为状元也。”后勉试南宫，果符其梦。协庆族孙知怀集县，天酉请记，以神其事。

今日的梦娘娘庙，正是姚勉为答谢梦娘娘而建的。

梦娘娘姓罗，乃蜀汉昭烈帝刘备之孙刘护的母亲。

蜀汉炎兴元年（263），魏灭蜀。刘护同母亲在舅父罗铿率一队人马的护卫下，来到这里，见山势险要，便扎寨踞守。数年后，天下归晋，罗氏见大势已不可逆转，便劝子北上归顺了晋室。刘护被封为广惠王，母封协庆夫人。太康元年（280），晋灭东吴，余党败走西山藩源，与山贼勾结，拥众万余人，为害百姓。是年九月，刘护奉旨率军破贼，因功又封罕王，赐所驻军的梦山为罕王峰。

在梦山北面，有一高山，叫跑马坪。山之巅，有一马平川，长二百多米，宽有一百五十米，就是当年黄皓、徐渊跑马练兵的地方。在跑马场北边，有一个四个石柱构成的钟架，原有大铜钟悬挂其上，当年用于报警。

跑马坪，今为安义、新建、湾里三县交界处，海拔有七百一十余米。在牛岭邓家附近。

今山之巅有罕王殿。殿内塑有三尊神像，居中为罕王刘护，左为其舅英毅王罗铿，右为其弟广顺王。

紧靠殿后有一石室，人称“朱权石室”，是明代朱权晚年读书的地方。石室为仿木结构，设计精巧。

山中还有魁星阁、狮涎泉、泽头庙、决战场诸景。

游梦山，可寻幽，可访古，更可祷梦。

三徐祠堂

很多年前，我在湾里街头的旅游文化宣传画中，经常看见“西山三徐”的字样，却不知所云，一查资料，原来是指历史上赫赫有名的徐延休、徐铉、徐锴父子。尤其是徐铉，我在《康熙字典》《辞源》《辞海》中，常能看到他对一些字词的注释。

徐铉是我国古代著名的文字学家、文学家、书法家、教育学家。

洪崖丹井南面，二三里许，有一座郁郁葱葱的小山冈，方圆不到四里，当地人叫它磨盘山。其实，它的南边直接延伸到铜源和东源的交汇处。由于过度开发，冈南已经完全被夷为平地。

山不在高，有仙则灵。这座小山冈，古称鸾冈，原有三徐墓和三徐祠。

鸾冈，据魏元旷《西山志略》记载：“相传为洪崖先生乘鸾所憩，在洪崖丹井南崖，瀑汇其四周，曰鸾陂。”

北魏郦道元《水经注疏》云：“言鸾冈周有水，谓之鸾陂。”

可见鸾冈周边原有水泊，只是后来才变成陆地的。近年来，当地政府在鸾冈的东边，凿一湖，约百亩，使秀美的山城湾里，更加灵动起来。

这里有着“山光照槛水绕廊，舞雩归咏春风香”的幽美意境，有着“好鸟枝头亦朋友，落花水面皆文章”的灵秀之气。

康定元年（1040），大文豪苏辙来游西山，见徐铉墓掩埋在荒草中，便黯然神伤，回京后，写信给时任洪州知州的孔宗翰，拜托他要加以保护。

信中写道：

辙窃见故散骑常侍徐公铉坟，在公所治郡新建县西山鸾冈。原徐公没于淳化辛卯，迄今四十九年。公无子，故人奉新胡克顺葬之。

胡氏昔为大家，克顺慕公高义，春秋时祀，顷未尝废。自克顺死，胡氏衰，公之坟茔荒芜不治，盖有年矣。闻自近岁民间利其林木，至讼而争之。公所葬地，本其先茔，公家既无子孙，契券亡失，官遂籍没其地，伐其松柏以治屋宇。行道知之，往往为之掩泣。

窃惟南唐旧臣，如公之比，盖无一二。方陈觉、冯延愚弄其主，擅兴甲兵，丧师蹙国，时无一人敢非之者。公独与韩熙载力陈其奸，卒致其罪。及王师南讨，李氏危在朝夕，公受命兵间，不为身计，义动中国，至今称之。盖公之大节，落落如此，虽使千载之后，犹当推求遗迹，以劝后来。

今没未百年，弃而不录，仁人君子，岂其然哉！伏惟明公家本先圣，先中丞忠义慷慨，气节凛然。公之行己大方，直继前烈。如徐公辈人，譬之草木，臭味不远，倘蒙矜念，使孤坟遗魄不至侵暴，祭祀稍存，樵牧不犯。不惟南方士人拭目倾心，将天下义士，知有所劝。辙言非所职，干冒高明，不胜战越。

宋元祐六年（1091），张商英绝江访翠岩，首先拜谒三徐墓，作《徐铉墓记》：“洪州西山之鸾冈，洪崖先生洞府之所在，东海徐公葬其父卫尉卿延休。三十三年徐公亦葬焉。元祐六年春，予假使指南来，暇日访求遗迹，有叟指曰：此冈是也。徐公无子孙，墓为耕民发掘久矣，我犹及见其遗齿发也。予恻然久之。”张商英为了表示对徐氏父子的膜拜之情，也是为了让三徐灵魂有所归依，对三徐的坟墓进行修复，两年后建三徐祠堂，并作《三徐祠堂记》。

在乾道三年（1167）冬，周必大从临安（杭州）回庐陵（吉安）省亲，绕道来游西山。他在《游西山记》中写到三徐：“三徐者，卫尉卿延休、骑省铉、内史锴也。宋元祐八年，张商英作《祠堂记》，今有画像。”

曾巩来游，亦作《三徐祠堂记》。

一个普通的小山冈，能使名公巨卿，接踵而至。可见，三徐在唐宋之际，是多么有影响的人物。可惜的是，当年那所光耀西山、名扬天下的三徐祠堂，已不复存在了。

我多次和朋友去鸾冈凭吊三徐，可走遍了整个山冈，也找不到三徐祠堂的遗址。

如今，这里被辟为森林公园，树木蓊翳，遮天蔽日。林间，有红嘴蓝雀在翩翩起舞，有斑鸠在咕咕地鸣唱，使人仿佛置身于大山深处。山下不时传来几声汽车的喇叭声，才让人意识到，这里是城市的中央。从树的缝隙，隐约才能看见四周林立的高楼。

这里犹如城市的肺腑，吐故纳新。

一次，我坐在山中一座石亭中，与几位散步的老人聊天，谈及徐延休、徐铉、徐锴父子，他们一脸茫然，犹如谈及星外来客。但与他们谈论中华人民共和国成立以来历任区长，却是如数家珍。

这让我感到人生的虚无和历史的无情。

我在这里不是嘲笑老人的无知，而是让我深深感受到我们这些年发展经济，对文化传承重视不够，对这些乡贤宣传很不到位。在今后的教育中，尤其要让我们的子孙后代，要了解家乡的人文历史，要让他们见贤思齐焉。

历史文化是我们民族的根本所在。只有不断传承，我们的国家才能长盛不衰。

徐氏父子有个共同的特点，都是当时名臣和学者。追本溯源，他们乃东汉高士徐稚的后裔。

徐铉的父亲徐延休，字德文，祖籍会稽（绍兴）。于唐僖宗乾符间（874—879）中进士，因怀才不遇，便来到洪州，来投镇南军节度使钟传。当时可能就居住在洪崖附近。天祐三年（906）钟传去世，他的儿子匡时、匡范为争夺继承权，同室操戈。淮南吴王杨渥，乘机攻占了洪州。

五代十国时，徐延休仕吴国，先在义兴（宜兴）、黟县、歙县等地做县令之类的地方官，后入朝，任光禄卿、江都少尹、卫尉卿等职。死后，赠左仆射，葬于鸾冈。

关于徐延休的生平，陆游《南唐书·徐锴传》中，有较详细的记载：

……父延休，字德文，风度淹雅，故唐乾符中进士。昭宗狩石门，无学士草诏，延休来调官，适在旁近逆旅，左右言其工文词，即召见，命视草，昭宗善之。及还长安，不得用。梁蒋玄晖辟为其佐，延休弃去，依钟传于洪州。吴取江西，得延休。仕至光禄卿、江都少尹，卒。二子铉、锴，遂家广陵。

徐铉（916—991），字鼎臣。父卒时，徐铉八岁，徐锴才四岁。《徐公行状》说："公与弟锴，属烈考即世，年皆幼稚，太夫人抚育教导，资以生而知之，咸以雄文奥学，克振令誉。"翰林学士李昉的《徐公墓志铭》说："奉太夫人慈训，不妄游，下帷著书，虽亲族罕见其面。"可见，徐氏兄弟的成长，完全仰仗母亲包氏的辛勤养育。

时人赞徐铉曰："文质彬彬，学问无穷，惟徐公耳。"

徐锴（920—974），字楚金。秘书省校书郎起家，后主李煜时，迁集贤殿学士，终内史舍人。平生著述甚多，今仅存《说文解字系传》四十卷，《说文解字韵谱》十卷。

徐铉、徐锴兄弟二人，皆精通训诂学，长于诗文，工于书法，时称二徐。当时，在宋朝做工部尚书的李穆卓，出使南唐时，就称赞二徐是"二陆之流也"（西晋文学家陆机、陆云兄弟）。

今日南昌新建区、湾里区一带的徐姓，多是他们的后人，其郡望称：南州世家或西昌佘牟基祖世家。

徐铉自幼生长于洪崖。有诗为证："曾骑竹马傍洪崖，二十余年变物华"；"尝忆漱甘醴，洪崖药臼旁""尝忆洪崖涧，穿云路万寻"；"闻君仙袂指洪崖，我忆情人别路赊"。

据钟丰彩先生说，徐家当时就住在今日的下泽村附近。

徐铉丰姿秀雅，性格简淡且为人慷慨。十六岁时，便在五代十国南吴国为校书郎。后晋天福二年（937），李昪代吴称帝，史称南唐，定都金陵。其疆域"东暨衢、婺，南及五岭，西至湖湘，北距长淮，凡三十余州，广袤数千里"。

徐铉仕南唐，历任御史大夫、率更令、右散骑常侍、吏部尚书等要职。右散骑常侍又称骑省，后人称他为徐骑省。

当时有一只象死了，屠宰人员取胆不获，百思不得其解。徐铉说："于前左足求之。"果然。李璟问徐铉怎么知道的，对曰："象胆随四时在足，今方二月，故知之。"由此可见徐铉的博学。

这里是徐铉的第二故乡，他犹如回到了母亲的怀抱。他在暇日，经常去拜谒父亲的坟茔。

保大元年（943），李璟即位，是为元宗。李璟当朝不久，就启用冯延巳、冯延鲁、魏岑等一大批文人，还有画家韩熙载、董源、巨然、徐熙等。稍有闲暇，便穿着便服，在紫金山上走马观花，或在秦淮河边荡舟赏月，或在鸡鸣寺里参禅悟道。

保大五年（947）大年初一，李璟召集兄弟景遂、景达及臣僚登楼设宴。饮酒正酣，铺天盖地地飘起大雪来，一时间，京都的宫殿成了琼楼玉宇。李璟诗兴大发，赋诗一首，徐铉、李建勋、张义方等纷纷效仿。

李璟立即请来画家董源、周文矩、徐崇嗣、高太冲、朱澄等，一起登楼绘制《赏雪图》。他们根据自己所长，各有分工。由高太冲画李璟像，周文矩画侍臣和乐工侍从，朱澄画亭台楼阁，董源画雪竹寒林，徐崇嗣画池塘鱼禽。

这次的诗作，结集刊印。由于徐铉才冠群雄，前序后跋都由他写。

这是中国诗画史上一次空前绝后的盛会。

当时的李璟，在"宋党"陈觉、魏岑、查文徽、冯延巳、冯延鲁等人的怂恿下，穷兵黩武，先是进攻福建，后是进犯湖南，致使"外乏师旅，内竭帑藏"。

恶因，必然导致恶果。在955年至958年，兵强马壮的后周世宗柴荣，屡屡进犯南唐，李璟被迫献出江北淮南的十四州，每年还要进贡上百万两的白银。更让李璟受不了的是，柴荣让他去掉帝号和年号，改称国主。史称南唐中主。

金陵，与后周仅一江之隔，让李璟寝食难安，如坐针毡。

李璟经再三思量，决定迁都南唐腹地洪州。

一次上朝，李璟宣布："朕已决定以洪州为南都，望中书省速做准备，最迟来年春间启銮。"

后周显德六年（959）十一月，李璟升洪州州治南昌，为南昌府，正式定为南都，他立马派人大兴土木，在南昌构建宫殿。当时皇宫的位置，就在今日南昌百货大楼一带。

螳螂正要捕蝉，哪知黄雀在后。后周显德六年（959），柴荣去世，他七岁的儿子继位。不久，赵匡胤在陈桥发动兵变，黄袍加身后，磨刀霍霍，有吞并江南之志。

李璟更成惊弓之鸟，惶惶不可终日。

宋建隆二年（961）初，南都诸事俱已齐备，李璟便招来吴王李煜，对他说："吾已决定日内迁都南昌，立汝为太子，留在金陵监国，以严续和殷崇义为汝辅佐，朝中大事申奏南都，日常政事就由汝裁决！"

早春二月，李璟率文武百官乘船，浩浩荡荡，逆江而上，经一月余才到南昌。

至此，群臣日夜思归，李璟郁郁寡欢。

后来李璟身体日渐虚弱，半夜三更经常被噩梦惊醒。他深深感受到这荣华富贵犹如镜中花，水中月，想通过佛法，解脱精神的苦难。他经常穿着便装，带着几个侍从，来到翠岩寺与无殷探讨佛法。

无殷，也叫禾山无殷，为福州连江县人，俗姓吴，七岁于雪峰山出家，受戒之后，遍参诸方，后受李璟之邀，来翠岩寺当住持，赐号澄源禅师。

无殷圆寂时，李璟亲自为之写祭文，还请徐铉写《洪州西山翠岩广化院故澄源禅师碑铭》。

时至六月，四十六岁的李璟一病不起，临终时"遗令留葬西山，累土数尺为坟。且曰：'违吾言，非忠臣孝子。'"

李煜不忍心把父亲遗体留在南昌，便将他葬在了金陵。如此，徐铉等文武大臣扶柩回到金陵。

南昌也就只做了四个月的国都。当年气势磅礴的长春殿，历经千年风雨，最终毁于北伐战争的炮火。今日南昌的鸣銮路、皇殿侧都是当年留下的历史遗迹。

北宋建隆二年（961），李煜继位，依然尊宋为正统，以岁贡勉强保平安。

徐铉与李煜同样是诗人气质的人，经常在一起游山玩水，写诗唱和。

李煜日子虽然过得很风雅，可国家治理得很糟糕。

“煜性骄侈，好声色，又喜浮屠，为高谈，不恤政事。”这是欧阳修对他的评价。

宋开宝七年（974），宋太祖赵匡胤令大将曹彬、潘美伐南唐。徐铉奉李煜之命，出使河南开封，谋求和平。

徐铉对赵匡胤说：“我主李煜事陛下，如子事父，从未有过失，为何还要发兵攻打？”

赵匡胤强词夺理地说：“你认为父子分成两家，可以吗？”

同年十一月，赵匡胤下诏，要李煜入朝。李煜称有疾在身，不肯去。赵匡胤挥师渡江，直逼金陵。

其时，南唐有十五万大军，由神卫军都虞侯朱令赟总领，驻扎江西湖口一带。李煜连夜遣使，请朱令赟来援金陵。朱令赟率大军，搭乘长百余丈木筏，和容纳千人的大舰，日夜兼程。

可远水难救近火。李煜急得像热锅上的蚂蚁，只好派使者去宋朝请求议和。实为缓兵之计。

弱国无外交，谁也不愿意出这个头。只有徐铉自告奋勇，说：“微臣愿往。”

在临行前，李煜说：“爱卿，既然是你出使，我便下令朱令赟不再东下。”

徐铉说：“万万不可，要保住我们南唐半壁江山，希望就在救兵了，怎可阻止？”

李煜说：“你此去只是缓兵之计。而我却在这儿征兵入援，这样，你的处境就会很危险。”

徐铉说：“大丈夫应当以江山社稷为重，我个人生死算得了什么。就怕臣下此行，也未必能解国家之难。”

李煜很感动，潸然泪下。

至宋，徐铉道：“我主李煜因病未能来朝拜，非敢拒绝诏书，乞求大宋缓兵。”其言极恳切，声气凌厉。

徐铉以雄辩闻名当时，赵匡胤自然辩驳不过，便拔剑而起，怒斥道："你无须多言！江南国主何罪之有？只是一姓天下，卧榻之侧，不容他人酣睡！常言道，识时务者为俊杰，你还是趁早回去劝说你的主子来归降吧！"

不久，南唐灭亡，徐铉随李煜归宋。

有一次上朝，赵匡胤责备徐铉未曾劝说李煜归降。徐铉回答说："我身为南唐大臣，国家灭亡，罪该万死。我愿意听从处置，毫无怨言。"

赵匡胤很敬佩徐铉的风骨，很是感动，说："徐铉忠臣也！你就像侍奉李煜那样侍奉我吧。"还大加赞许安抚，除了光禄大夫一职外，还另授太子率更令。

宋开宝九年（976）十月十九日夜，年仅五十岁的赵匡胤突然驾崩。几天后，晋王赵光义即位，便是宋太宗。

宋太宗赵光义可再也容不得李煜"流水落花春去也，天上人间""问君能有几多愁，恰似一江春水向东流"之类的吟唱。

这样一个文学天才，在锦绣年华——年仅四十二岁，就被宋太宗赐药酒毒死了。

"林花谢了春红，太匆匆！无奈朝来寒雨晚来风。胭脂泪，留人醉，几时重？自是人生常恨水常东！"这是他的《乌夜啼·林花谢了春红》。李煜写的是暮春残景，实乃人生遭遇之浩叹。

国家不幸诗家幸，话到沧桑语始工。李煜早期的诗词主要写宫廷生活，男女情爱，多属无病呻吟。由于人生经历了沧桑巨变，他后期吟唱出来的词作，字字血，声声泪，凄凉悲壮，意境深远。正如王国维所说："后主词，真可谓血书者也。"

李煜死后，有人向宋太宗推荐徐铉为其撰写神道碑。这是一个不怀好意的推荐。神道碑即墓志铭。徐铉只字不提故主李煜的亡国之过，只推说"历数有尽，天命有归"，措辞得体。最后还作挽词云：

其一

倏忽千龄尽，冥茫万事空。
青松洛阳陌，白草建康宫。
道德遗文在，兴衰自古同。
受恩无补报，反袂泣途穷。

其二

土德承余烈，江南广旧恩。

一朝人事变，千古信书存。

哀挽周原道，铭旌郑国门。

此生虽未死，寂寞已销魂。

覆巢之下无完卵。徐铉的后半生里，类似的被“穿小鞋”的事情很多。《徐铉传》中则记载：“淳化二年，庐州（属邠州）女僧道安诬铉奸私事，道安坐不实抵罪，铉亦贬静难行军司马。”一个风雅之士，年且七十有五，怎么会去强奸一个尼姑呢？

邠州苦寒，徐铉一病不起。淳化三年（992）八月二十六日，他早起刚穿戴完毕，便急忙命家人拿来笔墨，说：“我的病只怕好不了！”于是手写一书嘱托后事，又别署一幅“道者，天地之母”。写毕而终，享年七十六岁。

其门人郑文宝、胡仲容护其灵柩而归，葬于西山鸾岗。

徐铉有一子三女。其子徐夷直，曾在宋朝做过朗州桃源（今湖南常德）县令，先于徐铉病逝。

徐铉一生著有《骑省集》三十卷，《稽神录》六卷，《质疑论》若干卷。皆由女婿吴淑整理。《全唐诗》收录他的诗作四百二十五首。还编纂《太平广记》《文苑英华》等文献。

他曾受诏与句中正、葛湍、王惟恭等校定《说文解字》，增补19字入正文，又补402字附于正文后，于宋太宗雍熙三年（986年）完成并雕版流布，世称“大徐本”。

《稽神录》是徐铉写的一部志怪小说集，素材很多取材于江西南昌一带。如写到天宝洞有一个这样的故事：

豫章逆旅梅氏，颇济惠行旅。僧道投止，皆不求直。恒有一道士，衣服褴褛，来止其家，梅厚待之。一日谓梅曰：“吾明日当设斋，从君求新瓷碗二十事，及七箸，君亦宜来会，可于天宝洞前访陈师也。”梅许之，道士持碗渡江而去。梅翌日诣洞前，问其村人。莫知其处。久之将回，偶得一小迳，甚明净。试寻之，果见一院。有青童应门，问之，乃陈之居也。入见道士，衣冠华楚，延与之坐。命具食，顷之食至，乃熟蒸一婴儿，梅惧不食。良久又进食，乃蒸一犬子，梅亦不食。道士叹息，命取昨所得碗赠客。视之，乃金碗也。谓梅曰：“子善人也，然不得仙。千岁人参枸杞，皆不肯食，乃分也。”谢而遣之。

比不复见矣。

本书还记载着一个黄精的故事：

江西临川有个叫唐遇的财主，为富不仁，经常虐待下人。他有一个婢女，不甘凌辱，逃入深山中，几天过去，所带的干粮吃光了。一日，这位婢女正饥肠辘辘，见溪水边乱石丛中，有许多黄精，便连根拔起，洗净食之，甘美异常。从此，她有黄精充饥，不但不感到饥饿，渐渐还能疾步如飞。一次，夜息大树下，林中风起，呜呜然，她以为是虎，很是害怕，心想，得上树梢，才能生还。正想间，她忽然腾空而起，果然落脚于树梢。此后，她便在林间往来如飞。几年后，唐遇的家丁来山中砍柴，遇见了婢女。唐遇得知，便派了十几名家丁，要捉她回去。婢女在林间，疾走如飞，家丁无法近身。唐遇听说大惊，以为婢女成仙了。唐遇有家财万贯，可年过七十，来日无多，便突发奇想，要在婢女身上沾点仙缘，设法巴结她，弄清她是如何修炼的。便隔三岔五，送来丰盛的酒肉给她吃。可没过多久，婢女被养得身肥体胖，再也飞腾不起，不久被擒。

《质疑论》集中表现了徐铉的为政思想。以儒家忠君爱国，天下公义为根本，再以道家的无为，以求自保。

徐铉擅长书法，喜好李斯小篆，隶书、行书也较出色。北宋书学理论家朱长文曾说："徐铉精于字学。初虽患骨力歉（李）阳冰，然其精熟奇绝，点画皆有法。及入朝见峄山摹本，自谓得师于天人之际，搜求旧迹，焚掷略尽，较其所得，可以及妙，所书小篆，映日视之，画之中心，有一缕浓墨，正当其中，至于曲折处亦当中，无有偏侧处，盖其笔锋直下不倒侧，故锋常在画中。"以字形端庄，线条流畅圆润而著称。今有《篆书千字文》《成武王庙碑》《许真人井铭》《峄山铭》《大钲铭碑》等作品传世。南唐发行的"永通泉货""唐国通宝""开元通宝"三种篆书钱币，据说"唐国通宝"篆书钱文，为徐铉所书。

徐铉的教育思想提出要依人设教、立身设教、建言设教、以地设教、筑庙设教。提出圣人君子之所以能成为世人学习的榜样，因为他们有崇高的理想，完美的人格，坚韧不拔的意志。

据张耒《明道杂志》记载，寒冬的一天，徐铉入朝，看见朝臣大多穿着毛皮衣，便大为感叹："从五胡猾夏以来，竟然造成了此种风气！"

在待漏院前，看见那些卖烤羊肉串之类的小贩，就皱眉头："世风日下，简直和塞下一个模样了！"

天寒地冻的一天，有人问他为什么不穿毛皮衣呢？他说，那些兽皮衣裳，是夷狄服饰，我中华是礼仪之邦，就要讲究峨冠博带，维护传统礼仪。

徐铉正是这样一种尽善尽美的君子人格。

似水流年，转瞬千载。三徐祠和三徐墓早已掩埋在历史的风尘里，但他们的道德文章却永垂青史，万古流芳。

上安峰尖

西山有上、下安峰尖。上安峰尖，位于鄢家山附近。

欧阳桂《西山志》记载："在紫霄峰东、鄢家山西，为忠信、洪崖、善政诸乡发脉。产其地者，世有伟人。予高叔祖大理寺存赤保公曾筑书院于山下。"

据钟丰彩先生说，上下安峰尖，都是当地人登高祈雨的地方。"安"即"啊"，有长啸的意思。

上安峰尖也叫磨公尖。

据欧阳盖的后人说，西陵候葬于磨公尖。此山高出云表，直与天齐。民间传说，它曾经跟清明节的竹笋一样，日长夜大，直逼天宫，玉皇大帝急了，命天宫大力士，搬了一块磨子，压在山顶，它才被镇住。

明代这里有个叫张垦的诗人，有《翔鸾洞》诗云：

独有翔鸾洞，群山列层嶂。
林木起寒飙，景物自清旷。
主家烟雾消，豪华易飘荡。
空谷卧斜阳，荒崖锁秋嶂。
感此发浩歌，郁郁忽自畅。
白眼俯平川，青山纵长望。

这是一首感伤后唐西陵侯欧阳盖和西陵公主的怀古诗。

翔鸾洞就在墓下山谷中，山志记载：

其洞隶忠信乡，紫阳崖下。志载，后唐明宗李嗣源第三女西陵公主，即驸马欧阳盖妻，奉夫柩归葬于洞之南。洞之侧，先有拾遗书院。拾遗乃欧阳持，盖之父也。书院、驸马墓，载《西山志》，邑、郡、省志亦载。

《大明一统志》传云：石洞敞豁，可容十数人。时宋季兵乱，乡中一妇逃难入山，行将里许，树木连天，云深路隘。扳藤缘葛，行不可进，前越重峦，再度曲涧。偶见一洞半启，景物非凡，满树桃花，一溪流水。洞有二人并坐于石壁之上，左一少年乌纱紫袍，前戏二鸾，羽翅五色，文彩炳然；右一美人，宫妆艳丽，颜色秀美，吹紫箫一，声音调绝伦。一少年见妇人及门，似有不容之意。美人曰："避难之人，身无所依，且山深崖邃，虎毒狼凶，若拒而不内，是见溺而不援也。”呼之而入，美人袖中出一物与其妇，非桃非李，味甘且美，食之不馁。言罢，各乘鸾翔空而去。妇人候兵息归家。家人惊曰：“汝去入山，今五稔矣！”于是备述前由，始知遇仙，后复求前所，仍见洞门迷掩，仙迹茫然。

按邑志云，少年、美人，即萧史、弄玉也，以洞在萧峰下左侧故也。

欧阳盖即欧阳持之子。欧阳盖生于梁太祖乾化辛未年（911）二月十二日，他尚在襁褓中，母亲病故，父亲归隐南昌西山，舅父洪氏将他抚养。后来，舅舅在后唐朝廷做官，欧阳盖为京师太学生。

欧阳盖天资聪颖，且容貌秀美，被后唐明宗李嗣源看中，招为驸马，封西陵侯。

后唐，乃五代十国的五代之一。后来的南唐和李唐王朝也没有血缘关系。

李嗣源本名邈佶烈，沙陀部人，唐末大将李克用的养子。

当时，有大将军石敬瑭与欧阳盖同门为婿。但两人议论朝政，多有不合。石敬瑭为人奸诈，好玩弄权术，因数次解救李嗣源于危难之中，居功自大。渐渐，他便有了不臣之心，把足智多谋且才华横溢的欧阳盖视为眼中钉。

可惜欧阳盖体弱多病，天不假年，不到三十岁就卧床不起。

一天，欧阳盖感到自己来日不多，对公主交代后事，说：“石敬瑭拥兵自重，桀骜不驯，且包藏祸心。今父皇年事已高，而我朝也危在旦夕。我死后，你母子难免遭奸人所害。怎么办啊！”

公主说：“夫君不要顾虑了，我与你生则同衾，死则同穴。”

此时，欧阳盖有个三岁的儿子戏于床前。他指着儿子说：“此子将如何？”

公主说：“付之造化。”

欧阳盖用手拍着床，大怒：“你是要叫我绝后吗？”

公主跪于地，泣声说：“那么，请夫君给我母子指一条生路吧！”

欧阳盖一手把公主扶起，目光温柔了许多，说：“我的故乡在江南筠城（高安），已久陷敌国，唯有豫章一境，为我朝李昪镇守，可暂保平安。我的先父弃官遁隐豫章西山，尚有书院在翔鸾洞侧。那里山明水秀，昔日秦穆公之女也曾隐于此山，仙踪尚存。你母子俩去翔鸾洞，可以避祸。”

说完，要来纸笔，写上：“孤燕好飞南国路，落花休恋上林枝。”便撒手而去。

公主感其言，告于明宗。明宗同意公主举柩南还，敕赐御葬。建凌云楼于墓旁，供公主居住。在山口，筑更衣亭，以便地方官吏上山祭拜。

今日，凌云楼渺无踪迹，据考证就在近日观山的位置上，更衣亭也只是乱石一堆而已。

有的人说，鄢家山就是当年守墓人的后代。

几年后，正如欧阳盖所料，石敬瑭勾结契丹族灭后唐，建都汴梁（开封），国号晋，史称后晋。

石敬瑭求契丹出兵相助，以向契丹割幽蓟十六州（今北京、天津和河北北部、山西北部等地），并每年献帛三十万匹为代价，还要称臣、称儿。

《资治通鉴》记载，石敬瑭“……奉表称臣，谓契丹主为父皇帝。每契丹使至，帝于别殿拜受诏敕。岁输金帛三十万之外，吉凶庆吊、岁时昭遗、玩好珍异相继于道，乃至应天太后、元帅太子、亲王、南北二公、韩延微、赵延寿等诸大臣皆有赂。小不如意，辄来责让，帝常卑辞谢之。晋使者至契丹，契丹骄倨，多不逊语，使者还以闻，朝野咸以此为耻，而帝事之曾无倦意”。

王夫之这样评价石敬瑭：“德不可恃恃其功，功不可恃恃其权，权不可恃恃其力，俱无可恃，所恃以偷立乎汴邑而自谓为天子者，惟契丹之虚声以恐吓臣民而已。”

欧氏父子所逢的时代，虽是前后两朝，却有着惊人的相似，他俩同样还是知兴衰、识时务的末路英雄。

下安峰尖

我经常在梅岭的山中闲逛，却有个叫下安峰的地方，未曾涉足。我经常在一些地方文献中，读到下安峰的诗文，心向往之。

《西山志》记载："下安峰，孤峭入云，宛若削成，其蚊蚋不至。一名安峰尖。"

明代裘衍《安峰纪游诗》云："群山倒插青芙蓉，嵯峨突起称安峰。"

赵子方《洪都记》："西山中落坐半天，又有龟蛇脚下眠。玉带天池中落脉，九曲滔滔出艮门。文笔巽巳安峰秀，旗鼓天马列四边。形似寒牛栏中立，又如单凤侧身眠。初代文名盛，二代即封拜，三四五代继科甲，六代叠叠步青云。时师到此须检点，切莫登山乱指人。"

丁酉残冬，我与几个经常在一起登山的朋友相约，坐车到郊桥，从风景村孙家采石场登山。

天色漠漠，不时还飘洒着几点细雨。

沿一条羊肠小道，我们斗折蛇行。溪涧流水，淙淙潺潺，石菖蒲长得茂盛。行三四里许，见一栋泥墙青瓦的平房。墙是干打垒的，被土蜂钻得百孔千疮。门上了锁，主人不知去向。屋的右侧，有两棵一百三十年的古桂花树，长得枝叶繁茂。这个地方叫青山漏，也叫龙窝里。相传孙权的祖父孙静，在仰天锣修炼时，常在此歇脚。

走过一片清幽的竹林，便是山势平缓的油茶林。一会儿，便见一条防火道直插山顶，便是安峰尖。

起雾了。隐约可见山峰如削，乱石叠起。山脊种有郁郁葱葱的辛柯树，是防火专用林。

山越高，雾越浓。等我们气喘吁吁地走到山顶，见到有个倒塌了的望火台。

站在望火台遗址上，四顾茫然，什么都看不见。

时近中午，我们坐在靠北面的一块大岩石上野餐。往下一看，是深不见底的悬崖，云来雾往。我们饮着美酒，更是觉得飘飘欲仙。

一会儿，云消雾散。看得清与之对峙的十八磷、仰天锣。山下，便是九曲村。

仰天锣也叫歪峰尖。有儿歌唱道：安峰尖，歪峰尖，日长夜长碰到天。雷公雷母发脾气，吓得孩儿乖乖眠。

吾友杨圣希饮酒乐甚，当即作了一首《采桑子·安峰尖》：

人在安峰尖下望，高与天连。高与云连，峰锐而尖欲破天。

我今站在峰尖上，不到天边。也到云边，成了安峰尖上尖。

杨圣希从小在溪霞、蛟桥、乐化一带长大，深知这里的人文历史。

这词写得雄浑大气。我敢说，这是吟安峰尖之绝唱。

安峰尖，又叫文笔峰。

相传，早先山下的厚石裘家私塾，要聘请一位先生坐馆。告示贴出去第二天，竟然有四位先生来应聘。有三位都是五十开外的老秀才，且名望很高。其中一位姓裘的秀才，才二十岁。可村中只有七八个学童，只需一位先生，谁去谁留，很难定夺。族长是个白发苍苍的老者，捋着胡须说："学堂面对安峰尖，你们以此为题，十步之内，作出一副对子，优者留下。"

在十步之外，各放着一张桌子，摆好纸笔。裘姓少年，见安峰如一支生花妙笔，而厚石村，却有石如砚，便灵机一动，迈步道："笔插安峰写尽乾坤锦绣，砚迁厚石磨出今古文章。"于是快步上前，笔走龙蛇，就写好了对子。横批是："人杰地灵。"其他三位老先生，正望着安峰冥思苦想，一时，被少年的文采风流，惊得目瞪口呆。

在座乡党都说：这等青年才俊，让他当个孩子王，实在可惜。他们便劝他在教学的同时，要发奋读书，考取功名。

人杰地灵，安峰尖脚下，在清代就出过官至尚书，还都是文学家、书法家的裘曰修、曹秀先。

安峰尖是兵家必争之地。因安峰尖是个制高点，可控制南浔铁路。

1926 年秋天，北伐军第二师师长刘峙，率部从高安、安义，途经梅岭。据当地老人讲述，当时部队驻扎在高坊村。刘峙就住在祠堂里，找来地方长老，请来了同盟会员、当地硕儒王梅笙先生。勤务兵把三张桌子连在一起，展开军事地图。刘峙指着安峰尖说："安峰尖怎么走？越快越好！"王梅笙说："安峰尖，当地人叫歪歪垴。离这里有十来里路。"当即，叫来了一个姓王的猎户当向导，派一个团的兵力前往。经过葛仙坛、梅岭头，来到十八磜。团长姓张，他用望远镜一看，大惊失色。安峰尖已被孙传芳部占领，看来他们也是刚到，还没筑好工事。张团长派一个连的兵力，从山脚下攀崖偷袭，这边故意枪声大作，假装要发起攻势。

声东击西。在张团长的指挥下，全团偷袭成功，孙传芳部一个连兵力被全歼。

紧接着，北伐军占领了与之对峙的土地岭，与孙传芳部打了几日几夜。

当时南昌有民谣《十杯酒》唱道："一杯酒，一横长，革命军要打孙传芳；孙传芳吓得魂不在，大调江苏军到南昌……"

《赶走军阀得太平》："北伐军，响当当，三条火线打南昌。南昌城，实在穷，侉佬吸血复兴隆。邓如琢，恶又恶，放火烧掉滕王阁。老百姓，迎南兵，赶走军阀得太平。"

北伐军所到之处，百姓箪食壶浆相迎。北伐军从此村近处经过，我的父亲当时是个六岁童子，站在路边看热闹，不时有士兵，给他几块饼干。有一个兵痞子，顺手抢了一个老人的烟枪。老人的烟枪是用小竹篼做成，不但可以抽旱烟，还可以当手杖。老人舍不得自己的烟枪，报告给长官。部队停止了行军，查出了这个兵痞，立即枪决。这个老人后悔死了，号啕大哭，说："这样的军队，我只想为他们去死。"

下午，我们从九曲下山。

明汪本沧《游安峰》云："寻云溯高涧，九曲流逶迤。落石风雨寒，挂壁云脚垂。"

山脚下有一泓泉水，从石缝中汩汩流出。据说当年北伐军在此歇脚饮水。

在 20 世纪 70 年代，一位老人和几个孩子在此放牛。老人对一位憨厚的孩子开玩笑，说："你要把这凼水喝掉，给你五十块钱。"

当年五十块钱，可是一个普通工人两个月的工资。这个孩子犹豫了一下，看了看这凼水。心想："分明就一勺水，要什么紧？"

老人又激他，说："加五十，一百块。"

这个孩子，对其他几个孩子说："好，你们几个作证。"于是把眼睛一闭，俯下身子，咕嘟咕嘟，猛喝起来。

孩子肚子实在装不下了，呛了一下，打开眼睛一看，水光依然耀眼，映见蓝天白云。

孩子回家，对祖父说起这件事。祖父说："傻孩子，当年南兵打北兵，一个师咯人，都没有喝干呢。你就是一条龙也喝不干的！"

民国时期，胡容隐居于此，与张履春、潭承元、陈士侃、王家玉等十八人，集成友声诗社。

抗战胜利后，一个炎炎夏日，蒋介石来南昌视察，还应当时一个姓胡的议员邀请，来九曲住过一晚。

九曲，却正因清溪蜿蜒而得名。村中住着八九户人家，皆钟姓。地僻民淳，古风依存。

上坂曹家之行

己亥初夏，我同好友熊学帆来到罗亭镇上坂曹家采风。

曹家面对西山大岭。四周丘陵起伏，不时传来野鸡咯咯的啼叫声。田野中，农民正在耕耘播种。

正如熊荣《西山竹枝词》云："高山齾齾水鳞鳞，野鸟欢呼不畏人。家有渭川一千亩，从今休笑阿郎贪。"

走到村口，只见一座古牌坊，上书：西山萃秀。四字笔力苍劲，格调高古。村民说，这匾额是由曹氏宗亲曹秀先手书的。

曹秀先，江西新建人，清代著名的文学家、书法家。乾隆年间，官至光禄大夫、礼部尚书、《四库全书》馆总裁。赠太子太傅，谥文恪。

牌坊为青砖结构，却石灰斑驳。据说破四旧时，造反派觉得这是封建残余，要把它毁掉，有人急中生智，把牌坊粉刷起来，画上五角星，写上几条领袖语录，牌坊才得以保存。

墙头长满了佛甲草，花叶俱黄，平添了几分古意。

在村前的安曹水库边上，曾有一座气势宏伟的清代汉玉石牌坊，已被砸毁了。

村东面，有一座石板古桥，横跨溪上。此桥长有十几米，宽只有四尺余。桥两侧，各有古樟树掩映其上。桥下有四个船形石墩。溪水清亮，芳草萋萋，有鸭鹅在戏水。不时，有人牵着水牛，掮着农具，往田贩走去。桥的上边，是一潭碧水，有村妇在捣衣、洗菜。

楝花飞谢，落在潭上，风情万种。

溪，叫环溪。水源来自安曹水库。

桥，叫柘流石桥，始建于宋代。上书：大明天启甲子（1624）重修。

此桥似有神护，不管是山洪暴发，还是雷劈电打，都不倒。有小孩、老人落水在此，皆毫发无损。

过桥走十几步远，有白马庙，上书有：维岳降神。联曰：河图二七同声气，韵府邹刘合角商，供有两尊神位。曹家最早在此处开基。

村的东头，依然有一个古老的八字门头。联曰：上坂逢春早，环溪岁月长。大门口有一鉴池塘，徘徊着蓝天白云。

沿一条笔直的石板路，走几十米，便是曹家祠堂，供着曹家列祖列宗的牌位。

祠堂左侧有祠，上书有：退密轩。对联云：读世间经史子集著文章，立千古风霜雨雪谱春秋。供奉的却是武圣关羽。曹氏后人为感激关羽在华容道放过先祖一马，便建祠祭祀。知恩图报，乃中华美德。

村中有明清土屋几栋，分三进，皆雕梁画栋。可惜，如今人去楼空，满地荒芜。

在一户人家，有清代进士杨增荦题写的匾额：德绍磻溪，右边写：明延兄曹老先生六旬大庆。左边写：前清进士法部主政乡愚弟杨增荦敬祝，民国十二年仲冬月，穀旦。

磻溪最初是指姜子牙隐居之地。郦道元《水经注·清水》："城西北有石夹水，飞湍浚急，人亦谓之磻溪，言太公尝钓于此也。"这里用"磻溪"，隐喻曹明延隐居于此吧。杨增荦，新建县溪霞草塘人，相距不到十里。

村中有一老人，坐在长凳上，破竹麻篾。他说破好篾，晒干，扎关公灯用。老人叫曹本梧，七十有六，从改革开放那年起，就开始扎灯，已四十余年。他说，关公灯其实与常见的板凳龙差不多。长三四百节，有五六百米长。灯的制作要经过扎、糊、刻、绘等多道工序。由木板做底座，上有三盏花灯，内燃蜡烛。灯头、灯尾皆像"丰"字形，两面写着：风调雨顺、国泰民安。约定俗成，只要是分了灶吃饭的人家，便要出一节灯。每节灯，有活楔相连。玩灯的人，在当天要沐浴、斋戒，统一穿上绣有龙的红袍，扎红头巾。到了向晚时分，村民纷纷掮着板凳灯来了。龙头龙尾，由长老或名望高的人撑。不多久，一字排开，连缀成一条流光溢彩，气势如虹的火龙。关公灯出动，有鼓乐相伴。家家篝火，户户爆竹。观者，更是人山人海，可谓万人空巷，把春节推向一个高潮。曹家族谱记载，上坂曹家，乃曹操之子曹植后裔。因曹操在赤壁之战败走华容道，感谢关羽不杀之恩，曹氏家族，扎灯还愿，故把灯起名为关公灯。

2011 年，关公灯被列入第三批国家级非物质文化遗产。

据清同治《南昌府志》记载："元夕，乡间设板灯，其制像龙头、龙尾置于板，板置灯数笼，节节相承，共成一板。"

关公灯，已经成为当地一张闪亮的文化名片。

走进上坂曹家，让我深深感受到中华乡村文化的丰厚与精彩。

尚仁路上说尚仁

近日，我发现湾里城区有的街道换了名称，如我经常散步的南宝路，就换成尚仁路。从字面上看好像是宣扬儒家文化：崇仁尚礼。但只要当地稍微了解一点地方文化的人都知道，这里所谓的“尚仁”，其实是指元代南宝村一个叫符尚仁的诗人。

用乡贤做街道名，一可彰显地域文化，二可让后生晚辈见贤思齐。如民国时期，江西省主席熊世辉先生规划南昌街道，就用了十多个乡贤的名字，有的一直沿用至今。

符尚仁（1314—1394），初居乌晶，后迁居南宝村，为该村始祖。

关于乌晶的得名，据徐世溥《西山纪胜》记载：“晶者，精也。三日为晶，精之至也。日中有乌，故受其精者，形亦如之，久久炼成果，且翼足如蹲乌。然复以药液之，由此地名乌晶。玉真去后，土人得其遗药，往往化为黑石，如鸡卵，谓之乌晶也。南昌库中尝藏其一。”

意思是说，古时候有个叫刘玉，字玉真的道人，在此炼成一种形状如鸡卵的黑石，故名。在 1969 年，为了备战修水库，把乌晶，改成了乌井。

原乌晶村被水淹没，今迁到进山口的一个山壁上，就叫乌井村。

原来的乌晶村，土地平旷，高山环合，竹树满山，气象清幽。背倚洗药湖、花坳两座高山，门前有乌晶源流过。这里距离洪崖丹井二三里，逍遥洞就在门前的山壁上。当年刘玉真就在乌晶源边上炼丹。

此地乃风水宝地，赵子方《洪都记》有歌云：“五雷赶蛇走，走到乌晶口。蜒蝣为上砂，蜈蚣作下手。迎湖占七寸，金银堆北斗。西港大水朝，元辰流入口。逆势应发速，富贵更悠长。”

五雷者：雷公坛、雷公尖、雷公背、雷打石、雷子腰。

符尚仁的父亲符道济老先生，是个很会治家理财的人，田地多得一只喜鹊都飞不到尽头，还有油榨坊、造纸作坊，家道殷实。

符尚仁在兄弟中排行老大，字孟常，号梅詹、笑行、尚一。有弟仲常、季常。

符尚仁早年，在梅边彭先生门下读书。彭先生一生好梅，一直以傲霜斗雪的梅花彰显自己的情趣和志向。

符尚仁博览群书，却无心功名。受洪崖先生、张逍遥、刘玉真等道家人物的影响，只慕清修。

清修，指清静的修行，不问凡尘琐事，修炼自己的内心世界。其实，符尚仁还有一层意思，就是不愿在元朝为官。“醇古淡泊，风致洒然，诚隐君子也”是其一生的写照。

元至正年间（1341—1370），农民起义此起彼伏，战乱不休。符家的深宅大院，屡遭强人侵扰。早春的一天，又听说有兵进犯西山，符尚仁扶老携幼，来到罗汉峰避兵。在这样的良辰美景，却是有景无心赏，有家不能归，有田不能种。《罗汉峰避兵》诗云：

尘世那堪久乱离，携家春暮陟崔嵬。
云连海岱千山雨，风撼云松万壑雷。
布谷鸣时农事缓，杜鹃啼处客心催。
干戈满地苍生苦，谁是当年卫霍才。

诗人呼吁能有卫青、霍去病这样的将才，来救民于水火。诗中折射出当时的社会动荡和民生苦难。诗人虽是清修中人，却始终关心国家和民族的前途命运，期待早日结束战乱。

诗的颔联，写得很有气势，今日依然镂刻在洗药湖进山的门头上。这正是：国家不幸诗家幸，赋到沧桑句便工。

常言道：人怕出名猪怕壮。连年战乱，地都抛荒了。讨饭的来到他家不吃饱饭不肯走，打劫的经常到他家翻箱倒柜，官府更是隔三岔五来敲诈勒索。

符尚仁很多次对父亲说：“当年你封土屋，买田地，硬说是光宗耀祖，造福后代，哪知道是惹祸上身。”

于是，一家人隐姓埋名，躲进深山老林，搭一茅棚度日，终因经不起风吹日晒，蚊虫叮咬，便搬到南昌居住。

有道是：大隐隐于市。这次他们在绳金塔闹市，租了一间简陋的茅屋，只求遮风避雨。

符尚仁父子同样喜欢山水田园，很厌烦城市的喧嚣。谁知这一住就十四年，家里的田地荒芜了，造纸作坊也倒闭了。转眼间，符尚仁五十一岁了，父亲快八十岁了。

人生几何？哎，大半辈子就这样在惊恐、慌乱中度过了！

至正二十五年（1365）冬天，战乱稍平息了一些，他们就回到了家乡，可房子已毁于战火。

其时，朱元璋在鄱阳湖平定了陈友谅，已挥师北上，元朝快不行了，看来距离太平日子不远了。

到哪里找个安身之所？

一日，符尚仁在今日翠园附近的一个山坡上，看见满坡的梅花绽放，疏影横斜，暗香浮动。这里叫梅树村，住着四五户人家，他想起了和恩师彭先生与梅花相伴的日子，就像走进了心灵的故乡。他在这里买了一栋梅树环绕，格调清雅的房子，取名叫梅山书舍。

经过几十年的战乱，多年来的流离失所，符尚仁很需要这样一个地方养亲、养静、养心。他每日赏梅，咏梅。"朝而出倚梅而咏，夕而返则望梅而归"，不知"孟常之为梅，梅之为孟常"矣！今日读他的诗，依然觉得风霜高洁，梅香袭人，意境飘逸，一看就知出自世外高人之手。他在《代何生和邓先生》写道：

霜叶萧萧屋角鸣，乾坤何处不秋声。
西山一改心应肃，风雨初寒梦亦惊。
学海鲲鹏期早化，书林鱼蠹适幽情。
相思昨夜梅花发，情比梅花一样清。

符尚仁喜欢拄着一根拐杖，去山水自然中，寻找宁静。他需要的是人和山水的和谐相处。有时候，他吃几个野果，喝几口山泉水，也过一天。有时候，他走累了，在一片草地上躺下，嗅着草木的清香，听着鸟语虫鸣，望着蓝天白云，心无牵挂，写意极了。他觉得在荒郊野外碰到孤魂野鬼，也比遇见那些名利中人可爱。他倒是喜欢那些朴拙的山民，和他们谈天说地，经常听他们唱山歌，能捕捉到很多创作灵感。

据明代新建文人罗安《吟次偶记》记载："江西行省参知政事杨公宪知其为西山才士，每造庐请谒，欲荐于朝，而孟常高尚之志益坚。"

在一个清秋佳日，他又拄杖来到山中，只见溪中砂明水静，游鱼往来如梭，有一木桥横跨其上。他坐在桥上，把脚浸泡在清凉的水里，身心为之一洗。四野繁花点点，虫声叽叽，一派明净。近处山崖上掠起两只白色的水鸟。符尚仁即兴作了一首《秋日憩一溪桥》：

杖藜无事憩溪桥，笑倚栏杆玩碧流。

上下天光明道体，深沉世态见浮沤。

沧桑变幻津梁旧，云物凄凉海宇秋。

吟罢临风发长笑，花落深处起双鸥。

梅树村门对鸾冈。

《西山志》记载：鸾冈“相传为洪崖先生乘鸾所憩，在洪崖丹井南崖，瀑汇其四周，曰鸾陂”。

在鸾冈西边，有一块芳草萋萋的荒地，每日清晨，便有一团白雾腾起。符尚仁觉得这是一块风水宝地，于是决定卜居于此。明洪武八年（1375）六月，他同三弟季常造屋于此，十二月二十九日遂定居，取名叫南宝村。

南宝村位于西山南麓，鸾冈西面。村前有山，也叫洪崖山。村的四周有清溪环绕，风情万种。村中有一溪流过，每日捣衣声不绝。村东有一塘，形似弯月，名叫月塘，早晚，倒映着天光云影。村子的北面，有一古庙，叫太阳神庙，一年四季香火不断。

符尚仁在南宝村居住了二十年，于洪武二十七年（1394）去世，享年八十岁。他著有《梅詹索笑诗稿》和《家训》。

南宝村，近年来因城市改造被拆。今日，人们走在尚仁路上，还是经常会说起符尚仁的道德文章。

神龙潭瀑布

初夏的一天，骤雨初歇，新绿的山野，格外清新悦目，林壑间，云雾飘忽，更是平添了几分秀色。我独自踏着闲步，前去寻访神龙潭瀑布。

从太平镇合水桥，行三四里路，到南源村。

南源村，背倚青山，面临清流，屋舍一律粉墙黛瓦，有古树、奇岩相环绕，清幽逼人。

村头往左，过一座拱桥，便到了名震西山的神龙潭瀑布景区。

走进气宇轩昂的神龙潭景区大门，有一汪湖水。这是20世纪70年代，为建电站储水而修建的，今日正好为景区增光添彩。湖面不大，水却清澈见底，倒映着蓝天白云。湖畔花木扶疏，点缀了亭台水车之属，情趣盎然。

沿溪而行，走进一个秀竹茂密的幽谷。山径幽幽，长满青苔，蜿蜒向谷的深处延伸。溪涧乱石磊磊，或立或卧。水声喧哗，如泣如诉。浅水滩头，有石菖蒲长得碧绿如韭，开着米黄色的花。有翠绿、浅红的豆娘，在款款而飞。溪岸野花，自开自落。路边还有黄精、百合、淫羊藿、单叶铁线莲等奇花异草，争奇斗艳，让人眼前一亮。

山谷越来越窄，山崖崔嵬而峥嵘。

沉醉间，闻水声轰鸣，空中弥漫着水汽，如烟似雾。转过一道山崖，便见一道飞瀑，从数丈高的断崖上磅礴而下，形成一股强劲的风浪，明亮的水珠，向四周扫射，凉飕飕，湿人衣服，侵人肌骨。

山崖上，书有“神龙潭”三个朱红大字，十分醒目。这里当地人叫脚鱼潭。

飞瀑之下必有深渊。据村民说，以前这潭水深不可测，绿水萦回，四两丝线都打不到底，常有脚鱼出没，大的有十多斤重。以前脚鱼是贱物，不值钱。而如今，其价扶摇直上，被滥捕滥杀，如今很少能见到。潭水也因二十几年前山腰修马路，滚下许石头，被淤塞。

民间传说，在很久以前，南极仙翁御风而行，来到素有第十二洞天的西山大岭，听这里水声喧嚣，便按下云头，到这里选了一块平整的石头，在上面打坐。他正入神，忽然觉得石头往下沉去，定睛一看，原来他坐在了一只大脚鱼的背上，南极仙翁被逗得哈哈大笑。因此，此潭被称为脚鱼潭。

就在前些年，有人觉得脚鱼潭这名太俗，便改成了神龙潭。

与这里隔一山梁的大沙田村口，也有一水口瀑布，被改作了虎啸泉。

改名其实没有必要。譬如说，一个景区留下了过多的人工痕迹，反而索然无味。

吾友吕海泉《题梅岭神龙潭》诗云：

此潭原叫脚鱼潭，生态景区似弹丸。
远眺两峰烟袅袅，近临一瀑水潺潺。
林间啼鸟催游兴，溪畔香花伴野餐。
更有神仙留故事，游人如织踏歌还。

两山悬似削，相让一溪流。

两崖峭绝，高耸入云。古木悬卧，巨藤如蟒，纵横交错，枝蔓袅袅。

其时，崖上有鹿角杜鹃、紫藤、山矾盛开，灿如云霞。泉水，从岩缝飞珠溅玉般洒落。间或，崖头传来几声凄清悦耳的鸟鸣，把此处渲染得犹如隔世。

杨圣希《梅岭竹枝词》诗云：

绕过一峰又一弯，不知不觉日衔山。
夫想回家妻不肯，前头还有脚鱼潭。

是的，来到梅岭风景区，神龙潭瀑布不可不游。

振衣石记

萧峰之巅，西北面一块岩石上，刻有“振衣千仞”四个遒劲有力的大字。这是明万历年间，江西布政使王宗沐手书。

振衣千仞，出自晋朝诗人左思《咏史》其五中的名句：“振衣千仞冈，濯足万里流。”意思是说，站在高高的山冈上，整饬衣服，抖落身上的尘埃，在河水中洗涤脚上的污浊。表达了诗人一种超凡脱俗的人生态度。

无独有偶，以前在洪崖丹井近处的一块岩石上，刻有清代文学家施闰章的《振衣石记》。

施闰章，字尚白，号愚山，又号蠖斋。明万历十六年（1618），出生在安徽宣城（今日宣州区）书香之家。祖父施鸿猷，是闻名当时的大儒，王阳明心学的继承者。父亲施誉本也是个手不释卷的学子，可惜天不假年，在施闰章童年就辞世了。其叔父施誉，学识渊博，世称砥园先生。施闰章自幼在叔父熏陶教养之下，养成孜孜不倦，发愤读书的习惯。他的诗文，师法李白、杜甫、欧阳修、曾巩，文笔飘逸，且绵密流畅。清顺治六年（1659）中进士，历任刑部主事、山东学政、江西参议。康熙十八年举博鸿词，授翰林院侍讲，主要参与《明史》的修撰。他于康熙二十二年（1683）病逝，享年六十六岁。著有《施愚山先生全集》七十八卷，拟明史列传稿七卷，诗话、杂著各两卷。

施闰章任山东学政时，与蒲松龄有过交往。

其时，蒲松龄只是个十九岁的童生，参加当时的淄川县乡试。当施闰章从众多的考卷中读到蒲松龄的文章，惊叹道：此乃天下奇才！自然把他选拔为头名秀才，并与之交往。

蒲松龄自认才高，以为考取功名如探囊取物。可命运作弄人，他后来却是屡试不中，靠坐馆授徒，混碗饭吃。为此，蒲松龄十分痛恨那些瞎了眼的考官，只恨遇不上施闰章这样识货的人。

蒲松龄在《聊斋志异 · 胭脂》中，写施闰章为山东学政时，慧眼识冤情，为名士宿介昭雪。在篇末说了一大段感激的话：“甚哉！听讼之不可以不慎也！纵能知李代为冤，谁复思桃僵亦屈？然事虽暗昧，必有其间，要非审思研察，不能得也。呜呼！人皆服哲人之折狱明，而不知良工之用心苦矣。世之居民上者，棋局消日，绸被放衙，下情民艰，更不肯一劳方寸。至鼓动衙开，巍然坐堂上，彼哓哓者直以桎梏靖之，何怪覆盆之下多沉冤哉！”

这段是说只有施闰章这样的人，惜才如命，审阅学子的文章尽心尽力，绝对不会屈才。

蒲松龄在附则中，又直截了当地说：“愚山先生，吾师也。方见知时，余犹童子。窃见其奖进士子，拳拳如恐不尽。小有冤仰，必委曲呵护之，曾不肯作威学校，以媚权要。真宣圣之护法，不止一代宗匠，衡文无屈士已也。而爱才如命，尤非后世学使虚应故事者所及。”

几年后，施闰章升迁江西布政司参议，分守湖西道。这是一个四品官衔，主管一个省的民政和财政。他勤政爱民，遇疑难案件，反复思量，常至通宵达旦。施闰章认为，社会风气的好转，在于教化，要有百年树人的长远打算。于是，他稍有闲暇便到白鹿洞、白鹭洲、景贤等书院亲自讲学。

有一天施闰章应邀讲学，题目是《长幼有序》。他刚开讲，就见两个人，扭打在一起，要找他告状。施闰章厉声说：“到什么山上唱什么歌。此乃书院，乃传道授业讲学之地。想告状，到官府去！”那两个人也是慕名而来，不甘就此而归，静候施先生讲完学，再作理论。

施闰章讲学字正腔圆，抑扬顿挫。语势时而如雷霆万钧，时而和风细雨：“……《论语》中，有子曰：孝悌也者，其为仁之本与！司马牛忧曰：人皆有兄弟我独忘。我施闰章从小就无父亲，也无兄弟，看到别人家的兄弟互敬互爱，很是羡慕。《左传》云：兄弟阋于墙，外御其侮。他们虽然相互争执，但尚有同气，可转乖为和的。”

施闰章讲着讲着，掩面而泣。听者无不泪下。那两个告状的人更是抱头大哭。原来他们是亲兄弟，为了争一块地，打了十年官司。兄弟二人，跪拜于地，对施闰章说：“感谢先生点拨。我们是不读书不知义。从今以后，一定会珍惜兄弟情义！”

施闰章案牍之余，稍有闲暇，就来西山。他喜欢这里的重峦叠嶂，喜欢这里的宁静秀美。沉醉间，他仿佛回到了故乡宣城的怀抱。梅岭满山开遍红杜鹃的时候，他会情不自禁吟诵李白的《宣城见杜鹃花》：“蜀国曾闻子规鸟，宣城还见杜鹃花。一叫一回肠一断，三春三月忆三巴。”

施闰章足迹，踏遍了西山的山山水水。翠岩寺、香城寺、紫阳山、阳灵观、桃花岭、云隐洞、洪崖丹井，都留下了他的诗文。

他喜欢到翠岩寺，听晨钟暮鼓，参禅打坐，让心灵安静下来。

他喜欢到金岭与丁栖霞道长谈玄论道，让精神遨游九天之外。

丁道士是前朝高道张逍遥的嫡传弟子，饱读诗书，且练就一身仙风道骨。一次，正是菊花飘香的日子，两人坐在道观前面的石桌边，饮酒正酣，丁道士要他题诗一首。他即兴在墙壁上，写了一首《书西山丁道士壁》："山豆花开野菊秋，隔林茅屋是丹丘。客来问道惟摇手，随意清泉绕屋流。"

他更喜欢同洪崖一带的文人陈弘绪、徐世溥一起品读山水，喝酒吟诗。尤其是陈弘绪，久不相见，还要写信问候。陈弘绪的文集付梓，也要他写序。就连陈弘绪去世，墓志铭也是他写的。

康熙丁未（1667）重阳节前五天，施闰章同宣城高咏及休宁汪揖，都是安徽来的老乡、文友，一同来到洪崖丹井探幽，观瀑品茗。施闰章欣然作歌曰：

水瑟瑟兮石齿齿，中有人兮洪崖子。

石发绿兮岩扉开，云车竭兮来不来。

唱毕，施闰章提议各赋诗一首。汪揖作了一首长诗《西山纪游六百字呈同游施愚山少参高阮怀同学》。高咏作了一首《洪崖怀古》。

施闰章《洪崖短歌》诗云：

寒崖成独坐，日暮不知返。

不闻人语声，但闻水潺潺。

仙驭何年撇波去，木叶落兮愁空山。

息余马兮驻余策，吾欲从此斋白石。

吟毕溯流而上，有一石独立溪中，有瀑布飞流而下，与岩石相撞击，水声喧嚣。三个人，攀石而坐，水花溅在他们的衣裳上，凉飕飕的。水风习习，水雾弥漫，荡涤了他们身心的尘埃和疲惫。石旁有石刻。这时，有一个樵夫经过，他们便问此石名何？樵夫摇了摇头。施闰章兴致勃勃，以筇杖击石，歌左思《咏史》其五毕，灵机一动，说："此石就叫振衣石吧。"于是，他写了一篇《振衣石记》，飘然而去。

记云：

溯洪崖而上百余步，一石独峙，坐容三四人，俯观瀑泉数十道，砰转谷间，可溅衣。凭流测源，毕景忘返。其旁有旧刻云："嘉靖癸亥冬，武阳王洪泉奉命经此。"凡十四字，大如拳。问土人，莫能名。余以筇杖击石，歌："振衣千仞冈，濯足万里流"之句，遂名曰"振衣石"，记之而去。客言上数里，有两石如轮，水激之作钟磬声，异日当更寻之。

时过境迁，1969 年湾里为备战之需，南昌很多企事业单位搬迁于此，为解决饮水问题，就在洪崖上游，拦水作坝。就这样，振衣石和很多石刻一样，都被炸毁。而施闰章等人的风流往事，却广为流传。

施仙岩

施肩吾独居施仙岩时，在《西山静中吟》中写道：

重重道气结成神，玉阙金堂逐日新。

若数西山得道者，连予便是十三人。

西山自古乃佛道两教圣地。道书《云笈七签》称此地为“第十二洞天”“第二十福地”。晋代有许逊、吴猛、时荷、甘战、周广、陈勋、曾亨、盱烈、施岑、彭抗、黄仁览、钟离嘉，十二真人在此羽化成仙。唐代西山道士胡慧超，著有《洪州西山十二真君传》。施肩吾自称是第十三个在西山成仙者。

施仙岩，从梦山水库，往吴仙观方向，山行五里可达。其准确的位置，在新建县红林林场岭上山庄自然村九号屋侧，与天宝洞相距不到五里。有洞如屋，宽四丈余，深六米许，高一米有六。洞前，是一垅层层叠叠的梯田。洞右，有一泉眼，汩汩清流，常年不涸。四周群峰拱秀，互争高低，秀竹满山。奇岩或高或低，或立或卧。溪流潺湲，为芭蕉源。鸟鸣山幽，人迹罕至。

涂兰玉《西山志》：“芭蕉源，在城西南五十里，隶游仙乡。施仙岩、天师谷之间。山产芭蕉。水潆流七十里，合�河，出象牙潭。”

这的确是一处远离凡尘，修仙学道的理想所在。

据葛洪《抱朴子》记载：“合丹当于名山之中，无人之地，结伴不过三人，先斋百日，沐浴五香，致加精洁，勿近秽污，及与俗人往来，又不令不信道者知之，谤毁神药，药不成矣。”

施肩吾居此，有《秋夜山居二首》，描绘此处景色：

去雁声遥人语绝，谁家素丝织新雪。

秋山野客醉醒时，百丈老松衔半月。

幽居正想飡霞客，夜久月寒珠露滴。

千年独鹤两三声，飞下岩前一枝柏。

诗境清冷，气韵淡远，让人作世外之想。

我游施仙岩时，是和几位朋友从天宝洞爬山越涧而来。不记得走了多少村庄，也不知问了多少人，才走到此处，走进了洞侧的这户人家，主人姓谌。他们家祖父从20世纪40年代初，为躲避寇乱，从牛岭谌家迁居于此，已经七十余年了。

老谌说，他有几个儿女，都已成家立业，去山外闯世界去了。只有他和老伴种田十亩，砍薪而炊，引泉而饮，种蔬而食，倒也悠然自得。

这几十年，他们家靠岩而居，犹如洞府的守护者。

老谌说，洞内，原有施真人木刻神像，破四旧时被毁。如今洞中香炉，逢初一、十五依然香火不断。

据元代浮云山圣寿万年宫道士赵道一《历世真仙体道通鉴·施肩吾传》载：

文宗太和中（827—835），乃自严陵入西山访道，栖静真矣。初，希圣遇许旌阳授以五种内丹诀及外丹神方，后再遇吕洞宾，得授内炼金液还丹大道。于是终隐西山。今观西一里许为芭蕉源，沿山梯级而上有书堂旧址，石室故在。希圣手植老柏尚有一二存者。其所为诗文甚多。山中所传未十之四。有得其告敕于严陵云观，已刻之石。

严陵，就是汉严子陵钓鱼的富春江一带。据考证，施肩吾书堂旧址，就在老谌家房子所在地。年久日深，就连当年“希圣手植老柏”也杳无痕迹了。

杨无为《题施仙岩》诗云：

玉京高谢黄金榜。石室归来白鹿车。
山后暗通天宝洞。眼前复是地仙家。
时闻清夜雪中犬。回视红尘井里蛙。
五百年前人未到。芭蕉源上锁烟霞。

施肩吾，字希圣，号东斋，入道后称栖真子。唐德宗建中元年（780），出生于今浙江省杭州市富阳区洞桥镇上施家村。《施氏族谱》记载：“先生纂圣贤之蕴奥，得天地之精华，博通古今，学贯人天，白屋崛起，弱冠成名。”

唐宪宗元和十五年（820），施肩吾参加殿试，被钦点为状元。《状元肩吾公墓记》云：“公才克廊庙，志扶日月，博览五经，以礼为最，于元和间中卢储榜进士，复受皇泽、特恩钦赐状元及第。”

施肩吾及第后，授予的官职是江西按察使。唐时，在全国置十道按察使，分别考核地方官吏履职情况。

施肩吾才走马上任，朝廷就出了一件惊天大案，好神仙之术的唐宪宗，居然被内常侍陈弘志和王守澄合谋给毒死了，伪称是饮金石之药暴崩，只是捉一个方士、一个和尚当屈死鬼，就含糊了事。

唐宣宗即位后，朝廷出现了“牛李党争”，更是朝纲混乱。煌煌近三百年的大唐帝国，已宛如夕阳中最后一抹余晖。

施肩吾本是一个有着浩然正气之人，视名利如浮云，见官场污浊不堪，便毅然辞官，来到西山学道。

他在《与徐凝书》中自谓“仆虽幸忝成名，自知命薄，遂栖心玄门，养性林壑。赖先圣扶持，虽年迫迟暮，幸免龙钟，观其所得，如此而已”。

当时，他写了一首《上礼部侍郎陈情》，记叙当年自己的心情：

九重城里无亲识，八百人中独姓施。
弱羽飞时攒箭险，蹇驴行处薄冰危。
晴天欲照盆难返，贫女如花镜不知。
却向从来受恩地，再求青律变寒枝。

他在仕途上如临深渊，如履薄冰，自己虽有才华，却无人赏识，表明了他辞官回道山的决心。

他离开京城时，著名诗人张籍，作《送施肩吾东归》为之送行：

知君本是烟霞客，被荐因来城阙间。
世业偏临七里濑，仙游多在四明山。
早闻诗句传人遍，新得科名到处闲。
惆怅灞亭相送去，云中琪树不同攀。

元代辛文房《唐才子传》赞他：“人皆知有仙风道骨，宁恋人间升斗耶而少存箕、颍之情，拍浮诗酒，搴擘烟霞。”

施肩吾来到西山，深居简出，很快写成了《养身辩疑诀》一书，构成了他修道的思想体系，被人称为“肩吾内丹说”。

施肩吾认为：“且神无方而气常运，形至静而用无穷。是知保气者其要在乎运，栖神者其秘在乎用……体虚而气周，形静而神会。此盖为出世之玄机，无名之大用矣。”

施肩吾的座右铭是：“元气真精，能得万形，其聚则有，其散则零。”

施肩吾除了《养身辨疑诀》外，还著有《西山集》十卷。《全唐诗》录存他的诗作一百九十七首。

有人评价其诗：“新奇瑰丽，格高似陶，韵胜似谢，其品格当不在李杜下。”

五代何光远《鉴诫录》云：“施肩吾先辈为诗奇丽，冠于当时。著百韵《山居》诗，才情富赡。如‘荷翻紫盖摇波面，蒲莹青刀插水湄’、‘烟黏薜荔龙须软，雨压芭蕉凤翅垂。’……如是之类，皆轻巧之极。”

清嘉庆年间，余成教《石园诗话》卷二：“施希圣登元和进士，慕仙迹隐豫章西山，有《西山集》。其自序云：‘二十年辛苦烟萝松月之下，或时学龟息，饮而不食，肠胃无滓，形神益清，见天地六合之奥。凡奇兆异状，阅乎心目者，锐思一搜，皆落我文字网中。’今读其诗，奇丽果如所自序。”

施肩吾描写人物，生动传神，如一幅幅写真画。其代表作有《幼女词》《诮山中叟》《江南织绫词》《赠边将》《望夫词》。

《望夫词》诗云：

手爇寒灯向影频，回文机上暗生尘。

自家夫婿无消息，却恨桥头卖卜人。

此诗写怨妇。她的丈夫出征在外，头年秋天辞家，整整一年没有音讯，眼看又是北雁南飞的时候，所以倍添思念。最是“却恨桥头卖卜人”在人情上有些不可理喻，但生动地表现出儿女情态，富有戏剧效果。

施肩吾有很多诗，是描写山中景物、花鸟虫鱼和四季变化的。如《杜鹃花词》《叹花词》《山石榴花》《秋山吟》等。

《叹花词》诗云：

前日满林红锦遍，今日绕林看不见。

空余古岸泥土中，零落胭脂两三片。

此诗感花开花落，叹物是人非。其笔法细腻，哀而不伤，具有淡然闲适的情调。

无独有偶。在北宋时，有个与施肩吾同名、同姓、同在西山修道的道士。很多人却把他俩混为一谈，就连许多地方志也会出现这样的错误。北宋的施肩吾，是九江人，要相差二百多年。

施肩吾早年皈依的是佛教。他托钵云游，一日到了西山，听说唐代有一位与自己同名同姓的道长，不但道行高深，还文才出众，便十分仰慕。当即，脱下僧服，换了道袍，取道名华阳子，专门研究净明道和唐施肩吾的道学著作。他说：“昔肩吾真高道也！吾当效之。”还专门到施肩吾石室去闭门修炼。他历时数十年，终成一代名道。著有《西山群仙会真集》《钟吕传道记》《华阳集》《修真太极混元图》等，都成了我国道教的经典著作。

连战的祖父连横在《台湾通史》的前言《开辟纪》中说：“及唐中叶，施肩吾始率其族，迁居澎湖。肩吾，汾水人，元和中进士，隐居不仕，有诗行于世。其题澎湖一诗，鬼市盐水，足写当时之景象。”还引用了施肩吾的《题澎湖屿》的诗为证：

腥臊海边多鬼市，岛夷居处无乡里。

黑皮少年学采珠，手把生犀照盐水。

在唐时，台湾的澎湖列岛还没有“澎湖”之名，古称“岛夷”、“方壶”、“西瀛”、“平湖”等名字。“澎湖”之名，要到南宋才第一次出现。

澎湖，乃古代鄱阳湖的称谓。百度鄱阳湖词条云：

鄱阳湖在古代有过彭蠡湖、彭蠡泽、彭泽、彭湖、扬澜、宫亭湖等多种称谓。其中彭蠡，是很古的泽薮名，《汉书·地理志》“豫章郡彭泽”条载：“彭蠡泽在西”。还有另一种说法：“彭者大也，蠡者，瓠瓢也。”形容鄱阳湖如大瓢一样。

可见，施肩吾只是在晚年，率领族人到鄱阳湖一带定居。唐懿宗咸通二年（861）仙逝，享年八十二岁。

据浙江湖州《施氏宗谱》记载：“施肩吾遗骸葬埭溪。”

施肩吾和他的《西山集》，是古西山道教文化开出的一朵奇葩！

蟠龙寺禅思

“一种风流吾最爱，魏晋人物晚唐诗。”这是日本江户诗僧大沼枕山的诗。

在晚唐时期，方圆三百里的西山，真可谓俊采星驰，人文荟萃。其时，欧阳持在翔鸾洞建书院，陈陶在碧云庵观天象，施肩吾在施仙岩炼仙丹。此三人，被人称为“西山三逸”。

除此之外，更有诗僧贯休、齐已也在这里吟诗作画。

大唐三大诗僧：皎然、贯休、齐已，西山就占其二。当时，著名诗僧尚颜誉之为“文星照楚天”。

《全唐诗》录有诗僧总共一百一十五人的二千八百首诗，而齐已一人就独占八百一十二首，其数量位居第六。可见齐已在唐诗中的分量。

清人文学家纪昀就曾言：“唐诗僧以齐已为第一。”

齐已，俗姓胡，名得生。唐咸通元年（860）出生在湖南益阳。较贯休小三十多岁，去皎然寂灭已六十余年。他的父母早逝，七岁就离开故乡，到宁乡大沩山给峒庆寺的和尚放牛。

大沩山，是沩水的发源地。沩水，乃湘江的支流。

南岳衡山山脉，向西北方向延伸，其余脉，与向东南方向延伸而来的雪峰山余脉相衔接，犹如两条巨龙，交会于此，形成了大气磅礴，且钟灵毓秀的大沩山山系。

齐已自幼聪颖过人，吸天地之灵气，纳日月之精华，放牛时，被大沩山的湖光山色所感染，经常有一种诗意在心中萌动。有时，他坐在牛背上，也摇头晃脑地吟着诗。峒庆寺僧侣十分惊异，觉得这是一个颇有慧根的天才少年，就劝他剃度为僧，日后好光耀山门。

齐已虽皈依佛门，却钟情吟诗作文。元代辛文房《唐才子传》说其：“性放逸不滞，土木形骸，颇任琴樽之好。”

他除了每日的佛经功课外，好作诗，好鼓琴，好饮酒。

他在《寄谢高先辈见寄》中说：“诗在混茫前，难搜到极玄。有时还积思，度岁未终篇。”有时一首诗，他推敲了一年，还没有写好，真是古今苦吟第一人。他颈上有瘤，人们戏称为“诗囊”。后来，他来到衡岳东林寺，自号衡岳沙门。

一日，他拜会了当时有名的德山禅师，经点拨，更是茅塞顿开，此后精研佛教奥义，无不迎刃而解。全国各地很多禅林都邀请他去讲经说法，他破衲芒鞋，遍游浙东、江右、衡岳、关中、匡阜、嵩岳诸胜。

齐已《荆渚感怀寄僧达禅弟》诗之三云：“自抛南岳三生石，长傍西山数片云。丹访葛洪无旧灶，诗寻灵观有遗文。”

《西山志》记载：“在蟠龙峰下，唐齐已居此。”齐已在此建蟠龙寺，名列古西山八大古刹之一。

齐已还擅长书法。《湖南省志·人物志》记载：“在豫章时，书《粥疏》，笔势洒脱，因亦以善书见称。”

《粥疏》曰：“粥名良药，佛所称扬。义冠三种，功标十利。更祈英哲，各遂愿心。既备清晨，永资白业。”

他的住处，不像是僧寮，摆满了古籍和字画，犹如书林墨海，故取名为齐已书堂。

齐已来西山时，施肩吾刚过世不久，他爬山越涧，来施仙岩凭吊，写了一首《过西山施肩吾旧居》：

大志终难起，西峰卧翠堆。
床前倒秋壑，枕上过春雷。
鹤见丹成去，僧闻栗熟来。
荒斋松竹老，鸾鹤自裴回。

元代方回的《瀛奎律髓》记载：“齐已，潭州人，与贯休并有声，同师石霜。”石霜，乃湖南石霜山庆诸禅师。齐已和贯休的交情，即结于石霜会下。

方回，字万里，号虚谷，徽州歙县人。《瀛奎律髓》专选唐宋两代的五、七言律诗，故名“律髓”。自谓取十八学士登瀛洲、五星照奎之义，故称“瀛奎”。

贯休去四川时，齐已作《寄贯休》送别：

子美曾吟处，吾师复去吟。
是何多胜地，销得二公心。
锦水流春阔，峨嵋叠雪深。
时逢蜀僧说，或道近游黔。

贯休圆寂，齐已又作了《闻贯休下世》凭吊：

吾师诗匠者，真个碧云流。
争得梁太子，重为文选楼。
锦江新冢树，婺女旧山秋。
欲去焚香礼，啼猿峡阻修。

这两首诗，齐已对贯休都是以“吾师”相称，可见他俩有师徒情分。

有一年冬天，格外寒冷，先是北风像狼一样地号叫着，几天的冻雨后，紧接着，又铺天盖地下了一场大雪。山川大地，粉雕玉琢，分外妖娆。

一日雪霁，齐已兴致勃勃地来到野外踏雪。山间的竹子，也有英雄气短的时候，一律匍匐于地。有很多树木，经受不起严寒，拦腰折断。正是中午时分，他来到一个炊烟袅袅的村庄，看见一户人家的花圃里有一树梅花，疏影横斜，赫然绽放，素雅明艳，清香悠远，生机勃勃。诗人很感动，就作了一首《早梅》：

万木冻欲折，孤根暖独回。
前村深雪里，昨夜数枝开。
风递幽香出，禽窥素艳来。
明年如应律，先发望春台。

诗中突出了早梅不畏严寒，傲然独立的品性。其状物清润素雅，抒情含蓄隽永。语言简朴平淡，毫无雕琢之痕。

齐已写完这首诗，感觉非常好。第二天，他不辞辛苦，迎风踏雪，赶了几百里路，来到袁州（宜春），向郑谷请教。

郑谷乃当时著名诗人，有“一代风骚主”的美誉。他是进士出身，官至都官郎中，时人称其郑都官，又因其《鹧鸪》诗传诵一时，又号“郑鹧鸪”。

是日，薄暮冥冥时，齐已敲开了郑谷“仰山书屋”的柴扉。郑谷正踌躇满志地和几位诗友高谈阔论，见一个衲衣百结的和尚，为一首诗，赶了老远的路程来求教，感到有些莫名其妙。

郑谷看过《早梅》后，将诗传阅了一篇，都认为这是一首难得的佳作。

郑谷再三揣摩了一番，很诚恳地对齐已说：“此诗必能流传后世！就凭你这首诗，以后你在诗坛的名望，就远远超过我郑鹧鸪了。但我还是想改一个字，可否？”

齐已很虔敬地说：“我踏雪赶了几百里路，正是为求教而来，请先生明示。”

郑谷说：“既然诗题为《早梅》，那么‘数枝梅’不如改为‘一枝梅’来得妥帖。”

在座者都拍手叫好。

齐已立即拜倒在地，说：“你就是我的‘一字师’啊。”

千年易过。当年“一代风骚主”传诵一时的《鹧鸪》诗，很少有人记起，只有他和天才诗人齐已的“一字师”这个典故，却广为流传，成为文坛佳话。

郑谷后来也来西山隐居过，有齐已《寄西山郑谷神》为证：

西望郑先生，焚修在杳冥。
几番松骨朽，未换鬓根青。
石阙凉调瑟，秋坛夜拜星。
俗人应抚掌，闲处诵黄庭。

齐已虽遁入空门，却有一颗忧国忧民之心，时刻关心民间疾苦，对于当时统治者的穷奢极欲，做了激烈的抨击。如他的《耕叟》诗，把那些贪官污吏比作不劳而获的鼠、雀，而辛勤耕劳的耕叟却处于“儿孙饥对泣”的悲苦境地。

他的《西山叟》就创作于蟠龙寺，诗云：

西山中，多狼虎，去岁伤儿复伤妇。
官家不问孤老身，还在前山山下住。

这首诗，似乎是孔老夫子“苛政猛于虎”的诠释。老者的妻儿，都落入虎狼之口，但他却仍坚持住在山下。

古代有一首民谣这样说的：“天上星多月不明，地上坑多路不平。河中鱼多搅浊水，世上官多不太平。”官字两张口，不但会吃，而且会说。世上只要极权、专制还存在，苛政永远比吃人的老虎更让人胆战心惊。

五代时期，乱世纷争，蟠龙寺毁于战火。齐已六十岁时，应四川寺僧之约，赴剑南（绵竹市），因战乱，中途折回，路过湖北江陵（荆州市）时，被荆南节度使高季兴挽留，任龙兴寺僧住持，成为荆南宗教领袖。后以八十高龄圆寂于江陵。尚颜赞之曰：“诗为儒者禅，此格的惟仙。古雅如周颂，清和甚舜弦。”

齐已著有诗论《风骚旨格》一卷，诗集《白莲集》十卷传世。

齐已以禅入诗，对唐宋诗词的发展有着深远的影响。

汤显祖西山梦寻

我平生爱好不多，唯有读书、交友、爬山而已。对了，我还喜欢听昆曲。我听昆曲，不仅是坐在电视机、电脑前，还会下载一些曲子到手机里，在山水间，纵览云飞的同时，与好友听上几段，如此，真的是集良辰美景、赏心乐事为一体。

《牡丹亭·皂罗袍》唱道：

原来姹紫嫣红开遍，似这般都付与断井颓垣，良辰美景奈何天，赏心乐事谁家院。朝飞暮卷，云霞翠轩，雨丝风片，烟波画船，锦屏人忒看的这韶光贱。

《牡丹亭》的横空出世，令《西厢》失色。就连《红楼梦》中的玉洁冰清的女诗人林黛玉听了这样的唱词，也心动神摇，心下自思道："原来戏上也有好文章。可惜世人只知看戏，未必能领略这其中的趣味。"

剧中的爱情，离奇跌宕，摄人心魄，缠绵秾丽。生可以死，死可以生。花花草草由人恋，生生死死遂人愿。音调清丽婉转，抑扬自如，雅致抒情。听起来，令人如痴如醉，如梦如幻。由此，经常会让我想起汤显祖与达观、张位的在西山一些往事。

近年来，有学者提出，说汤显祖《牡丹亭》的灵感，就发源在萧峰。万历年间，汤显祖辞去遂昌县令后，经常与他的恩师张位云游西山，也许有感于萧史、弄玉的梦中奇缘，得到启发，便创作出千古绝唱《牡丹亭》来。

首先说汤显祖与达观禅师，在西山云峰寺的佛缘。

明隆庆四年（1570）秋，二十一岁的汤显祖，在省城南昌参加乡试，以第八名中举。汤显祖看了榜文，急着要去拜谢主考官张岳。

张岳字汝宗，余姚人，时任江西参政。汤显祖来到张府，正好是九九重阳，这位老先生与几个朋友，要去西山云峰寺登高会友。张岳是个独具慧眼的人，经过三场秋闱，深知这个年轻人非等闲之辈，于是便邀请其同往。

他们从南浦渡江，向西山走去。

南浦，取名来源于屈原《九歌·河伯》"子交手兮东行，送美人兮南浦"之意，是南昌送客别友之处。汤显祖在《高致赋有序》中写道："出南浦兮吹洞

箫，揖西山兮辞鹓鸾。情无之而息遣，理有存而绝攀。”

汤显祖出生于江西临川城东文昌里的书香之家，从高祖汤俊明到父亲汤尚贤，掐指一算，四代都是秀才，家里藏书达四万多卷。从汤显祖的名字，就看得出家族对他的殷切厚望。

汤显祖五岁进私塾，十二岁能写诗，十四岁考上秀才，是罗汝芳的高足。

罗汝芳，字惟德，号近溪。江西南城石溪（今南城天井源乡罗坊村）人，明中后期与黄遵宪、顾炎武、王夫之齐名的哲学家、教育家、文学家，泰州学派的代表人物。在哲学上以王阳明“心学”为基础，主张“学以孔孟为宗，以赤子良心、不学不虑为的，以天地万物同体，撤形骸，忘物我，明明德于天下为大”。

汤显祖在《太平山房集选序》中说：“盖予童子时，从惟德夫子游。或穆然而咨嗟，或熏然而与言，或歌诗，或鼓琴，予天机冷如也。后乃畔去，为激发推荡，歌舞诵数自娱。积数十年，中庸绝而天机死。”

汤显祖不但精通四书五经，诸子百家，还通晓天文、地理、历史、医药、卜筮、兵法、神经、怪牒诸书。

是日，秋高气爽，阳光灿烂。但见西山层峦叠嶂，云烟满目。经过村落，皆桑麻芃芃，鸡犬相闻。

我见青山多妩媚，料青山见我应如是。

一行人中汤显祖最年轻，最是神采飞扬。他已经取得了举人的资格，明年春天进京，考个功名应如探囊取物。等将来为国家建立一番功勋，然后退居林下，著书立说，也不枉人生一世。

功名富贵，都只是过眼云烟，只有写出不朽的艺术作品，才能精神不死，永远活在后人心中。

尔曹身与名俱灭，不废江河万古流。

他在日后，回忆当时的情景，曾写道：

童子诸生中，俊气万人一。
弱冠精华开，上路风云出。
留名佳丽城，希心游侠窟。
历落在世事，慷慨趋王术。
神州虽大局，数着亦可毕。
了此足高谢，别有烟霞质。

中午，我在翠岩寺吃午饭。

与寺僧告别后，沿铜源港溯流而上。两山对峙，高插云端。山崖陡峭，峥嵘而崔嵬。此处乱石磊磊，或立或卧。沿溪而行，但见一条寂无人迹的石板路，既狭且仄。路边芳草萋萋，乱花迷人眼目。在山穷水尽时，一会儿要跃涧而过，一会儿要攀藤而上，一会儿要穿石而入。时而，有高耸入云的梯田；时而，有小桥流水人家；时而，有咿咿呀呀的水碓。

迷花倚石。到云峰寺，天已向晚，晚霞满天。

云峰寺，也叫云封寺。《西山志》记载："其寺在紫盖峰。后依峻嶂，前临悬崖，四隅草莽蒙密，路径崎岖，虎蛇交度，樵牧鲜通。唐开元中，有慧僧号五龙禅师，云游天下，至其地结一茅庵。昼则端坐，夜则诵经，山神献供，天将降灯，猛兽毒蛇降伏左右，不为民害，附近男女改恶从善，皈依法门者逾千人，即除地集财建大兰若。功成，师即设大乘教典，广度众生，香烟袅袅不散，结成华盖，覆定峰头。九典经终，师坐华盖下，升空往西而去。故名云封。"

欧阳持《西山歌》："云封庵，居绝嶂，嵯峨险峻人难上。慧灯夜夜降山头，尽与如来照方丈。"

云峰寺与翠岩、香城齐名，历代住持皆博学多才。明正德年间（1505—1521），寺僧澄秀，乃《幼学琼林》作者程登吉之子，工诗，著有《喝石诗稿》。

寺中住持，早伫立在门口迎接。他们似乎早有约定，来这里雅集。就在他们相互寒暄的时候，汤显祖悄悄来到寺前清澈的池水边，看着自己的影子正衣冠，一不小心，一枚束发的簪子，落到水中，顿时披头散发。

张岳见状，或许想取笑他搔首弄姿，或许想考考他的才学，便出了一个字谜要他猜："半边会跑，半边会跳；半边很大，半边很小；半边吃肉，半边吃草；半边奔驰疆场上，半边偷偷把人咬。"并告诉他，谜底是一个字，其中包含两种动物。汤显祖稍一沉思，便猜出是《离骚》的"骚"字。接着，张岳又要汤显祖以坠簪为题作诗。

汤显祖稍沉思，便吟诗道：

搔首向东林，遗簪跃复沉。
虽为头上物，终为水云心。

桥影下西夕，遗簪秋水中。

或是投簪处，因缘莲叶东。

同行者，都是文人墨客、达官贵人，都被这个年轻人的才思所震慑，夸他貌似潘安，才胜子建。住持更是对他刮目相看，硬要他把这两首诗写在壁上，日后好光耀山门。

几天后，云游和尚达观至此，见到这两首诗，反复吟诵，解读出这位年轻人不但有超人才气和志趣，内心中还蕴藏着禅意和归隐之意，遂有度他出家的念头。

达观，后改名为真可，晚号紫柏，俗姓沈，江苏苏州人，乃赫赫有名明代四大高僧之一。

万历四年（1576）三月，汤显祖进京赶考。汤显祖的才名，就连当朝首辅张居正都早有耳闻，邀请他到相府一见，其目的是要汤显祖与儿子张嗣修结交，抬高身价，假借二人旗鼓相当之声势，以掩饰日后其子科第作弊之实。

这对寻常人来说，是一条本可平步青云的终南捷径。汤显祖却慨然说：“吾不敢从处女子失身也。”

张居正怀恨在心，导致汤显祖四次落第。张居正过世后，汤显祖三十四岁才中进士。他混迹官场，因性情耿介，恃才傲物，在留都南京十几年，只做过太常寺博士、詹事府主簿、礼部祠祭司主事这样的闲官、小官。

闲自有闲的好处，可关起门来静心读书。他经常骑着毛驴，去雨花台、燕子矶、莫愁湖一带游山玩水，把秦淮秀色、江宁风情都付诸笔端，时人争相传颂。他还创作了戏曲《紫箫记》，写一折，演一折，引来成千上万的观众观赏。

汤显祖与达观禅师相见，还是在二十年后。一天，汤显祖在南京的江西吉水邹元标家中叙旧，正好达观禅师来访。两人一见如故。在饭桌上，达观一字不漏，背诵出汤显祖在西山云峰寺的旧作。

南京一晤，遂成莫逆。不久，达观在雨花台高座寺给汤显祖受记，给他取了一个法名叫寸虚。

受记，即皈依佛教的一种宗教仪式。

万历十九年（1591）闰三月，出现了彗星，依古人“天人感应”之说，此为不祥之兆。汤显祖在邸报上看到神宗责难官员的圣谕后，借此写了一篇洋洋两千言的《论辅臣科臣疏》，针砭时弊，弹劾奸相庸臣，糅杂了自己长期赋闲和光阴虚掷的郁懑和不平之气。言外之意，也批评了神宗的昏聩。这篇奏疏，对他的政治前途，更是雪上加霜，其后，他被贬谪到雷州半岛南端的徐闻县。

万历二十一年（1593），汤显祖任浙江遂昌县令。这里地处浙西南，山奇水秀，民风淳朴。他把这里当作自己治国理政的试验田：勤政爱民，兴教办学、劝农耕作、治霸除害、灭虎除害、纵囚观灯。倡导“山清水清、官清吏清、劝学劝农”。因政绩卓著，百姓为之建生祠。

两年后，达观从杭州乘船到龙游县，然后翻山越岭，不辞艰险，来到遂昌。两人到唐山寺，参谒当年禅月大师遗址，一路探讨“性情”之理。告别的时候，达观留下一首饶有趣味的《留题汤临川谣》：“汤遂昌、汤遂昌，不住平川住山乡。赚我千岩万壑来，几回热汗沾衣裳。”

万历二十六年（1598）三月，汤显祖四十九岁，弃官归故里，住临川新居玉茗堂潜心创作。

玉茗堂前朝复暮，红烛迎人，俊得江山助。

汤显祖创作之余，经常来到恩师张位的杏花楼，与曹学佺、丁此吕、朱孔阳、万国钦、陈允蘅、杜濬，相互唱和，盛极一时。

不久，张位归隐桃花岭。这群文朋诗友，更是经常流行吟于西山的洪崖丹井、香城寺、云峰寺、萧峰一带。

笑拍洪崖肩，步驻鸾萧影。

钟灵毓秀的西山，给汤显祖日后创作，带来了深远的影响。他在《豫章揽秀楼赋有序》写道，“乃有紫清悬瀑斗绝而起，隈若秦人，秀若萧史。天宝开而霞曙，云盖移而烟靡。昆膏玉以明球，冈流珠而覆米。洒泉坛于冠石，度松门于屏几”“吹笙之台晻蔼，文箫之宅氤氲。侧控鹤之元景，挹写韵之清神。涉仙尉兮难即，掞丹华而散雯。伶崖兮有觌，响天乐以鸣真”。

当汤显祖在萧峰听了萧史、弄玉的爱情故事——梦中奇缘，便想起了话本小说《杜丽娘慕色还魂》，于是很快有了《牡丹亭》的创作构架。

朝飞暮卷，云霞翠轩。万历二十六年（1598）秋，汤显祖写完了千古绝唱《牡丹亭》。第二年，在张位的帮助下，九九重阳节，《牡丹亭》在滕王阁重修竣工典礼上，由浙江海盐班王有信等人演出，获得了巨大的成功。

晚明戏曲理论家、剧作家吕天成称之为：“惊心动魄，且巧妙迭出，无境不新，真堪千古矣！”

说到昆曲，一定要说到此地嘉靖年间杰出的戏曲音乐家魏良辅，是他吸收了当时流行的海盐腔、余姚腔以及江南民歌小调的某些特点，对老昆山腔的传统戏曲唱法进行加工而成。后人称他为“昆腔鼻祖”“曲圣”。

福建莆田人余澹心，在《寄畅园闻歌记》中说："良辅初习北音，绌于北人王友山，退而镂心南曲，足迹不下楼十年。当是时，南曲率平直无意致，良辅转喉神调，度为新声。"

汤显祖曾作《滕王阁看王有信演牡丹亭》诗二首，以纪其事：

韵若笙箫气若虹，牡丹魂梦去来时。
河移星散江波起，不解销魂不遣知。

桦烛烟销泣绛纱，清微苦调脆残霞。
愁来一座更衣起，江树沉沉天汉斜。

梦回莺啭，乱煞年光遍。

《牡丹亭》与《紫钗记》《邯郸记》《南柯记》，合在一起，称为"临川四梦"，演绎了纷繁的世间万象。

天宝洞

天宝洞，在梅岭众多洞府中，最富神奇色彩。从新建县红林林场新庵里石刻，行七八里山路可达。

《豫章志》记载：

天宝洞，在江西南昌府新建县西八十里，西山最胜处也。道经所载第八洞天，极元曹真人所隐之地，其详见职方乘。熙宁中，杨无为尝有二诗云："层梯险峻出瑶台，游者多从半路回。天宝洞中如不到，西山元似不曾来。"又云："极元真人养真处，石门隔断红尘路，玉帘今古不曾收，只有白云晚归去。"

徐铉《稽神录》中有一个这样的故事，豫章有个渔民，投生米于潭中，做诱饵，渐行渐远，忽入一石门，灿然有光。行数百步，见一神态飘逸的白胡子老翁对他说："后生家，此地不适合你来，速出犹可。"渔民急出，登岸，恍然如梦，说："我入水已三日。"故老有知其中缘故者，说："此乃天宝洞之南门。"

道书《天宝洞天名山福地记》，对天宝洞有着很详尽细致的描绘：

三十六洞天，第十三洞天在洪州西山，曰天宝，极玄之天。隋仁寿二年，尝诏于此立观，以天宝为名，有唐明皇所书门额存焉。自洪崖山行三十里，距山足曰净真观，峻折上山五里得天宝洞。绝涧缘磴驰行，而上五里至洞，洞去顶二里而遥，林木莽苍，上甚峻极，平视数百里，萦青缕白，他山如拳，大江如带矣。洞门有石壁，高广数丈，中有石罅长七八尺，阔才及寸泉滴沥不绝，状如水帘，人称为玉帘泉，或以杖探石罅，不见其际，以物投之，则其声泠泠然，若堕绝壑。

极元真人姓曹，名德休，唐代人。五十岁从东海青屿（广东潮州饶平县）来游江西，常用草药给人治病，很是灵验，从不收人钱，只要一盘鱼，一壶酒，求得一饱，便飘然而去。寒来暑往，三十多年过去了，他的容颜没有稍许的改变，依然奇伟，恍若神人。后归隐天宝洞，一去不返。

相传，后来南昌有个姓梅的郎中，入山采药，遇见过极元真人。

那是一个阴晴不定的秋日，梅氏攀藤附岩，来到天宝洞一带采药。天阴欲雨，他正要下山，猛听得一声炸雷，大雨倾盆而下。梅氏急忙躲进天宝洞中，才行几步，别有一番洞天：松柏苍翠，芳草鲜美，鹤唳凤翔，霞光朗朗。有一鹤发童颜的道长，身穿羽衣，头戴星冠，遣一童子，托盘盛一婴儿给梅氏食。

梅氏再三拒绝。

道长抚须叹息道："你是个好人，可惜无仙缘。千岁人参，万年枸杞，今不得食，是你无份。"

梅氏出洞，回顾烟霞缥缈，犹如一梦。

南唐沈汾《续仙传》记载：

曹德休，自言从东海青屿山来游江西。人见之三十余年，颜貌不改。常行民间，有疾者以符药救之，无不愈。人有一女子，年二十余，将聘于人，忽有邪物为魅，百方治之，益甚。其父诣德休，具陈病状。德休曰：汝家居近山溪，有潭穴否？父言有之。

德休又曰：女子春时闲步溪侧，为蛟所窥，已拘摄精魂在其穴矣。汝可将吾一符往彼，投于潭中，少顷有验。投符之后，忽见潭水翻涌，水作霹雳声。须臾一物浮出，长二丈余，形如乌蛇，头若大杓，已劈裂脑，流血毙矣。其父还家，见女精神明爽，全失其病。乃以财帛往谢。德休曰：本以救病，何以此为？终不肯受。德休常谓人曰：若家有疾苦，不必财帛，就德休求符药，以江鱼为脍一盘，并美酒一壶飧吾告之，其疾自痊？如其言，乡里为之，无不应验。人皆神事之。后忽告人曰：我舍此入西山天宝洞去，然来春牛疫颇甚，我留一姓名与汝传写。牛疫之时，以脍飧吾，书其字帖牛角上，自当无苦。其后牛果大疫，一境之内，帖其字者免灾，不帖者毙。人咸思之，无复见者。王元芝传云：曹德休，西晋大史官，后梁尚书郎，得不死之道。

我游天宝洞时，正如杨无为诗所云："层梯险峻出瑶台，游者多从半路回。"我在新庵里林场请了一个当地居民当导游，竟然也是千辛万苦才找到它。天宝洞，不见有洞，只是一堵两层屋高的巨岩而已。崖壁上石刻字迹已模糊难辨，唯有岩头有野蔷薇开得热闹。崖旁有流水潺潺，尝之，甘美异常。此泉便是著名的玉帘泉，被欧阳修论饮茶用水的《大明水记》，品为天下第八泉。

前些年，有两个丰城来的女道士，慕名而来，在此结庐，后不知去向。

清代欧阳桂写《西山志》，来访天宝洞写道："天宝洞在游仙乡，西山最胜处。……隋仁寿二年，建天宝观。昔时洞中敞邃可游，明正德时，有孕妇入避乱，嗣是洞门石合，今惟罅隙而已，蓁芜蓊翳，人迹罕至。"

欧阳桂就是山下欧家人，乃唐代诗人欧阳持的后裔。他有感于梅氏遇仙这一传说，写了《游天宝洞》诗：

入山梅氏遇神仙，失路经过古洞天。
夜静鱼龙眠涧下，更阑星斗灿岩前。
好花曾入徐公记，妙景都归帝子篇。
今日我来惆怅久，灵松瑶草总茫然。

今日的天宝洞，虽是掩埋在岁月的风尘里，却给古老的西山留下一道神秘的天光。

吴仙观探幽

吴仙观，一名吴仙峰，位于萧峰西面。山之巅，原有吴仙观，为晋代神烈真人吴猛修炼处。

“古仙炼丹处，不测何岁年。至今空宅基，时有五色烟。”这是施肩吾《过吴真君旧宅》的诗。

戊戌早春，我从梦山水库右侧上山，沿羊肠小道，途经天师谷、施仙岩。

涂兰玉《西山志》记载：“天师谷，在游仙乡吴仙观之下，栖真观之西，唐天师万振敕葬杖履处。上有旭阳楼，刘伯子建。”

徐世溥《榆溪逸集》记载当年到天师谷，访破虚道人的情景：“戊子、己丑间，余居西山齐源，破虚道人寓游仙乡。秋日，访破虚、晤刘伯子昆季于西山天师谷。齐源、天师谷皆在山中，始知西山峰峦奇秀耸拔，其势峻峭，无有平土广壤，稍有窄亩沙田，土石相半，耕种不时，不能充赡家口，全资柴薪、竹器、木炭、橡栗、蔬笋、纸药诸物，转于山下易粟为食，家无一月之粮，姓无十户之聚。或有疑奸宄伏莽啸聚者，此非其地，无足烦桑土之虑也。非身履其土，亦乌知险易利害之宜乎？”

由于刚经过冰灾，毛竹多爆裂，匍匐于地；很多大树拦腰折断。梓树脆弱一些，倒得最多。路途堵塞严重，走得十分艰难。我们约行十多里路，来到吴仙观。

观已被三栋民房所替代，泥壁青瓦，破败不堪。只有一位留守老人，胡须拉碴，坐在门槛上晒太阳。老人有些耳背，但勉强能与之沟通。他姓胡，来此居住已经有十多代了。他的家人，耐不住寂寞，都下山居住了。与他为伴的是一条狗，几只鸡。门前的田，还在耕种。一般在这海拔七百多米的高山上，生长的都是高山灌木，而这里竹子青翠，清幽逼人。奇怪的是，这里没有一只爆开的竹子。可见这里冬暖夏凉。真乃洞天福地也！

问及山中有何胜迹，老人带我们来到林中。一块像瓦片的石头上，刻有“一片瓦”三字。说是当年许真君拔宅飞升时，掉下一片瓦所化。

在吴仙观后的山脊上，尚存石梁石柱，传说这里曾悬挂过一口大铜钟。

吴猛，字世云。三国吴赤乌二年（239），出生在豫章分宁（今武宁县），祖籍河南濮阳，是净明道体系里，十二真君之一。

吴猛在我国是个家喻户晓的人物。早先，只要上过私塾的人，都读过元代郭居敬编录的《二十四孝》，其中有一个故事，说晋代有个叫吴猛的人，在蚊虫肆虐的时候，为了不让亲人遭受叮咬，赤着膀子，喂饱蚊虫。这件事虽近于痴傻，但在百善孝为先的中国古代社会，是十分被人推崇的。

这个典故叫《恣蚊饱血》：

吴猛，年八岁，性至孝。家贫，榻无帷帐。每夏夜，任蚊多攒肤，恣渠膏血之饱。虽多不驱，恐去己而噬亲也。爱亲之心至矣。夏夜无帷帐，蚊多不敢挥。恣渠膏血饱，免使入亲帏。

除此之外，吴猛更是一个道行很深的道士。初唐宰相房玄龄《晋书·吴猛传》记载：

吴猛，豫章人也。少有孝行，夏日常手不驱蚊，惧其去己而噬亲也。年四十，邑人丁义始授其神方。因还豫章，江波甚急，猛不假舟楫，以白羽扇画水而渡，观者异之。庾亮为江州刺史，尝遇疾，闻猛神异，乃迎之，问己疾何如。猛辞以算尽，请具棺服。旬日而死，形状如生。未及大敛，遂失其尸。识者以为亮不祥之征。亮疾果不起。

吴猛三十岁学道，四十岁从邑人丁义那里学得神异的道术。曾做过西安县令干庆的幕僚。晚年来这里修炼。一天晚上，他在灯下读《南华经》，突然觉得门外有金光自地贯天。第二天，请人掘得巨钟，作石架悬于此。扣之，能声振百里。

此后，吴猛每日早晚，要各敲一次钟，奇怪的是，方圆三百里的西山，各大小寺庙坛观的钟，一齐跟着轰鸣。人都称此钟为神钟。据说，听了吴仙观的神钟，可以减轻烦恼，增长智慧，祛病消灾，延年益寿呢！

有一年，天下大旱，民不聊生，而皇帝老子则将民间搜刮来的钱财，新建了一座规模宏大的御花园，供自己享乐。当这个昏庸透顶皇帝听说南昌吴仙观有这样一口神奇的钟，便下旨，将它“应征”入朝。

铜钟才刚刚悬起，皇帝就迫不及待地一槌敲去，“笃”的一声，其声喑哑如木石。皇帝大怒，下令将铜钟砸碎。

有大臣奏曰：“此钟乃神物，切不可砸，还是送回仙山，可保我朝国泰民安。”

皇帝便派一队人马将钟运回。铜钟还没等系牢，有人禁不住用手指一弹，只听咣的一声巨响，如撼天之雷，铜钟振落于地，噹！噹！噹！滚入山下的泥沼中，不见了。顿时，风雨交加，雷电大作，铜钟所在沼泽水满为湖，名曰金钟湖。

前人有感于这个故事，作《金钟诗》云：

金钟在灵谷，不知几经春。
神禹不复作，一弃成沉沦。
吴生识夜气，石架能复驯。
乃值兵燹馀，飞堕去轻尘。
湖水漾春绿，山色实嶙峋。
安得吴生来，至此要当津。
清时不复鸣，谁与辟荆榛。
西郊有师旅，使我泪盈巾。
我心良有思，但恐复悲秦。

金钟湖大约二亩，清澈见底，倒映着蓝天白云。坐在湖边，思绪悠悠，引发人思古之幽情。

西山万寿宫

南昌民间俚语云：“走完西山岭，来到万寿宫。”

西山万寿宫，位于方圆三百里梅岭山脉西南边缘，新建区西山镇上。晋代文学家兼地理学家郭璞称这里为“九龙聚首，凤凰饮水”的风水宝地。西山万寿宫，始建于东晋太乙元年（376），初名许仙祠，南北朝改称游帷观，宋大中祥符三年（1010），升观为宫。真宗亲书“玉隆万寿宫”赐额。政和六年（1109），徽宗下诏书，以西京崇福宫为蓝本，重建万寿宫。

万寿宫分三大院、六大殿、五阁、十二小殿、七楼、三廊、七门、三十六堂，红墙环绕，琉璃为瓦，雕梁画栋，斗拱层叠，飞檐仰空，金碧辉煌，气势雄伟，规模之大，“埒于王者之居”。它是中国最为宏大的道教圣地之一。

正殿为高明殿，上有匾曰：普天福主。绣金帷里，许逊塑像端坐中央。吴猛、郭璞、时荷、甘战、周广、陈勋、曾亨、盱烈、施岑、彭抗、黄仁览、钟离嘉十二大弟子分列两旁。

民歌《十个字唱古人》唱道：“十字写来穿过心，西山有个许真君，三尊大神朝南坐，十二真人两边分。”

高明殿前，有几株参天古柏，都在两抱多粗。其中一株，巍峨挺拔，苍老遒劲，为许逊亲手所植。相传许真君擒获蛟龙后，把斩蛟剑埋于此，并告诫后人，如果再有蛟龙为害人类，把宝剑取出，斩蛟除害。此柏故名瘗剑柏。

许逊，字敬之，南昌人。三国吴赤乌二年（239）许母梦金凤衔珠坠于掌中，玩而吞之，因此怀孕而生许逊。许逊自幼聪明好学，过目不忘，十岁时，便能明了经书大意。

许逊年轻时，酷爱狩猎。一天，才到梅岭脚下，就射到一只小鹿，当他慢悠悠地走上前去收获猎物时，“嗖”的一声，从柴草中蹿出一只母鹿来，朝他嗷嗷地叫着，一边用舌头舔着小鹿伤口上的血污，一边用惶惑的眼神望着许逊。许逊被这种母爱所感动，深感自己作了恶，立即将弓箭砸断，发誓以后再也不荼毒生灵，矢志行善。

从此，他埋头读书，渐渐，除熟读经史外，还精通天文地理、阴阳五行之学。许逊十九岁外出云游。二十六岁跟随吴猛学道，得其秘传。随后，又与郭璞一道访名山，相中这块福地。不久，就携家眷迁徙于此，潜心修道，不求闻达，只以孝、悌、忠、信教化邻里，深得乡人尊敬。他曾两次被举孝廉，都未赴任。

晋太康元年（280），他四十二岁时，“因朝廷屡加礼命，难以推辞”，便前往四川，就任旌阳令。上任后，他约法三章：一禁部属徇私舞弊，贪赃枉法；二革除烦琐礼节，提高办事效率；三不准苛求百姓，并释放罪轻的囚犯，以忠诚感化百姓。这些措施，使旌阳人民得以休养生息，农业生产得到了较快的发展。就连邻县的百姓也仰慕他的德政，纷纷迁入旌阳，以致此地人口大增。

《成都郡》记载：“许逊，洪洲人，知德州（原旌阳），心本清净，政尚德化……邑人祀之。”

许逊还精通医术，治愈了不少瘟疫患者。当时的旌阳，还流传着一首民谣：“人无盗窃，吏无奸欺，我君活人，病无能为。”

十年后，因晋朝政局紊乱，许逊弃官东归。当他离开旌阳时，人们纷纷为他送行，不少人竟然一直把他送到南昌，并定居下来。

许逊归隐后，依然不忘民间疾苦。当时的赣江流域、鄱阳之滨，水患成灾，他不辞千辛万苦，率领众弟子，奔走在南昌、九江、武宁、丰城、余干、长沙、武汉等地，足足花了二十年的时间，开凿河道，治理水患。

许逊晚年或寻仙访道，或寄情山水。并著有《灵剑子》《劝诫诗》行世。他于晋宁康二年（374）八月一日仙逝，享年一百三十六岁。

许逊曾是一位清正廉明的好官，更是一位治水英雄。由于古人对自然灾害缺乏认识，认为龙是水的主宰，因此，民间流传了不少许逊治水及斩除蛟龙，为民除害的神话故事。

许逊治水，功在千秋，后人把他当作神来敬仰。西山万寿宫虽屡经废兴，人们供奉他的香火却从不曾间断。王安石《重建旌阳祠记》说：“公有功于洪，而洪人祀之虔且久。”

以后每年农历八月初一，被定为升仙日，还要举行剪柏仪式。起意许逊“柏枝委地，吾当复兴”的谶语。

在此前后的二十多天时间里，邻近十几个县的香客及朝觐者纷至沓来，人群摩肩接踵，钟鸣鼓响，爆竹喧天，热闹非凡。熊荣《西山竹枝词》诗云：

翠袖红妆八月天，玉隆宫里拜神仙。
笑看铁树开花未，不知蛟龙系几年。

另有注脚云：

每岁七月下浣，里中即禁屠宰，家家食素。八月朔，玉隆万寿宫进香，祝旌阳圣诞以祈福，有尽室行者。好事辈或三五十人结一会，宝盖珠幢极其华丽，小部铙吹，衣冠络绎，亦山中之盛事也，由来已久。相传真君镇蛟，谶云：若要江西败，除非铁树开花卖。

每逢升仙日，人们有的打着旌旗，上面绣着“游帷观进香”字样；有的抬着菩萨，来这里开光；有的三跪九叩，顶礼膜拜。时而，锣鼓声声；时而，丝竹阵阵；时而，爆竹喧天。街面上，有卖唱的、跳傩舞的、卖把式的、算命打卦的、掷色子赌钱的，也有卖云片糕、冻米糖、茅栗子、菱角、水煮花生、薜荔果凉粉之类小吃的。有卖笛子、胡琴、泥人、陀螺等玩具的。香客们多是结对而来，一个个神情肃穆，着红、黄衣裳，身背香烛，头戴柏枝。车水马龙，扶老携幼，十分热闹。

西山万寿宫，是净明道教的祖庭。净明道全称“净明忠孝道”，是道教的一个派系，尊奉许逊为祖师。其宗旨是：“以忠孝为本，敬天崇道，济生度死为事。”

据统计世界各地曾有万寿宫一千四百余处。以前，只要有江西人的地方，就有万寿宫，是为江西会馆的代名词。

千百年来，许逊先生是江西老表心中永远的保护神！

西山之子徐世溥

我常在梅岭的山水间流连，恍惚有一个飘逸的身影，总与我擦肩而过。

他，就是西山之子——徐世溥。

他和我一样，生于斯，长于斯，游于斯，写于斯。但他与我不同的是，他一篇篇充满灵性的文字，展示的是一轴轴气韵生动的西山水墨画，一幅幅浓墨重彩的洪崖人家民俗图。而我充其量只是这个时代忠实的记录人而已。

仰之弥高，钻之弥坚，瞻之在前，忽焉在后。

我读他的文章，似乎还能听到他的心跳；我走在洪崖的山道上，好像还能听见他的足音。

徐世溥先生的墓，葬于天宁寺西侧的田西熊家附近。

乾隆年间，诗人杨兆嵩《过徐巨源墓》序云："徐巨源先生墓在田西村，距余家三四里，年久樵牧践踏，夷为平地，二丰碑犹屹立然也。余偶过其下，为之愀然，因出钱修补之，作此志感。"

欧阳桂《西山志》记载："征君徐巨源公墓，在田西，去李尚书墓数十步。"

而时至今日，先生的墓碑荡然无存。佘牟徐家的人，证实了先生墓址所在，并且《佘牟徐氏宗谱》有详细的记载。墓碑在破四旧时期被毁。

《江南都市报》黄铭先生，做了《湾里徐巨源墓——明末清初的南昌背影》四个版面的报道。

徐世溥，字巨源，号榆溪。明万历三十五年（1607）生于西山南麓，洪崖丹井附近的佘牟徐家，远祖可追溯到南州高士徐孺子，也是赫赫有名的西山三徐——徐延休、徐铉、徐锴的后人。

其郡望称：南州世家，或西昌佘牟基祖世家。

佘牟，开始一听，有点像少数民族的地名。据徐世溥《蟠龙寺记》云："余先世南唐士族，居石门，过寺田逾冈右，行不百步，两隘峭壁对峙，若石门者是也，土音讹佘牟。佘牟者，石门者也。"

其父徐良彦，字季良，明万历二十六年（1598）进士，为探花，崇祯年间，官至南京工部侍郎。徐良彦是明季有名的诗人，诗风清丽哀婉，著有《猿声集》《夷居杂录》等。

徐世溥就出生在这样一个名门望族，从小接受了良好的教育。

他比本村的陈弘绪要小十岁。他两人，可谓明末江西文坛双璧。王士祯称："士业之文畅，巨源之文洁。"

"陈徐"在我的家乡几乎就成了他二人的代名词。如杨圣希老先生在《和吕海泉读龚家凤梅岭旧事》一诗中，就这样写道：

陈徐去后洪崖寂，近日才飘翰墨香。
亦庄亦谐谈掌故，有情有趣侃家乡。
巧将梅岭当年事，谱入西山新乐章。
我仗二君豪迈意，老来聊起少年狂。

是的，"陈徐"去后不久，不但洪崖文化衰弱了，就连洪崖丹井都掩埋在荒草中，一两个世纪，无人问津。

徐世溥在《舒成之诗选序》中自称："余成童即以举业受知碣石先生。"

舒曰敬，字元直，号碣石，万历二十年（1592）进士，历主白鹿洞书院、滕王阁、杏花楼讲学。他是当时江西二十八名文学星宿之一，又是名震海内的豫章社主要成员。著有《只立轩前集》《只立轩续集》《四书易经讲义》《时务要略》等。

舒性，字成之，乃舒曰敬之子。

徐世溥少时，在庐山白鹿洞书院师从舒曰敬。舒成之、陈弘绪、万时华、宋应星都是他的同窗好友。同时与熊人霖、万茂先、陈士业并称"江右四公子"。

熊人霖还是徐世溥的内兄，南昌府进贤人，乃兵部尚书熊明遇之子，明崇祯年间进士，曾任浙江义乌县知县，工部郎中，太常少卿，著有《地纬》二卷。

徐世溥工于古文及诗词，还擅长书画，琴技也颇高。他与"江西画派"开派山水画家罗牧为至交。

古时候的世家子弟，结亲很讲究门当户对，一脉相承良好的遗传基因，有深厚的家学渊源及环境，自小衣食无忧，且浸淫在艺术的氛围中，琴棋书画，样样精通，有了这诸多的修养，算是很诗意地活在这个世界上了。

可怜我等升斗小民，自小要挖野菜才能填肚皮，要打猪草养猪补充家用。读书的时候一个星期才吃一罐腌菜，瘦如饿鬼。住一栋茅舍，还得自己斫柴烧窑，挑砖盖瓦。到小学毕业，我都没有接触过唐诗宋词。后来滥竽充数，捉笔为文，勉强充当祖国地方文化的传人，总觉得自己先天不足。

试看当下，还有几人懂得欣赏青山绿水、春花秋月、琴棋书画？人在钱权的迷魂阵中沉浸久了，就失去了人生的本真和情趣。

人缺乏精神世界，便永远在欲望的海洋中挣扎。苦海无边，何曾晓得回头！

徐世溥先生风雅超群，登高必赋。在月下花荫，品茗正酣，便能弹奏一曲《云水禅心》遣兴。到洪崖丹井，酒兴正浓，便能泼墨画一幅《高山流水》抒情。

钟灵毓秀的洪崖山水、厚重的西山文化，把徐世溥练就成神仙似的一流人品。

可当时的大明皇帝朱由校，每日沉浸于木工活计中，不能自拔，任由魏忠贤等奸党把持朝政，倒行逆施，残害忠良，使世风日下，国运殆危。

当时江南士大夫为主的官僚集团，以顾宪成、高攀龙、钱一本为首，在东林书院讲学，大胆地讽议朝政，评论官吏。他呼吁要正本清源，振兴吏治，广开言路，革除朝野积弊，杜绝权贵贪赃枉法。这些言论，得到了当时社会的广泛同情与支持。

道不同不相与谋。这些人与阉党抗衡，史称东林党。

东林党是时代的良心，民族的脊梁。他们沿袭中国古代儒家伦理哲学和政治理论一路走来：格物、致知、诚意、正心、修身、齐家、治国、平天下。而阉党则是不学无术、人不人、鬼不鬼的太监。他们朋比为奸，欺压良善，阻塞言路，构陷冤狱，致使朝政昏暗，民生凋敝，将大明王朝一步步拖向覆灭的悬崖。

这是水火不相容的两类人，在一起共事，必然发生分歧。

人与人交际也是要气场的。正如有的人，同在一个屋檐下共事，几十年也难得说上一句知心话。有的人，你看见他便舒心开心；有的人，你看见他便恶心痛心。

当然，人不可妄自菲薄，也不可妄自尊大。

窥一斑而见全豹。不管哪个朝代，但凡贤人被打击、排挤，而庸才却平步青云，那么就距离末世不远了。

万历四十三年（1615），陈弘绪与湖广左布政使熊宇奇之子熊伯阳等人，在杏花楼结社，名曰：杏花楼社。同年，又与徐世溥等加入了万时华创办的豫章社。

崇祯六年（1633），徐世溥与陈弘绪、万时华、李光倬、宋应星、刘同升、傅鼎臣、方以智等加入复社。

当时复社的成员，都是江南一带的青年士子。他们主张“形影相依，声息相接，乐善规过，互推畏友”。说得通俗一些：他们大都怀着饱满的政治热情，以宗经复古，切实尚用相号召，切磋学问，砥砺品行，反对空谈，密切关注社会人生，是为东林党的后继者。

徐世溥本想通过科举考试走上仕途，实现自己经世济用的人生理想，却是屡屡铩羽而归。他性格放荡不羁，做八股文章，远不如探花出身的父亲那样老到，那样的中规中矩。但他的诗文，却是雏凤清于老凤声。东乡才子、江西文坛领袖艾南英，誉其为文坛飞将。文学大家钱谦益、姚希孟、万时华等，推其为文坛泰斗。

徐世溥早年结庐在南昌百花洲畔的榆溪。这里原来是魏媛君炼丹的地方，因沿溪多榆树故名。徐世溥还喜欢以此为号。

其时的大明王朝，风雨飘摇。关内，有李自成、张献忠虎视眈眈，攻州掠府，席卷天下；关外，有清朝八旗精兵策马扬鞭，弯弓搭箭，屡屡叩关。

常言道：天下兴亡，匹夫有责。大丈夫一生，要实现“三不朽”，就要立功、立德、立言。一介草民怎么立功？作为官家子弟的徐世溥，心忧天下，却报国无门。

崇祯皇帝朱由检，从1610年接过其兄熹宗朱由校的“烂摊子”后，深感国运衰微，想挽狂澜于既倒。当时的阉党，多得像刚放干池塘里的乌龟王八一样，满地乱爬。他的第一步棋，是大力清除阉党，将这些祸国殃民的害群之马或处死，或遣戍，或禁锢。因打击面太广，株连太多，以致朝廷竟没人可用了。朱由检再也等不得三年一考的科举取士了，不拘一格，招贤纳士。

崇祯十七年（1644），四十六岁的徐世溥，经多方举荐，应征北上。至于当过多大的官，已无史料记载。我料想他顶多是个七品官吧。他抵达京师，面对大明王朝腐朽的政治和垂危的国势，痛心疾首，觉得不下猛药，不可挽回大厦将倾的败局。这个西山之子和汉代梅福一样，有着铮铮铁骨，地位虽卑微，却不忘国忧。他屡屡直言上谏，针砭时弊，竟然敢与阁老温体仁等权贵相对抗。他做官才三个月，一气之下，拂袖而归。

徐世溥做了三个月的京官，知道这个社会已经病入膏肓，积重难返。他在

《答黄商侯论保举书》中，深刻剖析了当时的社会现状：

方今天下之患，不在于求贤之途狭，而患养民之道微；不在于百为之不振，而患振刷之未得其方。夫小臣救过不暇，势必媚大臣以求宽，故操切而权愈下移。权在下，则拙者、憎者易于求疵，巧者、爱者可以高枕。故综敷而功罪仍不当其实，如是则事何以立？事不立，患益多，不免日求足用以为集事之计。赋日重，民日贫，四方盗贼安得而不多？蠲免无受赐之实，加派有不返之势。言者有不测之恐，优容复有意外之量。是故威失其所以为威，而患失其所以为患。譬如有人百节皆病，不思致病之由，修养焉，以审药饵。乃顾日求不知谁何之医于四方，将使新进之医持未达之药，治不谙之病，而责旦夕之效。愚未见其可也！

以前是不到黄河心不死。既然国事不可为，也就只有独善其身，隐退洪崖，做自己的学问好了。

崇祯十七年（1644），李自成大军攻陷北京，崇祯帝自缢于煤山。不久，吴三桂冲冠一怒为红颜，清兵入关，江山易主。

到了清顺治六年（1649）一月，清兵第二次大兵压境，对南昌进行了惨绝人寰的屠城。徐世溥冒着生命危险，在《江变纪略》中，全过程记载了清兵的暴行。

说到这次屠城，首先要说到金声桓、王得仁这两个人。

金声桓，辽东人，乃明宁南侯左良玉的部将，官至淮徐总兵，清兵压境时，叛明降清。王得仁，绰号王杂毛，陕西米脂人，原是闯王李自成旧部，后降清军英亲王阿济格。

两人先据守九江，后移师南昌，甘为清军当走狗，一举攻占了十三府的七十二个州县。两人自以为劳苦功高，会得到清廷的厚待，其结果是，金声桓得了个提督军务的副总兵，王得仁只当了把总。因此，两人对清廷大为不满，后来，在南明皇帝朱聿键旧部的劝说下，举兵反正。两人遣人至新建县浠湖，把回籍阁老姜曰广迎至南昌，以资号召四方义师。

姜曰广过赣江，至洪崖，邀徐世溥出山相助。徐世溥与他分析了一下当时的形势，以为大势已去，不要做无谓的牺牲，便推辞了。宋应星颇有军事才能，也被邀请参加了这次南昌保卫战。第二年，南昌沦陷。姜曰广着儒衣冠，赴南昌偰家池溺水而死，终年六十七岁。

姜曰广全家大小死难者凡三十余人，可谓满门忠烈。时人闻之，莫不为之悲伤。

清兵入城，进行了一系列如同扬州十日、嘉定三屠那样惨绝人寰的屠杀，“焚其庐舍，杀其人，取其物，令士卒各满所欲”。

徐世溥在《江变纪略》中写道：

……妇女各旗分取之，同营者迭嬲无昼夜。三伏溽炎，或旬月不得一盥拭。除所杀及道死、水死、自经死，而在营者亦十余万，所食牛豕皆沸汤微集而已。饱食湿卧，自愿在营而死者，亦十七八。而先至之兵已各私载卤获连轲而下，所掠男女一并斤卖。其初有不愿死者，望城破或胜，庶几生还；至是知见掠转卖，长与乡里辞也，莫不悲号动天，奋身决赴。浮尸蔽江，天为厉霾。

《江变纪略》共分两卷。乾隆四十四年被明令销毁，当时只有手抄本传世。

明亡后，徐世溥则隐居于西山。沉醉于故乡的山水中，歌之咏之。在闲暇时，陶冶情操；在困惑时，抚慰灵魂。

这里是他的血地、精神的家园、创作的根据地。渐渐，他把这里的山水风光、风土人情、花鸟虫鱼、民间传说，都融进他的笔端，连缀成西山系列散文。在《榆溪逸稿》中，写西山的有九篇：《游洪崖记》《小涧记》《秦人洞记》《鄢家山记》《登萧仙岭记》《蟠龙寺记》《香城记》《西山诸灵迹记》《罗汉坛记》。

如《鄢家山记》云：

出秦人洞，将往萧峰，曲道委蜿，左右花草夹路，不知其名，采之不忍，目赏不给。遂乃坐石上，揽玩久之。望前路烟树，相与浅深，若可披寻，乃取道往。行曲径，循回溪，愈曲愈幽。从小径入，地方十亩，畦有芋，亩有禾，清池映沙，鱼不网罟。四面高山环合，山皆修竹，岩多草花。岩下有蟏蛸结网小竹间，风吹花落，皆系网上，不则飞堕池中。鱼往就食之不可得，遂迴然而返，若有所惊者。茅屋十余，居人皆闷闷无所识，从之沽，赠以榧栗山蔬。因上山，坐竹下饮之。竹叶满天，仰不见日，俯见日影，风来竹动，日影摇碎，方圆不定，欣慨良久，问其山，不知名；问其氏，鄢姓云。

作者采用移步换景的手法，让读者领略到山里人家异彩纷呈的景致，具有极强的画面感。且情景交融，让读者身临其境。

《小涧记》写道：

自铜源出，不数里，有声出于竹中。如是数百步，心甚异之。既则延瞩岑径，亦有流泉，清洄修澈，委石成文，明细磷磷，若罾在沙。还顾来径，则丛条明密，夹生涧旁，叶交岩合，波缘沙隐，故声流竹际矣。其前则螺石沦涧，积石成棱，平流有声。山泉遥应，递注叠鸣，前乃渐就山道，势高落迅，行疾响訇，分注田壑，涧水载鸣，畦畦相答，深可娱听焉。

他行文清新可喜，细腻生动，语言简洁精当，朴实无华。大有柳宗元《小石潭记》之遗风。

方以智《徐巨源榆墩集序》评价他说："此公天资过人，出以易直，下笔驰骤，秦汉唐宋，惟取其气，任我舒卷，海内皆曰逸才。"

内兄熊人霖也赞曰："巨源古文有继类昌黎者。"

江山留胜迹，我辈复登临。若干年来，我也附庸风雅，常在梅岭山水间盘桓。穿过几百年的时光隧道，我仿佛觉得，这位乡贤总与我擦肩而过。

如，徐先生在《登萧仙岭记》中写道：

至萧岭，岭为西山最绝。俯视在下，茫若烟海，田陂、溪谷、山阜、平林、深灌、江河、城郭、庐舍，皆在青烟中。西北至于庐阜，北至于彭蠡，近都丰城、南昌、武宁、豫章之治，皆可顷刻飞集。天亦稍近，云在其下。冉冉若锦，俯而临之。上有石室，中可坐三人，昔人构之，以期神仙。梦缠其梁，薜荔满壁，亦且千年。因坐石室中，饮酒良久，日曛乃返。前后行山数日，费酒十余壶，芋栗数升，皆采诸山中。

徐世溥的游记，为我对当时山川风物考证，提供了翔实的资料。我在文章中，经常会提到他。如我在《萧峰游记》结尾中写道：

我既没有当年徐先生幸运，有石室可坐，也没有徐先生那么潇洒，有美酒可饮。只是饱餐了一顿野果，在蒙蒙细雨中下了山。

王乔林、王健水、钟丰彩等主编的《南昌名典》一书中，在秦人洞词条中，先是引用徐世溥《秦人洞记》：

初至洪崖，复循故道寻秦人洞，以其所涉，为其所降，犯茅穷石而往，在西山之阿，洞口容两人，稍进可容十余人。沙石明净，水声在上，从洞中听之，若笙簧自天来矣。前有石门限，由限进三十余步，石门闭不可开；窥之则绿草凄然，多萦蜻蜓，飞翔往来。境甚幽窈，举火始得径。昔尝有人者，见石几、胡床之属，云中有佳畤清池。室不甚广，地清水泬，风物闲美，蛟龙虎豹所不能居，独宜隐者。然今门闭不可开。问其父老，云：世治则石门闭，乱则自开，以待隐者。予幸得游兹洞，复不为隐人，乃与同游五、六人，列坐其中，饮酒而去。

清顺治九年（1652），吏部尚书兼内阁大学士陈名夏修书，派下属持币亲往徵辟，徐世溥拒而不见。徵辟，是谓征召布衣出仕。

顺治十四年（1657）的冬天，徐世溥身染沉疴，时至来年春天（1658），已气息奄奄。三月四日深夜，几个山贼入室打劫，可徐世溥除了一生的藏书及著作外，一贫如洗。山贼不信，便用火燎烤他，后来在他家放了一把火，就这样，徐世溥连同一生的著述均付之一炬，享年才五十二岁。

清代袁枚在《子不语》中，把徐世溥的死赋予了诗情画意和传奇色彩：

南昌徐巨源，字世溥，崇祯进士，以善书名。某戚邹某，延之入馆。途遇怪风，摄入云中，见袍笏官吏迎曰："冥府造宫殿，请君题榜书联。"徐随至一所，如王者居，其匾对皆有成句，但未书耳。匾云："一切惟心造。"对云："作事未经成死案，入门犹可望生还。"徐书毕，冥王筹所以谢者，世溥请为母延寿一纪，王许之。徐见判官执簿，因求查己算。判官曰："此正命簿也。汝非正命死者，不在此簿。"乃别检一"火"字簿，上书云："某月某日，徐巨源被烧死。"徐大惧，白冥王祈改。冥王曰："此天定也，姑徇子请，但须记明时日，毋近火可耳。"徐辞谢而还，急至邹家。主人惊曰："先生期年何往？舆丁以失脱先生故被控于官，久以疑案系县狱矣！"世溥具言其故，并为白于官，事得释。时同郡熊文举，号雪堂，以少宰家居，招徐饮酒，未阑，熊忽辞入曰："某以痔发，故不获陪侍。"徐戏曰："古有太宰嚭，今又有少宰痞耶！"熊不怿。徐临去书唐人绝句"千山鸟飞绝"一首于壁，将四句逆书之，乃"雪翁灭绝"四字也，熊怀恨于心。徐忆冥府言，惧火，故不近木器，作石室于西山，裹粮避灾。时劫盗横行，熊遣人流言："徐进士窟重金于西山"。群盗往劫，竟不得金，乃烙铁遍烧其体而死。

徐世溥的死因，还有一种说法。

清赵翼《檐曝杂记》记载：李明睿是南昌人，明天启二年（1622）进士，历官坊馆、右庶子。李自成打下北京后，投大顺。后又降清，任礼部侍郎，署尚书事。不久以病归，购得原弋阳王旧宅，改建了一下，以池、竹、松、石等景色为胜，命名曰：阆园。

有一天，徐世溥去探望他，李正卧床不起，说自己重病在身，快不行了。徐说：老前辈，你肯定长命百岁，绝对死不了。李问：何故？徐说：甲申年国破你没有死，乙酉年南京破城你也没有死。看来你还要活很久呢！这一番挖苦，真叫李明睿无地自容。

李明睿果然命大，身体康复后，又在蓼洲建沧浪亭，家养一戏班，上演汤显祖的《牡丹亭》和吴伟业的《秣陵春》。当时，名流毕集，纷纷作诗，以志其胜。

徐世溥很恶心，硬是觉得有辱《牡丹亭》的高雅，一不做二不休，也编了一出戏，说李明睿与龚鼎孳降李闯王后，听说清兵入关，便脚板涂油，急忙向南逃窜。刚到杭州西湖，追兵将至，他俩灵机一动，竟然躲在岳王庙秦桧夫人的裙子底下。可秦夫人正好来例假，等追兵走了，他俩爬出来，满头满脸都是经血。这出戏轰动一时，把全南昌人逗得哈哈大笑。李偷偷看过这出戏，说：名节扫地至此，颜面何存。我必杀巨源以泄愤。

以前趾高气扬的李明睿，从此之后，见到人都变得畏畏缩缩起来。因为他的“筋”，被徐世溥给抽了。很快，他的戏班子也解散了。

徐世溥的死，却成了当时文坛一桩悬案。

八大山人堂侄朱容重，在《挽徐巨源先辈》诗云：

乱后诛茅构草亭，山中闲散久穷径。
文章自我开生面，寰海推君作典型。
夜雨暗凄高士宅，寒云高掩少微星。
清尊无复黄花约，极目何堪涕泗零。

徐世溥今仅存的著作，是他的后人及文友多方搜求，康熙年间刊刻了《榆墩集选》十七卷，包括《选诗》二卷、《选文》三卷、《榆溪诗钞》二卷、《榆溪逸稿》八卷、《榆溪逸诗》二卷。此外，还有《西山胜境》，记叙甲申后，他隐居山中，与友人陈弘绪等书信往来及诗词唱和等内容。

徐世溥有诗云：“云山已是无常主，更写云山卖与谁。”

转瞬四百多年过去了，西山之子——徐世溥的人文精神却永存西山！

新庵里石刻

久闻新建县境内红林林场的新庵里石刻，年代之久，规模之大，名冠西山。它是元代著名道士、地理学家朱思本在西山活动的一些记录。只因地远山偏，我未曾一游。

庚寅初夏的一日，我与好友余海波、邓进生相约，来此探幽。车过梦山水库，便是一条弯弯曲曲，坎坷不平的机耕道。山渐行渐深，不一会儿，到了昌铜高速的隧道口。

其时，昌铜高速的路基已经打好，有推土机正在平整路面，准备浇柏油呢。近处的两座小山，因就地取土，被挖成了石头山。

据说，不久这里还要修高速铁路。现代文明的进程，一日千里，看来这片山水，就要彻底告别昔日的宁静与寂寥了。

我们舍车步行，跨过昌铜高速，沿一条湿漉漉，长满青苔，杂草丛生的登山古道上山。

兴许，这里就留下过朱思本老先生的足迹呢。

山中，竹树葱郁，鸟鸣山幽。蔷薇花、栀子花交相辉映，芳香扑鼻。还有蝉在吱吱地叫着，声音有些稚气，好像在提醒人们，夏天已经来了。

行三四里，我们忽闻得几声犬吠，只见绿树掩映处，有六七户人家。家家竹管引泉，户户果树成荫。村前，土地平旷，溪中洗衣埠头，捣衣声不绝。

古人有诗云："五月枇杷黄似橘，年年新果第一批。"村中的枇杷正熟，黄澄澄的，有小孩正在采摘。村人个个都古道热肠，吩咐我们到屋里喝茶，还叫我们摘枇杷果吃。我们毫不客气，摘了几挂，坐在一个叫熊立英的老人家门口，吃了起来。

熊立英老人说，这里从前是有名的道观。四十年前，成立红林林场时，他们才从山下搬到这里来住，他们以护林为主，还耕作一点田地。

我们向老人打听新庵里石刻，他说莫急，我马上就带你们去。他还指着村前一棵嵯峨的古银杏树说，这棵树，有一千四百年，为南北朝时李月鉴手植。

李月鉴，就是那个在梦山结庐而居，并报请当时江洲都督王茂，为刘备之孙刘护建庙塑像的高僧。

我们休息片刻，熊立英领着我们来到村子的左侧，只见离村不到五十米远处的田塍上，一岩耸立，周边还设有大理石护栏。

岩石高丈二，宽八尺，浑然一体，石面很平，明显打磨过。只见石上密密麻麻刻满了字，笔力刚健雄浑，总共有五百一十九个字。上端，还披拂着几茎爬山虎的藤蔓，似乎给石刻注入了一股生命活力。

细读石刻内容，讲的是朱思本至治二年（1322），来到西山万寿宫任住持，并把西山一带的田产和山界及一些活动记录于此。此石刻是由元代“银青荣禄大夫江西行中书省平章政事李世安”和“逍遥山玉隆万寿宫观事朱思本”两人“资修”的。

从石刻处沿溪而上不到二十米，便见一石拱桥，当地人叫它仙人桥。它和石刻一样，也是市级保护文物。

石拱桥，掩埋在藤萝和荆棘丛中。我请老熊砍一条通道，才至桥下。拱桥由一块块方正平整的条石筑成，两边薜荔如网。桥下，水清见底，有几尾小鱼在游弋，有石菖蒲米黄色的花开得正盛，有豆娘在飞来飞去。

朱思本，字本初，号贞一。元至元十年（1273）生于江西临川一个诗书礼义之家。祖父在宋朝时曾为淮阴县令。至元十二年（1275）年底，临川被元军占领。朱思本的祖父、父亲以民族大义为重，坚决不仕元，离开临川，隐居在南昌西山。

西山，便是朱思本的第二故乡。

朱思本从小就受到良好的教育，饱读儒家经典。为恪守家训，他发誓不应考、不做官。十四岁时，他跟从一个叫张留孙的亲戚，学道于龙虎山中。

张留孙，字师汉，信州贵溪人。他幼年在龙虎山学道，为正一道教掌教三十六代天师张宗演的得意弟子。后来，他自立门户，创立玄教，深得元朝统治者的推崇，为当时道教界的领袖人物。

朱思本在此地潜心学道，手不释卷。除了道家经典，诸子百家无所不读。就是寒冬腊月，也经常要读书到三更半夜。十多年过去了，朱思本已是一位才华横溢，素养很高的道士了。

其时，天师张宗演，应元世祖忽必烈召觐，受命总领江南道教。元世祖还在两京建崇真宫，张天师就委派张留孙专掌祠事。不久，张留孙被元世祖授为玄教宗师，封为上卿，赐宝剑。

元成宗大德三年（1299），朱思本奉玄教宗师张留孙之命，去大都（今北京），做他的助手。这也意味着他吃上了元朝的俸禄。他不愿苟且偷生，更无意追求权势。然而，他再三考虑后，却想利用这一机会，考察“山川风俗，民生休戚，时政得失，雨潮风雹，昆虫鳞介之变，草木之异”。

朱思本写下“胡为舍此去，乃与尘俗萦，人生有行役，岂必皆蝇营”的诗句，表达了当时的矛盾心境。

朱思本在大都一居留就是二十年余。他经常奉诏代理皇家祀名山大川，这样，等于给他提供了许多公费旅游的机会。在这段时间，他“登会稽，泛洞庭，纵游荆、襄，游览淮、泗，历韩、魏、齐、鲁之郊，结辄燕、赵，而京都实在焉”，“奉天子命，祠嵩高，南至于桐柏，又南至于祝融，至于海”。他的足迹踏遍了大半个中国，“跋涉数千里间”。

朱思本经过多年的勘察和考证，参考了《水经注》《通典》《元和郡县志》《元丰九域志》等前人的地理著作，终于绘成了传世经典《舆地图》。

《舆地图》共二卷。他采用的是“计里画方”绘图，这是一种按比例尺绘制地图的一种方法。

正如他在《舆地图》自序中说，每至一地，他“往往讯遗黎，寻故道，考郡邑之因革，核山河之名实，验诸滏阳、安陆石刻《禹迹图》、樵川《混一六合郡邑图》”。

至治元年（1321），朱思本离开大都，前往杭州出任玄妙观住持。每到春秋佳日，他便游西湖，登葛岭，听南屏晚钟，赏断桥残雪，并写下了不少诗文。

一年后，他终于如愿以偿，调到西山万寿宫当住持。这里，才是他魂牵梦萦的精神家园。这里，才是他日思夜想的仙乡乐土。

然而，其时的西山万寿宫，宫殿近于坍塌，庭院杂草丛生。据元代柳贯《玉隆万寿宫兴修记》：朱思本“始至，见十一大曜、十一真君殿、祖师堂摧剥弗治，位置非据”。

朱思本黯然神伤。泰定二年（1325），他与玄教大宗师吴全节共同倡议，筹措资金，重修殿宇。

朱思本在西山万寿宫任住持期间，吴全节再三相邀他去大都，有意要他继任玄教大宗师。可他小住半年，便登舟南归，直到元至顺四年（1333）仙逝。

朱思本不但精于舆地之学，还工诗文，著有《贞一斋诗文稿》二卷。

他在奉诏代祀名山大川期间，写了很多游记。如他在《游庐山记》一文中，明确记载了登临时间，游山线路，对山中的风物都做了详细的描写，可为今人了解庐山当时的风物、风貌，提供了有力的依据。其游记以语言简洁，文字明快而著称。

朱思本早期的诗歌，多是痛斥贪官污吏，不顾民力衰竭，横征暴敛的。如在《南昌道中》写道："见说田家更憔悴，催科随处吏成群。"他在《御河》中揭露道："守令肆豺虎，里胥剧蝗螟。"

晚年，在住持玉隆万寿宫期间，流连在故园的山水中，歌咏其间。他在《游仙诗》之四写道：

西山多灵药，服食颜色好。
在昔有洪崖，高擧云得道。
曹卢继芳躅，天地长不老。
后来紫云翁，避世一何早！
连云种葠杞，带月拾瑶草。
贵贱俱营营，终然恨枯槁。
栖迟匪迷涂，破褐自怀宝。
去去不可留，期之在蓬岛。

《天宝洞天赠支炼师》一诗，描述了西山的许多名胜，也记录了道教在西山一些活动情况：

南纪多名胜，西山得具瞻。
千峰迷远近，百里见洪纖。
突兀仙家出，巉岩洞府兼。
瑶池青鸟去，碧海紫鳞潜。
神物储金盌，骚人诧玉帘。
龙光腾瑞霭，鹤影转晴檐。
吴许高风在，曹卢宿卫严。
旛幢弥栋宇，箫鼓走闾阎。
祀典邦家重，祈年水旱占。
萧坛通绝顶，罕庙俯孤尖。
丹灶风烟合，芝田雨露沾。
修篁吟凤咮，苍桧乱虬髯。
药捣松脂滑，泉饾石髓甜。

野花摇白氎，山果落红盐。
兴远诗频咏，歌长酒屡添。
幽栖羡支伯，文藻愧江淹。
访古情何极，寻真乐未厌。
他年续仙传，着我定无嫌。

朱思本一生，由于时代的限制，虽没有做出什么丰功伟业，但能尽自己所学，为我国地理学及道教的发展贡献了自己毕生的精力。

言访秦人洞

梅岭，千岩万壑，钟灵毓秀，在众多的洞府中，唯有秦人洞最为深邃奇妙。

《西山志》记载：“秦人洞隶洪崖乡，在齐源岭侧，旧传有人秉烛入洞，行五里许，豁然开朗。有泉横，不可渡，遥望桑麻，若有居室然。王仲序诗云：霞映碧桃山径晓，日临瑶草石田春。”

邑人杨兆嵩《游秦人洞》诗云：

策杖入西山，言访秦人洞。
水环路已纡，峰高势远控。
杂花有幽姿，野鸟无俗弄。
犯茅穷山阿，洞口藏如瓮。
稍进限石门，窈杳无罅空。
闻昔避乱人，此中绝迎送。
桃园近咫尺，恍佛疑如梦。
此地宜隐流，岂有猿鹤讽。
终当结茅庵，坐石发吟弄。

那天，我们几个人从萧峰冒着蒙蒙细雨，沿羊肠小道，饱览秋色，行七八里路，来到鄢家山。其时，已云开日出。我们向村民打听秦人洞的去向，却无人知晓。我们大失所望。

山志分明记载：“鄢家山与秦人洞相近，地僻民淳，花香竹翠。”

鄢家山的确是一个世外桃源般的好去处。明代文学家徐世溥有《鄢家山记》云：“出秦人洞，将往萧峰，曲道委蜿，左右花草夹路，不知其名，采之不忍，目赏不给。遂乃坐石上，览赏久之。望前路烟树，相与浅深，若可披寻，乃取道往。行曲径，循回溪，愈曲愈幽。从小径入，地方十亩，畦有芋，亩有禾，清池映沙，鱼不网罟。四面高山环合，山皆修竹，岩多花草。岩下有蠨蛸，结网小竹间，风吹花落，皆系网上，不则飞坠池中。鱼往食之，不可得，遂悠然而返，若有所惊者。茅屋十余，居人皆闷闷无所识，从之沽，赠以榧栗山蔬。因上山，坐竹下饮之。竹叶满天，仰不见日，俯见日影，风来竹动，日影摇碎，方圆不定，欣慨良久，问其山不知名，问其氏鄢姓云。”

江山留胜迹，我辈复登临。徐先生当年是先游秦人洞，再去萧峰。我们则是反其道而行之。

当我们走出村口，迎面走来一位采药老人。同行的猷武君不失时机地向老人打听秦人洞。老人说：“你们算找对人了，我曾多次带人探访过秦人洞。”

我们大喜过望。老人姓欧阳，住在山下的欧家，乃唐代诗人欧阳持的后裔。欧阳持是进士出身，官至左拾遗、秘书少监。老人也算名门之后。

沿溪而下，山路崎岖，迂回曲折。两边山势高耸，苍松铺天盖地，秀气逼人，松涛阵阵，松香扑鼻。鸟鸣林中，嘤嘤婉啼，空翠爽肌，寂无人行。

约行两华里，有一田垄。从田垄的上端，走进榛莽，行几十米远，老人说：“秦人洞到了！”

只见一道陡壁，有薜荔如网，其下有洞，适得一人进出，有水若鸣琴般泻出。好在天气不是很冷，我脱去鞋袜，秉烛，匍匐而进。钻到七八米深处，有一石室，可容二三十人，水深过膝，沙石明净，有一瀑，自岩壁上轰然而下。细细察看，水里有鱼虾，石壁上挂有许多蝙蝠。

此时，老人进来说，以前从石室进三十步，有石门，上有石刻云：“世治则石门闭，世乱则石门开。”另有石床、石几之属，可容百人。抗战时期，附近村民，常来此避难。后来倒塌，只剩下这个石室。

秦人洞，是一个避世乱的地方。山志中曾记载着这样一个故事：

相传，晋永兴年间，当地有姓齐的后生，入洞避难，只见两旁石壁如削，行一里许，出谷口，渡过一条小溪，有一村落，竹篱茅舍，十几户人家。有一老者迎了出来，说：“客人从何处来？”说：“我家住山南之西源。”其妻说：“西源的客人，是老家人。”进入草堂，茶罢，客说：“敢问两长老姓氏？”老者说：“老朽姓陈，南村宦族。拙荆罗氏，西源故家，适言故乡人也。生在战国，在楚国为官，戊寅年，楚国被王翦所灭。秦苛政猛于虎，荼毒天下。后来要把当地世家大族，尽徙咸阳，我和家人，逃到这里，年深日久，不知有多少年了。请客人把这些年外面的情况说一下。”后生说：“秦始皇巡游，半路驾崩，子胡亥立，不到三年，又被赵高所弑。后又经过了西汉，东汉，蜀、魏、吴三国鼎立，三家归晋，当今乃晋永兴十五年了。”老者听了，目瞪口呆，屈指一数，入洞已五百多年了。后生留客居月余。一日告归，老人备好钱粮，送到洞口，山川如故，人物非前，思忆老人避秦事，故名其洞曰：秦人洞。

宋人潘兴嗣有感于这个近于寓言的故事，曾题有《秦人洞》一诗：

秦人当日避风烟，自种桑麻老洞天。

绿竹横溪鸡犬静，不知门外晋山川。

洞中寒气侵骨，氧气稀薄，烛火明灭不定。今为盛世，我又不是隐士，石门岂能为我而开！逗留片刻，我们便出洞，见正午日光朗朗，真有恍若隔世之感。

造访清泉庵

癸未中秋，我与女儿龚鹿鸣，儿子龚崇怡，走进每日临窗而望风雨池背面那一片山水。那里有个叫清泉庵的地方，可是清代文学家杨增荦藏书的曼陀楼遗址。

从东昌小学上山，沿途油茶树果实累累，或红如丹桃，或绿如碧李，溢彩流光。山中松杉葱郁，竹舞清姿。林下秋花烂漫，虫吟唧唧。有一种叫桔梗的花，蓝中带紫，极富神韵。女儿爱花，采了两朵，插在头上。儿子则扯来一大蓬结籽累累的山药藤蔓，披在身上。我叫他俩站在一起，拍了一张野趣十足的照片。

正是雨后天晴，山间云雾缭绕。

迷花倚石。突然，眼前出现一个村子，高低错落，住着十几户人家。这里叫三分宕。村头有禾场，一个老农牵着黄牛在碾禾，唱着山歌。一个村妇摇着风车，在扇谷。这是一幅久违了的农家风俗画卷。

走进村中，只见这里多是干打垒土屋，简陋质朴，有着上古遗风。这种房子冬暖夏凉。家家果树成荫，户户菜畦成片。有株梨树，果实熟透了，泛着红光。其中一株山楂树，高二丈，黄澄澄挂满了山楂。山楂在我的印象中，是高山灌木，高不过三尺，而这一株却一枝独秀。

我们惊叹着，赞美着。

这时，一幢被土蜂钻得百孔千疮的土屋，门吱呀一声开了，走出一位头扎毛巾的妇人，用惊讶的目光，打量着我们几位不速之客，然后，很客气地说："你们想吃山楂、梨子吗？上树去摘吧！"

久居闹市的我，被妇人古道热肠所感动——这里人好，水也甜！我深深地向妇人道了一声谢，就走了。

往村后行，转过一道山嘴，有七八家村民在烧木炭。他们好像是同步进行的，都是丈夫在里面装窑，妻子在外边送柴。窑门口还堆着一些尚有余温的木炭，拿起一根，用手指弹之，作金玉声。

山渐行渐深，偶尔能见到茅栗、山楂、橡子、秤砣子，孩子们高兴地采摘着。当日，我们在路边一块大石头上野餐，以山果佐之，别有一番风味。

峰回路转，我们来到清泉庵。庵已毁，只住着七八户人家。村子四周，青山环合，长满竹子、尖栗、槠树。村中皆杨姓，乃杨增荦的后裔。

杨增荦，字昀谷，号曼陀楼主，生于咸丰十年庚申（1860），新建县溪霞草塘人。光绪丁酉年（1897）中举人第八名，戊戌年（1898）连捷中进士，曾任刑部主事、热河理刑司。宣统元年（1909）候补四川知府，在赴任途中，改任广东署法院参事。

民国初年，因国事日非。杨增荦隐居于此，采薇度日，研究佛学，托志于诗。他足迹遍及全国各地，收集孤本、善本图书，藏书有数万册，为国内学术界所钦仰。

民国陶菊隐先生《政海轶闻》记载：

杨增荦，号昀谷，江西新建人。前清进士，曾任刑部主事，以候补知府分发四川。启程时，京中名流赋诗饯别者百余人，传为韵事。张鸣岐督粤，邀入幕。黄花冈之役，杨瞿然曰："乱将作，清其不腊乎？"废然弃职，卜居汉皋。革命后，其乡人张勋拥雄师镇兖州，遣使迎之至再，杨曰："吾生平疾恶如仇，军营中良莠杂处，倘有所获咎，转为绍轩累。"固辞不往，举南海弟子潘若海自代。潘倚势谋复辟，杨闻之，悔曰："吾误绍轩矣。共和政体，大势所趋，冒天下之大不韪者，徒取败辱耳。"乃北上谒张，痛陈利害。时赣同乡刘廷琛等为座上客，皆劝张复兴清室，愤然与杨抗辩，张不能解。杨谓张曰："吾曩荐潘君，重其学问也。闻潘别有怀抱，吾不忍误公，请遣之。"张踌躇曰："潘君无过失，吾为转介于华甫何如？"潘入冯幕，密谋益力，复辟既成，不崇朝而瓦解，匿居张交民巷。时杨已移寓北京，张频邀过谈，悔不能早用其言，杨善言慰之。杨清介绝俗，久居京师，潜修佛乘，诗文皆擅绝艺，海内舍陈散原外，无望其项背者。不乐与人游，居古寺中，不三月撤席去，恶人知其处也。主赣政者，先后有陈光远、蔡成勋等，慕其名，聘征数至，不顾也。曾一度回乡，迳投荒山败寺中，妻女过寺访询，始获一见，迎归不可。徐世昌当政，与杨有世谊（徐伯父曾服官赣省，其从弟皆就学于杨），屡欲官之，辞不就，与谈诗文则畅话终日。后段祺瑞亦从之学，一日不见，则爽然自失。知其淡心宦途也，遣心腹王揖唐、曹汝霖等尊以师礼，终执政之任，不敢以爵秩相挽，杨视段亦犹恒人。居京时，喜与屠贩游。武丑张黑以技击闻于时，杨与之友善。杨亦擅武功，尝寓古刹，盗疑为富豪，纠众数十人毁门入，捉腕系足，杨猝然踣地，群盗亦踣，杨振衣起，鞋底麻索寸寸断，盗辟易而散，其武勇如此。然绝口不谈，外间鲜有知者。杨仆死已数年，瘗之郊外，某日杨过之，恶其洼下，尽出囊金千余元，为别营窀穸。仆家无壮丁，杨按时给值，如仆生前。

杨精于八股文，民国后，穷数月之力，选辑八股名篇，自天（启）、崇（祯）迄雍（正）、乾（隆），裒然成帙。十六年，与樊樊山、郑叔进、杨哲子、夏午诒等，举文会于京师，杨撰八股三章，题为“颜渊季路侍”，对孔门大同精义，阐发无隐，传诵一时。杨诗幽 清峭，独辟蹊径，无一句闲笔，论者比之于孟（东野）、梅（圣俞）。惟杨孤芳自赏，不欲以诗文问世，除朋友雅集外，有誉之者辄艴然掩耳，与世之沽名者相背驰，故其名不彰，而文坛中自有口碑也。杨生平布衣蔬食，出必徒步，躬亲操作，自食其力。近年移居津门，体力已不如前，今春以疾去世，年七十有四。王揖唐经纪其丧，海内耆宿，无不震悼。夫杨以一遗老而不苟同于复辟，与徐、段游而终身无所染。高风亮节，翘然异于众，孰谓今人不及古人耶？

此文很生动地记载了杨增荦先生的平生事迹，道德文章。1933年，杨增荦在天津去世，享年七十四岁。著有《昀谷先生遗诗》八卷，另有《补余》一卷、《浮云集》一卷。

《浮云集》是杨增荦将要赴任四川知府时，京都林纾、赵熙等社会名流赠诗的合集。

令杨增荦万万没有想到的是，几年后，日本强盗来到清泉庵，抢走了所有的名家字画，还在曼陀楼放一把火，将他一辈子的心血化为灰烬。

这一把火，让杨增荦含恨九泉，也是中华民族永远的伤痛。

我们走进一户农家，这农家泥屋低矮，庭院却秀雅。户主叫杨圣希，年过八十，黑而瘦，但精神矍铄，乃增荦之孙。老先生大有乃祖遗风，亦耕亦读，能诗善对，为江西诗词学会理事。著有《江西历代进士录》《梅岭竹枝词》《惜花爱月楼吟草》。

老先生领着我来到断墙残垣，衰草遍地的曼陀楼遗址。每一块青砖上都用阳文印有“松云造”三字。

杨圣希曾作《抗日胜利纪念日凭吊曼陀楼》七绝三首，诗云：

清泉庵前云气迷，曼陀遗址草萋萋。
欲寻先祖行吟处，问遍寒蛩总不知。

松影扶疏竹影幽，曼陀今日已无楼。

多情只有清泉水，犹绕残垣日夜流。

山空猿去鹤难留，大地风云一望收。
劫火烟销遗恨在，怎能一笑泯恩仇。

老先生的诗，写得清新质朴、情景交融，把国仇家恨融进诗作中。

杨圣希说，他的伯父杨觉非、父亲杨墨农都在民国时为官，但皆为人落拓不羁，纵情诗酒。尤其是伯父杨觉非，不会拍马屁倒也罢了，还专门爱揭上司的短处，其政治前途可想而知。父亲杨墨农想让子侄辈的人，换过一种活法，不让他们读私塾，更不让他们多接触诗词。人生在世，所追求的无非是“名利”二字，过多浸淫在诗词中，就会脱离现实，孤高耿直，恃才傲物。

杨圣希一直读的是新学。抗战后，高中刚毕业，一天去邻村的申家访友。他的朋友也就二十出头，在私塾教几个学生。那天，他的朋友在看一本书，正入迷，见他来了，赶紧把书藏进抽屉里。

他说：“什么书哦，还躲躲闪闪，是不是当着学生的面在看淫书呀？”

朋友说：“不过是一本《唐诗三百首》。说起来你祖父是有名的诗人，可你却不喜欢这些东西。”

此话让杨圣希为之汗颜，便幡然醒悟，钻进象牙塔中，再也出不来了。

杨圣希毕竟是有慧根的人，不鸣则已，一鸣惊人，他很快就有诗作在当时的《江西民国日报》“前茅”副刊发表。

有一年除夕之夜，饭罢，一家人围着炭盆烤火。清泉庵虽是孤村，而能听到远处村庄的爆竹声，此起彼伏。父亲要他以《除夕感怀》为题，写一首诗。他望着父亲的满头白发，想起岁月的无情，便随口吟道：

爆竹声中岁又更，松龄鹤寿减中生。
爱它白发真随便，不打招呼径自生。

父亲感动得老泪纵横地说：“有吾儿此诗，足以快慰人生啊！”

中华人民共和国成立后，杨圣希由于成分不好，经济上清苦，精神生活更是贫乏。有很多年，家里连一本书都找不到。他经常在山中砍柴或放牛，面对无言的山水，总会情不自禁地吟哦起唐诗宋词来，倒也乐而忘忧。但更多的时候是长歌当哭，因为他的一生太不得志了。他不被时代所用倒也罢了，还经常被作为专政对象。他常想，我们的祖国，有悠久的历史、灿烂的文化、秀美的山河，能诗意地栖居在这片土地上，是多么惬意的事呀。

黑夜，他喜欢带着狗去咬夜，也就是咬野兽，最多时，一夜咬到过三只狗獾。他在《冬夜狩猎》中写道："平生爱狩猎，夜静入荒郊。引路惟驱犬，随身不捉刀；逐北精神振，追奔胆气豪；狐狸虽狡猾，看汝哪里逃。"

他经常去家对面的太平庵放羊，因为那里有一垅旧时和尚遗下的荒田，水草丰美。相传，古时候有一个叫一恭的苦行僧，来此开基建庵，还开垦了几十亩田地，不论风霜雨雪，都劳作不止。在他快要圆寂时，才停止了劳作，用手指在庵前的一块石头上，书写了"今日方闲"四字。这几个字被人镌刻。字虽然写得很一般，却给人一种精神的力量。杨圣希一生总被这四个字鼓舞，且耕且读，不曾停息一日。他有竹枝词云："禅师独创太平庵，曾留奇迹在人间。今日方闲了心愿，教人不可死前闲。"

有一年春天，他坐在山花丛中的一块石头上，作了一联："谁知我心，石不能言松不语；差强人意，花含微笑草含羞。"

这个孤独的灵魂，只有在大自然中，才能找到精神的慰藉。

真想不到，在梅岭的白云生处，竟也会有祖国文化的传人。正如孔夫子云：十步之邑，必有忠信。

杨圣希《梅岭竹枝词》有云：

分明梅岭是家山，家住清泉白石间。
云深认得回家路，家也温馨家也寒。

清泉胜处是西桥，云自无心霞自娇。
泉响鸟鸣山更静，人都爱此远尘嚣。

从清泉庵左侧一条小径，往下行三里，到乌泥坑，这里也是竹篱茅舍十来户人家。家家竹管引泉，户户果树成荫。村中还保留着石磨、石碓之属，古风犹存。村头有一株一合抱粗的红豆杉和几株数抱大的古枫树，遮天蔽日。

站在村前，可俯瞰溪霞水库的万顷碧波及山下的田园风光。

下午三时，日已偏西，我们在一村姑的引导下，抄近路下了山。

一床黄叶拥秋眠

丁酉中元节后的一天，我与杨圣希，来到西山东北麓的观察村采风。观察村中的杨观察，乃关西夫子杨震的后裔。村中祠堂边，有四知堂。四知者：天知，神知，我知，子知。四知堂也叫清白堂，陈列了杨氏祖训和前贤的道德文章。其中让我最为感兴趣的却是晚清诗人、藏书家杨增荦先生的画像。老先生目光炯炯，鼻梁高耸，头戴六合帽，胸前飘着几缕花白的长髯。我从少年时代起，就读先生的诗文。高山仰止，景行行止。孟子曰："颂其诗，读其书，不知其人，可乎？"

杨圣希是老先生之孙，91岁，与我是忘年之交。听杨圣希说，他五岁时，祖父就去世了，从未见过一面，就连照片也没有看到过。

这张照片是今年初，一个朋友从省档案馆中，在民国时出版的《青鹤》杂志中觅得的。

杨增荦，派名封炎，字昀谷，号曼陀楼主，新建县溪霞草塘人，咸丰十年（1860）九月二十五日出生在一个耕读之家。其父杨华安，以耕为本，兼做生意，经常挑一担瓷器，走村串户兜售。杨增荦兄弟五人，他排行最小，自幼便是个近山识鸟音，近水知鱼性的野孩子。可到了六七岁，屋场上很多孩子进了学堂，可父亲起早摸黑卖瓷器，卖昏了头，把这事给忘了。因他经常听父亲讲故事，他听过头悬梁、锥刺股的故事，晓得"万般皆下品，唯有读书高"的道理，晓得只有读书才能成就大事。

他向父亲提出要读书。父亲摇了摇头，说："吃了上顿没下顿，实在供不起你。"

杨增荦每天要做的事，就是打蜻蜓喂鸡，捉鱼下饭，讨野菜喂猪，还经常要去山上捡柴。

在山上捡柴，他听见呢哑（知了）叫，总是屏声静气、蹑手蹑脚地走过去，把它按住，任其挣扎嘶叫，也不放手，还快乐地唱着歌谣。

学堂设在三个屋场的丁字路口，依山临水。一天，杨增荦在港里捉鱼，靠近学堂，就停下来听里面的学生读书。他灵机一动，就去家里找来《三字经》《百家姓》《弟子规》《幼学琼林》《大学》《中庸》之类的书，跟着读。往往是学堂里的人，字还没有认全，他却已烂熟于心。到了十来岁，一个从未进过学堂、拜过孔夫子的童子，过年家里的对子，自己作、自己写、自己贴，引来很多人围观。

杨增荦神童的美誉，很快传遍了乡里。与杨家有亲戚关系的大塘虎庄陈家，陈子立先生得知，来到杨家与之交谈，见他果然警敏过人，且出口孔孟，闭口李杜。

陈子立是个老秀才，一生困于场屋，孑然一身，授徒为业。他见杨增荦是读书的好苗子，便规劝杨华安，说："人生天地间，就几十年，像你我，只能与草木同朽。而昀谷，天资清妙，只要悉心培养，不但能给杨家光宗耀祖，也是乡邦的荣耀。如果你开一句口，我来杨家执教，不计任何报酬。"

其实，杨华安是个识文断字之人，闲暇时也能吟风弄月。其他四个儿子，都读过几年书。可就在自己人到中年，家道中落时，意外地生下这个老幺。这个老幺，三四岁时，淘气得连屋场上的猪狗都嫌他。到五六岁了，穿鞋左右都分不清。这种人能读什么书？自己看走了眼？孔子以言取人，失之宰予，以貌取人，失之子羽。如真是一块读书的料子，我杨华安砸锅卖铁也要供他读书。

一年后，陈先生神秘兮兮地对杨华安说："我区区一个秀才，才学浅，格局低，再教下去，就误人子弟了！"

第二天，陈先生领着杨增荦，来到新建县慈姑鲁家，要拜鲁藩先生为师。

当时，鲁藩年纪不到三十，身材颀长，蓄着一把山羊胡子，神态飘逸。在鲁家就读者，都是十八九岁的青年才俊。鲁先生是举人出身，在外做官，丁忧在家，见陈先生领来一个乳臭未干的童子，很是生气，说："你以为我这是菜园门，想进就进？我这里培养的都是可造之才，日后或为官作宰，或许是帝王师。"

陈先生说："人不论大小，马不论高低，甘罗十二岁可拜相。你得试一试他的才学，就晓得深浅。"

经过口试和笔试，鲁先生才乐呵呵地捋着长须，对陈先生说："在吾乡，他日以文章著名者，必为此人。"

鲁藩到光绪二十九年进士，曾官至户部主事。比杨增荦还要晚五年中进士。这是后话。

杨增荦在鲁家学馆就读才一年，便因经济原因辍学。他在家除了自修之外，经不起同龄人的诱惑，学得吹拉弹唱，棋牌棍棒，无一不精，且功夫过人，经常在人前炫耀。

光阴易过，转眼他已成年。杨增荦玩的劲头越来越大，二十来岁考上秀才，还是照玩不误。混进戏班，串演生角，唱工做工，一板一眼，经常引起满堂彩。一天，他扮演一个失意的官人，唱腔悲怆，好像连流水都在呜咽。正巧陈、鲁二位先生也到台前看戏。此情此景，让鲁先生联想起自己满腹文章，却是屡试不中，报国无门，也是泪流满面。于是，禁不住向旁人打听，此老生为谁？得知竟然是自己的高足，惊得目瞪口呆，一跺脚，对陈先生说："嗨，你我常道杨生一定有出息，现在看来，这戏台便是他的出息了！"

二位先生长叹而去。杨增荦在戏台上，又是拜将，又是入相，其乐陶陶。不久，这事传到杨增荦耳朵里，他愧恨交加。从此，他闭门谢客，发奋读书，就是舟车逆旅，走亲访友，也从不废书。

光绪二十三年（1897），杨增荦考取乡试第八名，第二年，连捷中进士。主考官批阅其考卷曰："首先，意密理新，纬以古藻，文气渊雅，是探源于八家而撷秀于六朝者。次、精深奥衍。三、沉郁顿挫，洵为才人之笔。诗工稳易抚，连珠书两大比，古藻斑斓，不同俗艳。诗礼春秋，文气朴茂。策明白晓畅。第四，问尤赅洽。"

杨增荦授刑部主事，掌管陕西一省刑法。初入仕，他壮志满怀，豪情万丈，有力挽狂澜之志。很快，他发现大清王朝已是病入膏肓，慈禧推行的新政，也只是治标不治本。他曾埋怨说："不佞每谓今之新政，虽名目各殊，必须忠信笃敬之人乃能举办。若徒以空言文饰，终归无济。我辈夙负此志，特患同志者少耳！"

光绪三十一年（1905），杨增荦被保送热河任理刑司员。顺便游历了塞北名胜，写了不少吊古伤今之作。《游古北口》云："闻鸡古店声非恶，饮马长城气尚雄。"在《留别热河诸友》四首的第三首中写道："群盗纵横已不堪，更闻暮四与朝三。客边父老吞声久，负手相看亦自惭！"

诗中表露了对时局的关怀，流露着一种无可奈何的情绪。

光绪三十四年（1908），杨增荦补授刑部推事。

杨增荦性情耿介，疾恶如仇，只与清流来往。经历了十几年的尔虞我诈，阳奉阴违的官场生涯，他很厌倦，渐渐萌发了避世之心，思量再三，欲投劾归隐故乡朱霞山清泉庵。

清泉庵是一座古寺，年久失修，破败不堪，就七八个僧侣居住，杨增荦出资三千元购得。当地有一些在寺庙种田的佃户，一直在窥视着这片田产，巴不得几个老和尚早日归天，把此庵占为己有。

杨增荦告假在家，请工匠修整房屋，还专门建了一栋藏书楼，取名曼陀楼。门口有对联云：数里青山骑犊醉；一床黄叶拥秋眠。

与此同时，其挚友夏敬观、袁秋舫，分别在云堂寺，筑了志同书屋、道学精舍。杨增荦曾写《和剑丞见赠之作》诗云："云堂朱霞各邻近，倦时乡梦从头作。眼底头陀是归路，经卷还须白马驮。"剑丞，便是夏敬观的字。

一日，杨增荦坐在窗明几净的曼陀楼品茗。多年来，归隐山林的梦想，终于可以实现了。几杯西山云雾下肚后，他身心为之一洗，坐在案前，写了一首《闲中》诗：

说酒评歌谢不知，晴窗茶罢一伸眉。
铸成顽钝天何厚，想到鸿荒尔最宜。
梅下放翁贪睡久，柳边元亮得归迟。
闲中检点闲情绪，报答春光是小诗。

刚吟诵罢，却听屋外有喧哗声。出门一看，只见有许多人，拿着刀枪棍棒，朝他家的住宅包抄过来。他晓得来者不善，断喝道："为何私闯民宅？"

为首的举着一把刀，说："这分明是官宅。谁叫你侵占寺庙？今天要你的命！"

还没有等杨增荦争辩，便一刀砍了过来。

杨增荦左手一挡，右手一推，歹徒摔得一丈多远。他顺手捡起地下一根棍子，猛扫一阵，把七八个人撂倒在地。正好身边有一架楼梯，他一闪身上了屋顶，又随手把楼梯抽掉，迅速把瓦片及压在屋脊上的砖收拢，有敢贸然进攻者，就狠狠地砸。其中有一个不怕死的，提着一把斧头，爬上了屋，杨增荦夺得斧头，迅速把长袍脱下，罩在他头上，飞起一脚，把他踢下屋去。他与一众歹人僵持一两个小时，后申家的申心冬率众来救，他才得以脱险。

此事交给了新建县知县处理，杨增荦立刻回京。

按照大清律法，杀死朝廷命官，要三个人抵命。可佃户商量好，宁愿花三条命，获取寺庙及其田产。

此后，清泉庵虽是杨家子孙在居住，杨增荦却很少回来了。

宣统元年（1909）杨增荦保送外调，候补四川知府。一个京官，平级调任，无异于被贬，使他感到十分失落。

杨增荦向京师亲朋好友辞行，作《留别都中友好》长诗：“平居笑东方，玩世本非策。而我不自知，北游鬓已白。吏隐谁能兼？望古不可即。酒阑一登楼，搔首天地窄。蜀中名山窟，峨眉倚天碧。江源缭绕之，意可练金魄……”当时的同僚和社会名流，都纷纷赋诗饯别。后由赵熙、向楚、胡琳章三人合篇成册，题名《浮云集》，一时传为文坛韵事。

杨增荦在饯别好友的影响之下，托词身体不适，没有立即入蜀，回到江西老家调养。这时他刚满五十岁，赋《五十初度》四首，在之一中感慨道：“读书到底成何济？堕地分明是苦因。儿问边情怜客久，仆谙家计笑官贫……”这次回家，在枕畔遭到老妻的埋怨，颇有倦鸟归林，悔入仕途之感。

几天后，杨增荦来到武汉，准备乘船去成都。一日，他在黄鹤楼闲逛，邂逅两广总督张鸣岐。两人聊了一会儿，张要他奏调广东，任督署法科参事。

他到广东上任才几个月，适逢黄花岗起事，一时战火纷飞，衣物、诗稿尽失。他又想离开广东，仍去四川候补。他在写给亲家蔡慧卿的信中说：“增荦为粤友强邀南来，日日欲去，又为府主暨诸同事强留数日，乃值党人起事，所有衣物竟被杂人全行窃去，孑然一身，亦颇干净。日间已请假回江养病，并请资以便他日赴蜀，当蒙原谅，俯如所请矣！”

杨增荦在《病中别广州》诗中云：“大造何须问？危邦不可留……”已觉察到大清将亡。果然不出所料，次年辛亥革命，清帝退位，杨增荦成都知府的乌纱帽，自然也打水漂了。

紧接着，袁世凯上演了复辟帝制的把戏失败，又出现了主要以皖系、直系、奉系三大派系的军阀割据局面。时局犹如杜甫《可叹诗》云：“天上浮云似白衣，斯须改变如苍狗。”

杨增荦在《摸鱼儿·和梁隽》写道：

怪当年，不周山倒，可怜天缺难补。传车渐识华夷路，翻说地球如许春几度。且把酒登高，试看中原土。无端风雨。又海水群飞，江云乱拥，莽莽向谁语？

沉吟处，镇日呼龙唤虎，猛然参破今古。此时要觅中流柱，一倒英雄撑住。君莫舞，算蝼蚁鸾皇，都在神仙宇。闲愁休诉，待雾净烟空，星回月上，拂剑自容与。

1913年，张勋欲复辟帝制，邀杨增荦到帅府做秘书长，推辞不往。并说，共和政体为大势所趋，冒天下之大不韪者，徒取败辱耳。

1916年，杨增荦仍回北京，得任国史馆协修。次年，改任司法部秘书。梁启超一度保他为肃政使未成。他告知蔡慧卿说："梁任公曾以弟名保肃政使，弟官情灰冷，不欲滥测，幸当局见遗，得遂初志……"

不久，他便辞去了司法部秘书一职。

杨增荦晚年闲居京师，日以读书赋诗为事。正如魏元旷《蕉庵诗话》云："昀谷好吟咏，往来诸名士间。"与他交往的人士中，有章太炎、蔡元培、梁启超、杨度、陈三立、李叔同、齐白石、张大千、段祺瑞、张勋、张作霖等。

早在光绪二十七（1901），时任翰林院编修的刘廷琛，预感大乱将至，告假还乡，在庐山脚下建一所介石山房，读书其中，"潜究夫阴阳往复之机，治乱得失之本"，相时而动。当时，很多江西同僚经常前来拜望他。一天，张勋在介石山房喝得面红耳赤之际，见杨增荦匆匆赶来，更是酒兴大增。

当时，干杯叫献底。张杨二人尽同乡之谊，连献底三次。张勋说话都有一些结巴了。杨增荦好心劝他："少轩兄，你就不要再喝了。再献底，就要献丑了。"

张勋怫然色变，把酒盅往桌上重重一搁，下了桌，来到堂前。刘廷琛看出了一点苗头，过来问候。张勋咬牙切齿地说："杨昀谷向来轻狂，自以为是进士出身，拿这个放过牛打过长工的人来醒酒。我要杀掉他才解恨。"

刘廷琛说："少轩兄，此言差矣。昀谷其实是一片好心，怕你喝醉酒。是你想得太多了。"

张勋沉默了片刻，用中指下意识地弹了几下茶碗盖，说："有理，有理。"便与杨增荦握手言欢。

1926年6月，国民革命军开始北伐。来年3月24日攻下南京，国民政府于4月18日在南京举行了成立典礼。蒋介石以保定军校出身的身份，致电段祺瑞，邀其南游。意思是叫他放下屠刀，不要妨碍其统一大业。身为北洋政府临时执政的段祺瑞，一时难下决定。在一天半夜时分，段祺瑞派人把杨增荦接到官邸，请教国事。

杨增荦说："阁下身为临时执政，虽位极一国之尊，但北伐军顺人心，得大势，且蒋又叙师生之情电邀你南游，理应就之。若公然拒绝，而南京方面，师出有名，若引起战端，难免生灵涂炭。仅此一事，骂名千古矣。如若与之对抗，日后你便无立足之地。"

段祺瑞沉思良久，点头称善。

杨增荦在杨度的介绍下，与齐白石相识，常在一起谈诗画。白石老人说："我认为，我的诗最好，书法次之，画又次之。世人偏重吾画，不重吾诗与书，怪事怪事。"

杨增荦答道："足下虽自赏诗与书，我看诗与书虽工，总不及画与篆刻令人爱不忍释。"

白石愤然道："原来你也抱世俗之见，那就不算是我的知己了。"

语毕，二人相对大笑。

此后，白石老人经常送诗稿来就正，杨增荦却总是向他索画，请他刻印章。白石老人送给杨增荦的一张《秋海棠》彩色条幅，上有白石老人自题绝句一首："七月秋风老手凉，卷帘斜日射书床。由翁把笔忙何苦，争得秋光上海棠。"杨增荦也在画上题了七绝二首："秋光满地化胭脂，犹记当年十八时。一自杜兰香去后，背人终日泪丝丝。""日下从来无好梦，尚余萧寺得秋光。安禅袛合空诸有，哪有闲情赋海棠。"

此画原由杨圣希收藏。中华人民共和国成立后的一天，杨圣希砍柴下山，见土改队在他家抄家，正打道回府。其中名人字画、信札不计其数。杨圣希的心在滴血。他抛下柴担，装做内急，抽一张纸，揉成一团，往茅厕跑去，展开一看，正是这幅《秋海棠》。这些字画，在贫下中农眼中一文不值。他很后悔没有多抽出几张。为了这幅画不被销毁，他便借故去南昌卖柴，将此画卖给南昌市瓦子角钧庐古玩店，被南昌铁路局一个姓陆的秘书买了去。据说王咨臣老先生晚来一步，没有买到。

杨增荦还请林彦博、李霈两名画家，合画了一幅《紫阳山图记》，还亲自写了题记：

西山在豫章城西，一名厌原，迤北五十里，有峰曰紫阳。予童子时，习闻长老称其胜。今年正月，偕宗人楚叟、雪生始造峰顶，憩于邓仙坛。坛之梁柱椽壁，皆取斑石，不杂一木。坛下有塔藏，高峰骨九具。西有石洞，为邓真人沐浴处。又南则巨石叠架，为仙人床……

杨增荦认识张大千时，张大千名气并不大，很多人得到他的画就随便乱丢，画作多被遗失。杨增荦独具慧眼，评价他的画："既不失古人规矩，又不为古人规矩所囿。"还将张大千的作品，更换悬挂，表示珍重。张大千每次来访，都很感动。张大千离开北京后，常寄诗稿求正。

后来张大千携带作品东渡展出，一鸣惊人，轰动日本。归国后，其画的价格扶摇直上。张大千为报知遇之恩，特意画了一幅《海水天风图》立轴，送给杨增荦，双方都有题咏。

我听杨圣希说，他父亲杨墨农常用的折扇，就是张大千画的扇面。画面是远山近水，一叶孤舟上，两位高士在对弈。岸边两棵垂柳，寥寥几笔，却令人有一种萧疏淡雅之感。上款是："云老雅玩。"下款是："壬申六月大千张爰。"另一面是叶恭绰用行书写宋人叶石林的诗。诗后几句跋语："大千之画有骨无肉，余之书有肉无骨，大千之画非余之书孰与偶？此书此画，非襟抱空阔如昀谷者，又孰肯受之？"这把折扇，国难的时候，在流亡途中丢失。

杨增荦不拘小节，经常与交通总长叶恭绰，同卖冰糖葫芦和卖菜的小贩共进晚餐，还谈笑风生，引吭高歌。

同乡好友曾写信规劝："近闻足下交游太广太杂，比如泾渭合流，泾水虽清，久之必损其清，添为知己，不敢不以肺腑之言相告，足下阅历已深，道力坚定，当有所悟而善处之。"

杨增荦回信说："诚如所言，要知泾渭同流，泾虽损其清，渭亦减其浊矣，苟有益于世道人心、仆岂敢为避免物议而洁身自好，任浊水愈流愈浊而不顾耶？"

杨增荦有个叫奎八的家人，已去世多年。一天，他发现他的墓，地势很低，湿气很重，杨增荦拿出身上仅有的千余元，为之另筑坟茔。他家没有生活来源，由他生前，按时供给。

林纾《送杨昀谷入蜀序》，开头便写道："昀谷所居，书高于屋。"

赵熙《下里词送杨使君》中有云："一担行囊半担书，争看太守到成都。"

杨增荦在京，多居住在新建县会馆里，平时省吃俭用，节约下来的钱多用于买书。陶菊隐《近代轶闻》说他："布衣蔬食，出必徒步，躬亲操作，自食其力。"他的足迹遍及全国各地，收集孤本、善本图书，藏书数万册，为国内学术界所钦仰。书房悬挂自书张潮《幽梦影》条屏云："藏书不难，能看为难；看书不难，能读为难；读书不难，能记为难；能记不难，能用为难。有力量读书谓之福，有学问著书谓之福。"

晚年的杨增荦，只觉得人生如梦如幻。自己奋斗一生，所谓的理想事业，只是竹篮打水一场空。天也空，地也空，人生渺茫在其中。他便关起门来，潜修佛乘，逃避现实。正如《诚斋有说露谈风有典章句能道蝉之深际喜而足成》诗云：

病后早知身是幻，秋来但觉意俱凉。

碧桐枝上修琴谱，红藕花中作道场。

斜日断鸿俱下拜，澹烟归鹭久徊徨。

诚斋老子无虚美，说露谈风有典章。

民国二十二年（1933）十一月二十四日丑时，杨增荦在天津去世，享年七十四岁。卜葬仙里熊祠前观山，是为乌鸦扑翅地。两边有青山环护，有将军岭、芙蓉岭、骆驼岭。杨增荦与姐夫熊秀玉请杨度画过《三峰玩月图》。

老先生著作甚丰，多已遗失，今存《寅寮睡谱》二卷、《昀谷先生遗诗》八卷，另有《补余》一卷、《浮云集》一卷。

时至2018年年底，《杨昀谷诗文校注》由江西高校出版社出版，此书是由樊茜女士校注的。

有人评价其诗："学王维之高秀，白居易之平易，苏东坡之旷逸，黄山谷之遒健。风骨峻深，秀外腴中，苍润疏秀，晚年诗作尤有禅趣理趣。"

杨增荦在论诗时曾说："诗须句句以情事纬之，诗贵近思，又贵有远神。诗不可落论宗，《书谱》有迅速、淹留二义，作诗亦然，气行快矣，必用一句留之，相间成章，自然入格。唐贤高格，行气不尚疏快，此乃正法眼藏也。行气总以回合宛转为要，恐其去而不留也。"

杨增荦先生，乍看只是一介任诞、简傲的书生，实则胆识过人，有王佐之才。虽时运不济，命运乖蹇，倒也担风袖月，诗酒一生。

朱权墓幽思

那是在20世纪70年代，美国叩问太空，发射宇宙飞船，寻找外星人，经过反复筛选，选用了中国古琴曲《流水》制成的唱片，播放古琴曲。弹奏古琴曲的古琴便是“飞瀑连珠”。“飞瀑连珠”为明代四大王琴之首，为明宁王朱权亲斫。

朱权何许人也?

他是大明开国皇帝朱元璋的第十六子，十三岁时，就册封宁王，镇守大宁（今长城以北锦州、承德一带），凭他的文治武功，威震北疆。

他是大音乐家。历时十二载，推出的《臞仙神奇秘谱》，为我国现存刊印最早的琴谱。今日广为流传的《高山流水》《梅花三弄》《广陵散》等名曲，都是从这位王爷的琴谱中、琴匣中飘散开来，甚至渗透到每一个中华儿女的精神气质中。

他是一位造诣很深的戏剧学家。著有《太和正音谱》《琼林雅韵》《务头集韵》等戏曲论著。创作的杂剧有《瑶天笙鹤》《私奔相如》《豫章三害》等十二种。

他，是茶道大师朱权，创作了《茶谱》一书，是我国提倡清饮的第一人。他对洪崖丹井泉钟爱有加，称此泉为天下第三泉。

他是道教的信奉者。在“靖难之役”之后，只有到太虚幻境里，寻找精神的自由，灵魂的避难所。

朱权，生于洪武十一年（1378）五月一日。号涵虚子、丹丘先生，自号南极遐龄老人、臞仙、大明奇士。他本是朱元璋第十七子，但因他家的老九两岁夭亡，故多称其为十六子。其母杨贵妃。他自幼聪颖，博学多才，精通经、史、佛、道等书。

焦竑《献征录》记载：朱权“生而神姿秀朗，白皙，美须髯，慧心天悟。始能言，自称大明奇士，好学博古，诸书无所不窥。旁通释老，尤深于史”。

洪武二十四年（1391）四月，朱权才十三岁，被册封为宁王，镇守大宁，拥有大小城池九十座，甲兵八万人，革车六千辆，部下蒙古兀良哈部泰宁、福余、朵颜“三卫”的骑兵都骁勇善战。“东连辽左，西接宣府”，是为军事重镇。

他多次会同诸王出师塞外，肃清沙漠一带兵乱，表现尤为突出。就连皇帝对他也是独钟爱之。

《明通鉴》记载："太祖诸子，燕王善战，宁王善谋。"

朱皇帝马上得天下后，把自己二十几个儿子分封在各地，紧接着大肆屠杀文臣武将逾四万人，总以为从此可以海晏河清、江山永固。

据尹守衡《明史窃》记载：

太祖曾对太孙曰："朕以御虏付诸王，可令边尘不忧，贻汝以安。"太孙："虏不靖，诸王御之；诸王不靖，孰御之？"太祖默然，良久曰："汝意何如？"太孙曰："以德怀之，以礼制之，不可则削其人，又不可则废之，又甚者则举兵伐之。"太祖曰："是也，无以易此也！"

太孙即朱允炆。其时，太子朱标已死，朱允炆晋升为皇位的继承人。

几年后，大明王朝便祸起萧墙。

洪武三十一年（1398），朱元璋驾崩，朱允炆即位，是为建文帝。燕王朱棣要南下夺侄子的皇位，又怕朱权发难勤王，便将他挟持到北京，许下两人平分天下的诺言。

建文元年（1399），朱棣发动政变，开始了长达四年的"靖难之役"。1403年6月，朱棣登基，史称明成祖，迁都北京，年号永乐。朱棣不但没有履行诺言，反而突然袭击，解除了朱权的武装，改封他到南昌。

明永乐元年（1403）一个春寒料峭的早春二月，时年二十五岁的朱权来到了南昌。当他第一次打开朱红色的王府大门时，却有一股阴森森的冷气扑面而来，他不禁打了一个寒战。

他在南昌，名义上是王，朱棣却不允许他按王府的规模建宅，他就住在原江西布政司的官邸里，即今日子固路省京剧团一带。

这几年的征战杀伐，让他亲眼看见了生灵涂炭，骨肉相残。这一幕幕，让他触目惊心，噩梦连连。他更加懂得老子《道德经》所说"天地不仁，以万物为刍狗；圣人不仁，以百姓为刍狗"的内涵。

他总觉得远在北京，有一双充满杀气的眼睛，无时无刻不在盯着自己，总让他不寒而栗。

他曾作《日蚀》一诗中，吐露了自己的心曲：

光浴咸池正皎然，忽如投暮落虞渊。
青天俄有星千点，白昼争看月一弦。

蜀鸟乱啼疑入夜，杞人狂走怨无天。

举头不见长安日，世事分明在眼前。

他只好来到了南昌近郊的西山，构筑精庐，或读书鼓琴，或谈诗作文，或寄情山水，或品茶论道。

永乐二十二年（1424），明成祖驾崩，仁宗朱高炽继位。朱权是一个有着英雄气概的人，十分怀念在大宁快马加鞭，驰骋疆场的日子。一日，他给侄子上书说，南昌本来不是他的封地，要求回大宁。

仁宗驳斥道："南昌之地，叔父受之皇考已二十余年，非封国而何！"

一句话就被顶回来了。

此后，朱权意志消沉。

朱权著的《臞仙神奇秘谱》，为我国现存刊印最早的琴谱，是他历时十二载，反复琢磨、校正才写成。上卷为《太古神品》，共十六首琴曲，包括《高山》《流水》《广陵散》《阳春》等。中、下卷为《霞外神品》，共三十四首琴曲，包括《梅花三弄》《昭君怨》《离骚》《大胡笳》等。

朱权在对《梅花三弄》的解题中说："桓伊出笛作梅花三弄之调，后人以琴为三弄焉。"

《梅花三弄》，又名《梅花引》《梅花曲》。最早名为《梅花三调》，是由东晋名士桓伊在江州（九江）当刺史时创作的。

桓伊，小字子野，谯国铚县人（今安徽濉溪），擅长吹笛，时称江左第一。《世说新语·任诞》："王子猷出都，尚在渚下。旧闻桓子野善吹笛，而不相识。遇桓于岸上过，王在船中，客有识之者，云是桓子野。王便令人与相闻，云：'闻君善吹笛，试为我一奏。'桓时已贵显，素闻王名，即便回下车，踞胡床，为作三调。弄毕，便上车去。客主不交一言。"

《大明一统志》载：桓伊墓在江西南昌城南门外（今青云谱区石马村）。

那是一个寒冬腊月的一天，朱权正在洪崖丹井抚琴，彤云密布的天空，突然飘起了鹅毛大雪。他披上鹤氅，头戴纶巾，挟着自制的"飞瀑连珠"古琴，对两个童子说："走，我们踏雪寻梅去。"

朱权携童子，踏着积雪，翻山越岭，不多时，来到了紫阳山下的翊真观。观前的两棵"义松"在大雪的覆盖下，显得越发清荣峻茂，卓尔不群。"义松"的得名，是因为两树相距五尺，居然枝干合一，结为连理。南宋黄庭坚慕名而来，曾作《义松赞》颂之。朱权绕着"义松"流连了片刻，便和观中道人喝了一通茶，听说山之巅，有一树古梅正开着，很是欢喜。

朱权等不及吃中饭，便开始登山。

山中平时也有几个道士，如今却不甘山中的寒冷，下山去了。朱权来到紫阳宫后的山巅，却见山顶至山脚，乱石叠起，纵横数里，势如万马奔腾。

在一丛乱石中，有一株古梅，老干虬枝，满树梅花，素雅明艳，清香悠远。朱权选了一个背风雪的石坎下，扫开积雪，搁好了琴，吩咐童子汲山泉煮茶。几杯茶下肚后，他神清气爽，开始抚琴。极目远望，天高地远，山川大地，白茫茫一片。他顿时有一种飘飘欲仙的感觉，神交千古。他想起了桓伊先生在九江用笛子创作的《梅花三调》，觉得其旋律虽美妙，但不是尽善尽美，想要完善这支曲子。

朱权在这空旷的山野中，反复弹奏着，曲调如泣如诉，响彻云霄，表现了梅花傲雪凌霜的高洁品性。借物咏怀，通过梅花，来赞颂古今具有高尚节操的志士仁人。结构上采用循环的手法，主题反复出现三次，朱权灵机一动，便把它改作了《梅花三弄》。

朱权就这么一“弄”，弄得感天动地，弄得云开日出，弄得山欢水笑。

今日是下雪天，我上紫阳山，穿过时空隧道，似乎还隐隐约约能听见这位仙风道骨、多才多艺的王爷，演奏的那不绝如缕，如泣如诉的琴声。

早在明洪武三十一年（1398），朱权就出版了《太和正音谱》。此书又称《北雅》，分上下二卷。内容可分为戏曲理论和史料、北杂剧的曲谱两部分。依据北曲十二宫调，选录三百五十个北曲曲牌。《平沙落雁》和《秋鸿》是琴乐中非常重要的曲目，取意“借鸿鹄之远志，写逸士之心胸”，格调高远，不同凡响。

朱权还创作了杂剧十二种：《瑶天笙鹤》《白日飞升》《独步大罗》《辩三教》《九合诸侯》《私奔相如》《豫章三害》《肃清瀚海》《勘妒妇》《烟花判》《杨娭复落娼》《客窗夜话》。

朱权的戏剧制作，分前后两部分。

前部分为儒家入世思想。作为一个受到父皇赏识的皇子，他自然意气风发，歌功颂德，粉饰太平。他借历史故事，宣扬大明国威，同时抒发个人抱负。在《私奔相如》中，借司马相如唱道：

世习儒业，少有大志，负着琴剑出门求仕，将及四旬，还不遇时，不禁仰天悲叹道：凭着我志轩昂，气飞扬。趁着这禹门三级桃花浪，一天星斗焕文章。夫子四十而不惑，子牙八十遇姬昌。我如今三旬已过，只他何处是行藏？

后部分为道家出世思想。他被改封南昌，实为流放，受到监视，便脱离政治，寄情山水，寻仙问道。

《独步大罗天》自我色彩很重，剧中主人，其实就是自我写照。第二折唱道：

贫道复姓皇甫，名寿，字泰鸿，道号冲漠子，濠梁人也。生于帝乡，长居京辇。为厌流俗，携其眷属，入于此洪崖洞天，抱道养拙。远离尘迹，埋名于白云之野；构屋诛茅，栖迟于一岩一壑。近着这一溪流水，靠着这一带青山，倒大来好快活也呵！岂不闻百年之命，六尺之躯，不能自全者，举世然也。我想天既生我，必有可延之道，何为自投死乎？

第四折众仙唱［折桂令］："一篇词上叩穹苍。一片诚心，一瓣真香。诉只诉一世人一世荒唐，一事无成，一计无将。"吕洞宾唱［收江南］："从今后，尽叫他前人田土后人收，一任他一江春水向东流。"

朱权在《太和正音谱》序中说："礼乐之和，自非太平之盛，无以致人心之和。"他强调戏剧对民间礼仪的教化作用，也表达了人生如戏亦如梦的思想。

前不久，我看过明代著名画家仇英的《松亭试泉图》，只见林壑之间，飞瀑之下，一楹茅舍前，有一位身穿鹤氅，头戴纶巾的老者，带着两个童子，正煎水煮茶。据说，画中老者就是朱权。

《松亭试泉图》所绘，就是这位王爷当年在梅岭汲水煮茶的情景吧。

从滕王阁眺望梅岭："西有山焉，云烟葱茏，岩岫蓊郁，千态万状，毕献于其前。"

梅岭地处亚热带，气候温和，空气湿润，雨量充沛，云雾缭绕，加上带有酸性的腐殖质土壤，含有丰富的氮、磷、钾等元素，这里生长出的茶树，叶片肥壮，柔软细嫩。茶叶制成后，具有青翠多毫，外形美观，汤色黄泽明亮，香浓味醇等特点。

梅岭茶叶，以山高雾大的鹤岭为最，曾屡获"贡茶"殊荣。五代十国蜀毛文锡《茶谱》载："洪州西山白露鹤岭茶，号绝品。"

明孙汝澄游记云："香城、罗汉坛产茶，色味如煮青子，汤可解酲。"

得意喝酒，失意喝茶。朱权乃神仙一流人品，聪慧过人，喝茶也喝出一部《茶谱》来。

《茶谱》全书除序外，分十六则，立足于品茶的环境、种类、器具、程序、鉴赏和心得六个方面。

我国明代以前，茶叶制法，先将鲜叶蒸一下，然后捣碎，杂以各种鲜花，焙干后封存。喝时，用火煎煮。

据南宋赵希鹄《调燮类编》记载：

木樨、茉莉、玫瑰、蔷薇、兰蕙、橘花、栀子、木香、梅花，皆可作茶。诸花开时，摘其半含半放，香气全者，量茶叶多少，摘花为伴。花多则太香，花少则欠香，而不尽美，三停茶叶一停花始称。嫁入木樨花，须去其枝蒂及尘垢、虫蚁，用磁罐，一层茶，一层花，相间至满，纸箬扎固入锅，重汤煮之，取出待冷，用纸封裹，置火上焙干收用。诸花访此。

朱权却一改以前的方法，主张保持茶叶的本色真味，顺乎自然之性。

朱权认为："茶乃天地之物，巧为制作，反失其真味，不如叶茶冲泡，能遂自然之性……盖羽多尚奇古，制之为末，以膏为饼。至仁宗时，而立龙团、凤团、月团之名，杂以诸香，饰以金彩，不无夺其真味。然天地生物，各遂其性，莫若叶茶。烹而啜之，以遂其自然之性也。予故取烹茶之法，末茶之具，崇新改易，独树一帜。"

朱权说饮茶是"傲物玩世之事……予尝举白眼而望青天，汲清泉而烹活火。自谓与天语以扩心志之大，符水火以副内炼之功。得非游心于茶灶，又将有裨于修养之道矣"。

饮茶的最高境界："会泉石之间，或处于松竹之下，或对皓月清风，或坐明窗静牖，乃与客油腻款语，探虚立而参造化，清心神而入迷表。"

他要求茶客必须是清客，"栖神物外，不伍于世流，不污于时俗。或会于泉石之间，工处于松竹之下，或对皓月清风，或坐明窗静牖，乃与客清谈款话，探虚玄而参造化，清心神而出尘表。命一童子设香案携茶炉于前，一童子出茶具，以瓢汲清泉注于瓶而炊之。然后碾茶为末，置于磨令细，以罗罗之，候将如蟹眼，量客众寡，投数纪匕于巨瓯，置之竹架，童子捧献于前"，和这样的人在一起品茶，才能"清谈款话，探虚玄而参造化，清心神而出尘表"，抵达清茶清谈、饮谈相生的清境。

对于品水，朱权写道：

青城山老人村杞泉水第一，钟山八功德第二，洪崖丹潭水第三，竹根泉水第四。或云：山水上，江水次，井水下。伯刍以扬子江心水第一，惠山石泉第二，虎丘石泉第三，丹阳井第四，大明井第五，松江第六，淮江第七。又曰：

庐山康王洞帘水第一，常州无锡惠山石泉第二，蕲州兰溪石下水第三，硖州扇子硖下石窟泄水第四，苏州虎丘山下水第五，庐山石桥潭水第六，扬子江中泠水第七，洪州西山瀑布第八，唐州桐柏山淮水源第九，庐山顶天池之水第十，润州丹阳井第十一，扬州大明井第十二，汉江金州上流中泠水第十三，归州玉虚洞香溪第十四，商州武关西谷水第十五，苏州吴松江第十六，天台西南峰瀑布第十七，郴州圆泉第十八，严州桐庐江严陵滩水第十九，雪水第二十。

《茶谱》记载的饮茶用具有炉、灶、磨、碾、罗、架、匙、筅、瓯、瓶等。

朱权来到南昌后，一心向道，静心研读老子《道德经》、庄子《南华经》、张道陵《正一经》、葛洪《抱朴子内篇》等道学经典，还常与西山万寿宫、龙虎山的道人来往。

在四月间，朱权邀四十三代天师张宇初，花了二十多天时间，云游梅岭诸峰，独独看中了梦山附近的缑岭。

张宇初说："宁王殿下，你看这地形很像凤凰展翅，你在凤头建一宫殿修炼，百年之后，准成正果。"

朱权笑了，说："我是个归隐山林之人。经过了这些年的变乱，年纪虽轻，心已老，还要有什么凤凰展翅之志。这里面朝东方，叫丹凤朝阳地。哦，就叫燕子饮水地好了。"

朱权踩好了地，经过一番精心设计，在十月间便破土奠基。

一日，张宇初回龙虎山，朱权还写了一首《送天师》：

霜落芝城柳影疏，殷勤送客出鄱湖。
黄金甲锁雷霆印，红锦绦缠日月符。
天上晓行骑只鹤，人间夜宿解双凫。
匆匆归到神仙府，为问蟠桃熟也无。

这首诗后来选入《千家诗》中。

几年后，道宫建成，朱权撰写了《神隐志》进呈皇兄说："今西山之巅，有庐存焉，可以藏吾之老；西江之曲，有田在焉，可以种吾之禾；壁间有琴，可能乐吾之志；床头有书，可以究吾之道；瓮内有酒，可以解吾之忧……或醉卧醒时，精神尚倦，乃向松根石上箕踞而坐、太山列屏于前，满眼皆如故人。白云出没，如与吾之相揖。慨然有思，勃然有志，此山间之豪杰也。不觉与造成化俱化，其斯乐岂可一人共语哉？而吾自得之可为不凡于志矣。"

朱棣看完，呵呵一笑，觉得兄弟很知趣。自古道，一山不藏二虎，你归隐泉林，一心向道，才是正道。于是，亲书“南极长生宫”匾额，赏赐朱权。

时任国史总裁的南昌人胡俨，在《敕赐南极长生宫碑记》写道：“南极长生宫，在豫章西山之仙源。峰峦奇耸，蜿蜒盘礴，冲气之所钟，灵秀之正脉也。西山乃道家三十六洞天之十二洞天，而仙源之水，出自萧峰，萦回六十余里，凑筠河而会大江，山川环合，天造地设，非寻常山水之可拟伦。……是宫之建，前殿曰南极，后殿曰长生。左侧为泰元之殿，冲霄之楼；右曰璇玑之殿，凌汉之楼。长生后是寿星阁，阁之前置石函，以记修真之士，六十年之期，遂于领峰顶建飞升台，以俟冲举者。宫之前曰遐岭洞天，中门曰寿亭，以为群真乐道燕享之所。阁之左有圜室焉，以居云游修正之士。又筑神丘於宫之侧，萧仙坪之下……”

朱权在此，或设坛祭天，或诵读经文，可有人却向朱棣诬告，说朱权居心叵测，在赌咒朝廷。

不久，朱棣派胡俨来到南昌，打听情况。两人只用哑谜对话，朱权问：“京中柴米今如何？”胡俨回答说：“但闻天子圣恩多。”

其实，朱权是打听南京城中政局如何。胡俨答说天子正广施恩德，叫他潜心修道。

朱权作《壶天神隐记》以明志：“予生于疆宇宴安之日，值幽闲娱老之年，缅思曩昔经涉之务，勃然惩怆，是以心日以灰，志日愈馁矣。于是屏绝尘境，游泳道学，身虽汩于华衮，心已外于极。但日常飞神玄漠，出入天表，纵神辔，策罡飙，乘白云，谒虚皇。稳岸天巾，振衣霄汉。长啸则海天失色，謦亥欠则万籁风生。俯视寰壤，涉渺焉一点青烟，半泓秋水。”“每杯惊鸿避影之思，则有破樊笼出尘网之志。……盖有志于泉石，可与吸风饮露者道。”

朱权的道家著作主要有《救命索》《天皇至道太清玉册》等。

宋朝范成大《重九日行营寿藏之地》诗云：“纵有千年铁门槛，终须一个土馒头。”

朱权六十四岁，便在南极长生宫后，开始为自己修建生圹。

朱权于正统十三年（1448）九月十五日薨，享年七十一岁，谥献，又称宁献王。一生著述，有一百三十多种。

南极长生宫在风雨数百年后，毁于日寇战火。今唯有离墓室二百米远，有一对华表，巍然耸立。这对华表高二丈，两抱多粗，上面刻满文字及无人破译的道家符箓。顶端各雕有一蹲石兽，似在叩问苍天。

墓室隐于山中，深三十多米，最宽处有二十余米，高四米多，由前室、中室、后室及耳室组成。后墙居中有一个石龛，是为供奉神像处。

这座地下宫殿，于1958年由江西省文物管理委员会发掘。

据目击者说，墓室还没有打开，就有许多人来围观。新建县公安部门怕有人哄抢文物，进行了戒严。打开墓室，里面涌出一股刺鼻的霉味，寒气袭人。开始只派了六七个人，一盏手电光射进去，可手电光很快被雾气蒙住。于是换成用火柴点蜡烛照明。墓室为青砖砌成，顶端呈卷棚状，地上撒满了石灰。后室有停放棺材的台子，高约一米。棺材已经散架。朱权尸体腐而未溃，口含一枚金钱，体压大小金钱二行，每行六枚。此外，墓中还有金簪、玉帛、道冠、铜暖锅和锡制鎏金明器等物品。这些文物已收藏在省博物馆里。

宁献王朱权圹志：

王讳权，大明太祖高皇帝第十六子。母杨氏。王生于洪武十一年五月初一日（1378年5月27日）。二十四年四月十三日册封为宁王。二十七年三月二十三日之国大宁。永乐元年三月初二日移国江西南昌府。王天性口实，孝友谦恭，乐道好文，循理守法。皇上绍录大统，以王至亲，恩礼加厚。而王事上，益谨弗懈。正统十三年九月十五日（1448年10月12日）以疾薨，享年七十有一。讣闻，上感悼辍视朝三日，赐谥曰献，遣官致祭。先是豫营坟园于其国西山之原。比薨，以正统十四年二月二十一日，葬焉。妃张氏，兵马指挥张泰之女，先薨。子六人。长庄惠世子磐口；次未名；皆先卒。次临川王磐烨：次宜春王磐口；次新昌王磐炷；次信丰悼惠王磐口女十四人，俱封郡主。孙男八人。宁世孙奠培，临川长子奠堜，宜春长子奠增，镇国将军奠口、奠垒、奠口、奠口。孙女十二人，封县主四人，余在室。曾孙十人，未封。于乎！王以帝室至亲，藩辅老成，进德之功，逾老不倦。敬上惠下，始终一成，比之古昔贤王，殆不多让。正宜藩屏朝廷，永膺多福。而遽至大故，是固有命。然福寿兼全，哀荣始终，亦可以无憾矣。谨述大概，纳绪幽圹，用（永）垂不朽云。谨志。

正统十四年二月十一日。

××，如今朱权的茶道及对音乐、戏剧等艺术方面的影响，已浸透在南昌人日常生活中。朱权的后人中，就出现过八大山人这样泰斗级的艺术家。

人各有志。与朱权截然不同的是，他的四世孙朱宸濠先生，就不甘心喝茶的命运，于正德十四年（1519）六月，伪称奉太后密诏，起兵十万，欲夺皇位。可历时才四十三天，便折戟沉沙，落得个焚尸扬灰的下场。

显而易见，朱权学道也好，品茶也好，鼓琴也好，不仅是一种操守、一种文化，更是人生的一种大智慧、大境界。

云堂古桂

那是在 1994 年一个丹桂飘香的秋日，我第一次来到云堂寺赏桂。

这里，群峰环拱，白云缭绕，翠竹满山，气象清幽。

云堂寺乃古西山八大寺庙之一，曾经殿宇巍峨，气势磅礴，以“寺大僧佛多”而著称。如今，却已是一个断垣残壁，满地瓦砾的废墟。瑟瑟的蒿草中，虫声唧唧，它们好像在为独占这块风水宝地而自鸣得意。

古桂本来是一金一银，位列于寺的左右。很可惜，左边的金桂已枯死，右边的那株银桂在秋风中花香如故。

这棵幸存的古桂为一蔸双株，都在一搂多粗，十多米高，其中一株的树蔸处，被岁月的风雨侵蚀得只剩半爿，犹如半卷残破的旧唐诗一般，韵味盎然。它，依然枝繁叶茂，花满枝头，芳香浓烈，比一坛刚开封的陈年老酒还要醉人。

相传，古桂为晚唐名僧贯休手植。

贯休，浙江兰溪人，生活在晚唐、五代时期。他俗姓姜，字德隐，号禅月大师，又称得来和尚。

贯休本来生在殷实的书香门第，在他七岁时，家道败落，不要说读书，就是温饱也成了问题。父母万般无奈，才把他送到兰溪和安寺出家，拜圆贞长老为师。贯休天资聪颖，学一知十。他每日诵习佛经一千字，转眼就能背诵。“十余岁，已发心念经，精修之余，极喜吟咏，与邻人时相唱和，未至弱冠，诗名已著，远近皆闻。”

贯休二十岁受戒后，“去洪州开元寺听讲《妙华莲华经》。不数年间，请敷法座，广演斯文，尔后兼讲《起信论》”。

洪州开元寺，即今日南昌佑民寺。

佑民寺始建于南朝梁天监年间，初名上兰寺。唐开元年间，更名开元寺。在民国年间，上兰寺才改为佑民寺。

其时，开元寺乃江南佛学中心，名僧云集，洪州禅便由此发源。

洪州禅，又称洪州宗，与石头宗并列，为唐代禅宗两大派系之一，是由六祖惠能门下分出。洪州禅的特点：或有佛刹，扬眉动睛，笑欠謦咳，或动摇等，皆是佛事。

一日，贯休来到西山云游，经过云堂寺，便喜欢上这里的清静和秀雅，不久便来此住持佛事。

贯休在西山的《山居诗二十四首》之一中写道：

休话喧哗事事难，山翁只合住深山。
数声清磬是非外，一个闲人天地间。
绿圃空阶云冉冉，异禽灵草水潺潺。
无人与向群儒说，岩桂枝高亦好扳。

这是一首描写云堂寺自然景物的诗。作者不但在山水丛林中体悟禅理、禅趣，还鲜明地衬托出一个出家人闲适、恬淡的心境。

贯休《山居诗二十四首》，描述了作者在西山一些日常生活及见闻，但通过作者巧妙的剪裁和勾画，都是那样形象生动、清新质朴、意境幽远。如“养竹不除当路笋，爱松留得碍人枝”“拾栗远寻深涧底，弄猿多在小峰头”“虽然不是桃源洞，春至桃花亦满蹊”“焚香开卷霞生砌，卷箔冥心月在池”。这样的诗，看似随手拈来，其实只有匠心独运，心远地自偏的闲人，才能写得出。

常言道：世间最苦是闲人。但对于贯休这样的艺术家来说，闲能念般若波罗蜜经，闲能游山玩水，闲能吟风弄月，闲能写诗作画，闲能谈玄论道。

正是：谈玄论道凡心远，念佛烧香禅意生。

贯休诗好，画更好。我们在寺庙中通常所见的十八罗汉，就是根据他画的十六罗汉图演变出来的。

宋人郭若虚《图画见闻志》记载：“尝睹所画水墨罗汉，云是休公入定观罗汉真容，后写之，故悉是梵相，形骨古怪。其真本在豫章西山云堂院供养，于今，郡将迎请祈雨，无不应验。”

贯休在云堂寺，根据如来十六弟子，画了著名的十六罗汉图，笔法坚劲，罗汉们被画得骨相奇特，粗眉大眼，丰颊高鼻，形象夸张：“或闭目岩中，或抱膝独坐，或双手合十，或趺坐盘陀……”

至今，梅岭民间还流传着《贯休画罗汉》的故事。

时至清代乾隆二十二年（1757），弘历皇帝根据贯休的十六罗汉图，加上斯里兰卡高僧庆友和我国的玄奘大师，把他们合称十八罗汉。至于后面两位罗汉，众说纷纭，版本不一。

蜀中诗人、翰林学士欧阳炯，曾奉命作《禅月大师应梦罗汉歌》：

西岳高僧名贯休，孤情峭拔凌清秋。

天教水墨画罗汉，魁岸古容生笔头。
时捐大绢泥高壁，闭日焚香坐禅室。
或然梦里见真仪，脱去袈裟点神笔。
高抬节腕当空掷，窸窣毫端任狂逸。
逡巡便是两三躯，不似画工虚费日。
怪石安排嵌复枯。真僧列坐连跏趺。
形如瘦鹤精神健，顶似伏犀头骨粗。
倚松根，傍岩缝，曲录腰身长欲动。
看经弟子拟闻声，瞌睡山童疑有梦。
不知夏腊几多年，一手搘颐偏袒肩。
口开或若共人语，身定复疑初坐禅。
案前卧象低垂鼻，岸畔戏猿斜展臂。
芭蕉花里刷轻红，苔藓纹中晕深翠。
硬筇杖，矮松床，雪色眉毛一寸长。
绳开梵夹两三片，线补衲衣千万行。
林间乱叶纷纷堕，一印残香断烟火。
皮穿木屐不曾拖，笋织蒲团镇长坐。
休公休公，逸艺无人加，声誉喧喧遍海涯。
五七字句一千首，大小篆书三十家。
唐朝历历多名士，萧子云兼吴道子。
若将书画比休公，只恐当时浪生死。
休公休公，始自江南来入秦，于今到蜀无交亲。
诗名画手皆奇绝，觑你凡人争是人。
瓦棺寺里维摩诘，舍卫城中辟支佛。
若将此画比量看，总在人间为第一。

欧阳炯工诗词，又擅长吹笛，是残唐五代花间派的重要作家。这首诗，笔力苍劲，又具有浪漫色彩，生动地描摹了众罗汉的各种神态，也高度评价了贯休的绘画艺术成就和深远影响。

当然，这个天才诗人和画家，犹如闲云野鹤，更多的时间是云游各地。

唐乾宁二年（895），贯休因避黄巢之乱，至杭州，谒吴越武肃王钱镠，作《献钱尚父》诗：

贵逼人来不自由，龙骧凤翥势难收。

满堂花醉三千客，一剑霜寒十四州。

鼓角揭天嘉气冷，风涛动地海山秋。

东南永作擎天柱，谁羡当年万户侯。

“十四州”是指吴越国割据的地盘。钱镠有心称帝，见到此诗，派人向贯休传话：把诗中的“十四州”改成“四十州”，我才接见。贯休回答说：“州难添，诗亦难改。闲云野鹤，何天而不可飞？”就拂袖而去。

贯休虽说是“跳出三界外，不在五行中”，所到之处，却无时无刻不在关心民间疾苦。他的许多诗，对贪官污吏进行了讽刺和批判。他滞留荆州时，依附过荆州节镇高季兴，写《酷吏词》讽刺他：

霰雨灂灂，风吼如劚。

有叟有叟，暮投我宿。

吁叹自语，云太守酷。

如何如何，掠脂斡肉。

吴姬唱一曲，等闲破红束。

韩娥唱一曲，锦段鲜照屋。

宁知一曲两曲歌，曾使千人万人哭。

不惟哭，亦白其头，饥其族。

所以祥风不来，和气不复。

蝗乎蠈乎，东西南北。

荆南节度使成汭，很羡慕贯休能写一手好字，曾向他请教笔法。贯休敷衍他说：“此事须登坛而授，岂容草草！”因此得罪了成汭。

天复三年（903），七十岁的贯休说：“吾闻岷峨异境，山水幽奇，四海骚然，一方无事。”遂决定溯江入蜀。他随身带着一瓶一钵，长途跋涉，来到四川，写了一诗投蜀王王建：

河北江东处处灾，唯闻全蜀匆尘埃。

一瓶一钵垂垂老，千水千山得得来。

秦苑幽栖多胜景，巴歈陈贡愧非才。

自惭林薮龙钟者，亦得亲登郭隗台！

蜀王王建十分欣赏贯休的才华，“特修禅宇，恳请住持。寻赐师号曰：禅月大师”。每有雅集，必请贯休助兴。有一次，贯休作《公子行》三首，讽刺显宦贵戚，纨绔子弟的浮华生活和愚昧无知。其中一首写道：

锦衣鲜华手擎鹘，闲行气貌多轻忽。

稼穑艰难总不知，五帝三皇是何物？

贯休留下诗作，《全唐诗》中就有上千首。他的诗歌总体上以奇崛幽峭而著称。南宋祖闻为他的诗集序说："禅月尊者，鲸吞教海，龙吸禅河，旁发为文，雷霆一世。"

《唐才子传》称赞他"一条直气，海内无双。意度高疏，学问丛脞。天赋敏速之才，笔吐猛锐之气。乐府古律，当时所宗……果僧中之一豪也。后少其比者，前以方支道林不过矣"。

吴融在《西岳集序》中，对他的诗作给予了极高的评价：

夫诗之作，善善则颂美之，恶恶则风刺之。苟不能本此二道，虽甚美犹土木偶不主于气血，何所尚哉？自风雅之道息，为五七字诗者，皆率拘以句度、属对焉。既有所拘，则演情叙事不尽矣，且歌与诗其道一也。然诗之所拘，悉无之足得放意，取非常语非常意，又尽则为善矣。国朝能为歌为诗者不少，独李太白为称首，盖气骨高举，不失颂美风刺之道焉。厥后白乐天讽谏五十篇，亦有一时之奇逸极言，昔张为作诗图五层，以白氏为广德大教化主，不错矣。至后李长吉以降，皆以刻削峭拔、飞动文采为第一流，有下笔不在洞房峨眉神仙诡怪之间，则掷之不顾。迩来相教学者，靡曼浸淫，困不知变。呜呼！亦风俗使然也。然君子萌一意，出一言，亦当有益于事。捌极思属词，得不动关于教化？沙门贯休，本江南人，幼得苦空理，落发于东阳金华山，机神颖秀，雅善歌诗。晚岁止于荆门龙兴寺，余谪官南行，因造其室，每谭论未尝不了于理性。自旦而往，日入忘归，邈然浩然，使我不知放逐之戚。此外商榷二雅，酬唱循环，越三日不相往来，恨疏矣。如此者，凡期有半，上人之作，多以理胜，复能创新意。其语往往得景物于混茫之际，然其旨归，必合于道。太白乐天既段，可嗣其美者，非上人而谁？

永平二年（912）十二月，贯休圆寂于龙华禅院。

在圆寂之前，他召弟子昙域等人，说："古人有言曰：'地为床兮天为盖，物何小兮物何大。苟惬心兮自欣泰，身与名兮何足赖。'吾之治世亦何久耶，然吾启手足曾无愧心。汝等以吾平生事之以俭，可于王城外藉之以草，覆之以纸而藏之，慎勿动众而厚葬焉！"言讫而殁，享年八十一岁。

贯休被塔葬于城北升僊里，名曰：白莲塔。有文集四十卷行世，名曰《禅月集》。

齐己《和昙域上人寄赠之什》悼之曰："可怜禅月子，香火国门东。"

贯休一生，虽过得像闲云野鹤，来去无牵挂，却为我国晚唐时期的诗坛画界，留下浓墨重彩的一笔。他的十六罗汉图和《山居诗二十四首》，更是梅岭山中的绝响。

云堂古桂，曾沐浴过晚唐的阳光甘露、风霜雨雪，也曾受过这位以诗画而闻名的高僧的汗水浸淫。

造访跌水沟

浮身商海，身心两乏。我近来患肠胃病，急欲康复而不得，心中郁结。久闻梅岭镇西边大东村背后的幽谷中，有一瀑布群，叫跌水沟。我便手拿闲书一卷，踽踽向跌水沟独行。

时值江南十月小阳春，阳光柔和。油茶花白花花开遍了山野，远远望去，宛若笼罩着一层白雾。这里层林尽染，红叶似火。山道旁，菊有黄华，芳香馥郁；花丛间，蝶舞蜂吟。

山径随流水湍湍的小溪平行延伸。峰回路转，眼前一处平旷的田畴，十来间农舍，四面环山，皆长翠竹。村人姓张，是 1970 年从立新小沙田迁下来的，看护这片田地。他们除了种田，家家会做筲箕，这是他们祖传的传统工艺。

筲箕是用竹篾丝，编织成浅浅的竹筐，半弧形。筲箕在煮饭时，用来捞饭，沥干米汤，也可用来洗菜。乡间的孩子，则用它去港里捉鱼，去田里捞泥鳅。

除此之外，村里人把春笋腌制成一道名菜，叫素火腿，以脆嫩香酥而著称，远销九江、武汉等地。

我走过村落，便钻进竹林。林下，草地似绒毛。若有闲暇，躺在这斑驳的竹荫下，望着满山摇曳的竹姿，或看一本闲书，那一定满身惬意，心都醉了。

入山谷，山势渐陡，溪水或白亮亮，或碧绿绿，在嶙峋的岩石间奔来突去，水声喧哗。山路湿漉漉，少行人，多青苔，很滑。时有泉水从山崖上飞珠溅玉般洒落。至半山腰，路更难行，溪水的落差更大。渐渐地，瀑布粗具规模。水流有的沿石隙冲俯而下，其声锵锵，如琴如簧；有的垂直跌落，其声轰轰，宛若雷鸣；有的沿石梯跳跃，其声呜呜，好似洞箫幽怨，一唱三叹。分别叫唢呐瀑、罗布瀑、笛音瀑。

山中多奇岩，有仙翁石、乌龟石、打虎石。

打虎石有一个这样的故事。小沙田村，有一个叫张联佐的人，有一年，大雪封山多日，他上山捉麂子。到半山腰，一块偃卧的石坎下，蹲着一只老虎。张联佐大吃一惊，掉头想走。老虎饿慌了，张牙舞爪，猛扑过来，一口咬住联佐的右臂，死死不放。张联佐忍着痛，用左手抓过矛，直刺虎口。僵持了许久，老虎死了。这个地方，已成为今日跌水沟的一个景点——打虎石。

跌水沟，唢呐瀑、罗布瀑、笛音瀑，瀑瀑喧豗；仙翁石、乌龟石、打虎石，石石争奇。

我好像又回到了少年时代，赤着脚，忘情地在飞溅着水花的瀑布间攀缘，水声在耳边轰鸣，激流在脚下奔涌，我与大自然融为一体，身体的不适、心中的烦恼都随风而去，随流水而去。

潦河的记忆

我年轻时，曾到西山脚下潦河之滨的万埠老街摆地摊，卖一些山里的竹器，还搭了一点香烟、火柴、肥皂、牙膏之类的小百货。时值酷暑八月，每日在热浪滚滚的石头街上燎烤，只要一到傍晚，我便像涸泽之鱼，钻进清凉的河水里，畅游一番。这几乎成了我每日的必修课。

我游到河对岸，喜欢在浅滩上寻找好看的石头。有花纹丰富的黑金刚石，有光润如玉的黄蜡石。可惜那时我没有收藏意识，只是玩赏一番，就丢掉了。有时还能捉到乌龟，摸到河蚌。

岸边经常停泊着三四条渔船，渔民有时在沙洲上埋锅造饭。长河落日，澄江似练，几缕袅袅的炊烟，伴随着饭菜香扑鼻而来。这种贴近自然、简朴的生活方式，别有一番情趣。渔船上各站着七八只鱼鹰，它们或宿脖而眠，或翘首望天，或嘎嘎地引吭高歌。这一切，看似宁静平和，却杀机四伏。它们会忽然“扑通”一声，钻进水里，叼上一尾鱼来。有时遇上好几斤重的大鱼，它们会协同作战，把鱼捕获上来。

我对渔民的渔猎生活羡慕不已，真巴不得能成为一个漂泊江湖的渔夫。

不久，我结识了一位打鱼的朋友。他晚上撒网，白天常在我的摊侧卖鱼。这位朋友叫胡露，住在离镇不远的胡村。一天下午，他邀我去打鱼，正中我下怀，我便急忙收拾了摊子，欣然与他同往。

到他家取了工具，我们挑着小木船、七八副网，沿河堤往下游走去。小船状如摇篮，仅容一人。来到一个静水湾，胡露划起船，放起网来。这种网叫丝网，尼龙织成，网眼有小如指头的白条渔网，有两三个指头宽的鲫鱼网，有大如巴掌的鲤鱼网，放在水中，各显神通。胡露放完网，晃动着小船，作颠簸状，或用桨敲打船舷，“笃笃”作响。鱼儿经这么一折腾，惊走，触网者甚多。丝网有弹性，鱼越套越牢，只要落网，十有八九不得脱身。

好不容易等到胡露上岸休息，我便登上小船。想不到，这种小船很难驾驭，那情形，就像学骑自行车，不是往左倾，就往右翻。我惊慌失措地往岸上跳。

胡露大笑，说，划这种船，首先要保持心情平静，第二要保持身子平衡。

等我再次上船，船虽仍是摇晃得厉害，但我保持着一种处变不惊的心态，船很快被“镇”住了。河面水波不兴，倒映着蓝天白云。第一次独“揽”小舟，我感觉特别好，不时用桨点拨清波，整个身子轻飘飘的，很是惬意，不由得让我吟咏起苏东坡《前赤壁赋》里的华章：“纵一苇之所如，凌万顷之茫然。浩浩乎如冯虚御风，而不其所止；飘飘乎如遗世独立，羽化而登仙……”

兴之所至，我随手牵起水中的丝网。正在这时，我忽然看见鲤鱼网在不住地抖动，水面有暗流涌动，大鱼上网了！我用手去牵网，胡露急呼：“莫动，莫动，等我来！”

我急忙将船划向岸边，胡露抄网兜上船。他左手提起网，随着水花四溅，“亮”出一条红鲤鱼来，随即，右手稳稳地用网兜将鱼套住。胡露说，这种鱼力大性烈，你若不及时将它捉住，它非得拼个鱼死网破。这条鲤鱼有五六斤重。

休息的时候，我们有时摘菱角，有时摘鸡头梗。

鸡头梗，学名芡实，也叫鸡头米，属睡莲科。乍看过去，荷叶田田，浮在水面。仔细一看，叶面还长满了刺。有花，或开或落。有的果实已长成球形，苞顶如鸡喙仰天，满是青刺。

有的一方野塘，大有数亩，长满了这种植物。只是在岸边，长了一些菱角、茭白。有田鸡在呱呱地叫，不时惊起一两只白鹭。岸边有很多芦苇，白茫茫的，使我想起《诗经》中描述的蒹葭苍苍的意境。

我摘了一个芡实，剥掉皮，只见果肉一粒粒的，有点儿像石榴，食之甘美。

摘了一截鸡头梗，撕掉带刺的皮，吃起来，清甜可口。

这一切，对我这个生长在山里的人来说，十分新鲜。

胡露说，我们弄一棵鸡头梗，回家做菜吃。

胡露下塘，只见他用手捏着一根鸡头梗，用脚在它的蔸下，踩断它的根，渐渐，一大蓬鸡头梗，便浮出水面，叶茂，花繁，果丰，真让人惊叹。

这许许多多带刺的梗子，就是鸡头梗了，撕掉皮，炒来吃，起码有十多碗。

夕阳西下，我们收网了，打到了四十多斤鱼，还意外收获七只脚鱼。

那天夜里，我们除了有清炖脚鱼、红烧鲤鱼外，还有清炒鸡头梗、鸡头梗兜吃，就连芡实也煮了汤吃。那是一顿令人难忘的晚餐。

那时的万埠，每天有两班航船通往吴城。

一晃几十年过去了，由于潦河的源头九岭山脉大面积砍伐树木，后又挖条垦造林，造成水土流失，河道淤塞，不但航船没有了，打鱼船也不见了。

风雨池

海上生明月，天涯共此时。

这是张九龄《望月怀远》中的千古绝唱。千百年来，它已深深印在全球华人的心里。

我们只要翻开《唐诗三百首》，开卷第一篇，便是张九龄的《感遇》诗，可见他的作品在唐诗中的分量。他官至宰相，门生故吏遍天下，且诗风恢宏博大，朴素遒劲，开一代先河。

当时的大唐，国力强盛，社会清明，经济发达，文化繁荣。士农工商无不意气昂扬，希冀建功立业，为国效劳。当时的文风也一改之前绮靡柔弱之态，变得雄浑豪迈起来。

一个健康的社会，大到建国方略，小到衣食住行，无处不彰显着这个时代的大气与豪迈。相反，一个病态的社会，黄钟毁弃，瓦釜雷鸣。为官作宰者，手里有权，无法无天，于是上行下效，便会造成各行各业之间相互戕害。这必然会导致物欲横流，道德沦丧，人性泯灭。

张九龄便是大唐气象的领军人物之一。

张九龄，字子寿，广东韶州曲江（今韶关市始兴县）人。乃汉代开国元勋张良之后。唐开元十五年（727），张九龄正当官运亨通，春风得意时，后因张说罢相，受到牵连，被贬来洪州任都督。

张九龄初来乍到，还愁绪满怀，但很快被这里的灵山秀水所感染，每有闲暇，便与当地的文朋诗友，来到洪崖一带，或登高远眺，或寻幽访古，或曲水流觞，或凭栏赋诗，倒也怡然自得。

张九龄心想，人生做官也好，发财也好，种田也好，都要活得开心就好。何必天天计较官位的大小呢？我更多的是要考虑如何养我的浩然正气，做个上对得起朝廷，下对得起黎民百姓的好官。我活在当下，就要无愧于这个时代！

一日傍晚，张九龄登上城楼，望着西山衔着落日，晚霞满天，澄江如练。有白鹭飞着飞着就躲闪到云雾里去了。他想起传说中的洪崖仙子，心绪飘荡，作了一首《登城楼望西山诗》：

城楼枕南浦，日夕顾西山。

宛宛鸾鹤处，高高烟雾间。

仙井今犹在，洪崖久不还。

金编莫我授，羽驾亦难攀。

檐际千峰出，云中一鸟闲。

纵观穷水国，游思遍人寰。

勿复尘埃事，归来且闭关。

这首诗，清新朴素，格调高雅，表达了作者一种乐观豁达的人生态度。

这年夏天，洪州大旱，赤地千里，禾死草枯。

一天，张九龄莅临滕王阁，观测天象，但只见天光，不见云影。

张九龄忧心如焚。这时，一个幕僚来到他身边，指着连绵起伏的西山说：“大人，据说西山有一风雨池，是汉代高士梅福种莲的池塘，泉水长年不涸。如今，这里干旱千里，万里无云，唯独那座山峰，云蒸霞蔚，气象万千。风雨池边有一风雨庙，是民间祈雨的地方，都督何不前去一试！”

据南朝刘宋雷次宗《豫章记》记载：

风雨池，是西山绝顶，四面悬绝，人迹罕至，中通洪井。《寰宇记》：梅子真种莲其中，亦名梅福池。城西三十里吴源水，乃风雨池之余波也。

宋代李昉《太平御览》说：

梅福池，一名风雨池，梅福种莲池。福叹曰：“生为我酷，身为桎梏，形为我辱，智为我毒。”于是弃南昌县尉，去妻子，入洪崖山得道为神仙，代代有人见，或在玉笥山逢之。今西山有梅君坛，南昌开元观有梅君堂焉。

第二天，张九龄果然领着官员及随从一行十几人，鸣锣开道，跋山涉水，来到西山。

是日中午，烈焰当空。当一行人气喘吁吁、大汗淋漓，爬到山顶时，一瞬间，山风四起，云卷云飞。张九龄顾不上休息，立即命人在风雨庙的祭坛上，摆上祭品，开始祈雨。张九龄点燃三炷香，才念完《洪州西山祈雨文》，啪！啪！天空中果然落下了几个雨点。乌云越压越低，他四顾茫然。空气沉闷得有些令人窒息。紧接着，一道闪电划过天空，紧接着轰隆隆，一声山崩地裂的炸雷，让随行人员心惊胆战。张九龄从容不迫，见求雨有应，欣喜万分，即兴作了一首《洪州西山祈雨辄应赋诗言其事》：

兹山蕴灵异，走望良有归。

丘祷虽已应，诚心难重违。

迟明申藻荐，先夕旅岩扉。
独宿云峰下，萧条人吏稀。
我来不外适，幽抱自中微。
静入风泉奏，凉生松栝围。
穷年滞远想，寸晷阅清晖。
虚美怅无属，素情缄所依。
诡随嫌弱操，羁束谢贞肥。
义济亦吾道，诚存为物祈。
灵心倏已应，甘液幸而飞。
闲阁且无责，随车安敢希。
多惭德不感，知复是耶非。

张九龄的诗，感天动地，他每吟一句，天空便响一声炸雷。吟罢，大雨倾盆而下。雨幕一阵赶过一阵，直落得大河有水小河满，大田小田水汪汪。

从此以后，历朝历代有官府及民间效仿张九龄，来风雨池祈雨，文人墨客更是争相游观。

五十年后的唐贞元年间（785—805），江西观察使李兼，偕同礼部侍郎权德舆，诗人邓桴等人，来风雨池祈雨。权德舆作了《风雨池记》，邓桴作《风雨池赋》。

权德舆《风雨池记》：

山川林谷，能出云为风雨者，皆曰神。诸侯在其地则祭之。

钟陵风雨池，在洪井之北，发源山椒，派分脉散，清浅数里，汇归于兹。石壁峭绝，泉流其下，信乎精气之所回护，风雨之所蓄泄，邦人敬徇，相传名之。并山北下二十余里，有望祀之地，祠宇以神之，苹蘩以荐之。祈丰望岁，于是乎在祀之丰约，在德之轻重；报之迟速，视诚之薄厚……

权德舆意犹未尽，还附了一首《和李大夫西山祈雨因感张曲江故事十韵》：

亚相冠貂蝉，分忧统十联。
火星当永日，云汉倬炎天。
斋祷期灵贶，精诚契昔贤。
中宵出驺驭，清夜旅牲牷。
触日看初起，随车应物先。
雷音生绝巘，雨足晦平阡。

潇洒四冥合，空濛万顷连。

歌谣喧泽国，稼穑遍原田。

故事三台盛，新文七义全。

作霖应自此，天下待丰年。

权德舆，字载之，甘肃天水人，性直谅宽恕，蕴藉风流。数代官宦，家风雅正。官至同中书门下平章事（宰相），为政宽厚。于贞元、元和间执掌文柄，名重一时，刘禹锡、柳宗元等都拜于门下。

南宋奉新诗人况志宁慕名来游，就风雨池、风雨庙各赋诗一首：

风雨池边古木寒，千年枸杞当晨餐。

岩前石壁谁扃锁，岁岁秋风长蕙兰。

参差云影谶灵湫，石葛山湫碧磴幽。

庙有唐人诗句在，几回风雨遍南州。

时过境迁。如今，风雨庙及庙中当年张九龄、权德舆等唐人的题诗俱毁，唯有风雨池的水依然清澈见底，源源不断地流向远方。

桃花岭

万历二十六年（1598），位居吏部尚书、武英殿大学士、太子太保的张位，已经走到了他政治生涯的顶峰。

在北京一个漫天大雪的初春，明廷传来杨镐在朝鲜抗倭战败的消息。兵部赞画主事丁应泰上疏神宗皇帝，罗列杨镐有二十八条大罪，并弹劾张位、沈一贯协同撒谎，隐瞒在朝鲜作战的败绩。还说，杨镐拔擢，是由贿赂张位而得之。明神宗龙颜大怒，一口气撸去了张位所有官衔。雪上加霜的是，没过多久，御史赵之翰上奏，张位是炮制“妖书”——《忧危竑议》的主谋。明神宗认为张位在发泄被他免职的不满，干脆把他削职为民，并“遇赦不宥”。这样一弄，张位连俸禄也没有了。

张位以一介草民的身份，回到了南昌东湖之畔的杏花村。这真犹如从梦幻般的云彩中跌倒在现实的田地里。

杏花村，始名因是庵，又名水观音亭，位于南昌南湖畔。据《南昌府志》记载：杏花楼始建于唐。明正德年间（1506—1521），娄妃在此临水梳妆；唐寅在此吟诗作画。

陈弘绪在《江城名迹记》一书中描述道：“长堤蜿蟺，垂柳鬣覆之。楼孤峙水中央，四面苍波，翠影环抱，寂无左右邻居。”

千百年来，它一直是南昌一道亮丽的风景线：白墙黛瓦，三面环水，杨柳依依。

张位，字明成，号洪阳，江西新建县人。明穆宗隆庆二年（1568）进士。他为人忠直率性，负才任气。性格决定命运，这样的性格导致了他在仕途中三起三落。

张位在杏花村建有闲云馆、杏花楼两栋别墅。闲云馆专用于藏书，有全国各地搜集来的孤本、善本数万卷。闲云馆成为当时最有影响的藏书楼。

张位素来位高权重，且又不时宦游各地，这些为他藏书，提供了有利条件。

据杨圣希先生说，张位的闲云馆藏书，有十万卷之多，其后人保管得完好，至中华人民共和国成立后，由他的十代孙张劼，全部捐献给国家。为我们的民族留下了一笔宝贵的精神财富。

其时，张位刚到耳顺之年，作为一个曾经雄心万丈、叱咤风云的人物来说，还不算老。

张位想：罢了官也好，就把有生之年，用来著书立说吧。名以文传，百年以后，谁还计较你当多大的官？也许能写好一首小诗，就足以让人享誉千年。当然，这也要有胸怀，要有才气。

北魏逸士李谧曾说，丈夫拥书万卷，何假南面百城。有着许多的书，足以让我皓首穷经了！

人生之荣枯，如四季之更迭，有三春必有三秋，有炎夏必有寒冬，繁华过后，便是凄凉。红尘中人，谁能逃得过这个劫数？

人的一生，就几十年光景，真如白驹过隙！有很多饱学之士，金榜题名后，把自己一生所学尽用来察言观色，你争我斗，迎来送往，溜须拍马，有许多事情来不及做，就到了暮年。

然而，这官瘾如毒瘾，很多人隐退或罢官之后，到死都解脱不了这种“病灶”，犹如走进迷魂阵中，再也出不来了。有的官人，在位时踌躇满志，春风得意，才退下来几个月的光景，就像被人抽了筋似的，明显衰老了许多，等三年两载后，就在这个地球上“蒸发”了。

张位却是心如止水。为了避免再次卷入政治派系斗争的漩涡，为了远离是非，他在杏花楼墙上挂上了“四不四宜”的座右铭：

不入公门，不谈时事，不赴公宴，不作诗文；

宜寻山问水，宜种树栽花，宜习静讲道，宜酌酒听歌。

张位俨然是一副大隐隐于市的派头。他每日笔耕之余，还亲自种花除草。劳作后，他大汗淋漓，倒也痛快，把世间的烦恼，全都抛到九霄云外去了。

那年夏天，有着火炉之称的南昌，格外炎热，杏花村虽是三面环水，还是闷热难当。张位像老农一样，打着赤膊，坐在自家庭院里的大树下，摇着蒲扇，还是挥汗如雨。刚进入秋分节气，乌云盖顶，下了几场透雨，院子里的梧桐树，“嗖”的一声，飘下一片叶子来。

正好这个时候，香城寺的半岩和尚托人送来信札，邀他去游山。他便跨过赣江，跋山涉水，来到西山。

他把一路所见的景物，做了一首《题香城寺》：

嶂合疑无路，云间别有天

松岩飞曙雪，石涧注鸣泉。

境僻希来客，心空得上禅。

萧坛霞飘缥，隐隐凤笙传。

香城寺，位于梅岭主峰洗药湖罗汉峰之南，铜源港的上游。东晋隆安年间（396—401），庐山大林寺僧昙显来此建寺。相传，建大殿时，他焚香祷于山，山间忽生香木无数，以木屑燃之，香闻数里，故名。《西山志》记载：“其盛时，云饶霞钹，响彻焰摩；鸣钟会餐，百釜齐熟，九楼十八殿。”是为古西山八大名刹之一。

是日，张位在香城寺逗留片刻，便同半岩游桃花岭。他在游记中写道：

流火之后，秋光荐爽，予始兴由章江至香城，拉僧半岩，循西山，经草庵，观逐鹿。鹿骇不已，命罢之，上桃花峰。饭讫，天高气清，遥望山以北，群峦蜿蜒，一峰垂出，心甚异之。问土人，云：上天峰也……

桃花岭，位于梅岭东北边沿，今日新建区乐化镇境内。这里山势突兀，犹如凌空落下的一朵桃花而得名。走进山中，幽谷凝翠，林深木秀，怪石嶙峋，鸟鸣山幽。

张位在桃花岭一带流连忘返，犹如走进了心灵的故乡。

过不多久，张位便在真君殿后靠岩建了一栋别墅，名曰接云庵，也叫养神斋。这位昔日权倾一时的阁老，独居山中，侣鱼虾而友麋鹿，每日看日出日落，听山中鸟语虫鸣，倒也悠然自得。

一天黄昏，张位喝下几杯淡酒后，写了一首《桃花岭隐居即事》，请人刻在庵后的岩石之上以明志。诗云：

家住杏花村，身寄桃花岭。

日月能几闲，烟霞此宜静。

西风腾万马，南州住千顷。

后拥七星墩，前喷灵泉井。

春风绛萼浓，秋色翠华靓。

筠飔送鸾笙，松月驻鹤影。

紫柏苦尘氛，丹丘乐真景。

翛然不系舟，一笑乾坤永。

诗中看得出，张位当时寄情山水，与世无争的平和心境。诗的意境悠远，有超然物外之趣。

桃李不言下自成蹊。一天，他昔日的门生汤显祖、曹学佺来访，见张阁老

《桃花岭隐居即事》，便写诗唱和。

汤显祖在《从张相国游桃花岭》二首诗云：

昔闻桃花源，今见桃花岭。
安知出世心，居然妙者静。
山川动凌厉，摄应在俄顷。
石室摇天窗，花宫注灵井。
心随云壑远，色与江霞靓。
笑拍洪崖肩，步驻鸾箫影。
逶迤黄绮事，眷恋空明景。
问道此何时？汾阳气方永。

汤显祖另外还有《陪张师相桃花岭即事》十首绝句。

曹学佺在《桃花岭次韵呈张座师》中诗云：

褰衣章江波，策足桃花岭。
亦云在西方，朝爽夜逾静。
流泉突千级，明月得万顷。
泠泠一掬余，匪凿自成井。
秾彼吐朱华，山形夭而靓。
濯以云雾姿，泄以江海形。
千岁为开谢，何似瑶池景。
丹成自结实，乃与乾坤永。

巍然夫子道，譬彼云外岭，
开阖适众妙，平生惟一静。
济世功已成，拂衣在俄顷。
炼魄风雨池，洗心洪崖井。
仙女跪进药，五色容何靓。
受之汎无情，只以空中影。
拙哉牛山涕，千载沧齐景。
夫苟神理全，何必较暂永。

隋唐以后，凡是参加科举考试及第者，对主考官，都以门生相称。汤显祖、曹学佺都算是张位的学生了。

汤显祖是明代著名的戏曲家，《牡丹亭》《邯郸记》《南柯记》《紫钗记》，“临川四梦”的作者。也就在张位罢官的万历二十六年（1598）年初，他也辞去了浙江遂昌县令，在故乡临川玉茗堂潜心创作。

汤显祖可是明代顶尖的文学家，独步古今的戏剧大师，他三十四岁中进士，混迹官场十几载，只是做过太常寺博士、詹事府主簿、礼部祠祭司主事及遂昌县令这样的闲官、小官，还不被时代所容，只有愤而辞官。

万历二十六年（1598）秋，汤显祖写完了千古绝唱《牡丹亭》。第二年重阳节，在张位的帮助下，《牡丹亭》在滕王阁重修竣工典礼上由浙江海盐班王有信等人演出，获得了巨大的成功。

晚明戏曲理论家、剧作家吕天成称之为：“惊心动魄，且巧妙迭出，无境不新，真堪千古矣！”

汤显祖曾作《滕王阁看王有信演牡丹亭》诗二首，以纪其事：

韵若笙箫气若虹，牡丹魂梦去来时。
河移星散江波起，不解销魂不遣知。

桦烛烟销泣绛纱，清微苦调脆残霞。
愁来一座更衣起，江树沉沉天汉斜。

曹学佺，为“闽中十才子”之首。万历二十三年（1595），曹学佺参加会试，考题为《车战》，答曰：“臣南人也，不谙车战，请以舟战论。”细陈舟战之法。考官张位称曹为奇才，初步拟为第一。曹学佺精通音律，擅长度曲，曾谱写闽剧的主要腔调逗腔，被认为是闽剧始祖之一。

“仗义半从屠狗辈，负心都是读书人。”这句著名的诗句，正是出自曹学佺之手。

1646 年 9 月 17 日，清兵攻入福州城。第二天，曹学佺自缢于家中，终年七十四岁。曹学佺的家人，在砚匣中发现了他的遗书，是一副对联：“生前一管笔，死后一条绳。”其一生著书多达三十余种，诗文总名《石仓全集》。

张位经常偕同汤显祖、曹学佺，丁右武、万国钦，还有当时的南昌知县黄一腾等，遍游西山诸峰，留下许多华彩篇章。张位《登萧峰》诗云：

上一坡兮复一坡，诸峰谁敢并巍峨。
折桂手堪攀月窟，题诗笔可蘸天河。
眼前绿野宽如许，头上青天隔不多。

此间便是神仙境，说那蓬莱作甚么？

钟灵毓秀的西山，深远地影响着汤显祖日后的创作。他在《豫章揽秀楼赋有序》写道，“乃有紫清悬瀑斗绝而起，隈若秦人，秀若萧史。天宝开而霞曙，云盖移而烟靡。昆膏玉以明球，冈流珠而覆米。洒泉坛于冠石，度松门于屏几”“吹笙之台晻蔼，文箫之宅氤氲。侧控鹤之元景，挹写韵之清神。渺仙尉兮难即，掞丹华而散雯。伶崖兮有觌，响天乐以鸣真”。

有人甚至提出，汤显祖《牡丹亭》的灵感，就来源于西山萧峰。

张位经常来到洪崖丹井观瀑品茗。这里除了水秀石奇外，还有一个特征，就是藤蔓植物长得茂盛。

一日，张位来此探幽，吟诗道：

逢泉皆可坐，击石自成吟。
处处藤萝好，重重紫翠深。
人稀莺啭谷，院静鹤盘林。
何福生居地，桃源莫更寻。

今日洪崖丹井的藤蔓，不知是沾了洪崖先生的灵气和仙气，还是为了答谢张相国题咏的知遇之恩，长得像钵一样粗壮，在山崖上、林木间、溪涧里，或垂直而下，或纵横交错，真乃天下奇观也。

张位在万历四十一年（1613）辞世，享年82岁。他著有《大学讲义》《尚书讲略》《问奇集》《词林典故》《丛桂山房汇稿》《翰苑须知》各一卷，有《经筵讲义》二卷、《闲云馆集钞》六卷行世。

在他去世十几年后的熹宗天启年间（1621—1627），他才被恢复官衔，赠太保，谥文庄。

置身大岭头

贾平凹先生在《静虚村》一文中说：如今，找热闹的地方容易，寻清静的地方难；找繁华的地方容易，寻拙朴的地方难。

大岭头，就是这样一个既清静又拙朴的小山村。

癸未正月，我好不容易从迎来送往、恭喜发财的喧嚣声里摆脱，想找个地方静静心，好友刘平说：我家竹山所在的大岭头村，是个地僻民淳，石奇水秀的好去处。到那里，准让你产生超然物外之想。

元宵后的一日，我俩结伴而行。从落马岭，沿官溪而上，行一华里，至官溪村。村因溪而名。村头古樟葱郁，横柯逸出，伸展在马路上，作迎客状。

官溪至大岭头，尽是崎岖的山路。山中多为毛竹，还夹杂着少许的杉木、油茶、梓树。其时，梓树花金灿灿地开满枝头。林中岩石纵横交错，千姿百态；泉水叮咚，不绝于耳。

据说，大岭头因多石，本来叫大岩头。

我们在山中渐行渐深。翻过一道山梁，出现在眼前的，是竹篱茅舍十来户人家，犬吠村前，鸡鸣树巅，村头洗衣埠头，捣衣声不绝于耳。村中果木繁茂，菜花金黄。这就是大岩头村，何必叫大岭头呢？

我俩踏上石板路，在村中流连。上午十点了，村里人端着碗，还在吃早饭，他们用好奇的目光打量着我们这两位不速之客。村中竟有人认得刘平，便邀请我们到屋里坐。

我们走进一户农家，主人很热情，泡上茶，端上花生、瓜子籽款待我们。主人姓符，六十来岁，他说清末族人为避战乱，来此定居已一百多年了。村中多为老人、孩子，年轻人都到山外闯世界去了。

老人说，村原为古杨岐寺址。民间俚语有“先有杨岐寺，后有翠岩庵”之说。

欧阳桂《西山志》记载：“杨岐寺，即昔日之惠严院也，后为朱府之业。悟心禅师买之，复为僧寺，改为杨岐寺。国朝乾隆间，有僧南耕，主秀峰归，仍憩于此。”

山中有万竹亭、白莲池诸胜景；有隐林、慧剑二上人，以诗名。后有千灯、智镜、南耕、雪堂诸上人，皆能诗。

千灯有《游杨岐寺元韵诗》两首：

深林多妙景，黄鸟语层峦。
花放春光满，鸢飞宇宙宽。
岩悬楼闼迥，去幕石泉寒。
翠岭千重秀，支藜绕径看。

一望千峰上，悬流有古泉。
林中天籁发，寺中鸟声传。
绿水缘溪落，表云傍石眠。
谁知明月下，独步藓阶钱。

两首诗，正是此地山水诗意的写照。

站在村前，可远眺南昌、新建城郭和飘若彩带似的赣江，近览梅岭的重峦叠嶂，烟村溪流。

置身大岭头，宛如走进唐代诗人王维诗中描绘的山水画卷。

欧阳桂西山三日游

在七八年前，我写完《梅岭旧事》书稿的时候，很想为《西山志》的作者写一篇文章，以表达对前贤为家乡文化薪火相传所做的贡献的感激。

我查阅的《西山志》，主要有喻指、欧阳桂、涂兰玉、魏元旷等版本。我觉得欧阳桂的版本，写得更为翔实具体。他对方圆三百里的西山的山水风光、寺庙坛观，脚踏实地，一一考证，并有诗文记其胜。且说他和我同样生于斯、长于斯、游于斯、写于斯。可惜我找不到他的生平资料，无从下笔。

丁酉寒食节，我与好友徐忠民，来到了西山南麓的龙岗村，在欧阳桂十一世孙欧阳国荣的帮助下，查看了《西山欧阳族谱》。

欧阳桂，谱名渊桂，字渭玉，一字郁庭，号存斋，康熙三十六年（1697）十一月五日，生于新建龙岗田珑村，乃欧阳持二十八世孙。兄弟中排行老二。兄长谱名渊新，号越飞，邑庠生，治经入泮，为乡饮大宾。两人各有四个儿子，今日村中的八大家，便是他们的后裔。

欧阳桂一生也只是个秀才，曾十次赶场，都铩羽而归。好在家有薄田，一生倒也像闲云野鹤一样，活得潇洒。

他除了在族中为子弟传道授业外，就悉心研读经史。自己的书斋名为学古堂，或叫存斋，他著有《西山志》《历朝策略》《历朝解令策》《学古堂诗文集》《四书文稿》。

我从他《仿始祖拾遗公作西山歌有序》中，可解读出他一生的修为和志趣：

尝观士君子不得志于时也，往往退老深山，读书废寺，时访异人，时亲隐士，举所为水战石停、松虬云乱，一切名花修竹翠翠苍苍，走兽鸣禽奇奇怪怪，一一发之歌咏，以志不忘。凡纸上之可咏可观，皆胸中之欲歌欲泣，使后世学者读之，又往往发为歌咏，流连痛哭，以想见其为人。作者有知，当亦呼之欲出矣。我西山始祖乃有合焉。公乃吉州刺史琮公七世孙。文忠公谱，同宗者十有九族，予西山其一也。阅唐史，见公事昭宗也，孤忠自愤，当事请兵讨晋阳，公哭谏之不听，由是战败赵城，时事不可为矣。又愤朱全忠有异志，遂退隐西山，创一拾遗书院，与施肩吾、陈陶人号“西山三逸”。又有欧陈合集，所著有《西山歌》，怨而不怒，先儒论之详矣。予也一介陋书生耳，苦读半生，犹未登庸于廊庙；留心千载，欲藏著作于名山。特穷愁乃能著，少年富贵，则虑其不精；发愤始能工，高位骤膺，又恐其不暇。予虽穷而不愤，是以著而不工也。今之续貂致诮，难忘霜露之恩；管见贻讥，实切弓裘之慕也。

“笔舞千秋史，书载万年春，基因传美德，哀思寄故人。”这是欧阳国荣的父亲欧阳飞写的《重修新、桂二公墓记》中的开篇语。

正是清明时节，我与徐忠民、欧阳国荣等人，从龙岗沿山脚的小路，行五里，来到欧阳桂的墓地岭口祭悼。桂公同夫人朱氏为合葬墓，与兄长新公的墓并排。

墓背倚西山，面朝萧峰水库。左右有山势环抱。山间，红的杜鹃、白的檵木、紫的藤萝开得五彩缤纷。我折了一束鲜花，放在墓前，以表达对先生的崇敬和哀思。

我在这里，以欧阳桂《游西山古迹》一文，来演绎他的文采风流。

乾隆二十三年（1758）十月的一个清早，欧阳桂在学古堂中誊写诗稿，弟子萧翰走进书斋，说：“先生，正是十月小阳春天气，西山红叶似火，菊花飘香。我想去翠岩寺走走，不知您有兴趣否？”

欧阳桂站起身来，用手捋了捋花白的胡须，欢喜道：“正合我意。近日整理诗稿，精力有些不支，正想去散散心呢。”

萧翰，字少沧，是村后萧家人，欧阳桂昔日的弟子。

欧阳桂兴致勃勃，把长子欧阳志、三子欧阳露、长孙欧阳珪叫来同行。

欧阳桂开始还迈着方步，走起路来四平八稳，可一踩到山间小道，脚步变得轻快起来。

欧阳珪是个十一二岁的少年，童心未泯，还唱着歌谣：“做官做府咯郭家，打铳不响咯萧家，吱吱呀呀咯刘家，罐子炆粥咯欧家……”

从西山脚下，沿一条麻石古驿道，走五六里，便来到了南宝姻翁符樗家，他们邀他同游。

萧翰是第一次来南宝，几个人带他在村子里转了一圈。

南宝村，乃元末诗人符尚仁与其弟尚信的后裔，于明洪武八年（1375）六月开基。该村距离洪崖丹井、翠岩寺不到二里，坐西南，朝东北。背靠气势磅礴的来龙山。左边山冈上，建有太阳神庙；右边紧靠鸾冈。正南面有山，势如笔架，也叫洪崖山。村盘子上多是三至五进的土屋，庭院深深。所有房子之间，关上门是单独的，但衔接处都设有小门相通，就是雨雪天气走动，都可以不湿鞋子。这里共有九十九条巷。村街全由麻石铺成，光洁滑亮，有独轮车，压出一条四五厘米深的凹槽。两边的店铺里，商品琳琅满目。村的四周，城楼与院墙高耸，为防御设施，有内大外小的射击孔。院墙设有一正门，五个偏门。墙外有清溪环绕，风情万种。村后溪两岸，都栽有古樟，其中一株有六百余年，横跨溪上，叫“驮龙过港”。村东有一塘，形似弯月，名叫月塘，大有二十余亩，倒映着天光云影。鸡鸣树巅，犬吠深巷。村前正中，建有崇礼祠，祠前大门牌坊有联曰：“云岭层峦千古秀，月塘一鉴四时清。”右侧还建有西房祠堂，联曰：“鱼跃横塘摇动满天星斗，鸢飞峻岭展开万里风云。”

这里是一块双龙抱凤地，村庄是凤凰，左右二山环抱，如龙。

我们来到村子西边，见有一口古井，井沿上赫然刻有“欧阳”二字。

萧翰问这口井的来历。

符樗说：“早先，欧家有一房，在这里居住了很多代，就是不发人，便搬到龙岗去了。”

欧阳珪说：“看到这口古井，想起孩提时的一首歌谣：金藤花，银藤花，有女不嫁欧阳家。路又远，井又深，凉桶打水手遮阴。落掉戒子犹事可，捡到戒子又还我。碓臼舂米碓臼量，阿公叔伯说我偷米到爷娘。我爷娘不是穷家子，金打屋树银打梁。斫根竹篙晒衣裳，竹篙稍上晒花裙，花花轿子抬花人。一年抬掉千万个，还有几多打单身。”

欧阳桂时年六十有一，感叹道：“记得少年骑竹马，转眼便成白头翁。我小时候也唱过这首歌谣，一眨眼我已进入暮年，垂垂老矣！”

吃过中饭，我们出了村子，一会儿，就见翠岩寺殿宇巍峨，金碧辉煌地展现在大家面前。祥光蔼蔼，彩雾纷纷，间或传来悠扬的钟磬声。

翠岩寺为江南名刹，位于洪崖丹井左侧，为古西山八大寺庙之首。此寺始建于南北朝天监初年，初名常缘寺，唐武德年间才改名翠岩寺。南唐时，中主李璟与寺僧澄源禅师无殷交往甚密，无殷圆寂时，李璟亲写祭文。北宋后渐渐衰落，明代废为民宅。顺治年间，香城僧慧习、可学，倡集鸠诸山衲子共捐衣钵赎回遗址，在熊文举、陈弘绪等人的大力倡导下，举荐古雪法师主持庙事，四方化缘，才得重见天日。

经过九节筇，来到迎笑堂。

迎笑堂依山而筑，绿竹猗猗，芭蕉冉冉，持公笔下当年的雷护橘依然青翠，枝头挂满了黄澄澄的橘子。崖边鲜花点缀，鸟声悦耳。刳木引泉，直通茶灶。这里似如世外烟霞，令人有遗世之想。

寺中住持，泡上好的云雾茶招待一行人。

欧阳桂喝过几杯茶，住持说："先生大有乃祖遗风，文名远播，来寻先祖故地，岂可无诗？"

欧阳桂说："太白有诗云：眼前有景道不得，崔颢题诗在上头。我先祖持公有诗在上，我岂敢冒昧。既然法师盛情邀请，我也只好献丑了。"

欧阳桂提起笔，写了一首《题翠岩寺迎笑堂》：

古庵高结竹林边，终日生涯一钵莲。
水溅疑看双涧雪，路深轻踏满溪烟。
鸟衔花片归筵上，风送钟声出寺前。
迎笑堂前开府句，云霞堆里咏遗篇。

符樗，字謦予，也是个老秀才，两人从年轻时候就结伴去省城参加乡试，每次都双双落第。同是天涯沦落人！符樗当即和了一首五律：

禅林钟磬韵，高出白云中。
寺有名贤碣，桥通应圣宫。
泉飞千古雪，烟锁六朝松。
景好诗难肖，沉吟一醉翁。

住持呵呵地笑，说："俩亲家翁诗作旗鼓相当。真的是门当户对，好姻缘！"

行半里许，至紫清宫，此宫乃洪崖先生张氲的道院。道院清雅，桂华皎洁。张氲的醉吟三首及宋谢庄、张相国诗刻尚存。

欧阳桂说："几位前贤，诗中无烟火，句句有仙风。少沧哪，苦吟诗人贾岛说：一日不作诗，心源如废井。如此良辰美景，又拜读了前贤的诗作，岂可不作诗？"

萧翰沉思片刻，吟诗道：

旧阅徐公记，敕为应圣宫。
岩留丹井在，寺有石桥通。
驴赐千年久，花开两岸红。
庭前今夜月，曾照古仙翁。

至洪崖丹井。欧阳桂在游记中写道："又至洪井洞，即所谓玉帘泉，欧公品为第八泉。水从西山顺流疾下，注满洞中，冲激上射，响若疾风，声若急雨，散若溅珠，白若飞雪，光若莹玉，影若疏帘，冷若跳冰，晴若瀑布，名以玉帘莫尽其状。予尝至此，秋冬水涸，水中两石，左钟右磬，东西水激，钟磬互鸣。春夏水溢，杳不见石，钟磬之响，犹在水中，洵奇观也。”

夜宿符樗家。户外月色清朗，虫声唧唧。欧阳桂在摇曳的油灯下，作游记。

第二天，游萧峰。峰回路转，高峰在云。菊香满径，鸟鸣空谷。山中的茅栗、山楂、油柿、秤砣子、乌饭子，随处可摘。带了酒食，采了一些野果，正好佐餐。

至凤台仙府，几个人累得气喘吁吁。

石坛，屹立山巅，披藤挂蔓。山中阒无一人，显得格外空旷和寂寥。

游历了日照崖、石臼及多处石刻。石臼，高五六尺，深七八寸。

欧阳桂说：“相传，早先此臼小如酒盅，每晚有油溢出，供山中道人食用。有一道人，贪心不足，偷偷请来石匠，将洞拓宽，自那天起，石臼再也不出油了，只有一汪清水常年不涸，至今犹能照出世间贪婪者的丑恶嘴脸。奇怪的是，有一年鄱阳湖都干得底朝天，这石臼还是水汪汪的。”

几个人坐在石坛前的一块岩石上野餐。俯视其下，城郭如村，江河如带，视天若近，视地若远，别有天地非人间矣。

酒过数巡，欧阳桂拍打着酒葫芦，浩然作歌曰：

径上厌原第一峰，幽坛日久碧苔封。
月中夜静云飞凤，崖下春深雨化龙。
鹿豕与游忘俗累，芙蓉为画忆仙踪。
最高处望江山小，天半常闻起暮钟。

循崖而下，至赤岭髻珠庵。庵前两边，各有乱石成堆。有数株丹桂，树大数围，花正盛开，香飘数里，乃天下奇观。

欧阳桂诗兴大发，作《游赤岭咏丹桂》二首：

其一

盈盈桂萼喷天香，掩映名山况味凉。
可爱嫩红仙子种，还过娇白探花郎。
玉犀灼灼留人醉，金粟溶溶照眼芳。
寄语广寒休浪伐，十分珍重望吴刚。

其二

鹫岭寒芳欲吐芽，风霜独秀笑春华。
深秋香喷涵红雨，晓日英凉映彩霞。
醉面足当仙友品，丹葩何愧状元花。
月间万斛真奇句，霭霭清标尚未遐。

至邓坑大士庵。据说洪州白露茶，以此地最为正宗。便捡了些松枝，汲泉煮茶，果然汤色明亮，温香如兰。

欧阳桂《游邓坑大士庵》：

远涉崔巍大士坛，参天松柏倚云端。
满林芳树号风冷，万斛香泉浸月寒。
清梦久称茶一圃，凝眸还爱竹千竿。
名山曾是同游地，今日相思意渺漫。

欧阳露也写了一首同题诗：

古磴苔封路曲盘，花围竹绕讲庭寒。
松涛似听潮音发，山瀑疑从弱水看。
袅袅茶烟清客梦，磷磷石笋骇奇观。
重游又觉江帆远，岩半云霞接上坛。

至香水庵。这是香城的别院，环境更是幽静，别有洞天。庵前，竹荫满地；庵后，数抱粗的松树，铺天盖地。欧阳桂在游记中写道："然山虽不高，地幽而静，树木交荫，日色难侵。六月坐之，可以忘暑。幽雅之风，原不让于诸寺，而各志俱不载者，亦以此寺之缔造未久，文人之吟咏未留也。……且山居之景，各有所宜。红宜桃，绿宜竹，香宜桂，茂宜松，淡宜菊，幽宜梅，其暑宜风，其润宜雨，其艳宜雪，其活宜泉，其奏笙簧之响也又宜禽，其照宝地之庭也又宜月。且不独此也。芳草满山，天借新晴之色；白云满岭，人行翠霭之林。清露苍烟，丹青难画山花；野卉香气，难收山中之景。无一不有亦无一不佳。此中之清福，老僧之领取者，其常；骚客之平分者，其暂也。"

欧阳桂有《香水庵》诗云：

山居路僻正幽凉，同咏花间笑语香。
老树开花芬客席，苍松流影入僧房。
泉流曲涧晴飞雪，竹发繁枝露似霜。
领略烟霞尘世外，闲中游赏未相忘。

萧翰诗曰：

烟树深沉草径长，梵王宫殿露苍苍。
元猿掷果来僧榻，老鹤听经倚竹床。
怪石如人当面立，飞泉似雪映心凉。
同游恍入天台路，此日穿云到寺堂。

与山僧品茗谈佛，不知不觉，天色已暮。循途而归，月已上矣。

又次日，至东庄程天相家。他家枕溪而居，院子里果树结满了柿子、榧子、橘子。还有很多奇花异草，异彩纷呈。

村子四周，山高入云，松竹满山，隔断红尘。

溪，当地人叫港。

铜源港，发源于梅岭主峰洗药湖、萧峰、牛岭一带，唐光化年间，有铜水溢出，时豫章节度使钟传取之以铸铜钟，故名。

沿溪，乱石层层叠叠，或立或卧。溪水湍急，喷薄于乱石间，形成大小不一的瀑布群十余处，时而，琮琮铮铮，如歌如诉；时而，金戈铁马，吼若雷鸣。

山民在急水滩头，垒石为堰，作水为圳，设有水碓。一律是泥石、土砖黏合成的土屋，茅草、树皮盖就的屋顶。水轮带动着碓杵，与石臼相撞击，不分日夜，不知疲倦，咿咿呀呀，轰轰隆隆，似闷雷，如战鼓，声声不息。飞溅的水沫，与飞扬的尘埃相交融，烟气氤氲，如梦如幻。水碓错落有致，或孤零零一座，或串联成一大片。置身其中，如入远古洪荒。

欧阳桂作《东庄访友》：

远涉深林石径斜，山重水复有人家。
涛声夜半疑风雨，霜色枝头若散花。
何幸村中饶竹树，恍从世外看烟霞。
无诗无画酬佳景，同向宾筵只谩夸。

萧翰也作了同题同韵诗：

百步回坡石径斜，枫林红叶映人家。
错疑云起烟盈岸，认作风生水一涯。
鹤放还须留野客，时清何必种桃花。
淮南招隐浑闲事，芳草夕阳归路遐。

听了一夜的溪声。既疑风声，又疑雨声，又疑风雨骤至之声。数日之间，诸公遍历诸山胜景，亦一快事也。

风雅溪霞

吴源港，当地人又称其为霞溪。相传很久以前，有仙女来溪中戏水，天上彩霞映照，溪中霞光万道，因此得名。20世纪50年代，这里兴修水利，在下游筑一湖，便叫溪霞湖。

溪霞湖碧波千顷，是为南昌市境内最大的人工湖。湖畔群山叠翠，林壑幽美。

湖的东南，有峰突兀，秀出云表。山之巅，用乱石围起一道数亩之广的院墙，名曰：仰天锣。民间传说，东吴大帝孙权的祖父孙钟，曾隐居于此，靠种瓜，吃苦菜度日，人称苦菜神。

孙钟得道后，墙内年年长出瓜藤，不开花，也不结果。民谣有云："仰锣墙下种仙瓜，有藤无果又无花。有人吃得瓜中水，即为蓬莱活仙家。"

近代溪霞本土诗人陈式玉来游仰天锣，有诗云："仰天锣即风雨池，乘舆登临有所思。丹灶空留人去也，瓜田依旧我来迟。山中岁月春常在，个里乾坤俗不知。为问吴源何处去？白云无意任差驰。"

从仰天锣，可纵览溪霞远近数十里风光。

与仰天锣隔湖相望，是清泉庵。此处乃晚清文学家杨增荦的故居。

杨增荦，字昀谷，号曼陀楼主，生于咸丰十年（1860），新建县溪霞草塘人。他性格慷慨，疾恶如仇。光绪丁酉年（1897）中举人第八名，戊戌年（1898）连捷中进士，曾任刑部主事、热河理刑司。宣统元年（1909）候补四川知府，在赴任途中，改任广东署法院参事。

民国初年，国事日非。杨增荦隐居于此，采薇度日，研究佛学，托志于诗。

站在清泉庵，眼底是一片竹海。从湖畔走进林中小径，秀竹竿竿碧绿，叶叶生风，令人五内生凉。清溪蜿蜒跌宕。林的深处，有飞瀑自崖头飞流直下，水声轰鸣，幽谷传响。瀑布叫黄龙帘。

此水源头，来自因唐代大诗人张九龄祷雨而闻名的风雨池。

清代熊荣有诗云："风雨池边风雨寒，飞涛十丈出烟峦。西山自有玉廉水，不数黄岩是巨观。"

从湖堤往东有明烛高照，香烟缭绕的佛禅寺。寺始建于隋朝，峨眉山惠能大师云游至此，见溪水中蜿蜒，霞光万道，恍若仙境，流连忘返，便筹募资金，始建佛禅寺。前有斋饭顶，后倚鹅公岭，又因仙佛泉所在，故命名为佛禅寺。清末毁于战火，于20世纪90年代重建。

堤下的石嘴村，有一奇石，圆溜溜，架在三个石尖上，大有凌空欲飞之势，人称铁拐李悬石。昔日铁拐李欲将此石搬入天宫中做点缀，终因石太大，未能如愿，才留在人间。

再行一华里，便是怪石岭生态园。这里原是一片纵横数里的石头山，有海豚望月石、玉兔下山石、仙龟守关石、棋盘石；有滴水洞、一线天洞、太子洞。石石争奇，洞洞相连，妙趣横生。

近年来，南昌市溪霞风景旅游管理实业公司，因势利导，叠石成山，挖地为池，点缀亭台楼阁，种植各种花草树木。更惊世骇俗的是，在崇山峻岭中，筑起一道八里长的江南小长城。

溪霞，已成为南昌一个新兴的旅游、度假胜地。

安义古村

安义古村，位于梅岭脚下的潦河之滨，由罗田、水南、京台连缀成三点一线的古屋群。

古屋亦称土屋，多建于明清时期，一律用斗砖砌成封闭性庭院，墙中灌土，中置天井，黛瓦盖顶，雕梁画栋，左右两边马头墙高耸，飞檐翘角。

古村，山环水曲，风光旖旎，仿佛是一幅浓墨重彩的赣民居风俗画卷。

走进古村的第一站，便是罗田村。俚语有“小小安义县，大大罗田黄”之说。村，由始祖黄克昌建于唐代，可谓历史悠久。村头一棵古樟，名曰太婆樟，树身百孔千疮，老枝虬髯，披藤挂蔓，好像在向游人诉说着古村的沧桑历史。沿一条蜿蜒光洁的石板路，走进村中，犹如走进了历史的隧道中，古屋鳞次栉比，如入迷宫。村中依然保存着石碾、碓臼、水车之属。鸡鸣树巅，犬吠深巷，一鉴方塘，徘徊着天光云影，村妇捣衣声不绝。

令人迷惑不解的是，这里村街纵横，店铺林立，酒旗招牌在风中猎猎作响。经村民指点，村中的格局，是一个规划完整、体系严密的古代商埠浓缩版。有资料这样记载此地商业的繁荣：“前街绸缎布匹，后街仓库机房；上街头油盐百货，下街头烟酒磨坊；横街茶酒饭馆，街上粮油猪行。南通街，北通街，南北通街通南北；东当铺，西当铺，东西当铺当东西。”

古时候，这里还是奉新、靖安、修水、宜春一带去西山万寿宫进香朝拜“福主”的必由之路。

村中最大的一处宅院，为秀文庄，占地四千多平方米，分三重进、四堂、四十八天井，气势庞大。庄主叫黄秀文，为乾隆年间富商。相传，黄秀文曾在数年前，从江西贩一船胡椒去镇江卖，不得脱手，寄放在一个朋友家。来年春天，流行瘟疫，胡椒猛长数倍，秀文暴富，置下这处宅院。这正如启绪堂中一副对子所云：“建功桑梓义成海羡关武穆；垂范子孙名立尤钦陶朱公。”

当地谚语有云：罗田有个大富垅，一棵樟树遮半边。出秀文庄，山坡上有一古樟，大六抱，枝繁叶茂，生机盎然。相传为罗田始祖黄克昌手植，名曰唐樟，也叫太公樟。

黄克昌本是湖北荆州罗田县的一个猎人。晚唐时期，适值黄巢作乱，祸害中原，滥杀无辜，十室九空。黄克昌边打猎，边往南走，一日来到此地，在一位姓何的员外家入赘为女婿。后来，为了让子孙后代不忘根本，他把村子也改名为罗田村。

从罗田至水南才一华里。沿麻石铺就的古驿道踽踽独行，我感觉仿佛自己就是误闯桃源的渔人。时序进入了七月，桃花虽是没有，但满目皆绿，稻花飘香。遥望梅岭，群峰争秀，雾绕云障，美不胜收。潦河飘若彩带，蜿蜒东去。

清代罗田才子黄兰芳有诗云："九曲溪涧绕山丘，两岸杨花戏水流。婉转莺声传绿野，弄笛童稚倒骑牛。"

水南，大概因为位于潦河之南而得名吧？这里有二十余幢明清古建筑，家家精雕，户户细刻。梁枋、斗拱、门楣、窗棂一律刻满了花鸟虫鱼、戏文人物。其中有一户人家窗棂上足足刻有一百只蝙蝠，名曰："百福图。"

村中有闺绣楼，精巧美观，红灯高挂，有穿古装的小姐、丫鬟端坐楼上，一不注意，抛下一个绣球来，给你一个意外的惊喜。

水南民俗展览馆，分门别类陈列着古农具、家具，如花轿、风车、铜镜、尿壶、独轮车等旧时的乡村物件。

这里原叫"谦益堂"，旧时的主人叫黄皋九。令人大跌眼镜的是，名震天下的张勋，竟然在这里打过长工。

张勋是西山虬岭脚下的奉新县赤田镇人，幼年父母双亡，才十岁就来到水南放牛，还要帮主人扫地、烧开水、泡茶等，干一些杂活。黄皋九见他机敏过人，就让他早上和下午放牛，上午让他来私塾当旁听生。区区几本启蒙读本，张勋稍听一下，全烂熟于心。一转眼三年过去了。深秋的一天，他在西山大岭中放牛，牛摔下悬崖，被老虎给吃了。张勋觉得对不起东家，回到老家，后给邻村许家广东巡抚许仙屏家的少爷当书童。这个书童不得了，出口成章，能诗善对。先生觉得这倒是一个可造之才，便让他一起读书写字，一有空，还给他讲一些历史故事。从此，张勋手不释卷，尤其喜欢看《春秋》《左传》。他后到湖南长沙参军，因性格刚毅，敢作敢为，渐渐发迹，曾任云南、甘肃、江南提督。清朝覆亡后，为表示效忠清室，禁止所部剪辫子，人称为"辫帅"。

我坐着吱吱呀呀的独轮车到京台，远远看见黑压压一大片古屋群，另有古宝塔、石牌坊相杂其中。

村中有一个古戏台，古朴典雅，精美玲珑，堪称一绝。

古戏台建于乾隆年间，为木质结构，榫卯阴阳相接，设计精巧，狮、鹿、象、凤等图案，雕刻得栩栩如生。台前檐牙高琢，有凌空欲飞之势。据有关资料记载：戏台中央顶部藻井，由层层叠叠一百多个龙头状斗拱收缩而成，演戏时，随着人的声音变化，小斗拱会左右摆动。驻足于此，引发人思古之幽情。

正如古村一副楹联所云：探访安义古村古迹古事；体验豫章乡土乡风乡情。古村，犹如流淌在华夏大地上一支恬淡的田园牧歌，抒写着中国古代耕读文化的博大与深远。

走进铜源港

我业余时间，喜欢写点东西消遣。在题材上，总绕不开梅岭山水风光、风土人情、历史人物、花鸟虫鱼。

因此，经常会有人问我：“你认为梅岭哪个地方的景观价值最高？”

我说：“读山水也是因人而异的。正如苏轼诗云：横看成岭侧成峰，远近高低各不同。人们常说，看山要到狮子峰，访古要到皇姑墓，观水要到神龙潭，登高要到洗药湖。然而，我却喜欢人迹罕至的铜源港，这里的水碓群，在全国只怕也是独一无二的。”

民国魏元旷《西山志略》，有铜源港的记载：“一自安峰东，绕东庄而下；一自香城南，有秦人洞循港抵沙井，入章江。唐光化中，铜溢，时钟传镇豫章，采以铸佛及钟磬。”

在古籍中，对梅岭铜矿的记载有多处。

《史记·吴王濞列传》：“吴有豫章郡铜山，濞则招致天下亡命者盗铸钱……国用富饶。”

南朝刘宋教育家雷次宗《豫章记》记载：“西山周回三百里，此山有夜光，远望如火。《舆地志》曰：此铜光之精也。”

宋新建知县余靖在《西山行程记》写道：“渡江北行有山，即吴王刘濞铸钱之所。”

今日梅岭山中，所谓的造钱洞，有很多处。我们村中就有造钱洞。1992年，我还在洞中捡到过铜镜、铜钱。

铜源港，正是因溪中有铜水溢出而得名。

港，在我的家乡泛指一般的溪流。而今日，此地却被人改作铜源峡了。

铜源港之美，在奇岩，在飞瀑，在水碓。

游铜源港，最好是从幸福水库溯流而上。这里两山对峙，高插云端。山崖陡峭，峥嵘而崔嵬。乱石磊磊，或立或卧。沿溪而行，一条寂无人迹的石板路，既狭且仄。路边芳草萋萋，乱花迷人眼目。在山穷水尽时，一会儿要跃涧而过，一会儿要攀藤而上，一会儿要穿石而入。时而，有高耸入云的梯田；时而，有小桥流水的人家；时而，有咿咿呀呀的水碓。

明代文学家徐世溥，当年从洪崖去萧峰，也是从铜源港溯流而上。他在《登萧仙岭记》中，极其生动地描写了此地岩石的瑰怪多姿：“初至洪崖，乐不能去。会暮宿于铜源。明日，朝入秦人洞，皆下马步行。道不盈寸，涔不濡轨，两旁临万仞之溪。道多怪石，清怒奇危，如牛入地半；如群马饮河；如嬉驹仰卧；如走犬避豺；如大夫冠；如欲登天；如欲坠渊。咸诱目悸神。攀枝望径，匍匐披草开道以往，不知所径之高。侧睨阪田，相去数十进里矣。”

溪水湍急，喷薄于丛石间，形成大小不一的瀑布链数十多处，时而，淙淙潺潺，如歌如诉；时而，金戈铁马，吼若雷鸣。

徐世溥《小涧记》写道：“自铜源出，不出数里，有声出于竹中。如是数百步，心甚异之，既则瞩岑径，亦有流泉，清洄修澈，委石成文，明细磷磷，若罾在沙。还顾来径，则丛篆明密，夹生涧旁，叶交岩合，波缘沙隐，故声流竹际矣。其前则螺石沦涧，积石成棱，平流有声。山泉遥应，递注叠鸣，前乃渐就山道，势高落迅，行疾响訇，分注田壑，涧水载鸣，畦畦相答，深可娱听焉。”

徐世溥的游记，写的多是梅岭的风景、风土、风物、风情。行文缜密，描写细腻，语言精练，大有柳宗元永州八记之遗风。

村民在急水滩头，垒石为堰，因势利导，作水为圳，设有水碓。一律是泥石、土砖黏合成的土屋，茅草、树皮盖就的屋顶。水轮带动着碓杵，与石臼相撞击，不分日夜，不知疲倦，咿咿呀呀，轰轰隆隆，似闷雷，如战鼓，声声不息。飞溅的水沫，与飞扬的尘埃相交融，烟气氤氲，如梦如幻。水碓错落有致，或孤零零一座，或串联成一大片。置身其中，如入远古洪荒。

水碓，起初只是一种古老的舂米工具。旧志对它的构造曾有具体形象的描绘：“近城及各乡村，大小溪边皆设水碓舂米。其碓有浇轮，有顺水轮，浇轮安轮于碓尾，顺水轮安轮于碓旁，皆相水势缓急高下之所宜。轮中间贯以长轴，轴上木齿参差，溪水激流，轮随水转，转则齿触碓尾而碓起，齿离碓尾而碓落，倏起倏落，总无停机。”

徐世溥有诗云：“曲曲悬流石作门，层层茅屋上如村。暗笼响雾锁香骨，误拟飞冰踏米痕。”

如今，当地的村民，用木屑、竹片，放在石臼中，舂成细嫩的杂木粉，可用来做上等的蚊香、檀香及胶木制品。他们每天早上，挑一担竹屑或木屑，倒在石臼里；傍晚时分，便来收获木粉。这种木粉，比我们常见的面粉、米粉还要细腻得多，几乎都是从石臼里扬起的飘尘，落到地上。所以，碓房必须密封。取木粉时，要从地上把粉末扫起。

20 世纪 90 年代初，时任湾里区副区长的龚晓新，在深秋的一天，同中央电视台的陈铎等人，还有两个英国记者，来这里采风。在一间泥屋前，他听见里面有人在劳作，敲了一通门，从里面走出一个浑身雪白的人。他赤身裸体，只看得见两只眼睛在一眨一眨和一张刚拿下口罩的嘴巴。大家被眼前的景象惊呆了。英国记者端起摄像机正要拍，可那个人哧溜一声，钻进水碓旁的深潭里去了。

每一轮水碓，一天能舂出上百斤木粉。一年下来，可赚两万余元。

水碓充满了原始动力，无休无止地运转，亘古地劳作，一直是附近的村民维持生计的重要手段，人们幽默地戏称它为“哑巴崽”。

水碓，在我国有一千七百多年的历史。明徐光启《农政全书》说：“杜预作连机碓。”

所谓的连机碓，就是以水为动力的一种，加工谷物的工具。杜预是西晋大将军，又是大学者。

王隐《晋书》记载：“今人造作水轮，轮轴长可数尺，列贯横木，相交如滚抢之制。水激轮转，则轴间横木，间打所排碓梢。一起一落，舂之，即连机碓也。”

宋应星《天工开物·粹精》记载：“凡水碓，山国之人居河滨者之所为也。攻稻之法省人力十倍，人乐为之。引水成功，即筒车灌田同一制度也。设臼多寡不一。值流水少而地窄者，或两三臼；流水洪而地室宽者，即并列十臼无忧也。”

“虚窗熟睡谁惊觉，野碓无人夜自舂。”这是陆游在庐山时，写水碓的诗。在我小时候，午夜醒来，就经常听见这种“轰隆、轰隆”的水碓声。这是一种抹不去的童年记忆，这是一种故乡情结。

据史料记载，梅岭水碓有上千年的历史。以前，梅岭很多流水有落差的地方，都装了水碓。在吴源港、七房港、太平港、桐源港、北流港，随处可见。

然而，现在只有铜源港保留下来了。

据有关人士考证，铜源港水碓之多，分布之密，在全国也是独一无二的。它已成为梅岭旅游区一道独特的风景线，一幅浑然天成的风情画。

在 20 世纪 90 年代，铜源港有水碓一百八十多轮，到 21 世纪初，只有八十多轮。可前几天，我再一次来铜源港采风，水碓十有八九停运。很多水碓房，渐渐在腐蚀，在倒塌。

我十分痛惜。为此，我专门采访过几位附近的村民。

村民说，在旁观者来看，守候水碓，是件很有诗意的事。其实这是个苦差事。早上一担去，晚上一担归。次次都要爬山越岭，累得气喘吁吁，汗流浃背。每次劳作完毕，总是灰头土脸。天热还好办，钻进溪水中，抹几把就干净了。起风落雪的日子，也得天天洗澡。且说，当地封山育林，木屑也得从外地运来。一年打平均，一天收入只合五六十元。年轻人哪里吃得了这个苦，都外出打工去了。随着年长一辈的人渐渐老去，水碓自然没有人管了。

人家经营水碓，其目的就是养家糊口。如果没有了经济效益，谁还会傻乎乎地坚守？

早先，在江南农村，每个村庄都有一到两座脚踏碓，用来舂糯米粉、辣椒粉、红薯粉等。用两根石柱架起一根木杠，杠的前端，装一块长而圆的石碓，用脚连续踏动木杠后端，石堆一起一落，舂石臼中的米。米要淘洗后沥干。一般都是男人踏碓，女人筛粉。夫唱妇随，谁也离不开谁。可这样的生动场面，再也见不到了！

有民歌唱道：碓臼舂米踏碓梭，突然想起我情哥；有心舂米无心筛，有心筛米无心簸，情哥不来去为何？

随着现代文明的进程，农耕时代的很多风物，慢慢地淡出了我们的视野。这是一种必然趋势。

铜源港之美，古今共识。然而，铜源港水碓，就这样与我们渐行渐远，直到消逝。

紫清宫遗韵

一说到紫清宫，我的脑海里顿时出现了一幅这样的画面：一个头戴方巾，身被鹿裘，脚着短靿靴的道人，手拿六角扇，背着一个酒壶，骑着一头名叫雪精的白骡，身后跟随着桔、栗、木、葛、拙五位弟子，其中总会有一位弟子，抱着焦尾琴，出入在梅岭的山道上。这便是长啸道人张氲。张氲骑着雪精从盛唐走来，一直走进今日洪崖一带人们的心里。

张氲，一名蕴，字藏真，晋州神山县人（今山西浮山）。他曾隐居姑射古洞十五年，熟读诸子百家及道家经典。因仰慕乐祖伶伦——洪崖先生仙迹，来到洪崖丹井筑坛修炼，道号洪崖子。因参学的是净明道，后来被尊为经师君。

张氲身材修长，眉目清秀，声若洪钟，神情飘逸。擅长鼓琴，尤擅长啸。只要他一声长啸，能响彻云霄，不绝如缕，就连十里之外的树叶也跟着“激动”，时人称他为：长啸道人。

张氲虽处洪崖一隅，却名震天下。蒋克谦《琴书大全·圣贤》说他工琴书，擅长啸。有好古之癖，当时不少社会名流纷纷投其所好。他的藏品中，有孔子穿过的木屐，蔡邕的焦尾琴，扬雄的铁砚，嵇康的锻锤，王戎的如意杖，葛洪的刮药篦等。

在所有的藏品中，焦尾琴是僧知远所赠，是他的至爱。

《后汉书·蔡邕传》记载：“吴人有烧桐以爨者，邕闻火烈之声。知其良木，因请而裁为琴，果有美音，而其尾犹焦，故时人名曰焦尾琴焉。”

张氲每日在旭日东升的时候，汲洪崖丹井的水，在饮泉亭中煮茶，几杯下肚后，神清气爽，再整衣冠，披鹤氅，燃一炷香，烟香袅袅，内心随之沉静，便抚琴一曲。

张氲经常来到萧峰抚琴。这里素有“西山第一峰”之称，秀出云表，高与天齐。远眺山川大地，风光如画，美不胜收。每到动情处，他便长啸一声，回音久久在山谷回荡，绵绵不绝。据说，萧峰也因此被人叫作叫啸峰。

明代天文学家欧阳斌元就说：“萧峰实为啸峰。古有仙人长啸于此，声彻云霄，因得名。”

开元七年（719），唐玄宗李隆基多次听说这位神奇的道人，便在湛露殿召见了他。

唐玄宗问道:“听说先生善长啸,可得一闻乎?”

张氲说:“贫道乃一介山野村夫,嗓音粗且哑,只怕难登大雅之堂。如不中听,还望陛下海涵。”

张氲说完,运足丹田之气,一声长啸,宛如天风浩荡,鸾凤齐鸣;又似回风走雪,胡笳声声。紧接着,宫殿里的钟鼓铙钹、琴瑟筑缶一起为之共鸣,就连宫殿也为之颤抖。宫里的人,一个个惊得目瞪口呆。

张氲适时把六角扇一挥,声音戛然而止。

唐玄宗大喜,说:“先生真乃神人也!”

唐玄宗常与之谈玄论道。还问他说:“朕与尧舜比如何?先生与许由作比又如何?”

张氲说:“陛下乃一代圣君,功德超过了尧舜,臣可不敢跟许由比。昔尧召许由而不至,今陛下召臣而臣来。”

张氲认为,恬淡寡欲,可以长生,唐玄宗拜他为太常卿,不受。只要了一头叫雪精的白骡,骑着它,便还山了。唐玄宗赐其号为:洪崖真人。

张氲千里迢迢从长安回到洪崖时,嘴里吟着诗:

下调无人睬,高心又被嗔。

不知时俗意,教我若为人。

从此,张氲又每日乘着白骡,领着仆从,由西山渡章江入洪城,用采来的草药,救世济民,还不成曲调地唱着:

入市非求利,过朝不为名。

有时随俗物,相伴且营营。

章江渡口的船家,每日见张氲过江,却从不见他返回。这事让他百思不解。一天,船家叫儿子提着鱼篓,假装卖鱼,远远地跟着张氲。日头偏西时,只见张氲醉醺醺地骑着白骡,走进一座名叫宗华观的庙宇。庙宇后院有一洞穴,可沿石级缓缓而下,直接到井里汲水。张氲手牵骡子下去,唱了一声:无量天尊!便取下斗笠,往井水中一丢,水顿时嚯的一声消退了,出现一个无底洞。人和骡竟然可以大踏步走进去。

船家的儿子毫不迟疑,紧随其后。洞中幽暗,凉飕飕的。走了一会儿,船家的儿子听到从头顶传来吱呀吱呀的摇橹声,失声叫道:“天哪,这可不是我父亲的摇橹声吗?”

张氲大惊，回头一看，发现了船家的儿子。问道：“后生家，你为何跟踪我？”

船家的儿子，就把来龙去脉说了。

张氲笑道：“此为通我山中丹井的江底隧道，凡人不得入内。你既然来了，也算沾点仙缘，从此，你弃家学道，跟我做个徒弟如何？”

船家的儿子摇了摇头，说：“我还是愿意每天跟父亲划船打鱼。”

张氲便叫他闭上眼睛，拿扇子往他头上一拍，喊了一声：“去吧！”

在风生水起的同时，船家的儿子已经安安稳稳坐在自家船上了。他父亲双眼瞪得大大的，正惊讶地看他呢。

明王世贞《谢寄洪崖图》诗云：“自穿丹井隐，不跨雪精归。”吟的就是这个典故。

开元十六年（728）秋天，洪州一带发生瘟疫，死了很多人。空中愁云惨淡，不时传来乌鸦的啼叫声。

一天，东湖边有一家姓万的酒店老板，独生子刚断气。老板外号叫万积德，因一贯乐善好施而得此外号。一家人悲痛欲绝，正在号啕大哭时，张氲走进店中，吵着讨酒吃。哪知一碗酒下肚，他便装疯卖傻，硬往死人嘴里灌酒。伙计们正摸着拨火棍要打他，却发现床上的死人呻吟一声，竟然活过来了。万积德夫妇慌忙跪下，磕头如捣蒜，说：“谢谢神仙搭救，让我万家善根不灭。”

这事马上传遍了洪都的大街小巷，百姓争相请他看病。张氲不收费，只喝酒。他每天忙着治病救人，到天快要暗时，人累了，酒也喝足了，他醉醺醺的，朝空中长啸一声，不知从何处跑来一头白骡来。他骑上骡子，还没板没眼地唱着：

去岁无人种，今春乏酒材。
金丹换老酒，半醉卧楼台。

吟罢，消失在夜色中。

天宝四年（745）四月八日，一个大雾弥漫的早晨，张氲沐浴后，披上了鹤氅，静坐在焦尾琴边，弹了一曲《心游太玄》，灵魂随着袅袅香烟、铮铮琴音，越飘越高……

张氲享年九十三岁。曾注《老子》《周易》《三礼》《谷梁》；又著《高士传》十卷，《神仙记》二十卷，《河东记》三十卷，《大周昌言》十卷。时至乾宁元年（894），唐昭宗敕赐重修应圣宫，为张氲立像。南唐中主李璟重修，徐铉作《洪州西山重建应圣宫碑铭》云：

江之右，楚之墟。峙灵岳，为仙都。洪井滨，鸾冈隅。建清宫，应真符。废而兴，神之扶。宫既成，道既行。校三官，朝百灵。集景福，荐皇明。复淳化，遂嘉生。亿万年，流颂声。

后来，此处又改名为紫清宫。以上张氲吟唱之诗，就叫《醉吟三首》，刻在紫清宫旁的一块岩石上。

曲圣魏良辅

新建松湖镇，自古就是大西山范围，涂兰玉《西山志》记载：

杜光庭《洞天福地记》曰："十二洞天，属洪州西山，周回三百里，名天宝极玄之天。真人唐公成治之。"按光庭之言，天宝即西山，盖总江以西之千岩百巘胥统焉。俗仅以游仙乡玉帘洞当之，失洞天之实矣。世传生米潭为天宝南门，太平石鼻为天宝北门；其东抵吴城鄱阳之浒，其西抵锦江松湖之滨。环西昌之山，皆天宝。

阅读地方文献资料，经常会读到魏良佐、魏良辅、魏良贵、魏良弼、魏良政、魏良器等人的诗文，他们乃新建松湖杉林魏家人，一公之孙，多是理学家王守仁的弟子，可谓满门俊秀。尤其是魏良辅，是杰出的戏曲音乐家，被后人称之为昆曲鼻祖、曲圣。

江西出了两个对中国昆曲发展里程碑似的人物，一个是汤显祖，一个是魏良辅。

我素来喜欢听昆曲，每次去松湖老街采风，总抱着朝圣的心态，去杉林魏家走一走。

杉林魏家，位于西山西南麓、锦江之滨，靠近许逊的师傅谌母娘娘的黄堂宫。宋朝宣和年间（1119—1125），魏姓从一个叫白田的地方迁居于此，因周边多杉树，故名。听村中老人说，村子鼎盛时，有九百九十户人家。以前的锦江，从石岗流到这里，在村前划了一个弧形，倒是水天一色，风光无限，一年四季有吃不完的鱼虾。可是，经常有纤夫赤身裸体，哼着号子，从村前走过，实属不雅。村中大户人家，一起想办法，将锦江改道，让锦江从石岗直接流到义渡。据说，改河道后，附近村民，很多得了血吸虫病，杉林魏家因此也败落下来。

魏良辅，字师召，号此斋，晚年号尚泉、上泉，又号玉峰。明孝宗弘治二年（1489）九月十五日，出生于一个世代书香之家。祖父魏默，是明宪宗成化十年（1474）举人，授光泽县令（今日福建邵武市）。他在任期间，兴办教育，闲暇日，亲自为生员讲解四书五经。著有《介庵小草》。他的父亲魏棨，为弘治十八年（1505）进士，历官行人司副、福建参政、右布政使。在刘瑾弄权之时，曾上书言事，侠肝义胆，无所避忌，传为美谈。

魏桀有三个儿子：大儿子魏良佐为徵仕郎，只是一个不入流的从七品官。二儿子便是魏良辅。三儿子魏良贵，是明世宗嘉靖十四年（1535）进士，历官大理寺正、宁波府（今浙江鄞州区）知府、迁苏松兵备道、山东按察副使、南京右副都御史提督江防。在任宁波府知府期间，曾率兵镇守太仓，适值倭寇为患，魏良贵筹谋划策，捣毁了倭寇的巢穴。

魏良辅五岁就到私塾读书，过目不忘，到十二岁就将家中旧藏典籍四书五经、诸子百家、唐诗宋词选本、元杂剧名家，全部通读了一遍。弘治十三年（1500），才十三岁，就中了秀才。他嗓子好，吟咏古诗词就像唱歌一样好听。他喜欢音乐戏剧，经常去南昌看戏班子演出，吹拉弹唱样样拿手。在中秀才后的第二年，他就像走火入魔一样，潜心研究起北曲来，如痴如醉。

北曲，就是以散曲、杂曲为代表的北方音乐。

后来父亲怕他耽误了功名，要他去南京，拜正在做官的罗钦顺为师。罗钦顺当时可是与王阳明齐名的大学者，时称江右大儒。经过五年的学习，他的学问大有长进。明武宗正德十一年（1516），他返回家乡应试，随之又上京，准备会试，偶遇一位研究北曲的大家王友三，相互切磋后，觉得自己的北曲水平，与王友三有天壤之别，便决意研究南曲。

明代戏曲家余怀在《寄畅园闻歌记》中说：魏良辅“初习北音，绌于北人王友三，退而镂心南曲，足迹不下楼十年。当是时，南曲率平直无意致，良辅转喉神调，度为新声”。

嘉靖五年（1526），魏良辅三十七岁，中进士，被授以户部主事的官职。至于他的升迁，《明实录·世宗实录》有记载：嘉靖十六年（1537）十月“升刑部广东司员外郎魏良辅为云南按察司佥事”；嘉靖二十年（1541）二月“显陵宝城及旧邸宫殿等工成诏升……佥事魏良辅各升一级”；嘉靖二十三年（1544）九月“升湖广布政使司右参议魏良辅为广西按察司副使”；嘉靖三十一年（1552）九月“升湖广右布政使魏良辅为山东布政使”。

至于魏良辅怎么会去太仓研究音乐，一直是个谜团。据当代戏曲家蒋星煜在《关于魏良辅与〈骷髅格〉〈浣纱记〉的几个问题》一文中提道：“魏良辅后来到了昆山、太仓去搞昆腔的音乐，也可能是在政治上遇到了大的风波，因此从业余爱好者转为专业人员。”

明代戏曲声律家沈宠绥在《度曲须知·曲运隆衰》中说“有豫章魏良辅

者，流寓娄东（昆山县）、鹿城之间”。

也有人说，魏良辅之所以到太仓，主要是他的弟弟魏良贵当时在太仓任苏松备道，可在邸中同住，同时可实现改革南曲的夙愿。

当年的太仓，乃江南重镇，商贾云集，物阜民丰，人文荟萃。人们在闲暇之余，观看戏曲演出来打发时间。魏良辅自幼连走路都在摇头晃脑，歌之咏之，加上有极深的文学词曲功底，还娴通音律。用现在的话说，他是一个音乐达人，不仅熟悉北曲的中州调、冀州调等，而且熟悉南曲的弋阳腔、海盐腔、旧昆山腔、余姚腔等。因此他身边吸引了一批南腔北调的戏曲爱好者，有善唱北曲的张野塘，有善唱旧昆山腔的过云适，有词曲作家梁辰鱼等。在这样的情况下，魏良辅尝试着改良旧昆山腔。

有一天，魏良辅夜晚散步，路过南关驻军地，听到有一个人用北曲在唱歌，脚就迈不开了。他打听到这个年轻人名为张野塘，获罪谪发太仓，就把他留下来，听他唱歌听了三天三夜，两人成为知音。后来，他干脆将能歌善舞的女儿，嫁给了张野塘。

明末宋直方的《琐闻录》中，有这样一段记载："野塘，河北人，以罪发苏州太仓卫，素工弦索。……昆山魏良辅者，善南曲，为吴中国工，一日至太仓闻野塘歌，心异之，留听三日夜，大称善，遂与野塘定交。"

旧昆山腔成于元代，难以适应时代的发展，显现出不少缺陷，如平直无意致，只用弦索官腔，显得韵味不足，而伴奏只用弦乐器，只能以清唱，或说唱形式表现出来。

魏良辅在旧昆山腔的基础上，融入北曲的某些艺术特点，创造了新昆山腔。在唱曲方面，他吸收弋阳腔、海盐腔的长处，又发挥了旧昆山腔流丽悠远的特点，并运用北曲的演唱艺术来加以丰富。创新后的昆山腔，在曲调运用上吸取了北曲结构严谨的优点，对宫调、板眼、平仄都加以考究，提高了演唱水平，大大发展了南曲的演唱艺术。

魏良辅在《曲律》中说："不比戏场藉锣鼓之势，全要闲雅整肃，清俊温润。"

沈宠绥在《度曲须知·曲运隆衰》里评价说："调用水磨，拍捱冷板，声则平上去入之婉协，字则头腹尾音之毕匀，功深镕琢，气无烟火，启口轻圆，收音纯细。……盖自有良辅，而南词音理，已极抽秘逞妍矣。"

魏良辅对旧昆山腔的音乐伴奏也做了很大的改进。南曲的各声腔中，弋阳腔无弦索、管乐伴奏，其节以鼓，其调喧；海盐腔演传奇戏时用锣、鼓、板伴奏，唱南曲散曲时以拍板为节，都没有管弦伴奏；而当时的昆山演唱南曲时，有的人也用管弦伴奏。为丰富旧昆腔的音乐伴奏，魏良辅在乐队的发展上完成了一次重大的革新创造，即把弦索、箫管、鼓板三类乐器合在一起，集南、北伴奏的长处，形成一个规模完整的伴奏乐队。乐队中一般有笛、箫、弦子、笙、琵琶、九音锣、夹板、怀鼓等乐器，武戏则并用堂鼓、单皮鼓、大锣、小锣、大钹、齐钹、唢呐、海笛等乐器，其影响深远。

沈宠绥在《弦索辨讹》中说："嘉隆间，昆山有魏良辅者，乃渐改旧习，始备众乐器而剧场大成，至今遵之。"这一革新的意义十分重大。

魏良辅对旧昆山腔革新，使昆山腔在人物情感的表现力和艺术技巧的感染力方面，都达到了当时的高峰，立即引起了士大夫和人民大众的注目和惊奇。

张大复在《梅花草堂笔谈》中说："时吾邑有陆九畴者，亦善转音，愿与良辅角，既登台，即愿出良辅下。"

当时的戏曲词曲家梁辰鱼，就是以魏良辅的新昆山腔填词创作了《浣纱记》。《浣纱记》的演出成功，轰动了当时的太仓。

王世贞有诗赞曰"吴阊白面冶游儿，争唱梁郎雪艳词"。到明万历年间（1573—1620），新昆山腔更加盛行，昆曲剧目、昆曲班社遍及各地。

魏良辅在晚年将自己一生的音乐实践，整理成《曲律》(《南词引正》）一书。全书虽不到两千字，但内容丰富，简洁扼要，提出了学练昆腔的歌唱途径和歌唱技巧中的关键问题，逐条地论述昆腔在字、腔、板眼等方面的技术要点，以及南曲、北曲的区别所在。关于南、北曲的不同，他提到：北曲以遒劲为主，南曲以婉转为主，南曲属磨调，北曲属弦索调，北曲字多而调促，南曲字少而调缓。他说："初学，先从引发其声响，次辨别其字面，又次理正其腔调，不可混杂强记，以乱规格。……久久成熟，移宫换吕，自然贯串。"全书条目清爽，字句精练。《曲律》有多个版本行世。

魏良辅于嘉靖四十五年（1566）四月初九逝世，享年七十六岁。沈宠绥称："吾吴自魏良辅为昆腔之祖。"后人多称魏良辅为曲圣。

石幢庵

石幢庵在何处?

欧阳桂《西山志》记载:“石幢庵,在鲍公坑一锡峰下,有三笑洞、惺惺崖诸胜。洪浪禅师渊自桐城来,重为开复。”

壬寅深秋,我与儿子崇怡,孙子牧之、黄庭,来到田尾村,打听石幢庵所在。村民把石幢庵读作石头庵,说从村头沿溪,有一条机耕道,行一里多路可达。庵虽只剩遗址,但石头上刻的字,还清晰可见。

一路上,有秋虫在盛开的千里光、紫菀丛中,低吟浅唱,一阵狂风吹来,落叶满山。

突然,奇岩耸立,挡住了我们的去路。只见一块巨石上,书有“石幢庵”三字,落款为:“丁亥年佛成道日,释洪浪渊、孔石初、霞生王立。”

丁亥年是顺治四年(1647),佛成道日为腊月初八。

陈弘绪《石幢庵记》记载:“大石轮囷,赑屃翔舞。弥漫而来,泉之欲出者,寻道不得。怒而斗,轰震林谷,如是者六七日,乃忽然声恬气敛,遂为香城寺。距寺里许,曰鲍公坑,烟云草树,淡然自得,咸有人外之态,隐匿数千年,不使屋庐。桐城洪浪渊公,挈其友孔石初公、霞生王公避地至此。陟巑岏,览翳朽,结数椽其间,名之曰石幢庵。言其势,童童然,如幢也。或曰取精进幢之义,以示来学也。古雪禅师过其处,留六咏,有‘奇怪石头能自立,法幢高建白云中’之句。”

竹石相依,清幽逼人。我们听到石头下有流水声。寻得一洞口,往下摸索,大如厅堂,可容三四十人。洞中幽暗,凉气袭人。流水清浅,淙淙铮铮。我们用手机照明,洞中环回曲折,如入迷宫,深可数十米。

我们在流水滩头,寻到好多块瓷片,其中一只碗舌书有:永乐年制。还有一只破碟书有:梧桐落叶,天下皆秋。《淮南子·说山》:“以小见大,见一叶落而知岁之将暮。”此碟,多流行于顺治年间。那时社会动荡,政治黑暗,经济萧条,人心慌乱,士林中很多人,尤其厌恶留辮子、穿满服、行异族礼,或归隐山林,或出家为僧。这瓷器上的绘画,折射出时人的苍凉心境。

《论语》宪问篇:宪问耻。子曰:“邦有道,谷;邦无道,谷,耻也。”

洪浪渊、孔石初、王霞生等人，虽名不见经传，或许正是这样一群遗世独立的君子。

在距离石幢庵石刻不到二十米处，又有一石洞，上书有“三笑洞”三字。只见得，一块巨石，高高架起，内空如屋，可供山中僧人打坐、避雨、纳凉。

关于三笑洞，有一个这样的传说。

南宋绍兴元年（1131），岳飞奉诏在江西戡乱。

一日，张俊与岳飞站在洪州城头，观察地形，只见赣江对岸，李成、马进大军，连营数十里，旌旗如林，刀光剑影，寒气逼人，直抵西山脚下。

张俊忧心如焚地说：“在此之前，我与李贼数战，皆失利，你可有破敌良策？”

岳飞冷笑道：“区区鼠辈，何足挂齿。岳飞不才，需三千人马，自生米渡江，攻其不备，定可破之。”

三月九日黄昏，岳飞率领经过精心挑选的三千骑兵，从生米渡，乘木筏悄悄渡江。到半夜三更，岳飞一马当先，从叛军的右后侧突袭。一时，号角声、战鼓声、马鸣声、喊杀声，响成一片。叛军尚在睡梦中，不知就里，以为宋军主力杀到，来不及披挂，就纷纷出营逃命。紧接着，牛皋、王贵率大军，抢渡赣江，全力猛攻。此仗，叛军死伤无数，俘虏五万人。

岳飞听说叛军残部逃到香城寺到洗药湖半山腰的寨子里，便率一队人马赶来，叛军望风而逃。岳飞站在石洞前，闻讯，哈哈哈大笑三声，此处因此得名：三笑洞。

石幢庵遗址，只有一堆断垣残壁。据村民反映，到20世纪50年代末，这里还有几栋破房子，被一家姓王的农民拆了一堆木料而去。进山门，是一个气宇轩昂的石门头，在70年代初，被拆去修红星到太平公路的桥梁了。这也可叫古为今用吧！后来只剩一道由乱石砌成的院墙。村民都说，石洞里面藏有碗口粗的蟒蛇，一日成精了，干脆把院墙也“耕”翻了。

陈弘绪最后在文章中写道：“今石幢有洪浪和尚，此地遂与百丈、道吾争胜。吁！何其幸也，予不能文，聊以答潺湲之响而已。”

我的家乡的每一片山水，都有着深厚的文化底蕴，龚某不才，做不到文以载道，只是把所见所闻记录下来，以便后人考证。

跋

一方水土养一方人。

对于人类来说，世代受地域、气候、信仰等影响，形成长久固定的习俗，总会在时间长河中，慢慢沿袭、承继，即使时代在转变，所在地的人也会留下根深蒂固的影响。这就是民俗看上去既文远，又充满活力的原因。南昌梅岭，青山不老，绿水长流，自古至今，形成了特色民间文化。

得知龚家凤先生出版陟彼梅岭四部曲，分《梅岭览胜》《梅岭民俗》《梅岭草木》《梅岭动物》四册，我是既觉惊讶，又觉在意料之中。龚家凤生于梅岭、长于梅岭，对这里的山川草木、民俗风情，如同自己的掌纹一样，谙熟于心，并在自己的文章中娓娓道来，再一次印证，他被称为“梅岭之子”是当之无愧的。

平日里，家凤先生一有空闲，就行走在三百里梅岭山水间。这不只为简单的脚步移动，而是有心灵深度的行走。对于他来说，一草一木都有不凡的意义，一山一石都有内涵丰富的故事。他用心、用笔一一与之深情对话。

而对于山中的任何一位老人、任何一处老屋，家凤先生都有种难以割舍的情怀。他一次次接近他们，记下他们的所述，拍下他们的照片。不止一次，他说“这位老人我前段时间去时还在，这次却过世了”，眼里饱含遗憾与泪水。这些山中祖祖辈辈生活的人，在他看来，如同梅岭千年来的草木、胜景一样，成为梅岭民俗的活化石和传承者，让他情不自禁生出敬意，时刻在引起他的关注。

为什么写作？为谁写作？听起来是个老话题。却是在提醒每一个写作者，手中的笔其实力敌千钧。代表的是自己的内心之想、血液之淌，还有自己最关怀的一类人及生命的存在。

这种存在，既是物质的，又是精神的。现代科技和社会的发展，使梅岭和

其他地方一样，天天在变化，甚至一些看似千年生长下来的草木也在变化。只是在这个变化之中，还有许多不变的东西。这种不变，家凤一直在寻找、在证明。他以一位梅岭人的情怀、以一位有担当的作家精神引领，一年又一年，投入大量时间与精力，深入梅岭的内部及角落，以自己多年的采访和写作，为梅岭、为南昌文化建设寻找着最深的印记。

湖南的湘西很美。可在中国大地之上，还有许多美的地方。只是，湘西由于有了沈从文，它的美变得立体、深邃、久远起来。其中的山水、民俗、草木、动物等精雕细刻，为那片古老之地绣上了自己神秘、动人的特殊色泽，也成为沈从文文章的特色。这也是为什么人们想起沈从文，会想到湘西的原因。同样，想到作家迟子建，就会想到东北大兴安岭、想起如同童话的冰雪之乡；而一谈论到作家老舍，就会涌上浓厚的京味儿，仿佛进入了北京胡同……因为这些作家的作品中，都有着浓厚的当地特色。这是他们作品的特色，也是当地山水、草木、百姓生活底色、民俗等在作品中的反映。

现在，“陟彼梅岭”四部曲的出版，正是承载着梅岭的历史、文化，是与梅岭百姓心灵相连的，对梅岭地域文化、民间精神与思想意识的最厚重的呈现。

梅岭山中，草木种种，皆不相同；而地域上又十里不同风，五里不同俗。钟灵毓秀之中蕴藏着一代代人沿袭、相传下来的民间文化。其中的民俗部分，有许多并不为人知、不为人关注。在书中，我们可以看到，对于过年，此地不同于别处：一年之中要过两次年。即山中的客家人，在一年的六月初六这天，要采摘新鲜瓜果、蔬菜，进行祭拜天地，祈求五谷丰登。中午，还要用新米煮饭，好酒好菜吃一顿，名为“吃新”，这种“过半年”的民俗许多人都不了解。

而对于与百姓生活息息相关的牛，梅岭山里村民体会着牛一生的辛劳与勤恳、奉献与忍耐……每到端午节的日子，晚上人们纷纷赶着牛上山，让它寻找传说中的时仙草，特别希望这种动物能够升天成仙。书中，年同爷说的一句话：“牛为我们劳作了一辈子，到老来，肉被吃，皮用来蒙鼓。我们看杀牛时，千万记得手交背，要不然有罪过。”把人对牛的感激、体恤、歉疚和自责道了出来，引人泪目。

无论在中国，或世界何处，说到万寿宫，人们都知道是中国江西的象征。可万寿宫祖庭，就在梅岭南麓的西山镇上。时至今日，那里常年人声鼎沸、香火不断，依然能看到宗教在民间的力量……

从书中，我们可以看到，由于位于山中，梅岭从前民风淳朴，百姓日出而作，日落而息，相对封闭。也因此相对能完整保留着民族四时八节、婚丧嫁娶等传统风俗。清明节、七月半，一个家族会在一起上坟、祭祖。过年谁家杀了猪，煮好了的血旺，要相互赠送。清明节的阳绿饼、谷芽饼，也要送给邻里，相互品尝。寒冬腊月，很多人家坐在一起烤火，讲故事、唱民谣、猜谜语……

在"陟彼梅岭"四部曲中，萦绕种种名胜、草木、民俗、动物，经过一代代的历史冲刷，在这里有的延续，尚有踪迹，有的芳影难寻、成为传说…… 比如，山中几百座世代帮助人们舂米磨面的水碓，由人们生活所需之物，最后变成在野外自生自灭的无用之物。凡此种种，想来滋味百般。

"陟彼梅岭"这套丛书，全面抒写了梅岭世代相袭、相承以及几经演变、延续、变化的胜景、民俗、草木、动物，无疑成为走近梅岭之人了解梅岭、知晓梅岭最具价值的书籍。

南昌的西山指的就是梅岭。家凤先生所在的桐源村，原属安义县管辖。通过作家的写作，每个人都会深深体会到，方圆不大、山势并不高的梅岭，却有着一种博大、宽广的历史文化和民间传统。而正是这深度与广度造就了一个文化意义上的大梅岭。

其中就因为有了梅岭特殊的胜景及民俗、草木之故。

草木生命力顽强，民俗同样具有极强的生命力，因为它的气息会活生生地存在于日常生活之中，往往在无声无息中影响着一代代人。虽然我们每天生活在一些民俗之中，民俗就在每个人身上，有时也浑身不觉。好在家凤先生以这本书，以对大梅岭民俗文化的挖掘、展示，提醒我们每个人，如何对待民俗、继承民俗、推动民俗，成为一个有意识的个体。这将对开发民族的古老精神力量，提供极为强劲的精神支持。

"陟彼梅岭"这套书，不仅让梅岭人了解了梅岭，让南昌人了解了梅岭，更让南昌以外的人了解了梅岭，已然成为研究、探索当地民俗、文化最好的桥梁，它必将不仅以对梅岭胜景、草木、动物的描写，还以对梅岭民俗的挽留、展示、吟诵，让梅岭真正走出深闺，成为大梅岭的一块文化基石。

傅玉丽

2023 年 3 月 15 日

项目策划：段向民
责任编辑：赵　芳
责任印制：钱　宬
封面设计：武爱听

图书在版编目（CIP）数据

梅岭览胜 / 南昌市湾里管理局文学艺术界联合会主编 ; 龚家凤著. -- 北京 : 中国旅游出版社, 2024. 9.
(陟彼梅岭四部曲). -- ISBN 978-7-5032-7414-5

Ⅰ. K928.956.1

中国国家版本馆 CIP 数据核字第 20248W2U06 号

书　　名：梅岭览胜

主　　编：南昌市湾里管理局文学艺术界联合会
作　　者：龚家凤
出版发行：中国旅游出版社
（北京静安东里 6 号　邮编：100028）
https://www.cttp.net.cn　E-mail:cttp@mct.gov.cn
营销中心电话：010-57377103，010-57377106
读者服务部电话：010-57377107
排　　版：北京旅教文化传播有限公司
经　　销：全国各地新华书店
印　　刷：三河市灵山芝兰印刷有限公司
版　　次：2024 年 9 月第 1 版　2024 年 9 月第 1 次印刷
开　　本：720 毫米 × 970 毫米　1/16
印　　张：19
字　　数：315 千
定　　价：300.00 元（全四册）
ISBN　978-7-5032-7414-5

陟彼梅岭四部曲

南昌市湾里管理局
文学艺术界联合会 ◎ 主编

龚家凤 ◎ 著

梅岭民俗

中国旅游出版社

序

南昌地处赣抚平原，水网密布，唯西北方向有山，翠插云霄，是为梅岭。梅岭，又名洪崖山、西山、飞鸿山、散原山。山中风光秀丽，名胜众多，文化蕴藉深厚。陟彼梅岭四部曲发掘整理梅岭地方文化，对促进生态保护和文旅产业发展具有重要现实意义。陟彼梅岭四部曲作者龚家凤生于斯长于斯，对研究梅岭地方文化抱有极高热忱，数十年如一日行走山间，体察入微，用情至深。此前，他已有多部有关梅岭著作出版，为我们深入认识梅岭打开了一扇窗。现在又有陟彼梅岭四部曲问世，实在令人欣喜。四部曲包括《梅岭览胜》《梅岭民俗》《梅岭草木》《梅岭动物》。

梅岭为山，贵在滨江近城，人类活动频繁，至少在汉代便已成为一座文化名山。山中长期生活着原住居民，同时隐逸高士、游客和佛道信徒纷至沓来，各种文化现象层累交织，蔚为大观，成为南昌的文化聚宝盆。总的来看，梅岭至少从三个方面给人以深刻印象：

一是风景游赏胜地。梅岭在赣抚平原边缘地带异峰突起，势如天外飞来，其主峰罗汉峰更是整个南昌地区的制高点，十分引人瞩目。天气晴好时，人们在南昌城登临滕王阁，或舟行江上，均可远眺梅岭。梅岭山势嵯峨，群峰竞秀，进入山中寻幽访古，或登顶览胜则更为快意。古豫章十景中，梅岭占其二，分别是“西山挹翠”和“洪崖丹井”，一为山之远景，一为山中名胜。进山游览线路通常是乘船渡赣江，由天宁寺经鸾岗、鸾陂至翠

岩寺、洪崖丹井、乌井至洗药湖；或由铜源峡经香城寺、云峰寺至洗药湖；或由妙济桥、落马岭、梅岭镇至太平镇再至洗药湖。现在许多地名已发生变化，但三条登山线路大致相同，即我们常说的中线、南线和北线。历代到访梅岭的文人墨客络绎不绝，张九龄、欧阳修、曾巩、黄庭坚、岳飞、周必大、张位等文化名流有300多位，他们来到梅岭，诗兴勃发，留下古文188篇、诗词1450首。与之相关的历史古迹和摩崖石刻也不少，如张九龄之风雨池、欧阳修之天下第八泉、留元刚之摩崖石刻，凡此种种，文化的层累无疑使梅岭更具有魅力，引得更多人接踵而至。

二是高士隐逸秘境。梅岭，出则城，进则山，既可远离喧嚣，又可洞观天下，是高士退隐的理想之地。梅岭有记载的第一位隐士当属黄帝的乐臣伶伦先生。相传他在洪崖山掘井炼丹，世称洪崖先生，故南昌又称洪州。他在山中断竹而吹，又从凤凰鸣叫声中获得灵感，创制十二音律，被后世尊为“乐祖”，梅岭便成为中国古典音律的发祥地。此后，历代来梅岭隐逸的高士众多，汉有罗珠、梅福，唐有施肩吾、陈陶、贯休、齐己、欧阳持，宋有刘顺，明有张位、徐世溥、陈弘绪，等等。这些隐逸高士在山中悠游唱和，使梅岭更具有文化魅力和神秘色彩。其中，汉代罗珠重点值得一提。罗珠是西汉开国功臣，曾任治粟内史，后出守九江郡，奉命筑南昌城，晚年辞官隐居洪崖山，自号罗汉。罗珠是南昌城的建造者，也是当今1500多万罗氏后人的始祖，南昌罗家集、罗亭镇因其后裔聚居而得名。梅岭与罗珠相关的地名、物名众多，如罗汉峰、罗汉坛、罗汉坡、罗汉祠、罗汉松、罗汉柏、罗汉茶、罗汉菜均因其得名，可见其对后世的影响深远。罗珠生活的年代比佛教传入中国早约200年，“罗汉”一词因罗珠在当时的南昌已被广泛使用，由此不难推测南昌市井是流传的罗汉文化源头所在。

三是佛道擅场福地。梅岭山水灵秀，更兼水陆交通便利，历史上高僧名道竞相在此开辟道场，是一座宗教名山。据张启予先生统计，梅岭有佛道寺庙观坛多达136处。相比于佛教，道教在梅岭的发展较早且更为兴盛，自古有“神仙会所”之誉。梅岭紫阳宫就是一处道教圣地，最初是祭祀东汉开国

大将邓禹的邓仙坛，后来当地百姓将其与紫阳真人吕洞宾合祀。与之毗邻的罗亭镇名山村，历史上有“九里十八观”之说，可见当年道教发展的盛况。三国时期，著名道士葛玄曾来梅岭传道，留下葛仙台遗迹。西晋许逊在此修炼“拔宅飞升”，“一人得道鸡犬升天”的故事广为流传。唐朝著名道士张蕴在梅岭隐居修道，留下许多传说。在宋代张君房《云笈七签》中梅岭位列第十二小洞天、第三十八福地，这是当时梅岭道教繁盛的最好印证。佛教传入梅岭则略晚，东晋西域僧人昙显得到豫章刺史胡尚的资助，在梅岭修建崇胜院与香城寺。这是梅岭最早的佛教寺院。此后，梅岭先后出现寺庙数十座，“西山八大名刹”最为有名，分别是翠岩寺、香城寺、双岭寺、云峰寺、奉圣寺、安贤寺、六通寺、蟠龙寺。翠岩寺位列八大名刹之首，也是八大名刹中目前唯一存世的。此外，梅岭颇具影响力的寺庙还有天宁寺、云岩禅寺等。宗教在梅岭曾经的繁荣发展，也给这座山平添了几许仙气与禅意，人们游历山中，或许有见山不是山与见山还是山的人生思考。

昔日的梅岭是城外山，今天的梅岭已是城中山。随着南昌加快梅岭揽山入城步伐，梅岭正在成为城市中央公园。前湖快速路、湾里大道、梅岭大道和正在推进建设的西外二环高速、地铁六号线构建完善的大交通网络，使山城融合进程加速，依托梅岭打造高颜值的生态旅游区、高质量的生态经济区、高标准的生态居住区，一幅主客共享的生态福地画卷正在湾里徐徐展开。省委常委、南昌市委书记李红军指出，湾里要保护好梅岭生态，持续提升颜值和品质，坚定走发展生态旅游的道路自信。文化是旅游的灵魂，越是梅岭的就越是世界的。系统发掘整理梅岭地方文化，是助力湾里全域旅游发展，打造旅游目的地的必要之举。

客观来说，当前有关梅岭地方文化的研究还不够深入，既有高度又有深度的力作还不多见。龚家凤利用业余时间，深入梅岭开展田野调查，笔耕不辍数十年，于整理和传承梅岭地方文化功不可没。陟彼梅岭四部曲的出版，是整理研究梅岭地方文化、记录山区自然与社会变迁又一重要成果，确实值得祝贺。

认真读来，这四部曲有两点让人印象深刻：

一是饱含真情。读家风的书，深刻感受到他对家乡的深情。书中用得最多的词是“我的家乡”。例如，《椿芽树》开篇写道“在我的家乡，只要有屋场，便有椿芽树”。短短一句话，乡情跃然纸上。

二是虚实相间。四部曲从名胜、民俗、草木、动物四个层面系统梳理了梅岭的自然与文化资源，有情感的抒发和主观的推断，更多的是真实记录山中的风景名胜、民俗风情、多样植物和可爱动物。

当然，这四部曲还有一些将来需要继续完善提升的空间。例如，作者在写作的过程中参考了一些文献，但对史料的甄别和考证有待进一步深入，引证严谨性有待加强。同时，部分篇章存在资料信息堆砌感较为明显的问题，去粗取精、去伪存真的工作还要再加强。总体来说，陟彼梅岭四部曲是梅岭地方文化研究的重要阶段性成果。希望家凤再接再厉，再建新功，也希望以此为契机，带动更多热爱梅岭、关心梅岭的文人学者研究梅岭，为建设“生态梅岭，幸福湾里”贡献力量。

目　录

第一卷　四时节令

第二卷　人生礼仪

第三卷　乡间手艺

第四卷 衣食住行

第五卷 灯酒社火

第六卷　农林渔猎

第一卷　四时节令

过月半

在我的家乡，有正月十五闹元宵的习俗。

那一天，到处张灯结彩，燃放烟花。随着“咚咚锵锵”的锣鼓声和“噼噼啪啪”的爆竹声，各种花灯接踵而至，把节日的欢乐和喜庆推向高潮，推向极致。

元宵节，也叫过月半。始于西汉，隋、唐、宋更是盛极一时。

太史公《太初历》，就将元宵节列为重大节日。唐朝大诗人卢照邻《十五夜观灯》诗云：“接汉疑星落，依楼似月悬。”北宋欧阳修《生查子·元夕》：“去年元夜时，花市灯如昼。月上柳梢头，人约黄昏后。今年元夜时，月与灯依旧。不见去年人，泪满春衫袖。”南宋辛弃疾《青玉案·元夕》：“东风夜放花千树。更吹落，星如雨。宝马雕车香满路，凤箫声动，玉壶光转，一夜鱼龙舞。蛾儿雪柳黄金缕，笑语盈盈暗香去。众里寻他千百度，蓦然回首，那人却在，灯火阑珊处。”

陈弘绪的《石庄集拾遗》记载了元宵西山访友的情景：“丙戌首春，访刘献叟，借佚书，因适掘冈寻熊西雨旧迹，过刘光裕宅饮茶，薄暮抵万伯子宅，时元夕前四日也。适其地有灯酒之会，各姓轮年当届，首事者造酒，务备务旨，择大厦广堂，盛设名灯，储美名制，虽小儿纸灯杂錔，亦自可观。各族属约亲携友，扶老挈幼环集焉。酒出于公，肴果各具其坐次，士者从士，商者从商，农者从农，饮各随量，务尽永夜之欢。当兹抢攘，斯为仅见，此地可谓醉乡矣。喜风土之美，因归而纪之。”

民国《安义县志》记载：“近成内外，自正月十一日起，至十五日止，灯彩辉煌，笙歌嘹呖。鳌山竹燎、鹤焰、龙灯，所在皆有，尤以禳灾船最为巨观。……元宵前数日，比户具酒馔，祭墓燃烛，一谓之‘送灯’。近西山一带，则用竹梢长三尺，破开尺许，编灯烛插墓前。自远望之，高下烂如星点，往来疏林中，若隐若现，诚奇观也。”

大清早，照例要吃元宵团子。还要用粳米浸涨，去碓房舂成粉，做成十二生肖，用笼蒸熟，点上红，叫月半斋，先用来敬天地祖先，再给孩子们把玩。

这一天，还有一个重要的活动，给祖茔上灯。一大家子人，提着香、烛、纸等，走在山路上，经常能闻到兰花的清香，于是，大家分头寻找，总能找到几茎春兰，让人又惊又喜。拿回家，送给姊姊、妹妹戴。

然而，在我是个孩子时，元宵节并不热闹，只是在傍晚，各家来到禾场的禾秆堆下，扯禾秆，把它编成麻花状，名曰：烟宝。

烟宝编成后，人们在自家的大门口、菜园地、猪槽边点燃。待烟宝的青烟袅袅升起，更是把我们宁静的山村衬托得格外清冷和寂寥。据说燃烟宝，就像端午节挂艾蒿、菖蒲一样，起到避邪、驱五毒的作用。除此之外，有的人家会在大门口点两支红烛，在屋前屋后，插许多香，叫作“栽禾”，用来渲染节日氛围或是祈盼农业丰收。

自20世纪改革开放后，百废俱兴。各村各姓，在一年明月打头圆的元宵节，都亮出了自己的传统绝活，玩起了各种花灯。

元宵节最为常见，最为热闹，最为壮观，最为激动人心的，莫过于舞龙灯了。

龙，是民族的图腾，是皇权的象征，是吉祥的化身，是司雨神。我国是农耕社会，只有风调雨顺，五谷丰登，才能确保国泰民安。

《尔雅翼》云：“龙者鳞虫之长。形有九似：头似牛，角似鹿，眼似虾，耳似象，项似蛇，腹似蛇，鳞似鱼，爪似凤，掌似虎，是也。其背有八十一鳞，具九九阳数。其声如戛铜盘。口旁有须髯，颔下有明珠，喉下有逆鳞。头上有博山，又名尺木，龙无尺木不能升天。呵气成云，既能变水，又能变火。”

曹孟德与刘玄德煮酒论英雄时说：“龙能大能小，能升能隐；大则兴云吐雾，小则隐介藏形；升则飞腾于宇宙之间，隐则潜伏于波涛之内……”

玩龙灯也是宗族社会的产物。一条灯，都是以一村一姓为单位。玩灯的时候，如与本族的龙灯不期而遇，大家会载歌载舞，且欣且欢。相反，如与别姓的灯狭路相逢，一不小心，还会引起争端。

通常所见的龙灯，是用竹篾扎成的，长九到二十一节，成单数。龙头要扎得张牙舞爪，有须有角，神采奕奕，八面威风。龙身、龙尾用金光闪闪鱼鳞似的彩布饰之。每节内燃一支蜡烛，下有一个长木柄，由舞龙者撑之。舞龙者，皆头扎红巾，身着黄袍。龙灯在一执引珠领队指挥下，或进或退，或腾或舞。

村子的主事者，拿着提笼，在前引路。提笼上打着某府，以及风调雨顺、五谷丰登、国泰民安、家族兴旺等字样。

有的村子里出过大人物，为了彰显自己的家世，还在提笼上写着“尚书第”或“文武世家”等字样。

俗话说：宁愿隔壁出黄牯，不愿隔壁出知县。如出了知县，你说不定受他的欺负；出了黄牯，或许可以借来耕田呢。有一个小村子，因为族中没有出过显赫的人物，看见人家的排场，很不是滋味，便在灯笼上打着“看得见”三个字。它表面的意思是，我打灯笼是为了看得清路，深一层的意思是说，你的官做得再大也看得见，有蔑视之意。

我家乡这边有个金盘村，玩龙灯出过一个笑话。在一个风雨交加之夜，村人撑着龙灯，走过一个田垄，去邻村拜年。撑龙头的人一不小心滑了一跤，掉进路边的鱼塘里，紧接着，后面的十几个人全掉了下去。

起灯，一般是在三十晚上。天才黑，人们便摆好香烛，祭拜天地，紧接着，三声响铳过后，鞭炮齐鸣。锣鼓唢呐声中，龙灯第一站，来到祖堂，给列祖列宗拜年。这个时候，族长总是穿着整齐，神情肃穆地喝彩道：

伏以！

龙灯贺岁喜洋洋，今夜宗亲贺祖堂。
一贺祖堂生百福，二贺祖堂大吉祥，
三贺祖堂人增寿，四贺祖堂出英豪，
五贺祖堂喜事多，六贺祖堂福满门。
自从今晚喝彩后，大富大贵大吉祥。

每唱一句，便用锣鼓响应一下。喝完彩，在场的人一齐欢呼。

龙灯上路了，所到之处，人流两分，随着领队一声哨响，在锣鼓喧天、鞭炮齐鸣声中，一条火龙蜿蜒起舞，如烈焰腾空。这情景，正如家乡的诗人熊荣《西山竹枝词》所云：

邻姬元夜恰相逢，不看鳌山看火龙。
一部铙吹随小伙，到门十棒鼓咚咚。

注脚云：“山中元夕，家家门首堂户燃灯如昼，十数家合扮龙灯一条，傍晚先向神庙上香，然后游村落，穿门入户，大锣小鼓，欢声动地，彼此酬答，往返彻宵。”

龙灯表演完毕，就要挨家挨户拜年，领队要根据屋主人的境遇、身份喝彩。如到了村主任家，喝彩道：

伏以！

龙灯拜年笑嘻嘻，今晚来贺村长家。

一贺村长命富贵，二贺村长人增寿，

三贺村长素质高，四贺村长人公道，

五贺村长工作真，明年必定上北京。

自从今晚喝彩后，工作更上一层楼。

如到了一家娶了新媳妇的人家，便喝彩道：

伏以！

龙灯进门喜洋洋，今晚来贺好新娘。

一贺新娘富且贵，二贺新娘长得好，

三贺新娘生贵子，四贺新娘讲文明，

五贺新娘心灵美，挑花绣朵样样行。

自从今晚喝彩后，早早生对胖娃娃。

贺寿星：

伏以！

龙灯进门亮晶晶，今晚特来贺寿星。

彭祖寿高八百八，松龄鹤寿一千年。

天增岁月人增寿，春满乾坤福满门。

自从今晚喝彩后，五福临门百世昌。

伏以！

贺得东来又贺西，贺得寿星笑嘻嘻。

白发夫妻同偕老，双双举案喜齐眉。

儿孙满堂有孝敬，一家欢乐庆长春。

自从今晚游龙后，椿萱齐寿茂千秋。

元宵夜，规模最大的便是板凳龙了。

它长三四百节，有五六百米。由木板做底座，上有三盏花灯，内燃蜡烛。板凳龙一般是有好几千人的大姓，才玩得成。约定俗成，只要是分灶吃饭的人家，便要出一节灯。玩灯的人，在当天要沐浴、斋戒。到了向晚时分，村民纷纷掮着板凳灯来了，谁先到，谁走在前头。不多久，人们一字排开，连缀成一条流光溢彩、气势如虹的火龙。只要板凳龙一出动，便家家篝火，户户爆竹迎接。观者，更是人山人海，万人空巷，好一派热闹、欢乐、祥和的景象。

罗亭镇上坂曹家村的关公灯，其实是板凳龙的一种。头灯、尾灯，皆“丰”

字形，两面写着：风调雨顺、国泰民安。据族谱记载，上坂曹家，乃曹操的后裔。因先祖在赤壁之战中败走华容道，故感谢关公不杀之恩，曹氏家族扎灯还愿，故名为关公灯。

其实很多村子在玩龙灯的同时，要抬菩萨。菩萨坐在轿子里，前面点一对蜡烛。由四个强壮劳力抬着，一路上，还“吱呀吱呀”地响。

采莲船、马灯、花篮灯、蚌壳灯，一般都连台演出，载歌载舞，有旦有丑。鼓锣齐鸣，还有唢呐、二胡、笛子等江南丝竹伴奏。

采莲船

采莲船里一般坐着一个淡妆浓抹的村姑。前头一个艄公，头戴毡帽，身穿黑袍，长须过膝，手里拿着桨，边划边唱。后面一男子，打扮成妇人的模样，手摇蒲扇，与艄公对唱，插科打诨，引人发笑。

马灯

由五个穿红戴绿的村姑表演。用竹篾扎成马的形架，糊以花纸，绘上图案花纹，分前后两节，系在表演者腰间，作骑马状。配以管弦、打击乐器。边舞边唱：“马灯进门喜洋洋，今日进门贺花堂……”

花篮灯

两个端庄秀丽的旦角，挑着花篮，舞步翩跹，边走边唱，两个花脸的丑角相随。旦角用采茶调唱《十二月采花》：“一月梨花白如雪，二月郑花送春来，三月桃花红似火……”

蚌壳灯

由一个花枝招展的村姑，打扮成一只蚌壳精。蚌壳一张一合，翩翩起舞。一会儿，来了一个渔翁，嘴上两撇八字须，头戴斗笠，穿着草鞋，高卷裤管，背着一张渔网，腰上挂着一个鱼篓。他不时地撒上一网，不时又与蚌纠扯在一起，演员们配合默契，很风趣，演绎出一折乡村版的“鹬蚌相争，渔翁得利”的故事。

清代翟金生《豫章景物竹枝词》云：“二月街头唱采茶，村童扮作髻双丫。土音方语无腔调，笑煞吴姬与楚娃。”

我家乡这边的元宵节，就是这样，由乡亲们自编自排，自娱自乐，虽是朴素，倒也异彩纷呈，犹如一幅浓墨重彩的梅岭民俗风情画！

正月十九说韩波

在我小时候，气温要比现在冷得多。寒冬腊月，雪一落，就二三尺深。门前水塘结的冰，可以走人，屋檐的冰溜，长可达一米。这个时节，村里人不砍柴、不作田，成天在屋里坐着，闲得无聊时，就走家。那时，不像现在这样有电视可看，有收音机可听，谁家热闹，就往谁家去。烧一堆篝火，大家一起烤，这样可以聊天、讲故事、猜谜语，打发时日。

到了正月一十九日，照例会有人说："哦，今晚又是韩波捡柴的日子呢。"

韩波在我们的印象中，是一个赤身裸体的天神。好像每年这一天，他必须做一件事——下凡捡柴。如果这天月色清朗，他怕羞，不敢下凡。如果是雨雪天气，他也捡不到柴。只有天阴或毛毛雨，他才能如愿以偿。他捡到了柴，通常要晴天丽日，晒上三天，接着，就有七七四十九日倒春寒。

韩波捡柴的故事，在我的家乡，只要五十岁以上的人都耳熟能详。

但有的人说是"寒婆捡柴"。欧阳桂《西山志》："寒婆岭，在萧峰傍。登者皆投石于山，谓之送炭，盖俗讹也。"

《安义县志》记载："正月十九俗传寒婆捡柴，是晚天阴无雨则捡柴，主有四十日风雨。"全国很多地方有这个传说，版本不一样。清代南昌人王易《韩波诗二十韵》云：

正月十九，俗传韩波捡柴。野语荒唐，羌无取义。或曰韩波古孝子，母以是日寒死，孝子毁殉，幽灵未伸。捡柴索暖，意殆胥涛、石尤之类邪。语无可徵，诗以存俗。

同云霁寒霄，缺月隐穹碧。
其间若有人，捡柴当此夕。
野语出齐东，谓是食贫客。
北风雨雪雱，慈母殒寒疾。
哀哉凯风歌，耗矣皋鱼泣。
养体不可能，守死志无斁。

年年觅散柴，藉禦严霜逼。
坐是致人间，四旬寒不戢。
斯言宁凿空，有自吾可必。
为事固近情，副会遂失实。
拔木记金縢，雊雉载彤日。
倘无人立豕，或有退飞鹢。
大孝慕终身，岂以死生易。
波也其有灵，弥憾外何术。
民方苦饿寒，十户九还给。
骈死夫谁怜，终古抱悽恻。
丘垅万鬼狞，残贼一夫敌。
波也恶用哀，比屋尽兹厄。
小人欣有母，爱日幸怡色。
帘栏早春寒，挟纩有余适。

很久以前，韩波与一个叫李渡的人，结伴进京赶考。两人同乡，同出一个师门，情同手足。一路上，谈诗论文，吟诗作对，虽是风餐露宿，倒也其乐融融。

一日，两人为了赶路，走到旷野，此处前不着村，后不着店，加上风雨骤至，淋了个“透心凉”。韩波是个十足的文弱书生，很快病倒在一家旅店。李渡心急如焚，请郎中，开处方，熬药汤，细心伺候。十多天过去了，韩波的病倒是好了，可李渡的银两却花个精光，就连御寒的衣物也当了。两人就只剩一份盘缠。可京城还在千里迢迢的北方。正是寒冬腊月，越是往北走，天气越寒冷。

韩波想，这样走下去，两人都到不了京城。于是，就把自己的银两和衣物交给李渡，要他一个人进京赶考。再三嘱咐，不可耽误了前程。

李渡坚决不肯，说：“韩兄的才识，在我之上，此番进京，定能高中。至于费用嘛，我们省吃俭用，只要到了京城，可以去同乡会馆——万寿宫借一些。”

两人只好一同上路。一日，来到西山大岭中，开始还细雨霏霏，不一会儿，北风呼啸，下起了鹅毛大雪。那时的西山，地僻人稀，两人好不容易寻到一座山神庙。他们捡了一堆干柴，敲石打火，生了一堆篝火，烘干了衣裳。

北风像狼嚎，爆竹声时断时续。两人在庙中饥寒交迫地过了一夜。第二天，韩波拿出一锭银子，对李渡说：“李兄，这雪不知还要下到何时，你且下山，买些粮食来备用吧。”

说完，把身上的棉袄脱下，要李渡穿上。

等李渡回来，韩波已赤身裸体冻死在庙中。手里捏着一张纸，写着：“李兄，永别了。神京路远，赶紧上路，莫要耽误了来年二月中旬的会试。人生难得一搏。如能考取功名，要做一个忠君爱民的好官。拜托！”

是日，正是正月十九日。李渡抱着韩波的尸体，号啕大哭。哭得天空愁云惨淡，哭得山间泉水呜咽。李渡把韩波葬在山民烧木炭的窑里，拜了三拜，冒着风雪赶路。

李渡负笈而行。再也不在乎风雪的肆虐，再也不在乎路途艰险，再也不在乎贫穷和饥饿。他把悲痛化作了力量，要去完成韩波一生未能完成的使命。

李渡考取功名后，衣锦还乡。他来到韩波的葬身之地，发现坟墓不见了，此处化作了一潭寒气逼人的碧水。潭水清澈见底，一尘不染，犹如韩波生前的眸子。

此后，李渡每年正月十九就要来这里，捡一根柴，丢在深潭里，为了表示对韩波的怀念。并且把所在地叫作韩波岭，潭叫韩波潭。山神庙，改作韩波庙，一年到头，香火旺盛。

韩波的义举，感动了天庭，玉帝把他封了神。可他为了不忘正月十九那天彻骨铭心的寒冷，还要赤身裸体，下凡捡一次柴。

这个故事，虽近于神话，但从中可以折射出中国古代读书人，为了信仰，为了道义，可以舍生取义。

吊清明

我国有四时八节之说，清明乃八节之一。

《历书》载：“春分后十五日，斗指丁，为清明。时万物皆洁齐而清明，盖时当气清景明，万物皆显，因此得名。”

好雨知时节。清明，雨总是淅淅沥沥地下，润物无声，花开了，草绿了，世间万物，无不欣欣向荣。在我们这个诗意的国度里，要进行踏青、扫墓、插柳、斗鸡、蹴鞠、荡秋千、打马球、放风筝等一系列民俗风情活动。

清明，也叫寒食节。《荆楚岁时记》载：“冬至后一百五日，谓之寒食，禁火三日。”

相传，在春秋时期，晋国公子重耳，四十三岁那年，被晋献公的妃子骊姬加害，在外流亡。同行的侍从有狐偃、颠颉、赵衰、介子推等人。一次，他们逃到荒野，断食数日。重耳病危，介子推割股煎汤，给他服食，方救得其性命。时隔十九年，历尽磨难的重耳，在秦穆公的帮助下，做了国君，就是历史上春秋五霸之一的晋文公。

时过境迁。当年的侍从，一个个封官晋爵，荣华富贵，唯独介子推功成身退，与母隐居于山西汾河之阴的绵山。一日，晋文公想起了介子推，深感内疚，便亲自带人去寻找。可绵山绵延数百里，到哪里去找！晋文公想了个省事的办法，命人放了一把火。本以为介子推会携母出来，可三日后，待山火熄灭，寻到的却是介子推与母相抱，惨死于枯柳之下的残骸。

介子推的背脊堵着一个柳树洞，洞里有一片衣襟，上面题了一首血诗：

割肉奉君尽丹心，但愿主公常清明。
柳下作鬼终不见，强似伴君作谏臣。
倘若主公心有我，忆我之时常自省。
臣在九泉心无愧，勤政清明复清明。

晋文公悲痛万分，遂命人把介子推葬于绵山枯柳之下，并将绵山，改名为介山，并以此为祭田。为了纪念介子推，晋文公下令每年的这一天，禁止生火，家家户户，只许吃冷食，以示追怀之意。

这就是我国寒食节的来历。

第二年，晋文公领着群臣，素服麻屦，徒步来到绵山，祭奠介子推。行至坟前，只见那棵老柳树复活了，万条垂下绿丝绦，柳枝随风而舞。晋文公望着复活的柳树，就像看见介子推一样，虔诚地走上前去，作了个揖。临走时，折了一枝柳条，插在宫苑中。故，我国也就有了清明节插柳的风俗。

《唐书》记云：“开元二十年敕，寒食上墓，《礼经》无文。近代相传，浸以成俗，宜许上墓同拜扫礼。”因寒食与清明相接，后来就逐渐传承为清明扫墓了。

清明也叫踏青节。李淖在《秦中岁时记》载：“上巳，赐宴曲江，都人于江头禊饮，践踏青草，谓之踏青履。”

关于踏青，唐代还踏出一个很优美动人的爱情故事。

博陵人（今河北省定州市）崔护，在清明日的午后，独自走出长安城，来到南郊游玩。一路行来，桃红柳绿，蝶舞蜂飞。走着走着，看见一户人家，四面桃花环绕，姹紫嫣红。门左，翠竹青青；门右，芭蕉染绿。庭院寂静，空无一人。

崔护流连再三，心想：这等人家，绝非俗流。

正是正午时分，崔护口有些渴，想讨碗茶喝，敲了一通门，有一个女子说："谁呀！"

崔护答道："博陵崔护，寻春独行，因多喝了酒，口渴难耐，想讨碗茶喝。"

门"吱呀"一声开了，出现在崔护眼前的，却是一个衣着素雅、眉目清秀的妙龄少女。女子先向他道了个万福，进屋片刻，替他端上一碗茶来，低头捧上。崔护接过茶，喝了，见女子美艳如花，多瞧了几眼。女子见崔护神情俊逸，文采风流，也心生爱慕。但终因不敢越礼，就此告别。

崔护是一个性情孤傲但多情的人，一直念念不忘这位女子。第二年清明，故地重游，心爱的女子不见，只有桃花，灼灼其华。他无限惆怅，在门上题了一首《题都城南庄》：

去年今日此门中，人面桃花相映红。

人面不知何处去，桃花依旧笑春风。

写罢，吟了一遍，怏怏而归。

一年后，崔护因情不可抑，再去寻找那女子。其时，桃花凋谢，结子累累。至门前，却分明闻得屋里有哭声，叩问其故，有一位长髯老者出来，说："你是博陵人崔护吗？是你害死了我的女儿！"

原来，女子自去年与崔护一别后，害了相思病，茶饭不思。几天前，见了崔护的诗，病情更是加重，已是奄奄一息。

崔护进屋，不顾一切，抱着女子放声痛哭。这一哭，女子苏醒过来了，二人相抱而泣。就此，两人结为连理。

从此，崔护有了这样的如花美眷，红袖添香，学业日益精进，唐贞元十二年795年，高中进士，官至岭南节度使。

清明扫墓，在我乡叫吊清明，以示对故去亲人的追思哀悼。在时间上，前三后四。通常是合族而动，结队而行。有隆重者，鸣锣开道。来到祖坟山，清理掉墓道及墓前的柴草，或为坟墓培土。祭祀时，在墓前摆上鱼、肉、米粉、豆腐四盘菜，另有米饭、清明饼两碟，还要筛上茶、酒各一杯，摆上筷子，然后叩三个头，插上香，挂上纸，燃放爆竹。

清明节，作兴吃清明饼。在晴天丽日下，妇女、孩子们，提着竹篮，去田间摘鼠曲草。鼠曲草俗称阳绿，全株有白色绵毛，叶如菊叶而小，开黄花。摘其嫩茎，洗净后，放在碓臼里，舂成糊状，再和上糯米粉，做成饼状，蒸熟后，色泽如翡翠，食之清香四溢，韧性十足。

对了，清明节还要做糯米酒，用泥巴封好坛口，待几年后，酒的颜色变得暗红，味道醇和甘甜。这种酒，就叫清明酒。

清同治《安义县志》："清明各子姓载酒祭其先茔，挂纸钱于墓，是日酿酒，曰清明酒，色红而味甘。"

清明时节，让人想杏花春雨江南。

民谚有云：清明谷雨两相连，浸种耕田莫迟延。

清明时节，惠风和畅，莺飞草长，是江南农村耕耘播种、酝酿美好希望的季节。

乡村立夏

当我踉跄的脚步，在春风春雨的泥沼中，还不能自拔时，猛然觉得，天开始燥热起来，不远处，还传来几声蝉鸣，心里猛然一惊，不由得感叹道：林花谢了春红，太匆匆！

《历书》云："斗指东南，维为立夏，万物至此皆长大，故名立夏也。"

在这一日，我乡作兴吃米粉肉"撑夏"。把粳米炒得香喷喷的，磨碎，加上少量的桂皮、八角，用五花肉，切成一片片，拌均匀。可掺一些豌豆、蚕豆、土豆或芋头，倒一些料酒、生抽等佐料。放在笼蒸上蒸时，下面要垫莴苣叶、包菜叶，如果有荷叶更好。大约要蒸两个小时。一打开笼蒸，便清香扑鼻。食之，肥而不腻，入口即化，令人唇齿留香。

米粉肉，也叫米糁肉。《解文说字·米部》："糁，以米和羹也。"

袁枚《随园食单》记载："用精肥参半之肉，炒米粉黄色，拌面酱蒸之，下用白菜作垫，熟时不但肉美，菜亦美。以不见水，故味独全。江西人菜也。"

按照以前的生活水平，在这一天，大吃一顿米粉肉，还要等到秋天才开荤。民谚有云：米粉肉，立夏吃顿足；暑伏天，吃素全家福。

“立夏称人轻重数，秤悬梁上笑喧闺”，这是古人写立夏称人的诗。这一天，吃完米粉肉，很多人家便会架起一杆大秤，把孩子轮流称一遍。看秤的人，还要说一些吉利话。相传，立夏称人会给人带来福气，也是祈求上苍，给人带来好运。

清顾禄《清嘉录》说：“家户以大秤权人轻重，至立秋日又称之，以验夏中之肥瘠。”

据《中国民俗通志·节日志》载，在三国时期，有一年立夏，刘备要带兵出征魏国，带着阿斗不方便，就请赵子龙把阿斗护送去吴国，交给夫人孙尚香抚养。孙夫人心想，自己毕竟是后娘，万一孩子养瘦了，不好向刘备交代，于是当赵子龙的面，把阿斗称一下，书告刘备，以表心迹。

民国《安义县志》记载：“立夏，炒粘米磨粉，加香料，和酒浆，蒸米粉肉。食后，不分老幼，衡其轻重，借以观肥瘦之消长焉。自谷雨至立夏，秧针出水，以次栽植。农夫歌声四起，唱以为乐。”

范成大《村居即事》诗云：“绿遍山原白满川，子规声里雨如烟。乡村四月闲人少，采了蚕桑又插田。”

这是一个耕耘播种、莺飞草长的好日子。

民谚曰：立夏立夏，泡犁泡耙。

民谣云：芒种夏至天，南风日夜掀。吹得软绵绵，走路要人牵。牵的人要人扨，扨的人要人颠。

在抛秧栽禾的时候，有人打山歌：

山歌好唱口难开，杨梅好吃树难栽。想说几句私情话，姐的心事好难猜。我的姐吔，赤脚踩水试深浅，我把山歌打过来。

屋前屋后莫打歌，打咯少来听咯多。老人听见要挨骂，后生听得是非多。我咯哥吔，山歌要往深山打，树大根深情意多。

高山流水响叮当，哪有山水不落河，哪有哥来不想姐，哪有姐来不想哥。哥吔姐吔，东山日头西山落，二人心事差不多。

在这一天，每人要喝一碗生水。因我的家乡是山区，山里人经常要去离家很远的山中砍柴、耕作，免不了要喝泉水。说是在这一天喝了生水，再喝就不会闹肚子。

旧时的南昌，有吃立夏茶的习俗。

清乾隆《南昌县志》载：“立夏之日，妇女聚七家茶，相约欢饮，曰立夏茶，谓是日不饮茗，则一夏苦昼眠也。”

清杨屋《立夏茶词》写道：

城中女儿无一事，四季昼长愁午睡；
家家买茶作茶会，一家茶会七家聚。
风吹壁上织作筐，女儿数钱一日忙；
煮茶须及立夏日，寒具薄持杂藜栗。
君不见村女长夏踏纺车，一生不煮立夏茶。

端午节

五月里来午端阳，端阳佳节蒲艾香。

端阳节，又叫端午节。在先秦时期，先民普遍认为，五月是毒月，初五为恶日。汉代应劭《风俗通》说：“俗说五月五日生子，男害父，女害母。”宗懔《荆楚岁时记》：“五月俗称恶月，多禁。忌曝床荐席，及忌盖屋。”

《史记·孟尝君列传》记载，大名鼎鼎的孟尝君，就是在五月初五出生的，他的父母很害怕，认为“五月子者，长于户齐，将不利其父母”。

《宋书·王镇恶传》云：“王镇恶，北海剧人也。以五月五日生，家人以俗忌，欲令出继疏宗。祖父见奇之，曰：‘此非常儿，昔孟尝君恶月生而相齐，是儿亦将兴吾门矣！’故名之为镇恶。”

所以，在这一天民间悬挂艾蒿、菖蒲，洒雄黄酒，为驱魔避邪。

到了魏晋南北朝，有人把端午节与纪念屈原联系在一起。

据南北朝人吴均《续齐谐记》载：“屈原五月五日投汨罗江而死，楚人哀之，每至此日，以竹筒贮米投水祭之。汉建武中，长沙区曲，白日忽见一士人，自云三闾大夫，谓曲曰：‘闻君当见祭，甚善，但常年所遗，恒为蛟龙所窃。今若有惠，当以楝叶塞其上，以彩丝缠之，此二物蛟龙所惮也。’曲依其言。今世人五月五日作粽，并带楝叶及五色丝，皆汨罗水之遗风。”

1945 年，闻一多先生在《人民诗人——屈原》一文中说：“古今没有第二位诗人像屈原那样曾经被人民热爱的……端午节是人民的节日，屈原与端午节的结合，便证明了过去屈原是与人民结合的，也保证了未来屈原与人民还要结合……屈原是中国历史上唯一有充分条件称为人民诗人的人。”

在江河流域，端午节普遍有划龙舟的习俗。最早，古人划龙舟，是一种驱逐瘟疫的仪式，后来，演变成人们下水救屈原的演练。

清同治《安义县志》:“端午馈角黍、涂雄黄、泛菖蒲、悬艾叶、竞龙舟、夺锦标，始于初一，终于初五。各村镇演戏而城隍祠为盛，每以五月初起，六月中止。惟黄洲市以十三日当墟，远近云集交易。”

然而，我乡是山区，没有龙舟可看。正如熊荣《西山竹枝词》所云:

浦人艾虎颤钗头，鸭子家家竞献酬。

盘上任教堆角黍，却愁无处看龙舟。

另有注脚云:“山中旧俗，家家门首插艾数株，挂菖蒲其上。内人剪纸处，同艾叶拴髻或以蒲根刻葫芦方胜作肩坠，清晨饮雄黄酒，食大蒜，谓可啐百毒。随以鸭子交相馈遗。架溪村采新箬，裹糯米为粽子，芳香可喜。”

芭蕉绿了樱桃红。又到了粽子飘香的时节，我想起童年端午节的一些往事。

那时，每到农历五月初一，天才蒙蒙亮，母亲便叫醒我说:“快起来，割艾蒿、菖蒲去。去晚了，就割不到了!”

我便欢天喜地，来到年年割艾蒿、菖蒲的野地里。

艾草，一般长在土壤贫瘠的田头、地角、菜地边，平时，无人理睬，无人打理，但它的生命力极强，却总是长得英姿飒爽，两米来高。它的姿态，虽不华美，但我国自古以来就把它作为祈祥避邪的吉祥物。晋代周处《风土志》记载:“以艾为虎形，或剪彩为小虎，帖以艾叶，内人争相裁之。以后更加菖蒲，或作人形，或肖剑状，名为蒲剑，以驱邪却鬼。”南朝梁宗懔《荆楚岁时记》说:“鸡未鸣时，采艾似人形者，揽而取之，收以灸病，甚验。是日采艾为人形，悬于户上，可禳毒气。”

菖蒲，则长在溪水边、水塘旁。叶丛生碧绿，端庄秀丽，挺直似剑，直刺苍天。

先民还把菖蒲当作神草。《本草·菖蒲》记载:“典术云:尧时天降精于庭为韭，感百阴之气为菖蒲，故曰:尧韭。方士隐为水剑，因叶形也。”人们常用它来点缀庭院、花园，与兰花、水仙、菊花并称为“花草四雅”。

那时的大门，好像都挂着一对小竹筒，插上艾蒿，再挂上菖蒲。一大清早，整个村子里，散发着浓郁的艾蒿、菖蒲的馨香。

早饭吃过后，不用母亲吩咐，我便邀好几个伙计，上山去摘箬竹叶，扎粽子了。

其时的田野，早稻正好扬花、灌浆，谓之拜节。稻花香里说丰年，听取蛙声一片。

其时的山野，新竹成林，蝉鸣嘶嘶。还有满山的芒花，开得红艳似火，或一簇簇，或一片片，乍看似少女的笑靥，又如天边的彩霞。

箬竹叶，一般长在地势较阴暗的山坳里。其竿细细，其叶硕大。山风吹来，叶叶相撞，沙沙作响。摘箬竹叶，要拣新叶，用拇指和食指夹住叶片，中指一顶叶柄，啪的一声，就脱落了。

箬竹除了扎粽子外，还可以用来衬斗笠。

我们这些孩子，在故乡的怀抱里，这山望着那山高地跑着、跳着，留下一路欢笑。我们攀比着，谁摘的箬竹叶多，谁摘的箬竹叶大。

箬竹叶摘回家后，母亲拿到锅里焯过，再拿到清亮的溪水里，一张张洗刷干净，就开始包扎粽子了。将糯米淘洗干净，晾干，用少量的碱和之。有时还在粽子中包上一些红豆、红枣、花生米及腊肉，味道就更好。母亲把湿漉漉的箬竹叶卷成圆锥形，然后用饭勺，填进糯米，用筷子插实，包好，将嫩竹篾一捆，一只只棱角分明的粽子，便扎成了。五只再串成一挂。

母亲扎粽子的时候，还打谜语给我猜："生在深山叶朵朵，漫山遍野寻找我。寻得归来吃糯米，又拿绳子捆绑我。"

我很快猜出是箬竹叶。

粽子扎好，便是晚上了。晚饭过后，父亲把粽子放在锅里，用准备好了的干柴，煮上三四个小时，再让它焖到第二天天亮。食之，余温尚存，还带着浓郁的箬竹叶清香。

粽子，从初二一直吃到初五。

到了初五那天，母亲还要做包子、蒸发糕、煮咸蛋、煨大蒜。对了，母亲还在蛋壳染上红色，用五颜六色的网袋装着，挂在我的脖子上，意谓祝福孩子逢凶化吉，平安无事。蛋当然是越大越好，如果能在脖子上挂上一个大鹅蛋，那就更棒了。玩腻了，就找伙伴用蛋打架，谁的蛋碰破了，就先吃掉。最后留下的就是胜利者了。

如有嫁出去的女儿，回娘家拜节，除了粽子、咸蛋、发糕外，必送蒲扇、折扇。因为端午节后，天气热了，蒲扇、折扇可以带来清凉。

扇子扇清风，时时在手中。

有人来借扇，自己要扇风。

三伏来防暑，夜里扇蚊虫。

扇到七八月，收扇过寒冬。

到了傍晚，母亲把艾蒿、菖蒲收起来，蘸雄黄酒，洒到屋里的犄角旮旯，消毒避虫。还在我们的额头上、手背上、脚背上涂一些雄黄。

端午节，虽是纪念屈原的节日，但在我看来，更浸透着一种浓浓的乡情、亲情。

打时草

打时草，是我乡一种特有的风俗。传说在端午节这一天，山中会有一种时仙草，牛吃了可以成仙。所以，在这一天，从子时起，孩子们便满山去放牛。

有《时仙草》童谣唱道：

松峰岭，松树下，半棵时仙草。

端午节，子午时，长得离离葆。

太阳一出就难找，有牛吃得时仙草，

放牛娃骑牛天上跑，做个逍遥神仙佬。

小时候，我家没有放牛，但到了这一天，我也会跟着堂哥他们，摸黑赶着牛，满山乱跑。

这一天，我们身上都带着咸鸭蛋、粽子可吃，还带着爆竹可玩。爆竹声此起彼伏。还摘“叫子柴”叶，看谁吹得好听。那牛听得叶笛声声，也哞哞地响应。

南唐成彦雄《梅岭集·村行》:“暖暖村烟暮，牧童出深坞。骑牛不顾人，吹笛寻山去。”

熊荣《西山竹枝词》云:“鱼云片片淡无痕，一树秋风叶满门。牛背阿哥端坐稳，数声羌笛过前村。”

一天，我骑着牛唱着歌，来到半山腰，天已大亮。在一丘平整的荒田里，坐着一位老人，悠然自得地抽一杆旱烟。

其时，他只有五十多岁，与我父亲同年，我叫他“同年爷”。他从小就去山外，和那些伙计们，给地主放牛，天天听故事、猜谜语、唱歌谣。所以，他是我们村最会讲故事的人。到了寒冬腊月、天寒地冻的日子，村子里很多人都去他家烤火，听他讲故事。

我坐下来剥粽子吃，边吃边问："同年爷，你以前放牛，财主爷是不是像黄世仁、刘文彩一样很坏？"

他说："别个财主坏不坏，我不晓得。人吃良心，树吃根。说实话，我的东家，自己不吃，也要让我吃饱。不像有的人，睁着眼睛说瞎话。没有影的事，不能说。头顶三尺有神明。"

我说："你放了一辈子牛。牛吃了时仙草，真能升天吗？"

他说："肯定是能。你看，《牛郎织女》里的牛，硬是能说人话，还晓得天上的事呢。"

我多次听过他讲《牛郎织女》的故事，让我如痴如醉。

他不但讲故事好听，打谜语也很有趣：

四个铁墩，两个铁钉，两人打扇，一人扫厅。

三头六臂，七脚落地，太公钓鱼，咒天骂地。

这两个谜底是：第一个是牛。第二个是耕田——穿蓑衣，戴斗笠，手拿竹枝，吆喝着牛。

同年爷那天又讲了个故事给我们听。他小的时候，和村子里二十多个伙计，赶了三十多头牛，来到茅棚口打时草。在一处荒田里，草长得很茂盛，牛吃得正欢。打完了爆竹，吃完了粽子，他们玩起捉迷藏的游戏。很多人都钻进乱石丛中。到了中午，有一个伙计，看见一大群"野马子"，有三四十只，在围攻牛。牯牛很快围成一圈，头向外，形成掎角之势。母牛、牛犊在中间。这个伙计吓得魂飞魄散，赶快跑到乱石丛中，说，不得了，野马子吃牛了。大家一看，都叫喊起来。村子里大人听见，打着铜锣，拿着鸟铳赶来。

所谓野马子，据说是狼和豺的杂交品种，因为走路的姿势像马而得名。

同年爷说："牛为我们劳作了一辈子，到老来，肉被吃，皮用来蒙鼓。我们看杀牛时，千万记得手交背，要不然有罪过。"

传说，从前有一头老牛吃了时仙草成了仙，头等大事，就是直奔天庭，到玉皇大帝那里去告状。

老牛见到玉皇大帝，就说："玉皇大帝啊，我等苦大仇深，为人类耕了一辈子田，劳苦功高，可到老了或病了，却被剥皮抽筋、千刀万剐。"

老牛还眼泪汪汪，如泣如诉地唱起了《牛歌》：

谁人听我说声牛，兽中最苦是耕牛。
春夏秋冬常用力，不知磨难几时休。
拖犁拉耙千斤重，皮鞭身上千万痕。
泥硬水深拉不动，肚中饥饿泪长流。
口干吃口田中水，.喝声病了走如飞。
肚饿吃口田中草，恶言恶语骂瘟牛。
我在山中吃百草，种起五谷主人收。
瓜麻豆粟般般有，棉花麦子满仓收。
籼米做饭养性命，糯米做酒待亲朋。
娶亲嫁女做喜事，夫妻商量卖耕牛。
老来嫌我身无力，卖与屠夫做菜牛。
怕死难言流眼泪，将刀割断我咽喉。
破肚抽肠取心肺，割肝挖骨熬成油。
剥我皮来做鼓打，惊动阴司上星升。
杀我之家人不富，食我之人身不肥。
知我受尽千般苦，想是前生未能修。
劝解农夫休打我，今虽变牛怎奈何。
莫道天公无一报，天道轮回几时休。

玉皇大帝说："是可忍孰不可忍。是一些什么人，敢对尔等如此残忍？"

老牛说："都是一些没有手的人。"

玉皇大帝说："嗨，你比人要大若干倍，还给了你一对尖角，四只蹄子，却被手脚不全的人给杀了，死得活该。"

那天，同去告状的还有鱼。鱼诉说冤情后，玉皇大帝说："网无底，罾无盖，你本是凡间一道菜。"鱼出凌霄宝殿的时候，翘着嘴，翻着白眼，一副死不瞑目的样子。因为这个故事，我每次去菜市场，看见翘嘴白鱼，就忍俊不禁。

牛嘴巴向下，一日吃到夜。牛投胎的时候，问玉皇大帝："我的口粮呢？"玉皇大帝说："你不错，拜四方的角色，走到哪里都有吃的。"牛大喜。其结果是，牛吃的是草，挤的是奶，耕一辈子田，还天天挨打。

据说，狗投胎的时候，也顺便问了一句："那我吃什么？"玉皇大帝说："凡间有句老话，是狗千年总吃屎。还有，猪吃剩下，你才可吃。"狗很生气，生下七天才睁眼。

我的家乡还流传着一个笑话，说牛眼大，把人看得比山大，所以任人宰割。相反，鹅眼小，把人看得比豆子还小，所以敢藐视人。

是的，我见过最惨烈的事是杀牛。

这时，我心中悲凉，眼睛里噙着泪水。

我问："同年爷，你见过时仙草吗？"

同年爷呵呵地笑，说："没见过。如我认得时仙草，让我的牛吃了，骑着它到天上去当神仙，何必在凡间忧生忧死，吃苦受累。"

山风吹来，不远处传，来此消彼长的爆竹声、叶笛声，还有伙计们的欢笑声。

过七夕

纤云弄巧，飞星传恨，银汉迢迢暗度。

在我国诸多的节日中，七夕节过得最是悄无声息，不打一挂爆竹，菜碗里不见一片肉，只有年年听不完的牛郎织女故事。

牛郎本是一个孤儿，每天放一头牛，依靠哥嫂过日子。嫂子经常虐待他，连饭都吃不饱，受了委屈，只有跟牛哭诉。说得悲伤的时候，牛还会流泪。牛郎渐渐长大了，倒也出落得玉树临风，每日拿着一管横笛，在河边吹。那嘹亮优美的笛音，水里的鱼儿听了，禁不住跳出水面。老牛听了，停止了吃草，愣愣地看着他。他对牛唱起了《可怜歌》：

天像一把伞，地像一块板。可怜咯鲤鱼掸呀掸。
鲤鱼呀，你也好，有根须，可怜咯黄鳅满田趋。
黄鳅呀，你也好，有丘田，可怜咯田螺走田舷。
田螺呀，你也好，有层壳，可怜咯蛤蟆打赤脚。
蛤蟆呀，你也好，有层皮，可怜咯雄鸡夜夜啼。
雄鸡呀，你也好，有个冠，可怜咯老鼠屋下钻。
老鼠呀，你也好，有间屋，可怜咯兔子满山哭。
兔子呀，你也好，有座山，可怜咯水牛夜里耕。
水牛呀，你也好，有人牵，可怜咯马儿驮马鞭。

马儿呀，你也好，有人骑，可怜咯猴子活剥皮。

猴子呀，你也好，有身毛，可怜咯花狗夜夜嚎。

花狗呀，你也好，有张口，可怜咯狐狸毛狗拖。

村子里的人，笑他是个对牛弹琴的呆子。他却说，你们不懂，万物皆有灵。

嫂子要他分家。牛郎说，我什么都不要，只要一间牛棚，一头老牛好了。他就靠这头牛，农忙时，给人家耕田耙地，挣口饭吃。闲暇时，就牵着老牛，吹着笛子，在山野、河边闲逛，日子过得倒也逍遥自在。

老牛是他沉默的朋友，一天也没有和他分离过。

夏天的一个傍晚，牛郎把老牛冲洗得干干净净，正在为它摇风打扇、驱赶蚊虫。这时，老牛开口说话了，说："牛郎哦，你老大不小了，成个家吧。今日半夜的时候，有很多仙女在河边洗澡，你就选那套紫红色的裙子藏起来，裙子的主人，便是你最美的新娘。"

牛郎等到子时，悄悄来到河边，果然有仙女在洗澡。月色迷离，水光潋滟，香风飘飘，令人神醉情迷。他拿到那套紫红色的裙子，忐忑不安地躲在一边。仙女们穿好裙子，纷纷飘然而去。只留下最小的仙女，找不到衣服，急得团团转。这时，牛郎从芦苇丛中走出来，说："仙姑，失礼了。裙子在此，你要做我老婆，才给你。"小仙女羞得面红耳赤，点了点头。

婚后，他俩男耕女织，生活美满。筑两间泥屋，虽是简陋，却也别致，屋前小桥流水，屋后长满了奇花异草，夫妻俩就像生活在画中。小仙女本是天上的织女，织布又快又好，举世无双。她说，天空的彩云，就是她们姐妹们织的。很快三年过去了，他们生了一儿一女。王母娘娘得知此事，十分震怒，派天兵天将，押解织女回天庭受审。老牛不忍他们妻离子散，在墙上碰断头上一只角，变成一条飞船，让牛郎挑着儿女，乘飞船追赶。牛郎只觉耳畔呼呼生风，他穿过了云海，眼看就要追上织女了，王母娘娘拔下头上的金钗，在天空中划出了一条波涛滚滚的银河，把牛郎、织女隔开了。

他们坚贞的爱情，感动了喜鹊。每年七月七日这一天，天下的喜鹊都飞来，用身体搭成一道跨越银河的天桥，让牛郎织女相会。

这个故事神奇美丽，让我们百听不厌。大人讲完故事，还指着浩瀚的星空说："你看，那个就是牵牛星，河对岸的就是织女星了。天空漂亮的晚霞，就是织女编织出来的锦缎呢。"

牵牛星，也叫牯牛星。我们望着天空，用手一边指，一边唱：“牯牛星，七只角。东边坐，西边落。一口气，话七个。”便一口气唱了七遍，一个个憋得满脸通红。

晋朝周处《风土记》：“七月初七日，其夜洒扫于庭，露施几筵，设酒时果，散香粉于筵上，以祈河鼓（河鼓即牛郎）、织女。言此二星辰当会，守夜者咸怀私愿，咸云，见天汉中有弈弈白气，有光耀五色，以此为征应。见者便拜，而愿乞富乞寿，无子乞子，惟得乞一，不得兼求，三年乃得言之，颇有受其祚者。”

这一天也叫乞巧节。夜里，女孩们对着天空皎洁的月光，摆上时令瓜果，朝天祭拜，乞求天上的仙女，能赋予她聪慧的心灵和灵巧的双手，让自己的针织女红技法娴熟，更祈求月神，将来赐予自己美好的姻缘。

我听说，夜深人静，一个人躲在茂盛的南瓜棚或葡萄架下，能听到牛郎织女相会时的悄悄说的情话。可我听过几次，只听见唧唧虫鸣。

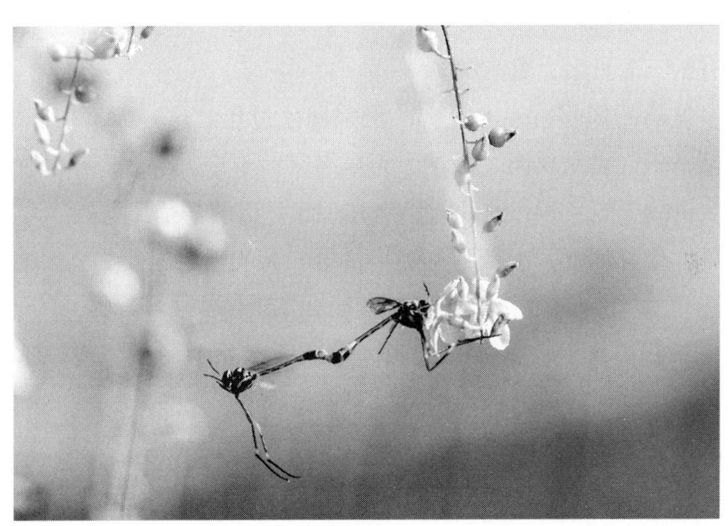

宋代杨朴《七夕》诗云：“未会牵牛意若何，须邀织女弄金梭。年年乞与人间巧，不道人间巧已多。”

夏季凤仙花儿红，女儿看见乐融融。

是日，女孩子摘凤仙花，捣碎，加入明矾，绑在指甲上，第二天，指甲被染得色泽鲜艳，经久不褪。清代顾张思《土风录》载：“万历昆山志云，七夕妇女以凤仙花染指甲。案此法自宋有之。周草窗《癸辛杂识》云：凤仙花红者捣碎，入明矾少许染指甲，用片帛缠定过夜，如此三、四次，则其色深红，洗涤不去，日久渐退，人多喜之云云。今吴俗皆然，但不必在七夕。”

七夕，是中华民族一个具有浪漫色彩的节日。

又到一年七月半

癸巳炎夏，持续高温，据说是五十年未遇。可到了阴历七月半，却风云突变，天色漠漠，竟然淅淅沥沥，落起细雨来。

七月半是中元节，也叫鬼节。民间传说，阎罗王在这几天打开鬼门关，让孤魂野鬼到阳间来享受祭祀。明代谢肇淛《五杂俎》记载：“道经以正月十五日为上元，七月十五日为中元，十月十五日为下元。”依照佛教的说法，七月十五，教徒们举行“盂兰盆法会”，供奉佛祖和僧人，济度六道苦难众生，以及报答父母养育之恩。

民谚有云：七月半，鬼乱蹿。

我家乡这边的风俗，说七月半，祖宗回家过年。这一天，总是神秘兮兮，不许乱说话，不许去乱坟岗，不许大声喊名字，不许去游泳，到傍晚更不许外出。有喜欢讲故事的乡亲，这几天，坐在一起，讲的都是“鬼话”。

有的说，他家灶下，半夜听见碗响，第二天发现菜碗橱子里的油饼，无故少了一半。

有的说，三更天，他家鸡在乱叫，第二天，死了一只公鸡。原来他的爷爷，生前说了要吃那只鸡的，结果死也不放过。

这些故事，听得让人毛骨悚然、心惊胆战。

一大清早，我们一家六口回家祭祖。

“日月忽其不淹兮，春与秋其代序。”二十岁朝气蓬勃，离开老家，在外闯荡，一转眼，我已年届五十，白发苍苍，快进入老境啦。孙子都已经半岁，快会叫爷爷了。有歌曰：岁月如刀，刀刀催人老。而我的父母双亲，在很多年前就已去世了。子欲养而亲不待。想起此言，我的心头便掠过一丝苍凉、一丝无奈。

走进乡关，稻谷飘香，荷叶田田，不时还能看见白鹭在翻飞。这久违的乡村风光，让我心旷神怡。然而，在路上每每看见少年的伙伴和同学，昔日的翩翩少年，都已是鬓发斑斑，真有些悲从中来。常言道："记得少年骑竹马，转眼便是白头翁。"正如元代诗人陈草庵的《山坡羊》云："今日少年明日老。山，依旧好；人，憔悴了。"

来到老家桐源，大哥也是快奔七十岁的人了，背也显得有些驼了，白发苍苍，看见小兄弟拖家带口地回家，脸上笑成了一朵菊花。大哥已越来越像年老时的父亲了。

在外工作，已退休的二哥、姐姐也回来了。我们兄妹长大后，各奔东西，一年中也只有过年、清明、七月半，才会团聚。

大哥、大嫂早弄好了一桌祭祖用的菜肴，摆在老屋的堂前桌上。列祖列宗的牌位、遗像端坐在八仙桌上。清油灯荧荧如豆。上供的菜，一般是鱼、肉、油饼、米粉、冬瓜。

按照惯例，兄弟及子侄，只要分灶吃饭，都要端菜来。供的菜是单数，或五个，或七个。桌子四边，摆着碗筷、酒杯、茶碗。

大哥来到村前的桥边，煞有介事地说："请列祖列宗，公公、姆妈（祖母）、爸爸、咿呀（母亲），大爸、大呀（大妈），大家到屋里去过年！"

大哥走到家门口，做了一个请的姿势，说："请上座！"

在茶碗里倒上茶，在酒杯里筛上酒，在饭碗里添上饭。

家里有不懂事的孩子，看见满桌的酒菜，一旦没来得及制止，就往桌上爬去，让人哭笑不得。

狗也在桌底下忙得团团转，可就是不见抛下一根骨头。

一大家子，围在桌子周边，庄严肃穆，相对无言。

再三打量八仙桌上的列祖列宗遗像，总觉得他们目光慈祥地打量着我们。我觉得他们并没有离开我们。打断骨头连着筋，我们身上流淌着他们的血，与他们一脉相承。他们的言传身教，还在影响着我们的日常生活。我们的身高、长相、脾气、性格、禀赋，都是由他们的遗传基因决定的。

阴阳虽两隔，但他们永远活在我们心中。

人事有代谢。七月半，让我们更加思念已故的亲人，更加怀念祖德。

以前，父母在世时，和大爸、堂哥他们一起祭祖更是热闹。大爸、父亲辈过世后，就树大分丫，另立门户，各自祭祀。

大哥每年要用筶问卦。所谓筶，就是拿两片牛角状的小竹篼，若要向祖宗问起何事，便把筶往堂前中间一丢。如一阴一阳，是"圣筶"便是如愿以偿。

如是两阴，是“阴筶”说明这事由阴间亲人定夺。“阴筶”也叫“宝筶”，说是祖先会保佑。如是两阳，是“阳筶”，说明这事由阳间的亲人定夺。凡是“阳筶”，最叫人忐忑不安了。

还有，家里如有儿孙考上了大学，或添了鸿丁，或做了大厦，都要一一告慰先灵，要说感谢祖先在天之灵保佑之类的话。如有刚成家的新人，也要请祖宗保佑，来年添个宝宝。

筶，也有的写作珓，很多寺庙求神问卜常用。清代黄香铁所著《石窟一征·礼俗》卷四载：“俗神坛社庙，皆有珓。按，珓图，阳珓俱仰，阴珓俱俯，胜珓一仰一俯，此羲画所传两仪四象占三则成卦，而六十四卦具于其中。胜珓，今讹为圣珓。夫圣珓，灵珓也，非胜珓之谓也。又，演繁露，后世问卜于神，有器名杯珓者，以两蚌壳投空掷地，观其俯仰以断休咎。”

祭祀完毕，要对列祖列宗说：“请到门口拿钱去用！”

门口早烧好了包袱。里面装的是纸钱、金元宝、冥币等。封面上写着“先考某某大人收”“先妣某某老孺人收”。切不可用棍子挑动，否则成了破铜钱。烧完，在地上画个圈，说是防野鬼来抢。另外，在圈子外烧两刀纸，这是祖宗请挑夫的脚钱。

这种纸钱，也叫火纸，一般在七月十一上午，就打印好。用一种外圆内方的铁錾，一个一个地打印。民谚有云：十一金钱，十二银钱，十三、十四破铜钱之说。

凡事过犹不及。有一种说法是，纸钱也不可烧得太多，有的祖先财迷心窍，钱太多了，管不过来，一时糊涂，会把年轻的儿孙招了去。

还有更糊涂的是，有的老妇人，看见当下的冥币，面值有千亿、万亿，便爱不释手，用一个包袱，写上自己的名字，注明存于冥中银行。

烧了纸钱，便鸣鞭炮，送祖宗回去。

在西方国家，也有一个类似七月半的节日，叫万圣节。他们传统文化认为，这是鬼怪接近人间的时候。在万圣节前夜的十月三十一日，孩子们会戴上各种面具，挨家收集糖果、点心等。

火纸，古代叫冥镪。《野获编·列朝·大行丧礼》记载：“盖自唐宋以来，相沿已久，惟冥镪最属无谓。”明刘仕义《新知录摘抄》云：“古时祭祀用牲币……唐明皇渎于鬼神，王玙以纸为币，用纸马以祀祭鬼神。”

我乡多竹。乡亲多用竹麻，制造火纸。在农历四月间，将刚成林的新竹，砍成五尺许，去青，放在石灰塘里浸，一两个月后，放到楻桶里蒸，把它碾成细末，再在石槽中打成浆，做成纸。

其实，清明节上灯挂纸，中元节烧裔祭，在我国一种很传统、很古老、很普遍的风俗。

20世纪50年代后，在我的家乡，造纸这一行几乎绝迹。

七月半这一风俗，在我的家乡也终止了很久。有人认为这是一种封建迷信。我认为，这是我们作为一个古老国度，传统文化的一个重要组成部分，是我国几千年农耕文明，宗族社会的产物。曾子曰“慎终追远，民德归厚矣”。每逢佳节倍思亲，人生就几十年，百年之后，有自己的后人来祭祀、怀念，有什么不好呢。

美国电影《寻梦环游记》中，墨西哥亡灵节到了，所有的亡灵都会回到现实世界，和亲人们团圆。如不被亲人记起或祭祀，他们就回不来，这时，才是真正死亡。

孔子曰：“君子有三畏：畏天命，畏大人，畏圣人之言。小人不知天命而不畏也，狎大人，侮圣人之言。”

可我们过度的唯物主义教育，让人天不怕，地不怕，神不怕，鬼不怕。就连万世师表孔圣人的牌位也敢砸，坟墓也敢挖。

如果人没有了敬畏之心，没有了宗教信仰，没有了道德底线，就会沦为欲望的奴隶，世界便成了欲望之海。那么，就会为所欲为，无恶不作。

傍晚，炊烟袅袅。这时各家各户不约而同，来到村头、路口、溪边，摆上几样果品、米饭及米酒，烧上几刀纸，再点三炷香，祭拜四方。这些纸钱，是烧给无家可归的野鬼的，我被这些淳朴的乡亲的虔诚爱心所感动。

凉风习习，稻浪翻滚。路边，芳草萋萋。暮色苍茫中，分明看见几点微弱的萤火，在闪烁。

哦，从我居住的山城一路走来，看不见了稻田，也听不见了蛙声。至于萤火虫，好像有一二十年没有见到过呢。随着现代文明的进程，钢筋水泥丛林，如同洪水猛兽一样，侵蚀着我们的青山绿水。

我们的村庄、田园行将消逝！

况属高风晚，山山黄叶飞。

其时，烟雾缭绕的同时，纸钱的灰烬也在飞扬。我拿着照相机，抢拍了几张久违的画面。不知是感动，还是烟熏火燎的缘故，我的眼睛湿润了。

致君尧舜上，再使风俗淳。

故乡的七月半，不但可以祭祖思亲，还可以领略传统文化的风俗美、人情美。

山里中秋月

中秋节，起源于先民对月神的崇拜。《礼记》载："天子春朝日，秋夕月。"夕月，就是祭月光。

中秋也叫团圆节。《帝京景物略》说："八月十五祭月，其饼必圆，分瓜必牙错，瓣刻如莲花。……其有妇归宁者，是日必返夫家，曰团圆节也。"

成彦雄《梅岭集·中秋月》云：

王母妆成镜未收，倚栏人在水精楼。

笙歌莫占清光尽，留与溪翁一钓舟。

海上生明月，天涯共此时。

我在山里长大，最初对月光的记忆却是别样的：村前高山之巅，那一片高大挺拔的松树，先是从缝隙里，透出一点光亮，慢慢才全盘涌出。顷刻，光辉洒满大地。

其时，我家有天井的院落里，一片光明。父亲在天井里搁着供桌，上面摆着月饼、柚子。而我又将亲自采来的猕猴桃、山葡萄放上一些，表示对月神的恭敬。

父亲点红烛，我放爆竹。

母亲点燃三炷香，对月光拜三拜，说："月光婆婆，保佑我一家人，身体健康，平平安安；保佑我的孩子健康成长，读书进步。"

男不拜月，女不祭灶。

家有女孩子，也要烧香拜月，大人在一边说："月光，月光，保佑我女儿，将来找一个好伴侣。"

八月十五月正圆，中秋月饼香又甜。一家人坐在天井清朗的月光下，吃月饼。月饼有生糖、麻碱、五仁馅等。

老话说："千日望年，百日望社，望到中秋过个夜。"

母亲一边扇着蒲扇，一边教我唱《月光谣》。

有时也唱《野鸡公》：

野鸡公，背弓弓，驮袋米，看阿公。阿公吃什哩菜？吃芹菜。什哩芹？水芹。什哩水？大水。什哩大？天大。什哩天？黄沙天。什哩黄？鸡蛋黄。什哩鸡？尖脚鸡。什哩尖，犁头尖。什哩犁？耕田犁。什哩耕？糯米羹。什哩糯？红壳糯。什哩红？月月红。什哩月，中秋月……

猜谜也是中秋风俗之一。姐姐打谜语给我猜："初出茅庐一张弓，游山打猎往西寻。人人都说三十岁，二十八九一场空。"

我指着月光说："应该是月光吧。"

母亲嗔怪道："你莫用手指月光，到三更半夜，小心会被割耳朵。"

接着，母亲念念有词："月光婆婆，你莫怪。你还我娃耳朵，我还你刀子。"

我心里很是后悔，生怕自己的耳朵被月光割掉，闷闷不乐。

母亲宽慰道："这样吧，你睡觉的时候，鞋尖向外。这样，在梦中如有谁割你耳朵，就会跑得风快。"

从此，我很注意这点。每在梦中遇见豺狼虎豹，果然能健步如飞。

我仰望着月光，说："月光里面好像有人呢。"

父亲说："月光里有个叫吴刚的人，在砍桂花树。"

我说："他为什么要砍桂花树呢？"

父亲说："吴刚学道，心术不正，误入歧途，惹恼了玉皇大帝，便把他拘留在月宫中，叫他天天砍桂树。玉皇大帝说，如果你把这棵树砍倒，就可成仙。可吴刚每砍一斧，树马上就愈合。就是到了天荒地老，吴刚也砍不倒这棵树。月宫中，还有嫦娥、玉兔，桂花酒呢。"

父亲从灶下，拿来一把菜刀，把一只柚子破开，分给一家人吃，说："剥柚子，以前叫剥鞑子皮。"

二哥抢着说："有一句老古话叫，八月八，杀家鞑。鞑子是指元朝时蒙古人。"

父亲虽一生务农，可在民国时期读过师范，教过私塾，也教过新学，村里人称他为老先生，他在中秋夜给我们上了一堂历史课。

清代道光年间《新建县志》载："相传许旌阳以八月十五日，拔宅上升，居民感德立祀。宋徽宗敕修赐额玉隆万寿宫。历元明迄今，自八月朔，四远朝拜不绝，至十五日而最盛，居民辐辏成市。"

《宣和书谱》卷五，记载了西山万寿宫庙会中，秋夜踏歌的盛况：

女仙吴彩鸾，自言西山吴真君之女。太和中，进士文萧客寓钟陵。南方风俗，中秋夜，妇人相持踏歌，婆娑月影中，最为盛集，萧往观焉。而彩鸾在歌场中，作调弄语以戏萧。萧心悦之，伺歌罢，蹑踪其后。至西山中，忽有青衣燃松明以烛路者。彩鸾见萧，遂偕往，复历山椒，有宅在焉。至其处，席未暇暖，而彩鸾据案，如府司治事，所问皆江湖丧溺人数。萧他日询之，彩鸾初不答，问至再四，乃语之："我仙子也，所领水府事。"言未既，忽震雷迅发，云物冥晦。彩鸾执手板伏地，作听罪状，如闻谪词云："以汝泄机密事，罚为民妻一纪。"彩鸾泣谢，谕萧曰："与汝自有冥契，今当往人世矣。"萧拙于为生，彩鸾为以小楷书《唐韵》一部，市五千钱为糊口计。然不出一日间，能了十数万字，非人力可为也。钱囊羞涩，复一日书之，且所市不过前日之数。由是彩鸾《唐韵》，世多得之。历十年，萧与彩鸾遂各乘一虎仙去。《唐韵》字画虽小，而宽绰有余，全不类世人笔，当于仙品中别有一种风气。

相传，八仙之一的铁拐李，八月十五慕名也来到西山万寿宫。街上人来人往，各种月饼，香气四溢。有的说，生糖月饼甜，买给孩子吃。有的说老婆月饼香，买给老婆吃。就是听不到一个人说买给爷娘吃。自古道：百善孝为先。难道这些人的良心，都被狗吃了？

铁拐李用法术变了两只一斤重的大月饼，也摆在街上叫卖。他的月饼色泽金黄，香飘十里，让人一见，就流口水。

很多人围着月饼问价。铁拐李说，你们买给谁吃？有的说买给孙子孙女吃，也有的说买给外甥吃。铁拐李摇头晃脑，开出天价，十两银子一块。大家以为这个人疯了，纷纷离去。等到日头快要落山，一个樵夫，趿着一双破草鞋，腰间别着一把柴刀，掮着一条尖担，满脸汗水，手里捏着几文钱，走到摊前，细声细气地问："老板，我爷娘久病在床。我还有五文钱，买得到一个月饼给老人家吃吗？"

铁拐李眼睛陡然一亮，说："为爷为娘，地久天长。后生家，这两个月饼就送给你吧。"

樵夫千恩万谢而去。由于中午没有吃饭，饥肠辘辘，月饼浓烈的香气，让他一路馋得直流口水。

一路唱道：

　　竭归竭归，磨刀杀鸡，
　　大锅煮肉，细锅煮鸡，

不拿我吃，留得生蛆。

铁拐李踏着月光，紧随其后。

樵夫走进一间茅屋，喊了一声爷娘，就把月饼递给老人手里。

老人接到手里，却是两块沉甸甸的黄金。

中国是个诗的国度。在这一天，文人士大夫或登楼览月，或泛舟邀月。宋代文豪苏轼，丙辰中秋，欢饮达旦，大醉，作《水调歌头·明月几时有》，寄托对弟弟苏辙的思念。

明月几时有，把酒问青天。

但愿人长久，千里共婵娟！

佳节又重阳

在南昌，梅岭、滕王阁、龙沙等地，是重阳节登高雅集的胜地。

何谓重阳，是说阳数里两个最大的数字相叠，故名。九在中国民间，是个吉祥的数字，有天长地久之意。

重阳节的源头，可追溯到上古。先民在这一天，进行祭天、祭祖、庆祝丰收等活动。

《吕氏春秋·季秋纪》记载："（九月）命家宰，农事备收，举五种之要。藏帝籍之收于神仓，祗敬必饬。是日也，大飨帝，尝牺牲，告备于天子。"

《西京杂记》称："九月九日，佩茱萸，食蓬饵，饮菊花酒，云令人长寿。"

晏殊《少年游·重阳过后》："重阳过后，西风渐紧，庭树叶纷纷。"

同治《安义县志》："重九登高赋诗燕乐，亦有醵会、墓祭者，曰醮重阳。"

我乡杨圣希《梅岭竹枝词》云："一年一度一重九，燕去鸿来菊正黄。人自登高山自笑，笑人今古一般忙。"

时至今日，文人墨客喜欢带着肴馔美酒，来梅岭登高赏菊。

百姓人家，会采菊花，加上糯米、板栗、枣子，做重阳糕，香甜可口。

"画栋朝飞南浦云，珠帘暮卷西山雨"，诗中的西山，就是梅岭。许多人不知，王勃写下《滕王阁序》的那一天，也是重阳节。

《旧唐书·王勃传》记载，唐龙朔三年（663），王勃去交趾（今越南北部红河三角洲地区），探望当县令的父亲，九月九日路过洪州。

当时，都督阎伯屿重修滕王阁，正在宴请宾客及僚属。阎都督本暗中安排其女婿吴子章，写好了一篇序，好在宴会上一显身手。遂拿出纸笔，遍请诸宾，都推辞，只有王勃沆然不辞。阎都督很不高兴，觉得此人不懂事，借口身体不适，到后堂休息去了。当王勃写到“落霞与孤鹜齐飞，秋水共长天一色”时，阎都督听报，一跃而起，说：“真天才，当垂不朽矣！”随即出来，携王勃之手说：“帝子之阁，有子之文，风流千古，使吾等今日雅会，亦得闻于后世。从此洪都风月，江山无价，皆子之力也。吾当厚赏千金。”

佳节又重阳。阎都督的大度与惜才，为那个重阳节留下了千古佳话；时运不齐，命途多舛的王勃，是日，成就了一生最辉煌的篇章。

在我的家乡流传着宋应星与李曰辅，重阳节相约西山的故事。

《水经注·赣水》云：“赣水北径龙沙西，沙甚洁白，高峻而陁，有龙形，连亘五里。旧俗九月九日升高处。”

李曰辅，字元卿，号匡山，一号匡庐山人，南昌松山人。幼时于村塾读书，与肉铺毗邻，听杀猪声，悲痛不能进饮食。父母把村塾迁移到僧寺附近，开始他很是喜欢寺庙的清静，以及和尚诵经声、钟磬声。时日既久，亦不喜欢和尚所作所为。于是他独居一室，从不打扫，专心攻读经史，研究诗文。万历三十四年（1606）中举后，居住在南昌龙沙西禅堂，长期食素。他为人孤傲耿直，从不与俗人交际。所作的诗文，也从不给人看。

万历三十八年（1610），宋应星二十四岁，父亲要他去庐山白鹿洞书院求学。九九重阳节那天，路过龙沙，正是南昌人登高的日子。宋应星在龙沙西禅堂，与李曰辅一见如故，两人聊着聊着，一同登上了西山。

夕阳西下，两人在洪崖丹井观瀑后，来到翠岩寺的迎笑堂投宿，彻夜长谈天下大事及宋明理学。

第二天两人分手，李曰辅紧握宋应星的手说：“宋兄，人生得一知己足矣！三十年后的重阳节，你我相约香城寺如何？”

宋应星说：“一言为定！”

崇祯十三年（1640），时序刚进入立秋，宋应星时任福建汀州府推官，与李曰辅相约西山的日子临近了。宋应星归心似箭，没有来得及等到上司的批准，便挂冠而归。他翻过雄奇的武夷山，来到赣州，再乘船沿江而下。

其时，因直言上书，李曰辅从云南道监察御史位置退下来，罢官在家，归隐在香城寺多年。

宋应星因在吉水锦鳞庵拜会了刘同升，耽误了一些时日，没来得及回家，直接赶到香城寺，正好是重阳节这一天，与李曰辅相见。他们久别三十年，两人都是白发苍苍，步入老年的人了，相见感慨万千。二人畅谈久别离情，国家大事，不胜愤慨。他们在山中盘桓十数日，经过石鼻，回到久别的牌坊村。

当时，宋应星写了一首《访香城李侍御夜话》：

闻道云城里，先生久挂冠。
心婆知爱国，疏直志无官。
一衲忘朝野，千峰见岁寒。
不因瞻佛岭，何以共盘桓。

宋应星为答谢李曰辅的知遇之恩，辞官不做，可谓一诺千金。

在近几十年，很多马来西亚华侨，每年重阳节，像候鸟一样，奔赴紫阳山。他们负囊而行，里面装着各种器皿及祭品。到山巅的紫阳宫，来不及休息，就摆好了器皿、牺牲、果酒，焚烛燃香，开始祭祀天地神灵。他们一个个神情肃穆，读经如唱。

他们信奉的是德教。德教宗旨是：以德教民，积善累德。教义为：孝、悌、忠、信、礼、义、廉、耻、仁、智，以修身进德为中心思想，以不欺、不伪、不贪、不骄、不怠、不怨、不恶为日常生活中的德行准则。德教，通过扶乩，领会乩谕神说。

诵经毕，他们便开始扶乩。在一个有八卦图案的木盆里，两人闭目捉乩笔画字，另有一人唱和，一人记之。隔一会儿，有人在木盆里撒上一把粉，或淋点水，就这样捣鼓着，一首首扶乩诗就出来了。

扶乩，其实是中国大陆民间失传已久的传统文化。

我乡有个关于重阳节的故事。

有三个老庚，都是重阳节生，一个叫黄老九，一个叫张老九，一个叫李老九。他们是同窗，每年重阳节约好去洗药湖登高一次，轮流做东。

那年月，讲究父子不同席，公孙不对门，晚辈不可以称呼长者的名号。黄家的新妇，能言善辩，闻名乡里。黄老九说："我家新妇乖巧，进门三年，没有说过一个'九'字。"

张老九说："年久日深，有时说话绕不开，实属难免。"

黄老九说："如果日后我家新妇说话带了'九'字，我连做三年东。"

一年九九重阳，张老九、李老九，买了韭菜，打了酒，来约黄老九，去登高。

李老九进门了，对黄家新妇说："你就说，张老九、李老九，来会黄老九。买了韭菜，打了酒，去洗药湖过九月九。请你转告一下，我们就在村口等候。"

其实，他们两个就躲在院子的围墙外。

一会儿，黄老九进门。新妇对他说："张公公、李公公，来会我公公。买了扁菜，重阳节，请你喝几盅。"

杜甫的《九日蓝田崔氏庄》："明年此会知谁健？醉把茱萸仔细看。"古人在这一天，要佩茱萸，或挂茱萸香囊，说可消灾避难。这种风俗已不多见。

我的家乡的茱萸，叫吴茱萸，一般长在洗药湖、萧峰、梅岭头、葛仙峰等高山上。很多人采来晒干，吴茱萸可药用。

忆腊八

又是腊月初八，我想起了一些童年往事。

腊七腊八，冻死寒鸦。记得那时的寒冬腊月，雨雪霏霏，冰冻三尺，我们一般就在家里烤火，听故事，猜谜语。

有童谣唱道：

有吃冇吃，烧炉火炙。炙得面红耳赤，你晓得我吃了冇吃。

以前的人，生活困难，吃饱饭为头等大事，见面总问：吃了吗？

大雪封山，时间一长，就有麂子饿得不行了，冒冒失失，撞进人家屋里找吃的。

这个时候，大家成群结队，扛着长矛，带着猎狗，去山上捉麂子。

上山打麂，见人有份。我们看着人家抬着麂子下山，很是羡慕，有时候也会去凑热闹，或许也可分得一两斤麂子肉。

其实，腊月的"腊"字，本来从"猎"字演变过来。我们的先民，在岁末年终，农作物收割好，便去野外获取野物，祭祀祖先。

《风俗通》记："腊者，猎也。因猎取兽祭先祖，或者腊接也，新故交接，狎猎大祭以报功也。"《礼记·月令》称："天子乃祈来年于天宗，大割祀于公社及门闾，腊先祖五祀。"《说文解字》载："冬至后三戍日，腊祭百神。"

我们把这个时候腌来过年的鱼肉，就叫腊鱼腊肉。

到了腊月初八，是佛祖成道纪念日，照例要喝腊八粥。母亲在头天晚上用瓦罐，把淘洗干净的米，还有红豆、绿豆、板栗、尖栗、花生、红枣等装进去煮粥，如果放一块腊肉骨头进去更香。把盖子盖上，下面压一片芥菜，就放到灶里炆。稍放一把茶籽壳做燃料。这种粥，温软淡香，回味无穷。

为了炆腊八粥，深秋，我经常在港边摘野豇豆。

野豇豆长在芭茅、簕篷丛中，生命力非常强劲。其叶片花序都类似豆角。寒露后，豆荚由青转乌，便可采摘了。把野豇豆晒干，用手一捏，豆便迸裂开来。豆子棕色，有黑色斑点。

我摘野豇豆的时候，总喜欢看潭水里怡然嬉戏的小鱼。

其实，炆腊八粥的米，也是我捡的杓（diǎo）谷。杓谷就是农人收割时遗下的谷穗。

我们经常成群结队，挽着篮子，在收割完了的稻田里，细细寻觅。我们边捡杓谷，一边唱着歌谣：

一粒谷，两头尖，爷娘留我过千年，千年万年留不住，一顶花娇到堂前。娘哭三声抱上轿，爷哭三声锁轿门，哥哭三声抬轿走，嫂哭三声出头门。三只桶，四只箱，抬到婆家冇天光。

天才光，事又多，梳完头，又洗锅。问声要砻多少米？有客来，砻一斗；冇客来，砻八升。好话留爷吃餐饭，又怕公婆不放心。送爷送到大门口，摸根棍子来赶狗。崽呀肉，多年媳妇熬成婆，再过三年做太婆。

最好是在刚收割完去捡杓谷，抢在前头捡。捡得好，一天可捡上十来斤谷子。把谷子搓脱，放在簸箕里晒干，机出米来，成为炆腊八粥的主要原料。

自己捡的杓谷，摘的野豇豆，炆出来的粥，格外好吃。

腊月初八，是个百无禁忌、诸邪回避的大日子，很多人用于娶亲嫁女，做屋上梁。

过　年

过年也叫过春节，春节是我国四时八节中，最重要的一个节日。年头岁尾，有辞旧迎新之意，也意味着春回大地，万象更新，给人带来新的希望。

一年之计在于春。在我们这个有着几千年农耕文明传统的社会，人们充满喜悦、载歌载舞，迎接这个盛大的节日。

常言道：“有钱没钱，回家过年。”这是一个亲人团聚的日子。不管你在外当官也好，发财也好，潦倒也好，在春节都要与亲人团聚，共享天伦之乐，祭拜天地宗亲。

在我的家乡，过了腊月初八后，就开始准备过年了。杀年猪、腌咸鱼、炒花生、煮瓜子、炸薯片、制南瓜干、做冻米糖。还要买年画、贴春联、舞狮子、耍龙灯、抬菩萨、逛庙会、穿新衣、戴新帽。把这种欢乐和喜庆一直延续到元宵，春节真可谓是中华民族的狂欢节。

梅岭山中的客家人，在六月初六，有“过半年”的习俗。在这一天要采摘新鲜瓜果、蔬菜，祭拜天地，祈求五谷丰登。中午，要用新米煮饭，好酒好菜吃一顿，也叫“吃新”。杨圣希《梅岭竹枝词》云：

百姓穷来吃饭难，不逢年节不加餐。

山民别有聪明在，过个半年好解馋。

真正过年，要从腊月二十四开始。这一天，是过小年。这一日，灶王爷要去天上，向玉皇大帝汇报这一家人一年的善恶。为了让灶神说好话，要用冻米糖、花生糖、芝麻糖之类的甜点心祭祀他。祭祀完毕，还要点上香，送他上天。

在我的家乡有“过了二十四，天天是过年”的说法。这个民俗，还得从秦始皇修长城说起。当年修长城，征集了大江南北千百万的青壮年劳力。很多年后，长城修完了，正是年关，天天有人回家。去修长城的人，九死一生。很多人家，盼到自己的儿子归来，就欢天喜地，放爆竹过年。以此作为家族纪念日。

前人有诗云：“三牲三果赛神虔，不说赛神说过年。一样过年分早晚，声声听取霸王鞭。”

我们村过年，一般在腊月二十九。如果月小，就提前到二十八。这样叫跑马年。那天清早，家家用托盘装着三牲（公鸡、鲤鱼、猪头）、斋饭，祭祀天地。斋饭上要放一小块胡萝卜，一小枝柏树叶。点三炷香，祭拜天地，然后放爆竹。小孩子唱起《新年快乐歌》：

在除夕夜，必吃年糕，寓意生活一年更比一年高。桌上的鱼是不能吃完的，因为它象征着“年年有余”。常言道：三十夜晚咯火，十五夜里咯灯。饭后，一家人还要围着火盆烤火，谓之围炉守岁，直到子夜。炭火要烧得旺，意味着日子过得红红火火。

还要给小孩压岁钱。压岁，我乡叫隔岁。

民国《安义县志》记载："除夕与小孩钱，名曰'隔岁钱'。小孩向尊长展拜，名曰'辞岁'。守岁聚饮，取红枣、莲子、荸荠、天门冬煎之当茶，谓之'洪福齐天'。"

除夕夜放爆竹封了门，就不许开了。

大年初一五更起。这一天是四时之首，天才蒙蒙亮，就要开门放爆竹。这封爆竹，要分外长，格外响，有迎春接福的意思。

初一崽，初二郎，初四初五老姑丈。

首先要给家里的长辈拜年送祝福。现在只是拱手作揖，以前要下跪。同样要用三牲、斋饭，祭祀天地。

然后，大家集中到祠堂，祭拜祖先，相互拜年。添了鸿丁的人家，要上谱。凡是有做了屋、娶了亲、升了官、发了财的人家，要带烟和糖果及"换财"（花生、瓜子、冻米糖之类的点心）散给大家吃。

民国《安义县志》记载："元旦，夙兴开门，燃鞭炮，陈香烛，虔礼天地、祖宗。长幼以次展礼。捧宗谱，集家庙谒祖，散饼饴，谓之'丁饼'。各街市罢市三日。家家门首更易春联，贴门神、花钱。贺客至，则设果盒，奉欢喜团（即糯米汤圆），进元宝茶蛋等。给小孩钱，谓之'赏红'（在清同光年间以红纸裹钱十枚以下，自光宣后，则用红纸裹百文、二百文小票）。不亲到贺年者，则递贺柬。自光复改用阳历后，其于旧历元旦积习难返，仍旧钟行庆贺。惟县区各机关、团体、学校，以元旦为中华民国开国纪念日，举行庆祝典礼后，即团拜贺年，并饬投分投贺柬。"

很多村子，以一大家子为单位，给各家拜年。凡有小孩上门，必给"换财"。

初二，一般是出阁的女儿回娘家的时候，需携带礼品。丈母见郎，割奶氽汤。女婿称之为娇客，凡家里好吃的东西，都要留给他吃。女婿一进门就要煮汤，面里必有三个荷包蛋。这里有古人参加科举考试，连中三元的意思。中午，一家人要陪娇客喝酒。尤其是新女婿第一次拜年，要放爆竹迎接，要请村子里有头有脸的人来作陪。新女婿如是开了杯，不喝可往衣领里倒，一醉方休。

初三叫赤狗日，是个不吉利的日子。赤狗，是熛怒之神。清顾禄《清嘉录·小年朝》:“初三日为小年朝，不扫地，不乞火，不汲水，与岁朝同。”只许给亡故的亲友拜年，谓之拜大年。如给人拜年，不但没有饭吃，还可能被打出门。

初四,一般给母舅、姑娘、姨娘等长辈拜年。

初五为迎财神的日子。天才光，要用三牲、糕点、水果、香烛，祭祀财神。清代蔡云在一首竹枝词里写道:“五日财源五日求，一年心愿一时酬;提防别处迎神早，隔夜匆匆抱路头。”这一天，也是各商号开市的好日子。

初六是送穷神的日子，主妇要把家中的垃圾全部清扫出去。《岁时杂记》记载:“人日前一日，扫聚粪帚，人未行时，以煎饼七枚覆其上，弃之通衢，以送穷。”

宋陈元靓《岁时广记》引《文宗备问》记载:“颛顼高辛时，宫中生一子，不着完衣，宫中号称穷子。其后正月晦死，宫中葬之，相谓曰‘今日送穷子’。”

姚合诗云:“万户千门看，无人不送穷。”

大文豪韩愈写过《送穷文》。

自古有初七大似年之说。初七为人日，女娲初创世，在造出了鸡狗猪羊牛马后，第七天造出了人，故名。《荆楚岁时记》记载，在两汉魏晋时的江南一带，人们在正月初七这天将七种菜合煮成羹汤，食之，可以祛病避邪。

这一天还作兴吃糊羹，就是用薯粉和鸡杂煮成一锅，加上大蒜、生姜、胡椒等，荤素搭配，香气浓郁。糊羹音福羹，有一年福气盈门的意味。

常言道:吃了上七羹，各自寻营生。拜年拜到十七八，坛坛罐罐光嗒嗒。拜年拜到二十边，只有鱼子冇油煎。

到了立春这一天，家家户户放爆竹，迎春接福。门上挂一片青菜，谓之一年清吉。

有《农事歌》唱道:

正月里陪陪客，二月里有饭吃，三月里睡到饿，四月里有麦磨，五月里出新谷，六月里撑破肚，七月里打打牌，八月里斫晒柴，九月里修修箩，十月里割割禾，十一月里有戏看，十二月里好过年。

大人怕过年，小孩子盼过年。为什么呢?因为大人一年到头赚的钱，把年一过，就花完了，而小孩子呢，有的吃，有的玩，还有钱压岁。当然，还有一层意思。正如唐代诗人刘希夷《代悲白头翁》诗云:“年年岁岁花相似，岁岁年年人不同。”是啊，过一年，大人老一岁，何乐之有？

然而，随着现代文明的进程，西风东渐，我们住的房子、家装、服饰、饮食，以至传统节日，也渐渐西化了。每到感恩节、万圣节、平安夜、圣诞节，很多国人莫名地激动着、狂欢着。我们的传统节日，年味倒是越来越淡了。

第二卷　人生礼仪

人之初

人的一生，只要走进了婚姻殿堂，很快就要为人父、为人母，此乃自然之道。

我的家乡有民歌唱道：

上午扯秧下午栽，五月就有禾花开，
今年打发姐姐嫁，明年就有外甥来。
人生代代无穷已，江月年年望相似。

孟子说："不孝有三，无后为大。"家族烟火的延续、家庭门户的支撑，接力棒交付到你手中，不可不慎。

祈子

很多人，三年两载过去了，儿女绕膝。而有的人则春风吹来，不起半点波澜。祈子，便提到议事日程上。

你看老祖宗造字，有子有女，谓之"好"。

远在春秋时期，鲁国有个叫叔梁纥的先生，正室施氏，生有九个女儿，可谓芬芳满庭。他又娶了一房妾，倒是生了一个儿子，名曰孟皮，可惜跛脚。按当时的规定，身有残疾的人，不能主持祭祀。叔梁纥不死心，到了迟暮之年，又娶了一个叫颜征在的妙龄少女。婚后，他到尼山祈祷求子，天遂人愿，颜征在很快有孕，生下一子，名丘，字仲尼。

在我的家乡，很多人去梦山，向梦娘娘祈子。

民国初年，我们村有一妇人，四十二岁了，头发花白，还没一男半女，便来梦山求子。夜里住下，要将一尊"吵梦神"，顶在门上。梦中，有龙凤绕着床盘旋。第二天，妇人向道士请教。道士说："龙凤呈祥，大吉大利。你回去，叫老公修桥补路，多做好事，来年便有结果。"第二年，她果然生了一对龙凤胎，全家人一路打着锣鼓，放着爆竹，来报喜。

更多的人，是去寺庙，向观音菩萨求子。

有的新妇，向观音娘娘三跪九拜，献上三炷香，摸一下观音娘娘的背，说："摸摸观音背，生娃生得快。"摸一下观音的肚，说："摸摸观音肚，生娃生一路。”

偷瓜送子。这项活动，一般在中秋节这一天进行。村里有久婚不孕的新妇，亲戚邻里，便踏着月光，到别人家菜园，偷偷摘下一只小冬瓜，洗得干干净净，画成胖娃娃模样，塞进新妇被子里。新妇抱瓜睡上一觉。第二天刨开冬瓜，数瓜子。如是单数，生男孩；如是双数，生女孩。冬瓜最好是全部吃掉。

高桥求子。以前南昌的高桥，有些像北京的天桥，各种杂耍、小吃，应有尽有。据老一辈人说，古时候，时逢八月十五，皓月当空，附近的妇女们结伴而来，抚摸高桥两侧的十五根石柱栏杆，祈求生男孩。传说有个新妇，结婚七八年，没有开怀，婆子、老公不依不饶，便来到湖边寻死。可走进水里，又不舍得死，抱着桥墩大哭。不知不觉，睡着了，梦中观音娘娘说：你回家吧，明年就可以生一个胖小子。于是，这里形成了抱桥墩求子的风俗。

民国《南昌县志》说：“中秋夜城中妇女暗数高桥桥柱，谓宜子。乡村亦有如元夕摸青者，小儿携伴采百叶斗输赢，亦名摸清。”

清代刘一峰《高桥行》诗云：“高桥月明当夜半，前呼后呼女伴郎。传言拜月过中秋，便好生儿嫁石头。”

怀孕

有的人，一旦求子有应，狂喜不已，走起路来，特意要把肚子高高挺起，似乎在向世人宣告，我要做母亲了！

胎儿是一个崭新的生命，是自己生命的延续，家族的未来。一旦有了身孕，须谨小慎微，故有很多禁忌。不可做屋或装修房子，怕惊动胎气，导致流产。不可看布袋戏、木偶戏，怕胎儿将来软弱无能，得软骨病，受人操纵。不可看人挖沟，也不可吃兔肉，怕胎儿缺唇。不可吃生姜，怕胎儿多长出手指头。不可杀生，宰杀动物会亵渎神明，怕伤及胎儿。不可吃螃蟹，怕导致难产……

催生

在孕妇临产前一个月，娘家要送催生饼。催生饼不可太软，也不可太硬。糯米粉、粳米粉各占一半，掺水和好，用刻有寿字、喜字，或雕有莲叶、莲花、莲蓬的模子，印成饼，蒸熟。用筷子方的那一头，砍开成四瓣，每一块饼沾红点一下，有“快子”和“四季平安”之意。催生饼装在礼篮里，用红纸包好，上面写着“早生贵子”“百子千孙”。挑选一个良辰吉日，还要把为新生儿准备的各种衣裳、帽子、鞋袜、围兜、抱裙、罗被、枕头，及摇篮、坐桶、徛桶、木枷送上。另外，还要准备孕妇吃的红糖、挂面、桂圆、枣子、橘子、鸡蛋、猪肚子等。有的地方还要用锡壶，送一壶米酒、一壶姜汤。

宋吴自牧《梦粱录·育子》：“杭城人家育子，如孕妇入月，期将届，外舅姑家以银盆或彩盆，盛粟秆一束、上以锦或纸盖之，上簇花朵、通草、贴套、五男二女意思，及眠羊卧鹿，并以彩画鸭蛋一百二十枚、膳食、羊、生枣、粟果及孩儿绣绷彩衣，送至婿家，名‘催生礼’”

早先的产妇生产好比一脚踏进鬼门关。相传有一种“生产鬼”，专门寻孕妇下手，寻替身。要在门前门后，放上镰刀、渔网等，当然，更要贴上门神，庇佑孕妇。

诞生

产妇一旦发动，就要请来接生婆。当产妇撕心裂肺地哭喊时，接生婆再说：“着力，着力啊！”婴儿出生，要记下准确的年庚八字，要放爆竹庆贺，拜祭祖先。有谜语云：“在家三百日，出外永不归。脱下红绸袄，换过太平衣。”说的就是胎儿出世。

随后，做父亲的立即提一篮子染红了的鸡蛋，去岳丈家报喜，还要带一挂小爆竹。如是男孩，在门口就放；如是女孩，要进了屋才放。有的提上一壶姜酒，如是男孩，在壶盖上贴上一张红纸，如是女孩便在壶嘴上贴一张红纸。身上带了糖果，叫喜果子，见人就散上几个。

生男孩，称为“弄璋之喜”；生女孩，称为“弄瓦之喜”。

《诗经·小雅·斯干》曰：“乃生男子，载寝之床。载衣之裳，载弄之璋。……乃生女子，载寝之地。载衣之裼，载弄之瓦。”其寓意就是把璋给男孩玩，希望他将来有玉一样的品德；把瓦给女孩玩，瓦是纺车上的零件，希望她将来能胜任女红。

《礼记·内则》：“子生。男子设弧于门左，女子设帨于门右。”若生的是男孩，则在侧室门左悬弓一副，并且还要用弓箭射四方；若是女孩，则在侧室门右悬帨。

洗三

在孩子出生的第三天，用艾叶、香樟、黄连煎水，用冷开水冲淡。产妇先要向床神祷告，谓之拜床公床母：“保佑我儿身体健康，长命百岁。”

在澡盆里，放上一个红蛋及两样金银首饰。由奶奶或阿婆给孩子洗。边洗边说：“长流水，水长流，聪明伶俐好儿郎。洗洗头，做王侯。洗洗腰，一辈要比一辈高；洗脸蛋，做知县……”

给婴儿梳头。边梳边说：“三梳子，两梳子，长大戴个红顶子，左描眉，右打鬓，日后奔个好前程。”

梳完头，拿一根葱在婴儿头上打三下。边打边说：“一打聪明，二打伶俐。”再用鸡蛋仔在婴儿额头上擦一擦，可免生疖子。

给婴儿吃黄连煎水。黄连清热解毒，对胎毒及黄疸都有抑制作用。另外，还有先苦后甜的寓意。

给婴儿取名，按照八字，根据金木水火土五行，缺什么，补什么。有的喜欢烙上时代的印迹，如“解放”“四清”“下放”“社教”“文革”，一听就晓得孩子是那年生的。

三天以外，任何人不许进产房，说是会踩断奶。如谁不小心踏了门槛，要端三天米汤给产妇吃，边走，还要边说：“奶来了！”

产妇一个月不许出房门，叫坐月子。

要多给产妇吃猪蹄、鲫鱼、黄花、挂面。

产妇吃的猪肉、鸡肉等，一定要把毛清洗干净，否则小孩子会得猪毛风。猪毛风的症状是，手臂上长几根扎手的硬毛，粗如猪鬃，孩子会痛痒难忍，啼哭不止。挤点奶，敷上，再用棉线，如同女人绞脸，便可除去。

如孩子夜里老是啼哭，用红纸写：“天皇皇，地皇皇，我家有个夜哭郎。过路君子念三遍，一觉睡到大天亮。”

“壁头上两壶酒，总吃总有。”这是吃奶的谜语。

满月

这一天，阿婆家要送母鸡、蹄花、挂面、红糖、鸡蛋、黄花等。

娘亲舅大。满月酒，一般由宝宝的母舅坐上，大伯、叔父作陪。姑父、姨父坐下。开席前要鸣爆竹，点红烛，焚香。

外孙第一次到阿婆家做客，叫过门，要放爆竹接送，还要包红包。

周岁

在这个日子，阿婆家要送鞋袜、衣裳等。还要用粳米印一些寿星、寿桃。俗话说："为人莫生三个女，周岁满月送不起。"

这一天，母亲要给宝宝梳洗干净，换上新衣裳，戴狗头帽，穿虎头鞋，系百家锁。等当午，亲戚都来了，把书本、毛笔、算盘、脂粉、锅铲、剪子、尺子、镰刀等放在他的前面，看他摸什么，可预测他今后的志向前程。

北齐颜之推《颜氏家训》载："江南风俗，儿生一期（一周岁），为制新衣，盥浴装饰，男则用弓、矢、纸、笔，女则用刀、尺、针、缕，并加饮食之物及珍宝服玩，置之儿前，观其发意所取，以验贪廉愚智，名之为拭儿。"

宋代孟元老《东京梦华录》说："至来岁生日，罗列盘盏于地，盛大果木、饮食、官诰、笔砚、算秤等经卷针线应用之物，观其所先拈者，以为征兆，谓之'试晬'，此小儿之盛礼也。"

明代，此习俗称之为"期扬"，到了清代才有"抓周""试周"之称。

清末民初，盛行小儿"抓周"礼，近亲们都不约而同地前来庆贺，给小孩买些糕点等食物或玩具。

如《红楼梦》中，贾宝玉抓了胭脂，贾政大怒，认为他是酒色之徒。

据说我摸周，摸到父亲珍藏的一块民国时的墨，放进口里就吃。父亲很是高兴，说我有文心。

这块墨六角形，有龙凤图案，一边写着"龙翔凤舞"，一边写着"胡开文监制"。我至今珍藏着。

听大哥说，那一天，是寒冬腊月，雪下得两三尺深，远近亲戚都来祝贺。

那天，母亲抱我坐在膝盖上，捉到我的两个小指头，玩斗鸡鸡：

斗金鸡，斗虫虫，鸡打架，蓬蓬飞。飞得高，飞得低，飞到树上喔喔啼，娃娃看得笑嘻嘻。

或捉到我的小手推来送去，唱道：

砻谷，窸窣，做酒，请阿婆。阿婆不吃甜甜酒，要吃红萝卜盖烧酒。烧酒烧，烧断阿婆咯腰。

或唱：

上马叮叮当，下马到南昌。洗马洗马池，系马系马桩。逛逛百花洲，湖上街上热闹异寻常。走进万寿宫，献上烛与香，一祝保发财，二祝保安康，三祝保我崽，跨马逛街做个状元郎。

因我的侄子侄女做周岁，母亲总是这样逗他们。

时至如今，很多地方仍保留了抓周习俗，纯粹是一种取乐逗趣的游戏而已。

良缘夙缔

在我出生时，堂侄都七岁了。堂侄叫毛毛，是大堂哥的独生子。因我排行第六，毛毛叫我六叔。

也就是说，从我出生的第一天起，就有人喊我六叔了。在我很小的时候，毛毛就带我讨野菜、斫柴、捉鱼。有一天，不记得什么事，毛毛惹得我不高兴，我好几天不理他。他还得一迭声地喊着六叔，给我赔不是。谁叫我是叔呢！

堂侄读书时，我也跟去玩。学校就在村子地主家充公的房子里。下了课，他们别出心裁，把地主家的棺材盖，拿到山脚的陡坡上，当溜溜车坐。大家坐好，棺材盖“哧溜”一下，往下冲刺，我们只觉得耳畔生风，好不痛快。我们乐此不疲呢。我跟到学校去，要的就是这种效果。

轮到我读小学，堂侄就高中毕业了。那时，读到了高中，就是村子里的最高学历了。至于大学生，全公社也就两个，还是公社推荐的。我家成分不好，哪能做这种白日梦。堂侄一回家就种田了。我的堂哥后悔死了，总是说：“嗨，当初怎么就没有学一门手艺呢！搞得这样作田不像长工，读书不像秀才！”

这不，本来白白净净的堂侄，不到一年，就变得黑黑的，瘦瘦的，被改造成一个地地道道的小农夫了。

堂侄十九岁时，他的母亲——我那得了多年痨病的堂嫂，才四十出头，就上气不接下气，危在旦夕。堂哥找瞎子算命，说要给堂侄娶亲——冲喜。

冲喜，是我国一种很传统的风俗。家中有人病危时，企图通过办喜事来驱除病魔，以求转危为安。

明代冯梦龙《醒世恒言·乔太守乱点鸳鸯谱》就有：“刘妈妈揭起帐子，叫道：‘我的儿，今日娶你媳妇来家冲喜，你须挣扎精神则个。’”

堂哥说："病急乱投医，也只有这个办法可想了。"就找媒人物色婚姻。过了几天，媒人在邻村的杨家山，物色了一个姑娘，更换了年庚八字。父亲根据两家三代的生辰八字与天干、地支推算了一下，很合适。堂侄是1957年生的，属鸡；杨家姑娘是1959年生的，属猪。

属相相克的说法是这样的："羊鼠相逢一旦丢，素来白马怕青牛，蛇见猛虎如刀割，猪见猿猴一世仇，玉兔逢龙门外入，金鸡见狗泪双流……"

至于成分嘛，正好门当户对：她家是地主，我家是富农。

那年代，地主、富农要和贫下中农结亲，那简直是癞蛤蟆想吃天鹅肉。俗话说得好：三十年河东，三十年河西。时至改革开放后，一些家里成分不好的，一个个犹如凤凰涅槃，走在了时代的前列。一个家族没有优良的传统，良好的教育，岂能兴旺发达？正如古人所说：

得势狸猫欢如虎，落难凤凰不如鸡；

有朝一日毛长齐，凤是凤来鸡是鸡。

其时，伯父已去世多年。还是1940年，他挑一担篾货，去省里（南昌）卖，在路上被日本鬼子用车撞死。堂哥听我父亲的教导，把杨家姑娘的年庚八字压在祖宗牌位前的香炉下，以占吉凶。经过三天，要家里不出一点乱子才行。哪怕这三天打破了一只碗，或馊了饭菜，或乌鸦在屋上叫，都认为不妥。相反的是，这几天，堂哥家的八只母鸡，只只下蛋；那只叫阿虎的狗，还咬了一只野兔回来；喜鹊成双成对，老是站在他家屋檐上，喳喳地叫。

这种传统，由来已久，《诗经·卫风·氓》就写道："尔卜尔筮，体无咎言。"

喜鹊门前叫，家里好事到。

几天后，媒人领着杨家的人，来察亲。杨家的父母带姑娘来了。察亲，也叫察人家。进门看气象。看这家人家是否上有老下有小。看这家人家的屋舍是否轩敞。更要看小伙子中不中看。这犹如去山上挖笋，要看竹子是否粗壮，叶子是否浓密。

杨家父亲屋前屋后地看。杨家母亲楼上楼下地看。杨家姑娘则不时用眼瞟堂侄一眼。

我乍一看杨家的姑娘，觉得惊讶。心里想，大队上海知青都进城了，怎么还留下一个呢？她长得高高挑挑的个子，粗粗壮壮的辫子，白白净净的脸蛋，蓬蓬松松的刘海。只是脸红的时候，鼻子两边的雀斑，显得更加显眼。

当时，我坐在堂前的一把竹交椅上吃红薯，心想，杨家姑娘好是好，可惜就是麻了一点。

堂侄正笨手笨脚打开一包“壮丽”牌香烟在散，还把我家的人，逐个向女方介绍。当介绍到我时，先用手指着我的父母亲，再指着我说：“这是我家六叔——是细公、细婆和细娃。”

当时在场的人，无不哄堂大笑，气氛骤然轻松了许多。其时，我已经十三岁了，看上去还不到十岁，因为我小时候的外号就叫“硬不大”，但角色却是长辈。

俗话说：媒人不说谎，路上没锣响。那个媒人四十多岁，是邻村的，外号叫“八个舌头”。他能把一只四两重的小白鹭，说成是一只八斤重的大白鹅。他能把水说得可以点灯。他能把江河说得倒转，乾坤移位。他正在滔滔不绝地介绍堂哥家的情况。把我憨厚朴拙的堂哥说成赛诸葛，把我痨病堂嫂说成赛西施。这不，堂哥家的阿虎听得不好意思，打了一个哈欠，出去了。

有民谣唱道：

一块手捏两面花，巧嘴媒人两头夸。一话婆家多田产，二话姑娘是大家。又话男子多聪明，又话女子貌如花。

媒人常说：结亲要结盆子亲，散了架一箍就拢。钵子亲可不行，一打就散了。

早就听说，这个时候，男方倒茶给女方，要是喝了一口，就说明中意了。这时，堂侄有些哆哆嗦嗦地递上一碗茶，给杨家姑娘，杨家姑娘扫了他一眼，脸上飘过一朵红云，端起茶就喝。我心里的一块石头就落地了。

这时，堂侄主动和杨家姑娘交谈了几句。虽然他俩颇有些不自在，但心里像吃了蜜似的，脸上洋溢着喜悦。

据说在早先，男女双方不到拜堂是不能会面的，一切都听父母之命，媒妁之言。

三道茶过后，那个长期病卧在床的堂嫂，人逢喜事精神爽，煮了三碗汤来——鸡蛋煮面。杨家吃完，装作要走，堂哥家留他们吃中饭，他们很爽快答应了。

俗话说：喝了茶，粘了牙；吃了酒，到了手。看来，这婚事也就有八成把握了。

明代藏书家郎瑛，在《七修类稿》中就说：“种茶下子，不可移植，移植则不复生也，故女子受聘，谓之吃茶。又聘以茶为礼者，见其从一之意。”

经过媒人紧锣密鼓的撮合，他们很快就到了谈婚论嫁的阶段。这一步叫领东，其实就是订婚。这一天，杨家把三大姑八大姨等亲戚，全部请到堂侄家来做客。这一天，我们一大家子也来作陪，好像有七八桌。筛好茶，用花生、瓜子、糕点、香烟、糖果款待。每桌放四盘糯米粉做成油饼。这种饼很有黏性，意谓两家从此永远不分散。当然，也有煮三个蛋一碗面的。

中午，每桌菜肴有冷、热、生、熟、荤、素二十余盘。按照规矩，蹄花、煎鱼、炒粉、清炖鸡必不可少。无酒不成席，大家喝的是自家酿的清明酒。

饭后，男女双方派代表，议一下礼金多少，衣裳多少套，肉面多少斤。是否要金银首饰也要谈。杨家提出了一个较高的要求，要买三转一响——自行车、缝纫机、手表及收音机。

这次，堂侄家要给杨家姑娘“下赏钱”，还要给同来的孩子“过门钱”。大人则各要发一条手巾，十颗糖。

女方回家时，必须放爆竹欢送。

来而不往非礼也。下一步轮到堂侄到杨家去会亲。堂侄家用礼篮买了烟、酒、糖、肉、饼、面等。杨家姑娘父亲有五兄弟，上有爷爷奶奶，买了六份礼品。他丈母家要双份。按规矩，本来要送了三节，才可以结婚。正是因为冲喜的需要，把结婚佳期的帖子一并送上。

男家庚帖子。

帖套上写：天作之合，良缘夙缔。

里面写：全福。谨诹农历 × 月 × 日为小儿花烛之喜，或结婚佳期。

俞允并祈，或写恳祈应允。

姻弟 ××× 鞠躬。× 年 × 月 × 日。

女方回帖。

帖套上写：终焉允藏，永贞佳期。

里面写：承示农历 × 月 × 日为小女于归。

吉期谨遵台命。

姻弟 ××× 鞠躬。× 年 × 月 × 日。

帖子的字数要偶数。帖子用红纸做的信封装着，封面贴着浮签，要用两个，一个由男方写，一个是空白的，给女方回日子用。男方的浮签上可写“预报吉日”，女方浮签（贴）上可写“欣纳佳期”，或别的吉语。

佳期选在腊月初八。民间风俗，腊八是紫微星降临、百无禁忌的大日子。

结婚前一天下依，也就是送聘礼。堂侄家请人挑了几担肉、面、饼等，请来吹唢呐的和敲锣鼓的，吹吹打打，来到杨家。东西放下，由女方母舅来开杠，就是清点聘礼。开杠有“例喜”钱。母舅要开杠还要作贺词曰：

开杠开杠，普请来看。

百肉百面，两家脸面。

发子发孙，白头到老。

女方呢，可把陪嫁的部分嫁妆及棉被、衣服等，挑回男方。

这天下午，堂侄在家人的簇拥下，敲锣打鼓，来到祠堂，用三牲祭祖，还要点红烛，放爆竹。接着，堂哥和堂侄用菜篮，装着几样菜肴，还有米酒、米饭，到祖坟山，祭悼我的祖父祖母、大伯大妈。请求他们在天之灵的保佑。保佑家庭顺顺遂遂。

晚上，请亲朋好友来喝酒，热热闹闹。这晚叫花烛酒，要点母舅的蜡烛，放母舅的爆竹。当然更要母舅坐上。

迎亲那日，堂侄家张灯结彩，房门上贴有我父亲写的对子：易曰乾坤定矣，诗云钟鼓乐之。

堂侄沐浴更衣，面貌一新。有锣鼓唢呐随行，安排了放爆竹的，散喜糖、喜烟的。媒人拿着两炷大香。因去杨家山要走两里多山路，按我父亲的指示，把村里废除了十多年的轿子抬出来了。轿子右边写上联：桐源龚第吉日亲迎。

到了杨家山，先到杨家祖堂烧香叩拜，再来到新娘家。我家先放爆竹，表示娶亲的到了。女方放爆竹迎接。但开门要拿红包、香烟。

杨家的对子是：谷我士女，宜我家室。

娶亲队伍，在杨家吃过早饭，乐队要三吹三打，谓之“催嫁”。吹打的曲调有《小桃红》《丹凤朝阳》《八板头》《高腔》《闹扬州》《小汉》《进城三观》《九连环》《鸳鸯戏水》等，都是那样的欢快喜庆、悦耳动听。

如有两家嫁女，要争取走到前头。

俗话说：娶亲如接官，嫁女如出丧。日去半边屋，夜去半边床。其时的新娘，也叫新嫂，要抱着她的母亲哭成一团，谓之哭嫁。也表示对亲人的难舍难分。陪哭的还有其他女眷。

在家是女，出门是客，岂不伤感。娘哭女：

女呀女，十月怀胎娘受罪，一朝分娩生下你，心里快活可别提。天天奶水把你喂，日日和你逗嘻嘻，头痛脑热娘心惊，冷暖饥饱娘挂记，尿布屎片娘来洗，移干就湿不容易，一年二年带不大，一直带到十八岁，女儿刚刚会做事，如今却要嫁出去，怎叫老娘舍得你？

女呀女，公婆怎与爷娘比，上门媳妇难做人，小心谨慎多注意。自从今日起，饥寒冷暖自己管，有病早请郎中医，孝敬公婆是本分，服侍老公做贤妻，洗衣做饭要精心，屋里屋外勤打理，在家定要守妇德，莫让别人说是非，叔嫂之间保距离，妯娌姑嫂要和气。

哭爷娘：

娘啊，自从女儿出生起，爷娘养我不容易，提起话头说不完。桩桩件件记心里。爷娘养我十八岁，担惊受怕总不离，一怕女儿受饥饿，二怕女儿生疾病，三怕女儿穿戴差，四怕女儿被人欺，移干就湿带大我，吃喝拉撒娘受累。女大不能孝双亲，我今离别爷娘去，临别三叩行孝礼，难舍难分泪雨飞。

爷啊，堂屋中间一炉香，先拜老爷后拜娘，爷娘养我十八岁，辛苦劳累表不完。如今出嫁随郎去，内心难过泪汪汪！今生难报养育恩，只将恩情记心里！

哭哥嫂：

哭一声哥来叫一声嫂，难舍难分你我骨肉亲。平日哥嫂待妹千般好，为妹费心又操劳。这大恩大德还未报，又得拜托哥嫂多行孝……

哭嫁，即非号哭，又非低泣，而是一种有节奏的唱腔，从慢到快。不断重复嗯——嗯啊——啊啊啊。

梳妆时，由母亲、或大妈、婶婶、姑姑用丝线绞去脸上的绒毛，谓之开脸。然后戴上凤冠霞帔，盖上红盖头，胸前佩戴一面铜镜。坐在床舷，准备出阁。

嫁妆必备的有：大小脚盆七只，漆红漆，“七”谐音为“妻”，意为“妻生贵子”。马桶内放筷子、枣子、花生、红蛋，都是讨口彩的。各种器具内放有：红枣子、白莲子、南瓜子、绿豆子、红被子，取意“五子登科”。所有的物品上，都洒有红纸、松柏，并贴有“囍”字剪纸。

关于双喜，民间流传着一个这样的故事。说是王安石年轻时，正值元宵，去京师汴梁赶考，在路上看见一家姓马的员外招婿。门楼上高悬着一盏马灯，另外挂着半副对子：“走马灯，灯马走，灯熄马停步。”听说这半副对子是马小姐亲自拟的。王安石想了想，一时答不上来，但因急着应考，只好赶路。

王安石可是学富五车的临川大才子，很顺利通过了试诗、试赋、试论、试策。一次面试，主考官手指衙门的飞虎旗，出了上联："飞虎旗，旗虎飞，旗卷虎藏身。"王安石随口答道："走马灯，灯马走，灯熄马停步。"主考官大喜。

王安石赴马家，马灯还在，对了下联，这门婚事就成了。

在完婚的那一天，有报子来传，王安石高中进士二榜第四名，喜上加喜呀。王安石在门前的"喜"字上，又加了一个"喜"字。

在以前的乡绅富豪之家，陪嫁讲究双橱双柜，四铺八盖，绫罗绸缎、金漆大床、桌椅板凳、珍珠玛瑙、金银首饰，有的还要陪田、陪山，就连棺材也赔上。

父亲说，在南昌见过一家姓蔡的大财主，陪"全副銮驾"，请了五百个人，吹吹打打，搬运嫁妆，把夫妇两人一生所需的一切生活家什、猫狗鸡鸭等，包括千岁屋（棺材），应有尽有。匪夷所思的是，把两口漆得锃亮的柏木棺材，走在花轿的前头，有升官发财的寓意。

新娘由本家大伯抱上轿子。这个人还必须是夫妻白头到老，有子有女、德高望重之人。

其时轿子左边写着：下宅杨氏之女于归。

回对子，要请村子里最有学问的人。如回不出，还要去别的村子请先生。

父亲读过私塾，读过师范，能对对子。1951 年，他刚三十出头，在家种田。有一天，他在自家的田里耘禾，见邻村的一个人跑得满头大汗，气喘吁吁。父亲问他跑什么？他说，他哥哥嫁女，男方出的对子，满屋场的人，没有谁对得出。他正急匆匆去邻村，找一个老先生帮对。马上又问，你也是当过先生的人，对得上吗？父亲上了田塍，看了上联，很快就帮他对出下联。那个人把随身带的肉、面，谢了父亲，欢天喜地而去。

如果对不出，就给整个村子、家族都丢了脸。正如前人所说：读书须用意，一字值千金。在旧社会，文化人是很顶用的，可当时，连扫地的都不如。斯文扫地，也许就是这样来的吧。

这种对联很多写成：

男右联：娶来 × 妇添人添口又添丁。

女左联：嫁得 × 郎有田有米更有水。

男右联：吉日吉时迎吉女。

女左联：良辰良席会良人。

关于娶亲对对子，有一个笑话。说是港口周家，向土门赵家提亲，出了上联：一支朱笔点港口。土门赵家毫不示弱，下联曰：三尺罗裙遮土门。结果，亲没有结成，还打起架来。

新娘上轿前，要一个力大的堂哥，抱到祖堂，向列祖列宗告别。祖堂伏桶里点着一盏七星灯，上面盖着一只筛子，新娘在上面站一下子。有老者说：企了伏桶舷，婆家万万年。接着，就抱上轿。如路途遥远，轿内放二十枚桂圆干，防止尿胀。因有祝英台中途祭墓化蝶的典故，轿门要加锁。在关轿门的时候，要撒茶叶和米在轿内，压煞避邪。

有民谚说：茶叶米，轿上撒，今日女，明日客。

有谜语云：新瓦盖新屋，新嫂肚里卧，打起花锣鼓，唱起百样曲。

有民歌唱道：

一粒谷，二头尖，爷娘留我过千年，千年万年留不住，一顶花娇到堂前。

娘哭三声抱上轿，爷哭三声锁轿门，哥哭三声抬轿走，嫂哭三声出头门。

大嫂教我做针线，二嫂教我织衣襟，三嫂教我俭朴过，四嫂教我勤耕种。

爹娘教我敬公婆，大伯教我学做人，感谢亲人千叮咛，般般良言记在心。

新娘要给轿夫红包，免得花轿过分摇摆。如遇官轿，花轿为尊，走左边，因结婚是小登科。

花轿落地，由伴娘把新娘搀扶下轿。

拜堂。新郎和新娘先到祠堂拜天地宗亲，后到家里拜父母高堂，再夫妻对拜。这时，有人贺新郎道：

伏以！

一对花烛喜洋洋，满堂宾客贺新郎，

老者贺郎添百福，少者贺郎寿命长，

书生贺郎登金榜，田家贺郎万担粮。

男耕田来女织布，神仙羡慕好伴侣。

自从今晚喝彩后，幸福生活万年长。

在场的长辈，只要受拜，都要给新郎、新娘红包。天上无云不下雨，地下无媒不成婚。另外，还要拜谢媒人。

新人进洞房，床上坐着五男二女，有“五子登科”“七子团圆”之意。有人歌坐床彩词道：

伏以！

天上金鸡叫，地下凤凰鸣。

八仙云里过，正是坐床时。

坐床坐床，听我言张。

好男生五个，好女生一双，

大公子当朝一品，二公子两榜都堂，

三公子云南布政，四公子兵部两堂，

五公子年纪虽小，带管十三省钱粮，

大女儿千金小姐，二女儿皇后娘娘，

百折罗裙就地拖，罗裙上面绣莺哥，

莺哥口衔七个字，状元榜眼探花郎，

自从今晚喝彩后，大富大贵大吉祥。

一边唱，一边向床上抛红枣、花生、桂圆、瓜子、莲子之类食品，以示早生贵子。孩子们抢着吃。唱完彩词，给每个坐床的孩子分发一份礼品或红包。

那天，大队贫协主席找到父亲，说：“你呀，是个彻头彻尾的老顽固、老封建。现在都兴结自由婚，行文明礼。屋场上好几对青年，都跳秧歌结婚。可你……”

婚礼最热闹的，便是闹房了。有一人扮皇帝，高高坐在桌子上。另选一男一女作“通书”，就是皇帝的传话官。如叫新郎、新娘唱歌或回答问题，不听话，就可以在新娘脸上搽辣椒粉或锅灰等。

做完游戏后，有吹唢呐的人吹小调，唱《十送情郎歌》《十绣荷包》等。

《十送情郎歌》：

一送亲郎哥床头边，拿出首饰和花边。首饰送郎做买卖，花边送郎做盘缠。哥呀，妹呀，花边送郎做盘缠。

二送亲郎哥槅子边，推开槅子看青天。天上无云不下雨，地上无媒不成婚。哥呀，妹呀，地上无媒不成婚。

三送亲郎哥出绣房，包袱雨伞送亲郎。天晴要买日帽戴，下雨要把雨伞开。哥呀，妹呀，下雨要把雨伞开。

四送亲郎哥到堂前，妹牵亲哥拜祖先。一拜二拜连三拜，保佑小妹早开怀。哥呀，妹呀，保佑小妹早开怀。

五送亲郎哥出大门，妹送荷包挂哥身。荷包小妹亲手做，要把小妹挂在心。哥呀，妹呀，要把小妹挂在心。

六送亲郎哥大路旁，手拉亲哥不愿放。实在难舍亲郎哥，郎痛心上妹断肠。哥呀，妹呀，郎痛心上妹断肠。

七送情郎哥洋布铺，妹带亲哥扯竹布。扯布要扯一丈五，哥做罩褂妹做裤。哥呀，妹呀，哥做罩褂妹做裤。

八送情郎哥翠花街，哥打首饰小妹戴。戒指要打三钱三，手镯要打九连环。哥呀，妹呀，手镯要打九连环。

九送亲郎哥九曲亭，九曲亭上看牡丹。路边野花不要采，看花容易栽花难。哥呀，妹呀，看花容易栽花难。

十送亲郎哥到河边，妹送亲哥上渡船。坐船要坐官舱里，莫坐船头担风险。哥呀，妹呀，莫坐船头担风险。

《十绣荷包》：

一绣荷包自布里，你想我来我想你。
你想荷包装东西，我想少年结夫妻。
二绣荷包二点兰，荷包旁边绣牡丹。
有人拿起荷包看，看咯容易绣咯难。
三绣荷包三条纹，二条进来一条出。
做个荷包送我哥，劝哥不要送别人。
四绣荷包四朵花，你要找我莫找她。
你要找我一个人，再找一个结冤家。
五绣荷包五点红，你要讨我莫嫌贫。
你也穷来我也穷，桃花落地一样红。
六绣荷包六根线，我坐中间你坐边。
虽然没有结夫妻，看到一眼心也甜。
七绣荷包七颗星，荷包旁边绣灯笼。
夜里不怕天落雨，日里不怕扫地风。
八绣荷包八个样，根根丝线绣我情。
送到别人舍不得，送到我哥心也欢。
九绣荷包九样心，劝句我哥莫反情。
但愿白头同到老，我做哥哥知心人。
十绣荷包话不多，劝句哥哥讨老婆。
千万不要讨别人，要讨老婆就讨我。

这些歌都是用采茶调唱的，在南昌地区流传很广，只是版本各有些不同。吹唢呐的，每唱一支曲，堂侄家要给一个红包。

夜阑人散，新郎、新娘共度好时光。

做 寿

人们常用光阴似箭，日月如梭，来比喻岁月的急促。的确如此，人在天地间行走，好像踩在日月这两个风火轮上，还没有弄清人生是怎么回事，就白发苍苍，步入老年了。

人生六十，为一个甲子。我们的祖先，用十天干与十二地支，按顺序两两相配，从甲子到癸亥，共组合六十次，叫六十甲子。

人活到这个年纪，可以叫长寿老人。于是很多人家会做寿，庆贺一番。

在早先，生产力低下，人们生活条件很差，医学落后，能活过五十岁的人都不多。

《礼记·王制》有云："五十杖于家，六十杖于乡，七十杖于国，八十杖于朝，九十者，天子欲有问焉，则就其室，以珍从。"

我的家乡做寿，有做九、不做十之说。九是个吉利数字。《老子》说："天长地久。天地所以能长且久者，以其不自生，故能长生。"十是个足数，凡事满则溢。

做寿，要做儿子的来担纲操办，发请帖。出嫁了的女儿，要送寿桃、寿面、寿糕、寿轴，还有衣裳鞋帽，红烛爆竹，祝父母长命百岁。亲朋要送寿匾，上一般写着：花甲同春、龟鹤遐龄等祝词。

寿桃可用米糕做成，也可以买鲜桃。

《神异经》记载："东方有树，高五十丈，名曰桃。其子径三尺三寸，和核美食之，令人益寿。"

寿星一清早起来，就要点三炷香，拜福禄寿三星。

赐福天官身穿红朝服，足蹬朝靴，龙绣玉带，手执如意，慈眉善目，五绺长髯，和颜悦色，雍容华贵。

官禄员外郎一身员外郎打扮，头上插戴牡丹花，怀抱婴儿。

长寿南极仙翁。广额白须，左手执杖，右手捧桃，笑容可掬。

中堂张灯结彩，悬挂寿幛、寿屏、寿画。门口、屋树上张贴寿联，如：年逢花甲福满满，寿奕子孙乐融融。福同天地共在，寿与日月同辉。椿萱并茂享高龄，兰芳竹翠灿朝霞。

书香之家，要自拟对子，才不失风雅。

二老上坐，男东女西。爆竹响过，亲戚朋友开始拜寿，先亲后疏，先大后小。都要说：添福添寿，长生不老；福如东海，寿比南山之类的话。但官不拜民，大不拜小。

拜完寿，开寿宴。先要给二老各添上一大碗长寿面，再给客人敬上一碗。客人一般都有三个蛋。还要专门派人，用水桶挑一担寿面，给村子里各家送上两碗，以表邻里和睦之意。如是做过寿的老人，须另加上一碗面，祝其健康长寿。

宴席上，大家要给寿星敬酒，送祝福。要请唢呐，配丝竹，吹奏《八板头》《小桃红》《高腔》《闹扬州》《小汉》《进城三观》《九连环》《张飞洗马》等。

有钱人家，还要请来戏班子，叫办堂会。

给亲朋回礼，用精致的搪瓷或瓷器在碗上烧好字，每家回两只，作为纪念。

人们常说：三十没人晓，四十无人知，五十吃只鸡，六十来贺喜，七十庆大贺，八十无消息，九十、百岁大贺喜。

八十岁是不做的。如果人家说给你做八十岁，则是一句骂人的话。俗话说：润七不润八，润八拿刀杀。也有七胜八败之说。

人的一生中，在有的年龄段，是一个关口，有句老话："三十三大拐转，六十六不死掉块肉，七十三、八十四，阎王不叫自己去。"在这些坎上，有人喜欢穿红短裤，系红布腰带，避邪消灾。

牡丹竞放笑春风，喜满华堂寿烛红。白首齐眉庆偕老，五女争来拜寿翁。——这是南昌采茶戏《五女拜寿》中，家喻户晓的唱词。

《五女拜寿》是办堂会必演的一出戏。

明嘉靖年间户部侍郎杨继康，因看不得严嵩专权，告老还乡。杨继康做六十大寿，五个女儿女婿前来祝寿，因养女三春及婿邹应龙贫寒，礼轻，受到冷遇。后来，杨继康的族弟杨继盛诛奸未成，杨健康受到牵连，被削职抄家，逐出京都。投靠四个亲生女儿，均遭拒绝，唯养女三春夫妇将其收留。后三女婿金榜题名，杨继康沉冤昭雪，官复原职。几年后，杨的夫人做寿，诸女又来拜寿。一番沉浮，冷暖自知。

采茶戏最原始的唱腔，叫下河调，是由地方道情戏、灯戏，发展而来，有着采茶山歌的狂放，水乡渔歌的甜美。角色一般由两旦一丑，配以鼓板、锣、钗及管弦，俗称三脚班子。

下河调《方卿戏姑》里做寿，老生陈金莲的唱词：

御师呀府里呀灯哟结彩啰喂，灯哟结彩。叫声夫人听我言，满堂啊宾客齐来到，方卿唉内侄怎不来哟，怎不来呀？倘若是方卿唉内侄前来此啰喂，前来唉到此，就在我家把书攻。

小旦陈翠娥的唱词：

方才拜过爹妈寿，爹妈寿。好酒贪杯醉昏沉，唉，醉昏沉。满堂宾客齐呀来到，齐来到。方家表弟怎不来？唉，怎不来？倘若是母舅娘前来唉到此，前来唉到此，就在我家享荣华。倘若是方表弟前来唉到此，前来唉到此，就在我家把书攻，唉，把书攻。这一阵叹得我昏迷唉不醒，昏迷唉不醒。来了，彩萍报信人。

孔子曰："仁者寿。"方苞注云："气之温和者寿，量之宽宏者寿，质之慈善者寿，言之缄默者寿，故仁者寿。"

早先，邻村有一个叫高大邦的人，本是一块读书的好料子，可惜，生不逢时，清帝逊位，废除了科举考试，他便在有钱人家坐馆。有一年东家做六十大寿，除了亲戚朋友，还遍请当地的文人墨客。还是少东家反复要求，才请了高先生。正如一句老话所说，文人无行，他们乘着酒兴，题诗的题诗，作画的作画，忘乎所以，把高先生晾在一边。只有少东家知道自己先生的才学，硬要他题诗。高先生望了望窗外的湖光山色，小桥流水，题诗道："日出东方万事低，一篙撑出画桥西。道人不是寻常客，深山野鸟莫乱啼。"大家一看，晓得来者不善，吓得诗都不敢写了。

高大邦的夫人与其结婚三年就病逝了，没有留下一男半女，而他却不肯再娶。高大邦的老弟叫高小邦，是当地名医，外号人称"三不先生"，既夜里不去，落雪不去，没轿子不去。高大邦年老体衰，只好一切都仰仗老弟。

高大邦六十九岁那年，高小邦硬要给老兄做寿，名义上是敬重兄长，实际上是凭自己的名声，收一些礼金，好减轻自己的经济负担。

在我家乡这边，无儿无女的人做寿，叫"打棺材会"。高大邦再三推却无效，就在发请帖的当夜，干脆上吊了。

用做寿来敛财的自古有之。《水浒传》中多处有送生辰纲的描写，数目之大，令人触目惊心。到了南宋绍兴年间，宋高宗禁止任何形式的生日贺礼。可到了秦桧掌权，做寿敛财又死灰复燃。

做寿，可以说是一种民间风俗，也可折射出一个家庭，或一个时代的清浊与成败。

最后的节日

史铁生说，死亡是人生的最后一个节日。

圆福

人生百年，都有一死。跨过这道门槛，便如踏进万古长夜，再与春花秋月无缘；又似跌入绝望的深渊中，从此与亲人永诀。

王羲之《兰亭集序》："古人云：死生亦大矣。岂不痛哉！"

常言道：宁愿世上挨，不愿土里埋。对死亡的恐惧，与生俱来。且说人生烦恼，就像头发丝一样多，永远都排解不完。最后，很多人躲进精神的避难所，或遁入空门，或求仙访道。

佛说人生有七大苦："生苦、老苦、病苦、死苦、爱别离苦、怨憎会苦、求不得苦、五阴炽盛苦。"

两脚奔波走，全为这张口。据老人说，起初，人都不愿投胎，都是阎王爷一脚踢到凡间来的，你看小孩子的屁股，都有一大块青斑。大人称呼孩子为：鬼崽子。

鸟之将死其鸣也哀，人之将死其言也善。在长辈生命垂危之际，做晚辈的都要贴身守护，听取其临终遗嘱，这叫送终。

一个人在辞世的时候，无灾无病，且身边的人都到齐了，人家会说，这老人头世修得好！

人咽下最后一口气，两腿一蹬，在我的家乡叫圆福，也叫落平。只要是善老善终，逝者多有轻松解脱之感，神态都很安详。先要用一张红纸，或鸡毛，放在鼻翼前试探，看是否有出气。确定没有气了，马上放鞭炮，宣告魂魄归天。

生离死别，哭声震天，但眼泪不可洒在逝者身上。亲人要摘除身上的金银首饰，脱下艳装，披麻戴孝。鞋子上要缝一块白布。

下河调《彦龙回朝》，小旦王桂英就是用哭板，唱的这种情景，催人泪下：

头上珠花唉，忙呀取下来唉，忙哎取下来哎。两耳哎，排环取下唉来唉，哎，取唉下来唉。胭脂水粉嘞，都呀不要啰唉，都唉不要哎。明镜哎，打得碎纷嘞，纷嘞，哎，碎纷纷嘞。三尺白绫啰，齐唉眉扎呀，齐哟眉扎哎。白绫哎，褂子白绫唉裙哪。哎，白绫裙呐。三尺白绫啰裹唉小脚哇，裹唉小脚哎。白绫哎，齐裤白绫唉鞋。

逝者如没有闭上眼睛，儿女用手给他抹上。一个小时内，给逝者脱去衣服。

灵位牌左边，要用灯盏，倒上清油，用灯心草，点上三个头的长明灯。右边则要插“香火”。

在一个铁锅里，烧七斤四两纸，冷却后，用生前的裤子装好，待放进棺材内，作为归道山的积蓄。紧接着，还要源源不断烧纸钱，叫“动身钱”。

发红帽子布很有讲究。若要发，二尺八。子女一辈的，如女婿、侄子、外甥，用二尺八白布，用麻绳系。若要富，二尺四。孙子辈，用二尺四红布，用麻绳系。曾孙辈用绿布；玄孙辈用黄布。其他亲戚、朋友的红帽子布，要在中间点红。撕红帽子布，不可剪，要顺着布纹撕，意味着家里顺顺利利。

以前通信不发达，要发动一大家子的人，四处给亲朋报丧。

门口用绿纸写对子，堂中挂白幔，写上“悼”或“奠”。

亲友闻讯后，送花圈、挽联、祭幛、蜡烛、草纸等奠祭品，须三跪九拜。如果前来吊唁的人是长者，孝子要跪下回礼。

地仙

相传法眼地仙，左眼能观天，右眼能察地。

郭璞是风水学的鼻祖，在《葬书》中云：“葬者，乘生气也，气乘风则散，界水则止，聚之使不散，行之使有止故谓风水。”

清同治《新建县志·邑肇·风俗》记载：“堪舆重于今古，而新建尤甚。家藏郭璞之书，图穴选方，拘忌时日，或暴露其亲至数十年，一门中或数世不葬，重富贵之思，味仁孝之义已。”

风水好坏，关乎家运，儿孙的前程，不可不慎。

要聘请地方上有名望的地仙。地仙进门后，称地师或先生。提供逝者准确的生殁年月日时。还要提供全家人的生辰八字，用于做课，也叫隔课。把入殓、出殡、下葬、接煞、头七、五七等一整套程序及忌讳，写在上面。接下来就是采地。孝子披麻戴孝，陪同地仙来到祖坟山。

祖坟山，埋葬着自己列祖列宗的灵骨，是自己生命的源头。人生就几十年，要死很久很久，灵魂能与祖先做伴，也是莫大的安慰。

葬坟和做房子大致相同，山管人丁水管财。山向不可太硬，也不可太软，更不可冲撞太岁、三煞。依照“左青龙，右白虎；前朱雀，后玄武。宁可青龙高万丈，不可白虎抬头望；宁可后高一丈，不可前高一寸”的古训。

太岁，乃道教值年神灵之一，一年一换，掌管人世间一年的吉凶祸福。《神枢经》说：“太岁，人君之象，率领诸神，统正方位，翰运时序，总成岁功。”

太岁方位：寅卯辰太岁在东，巳午未太岁在南，申酉戌太岁在西，亥子丑太岁在北。

三煞，传说中居于人宅的三位凶神，为青羊、乌鸡、青牛，也叫劫煞、灾煞、岁煞。

三煞方位：巳酉丑煞在东，亥卯未煞在西，申子辰煞在南，寅午戌煞在北。

三煞可向不可坐，太岁可坐不可向。

《孝经》云：“卜其宅兆而安厝之。程子云：卜其宅兆者，卜其地之美恶也。地之美者，则神灵安，子孙盛。祖父孙同气，彼安则此安，彼危则此危。”

相反地，地仙用罗盘定好方位。用一只公鸡，把鸡冠血滴在地上。拿一块犁头铁在手上，说：“天煞归天，地煞归地，五房神煞，年煞，月煞，日煞，时煞，各归原位。”再将犁头铁，在地上画，边画边说：“一画黄河，二画黄海，三画黄河水不开。”把犁头铁钉进土里。钉桩，拉好线。打一挂爆竹，烧三刀纸，装四方香。请过山神土地，由孝子破土，并兜回家，放在遗像前的托盆里。

在我的家乡有一个叫赵子方的地仙，著有《洪都记》一书，很详尽地记录了古南昌山水走向及龙脉，并有铃记。好的风水，也要天人感应。福地福人登。再好的地，如果与德不匹配，也是枉费心机，竹篮打水一场空。

八仙

人死要人埋，此乃常理。

老人圆福后，在一个太公名下，派一个精明的人主事，还要负责请八仙。

孝子披麻戴孝，不可以上别家门。

所谓八仙，正与中国道家文化相吻合，把逝者送往天堂、仙境。旧时挽联，常用：遽归道山、瑶池添座、蓬岛归真、蓬山鹤史一类的词语。

八仙过海，各显神通。传说中的八仙，有男、女、老、少、富、贵、贫、贱，均由凡人得道。他们随身带的蒲扇、葫芦、花篮、荷花、宝剑、竹笛、渔鼓、玉板，称为八宝。

八仙坐的桌子，叫八仙桌；八仙用的杠子，长八尺，叫龙杠；八仙用的绳子，叫龙绳。

八仙一般在族中选定，一房一个或两个。约定俗成，不可推迟。第一次做八仙，叫发肩。

八仙上门后，就叫仙家，茶前饭后，都要有人精心招待。酒席上，要坐上席，酒菜要额外丰盛，满盘满钵。菜碗要成单数，不可叠起来。红烧肉里不可有骨头。吃鱼不可翻面，还要留头尾。不可用糕一类。添饭说进粮。吃完了，筷子要轻轻放下，摆整齐。用完餐，只可说撤席。酒盅、饭碗里，都要留点，叫有吃有剩。

其中一位长者，不但要坐上，还要坐东边。第一次开席，他要用筷子头，沾点酒，往上洒一下，往下洒一下，是敬天地，还要沾酒在桌上画一道符，是敬祖师爷。红烧肉里如有骨头，他用筷子夹起，啪的一声，甩打在楼板上。每盘菜，他没有动筷子，别个不可下箸。

八仙喝酒，喜欢划拳。谁说的数，与两人伸出的手指相符，就赢了。《划拳歌》：一品高，两相好，三星在户，四季发财，五福临门，六六大顺，七个巧，八个码，九在手，十全十美。

在正席上，孝子要反复敬酒。还要提供花生、瓜子、瓜果等。

丧葬中，打金井、入殓、拈香、出殡、下肂、关山等一系列活动，均由八仙来完成。抬棺时，脚步要沉稳踏实，不可以有闪失。

按照老规矩，是不给报酬的。近年来，要给八仙买鞋袜、毛巾、衣服等。出殡拜路祭的钱，归八仙。

入殓

入殓也叫上临。

在老人过世的第一天傍晚，孝子提着壶子，去村前的港边取水。女婿、侄子、外甥都可以去。一路有唢呐伴随。到港边，由长子拿一刀草纸，三炷香，祭拜四方。挽一壶水，口里要说："天知知，地知知，讨点水给我大人抹尸。"也有的说："天之水，地之水，五湖四海水。今来借口水，给我大人抹尸。"

来到屋里，倒在脸盆里，用毛巾抹尸。上七下八，房房齐发；前三后四，代代富贵。

取水因烧了一刀草纸，也叫买水，可洗去在人世间几十年的污浊和烦恼，干干净净，无牵无挂，去见祖先。

有一样仪式，叫孔明拜斗。在一个伏桶里，用清油、灯芯草，点一盏七星灯，上面放上一只米筛，把逝者的寿衣、帽子、鞋袜、被子，放个几分钟，也叫过千里眼。这样，一可保佑家里平安，二怕孕妇看见逝者不得投胎。

寿衣依然保留了明代服饰风格。在清代，汉人过世，如留着辫子，穿着满服去见先人，不但没有脸面，还不能认祖归宗。这种风俗一直保留。

穿衣服，先穿袜子、裤子、鞋子。鞋子要在鞋底上画七颗星子，到阴曹地府可防滑。贴身的衣服，最好是纺绸，棉布也可，先要让孝子打赤膊穿一下，再给逝者穿上。胁下要放灯心草。汉服大多是系带或者隐扣。寿衣也不用扣子，每穿一件衣服，用带子绑一道，但不可打疙瘩。十岁一根线，组成一股绳。"带子"象征后继有人。

接材

拿动寿材，要安排一个人，用力摔碎一只破坛子，叫撇煞驱邪。寿材进门要鸣爆，儿女跪地相迎。

照材

孝子站东边，媳妇站西边。长子用一张红纸搓成条，用清油浸透，点燃。

照寿材头说："照材头，万代封侯。"

照寿材尾说："照材尾，万担粮米。"

照寿材角说："照材角，儿孙满桌。"

最后说："天煞归天，地煞归地，凶神恶煞，各归原位，让我大人好安身。"

上材

棺材底，要撒点石灰，再用草纸，从下倒上垫七层，像盖瓦。八仙给逝者穿好衣服，须平平整整，再抬进寿材。按亲疏大小盖寿被，也叫盖百子寿被。头边放七个铜钱。七斤四两纸灰，放在手边，也叫“随手钱”。甑篦一只，垫在脚下。红纸一张，盖在最上面。男的要折扇，女的要蒲扇。不可放皮袄、皮鞋。用一个铜钱用绳子穿上，吊在逝者鼻梁上，要不偏不斜，叫“分径”。盖寿材盖，亲人须离远一点，不可把影子照进寿材内，不可喊名字。

有一个上材的谜语：“四四方方一道城，云长坐在紫禁城。打开龙门任他进，八仙一到就关门。”

拈香

灵堂设在堂前，男东女西。灵位前放三牲、饭、果品、烛架、香炉、酒杯、茶杯等物。两边有蜡烛映照。

拈香，一般都是夜里进行。祭拜，先亲后疏，先大后小。程序分三步进行。

第一步，走三步，点三下头，正好来到灵位前，跪下烧香，双手向上举三下，要过头顶，叩三个头。

第二步，跪下去，依次接过菜、酒、饭、茶，饭菜都要用筷子左右拨动一下，一样举过头顶三下，叩三个头。

第三步，跪下去，先点燃一张小草纸，再点三炷香，一样举过头顶三下，叩三个头。退三步，也要点三下头。

每一个人拜祭完，要放一挂小爆竹。

若是孝子长辈或年长者祭拜，孝子要跪在一边。女婿乃半子之道，跪一只脚即可。等一个个祭拜完，一般到深夜。

这天晚上从开席起，都有锣鼓唢呐、二胡相伴。还可唱一些《孟姜女》《哭皇天》《望江台》等哀伤的歌曲。

也可唱《孝鼓歌》：

两个鼓槌圆溜溜，孝家请我唱歌曲。
歌路如同蜀道难，未曾开口泪先流。
开天天有八卦，开地地有五方。
开人人有三魂七魄，开神神有一路豪光。
歌郎站在十字路，先请几路神将。
一请天地水火土，二请日月和三光。

三请当方土地神，四请本府各城隍。

五请雷公和雷母，六请闪电大娘娘，

七请七仙姊妹们，八请八大众金刚。

九请九天玄淑女，十请地府十殿阎罗王。

……

是夜，孝子要守灵，也叫守夜。

出殡

要准备好石灰、麻蒿、禾秆烟包。石灰是撒在坑底的，麻蒿是用来熏金井的，这叫发圹。烟包是在关山后点燃的。

按照地仙规定的时辰起棺，出屋檐，也叫出滴水。

把寿材抬到村口。一般是早晨五点到七点。八仙用龙杠龙绳，绑好，要用公鸡血祭杠。

由八仙或地仙喝彩：

伏以！天地开张，月吉时良。借雄鸡宝血，保大家平安。金鸡祭龙头，将相王侯。金鸡祭龙尾，万担粮米。金鸡祭龙肚，千烟万户。自从今日喝彩后，百子千孙万担粮。

再用托盆装一壶酒，八个杯子。地仙拿起酒壶，每喝一句彩，在一只杯子里倒一下酒：

伏以！天地开张，月吉时良。请棺上路，大发大富。一点当朝一品，二点兰桂腾芳，三点状元及第，四点百子千孙，五点五福临门，六点六畜兴旺，七点南山府库，八点福寿绵长。自从今日喝彩后，大富大贵大吉祥。

起棺了。八仙各拿起酒杯，喝一口，多余的反手往身后一倒。这叫鼓劲酒。孝子们都要站两边护棺。有的还要骑棺，须是曾孙或玄孙辈。

有的地方要拜路祭。凡是亲属，都要三跪九拜后，放一个红包，在搁有遗像的托盆里。

举招魂幡的人走在最前。走第二的是孙女，端托盆，上面装有遗像、茶叶、米。走第三的是大女婿，提酒壶。走第四的是二女婿，撒纸钱。孝子贤孙，拄孝棍，走在灵柩前，一路行跪拜之礼。送葬的人，都走在灵柩后面。

一路上，鼓乐相随，爆竹喧天。锣鼓只打：咚咚嘭——咚咚嘭——

当灵柩走在桥上、水沟边，或悬崖旁，孝子要说：“爷（娘）吔，莫着吓，轻轻快快！”

送葬的人到了墓地后，要绕金井转一圈，乐队和孝子沿原路返回，叫回灵。回灵时，端托盘的孙女一边洒茶叶米，一边叫“公公（婆婆）回家来吃茶吃饭哦！”回灵的人，要在灵位前，三跪三拜，然后才可脱去孝服。

其他亲友，走到金井边，须把红帽子布取下。

下殡

八仙将灵柩抬到墓地，选个较平稳的地方放下来，便下山吃饭了。下午，八仙把金井清理干净，将麻蒿放到金井里燃烧，孝子下去将灰踩平。地仙在上面，用棍子写上：长发其祥，或福荫后人。根据地仙规定的吉时，差不多下午三点左右，用龙绳将棺放入墓穴里，这叫下殡，也叫请棺登位。下殡时要放爆竹，然后盖了压石填土。填土时孝子要把土踩实，名曰盖瓦。

地仙喝彩道：

伏以！天地开张，月吉时良。佳龙吉穴，福人安葬。此地留来几千年，今日孝子跪面前。二十四山青龙到，打开龙口葬先贤。龙来正，福来端。先贤积德后代昌，天门开，地门开，白鹤仙师送地来。此地不是非凡地，昆仑山上发脉来。左青龙，重重拥护，右白虎，低头如眼弓，儿孙世代状元翁。福人登天，福佑万代。

伏以！太阳出土满天红，金山下殡永兴隆。郭璞杨公亲临到，助我下殡大吉昌。

伏以！今日下殡龙神临，宝地是个金叉形。金叉生来三个齿，子孙后代富无比。朋堂如掌心，家富斗量金。前案是金龟，代代着朝衣。朝山如纱帽，代代产英豪。百亩良田万芭谷，代代儿孙享清福。青龙白虎来拱卫，猪马牛羊遍山冈。自从今日喝彩后，大富大贵大吉祥。

喝彩罢，鸣炮。

关山

起了坟堆，竖了墓碑，在坟上点燃一个烟包。青烟袅袅的时候，用菜、饭、酒敬亡灵。另有一只碗，装有五个菩萨形状的斋饼，是敬土地公公的。随后，拿起一只斋饼，分成四块，抛向四方。剩下四只斋饼，留给家里孩子吃，可保佑他们健康成长。关山毕，鸣爆竹。地仙喝彩道：

伏以！手提贤东金银瓶，佳肴美酒谢诸神。一祭东方吉青龙，二祭西方白虎神，三祭南方朱雀神，四祭北方玄武神，五祭中央五色土，六祭逝者登仙府，七祭福寿万年长。自从今日喝彩后，百子千孙一路良！

每喝一声，要用锣响应一下。喝完彩，一阵紧凑的锣声、爆竹声。葬礼完毕。

葬礼，是人生最后一个节日，必须入乡随俗。只有坚守传统，才能安定人心。

第三卷　乡间手艺

造　纸

造纸业，在我乡曾经有着辉煌的历史。明代，这里设置了官局造纸厂，产的是楮皮纸。

楮树，其实就是构树，也叫榖树。

邑人陈弘绪《寒夜录》说："国初贡纸岁造于吾郡西山，董以中贵，即翠岩寺遗址以为楮厂。其应圣宫皮库，盖旧以贮楮皮也。今改其署于信州（上饶），而厂与寺俱废。"

清同治《安义县志》记载："永乐中，江西西山置官局造纸。最厚大而好者，曰连七、曰观音纸。后改局信州，遂无复造者，止土棉纸及火纸。后复有棉纱者，薄而坚，可任账材。"

这种纸多是供宫廷御用，纤维交错，质地柔韧，洁白匀细，十分考究，叫白棉纸。据专家考证，皇皇巨著《永乐大典》，就是用这种纸写成的。后由于当地楮树消耗殆尽，才改局于上饶铅山。直到今天，铅山还保留了这种古法造纸。

我的家乡多竹，很多村子都造竹纸。

农历四月间，村民将刚成林的新竹，砍下山，斫成五尺许，去青，削去节，晒干备用。有的直接把竹麻放在水塘里沤，两个月后，捞起来，搁在楻桶里，还要撒石灰，挑满水，盖上盖子。楻桶高丈许，直径七尺。用大火煮三日三夜。待其冷却，在溪中漂洗。用碾槽碾得稀烂，也有的用水碓舂，再倒进槽桶中，捣成糊状。用纸帘，往里面挽一下，便是一张纸宽六寸，长一尺二寸的纸，掀脱，放在竹栅上晒干，切边，扎成捆，美其名曰：西山火纸。也有的人家，做成很大一张，则叫表宣纸。

竹纸小的切成一块块，大的叠成一刀刀，都是烧给亡灵做纸钱的。

关于西山火纸，我的家乡有一个故事。

在早先，有一对姓张的夫妇，在南昌城开了一家西山火纸店。因这种纸，纸质粗糙，一不可用来临书，二不可用来包东西。西山火纸店，像西山落日一样，快要关门了。一日，张老板心生一计，要老板娘装死。张老板在灵堂前大哭大号的同时，使劲请人烧纸，可不过多久，老板娘哼哼唧唧，死而复生。问其缘故，是因为烧的纸钱多，贿赂了阎王和判官，让她还魂了。这事不胫而走。张老板的生意自然火爆起来。这个故事有些为富不仁之嫌。

我村始祖叫龚惟芝。他在明代弘治年间（1488—1505），从西山西北麓的安义桐岗，迁徙至此，取村名为桐源。据说，他早年从奉新山里、高安华林，学得造纸的技术，在桐源办起了造纸作坊，这种工艺延续了数百年。

我的祖父远楠公，每年七月半前夕，要请很多人，把西山火纸，从女岭挑到万埠，要从潦河水路，运到吴城、德安、星子、湖口、九江兜售。祖父他们，被称为“西山纸客”。

父亲听祖父说，在光绪年间，邻村几个纸客，合伙装了一船西山火纸，去武汉，在长江遇一官船，运载着满船军饷，从武汉去南昌。官船漏水，眼看就要沉了，这几个纸客，争相用自己的纸，帮堵漏。这事报奏给了江西省总督府，给了该村每个十八岁以上男丁半个月军饷的待遇。

史料记载，东汉蔡伦当初就是用麻头、树皮、破布、渔网等，造出了纸。这个行当祖师爷便是蔡伦。

明代奉新宋应星《天工开物·造竹纸》中，对造竹纸工序，有详细的记载。

宋应星是奉新县北乡雅溪牌坊村人（今宋埠镇牌楼村），此时位于西山西北角的潦河之滨。清兵入关后，他积极参加反清复明活动。兵败后，曾隐居香城寺多年。

熊荣《西山竹枝词》，关于造纸的诗有三首：

新竹砍来堪作纸，镬中日煮烂如麻。
细帘揭出石槽里，玉版层层湿井花。

西山煮竹旧相传，不用临书只作钱。
一陌造成归火化，笑郎何事自欣然。

初成湿纸薄如肤，大半分劳乞小姑。
焚罢兰膏不了事，一层层揭费功夫。

父亲十六岁高小毕业，向祖父要求读初中，祖父摇了摇头，说：无力供给。父亲便在家里，起早摸黑，帮助祖父造纸。

父亲多次说，就因为造纸、卖纸，才改变了命运。

那是七月半前的一天，他挑着一担西山火纸，一路挥洒着汗水，往安义县城走去。隐隐约约，传来隆隆炮声。其时，日寇已打到邻县永修张公渡，与国军对峙了三个多月。故国已处在风雨飘摇中。他边走边歇，至城门口，看见一张省教育厅张贴的招生广告：江西省教育厅在安义县招收三十名学员，去武宁飞凤山“义教师资训练所”学习，学期一年，膳宿及书费尽由教育厅供给。父亲犹如见到了一根救命稻草，把纸寄放在亲戚家里，立马去县政府报了名，以全县第二名的好成绩被录取。

时至20世纪50年代初，政府不允许私人造纸，这个行当消失多年。到了改革开放时期，百废待兴，有的村子重操旧业，办起了造纸作坊。在这样的大工业时代，没有与时俱进，引进机械设备，支撑不久，就倒闭了。

刺　绣

在早先，大户人家的闺房，也称作绣楼。女子无才便是德，所为多是刺绣、纺织、缝纫、打鞋底之类，谓之女工。

辛弃疾《粉蝶儿·和赵晋臣敷文赋落花》云：“昨日春如，十三女儿学绣。一枝枝、不教花瘦。”

汤显祖《牡丹亭·训女》中就有“长向花阴课女工”的唱词。

民歌《闺女吵嫁》唱道：“女在房中绣鸳鸯，从来不出闺阁房，两眼泪汪汪。”

《战国策·魏策》记载：“昔者，三苗之居，左彭蠡之波，右洞庭之水，文山在其南，而衡山在其北。”可见，我乡古属三苗所在地，大凡建筑、家具，都深受影响，喜欢雕刻各种图腾。就连头饰、衣裳、鞋面都绣有花朵。

我母亲那一辈的人，似乎个个会挑花绣朵。床单、被面、枕套、坐垫、鞋面、袜底，就连孩子的虎头帽、围兜、抱裙等，都要绣上各种图案，以及祝福用语。

我的家乡这边的刺绣针法有：垫绣、平绣、掺针、影绣、锁针、打底针、钓钩、编织针、游针等。宋应星《天工开物·结花本》记载：“凡工匠结花本者，心计最精巧，画师先画花色于纸上，结本者以丝线随画量度，算计分寸秒忽而结成之。张悬花楼之上，即织者不知成何花色，穿综带经，随其尺寸度数提起衢脚，梭过之后，居然花现。盖绫绢以浮经而见花，纱罗以纠纬而见花。绫绢一梭一提，纱罗来梭提，往梭不提。天孙机杼，人巧备矣。”

在我小时候，听过一个《一幅织锦》的故事。

很久以前，洗药湖脚下，有一个寡嫂，靠一手精湛的刺绣技艺，养大了三个儿子。有一年快过年了，寡嫂同三个儿子去县城，经过一家字画店，看见一幅画轴：青山隐隐，绿水悠悠。苍松翠竹间，亭台楼阁，参差有致。庭院深深，环境清雅。主人神态飘逸，手握黄卷，正在轩中读书。池塘里，有一只白鹅在戏水。

寡嫂说：“我的孩子，我们如能在这样的环境中，读书绣花，不枉来世上一场！”

三个儿子当即买下了这幅画，作为家庭愿景。都说，以后要努力打拼，为娘置一处这样的宅院。

寡嫂有了这幅画，再也不给别人做刺绣了，她买了五颜六色的花线，编织起来。足足绣了三年，才把这幅织锦绣好。

三个儿子急着把织锦挂在堂前。寡嫂烧了三炷香，朝织锦拜了三拜，说：“上天保佑我儿，今后能置这样一处宅院。”

突然，一股大风刮来，把这幅织锦刮到天空，像蝴蝶一样，飘到云遮雾绕的洗药湖之巅。

寡嫂哭得死去活来，要老大去寻找。

老大攀爬到洗药湖顶的罗汉坛，有一个老道在打坐。老大说：“老神仙，你可看见一幅织锦？是我娘花了三年心血绣的，我一定要找到它。”

老道说：“看见。是天上七仙女借去做样了。如果你要去天上找，可骑七仙女留下的天马去。不过，先要把你自己两颗门牙敲脱，塞进马嘴里，才可以起飞。到了空中，风一阵，雨一阵，日头能把人烤得脱皮。如果一松手，就死无葬身之地。不过，我还是劝你不要去。七仙女留下了一盒金子，可保你一辈子吃穿。”

老大接过金子，欢天喜地，去南昌花天酒地去了。

过了几天，寡嫂见老大迟迟未归，又叫老二去寻。老二也在罗汉坛得了一盒金子，从吴城，坐船去南京，买官做去了。

又过了几天，老三也来到罗汉坛，老道把要说的都说了。老三说：“只要能得到那幅织锦，九死不悔。”

老三经过了狂风、暴雨、烈日多重洗礼，终于来到了天宫。七仙女热情地接待了他，再三说：“给你添麻烦了。我们姐妹七人，日夜加工，还有一只鹅眼没有绣完。这幅织锦，巧夺天工，举世无双！”

过了一日，七仙女把织锦还给了他。

老三回到家中，当他母亲慢慢把这织幢锦展开时，干打垒的泥屋不见了，自己已生活在画中。

从前，我的母亲经常坐在老屋的天井里绣花。近些年来，随着工商业的迅猛发展，这种飞针走线的传统工艺，已不多见了。可对有些人来说，刺绣和琴棋书画一样，是一种艺术、一种雅玩、一种情怀。它可以让一个人的生命质量得到升华。

我在湾里文化馆，见过江右贡绣传承人周建华、陶卫华的刺绣作品，无论是山水画轴，还是花鸟虫鱼，都称得上构图精巧，形象逼真，色彩飞扬，气韵生动。馆长熊凯鹰说：“我区申报的南昌市非物质文化遗产江右贡绣，在继承传统赣绣的基础上，巧妙地运用平、乱针相结合，一改传统平铺密接的做法，独创性地采用了单双面绣，使其光与影更有立体感，有着摄影作品的逼真，又有油画般的质感。这些作品多次参加过上海世博会、东盟十加一艺术精品巡展。”

陶卫华刺绣的《寻隐者不遇》，获中国工艺美术“百花奖”。只见得云山苍苍，白云悠悠，古松之下，一个意态萧疏的老者，访友不遇的怅惘之情跃然绢上。那个憨态可掬的童子，背着一捆柴，一手指着白云生处。

在我的家乡还有很多人会发绣。运用接针、滚针、切针、缠针等手法，针迹细密，色泽柔和，与传统水墨画风格相吻合。

我的亲家母华慧兰，曾花了两年时间，每天八小时，绣了一幅《清明上河图》，工序繁杂，精巧典雅，淡雅清隽，叹为观止。如果没有坚忍不拔的意志力和浓厚的兴趣爱好，谁能耐得住这个寂寞！

在我的家乡，刺绣这项传统工艺，还在不断求新求变，有着强劲的活力。

打米花

在我的童年，很少有零食可吃，只有打米花的来了，才可把大把大把的米花，塞进嘴里，大快朵颐。

那时，隔个把月，总有一个驼背老人，挑一担沉甸甸打米花的机器，挥洒着汗水，翻山越岭走来。

他边走边吆喝："打米花哦——！"

打米花，也叫爆米花，古已有之。

《吴郡志·风俗》记载："上元……爆糯谷于釜中，名孛娄，亦曰米花。每人自爆，以卜一年之休咎。"范成大《石湖集》中写道："炒糯谷以卜，谷名勃娄，北人号糯米花。"明李诩《戒庵老人漫笔·爆孛娄诗》："东入吴门十万家，家家爆谷卜年华。就锅排下黄金粟，转手翻成白玉花。红粉美人占喜事，白头老叟问生涯。晓来妆饰诸儿子，数片梅花插鬓斜。"

以前过年，我家做冻米糖，每年要用糯谷，爆一些米花，镶上芝麻，做糕切糖。

爆米花时，先把锅烧红，抓一把糯谷，放进去，盖上一个篾做的罩子，紧接着，一阵噼里啪啦声，只要声音一停止，就赶快舀起来。动作稍慢，就烤焦了。

这种米花，我们也叫打爆谷。而如今，只是爆米花的工具更新了。

打米花的师傅，到一户屋舍比较宽敞的人家，搁下担子。才把器物摆好，就有人拿米来了。

这个时候，很多小孩子，都在家里吵着要打米花。打一锅米花，就一升米，一角钱，几块柴。一般，父母都会同意。

一会儿，我们各拿一只撮箕，里面装着米和柴，排起了队。

打米花的师傅，脸上、手上都是乌漆墨黑的，穿着一身打着补丁的粗布衣裳，帽子也被火星迸出许多个洞。他个子本来不高，还驼着背，但总是笑容可掬，一副和气生财的样子。

他用一把刨花引火，点燃，放进几块柴，扯着风箱，一会儿便火光熊熊。接着便把米倒进那个葫芦状的压力锅，挑点糖精，拧紧盖。一边扯风箱，一边缓缓地摇动压力锅。

打米花的师傅，间或塞进一块柴。有的柴，烧得噼啪作响，像放爆竹。

有时一等就是老半天。看炉火看久了，也无聊，有人唱起童谣：

鸡咯啼，大天光。哥哥起床做篾匠，姐姐起床打鞋底，老妈子起来舂糯米。你吃一碗，我吃一碗，摔掉老妈子一只莲花碗，老妈子要我赔，我跟老妈子话个媒。

有的唱：

苋菜梗，兜头红，爷娘惯我似条龙，借谷借米养大我，细吹细打嫁出门。

大姐嫁，满厨满箱。细姐嫁，空厨空箱。大哥送我八里路，八里路边八朵花。

有的唱：

打竹板，乐开花。两个媒婆到我家，我家妹子十八岁，就能管住偌大个家。娘呀娘，莫担心。爷呀爷，莫着急。打开槅子有天光，生个外甥喜洋洋……

打米花的器物手柄处有一个气压表，时间一到，打米花的师傅就急匆匆，把压力锅移到一边，对准一只麻布口袋，用一只扳手，扳开压力锅盖，只听“嘭”的一声，雾气四散的同时，一股浓烈的米花香气，飘散开来，让人陶醉。

那时，打一锅米花，能让我美美地吃上半个月。

时至今日，我很少看见打米花的人了。偶尔在我居住的小区门口，也能遇见，一般是在傍晚，城管下班后。很多小孩子都围着看热闹。打一锅要二十块，可谁也不会计较价钱，因它远不如电影院的爆米花好吃。往往打个一两锅，就熄火了。

打米花，成了烙印在我脑海中一种甜美的记忆。

磨豆腐

进入腊月，年关将近。有童谣唱道：二十四，扫房子。二十五，磨豆腐。

磨豆腐，犹如一幅民俗风情画，烙印在每个中国人心中。

做豆腐之法，始于汉淮南王刘安。凡黑豆、黄豆及白豆、泥豆、豌豆、绿豆之类，皆可为之。做法：豆子用水浸，磨碎，滤去渣，煮滚，以盐卤汁，或山叶（山矾叶），或酸浆，在回锅里让它收敛。也可放入缸内，放石膏末。大致上咸、苦、酸、辛之物，皆可起到收敛的作用。其面上凝结者，揭取晾干，叫豆腐皮，入馔甚佳也。其味甘、咸、寒，有小毒。

刘安是汉高祖刘邦之孙，淮南厉王刘长之子，乃当时著名的思想家、文学家，著有《淮南子》。

刘安笃信道教，为求长生不老，招纳天下方士，多时达数千人。其中有苏非、李尚、田由等八人，常在楚山谈仙论道，炼丹著述，号称“八公”。因此，楚山便被称为“八公山”。据说，炼丹时要用黄豆汁培育丹苗，一次，豆汁偶与石膏相遇，很快凝固成块状，食之，软嫩细滑，清甜松糯。豆腐从此诞生。

豆腐与中国的茶叶、瓷器、丝绸一样，享誉世界。

元代郑允端《豆腐》诗：“种豆南山下，霜风老荚鲜。磨砻流玉乳，蒸煮结清泉。色比土酥净，香逾石髓坚。味之有余美，五食勿与传。”

诗中描述了豆腐的制作过程，极力赞美了豆腐的色香味之美。

可在我小时候，根本没有见过磨豆腐。那年头，不可多种豆子，能在菜地边栽上几棵，尝个鲜，就算不错。

有一年，生产队队长偷偷把田塍分到各家种豆。到了秋天，每家能收上百斤豆子。

有了豆子，家家都可磨豆腐了。堂叔家，把尘封多年做豆腐的石磨等清洗干净。

我家称上十斤豆子，淘洗干净，浸一夜。第二天，豆子粒粒饱满，都快涨破皮了。我和母亲把豆子和二三十斤柴挑到堂叔家。

堂叔家新打了一个很结实的木头架子，上面放着一只家传的老石磨。石磨有一个油光滑亮的把子，上面套着一支砻臂。母亲左手转动石磨，右手拿着勺子，一次只舀十来粒，还带点水，倒进石洞里。我两只手推砻臂，情形有些像以前的砻谷。随着石磨那浑厚的隆隆声，乳白色的豆浆源源不断流进木桶里，散发着黄豆淡淡的清香。

有磨豆腐的谜语：“木头架子石头墩，峨眉山上雪纷纷。有人猜得此谜中，一生长斋不开荤。”

大约磨了一个多小时，累得我手臂酸痛，终于磨完了。

过滤。在屋梁上，放下一根粗壮的绳子，系在一个木制的十字架上，每一头，绑住滤布的一个角。

把豆浆舀进滤布里，不住地摇晃，挤压。

过滤后，把木桶里的豆浆，倒进一口大锅里，盖上。灶里烧大火，煮滚为止。

俗语说：卤水点豆腐，一物降一物。

用一块二三两重的石膏，放进灶里烧，取出来，敲碎，化成水，倒进过了滤的豆浆里，搅匀，待其凝固。这就叫“点卤”。一锅豆腐做得好坏，关键看这道工序。

过一刻钟，用刀在桶里划一下，如豆花一分为二，便可舀进一只方形的槽板里，用纱布包好。将一块块两寸半宽的木板，压在上面。再用一根长杠，挂个沙袋，榨去水分。一会儿，豆腐就做成了。

接着把豆腐按照木板的线条，切成一块块的。母亲拿一块热气腾腾的豆腐要我吃。我迟疑了一下，吃了一口，开始觉得寡淡无味，但仔细一品，豆香浓郁，还有点甜。

俗话说：做酒磨豆腐，称不得老师傅。因做豆腐是一项技术性很强的活，村子里的人，排队等候，几乎日夜不停。

家家豆腐飘香。用豆腐打汤，放点青菜或葱，一清二白。把豆腐切成三角形，用油煎，直到煎得两面金黄为止，再放入大蒜、辣椒、豆豉，炒一会，倒点酱油、料酒，放点盐，起锅，这叫家乡豆腐。

母亲用油炸了一些豆泡，留得过年待客。还要霉很多豆腐乳，把豆腐切成一小块，装在一只钵子里，让它发霉，它的表面甚至长了白毛。十多天后，用辣椒粉拌上盐和紫曲，将霉豆腐放在里面转一下，装进坛子里，密封。几天后，豆腐乳就可以吃了，味道鲜美，醇香可口。有的豆腐乳用麻油浸，一年四季都可以吃。这叫霉豆饵。

那时的百姓人家，一碟豆饵，一碗腌菜，便是家常菜。

做冻米糖

记得那时，我家每年都要做冻米糖过年。

冻米糖，顾名思义，要先做冻米。在一个天寒地冻的夜晚，用甑蒸好糯米饭，放在天井里冻。温度一定要在零下摄氏几度才行。第二天，把冻米掰开，倒在竹晒垫上晒。

晒垫一般铺在红花田里。这个时候，我们坐在田边，拿一个“竹呱板”，时而朝天打几下，呱呱地响，间或吆喝几声，催赶雀子。

晒垫也可写作晒簟。

山野被漠漠的寒雾笼罩着，田野、屋面上都覆着一层雪白的霜。由于大气的下压，山中烧木炭的青烟，“T”形向两边扩散伸展，像条轻盈的飘带，系在山间。村后的枫树林里，不时传来几声乌鸦的啼叫，呱——！呱——！把清冷的山村衬托得更加寂寥。

这样干坐着也太无聊了，我便和几个伙计，来到咿咿呀呀唱着古老歌谣的水车边，扳下又粗又长的冰溜当剑使，相互攀比，相互挥舞，随着哔唧唧几声玉碎冰倾的声响，换来几声快意的嬉笑。我便来到池塘边溜冰。

池塘里的冰冻结得有三寸多厚，绝不会有裂冰的险象发生。冰层下，看得清青青的水草。我们快活地溜来溜去，纯真的笑声响彻云霄。我们一边滑，一边唱着《九九歌》：

一九到二九，相逢不出手。

三九二十七，屋檐挂倒笔。

四九三十六，车子栋断轴。

五九四十五，黄狗冻得唔呀唔。

六九五十四，黄芽生嫩刺。

七九六十三，脱衣来凑担。

七九加一九，河边讨阳绿。

八九七十二，黄狗伸出舌。

九九八十一，种子满天飞。

等我们尽兴而归，只见晒垫里，有许多麻雀在吃冻米。我拿起“竹呱板”，打得山响，还喂嗬、喂嗬地叫着，连山谷都传来回音。

冻米在太阳下晒上四五天，变得像铁一样硬。

就在煎糖的那天，用一只锅炒米花。先将锅里的细沙子炒红，再抛下两把冻米，用锅铲不停地炒动，紧接着，一阵噼噼啪啪声，香气四溢的同时，米花炒成了。待筛去沙子，把米花放进口里品尝，香酥满口。

《板桥家书》中说：“天寒地冻时暮，穷亲戚朋友到门，先泡一大碗炒米送到手中，佐以酱姜一小碟，最是暖老温贫之具。”这里所说的炒米，就是炒米花吧。

做冻米糖最重要的一道工序，便是煎糖了。

在我们江南农村，多是用谷芽煎糖。用糯谷装在一只饭甑里，一日淋三次水，待它发芽。在谷芽长到一寸多长时，便将它晒干，用碓臼舂成粉末。煎糖时，把谷芽粉、糯米饭搅拌在一起，用文火同煮，煮得糯米饭都快化了，便滤去糟，再把糖水倒进锅里煎。开始还是清汤寡水的，像一锅潲水，可越煮越稠，渐渐成了糊状，栗红色，到用筷子挑之不断线时，糖便煎成了。

每到这个时候，最快活的是我们这些孩子，我们边煎边吃，吃在嘴里，甜在心里。

做冻米糖时，一家人都上阵。父亲舀上两瓢糖，按量配两升米花，再撒上两把芝麻，不住地搅拌，弄成一团，再填进一个四方形的木头架子里，用量米的竹筒，把它滚平，再用斧头擂紧。等它稍冷却，先把它切成长条，再切成一块块的。食之，香酥爽口。家境好时，还可做一些花生糖、芝麻糖。

冻米糖做好了，装在坛子里，要用米花养着，过年用来待客。有的年头做得多，可以一直吃到栽早禾。养冻米糖的米花，可用来泡米酒喝，还可用来蒸蛋吃。蒸蛋时，另外加一点豆腐乳，别有风味。

如今，气候变暖，很难做成名副其实的冻米糖了。

烧木炭

有一年深秋，我同友人在邻县山里探幽。我们在深山密林中穿越，途中，见到一个“两鬓苍苍十指黑”的老农，在添柴烧窑，烟管里，一股青烟扶摇直上。

我问友人：“有何感想？”

他说：“此情此景，就像见到失散多年的亲人一样，倍感亲切。”

此话引起了我的共鸣。在我记忆深处，总有一缕青烟，在心头萦绕，挥之不去。

那时，天气要比现在寒冷得多，每家每户，都要烧一窑木炭过冬。

冬天的早晨，一觉醒来，便见山间烧木炭的青烟，由于大气的下压，青烟呈“T”形向两边无限伸展，就像一条条白练，飘浮在山巅，或系在山腰。

我们这些孩子，在寒假时，也学着大人烧木炭。打两孔脸盆般大小的窑洞，一边装柴，一边烧火。我们日复一日地烧着，烧得月起日落，烧得晚霞满天，可就是烧不出一根木炭来。但我们还是乐此不疲，有滋有味。

有的大人笑着对我们说：“你们这些孩子，每天双手而来，空手而归，简直是偷天卖日头。”

可人生的本质，何曾不是这样！

在草木摇落露为霜的深秋，我会同父亲上山烧木炭。我们来到人迹罕至的高山上，选一个林深木秀的山谷，挖两孔窑洞。装柴的那孔窑，地势要高一些，好让烧柴那孔窑火势往上攻。在窑的最底部，要挖一个烟管。

如是捡现成的窑，就要到很远去砍柴。因为近处的柴，都被砍光了。

烧一窑炭，需要五六天时间。一般要砍两千多斤柴，能烧出六百斤木炭。

在挖窑的地方，一定要有水。口渴了，我们就喝山泉水。有时还要埋锅造饭呢，总不能天天吃干粮吧。

窑挖成后，我们就在近处砍柴。最好是砍结木棍，如檀木、檵木、槠木、栗木等。只要有刀把那么粗，就一起砍下，削去枝丫。

山中，经常能摘到毛栗、油柿子、猕猴桃等野果。还有尖栗、苦槠、甜槠，都长在几抱粗的大树上。有时，我爬上树，把树丫砍下来。一根手臂那么粗的树丫，只要砍两三刀，就稀里哗啦往下掉。这样一举两得，一可得柴棍，二可收获果实。我把一些尖栗、苦槠、甜槠用火烤着吃，又香又甜。

在山中待久了，经常能遇见野猪带着一群小猪崽，一闪而过。我说："在山上几天，嘴里没味，要捉一只小猪，烤着吃就好。"

父亲笑了笑，说："俗话说，一猪二虎。我们又没有吃豹子胆，谁敢惹它。"

我们把柴掮到窑旁边，斩成窑身那么长一根，严严实实，装在窑里，再用石块、泥土将窑门封好。

接下来就是点火。用一把茅柴点燃后，捡一堆柴，一把一把往窑里塞。只见火光熊熊，"呼呼"往火管里蹿。

约烧三四个时辰，窑里的柴棍形成了"燎原"之势，烟管里浓烟滚滚，就停止烧火，把灶门用泥石封好，只留一个碗口大的洞通气。过二十多个小时后，烟管里的烟，由浓变淡，又由青变蓝，火候便到了，再将灶门及烟管封死。

父亲还出了一个木炭的谜语给我猜："生在深山叶蔼蔼，死在凡间土里埋。三魂七魄归天去，一身枯骨街上卖。"

火候很有讲究，如闭得太早，就有很多炭头；如闭晚了，就熔成灰烬。

几天后，待窑冷却了，就开窑见炭。木炭拿在手里，用手弹之，根根作金玉声。我们把木炭装在竹子编成的篓子里，一担一担挑下山。

时过境迁。如今，我们烧炭的地方已被辟为国家级森林公园、国家级风景名胜区，封山育林、森林防火，已成为当务之急。

记忆深处的那一缕烧木炭的青烟，已成了一道远逝的风景线了！

沃火屎

记得小时候，为了过冬御寒，除了烧木炭，还要沃火屎，就是在柴草烧过后，让它“窒息”而形成的炭化物。火屎虽类似木炭，但质地差得多，易燃易碎。

那时，到了初冬，我经常一个人，或两三个人，背上插着一把柴刀，用锹把驮着一捆禾秆，来到灌木茂密的高山上。挖一个长方形的土坑，大约有半人深，便开始在周边斫柴了。

其实也可捡前人现成的土坑，修理一下更省事。

此时的山中，除松、杉是青的，满目皆是枯的草，秃的灌木，显得有些荒凉。远眺山川大地，却风光如画，美不胜收。天空湛蓝，经常有鹞鹰在盘旋。山风吹来，黄叶飘飞。不时，有癞瓜瓢飘若柳絮、似若蒲公英的种子，在空中随风飘荡。癞瓜瓢的果实，长约三寸，中间鼓，两头尖，似如玉簪。先是青色，等成熟了，就会变成黄褐色。天干物燥，瓢崩裂，种子跳跃而出。它的毛洁白，在日光的照射下，闪闪发亮。它的种子黝黑，宛如降落伞下的空降兵。我跳起来追着，用嘴巴吹着，还唱着：

癞瓜瓢，癞瓜瓢，浑身长白毛；

飘呀飘，飘呀飘，飘上天，做神仙。

江西《草药手册》记载，它可治刀伤出血。我斫柴难免会伤到手脚，便采点癞瓜瓢的毛，按在伤口上，马上就能止血止痛，几天后，便能结痂。

我舞动着柴刀，不管是灌木，还是刺蓬，一齐斫倒。最好是能爬上一棵大树，一阵子就批下一大堆树丫。

当午时分，村子里炊烟袅袅。我去山窝里，斫上一节竹筒，戳破一点节，到山涧中，把洗净的米灌了进去，用木塞封好。捡些干柴，就在土坑里烧一堆篝火，把竹筒煨上个把钟头，饭便熟了。吃饭时，将竹筒一分为二。这种饭吃起来，竹香浓郁，别具风味。每次都带了一点萝卜干、腌菜下饭。更多的时候，我会煨一些芋头、红薯当饭。其实，我经常在路上就挖到一些山药，正好煨来吃，更是妙不可言。

吃完了饭，我会用茅柴生火，便把柴拖来放在土坑里烧。柴烧得噼啪作响，火光冲天。只要不断加柴，坑里的“明火”就不会烊掉。

直烧到日头落山，坑里的明火块填满了，就把禾秆打湿，铺在坑上，赶快把土填上，踩紧，要密不透风才行。

过个三四天，我就挑着箩担，去装火屎。扒开土和秆，就是火屎了，坑里余温尚存。一坑大约有二担。

沃火屎，还有一种方法。在上半年，不烤火的时候，煮完饭，把灶里的明火，用竹做的火铲，装进一只坛子里，盖上盖子。

因它易燃，风箱一扯就烈焰腾腾，打铁的人喜欢买它，称作“火煤”。

农民半年辛苦半年闲。寒冬腊月，大家就坐在家里烤火。有童谣唱道：

有吃冇吃，烧炉火炙。炙得面红耳赤，你晓得我吃了冇吃。

木炭一般放在炭盆里烧，一家子围着炙火。而火屎呢，把坐炉、脚炉、手炉里的灰舀掉，勺一些火屎，垫在下面，上面铲上明火，就可从早炙到晚。

如今封山育林，再也不可去野外沃火屎了。

柴　香

柴香，顾名思义，是用杂柴做成的香。

祭祀天地神灵、列祖列宗，都要上香。每个村子都有土地庙，初一十五，家家户户都要去敬香。我们这边有佛道两教名山，据《西山志》记载，寺庙坛观有一百三四十处之多。尤其是每年西山万寿宫庙会，庙会吸引了来自世界各地的香客，从农历七月三十到八月十五，到处人山人海。

据唐代裴铏《传奇·文箫》记载，钟陵（南昌）有西山，山有游帷观，即许真君拔宅飞升之地。每年中秋为真君得道之日，吴、越、楚、蜀等地方之人，不远千里而来，携契名香、珍果、绘绣、金钱，设斋醮，求福佑。

唐道经《孝道吴许二真君传》云：“从晋元康二年真君举家飞升之后，至唐元和十四年，约五百六十二年递代相承，四乡百姓聚会于观，设黄箓大斋。邀请道流，三日三夜，升坛进表，上达玄元，作礼焚香……每至升仙之日，朝拜及斋戒不阙。”

清同治《新建县志》记载：“相传许旌阳以八月十五日拔宅上升，居民感德立祀，历元明迄今。自八月朔，四远朝拜不绝，至十五日而最盛，居民辐辏成市。中秋节为西江第一。”

故，在我的家乡做香业十分盛行，很多村子，家家都做香。

有《上香歌》唱道：“高高山上有庙堂，姑嫂二人去上香。嫂嫂上香求贵子，姑姑上香求才郎。先生上香为功名，和尚上香为庙堂，农人上香为农忙。”

香还有别的用处。

它可用于抽水烟或旱烟。那时的百姓人家，自给自足，自己种的烟叶烤制后，将烟丝捏成一小团，装在水烟筒的烟斗上，点燃一根香，在烟丝上拨弄，便可“咕嘟咕嘟”地抽了。也有很多老人，用小竹篼、胡颓子杆做烟筒，走路可做手杖。走累了或遇到老伙计，坐下来点燃一根香，可以边抽烟，边聊家常。

凡有人家娶亲，媒人手里总是拿着一支拇指粗、三四尺长的长香，这有沿袭香火的意思。

夏夜，乡亲们在溪边、树下纳凉，点一支添加了辣蓼、蕲艾的长香，用来催赶蚊虫。

杂柴也可以做香，以叫子柴、毛栗柴为主，因黏性好。

叫子柴，学名叫乌药，因它的叶很柔和，卷起来可当哨子吹，故名。常言道：江西乌药当柴烧。叫子柴，田野山间随处可见，高不过三米，粗才一握。叶片为菱形，表面翠绿，背面灰白。夏日开黄绿色花序，结实如豆，慢慢由青转黑。

毛栗柴，属于落叶灌木或乔木，多丛生于海拔七八百米的高山上。树高四五尺，其叶大如小孩巴掌，长椭圆形，边缘有锯齿。但在土壤肥沃的山谷，树高也可达二丈，枝繁叶茂，树冠如云。

我们村里的人为了斫毛栗柴，经常要走八九里路，去洗药湖、马口等高山。一般是斫好一些柴，铺在地上晒，到半干，才来挑。人们把柴分两捆，用冲担挑着，挥汗如雨地往家走。挑回家，还要把柴斩碎。有民谣唱道：“有女莫嫁丁家山，日里斫柴夜里斩，一轮水碓夜夜舂，吃了头餐冇另餐。”

在 20 世纪七八十年代，很多山里人家，有一轮水碓。他们每天早上把斩碎的柴，倒在石臼里，傍晚时分，便可收获木粉。这种木粉，比我们常见的灰面、米粉，还要细腻得多，几乎都是从石臼里扬起的飘尘，落到地上。所以，碓房必须密封。取木粉时，要从地上把粉末扫起。

我曾多次去马口斫过毛栗柴，要经过水流湍急，乱石磊磊的北流港。在急水滩头，有一轮接一轮水碓，在吱吱呀呀地唱着古老的歌谣。我分明记得，在这样古拙的碓房上，竟然开满了凌霄花，很吸引人。

北流港，因水往北流而名，《安义县志》称之为百里港。在山势最峭拔的那一段，叫涯港嘈，水碓最多。从马口到礼源角，沿港几乎家家都做香。

寒冬腊月，或起风落雨的日子，很多人在家里砍“香骨”。把竹子锯成一尺一寸长，砍成一根根比筷子还小的香骨。

我的族叔龚兆椿，在《农耕生活之砍篾骨，做柴香》中写道：“做香要经过七道程序。先用簸箕装进杂木粉，十指捏着一大把香骨的一头，将另一头放进水桶，浸湿三分之二，然后拿出来，撒上香粉，反复旋转搓动，使香粉牢牢沾在香骨上。在做第七遍时，香粉上添上洋红。”

香做好，就放在竹栅上晒，一行行铺开，屋前屋后，红艳艳一片。晒干后，把香扎成五十根一把，待价而沽。

有一个装香的谜语：“内方外圆，莫猜铜钱，红衣盖顶，烟雾冲天。”

如今进入大工业时代，这种手工作坊几乎看不到了。

做　酒

有童谣唱道：“砻谷，窸窣，做酒，请阿婆。阿婆不吃甜甜酒，要吃红萝卜下烧酒。烧酒烧，阿婆欢。甜酒甜，阿婆嫌。多做烧酒好过年。”

我最早看见家里做烧酒，还真是用砻里，砻出来的糙米。

砻里是早先一种去谷壳的工具，形状乍看有些像磨。砻斗用篾和黄泥、石灰做成，下面砻身是木头。里面安装一些用火炙过的栎木片，或是在锅里煮过的老毛竹片，叫作砻牙。用砻臂转动砻斗，砻牙与谷子相摩擦，谷壳就被剥脱，就是糙米。

童谣曰：“泥土筑个土屋墙，中间坐个唢呐王。有人走我身边过，捉到就要剥衣裳。”

谜语云：“远望一根绳，近看一口盆，盆里一匹马，马上一个人。”

我的好友祝祖文，比我小一岁，就砻过谷。我家拖步里，长年放着一个砻里，可惜，没有上过手。

民谚云：“快砻缓碾，蠢子乱磨。”脱了壳的糙米，再放到碾槽中碾，用风车扇过，才是白米。

后来有了电动碾米机，做烧酒用的米，只碾一遍，脱壳便可。

我乡做烧酒，多选在十月小阳春天气。把糙糯米洗净，浸两三个小时。一只大甑，可蒸五十斤米。用一双三四尺长的竹筷子，打许多气孔。

用大火蒸上两三个小时，饭熟了，揭开盖子，一股浓郁的香气扑面而来，让人垂涎欲滴。我们便抓起一把，捏成一团，慢慢地吃。这种饭很硬，叫酿饭，吃多了不好消化。

要等酿饭冷却，或用水淋，沥干后，在稍有余温时，便可下酒药。大致二斤米，用一个酒药。酒药比鸽子蛋大一点，粉碎化成水，渗透在酿饭里。

酒药很关键。在我的家乡，把不会办事的人，叫败缸的酒药。

我家的酒药，是桃花庄姑姑家做的。

我多次送益母草去姑姑家，还参与过做酒药。把益母草、马鞭草、辣马蓼晒干，用碓舂碎，再筛一遍，和在谷芽粉里，加石膏，让它发酵。最后，放在筛子里晒干，酒药就做成了。这是家传工艺，传男不传女。我在姑姑家是客人，更不好细问，也只是晓得一个大概罢了。照例，我要带一些酒药回家。我家长年都有酒药卖，那时才两分钱一个，给人行方便罢了。

有一次，做酒的时候，父亲对我说："你知道酒字的结构吗？酉字，加三点水。杜康在一日酉时，蒸好了酿饭，看见一个儒雅的诗人，摇风打扇走来，借了他一滴汗水。过了一阵子，有一个武夫，飞马扬鞭而来，他又借了一滴汗水。日头快要落山了，来了一个叫花子，一会儿哭爹喊娘，一会儿笑逐颜开，杜康也向他也借了一滴汗水。这三点汗水，就是饮者三种境界。"

做酒的甏，一定要清洗干净，最好要用开水泡一遍，不可以有半点杂质和气味。把拌好酒药的酿饭，装在里面，淋点温水，在中间挖一个凼。最好是把甏放到灶门口，用禾秆包好。

只要过了两天，准能闻见酒香。如有意外，就要加一些酒药，或去别人家，讨半碗酒娘子，倒在里面，再过一天，酒就做成了。

把酒放上七八天，让它老化，以一比一的比例兑井水，使劲搅拌。等酒糟下沉，把酒酿倒进酿甑，下面加温；上面有天锅，不一会儿要换上冷水。酒酿加热，变成水蒸气，一遇天锅，就结成水珠，落在中间一块荷叶形的漏斗上。漏斗的一头，有一个孔，从孔中源源不断流出蒸馏酒。

因蒸馏酒很容易挥发掉，每个接口都要密封。

做蒸馏酒，最好烧乌柏树枝，烧的火，不温不火，这样出酒率最高。如烧樟树，还会化解酒。五十斤米，要蒸三个小时，大约出四十斤酒。

我们家乡的蒸馏酒，也叫熬酒、吊酒，以酒质清冽，香醇绵和而著称。

李时珍《本草纲目·谷四·烧酒》：“烧酒非古法也，自元时始创，其法用浓酒和糟入甑，蒸令气上，用器承取滴露，凡酸败之酒皆可蒸烧。近时惟以糯米或黍或秫或大麦蒸熟，和曲酿瓮中十日，以甑蒸好，其清如水，味极浓烈，盖酒露也。”

做蒸馏酒，不但要设备齐全，还要很高的技术含量。更多人家只是做发酵酒。在清明日，把酿饭蒸好，四斤米饭配一个酒药。过四天，把酒装进坛子里，用泥巴和禾秆封好口，两年后，颜色暗红，酒香醇厚，甘甜可口。这就叫清明酒。如再用白酒调制，存放时间越久越好。

在我的家乡，逢年过节、红白喜事、人来客往，各家都会拿出自己家做的陈年美酒，以飨人客。

我改了王维的诗：江南好风日，留醉与山翁。

民间乐器

我们家乡的民间乐器，有笛子、胡琴、唢呐、锣鼓等，虽不登大雅之堂，但代代相传。

笛子

翻开我国古籍，便可知笛声与我们的礼乐文化相伴相守。司马迁《史记》说：“黄帝使伶伦伐竹于昆緜，斩而作笛，吹作凤鸣。”

当我还是小孩子的时候，在湿湿的雨天，或月朗风清的夜晚，不经意间，总有悠扬的笛声飘来。时至今日，听到笛声，我还会想起已故的父母双亲和许多故园往事。

雷震《村晚》：“草满池塘水满陂，山衔落日浸寒漪。牧童归去横牛背，短笛无腔信口吹。”熊荣《西山竹枝词》：“鱼云片片淡无痕，一树秋风叶满门。牛背阿哥端坐稳，数声羌笛过前村。”其实这是一种司空见惯的乡村景象，我也曾生活在这样的诗情画意里。

那时，去山上放牛或砍柴，喜欢摘一片“叫子柴”树叶，卷成喇叭状，吹得“嘟嘟”地响，恰似深山鸟语，啁啁啾啾。所谓叫子柴，其实就是乌药树。因它的叶很柔软，卷起来可当哨子吹，故名。

有人觉得不过瘾，砍了一根小山竹，斩一节，长三四寸，一头削尖，砍开一点点，塞进半片竹叶，吹起来，更是清脆悦耳，如泣如诉。

一不做二不休。我们在山谷中，选一棵三年以上、修长的黄竹、苦竹或水竹，斫回家，裁成长长一节，烘烤干，借人家的笛子做样，去掉节，钻上十来个孔，上塞，打磨光滑，同样用一层竹膜，贴在顶头一个孔上，撮嘴一吹，用手指按孔，一起一伏，果然音节多变，有如龙吟凤鸣之声，我们大为欢喜。

我们放牛的时候，任牛吃草。有时，我们躺在草坪上，沐浴着阳光，望着蓝天舒卷自如的浮云，听着悦耳的鸟鸣，嗅着扑鼻的花香，物我两忘，便拿着笛子吹了起来，模仿流水声，鸟语声。有人吹着笛子，有人唱着小调《牧童歌》：

牧童哥，牧童哥，天天放牛在山坡。

暑天烈日当头晒，风霜雨雪坟下梭。

每日三餐流泪饭，油盐哪有一钱多。

生来莫作陪牛客，帮人放牛怎奈何。

只要勤劳时运转，平平生活总能过。

民谚有云：千日胡琴百日笛，半升荞麦吹唢呐。我曾经向屋场上窑匠师傅请教过吹笛，不得要领。窑匠师傅吹奏的《鹧鸪飞》，曲调悠扬委婉，细腻圆润，连树荫里栖息的鹧鸪，听得都漫天飞舞起来。

窑匠师傅身材修长，性情沉静随和。他因成分不好，只读过小学，却酷爱看书。他在农闲的时候，喜欢说三国，讲水浒，我是他最忠实的听者。他说我有文心，把仅有的十几本藏书，都借给我看了。他是我的第一个书友。

东汉应劭《风俗通》说：“笛，涤也，所以涤邪秽，纳之雅正也。”

窑匠师傅说：“人生苦多乐少，是读书吹笛，让我乐而忘忧。我来到天地间，没有任何建树，唯一留下的，就是这孔窑。”

窑匠师傅过世后，村中再也没有听到过笛声了。我一直后悔，当年为什么不用心跟他学吹笛子呢？

胡琴

一听这种叫法，就晓得是北方游牧民族流传过来的乐器。你看拉胡琴的琴弓，就是马尾做的。

宋代陈旸《乐书》说："胡琴本胡乐也，出于弦鼗而形亦类焉，奚部所好之乐也。盖其制，两弦间以竹片轧之，至今民间用焉。"

欧阳修《试院闻胡琴作》诗云："胡琴本出胡人乐，奚奴弹之双泪落。"

胡琴，已成为江南丝竹中不可或缺的一个重要组成部分。丰子恺《山中避雨》写道："这种乐器在我国民间很流行，剃头店里有之，裁缝店里有之，江北船上有之，三家村里有之。"

胡琴两根弦，全靠手里变。胡琴音阶很难把握，很多人对它敬而远之。我的朋友黄正龙，会吹唢呐。他买了一把胡琴，拉了很久，不得上手，气得他往地上一砸，散了一地。

我家乡这边有个现象，凡是盲人，都很会拉胡琴。

我有一个堂兄，自幼聪明过人。算命先生说，此人如不瞎眼睛，就性命难保。果然，在八岁时，他眼睛瞎了，后来也成了算命先生。他记忆力好，能把村子里很多人的年庚八字记得清清楚楚。他经常坐在自家的门槛上，将琴筒搁在左腿上，左手持琴，用食指、中指、无名指和小指第一关节弯曲处按弦，忽上忽下。右手握弓，在两弦间拉奏。有时，他边抽烟，边拉胡琴，忘情的时候，不记得弹烟灰，衣裳上烧了许多洞，总让我觉得好笑。他能拉六七十首民间小调。他能一字不差地唱全一本《方卿戏姑》。

大堂兄隔一段时间，要背着胡琴，出去跟给人家算命，这是他的营生。他到了一个村子，坐下来，拉起了胡琴，唱起曲来。慢慢听的人多了，就有人请他算命。人家报了八字，用指头一掐，就像说书一样，抑扬顿挫，平平仄仄，把这个人从生到死，说上一通。听的人，一惊一悸，忽喜忽悲，甚至大汗淋漓。

有时候，几个盲人来到堂兄家，坐在一块，用锣鼓伴奏，丝竹和之，有板有眼，唱起采茶戏来。他们还能唱民间流传的叙事长诗《陆英姐》《泡郎记》。

《泡郎记》是丈母娘谋财害命，用开水泡死姑丈的故事。我记得其中唱词："斩了一百零八块，块块放在酒坛中。三尺白布扎坛口，埋在牛栏内中存。"听得让人心惊肉跳。

《陆英姐》开头唱道："自从盘古分天地，三皇五帝定乾坤。别样闲言都不唱，单说湖南姓张人。张家有个陆英姐，年方二九十八春。上身穿件大红袄，下系八幅紫罗裙。红绫袜子丝绸带，三寸金莲脚下蹬。脸上胭脂雪花粉，八字眉毛二边分……”

每次都有人起哄，要他们唱《十八摸》，曲调更是古朴清新，活泼欢快，小伙子听得情思绵绵，大姑娘听得羞羞答答。至今，我只记得一句：越摸越好过哟嗨。

大堂兄已去世多年。不知我乡还有人能唱《陆英姐》《泡郎记》否？好在湾里区原文化馆长钟丰彩先生做过记录，功德无量。

说起胡琴，我总想起阿炳。我觉得胡琴的弦外之音透着悲凉。

唢呐

不鸣则已，一鸣惊人。据说在公元3世纪，由波斯、阿拉伯一带传入我国，已扎根在民族灵魂深处了。婚丧嫁娶，节日庆典，都离不了它。它音质或高亢嘹亮，或低回婉转，最能渲染人生的喜怒哀乐。

唢呐杆用结实的木头做成，内空，开八孔，管的上端，装有细铜管，顶端套有苇哨，下端有一铜质的碗状扩音器，看过去，像个宝塔形。

明王圻编《三才图会》就说：“唢呐，其制如喇叭，七孔；首尾以铜为之，管则用木。不知起于何代，当军中之乐也。今民间多用之。”

明代王磐《朝天子·咏喇叭》，是吹唢呐的绝唱：“喇叭，唢呐，曲儿小，腔儿大。官船来往乱如麻，全仗你抬身价。军听了军愁，民听了民怕，哪里去辨什么真共假？眼见得吹翻了这家，吹伤了那家，只吹得水尽鹅飞罢。”

在我家乡这边每个村子里都有几个吹鼓手。如是娶亲，要吹《小桃红》《丹凤朝阳》《八板头》《闹扬州》《小汉》《进城三观》《九连环》《鸳鸯戏水》等，都是那样的欢快喜庆，悦耳动听。

其中，《小桃红》最为欢快明亮，动人心弦。

闹丧则吹《孟姜女》《哭皇天》《望江台》等哀伤的歌曲。边吹，还有人用哭腔唱道：“正月里来是新春，家家户户点红灯，别家丈夫团团圆，孟姜女丈夫造长城。二月里来暖洋洋，双双燕子到南阳，新窝做得端端正，对对成双在华梁……”听了令人荡气回肠，潸然泪下。

锣鼓

锣鼓在乡村用得最为广泛，庙会唱戏、祭祀迎神、娶亲嫁女、做屋上梁、春社秋社、上灯挂纸，都离不开它。它以音响热烈，节奏鲜明而著称。尤其是唱戏、舞蹈、把戏，它能恰如其分地表现人物情绪，渲染戏情色彩，烘托舞台气氛。

高腔锣鼓，古朴雄浑，深沉高亢。初听似乎索然无味，渐入高潮时，委婉动人，欢快明亮，鼓点好像敲打在心扉上，让人心花怒放。

花抄锣鼓，有鼓、板鼓、长鼓、大锣、小锣、钹、梆子、夹板等组成：铛咯咯铛，哐咚咚哐，一嗒一咚，哐咚咚哐，哐哐咚哐咚咚哐，疏密有致，柔刚相济，此起彼伏，节奏欢愉。

锣鼓十八番，通常以板鼓、堂鼓、大锣、小锣、大钹、小钹、云锣七件为一套。曲调有喜笑颜开、细雨点花、九连环、蜻蜓点水、金雀报喜、凤还巢等十八支，俗称十八番。其特点是，曲牌众多，打法多样，气氛热烈，形式多样。

其实，以上乐器，很多场合都是连台演出。

《礼记·乐记》说："乐者，天地之和也；礼者，天地之序也。和故百物皆化，序故群物皆别。"

孔子说，兴于诗，立于礼，成于乐。

礼云礼云，玉帛云乎哉？乐云乐云，钟鼓云乎哉？

礼乐文化，是人类有别于禽兽的重要标志。它能使社会安宁，上下有序，是老祖宗留下的宝贵精神财富。它陶冶了士大夫的襟怀，也影响了民众趣味。在我们这个古老的国度，每一个角落，都有属于自己特有的礼乐文化。我们一代又一代先人，在这样的鼓乐声中而生，在这样的鼓乐声中走进婚姻的殿堂，又在这样的鼓乐声中告别人世。

在一些邻国，把古礼古乐表演当作一张亮丽的文化名片。而我们这些年来，随着城市文明的进程，经济的高速发展，急功近利，却把它弃之如敝屣。

移风易俗，莫善于乐。我们需要礼乐文化，奏响民族复兴的强音。

乡里戏班

四四方方一只洲，大锣大鼓闹啾啾。结发夫妻不共床，同胞兄弟不同娘。这是我小时猜过的唱戏谜语。

早先，村子中不但有戏台，甚至还有戏班子。如从梅岭店前街，沿吴源港而下，东庄、杨梅岭、港下、邓家、袁家、申家、下泽……几乎村村有戏班子。湾里田莆村，有一句老话说：“田莆田莆，村挨港沿，三年不唱戏，瘟病烂病全。”有的从正月初一，一直演到十五，但多是从初十开戏，所到之处，都是锣鼓锵锵，笛韵悠扬，歌声响彻云霄。置身其间，真不知是人生如戏，还是戏如人生。

明代郭子章《豫章书》说：“洪崖先生者，得道居西山洪崖，或曰即黄帝之臣伶伦也。”

追本溯源。远在黄帝时，伶伦先生来到洪崖丹井，断竹而吹之，创造了我国最早的乐谱，被尊为华夏音乐鼻祖。

唐杜光庭《仙传拾遗》载：“萧史不知得道年代，貌如二十许人，善吹箫作鸾凤之响，而琼姿炜烁，风神超迈，真天人也。混迹于世，时莫能知之。秦穆公有女弄玉，善吹箫，公以弄玉妻之。遂教弄玉作凤鸣。居十数年，吹箫似凤声，凤凰来止其屋。公为作凤台。夫妇止其上，不饮不食，不下数年。一旦，弄玉乘凤，萧史乘龙，升天而去。秦为作凤女祠，时闻箫声。今洪州西山绝顶，有箫史仙坛石室，及岩屋真像存焉。莫知年代。”

春秋时期，萧史弄玉，在萧峰吹响了鸾凤和鸣的乐章。

唐代文萧，客寓南昌，夜游西山游帷观，亲临了当地“踏歌”的盛况。《宣和书谱》：“南方风俗，中秋月夜，妇人相持踏歌婆娑月影中，最为盛集。”

明宁王朱权，历时十二载，在西山南麓，著作《臞仙神奇秘谱》，是为我国现存刊印最早的琴谱。他还创作《瑶天笙鹤》《白日飞升》《独步大罗》等杂剧十二种。

新建人魏良辅，客居江苏太仓，在南曲、北曲的基础上，吸收了海盐腔、余姚腔以及江南民歌小调的特点，创造了一种舒缓婉转的昆腔，后人称其为曲圣。

我的家乡地处吴头楚尾，古属三苗所在地，以信巫鬼、重淫祀、崇歌舞而著称。

清代欧阳桂在《西山志自序》中写道：“西山据洪都之胜，发脉自筠阳虬岭，先辈所云‘岩岫四出，千峰北来’是也。”周边有赣江、锦江、潦河，鄱阳湖相环绕，气候温和，空气湿润，雨量充沛，云雾缭绕。

五代蜀毛文锡《茶谱》载：“洪州西山白露鹤岭茶，号绝品。”此茶曾屡获贡茶殊荣。

采茶戏就在这样的人文地理中，应运而生。

艺术源于劳动。山民在青山绿水间，一边采茶，一边唱着山歌，既消除了疲劳，也抒发了感情。后来，这些采茶歌与民间舞蹈相结合，衍生出各种花灯：茶灯、马灯、蚌壳灯、彩龙船、卖花线、十二月采茶等，在元宵灯节，连台演出，这便是采茶戏的雏形。这些唱腔原始质朴，犹如闺女哭嫁，老妇哭夫。当地人比喻为：老牛哞崽。如《卖花线》表演，有男有女，舞步翩跹。戏中这样唱道：

男：担子挑上肩，走个团团圆，来到屋场上，忙把鼓来摇。卖花线啰！

女：我在绣房绣花朵，听得屋前摇鼓声，来到堂前放眼看，货郎是个少年郎。哿里要买花线，货郎哎！货郎把鼓摇，我也把手招。

男：担子放下地，恭喜又贺喜，多谢大姐照看我生意，大姐哎！

女：货郎贺喜我，一礼还一礼，恭喜货郎好生意，货郎哎！椅子拖几拖，货郎你请坐。一杯香茶解你渴，货郎哎！

男：香茶才吃起，大姐接过杯，请把货色看仔细，大姐哎！箱子来打开，大姐请过来，一色咯苏州货，大姐爱不爱，大姐哎！

女：一买绣花针，二买绣花线，三买胭脂点嘴边，货郎哎！四买红绿布，五买五色线，六买香包吊胸前，货郎哎！七买七香粉，八买八仙飘，九买拢头篦子，十买一面镜，货郎哎！

魏良辅晚年回到故乡，根据当地民歌的唱腔，糅合北曲的长处，同样融进了弋阳腔、海盐腔，进行创新，培育出一种委婉动听的地方戏种，运用了戏曲的台步，用方言土语演唱，配以鼓板、锣、钗及管弦，渐渐形成以小生、小旦、小丑为班底的“三脚班”。

清道光《新建县志》记载：“上元张灯，家设酒茗，竟丝竹管弦，极永夜之乐，明末为最盛。”

下河调《彦龙回朝》，小旦王桂英就是用哭板，唱的是亲人过世时，戴孝的情景，唱腔悲怆，催人泪下：

头上珠花唉，忙呀取下来唉，忙哎取下来哎。两耳哎，排环取下唉来，哎，取唉下来唉……

清同治九年，何元炳《下河调》诗云：“拣得新茶倚绿窗，下河调子赛无双，为何不唱江南曲，都作黄梅县里腔”可见，安徽黄梅戏，对当地戏种影响较大。

到清朝道光年间，民间的采茶班艺人，在各地游走传唱，并在原角色定位的同时，逐渐增加了老生、花脸、老旦等行当，一直沿用至今。

要说采茶戏粗具规模，有三四百年历史，只是开初叫赣剧、茶戏、灯戏，到 20 世纪中叶，才正式定名为采茶戏。

采茶戏表演风格，依然保持了茶歌灯舞，载歌载舞的特点，清新明快，活泼优美，滑稽夸张，幽默风趣。每个角色，都有固定的表演动作和基本功。旦角的台步是碎步，但有快慢粗细之分。小生、小丑的台步有高步和矮步，道具有扇子、手帕、雨伞等。还有要花伞、要板凳、要棍子、要花鼓等功夫。乐器主要有锣、鼓、钹、木鱼、唢呐、笛子、胡琴等。唱腔有四十八调，分本调、凡字调、杂调三类。服装以明代衣冠为主。

清代翟金生《豫章景物竹枝词》云："二月街头唱采茶，村童扮作髻双丫。土音方语无腔调，笑煞吴姬与楚娃。"

《方卿戏姑》是南昌采茶戏中代表作。家道中落的方卿，投亲被羞辱，后方通过科举考试，考取状元，传达了通过读书，改变命运的价值取向，谴责了嫌贫爱富的社会现象。

方卿唱道情：

叹秦琼，大隋朝，家贫穷，年纪小，当差捕捉心思巧。英雄冤屈为强盗，官长严刑实难熬，内堂且喜姑娘好，到后来凌烟高阁，画图容，汗马功劳。

叹方卿，大明朝，家计贫，年纪小，多才入泮游庠早，赃官冒逼坟粮事，亲戚远投路途遥，园中偏遇姑娘刁，到后来扬眉吐气，方知晓是势利的功劳，势利的功劳。

《南瓜记》《鸣冤记》《宰家记》《花轿记》，是根据当地发生的事，改写的采茶戏，合称"南昌四大记"。

溪霞泽下村，有个叫李志福的师父，经常在我家这里教唱戏。他不但能演各种角色，还能一字不差背出十几个戏本。他教戏，边唱边演示。演员要把自己的台词一一记录。台上一分钟，台下十年功。到了夜晚，或风雨天，排练的锣鼓声、演唱声，不绝于耳。

这些演员，都是地地道道的农民，他们走上了舞台，或出将入相，或封侯拜印，甚至可以当一夜皇帝。

李志福艺名福宝子，与梅生子、腊婆子、猴子等人不但唱戏、教戏，甚至还编戏，为地方戏的发展起到了推波助澜的作用。

唱戏的是疯子，看的戏是傻子。有的人为看一场好戏，打着火把，不惜走十多里山路。台上唱戏台下和，一人唱戏众人和。老公唱戏老婆和，骚妹子唱戏撩过河。这便是当年的盛况。

乡亲们过年过节、婚丧嫁娶、春社秋社、赶庙会、庆寿辰，必请戏班。

戏里乾坤大，曲中日月长。家乡的采茶戏，虽登不上大雅之堂，却担负着文以载道的家国情怀，构筑了诗情画意的生存空间。很多目不识丁的农民，就是从这里认知了真善美，辨别了假恶丑。由此，也丰盈了他们的精神生活。

可到了“破四旧”时期，很多乡村戏班子，改演“样板戏”。有的村子，戏袍、道具及乐器都被烧毁了。

随着时代的变化，现在的年轻人不但不愿演戏，就连看戏的兴趣也没有了。我经常能看到很多老人，用投影机在祠堂或家里，反复播放采茶戏光碟，重温旧梦。

乡里戏班，也就渐渐消失在乡间舞台上。

烧　窑

说到烧窑，要从我家做屋说起。

早先，交通不发达，运输不方便，每个村庄都有砖瓦窑。

在村子东面，距离我家屋基地三四百多米远，住着一户人家。他家屋后就有一孔窑。可村子里没有一个会烧窑的，于是，父亲去安义，请来了一个姓万的窑匠师傅。我们恭恭敬敬地叫他：万老座。

窑匠师傅是我村亲戚，五十多岁，五短身材，皮肤黝黑，孑然一身，却天天乐呵呵的。正应了一句老话：烧窑打榨，不要老婆也罢。也许是因为做这行当太脏的缘故，没有人愿意嫁给他。

窑匠师傅安顿好住处，就开始挖土。在窑附近，挖新鲜黄土，堆成小山，用水浇透，牵一头牛，蒙住牛的眼睛，反复踩踏，还要不断用锹翻转。

他在晒场边上，搭了一个简陋的凉棚。把泥切成方块，堆放在棚子里。窑匠师傅头戴一顶窄边的草帽，腰上系着一条围布，就开始制砖瓦。

做砖坯很简单，在一块板子上，放上一个打湿了的砖模子，撒一把细沙子，用泥弓，切一块泥，甩进去，四个角用力按一按，就实了，再用泥弓，削去多余的泥，把它提到晒场上，反手一扣，一块四四方方的砖坯，就做成了。

做瓦坯，就复杂多了。泥巴要上好的，不能有沙子。制作瓦坯的工具，是一只瓦模，用脚一踩，会滴溜溜转动。用泥弓，切下一层薄薄的泥片，覆盖在瓦桶的湿布上，用一个弧形的抹泥板，迅速将它拍匀称，划去多余的部分，就做好了一个精致的瓦桶。将瓦桶提到晒场，放在地上，轻轻从内取出瓦模，揭去布，一个瓦坯桶就完成了。晒干后，轻轻地一拍，瓦坯桶就按原有的印痕，一分为四。

对砖瓦制作，宋应星所著的《天工开物·陶埏》中有详细的记载。

烧窑，需要我家保证窑柴。我和父兄每日上山砍柴，在炎炎烈日下，砍了一山又一山，衣裳湿了一件又一件。几天后，等柴晒干，我们把柴挑到窑边，慢慢，柴都堆成了山。

有一次砍窑柴，二哥的手被一条狗婆蛇咬了一口。二哥跑到山下水沟里，捡了一块瓷器瓦片，在伤口上刮，再用口吸出毒液，回到家，挖来蛇药，和酒捣烂，敷在伤口上。二哥的手掌肿得像佛手瓜，痛得他豆大的汗滴往下滚。

待砖瓦坯晒得半干，斜着码起来，每块之间要留缝隙，好让它经历风吹日晒。上面要盖雨棚，脚下还要挖排水沟。

过了半个月，砖瓦坯完全干了，便可装进窑里，同样要疏密有间，留有火道。封好窑门，便开始点火了。

先用微火，烧上半天，排除湿气。这也叫打冷火，堆几个柴堆，让它慢慢烧。烟管出来的烟，是水汽氤氲的。

接下来，就得用猛火。一把接一把的干柴，烧得噼啪作响，熊熊烈火，直往火管里窜。这也叫打紧火。

每一窑砖瓦，要烧三天三夜。窑匠师傅困了，就要父亲顶上。父亲按照窑匠师傅的要求，一丝不苟，认真地烧好每把火。

窑匠师观察火候，还经常提着一只酒葫芦，喝上几口，不时，还要吼几句戏文，好像是《方卿戏姑》里的唱段。他还会点武功，有时赤着膀子，打几路拳，或用拨火棍，玩上几招。

他用采茶调，唱《十月单身》，曲调虽是凄婉，他却嬉皮笑脸：

一月单身是新年，穿身新衣去拜年。别人拜年有酒吃，单身拜年手撮烟。

二月单身是花朝，走出门来心忧愁。别人都有丈母叫，叫我单身走哪头？

三月单身是清明，深山树木未成荫。各色种子落土中，只有单身泪茫茫。

四月单身是立夏，家家户户响春耕。禾长田里低了头，叫我单身做哪头？

五月单身是端阳，龙船锣鼓响叮当。人家打扮走亲戚，单身打扮拜龙船。

六月单身热难当，人人奔走各自忙。别人口干有茶喝，单身口渴喝烧汤。

七月单身七月七，白天走出茅草屋。夜里睡上拗头床，叫我单身睡哪头？

八月单身苦又苦，衣裳破了冇人补。左向大嫂讨根线，右向细嫂借根针。

九月单身逢了时，好心邻居去话媒。人家有钱找小姐，我家无钱找丫鬟。

十月单身做了爷，左邻右舍来恭贺。先吃烟来后吃茶，结拜邻居做干爷。

有时他唱：“单身汉，活神仙，一块豆腐两面煎，病了啃床沿。”

那时，烧的都是青砖、青瓦。可砖瓦本是红壤土做的，要经过水与火的锻炼，才会变青。

烟管里的滚滚浓烟，渐渐变成了淡蓝色，窑里的砖瓦烧红了，从窑门口，一眼可以看到窑后壁。窑匠师傅说：火候到了。父亲和哥哥挑水到窑顶，从一个凹形天窗把水浇下去，一担接一担，大约要挑一百五十担，浇透了，才可封窑。四五天过后，砖瓦就可以出窑了。

出窑后，我们一家人把砖瓦用土箕装好，一担接一担往屋基地上挑。先挑砖，后挑瓦，因泥工已经在砌墙。挑得我们肩膀磨破了皮，还得坚持。

父亲每天中午在炎炎烈日下，挑上两担；傍晚踩着露水，又挑两担。每当此时，我总跟在父亲后头走，渐渐，我总觉得，父亲为盖这栋房子，背越来越驼了，步履越来越蹒跚了，头发也花白了。我的心里真是百感交集。

烧一窑砖，只有一万块，做一栋屋，要三万块砖。那时，我家总共烧了三窑砖。

时过境迁，三十多年过去了，这栋我和父兄抛洒汗水盖的砖瓦房，已经很破旧了，可我们对它仍旧保持着窑火一样的热度的感情。

这种古法烧制的砖瓦，随着科技发展，以后再也不会有了！

博　士

博士是我乡对木匠的尊称。这犹如，把医生称作郎中，把剃头匠称作待诏，把有钱的地主、商人称作员外。这或许是古代官府流传下来的称呼。

旧时对手艺人，皆可称作司务。

据说九佬十八匠，木匠最难学。其他手艺，一两年就可以满师，而学木工，至少也得三年，有的学个五六年，未必能满师。师父选徒，一要看人品，二要看是否聪慧，三要耐得住寂寞。在这几年里，徒弟不拿一分钱，每天要给师父家砍柴、烧火、挑水、浇菜，斟酒、盛饭、扫地、洗碗，还要送一年三节。

木匠的祖师爷是鲁班先师，据说斧头、曲尺、墨斗、锯子，都是他发明的。

江湖规矩，木匠的尺是五尺，篾匠的尺是三尺，裁缝的尺是一尺。

这五尺也叫鲁班尺，不但是用来测量，更是一件法器。大凡做屋上梁，砍伐古树等重要活动，都要用五尺来镇邪。

其实，鲁班的弟子如石匠、瓦匠等，皆可用五尺。听我父亲说，一次他砍了一棵参天古树，往左推不倒，往右拉也不倒。解匠师父，亮出五尺来，大喝一声，古树轰然倒下。

凡做事都有个规矩，《鲁班经》云："凳不离三、门不离五、床不离七、棺不离八、桌不离九。"

木匠活做得好，也是一门艺术，其乐无穷。

明代皇帝朱由校，觉得君临天下远没有做木匠活有趣，于是他陶醉其中不能自拔，夜以继日，做出各种精美绝伦的器具来。

木匠活做到极致，便能雕梁画栋，笔走龙蛇。

齐白石先生早年学木匠，由于身体瘦弱，被逐出师门。后来他扬长避短，做细木，学雕花，从临摹《芥子园画谱》入手，悉心观察大自然中的瓜果菜蔬、花鸟虫鱼，加上丰富的想象力、创造力，雕刻出来的作品细腻传神。歪打正着，他后来竟然成为画坛一代宗师。

我村原有个木匠，号称：风车农具一把抓，大木小木带雕花。他擅长雕刻梅兰菊竹。他喜欢看戏，只要听说附近唱采茶戏，便去看，后来，他雕刻的戏文人物活灵活现。

记得那时，谁家要盖房、打家具，就请木匠上门。吱呀吱呀，木匠挑着满担的家伙，足有个六七十斤，光是锯子、刨子、凿子，那样都有七八把。

20 世纪 80 年代初，我家盖了一栋房子。我记得就两个木匠，用了大约三十天时间，经过一斧一凿，又锯刨，就把一堆木料变成了一栋三间房子的框架。

木匠进了门，必须好酒好菜招待，切不可轻师慢匠，要让人家吃得饱，住得好。如果招待得不高兴，木匠就在你房子上“安患”。安患是一种“巫术”，如在墙内安一小车，车头向外，便可使主人财产外流。如在墙内放一只碗和一双筷子，后代会出叫花子。

传说有一个表弟，给表姐盖房，吃得差不说，还经常挨骂。有一天，表弟做门闩时“安患”，念咒语说：“闩里鬼呀闩里鬼，打肿我表姐的嘴。”房子盖完后，他表姐经常被门闩打肿嘴巴。

以前，南昌翠花街万寿宫前，到大年三十才有这种书卖。在一个昏暗的窗口，你拿一块现金进去，人家要问是否有后代，有后代就不卖给你。因“安患”会损阴德，祸及子孙。

房子在快要封顶前，要上梁。整个村子的人，都来围观，犹如一个盛大的节日。上梁喝彩，第一声要喊：伏以。这是什么缘故呢？

民间有个传说，鲁班第一个徒弟，叫伏以，长得玉树临风，聪明伶俐。他学艺，经师父一点拨，一通百通。

师父做的木马，不但日行千里，还能腾云驾雾。他请教师父，师父说：“这全靠自己的道行，一言难尽。不过到时候，我自然会点拨。”

一天，伏以挑水回来，问师娘：“师父做的木马不但会走，还会飞。师娘，那你晓得有什么诀窍吗？”

师娘很爱惜聪明伶俐的伏以，就说：“这样吧，今夜你就在我们楼上睡觉，我来问你师父，你可要听清楚。”

那天夜里，鲁班刚刚上床，夫人就问：“夫君，你做的木马不但能走，还会飞，有何诀窍？”

鲁班说：“说破了一文不值，只要在木马的每个关节处，用斧头敲三下就行了。”

到第三天，伏以的木马，果然腾空而起。鲁班想，这秘诀只跟夫人说过，难道……？

疑心生暗鬼，一天，师徒二人正在给人家盖房，伏以刚爬到屋顶，正在架一根横梁，鲁班念着咒语，用五尺一指，伏以跌了下来，当场毙命。

伏以死得不明不白，冤魂不散，吵得鲁班不得安宁。鲁班非得用五尺架在门上，才能入睡。

鲁班晓得自己错怪了伏以，后悔不已。从此，鲁班做屋上梁喝彩时，总要先喊一声“伏以”，以示悼念。这个规矩，一直传到今天。

我十五六岁时，父母从山外请来木匠，给我打家具。那个木工师傅，一进门就叫我“糠”。我觉得莫名其妙。原来，在我两三岁时，还站在企桶里，他在我家做工，父母教我叫他叔，我说话不清，叫成“谷”，他便叫我“糠”。

他开玩笑说：“才一眨眼工夫，糠也大了，打好家具，就可以找老婆了。”

其时，我十五六岁，还是个懵懂少年。

那一次，父母给我打了一张梁床，一把书案，一顶座橱，一个书架，还有一些小物件。这些家具的风格，还是父母亲结婚时的款式。

到我二十出头，正值改革开放时期，家具风格大变。父母要我找老婆，我说：“把这套土里土气的家具，换了再说。”

父母只好起工驾马，又为我另打了一套时尚的家具。

时至今日，我已是奔六的人了。随着岁月的打磨和历练，我越来越喜欢传统的建筑和家具。它们不但耐看结实，含蓄深沉，还蕴含着致中和的人生哲学。你看古典园林里的亭台楼榭，山水自然里的寺庙坛观，都能体现人与天地相感应的传统文化。

中国的木匠，还真不愧有“博士”的称号。

篾　匠

我的家乡多竹，盛产篾匠。

童谣唱道：“鸡咯啼，大天光，哥哥起来做篾匠……”

很多村子，都有自己传统工艺。例如，邓家做斗笠，石门、港下做土箕，西庄做花篮，东庄做竹床，枫林砍香骨，大小沙田、高徐观上则以做筲箕为主。

熊荣《西山竹枝词》有云：“绕庐四面是高丘，不用镃基不买牛。郎制笭箵侬织箄，一家生计在刀头。”

注脚写道：“山中无田可耕，无桑可蚕，居人制一切筐筥箕帚之属，货卖以自给。男妇操作，昼夜不停。”

每年的农闲季节，就有一伙坪下篾匠，来为生产队打箩筐、土箕、晒垫、谷筛等。另外，他们还要做许多篾货，卖给山外的供销社。一直做到过年，才回家。

因我家的老屋有天井，宽阔敞亮，不但好住人，破篾也好伸展，他们就喜欢在我家落脚。

篾匠师傅把毛竹裁成八尺或一丈，用砍刀从上端居中劈开，放在地下，踩到一半，用力一扳，啪——！毛竹断开一分为二，再分成指头大一小片，削去节，就开始破篾。一片毛竹，一般要破八层。

一个篾匠一天，能打二十只土箕，或一担箩筐，或一床晒垫。动作慢，还真没法混，那薄如纸的篾片，像会跳舞一样，窸窸窣窣，在手上跳动。

常言道：千匠万匠，不学篾匠。有民谣唱道："我咯爷吔，我咯娘，有女莫话篾匠郎，篾匠郎子我不要，趴在地下累断肠。"

七八个篾匠，坐在一间屋里，很是热闹。有人边干活，边唱山歌：

我到瑞州学篾匠，打个筛子姐筛米，打个簸箕姐簸糠，上下簸在姐咯小肚上。

山歌不打自会丢，快刀不磨会生锈。坐立不正会驼背，大路不走草成窝。

我听过他们讲过一个《寡妇请篾匠》的故事：

有一个寡嫂，请了一个篾匠做活。篾匠进门，寡嫂问："师傅贵姓？"

篾匠很是幽默，说："北风头上第一家——姓寒。"

寡嫂自报家门："我是急水滩头撑一竿——姓流。流水的流。"

寡嫂说："一床竹簟子，一只菜篮子，一个簸箕子，一只锅刷子，有时间多，再砍一个赶鸡的闹夹帚子。"

篾匠听得真真切切。走了出来，胸有成竹地说："表嫂，打起锣鼓要戏唱，赶快拿毛竹来呀。"

那时，我家的空气里，总弥漫着甜甜的竹子清香。

近朱者赤，近墨者黑。我二哥读完小学，就跟他们去做篾匠了。

我呢，捡他们不要的篾，会编制笱笼。于是，傍晚时分，我总喜欢掮着笱笼，去港里装鱼。

篾匠每天在我家煮饭吃，菜却是从家里带来的。一罐腌菜，几块咸鱼，要吃十多天。

他们每餐一大碗饭，满满的，像一座山。他们还嫌不多，吃的时候，急得流汗，因先吃完，可去锅里多捞点粥里的米糕。

可村子里请的木匠、泥匠、漆匠，每餐有酒有肉。

篾匠还经常遭到其他工匠的讽喻，甚至称他们为"篾骨子"。

一天，他们讲了一个《篾匠也请吃饭》的故事，给我们听：

在太平天国时，我家乡这边有一个寺庙，被太平天国捣毁了。几年后，当家的老和尚托钵化缘，有了一些积蓄，便大兴土木，请了各种工匠，对寺庙进行修葺。

俗话说：任凭三代做官，不可轻师慢匠。

一天中午，小和尚来请吃饭，说："木匠师傅、石匠师傅、铁匠师傅、雕匠师傅、铁匠师傅、漆匠师傅请吃饭。"

过了一会儿，又说："篾匠也请吃饭。"

篾匠师傅听了很不是滋味。一个徒弟火冒三丈，说："狗眼看人低。"当时，就要去找老和尚理论。

篾匠师傅说："试玉要烧三日满。生气不如争气。"

吃饭的时候，篾匠师傅对当家的老和尚说："难得禅师看得起，请我上山，我想给禅师打一床竹簟子，您意下如何？"

老和尚双手合十，说："善哉，善哉，那你费心了。"

篾匠师傅花了六十天，破了三千六百匹细如丝的青篾，抽之刮之，匹匹匀称，光滑细腻。每夜睡觉，要把一匹篾，卷成一团，含在嘴里。第二天，就编这一匹篾。整整三年，这床竹簟子才完工，篾匠师傅两眼一闭，气绝身亡。

老和尚打开床簟子一看，只见得霞光一闪，天上的飞禽，地上的走兽，应有尽有，栩栩如生，还透着一股森森凉意。

老和尚晓得，老篾匠是把自己精气神编进自己的作品里。

这床竹簟子，成了镇寺之宝。

篾匠虽是普通，却有着自己的传奇！

打　铁

每年农忙前，很多人家急需锻造一些农具备耕，都盼望着铁匠的到来。

《诗经·大雅·公刘》："涉渭为乱，取厉取锻。"《说文》："锻，小冶也。"

铁匠的祖师爷是老子。太上老君的炼丹炉点燃那天起，华夏大地的炉火就一直没有熄灭过。

我喜欢听《广陵散》，从那时而幽怨，时而激昂的琴声中，似乎隐约传来，"叮叮当当"的打铁声。

向秀《思旧赋》:“余与嵇康、吕安居止接近，其人并有不羁之才。然嵇志远而疏，吕心旷而放，其后各以事见法。嵇博综技艺，于丝竹特妙，临当就命，顾视日影，索琴而弹之。”

玉树临风的嵇康，在洛阳城郊的大柳树下，随着或明或暗的炉火，敲打出知识分子的铮铮铁骨。

我的家乡有《打铁调》唱道:“张打铁，李打铁，打把剪刀送姐姐，姐姐要我歇，我不歇，我一心要打铁。打铁三四年，赚了一堆破铜钱。爷话打酒吃，儿话留得娶老婆。”

《奸雀嘚》唱道:“奸雀嘚，捡块铁。捡块铁做什哩?打刀子。到刀子做什哩?做花篮子。做花篮子做什哩?嫁姐姐。姐姐嫁在哪里?嫁到梅岭头上……”

一个春风拂面的日子，铁匠师徒如期而至。借人家一间闲屋，用砖块搭起一个火炉，架起了风箱。烧的燃料是火屎、木炭或焦炭。

老铁匠师父姓李，身材修长，头发像炭一样黑，脸色像铁一样发青，眼睛像炉火一样光亮，双手像铁钳一样有力。徒弟刚刚出道，还细皮嫩肉的，两人形成鲜明对比。风箱一拉，“呼哧呼哧”地响。炉膛内，火苗直蹿，发出绿莹莹的光。一块烧得通红的铁，散发出耀眼的光芒。师傅用火钳把它夹到大铁墩上，趁热打铁。师傅一小锤，徒弟一大锤，“叮叮当当”敲打起来。每锤下去，铁花四溅。这烧红了的铁块，竟然像一团泥巴，才一阵子工夫，便打成一个物件的雏形。把打好的物件锥形放进凉水桶里，“嗞”的一声，冒起一股白烟，似一声叹息。

打一样东西，口子上都要加钢。把铁烧红，夹到大铁墩上，用钢錾开一卡口，中间卡上一块钢片，再放到炉火里烧，因钢片太硬，要反复多次回炉、捶打。

蘸火这道工序，直接影响到铁器的利钝。

铁匠师傅就像魔术师，只需给他一朵乌云，他就给你带来甘露。

打铁须用熟铁。明宋应星《天工开物·五金》中记载:“凡铁分生、熟，出炉未炒则生，既炒则熟……凡造生铁为冶铸用者，就此流成长条、圆块、范内取用。”

在我的家乡，流传着一个用砂锅煮铁的故事。

20世纪50年代初，有一个地主的儿子，寻了几块生铁来找铁匠，想打一把柴刀。

地主的儿子大学刚毕业不久，原本满脑子教育救国，因成分不好，只得回乡劳动。

铁匠拿两块生铁，敲了一下，声音喑哑，说：“这是生铁，要熟铁才行哩。”

地主的儿子把几块生铁，放在砂锅里，用大火煮了一夜。第二天清早，带着冒着热气的生铁，又来找铁匠。

铁匠还是摇头。

地主的儿子以为铁匠作弄他，很生气，说：“我煮了足足一夜，难道还没熟？”

那个姓李的老铁匠师傅，就是当年那个曾经用砂锅煮铁的书呆子。因老是被人嘲笑，加上成分不好，一气之下，就学了铁匠。渐渐地，他成为闻名西山的铁匠。

俗话说：养儿打铁，祖宗作孽。

有民谣《工匠苦》唱道：“千匠，万匠，不让儿学铁匠，站在火炉前，像炕烧饼一样。”

一个饱学之士的际遇，倒成了一个时代的缩影。

近年来，姓李的老铁匠师傅，因年事已高，炉火也熄灭了。

世上三大苦，打铁、撑船、磨豆腐。船还是有人撑，豆腐还是有人磨，可打铁是难得一见了。

上门裁缝

童谣唱道：“穿新衣，戴新帽，过新年，放鞭炮。”

百姓人家，再穷也要做一身新衣裳过年，一到腊月，家家户户都纷纷请裁缝上门。

我最早见到的裁缝，背着一只布包，里面装着一把大剪刀，一只熨斗，一管尺，一个粉线袋，还有针线等。

裁缝的大剪刀，手柄一边长，一边短。据说这是张飞发明的，因其睡觉时喜欢一只脚伸着，另一只脚缩着。只怪他与剪刀有缘，结果被裁缝给杀了。

其时，在我们这种穷乡僻壤，当时还没有缝纫机。

裁缝进了门，量体裁衣，得一针一针地缝。缝好，喷一口水，用熨斗烫过，衣裳就做成了。

在我最早的记忆中，布料多为黑咔叽、蓝竹布、府绸。再好点的有灯芯绒、纺绸、涤纶。

男人衣裳款式，冬天多穿长袍、马褂、完腰裤。春秋穿对襟衣，即从前胸正中开襟，两边缀以布扣，自上而下共五副，左右两上腹部各缀一大荷包，两侧开摆。

女人衣裳款式，则多是大襟。也就是纽扣偏在一侧的中式上衣，通常从左侧到右侧，盖住底衣襟。

我乡习俗，喜欢用戴孝的白布，给刚出生的小婴儿做衣裳，说是宝宝穿了能健康成长。

那时小婴儿的衣裳，都是和尚领、右衽用带子绑的。老人的寿衣，也是这种款式。父亲说，这是保留了明代风格。在清代，汉人寿终正寝，去见列祖列宗，必须穿明代的衣裳，解散辫子。这里有“生为大明人，死为大明鬼”的寓意。

民国《安义县志》，记载了我家乡这边衣着布料的流变：

清咸、同后，光绪中叶前，民间衣料多用土布。安义为产棉之区，虽无大宗输出，尚足敷本地之用。比户纺织，每当清夜，环听机声轧轧。

适光绪二十年，外货侵入，有洋纱，而纺织者甚少，有洋大布，而织布者甚少。

土民服饰，在昔束发裹中，峨冠博带。自满清入主中夏，变异汉族发辫，胡服垂二百余年。民国纪元始，将发辫剪除，惟国家对服装礼制迄未规定，以致中装、西装，光怪陆离，殊欠雅观。

至于妇女服装，在清时上衣下裤而围以裙。殆民国十六年后，渐去髻截发，冬季改御长袍。夏季则短衫窄袖露肘，短袴腰裙露腿，奇装异服，恬不为怪。然乡间妇女服饰仍多朴素，第天足，截发之风大开，亦妇女解放之一端耳。

从我记事起，母亲总是穿蓝竹布大襟，神态安详地坐在天井里抽水烟。她左手拿着烟筒，右手捏着一根香，不住地在烟斗中的烟丝上拨弄着，嘴唇紧闭，稍稍一吸，随着一阵“咕噜咕噜”声，吐出一口烟雾来，渐渐，淡淡的青烟，在天井上空消散了。

母亲衣裳皱了，用饮汤（米汤）浆一下，晾干，就笔挺。母亲每回去做客，都会浆一次衣裳。

母亲从未学过裁缝，但我们一家子穿的衣裳，几乎都是她缝制的。母亲还经常给我伯伯、叔叔一大家的人做衣裳，都是免费的，她去做衣裳，我总是跟去蹭饭吃。

母亲给我做的衣裳，不是黑的，就是灰的，且质地粗糙，要不然，还是哥哥穿剩下的衣裳改的，我很不喜欢。一天，我重重地敲着一筒毛竹，说："我就要做这样颜色的衣裳。"

母亲笑着说："等你赚到了钱再做吧。"

人们常说：裁缝会落布（落布就是偷布的意思）。

母亲讲过一个裁缝落布的故事给我听，很有趣。

有一个财主，请了三个裁缝，给三个成年儿子做学生装。财主听说是裁缝会落布，于是给三个儿子扯了一样的布，做一样的衣裳。若是谁落了布，一看就分明。

张裁缝拿了一匹布，量了量，重重地干咳一声，说："这天好冷哦。"

李裁缝郑重其事地说："看样子嘛，是要落雪。"

王裁缝道："不落就不落，要落就落三尺。"

于是，他们心照不宣，各落了三尺布。

20 世纪 70 年代末，家境好点的人家，有了三转一响：自行车、缝纫机、手表、收音机。

记得有一年，快过年了，破天荒，有裁缝师父挑着一架沉甸甸的缝纫机，来到我家。裁缝用一把大剪刀，"咔嚓、咔嚓"将布裁好，坐在缝纫机前，把两片布放在针脚下，脚一踩踏板，整个机身都哒哒哒哒运转起来，针线在牙床里穿梭。我愣愣地看着，一会儿，一件衣服就做成了。

从此，母亲的手艺就被淘汰了。

计划经济时代，没有成衣可买，布料需要布票才买得到。那时的布料，很时兴的确良、的确卡。对了，不管男女，都很流行穿黄的确良军装。老成一点的人，喜欢穿中山装。到改革开放后，流行穿西装，不管是贩夫走卒，还是机关白领，皆是如此。

《礼记》有云："礼义之始，在于正容体，齐颜色，顺辞令。"

《论语·尧曰》孔子就说："君子正其衣冠，尊其瞻视，俨然人望而畏之，斯不亦威而不猛乎？"

中国古代有衣冠南渡之说。这里所说的衣冠，泛指缙绅、士大夫。

而如今，有的部门搞活动、开会，规定穿西装、系领带，名曰正装。长此以往，民族自信何在？我认为，中国五十六个民族都应该有自己民族特色的服装。

民歌《拣郎》唱道："儿呀！不要急来不要忙，我跟你拣个裁缝郎。"

其实，在那时的手艺人，只有裁缝，风不吹，日不晒，还细皮白肉，衣着光鲜。

斗笠

青箬笠，绿蓑衣，斜风细雨不须归。

这司空见惯的乡村旧物，经诗人一点染，宛如一幅烟雨朦胧的江南山水画轴。

20世纪，自从油纸伞从戴望舒悠长寂寥的雨巷迷失后，张志和笔下的青箬笠，也被雨打风吹去。任你走遍大江南北，再也看不见"一蓑烟雨"的景象。

我记得小时候，村子里每家衣架上，都挂着一两套蓑衣、斗笠。尤其是十五六岁时，我胼手胝足与社员一起，参加生产队劳动时。每当风雨骤至，大家纷纷上田下地，戴上斗笠，穿上蓑衣。如是小雨，敲打在斗笠上，滴滴答答，声音清脆，情趣盎然。如是大雨，噼里啪啦，震得头皮都有些发麻。蓑衣裹在身上，沉甸甸的，闷热难当。

有谚语说：立夏晴，蓑衣斗笠拿不赢；立夏雨，蓑衣斗笠高挂起。

"三头六臂，七脚落地，太公钓鱼，咒天骂地。"这是一个谜语，也是一幅春耕图：一个人穿蓑衣，戴斗笠，左手扶犁，右手拿竹枝，在吆喝着水牛。

那时，每年要搞小秋收。我经常去山上摘箬竹叶，卖给人家做斗笠。箬竹，其竿纤细，叶片硕大。山风吹来，叶片相撞，沙沙作响。摘箬竹叶，用拇指和食指夹住叶片，中指一顶叶柄，叶子就会"啪"的一声脱落。右手摘，左手握，多了就往腋下一挟。到了一斤多，就扯根藤绑好，放在一处。我们像风卷残云一般，一会儿就把一片绿油油的箬竹林，摘得光秃秃的。饿了，就吃几个家里带的红薯；渴了，就喝上几口山泉。日暮时分，我们把箬竹叶捆成一团，驮着回家。一般一天就能摘二三十斤，或卖给供销社，或等人来收购。

在我家乡这边，有骆家、邓家两个村子做斗笠，隔三岔五，就会有人来收购箬竹叶。

我高中毕业后，农村已经实行包产到户政策，我经常一个人，来到离家二里多路的黄泥地，拄着一根棍子耘禾。黄泥地下，是一汪盈盈的湖水，绿得叫人陶醉，清得看得见水底的游鱼。每当风雨交加，我便披蓑戴笠，真有一种遗世独立之感。我的前程未卜，听父亲说，每个人生下来，都有一颗属于自己的露水珠。后来，我终于找到了那颗属于自己的露水珠。世事真如一场大梦，转眼间，我已是奔六十岁的人了。

丁酉初夏，有朋友托我买两个斗笠，点缀茶室，我们便一同开车来到邓家村。进了水口，只见古木参天，遮天蔽日。这里高低错落，住着四五十户人家，多是粉墙黛瓦。村前气宇轩昂的石牌坊上，写着：瀛泗邓家。石凳上坐着几位老人在吃早饭。

我和其中一个老人认得，便聊了起来。他说，他们的祖先，在明朝初年，从罗亭上坂道院迁居于此，一直以做斗笠为营生。几百年来，这里家家都做斗笠。以前就是在回家路上，人们手里一把篾刀，还在不停地破篾。瀛泗邓家的斗笠，远近闻名。经常有永修人来收购，挑下山，从潦河水路经过吴城，运往汉口。我们自己也翻过梅岭头，挑到省城去卖。20世纪90年代起，人们习惯用雨衣，轻如羽翼，方便耐用。这个行业，就渐渐式微。如今村中有人口四五百人，年轻人都外出打工去了，孩子进城读书去了，只有三四十位老人留守。

我问谁还会做斗笠？他说，谁都会做，只是丢开好多年，工具都找不到了。村里还有一个叫邓万蛟的经常做几个，卖给游客。他住在村子最上头，港边那家。

我们踏着石板路，沿港而上，来到邓万蛟家。其实，我们早就认得。说明来意，老人十分高兴。斗笠只要二十元一个。

有已经破好了的篾，他坐在交椅上编织起来。黄篾打里子，青篾做面子。编完，修好边，把斗笠放在一个特制的木桶上，衬上箬竹叶，再用竹麻篾锁边，斗笠便做成了。他起身，去房间拿出毛笔来，蘸点红漆，很工整地写上：瀛泗邓家。这时，老人家脸上露出了灿烂的笑容。

《诗经 · 小雅 · 无羊》：“尔牧来思，何蓑何笠。”上下五千年，斗笠为我们的祖先遮风避雨，可它已经完成了历史使命，走出了人们的视野。可惜的是，我们再也见不到“荷笠带斜阳，青山独归远”“孤舟蓑笠翁，独钓寒江雪”的意境了。

做大木

人生就几十年光景。以前的人，到了四五十岁，就把棺材做好了，可谓英雄气短。

《易》曰："古之葬者，衣之以薪，藏之中野，后世圣人易之以棺椁。棺椁之造，自黄帝始。"

宋王巩《随手杂录》："先是十年前，有富人治寿材。"

棺材，习惯称寿材，又因取义死者为大之意，也叫大木。

做棺材，要讨口彩，叫作长生或千年屋。不管是十五六岁的徒弟，还是六七十岁的老师傅，都要叫大木师傅，不可叫棺材师傅。

常言道：儿问爷要屋住，爷问儿要棺材。木料一般由儿操办，以杉木为主，数量大致为六根、八根、十二根。达官显贵，也可用柏木、楠木、紫檀、桐木等。

出阁的女儿，要送茶。这茶，其实包括茶叶、烟酒、糕点，还要包利市。利市是给大木师傅的红包，有大吉大利的意思。

焦赣《易林·观之离》就写道："福过我里，入门笑喜，与我利市。"

起手，时间选闰年闰月，还要择良辰吉日。民间有闰年闰月一百岁之说。放爆竹，必须响亮，如果熄了火，视为不吉利。大木师傅把木马架好，选中一根又大又直的木料，放上去。第一斧头，必须生猛有力，木屑要迸得远，说明主人能健康长寿。

这时大木师傅放下斧头说："恭喜恭喜，一百二十岁！"

《鲁班经》说："床不离七，棺不离八。"因八和发谐音，棺和官同音，蕴含升官发财之意。

棺材板多为三寸厚，结构只可用榫卯，不可用钉子。大头顶端书福字，小头写寿字。

一般的棺材，师徒二人，要三天圆工，可柏木则要八天。只可说圆工，不可说做完了。

棺材做好，搁在阁楼上，上好油漆，不许挪动。讲究的人家，每年都要上一遍桐油。里面要留点刨花，要放几块木炭，一小袋谷子，还有女儿买的七斤四两纸。

听说，以前有的大户人家嫁女，陪“全副銮驾”，请了几百个人，吹吹打打，搬运嫁妆。两口子一生所需的一切家什用具，还有猫狗鸡鸭等六畜，应有尽有。匪夷所思的是，送嫁妆的抬着两口漆得锃亮的柏木棺材，走在花轿的前头，有升官发财、长命百岁的寓意。

我父亲讲过一个《秀才与棺材》的故事。

有一个秀才，看见一个村姑提着一只篮子，去菜园。大篮子里装着小篮。因村姑姿色动人，秀才就挑逗人家：“大篮也是篮，小篮也是篮，小篮装在大篮里，只见大篮，不见小篮。”

村姑答道：“秀才也是才，棺材也是材，秀才装在棺材里，只见棺材，不见秀才。”

在我的家乡，有一个大财主，刚过知天命之年，就为自己筑生坟，做千年屋。

财主请来了大木师傅，问：“用什么木头好呢？”

大木师傅说：“最名贵的，无外乎金丝楠木、紫檀、柏木。”

财主说：“还有呢？”

大木师傅说：“听我师傅说，用一个个老杉树树节，采用榫卯衔接，要做到天衣无缝，滴水不漏，可千万年不朽。技术我师傅是传授过，可惜我没有做过——不过代价太高，需要一山的杉树，十年才能圆工。”

财主说：“这千年屋，是人生最后的归宿，只要好就行。”

于是，大木师傅开始为财主做寿材。经过细雕慢刻，这口棺材做出来了，龙飞凤舞，油光锃亮，透着一股浓郁的油脂清香，让人叹为观止。按照规定，裁下多余的木材，尽归大木师傅。

以前，每个村子里，都有一两个大木师傅，可近年来，殡葬改革，这个行当已不见了！

漆　匠

你还真有两把刷子！

我总觉得这句话，是来自对漆匠的夸奖。

漆匠就靠一把刷子，能走遍天下，能让蓬荜生辉。

据我所知，早先的漆匠，都是自己配制油漆，原料主要有桐油、生漆。颜料则从矿石、植物里提取。

桐油自采自榨。每年霜降，山里人摘完茶籽，又挑着箩担，去摘桐子。这种树高大，木质很脆，枝杈稀疏。摘桐子不可上树，只可用竹竿敲打，更多的时候，是让它自行落下来。桐子大如拳头，落在地上，“扑通”一声，很有质感。

桐子摘回家，如是晒干，就是用铁锤子头也敲不开，只有倒在阴暗的角落，让它沤上个把月，才能剥出桐籽来。一个桐子，有六七粒黑黝黝、状如橘瓣的籽，等晒上七八天，就挑到榨厦去榨油了。

一般六担桐子，可剥得一担籽，打一下榨，出油率很高，能出三十斤桐油。

在早先，桐油是山里人不可或缺的一种天然油漆料。乡亲们用桐油来油漆房子、家具、木船、凉亭及寿材等。就连以前的油纸伞、油纸扇，都是用桐油浸透的。桐油具有干燥快、比重轻、光泽度好、附着力强等优点，且有耐热、耐酸、耐碱、防腐、耐磨、防锈等特性。

有人误吃桐油，会出现呕吐症状，但不伤及性命。桐油可用来点灯，和茶油、菜籽油一样，都叫清油。

据我所知，漆树高可三丈，粗且壮。割取它的液体，便是天然树脂漆，也叫生漆、土漆。

在远古时代，我国就有使用这种漆的记载。《尚书·禹贡》曰：“兖州厥贡漆丝。”《山海经·北山经》中说：“又北三百五十里，曰虢山，其上多漆，其下多桐椐。”

哲人庄子，就当过漆园小吏。

生漆富有光泽，历经数百年不脱漆、不掉色。古人有诗赞曰：“生漆净如油，宝光照人头；摇起虎斑色，提起钓鱼钩；入木三分厚，光泽永长留。”

我见过海昏侯墓中出土的漆器，一千多年过去了，这些漆器依然光鲜亮丽。

我的家乡有一种树，我们叫漆柴，高不到一丈，粗不过手臂。它的叶子很像香椿，为羽状复叶；花序圆锥形，黄中带绿。果实肾形，略扁。砍柴时，不小心会碰到，有的人会引起皮肤过敏，生漆疮，又红又肿，又痛又痒，严重时还流水流浓。这种情况，需要寻找“捌柴”叶，捣烂，敷在疮上，或用它的皮煎水洗，一两天便能好。

捌柴，学名叫鬼箭羽，有破血通经，解毒消肿的作用。《本草纲目》中有记载：“鬼箭生山石间，小株成丛，春长嫩条，条上四面有羽，如箭羽，视之若三羽尔。”

好在一物自有一物治，要不然，这痒身病可折磨人了。

后来我才认清，漆柴的学名叫木蜡树，是漆树科、漆属乔木。

我见过熬漆。在室外烧一炉火，上面放一只精钢锅，配料有桐油、生漆，各占一半，还要放适量的陀参。切记，如对生漆过敏的人，一定要远离它。

在我们村，有一个人马上要做新郎官了，心中欢喜，漆家具时，不听漆匠劝告，硬要帮着熬漆，结果呢，当晚他就头肿脸肿，感到天旋地转，在医院住了二十天，才康复。

我很小的时候，就有过学一门手艺的想法。学木工太累，学泥匠太脏，学做棺材太……我觉得学漆匠不错，一把刷子走遍天下。

我十一岁时，我二哥结婚打家具，我用心观察了漆家具的全过程。漆匠师傅姓刘，是个拐子，邻村人。我把漆一套家具的程序记得一清二楚。

漆好一套家具，大致有七道工序：刮灰、打底漆、上色、绘画、抛光，先后还要用砂纸打磨若干遍。

刘师傅一上门，说好漆用哪种颜色，就开始工作了。

打砂纸。用粗砂纸，在家具上反复摩擦，把不平处磨平，也让光滑处起细纹，这样能让油漆更光洁，更有黏性。

刮灰。用牛皮熬出膏，调熟石膏粉，也可用桐油拌石膏粉，用刮刀，将缝隙及凹处刮平。等泥灰干燥，再用细砂纸反复打磨，做到浑然一体。

熬膏要用小火，慢慢熬。平常说偷奸躲懒的人，就说：你在这里熬膏啊！

底漆。一般用赭色，也叫猪肝色。刷完，看过去，木头纹理依稀可见。

上色。等干透后，根据颜色搭配，漆上各种颜色。运刷要均匀，浓淡相宜。梁床、坐橱、书案、低柜等，颜色各异。

绘画。多是画梅兰菊竹及戏文人物，还要用颜料写上双喜、龙凤呈祥、百年好合等字样。

抛光。用清漆把家具漆最后一遍。这时，满室流光溢彩，光亮可鉴。

我读初中时，家里打了一把小方桌，我自告奋勇，给它上漆。先刮了灰，用墨汁涂桌面，上面盖上两遍桐油，居然也光亮照人。其他部位，则用黄栀子放在桐油里染色。后来，家里在堂前做了一顶神厨，我不但给它上漆，还画上了两只花瓶，插着鲜艳的花朵。

时至今日，在这样的大工业时代，百姓人家，再没有人打家具了，漆匠这个行当也就随之消失了。

钉 秤

秤，衡器也，家家有之。或放在门角头，或挂在墙壁上。

童年猜谜语："门角头一根棍，拿出来花迸迸。"还有："满身花纹影如蛇，空闲日子墙上爬，千斤万斤肩上过，一五一十不虚夸。"

那时，老盼望钉秤匠的到来，因砍柴的时候，我们经常会砍到一些笔直的麻栎棍子，把这些棍子放在家里晾干，好卖给钉秤匠做秤杆。只要合用，他们可出两三角钱一根收购，童叟无欺。

那时候我酷爱读书，一根麻栎棍卖出去，可买上一本很厚的图书。

钉秤匠来了，在村子中间一块平坦的地方，卸下担子，吆喝几声，声音响亮，整个村子都听得见。接下来，他就开始工作了。

我们把麻栎棍抱来，由他挑选。他走村串户，正好在山里补充一些秤杆。麻栎木质坚硬，纹理细腻，不易裂。

这些麻栎棍到了他手里，很快变成秤杆坯子。钉秤匠用尺量过，裁好，反复刨制，不时用眼睛瞄一瞄。就是稍有点儿弯曲的麻栋棍子，用火炙一下，一扳就直了。

过不多久，就有人来钉秤。说好斤两，讲好价钱，选好一根秤坯，刨得一头大，一头小，用砂纸反复打磨，涂上桐油，头尾套铜套，测准定盘星，划好刻度，再钉秤花。

定盘星，要确保无误，毫厘不差。

朱熹《水调歌头·雪月雨相映》写道："记取渊冰语，莫错定盘星。"

光是钉秤花星，就够烦琐了。用绣花针大小的钻头，在秤杆上钻洞眼，要钻得均匀细密，把铜丝插入秤星孔，用刀将铜丝割断，再用木锤子敲打两下。一杆大点的秤，要钉上四五百个星。

钉好后，安上两根提绳，配上秤砣，装上秤钩，一杆秤就算完工了。

中国自古有半斤八两之说。

释惟白《建中靖国续灯录》:“踏着秤锤硬似铁，八两原来是半斤。”

钉秤匠的祖师爷，也是鲁班。据说，是他根据天上的北斗七星，南斗六星，再加上福、禄、寿三星，发明的秤，正好是十六星。于是，秤上十六两定为一斤。其寓意是：人在做，神在看，做买卖不可缺斤少两。

在早先，我的家乡有个姓赵的奸商，一生用空心秤坑害顾客，过上了富足的生活。

赵老板六十大寿时，喝得醉醺醺的，对三个儿子说:“我白手起家，好不容易挣下了这份家当。早年，凭一杆空心秤，里面灌了水银，先是害得一个卖棉花的客商跳水，后来又使得一个卖药材的商贩上吊。近年来呀，我老做噩梦，有厉鬼，向我讨命。从今以后，我要改恶行善，把这杆秤砸了，让良心安稳下来。”

三个儿子都惊得目瞪口呆。

从此，赵老板像换了一个人似的，一味地乐善好施。

可一年后，赵老板的三个儿子，相继病亡。大儿媳、二儿媳改嫁了，三儿媳因有身孕留在家里。

一日，赵老板的三儿媳临盆难产，生死一线间，一个云游道人经过，用了一个药方，三儿媳很快生下一个男孩。

赵老板感激不尽，设宴款待道人。

赵老板一杯接一杯地喝着酒，说:“道长，我有一事不明，请指教。我早年贫贱，就凭一杆空心秤起家，日子过得风生水起。可近年来，把秤砸了，矢志行善，想不到丧事接二连三。我积德行善，反遭恶报，天理何在？”

道士说:“自古道：恶有恶报，善有善报，不是不报，时候未到。你做了一辈子生意，难道就不晓得，这秤为什么十六两为一斤吗？你少给别人一两损福，少二两损禄，少三两损寿。你一杆空心秤，坑害了多少人，造了多少孽？说穿了，你三个儿子，来到世间，就是向你讨债的——你若想善老善终，家运不衰，但行好事，莫问前程。”

赵老板听完了，惊出了一身冷汗，叹息一声说:“早知今日，何必当初。受教了！”

《易经》有云:“积善之家，必有余庆；积不善之家，必有余殃。”人们常用权衡得失、权衡利弊、权衡轻重，来告诫自己，凡事要三思而行。为人处世，心中始终要有一杆秤，切不可出卖自己的良心。

到了20世纪50年代，为了便于结算，我国才开始推广十两进位制。

时至今日，手工秤多被台秤、托盘秤、电子秤替代。钉秤匠已多时不见了！

弹棉絮

“当当——嘚，当当——嘚”，我很喜欢听弹棉絮的声音。

在我的记忆深处，有一对棉花匠父子，一样的身高，一样的大眼睛，一样的佝偻身材。不过父亲头发，像棉花一样雪白。

他们的行头有：一张弹弓、一个磨盘、一只筛子、一柄弹花槌。身上或多或少，总挂着一些棉花。

他们只要一走到村口，就用沙哑的嗓子，吆喝起来：“弹棉絮啰——！”

他们姓李，我们习惯称为“老棉花”“小棉花”。我觉得他们的身段，真的像一张弹弓，好像是专门为做这一行量身定做的。

谁家要弹棉絮，便卸下几块门板，架在凳上，把六到十斤不等的棉花铺上。父子两人，各站一边，都戴着帽子、口罩，腰间扎着一根带子，后插一根木棍，顶端用绳子系着弹弓，左手握弓，右手拿着弹花槌，不停地敲打，忽左忽右，忽高忽低，把棉花弹得飞舞起来。弓弦是牛筋做的，敲打起来，时而低沉，时而高亢，声调原始而质朴，宛如上古之音，听得叫人陶醉。

弹棉絮，不可“乱弹琴”，如果弹得不均匀，棉絮容易结块或断层。

棉花父子兢兢业业，待他们眉毛雪白，一床棉絮就弹得差不多了。

他们再根据棉絮的尺寸，用一只竹篾制的筛子轻轻磨碾，整出四边，中间略厚，边上稍薄。

还要根据主人的用处，用红绿棉线，设置各种图案、文字。如结婚用，一定要绣上“双喜”，或写上“百年好合”。阿婆送外孙的满月被，写上“平安快乐”。女儿送父母“压精神”的寿被，写“鹤鹿同春”等。一般还要写上年月日。

地球有经纬，棉絮亦如是。棉絮两面，先经后纬，纵横交错，要布下上千根纱。牵纱线时，父子各站一边。父亲左手持棉纱锭子，右手拿竹竿，往来如梭，将纱线传递给儿子。儿子接线的同时，在棉絮上定位。

最后一道工序，是用磨盘，把棉絮的两面压均匀。

我家乡这边的棉花匠，都选老乌柏树用来制作压棉花的磨盘。锯下一截乌柏木，埋在淤泥里发酵数月，取出来打磨，这样做出的磨盘看似光洁发亮，实际上凸凹不平。压棉花时，先压边角，再压中间。有时，棉花父子双脚踏上磨盘，手舞之，足蹈之。这样可把拉好的纱粘牢。

我国最早对弹棉絮的记载，是元代王祯在《农书·农器·纩絮门》中："当时弹棉用木棉弹弓，用竹制成，四尺左右长；两头拿绳弦绷紧，用悬弓来弹皮棉。"

棉花的原产地，在印度和阿拉伯等国家，到宋代，棉花大量传入内地。

那我们的先人以前床上盖什么呢？

《诗经·召南·小星》曰："肃肃宵征，抱衾与裯。"

唐岑参《白雪歌送武判官归京》诗云："散入珠帘湿罗幕，狐裘不暖锦衾薄。"

唐后主李煜《浪淘沙·帘外雨潺潺》词云："罗衾不耐五更寒。"

那是初夏的一个傍晚，我独自一人在城中村散步听见弹棉絮的声音，很是亲切，走进去一看，棉花匠这竟然是我记忆中的"小棉花"。可他头发花白，也成"老棉花"了。他说，他父亲过世后，他独自一个人，在此开棉絮店，已经十八年了。

我说："你家传的手艺，怎么就没有传给儿子？"

他说："他嫌这个活又脏又累，钱又赚得少，一直在外打工。且说，弹棉絮也在逐步实行机械化。我想，天底下再不会有年轻人学这门手艺啦。我也六十好几了，做一年是一年！"

说完，轻轻地弹了一下手里的弹弓，似一声叹息。

弹棉絮和其他手艺一样，早晚会成为绝响！

手工米粉

我家乡这边的饮食，似乎对米粉情有独钟。

过年过节、婚丧嫁娶、人来客往、祭祖敬神，凡有宴席，必炒一盘米粉。就是清早的早餐店、夜里的夜宵摊，哪样离得了米粉？很多人得了风寒感冒，也是用米粉煮一碗辣椒汤，加上一些大蒜、生姜、大葱，趁热喝下，蒙上被子，出一身汗，打几个喷嚏，便浑身舒坦。

在早先，只要有村落，就有人做米粉。有的村子，竟以此为产业，日夜磨声隆隆，屋前屋后，都晒满了米粉。这是我们家乡的一大景观。

我的家乡气候温和，雨量充沛，米粒坚实丰满，白润如玉。只有好米，才可做成好米粉。

做米粉用的是粳米。如果天气好，按照一家人的工作量，一天可做两百斤米。把米量好，浸一夜，到溪中淘洗。以前都是牛拉石碾脱粒，禾场都是泥巴地，难免米里有砂子。如不淘干净，做出的米粉里夹杂沙子，败坏自己的名誉，砸了自己的招牌。

我村是吴源港的发源地，水质清冽。淘米时，有糠麸浮出，仔细一看，有许多浅水石斑鱼在抢着吃。

米淘洗好，要用大约20℃的水浸。天气冷，可以在太阳下晒一下，两三天后，米就发酵了，不住地冒出泡泡。等水面浑浊如潲，拿起一粒米，在手指上用力一捏，便粉碎。把米舀到谷箩里，又到港里清洗，再晾干。

磨浆须两人进行。一人左手转动石磨驱动柄，右手拿着勺子，不住地加米。另外一人，两只手推动一支长可三四尺的砻臂。随着石磨那浑厚的隆隆声，白色的米浆源源不断地流进浆桶里。

石头层层不见山，大路条条不见湾。雷声隆隆不下雨，雪花飘飘不觉寒。说的就是磨米浆。

两百斤米，要磨七八个小时。推磨看似有趣，其实枯燥乏味，推着推着，就大汗淋漓，中途要换人。

磨完，把米浆倒进布袋里，滤去水分。可用石头压在上面，会干得更快一些。要过四五个小时，才可以滤干。把米粉做成柚子大一团，放在锅里煮，待七分熟，三分生，捞起来。切开冷却，放在碓臼里舂。因米粉黏性大，要两人踩碓，一人在碓臼里拨动。待其柔韧有弹性，取出，放在案板上，揉搓成一团团。

米粉机，其实就是一条宽大的板凳，架在灶上。灶里烧着火，一口斗大的锅，蒸腾着热气。榨筒是一个铁做的容器，高50厘米，直径30厘米，固定在一个木架上，下面有许多均匀的细孔。把米粉团，放在容器里，上面盖上木头盖子，采用杠杆原理，进行挤压。米粉源源不断，落到锅里，熟透，马上浮起。捞起来，装进木盆里，稍微冷却，用加长的筷子，就做成长一尺二寸，宽七寸一列，放在竹栅上晒。

竹栅一块块斜着躺在一根竹竿上，把米粉一列列摆好。天气好，两三天就晒干了。

这种米粉，四四方方，晶莹透亮，条索柔韧，可煮可炒。

我家隔壁就有做米粉的，每当他们家米粉榨下锅，我们就买一些回家，用麻油、酱油、生姜、蒜末、葱花等凉拌着吃，口感细腻，筋道滑爽，风味独特，百吃不厌。

米粉用来炒牛肉、猪肉、狗肉，味道最佳，也可用萝卜丝、瓠子丝、黄芽白、芹菜梗、豆芽等蔬菜炒着吃。

随着大工业时代来临，手工米粉便渐渐被机制米粉所替代。据说，就一个家庭式的作坊，机制米粉一天可做一千斤米，且轻松省力。

过去的手工米粉，吃起来更筋道，更有乡愁的滋味！

关公灯

上坂关公灯，其实是板凳龙的一种。

上坂曹家乃曹操的后裔。因先祖在赤壁之战后败走华容道，为感谢关羽不杀之恩，曹氏家族，扎灯酬谢，故此灯名为关公灯。此灯被列入第三批国家级非物质文化遗产名录。

上坂曹家，面对西山大岭。周边，丘陵起伏。村口，有一座古牌坊，上书有：西山萃秀。笔力俊秀，格调高古。由曹氏宗亲，著名的文学家、书法家，乾隆年间光禄大夫、礼部尚书、《四库全书》馆总裁曹秀先手书。

村子东面，有一座石板古桥，长有十三米，宽只有四尺余，横跨溪上，有四个船形石墩支撑。桥两侧，各有一株古樟树，掩映其上。桥，叫柘流石桥，始建于宋代。上书有：大明天启甲子（1624）重修。溪，叫环溪，源自安曹水库。

祠堂前，有一个古老的八字门头。联曰：上坂逢春早，环溪岁月长。大门口有一鉴池塘，徘徊着天光云影、日月星辰。

沿一条笔直的石板路，行几十米，便是曹家祠堂，供有曹家列祖列宗的牌位。

祠堂左侧有祠，上书有：退密轩。对联云：读世间经史子集著文章，立千古风霜雨雪谱春秋。供奉的正是武圣关羽。

也有的村民说，在早先，一年大旱，禾田干得发裂，族人在此求雨，天降甘霖，五谷丰登。元宵节，人们便扎灯还愿，故名关公灯。

每年正月初七，村中的能工巧匠集在一起，破竹制作灯头、灯尾。过程主要有扎、糊、刻、绘等工序。

灯身，则由各家自行完成。约定俗成，只要是分灶吃饭的人家，便要出一节灯。灯，谐音丁。玩灯，本有人丁兴旺之意。

灯头，用一根五米长的毛竹，为主心骨，在二至三米处，做一个鱼肚状的空腹，可点蜡烛。至三至四米处，相隔十五厘米，横着绑着毛竹片十余根，上挂四十八盏梭形纸灯。梭形纸灯，用细软的小竹片扎成，用红、绿、白三种颜色的纸糊裱，上面贴着用金箔纸剪的“为”形图案，还有吉祥词语，灯底吊有状如偃月刀的彩带。竹竿顶部，吊挂着一盏圆筒形大灯，直径五十厘米，高六十厘米，外面颜色红、绿相间。四周也悬挂梭形纸灯，分别为红、黄、蓝、绿、紫几种颜色，名曰五子登科灯。圆灯底部吊一个牌楼，牌楼上的对联，上联：月朗；下联：星明。横批：万象更新。灯头远远看去，像个“丰”字。

灯身由约一百五十条板凳灯组成。每条板凳灯长四尺有五，宽四寸半，上插三盏圆筒形或梭形纸灯，圆筒形纸灯高尺许，用细软的竹篾扎成，灯架内有两根对称的细小竹棍，用于插入板凳中，外用彩纸糊裱，书有：五谷丰登、六畜兴旺。每条板灯两头处，有一个四厘米直径的洞眼，连接时洞眼上下对齐，用一根一米左右的木棍插入洞内，再用木栓系住。

灯尾高三米五左右，大致如灯头，从二至三米半之间绑七至九根竹片，上挂二十四盏梭形纸灯。

正月十五起灯。

是日，曹氏祖堂大门，大红灯笼高高挂。祖堂正中设有香案，香案两侧点燃两支大红烛。边上还插若干支小蜡烛，如林如戟。头灯、尾灯扎好，都放在祖堂。

掌灯的人，在当天要沐浴、斋戒，一律扎红头巾，上身穿上绣有龙的大红对襟短袍，下身穿绿布裤子，脚着麻布鞋。

向晚时分，族长向村神二圣公、七圣宫，焚香祭拜，问筶祈福。仪式毕，鼓乐齐名。

在祠堂前，大家举灯各就各位，一字排开，连缀成一条流光溢彩，气势如虹的火龙。

紧接着，三声铳响。在爆竹声、锣鼓声、欢呼声中，起灯了。灯笼走前，上书“曹”字，或“谯国上坂”。《三国志》记载：“太祖武皇帝，沛国谯人也，姓曹，讳操，字孟德，汉相国参之后。”

关公灯走中间。节数不限，长二三百米。

灯头、灯尾，必须由长老，或名望高的人撑。将竹竿插在一条板凳前半洞中，撑灯者将竹竿扛于肩上，板凳上绑有宽厚的布带，把布带套搭在肩上，板凳平放在腰部，双手握住竹竿。须多人护灯。

中间撑灯者，右手在上，左手在下，握住插入板凳连接处的木棍，板凳扛于右肩。

锣鼓走在最后。“铛咯咯铛，哐咚咚哐，一嗒一咚，哐咚咚哐，哐哐咚哐咚咚哐”这里的花抄锣鼓远近闻名，竟然是市级非物质文化遗产。有鼓、板鼓、大锣、小锣、钹、梆子、夹板等，疏密有致，柔刚相济，此起彼伏，节奏欢快。每年去西山万寿宫赶庙会，听到该村的锣鼓，别的锣鼓全会停下来，欢呼说：上坂的花抄锣鼓来了！

关公灯走在池塘边转两圈，光影倒映在水里，一分为二，天上人间。彩排毕，大家便浩浩荡荡，去别的村子拜年。

所到村子，家家篝火，户户爆竹，烟花满天飞舞。观者，更是摩肩接踵，人山人海。

上坂关公灯，把欢乐、喜庆、吉祥，带给了千家万户。

水　碓

在我的家乡，水碓已是寥寥无几。

以前，随便走进哪个山的角落里，只要有流水潺湲，就有水碓的轰鸣声。

谁也说不清，方圆三百里的西山，以往有多少水碓。据铜源港水碓制作技艺、南昌市非物质文化遗产传承人胡进荀说，20世纪90年代，光是铜源港，就有水碓180多轮，到21世纪初还有110多轮。铜源港水碓之多，分布之密，在全国是独一无二的。这成为梅岭旅游区一道独特的风景线，一幅浑然天成的风情画。

铜源港两山对峙，高插云端。山崖陡峭，峥嵘而崔嵬。水流湍急，喷薄于丛石间，形成大小不一的瀑布链数十处，时而，琮琮琤琤，如歌如诉；时而，金戈铁马，吼若雷鸣。

因势利导，村民在急水滩头，垒石为堰，作水为圳，设有水碓。水碓一律是泥石、土砖黏合成的土屋，茅草、树皮盖就的屋顶。水轮带动着碓杵，与石臼相撞击，不分日夜，不知疲倦，咿咿呀呀，轰轰隆隆，似闷雷，如战鼓，声声不息。飞溅的水沫与飞扬的尘埃相交融，烟气氤氲，如梦如幻。水碓错落有致，或孤零零一轮，或串联成一大片。置身其中，如入远古洪荒。

水碓，起初只是一种古老的舂米工具。熊荣《西山竹枝词》："山厨那得有青精，细剪新蔬瓦缶盛。更喜沿溪安水碓，无劳纤手捣香粳。"

有注脚云："山人缚茅屋溪傍，装碓其间，叠石作坝，堵水以舂，不假人力，昼夜旋转，以之熟米精凿非常。"

旧志对水碓的构造曾有具体的介绍，说水碓有浇轮，有顺水轮，浇轮安轮于碓尾，顺水轮安轮于碓旁，皆相水势缓急高下之所宜。轮中间贯以长轴，轴上木齿参差，溪水激流，轮随水转，转则齿触碓尾而碓起，齿离碓尾而碓落，倏起倏落，总无停机。

徐世溥有诗云："曲曲悬流石作门，层层茅屋上如村。暗笼响雾锁香骨，误拟飞冰踏米痕。"

当地村民，用木屑、竹片，放在石臼中，舂成细腻的杂木粉，可用来做上等的蚊香、檀香及胶木制品。他们每天早上挑一担料，倒在石臼里，傍晚时分，便来收获木粉。这种木粉，比我们常见的面粉、米粉还要细腻得多，都是从石臼里扬起的飘尘，落到地上。所以，碓房必须密封。取木粉时，要从地上把粉末扫起，还要筛上一遍。

那时一轮水碓，一天能舂出上百斤木粉。一年下来，可赚两万余元，收入尚可。水碓充满了原始动力，无休无止地运转，亘古地劳作，一直是附近的村民，维持生计的重要手段。

水碓在我国有一千七百余年的历史。明徐光启《农政全书》说："杜预作连机碓。”

杜预是西晋的大将军，又是大学者。所谓的连机碓，就是以水为动力的水碓，用来给谷物脱壳。

王隐《晋书》记载：“今人造作水轮，轮轴长可数尺，列贯横木，相交如滚抢之制。水激轮转，则轴间横木，间打所排碓梢。一起一落，舂之，即连机碓也。”

宋应星《天工开物·粹精》记载：“凡水碓，山国之人居河滨者之所为也。攻稻之法省人力十倍，人乐为之。引水成功，即筒车灌田同一制度也。设臼多寡不一。值流水少而地窄者，或两三臼。流水洪而地室宽者，即并列十臼无忧也。”

可近年来，水碓渐渐停息，水碓房也在坍塌。为此，我来到洗药湖脚下的田尾村，采访了胡进苟。

胡进苟说，他的先祖，明末为躲避战乱，迁居于此，看中了香城寺的香火，就斫毛栗柴，舂成粉末，做成香，靠此营生，已是第八代。

胡进苟六十三岁，是远近闻名的水碓工匠，足迹踏遍了西山大岭的每条港。

做水碓，要选通身无疤痕的黄心樟木、含油量高的松木及红心杉木，确保木质密度高，有韧性。把裁好木料，放到用砖砌好的干燥柜上，用秕谷或锯末做燃料，用暗火烘烤，直到木材色面发黄为止。这样可保木料永远不会裂缝。为防蛀虫，又把木材放到石灰水中浸泡一天。水轮车部件做好，用石膏粉、桐油及矿石中提取的朱漆，反复涂刷，形成保护层，达到防腐的作用。

碓房用乱石、黄泥砌成，须密不透风，上面盖茅草。

胡进苟还长年经营两轮水碓。

胡进苟说：在旁观者来看，守候水碓是件很有诗意的事，其实苦不堪言。随着年长一辈的人渐渐老去，水碓自然没人管了。

村里人经营水碓，其目的就是养家糊口。如果没有了经济效益，谁还会傻乎乎地坚守？

“虚窗熟睡谁惊觉，野碓无人夜自舂。”这是陆游写水碓的诗。在我小时候，午夜醒来，夜深人静，这种轰隆、轰隆的水碓声，不绝于耳。这声音，像母亲捣衣声一样，沉稳温馨。这是抹不去的童年记忆，这是不可泯灭的乡土情结。

水碓，只能在人们记忆深处回响！

湾里微雕

王士成先生的湾里微雕艺术，是南昌非物质遗产中的一朵奇葩。他能在一根头发丝上刻字，在一粒米上雕大象，在一根象牙毛笔上镌下整部《唐诗三百首》。

我与王士成生先同居湾里一隅，有过一些交往。他七十有余，至情至性，儒雅中透着一股豪气。

王士成祖籍丰城。其地尚武，还盛产雕匠。他便出生在一个雕刻世家。

从王士成记事起，就见祖父、父亲在院子里，挥斧运凿，锯之刨之，雕之镂之，几天时间，就把一堆树根雕刻成醉酒的李白、独钓寒江的柳宗元、奔腾的野马、展翅的雄鹰。

在王士成眼里，父亲的作品是活的：观音会拈花微笑，关公会要大刀。

王士成的父亲，开始只喜欢雕刻各类菩萨及福禄寿三星、花鸟虫鱼。后来年纪稍长，沉湎于看戏，就把戏文人物，镌刻在窗棂梁柱、斗拱飞檐上，无不栩栩如生，出神入化。

王士成初中还没有毕业，一次对父亲说："老爷子，我想跟你学雕刻。"

父亲哈哈大笑，说："子承父业，天经地义。人生关键要找准自己的位置，什么虫蛀什么木，什么神仙归什么位。唐后主寄情诗词，弄得国破家亡；宋徽宗寄情书画，沦为阶下之囚。我看得出，你还真是做这事的料。可你现在手腕无力，还要等一些时日。但你要记住，书没有读好，哪怕你天分再高，只能停留在匠人层面，达不到艺术的境界。还有一点特别要提醒你，干我们这个行当，一定要练一手好字，否则就迈不开第一步。"

王士成经父亲这么一说，立刻把字写得工整起来。他找出名家名帖，一有空闲就认真临摹。有时他睡在床上，也要把学过的帖子，在脑子里过一遍，一只手还在空中画着。有时走火入魔，做梦都在写字，手舞足蹈，把被子踢得飞起来。母亲有个习惯，一上床就把他的双脚牢牢抱住。

他不但字好，画也画得好，学校的黑板报，都由他排版抄写。

到了十五六岁，他便以刀代笔，开始学篆刻、微雕，练习时在毛笔杆上刻《兰亭序》，起码刻了一千多支。

三十刚出头，他就在全国微雕界崭露头角，因而借调上海友谊商店，从事微雕艺术，得到过许多名师点拨。

王士成的书法，笔力雄健，大气磅礴，且刚柔相济。无论是拿起如椽大笔，还是蝇头小楷，都得心应手，独成一家。他性嗜酒，狂饮后，字迹更是飘逸奔放。

精诚所至，金石为开。他常说，真正的艺术，就是道家所说的化境。能达到了庄子所说的物我两忘，书写出来的作品，才会情真意切，看似天真稚拙，实际上趣味满纸。

有一次，我让他看一幅书法作品，他就能说出这个人的性别、年龄、学养，甚至人生经历，让我叹服。

他说："临摹书法，其实就是神交古人。当年孔夫子师从师襄子学琴，弹着弹着，不但知道曲子的思想境界，还能知道曲子的作者和曲名。"

板凳一坐十年冷。王士成的成名作是微雕《红楼梦》。

当年，曹雪芹创作《红楼梦》，在西山悼红轩中，批阅十载，删改五次。王士成雕刻《红楼梦》，足足花了五年半时间，把这一百二十回的小说，一百多万字，刻在六十片火柴盒大小的象牙薄片上，让人叹为观止。

他能在两个指头长宽的牛角薄片上，刻下了十三篇、六千一百字的《孙子兵法》。在一把重八十一克的微型纯金扇上，刻下了古诗一百八十二首、八千四百字。南昌绳金塔重建，他在纯金扇上雕刻的《南昌绳金塔重修记》，被收藏入金塔地宫，作为历史的见证。1996 年 9 月，他被联合国教科文组织授予"民间工艺美术家"称号。

王士成主要的微雕技法，有圆雕、浮雕、镂空雕。

圆雕，就是按照圆柱大小，在显微镜下，选择相契合的图案，参照瓷雕技艺，以小见大，在方寸间刻出一方天地。浮雕，将所雕物象浓缩在一个细小的平面上。采用阴阳结合，做到深浅相宜。这样雕出来的作品，形神兼备，能给人一种文雅恬淡的印象。镂空雕，这种雕刻手法，可使画面前后呼应、层次分明、错落有致，有立体感。从花鸟鱼虫到云山雾海，从亭台楼阁到英雄仕女，无不活灵活现。

王士成雕微风格，刀法稳健，线条流畅，毫厘千钧，一气呵成。做到了书法和刀法的完美统一。

王士成每有空闲，总要去西湖山水、苏州园林逗留一段时间，能够诗意地活在这样的空间里，才不愧于人生一世。于是，他有一个宏愿，打造一处属于自己的山水园林。

20世纪末，王士成在湾里洪崖丹井旁边，看中一块荒地，仿滕王阁飞阁流丹、雕梁画栋的建筑风格，结合自己兴趣爱好，融诗画、书法、雕刻于一体，做到了与山水相依，天人合一，打造出王士成精微艺术馆。

王士成精微艺术馆，是他的微雕创作基地，更是一件镶嵌在梅岭山间的微雕作品。

剪　纸

最近这段时间，我采访了一些乡间传统手艺人。这些经历，犹如面对落日黄昏的景象，不由得让我一声叹息。然而，我在太平镇心街，遇见了豫章剪纸——南昌市非物质文化遗产传承人沈哲，眼前一亮。他不到三十岁，却能艺术性地、创造性地将传统工艺，发扬光大。

说到剪纸，很多人都会剪喜字。把红纸折叠好，按照一个模板，拿起剪刀就能剪。嫁女剪单喜，娶亲剪双喜。当然，也有心灵手巧的人，在过年的时候，会剪龙凤呈祥、百鸟朝凤、五福临门、喜上梅梢等窗花，贴在窗户上，用来迎春接福，衬托节日气氛。

时间再往前推，我母亲那一辈的人，剪纸的内容就丰富多了，他们剪出各种花草，贴在鞋面、枕头、床单上，再把它绣出来。

说到剪纸，在20世纪80年代，湾里区文化馆馆长钟丰彩先生，采写了一篇《鄢挨世剪纸》，故事情节，堪与《神笔马良》相媲美。

西山南麓的皇园村，有个叫鄢挨世的秀才，他无意功名，却热心剪纸，把方圆三百里的西山山水田园，花鸟虫鱼，剪了一个遍。一天，他在天宝洞口看见一棵老枝虬然的枸杞，结满了红如樱桃，艳如玛瑙的果实。鄢挨世从清早剪到黄昏，不顾蚊虫的叮咬，也忘记了饥饿。

这时，洞中走出一个神态飘逸的老人来，对他说：“后生家，你情之所钟，感天动地。我送你一把剪刀。但只可剪太平年景，不可剪水火刀兵，否则，你会化成岩石。好自为之，切记，切记！”说完飘然而去。

鄢挨世接过剪刀，剪了一只画眉，才剪完眼睛，画眉竟然飞到树上，歌喉婉转。他有点儿孤独，想起了家里的大花狗，照样剪了一只，这狗还会向他摇尾巴。他有点饿，剪了一壶酒，三碟小菜，吃得醉醺醺才下山。

他到了家，以为自己做了一个梦，可神剪分明在手，他又试着剪了一只公鸡，公鸡竟然会“咯咯”地叫，满地乱跑。

皇园村的人，本是为城里的大财主看守祖坟，住在山的角落，水的源头。种树没有好土，栽禾没有好田。住的房屋壁头透缝，人更是一个个饿得骨瘦如柴。

鄢挨世根据每家的愿望，剪了一栋房子。村子四周，清溪环绕，荷叶田田，点缀了亭台楼榭，供村人燕游。田野里，稻谷金黄，瓜果飘香。

城里的王爷晓得这件事，骑马赶来一看，对村里人说：“谷子尖尖，马蹄圆圆。马蹄所到，净是皇家田园。”

王爷把此处房屋田产都霸占了，另外划了一处鸟不拉屎的荒山，给他们安身。

鄢挨世很生气，更是把此处剪成一处山石荦确，流水潺湲，佳木葱茏，飞阁流丹的人间仙境。

王爷听说，坐着八抬大轿，带着老鹰而来。王爷说：“土丘圆圆，鹰翅尖尖，鹰翅所到，尽是皇家庄园。”

此处又被霸占了。村里人很是生气，就对鄢挨世说：“鄢秀才，我们以后就住茅棚，吃树皮草根好了。你就画十万天兵天将，我们也跟着造反，杀了这个丧尽天良的王爷。”

鄢挨世怒不可遏，就关起门来，花了三年时间，剪了十万天兵天将放在十个箱子里。

一天，鄢挨世进城买颜料去了，他十岁的妹子，打开箱子，把十万天兵天将的眼睛剪上，这些兵将一下子全活了。可惜有的没有剪耳朵，听不见使唤，跑得西山满岭都是。鄢挨世从城里回来，只见得乌云翻滚，杀声震天，慌了神，干脆剪了两团“怒火”，把王爷两处宅院烧了。又跑到西山之巅，把买来的颜料往天兵天将身上泼去，那些天兵天将化成了满山红杜鹃。鄢挨世长叹一声，在西山罗汉岭化作了一块巨大的岩石。

江山代有人才出。

沈哲为豫章剪纸第六代传承人，他自幼就跟父亲沈玉谋学剪纸。二十二岁时，他从云南大学艺术设计系毕业。他剪出来的作品，结合了素描、版画等手法，兼容了国画，油画等诸多元素，立体感突出，更具有视觉冲击力。

沈哲创作时，先将一张上好的照片或图片作为参照，用一张大红纸做剪纸的原材料。在纸上，他先用铅笔勾画出图案的基本轮廓，以剪为主，以刻为辅。剪的手法有：对折剪、抠挖剪、沿边剪等。再根据图案的明暗、凹凸、远近，细致刻画，一丝不苟，毫发不爽，只有这样才能与原图保持一致。图案剪好后，平铺在一张底纸上，用玻璃压一压，让其平整一些，待表面平整后，再进行装裱。

沈哲贴近生活，经常走村串户。他剪了一组《太平镇百岁老人系列》，人物生动传神，惟妙惟肖。那一张张沟壑纵横的脸蕴含了人生的苍凉、岁月的无情。《猛虎》表现的是百兽之王发威时的表情，只见剪纸老虎怒目圆睁，龇牙咧嘴，给人一种强烈的视觉震撼。《忧郁的狮子》表现的狮子表情忧郁，目光迷离，仰望着浩瀚的星空，似乎表露出一种不可言说的郁闷。这些作品，线条清晰，构图精巧，朴实厚重，主题突出。

说到当下的传统手工业者，文化普遍偏低，年龄偏大。他们所为，都是简单的复制，只是日久见功夫而已。当然，一个国家，一个民族，是很需要沉稳执着的工匠精神的。而豫章剪纸，不断求新求变，既有浓郁的地域特色，又洋溢着现代气息，还蕴含着鄢挨世剪纸故事的古典浪漫色彩，是当地一张亮丽的文化名片。

剃头师傅

我在故乡的岁月，只要过上个把子月，剃头师傅会踏准时间，上门为你服务。剃头师傅一般都选在起风落雨的日子，算定了你在屋里。

剃头师傅姓周，邻村人，五十出头，黑瘦身材，长脸，慈眉善目，喜欢穿一袭长衫。他的行头只有一只小木头箱子，工具就那几样：剪子、刀子、梳子、篦子、手巾、扑粉、围裙等。他打开箱子，把一块长条形的鐾刀布挂在绳子上，马上拿出一块乌漆墨黑的围裙来，抖了抖，围在你的胸前。

先洗头。从灶下鼎罐舀来半盆热水，放在脸盆架上。原来的灶，两锅中间靠烟管都安了鼎罐，储存热水。

周师傅左手按着顾客的头，右手撩水，头发湿透了，他便开始剃头。先用推剪，咯吱咯吱地把头发剪短，再用梳子和剪刀，把头发剪平。

剃完头，再洗一下，就开始修脸。周师傅拿出剃刀，在鐾刀布上“啪啪啪”，鐾了几下，刮刀便“呲呲呲”地在额头、脸颊、鼻梁、耳郭、脖颈上慢慢游走，不重不轻，不痛不痒。刮过后，用热手巾擦一遍。刮胡子，则先用热手巾敷上几分钟，再用一个圆刷子，涂上肥皂沫，又风卷残云地刮了起来。

周师傅喜欢说话，他边剃头，边与人闲聊。

他读过四年私塾，家里穷，帮人家放了几年牛。到十六岁开始学手艺。拜师，一要拜祖师爷吕洞宾，二要拜师父、师母。在师父家吃住，挑水砍柴都包在他身上。一年三节要送礼。称呼师父为老座。足足要学三年，才能满师。那时剃头，挑着担子，有炉子、锅子、瓢子、镜子、杌子、脸盆架子等，走村串户，一路吆喝。师父很迷信，早上听见乌鸦叫或看见孕妇，都不出门。剃头的都有自己的地盘，如有人跳过篱笆吃麦，先丢纲口，如一言不合，就大打出手。

他师父姓罗，是远近闻名的打师。他有一手绝活，剃头刀一出手，就能把空中飞舞的苍蝇劈成两半。有一个武林高手，不相信有这样神奇的事，就买了两斤猪肉，在日头下晒得臭烘烘的，惹来了一大群绿头苍蝇，就用秆绳提着，来到罗师傅家，说要剃头。武林高手把肉挂在门栓上，坐好，罗师傅把围裙围上，正要洗头，嫌苍蝇太多，拿起剃头刀，“嚓嚓嚓”一会儿砍了一地苍蝇。等洗完头，师傅拿起推剪，发现来人的头发根根竖起，怎么也剪不动。师傅晓得，来者不善，是找碴儿的，就与之理论。两人经过一番切磋，竟然成了好朋友。

以前剃头工序可多了，还要剪鼻毛、掏耳屎、按摩。按摩从眉心开始，接下来是太阳穴、双耳、百会穴、风池穴、脖颈，还要捶背，让人感到麻酥酥的，浑身舒坦。

剃头有很多禁忌。正月不可以剃头，说是会死母舅。父母过世不可以剃头，因发须受之于父母，以示孝敬之心，思念之情。剃头最好的日子，是二月初二龙抬头。人生第一次剃头，应在满月，小婴儿头皮嫩，要小心翼翼，不可剃破。头顶囟门上，要留一撮胎毛。不谈价钱，得一个红包，一块糕或两个红蛋。人生煞末一次剃头，就是入殓前，孝子贤孙要披麻戴孝，跪在跟前，直到剃完，才可以站起。

古代有一副对子这样写道：“做天下头等事业，用世间顶上功夫。”

现在剃头，干也剃，湿也剃，以前必须是湿剃。周师傅讲过一个《干剃头》的故事。

从前有个财主，生性刻薄，喜欢占人家的便宜。村子里来了一个外乡剃头师傅，手艺精湛。财主居心不良，想让他长期为自己一家人还有二十多个长工剃头，也成为长工。一天，财主请剃头师傅剃头，说："都说你手艺好，那你能干剃头吗？就是头发不打湿，还要让我觉得舒服。如能的话，我有重赏。"说完，去屋里端出一盒黄灿灿的金条来。接着又说："有言在先，如果剃得我头皮痛，就罚你给我当一辈子长工，只管吃住，不付工钱。"剃头师傅一听，晓得这个为富不仁的财主要算计自己。剃头师傅可是个老江湖，他心生一计，说："此话当真？"财主说："可写下凭证。"写完，剃头师傅端起那盒金条就跑，财主起身紧追，从村子里追到田贩，一会儿又跑回来了。正是三伏天，加上财主本来大腹便便，累得上气不接下气，浑身湿透。财主坐下，埋怨道："哎呀，平白无故，你这是开什么玩笑嘛？"这是剃头师傅给他围上了围裙，还没有等他汗干，三下两下就把头剃好了。剃头师傅说："舒服吗？"财主还在喘着粗气，说："舒，舒服。蛮舒服！"剃头师傅说："那好，这盒金条归我了。"说完就走。

周师傅还讲了一个《抚台丈人与剃头女婿》的故事。剃头师傅不但娶到抚台千金，还挂了帅印。

在中国古代，认为身体发肤，受之父母，不可损伤。男子在八岁之前，头发自然下垂，称之为"垂髫"。陶渊明《桃花源记》就有"黄发垂髫，并怡然自乐"。孩子八岁了，到了上学的年纪，扎成一个结，称为"总角"。如曹雪芹《红楼梦》第三回道："这院门上也有四五个才总角的小厮，都垂手侍立。"到了二十岁，挽发为髻，由父亲在宗庙里主持冠礼。要挑选吉日，还要祭告天地、祖先。《礼记·曲礼》载有："二十曰弱冠。"我国古代很讲究礼仪，凡事都有规矩，是为衣冠上国，礼仪之邦。

古代有种髡刑，就是剃光犯人的头发和胡须，那是对人格的羞辱。

剃头这个词，到了清代才有。满人入主中原，下令男子一律剃头梳辫——留发不留头，留头不留发。朝廷竟然专门派人挑着一副剃头担子，挂着一把大刀，如不剃头，就剁头。为此，剁了不少人的头。至今，乡下有的大人骂不听话的孩子，还习惯说："你这个剁头鬼！"

民国初年，西风东渐，临时政府明令剪辫，剃成短发或光头。

时至如今，剃头称作理发，虽很多传统技艺已经失传，可它还是一门不可或缺的生活技艺。

第四卷　衣食住行

做　屋

在我的家乡，作为一个男人，一生中必须做的两件大事是：娶一个老婆，做屋——盖一栋房子。

一个人有了老婆，就有了儿孙。俗话说：树大分丫，儿大分家。没有房子怎么行？

房子是一个人一生财富的重要组成部分，也是一个人的脸面。它还能充分彰显主人的兴趣爱好和品位修行。中国古代的达官贵人、文人墨客、富商巨贾，经过一番打拼，不知要经历多少的漫漫长夜，风霜雨雪，待到事业有成，风光正好之时，不知不觉，已是鬓已染霜，步入老境了。浮生若梦，为欢几何？便寻思着，打造一处温馨的庭院，来安顿自己疲惫的灵魂，来抚慰岁月留下的创伤。

《黄帝宅经》云：“人因宅而立，宅因人而存，人宅相通，感应天地。”

《阳宅十书·宅外形第一》记：“凡宅左有流水，谓之青龙；右有长道，谓之白虎；前有河池，谓之朱雀；后有丘陵，谓之玄武，为最贵地。”

德国哲学家海德格尔说：人应该“诗意地栖居在大地上”。

然而，对于一个升斗小民来说，要做到诗意地栖居在这个星球上，是多么艰难的一件事呀！

以往的小康标准是：头牛担种一百谷，坐北朝南一栋屋。

我的家乡房屋结构，一般为一栋三间为主，中间是堂屋，两边为厢房，后面有“拖步”。拖步是闲屋，一般用来做灶、仓库或放杂物。

俗话说：吃饭量家当。做房子更是展示主人实力的时候。赤贫者，用土砖或干打垒筑墙，竹篱笆做壁，杉树皮或茅草盖顶。小康人家，做的是砖瓦楼房。但只有地主、乡绅之类的人物，才可以“封土屋”。

土屋，在我的家乡也叫土库。一律用斗砖，砌成封闭性庭院，墙中灌土，中置天井，黛瓦盖顶，左右两边，马头墙高耸，还有飞檐翘角。这种房子从外面看像个城堡，里面却别有洞天。安义罗田的一栋古屋，就占地四千多平方米，分三进，四堂，四十八天井。不仅如此，古屋在梁枋、斗拱、门楣、窗棂上一律刻满了花鸟虫鱼、戏文人物。

民国《安义县志》记载:“安邑高楼大厦，望之材木则大杉，墙垣则砖石。雕梁画栋者，乃乾嘉时之栋宇也。……近年虽间创西式楼房，然为数无几。”

俗话说：做屋造船，日夜不眠。我小时候，经历了与父兄做屋上梁的那一段艰苦，却也温馨的岁月。

在中华人民共和国成立初期，父亲已从两家贫下中农手里，买得一栋土屋。在我还没有长大的时候，两个哥哥相继结婚了。我以后成家住哪里？这是父母亲不得不考虑的一件事。好在我比两个哥哥要小十六七岁。

我们家住这种有天井的老屋，有诸多好处，夏天可以在天井里纳凉，冬天可以在天井里晒太阳。可到了寒冬腊月、凄风苦雨的日子，既不遮风，也不挡雨。特别是下雪天，雪花都能飘到饭桌上。每当这个时候，母亲总是喋喋不休地埋怨父亲，说:“嫁给你，算是倒了一辈子霉，真是活受罪！”

俗话说：家无三年粮，莫跟屋商量。在我十五六岁时，我们的国家，经济建设逐渐走上正轨，我们的家庭，摆脱了“阶级成分”的干扰。经过了一家人的艰苦努力，省吃俭用，家里慢慢有了一点积蓄。于是，父母便着手做屋了。

屋基地就选在我家菜园里。好在那时，批屋基地不像现在一样难，父亲只散了几根“大前门”香烟，就搞定了。

其实在这之前，大哥已经单独盖了一栋房子。这次盖房子，算是我同二哥的。

万丈高楼平地起。我家先请了四个福建石匠，在村前的山脚下打下墙脚的石头。随着“叮叮当当”声，十天半月，就劈下一大堆石头。采石场距离我家屋基地有半里路，还有几处上下坡，好在修了机耕道。那时，还是改革开放前夕，全乡也借不到一辆汽车。其时，大家都很能吃苦，肩能挑，手能提，根本也没有借车的习惯。我们家买来了一辆大板车拖石头。这与原来用肩膀扛又进一大步了。

父亲年届六十，经过了多年的劳动改造和批斗，背也驼了，步履也蹒跚了。人生易老，这是很无奈的事。自然规律谁也不可抗拒。父亲拖了几车石头，就累得上气不接下气。

人活着本来不容易，偏偏还有人要算计你，折磨你。

父亲生于 1921 年，读过师范，当过老师，做过民国乡政府的小吏。新中国成立后，由于成分不好，我们家就只能种田。种田就种田吧，种田为大业！父亲总是这样说。中华人民共和国成立初期，父亲连犁都不会扶，由于成分不好，同人家一样出勤，却硬要比人家少挣二分工。为养家糊口，他揽下这桩人家不愿干的活，才扯平了工分。但村里人都叫他老先生。村里人娶亲时，便请他主持婚礼、写对联。村里人家有闺女出阁，也要请他抱上轿。都说要沾他的福气。可见政治压迫，不会摧垮一个人的人格魅力。

在这里顺便插一句，在我家乡这边，以前一个男人要达到三拜、三公，便是鸿天老人。拜堂、拜寿、拜梁，谓之三拜。公公、舅公、外公，谓之三公。

北周庾信《道士步虚词》之三："停鸾燕瑶水，归路上鸿天。"鸿天，有时借指仙界。

刚好那一年，当工人的二哥违反计划生育政策，被停职一年。父亲说："这也好，争取这一年把房子做起来吧。我老了，力不从心啊！"

二哥放下了车刀，捡起了篾刀。因二哥小时候学过篾匠，他每天除了做一些副业，补贴家用外，一有时间，就和我拖石头。二哥长得骨骼粗壮，把石头搬上车，将绳子扣在肩膀上，抓住板车的扶手，迈开大步就走。我只是在后面帮忙推着。

那段时间，正好我放暑假在家。记得，我一有空闲就钻到幽深的树林里，抓知了给侄子、侄女玩。

做屋，没有木头不行。做墙壁要木料，做门窗要木料，做椽子要木料。可满山的森林，都是人民公社的。父亲多次去公社批木料，总是无功而返。一次公社书记来我村检查工作，父亲就跟他理论。父亲说："做爷的年纪大了，要睡棺材；做儿的成人了，要屋住。此乃自然之道。你们做父母官的人，为什么不给老百姓做主呢？"公社书记说不过父亲，勃然大怒，说要把父亲关起来。父亲说："我犯了那条法律，凭什么关我？"

此后，我和哥哥便在晚上，去山上砍两棵做屋用的杉树。这实在是不得已而为之。

我们还烧了三窑砖瓦。

一切筹备工作做好了，做屋的第一步便叫"起手"。在定好的吉时，拿猪头、鱼、饭，敬天地神灵，装香，点蜡烛，放爆竹，再请地仙用罗盘定方位。

房子最好是要坐北朝南，要通风向阳。山管人丁，水管财。山向不可太硬，也不可太软，更不可冲撞"太岁"。依照"左青龙，右白虎；前朱雀，后玄武。宁可青龙高万丈，不可白虎抬头望；宁可后高一丈，不可前高一寸"的古训。门口不可以对着人家的烟筒、墙角、巷口，还不可种枣树、桑树等。

根据房子设计的大小，定好磉，拉好墙脚线。要在墙角下面，用红纸包点烟丝，这叫开烟发户。

这一天，要办酒席，还要给参与的人员发利市（红包）。

诸亲六眷、村子里的人，先后都会来帮工。

古语云：笑脸天走下，刚强寸步难。三代为官，不可轻师慢匠。招待手艺人，要吃得饱，住得好。

整个工序忙而不乱。泥工砌外墙，木工做两列柱子，齐头并进。一般是四列柱子，三十二根。房子在快要封顶前，就要上梁。

明代《鲁班经匠家镜》，对“立木上梁仪式”进行了阐述：“凡造作立木上梁，候吉日良辰，可立一香案于中亭，设安普庵仙师香火，备列五色钱、香花、灯烛、三牲、果酒供养之仪，匠师拜请三界地主、五方宅神、鲁班三郎、十极高真，其匠人秤丈竿、墨斗、曲尺，系放香桌米桶上，并巡官罗金安顿，照官符、三煞凶神，打退神杀，居住者永远吉昌也。”

明徐师曾《文体明辨序说》对“上梁文”有如此解说：“按上梁文者，工师上梁之致语也。世俗营构宫室，必择吉上梁，亲宾裹面（今呼馒头）杂他物称庆，而因以犒匠人，于是匠人之长，以面抛梁而诵此文以祝之。其文首尾皆用俪语，而中陈六诗。诗各三句，以按四方上下，盖俗体也。”

上梁是整个工程的一项大典，是要根据年份和主人的生辰八字选黄道吉日，要宴请诸亲六眷。在堂前八仙桌上摆好猪头、鸡、鱼三牲等祭品；放好五尺、墨斗、曲尺等器具；点燃七星灯一盏，红烛一对，上香三炷，放置酒杯三盅。

上方写着：天地阴阳，百无禁忌。正柱上写着对联：竖柱喜逢黄道日，上梁正遇紫微星。门口写着：户对青山摇钱树，门迎绿水聚宝盆。张灯结彩，一派喜庆祥和的气象。

梁，一般选笔直而且粗壮的椿树，杉树次之。

斫椿树，叫发梁。在旭日东升的时候，父亲和木工，来到椿芽树下。砍树有讲究，要往地势高的地方倒。树一倒下，削去树枝，用一块一丈八尺长的红绸布披在中间。木工还要喝彩：

伏以！

天地开张，日吉时良。

我问此梁生长何处？

生在昆仑山上，长在卧龙山岗。

大树长了数千年一对，小树长了数百年一双。

八洞神仙从此过，眼观此木粗又长。

特请东家采来做主梁，有请鲁班先生下天堂。

此梁此梁，不同寻常。

栋梁上屋，稳稳当当。

吉星高照，金碧辉煌。

合家吉庆，人丁兴旺。

老者长寿，寿比南山。

少者添喜，兰桂芳香。

仕者升迁，鹏鸟高翔。

学者荣发，青云直上。

万事如意，大吉大昌。

喝彩毕，要放爆竹。把梁抬回家，放在木马上出梁，锯掉头，去掉尾，削去树皮，做好榫头。中间画太极图，左画龙，右画凤。还要写上：五世其昌，及某年某月建。

在这里补充一下，在我的家乡，还有偷梁的习俗。如有的人家做屋，没有椿芽树，便跟人家买梁。说好了价钱，把梁砍下，在树根下放上烟酒和钱，也不喝彩，待快要把梁快要抬回家，后面有人打着铜锣大喊大叫："捉贼啊！捉贼啊！"

这边把梁放下，迎了上去，说："呵呵，请坐，请到屋里坐。"便设宴款待。

上梁的时候，要个图吉利，切不可胡言乱语。

时辰到了，锣鼓、唢呐、鞭炮齐鸣。木工开场白："鲁班先师，东家××，江西省南昌市湾里区太平乡桐源村，×月×日上正梁，造大厦。拜请：三江师父，四方土地，十方尊神，满天星斗，诸神到东家屋里。"

第一步是拜梁。两个年长的木工站在梁的两头；两个年轻的木工坐在屋树[①]上。我的父母亲拜过梁后，木工师傅把斧头放在梁上，便喝起彩来：

伏以！

今日是个吉祥日，正是鲁班上梁时。

① 屋树为柱子。

上梁上梁，日夜造房。

斧子过，响叮当。

刨刀过，放豪光。

自从今日喝彩后，荣华富贵万年长。

伏以，相传是鲁班的弟子。木工每喝一句，有锣声响应一下。喝完一段，紧锣密鼓地响一阵，还放鞭炮。木工边说，还边演示。

第二步是浇梁。父亲递给木工师傅两壶米酒。木工师傅喝彩道：

伏以！

手提东家一对瓶，千两黄金巧打成。

上打金狮来盖顶，下打莲花座酒瓶。

酒是何人所造？酒是杜康所造。

杜康，杜康，寅时做酒卯时香。

杜康造酒，喜庆交友。

酒祭东，孔明借东风。

酒祭西，孔明借西风。

自从今日喝彩后，大富大贵大吉祥。

第三步是祭梁。紧接着，父亲又递给木工师傅一只公鸡。木工师傅割破鸡冠，先用鸡血祭梁。木工师傅喝彩道：

伏以！

手提金鸡似凤凰，生得头高尾又长。

头戴金冠并绿耳，身穿五色紫云衣。

此鸡不是凡间鸟，王母跟前来报晓。

一更不乱啼，二更不乱叫，

三更四更，报上梁时，

开鸡冠，借宝血。祭了五尺祭曲尺。

祭了梁头，代代封侯。

祭了梁尾，富贵到底。

祭了梁肚，开烟发户。

祭了中央太极图，太极图上出彭祖。

自从今日喝彩后，大富大贵大吉祥。

第四步是缠梁。给梁披红挂彩。木工一边用红布缠梁，一边喝彩道：

伏以！

手提绫罗无数长，绫罗出在苏州行。

苏州女子多乖巧，梳妆打扮进机房。

足踏缟机叮当响，手抱梭子响叮当。

织成绫罗长街卖，东家买来缠栋梁。

左边三缠生贵子，右边三缠状元郎。

自从今日喝彩后，荣华富贵万年长。

第五步是升梁。在鞭炮声、鼓乐声、大家的欢呼声中，梁徐徐上升，直到梁落榫才停。这时，木工师傅喝彩道：

伏以！

一对狮子暖圆圆，拉起房梁上半天。

今日房梁来登位，全靠鲁班着了累。

家有主梁，福寿安康。

家有主梁，粮食满仓，

家有主梁，钱存银行。

上梁大计，万事如意。

自从今日喝彩后，大富大贵大吉祥。

伏以！

贺了东来又贺西，贺得东家笑嘻嘻。

紫微高照临华堂，东家接我来赞梁。

今日修起状元府，来日又修金银仓。

梁头嵌起鸳鸯鸟，中间画起凤朝阳。

玉带如棉花添锦，不紧不松缠梁上。

自从今日喝彩后，大富大贵大吉祥。

伏以！

贺了一只又一双，贺得东家喜欢欢。

华堂本是鲁班造，先造屋树后造梁。

东边造出摇钱树，西边造出聚宝盆。

自从今日喝彩后，一年四季大吉祥。

这时，木工师傅，从梁上，抛下许多粳米馒头、糖果及硬币来。同时，还吊下两只红袋子，由我的父母亲跪在正柱的两边，接住。木工师傅又喝彩道：

伏以！

龙站东来凤站西，掀开蓝衫装宝贝。

别人装得无用处，东家装得好上梁。

坐梁头来观四方，定下风水好屋向。

木马一对好成双，曲尺墨斗似鸳鸯。

自从今日喝彩后，大富大贵大吉祥。

这时，上梁进入尾声，灯阑人散。

以前堂前多用杉木板做壁，东西各四面。据说这种壁在早先要完税，便叫税壁。很多人听成“水壁”。

有一个《补壁》的绕口令：“拆东壁，补西壁，拆南壁，补北壁，拆壁补壁壁补壁。”

等全部工序完工后，要办圆工酒，款待木工、泥工、石匠师傅，及所有做房子出过力的亲朋好友。

接下来，打好灶，添上几样家具，便开始过屋了。先要在灶下放上一桶装得八分满的米甏，上面放一只红包。水桶的水装三分满。碗筷成双，放在橱里。

搬家的那一天，要拿意味着步步高升、事业兴旺的节节高一对，楼梯一架。象征着红红火火的炭火一盆。门口挂着一束红头绳，表示喜庆。将八到十二根柴棍缠上红纸，放在堂前东边，“柴”音“财”，表示财喜到了。托盘里，装着花生、瓜子、橘子、苹果、红枣、莲子、糖等，十样小吃，谓之十全其美。

搬家一样要张灯结彩，宴请亲朋。

几年后，我在这栋房子里结婚，生了一双儿女。我的父母也在这里，度过了他们幸福的晚年。光阴荏苒，一眨眼，我已离开家乡三十年了，如今年过五十，也是步入了老境的人。每次回到家乡，我总喜欢在这栋房子里流连片刻，怀念当年与父兄们一起做房子的情景，思念与亲人们生活的那段温馨时光。

这栋房子现在看来已经很简陋了，也许我再也不会去住。但父亲在做屋过程中，给了我一种精神的力量，也给我上了民俗文化的一课。

回望祖先

水有源，木有本。

天下龚氏，追本溯源，乃远古共工之苗裔。共工者，乃黄帝时，掌管水土的大臣，是我国最早的治水英雄。后世尊他为水神。

《淮南子·天文训》记载："昔者，共工与颛顼争为帝，怒而触不周之山，天柱折，地维绝。天倾西北，故日月星辰移焉；地不满东南，故水潦尘埃归焉。"

这个故事是说，共工与颛顼争帝位，被打败，一怒之下，触不周之山，使得乾坤倒转，日月移位。也使得天地向西北倾倒，东南塌陷，江河才滚滚东流。

共工，是中华民族文化典籍中，永不言败的天地英雄。

《姓谱》云："龚，其先共氏，避乱加龙为共。"江西武宁县民国三十六年（1947）续修的《龚氏族谱》云："龚姓源于共工氏之子句龙。句龙，共工子，继父职，司水土，至周宣王太史籀加龙于共，遂以定姓。"长沙《龚氏族谱》云："共工之子句龙治土有德于民，以世功而开族。"

西汉龚遂，是见于史籍记载的第一位龚姓名人。龚遂，字少卿，西汉南平阳（今山东邹县）人，性情耿介，以敢于谏诤而著称于朝。时渤海郡闹饥荒，饿殍遍野，盗贼蜂起。朝中的丞相、御史一致推荐龚遂为渤海太守。到任后，他开仓借粮，奖励农桑，发展养殖。很快，社会稳定，人民守法循礼，安居乐业。汉宣帝有感于龚遂政绩显赫，封水衡都尉，并诰封龚姓为：渤海堂 。

遂有二子，奇英、奇杰。

汉元帝时，龚奇英，为武陵（今湖南省怀化市溆浦县南）令，他传承了其父的衣钵，深受当地百姓爱戴。龚奇英性情散淡，性耽山丘。因"思楚地田肥美，民殷富乐，"不久，便辞官定居武陵，开龚氏南迁之先河。故他的后人，号称武陵世家。

汉朝还有"二龚"，以高风亮节享誉古今。这二人便是龚舍和龚胜。

龚舍，字君倩，武原（今邳州西北）人。他精通五经，擅长讲授《鲁诗》，贤名远播。哀帝时，经龚胜举荐，征为谏议大夫，拜太山太守、光禄大夫。因官场污浊，国是日非，遂上书辞官，回归故里。

龚胜，字君宾，彭城（今江苏徐州）人。他以博学见称。汉哀帝时，应诏为光禄大夫，不久，王莽秉政，遂归隐乡里。王莽篡国后，仰慕龚胜的才识和名望，拜他为上卿。龚胜道："吾受汉厚恩，岂以一身事二姓哉。"遂绝食而死。

两人史称"二龚"。同样重名节，轻富贵，为后世读书人，树立了不朽典范。

龚愈是我的一世祖。江西龚愈的后裔，都认他为一世祖。

龚愈，与龚遂、龚奇英一脉相承。据龚氏谱牒考证，龚奇英之孙龚苍，为避战乱，迁徙福建。自高祖龚凤始，卜居福建光泽牛田里。此地为武夷山南麓，层峦叠嶂，绿水萦回。龚凤，唐大中五年进士，官至朝中补阙之职。龚愈的曾祖父龚晖、祖父龚颙、父亲龚琪皆为进士出身，为朝廷命官。龚愈家世之显赫，可见一斑。

龚愈，字小韩，号尧夫。唐僖宗光启丁未年（887）三月初三子时生，因出生的前一天夜里，母亲吴氏梦见韩愈，故名龚愈。

龚愈自少时就爱好读书。由于家族有良好的遗传基因，他过目不忘，学一知十，下笔千言，倚马可待。他性格沉稳，风度翩翩。唐同光元年（923）中进士，不久擢为太常少卿。

时至五代十国南唐保大十年（952），龚愈授礼部尚书、金紫光禄大夫、上柱国、太子太傅。南唐中兴二年（959），中主赐金书铁券一章，封其为越国公，食俸禄 1700 户。

时至北宋开宝八年（975）十一月，龚愈与他同朝为官的儿子龚勗、龚慎仪、龚保贞、龚耀卿、龚定言，随后主李煜归顺宋朝。宋太祖见他对后主忠勇可嘉，恢复了他以前的官职。

据谱牒记载，龚愈除了父子六人是进士外，他三十一个孙子，有十五个是进士，可谓冠盖满门，名噪天下。今龚愈的后代，遍及世界各地。

北宋太平兴国元年（976）九月，龚愈去世，享年九十岁。

龚愈之孙、龚勗之子龚顺，是第一个从光泽来江西定居的先祖。

龚顺，字茂秀，号次和。北宋淳化三年（992）进士，后在洪州（南昌市）任镇南节度使，兼转运判官。

镇南节度使，治所在洪州。管辖洪州、江州、信州、袁州、抚州、饶州、虔州、吉州等，相当于江西省全境。转运判官，掌管转运钱、粮、盐、铁的运输事宜。

他为政清正廉明，深得百姓爱戴。六十六岁那年，他告老还乡，携家眷，路过钟陵渐岭山东北（进贤县泉岭乡），当地百姓要留他定居下来。当时，风雨骤至，一下便是数日。龚顺说：难道连老天爷也要留我在这里吗？

他点燃三炷香，向上天拜了三拜，祈祷说：苍天在上，我的子孙后代，能在这里兴旺发达，只要我的戟投出去，如竖着，便留下；如倒下，就立马回家。说完，他拿着戟，往不远处的溪中掷去，果然稳稳当当，立在溪的中央，似如一柱擎天。龚顺便在溪边开基建宅，并将此地命名为戟溪。

龚顺殁于宋真宗天禧三年（1019），享年七十岁，葬于青岚湖边的鹰山，也叫英山（进贤县民和镇凰岭万家）。

今日，龚顺后人，在家族头门上，都写着：戟溪世第。

我曾在靖安琼畲龚家拍村貌，听村人说，民国时，他们村有一个人在湖北抗日打鬼子，一天，看见一个地方的门头上，写着“戟溪世第”四个字，便长跪于地。听了这个故事，我十分感动。从故事中可折射出一个普通中国人的家族情结。一个人有了家族情结，才会有民族大义。

我五世祖龚焕，是龚顺之孙、龚槐之子。

龚焕，字幼文（一作右文），号泉峰。性敏嗜学，精通经学，只求明理，不图入仕。结庐泉峰，开设义学，传授《五经》。著有《四书集疏》《周易集疏》等行世。在北宋天圣元年（1023）二月，他携家带口，迁徙高安良港。

该村去高安县城，约三十里。村子位于一个地势轩敞的小山岗上，村中屋舍多为红土砖，青瓦片，古风依存。村头古树葱郁，修竹成林。狗吠深巷，鸡鸣树巅。村前小溪流水潺潺，有妇人戴着草帽在洗衣裳，捣衣声不绝。其时，田野里的禾苗刚刚泛青，蛙声一片。我的先人，曾在此繁衍生息，耕耘播种。

我十二世祖龚世广，从高安良港迁徙到安义县石鼻果田洲。

约在元初，我的这个祖先，一日，去安义访友，打此地经过，见西山脚下的潦河故道，有大片沙壤土，由于贫瘠，无人管理，便在此开基。因这种土壤最适合种果树，故取名叫果田洲。这种旱地，还适宜荞麦、粟米生长。当地有歌谣曰：“黄光菜，苦悠悠，有女不嫁果田洲。粟米饭，天天有，要吃白米饭，等到腊月二十九。”

甲午初夏的一天，我和本家龚三木，在果田洲采风时，老基龚家堂只是一堵颓墙，几棵老树而已。由于此处地势较低，经常涨水，村民渐渐向周边扩散了。近处河堤上有许多蔷薇、金银花，寂寞地开着。这里还有很多鲜嫩的枸杞芽，竟无人采摘。

我的十六世祖龚伯贞，是元至正十二年（1352），从果田洲，入赘来到长埠桐岗宋家的。据说，这位先祖兄弟多，生活拮据，不得已才如此。

传说，这位宋氏族太婆知书达理、温良贤淑。生有贵甫、明甫、英甫、信甫四子。其中英甫，为武德将军。

桐岗位于西山北麓，潦河南岸。这里山明水秀，物阜民丰。可耕可种，可渔可猎。

我的第二十三世祖龚维芝，在明朝弘治六年（1493），从安义桐岗迁居于桐源。

据说，惟芝公少年时，从奉新山里、高安华林学得造纸的技术，一日，他来西山卜居，见这里群峰拱秀，奇岩突兀，秀竹满山，土地平旷，便定居下来。故桐源村造纸这个行当，延续了数百年。在中华人民共和国成立前，我村几乎家家有造纸作坊。造纸业，在20世纪50年代才逐渐消失。

往来成古今。从惟芝公到我这一代，已十三代，历时有五百多年了！

回望祖先。

我们的祖先迁徙的每一站，便是一个新征程的开始。千百年来，我们的祖先，在中华大地上或安邦治国、或开疆拓土、或著书立说、或耕耘播种。他们继往开来，始终是祖国悠久历史、灿烂文化的忠实传承者。

在这里，我向龚氏列祖列宗稽首致敬！

时维二月，岁在甲午。我族以安义长埠镇为中心，发起族谱十修事宜。辐射区域有：安义、靖安、奉新、高安、新建、湾里等县区。由于我有幸亲临其盛——参加了开幕式、拍摄村貌、撰写村史等活动，渐渐对家族历史，祖先的迁徙过程，有所了解，梳理再三，敷衍成篇。

梅岭灯光

我今生有幸，能成为一名电力工作者，已经走到了职场边缘。在这里，我以一个过来人的身份，追忆一些有关电的记忆。

我出生在南昌郊外梅岭山区，一个叫桐源的小山村。这里群峰拱秀，奇岩突兀，秀竹满山，土地平旷。据家谱记载，我的先祖龚惟芝，在明朝弘治年间来此定居，已经五百多年了。村子屋舍，密密匝匝，高低错落。一般以一栋三间为主。村头村尾古木参天，杂生着好些枫树、樟树、檀树、麻栎树……夏日里，整个村庄笼罩在绿绿的、凉森森的氛围之中。远远望去，村子古风依然，近来感受，犹如置身梦境。

那时，村里人依然承袭着祖辈们日出而作，日落而息，刀耕火种的生活模式。若干个不眠之夜，乡亲们在昏暗的“洋油”灯下，说着城里人“电灯电话，楼上楼下”的遥远童话。常听人说，山外有一种叫“电灯”的东西，很玄乎，不用油，只要两根线连着，就能发光。

据说电灯用的电，多是用水发的电。人们常用“说得水都能点灯”，来比喻能说会道的人。原来，还真有此事！

记得有一年除夕，我们一家人坐在堂屋里烤炭火。“洋油”灯把我们的影子映照在墙壁上，墙上的影子老大老大，一晃一晃的。那天父亲没有和往常一样给我和侄子秋生讲故事、猜谜语、唱歌谣，而是兴致勃勃地说着桃花庄姑姑家通电的事。他还说，山里每天只见到一块巴掌大的天，初二带你和秋生去姑姑家拜年，见见世面。

桃花庄在山外，要走二十多里山路才能到达。我们叫山外的人“坪下人”，他们则叫我们“西山岭里人”。

那天，天才蒙蒙亮，父亲和大哥，把我和侄子秋生，各装进一只箩筐。山路弯弯，扁担弯弯。父兄轮流挑着我们，一路迈着大步，挥洒着汗水。两只箩筐，在路边柴草中划过，就像两只乘风破浪的小船。经过山脚下的雷家村时，有一溪宽如小河，水流湍急，一座古老的石桥瘦骨嶙峋地架在上面。我分明记得，父亲有力的脚步，“咚咚咚”踏在桥上，我的眉头紧皱，心悬在半空中，生怕箩筐的绳子断掉，我们会掉进激流中。那才名副其实叫做提心吊胆呢！

秋生比我小两岁，吓得早闭上了眼睛。

到姑姑家，我发现堂屋中央，悬挂着一个小葫芦似的东西，正愣愣地看着，姑姑一拉开关，小“葫芦”霎时发出了耀眼夺目的光。父亲说，这就是“电灯”。我惊讶极了。电灯要比村里人津津乐道的“洋油”灯，要亮上十倍百倍呢！我和秋生高兴得不得了，屋里屋外，上蹿下跳地拉灯取乐，着实大开了一回眼界。

那天，姑姑送给我一份珍贵的礼物——两只旧灯泡。

回家后，我从菜园里砍来棕叶，撕成丝，连接起来，从东家拉到西家，学着架电线，又把旧灯泡悬在自家堂屋里，倒也十分陶醉。很长一段时间，我对此乐此不疲。

我六七岁时，很多地方兴修水利，建发电站。南源刘姑姑家就建了发电站。一天，母亲带我去刘姑姑家做客。去她家要翻过百步岭、王步岭两座山，有四里路程，一路怪石嶙峋。母亲看到每一块石头，似乎都有一个故事。母亲说，树有树精，藤有藤怪，万物皆有灵呢。到姑姑家，我迫不及待地拉开关，灯泡并没有发光。姑姑说，要等到晚上七点才发电呢。姑姑一双小脚，走路摇摇摆摆，硬要带着母亲和我去看发电站。我们跨过村前的溪流，来到山脚下，这里有一水库，就二十来亩地那么大，水质清澈。我们再沿一里长的水渠，来到发电站。半山腰处有一个蓄水池，水在这里积蓄力量。同时，蓄水池也起到过滤作用，随后，水俯冲而下，冲击水轮，据说就是这样通过水轮的转动产生能量发电。

本世纪初，湾里修地方志，我撰写当地供电发展史时得知，湾里从 1969 年开始建梅岭、罗亭、立新、南源四座发电站，到 1971 年初才发电。梅岭、罗亭、立新都是两台发电机组，总容量 140 千瓦，可供三四千户照明。而南源一台发电机组才 40 千瓦，供一个大队千余户照明。这些发电站，到 20 世纪 80 年代才陆续停运。

那一天，我在姑姑家住。大表哥来了兴致，晚上打着火把，带我走五六里山路，去村前的高山上看南昌灯火。大表哥比我要大五十岁，大表侄也比我大二十岁，也就是说，我与表哥孙子是一个年龄层。一路上，附近村落的灯光透过林梢，忽明忽暗，星星点点。至山头，朝东南望去，省城南昌灯火璀璨，好似星河。我高兴得手舞足蹈，心想，电灯为何如此神奇呢？

世界变得越来越精彩。每日的傍晚时分，远处经常传来轰隆隆的开山炮声，那是落马岭在修马路。随着炮声越来越近，不久汽车就开进村来了。紧接着，村里来了一些架线工人。在我九岁那年，家家户户装上了电灯。一天傍晚，村里送电了，乡亲们敲锣打鼓，鸣放鞭炮，以示庆贺。那天，我久久凝视着家里的电灯，生恐自己在做梦呢。

从 1999 年 12 月湾里供电公司挂牌那天起，我多是从事宣传报道工作。我用一行行的文字，一张张的图片，记录了湾里每一条线路的架设，每一座变电站的投运。2000 年以前，我们山区电网十分薄弱，电线杆东倒西歪，电线和变压器严重超负荷，造成电压不稳、电价奇高。在对电网进行改造的日子里，公司全体员工每天起早贪黑，天晴一身汗，落雨一身湿，奔波在梅岭崇山峻岭中。经过一年多时间的辛苦努力，我们把电网蓝图，绘制一新，确保了农村安全用电，减轻了农民电价负担。最难忘的事是 2008 年那场冰灾，湾里区的电网全线崩溃，我们的员工在冰天雪地里，经过一个多月时间，以钢铁一般坚强的意志将电网全部修复。

至今，走在梅岭的山路上，总能看见供电公司的一线员工来去匆匆的身影。山里多是老人、小孩，一次漏保跳闸，一只灯泡烧坏……他们都要第一时间赶过去修理，排除故障。他们真的很苦很累！

有人说，活着的乐趣，是能切身感受这世界的发展与变化。如此说来，我是幸运的。岁月如流，一眨眼五十多年过去了。如今家乡的父老乡亲，不仅用电来照明，还可以用电来发展生产，创造幸福生活。

搭土砖

在我孩提时，屋前屋后，左邻右舍，多是用土砖砌成的房子。看过去虽很简陋，但也具有冬暖夏凉的优点。

这土砖墙，与干打垒房子，有异曲同工之妙。

每年清明节前后，便见许多土蜂，憨头憨脑，唱着小曲，在土墙里打洞做窝。我们捡一根柴棍，把洞堵上，土蜂便不再来捣乱。

很多人家，屋顶盖的是杉树皮。不经意，看见一个秤砣似的黄蜂窝。黄蜂长得长身细腰，黄色有黑花纹，一对暴突的复眼，尾部藏着一根毒针，甚至可以致人性命。出于少年顽劣的天性，我还是会拿来自制的射水筒，躲在一隐蔽处，猛射一通，马上溜之大吉。

一次，我同父亲去山外的姑姑家做客，见坪下的屋舍，气派得多，很多都是深宅大院。

我对父亲："只看房子，我们山里要穷得多。"

父亲叹了口气，说："你可要晓得，日本鬼子在山里烧了七遍，哪能有好房子。"

父亲说，我们家的老屋，都是过了几次火，仔细看，还有很多烧焦的痕迹。两边那高耸的风火墙，真有防火功能，要不然也是片瓦不留。

我虽在有天井的老屋中成长，却与父亲搭过土砖。

在我十七岁那年，家里烧了两窑砖瓦，正好把一栋房子做好。这栋房子是我和二哥的，还有一些附属建筑没有建，如厨房、柴房、猪槽、茅厕怎么办？要再烧一窑砖瓦，造价太高，承受不起。父亲再三考虑，决定搭一些土砖，以此来解决这个问题。

父亲用干杉木板子，做了一个土砖架子，在两头棍子上，安上毛竹片提手。又在村后山脚下，开了一块场地，挖了一个四方形水凼，架竹笕引来泉水，流进凼里。每天要挖出一大堆红壤土，浇上水，牵一头牛，团团转转，反复踩踏。和好泥，就开始搭土砖了。在水凼边，垫一块木板，边上放一箩草木灰。先把土砖架子，在水里浸一下，放到木板上，抓一把灰，往里面用力一撒，将铁耙捞起一团泥，摔在架子里，用脚踩实，削平。两人提着架子，快步走到场地上，用一块安了把子的木板按住，一提架子，一块土砖就做成了。

当时正是暑天，骄阳似火。蝉声此起彼伏，叫得让人心烦。我们每搭到二三十块土砖，就累得气喘吁吁，就需要休息一阵子。父亲比我大四十三岁，刚好六十，头发花白，步履蹒跚。父亲看着风华正茂的我，脸上是泥，身上是汗，笑着说："我年轻的时候，也很帅气，嗨，如今老了！等你赚了钱，也做一栋漂亮的砖瓦房吧，不要像我，劳碌了一辈子，做一栋房子，捉襟见肘，还要搭土砖来扫尾。只要国家安定，不瞎折腾，村子里的砖瓦房就会多起来，像搭土砖这样的活，就成为历史了。"

果然如父亲所料，时至今日，村子里土砖屋已所剩无几。

我家两间茅厕，两处猪槽，在新农村改造时拆除，还剩下一间厨房。有人劝我说，这土砖太土气了，拆掉改建吧。我说，这每块土砖里，都融进了父亲的汗水，我应该珍惜它。

在我们这个传统文化底蕴深厚的国度，每一个古村落、每一栋老房子都有着历史的厚重感。

扳竹笋

清明时节，酣睡地下的毛竹笋，在春风春雨的召唤下如大梦初醒，冒出头来，一夜之间，便能蹿个一二尺高。长出地面的笋叫黑芽头，食之，有点麻口，再也得不到山里人的青睐，于是，大家纷纷去扳小山竹笋。

我这里说的是小山竹笋，一般以水竹笋为主，还有实竹笋、黄竹笋等。有一种苦竹笋，笋壳像菜花蛇皮，扳在手里，用舌头舔一下，苦不堪言。

水竹，我们习惯叫篱竹。把这种竹笋从山上挖来，密密匝匝种在篱笆处，成活了，可省去修补篱笆之苦。郑板桥有《篱竹》诗云："一片绿阴如洗，护竹何劳荆杞？仍将竹作笆篱，求人不如求己。"每年清明后，菜地里就会长出许多竹笋来，供人食用。如不及时扳去，菜地就成竹林了。

水竹笋，更喜欢长在空气湿润的田头边缘、山涧旁边，因此得名。

辛丑暮春，我赋闲在家，便驮着背箩重温旧梦，去扳竹笋。

小时候扳竹笋的情景，还历历在目，转眼间，便步入老境。

岁月人间促，烟霞此地多。田野山间，鲜花怒放，让人目不暇接。田鸡在叫，斑鸠在飞，野鸡在啼，燕子在衔泥。溪涧流水，唱着欢歌。田畈里，间或传来水牛"哞"的一声叫唤，悠远而缥缈，我的身心与天地自然融为一体。

走完田垄，来到山脚，便见村中几个老人，带着孩子也在扳竹笋。

孩子们有的采了一把蕨菜，有的抱着一捧竹笋，有的在摘杜鹃花吃。

杜鹃花有点儿酸，他们吃着吃着，皱起了眉头。

我似乎找回了童年的自己。我从他们的笑容里，猜得出是谁家的孩子。

其中有个孩子招呼了我一声："爷爷好！"他们现在说的是普通话，再也不会唱民歌民谣了，身上已经没有了泥土气！

山路崎岖。途中每一块石头，都有我磕磕碰碰的记忆。

走到半山腰，我又看见一群妇女，驮着背箩，也在扳竹笋。

干脆，我就走远点吧。

我凭着以往扳竹笋的经验，爬山越涧，披荆斩棘，来到一个叫大步头的地方。

这里有一大片农田，早已荒芜，有的灌木都有碗口粗。我那时不但来这里扳竹笋，还来这里斫柴、挖草药、摘箬竹叶……

如今，这里可以说是人迹罕至。田间有野兔出没，野猪脚印重重叠叠，我还捡到了一片半米长的白鹇羽毛。

田后面是郁郁葱葱的小山竹。走过田塍，便见荆棘纵横，藤萝如网，如一道屏障拦在我的面前。等钻进小山竹丛中，我的手被划出了一道道血痕。小山竹长得密密匝匝。我见缝插针，拖着背箩匍匐而行。不经意时，几点露水，滴在脖颈里，冰凉凉的。抬头一看，有一条竹叶青蛇盘在藤萝上，咄咄逼人地看着我。我大喝一声，它赶快跑了。我惊魂未定，又踩到一个蚂蚁窝，蚂蚁咬得我浑身起鸡皮疙瘩。但我咬咬牙，依然勇往直前。忽见林密，仰头不见天日。定睛一看，嘿，遍地都是竹笋，我咔嚓、咔嚓地扳起来。

来到一个山谷，小山竹长得格外俊秀疏朗，竹笋更是鲜嫩壮实，扳起来“啪啪”有声，我沉浸在收获的快乐里。

我还扳到许多黄竹笋，刀把一样粗壮。一只竹笋，就能做上一碗。才一顿饭的工夫，我就扳满了一背篓，把它们装进蛇皮袋里，继续扳。

林中，还能看见野猪窝和含苞待放的蕙兰。

村子里炊烟袅袅的时候，我挑着一担竹笋下山。正好遇见那一群孩子。

有的说：“爷爷你扳得真多。”

有的说：“爷爷你的笋真大。”

有的说：“爷爷你真厉害。”

王安石《褒禅山记》说：“夫夷以近，则游者众；险以远，则至者少。而世之奇伟、瑰怪，非常之观，常在于险远，而人之所罕至焉，故非有志者不能至也。”

是的，人生也是一样，没有千辛万苦的磨砺，哪会有满满当当的收获？

学打

所谓学打，就是习武。

我家乡这边的拳法，叫字门拳。据说清初清江人（今樟树市）余克浪，积极参加反清复明活动，为躲避清廷追杀，他上武当潜心修炼，后归隐于龙虎山。一次，他在林中散步，见蛇猴相搏，心领神会，独创了一套拳法，以：推、残、援、夺、牵、捺、逼、吸，八字，每字一个套路，也称为字门八法。

字门拳的特点是：以柔克刚，身心兼修。外练手、眼、身，内练精、气、神。

其技击方法，有十六字要诀：擒拿封闭，方圆抖落，圆捆扁折，吞吐沉浮。

凡是入门者，先要站好马步。双脚分开，略宽于肩，近于半蹲姿态，脚尖稍收拢，稳固如桩柱，姿态又似骑马，故名站桩，也叫马步。俗话说：练武不练功，到老一场空；练功不练腰，终究艺不高。马步没扎好，最终是花拳绣腿。

扎稳马步后，首先练圆手、抖山关、打品字。这是基本功。接下来就是打字。

后又增十字：贴、捽、圈、插、抛、托、擦、撤、吞、吐，共十八字。一般只练前八个字。

《十八法注解》，如“残”字：“残者软也，即以软手入彼，探其虚实。彼藏势未露，虚实未知，若盲动，易吃亏。故以虚入彼，可收可避，任我自便。且柔者不尚力，故无拙力，因此身手敏捷，腰腿灵活。”

十八字理诀中说道：“此法精奇，不用猛力，弱人文士，皆可学习……以柔克刚，似疾克迟，任彼腾挪，彼劳我逸，随向进步。何劳气力！”

练完了八个字，还要习刀、枪、剑、戟、斧、钺、钩、叉、鞭、锏、锤、抓、镗、棍、槊、棒、拐、流星等十八般武艺，还有板凳等。整套功夫学下来，足足要三年。

说到字门拳，不能不提到“五百钱”，这是一门点穴功夫，也是余克浪先师传授。据说，一次他与人比武，被人暗算，对方用石灰沃瞎了他的眼睛。为了排遣寂寞，他便关起门来，研究了这门独门绝学。《推拿口诀法》云：“人周身之穴共百零八穴，名为三十六天罡，七十二地煞，名为三十六大穴，七十二小穴，合为一十八关。内有此穴无治：龙泉穴、窝风穴、风海穴、金钱穴、仙鹅穴、笑腰穴无治，乃是死穴。”也为了生计，他规定：凡学这门功夫，要先交五百文铜钱学点死，后交五百文铜钱学点生而得名。五百钱，以丰城人最厉害。

清代有个叫裘老四的人，学了五百钱，一直在为云南一个布政使当保镖。布政使是南昌人，告老还乡，贪墨不少。一日，官船行至旷野，风雨骤至，船便在一河汊停泊。这时，一只小船驶来，船舱中有七八个彪形大汉。一人走到船头，说：“师父，我们要煮饭，想借个火。”随即递过一节二三尺长的湿毛竹。裘老四接过，搓了几下，湿毛竹成了筅帚状，再去船舱点着。那人接过火把，晓得他非等闲之辈，说了一声：“叨扰！”就去了。

裘老四常在江湖上行走，结怨甚多。一日，有一个人来叫门，问：“裘老四在家吗？”

裘老四凭感觉，晓得来者不善，故意说：“不在。”

那人用手在他身上一点，说：“叫他一更回来。”

裘老四反手一点：“二更回来。”

裘老四把门一关，对家里人说：“准备后事吧。”

他被点了死穴，没得救了。

不过那个人在二更天也客死他乡。

凡学打，武德摆在第一位，切不可心狠手辣，轻易伤人。清乾隆年间，我的家乡有个打师，大小老婆，生了八个儿子，都传授了武艺。俗话说，一山不可藏二虎，这八个儿子，要有一人镇得住才行，要不然，群龙无首。打师想，要把最拿手的绝招教给最厚道、最稳当的儿子。

一天打师对八个儿子说："我老了，要把祖传的武功秘籍传授给你们其中一人。我坐在椅子上，你们分别用刀攻击我。越狠越好。反正你们也砍不到我。我看谁的功夫高，就传给谁。"从老大先动手，几个儿子一个比一个狠。轮到老八，他把刀往地下一掼，说："我宁愿不学。这样，万一误伤老爷子怎么办！"

结果，打师看中了心慈手软的老八。

人在江湖，处处小心，不可说大话。

20世纪50年代，南昌有个叫田官成的打师，开了一家伤科医院，招牌上写：千斤大力士田官成专治跌打损伤。一日他出诊，来了一个一瘸一拐的人，说是脚痛。坐下后，要田官成帮他把脚抬到木头架子上。田官成使出全身力气，也没抬动。他明白来者不善，分明是来寻祸的。

田官成已是额头冒汗，说："好汉多多赐教。要多少钱，我给你。"

这个人说："我一条腿，你都抬不起，就敢称千斤大力士。我不要你的钱，只要把招牌砍了就行。"这个人砍招牌时，惹来很多人围观。砍完，闪身就走。

田官成还有一样惊世骇俗的事，他家里养了一只大老虎，像狗一样，经常蹲在大门口。

田官成后来在溪霞劳动改造，带了一些徒弟。

多次听我父亲说，他的三叔，也就是我的三公，请了一个姓张的师父教武艺。每天早晚，各要练一个时辰。清早不用方便，练着练着，变作汗出掉了。

拳要打，字要写。大凡功夫，都要从苦练中来。

在学五百钱之前，先要练中指和食指。三公没事的时候，两个指头往墙上戳，渐渐，砖都被戳出洞来。就是睡觉，床头边都放着一块砖，两手放在上面运气用力，直到睡着为止。就是走路，也要像鸡啄米一样，摆动着两个指头，或在荷包里放一个弹簧，用手捏着。

一天，家里来了客人，曾祖父交代三公去街上卖肉。三公摆动两个手指，走了五里山路，来到肉铺。

三公说："老板，请帮我剁三斤精一点的肉。"

其时的三公，只有十八岁，白天造纸，夜里练功，黄皮寡瘦。

屠夫抬头看人，低头剁肉。剁了一块槽头肉，一称，正好三斤。

三公付了钱，把那块肉提在手里，看来看去，不中意，说："老板，请帮我换一块精点的吧。"

屠夫说："这块肉好，又有精又有肥，没有骨头没有皮。既然割下来了，你要叫它长还原，才给你换。"

三公说："那我不买，你退钱。"

屠夫哈哈大笑，说："我在这里站码头，三十多年，还没有人敢叫我退钱。这块肉，好你得要，歹你得要。"

三公说："过量的饭可以吃三碗，过分的话不可以说三句。你这是欺行霸市！"

屠夫骂道："好小子！"举起一只蒲扇大的手，朝三公脸上打来。

三公左手一搪，右手一掌打在屠夫胸前。屠夫倒在地上，半天爬不起来。

三公只得提起那块槽头肉，回家去了。

有人过来，把屠夫扶起。屠夫"噗"的一声，吐了一口鲜血，眼睛上翻，四肢抽搐。

有人提醒说："这个后生是桐源人，学了五百钱。赶快割几斤肉去求他拿转来。"

屠夫家里人，来到我家求救。张师傅问明了原委，还有时辰和手法，来到街上，在屠夫穴位上点了一下，就好了。

有一年，村子里几个人，在谷雨前挑了一担剥了壳的小山竹笋去山外卖。在一个大姓村子里，有两个地痞，以收保护费为名义要挟他们，这几个人每人被讹诈二十个竹笋。

三公听了，很是恼火，说："我最看不起这等欺负弱者的腌臜人。"

几天后，三公也挑了竹笋来卖。两个痞子大摇大摆走来，同样要了二十个竹笋。一担笋也就六七十个，这不是抢劫吗！

三公说："你两个拿住这些。"

说完，他忽然腾空而起，把二人同时踢倒在地，笋撒了一地。

三公说："你们晓得什么叫五百钱吗？要是我的手，上了你们身，就死到临头。如果识相，把前几次讹诈的竹笋钱，一并算来。我好回去交账！”

两个地痞，见来者不善，乖乖交了钱。

一次，三公在七月半前，挑着一担西山火纸去安义县城卖。下午，在潦河码头有一个人摆了几床棉絮在卖 。三公走过去，打开一看，发现棉絮里面包了鸡毛。

三公没有作声，绑好还给他。

那个老板是县城有名的一霸，只见他两眼一瞪，说：“你摸了我的絮，就要买。”

两人争执起来，就要动手。

三公说：“街面上人多，不要伤及无辜。我们去浮桥上打。”

其实这个人功夫也很过硬，且套路差不多，他们搏斗一个时辰，还没有分出胜负。码头上喊声震天，都在叫：“西山纸客加油。”

眼看日头偏西了，三公身上也挨了不少拳脚，只好点了他的穴。他立马软下来，跌到河里。三公怕他淹死，把他拎到浮桥上，就回家了。这个恶霸过了七天，吐血而死。三公为县城除了一霸。

那时，村子里有二十多人学打。我祖父的三弟、四弟，连同堂兄弟，就有四人学打。

余生也晚，只见过细公。记得那时，村子里有人手脚摔断或脱臼，都来找他。他拿手过去把捏一下，只要不是粉碎性骨折，在伤者不注意时，突然发力，猛然一拉，一推，“咔嚓”一声，就接上了。再采来骨碎补、接骨草、黄荆等药，捣烂，敷上，把伤处用夹板夹上。

细公讲过一个《千斤茂公》的故事给我听。

早先，黄家庄有个千斤茂公，长得头高马大，有着牛劲马力。他早年为了练轻功，长年在腿上包铁砂子，逐步加量。五年后，他可纵过六把桌子。为了练力气，每天将一头小牛抱过港，三年从未间断，牛长大了，他自然成了大力士。他吃饭能吃一小甑，一桌丰盛的菜，就当吃一个点心。一天，山外一个地主听说他力气大，请他去耕田。他一上午，就耕了五担种的田，把牛累得趴在地下，口吐白沫。他抓住两只牛脚，往背上一搭，就往回走。地主见把牛累坏了，就把他辞了。

罗亭有个财主叫罗八，风闻十八磷的山大王要来他家打秋风，就把千斤茂公请去当家丁。

秋收过后，山大王果然带了几个凶神恶煞的弟兄来了。山大王坐在堂屋太师椅上，翘起二郎腿，拿出礼单，往八仙桌上重重一搁。

罗八看都没看一眼，大喊一声："看茶。"

只见千斤茂公，右手掇了一只六七百斤重的碓臼，里面还冒着腾腾热气，躬身说："大王请用茶。"

山大王一看这架势，傻了，吓得瑟瑟发抖，拿起礼单，说了一声："讨饶了！"就回十八磷去了。

南昌知府听说有这样一个奇人，便请他去当衙役，吓得当地小偷门都不敢出。

一天，黄家庄的人来南昌府，对千斤茂公说："你走后，山上的老虎、豹子白天都来村子里，捉狗当点心吃。撑得路都走不动。"

千斤茂公回到村子里，可老虎、豹子吓得都躲起来了。于是他放火烧山，自己带了一坛梅岭春老酒，坐在山顶，就等吃烤老虎、豹子肉。

千斤茂公正怡然自得，可山火从四面围过来，结果他把自己烧死了。

三公还说：打师怕哑师。早先有个伙计，在地主家斫柴、劈柴，日久月深，自己都不晓得有功夫。一日一个打师来地主家寻祸。伙计看不惯，上前劝解，被其羞辱，气得一手抓住打师一只脚，一用力，把打师撕成了两半。

细公活到八十六岁，他在去世前几天，还在院子里习武。他长须飘然，如不老之松。

龚氏第一个来江西开基的先祖，叫龚顺。他是北宋淳化三年（992）进士，因是文武全才，来洪州任镇南节度使兼转运判官。六十六岁那年，他在进贤戟溪定居下来，他的后人堂号多写：戟溪世第或文武世家。龚氏的祖训是：能文能武方为大丈夫。

中国历史上，像孔子、孟子、朱熹、王阳明一样有大格局的人，哪个不是文武兼修！只有这样，才能智勇双全，才能养吾浩然之气，才能富贵不能淫，贫贱不能移，威武不能屈。

那时，到了年关，大家在张师父的带领下，打起了狮子灯。

狮子灯为一公一母。长五尺，高三尺余，用竹篾扎成，外面蒙上红黄为主色调的绸缎。乌一黄二。按照江湖规矩，不可打乌头狮子。每头狮子由两人操纵，后面一个功夫要好一些。要踩准锣鼓的节奏起舞。有腾、挪、跳、跃等动作，欢快喜庆，活灵活现。接着表演八个字，及十八般武艺。

狮子灯每到一处，都有人放爆竹迎接。狮子是瑞兽，所到之处，辟邪驱恶，带来吉祥。

到20世纪八九十年代，我们村子里还在打狮子灯。可近年来，年轻人都忙着打工、做生意去了，再也没有闲情逸致习武、打狮子灯了。

贴春联

大年三十，家家都要贴春联。

春联，又称对子，讲究平仄对仗，是以中国为中心的汉语文化圈才有的文化现象。

春联，据说起源于周代的桃符。《后汉书·礼仪志》说，桃符长六寸，宽三寸，桃木板上画神荼、郁垒二神。正月一日，用桃符挂在门上，百鬼所畏。相传，兄弟二人，擅长捉鬼，如是骚扰百姓的鬼，便将其擒伏，喂虎。

据《宋史·蜀世家》记载，五代后蜀主孟昶“每岁除，命学士为词，题桃符，置寝门左右。末年（964），学士辛寅逊撰词，孟昶以其非工，自命笔题云：新年纳余庆，嘉节号长春。”这便是中国最早出现的一副春联。

王安石《元日》：“千门万户曈曈日，总把新桃换旧符。”可见在宋代，春联仍称为桃符。

清陈尚古《簪云楼杂话》记载，明太祖朱元璋定都金陵后，除夕前，曾命各家须写一副春联，并亲自微服出巡，挨门观赏取乐。尔后，文人学士更是把题联作对视为雅事。明太祖还为一户阉猪的人家，写了一副春联：“双手劈开生死路，一刀割断是非根。”

清代《燕京时岁记》上说：“春联者，即桃符也。”

记得那时，每年在大年三十这一天，父亲都要磨好墨，备好笔，戴好眼镜，给乡亲们写对子，从早忙到晚。父亲写的对子，多是从《通书》上选来的。写得最多的对子是：“青山几度逢盛世，佳客闲来话丰年。”“天增岁月人增寿，春满乾坤福满门。”

大门、后面、中堂、厨房都要贴对子。

对联寄托主人的兴趣和爱好。房间有人喜欢贴：“室雅何须大，花香不在多。”厨房很多人贴：“寻常无异味，鲜洁即家珍。”猪槽、牛栏、鸡莳也贴上：

“六畜兴旺、鸡鸭成群。”仓库贴：“风调雨顺、五谷丰登。”

可村中那个经常给我们讲忆苦思甜故事的雇农，把左联贴到右联的位置，这倒也罢了，他还把“六畜兴旺”贴到了大门口，把“东成西就”贴到猪槽上，传为了笑话。

父亲一面写对子，一面讲故事。

在早先，娶妻嫁女时兴对对子。

有一个员外，生了十个女儿，把女儿辛苦带大，女儿们都出阁了。二老到了垂暮之年，没有一个女儿有良心。员外很生气，过年在门口贴了一副对子：“家有万金不富，人养五子还孤。”左邻右舍不解其意。员外解释说：“我十个女儿，不是万金吗？姑丈是半子之道，不是五子吗？”女儿姑丈闻言，羞愧难当，都争着赡养老人。

有两个举子，一个姓刘，一个姓李，都带着书童。他们进京赶考，在一个凉亭中不期而遇。都是同道中人，他们惺惺相惜。姓刘的举子拱了拱手，说：“敢问兄台尊姓？”那个姓李的举子正在摇风打扇，说：“骑青牛过关——老子李。兄台贵姓？”姓刘的灵机一动，说：“斩白蛇起义——高祖刘。”

在除夕这一天，除了贴对子，还要在大门上贴门神，壁上贴年画。这样一点缀，就是竹篱茅舍，也平添了几分喜庆氛围，有了年的味道。

杨圣希《梅岭竹枝词》诗云：“儿时往事记犹新，年年红纸写宜春。如今笔砚人家少，买副春联贴上门。”

是的，当下很多人家，省得求人写对子，多是买对子贴，况且现在的乡村，能够题诗作对的人也少见了。

放爆竹

说到过年，一定要放爆竹。

相传，“年”是一种凶残无比的怪兽，每隔一段时间，就要出来兴风作浪，毁坏庄稼，伤害人畜。有一年的腊月三十，年又来到一户人家门口。天寒地冻，恰逢这户人家烧竹子取暖。火光熊熊，竹筒内空气受热膨胀，发出“噼里啪啦”的爆裂声。年听了很害怕，吓得跑了。

从此，人们每逢年末岁首，都要燃烧竹子，驱邪灭灾。《诗经·小雅·庭燎》有："夜如何其，夜未央，庭燎之光。"就是在庭院中用松枝点燃竹子。

南朝梁懔《荆楚岁时记》记载："正月一日，是三元之一日也。春秋谓之端日。鸡鸣而起，先于庭前爆竹，以避山臊恶鬼。"

于是，人们常常燃烧爆竹，称之为平安爆竹。

唐代发明火药后，有个叫李田的人，在小竹筒里装上火药，点燃后发出巨响。人们就效仿这一做法，制爆竹筒以驱魔。后来人们又用纸筒代替竹筒，并用麻绳扎爆竹编成串，才产生了今日所说的爆竹。

我小时候，酷爱放爆竹。那时的爆竹声于我，不亚于快乐的歌，欢乐的舞。每逢家里放爆竹，我们便争着执行这项任务。趁父亲不注意，我总是偷偷剪下一截，藏起来，拆开来一个个放着玩。一声爆竹响，便给我带来一阵欢喜。

每年的大年初一，是我最忙碌、最快活的时候。天才蒙蒙亮，我就起来，听见谁家打爆竹，便是一阵风似的跑去，捡没放响的爆竹残骸。那时的小孩个个如此，只等爆竹一燃完，一齐扑过去，抢作一团，哪里还管得了刚穿戴的新衣新帽。

一次，一个叫家顺的伙计，捡到半挂没爆完的爆竹，放进口袋，正在得意扬扬，可爆竹复燃了，随着一阵"噼噼啪啪"声，烧坏了新衣裳不说，还将皮肤烧伤了。

有一年的初一，邻居家在大门口供好了三牲和斋饭，就到灶下去点香烛，祭拜天地。可与他家同屋而居的一个四岁多的孩子，跑过来，端起斋饭就跑，惹得我们哈哈大笑。

堂兄从县城的姑姑家做客回来，买来十多个叫"震天雷"的大爆竹威力很大。

有一日，我们一群孩子正在放爆竹取乐，侄儿秋生不知道从哪里捡来一枚"炸弹"。所谓的"炸弹"，酒药般大小，用薄膜将白硝和雄黄隔开，包扎好。这两种药，只要碰在一起，就爆炸。这是当年猎人放在山上炸野兽的。那时，我是个十一二岁的懵懂少年，正嫌放爆竹不过瘾，接过"炸弹"，摆在一块平整的石头上，拿起一块小石头，在上面敲了一下。随着一声巨响，我的脸炸花了，手震麻了，耳鼓在嗡鸣。

此后有一段时间，我听见爆竹声都会心有余悸。尤其是大年三十夜里的爆竹声，此起彼伏，震耳欲聋，不知伴我度过了多少个不眠之夜。

近几年，很多地方禁止燃放爆竹了。这样一来，年味似乎陡然减了一大半。随之，各种花灯也玩不起来了。

随着岁月的流逝，我越来越恋旧，很希望又能听到“噼里啪啦”的爆竹声。

细细思量，这爆竹声，寄托了先民一种祛邪、避灾、祈福的美好愿望。

击辕之歌

我的文学启蒙第一课是民间文学。

从我牙牙学语起，母亲就教我唱童谣：“灯盏嘚，矮坡坡，三岁孩儿会唱歌，不要爷娘教乖我，自己聪明会唱歌。”

一次，母亲教我唱：“花喜鹊，尾巴长，娶了老婆忘了娘。”母亲问我：“儿呀，以后娶了老婆，还记得娘吗？”

我说：“我不要老婆，我只要娘。”

姐姐用采茶调，教我唱《梅岭十二月采花》：

正月梨花白如雪，二月郑花送春来，三月桃花红似火，四月刺蓬遍地开，五月栀子芯里黄，六月莲花满池塘，七月菱角牵藤长，八月桂花漫天香，九月菊花黄似锦，十月茶花小阳春，十一月无花无人采，十二月梅花斗雪开。

那时，父亲把童谣，当催眠曲，一上床便教我。我唱着，唱着，就睡着了。

同二哥上山砍柴，路上听见青蛙在唱，知了在叫，二哥给我出谜语：“什么田里打花鼓？什么树上唱清歌？”我很快就猜出来了。

二哥又打谜语给我猜：

大哥山上坐，二哥捡田螺，三哥买鸡不用秤，四哥偷谷不用箩，五哥攀高叫叽叽，六哥五更叫人起，七哥剁肉不用刀，八哥天生被人骑，九哥行走要人牵，十哥是尺拿不起。

一股尖尖，二股圆圆，三股打伞，四股握拳，五股拉拉长，六股脱脱扁，七股一身毛，八股一身疮，九股吊了颈，十股进土库。

第一个谜底：虎、鸭、野猫、老鼠、知了、鸡、猫、马、牛、蛇。

第二个谜底：辣椒、南瓜、蘑菇、茄子、豆角、扁豆、冬瓜、苦瓜、丝瓜、土豆。

这些谜语，有情有趣，蕴含高度的民间智慧。

心之忧矣，我歌且谣。

有学者考究，我家乡这边的原住居民，属于古代百越民族的一支——干越人，是苗、壮、侗、土家等民族的祖先。随着北方中原人逐渐迁入，他们被迫迁移，但其文化习俗，仍保留不少。最明显的现象，就是传统民谣中，有一种盘问式的山歌，也叫猜歌。

盘歌先生老贤台，我打歌子问起来：什哩出来天开眼？什哩出来人吃人？什哩落地地翻身？

盘歌先生老贤尊，要等我来表你听：日头出来天开眼，孩子出来人吃人，犁头落地地翻身。

盘歌先生老贤台，我打歌子问起来：米筛圆圆几多眼？四两丝线几尺长？一担芝麻几多双？

盘歌先生老贤尊，要等到我来表你听：米筛算箴不算眼，丝线算两不算长，芝麻算升不算双。

盘歌先生老贤台，我打歌子问起来：什哩生在高山顶？什哩生在半山中？什哩生得海样深？

盘歌先生老贤尊，要等到我来表你听：头发生在高山顶，眉毛生在半山中，喉咙生得海样深。

盘歌先生老贤台，我打歌子问起来：什哩样雀子高山叫，什哩雀子半天飞？什哩雀子自带泥。

盘歌先生老贤尊，要等到我来表你听：哥公雀子高山叫，鹅雁雀子半天飞，只有燕子自带呢。

有一年，我去贵州西江苗寨，导游开玩笑说："江西的朋友们，欢迎你们来到西江。你知道这里为什么叫西江？因为我们的老家就在江西。"

我的家乡还有桑间濮上式的情歌，自然质朴，纯真热烈：

男：山歌好打口难开，杨梅好吃树难栽。想话几句私情语，姐的心事好难猜。我的妹呀，赤脚踩水试深浅，我把山歌唱起来。

女：屋前屋后莫打歌，打得少来听得多。老人听了要挨骂，后生听了是非多。我的哥呀，山歌要往深山打，树大藤深情意多。

男女合唱：高山流水响叮当，哪有山水不落河，哪有哥来不想妹，哪有妹来不想哥。哥呀妹呀，东边日头西边落，二人心事差不多。

明叶盛《水东日记》云："吴人耕作，或舟行之劳，多作讴歌以自遣，名唱山歌。"明陆容《菽园杂记》说："吴越间好唱山歌，大率多道男女情致而已。"《隋书·地理志》记载："豫章之俗，颇同吴中，其君子善居室，小人勤耕稼。衣冠之人，多有数妇，暴面市廛，竞分铢以给其夫。俗少争讼，而尚歌舞。"

俗语说："水滴积多盛满盆，谚语积多成学问。"

谚语是劳动人民的智慧结晶，蕴含丰富的人生哲理和天文地理知识。

每当我清早赖床，不愿起来，父亲会教导我说："一年之计在于春，一天之计在于晨。"

每当我口吐狂言，说大话的时候，母亲教导我："松柏越高越挺，人越长大越小心。过量的饭可以吃三碗，过分的话不可以说三句。"

生活谚语：

萝卜青菜，各人所爱。

亲不亲，财是真。

雪里埋人，久后见分明。

一个篱笆三个桩，一个好汉三个帮。

三岁看大，七岁看老。

亲戚朋友不怕多，冤家对头怕一个。

气象谚语：

东虹晴，西虹雨，南虹北虹涨大水。

春寒致雨，春暖致晴。

春分秋分，昼夜平分。

夏无三日雨，春无三日晴。

夏至见晴天，有雨在秋边。

七月秋风雨，八月秋风凉。

夏至无雨三伏热，重阳无雨一冬晴。

处暑白露节，夜寒日上热。

大旱不过七月半，十月无霜地也寒。

交了九，立了冬，不是下雨就刮风。

一场冬雪一场米，一场春雪一场水。

云往东，暖烘烘，云往西，穿蓑衣。

夜里星星密，明天穿蓑衣，夜里星星稀，明天晒死鸡。

早霞风雨晚霞晴。午后西起乌云雨来跑不赢。

日出东方红，无雨便是风。

农事谚语：

人勤地生宝，人懒地生草。

春天三场雨，秋后不缺米。

春雷响，万物长。

清明热得早，早稻一定好。

今冬大雪飘，明年收成好。

清明浸种，谷雨下田；芒种栽禾，大暑收割。

芒种打火夜耕田。

惊蛰种子，春分栽新。

修养谚语：

树正不怕风摇动，身正不怕月影斜。

大路不平旁人铲。

失物是真，疑人有假。

人上一百，武艺皆全。

人无足心，花无绿芯。

人情好，水也甜。

夜夜做贼不富，朝朝待客不穷。

在家靠父母，出外靠朋友。

民间文学的重头戏，要算民间故事。乡亲们在田头边讲、洗衣埠头讲、吃饭时讲……

那时的寒冬腊月，大家不像现在这样，有电视可看，有收音机可听，有电脑可玩，而是都挤在一起摆龙门阵。

一到冬天，父亲便在堂屋中间，打一个一尺来深，二尺见方的火塘。雨雪天气，就烧起一堆篝火。火苗笑，客人到。左邻右舍，纷纷来烤火，聊着聊着，就讲起了故事。你讲《赶西山填东海》，我讲《许真君镇蛟龙》，他讲《裘皇姑千里救夫》。故事不断，精彩不断。

“文章合为时而著，诗歌合为事而作。”农民创作的故事，也多是为本阶级的人说话的。有一个《一女配三郎》的故事，便是如此。

话说有一个私塾先生，在很远的地方教书，赚了一担谷子，走到半路，挑不起了，先后由秀才、道士、农民三个人才把它挑回家中。一概许诺，将女儿相配。同一日，三个人都来求亲。先生说：“我只有一个女儿，给谁呢？这样吧，你们各以自己的职业作一首诗，谁赢了，谁把我的女儿娶走。”

秀才作诗道：“乌笔写来朱笔改，作起文章人人爱。如若小姐嫁给我，凤冠霞帔任你戴。”

道士作诗道：“道士法尺戒，做起斋醮人人爱，如若小姐嫁给我，有头鸡子做长菜。”

农民作诗道：“犁来耕，耙来盖，收起白米人人爱，如若小姐嫁给我，白米饭配老芥菜。”

小姐说：“一不想凤冠霞帔戴，二不想有头鸡子做长菜，只想白米饭配老芥菜。”

有一个叫《诗意》的故事，极富农民式的幽默。

暮春三月，桃红李绿，诗人来到郊外踏青，寻找灵感。

诗人漫步在田野上，只见路边嫩绿如韭的小草丛中，红黄蓝白紫，点缀着许多小花，清香撩人。诗人有些陶醉。这时，对面走来一位老农，挑着一担芥菜，背后跟着一条硕大的狗。诗人禁不住问道：“老伯，你天天在这开满鲜花的小路上，走来走去，是不是觉得很有诗意？”

农民七十好几，目光有些浑浊，茫然地打量了诗人一眼，说：“我日忙夜忙，哪有工夫看花。只有我的狗，什么也不做，整天在田塍上走来走去，有没有诗意，它最清楚。”

还有一个关于“吹牛”的故事。

早先，有一个员外，生了三个女儿。大女嫁了一个读书郎，二女嫁了个盐商，三女嫁了个种田的农民。

每逢过年过节，三个姑爷去员外家做客。员外有个规定，每次都要吟诗作对比赛，胜者好酒好肉任你吃，败者只许吃粥。

有一年过节，三个姑爷到齐了。丈人说：“这次不比诗，也不作对联，比吹牛。”

大姑爷说：“我们村有一面通天大鼓，有三幢土屋大，只要轻轻地敲一下，十里外都听得到。”

二姑爷说：“在我乡有一条战船，当年在曹操下江南，八十三万人马，就是乘这条船来的。”

三姑爷一听，急了，心想又要吃粥，干脆回家，把经过一五一十给老婆说了。

三妹立马回到娘家。

两个姐夫摇风打扇，好不得意。

大姐夫问："三妹，你丈夫哪里去了？"

三妹说："他哪里还有闲工夫坐在这里喝茶吃酒？我家出了两桩大事，正忙得不可开交呢！"

"什么事，说来听听。"

"还不是为了我们家那头该死的牛，一口吃掉人家四亩田的禾。人家正要我家赔谷呢！"

"瞎吹，哪有这样大的牛！"

"我家不养这样大的牛，姐夫哪里蒙得那么大的鼓。"

大姐夫哑口无言。

二姐夫说："那么，还有一件什么事？"

"莫谈，莫谈！去年春天，我们家在屋后栽了三棵竹子，今年清明长出一只笋，到了谷雨，一下捅破了天。刚才，玉皇大帝派天兵天将下凡，找我丈夫商量，把竹子砍掉，不然的话，直逼凌霄宝殿了。"

"乱说，哪有这样大的竹子？"

"没有这样大的竹子，哪撑得了八十三万人马下江南的船。"

二姐夫也面红耳赤。

二位姐夫在聪明伶俐的三妹面前，自认倒霉，乖乖地喝稀粥去了。

民间文学自幼对我的熏陶，对我后来写作起到了深远的影响。我不时在文章中，穿插一些民间故事、歌谣、民谚，丰富了写作素材，增添了文章的地域色彩。正如三国曹植《与杨祖德书》中所说："夫街谈巷说，必有可采，击辕之歌，有应风雅，匹夫之思，未易轻弃也。"中国古代四大传说《梁山伯与祝英台》《白蛇传》《孟姜女》《牛郎与织女》都是由民间故事改编创作的。

我的恩师张小龙先生也多次教导我："你要多到乡间去，和老人家接触，在他们每个人身上，都有很多故事。"

而如今的农村，在现代文明的冲击下越来越绚丽，越来越精彩。农民的闲暇时间，可以看电视，可以上网。谁还会聚集在一起唱民谣，听民间故事呢？

民间文学，是一道离我们越来越远的风景线。

乡音俚语

在我孩提时，听大人说，一个人吃哪里的水，就是哪里的口音。方言有隔山不隔水之说。可在当下，无论你走到城乡内外，还是大江南北，孩子都说普通话。

他们不但说普通话，就连以往的称呼也改了。父亲以前叫爸爸，现在叫爹地；母亲以前叫咿呀，现在叫妈妈，甚至叫妈咪；祖父以前叫公公，现在叫爷爷；祖母以前叫嗯妈，现在叫奶奶。阿公阿婆，叫姥爷姥姥了，母舅舅母，叫舅舅舅妈了。几乎见不到现在的孩子用乡音唱民歌民谣了。他们唱的是：拉大锯扯大锯，姥姥家唱大戏。或：小老鼠，上灯台。

现在乡下的孩子，身上已经没有了泥土气！这也是现代文明的变化吧！

以前的人结亲，两家一般不会超过五十里路，多是在十里八村，清早出门，当午可到亲戚家吃饭。

可今日的年轻人，走南闯北，四海为家。乡下只剩下老人和孩子。

孩子稍大一些，也进城读书了，难得会有一个回来的。乡村在逐渐消失，很多方言也在消失！

我的家乡属赣方言区。在唐以前，江西文化相对落后，方言难懂。

《南史·胡谐之传》记载了这样一个有趣的故事：胡谐之，是豫章（南昌）人。建元二年（480），他担任给事中、骁骑将军。齐武帝萧赜打算与胡谐之家结亲，可他一家人讲的是赣方言，很难听懂，便从宫中派了四五个人去胡家，教他的子女说建康（南京）官话。可两年后，齐武帝问："你的家人方言改过来了吗？"胡谐之回答说："宫中人少，臣家里人多，不但不能改正方言，宫中人也净说赣方言了。"齐武帝大笑。

到了明代，有朝臣半江西之说。据说解缙在永乐年间，主修《永乐大典》，有同僚问解缙："解总裁，听懂江西话有何诀窍？"解缙说："吃读喫，说读话，玩读捏，站读徛，跳读纵，睡觉读睡觉，太阳读日头，月亮读月光……"

相传，解缙没有发迹的时候，就才名远播。一日，有一个北方来的文字学家，慕名来赣拜访解缙。解缙打扮成船夫，在赣江渡口迎接。

文字学家上了船，解缙故意问："客官，你来赣贵干？"

文字学家说:“我听说解缙诗写得好，但我呢，没有不会写的字。我特来会他。”

解缙说:“那不见得。我来话，你来写，试一试看啰。”

文字学家说:“请便。”

正好船上有人提了一只公鸡。解缙说:“那就以公鸡为题。头戴金冠颈带嗝(嗉囊)，身穿紫袍脚带距。”

文字学家拿出笔墨，写了起来。写到嗝字，就停下来，写不下去。

解缙哈哈大笑，说:“不会写吧。嗝距两字全不晓，赶快回家莫问佢。”

同光体诗人杨增荦是新建溪霞人，去京城做官，带了邻村一个姓陈的人，当佣人。一天早上，陈师父去买菜，问:“先生，买点什么菜好?”杨增荦说:“鱼啰、肉啰、萝卜、青菜、大蒜，囊囊桑桑。”囊桑，方言是“等等”的意思。陈师父到吃午饭才回来，说:“先生，跑遍了几条街，没有买到囊桑。”杨增荦被逗得哈哈大笑。

光绪二十七(1901)，时任翰林院编修的刘廷琛，预感到大乱将至，告假还乡，在庐山脚下建了一所介石山房，他在其中读书，“潜究夫阴阳往复之机，治乱得失之本”，以待时变。当时，很多江西同僚经常前来拜望。一天当午，张勋在介石山房，喝得面红耳赤之际，见杨增荦匆匆赶来，更是酒兴大增。

当时，南昌人把干杯叫献底。张杨二人尽同乡之谊，连干三杯。张勋说话都有一些结巴了。杨增荦好心劝他:“少轩兄，你就不要再喝了。再献底，就要献丑。”

张勋怫然色变，把酒盅往桌上重重一搁，下了桌，来到堂前。刘廷琛看出了一点苗头，过来问候。张勋咬牙切齿地说:“杨昀谷向来轻狂，自以为是进士出身，拿个放过牛打过长工的人来醒酒。我要杀掉他才解恨!”

刘廷琛说:“少轩兄，此言差矣。昀谷其实是一片好心，怕你喝醉酒。是你想得太多了。”

张勋沉默了片刻，用中指下意识地弹了几下茶碗盖，说:“有理，有理。”便与杨增荦握手言欢。

我那时听过一首童谣，主要是说，方言可说不可写:“芭茅窸窸窣，窸窣又窸窣;砻里砻谷唧唧呵，唧呵又唧呵;门闩叮叮掸，叮掸又叮掸，拴了大门又加撑。大哥问小哥，进来干什么?开门来撑饭，有饭冇有饭?”

我们当地的方言还很复杂。我村桐源，与南门头、江下湾，三个村几乎鸡犬相闻，说话的音调，却明显不同。如架头，古属于南康府安义县管辖，而西庄则属南昌府新建县管辖，以分界殿为界，相差就几里路，不但方言不同，风俗也大相径庭。更有时候，会引起麻烦。安义方言劝客人夹菜吃，说："截菜吃。截嘛！截嘛！"

截，音近乎"绝"。去做客，往往都是初一、十五这样的大日子，新建县这边的人，听了则大为不喜。南昌地区，多是说拈菜吃。

万光明先生《豫章方言溯源》记载：

《礼记·曲礼》羹之有菜者用梜，其无菜者不用梜。郑玄注："梜，犹箸也。今人谓为梜提。"《广雅·释器》："筴，谓之箸"王念孙《疏证》："梜与筴同。"《广韵·怗韵》："筴，箸筴。古协切，又古洽切。"见纽盍部，豫章方言称以箸筷夹菜发音为呷菜。梅岭太平镇则谓截菜。本字为"梜"。

有个这样的故事。在早先，我村有个人，在西庄高家娶了亲。有一年初一，龚家姑丈去给老丈人拜年，丈人说："初一儿，初二郎，你难道不晓得一二？"

第二年，龚家姑丈初二下午去拜年，丈人又说来晚了，说："你这个人，怎么颠三倒四。"

有一年，丈人做上梁酒。寒冬腊月，菜一上桌就凉了。龚家姑丈有些结巴，好心好意叫大家："快烧（些）子吃，快烧子吃。"丈人气得吹胡子，瞪眼睛。龚家姑丈说："你发什么火？"可正在此时，厨房因柴草过多，灶里落下一个火苗来，一下子火光冲天。丈人气得破口大骂。龚家姑丈上前，一把揪住丈人的胡子说："灶门前发火，关我啥事。算我倒运，窜死、窜猋，跑到你家来结亲。从此以后，我龚家世世代代都不要跟你高家结亲。"

窜死、窜猋两个词，据万光明《豫章方言溯源》考证：

豫章方言詈人外出有"窜猋"一词。熊正辉《南昌方言词典》一六零页，先列"窜死"条，云"骂人不着家，到外面瞎逛：又跑得哪里窜死去了啊？"下一条"窜猋"云，"意思跟'窜死'差不多。猋，广韵宵部甫遥切，'群犬走貌'。"肖萍《江西吴城方音研究·第七章·本字考》（按：吴城古隶属南昌府新建县）："猋，窜猋：骂人外出瞎逛。《广韵》宵部帮母甫遥切，群犬走貌。"其沿熊说。从"猋"解字：一犬行前，二犬随后。《说文》"犬走貌，从三犬。"

我乡有一个客商，去邻县做生意。中午走进一家饭馆，说：吃碗清汤，吃碗面。可老板听成七碗清汤七碗面，摆满一桌。一会儿，像走马灯似的端上一十四碗清汤挂面来。客商很生气，说：我哪里是牛肚。老板又端来一盘牛肚。

乡音俚语，生动传神。形容一个人小气，就说：吃饭怕碗响。形容一个人发怒面相难看，就说：五岳朝天。形容一个人强横，就说：掮锹拿铁向前。形容一个人木讷，就说：脚踏莲塘问莲塘。

我乡有“宁卖祖宗田，莫丢祖宗言”之说。很多乡音俚语，看似土里土气，其实都有它的根据，甚至是我们的先人从中原带来的古风古韵。由此可见，方言其实也是祖国文化的重要组成部分。

儿时游戏

早些年，我家在梅岭店前街开了一家小超市，一日，我陪妻子到市场进货，看见陀螺，喜不自禁，进了二十套，放在货架上，却是许久无人问津。

儿子数落我说：“老爸，你怎么把一堆老古董请进来了？还是你自己拿去玩吧！”

原来，儿童游戏也是与时俱进的。现在的孩子，喜欢玩的是电脑游戏、变形金刚、四驱赛车……

时过境迁，在这个剧变的年代，我们儿时的游戏的确是难得一见了。

陀螺

总有那么一天，村前的场地上，有人在打陀螺，大家便纷纷效仿。去山上砍来檀树，锯之，削之，刨之，雕之，刻之，再用火烘干，涂上各色颜料，一个漂亮的陀螺就做成了。

打陀螺一般在天高气爽的秋天。放学后，我们便不约而同来到平坦的禾场，右手先将竹鞭上的带子把陀螺缠紧，再将鞭子一扬，陀螺便旋转起来。陀螺这东西，你越用鞭子抽它，它越转得快、转得欢，我们戏称它为“贱骨头”。听老一辈的人说，抗战时期，打陀螺叫“打汉奸”。儿童的游戏，也有爱国情结。随着抽陀螺的鞭子打得山响，我们的欢声笑语也响彻云霄。

推铁环

突然有一日，有人在上学的路上推起了铁环。铁环是被一个推钩推着走的，发出“嚓唧唧”的欢歌，很令人羡慕。放学后，我找遍了家里楼上楼下，角角落落，就是找不到一个铁环。无意中，我发现母亲用来烤火的坐炉上，有一个铁环，不管三七二十一，我就把它扒了下来，又心急火燎，做了一个推钩，推着铁环，在野外疯跑。待跑得一身汗水回家，坐炉却散架了。

踩高跷

踩高跷也叫走高脚灯。这本是民间的舞蹈形式，我们且把它当玩具。用两根长约六尺的竹竿，在高二尺左右处凿洞，装上踏板。开始踩上去，还是一晃一晃的，才走上几步，就平稳了。有的人，艺高人胆大，在三四尺的高处，装上踏板，走起来摇摇晃晃，很吓人。下雨天，路上泥泞，没有套靴穿的人就踩高跷上学，可保鞋袜不湿。

踢毽子

我们在过年杀鸡的时候，留下公鸡尾巴上漂亮的羽毛，找来一个外圆内方的铜钱，做成毽子。几个人在一起，叫一声看呢，就踢起来，谁踢得多谁赢。《西山竹枝词》云：

娇花宠柳艳阳天，湘水罗裙一色鲜。

小妹阶前学踢毽，凤头鞋子跃金莲。

注脚云：“山中见女子，每于岁暮，无事之时，以指头大小布，裹钱一枚，纳鸡毛五六匹于眼中，用线缚定，钱重毛轻，以便腾踢，如打蹴鞠之戏，较多少为胜负。其能者，以一脚踢案头，一足悬空，连踢数百毽不堕落，微有凌风舞掌之势。踢罢，掠鬓整衣，不喘不汗，亦绝技也。”

跳房子

在地上画上八个方格，每个方格一平方尺见方。捡来一块平整的瓦片，呼朋引伴，便踢了起来。一脚踢去，要确保瓦片不压线，急不得，慢也不行。从第一间踢到第八间，便可封一间房，写上自己的名字。房子封得多了，参与者就犹如封疆大吏一样，颇有成就感。

鹞鹰抓小鸡

一大群孩子，一个人扮作鹞鹰，一个人扮作母鸡，其余的人都扮作小鸡。

小鸡排成长队，一个牵着另一个的衣裳，跟在母鸡身后。

母鸡还唱道："牵羊牵羊卖狗，狐狸狐狸掩狗，牵到南昌，打起铜锣落大雨。阿婆吔，呢呢哑哑打开门啰。"

鹞鹰说："你是哪个？"

母鸡说："我是花狗子哟。"

鹞鹰说："你在做什么哩？"

母鸡说："我在牵羊卖狗哟。"

鹞鹰说："你怎么到天上来了？"

母鸡说："簸箕簸上来咯。"

唱到这里，鹞鹰发起了攻击。母鸡展开翅膀，遮遮掩掩。小鸡则躲躲闪闪，直到把所有的小鸡抓到为止。

捉迷藏

几个小拳头叠在一起，一人用手点着拳头说："竹端打水竹端沉，哪个按眼哪个寻。"

点到谁，就由谁寻。竹端，是舀水用的竹筒。或几个人站在一块，由一个人边说，边点："点兵点将，骑马打仗，有钱吃酒，无钱快走。"点到谁，就由谁捉迷藏。

过家家

过家家也叫煮土饭。更有甚者，还用篱笆、树皮搭建房子，捡来砖头做灶台，弄个烂脸盆做锅子，抱来稻草做床铺。去田边割来嫩草用瓦片装着当蔬菜，用竹筒盛土当饭。几个人或当爹，或当妈。男女有别，尊卑有序。还模拟种田、种菜。角色分得一清二楚，日子过得有模有样。

吹肥皂泡

把肥皂浸泡在水里，待水有一定的浓度时，装在一个竹筒里，用一根芒花秆蘸一下，往芒花秆中吹气，马上冒出一串串五颜六色的肥皂泡来。肥皂泡在空中飘着，荡着，很快就消逝了。

光阴荏苒。随着肥皂泡消逝的，不仅有我的童年时光，还有我的青春年华……

陆游有诗云："白发无情侵老境，青灯有味似儿时。"

孩提时的游戏，多得数不胜数。写到这里，我想起了我的文友李晓彤在微博中写道："我们已经不知不觉迷失在手机、电脑组成的纷繁的网络世界中。好想让时光倒转，回归到渐渐逝去的，那些简单而纯真的年代。"

那时的游戏，虽不像今日这般丰富多彩，但我们可以更多地接触江河湖泊、山野田园、花鸟虫鱼、民俗风情。无论是一汪水，一片山，还是一块瓦，都能自得其乐。在做游戏的同时，还可以发现美、创造美、拥有美。虽然我们穿的是破衣烂衫，吃的是粗茶淡饭，但我们比现在的孩子玩得更欢、笑得更甜。

记得少年骑竹马，转身便是白头翁。儿时的游戏，是我们童年幸福生活的一个重要组成部分。

飘着药香的节日

在我的家乡，端午节这一天，不但要插艾蒿，挂菖蒲，洒雄黄酒来驱魔避邪，还要喝午时茶、挖土青木香、七叶黄荆来祛病防疫。

《风土记》就记载："端者，始也，正也。五日午时为正中节，故作种种物避邪恶。"

午时茶

做这种茶，要去田野山间，采摘钩藤、黄连、野艾、紫苏、苍耳、柴胡、淡竹、薄荷、山楂、车前草、夏枯草等。午时茶名曰茶，实际上与茶不搭界。

在我的家乡，煎中药叫煎茶，吃中药叫吃茶，忌讳说药。

这午时茶，主要以钩藤为主。

钩藤多长在乱石丛中，如藤似蔓，爬在石头上。它的叶对生，其时开着球状的花朵。叶腋下，长着双钩。我们主要摘钩藤的钩子，一不小心，会挂得手流血。我们一边摘，一边唱："钩中钩，挂中挂，中间挂个锄头把。"

石头上往往有人砍下的钩藤枝丫，稍微捡一些便可。

《红楼梦》第八十四回，写到薛姨妈被泼妇夏金桂气得肝气上逆，左肋作痛，躺在炕上。看情形来不及叫医生，薛宝钗先叫人买了几钱钩藤，浓浓地煎了一碗，给母亲吃了，让她睡了一觉，肝气才渐渐平复。

清吴趼人小说《劫余灰》，写到朱婉贞流落肇庆，在一家庵堂里病倒，庵主妙悟进来，看了道："阿弥陀佛！这是昨夜受了感冒。翠姑，你赶快拿我的午时茶煎一碗来。"

可见我们的先人，就用午时茶治病。

中午，煎一锅午时茶，一家人趁热喝下，可生津止渴、清热祛湿、益思提神、强身健体。据说这一天喝了午时茶，可保一年身体安康。

另外，还要按照比例在锅里烘焙一些午时茶，用小坛子装好。孩子有一些风寒感冒，咳嗽腹泻，便可抓一把煎水喝。

土青木香

中午，我们冒着炎炎烈日，来到港边，挖土青木香。

土青木香其藤纤细，叶形如戟，花朵呈漏斗状。有的果实已长到乒乓球那么大。

早先没有钟表，我们把锹插在地上等待，看准正中午才挖。一棵土青木香只挖到二三两根。

土青木香的学名叫马兜铃，也叫水马香果、蛇参果、三角草、秋木香罐。

挖出来的马兜铃根茎，如指头般粗，形状有点扁平。晒干，放在家中备用，关键的时候，还能救人命呢。

干土青木香，用时切成碎末，用温开水服下。一次不可以超过五克。

它的果实，有清肺降气、止咳平喘、清肠消痔的功效。

《西游记》第六十九回有诗云：

兜铃味苦寒无毒，定喘消痰大有功，
通气最能除血蛊，补虚宁嗽又宽中。

七叶荆

有的年头，父亲还要赶去山上挖一些七叶荆回来。七叶荆的根或叶，主要作用，可预防孩子惊风。

据说，有惊风症状的孩子，你用手摸他的头发，会有三根竖起来。

七叶荆，其实就是黄荆。我们通常所见只有五叶。

山里人只要在山中发现七叶荆，便用红布系住。一是表示对它的敬重，二是把它当作精灵，怕它遁去。

我从小在山里摸爬滚打，很少看见七叶荆。

父亲经常在山上砍柴、放牛，隔个三五年，才能发现一棵七叶荆，便用红布系住，要等到端午节午时，把根挖回家，晒干，以备不时之需。把七叶荆的叶子摘来烘干，可做茶饮。

父亲说：七叶荆喜欢长在阳光充足，或烧过山火的地方，所以它阳气最足，药性最烈。

七叶荆虽是普通，但它历经风霜，吸天地之灵气，汲日月之精华，终于长出了七片叶子，被提升到与千年人参同等地位，能救急，救人命。

这也是一种传奇！人生亦如此，又有几个男儿能像七叶荆一样，经过岁月的锻炼，摆脱平庸，达到圣贤的境界！

端午节，是一个飘着药香的节日。

竹筒饭

一日我在街上闲逛，见一家饭店有竹筒饭卖，就进去吃一顿。一个旧竹筒，一头用锡膜包紧，打开，里面是糯米饭，镶有红豆、腊肉，吃起来虽鲜糯可口，但无竹香，更无野趣。

我一边吃，一边想起小时候，在老家吃竹筒饭的情景。

在端午节前后，时序已到小满，新竹成林，长出了新叶，村里人便要去高山上破“扎篾”。扎篾其实就是新竹破下的青篾，晒干后，可用来锁箩筐、斗笠、晒箪等篾具的边。

破扎篾都选在哭鬼崖、大岭庵、系马桩这样的高山，拿父亲的话说，扶起路来有天高，砍去一些新竹，可免去日后拖毛竹之苦。各家都带了米，中午就在山上煮竹筒饭吃，另外，还要备点腌菜、萝卜干等下饭。

是时，山上满眼都是新绿，已有一种小指头般大小的知了，在“吱吱”地叫着，好像在告诉人们，夏天来到了。它为黛黑色，翅膀上有白色花纹，眼睛处朱红如漆。

大家汗流浃背，来到高山上，稍休息片刻，分地段各搭一个破篾的架子。这架子就是砍一根小毛竹，绑在两根毛竹上，搬一块石头做凳子。

新竹也叫嫩竹，两三刀就可以砍倒一根，分成五尺一截。破开时，只听“噼啪”一声，水花四溅，竹香醉人。竹节里多含有水，越挨近根部，水越多，口渴时，喝上几口，清甜爽口。后又将毛竹分成指头宽一片，就开始破篾了。左手捏紧篾片，右手运刀，过节时，稍用点力。但要把握好分寸，不然就会削到手。

削到手是常有的事，用刀在老毛竹上刮点白霜，涂在伤口上，能很快止血。

竹篾按五十匹拦腰扎成一小捆。破下的叫竹麻，铺在柴上晒干，掮下山，可用来造纸。

林下幽暗。头顶不时有白鹇掠过，让人惊艳。它通体雪白，头顶上有蓝黑色的羽冠，赤爪，红喙，体长有一米多。它生性高傲，一般在这样的高山竹林中栖息。山中很多花脚蚊子，绕着人嗡嗡地叫着。有一种叫“六月爆”的野果，长得红中带紫，吃起来酸甜可口。闷热难当时，有人打一个呼哨，竹摇枝动，沙沙作响。

到午饭时，大家也累了，各拿一截嫩毛竹根，来到荒田。这荒田一般是以前住棚人留下的田产。用刀在竹根上割开一块一寸见方的口子，把洗好的米，灌进去。竹根里一般都有半罐天然的水。把口子依旧合上。

捡来干柴，我们就在田中间点燃一堆篝火。竹筒就放在火堆里，煮上三十分钟，竹筒里的水滚了，就用微火。再煨上半个小时，只闻得饭香扑鼻。

在此期间，大家在一起讲故事、唱山歌、猜谜语，其乐融融。

有人出了一个谜语：“一丘田里四只角，中间站只红鸦雀，上蹿下跳热腾腾，只敢看来不敢捉。”我们好不容易猜出了是一堆篝火。

吃饭时，将竹筒削出一条口子。这种饭吃起来竹香浓郁，别具风味。

到了深秋，我每年都去山上沃火屎或烧木炭。到中午，砍上一截老毛竹，戳破一点节，把洗净的米，灌进去，用木塞封好。老毛竹比之嫩竹，烧出来的饭，味道更甜更香。

我记得村里修马路通车的时候，炊事员按照人头，各锯一只竹榼，每人发半斤米，打点水，放在蒸笼里蒸，做到童叟无欺。

竹筒饭，古已有之，最早就是粽子的一种吧。

南朝梁代吴均《续齐谐记》记载：“屈原五月五日投汨罗江而死。楚人哀之，每至此日，竹筒贮米，投水祭之。……世人作粽，并带五色丝及楝叶，皆汨罗之遗风也。”

白居易《和梦得夏至忆苏州呈卢宾客》诗云：“忆在苏州日，常谙夏至筵。粽香筒竹嫩，炙脆子鹅鲜。”

村里老人说，这竹筒饭是早期人类没有锅灶时发明的。

时至今日，吃竹筒饭是一种情趣，是一种美味，更是寻找一种返璞归真的生活方式。

《老子》有云：“五色令人目盲，五音令人耳聋，五味令人口爽。”

繁华过后，终归平淡。

斫 柴

开门七件事，柴米油盐酱醋茶，柴居第一。在我童年的往事中，记忆最深的，便是斫柴了。

砍柴在我的家乡叫斫柴。那时的山村，不像现在这样奢侈，有电饭煲煮饭，用煤气炒菜，两眼老虎灶，一边做饭，一边煮潲，大把大把的柴塞进灶膛，“噼里啪啦”，顷刻就化作炊烟，化成灰烬。

我在六七岁的时候，就同堂侄上山斫柴。堂侄叫小毛，比我大六岁，是大堂兄的独生子。因我排行第六，小毛叫我六叔。小毛每次上山，总喜欢带着我。我名之曰斫柴，其实就是去逮知了、摘野果、捉蜻蜓、追蝴蝶的。小毛每次捆完柴，还要帮我这个小叔捡上一把干柴。走在路上，我总嫌柴硌得肩膀痛，就坐在路边歇着，听着田边的蛙鸣，看着天边的霞飞，倒也乐而忘归。有时，我还把刀在地上啄，唱道：“啄一啄二啄金龟，啄三啄四啄野鸡，野鸡头上一把黄梁伞，再啄三下一十八个眼。”

小毛打前去了，还要回过头来，帮我掮柴。谁叫我是叔呢。有一天，不记得什么事惹得我不高兴，我好几天不理他。他还得一迭声地喊着六叔，给我赔不是。不久，小毛上了初中，再也不叫我六叔了，也不同我上山斫柴了。

上山斫柴，最好是呼朋引伴而去，成群结队而归。有多余的时间，可以捉迷藏，做游戏，运气好时，还能捉到打盹儿的野兔，孵窠的野鸡，离群的小鹿子。一年四季，都有采不完的野果。那时，我们很少见到香蕉、苹果、菠萝之类的水果，这野果便是大自然馈赠给我们的滋补品。

有时邀不到伴，我就独自上山。走在寂寂的山路上，听鸟鸣而心惊，见草动而胆战，生怕山间会冒出一个山鬼或狐狸精来。听见乌鸦叫，或看见蟾蜍爬到树上，都让我忐忑不安。那时的我，对大自然充满了神秘感。

对家乡的山山水水，不敬畏行吗？也许我在山间踏过的每一寸土地，每一块石头，就留下过先人的足迹。

我们喜欢斫干毛竹、干茶树。这种柴特别耐烧。更多的时候，我们是捡晒干了的竹枝、树丫。有时边捡柴，还边唱山歌。

捡了一堆干柴，放在一个平坦处，一根根把它叠好，再捆上。捆柴的藤，我们叫“条子”。我们喜欢斫细长的紫藤、鸡血藤、三叶木通藤，一定要韧性好。如是斫不到藤，就斫小毛竹破篾。有一次，我斫一棵手臂粗的小毛竹，手起刀落，在毛竹将倒未倒时，一条凉森森的竹叶青蛇，落在我的手臂上。我惊恐万状，将手一甩，蛇跌到老远一动不动了。

棍子柴，一般用肩膀掮；毛柴，是则用背驮。力是压大的，一般重量可超过身体的20%。左肩累了，便换右肩。我驮柴下山，有时在不堪重负的情况下，走在崎岖的山道上，双脚颤颤巍巍，三步并两步地往山下赶。汗如雨下，却顾不得擦一把。最好是能在中途歇上一会儿，或“咕嘟咕嘟”喝上几口山泉水，或在草坪躺上片刻，那种滋味，别提有多美了。

大人斫了两捆毛柴，就用尖担，一边一捆挑着，走起路来，习习生风。

斫柴最怕踩到毒蛇或遇上马蜂窝。马蜂窝像个大秤砣，悬在柴草或树枝上，让人防不胜防。我曾多次被马蜂蜇过。每次被蜇，都是鼻青脸肿，我便叫苦连天。

斫柴也有很精彩的时候。有一次，我驮一捆柴刚下山，身后的山林间发出一种汹涌澎湃的呼啸声。我抛开柴回头看，只见一股旋风，卷着山上的柴草，如蜂拥，似鸦飞，所到之处，木折竹爆，“噼噼啪啪”，响个不休。

有一次，我独自来到高山之巅斫柴，走着，走着，天竟然像锅底似的黑了起来。空气沉闷得令人窒息。猛然，一道强烈的闪电，劈空而下，从离我不到两丈远的灌木丛旁一划而过，电火所到之处，柴草烤得漆黑如炭。这真是惊心动魄的一幕，我若向前多走几十步，就在劫难逃啊！

雷声响过，下起了瓢泼大雨。我急忙钻进一块石坎下躲雨。整个世界是白花花的，雨蒙蒙的，湿漉漉的。这可是大诗人王勃笔下有着古典浪漫色彩的“西山雨”呵！

不久，雨过天晴，白云渐渐从山谷升起，越积越厚，刹那间，眼底汪洋一片，无边无际。山头上则松花含笑，杜鹃红艳似火，如锦似霞。空气里夹杂着一股沁人心扉的芳香，令人心醉。顿时，我被眼前大自然雄奇瑰丽的景致所震慑。

往昔的斫柴生活，让我学到了生活本领，磨炼了意志，也领会到了大自然的神奇美丽。

炊烟袅袅

说起往事如烟，我倒是会想起老家村子里，煮饭时的袅袅炊烟。

那时，母亲在灶下煮饭，总要我帮忙烧火。阴雨天，没有干柴，烧不着火，母亲看见谁家烟管冒了烟，就拿两到三块竹片，叫我去人家引火。毛竹片点燃了，我急匆匆往家里赶，火呼呼地欢叫着。我烧火时，母亲还教我唱歌谣：

烟哪烟，
莫烟我，
烟那天上梅花朵。
猪衔柴，
狗烧火，
猫儿煮饭笑煞我。
虾公跳水摔断脚，
老鼠话咯要上药……

那时的灶下，有一整套的工具，吹火筒、拨火棍、火钳、柴刀，还有炆茶的生铁罐子。火不旺时，我便用吹火筒，使劲地吹。

每日煮饭的时候，要在灶里炆茶。用一只生铁罐，装满水，盖好，用一块三四个指头宽的竹片，卡在罐子把上，送到灶里左边。待水烧开，倒在热水瓶里。有时来得撇脱，抓一把茶叶，放进热水瓶里，一家大小都喝。

母亲经常说：“吃什么，都没有茶饭养人呢。”

有生铁罐谜语：“一个老汉乌又乌，钻到灶里煨屁股。”

有火钳谜语：“两姊妹，一样长，日里炙火，夜里透凉。”

淅（淘洗）好米，放在锅里煮。米煮到六成熟，用一把勺子，舀到一只筲箕上过滤，下面一只米盆装饮汤。

这饮汤，就是米汤，还可以用来浆衣裳、被子。

用竹筅帚，把锅洗刷干净，开始弄菜。上半年多是吃辣椒、茄子、豆角、瓠子。下半年多是吃萝卜、青菜、薯梗、南瓜。不同的菜，要掌握不同的火候。

弄完菜，把米倒进锅里，适当洒点水，盖上锅盖，只要闻到饭香，把火灭掉，焖个几分钟便可。饭打进饭篮里，剩下的是锅巴，色泽金黄，脆而不焦，吃起来香喷喷的。再倒进饮汤，烧一把火煮滚，清香宜人，松软可口。

那时，生产队分的口粮是不够吃的，总是栽一些芋头、红薯当杂粮。到了夜里，还要用南瓜、青菜镶在饭里充饥。

民国《安义县志》记载："安义向为贫瘠之区，仅以米粟薯芋为粮食，大宗菜肴则以蔬为主，若鸡鸭鱼肉之类，多用以款客。"

家里来了客人真好，平时不舍得吃的腊肉、咸鱼，都会摆到桌上，可大快朵颐。

母亲说："朝朝待客不穷，夜夜做贼不富。在早先，一个兴旺发达的人家，就要灶里不断火，路上不离人。"

可家里一个月都吃不上一顿肉，豆饵、咸菜倒是长菜。我那时精瘦精瘦的，母亲变着法儿给我弄点好吃的，或煎几个饼，或煨一个蛋。我常去田里捞些泥鳅，港里捉一些小鱼，母亲用辣椒煎给我吃。俗话说：鱼子腥，下饭精。母亲用辣椒煎鱼，是我一生中吃过最好吃的一道菜。

对了，家里过年过节，或做喜事，就用甑蒸饭。饭甑用杉木制成，上大下小，中间打一道箍，底部挖了七八个八字形的孔。蒸饭时，用一个竹做的甑箅，垫在下面，把煮了六成熟的米倒进去，淋一些水，用加长的筷子，打好多气孔，盖上盖子，蒸二三十分钟，热气腾腾，饭便熟了。甑蒸饭，晶莹剔透，清甜爽口，米香浓郁，回味悠长。

那时吃饭，父亲坐上，母亲坐下，我们兄妹做东西两边。桌下有鸡狗争食，神厨上站着一只猫，喵喵地叫着。日子过得虽很清苦，但也温馨。

父亲说，早先的礼法，讲究公孙不平坐，父子不对门。

物换星移。时至今日，乡亲们用电饭煲煮饭，用煤气炒菜，炊烟已不见了。

捡蘑菇

年少时，每当春雷响过，南风劲吹的日子，母亲便吩咐我说："开雷门了，去捡蘑菇吧！"

我便邀几个伙伴，提着竹篮，高高兴兴地往山上走去。

捡蘑菇，是一种情趣盎然的事儿，或在鲜花丛中穿梭，或在秀竹丛中逡巡，或在松树丛里漫步。寻寻觅觅，不管是柴里，草里，还是刺蓬里，只要能寻到一丛丛，一簇簇的蘑菇，我们便心花怒放不已。运气好时，很快就能捡满一篮子，欢欢喜喜回家。

文震亨《长物志·菌》："雨后弥山遍野，春时尤盛，然蛰后虫蛇始出，有毒者最多，山中人自能辨之。秋菌味稍薄，以火焙干，可点茶，价亦贵。"

竹菇

顾名思义，只长在竹林中，是一种烂竹根滋生的菌。我乡满山皆竹，但竹菇只长在向阳的山坡上。我们凭着以往的经验，或长辈的教导，只是选择往年捡竹菇的老地方。

竹菇的形状像一把小伞，大似茶碗盖儿，殷红如血。采在手里，就有一股扑鼻的清香，让人心醉。偶尔，山间传来几声杜鹃鸟的啼鸣，让人恍惚觉得竹菇是杜鹃啼血凝固而成。

明李时珍《本草纲目·菜部五》记载："生朽竹根节上，状如木耳，红色，大如弹丸，味如白树鸡。"

清陈维崧《丁香结·咏竹菇》词序描述："竹菇，竹间蕈也，小如钱，色如胭脂，雨后丛生，离离可爱，惟阳羡山中有之，他处所无。"熊荣《西山竹枝词》云：

乱峰排闼小桥东，修竹参差不计丛。

二月南风一夜雨，钉头菇子满山红。

竹菇用来烧肉或煮面，稍加一些葱花，更是香气浓郁，令人食欲大增。竹菇，是我印象中最美味、最好吃的一种蘑菇。

松树菇

一般生长在梅岭周边，山势比较平缓的小松岗上。大似竹菇。表层光滑，白中带点栗色，也是一丛丛生长。

松树菇，在我乡叫枞树菇。因我乡把松树，俗称枞树。它一年长两季，长在燕子来的三月，燕子去的九月，所以也叫燕子菇。

我小时候去桃花庄的姑姑家做客，常吃这种蘑菇。姑姑带我去捡过几次。姑姑左手提一个竹篮，右拿一个耙子，在松林中，拨开茅草、芒萁寻找。我们这些小孩子，在林子里钻来钻去，快步如飞，比姑姑捡得还要多。

可我们捡的蘑菇，姑姑要一只只挑选，因为松林子里有一种蛇菇，从外表看，和松菇一样。细细分辨，它的阴面是一抹光的，没有瓣。这种蘑菇有剧毒。姑姑说，以前有一家下放知青，一家五口，因为吃错了蘑菇，就吃死了两口人。

这对夫妇，有三个儿子。他们看见当地人吃松菇，很是眼馋。一日，夫妻二人，捡了满满一篮子松菇，早早弄得吃了。那天，大儿子留校未归。二儿子回来，见留下松菇太少，很是恼火，气得连碗都打在地。三儿子才两岁，只吃了一点点。很快，蘑菇毒性发作，夫妇双双西去。小儿子中毒轻，得救。村里人发现他家的篮子里就有蛇菇。纪晓岚《阅微草堂》中记载了一个蘑菇中毒的事：

余在乌鲁木齐日，城守营都司朱君馈新菌，守备徐君因言，昔未达时，偶见卖新菌者欲买，一老翁在旁，诃卖者曰：渠尚有数任官，汝何敢此。卖者逡巡去，此老翁不相识，旋亦不知其何往。次日，闻里有食菌死者，疑老翁是社公，卖者后亦不再见，疑为鬼求代也。吕氏春秋称味之美者，越骆之菌，本无毒，其毒皆蛇虺之故，中者使人笑不止。陈玉仁菌谱，载水调苦茗白矾解毒法。张华博物志，陶弘景名医别录，并载地浆解毒法。盖以此也。以黄泥调水，澄而饮之曰地浆。

根据纪晓岚记载，可用黄泥调水解救蘑菇中毒的人。这种水，名曰地浆。

胭脂菇

捡松菇时，常能邂逅胭脂菇。它的颜色桃红，小如酒盅，它如天生丽质的女子，很能吸引人的眼球，固有这样一个好听的名字。但它只中看，不中吃。

鸡脚菇

这种蘑菇，也叫鸡脚伞，它的明显标志是脚上有一道箍。民谚有云：路边鸡脚伞，吃了不闭眼。意思是说，这种蘑菇没有毒，可以放心食用。夏天雷雨天气，特别闷热，一场大雨过后，便在禾场、路边或山脚下，长出许多鸡脚菇。这种蘑菇一般两三只，长在一块，洁白如玉，亭亭玉立，大者如盘，高可二尺，一只可煮一碗。其味道异常鲜美，可与鸡汤媲美。但可遇不可求。我在故乡的日子，每年只是偶尔采到几只，煮一碗汤，尝尝鲜而已。

茶树菇

小时在山上砍柴，不经意时，能看见茶树菇。茶树菇，长在深山密林老干虬枝的茶树根上，一般一棵就长七八个，它的形状有点儿像平菇，半圆，与家栽茶树菇大为不同。后来，人们经过它的生存原理培植，除了用茶树木屑外，还用甘蔗渣、稻草、棉籽壳、菌草作原料。只要控制好温度、水分、光线，十天半个月后，就能长出茶树菇来，但其色香味比野生的差很多。

野生茶树菇味道鲜美，脆嫩可口。

我们家乡的蘑菇，多得数不胜数。有的根本不知道名字。听说，有一种蘑菇，长在枯树根上，大如桌面，高可达两米，人可以在下面躲雨、遮阴呢。可我没有见过这样大的蘑菇。我的文友杨圣希先生说，他小时候住清泉庵，一日，长工在山上看见一个这么大的蘑菇，便用箩担，把它小心翼翼弄下山。中午，不由分说，煮着吃了，鲜美异常。

饭后，他在省城工作的伯父回来说："蘑菇不可乱吃哦，要中了毒，可就惨了。"

这话说得一家人提心吊胆。他伯父考虑再三，说："你们要有个三长两短，我也不活了。"他就叫人煮了一碗，吃了下去。好在一家人什么事都没有。

我很想见识一下这种大蘑菇，可惜不曾遇见。

人们常说：吃四只脚的，不如吃两只脚的，吃两只脚的，不如吃一只脚的。一只脚的，便是蘑菇了。我离开故乡已经三十多年，一年四季，隔三岔五，就可吃上各色蘑菇，但这些蘑菇都是温室经过培植的。至于原汁原味的野蘑菇，已是难得一见了。

熊荣西山唱竹枝

少年时，初次读到唐代诗人刘禹锡的《竹枝词》，便喜欢上了这种诗歌形式，因为它取材随意，接近口语，不用看注释就能读懂。

竹枝词，亦称棹歌、杂咏等，是从古代巴蜀一带的民歌演变过来的。

大唐长庆二年（822），刘禹锡任夔州刺史。

这个刺史与众不同，他办事干练，公务简约，很少在衙门应酬，却喜欢在田野山间闲逛。就是有农民用火把烧田坎、烧木炭，他也看得津津有味。

来年清明，刘禹锡在建平（今巫山县）知县的陪同下，在长江流域考察民情。是日，恰逢民间祭祖，随着欢快的锣鼓声，飞扬的短笛声，有男女青年在载歌载舞。唱词感情炽热，且韵味悠长。

男女青年唱的是当地的一种歌咏形式，叫《竹枝词》。

刘禹锡被深深地迷住了。没有想到，"桑间濮上"果真有如此动人的歌曲。回府后，虽然过去了好多天，那优美的旋律，却总在他耳边环绕，不绝如缕。

此后，他饶有兴致地参加农民的各种社火活动，还不失时机地收集樵夫、渔民的歌谣。

刘禹锡有感于屈原流放湘江作《九歌》，也作了《竹枝词》九篇，记述了三峡的风情风貌，并委婉地流露出自己遭贬的苍凉心境。

东边日出西边雨，道是无晴却有晴。这些作品不胫而走，很快流传于大江南北。此后，历代都有诗人以竹枝词吟咏乡间风俗或儿女恋情，形式皆为七言绝句，轻快灵活，语言流畅。

宋代黄庭坚称赞刘禹锡的《竹枝词》说："刘梦得竹枝歌九章，词意高妙，元和间诚可以独步，道风俗而不俚，追古昔而不愧。"

晚清嘉善倪以埴评价竹枝词说："镇市（斜塘）去邑治二十里，南北袤长几一里，东西稍过之。无名胜足供吟赏，又僻陋，鲜高人显秩。即往来诗家，亦少留咏，然打油击壤，土风自操，固竹枝本色也。"

几年前，我在好友熊光晨家里玩，他家有一本《西山竹枝词》，是他的先祖熊荣所著。《西山竹枝词》共一百首，详尽地描写了梅岭的山川风物，历史掌故，民俗风情，人生百态。

熊荣，字对嘉，号云谷，晚号厌原山人。雍正十三年（1735）生于安义县龙津。他秉性豁达率性，醉情山水。虽饱读诗书，却屡试不中，后隐居西山。“但他不以为怨，其风雅之趣，至老如初。尤嗜吟咏，著述丰富”。著有《南州竹枝词》《厌原山人汇稿》《谭诗管见》《道引汇参》《云谷诗抄》等行世。

今日太平镇合水桥一带，很多熊姓是他的后裔。我友熊光晨是他第八代孙。

据熊光晨说，熊荣的墓地位于村前的山脚下，前几年被开发商夷为平地。

熊荣在《西山竹枝词》自序中写道：

西山，古号厌原，绵亘数百里，当洪州之太白，阳面新邑，背隶龙津。道书第十二洞天，代多隐君子。其间土瘠民勤，桑麻鸡犬犹有隆古之遗。爰采近俗，缀为竹枝，随忆随书，语不诠次。子曰：“小人怀土。”予固小人，未免土风之操耳，并不敢附于杨柳词浪淘沙之末。倘里中诸君子见而和之，则又不无抛砖之助也。快何如之，幸何如之。

乾隆癸巳又三月，厌原山人自记。

西山方圆三百里，乍看似飞来峰，实乃赣西北九岭山之余脉。人们常喜欢用“以峰峦之旖旎，溪流之蜿蜒，谷壑之幽深，岩石之突兀，寺观之嵯峨”来描述它的丰富与精彩。

《西山竹枝词》，写风景名胜居多，在这里我列举几首以飨读者：

洪崖井内水如镜，罗汉岭头雪作堆。
惯是山深春不到，梅花正月也难开。

厌原叠嶂出穹苍，对峙匡庐南斗旁。
中有神仙一十二，丹砂留得几人尝。

千峰万壑拥柴门，瀑挂檐前水绕村。
夹径有花篱有竹，侬家不愧小桃源。

双村对面不为遥，隔个清溪长板桥。
过访不须频问路，儿家门首有芭蕉。

紫阳山上紫阳宫，斗大石坛耸碧空。
可惜白云遮五老，朝朝对面不相逢。

我曾在《满山竹韵》一文中写道：“梅岭无梅，满山皆竹，一山连着一山，绵延几百里。村落就像行进在竹海中的船只。家家户户，临窗是山，开门见竹，日日有竹报平安。”

《西山竹枝词》是这样写竹子、竹笋、造纸及做篾器的：

村里村连山里山，琅玕万户绿成湾。
豹皮箨子迎风解，放出当门玉笋班。

闲携长镵过山腰，十月龙孙未有苗。
巧向竹根寻稚子，夜来酌酒倩侬烧。

西山煮竹旧相传，不用临书只作钱。
一陌造成归火化，笑郎何事日欣然。

绕庐四面是高丘，不用镃基不买牛。
郎制笭箵侬织箅，一家生计在刀头。

诗中，还有西山赶庙会、梦山求梦、看龙灯、捡竹菇、挖葛、放牛、吹笛、打猎、采药等描写。每一首诗都有很翔实的注脚。

如写万寿宫进香一诗：

翠袖红妆八月天，玉隆宫里拜神仙。
笑看铁树开花未，不知蛟龙系几年。

此诗有注脚云：

每岁七月下浣，里中即禁屠宰，家家食素。八月朔，玉隆万寿宫进香，祝旌阳圣诞以祈福，有尽室行者。好事辈或三五十人结一会，宝盖珠幢极其华丽，小部铙吹，衣冠络绎，亦山中之盛事也，由来已久。相传真君镇蛟，谶云：若要江西败，除非铁树开花卖。

这一百多字的注脚，其实比那四句诗还写得更为形象生动，把江西民间，八月初一到十五，去西山万寿宫给福主菩萨——许真君进香的盛况，渲染到极致。

当今社会，商品经济的大潮滚滚，无孔不入，无处不在。亲爱的朋友，就在你大把大把数钱的同时，就在你觉得幸福指数日渐上升的同时，你可知道，山上的树木、天上的飞禽、林中的走兽、水里的游鱼越来越少。很多古老的村落也在逐渐消失。还有，许多的民歌、民谣、民俗，也在渐渐淡出人们的记忆。

古西山农业文明的宁静与悠远，与我们也越来越远了。

熊荣先生《西山竹枝词》里的每一首诗，就像一幅幅定格在宣纸上的民俗风情画。

老　屋

老屋，并非我家祖传，而是解放初由两家贫农分得后，转卖给父亲的。

老屋是百年古宅。庭院式的结构，风火墙高耸，黛瓦盖顶，中置天井，雕梁画栋。如此结构，既轩敞，又典雅；既深沉，又朴素；既得风，又得雨。

老屋的天井，宽七八步，深十多步。前半截铺青砖，后半截码条石，地下设有排水管。这里似乎是我认识世界最早的一个窗口。

从我刚记事起，父亲被名之曰“漏网鲤鱼”，常被拉去批斗。家抄了又抄，且挖地三尺。家里人一个个惶惶不可终日，无暇顾及我；村里的孩子也都不跟我玩了。我经常坐在天井里，或打苍蝇喂蚂蚁，或听梁上燕语，或打盹儿。有时，我弄来一只死知了，放在天井里，总有那么一只蚂蚁发现后，匆匆回巢报信。不久，蚁国倾巢出动，列队而行，每隔十来只，就有一只大头蚂蚁督队。当蚁群热火朝天地将死知了运回巢途中，却见天井另一头又有一队蚂蚁浩浩荡荡前来拦截。于是，你争我夺的拉锯战开始了，双方僵持了片刻，便厮杀起来。不一会儿，蚂蚁便尸横遍野，其残酷不亚于人类的战争。我看得实在过意不去，就从厨房打来一碗水，含了一口，“扑”的一声，朝蚁群喷去，“战场”成了“泽国”，蚂蚁们纷纷逃命而去。

家里一天难得开一两次伙食。我们家的猫，整天不着家，当流浪猫去了。

我们家的小花狗，对我这个小主人最忠诚，除了外出觅食外，便依偎在我身边。有时我跨在它身上，把它当马骑，有时我握着它的两只后腿把它当车推。

一天，不知从天井的哪个角落钻出一条毒蛇来。它口吐红信，目露凶光，直勾勾地望着我。我“呀”的惊叫一声，正要跑，只见小花狗狂吠几声，迎了上去。僵持了片刻，群鸡纷纷前来助战，咕咕叫着，把蛇围住，三两下就把蛇给啄死了。

小花狗每日像影子似的跟着我，我去溪边钓鱼，它在前头走；我去菜园摘玉米，它在后头跟。

为了感谢小花狗对我诸多的好，我还专门捡砖头，剥树皮，建篱笆，为它在大门口右侧，盖了一间狗舍，惹得村里的孩子纷纷效仿。这大略算是我小时候颇为得意、颇有创造性的一次劳动。

天井左侧鸡埘上，有一鸡笼，供鸡下蛋。每当母鸡下了蛋，“咯咯嗒”地叫着，我便欢喜地从鸡笼中捡起一个热乎乎的蛋。

屋檐瓦缝里，有好几个麻雀巢。庭院寂静时，有麻雀来天井觅食。我找来一个筛子，用筷子支好，系上麻绳，撒上米，躲在房门缝里瞧着。不一会儿，便有几只麻雀飞来，叽叽喳喳、一蹦一跳地进入我的圈套中，一拉绳子，它们便被罩住了。

在我们家的风火墙上，有一个比粉笔盒稍大的方孔，两只八哥夫妻在飞进飞出，忙着衔毛草筑巢。过了不多久，每有八哥回巢时，洞里便会伸出四张鲜红的大嘴巴，并嗷嗷地叫着。

不经意间，远处传来隆隆的开山炮声，那是落马岭在修马路。据说，村子里不久就可以通车了。

一日，村子里来了许多修水利的人。他们是来我村修水库，建水电站的。

老屋楼上楼下住满了人。他们每日傍晚，各拿一只大洋瓷碗，在天井里列队，合唱一支歌。我记得歌的开头几句唱道：“天大地大不如党的恩情大，爹亲娘亲不如毛主席亲，千好万好不如社会主义好……”唱完，便吃饭去了。

我看他们唱完歌，便蹲在厨房的门边打盹儿，不知不觉，便睡着了。

“文革”后期，政治气候宽松了许多，父亲被评为生产队的记工员，每日晚饭后，便感觉良好地坐在堂屋上方，等生产队队长、妇女主任来报工分。煤油灯一闪一闪，人影也一晃一晃。

风和日丽的日子里，母亲总是神态安详地坐在天井里抽水烟，随着一阵咕噜咕噜声，吐出一团烟雾来，在天井上空渐渐消散。

我曾多次试着抽水烟，可一抽一口臭水。

天井先得月。经常在我们一家人吃晚饭的时候，村前山头松竹间一轮明月涌出，顷刻，满室月光明朗，幽趣无限。

夏夜，我们就坐在天井里纳凉。四门洞开，八面来风。上空，时而有萤火虫忽明忽暗，忽东忽西地飞舞着。父亲打着赤膊，摇着蒲扇，教我唱《稀奇歌》：“月光光又光，贼子来偷缸，聋子听见了，哑子喊出房，跛子追上去，拐子也来帮，一把拉住头发，看看是个和尚。”

从天井可以看到后山的那片古枫林。一棵棵树上，筑满了鸦巢，每日晨昏，有乌鸦在呱呱乱啼。深秋，枫叶红了，风一吹，便有许多黄叶，窸窸窣窣地落在天井里。每当天空有大雁掠过，我便追出门外，大喊大叫：“雁哥哥，给我排个人字啊！”

大雁总是善解人意，排成人字，往南飞去。

冬天，父亲在火塘中烧一堆篝火。随着火苗的呼呼作响，左邻右舍，纷纷前来烤火，聊着聊着，就有人讲起了民间故事。

我就是这样温馨、快乐而又忧伤的环境中长大。

前人骆成骧有一联云：“穿牖而来，夏日清风冬日日；卷帘相望，前山明月后山山。”这似乎正是老屋生活的写照。

到我高中毕业那年，家里新屋落成，我却执意留居老屋。也许是浪子回头吧，以前一贯厌恶读书的我，居然躲进老屋，有滋有味地背起了唐诗、宋词、古代散文，看起了古今中外名著。

那时，我还酷爱养花，在天井养上兰花、文竹、桂花若干盆。开院门，有一块深七八步，宽十五六步的空地，只用竹篱笆一围，便成了与老屋连成了一体的园子，种上花，即便是我的花园。学习、劳动之余，走进我的庭院、花园，菲芳满目，令人神清气爽，困顿全消。

我二十岁离开老屋，走出故乡。谁知，岁月流逝，我离乡越远。一眨眼，我已步入中年！近两年，我的父母也相继去世了，老屋由于无人照料，更是日渐颓败，近于坍塌。去年，我的一位堂兄急着要弄一块宅基地，与我商量，要买下老屋，我实在割舍不下，说：“等我退休了，把老屋修复好，还要住呢！”

孙犁先生有诗云“江湖久客日思家”。先生在乡间有几间老屋，他的观点是：“也不拆，也不卖，听其自然，倒了再说。那总是一个标志，证明我曾是村中的一个，人们路过那里，看到那破屋，就会想起我，念叨我。不然，就真的会把我忘记了。”我很赞成这个观点。

老屋是我的根本所在。

我十分怀念老屋！

第五卷　灯酒社火

普天福主

小的时候，我总觉得很多庙里的菩萨都神秘莫测，甚至面目狰狞，生怕自己一不小心，得罪了他们。可来到西山万寿宫，我看到福主菩萨光风霁月，慈眉善目，让人感到亲切。

那时，我听得最多的故事，是许逊斗蛟龙。

有一次，许逊和几个同学在赣江浅滩上戏水，一个叫张酷的同学，捡到一颗闪光的明珠。许逊说："给我看一下。"张酷笑着，藏到嘴里。咕嘟一声，吞进肚里。张酷回到家里，浑身发燥，把桌上壶里的水喝光，接着又把厨房水缸也喝了个底朝天，还是不解渴，跑到赣江，猛喝起来。渐渐，他头上长了角，身上长了鳞片，怪模怪样。

这时，江边很多人看到这情景，大喊大叫："不得了，出精怪了！"有的人甚至摸了棍棒，来催赶他。

许逊一直跟他在身边。他俩是世交，祖辈一同从河南汝南，衣冠南渡，来到豫章。

张酷急得号啕大哭、呼天抢地，狠狠地对许逊说："这一切都是你害的，我恨你，与你不共戴天！"就一头扎进赣江，很快就不见了踪影。

张酷变成了一条孽龙，顺江而下，来到东洋大海中的龙宫。龙王一看就明白了，是自己丢失的一颗龙珠，被他吞食了。龙王收他为义子，教给他呼风唤雨、腾云驾雾的法术。

张酷生有九个龙子，这些龙子从小被莫名其妙地灌输了仇恨的种子，一个个苦大仇深，扬言要踏平豫章，把江西变成汪洋大海。

许逊一生修道，跟谌母学得飞腾术、五雷法，法力无穷，最终把蛟龙斗败了。

许逊，字敬之，南昌人。三国吴赤乌二年（239）许母梦金凤衔珠坠于掌中，玩而吞之，因此怀孕，而生许逊。许逊自幼聪明好学，过目不忘，十岁时，便能明了经书大意。

许逊年轻时酷爱狩猎。一天，才到西山脚下，就射到一只小鹿，当他慢悠悠地走上前去收获猎物时，嗖的一声，从柴草中蹿出一只母鹿来，朝他嗷嗷地叫着，还一边用舌头舔着小鹿伤口上的血污，一边用惶惑的眼神望着许逊。许逊被这种母爱所感动，深感自己作了恶，立即将弓箭砸断，发誓以后再也不荼毒生灵，矢志行善。

从此，他埋头读书，渐渐熟读经史，还精通天文地理、阴阳五行之学。他十九岁外出云游。二十六岁跟随吴猛学道，得其秘传。随后，又与郭璞一道访名山，相中了这块福地。不久，他就携家迁徙于此，潜心修道，不求闻达，只以孝、悌、忠、信教化邻里，深得乡人尊敬。他曾两次被举孝廉，都未赴任。

晋太康元年（280），在他四十二岁时，“因朝廷屡加礼命，难以推辞”，许逊便前往四川，就任旌阳令。上任后，他约法三章：一禁部属徇私舞弊，贪赃枉法；二革除烦琐礼节，提高办事效率；三不准苛求百姓，并释放罪轻的囚犯，以忠诚感化百姓。这些措施，使旌阳百姓得以休养生息，农业生产得到了较快的发展。就连邻县的百姓也仰慕他的德政，纷纷迁入旌阳，以致当地人口大增。

《成都郡》记载：“许逊，洪洲人，知德州（原旌阳），心本清净，政尚德化……邑人祀之。”

许逊还精通医术，治愈了不少瘟疫患者。当时的旌阳，还流传着一首民谣：“人无盗窃，吏无奸欺，我君活人，病无能为。”

十年后，因晋朝政局紊乱，许逊弃官东归。当他离开旌阳时，人们纷纷为他送行，有人竟然一直把他送到南昌，并定居下来。

晋明帝太宁二年（324），大将军王敦出守荆州。其时的郭璞，在王敦帐下任参军之职。这个王敦，飞扬跋扈，有不臣之心，正准备从荆州起兵，欲将晋元帝的皇位取而代之。

许逊要阻止王敦兵变，救民于倒悬，邀吴猛来荆州会郭璞。英雄所见略同。于是，他们一齐前来拜见王敦。王敦还以为是老天安排三位高人，来辅佐自己打天下，非常高兴，设宴款待。酒到半酣，王敦突然问许逊道：“昨夜我做了一个梦，梦中我用一根木头撑破了天，请问许先生，此乃什么预兆？”

许逊道：“木头撑破了天，便是一个‘未’字。日有所思，夜有所梦。可见将军雄才大略，有称霸天下之志。可上天的意思，却是叫你不可轻举妄动。”

吴猛也说：“此话当真。这一步跨下去就是万丈深渊，万劫不复，还要祸及家族及自己的将士。请将军三思哦！”

王敦叫郭璞卜上一卦。郭璞说：“明公如若起事，必败。”

王敦说:“那你算一下，我还能活多久?”

郭璞说:“你若在荆州按兵不动，做你的大将军，寿不可测。”

王敦大怒，瞪着眼睛问道:“那你说，你还能活多久?”

郭璞说:“我一个人的生死算不得什么。我可是为了将军的安危，为了黎民百姓，才说这样忠言逆耳的话。”

于是，王敦一气之下，将郭璞立即处死，郭璞享年才四十九岁。然后，又命卫兵抓捕许逊与吴猛。只见许逊、吴猛将酒杯往地上一摔，两人化作一对白鹤，先是飞到军营上空，盘旋了一圈，继而高叫着，翩然而去。

许逊归隐后，依然不忘民间疾苦。当时的赣江流域、鄱阳之滨，水患成灾，他不辞千辛万苦，率领众弟子，奔走在南昌、九江、武宁、丰城、余干、长沙、武汉等地，足足花了二十年的时间，开凿河道，治理水患。

许逊晚年，或寻仙访道，或寄情山水，并著有《灵剑子》《劝诫诗》行世。他于晋宁康二年（374）八月一日仙逝，享年一百三十六岁。

许逊创立的净明道教，宗旨是:“以忠孝为本，敬天崇道，济生度死为事。”

南昌民间俚语云:“走完西山岭，来到万寿宫。”

西山万寿宫，位于方圆三百里西山山脉西南边沿，新建区西山镇上。

晋代文学家兼地理学家郭璞，称这里为“九龙聚首，凤凰饮水”的风水宝地。

明代大文学家冯梦龙，在《许逊旌阳宫铁树镇妖》中写道:

嵯嵯峨峨的山势，突突兀兀的峰峦，活活泼泼的青龙，端端正正的白虎，圆圆净净的护沙，湾湾环环的朝水。山上有苍苍郁郁的虬髯美松，山下有翠翠青青的凤尾修竹，山前有软软柔柔的龙须嫩草，山后有古古怪怪的鹿角枯樟。也曾闻华华彩彩的鸾吟，也曾闻昂昂藏藏的鹤唳，也曾闻咆咆哮哮的虎啸，也曾闻呦呦诜诜的鹿鸣。这山呵！比浙之天台更生得奇奇绝绝，比闽之武夷更生得窕窕哓哓，比池之九华更生得迤迤逞逞，比蜀之峨眉更生得秀秀丽丽，比楚之武当更生得尖尖圆圆，比陕之终南更生得巧巧妙妙，比鲁之泰山更生得蜿蜿蜒蜒，比广之罗浮更生得苍苍奕奕。真个是天下无双胜境，江西第一名山。万古精英此处藏，分明是个神仙宅。

西山万寿宫，始建于东晋太乙元年（376），初名许仙祠，南北朝改称游帷观，宋大中祥符三年（1010），升观为宫。真宗亲书“玉隆万寿宫”赐额。政和六年（1109），徽宗下诏书，以西京崇福宫为蓝本，重建万寿宫。

万寿宫，分三大院、六大殿、五阁、十二小殿、七楼、三廊、七门、三十六堂，红墙环绕，琉璃为瓦，雕梁画栋，斗拱层叠，飞檐仰空，金碧辉煌，气势雄伟，规模之大，“埒于王者之居”。它是中国最为宏大的道教圣地之一。

万寿宫的正殿为高明殿，上有匾曰：普天福主。绣金帷里，许逊塑像端坐中央。吴猛、郭璞、时荷、甘战、周广、陈勋、曾亨、盱烈、施岑、彭抗、黄仁览、钟离嘉十二大弟子分列两旁。

有民歌《十个字唱古人》唱道：“十字写来穿过心，西山有个许真君，三尊大神朝南坐，十二真人两边分。”

殿前有几株参天古柏，都在两抱多粗。其中一株，巍峨挺拔，苍老遒劲，为许逊亲手所植。相传许真君擒获蛟龙后，把斩蛟剑埋于此，并告诫后人，如果再有蛟龙为害人类，把宝剑取出，斩蛟除害。此柏故名瘗剑柏。

山门外的右侧，有一口硕大的八角井。传说许逊当年制伏孽龙（张酷）后，就用八条锁链，将它锁在井内，并立下偈文：

铁柱镇洪州，万年永不休。八索钩地脉，一泓通江流。天下大乱，此地无忧；天下大旱，此地薄收。地胜人心善，应不出奸谋；纵有奸谋者，终须不到头。

孽龙锁在井里的时候，问许逊：“你什么时候可以放我出来？”许逊说：“等到铁树开花，水倒流吧。”今日有人点蜡烛往井里一照，井水竟然会沸腾起来，孽龙以为铁树开花了呢。

在我村后山巅，有一堆乱石，高数丈，气势嵯峨。其间，石隙错综，我们砍柴时，盘桓其中，妙趣横生。相传，许逊与孽龙鏖战于此，这乱石是许逊斩下一只龙爪而化。此地便叫龙爪石。

在我的邻村，有一块数丈宽的巨石，拦腰分成两半。另一半滚在山坡下。说是一日许逊追杀蛟龙，经过此地，听村里人说，这里有一条蛇精，经常来村里残害人畜。许逊寻到了蛇精的洞口，把这块巨石用宝剑劈开，盖在洞口，蛇精窒息而死。这块石头，就叫剑劈石。

记得读四年级时，一个野果飘香的季节，老师带我们一个班十几人去远足。我们从村前的大岭庵，千辛万苦，爬上一座高耸入云的山峰，叫会仙峰。峰正中有棋枰石。老师说，当年许逊与弟子经常在此或对弈，或打坐。山中奇岩耸立，古松倒挂。毛栗、山楂、油柿等野果，遍地都是。这里可远眺安义、新建、永修、南昌等地的山川大地及田园风光。近处村落的炊烟，依稀可见，鸡犬相闻。神仙打坐的地方，果然不同凡响。

我十五六岁在双枪的时候，我和社员一起参加生产队劳动，经常累得腰驼背曲。夏日炎炎，如蒸似烤。不经意间，乌云盖天，轰隆隆，雷声响过，雨幕从东南方铺天盖地，席卷过来。我们没有带蓑衣斗笠，恰好近处有一丛乱石可避雨，我们来不及穿拖鞋，打着赤脚，纷纷躲进石坎下。这真是及时雨，不但给我们带来了凉意，也让我们可以好好歇歇。此时下起了冰雹，噼里啪啦，有鸡蛋那么大。有大人说："这是过龙——剁尾龙回家看娘呢。冰雹就是龙的汗珠。"

话说当年，张酷有九子，已诛杀了八个。第九子，即将被斩，还惦念母亲。许逊被它的孝心所感动，只剁去它的尾巴，放了他一马。每年的三月三、六月六，它从吴城，去一个叫天潭的地方看望母亲。

有一年，冰雹如鸡蛋一样大，我们家的屋瓦，被砸得稀巴烂。我躲在桌子底下，大骂："这挨千刀的剁尾龙，许真君怎么就不剁你的头啊！"

在我的家乡，很多民间偏方出自许逊。如，《许真君书》云："仙茅久服长生。其味甘能养肉，辛能养肺，苦能养气，咸能养骨，滑能养肤，酸能养筋，宜和苦酒服之，必效也。"

成语，一人得道，鸡犬升天，也来源于许逊举家四十余口，拔宅飞升的典故。

在《西山志》中，与许逊相关的地名，有几十处之多，如：

罗汉峰，在安义县东四十五里依仁乡。晋许逊葬父之所。相近有会仙峰，旧传逊斩蛟时，会十二仙真于此。

逍遥山，由昭山而东，耸立三峰曰白仙岭，起伏环抱，形势蜿蜒，你护峡有日月二星，来潮有明塘九曲，遂结逍遥。初，许、郭二君选胜，抵金田村。郭君曰："观君表里，正与地符。"乃同谒金公，公即以宅东桐园与之，劈钱为券。真君仙去，乡人以故宅为游帷祠。南北朝，改祠为观。宋真宗改赐额曰玉隆宫，徽宗赐额曰玉隆万寿宫。曹能始以为四十福地。杜光庭《洞天福地记》《壶史》诸书，又谓三十二福地。

天宝洞，在游仙乡西山最胜处。许仙与吴仙尝自干湖王敦所还，你各乘一龙会于此。洞门有石，泉状如玉帘。宋尝使投金龙玉简于此。欧阳修作《大明水记》载："李季卿《茶经》论水之次第，以玉帘泉为第八。"有天宝观，隋仁寿二年建。

杖井，在松湖上市大同桥之南。世传旌阳南觅飞茅，至此，渴甚，乃以所携杖插地，香泉涌出，大旱不涸。

剑泉，在逍遥宫北十余里落瓦。旌阳过此，马渴，以剑刺石出泉饮之。今剑迹尚存。

许逊是一位清正廉明的好官，更是一位治水英雄。由于古人对自然灾害缺乏认识，认为龙是水的主宰，因此，民间流传了不少许逊治水及斩除蛟龙，为民除害的神话故事。

许逊治水，功在千秋，后人把他当作神来敬仰。西山万寿宫虽屡经兴废，人们供奉他的香火却从不曾间断。每年农历八月初一，被定为升仙日，在此前后的二十多天时间里，邻近十几个县的香客及朝觐者纷沓而来。熊荣《西山竹枝词》诗云：

翠袖红妆八月天，玉隆宫里拜神仙。

笑看铁树开花未，不知蛟龙系几年。

另有注脚云：

每岁七月下浣，里中即禁屠宰，家家食素。八月朔，玉隆万寿宫进香，祝旌阳圣诞以祈福，有尽室行者。好事辈或三五十人结一会，宝盖珠幢极其华丽，小部铙吹，衣冠络绎，亦山中之盛事也，由来已久。相传真君镇蛟，谶云：若要江西败，除非铁树开花卖。

去万寿宫朝觐，不但要沐浴，还需斋戒三日。

听说有一个人，临行前吃了酒肉，一路上，有一只苍蝇在他嘴边飞。他很是恼火，左一巴掌，右一巴掌地打，等到万寿宫，他的嘴都打肿了。

在朝觐那些天，附近数县的士农工商，纷沓而至。有的打着旌旗，上面绣着“游帷观进香”字样；有的抬着菩萨，来这里开光；有的三跪九叩，顶礼膜拜。时而，锣鼓声声；时而，丝竹阵阵；时而，爆竹喧天。街面上，有卖唱的、跳傩舞的、卖把式的、算命打卦的、掷色子赌钱的，也有卖云片糕、冻米糖、糖饼子、毛栗子、菱角、麻糍、水煮花生、薜荔凉粉、酒糟汤圆之类小吃的。香客们多是结对而来，一个个神情肃穆，着红、黄衣裳，身背香烛，头戴柏枝。车水马龙，扶老携幼，十分热闹。即使到了夜晚，满街满山也坐满了香客。

在清末，《大公报》有《赣省陋俗》一文写道：“俗传八月朔日为许真君诞辰，各属乡愚之朝拜者均络绎于途，每不远数百里跋涉而至，以朝拜省城万寿宫及西山万寿宫为最多。其乡愚恒以十数人为一班，前行者执一木龙为香头，后行者持一旌，大书某某会'万寿进香'等字样。其余则戴大帽、执鼓乐鱼贯而行，名为进香……不拘男女均披发束裙，行数步辄一跪拜。由家至庙，有数十里者，亦不惮而为之，名曰'烧拜香'。至于乘马御车而往者，复趋之若鹜。"

西山万寿宫，只是净明道教的祖庭。知否？世界各地曾有万寿宫一千四百余处。以前，只要有江西人的地方，就有万寿宫。它成为江西会馆的代名词。

千百年来，福主菩萨许逊是江西老表心中永远的保护神！

神鸦社鼓

在我的家乡，凡有人烟处，就有土地庙。土地庙或是飞檐翘角的一栋砖瓦房，或是一间低矮的麻石屋，里面供奉着一尊神像，神像多是慈眉善目的老者，便是土地神，也就是土地公公。他守土有责，承担着一个村子的平安大任。

有谜语云："远远看去一凉亭，里面坐着一个人。看似隔壁老阿公，还会捉鬼撞神钟。"

有童谣唱道："一言不发，二目不明，三餐不吃，四体不勤，五谷不分，六亲不认，七窍不通，八面威风，九坐不动，十分有用。"

土地庙，一般都在村子下关，往往有几棵苍老的红枫香樟或苍松翠柏，相依相伴，静享清幽。辛弃疾《永遇乐·京口北固亭怀古》，"佛狸祠下，一片神鸦社鼓"，说的就是这种景象。

土地滋养了万物，是人类生存的根本。土地神的前身叫社神、社公，源于先人对土地的崇拜。《礼经·郊特牲》说："社，所以神地之道也，地载万物，天垂象，取财于地，取法于天，是以尊天而亲地也。"汉应劭《风俗通义·祀典》引《孝经纬》曰："社者，土地之主，土地广博，不可遍敬，故封土为社而祀之，报功也。"

据史料记载，我国出现的第一个土地爷，是三国时东吴的蒋子文。他是广陵（扬州）人，汉末为秣陵尉，一次在钟山脚下与盗寇交战身亡。东吴初年，孙权为他立庙，并将钟山改名蒋山。蒋王庙至今犹存。后来，各地都效仿，把有恩于自己家族的人，当作神祇来供奉。

我们村的土地公公，是九老倌，也叫九阿公。据村里的老人说，九老倌，名萧九。故事要从朱元璋与陈友谅大战鄱阳十八年说起。有一次，朱元璋失利，败走康郎山。一日当午，朱元璋在一个渔村歇脚，突然，杀声四起：活捉朱和尚！其时，我族有个叫龚宋山的人，在朱元璋驾前当侍卫长，已是身中数箭。就在万分危急的关头，村中古庙侧，杀出一彪人马前来救驾。那个为首的将官，手执大刀，旋转如飞，杀得陈友谅部血肉横飞。过了一会儿，大将常遇春率大队人马前来护驾。

朱元璋惊魂未定，问将官姓甚名谁，哪个的部下？

将官拱了拱手说：我叫萧九，在此恭候主公多时。说完率部离去。

朱元璋登基后不久，找遍三军，都没找到萧九这个人。

龚宋山因护驾有功，被拜为武德将军。一日，宋山将军来康郎山寻找救命恩人，只听渔村人说，庙里菩萨叫萧九，也就是九老倌。宋山将军将所见所闻，报奏朝廷，洪武皇帝将萧九拜为金华太子。

此后，我们龚家有很多村子供奉的便是九老倌。

我在台湾见过威灵庙，是当地黄姓，祭祀晚明大将军刘綎的家庙。

村神，一般没有文字记载，都靠口口相传。有的村子供奉的是杨泗将军，可有人误认为是杨四郎。唐代大诗人陈子昂，曾官居右拾遗之职，过世后，四川阆州人为纪念他，建立了陈拾遗庙。此庙屡经兴废，后来以讹传讹，变成了“陈十姨庙”。更不知何时起，庙里的神像，变成了妇人的装饰，相貌十分严肃，祷告还很灵验。

郑板桥曾为一土地庙撰写对联：“乡里鼓儿乡里敲，当坊土地当坊灵。”土地公公管的地方不大，香火却很旺。村子里的生老病死、婚丧嫁娶、做屋上梁、天灾人祸，都得向他汇报祈祷。

初一、十五，过年过节，家家要给他老人家上香，敬斋饭。老人说，庙只能盖瓦，不可用水泥浇顶。烧了香，烟可从瓦缝，直通天庭。土地公公闻到香，晓得供了斋饭，马上会来享用。

清黄伯禄《集说诠真》记载：“今之土地祠，几遍城乡镇市，其中塑像，或如鹤发鸡皮之老叟。或如苍髯赤面之武夫……但俱称土地公公。或祈年丰，或祷时雨，供香炷，焚楮帛，纷纷膜拜，必敬必诚。”

古代君主，每年的春秋两社，都要祭社稷。“社”是土神，“稷”是谷神。

这是官社。

吃社酒，话社事。谈的话题，都是春耕播种。

明万历《南昌府志》记载："在昔，民风淳朴，及唐犹无瓦屋。历宋而元，勤生啬施，代有记载。明初，俗仍近古。岁时燕会，杯饮豆肉，数人共之，日暮尽欢乃罢。亲党有谒，手单布深衣革履，道路间不敢服，及门服以谒，谒罢持归。故或终身不易衣屦。是以尚亲而后利，崇本务而贱浮华，虽称土瘠，民用利焉，其俗近厚。惟献藩徙封兹土，崇室竞尚奢侈，靡习浸淫里巷。燕会顿非其旧，东西两湖，丝竹管弦，朝夕无间。华繁实寡，民用渐以匮乏。"

民间也有春秋两社。同治《安义县志》："社日游神、集饮、酣歌谓之散社。乡士大夫载酒联吟，自亭午至晡谓之饮社。新葬墓，具酒馔祭之谓之醮社。"

立春后第五个戊日，祭祀土神，以祈丰收。

这一日，要用三牲祭祀土地公公，还要进行敲社鼓、吃社饭、饮社酒、观社戏等活动。家家都用粳米粉，做成十二生肖，或印成斋饼，敬土地公公，过后，送给亲戚朋友。

熊荣《西山竹枝词》："愿从茅屋老巾綦，淡饭粗茶乐有余。莫道祇谙蔬笋味，社中刈肉也曾贻。"

宋陆游《秋社》诗："雨余残日照庭槐，社鼓咚咚赛庙回。"秋社，是在立秋后第五个戊日。秋收已毕，美酒飘香，此日同样要酬神、唱社戏，还要把远近的亲戚朋友都请来庆祝丰收。

神鸦社鼓，只是一种旧时的风景。在我孩提时，土地庙作为"四旧"，被拆除。到了20世纪80年代初，庙宇多已恢复，可我再也没有听过社鼓了。

有一些传统文化，一旦丢失了，也许再也捡不回来了！

章七元帅

枫林村的村神是章七元帅。

枫林村，因多枫树而名。村子位于洗药湖的北峰，坐东朝西。远远看去，犹如一只篮子，挂在陡壁上。村子斜对面，便是与洗药湖对峙的马口。两峰相夹，北流港犹如野马脱缰，奔腾而下。

北流港，因山势峭拔，乱石磊磊，也叫涯港嶆。因势利导，村民作水为圳，在这里设有许多水碓，用来舂木粉。世间无水不朝东。而此港却是往北流，经过礼源角、桃花庄，到万埠汇入潦河。

站在村口，安义、靖安、奉新、永修等地的山水田园风光，一览无余。

话说明嘉靖年间，枫林村始祖龚元程，从长埠龚家来这里作庄田。田主是罗田人。其时，龚元程也就刚刚二十出头，与田主说好了一年交多少租，请了几个佣人，便在这里耕耘播种。

这里土地肥沃，随便在路边种下几粒芋头种，便能挖到一篮芋头。在山谷里开荒，撒下一把萝卜籽，就能收获一担萝卜。这里有采不完的草药、摘不尽的野果。不时，还可以捕获一些野物来改善生活。

龚元程喜欢上了这里，乐不思归。想在这里娶妻生子，开烟发户。还有一个更大的理想，就是把此处庄田买下来。

龚元程很快付诸行动，用泥土筑了一栋干打垒的房子，娶了一个很贤惠的老婆，几年后有了自己的儿女。

他考虑到自己势单力薄，为了不受欺负，天蒙蒙亮就起来练家传的武功。他能把一把柴刀抛到半空，落下来接住。双手能举起一个三百斤的石磙。与之比武，七八个人都不得近身。

远近的人都晓得他有五百钱，就连山中的土匪也不敢招惹他。

当然一家人独处，有无边的恓惶与寂寥。半夜的时候，屋前屋后，总有豺在嚎，虎在啸，就连猫头鹰的叫声都让人毛骨悚然。狐狸、黄鼠狼三天两头来偷鸡。魑魅魍魉，让人防不胜防。

龚元程便回老家，请来了一尊神，便是章七元帅。还专门去山下买来砖瓦，在村口，为之盖了一间庙宇。章七元帅，头戴金盔，身穿铠甲，脚着长靴，举起一根金棍，横眉倒竖，目光炯炯。听前辈说，章七元帅是古代一个三军统帅，因有恩于龚家，故把他当作神来供奉，且有求必应。

此后，有了章七元帅坐镇，此处一扫阴霾，让人身心敞亮。

我见青山多妩媚，料青山见我应如是。

人情好，水也甜。龚元程宅心仁厚，有人来这里砍柴，总招待茶饭。

二十多年过去了，龚元程儿孙满堂，有十几个人吃饭了。茅屋都盖了三四间。

有一年，赤地千里，连喧豗的北流港，都断流了。这些地处半山腰的梯田，几乎颗粒无收。

深秋的一天，田主派人来收租。

龚元程说："你也晓得，今年没有收成，只有去年剩下的几担谷子。我会去跟东家做解释，明年一定会补交。"

可这个管家，外号就叫吃错药，不管三七二十一，吩咐手下扒谷。

龚元程说："行行好吧，如果你把谷全扒走了，我们一家十几口全都要饿死。"

管家说："扒，一粒不留！"

龚元程只有来硬的了，他拿起一把刀，往桌上一插，赌气说："叫花子门前三尺硬。你再不讲理，我割下你一只耳朵，今夜下酒。"

管家说："有胆量，就割！否则，你就要像狗一样，爬下岭去，与东家说清楚。"

龚元程说："你敢伤害我的尊严，侮辱我的人格，莫怪我不客气。"

他便揪住管家一只耳朵，一刀下去。耳朵掉在地上，蹦起一尺多高。

管家捡起耳朵，号哭着，跑下山。

第二天，东家亲自带着几十个打师，前往枫林村兴师问罪。可走到木马岭脚，看见枫林村四周，站满了金盔金甲，手持刀戟、弓箭的兵士，以为龚元程搬来了救兵，便打了退堂鼓。

都说这些神兵，是章七元帅借来的天兵天将。也许这是海市蜃楼似的幻影吧。

东家则以为龚元程神通广大，有靠山，干脆就将这处庄田，卖给了他。

龚元程得偿所望，实现了自己的梦想。为感恩祖德，每年元宵都与儿子，以及几个佣人，敲锣打鼓，抬着章七元帅，下山去祖堂，给列祖列宗及宗亲拜年。

有一年，拜年回来，章七元帅硬是不肯进庙门，搡着轿夫，来到屋后的山脚。龚元程觉得蹊跷，仔细察看，原来山崖上有一块巨大的岩石，因土块冻裂，层层剥落，看情形，就要滚下来。如果岩石滚下来，砸毁房屋不说，还要伤及人命。感谢神灵保佑，他们及时采取了措施。

风雨几百年过去了，村里人娶妻嫁女，做屋上梁，都要来庙里卜个凶吉。有个头疼脑热，也要求章七元帅保佑。

20 世纪 60 年代破"四旧"运动，造反派把庙给砸了，还把章七元帅搬到禾场，堆一些禾秆，放一把火，给烧了。

时至今日，每到初一、十五，村里人还会到古庙遗址祭祀章七元帅。

香火不灭，神明不死！

四老倌

记得小时候，见过两个村子的放牛娃，隔着一条港，开始打水仗，后来对骂起来，犹如刘三姐对歌，很有味道。

这边唱道："贼崽贼崽你听听，四老倌菩萨灵又灵，专打桥南桥北人。"

那边对道："贼崽听，贼崽听，吴家山里苦又苦，九十九年修届谱。"

后来才得知，四老倌乃当地村神。我家乡这边的地方神，有一老倌、二老倌……到十老倌。如我们桐源村龚姓供奉的是九老倌。至于四老倌，据说是东汉开国元勋邓禹的第四子。杨昀谷先生《忆草塘》之五：

村神邓舍人，疑受四王职。

吾母得更生，世世荷神德。

惟神持佛名，愿神生天国。

诗中的村神邓舍人，就是四老倌。意思是，诗人的母亲沉疴在榻，求告四老倌，得以痊愈，载欣载欢，写下了这首颂扬诗。邓舍人是怎样封为地方神的？无法考证。后来，我听过很多四老倌的故事。

民国后期，新建县仙里的四老倌，经过抬菩萨的马脚，打筶里问卦，说要到县政府去。

清李调元《南越笔记·南越人好巫》："安崖有二司神者，一日降魂，童言曰：'欲与萧公斗法。'于是二司神各发马脚。马脚者，神所附之人也。"

当时的县政府驻扎在乐化乡的关帝庙，因连年战乱，关帝庙多年失修，只剩破屋烂舍。县长姓丁，名华夫，赣南于都人，因当地绅士处处与他为难，日子过得很憋屈。前四任县长都被他们送去坐班房了。一大清早，他见抬进一尊菩萨来，莫名其妙，大为恼火。

他压住火气问："你们这菩萨灵吗？"

马脚说："很灵！"

丁县长说："很灵那好。我出一对子给他对。如果对得出，我拿一个月工资买爆竹送他。如果对不出，不但要打掉轿子，还要砸掉菩萨。听好——丁字一勾，挂国挂民挂社稷。”

马脚答道：“邓登半耳，听风听雨听阴阳。”

丁县长只能拿出一个月的薪水来，爆竹喧天，放了一个多小时。

仙里有个姓邓的，专门种芋头为业，人称“芋头茄子”。他能将一担芋头，提高四倍的价格卖出，相当于一担谷的价钱。他的办法是，把芋头挖出来，储存在地窖里，等到立夏取出来，才挑去卖。一天他刚挖完芋头，坐在路边休息，见一路的人，敲锣打鼓，抬着四老倌走来。“芋头茄子”是个胆大包天的人，专爱惹是生非。读私塾的时候，有一天他在庙里躲雨，嫌菩萨面目狰狞，硬是把菩萨眼睛给剜了。

这一天，“芋头茄子”又来劲了，他在地里抓一把土，拦下四老倌，说：“四老倌，你要猜得中我手里是什么，我才让你过去。”

走在前头的马脚答道：“半似荷叶半像戟，吾神猜尔是芋头。倘若吾神猜到了，三担糯米要现挑。”

“芋头茄子”哈哈大笑，松开手一看，傻了眼，土里果然有一个慈姑大的小芋头。“芋头茄子”怕被菩萨打，只好砻了三担糯米，送到四老倌庙。还跪求菩萨多多包涵。

下面讲一个义偷与四老倌的故事。

仙里有个不务正业的人，从小时候起，就小偷小摸，被人先后割掉七个脚指头。他的外号本来叫“三指”，但大家都有些畏惧他，却叫成“三子”。他读过几年书，喜欢读《水浒传》，能倒背如流，以时迁为人生楷模，喜欢打抱不平，有谁为富不仁，就对谁下手。

平时，在村子里做饭的时候，三子喜欢坐在村后山上抽烟，看有谁家烟囱没有冒烟。他的烟筒是竹篼做成的，长四尺多，可做手杖。一日午饭后，他提着烟筒，来到一户孤寡老人家里，对姓蔡的主妇说：“蔡家人哪，吃了吗？”

早先的乡村妇女，多以娘家村子为名。

主妇没米下锅，午饭就吃了一个萝卜，正饥肠辘辘，火烧火燎，为了要面子，说：“吃了，吃了。”

三子说：“我到你家借火，抽一筒烟。”

来到灶下，他用烟筒拨了一下灶里，火星都没有。

三子说：“蔡家人哪，一个人来到世界上一趟不容易，饿死了划不来。”说完，从口袋掏出两块现洋，给老妇人。

邻村有个姓熊的财主，专放高利贷，一担谷借出去，来年要还两担。

一天，三子偷了财主家几十块现洋。财主气急败坏，来到三子家，说："三子，你要是没有饭吃，就到我家挑两担谷就是。可你自己都可怜，硬是还要打肿脸充胖子，去接济别人。"

三子说："你说得好听。村子里有人穷得揭不开锅，怎么不见你帮过一次。相反，你还放阎王债，要人家命。"

财主气得吹胡子瞪眼睛，说："你下次再偷到我家，若是被捉到，把你剩下三个脚指头也剁掉。"

三子很多年没有受到过这样的侮辱，发狠说："我不但偷你家的钱，还把你家楼上供的四老倌请走。也就是说，马上要过年，要把他身上的纯金脱下来，去接济几个穷人。"

财主说："那你哪天来？你要偷得到四老倌，我拿十担谷接济穷人。"

三子说："一言为定。三日之内准来！"

财主便请了村里四五个打师，通宵达旦守着家，喝酒划拳，本以为万无一失。就在当天夜里，三子飞檐走壁，揭开瓦，扳脱椽子，把四老倌偷走了，并且把瓦盖还原，看不出一点痕迹。

过一会儿，三子来敲财主家的门，说："嗨，你们还在这里吃酒呢，四老倌被我请走了！"

大家上楼一看，四老倌果然不见了。财主只好忍痛割爱，出了十担谷子，接济穷人。

这事引起了轰动。很多人说，是财主做多了缺德事，菩萨显灵，自己跑出去的。

从此，四老倌庙香火更旺了。

梦山祈梦

梦山地处西山南麓，新建县梦山湖畔。因山上有梦娘娘庙而得名。

走进气宇轩昂的梦山大门，只见一峰峙起，蔚然而深秀。一条笔直的石磴，直通山顶，如登天之梯。

这坡叫好汉坡，有石级四百二十级，为清末辫帅张勋捐修。才爬到一半时，我已累得气喘吁吁，额头冒汗，恰有一亭翼然。我坐在亭中小憩，山风习习，令人神清气爽。眺望梅岭诸峰，层峦耸翠，叠嶂云来；俯瞰梦山水库，澄然若镜，银光闪耀。

距亭一箭之遥，有一石质旷地，建有一檐牙高耸的楼阁，叫望月楼。若在风清月朗之夜，邀得雅友四五人，登楼赏月，把酒临风，真不晓得身在天上还是人间。

山，渐行渐深。寂寂的山径上，时有幽篁夹道，时见古木参天。时值深秋，一阵凉风吹来，飒飒飘下几片黄叶，间或，"啪"的一声，落下一枚山果，幽趣逼人。

"大梦梦中原是梦，此山山外更无山。"这是梦娘娘庙中的一副对联。庙堂上，供有梦娘娘的塑像。两厢设有梦房，男左女右，供求梦者眠梦之用。

相传，梦娘娘能以山果酿酒，感人入梦。

南宋宝祐元年（1253）五月，屡试不中的新昌（宜丰）举子姚勉，拖着有些疲惫的步伐，又一次赴临安（杭州）赶考。他多次听说梦山求梦很灵验，绕道来此，卜个凶吉。

姚勉是在西山衔着落日，倦鸟归林时，登上梦山的。他拖着长长的身影，在罕王庙烧了香，许了愿。是夜，他住下，做了一个稀奇古怪的梦，醒来百思不得其解。第二天，山中道人给他解梦，说："你此番进京，一定会考中状元！"

本来是三月举行的春试，因蒙元分兵攻打万州（重庆）、海州（连云港）而推迟。这次殿试题目从"选举八事"方面设问，是说如何为国家选拔人才。八事即：学、术、才、智、选、举、教、养。姚勉梳理了一下思路，便从"求士以文，不若教士以道"立论，直言时政的悖谬和官吏的昏庸，极力呼吁人才对安邦治国的重要性。

文章写得起承转合，得心应手，且汪洋恣肆，风生水起。

当初审官徐经孙看过他的策论，评价曰："议论本于学识，忧爱发于忠诚，洋洋万言，对奏得体。"私自拟将此卷置之第一名。

复审官良贵看了，也是拍案叫绝，评语云："一笔万言，水涌山出，尽扫拘拘谫谫之习，张程奥旨，晁董伟对，贾陆忠言，皆具此篇。"

众考官的总体评价是：规模正大，词语恳切，所答圣问八条，皆有议论，援据的确，义理精到，非讲明礼学，该博传记者，未易到此，奇才也！宜备抡魁之选。

宋理宗赵昀阅卷后，且见姚勉体貌丰伟，大悦，钦点为状元。

朝为田舍郎，暮登天子堂。古代读书人，也许就凭一篇文章写得好，就能平步青云。一不靠拼爹，二不靠拍马屁，这有利于完美人格的建立。

姚勉春风得意，写了一首《贺新郎》以记其事：

月转宫墙曲。六更残，钥鱼声亮，纷纷袍鹄。黼坐临轩清跸奏，天仗缀行森肃。望五色、云浮黄屋。三策忠嘉亲赐擢，动龙颜、人立班头玉，胪首唱，众心服。

殿头赐宴宫花簇。写新诗、金笺竞进，绣床争蹙。御渥新沾催进谢，一点恩袍先绿。归袖惹、天香芬馥。玉勒金鞯迎夹路，九街人、尽道苍生福。争拥入，状元局。

词中，把当时殿试、唱名、赴琼林宴及打马游街等情景，做了生动细致的描绘。

不久，姚勉衣锦还乡，他来到梦山还愿，重修罕王庙，并且作了一篇《罕王庙碑记》：

罕王者，刘先主曾孙刘获也。当晋怀，愍时，寇氛作乱，肆掠中原，义师失援，王独仗天戈，扬威烈，率其将何唐、李发，佐晋中兴。寇寨焦毁无遗。元帝颁敕，以旌其功，封广惠、广顺二王。母罗氏，有孝节，劝王扶晋，封协庆夫人。广济惠泽英毅王罗铿，乃协庆夫人之弟，与王共祀于今丹陵也。后五寇云扰，同铿隐居西山之翠岩。梁景明初，僧李月鉴庐於翠岩，梦山赐罕王，及母罗氏为民拯灾。醒觉，惟二蟒蛇同榻，鉴惊，蛇忽不见。临轩出，盼红云蔽空，乃知罕王母子之神也。事闻都督江州王公茂与刘公准，建祠以 其神，即翠岩广化院。王生三子，均受侯爵。孚应、庆善、昭利、乃三子侯封之号也。时里民祠於西山凤台之封，奉敕额曰“显灵”，祷者辄应。勉因试漕司不利，夜宿王祠。梦一兀加爿犬肉，达旦不能决，乃辨於承觉寺解道。道曰：“爿犬肉是壮字，一兀是元字，子必为状元也。”后勉试南宫，果符其梦。协庆族孙知怀集县，天酉请记，以神其事。

今日的梦娘娘庙，正是姚勉为答谢梦娘娘而建的。

梦娘娘姓罗，乃蜀汉昭烈帝刘备之孙刘护的母亲。

蜀汉炎兴元年（263），魏灭蜀。刘护同母亲在舅父罗铿率一队人马护卫下，来到这里，见山势险要，便扎寨踞守。数年后，天下归晋，罗氏见大势已不可逆转，便劝子北上归顺了晋室。刘护被封为广惠王，母被封协庆夫人。太康元年（280），晋灭东吴，余党败走西山藩源，与山贼勾结，拥众万余人，为害百姓。是年九月，刘护奉旨率军破贼，因功又封罕王，赐所驻军的梦山为罕王峰。

在梦山北面，有一高山，叫跑马坪。山之巅，一马平川，长二百多米，宽有一百五十米，这里就是当年黄皓、徐渊跑马练兵的地方。在跑马场北边，有一个四个石柱构成的钟架，原有大铜钟悬挂其上，当年用于报警。

跑马坪，今为安义、新建、湾里三县交界处，在牛岭邓家附近，海拔七百一十余米。

今山之巅有罕王殿。殿内塑有三尊神像，居中为罕王刘护，左为其舅英毅王罗铿，右为其弟广顺王。

紧靠殿后有一石室，人称朱权石室，是明代朱权晚年读书的地方。石室为仿木结构，设计精巧。

山中还有魁星阁、狮涎泉、泽头庙、决战场诸景。听当地老人说，山脚下开荒，挖出不少晋代武将古墓。墓长六米，分前后两室，前有宝剑，后有花瓶，可断定为武将墓。有的棺材没有烂掉，敲打起来，作金玉声，疑为楠木。

熊荣《西山竹枝词》云："祷雨须从禅悟院，祈梦要到梦王山。"

时至今日，每年八月初一前后，有成群结队香客，敲锣打鼓，前来朝拜梦娘娘。游梦山，可寻幽，可访古，更可祷梦。

苦菜神

旧时，在安义架溪与新建西庄两村的接壤之处，有一座分界殿，祀奉的是吴源圣帝孙钟。

今架溪与西庄皆划归湾里管辖。

殿已毁，唯有殿前两株叫不出名字的古树，依然清荣峻茂，匝地数亩阴凉。

昔日的分界殿很是气派，八字大门，门楣上书有"古分界殿"四字。有一联曰："出蓬莱楼十二界，开云汉路三千殿。"

进大门，便是一个雕梁画栋、典雅古朴的戏台。绕过戏台，有天井，周围是一个四合院式的厢房，供看戏用。最后才是吴源圣帝殿。殿中供有吴源圣帝像，上端悬一匾“泽庇洪都”，为清代乾隆年间内阁大学士、四库全书总裁裘曰修所题。殿柱上有对联云：“志不在王侯十八磷中成圣果，心惟利民物数千境内沐皇恩。”这一联，是吴源圣帝孙钟一生功德的写照。《西山志》作者欧阳桂《西山古分界殿记》：

乾隆丙戌春，予遍游西山，历层峦叠嶂，采异登奇，得山水大聚之处曰“霞溪”。霞溪形胜幽秀，环山如城郭，其间古迹仙踪，可供凭吊者，不一而足。有大溪当中流，蜿蜒而东注，为吴源大港。

溯溪而上，过冲虚观旧址，遥闻疏钟、清磬之声，飘出林外。再进有古分界殿在焉。询之比丘，云祀吴源老祖，即三国时敝屣王侯，成真于十八磷中，为吴大帝先世讳钟者也。

予与同人周视其处，见庙貌庄严，林木苍秀，殿之南北高峰屹立，远接半天。西分安邑之界，故殿额曰“分界”。东则人烟辐辏，即所谓“霞溪”也。殿之势不能一亩，而群山拱护，敞其中以望，则山之高，云之浮，人物之遨游。

西山百二洞天，兹殆其一矣，予于是有概焉。夫神之在三国，枕藉富贵，何求不遂，而独来寂历空山，修真炼性，鲜不以迂且癖者，而孰知千载后，歌功诵德，建殿于此，禋祀报享。至今四境之人，莫不祀之恐后。夫富贵而名磨灭者，何可胜道。而神之享祀若此，然后知富贵非常恃之具，而功德留无穷之誉也。“不以富，而以异”，其斯之谓与。

清代李步瀛，有写分界殿的一首古风：

梅岭之西三五里，映带回环大山水。
桑麻处处蔼人村，傣路西行神庙起。
神庙巍峨压路低，南山北山接云齐。
额名分界由来久，西去架溪东霞溪……

无独有偶，在梅岭吴源港的下游，溪霞水库西北边，有一座海拔六百多米的高山，叫仰天锣。山之巅，用乱石围起一道数亩之广的院墙，故名。墙内原有一石殿，是孙钟的修炼处。

据《富春孙氏宗谱》说，孙钟乃乌程侯孙坚之父，东吴大帝孙权的祖父。东汉后期，天下将乱，他遂隐居于故乡富春江畔的阳平山，以种瓜为业。路人有求，慷慨相赠，因此孝友之名，闻名乡里。孙钟种瓜，行善积德，惠及子孙，后子孙后代果然称帝建国，开辟三国时代。他的事迹被富阳人传为美谈。

南朝宋刘义庆《幽冥录》中有一个这样的故事：孙钟，吴郡富春人，东吴奠基人孙坚的父亲。他与母亲一起居住，至孝笃信，种瓜为业。一次，三位少年路过，说口渴，要吃瓜。孙钟热情有加，招待他们。少年临去时说：“我们乃司命神，你不仅孝顺母亲，而且心存善念。今日吃了你的瓜，无以为报，正好这座山的风水很好，将来可作你母亲的墓地。”又说：“你家是愿世代为侯，还是做数代皇帝？”孙钟跪下说：“还是做数代天子好。”少年说：“你可往山下走一百步，再回头，我离去处，便是墓穴所在。”孙钟下山行百步，回过头来，见三位少年已化白鹤而去。

我的家乡很多地方因孙钟得名。梅岭主要的溪流，因吴源圣帝，叫吴源港。西山东面的吴城，就因孙钟雇人种瓜收籽于此，而得名。

民间传说，孙钟晚年隐居于仰天锣，靠种瓜，吃苦菜度日，人称苦菜神。孙钟得道后，墙内年年长出瓜藤，不开花，也不结果。民谣有云：

仰锣墙下种仙瓜，有藤无果又无花。

有人吃得瓜中水，即为蓬莱活仙家。

清代溪霞本土诗人陈式玉来游，作《游仰天锣诗》云：

仰天锣即风雨池，乘兴登临有所思。

丹灶空留人去也，瓜田依旧我来迟。

山中岁月春常在，个里乾坤俗不知。

为问吴源何处去？白云无意任差驰。

每年的农历五月二十七日，为孙钟的成仙日。在这一日，远近数十里的人都来到分界殿赶庙会，进香朝拜。还要举行“游苦菜神”活动，由几个人抬着神像，敲锣打鼓，有丝竹伴奏，所到之处，村民鸣炮相迎。

据说，迎苦菜神可消灾避难。

按照惯例，赶庙会所捐的钱，尽用于唱采茶戏，一连数日数夜，观者人山人海。其情形犹如鲁迅笔下的社戏。

分界殿今已凋敝，往昔却是一个民俗风情极为浓郁的地方。

远去的扶乩

扶乩，是一种已离我们很遥远的占卜问神术。

扶乩，又写作扶箕。扶乩时，须先烧香烛，请神仙下凡，然后，由两人扶一丁字形的架子，名曰乩笔，在预设的沙盘上写出文字或图形。巫师就根据乩盘上图形，说出某字某句来，据此来预测吉凶。

许地山先生的《扶箕迷信的研究》中说："卜者观察箕的动静来断定所问事情的行止与吉凶，后来渐次发展为书写。"

扶乩，起源于古人迎请紫姑神之说。据《显异录》记载："紫姑，莱阳人，姓何名媚，字丽卿。寿阳李景纳为妾。正月十五阴杀于厕中，天帝悯之，命为厕神。故世之作其形，夜于厕间迎祀，以占众事。俗呼三姑。"

南朝梁宗懔《荆楚岁月记》："十五日，其夕迎紫姑以卜将来蚕桑，并占众事。"

唐朝李商隐《昨日》诗云："昨日紫姑神去也，今朝青鸟使来赊。"

扶乩，可在家中，也可在庙宇中，盛行于宋、元、明、清。在清代，还有扶乩世家呢。

袁枚《子不语》卷十六与卷二十一，分别记载了古人用扶乩求神问卦：

扬州吴竹屏臬使，丁卯秋闱在金陵扶乩问："中否？"乩批："徐步蟾宫"四字。吴大喜，以为馆选之征。及榜发，不中。是年解元，乃徐步蟾也。

缪焕，苏州人，年十六入泮，遇乩仙，问科名，批云："六十登科。"缪大恚，嫌其迟。后年未三十竟登科，题乃《六十而耳顺》也。

古人还用扶乩，来求医问药。纪晓岚《阅微草堂笔记》卷八：

先姚安公言，有扶乩治病者，仙自称芦中人。问岂伍相国耶？曰：彼自隐语，吾真以此为号也。其方时效时不效。曰：吾能治病，不能治命。一日降牛丈希英——姚安公称牛丈字作此二字，音未知是否。牛讳禽，娶前母安太夫人 -- 家，有乞虚损方者，仙判曰：君病非药所能治，但遏除嗜欲，远胜于草根树皮。又有乞种子方者，仙判曰：种子有方，并能神效，然有方与无方同，神效亦与不效同。夫精血化生，中含欲火，尚毒发为痘，十中必损其一二，况助以热药，抟结成胎，其蕴毒必加数倍，故每逢生痘，百不一全。人徒于夭折之时，惜其不寿，而不知未生之日，已伏必死之机，生如不生，亦何贵乎种耶？此理甚明，而昔贤未悟，山人志存济物，不忍以此术欺人也。其说其理，皆医家所不肯言，或真有灵鬼凭之欤？又闻刘季箴先生尝与论医，乩仙云：公补虚好用参，夫虚证种种不同，而参之性则专有所主，不通治各证。以脏府而论，参惟至上焦中焦，而下焦不至焉；以荣卫而论，惟至气分，而血分不至焉。肾肝虚与阴虚，而补以参，庸有济乎？岂但无济，亢阳不更煎铄乎？且古方有生参熟参之分，今采参者，得即蒸之，何处得有生参乎？古者参出于上党，秉中央土气，故其性温厚，先入中宫。今上党气竭，惟用辽参，秉东方春气，故其性发生，先升上部。即以药论，亦各有运用之权，愿公审之。季箴极不以为然，余不知医，并附录之，待精此事者论定焉。

第二次鸦片战争时期，两广总督叶名琛，在他父亲叶志诜老先生的影响下，笃信道教，也十分爱好扶乩。其父在总督府特建“长春仙馆”，供奉着吕纯阳、李太白的塑像。父子俩，凡事都要扶乩。有一次，叶名琛率军民与英法联军对阵，他亲自扶乩，得吕洞宾语：十五日后便无事。因此，他既不与联军交涉，也不防守，一派悠然自得的神情。最后，落得个战败被俘，饿死在印度。时人讥之为“六不总督”，即：“不战不和不守，不死不降不走。”广州城有民谣曰：“叶中堂，告官吏，十五日，必无事。十三洋炮打城惊，十四城破炮无声，十五无事卦不灵。谶诗耶，乩笔耶，占卦耶，择日耶。”又有一首民谣云：“洋炮打破城，中堂仙馆坐。忽然双泪垂，两大仙误我。”

《红楼梦》第九十五回，宝玉丢失了通灵玉，一家人到处寻找，还测字打卦，都不中用，就请妙玉扶乩。不多时，只见那仙乩疾书道：噫！来无迹，去无踪，青埂峰下倚古松。欲追寻，山万重，入我门来一笑逢。

中华人民共和国成立后，扶乩之术被政府作为封建迷信取缔，只听说，此术在海外华人圈子中还极为盛行。

甲申重阳节，应友人黄宜星、陈新友之邀，陪马来西亚华侨登紫阳山，亲历过一次扶乩。

马来西亚华侨一行三十余人，长者白发苍苍，少者还只是十来岁的学生。他们负囊而行，里面装着各种器皿及祭品。

他们经过扶乩，在神灵的指引下，漂洋过海来这里朝圣。

他们的中文讲得很流利。在路上，我认识了南洋嘉木板业有限公司的董事长，他叫陈博文，七十有四，黑而瘦，但精神矍铄。他说，他们信奉的是德教。德教宗旨是：以德教民，积善累德。教义为：孝、悌、忠、信、礼、义、廉、耻、仁、智，以修身进德为中心思想，以不欺、不伪、不贪、不骄、不怠、不怨、不恶，为日常生活中的德行准则。德教通过扶乩，领会乩谕神说。

泰国紫真阁出版的《德教起源》一书中说：“整个近代德教史，始于关圣帝在甲子年（1924）受禅登基；1939 年，通过沙盘柳笔的圣谕传达，首创德教会紫香阁于中国广东潮阳，奠下今日德教会组织模式及拓展途径。”

陈先生说，其父亲在民国初年至南洋，以种田为业。他少时在贫困忧患中长大，也是个东不成，西不就的浪子。四十岁皈依德教，依照德教教义，乩谕神话，闯荡商海，渐渐发迹。

至紫阳山之巅，有一石坛，叫紫阳宫，神龛上，供有一尊石罗汉，双手作揖，目视天边。门口有一联曰：“一窍道通冲北极，万年仙境镇西山。”

此坛为唐代遗物，有南唐进士成彦雄《游紫阳山》为证：“古殿烟霞簇画屏，直疑踪迹到蓬瀛。碧桃满地眠花鹿，深院松窗捣药声。”

他们还来不及休息，就摆好了器皿、牺牲、果酒，焚烛燃香，开始祭祀天地。他们一个个神情肃穆，读经如唱。诵经毕，神人合一，便开始扶乩。在一个有八卦图案的木盆里，有两人闭目捉乩笔画字，另有一人唱和，一人记之。隔一会儿，有人在盆里撒上一把粉，或淋点水，就这样捣鼓着，一首首扶乩诗就出来了。先是说，他们是如何在神灵的指引下，来紫阳山朝圣，后根据每个朝圣者的名字，作一首诗。乩诗据说可预测一个人的前程。不管轮到谁，都要拈香拜祭天地神灵，然后跪地静候。譬如，我报了笔名龚嘉凤，扶乩诗云：

嘉缘逢今时，凤飞承大志。

立德为善渡，修成达才器。

待扶乩完毕，已是夕阳落山，暮色苍茫。我们一行人，踏着清朗的月色下山了。

灶　神

灶神，也叫灶君、灶王爷、司命帝君、灶神星君、灶神阿公。相传，灶神是为玉皇大帝派到人间考察民情的司命之神。

只要在乡村长大的人，都会记得，年关将近的时候，都能看见一个拄着一根拐杖的老人，背着一只袋子，手里拿着一沓“灶神”，走村串户。灶神都是木刻版画，印在一张红纸上。不需问价钱，只需一升米一张。

在农历腊月二十四，也就过小年这一天，家家户户在灶上贴上灶神，有的还贴对子：上天言好事，下界降吉祥。横批：一家之主。

这一天，灶神要去天上，向玉皇大帝汇报这一家人一年的善恶。为了让灶神多说好话，人们多用冻米糖、花生糖、芝麻糖之类的东西祭祀他。用又黏又甜的东西塞他的嘴，可让他在玉帝面前多说好话。有的人心术不正，一年中做了不少亏心事，还得用酒来敬灶神，好让灶神神志不清。

祭祀完毕，要点三炷香，送他老人家上天。这叫辞灶，也叫送灶神。

宋朝范成大《祭灶祀》诗云：

古传腊月二十四，灶君朝天欲言事。

云车风马小留连，家有杯盘丰典祀。

猪头烂熟双鱼鲜，豆沙甘松粉饵圆。

男儿酌献女儿避，酹酒烧钱灶君喜。

婢子斗争君莫闻，猫犬触秽君莫嗔。

杓长杓短勿复云，乞取利市归来分。

这首诗，而把中国民间祭灶神的习俗，刻画得惟妙惟肖、淋漓尽致。

灶神，最早产生于人们对火的崇拜。因火可以驱赶野兽，减少恐惧，也让人吃上熟食，少生病。故，很多人说，灶神就是火神祝融。

《论语·八佾》:“王孙贾问曰:‘与其媚于奥，宁媚于灶，何谓也？’子曰:‘不然，获罪于天，无所祷也。’”

葛洪《抱朴子·微旨》说:“月晦之夜，灶神亦上天白人罪状。大者夺纪。纪者，三百日也。小者夺算。算者，一百日也。”也就是说，谁要是得罪了灶神，严重的减寿三百天，轻微的也要减寿一百天。人生就活个几十年，再减一些阳寿，岂不是祸事！

清代的《敬灶全书》则称，灶君受一家香火，保一家康泰。察一家善恶，奏一家功过。每奉庚申日，上奏玉帝，终月则算。功多者，三年之后，天必降之福寿；过多者，三年之后，天必降之灾殃。

人们要祈福禳灾，便要对灶神恭恭敬敬。不得敲打灶，不得将刀斧直接置于灶上，不得在灶前讲牢骚怪话，不得在灶膛烧污脏之物。

《中国文艺辞典》罗隐词条说:“世传他出语成谶，今豫章、两越、八闽人，凡事俗近怪者，皆曰‘此罗隐秀才说过’。”

相传，罗隐幼时去学堂读书，要经过一条浅浅的河，早晚都有一个白胡子老人，在等候他，背他过河。

有一天，母亲问，你每天过河怎么鞋袜都不湿？罗隐就把天天有人背他过河的事，告诉了母亲。

母亲觉得十分奇怪，要他问个究竟，以后也好答谢人家。

第二天清早，罗隐一趴到老人背上，就问："老公公，你真好！可为什么天天背我过河呀？"

老人说："天机不可泄露。"

在罗隐再三追问，老人才说："我是这里的土地公公。你是未来的真命天子，我奉玉皇大帝之命，伺候你。你看，你头顶每天有一朵祥云罩着呢。此乃天机，切记！切记！"

罗隐回到家，忍不住把这事给母亲说了。母亲正在灶下洗筷子，听如此一说，十分快活，把筷子往灶上狠狠一撴，说："要是我儿当了皇帝，首先杀了上屋叔婆起。"

因上屋叔婆，经常欺负他们孤儿寡母。

灶神可不干了，立时来到天宫，向玉皇大帝告状，说罗隐皇帝还没有当上，就无法无天了，怂恿他娘打我四十金棍。

玉帝大怒，命令天神把罗隐的仙骨换掉。三天内执行。

第二天，土地公公对罗隐说："孩子，以后我就不背你了。你的仙骨，今天晚上就会被天神换掉。"

罗隐哭着说："老公公，可有什么办法解救？"

土地公公说："你今晚睡觉要咬紧牙关，可留一口金口玉牙。另外，可把脚板，顶紧床头，留一副好脚板，走遍天下。"

此后，罗隐留下出口成谶的金口玉牙和一双走遍天下的脚板。

等到正月初六，灶神才重返人间，家家又要接灶。

清顾禄《清嘉录·接灶》："安灶神马于灶陉之龛，祭以酒果糕饵，谓之接灶。谓自念四夜上天，至是始下降也，或有迟至上元夜接乾。"

灶上蟑螂、蚂蚁太多，在农历四月初八，可在灶上写：伏历四月八，毛蚂永不发。

中国民间对灶神顶礼膜拜。打灶，和盖房上梁一样，要选良辰吉日。

每年的八月初三，是灶神的生日，要确保大吉。但在灶神上天的几日，为死日，切不可动土打灶。

打灶有十二忌讳：不可背宅方向，不可与大门相冲，不可与厨门正对，不可与对厕所相冲，不可对房门，不可贴近卧房，不可背后空旷，不可横梁相压，不可斜阳照射，不可灶安水道，不可尖角对斜，不可水火相克。

打灶高低宽窄都有规定：

作灶尺寸取单数，长七尺九寸，象征着天上北斗七星高高悬挂，福星高照，地上九州地域博大；宽四尺五寸，象征着五湖四海，拥有天下之物；高一尺二寸，象征着一年十二个月，月月开灶制餐。

有歌曰：神仙留下一张弓，十个时师九不通。作灶若然用此法，定生富贵禄千钟。

孩子骂人，常说：你家倒屋倒灶。灶很能体现一户人家的荣辱兴衰。要灶里不断火，路上不离人，则为兴旺之家。

恭喜别人则说：祝你家开烟发户。这意味着多子多孙。

随着城镇化建设的延续，家家烧的是管道煤气，渐渐，灶神被岁月遗忘了。

紫微遇驾亲降到

以前的孩子受了惊吓或着了凉，会出现食欲不振、面黄肌瘦、夜里啼哭、低烧不退等症状。大人便用黄栀子三颗、葱根三个，面条三根，把它们捣碎，和上米酒或高度白酒，用红布，红头绳，扎在孩子的手脉上。男左女右。到第二天早上，打开红布一看，手脉上会有一块青痕。如斑痕形状像什么，便认为是被什么吓到了。

说起来，这是一种迷信，但从中医的角度来说，其实这是一种颇为原始的疗法，有着清热利湿、凉血解毒的功效。

涂廙《续豫章志》曰："禨鬼之俗，习而未变。凡有疾病，多听于巫。"黄山谷《江西道院赋》亦云："江汉之俗尚鬼，故其民尊巫而淫祀。"《汉书·地理志》云："楚地……信巫鬼，重淫祀。"

说起收吓，有很多种。

在此之前，要点燃一炷香，在孩子手上画符。符是上面一个"雨"，中间一个"渐"，下面一个"耳"，组成一个字，把它圈起来。还要念收吓经：

王母收吓乱纷纷，身骑白马下天庭。太上红赭六重贵，七十二公随后跟。一捏美儿白如雪，北斗七星护吾身。马上抛刀并舞剑，鬼头落地乱纷纷。当初老君传教我，传与弟子某某人。王母娘娘教我来收吓，收得某某一夜睡得到天光，道法不用多，南星贯北河，只用一个字，降尽世间魔。吾奉太上老君，急急如律令，勅。

有一种，用手在床头拍一下，说：

床头神，床尾神，俺家的孩子丢了魂，远的你帮俺去找，近的你帮俺去寻，快把宝宝的魂魄捎回身，某某（孩子名字）从此睡觉一夜到天明。

有一种收吓方式，点燃三炷香，先向天地作揖，在碗中倒一点冷开水，边写佛字，边念咒语：

救苦救难观世音，急求前来救难凶，千里迢迢下药方，灵丹妙药下碗中，除去百病收百吓，保佑孩子一夜酣睡到天明。

在我九岁那年，见村里大人挖井，地底汩汩冒出泉水来，很是欢喜。于是也学着挖井，港边、山脚下到处乱挖，天天泡在水里，着了凉，生了病，茶饭不思。有好几天，我一到下午就低烧。母亲请了一个老道士给我收吓。那是一个月圆之夜，道士端着一碗水，好像在对月亮说话："头戴风云雷电锁天关，脚踏乾坎胜风山，三官四圣排左右，南辰北斗坐中间，紫微遇驾亲降到，擒邪捉鬼有何难。"

母亲牵着我，站在道士身后。我正愣愣地看着月光，道士猛一转身，把一碗水，浇在我的脸上，惊得我跳了起来。说来奇怪，这样一弄，病就好了。

藏风得水

常言道：一运二命三风水，四积阴德五读书。

家运不顺，赖屋赖床。还总会有人提醒说：你家是不是被地仙害了？。由此可见，风水对人生的重要性。

《黄帝宅经》云："人因宅而立，宅因人而存，人宅相通，感应天地。"

看地，一要阴阳不混杂，二要座山逢三合，三要明星入向来，四要尊星当六甲。

住宅最好是坐北朝南，通风向阳。山管人丁水管财。三煞可向不可坐，太岁可坐不可向。山向不可太硬，也不可太软。依照"左青龙，右白虎；前朱雀，后玄武。宁可青龙高万丈，不可白虎抬头望；宁可后高一丈，不可前高一寸"的古训。门口，不可以对着人家的烟筒、墙角、巷口，还不可有枣树、桑树等。

说到风水，不可不说到郭璞。他在中国民间是一位家喻户晓的人物，婚丧嫁娶，做屋上梁，很多风俗，都继承了他的学说。例如，娶妻嫁女，要选择良辰吉日；开基建宅，要看风水。

宋景濂云："《葬书》始于郭景纯。唐末杨筠松与仆都监，窃秘书中禁述，自长安至宁都，遂定居焉。后以其术传廖三传，廖传其子瑀，瑀传其婿谢世南，世南传其子永锡，遂秘而不授。世之言地形者，其盛无踰此数人。今其书世多行之。"

郭璞，是晋代著名的文学家，训诂学家、博物学家。今被人尊为风水学鼻祖。在我的家乡，人们都称他为法眼地仙。

法眼，佛教中指能照见一切法门的眼睛。后泛指敏锐、深邃的洞察力。《儒林外史》第四回写道："我这老师看文章是法眼，既然赏鉴令郎，一定是英才可贺。"

地仙分四种：道眼、法眼、明眼、瞎眼。道眼地仙乃山中高士，不食人间烟火。

郭璞，字景纯，晋武帝咸宁二年（276），生于河东闻喜（今山西省闻喜县）。

郭璞的父亲郭瑗，曾任西晋的尚书都令史、建平太守。郭家为名门望族，郭璞走的是一条"学而优则仕"道路。可晋惠帝、晋怀帝时，中原一带"八王之乱"还未平息，紧接着又开始了"五胡乱华"的局面，战火绵延不断。五胡是指匈奴、鲜卑、羯、氐、羌，北方五个游牧民族。中原大地，民不聊生，生产和生活秩序全部被马蹄声打乱，使许多人为苟全性命，抛弃家园，纷纷南迁。

郭璞过江后，经朋友引荐，在安徽宣城太守殷佑麾下为参军，后被擢为著作佐郎。

郭璞《葬书》中云："葬者，乘生气也，气乘风则散，界水则止，聚之使不散，行之使有止故谓风水。"所以，才有了现在我们通常说的风水一词。

道教圣地西山万寿宫，道书称此为天下第十二洞天、三十八福地。这块洞天福地，就是郭璞相中的。

有一天，许逊、郭璞、吴猛从鄱阳开始采地，至今日西山万寿宫一带。郭璞欢天喜地，说："妙哉，妙哉，我的足迹踏遍了大江南北千山万水，相地多矣，还没有见过这样妙不可言的宝地！此地三峰壁立，四环云拱，内外勾锁，无不合宜。若求富贵，则有起歇；如欲栖隐，大合仙格。大凡相地，兼相其人，观君表里，正与此地相符。”

野史中有一个郭璞葬母的故事，足见他相地之高明。

其母住在离建康不远的暨阳县，因地气潮湿，患有湿热痼疾。她生前曾对家人说，希望死后能葬在高朗干爽之地。其母死后，郭璞亲自带着日晷等堪舆工具，奔走了几天之后，选定长江南岸的一处沙地。

这时，一些对风水略知一二的人，都提出异议说：“暨阳境内地，藏龙卧虎之地甚多，为何选此近水之地，实在令人费解。”

郭璞说：“仆自命相，后人无甚显贵之福，若勉强占有地脉，不仅无福消受，反而祸及子孙。临江之地，水流不绝，地脉通畅，虽非富贵之地，但亦可保后代无甚大碍，通顺平安”。

对郭璞这种知足识命的做法，人们都赞叹不已。果然，一年后江水即去墓数里，又过几年，墓地与江水之间十余里地均成良田。日后江水越去越远，其母之墓地势日高一日，终为干燥爽朗之地，而原岸北的山丘，则已完全淹没在滔滔江水之下了。这时，人们才无不佩服郭璞卜地之高明。

在我的家乡，很多村子都流传着郭璞堪舆的故事。

相传，郭璞居住在西山腹地的郭家头。一天，郭璞和几个朋友沿着吴源港，逆流而上。分别在大家湾、下堡、南溪看到三块铜锣地。心想，三面铜锣开道，必有吉穴。可走到西溪，有一只石龟，把在水口。郭璞感叹道：“可惜，三面锣竟然接了一只乌龟！”

有一次，郭璞在会仙峰与许逊下棋。郭璞邀许逊到郭家头小住几天。两人携童子沿港而下。一路山高谷深，溪石磊磊，树木蓊翳，不见天日，间或住着三五户人家。走到上湾，他们见有一块螺丝地，把住水口。郭璞道：“山走水走，穷得罢了。不是螺丝地把口，一直往鄱阳湖走。人不上八百，谷不上一千。”

梅岭有个石门村，据说是郭璞看了一块地而得名。有一天傍晚，郭璞来到一道石壁前，念道：“石门开，石门开，郭璞先生看地来，拜请山头神地头神，现出真龙正穴位，给弟子父亲居住。”

说完，便深深下拜，再喊三声：“开门！开门！开门！”石门轰然而开，只见得里面，霞光万道。这情景被一个放牛娃看见，回家跟家里人说了。他祖父正病得奄奄一息，就交代儿孙，只要等他断气，就偷偷把他葬在里面。后代照办，可惜没有葬到正穴，后来此户人家只出了一名进士，做了一个御史。

我手头上有一本《洪都记》，是我的家乡石门村赵子方所著。这是手抄本，书最后落款是：道光壬寅孟秋抄于省垣进外横街素行堂吴府竹阴山房。但没有抄录者的名字。

赵子方的《洪都记》很详尽地记录了古南昌一带山水的走向及龙脉，并有钤记。如《西山烂泥湖》：

萧仙望北山心里，太白星居赤岭中。十八龙神皆拱卫，浑如星斗照天宫。面对玉圭尖顿笔，四水潮来碧潭中。十二罗城无空缺，帝星光皎洁。水口捍门震鼓声，立国生周城。乾亥山巽巳向，定出王侯并宰相。更出英豪盖世雄，此穴在泥中。八百山河归一主，万民无怨意相同。调理阴阳莫乱扦，仔细论山川。万代簪缨冠世间，玉辇跨金鞍。

有民谣唱道："白石结成堆，有地在田西，有人葬得到，代代出阁老。"田西村位于天宁寺附近，村侧，葬有明室新昌王朱盘炷，及李迁、徐世溥等人的墓。《洪都记》就说："田西有盘正地形，却有蟠龙穴甚真。前有云雷案，后有税粮峰。明堂水足中心正，田畔洋洋聚如镜。只好做屋场，住后钱粮盛。巽巳丙向须得吉，大旺百年气数定。"

民间传说，赵子方本是一个地道的农民。有一年冬天，他每天带一份竹筒饭去锄油茶山。可到了中午，饭却没有了。一天他发现是一只盘子大的乌龟，在偷饭吃。他勃然大怒，说："孽畜，我也可怜，日日面朝黄土背朝天，你却天天偷我的饭吃。"

于是，赵子方折了一根树枝要抽打它。

这时乌龟说话了，说："贵人啊，你不要打我。我们也是有缘，才能在这里相遇。我修炼了上千年，颇有一些法力，左眼能看地，右眼能观天。"

赵子方说："那又怎样？"

乌龟说："你只要把我左眼挑瞎，将血滴在眼睛上，便能看出山的龙脉和准确穴位。"

赵子方照办。此后，他再也不种地，天天背着罗门，给人家看地。不管是做屋，还是葬坟，都是顺风顺水，人财两旺。

赵子方很高兴。一天，他在外面喝得醉醺醺回来，又找到乌龟，说："你说右眼能观天，怎么一个观法？"

乌龟说:“我只要看一下天上的云，就知道哪个角落能出贵人。天子头上有龙虎云。”

有道是：人心不足蛇吞象。赵子方把乌龟的另一只眼睛也挑瞎了，但承诺好，一定会供养它。

从此，赵子方看地更神了。

一次，赵子方在溪霞仙里帮员外看了一块鸽子地，又看了看天，说:“福地福人登，只怕这块地你家受不住。”

员外的儿子不信这个邪。

赵子方说:“你夜里在这里装死，口里含七粒糯米。到时候便知分晓。”

是夜，员外的儿子便直挺挺地躺在这块吉穴上，眼睁睁看着广袤的夜空，夜空中有许多星星，在神秘地眨着眼睛。不时，有流星从头顶划过。

明月中天，虫声叽叽。一阵山风吹过，隐隐约约传来说话声。

山神甲说:“前面发现一个露皮，不晓得断了气没有，快去看看。”

山神乙走进来，说:“哎呀呀，口里蛆都生了！”

山神甲说:“这可是三十年后南昌知府熊家和的福地。他后代，还要出五个进士呢。不要被这露皮糟蹋了好地方。快，拉转龙头，扭转龙尾！”

鄢员外的儿子一时只觉得天旋地转。等山神走过，爬起来，赶快回家。

此事传开了，赵子方更成了远近闻名的法眼地仙。

如我村就有赵子方相地留下的钤记:“水口进来十八龙，桐源有个啸天龙，如若谁家葬得到，子子孙孙穿红袍。”

相传，赵子方有一次在我们村堪舆，相中一块白鹤地，交代八仙，遇青石板辄止。八仙果然挖到一块青石板，十分好奇，才撬开一点，扑棱棱，飞出一只白鹤来。白鹤分别在简家、叶坊、谌家、茅家都落了一下脚，后来简家出了个简御史，叶坊出了个叶丞相，谌家出了个谌知府，茅家出了个茅状元。

叶坊的原住居民当然姓叶，明嘉靖年间，有杨姓迁入，迷信“羊”吃“叶”之说，就迁往山外。叶坊据说是“龙潭”地，民间有歌曲云:“上有黄蛇抢鸽，下有狮象把口；若问大地何在？就在龙潭口上。”

有一天，赵子方在五垴熊家看了一块好地，回到家来，赞不绝口，说:“这块地，要出三斗芝麻那么多的官。”

他的夫人说:“我们与熊家近在咫尺，那我们后代，只能给他们擎旗、打伞、抬轿。”

赵子方第二天，给熊家的人打哑谜：“要出大官，就要等三样东西从这里过。”

熊家的人问：“地师，哪三样？”

赵子方说：“头戴铁盔，干鱼上树，木马骑人。”

快到下殡时间，从洗药湖之巅，飘来一朵乌云，落起了阵雨。赵子方进屋躲雨。

墓地挨着大路，不时有去万埠上街的人回来。家人和八仙焦急地等待。一会儿，有人把锅子当伞，戴在头上走来；一会儿，有人在木头扁担上挂着几条咸鱼走来；一会儿，有个木工掮着一只木马走来。

云开日出，赵子方走来，说：“你们怎么还没有下殡？”就把刚才所见说了。大家恍然大悟。

其时，已错过了下殡时辰。赵子方看看天，只好敷衍道：“好，雨打梁头日晒棺，世世代代出王侯。”

赵子方喝彩道：“伏以！祖师坐半天，蛇龟足下眠。鹅鸭水中游，莲花开半边。牛狮把水口，富贵万万年。房房都富贵，儿孙个个贤。自从今日喝彩后，百子千孙大吉祥。”

一年，赵子方应征入朝，交代老婆，一定要把乌龟服侍好。可等他走后不到三个月，乌龟却被饿死了。

一天，皇太后驾崩。来自全国的十大地仙，一致看准了一块铜锣地。至于葬于哪个穴位上？有的认为应葬在铜锣心，有的认为应葬在铜锣边，而赵子方认为应该葬在铜锣环上。

皇帝问赵子方有何见教？

赵子方说：“葬在铜锣心震破天下，葬在铜锣边打破天下，而葬在铜锣环正好，提起铜锣，天下响。”

皇帝很高兴，说：“有道理！嗨，你们江西有何等好地？”

赵子方得意忘形地说：“天子地八百穴，诸侯地葬不绝，转弯抹角都是好地。”

皇帝听后，大惊。几天后，找了一个借口，把他杀了。

在西山南麓，安峰脚下的双港村，有一位叫曹家甲，号安峰先生的风水大师。他自幼博览群书，尤其喜欢研读《易经》。二十几岁，就拿着罗盘，踏遍了西山九十九峰，研究山的龙脉及穴星所在，也曾以堪舆为业。康熙三十六年

（1697），他四十二岁中进士，宦游各地，足迹踏遍了半个中国。

康熙五十七年（1719），理藩院奏请曹家甲勘察塞北地形，而他以年迈体弱为由，拒不奉召。康熙帝大怒，欲治他的罪。幸好有和硕诚亲王等人，体恤具保，才得以免遭蒙难。

他五十二岁，奏请还乡，悉心著述，著有《地理原本说》四卷。在序言中自云："燕晋齐楚闽粤间，其名胜所在，今虽及老犹能一一数之，窃又念寂处而志其所好，揣合山水性情，发明作用法则。"

曹家家风良好，人才辈出。

曹家甲有个叫曹秀先的孙子，为《四库全书》馆总裁，官至礼部尚书。

曹秀先之兄曹茂先，继承了祖父的禀赋，进士出身，为官几年，不到四十岁，也是以多病为由头，辞官回乡，讲学著述。他著有《三礼通论》《遁翁文集》《绎堂存稿》《绎堂杂识》《谈林》《从政略》《桃花乡人传》等。

其中在《绎堂杂识》中，对西山山水做了梳理。

山脉：

西山之脉，自奉新虬岭来，转梧桐岭，复少行，入田度峡，特起而为西山。东为缑岭，南出雷公岭，北出天宝洞岭，分罕王岭。西一支由金坟厂走丁家塘，分车塘，至新塘村而尽。中为萧史峰。东行上安峰，逆为生米镇，走厚田丹陵，尽象牙冈。中由欧阳星里路，出下迁，至溪洪桥止。一为香城，为洪崖，蟠龙山翠岩，一由灵官坛北行朱家山、梅岭，折霞溪岭，转双岭，分葛仙峰、青岚尽石头口。北为梅岭，尽东槽茭桥溪，止鸡笼山。北走大小十八堎，起下安峰尖，分芦坑、乐化、合浦冈、灯窝陵、鲁港止。北走辛里源、乔岭，至桃花岭止。自香城过仙里，为黄鹤山、云盖山。左上天岭、老鹳嘴，渡江至吴城；右小溪岭、北坑、青溪止。樵舍与西山同分脉者，为昭山。

水源：

新建治地在章江西岸，以章水为之经，其水多自西山发源分脉。曰麦源、铜源、香城源、白石源，俱下出章江；曰霞源、潘源、潭源、黄源、芭蕉源，俱上出筠河；曰齐源，由巷口、吴源之水，青沙港以入会于江；曰源头，出东槽会于鸡笼山之左港口流于江；曰李源，出西山，会于建昌地，名合水；曰东源，自八头岭西南，绕翠崖莺溪，一支由落马崖西流注乌溪，一支绕双岭龙潭东流入章江。

我小时候听过一个故事。有一位姓吴的员外，有四个儿子，一年瘟疫，不幸死了两个。他老伴忧伤过度，也过世了。就在这个时候，一个穿草鞋的过路人打门前走过，正好断去两根草绳，在门口的一块石头上坐下，把草鞋脱下，瞧了瞧，说:“四子剩两子，两子命难逃。”

说者无心，听者有意。吴员外站在大门口，正在想请地仙的事。听人这一说，猛吃一惊，赶快把过路人请到屋里，好吃好喝款待。饭后，吴员外问:“先生可会看地?”过路人随口道:“略知一二而已。”

下午，吴员外同两个儿子，陪过路人来到祖坟山。过路人暗暗叫苦，怎么办?溜吧。等主人一不注意，他便躲在一丛凤蕨丛里。等吴员外寻到，他灵机一动，坐正身子，用手往前一伸，说:“这块地好，叫凤凰衔柴。就这个向，罗门都不用看，保你家子孙发达，荣华富贵。”后来吴员外家，果然否极泰来，人财两旺。

在邻村，有一个秀才，他父亲去世了，请了一个地仙采地。地仙在枣树林附近，看中一块很轩敞的地，正用罗门定方向。这时，枣林中惊起一群雀子，是一群孩子在摘枣子吃。

秀才说:“地师，改个地方好了。这里距离枣林太近，葬了坟，会吓到孩子们。”

地仙说:“你家不用看地了，德行好，令尊随便葬哪，都是好地。”

马铿高名枢先生，给我讲过一个类似的故事。

有一个地仙赶山路，经过一户人家。因烈日炎炎，他口干舌燥，进去讨碗水喝。主人满口答应，到灶下去了半天，端出一碗滚烫的开水，上面还撒了点糠。地仙心想，这家人好缺德，把我当猪。于是，等主人不注意，画了一道符，塞在柱础下面。按照以往的做法，这个人家很快会败落。五年后，地仙再次经过这个人家，见这家不但没有败落，还发子发孙。地仙说起当年的事，问为什么要在水里放糠?主人说，因为是刚烧的开水，你渴了，怕你烫到。地仙很是感动，和这家人做了好朋友。

我有一个同学，叫刘国桃，南源刘家人。他读书的时候，并不显山露水，但性格安静，喜欢阅读。高中毕业后，他独辟蹊径，热衷堪舆学，熟读《易经》《葬书》《八宅明镜》《洪都记》《三命通会》《滴天髓》《崇正辟谬》，多次外出，向各个门派拜师，博采众长，如今已是远近闻名的地师。

因他喜欢写诗填词，又谙熟当地人文典故、民俗风情，我们经常在一起切磋。近朱者赤，我向他学到了不少堪舆知识。

刘国桃说，好的风水，也要天人感应，与人的八字、年份相合。福地福人登。

再好的地，如果与德不匹配，也是枉费心机，竹篮打水一场空。

最好的风水是人心！

百无禁忌

举头三尺有神明。

我们的先民，对未知世界感到神秘和敬畏，才会出现各种禁忌。

门有门神，灶有灶神，床有床公床母。山有山神，藤有藤怪。有了敬畏感，行为才有规范，才不至于为所欲为、无法无天。

孔夫子就说过："君子有三畏：畏天命，畏大人，畏圣人言。"

我小的时候，同侄儿秋生去山上砍柴。走在路上，秋生一不注意，说到了鬼呀、蛇呀、虎呀等字眼，我就觉得不吉利，便把柴刀往地上一抛，说："你怎么说这样的话？"

过年过节，更不可胡言乱语。猪头叫"顶子"，猪耳朵叫"顺风"，猪舌头叫"招财"，猪骨头叫"元宝"，猪血叫"旺子"。桌上的鱼，不可以吃完，这叫作年年有余。总而言之，都是讨口彩。

说起"招财"，有个很好笑的故事。

我的家乡有个李老板，外出做生意，忌初五、十三、二十三出行。他出门看见乌鸦，便往回走。如是看见喜鹊，便大为欢喜。还不能遇见剃了光头的和尚、尼姑。扁担放在地上，不可以让人跨过。

李老板做行商，慢慢有了一些积蓄，准备在山外开一家茶铺。

开张那一天，他选了一个黄道吉日。为了讨口彩，他买了一个很大的"招财"牌匾，挂在大门口。爆竹响过，很多人进门，都说："老板招财进宝，恭喜发财！"李老板很高兴，每人给了两个茶饼。可邻居家的孩子，一进门就说："哎呀，好大一个舌头！""舌头"音"蚀头"，气得李老板脸都黄了。他把门一关，另选日子开张。

过几天，李老板重放爆竹重开张。邻居家的孩子经过爷娘一番调教，特意上门，将功补过。李老板看见这个孩子又来了，心里发毛，赶紧把"招财"藏起来。孩子说："老板，怎么'招财'不见了呢？"李老板气得哭笑不得。

又过了好几天，李老板重新开张。这个孩子见说"舌头"不行，说"招财"又错了，干脆远远站着。李老板怕他上门，用眼睛恶狠狠地瞪着他。孩子心里很委屈说："鬼才进你家门呢！"李老板气得差点儿昏过去。

小时候，家里开了一家代销店，我有时也帮卖一些东西。父母教导我：坐店不可敲打柜台，不可伸懒腰，不可打哈欠，不可玩弄算盘，不可背朝外。扫地要往里扫，这样才关得住财。大清早做第一笔生意，必须慎重，如做砸了，一天不顺利。

人家做屋上梁，在堂屋正上方写着：天地阴阳，百无禁忌。因上梁要求吉利，尤其怕孩子乱说话。

我的一个堂伯父做屋，弄不到椿芽树做梁，在山上相中了一棵挺拔的松树。松树，我家乡这边称枞树。伯父出梁的时候，正是寒冬腊月，村里一个后生，缩着脖子，揣着手，缓缓走来，说："哎呀，你家怎么弄一棵枞树做梁？"枞，我乡读穷。伯父气得脸色乍变，说："你烂嘴巴，我这是富贵树呐！"

房子做成了，忌正月、九月搬家。灶王爷是一家之主，先要打好灶，然后搬别的东西。

大门口，不可以对着人家的烟筒、墙角、巷口、高塔，还不可有枣树、桑树等。

吃饭时，饭掉地上，不可用脚踩。不可用一根筷子，或一长一短。不可敲碗，不可撑碗。

客人来了筛茶，应双手捧上，不可太满。吃饭时，菜碗要成双数。喝酒时，客人要满盅，不可自斟自饮，要先敬客。没有吃完饭，不可收碗抹桌子。

探望病人，要上午，下午阴气太重。水果要买苹果、橘子，不可买梨子。

吃中药，只可说吃茶，喝完把碗倒扣在桌上。孩子胖，不可说壮。病了，只可说身体不舒服。有人过世了，只可说圆福了。

七月半祭祖，不可用狗肉、牛肉，因牛耕田，狗看家，不忍食之。尤其是狗肉，有打狗散伙的意思。不可用豆芽、蚕豆、豌豆等做菜，因"豆"音"斗"，会导致子孙后代不和睦。不可用茄子，怕后代出瘸子。不可去乱坟岗，不可大声喊名字，不可去游泳，到傍晚更不许外出。

入国问禁，入乡随俗。民间禁忌，多如牛毛，看似平常琐碎，但根深蒂固，不可不慎！

第六卷　农林渔猎

农耕记忆

在我乡，不知几时起，农民纷纷进城打工，田地或荒芜，或被征收。再也看不到孩子浸泡在水田里，捉泥鳅、捡田螺、挖慈姑了。他们和城里的孩子一样，已是五谷不分。由此，我十分怀念以前的农耕岁月。

《周礼》："荆、扬二州，其谷宜稻。"《豫章记》云："郡江西岸有盘石下良田，极膏腴者一亩二十斛。稻米之精，如玉映澈于器中。"由此可见，我的家乡种水稻历史很悠久。

清明节前四五天，在布谷鸟的声声叫声中，我们选择一个阴雨天气，开始浸禾种。按照一亩田二十斤的分量匹配，便八九不离十。浸到一日一夜，便用禾秆把种谷包起来，放进甑里催芽。开始要用温水淋，一日二三次。到二天，这些蕴含饱满生命力的种子发芽了，且活力充沛。用手摸，有点烫。如温度太高，会烧包，灼伤谷芽，隔上三四个小时，要用冷水淋。一般讲究：寒头浸种，寒尾下田。到了第四天，谷芽就有半寸长了，在一个晴天丽日，把它撒到秧田里。用毛竹片，插成一个弧形，盖上薄膜。大约过二十五六天，秧苗有四五寸长，就可以栽禾了。

秧好一半禾。秧田必须施足肥，以猪粪、草木灰为主。

红花草开了，大地一片锦绣，红艳夺目。春耕正式开始。

《礼记·月令》记载，先秦时期，每逢孟春之月，天子就要率领三公九卿到郊外迎春，后来形成了打春牛的礼俗。

《燕京岁时记》载："立春先一日，顺天府官员，至东直门外一里春场迎春，立春日礼部呈进春山宝座，顺天府呈进春牛图，礼毕回署，引春牛而击之，曰打春……"

民国《安义县志》记载："立春，游土牛，市坊各扮演故事，居民咸集竞看，官吏、师生从东门迎春。次晨，鞭春如制。"

由此可见，在我们这样的农业大国，春耕是何等神圣的一件事。田要三耕三耙。还要铲田塍，搭路脚，挖田角。最后把木梯放进田里，绑上绳子拉一下，叫打扛。

我的家乡有手拿竹梢，吆喝水牛耕田的谜语："三个头，六只脚，国公钓鱼手拉索。”

其实，每年早春，山野中望春花开放的时候，我父亲便开始了春耕。这时所耕的多是秧田。犁铧所到之处，常有泥鳅被翻出来，我便跟在父亲身后捉泥鳅。泥鳅还在冬眠状态，迷迷糊糊，就被我装进了鱼篓里。

这时总有许多八哥，在刚翻开的土地上找虫子吃。不时有八哥飞到牛背上，展开嘹亮的歌喉，唱起一支支春天的序曲。

犁田是父亲的一手绝活，犁铧所到之处，掀起一片片沃土，就像屋上盖的鱼鳞瓦一样平整。

父亲每日犁田。犁了一丘又一丘，耕了一垄又一垄。

父亲掮着犁，牵着一头水牛，走在田塍上，口里还哼着儿时唱过的歌谣。

可现在，改天换地了。

民国时期，父亲师范毕业。他在中华人民共和国成立之初连犁都不会扶，由于成分不好，同人家一样出勤，却要比人家少挣两分工。为养家糊口，他揽下这桩人家不愿干的活，才扯平了工分。

开始扯秧，叫开秧门。要在田边点香烛，放爆竹。要把第一把秧洗净泥，用秆扎好，带回家，抛到屋顶上。栽禾的第一顿饭，要杀鸡、剁肉、打酒。中途还要过中午，吃米花泡酒暖身子，还要吃冻米糖、油饼。

很多风俗，到了人民公社年代都被革除了。

我第一次栽禾，是读小学五年级时，学校放了五天农忙假，我不由分说，便约了几个朋友，去生产队参加劳动。

出勤的钟声响过后，社员们陆陆续续往田边走去。我这个小社员，是第一次出勤，我赤着脚，走在湿漉漉的田塍上，路面石头虽有些硌脚，但觉得什么都新鲜，连泥土的气息也别样好闻。我们家的小花狗，愉快地摇着尾巴，一步三回头地在前面引路。田塍上，印下了一朵朵小梅花。

一丘刚整平的水田，倒映着蓝天白云，也倒映着田塍上欢声笑语的男女老少。生产队长拖过“划行器”后，把秧抛下。大家便绾起裤脚，撸起袖子，纷纷下田栽禾。

下了田，水冰冷彻骨，泥巴还在咕噜咕噜地冒冷气。我顺手抓起一把秧，解开，握不下，放下一半，在大人的指导下，猫下腰，栽起禾来。左手不可以搁在膝盖上，抓秧的同时，拇指和中指忙不迭地分秧，八九根合成一株；右手接过，无名指和中指将其根部夹住，插进泥里。起先，我栽的禾，东倒西歪，弯弯曲曲，拿大人的话来形容，像蛇子过水。栽着栽着，就好多了。

水田里，不时有小鱼、泥鳅、蝌蚪、蚂蟥在悠游。蚂蟥游着游着，一不注意，粘到脚上，瘪瘪的身子，很快撑得滚圆。

生产队劳动颇不寂寞，有人猜谜语，有人唱歌谣，有人讲故事。插科打诨，谈笑风生。

有一个扯秧的故事。

一个农民在扯秧，他洗净泥巴，用秆绑好，往田塍上抛，正好有一位秀才走过。农民说：“先生哎，我有一个对子对不上，请你帮忙好吗？”秀才点了点头。农民说：“秆绑秧苗父绑子。”秀才冥思苦想，对不出。他正急得团团转，看见一个人扛着一把锄头，竹篮里装着几只笋，便说：“有了！竹篮装笋母抱儿。”

有一个栽禾的故事。

一个秀才，以能言善辩闻名乡里。一天，他骑着高头大马，在田野里兜风。看见一个孩子在栽禾，便逗他：“孩子，你栽禾叮叮咚，一天栽几千几百几十棵？”孩子答不出，回家给姐姐说了。姐姐聪慧过人，教他对答。第二天，秀才又在飞马扬鞭。孩子把他拦住，说：“你骑马嘚嘚嗒，一天骑几千几百几十脚？”秀才一愣，说：“这是谁教你的？”孩子支支吾吾地说：“是，是我姐姐。”秀才硬要去会他姐姐。他来到一间竹篱茅舍前，见门口站着一位妙龄少女。秀才从马上跨下一只脚，说：“你知道我要上马还是下马？”村姑道了个万福，一只脚站在门槛里，一只脚站在门槛外，对秀才说：“那你晓得我要进门还是出门？”两人相视大笑，旗鼓相当。秀才又说，“你能在一个盘子里，装十样菜吗？”村姑进了灶房，才五分钟，端出一盘韭菜炒蛋来。秀才拱了拱手说：“佩服！佩服！”

黄鳝非得用三个指头扣，才能抓住。做事都有诀窍。

栽禾以退为进。等大家各将几行禾，从田头，栽到田尾，一丘田就栽完了。田里就像织下一张绿色的网。

“手把青秧插满田，低头便见水中天。心底清净方为道，退步原来是向前。”这是布袋和尚的诗。

到了晚上，父亲告诉我说：你今天挣到两分工了！我虽累得腰酸背疼，但心里还是美滋滋的。

此后，我每逢假日，便去挣工分。

作田不耘禾，收谷收半箩。禾栽下去，过个七八天，禾便开始返青，便要耘禾。先要在田里撒一些草木灰追苗。在我的家乡，耘禾叫“蹋禾”，拄一根棍子，左右脚轮流在禾的根部游离，若有草，便深踩一脚。也有的跪行泥中，双手抓泥除草。再耘第二遍，有的去山上割当年的嫩树枝或芭茅，垫在禾根下做肥料；有的冷浆田，泥巴板结，则用石灰沃之。待耘到第三遍，禾开始“塞行”了。

生产队人多势众，一丘田，十来个人一字排开，各拄一根棍子下田，更是热闹。有人还会唱山歌：

风吹禾苗叶穿梭，哪有耘禾不唱歌？
哪有划船不打鼓？哪有娶亲不打锣？
火烧芭茅心不死，荷包收口难收心。
山歌越唱心越欢，闺女越听越多情。
南山岭上南山坡，南山岭上打山歌。
唱得红花朵朵开，唱得果树长满坡。
山歌好唱口难开，杨梅好吃树难栽。
米饭好吃田难作，白面好吃磨难推。

传说，一天罗隐先生见几个农人在田里耘禾，嘻嘻哈哈。便说：“耘田不弯腰，稗草高齐腰。”罗隐可是金口玉言，从此稗草便与稻谷相伴，生生不息。

耕耘播种，种瓜点豆，与二十四节气密切相关。如：春分早，立夏迟，清明种棉正当时。立夏栽姜，夏至取娘。立秋栽葱，白露种蒜。

很多人能用采茶调，将二十四节气唱出来：

一月小寒接大寒，二月立春雨水来，三月惊蛰又春分，四月清明连谷雨，五月立夏小满红，六月芒种夏至天，七月小暑接大暑，八月立秋处暑来，九月白露又秋分，十月寒露霜降来，十一月立冬又小雪，十二月大雪冬至临。

热在三伏，冷在三九。在酷热难当的时候，总有人说：这个伏天，快些过去才好。老人便说：莫盼脱伏交秋，怎望逢冬见九。热也好，冷也好，日子得慢慢过。脱了伏，就到了秋天，立了冬，到了一九，一年还剩多少光景呢？

早先没有农药，农民很注意保护雀子和青蛙。有的年头，虫害严重，便去山上挖博落回、雷公藤等，斩碎，拌灰或掺水，洒在禾上驱虫。

禾长到七十多天，开始扬花灌浆了。到了九十多天，田野一片金黄，“双抢”就要开始了。

到了这个时候，我便说：又要脱胎换骨了。

新谷成熟，第一次收割，称作“开镰”。

这是农历六月天，大家都戴了草帽。大家下了禾田，右手握镰刀，左手捏住禾秆，稍用点力，“嚓”的一声，禾就割下来了。割到了五六棵，就放在禾茬上晒。

细人开镰割禾，很容易割到手。一般田边都有禾田草，禾田草，学名叫合萌。摘一把叶子，搓碎，敷在伤口上，一会儿就可以止血。

禾上有蚱蜢在蹦，禾下有蛤蟆在叫。到了当昼，蝉声此起彼伏。热浪翻滚，人好像在蒸笼里炙烤。

栽禾忙，割禾忙，千金小姐请出房。这个时候，谁也没有心思说笑话，唱山歌了。

到下午，割下的禾，已晒得半干了。男劳动力掮着尖担，拿着竹“条子”来捆禾。将禾抱上岸，垫好捆上。先用尖担在一捆禾上，印好一个洞，再用尖担把另一捆禾撑起，用另一头捅进开始那捆禾里，托起来，放在肩上，就往禾场赶去。脚板踩得大地“咚咚”地响，左肩累了换右肩，男人们压得难受，不时哼上几声，一路抛洒着汗水。

捆完禾，就有人牵着水牛，背着辘辘来轧田。把牛轭架在牛脖子上，人站在辘辘上，吆喝一声，牛就往前走，辘辘像煮粥一样，“咕噜咕噜”地响，泥溅得比人还高。渐渐把禾茬打进泥里。轧上两遍，田里水平如镜，可以栽禾了。

早禾相差上下午，晚禾只争马过桥。为了抢时间，大家借着月色，都在栽禾。蚂蟥吸血，不痛不痒，它吃饱了，自行脱去，只是被咬的人脚上流血不止，而牛虻、花脚蚊子，能把人叮得跳起来。有《劝早歌》唱道：

清早凉凉歇，宁愿中午热。

中午热呵呵，宁愿夜晚摸。

夜晚蚊虫咬，还是赶早好。

这无休止的劳作，腰酸背痛不说，饥饿的折磨，更是让人虚汗淋漓，头重脚轻。十天半月，吃不到一块肉。为了大地的丰收，人们只有咬咬牙，坚持到最后。

有时，生产队长安排人，蒸几笼包子，分给大家吃，那是一种莫大的享受。我连坐在哪块石头上吃过一个包子，至今都记得。口渴了，我就趴在田头，“咕嘟咕嘟”喝几口泉水。

打禾，经常靠打夜作来完成。禾场被灯光照得如同白昼，把禾铺成一个圆形，便牵着牛，拉着石碾脱粒。在基本脱粒后，再边滚边翻叉，边收谷。

石碾，我的家乡叫禾磙子。有谜语云：“一只冬瓜两个蒂，大人猜一年，孩子猜一岁。”

最后，人们把禾秆堆成圆锥形，留给牛过冬。

我和农民一起，胼手胝足，摸爬滚打的日子，真正领会到“汗滴禾下土”的滋味。

世上哪有作田苦，半年辛苦半年闲。秋收后，我便同妇女在一起挑猪牛粪。其时，是江南山区小阳春天气，山路上，菊花金黄，山野油茶花开得如烟似雾。空气里弥漫着清香，令人陶醉。我们各自挑着二十来斤猪牛粪，一路说着闲话，悠闲得像看风景。一趟约走一二里路，一天跑四趟。谁也用不着行色匆匆。

那时的分配原则是按劳取酬。男正式劳力挣十分工，女正式劳力挣五分工。我父亲是记工员，每晚有生产队长、妇女主任来报工分。社员按工分多少，到年底分红。

当我能挣到七分工时，已经十六岁了。就在那一年，农村实行了联产承包责任制，才结束了挣工分的年代。

从此，我的家乡只种一季水稻。生产队早晚稻加在一起，亩产也就五六百斤，而种一季中稻，就有六七百斤产量。种田这样的事，过多的行政干预，劳民伤财不说，还适得其反。

后来，有了杂交水稻，亩产可达上千斤了。

我高中毕业后，同父亲在家种了两年田，会做所有的农活。虽然父亲每日向我灌输“作田为大业”“富字田打脚”“千买卖，万买卖，不如在家翻土块”等农本思想，但我还是毅然走向山外。第一站，便是在万埠老街摆地摊。

自从父亲过世后，我家的田地彻底荒芜了。我多次说，等我退休后，回归田园，种两亩田，栽几畦菜地，养一群鸡。可还没有等到我退休，田地已被征收了。

这是我为祖祖辈辈耕耘的土地，唱的一曲挽歌！

黄泥地

黄泥地，是我们家的一处责任田。才一亩三分地，却有二十三丘之多。

一天载完禾，父亲左算右算，少了一丘，回家的时候，才发现被斗笠压着了一丘。

山里的田地，多是如此。

黄泥地离村子有两里多路，要翻过一座很高的山才能到达。它是村子里最偏远、最为贫瘠的一垄田，但风景绝佳。黄泥地下，是一汪盈盈的湖水，碧得叫人陶醉，清得能看见水底的游鱼。岸上，成片的松林郁郁葱葱，山风吹来，松涛阵阵，送来浓浓的松脂香味。林中画眉、黄莺歌喉婉转。山脚下，时而传来野鸡"咯咯"的啼叫声。湖面不时有野鸭出没，白鹭翻飞，小鸊鷉时隐时现。湖很大，七坳八洼的，沿湖上走一圈，只怕要一天时间。

这个湖叫献忠水库，这是一个有着时代烙印的名称。

我总觉得，黄泥地的宁静秀美，不亚于美国作家梭罗笔下的瓦尔登湖。1845 年的春天，厌倦了都市工业文明的梭罗，借来了一柄斧头，来到瓦尔登湖边的森林里，造了一栋木屋。他在自己的小木屋里，过着与世隔绝的生活，开始对大自然的观察、思考，写下了名篇的《瓦尔登湖》。

那时的我，是一个迷茫失落的落榜青年，非常迷恋梭罗的《瓦尔登湖》，痴痴地想，等我将来事业有成，也来黄泥地筑一木屋，写一本现代版中国的《瓦尔登湖》。

我与父亲在黄泥地种田的日子，有着田园牧歌式的悠闲。父亲从来不让我干重活、脏活。父亲耕田，我便铲田塍；父亲栽禾，我便扯秧；父亲挑禾，我便割禾。没事的时候，我便牵着一头水牛在湖边游荡。

其时，父亲已是个年过六旬的老农民，对土地有着近乎宗教般的情感。

父亲以前读过师范，教过书，从过政。新中国成立后，一直兢兢业业地从事生产队劳动。到了晚年，农村实行联产承包责任制，他为"耕者有其田"而欢呼。很快，父亲把原来浆冷泥浅、收谷不够雀子吃的黄泥地精耕细作，这片地成了年年增收的丰产田。他不服老，还雄心勃勃，在山脚下另开了几分荒田。每当水库的水位退去，还要抢栽一茬禾。每年，父亲将一担担金黄的谷子倒进仓中，脸上总是荡着幸福的微笑。

父亲一边劳动，一边向我灌输一些农本思想，还经常安慰我说："种田就种田吧！万般都是命，半点不由人。这田也是祖辈千百年留下的产业，也得要人继承。我也是个读书人，种了一辈子田，不也过来了？人生呀，做什么都是吃碗饭！"

黄泥地曾是我们家的祖业，在我的意象中，父亲永远都是黄泥地的守护者。

有一天，父亲耕完田，牵着水牛，掮着犁回家，他赤着脚走在前头，我则扛着一把锹，趿着拖鞋，懒洋洋地跟在后头。那天，如血的残阳，把我们的身影，拉得老长，老长。踏着石级上坡的时候，走在后面的我，总嫌父亲走得慢。父亲有些上气不接下气。我第一次意识到父亲老了。父亲比我大四十三岁，与我这个风华正茂的儿子相比，背也弯了，步履也蹒跚了，头发也花白了。人生易老！这种“父耕原上田，子刨山下荒”的温馨日子，不知还能延续多久？我的心头掠过一丝无可奈何的悲凉！

我总嫌故乡的天地太小。三年后，我毅然告别故乡，告别黄泥地，只留下老父亲孤单地在黄泥地中耕、种、耘、收。

不久，我在外面成了家，并有了自己的产业，日子还算过得去，但父亲还是十年如一日，给我提供着黄泥地中收种的粮食。在他的心目中，我似乎是一个永远长不大的孩子。

父亲活到老，干到老。在2000年深秋，收割完黄泥地最后一季稻子后，他就告别了人世，享年八十一岁。

今年秋天，我和大哥去献忠水库钓鱼。走到黄泥地，那里的山依然青，水依然碧，而地却荒了。田里长满芭茅、蒿草，田塍上的杂树，有的有碗口粗了。树犹如此，人何以堪！想起了与父亲种田的那段日子，我不禁潸然泪下。

今生，我还会回到这里开垦这荒芜了的黄泥地吗？当年那个美丽的《瓦尔登湖》梦想，还能实现吗？我不知道，只有心里还默念着陶渊明的《归去来兮辞》:“归去来兮，田园将芜胡不归？”

童年鱼趣

孩提时，见春溪水涨，便想到钓鱼。

兴之所至，去柴房找来一根直挺挺的竹棍，作钓竿。用母亲纳鞋底的鞋绳，当鱼线。弄来几枚大头针，弯成钩。又风风火火往鸭身上揪几根羽毛，聊作浮标。在石头下，扳几条蚯蚓，急匆匆往溪边走去。

来到洗衣埠头，水清见底，游鱼历历可数。垂下钩，鱼儿立即抢作一团，眼见得钩被拖走了，忽然浮子一沉，我便“呀”的一声惊叫，钓竿一挥，一条指头般大小的鱼，被甩在半空，掉了下来。

初夏雨后，水色稍浑，最宜钓红车公马口鱼。红车公马口鱼喜欢游弋于急水滩头，浮子随波逐流，人须跟着走。浮子急动，一提竿，钓上一只“花花公子”似的红车公马口鱼来。红车公马口鱼大约一二两，头部为黑色，口阔，身长，有红黄蓝白相间的花纹。这种鱼性急，吃钩凶，运气好时，一上午就可钓三四斤。

秋冬季节，我喜欢坐在潭边钓鲫鱼。就一个人，如老僧入定，或坐岩石上，或立大树下，或倚竹林旁，手执一竿，静悄悄的，只有鸟语花香，不时，鱼竿钓起一只只巴掌大的鲫鱼来，这种情趣，只有身临其境才能领略。

深潭中多“巨鳞”。这种鱼深入浅出，捉不到，钓不着。于是，我们设法堵住上游的水源，待潭中只剩一凼水时，用脸盆将水舀干，一会儿，红的鲤鱼，黑的月鳢，青的鲢鱼，“哗啦啦”一起露出脊梁来，唾手可得。

山溪多月鳢，俗称秤星鱼。这种鱼头大而嘴阔，身长而多鳍。两边各有九条人字形的花纹，还点缀许多白色的花点，像满天星光。它们喜欢栖居于山区溪流、沼泽地、冷浆田中。有的藏于岩洞里，还会钻泥、打洞。

月鳢看似风度翩翩，却十分贪婪愚蠢。

我依稀记得，小时候钓月鳢的情景。在钩上挂一只小青蛙，只要对准溪中的岩洞，左右摆动几下，很快，就有一只月鳢摇头摆尾地出来了，将钩吞下，待它掉过头回洞时，一提钩，十拿九稳能把它钓上来。即使没有钓牢，只要赶紧补上一钩，它照常吞钩不误。

有一次雨后，溪水有些浑，村里有五六个人，在洗衣埠头钓鱼，钓上来的多是两把重的石斑鱼和马口鱼。让人大跌眼镜的是，有一个才五岁的孩子，硬是钓上一条八两多重的月鳢来，让人惊叹。

我在菜园里挖了一个一米深，两米见方的池子。池子毗邻水田，有水汩汩冒出。我们便在小溪里捉了许多指头大的月鳢，养在里面。我们还捉一些蝌蚪，挖一些蚯蚓，喂养它们。过几天，我们就用钩钓上一条，看看是否大了一些。但只要一下雨，池子水满，月鳢就会跑得精光。但我们还是乐此不疲。

石斑鱼在我的家乡有的人叫它锈金鱼，有的人叫它石坎鱼。它的学名叫斑条光唇鱼，或叫浅水石斑鱼。

石斑鱼为梭形，头小而体胖，背低而脊宽，全身呈棕褐色，腹部花白，各有六七条黑色横斑纹。它属冷水鱼类，只生活于南方山溪水质清冽的石缝里、深潭中。以溪中的石虫、小型水生动物和微生物为食。因此，石斑鱼生长缓慢，大者也不过二三两。

下雨天，溪水满溢，它喜欢逆流而行，遇激流险滩，一跃而上，可达一米多，宛如空中闪过一道彩虹。有时，它跳得没有准头，就掉到岸上来了，让人直接捡走。

石斑鱼以肉质细嫩，味道鲜美而著称。唐代诗人李频有“石斑鱼鲊香刺鼻，浅水沙田饭饶牙”的诗句。

每日夕阳西下的时候，我们总是不失时机地掮着笱笼，往港边走去。在鱼往来如织的溪段，筑一渔梁，在缺口处，将笱笼安置好。再去上游，将鱼驱赶得急游直下，尽入彀中。有时，笱笼放过夜，明日清早去取，常能装到一两只脚鱼，或三四斤鱼虾。

宋朱辅《溪蛮丛笑·痨鱼》：“山猺无鱼具，上下断其水，揉蓼叶困鱼，鱼以辣出，名痨鱼。”

在烈日炎炎的盛夏，正是大人们双抢的季节，我们便去痨鱼。邀上四五个伙计，各出一个枯饼，用火烤得焦黄，香喷喷的，舂成粉末，再将晒干了的醉鱼草、水蓼粉末和在一起，来到港的上游，将它们溶于水中。水被染成酱色，流经之处，鱼纷纷浮出头来，眼睁睁地看着人，口一张一合。

这个时候，我们一个个腰间挂着鱼篓，手里拿着网兜，先是在岸上观察“鱼情”，只要看见鱼被痨晕，立即把它捉上来。半个时辰后，药性发作，鱼纷纷浮出头来，我们便各分一段，忙着捉鱼。有时连脚鱼、乌龟也被弄得无法藏身。我们捉了一筐又一筐。村里有人发现有人痨鱼，纷纷前来“赶场”。整整一天，沿港尽是捉鱼人，这种情景，也叫“闹港”。

一天，我独自在溪边摘野豆，偶尔发现一丛芭茅掩映的小潭里，有许多小鱼。我来到潭边，潭水清亮，有好几十条黑脊梁、花脊梁的鱼儿在怡然嬉戏，并不因我的出现而藏匿。

我从口袋里掏出一只红薯、洗净、嚼碎，喷于潭中，它们争着用口一张一合地吃着。我心中一喜，又吐一口在手心，放进水里，它们照抢不误，游来游去，碰在我手上，麻酥酥的。我趁其不备，捞了一只上来。呵！它真小呢，小得才指头般大，背部有黑色的花纹，它挣扎着，乌黑的眼睛望着我，企求得到释放。我不忍心伤害这可爱的小生灵，把它搁置水中，倏地，它消失在鱼群中。我深深地爱恋上了这潭小鱼。此后，经常寻来红薯、饼干、玉米棒，嚼碎喂给它们吃，并挖来蚯蚓，用小刀切碎喂养它们，希望它们快快长大，心情不亚于母亲对家禽的期望。但我绝不想从它们身上得到什么，或捉他们吃。我的心像潭水一样清澈。潭鱼，是我那时最好的朋友，也是我那时感情的维系。

好景不长，我的秘密终于被一个比我大三四岁的孩子发觉。一天放学后，他赤着脚，提着网兜、鱼篓，来到小潭，堵住了上游的水源，把潭水浇干，鱼被一网打尽。

等我赶来，他提着大半篓活蹦乱跳的小鱼，正“功德圆满”要回家。我心中的爱恋，心中的维系被他一网打碎了。我疯狂地哭着、骂着，要抢回鱼。他狡黠地一笑，说:“笑话，港里的鱼怎么会是你的？你也不要闹了，我们回去请大人评理去。”

我哭丧着脸，跟在他背后，心想，鱼是我花了心血养的，你还能有理吗?

回到家里，父母正在吃饭，我边哭边诉说，却把父母逗得大笑不止，得直喷饭。

村里人听说了，都笑我是个傻孩子。

湖畔渔事

到港里捉鱼，实属小打小闹。要想翻江倒海捉大鱼，还得去湖畔。湖畔捉鱼的方法有许多种，在这里，我只挑几种有趣的说一说。

我这里说的湖，其实叫献忠水库，距离屋场一里多路，要翻过一座山。

以逸待劳。春天，蛰伏了一个冬天的鲢鱼，欢喜结队而游，当游到有活水贯入的水域，便不知中了什么邪，鲢鱼会异常兴奋，腾空跃起，互比高低，一不留神，有的居然跃上了岸，给人以意外的收获。鲢鱼也叫跳鲢，以善于跳跃而著称。有时，鳙鱼也会跳上来。有一次，我同村里的一个伙计去钓鱼，他像变戏法一样，一会儿工夫，就钓上好些红的鲤鱼、青的鲫鱼，让我羡慕不已。可我这边，老半天还没有一条指头大的鱼上钩，我很是恼火，干脆躺在湖畔草地上做白日梦。猛然，“哧溜”一声，湖中蹿出一条十多斤重的大鲢鱼来，白光一闪，恰好落在我身边。我抱住大鲢鱼，哈哈大笑。都说勤劳是成功之母，其实运气一样重要。

守株待兔。扳罾是一种古老的捕鱼方法，《庄子·胠箧》就有：“钓饵网罟罾笱之知多，则鱼乱于水矣。”《楚辞·湘夫人》云：“鸟何萃兮苹中，罾何为兮木上？”扳罾，就是把一张四方形的网，长宽丈余，用两根竹竿，交叉把它四角撑开，再用一根细长的杉木棍，支在地上，起网时，只要拉绳子就行。把扳罾沉入水中，过个一二十分钟提起来，只见得网上有鱼在活蹦乱跳。扳罾一般选在风暴雨的天气，人们披蓑戴笠，选一个有活水贯入的深潭，水在旋转，鱼在跳跃。记住，扳罾一定要放在旋涡的边沿。有时一个晚上，可扳两三百斤鱼，多是红尾巴梢子、翘嘴白。红尾巴梢子学名叫拟赤梢鱼，身长似鰲鱼，背部隆起，头细且尖，尾巴及鳍皆为红色，重可二三斤。扳罾须大人才可以操作，孩子只能打下手。我们则把家里的破蚊帐如法炮制一个桌面大的小扳罾，用鸡肠鸭肠，烤得喷喷香，或用蚌肉，绑在扳罾中间，来到湖边的静水湾。可我们扳到的都是小鱼小虾，但还是乐此不疲。

愿者上钩。以往钓鱼，最讨厌的就是钓白鲦。每当我打了窝子，静静地等候，好不容易才有鲫鱼频频上钩。正当我春风得意、渐入佳境时，只觉得水光接天的湖面，乱云飞渡，定睛一看，是白鲦结队而来。它们十有八九见食就吃，拽钩就跑。刹那间，窝子周围，成了白鲦的天下，慢条斯理的鲫鱼，再也没有机会与钓饵“接吻”了。白鲦，也叫鰲鱼，小如竹叶，浪费大好时光及上好的饵料钓它，实在划不来。无奈，你赶它不去，驱之还来。姜太公钓鱼，愿者上钩。渐渐地，我被白鲦的“诚意”所感动，于是，专门干起钓白鲦的把戏来。经过我长期观察和摸索，对白鲦采用了一种与常规钓鱼方式截然不同的钓法。弄来一根钓竿，长只要二米，线长六尺。无须按沉水，也不用浮漂，将钩上的倒挂须去掉，好待鱼自行脱落。来到湖边，选好一块地形平坦的地方为背景，在岸边，插一些树枝做屏蔽。用和了肉蛆的秕糠，间或撒上几把，待一会儿，白鲦蜂拥而至。火候到了，在钩尖上挂一只蛆，将钩不间断地往水面摔去，就像变魔法，钩落鱼起。一会儿工夫，地上落得一片雪白。不时，还可钓上红车公马口鱼，每看到它从头顶划过，宛如天空掠过一道彩虹，令人心花怒放。按此法钓白鲦，虽不像钓巴掌大的鲫鱼，及四五斤重的鲤鱼那样令人兴奋，却能以数量之多取胜。我曾有两个小时，钓上八百条的纪录。

浑水摸鱼。湖畔有一荒滩，大三四亩，一到夏季，芳草萋萋。几场大雨后，荒滩淹没，有草鱼一队队悠游到荒滩上吃青草。见此情景，我们就约了七八个伙伴，来湖畔摸鱼。派几个人，先把荒滩出口处的水搞浑，让鱼迷失方向，接着，我们一齐赤条条地在水里扑腾，把水搅得越浑越好，经过一番折腾，短命的鱼早已浮出头来，草鱼屡屡被踩到，鲤鱼急得跳上岸，唯有泥鳅、乌鱼，见有人把水搅浑，早已钻到泥巴里去了，谁也奈何不得它们。

一举全歼。去山上砍来一捆捆茅草、芦杞，将荒滩围了起来，只留两个缺口，到晚上，鱼贯而入，在凌晨三四点，就悄悄用稻草将缺口堵上。第二天早上，我们各出上几个枯饼，用火把它烧烤得焦黄，香喷喷，舂成粉末，撒在荒滩中。油茶枯饼，对鱼来说如酪如酒，一吃就醉，不到一个时辰，鱼儿纷纷浮出头来，嘴一张一合。

请君入瓮。我们到山脚下，引来一支涓涓细流，快到湖边，用竹管接上，流往湖中。在湖边水管的流程内，挨着水边，挖一个二三尺见方的坑，灌满水，上铺柴草。晚上，鲫鱼听见"叮咚"的流水声，很容易兴奋，只要一跃，就会落入坑中。如有兴趣，在坑沿点上一支长香。夜间，脚鱼闻香而动，跌进坑中，见有吃不完的鱼，便乐不思归，甘为瓮中之鳖。

捉鱼，是我童年生活的一个重要组成部分。

湖畔渔事，不在鱼，而在捉鱼的快乐中。

装毫子

笱笼，在我的家乡俗称"毫子"，是一种用竹篾编制而成的捕鱼工具，口阔而颈小，腹大而身长，设有倒挂须，鱼进得去，出不来。

平时，我们碰到易如反掌、坐享其成的事，就说："你装毫子呀。"

其实，它也可称筌。《庄子·外物》："荃者所以在鱼，得鱼而忘筌。"

《诗·齐风·敝笱》云："敝笱在梁，其鱼唯唯。"

《诗·小雅·小弁》云："毋逝我梁，毋发我笱。"

从字面看，描写的就是远古时候，我们的先人用笱笼捕鱼的情景。

唐代诗人陆龟蒙《渔具诗·鱼梁》：

能编似云薄，横绝清川口。
缺处欲随波，波中先置笱。
投身入笼槛，自古难飞走。
尽日水滨吟，殷勤谢渔叟。

笱笼也叫笭箸。皮日休在《渔具诗》第十五首中写道：

朝空笭箸去，暮实笭箸归。

归来倒却鱼，挂在幽窗扉。

但闻虾蚬气，欲生蘋藻衣。

十年佩此处，烟雨苦霏霏。

这两首诗，犹如两幅用笱笼捕鱼的民俗风情画。

我小时候，天井左边的阁楼上，不知什么时候，放着一只笱笼。

有一年夏天，姑姑带表侄长胜来我家做客，看见笱笼，便怂恿我去港里捕鱼。

其时，我只有五六岁。表侄比我大两岁，却比我高大得多，由他扛着笱笼，来到港边。笱笼大有合抱，长二米有六，看似庞然大物，其实空空如也。

我们在有鱼往来如织的水域用石头垒起一道渔梁，留一缺口，将笱笼填上，用一块石头压住。

表侄再去上游，将鱼驱赶得急走直下，尽入彀中。待一会儿，我们将笱笼掀起，看见有十多条鱼儿在里面活蹦乱跳，便心花怒放。拿掉倒挂须，将鱼倒出，折一根树枝穿好。

那天，我们余兴未足，将笱笼放过夜。另日清早去取，里面装了一斤多鱼虾。

我在表侄的带领下，对笱笼捕鱼产生了浓厚的兴趣。不久，会做篾匠的二哥，给我做了一个小一号的笱笼。

此后，每日夕阳西下的时候，我总是不失时机地带着狗，捎着笱笼，往溪边走去。

有狗做伴，可以壮我行色。那时的山野，有豺狼虎豹。

乡村的黄昏，景色实在迷人。晚霞满天，凉风习习。蝉声息去，蛙声如潮。禾苗上，滚动着晶莹的露珠。牧归的老牛，哞哞地叫着。

我沿港而上，察看“鱼情”。我喜欢在水深碧绿且多岩石的溪段，设下笱笼。这样的地方鱼多且大，还有脚鱼。

脚鱼可是水中的尤物，大则三四斤，小则六七两，如捕获一只，就能让一家人美美吃上一餐。有时在风暴的天气，脚鱼喜欢出来活动，我一晚最多装过两只。我村有一个人，一晚装过七只，令我羡慕死了。

当然，空手而归的时候也常有，最晦气的是装到蛇，令人心惊胆战。

易涨易退山溪水。有时候，夜里下暴雨，我的笱笼十有八九被冲走了。我还得沿溪而下，去寻找。

近山识鸟音，近水知鱼性。锈金鱼（浅水石斑鱼），喜欢藏在深水里；红车公马口鱼，喜欢待在水流较急的浅滩；秤星鱼（月鳢），喜欢躲在岩石洞里；虾子，喜欢匿于水草中。

有时，在一段水美鱼肥的溪段，安好笱笼，就像种下一个美好的希望。就连夜里躺在床上也在想着我的笱笼，总幻想着鱼儿、脚鱼、乌龟，三三两两，进入我的笱笼里。有时一兴奋，就失眠了，听了一夜的蛙鸣。以致如今，午夜醒来，听见远处传来的蛙声，我就会联想起当年的情景。可见，笱笼当时对我有着多么大的魅力。

在这里顺便介绍一下，我乡还有一种小笱笼，大如笔筒，长二尺许，两头设有倒挂须。笱笼放在田头、水沟，要放一些酒糟、油菜枯饼做诱饵。也是头天傍晚放，第二天清早去取。一只笱笼能捕到一二十只泥鳅、黄鳝、虾子。

俗话说：鱼子腥，下饭精。那时，母亲常用鱼煎辣椒给我吃。这是我一生中，吃过的最可口的菜。

时过境迁。如今，我的家乡山枯水瘦，鱼虾快绝迹了，笱笼已成了一种逝去之物！

获雀子

我在这里，写的是擒获雀子的往事。我的家乡方言，这叫“窝雀子”。《说文》云：“获，猎所获也。故从犬。”甲骨文的象形字是，用手抓住一只待飞的鸟。

在我家屋侧，是一片菜地，靠西边篱笆有一棵四抱粗的古枫树，还有一些丈把高的桃树、梨树、棕树。枫树上住着一对斑鸠夫妇，不时传来呼晴唤雨、呼朋引伴的叫唤声：咕——咕！

它们经常在菜园里捉虫吃，当然也啄菜叶子。看见人来，“啪嗒啪嗒”飞到树上。到了菜花金黄的日子，便有一群小斑鸠在学飞。小斑鸠懵懵懂懂，不知道世事的险恶，有时会栖在五尺来高的梨树枝头过夜。

一年冬天，大雪一落就是二十多天，出门还得用锹铲雪开路。我们天天坐在家里烤火，偶尔打开槅子透气，只见斑鸠羽毛散乱，状态不好。

父亲说："这雪下得太久，雀子都快饿死了。

落了许久的雪，不要说肉，我们就连新鲜蔬菜也很久没吃过。腌薯藤梗、干芋头杆、酸腌菜、豆饵，轮番上桌，吃得我嘴角都烂了。我同父亲来到禾场秆堆下，扯了一些秆，做成十个八字形的秆块，两边按上坑。用一根两尺多长的鞋绳，绑在中间，两边各做一个绳套，安在坑边。每个坑里放上一把谷子。把这些秆块放在园里树下。我再也没有心思烤火了，从槅子的缝隙里看着。不一会儿，扑腾腾，飞来一只斑鸠，看见秆块里的谷子，不由分说，啄食起来，才啄到第四下，就被套住。

从此，我喜欢上了获雀子。

我家有一片菜地，位于村前的葛山脚下，蔬菜常受到竹鸡的侵扰，啄去菜叶。父母对竹鸡的这种劣行习以为常，很是宽容。我却不以为然，扬言要找竹鸡算账。

等呀，等呀，终于等到下大雪，我才如愿以偿，罩到了竹鸡。

野鸡喜欢生活在山脚下的荒田里、榛莽丛中。大约是它们体重太沉的缘故，飞不多远，就落地行走。我就经常在它们出没的地方，安下绳套，费尽心机，不曾捕获一只。一次雨后，在我家靠山脚下的菜园里，我看见一只野鸡，羽毛湿了，飞不起来，就在后面使劲地追，可连野鸡毛都没有弄到一根。

有的年头，在晚禾收割后，我来到山外和表哥去捉野鸡。晚饭后，表哥背着一只装有九节电池的木匣，用两根电线，串联在头上的电筒上。一束强光，在田野间四处乱晃。我拿着一个安有竹把的网兜，在后面紧跟。每次，我们都带着一只狗。狗的嗅觉十分灵敏，只要闻到野鸡的气息，就"汪汪"地叫几声。这时，伏在禾田里睡觉的野鸡，就抬起头来张望。我们发现了目标，先把狗稳住，照着野鸡，悄悄走过去，用网兜，把它按住。有时没按住，可它飞不到几米就落下来，只要灯光照着，还是手到擒来。表哥说，野鸡在夜里视力很弱，几乎是睁眼瞎。

我和父亲在黄泥地种田的日子里，不多一会儿，就能听见野鸡在山脚下，"咯咯"地叫。野鸡一般成双成对，这个时候，也许它们在和情侣调情嬉戏。我很喜欢听野鸡欢快而愉悦的啼叫声。一日农作时，不经意时，看见一只野鸡，在田头边的茅草里孵窝，被我逮着，还捡到六个七彩野鸡蛋。

我发现野鸡窝，除了茅草外，还有闪闪发光的松香。

我问父亲："野鸡筑巢还用松香做什哩？"

父亲说："因为松香里面含有雄黄，蛇不敢靠近。野鸡从开始下蛋，到幼崽会飞，起码也要三个多月的时间，难免有蛇经过，所以才这样做。"

可见，野鸡也是用心良苦。

我被野鸡的聪明和智慧所折服。我和父亲商量了一下，将野鸡放了，把几个已放进了口袋的蛋又放回了窝里。

野鸡也叫山鸡、雉鸡，其羽毛文采斐然，好似传说中的凤凰。熊荣《西山竹枝词》就有诗赞曰："觅得雉雌饶五色，阿儿戏作凤凰看。"

时过境迁，我的家乡野鸡已不多见了。每次在山野中惊起一只"咯咯"啼叫的野鸡，我都有恍如隔世之感。

咬　夜

咬夜，吾乡方言，即晚上带猎狗去咬野物。吾友杨圣希先生年轻时就有《猎归》诗云：

咬夜乐无边，浑身杀气先。
月黑星照地，风小雾漫天。
长啸深山里，孤行丛冢边。
归来携猎物，儿女笑灯前。

读了这首诗，让我想起小时候咬夜的往事。

那时，我酷爱养狗。其中有一只小狗毛色漆黑，只有颈上一块桃叶大小的菱形小花，我给它取了个名字，叫阿花。

阿花四肢发达，两耳高耸，样子威武，在村子里诸狗争霸，数它第一。它如影随形，总跟着我。上学的路上，它跟在后头；上山的路上，它走在前头。吃饭的时候，它蹲在我的跟前，垂涎三尺地紧盯着。我不时扔给它一团饭，或一块骨头，它便能一口咬上。

上山砍柴，有了阿花可以壮我行色，再也不怕豺狼虎豹了。每当山间惊起一只竹鸡或黄莺，它恨自己没长翅膀，总要无可奈何地吠上好一阵。若遇上孵窝的野鸡或打盹儿的小兔，便要逮个正着。

每年深秋，等蛇归了洞，我才带它去咬夜。每当我亮出那根茶树棍来，它便知道要去咬夜，高兴得摇头摆尾，“呜呜”乱叫。我的书包里一般装着几只红薯，一可充饥，二可用来犒赏阿花。我会邀上一两个伙伴，射着手电，走进夜幕。

有一次，我还在田畈走，阿花不知去向。突然，田里传来了它与狗獾厮打的声音，用手电照去，只见它们在奔来逐去地较量，禾茬被摩擦得唰唰作响。我们考虑到狗獾会朝山上逃窜，便捷足先登，赶到山脚守候，并跳起脚来，呐喊着，给阿花助威。

月光朗朗，看得清，这只狗獾比狗小不了多少，肥滚滚的身子，加上脚短腿粗，怎么也跑不过狗。它稍停顿了一下，出人意料地像一股黑旋风似的，朝阿花反扑过去。阿花一时惊慌失措，被咬得惨叫几声。狗獾其实也是虚晃一枪，转头就往山上跑。狗獾正要爬上田塍，我赶过去吓了它一跳。狗獾嚎叫一声，摔得四脚朝天，被狗逮住。

狗獾其实很漂亮，毛色灰中带白。从嘴巴起，有三条白斑，延伸到脑后。有两道黑色纵纹，从鼻子延伸到耳朵，一双桀骜不驯的黑眼睛就藏在里面。肚皮和四肢倒是黑色的。尾巴的颜色比身体更浅一些。

狗獾穴居洞中，昼伏夜出。每次出洞、进洞，都要像人一样站起来，叫三声，声音像小狗叫。在我们村后的尖栗树下，有一对狗獾，我却怎么也找不到它们的洞。

豪猪其貌不扬。长得鼠头鼠脑不说，满身的毛刺，乍看像一枚开花的炸弹，让人望而生畏。山中豺狼虎豹见了它，也要退避三舍。谁要是招惹它，不是刺瞎眼睛，也要弄得头破血流。

在丛林里，别的动物行走，悄无声息，甚至还夹着尾巴。可豪猪就很嚣张，肥胖的身体，大摇大摆不说，还在粗短的尾巴上，长了一个铃铛，走起路来，发出清脆的“咔嗒、咔嗒”声，在数十米以外，就能听见。

它一旦遇敌，先是扬起尾巴，把铃铛摇得“硕硕”响，嘴里也发出“噗噗”声，还能将背部的硬刺，靠肌肉弹动的力量，一支支，像箭一样射出。如需要决战，就调转身子，用背对着敌人，把身子卷成一团，毛刺根根竖起，以不变应万变。

有一次，才上山，就传来了阿花与豪猪厮打的声音。我们知道豪猪的厉害，跑去给狗助威。走近一看，豪猪不见了。我家可怜的狗，被刺得满嘴是血，呜呜地惨叫。

我曾和六七个伙计，带着两只狗咬夜，看见一只豪猪躲进了洞里。两只狗上前，对着洞口，汪汪大叫。狗用爪子刨土，刨了一米多，累得不行了。不晓得还有多深呢。我心生一计，堵在洞口。几分钟过去了，豪猪用嘴拱我。我慢慢地把手伸进洞，一把拽住它的前脚，把它拎出来。

有一次和堂叔带狗咬夜，休息的时候，他讲了他少年时遭遇豹子的故事。

那一天，他们五个人，各带着一只猎犬。两个年纪大的有二十七八岁，一个叫木印，一个叫水金，其他两个和堂叔一样，是十五六岁的少年。那天月光皎洁，没有打火把（那时没有手电）。五只狗在田垄发现猎物，狂吠起来。他们马上朝一个山冈追去。木印跑得最快，来到山冈上，看见五只狗朝一棵三丈多高的樟树龇牙咧嘴地嚎叫。木印猜是一只九节狐狸，把一个茶树棍绑在腰间，就往树上爬，好用棍子把它顶下来。等爬到一大半，抬头张望，那野物扑在他身上，“扑通”一声，他摔在地上，昏了过去。这时，正好水金赶来，看清是一只豹子，大喊一声：“哎呀，是豹——豹子！”心里十分胆怯，但不能见死不救，就握紧矛，拼力朝豹子刺去，正好刺着豹子肚子。豹子痛得嗷嗷大叫，一用力，矛断了。水金看见豹子直扑过来，白森森的牙齿，眼看要咬到自己，就拼命用半截棍子，敲打豹子牙齿。而堂叔他们三个人，手里连棍子都没有带，听说是一只豹子，吓得往村子里跑，去叫人。等村子里的人赶来，只见两人满身血污。豹子不知去向。

当时还没有野生动物保护法，打猎、咬夜是合法的事。如有本事能打到老虎、豹子还有奖励。

杨圣希晚年《梅岭竹枝词》有云：“吟过山中狩猎诗，已经存档代供词。恳邀套鹿媒雉客，诚意诚心作反思。”

时至当下，咬夜已成为遥远的过去。

跋

一方水土养一方人。

对于人类来说，世代受地域、气候、信仰等影响，形成长久固定的习俗，总会在时间长河中，慢慢沿袭、承继，即使时代在转变，所在地的人也会留下根深蒂固的影响。这就是民俗看上去既文远，又充满活力的原因。南昌梅岭，青山不老，绿水长流，自古至今，形成了特色民间文化。

得知龚家凤先生出版陟彼梅岭四部曲，分《梅岭览胜》《梅岭民俗》《梅岭草木》《梅岭动物》四册，我是既觉惊讶，又觉在意料之中。龚家凤生于梅岭、长于梅岭，对这里的山川草木、民俗风情，如同自己的掌纹一样，谙熟于心，并在自己的文章中娓娓道来，再一次印证，他被称为“梅岭之子”是当之无愧的。

平日里，家凤先生一有空闲，就行走在三百里梅岭山水间。这不只为简单的脚步移动，而是有心灵深度的行走。对于他来说，一草一木都有不凡的意义，一山一石都有内涵丰富的故事。他用心、用笔一一与之深情对话。

而对于山中的任何一位老人、任何一处老屋，家凤先生都有种难以割舍的情怀。他一次次接近他们，记下他们的所述，拍下他们的照片。不止一次，他说“这位老人我前段时间去时还在，这次却过世了”，眼里饱含遗憾与泪水。这些山中祖祖辈辈生活的人，在他看来，如同梅岭千年来的草木、胜景一样，成为梅岭民俗的活化石和传承者，让他情不自禁生出敬意，时刻在引起他的关注。

为什么写作？为谁写作？听起来是个老话题。却是在提醒每一个写作者，手中的笔其实力敌千钧。代表的是自己的内心之想、血液之淌，还有自己最关怀的一类人及生命的存在。

这种存在，既是物质的，又是精神的。现代科技和社会的发展，使梅岭和

其他地方一样，天天在变化，甚至一些看似千年生长下来的草木也在变化。只是在这个变化之中，还有许多不变的东西。这种不变，家凤一直在寻找、在证明。他以一位梅岭人的情怀、以一位有担当的作家精神引领，一年又一年，投入大量时间与精力，深入梅岭的内部及角落，以自己多年的采访和写作，为梅岭、为南昌文化建设寻找着最深的印记。

湖南的湘西很美。可在中国大地之上，还有许多美的地方。只是，湘西由于有了沈从文，它的美变得立体、深邃、久远起来。其中的山水、民俗、草木、动物等精雕细刻，为那片古老之地绣上了自己神秘、动人的特殊色泽，也成为沈从文文章的特色。这也是为什么人们想起沈从文，会想到湘西的原因。同样，想到作家迟子建，就会想到东北大兴安岭、想起如同童话的冰雪之乡；而一谈论到作家老舍，就会涌上浓厚的京味儿，仿佛进入了北京胡同……因为这些作家的作品中，都有着浓厚的当地特色。这是他们作品的特色，也是当地山水、草木、百姓生活底色、民俗等在作品中的反映。

现在，“陟彼梅岭”四部曲的出版，正是承载着梅岭的历史、文化，是与梅岭百姓心灵相连的，对梅岭地域文化、民间精神与思想意识的最厚重的呈现。

梅岭山中，草木种种，皆不相同；而地域上又十里不同风，五里不同俗。钟灵毓秀之中蕴藏着一代代人沿袭、相传下来的民间文化。其中的民俗部分，有许多并不为人知、不为人关注。在书中，我们可以看到，对于过年，此地不同于别处：一年之中要过两次年。即山中的客家人，在一年的六月初六这天，要采摘新鲜瓜果、蔬菜，进行祭拜天地，祈求五谷丰登。中午，还要用新米煮饭，好酒好菜吃一顿，名为“吃新”，这种“过半年”的民俗许多人都不了解。

而对于与百姓生活息息相关的牛，梅岭山里村民体会着牛一生的辛劳与勤恳、奉献与忍耐……每到端午节的日子，晚上人们纷纷赶着牛上山，让它寻找传说中的时仙草，特别希望这种动物能够升天成仙。书中，年同爷说的一句话：“牛为我们劳作了一辈子，到老来，肉被吃，皮用来蒙鼓。我们看杀牛时，千万记得手交背，要不然有罪过。”把人对牛的感激、体恤、歉疚和自责道了出来，引人泪目。

无论在中国，或世界何处，说到万寿宫，人们都知道是中国江西的象征。可万寿宫祖庭，就在梅岭南麓的西山镇上。时至今日，那里常年人声鼎沸、香火不断，依然能看到宗教在民间的力量……

从书中，我们可以看到，由于位于山中，梅岭从前民风淳朴，百姓日出而作，日落而息，相对封闭。也因此相对能完整保留着民族四时八节、婚丧嫁娶等传统风俗。清明节、七月半，一个家族会在一起上坟、祭祖。过年谁家杀了猪，煮好了的血旺，要相互赠送。清明节的阳绿饼、谷芽饼，也要送给邻里，相互品尝。寒冬腊月，很多人家坐在一起烤火，讲故事、唱民谣、猜谜语……

在“陟彼梅岭”四部曲中，萦绕种种名胜、草木、民俗、动物，经过一代代的历史冲刷，在这里有的延续，尚有踪迹，有的芳影难寻、成为传说…… 比如，山中几百座世代帮助人们舂米磨面的水碓，由人们生活所需之物，最后变成在野外自生自灭的无用之物。凡此种种，想来滋味百般。

“陟彼梅岭”这套丛书，全面抒写了梅岭世代相袭、相承以及几经演变、延续、变化的胜景、民俗、草木、动物，无疑成为走近梅岭之人了解梅岭、知晓梅岭最具价值的书籍。

南昌的西山指的就是梅岭。家风先生所在的桐源村，原属安义县管辖。通过作家的写作，每个人都会深深体会到，方圆不大、山势并不高的梅岭，却有着一种博大、宽广的历史文化和民间传统。而正是这深度与广度造就了一个文化意义上的大梅岭。

其中就因为有了梅岭特殊的胜景及民俗、草木之故。

草木生命力顽强，民俗同样具有极强的生命力，因为它的气息会活生生地存在于日常生活之中，往往在无声无息中影响着一代代人。虽然我们每天生活在一些民俗之中，民俗就在每个人身上，有时也浑身不觉。好在家风先生以这本书，以对大梅岭民俗文化的挖掘、展示，提醒我们每个人，如何对待民俗、继承民俗、推动民俗，成为一个有意识的个体。这将对开发民族的古老精神力量，提供极为强劲的精神支持。

“陟彼梅岭”这套书，不仅让梅岭人了解了梅岭，让南昌人了解了梅岭，更让南昌以外的人了解了梅岭，已然成为研究、探索当地民俗、文化最好的桥梁，它必将不仅以对梅岭胜景、草木、动物的描写，还以对梅岭民俗的挽留、展示、吟诵，让梅岭真正走出深闺，成为大梅岭的一块文化基石。

傅玉丽

2023 年 3 月 15 日

项目策划：段向民
责任编辑：赵　芳
责任印制：钱　宬
封面设计：武爱听

图书在版编目（CIP）数据

梅岭民俗 / 南昌市湾里管理局文学艺术界联合会主编 ; 龚家凤著. -- 北京 : 中国旅游出版社, 2024. 9.
(陟彼梅岭四部曲). -- ISBN 978-7-5032-7414-5

Ⅰ. K892.456.1

中国国家版本馆 CIP 数据核字第 2024GM2453 号

书　　名：梅岭民俗

主　　编：南昌市湾里管理局文学艺术界联合会
作　　者：龚家凤
出版发行：中国旅游出版社
（北京静安东里 6 号　邮编：100028）
https://www.cttp.net.cn　E-mail:cttp@mct.gov.cn
营销中心电话：010-57377103，010-57377106
读者服务部电话：010-57377107
排　　版：北京旅教文化传播有限公司
经　　销：全国各地新华书店
印　　刷：三河市灵山芝兰印刷有限公司
版　　次：2024 年 9 月第 1 版　2024 年 9 月第 1 次印刷
开　　本：720 毫米 × 970 毫米　1/16
印　　张：16.5
字　　数：271 千
定　　价：300.00 元（全四册）
I S B N　978-7-5032-7414-5

陟彼梅岭四部曲

南昌市湾里管理局
文学艺术界联合会 ◎ 主编

龚家凤 ◎ 著

梅岭动物

中国旅游出版社

序

南昌地处赣抚平原，水网密布，唯西北方向有山，翠插云霄，是为梅岭。梅岭，又名洪崖山、西山、飞鸿山、散原山。山中风光秀丽，名胜众多，文化蕴藉深厚。陟彼梅岭四部曲发掘整理梅岭地方文化，对促进生态保护和文旅产业发展具有重要现实意义。陟彼梅岭四部曲作者龚家凤生于斯长于斯，对研究梅岭地方文化抱有极高热忱，数十年如一日行走山间，体察入微，用情至深。此前，他已有多部有关梅岭著作出版，为我们深入认识梅岭打开了一扇窗。现在又有陟彼梅岭四部曲问世，实在令人欣喜。四部曲包括《梅岭览胜》《梅岭民俗》《梅岭草木》《梅岭动物》。

梅岭为山，贵在滨江近城，人类活动频繁，至少在汉代便已成为一座文化名山。山中长期生活着原住居民，同时隐逸高士、游客和佛道信徒纷至沓来，各种文化现象层累交织，蔚为大观，成为南昌的文化聚宝盆。总的来看，梅岭至少从三个方面给人以深刻印象：

一是风景游赏胜地。梅岭在赣抚平原边缘地带异峰突起，势如天外飞来，其主峰罗汉峰更是整个南昌地区的制高点，十分引人瞩目。天气晴好时，人们在南昌城登临滕王阁，或舟行江上，均可远眺梅岭。梅岭山势嵯峨，群峰竞秀，进入山中寻幽访古，或登顶览胜则更为快意。古豫章十景中，梅岭占其二，分别是“西山挹翠”和“洪崖丹井”，一为山之远景，一为山中名胜。进山游览线路通常是乘船渡赣江，由天宁寺经鸾岗、鸾陂至翠

岩寺、洪崖丹井、乌井至洗药湖；或由铜源峡经香城寺、云峰寺至洗药湖；或由妙济桥、落马岭、梅岭镇至太平镇再至洗药湖。现在许多地名已发生变化，但三条登山线路大致相同，即我们常说的中线、南线和北线。历代到访梅岭的文人墨客络绎不绝，张九龄、欧阳修、曾巩、黄庭坚、岳飞、周必大、张位等文化名流有300多位，他们来到梅岭，诗兴勃发，留下古文188篇、诗词1450首。与之相关的历史古迹和摩崖石刻也不少，如张九龄之风雨池、欧阳修之天下第八泉、留元刚之摩崖石刻，凡此种种，文化的层累无疑使梅岭更具有魅力，引得更多人接踵而至。

二是高士隐逸秘境。梅岭，出则城，进则山，既可远离喧嚣，又可洞观天下，是高士退隐的理想之地。梅岭有记载的第一位隐士当属黄帝的乐臣伶伦先生。相传他在洪崖山掘井炼丹，世称洪崖先生，故南昌又称洪州。他在山中断竹而吹，又从凤凰鸣叫声中获得灵感，创制十二音律，被后世尊为“乐祖”，梅岭便成为中国古典音律的发祥地。此后，历代来梅岭隐逸的高士众多，汉有罗珠、梅福，唐有施肩吾、陈陶、贯休、齐己、欧阳持，宋有刘顺，明有张位、徐世溥、陈弘绪，等等。这些隐逸高士在山中悠游唱和，使梅岭更具有文化魅力和神秘色彩。其中，汉代罗珠重点值得一提。罗珠是西汉开国功臣，曾任治粟内史，后出守九江郡，奉命筑南昌城，晚年辞官隐居洪崖山，自号罗汉。罗珠是南昌城的建造者，也是当今1500多万罗氏后人的始祖，南昌罗家集、罗亭镇因其后裔聚居而得名。梅岭与罗珠相关的地名、物名众多，如罗汉峰、罗汉坛、罗汉坡、罗汉祠、罗汉松、罗汉柏、罗汉茶、罗汉菜均因其得名，可见其对后世的影响深远。罗珠生活的年代比佛教传入中国早约200年，“罗汉”一词因罗珠在当时的南昌已被广泛使用，由此不难推测南昌市井是流传的罗汉文化源头所在。

三是佛道擅场福地。梅岭山水灵秀，更兼水陆交通便利，历史上高僧名道竞相在此开辟道场，是一座宗教名山。据张启予先生统计，梅岭有佛道寺庙观坛多达136处。相比于佛教，道教在梅岭的发展较早且更为兴盛，自古有“神仙会所”之誉。梅岭紫阳宫就是一处道教圣地，最初是祭祀东汉开国

大将邓禹的邓仙坛，后来当地百姓将其与紫阳真人吕洞宾合祀。与之毗邻的罗亭镇名山村，历史上有“九里十八观”之说，可见当年道教发展的盛况。三国时期，著名道士葛玄曾来梅岭传道，留下葛仙台遗迹。西晋许逊在此修炼“拔宅飞升”，“一人得道鸡犬升天”的故事广为流传。唐朝著名道士张蕴在梅岭隐居修道，留下许多传说。在宋代张君房《云笈七签》中梅岭位列第十二小洞天、第三十八福地，这是当时梅岭道教繁盛的最好印证。佛教传入梅岭则略晚，东晋西域僧人昙显得到豫章刺史胡尚的资助，在梅岭修建崇胜院与香城寺。这是梅岭最早的佛教寺院。此后，梅岭先后出现寺庙数十座，“西山八大名刹”最为有名，分别是翠岩寺、香城寺、双岭寺、云峰寺、奉圣寺、安贤寺、六通寺、蟠龙寺。翠岩寺位列八大名刹之首，也是八大名刹中目前唯一存世的。此外，梅岭颇具影响力的寺庙还有天宁寺、云岩禅寺等。宗教在梅岭曾经的繁荣发展，也给这座山平添了几许仙气与禅意，人们游历山中，或许有见山不是山与见山还是山的人生思考。

昔日的梅岭是城外山，今天的梅岭已是城中山。随着南昌加快梅岭揽山入城步伐，梅岭正在成为城市中央公园。前湖快速路、湾里大道、梅岭大道和正在推进建设的西外二环高速、地铁六号线构建完善的大交通网络，使山城融合进程加速，依托梅岭打造高颜值的生态旅游区、高质量的生态经济区、高标准的生态居住区，一幅主客共享的生态福地画卷正在湾里徐徐展开。省委常委、南昌市委书记李红军指出，湾里要保护好梅岭生态，持续提升颜值和品质，坚定走发展生态旅游的道路自信。文化是旅游的灵魂，越是梅岭的就越是世界的。系统发掘整理梅岭地方文化，是助力湾里全域旅游发展，打造旅游目的地的必要之举。

客观来说，当前有关梅岭地方文化的研究还不够深入，既有高度又有深度的力作还不多见。龚家凤利用业余时间，深入梅岭开展田野调查，笔耕不辍数十年，于整理和传承梅岭地方文化功不可没。陟彼梅岭四部曲的出版，是整理研究梅岭地方文化、记录山区自然与社会变迁又一重要成果，确实值得祝贺。

认真读来，这四部曲有两点让人印象深刻：

一是饱含真情。读家风的书，深刻感受到他对家乡的深情。书中用得最多的词是“我的家乡”。例如，《椿芽树》开篇写道“在我的家乡，只要有屋场，便有椿芽树”。短短一句话，乡情跃然纸上。

二是虚实相间。四部曲从名胜、民俗、草木、动物四个层面系统梳理了梅岭的自然与文化资源，有情感的抒发和主观的推断，更多的是真实记录山中的风景名胜、民俗风情、多样植物和可爱动物。

当然，这四部曲还有一些将来需要继续完善提升的空间。例如，作者在写作的过程中参考了一些文献，但对史料的甄别和考证有待进一步深入，引证严谨性有待加强。同时，部分篇章存在资料信息堆砌感较为明显的问题，去粗取精、去伪存真的工作还要再加强。总体来说，陟彼梅岭四部曲是梅岭地方文化研究的重要阶段性成果。希望家风再接再厉，再建新功，也希望以此为契机，带动更多热爱梅岭、关心梅岭的文人学者研究梅岭，为建设“生态梅岭，幸福湾里”贡献力量。

目　录

第一卷　飞　禽

第二卷　走　兽

第三卷　虫　鱼

第一卷　飞　禽

斑 鸠

咕——

清晨醒来，窗外传来斑鸠的叫声，低沉而悠远，且此起彼伏，使我觉得岁月静好，也让我想起一些童年往事。

斑鸠即鹁鸪，乍看有一点像鸽子。羽毛以灰褐色为主，头顶蓝灰，后颈基一块黑白相间的花纹，颏下粉红，尾尖花白，黑喙，脚红褐色。喜欢栖息在村子周边的树林中，除了吃昆虫、野果，适当的时候，还与家禽争食。

时珍说，鸠也，鹁也，其声也。斑也，锦也，其色也。

梅尧臣《送江阴佥判晁太祝》诗："江田插秧鹁姑雨，丝网得鱼云母鳞。"陆游《东园晚兴》诗："竹鸡群号似知雨，鹁鸪相唤还疑晴。"

我依稀记得那时摘卢都（也称胡颓子）的情景。那是生产队栽早稻的时候，大田小田水汪汪，大人们正在插秧。我们呢，成群结队，带着狗儿，在鹁鸪声声里，踏着湿漉漉的田间小路，去摘卢都吃。

在我家屋侧边，是一片菜地，靠西边篱笆，有一棵四人抱粗的古枫树，还有一些丈把高的桃树、梨树、棕树。枫树上住着一对斑鸠夫妇，不时传来唤雨呼晴、呼朋引伴的叫唤声。

它们经常在菜园里捉虫吃，当然也啄菜叶子。看见人来，啪嗒啪嗒，飞到树上。到了菜花金黄的日子，便有一群小斑鸠在学翅。

清明后，天一连放晴，我才记得给阳台上几盆花卉浇水，发现那盆菊花丛中，好像有鸟做窝的痕迹，但没有放在心上。又过了十来天浇水，惊起一只斑鸠，窝里分明有两个光洁如玉的蛋。哦，原来斑鸠在这里孵蛋呢。

这鸟窝成为一家人的兴趣点。雌斑鸠废寝忘食抱蛋；雄斑鸠任劳任怨觅食。就是风雨交加，同舟共济。十几天过去了，鸟窝传来唧唧的鸣叫，两只幼鸟破壳而出，毛茸茸、黑乎乎。从此，两只鸟轮流外出，不时衔来食物，嘴对嘴地喂。小斑鸠日长夜大。二十多天过去了，它们羽毛丰满，拍打着翅膀，飞去了。

那四只斑鸠，三天两头会来到我家阳台站一会儿，咕咕叫上几声，好像在说："多谢了！多谢了！"

从此，我们家阳台上总放着一榼米，时刻等待着它们的光临。

翠　鸟

翠鸟在我家乡俗称鱼雀、鱼狗。眼如点漆，边缘有青绿斑纹；嘴长而尖，黑而亮；头部呈橄榄色，有斑点；颈下一块白斑，两边蓝色；背上羽毛宝石一样蓝，光彩夺目；下体羽毛大致橙黄；足短小，二趾相并，赤红；短尾。经常紧贴水面飞行，发出叽叽的叫声。体型大致像啄木鸟。喜在池塘、沼泽、溪边觅食，主要以鱼虾昆虫为主。

东汉蔡邕诗云："翠鸟时来集，振翼修容形。"东晋郭璞注释："小鸟青似翠，食鱼，江东呼为鱼狗。"唐代陈藏器《本草拾遗》，将它命名为翠鸟。宋代罗愿撰《尔雅·翼》记载："鴗，天狗。雌鸟穴土为巢。尝冬月起其穴横入一尺许，雏于其中。其喙皆红，项下白。亦来人家陂池中窃鱼食之。今人谓之鱼狗。"

熊荣《西山竹枝词》云："春溪一道锁横矼，峡口奔雷雪浪撞。鱼狗伺鱼游水面，飞来飞去日双双。"

我家后院，有鱼塘，塘中有亭。闲暇时，我在亭中钓鱼或看书，不经意时，见翠鸟捕鱼，气得我又是吆喝，又是跺脚。这鱼苗，可是我花一块多钱一尾，从山外买来的呢。

辛丑夏日，背着相机，带着孙子牧之、黄庭，在岭秀湖漫步，不时，给他俩捕捉几张童真童趣的照片。

湖边柳荫下，有四位老先生，架着“长枪短炮”，严阵以待。我想，这样平凡的风景，拍一两张也就行了，杀鸡焉用牛刀。走过去一看，他们在拍翠鸟呢。只要有翠鸟飞来，他们的照相机，像机关枪扫射一样，发出一阵“咔咔咔”声。我有点吃惊，几乎天天来这里散步，怎么就没有发现过翠鸟呢！

他们见我也背着相机，是同道中人，就聊起了摄影。他们都是七十岁上下年纪的人，退休后，曾经全国各地跑，或拍风景，或摄人文。渐渐觉得体力不支，就在湖光山色两相宜的湾里，定居下来，几乎每天早晚都拍，就像学生做作业一样，还要发微博，相互探讨。

袁宏道说：“人情必有所寄，然后能乐，故有以奕为寄，有以色为寄，有以技为寄，有以文为寄。”我长年劳于案牍，导致颈椎、腰椎都有些不适，第二天，就加入了他们的队伍，架着相机，也守候在湖边。开始，我只要见到翠鸟就死劲按快门，拍了几百张，没有一张好片。其中有一位老师，叫逯昶，是北方人，性格率真，慷慨大方，总是孜孜不倦地教我，说：“看见翠鸟，要思量一下，想表现什么？要记住，拍出来的翠鸟，眼睛要有光，嘴里要有食，背景要虚化。进一步，要充分拍出动感来，不但要拍出与别人不同的片子，还要不断超越自我，才叫艺术。当然，提高有一个过程，一步步来。”

我掌握了基本技巧后，或静坐于小桥流水边，或伫立于大树下，这有一些像以前钓鱼，要沉得住气。朝看日出东方，晚看飞霞满天。时而蛙鼓如潮，时而鸟鸣嘤嘤，时而蝉声一片。我陶醉在湖光山色中，身心为之一洗，物我两忘。

翠鸟很活跃，大致也有规律可循，几点一线，几乎半个小时，就会来一次。只要找到它们的落脚点，就架好照相机静候。它喜欢站在水边芦苇、或站于花、荷叶上，眼睛死盯着水面，一旦发现猎物，收拢尾巴，猛扎下去，片刻，衔着鱼，拍打着翅膀，回到原点。如鱼太大，咬紧，甩那么几下，待鱼甩晕，或窒息而死，往空中一抛，接住，吞下肚去，理了理羽毛，叫唤一声，像箭一样飞去。

若翠鸟在空中发现猎物，便快速振动翅膀，悬停几秒，马上俯冲而下。这动作，既潇洒，又漂亮，让人惊叹。

翠鸟也有马失前蹄的时候。有时鱼没有叼到，嘴巴碰在石头上，挣扎着飞到岸上，咧着嘴，翻着白眼，痛苦地呻吟着。

每年的春天，是翠鸟的发情期。雄翠鸟会衔着鱼，跟雌翠鸟套近乎。我这才看清，雌鸟下喙是红色。只要雌翠鸟接收鱼，就求爱成功。接下来，它们齐心协力，共建家园，来到一个依山傍水的陡壁上，花好几天时间，用嘴戳出一个比拳头还大的洞，吐许多鱼刺，垫在下面，等到下了四五枚蛋，就开始抱蛋。二十天后孵出幼崽，经过一个多月喂食，小翠鸟也可振翅而飞。

上面所写是蓝翠鸟，还有一种是白胸翡翠。白胸翡翠，比蓝翠鸟看过去大致差不多，胸部白色，羽毛更漂亮，要大许多，也叫大翠。可遇不可求。

近水知鱼性，近山识鸟音。我通过拍翠鸟，俯仰之间，颈椎、腰椎也好多了，由此，我走进了一个丰富多彩的飞禽世界。

布谷鸟

布谷——布谷——

谷雨前后，田野总是传来布谷鸟的声声叫唤声。它们多半躲在树叶里，不停地叫唤，声音洪亮而凄厉。只闻其声，不见其形。

布谷鸟额头浅灰，头顶至后颈银灰，背部暗灰，覆羽蓝灰，尾羽黑褐色，下体花白色，有暗褐色细窄横斑。黑喙黄爪。

布谷鸟，学名杜鹃鸟。

相传，古时蜀王杜宇（望帝）死后，魂化杜鹃，无家可归，啼飞不止，身心交瘁，落在花木丛中，口吐鲜血，染红了山花，故名杜鹃花。

陆佃《埤雅》:“杜鹃，一名子规，苦啼，啼血不止。一名怨鸟，夜啼达旦，血渍草木。凡始鸣皆北向，啼苦则倒悬于树。”

杨巽斋有《杜鹃花》诗云:“鲜红滴滴映霞明，尽是怨禽血染成。”

布谷鸟，在我的家乡叫郭公鸟，相传是一个人的冤魂所化。

早先，有一个后生，笃实忠厚，父亲亡故，靠他一个人养家糊口。他虽有五亩薄田，但是还得经常打短工补贴家用。

有一回，他去山外帮一家姓张的地主家栽禾。地主家的田，多得一只鸟都飞不到头，十天过去了，还是没有栽完。

后生对地主说:“东家，我自己家的禾也要栽了，不可耽误了农时哦。”

地主说:“再过几天吧。你不栽完，我是不会给工钱的。”

等栽完禾，后生回到家，家里早断粮了，母亲病倒在床，妻子去挖野菜，五个孩子饿得在哇哇大哭。后生管不得这些了，急忙来到田上，拔起一根秧苗一看，都长节了，于是，急火攻心，倒在田里死了。后生的怨气，化作一只鸟，每年农忙的时候，便提醒大家:“郭公郭婆，割麦栽禾。”

熊荣《西山竹枝词》:“踯躅篱边三月红，微寒四月楝花风。山中大半无耕种，岁岁空劳叫郭公。”

有民谣唱道:“郭公郭婆叫得勤，春天栽禾要求人。快快带大细老弟，省得外头去求人。”

布谷鸟的叫声其实是多变的，或者叫“早种包谷——早种包谷——”，或者叫“不如归去！不如归去！”或叫“快黄快割、各走各的。”

父亲说:“布谷鸟，自己懒得做窝，将蛋产在其他鸟巢，由别的鸟替它孵化、饲喂。小杜鹃才出壳，眼未开，毛未长，就霸气冲天，把别的蛋全推出巢外，独享恩宠。一般充当冤大头的多是大苇莺、伯劳。当它们发现自己错孵、错养了别人家的孩子时，可小布谷鸟已经羽毛丰满，飞走了。”

大 雁

南昌西山，汉代以前称为飞鸿山。《本草纲目》中记载，雁又名鸿，小者曰雁，大者曰鸿。鸿，大也。就连今天的红谷滩，古代就叫鸿鹄滩呢。

我的家山，四围有赣江、锦江、潦河、鄱阳湖环绕，不经意时，就有大雁从空中飞过。雁过留声，它们还总是“呀、呀”地叫着。孩子们，这个时候总是跳起脚来，对着大雁高喊：“雁哥哥，给我排个人字啊！”大雁总是善解人意，排成人字，往南飞去。

我第一次与大雁亲密接触，是在太阳谷看梅花。那天落着细雨，突然，空中扑棱棱，飞来一只大鸟，就停在我们附近。我还以为是谁家的鹅呢。一会儿又飞来了两只。有人说，这是大雁，也叫鸿雁。我们分析，也许是空中雾大，大雁看不清方向，才降下来；也许是下雨，大雁的羽毛湿了，飞不高，就飞进了这个峡谷中栖息。

大雁，也叫野鹅，是家鹅的先祖。大雁嘴乌黑发亮，眼下有一块白花纹，自头顶到后颈呈棕褐色，上体灰褐，腹部浅白，脚掌橙黄。它们主要吃嫩草、水藻，还有植物种子。

王勃《滕王阁序》有“雁阵惊寒”之说。雁阵几十只，甚至成百上千，由有经验的头雁带领。它们飞翔时，头颈伸直，脚紧贴于腹部，开始还只是缓慢扇动双翼，徐徐前行。加速飞行，头雁向前，翅膀在空中滑过，翅尖会产生一股微弱的上升气流，按长幼之序，一只跟着一只，依次排成“人”字，减少空气阻力，从而节省了体力。当头雁在九百米高空，御风而行，每小时可飞八九十千米。一旦减速，又由“人”字形，换成“一”字形。

吕不韦在《吕氏春秋》中说：“孟春之月鸿雁北，孟秋之月鸿雁来。”吴澄《月令七十二候集解》注曰：“雁，知时之鸟。热归塞北，寒来江南，沙漠乃其居也。孟春阳气既达，候雁自彭蠡而北矣。”它们在旅行途中，经常要选择较大的湖泊，觅食休整。大雁休息，一只脚站着，就连嘴巴也塞在翅膀里。这时，要选有经验的老雁放哨，古人称之为雁奴。师旷《禽经》就记载：“（雁）夜栖川泽中，千百为群，有一雁不瞑，以警众也。”哨雁站在高处，放眼四望，发现有动静，就发出“咯咯”的尖叫声，伸长脖子，振翅示警。如警报有误，群起而攻之，甚至把哨雁啄死。

在我国古代，聘礼要送大雁，因大雁是一种感情非常专一的动物，寄托了公雁对母雁不离不弃的承诺。大雁成双成对，一旦失去了伴侣，就成孤雁，直到死去。

宋代《朱子语类》，是朱熹与其弟子问答语录，其中就有这样的记载：“昏礼用雁，婿执雁，或谓取其不再偶。”

古时候，有人捕获了一只受伤的公雁，磨刀霍霍，要杀来吃，正好有一个书生走过，心生怜悯，买回家，供养起来。为了不让它飞走，用绳子，把双翮绑了起来。它空有鸿鹄之志，也只能与鸡鸭为伍。只是空中每有雁群飞过，便引吭高歌。一天，有一只母雁，自空中降落在书生屋檐上。它们拍打着翅膀，“咿啊，咿啊”地大叫。书生知道这是一对昔日情侣，立即解开了公雁翅膀上的绳子，想让它们飞走。可这只公雁再也飞不起来。屋檐那一只母雁，就奋不顾身地飞下来，相对哀鸣，十分悲切。到第二天，两只大雁都死去。书生感其义，合而葬之，取名“雁冢”。

我的邻村，有个人在山上砍柴，捉到一只翅膀受伤的公雁，就关在家里。谁知雁大哥，与家里的鹅小妹“谈对象”了，天天依偎在一起。主人知道这是国家二级保护动物，当着很多人的面，把大雁放飞，可它在空中翱翔一圈，又回来了。

可当下，很多人找对象，首先要考虑的是对方的家境——房子、车子、票子。物欲横流，情何以堪！

乌 鸫

小区的鸟不少，每日低头不见抬头见者，唯乌鸫而已。它们经常在树下的草丛中，一蹦一跳，或寻找昆虫，或在垃圾堆里捡一点人们丢弃的饭粒、饼屑、瓜果，看见人来人往，从容不迫地看着你，稍微感到有些危险，就飞上树去了。

乌鸫似乎很安静。有时，树上传来百啭千声、悦耳动听的鸟鸣声，我还以为是百灵鸟，左看右看，竟然是乌鸫。

怪不得乌鸫古有百舌、反舌之称。《淮南子·说山训》："人有多言者，犹百舌之声；人有少言者，犹不脂之户。"汉高诱注："百舌，鸟名。能易其舌效百鸟之声，故曰百舌也。以喻人虽多言无益于事也。"宋罗愿《尔雅翼》："反舌，春始鸣。至五月止。能变其舌，凡易其声，以效白鸟之鸣。故名反舌。亦名百舌。"

苏轼《如梦令·春思》有云："帘外百舌儿，惊起五更春睡。居士，居士。莫忘小桥流水。"

我家小黄庭读一年级时，星期二下午没有课。一天，我陪他在小区看花花草草，有一只乌鸫，见我俩走近，呆呆地望着我俩，一动不动。这分明是一只刚学翅的幼鸟，还不懂世道的艰险。小黄庭出于孩子的顽劣，把小乌鸫逼到墙角，正要伸手去捉，其时，小乌鸫的母亲就在我们头顶，呼天抢地，大喊大叫。小黄庭大惊，抬头一看，手一缩，小乌鸫跑了。

我经常把吃剩的饭倒在阳台花盆里，用来与鸟结缘。经常有斑鸠来啄食。

一天，阳台上有乌鸫在叫，音节多变。

我对黄庭说："你听，乌鸫在说你坏话呢！"

他听故事时，知道有一个叫公冶长的人，能听懂鸟语，就问我："它骂我什么？"

我说："它说，小黄庭是一个调皮捣蛋的人。"

有一天，小黄庭尿床了，正好乌鸫又在阳台上叫，我说："乌鸫又在说你——小黄庭，尿床了！"

他越听越觉得是这么回事，恍然大悟地说："是了，我以后再也不捉小鸟了。"

此后，小黄庭一听到乌鸫叫，老是觉得是在说他。

鸡

每年的春分前后，就有母鸡趴在鸡笼里"赖抱"。因它影响别的母鸡下蛋，可把它捉出来，往空中一抛，落在地下。它还是蓬松着羽毛，咕咕地叫着，如痴如梦，只要你一不注意，它便死皮赖脸，又进鸡笼去了。于是，母亲顺势而为，选了二十个硕大、光亮的鸡蛋，另找一只鸡笼，让它抱。

母鸡得偿所愿，便废寝忘食。每天还要把它捉出来，才饱食一顿，饮几口水，又进鸡笼去了。

如再有母鸡东施效颦，就不客气，把它双脚绑住，拖一只破鞋，或反复往水里浸一下，拎起来，或用黑布扎在头上，放在竹篙上，让它“醒抱”，好早日下蛋。

在不经意间，便听小鸡在“咿呀、咿呀”地叫着。小鸡先是在蛋壳上，“笃笃笃”啄一个洞，慢慢拓展开，就出壳了，浑身湿漉漉、粉嫩嫩，一会儿，毛就干了，像一个毛茸茸的小球。

母亲就赶快把它们捉到一只脚盆里吃小米。小鸡啄了一阵子米，饮一口水，眼睛一闭，惬意极了。这一切要感谢母鸡，是它的执着、痴迷，把小鸡带到了世间，要不然，早被人吃进肚里了。

到了二十一二天，有的蛋还是浑然一体。母亲打来一盆温水，把剩余的蛋，放进去，只要里面有活力，蛋便摇晃起来，揩干，搁进笼里。有时是放在筛米粉的筛子上，看它是否摆动。只要是过了几分钟，没有一点动静，便可断定是没有受精的寡蛋，放在坐炉里，煨好了给父亲吃。

那寡蛋煨熟了，喷香扑鼻。父亲吃的时候，我垂涎欲滴。母亲只得另煨一个鸡蛋给我吃。说是小孩子吃了寡蛋，写字手会打战。

小鸡出齐了。吃饱喝足，就在天井里蹒跚学步，晒日头。有的躲在母鸡胯下纳凉，有的站在母鸡背上望天，有的把嘴插进自己翅膀里打盹儿。

几天后，小鸡走路硬朗了。母鸡咯咯地叫着，带着它们走出大门，在草丛中觅食。母鸡每寻到一只虫子，便咕咕地叫，让给小鸡吃。

就在这其乐融融、温馨无比的时候，早有一只鹞鹰在空中盘旋。它瞄准了时机，俯冲而下，抓起一只小鸡，展翅而去。这一切，防不胜防。

母鸡急得张开翅膀，团团打转，“咯咯”地叫着，把小鸡们罩在翅下。

“两脚落地两脚浮，两个尾巴两个头。两人同到深山里，一个快活一个愁。”这是鹞鹰抓小鸡的谜语。

还有童谣唱道：“日头落山一点黄，鸡婆带崽去禾场。鹞鹰下来抓一把，半天云里叫爷娘。大路头上一摊血，茅草丛中一挂肠。别个见了不要紧，鸡婆见了哭断肠。”

鹞鹰，比通常所说的老鹰要小一些，毛色以灰褐为主，目如电，嘴如钩，爪如钳，翅如扇。

那时，凡是养了鸡的人家，都做了一个长约三尺的“竹呱板”，不时朝天敲打一阵，还“喂嗬、喂嗬”地吆喝几声。

初秋的时候，小公鸡毛还没有长全，就开始学打鸣，且伸长脖颈，瞪着眼睛，找邻居家的小公鸡打架。有时候，鸡冠啄出血，鸡毛散落一地，还是不屈不挠。我们唱着《斗鸡鸡》的童谣，为它们鼓劲：

斗鸡鸡，斗蓬蓬，鸡鸡斗得飞也飞，飞到禾田里吃露水。豆子没开花，气得鸡鸡眼瞪瞪。豆子没结籽，气得鸡鸡眼鼓鼓。

我为了让母鸡多下蛋，经常去收割后的田畈，捡礿谷。

我家的鸡埘，放在天井的一角，上面放着鸡笼。每当母鸡下了蛋，“咯咯哒”地唱着欢歌，我到鸡笼里，捡出一个热乎乎的蛋来。每次都去房间，抓一把我捡来的谷子，作为答谢。

我家住的是百年老屋，地板下、墙缝中、排水沟，都藏蛇。我就看见手臂粗的蛇，从墙缝中钻进来，很快就不见了，真让人忐忑不安。我的父亲睡在床上，都被蛇咬到过。

我五岁那年，一次父母亲被拉去批斗。我坐在天井交椅上流泪，一会儿睡着了，一会儿耳朵会嗡嗡地响。父母再三交代，不许出门。现在想起来，是怕我看见他俩戴喇叭帽、受批斗的情景，心灵受到伤害。我打一些苍蝇、蜻蜓来喂蚂蚁。那天，看蚂蚁打仗正起劲，不知从天井的哪个角落，钻出一条毒蛇来，口吐红信，目光咄咄，望着我。我惊叫一声，正要跑。我们家的小狗狂吠几声，迎了上去。僵持了片刻，群鸡纷纷前来助战，咕咕地叫着，把蛇围住，三两下就被啄死了。

“一朵芙蓉头上戴，穿衣不用剪刀裁，虽然不是英雄汉，唱得千门万户开。”这是我儿时猜过的谜语。

我十几岁时，年年都要去洗药湖打茅栗。洗药湖其实是一座海拔七八百米的高山。有一次兴奋得一夜不曾合眼，没有钟表，估计不了时间，只要听见鸡啼，炒了点饭吃了，就和朋友们踏着月色上路了。可走到半山腰，又听此起彼伏的鸡啼。

同行的一个朋友说：“鸡啼夜半，狗叫天光。鸡叫第一遍是两点，现在鸡叫第二遍，估计是四点呢。”

到了山顶，天才蒙蒙亮。凉风习习，云来雾往。只见得朝霞满天，渐渐地，东方涌出鲜艳的日头来，让人眼睛为之一亮，身心为之一振。就在这时，鸡叫第三遍，我们开始打茅栗了。

《韩诗外传》说：“君独不见夫鸡乎！头戴冠者，文也；足搏距者，武也；敌在前敢斗者，勇也；见食相呼者，仁也；守夜不失时者，信也。”

鸡有此五德，足以光彩照人。

鸭　子

每年春分后，母鸡孵蛋，母亲要放四个鸭蛋混在里面。小鸭出壳后，在小鸡队伍里厮混，有些不伦不类，经常受到欺负，稍大一些，就与小鸡们，分道扬镳，到港里、圳里、田里，觅食去了。

夜晚，鸭子摇摇摆摆回来了，吵着要吃，照例要饱食一顿。一般是喂田螺、谷子、糠拌饭等。它们很小时候，需把田螺敲破壳喂它们，不久就能连壳吞下。每次吃得脖子都鼓鼓囊囊，摸一把，分明能听见田螺壳橐橐的碰撞声。鸭子吃饱了，快活地叫上两声，好像在说：“吃价！吃价！”然后钻进鸡埘里，与鸡同眠。

每年要确保两只鸭婆下蛋。它们刚一出壳，嘀嘀嘀地叫。声音清脆，是为鸭婆；声音嘶哑，则是鸭公。如没有达到两只鸭婆，就要上街去买。

它们吃得多，长得也快，过四个月，就下蛋了。每天清早，在鸡埘里，能捡到鸭蛋，不由得让人欢喜。好在鸭子是夜里下蛋，要不然，就下到野外去了。

每年秋收后，赶鸭人来了。他肩上挑着一个半圆形的棚子，是他的房，也是他的床。风餐露宿，走到哪里，哪里是家。他拿着一根长长竹竿，顶头有个凹形的小铁铲，并绑着一根红带子，赶着成百上千的鸭子。沿途的鱼虾谷物，便是鸭子的食品。有鸭子发痧，走起路来摇摇晃晃，马上落在最后面。赶鸭人把发痧的鸭子捉来，用针在鸭蹼的血管上挑一下，挤出几滴血。从竹竿上取出小铁铲，在田里挖一个小坑，再把鸭子放进坑里，片刻，鸭子就能恢复健康，回到鸭群中去了。

鸭子性情温顺，与世无争。它的叫声嘎嘎然，令人愉悦。可古代却有不少斗鸭的记载。

《南康府志·安义县》："孙虑城，在治东十里。虑字子智，权第三子。黄武七年，封建昌侯，筑此城。"

西山北麓，潦河之滨的安义凤凰山，至今还有孙虑古城遗址。孙虑在228年，年仅十六岁，就封建昌（今永修、安义一带）侯，在此用红土壤夯筑了一座土城。城四周，置有东南西北四门。孙虑出于孩子的天性，喜欢养鸭、斗鸭。

后来，孙虑被封为镇军大将军，依旧乐此不疲。陈寿《三国志·吴志·陆逊传》有云："时建昌侯（孙）虑于堂前作斗鸭栏，颇施小巧，逊正色曰：'君侯宜勤览经典以自新益，用此何为？'虑即时毁撤之。"

明代《一统志》也有记载："鸭栏矶，在岳州临湘县东十五里。吴建昌侯孙虑作斗鸭栏于此。"

上面两段文字是说，孙虑在堂前的水池中，设有精巧的斗鸭栏。一日，大将军陆逊来访，给予了严厉的批评。孙虑觉得言之有理，就亲自把斗鸭栏给拆了。

《聊斋志异·骂鸭》里，有人偷了邻居家的鸭子，浑身长出鸭毛，要让失主痛骂一顿，才能痊愈。我的家乡流传着"一鸭杀三人"的故事。

在清代，南昌近郊有一个小孩子，一天赶着一大群鸭子，其中有一只，钻进路边禾田去了。小孩子把鸭子赶回家，回头找这只鸭子，有人说，被禾田主人捉回家了。小孩子来到禾田主人家要鸭子。禾田主人虽是个秀才，却蛮横无理，死不认账。小孩子气得骂骂咧咧，被秀才推到鱼塘淹死了。小孩子母亲赶来，见儿子死了，痛不欲生，也跳下鱼塘自尽。此事引起了极大的民愤，把秀才扭送县衙。秀才为了贪图小便宜，结果把命给搭上了。

鸭子古称凫。《诗经·郑风·女曰鸡鸣》中云："明星有烂。将翱将翔，弋凫与雁。"

陆玑《毛诗草木鸟兽虫鱼疏》："凫，大小如鸭，青色，卑脚，短喙，水鸟之谨愿者也。"

《本草纲目》中说：凫，东南江海湖泊中皆有之。数百为群，晨夜蔽天，而飞声如风雨，所至稻粱一空。

家鸭的先祖，便是野鸭。在我的家乡，野鸭以绿头鸭、斑嘴鸭为主。

其实我们日常所谓的麻鸭，与野外的绿头鸭别无二致。

绿头鸭，雄鸭的头和颈，有翠绿色金属般的光泽。颈基部有一白色项圈。上体和两肩呈黑褐色，杂以灰白色波状细斑。羽翼为蓝紫色。腹羽为栗色，尤具绿色光泽。颏近黑色。上胸浓栗色，具浅棕色羽缘。下胸和两胁为灰白色，杂以细密的暗褐色波状纹。尾下覆黑色羽绒。

雌鸭头顶至枕部黑色，有棕黄色羽缘。后颈和颈侧浅棕黄色，杂有黑褐色细纹。上体也为黑褐色，下体为浅棕色或棕白色。

我小时候，去离家两里路远的献忠水库钓鱼，喜欢去人迹罕至的水域，经常惊起大群的野鸭，啪啪嗒嗒，有好几百只。我在草丛中，经常捡到鸭蛋，多时一窝有九个。

有一次，我到水库边荒田里扳竹笋，突然，从小山竹丛中，飞起一只野鸭婆，身后还有一大群惊慌失措的小鸭崽。鸭婆好像翅膀受了伤，扑腾几下，就落下来。我紧追不舍，等跑了好几丈远，鸭婆腾空而去。等我回头寻找鸭崽，早没有了踪影。原来鸭婆是故意引开我。我被鸭婆的母爱和智慧深深感动。

洗药湖中，经常有游弋着的鸭子。可当它们受到惊吓，能一飞冲天。原来是放养的野鸭。

近年来，在很多村子周边，经常看见有三五成群的野鸭飞起。野鸭古人称之为鹜。此情此景，我就会想起王勃《滕王阁序》笔下"落霞与孤鹜齐飞"的情境。

据说鸭子被驯化后，把一双能飞翔的翅膀和孵化后代的功能全给丢失了。

作为一只飞禽，就得有一双能飞翔的翅膀，才能与天地自然融为一体！

鹅

鹅，总是那样昂首挺胸，步态从容，引吭高歌。在家禽中，显得有些卓尔不群，似乎还保留了它的先祖大雁翱翔云端的飘逸之气呢。

李时珍曾记载，江淮以南多畜之。有苍、白二色，及大而垂胡者。并绿眼黄喙红掌，善斗，其夜鸣应更。

俗话说：鸭不吃青，鹅不吃腥。鹅在外面吃草，每天踏着暮色回家，向主人要吃的。主人照例要给点剩饭，糠麸之类，给它填填肚子。如“服侍”得好，立竿见影，报答给你一个半斤重的大鹅蛋。

我小时候，缺衣少食，一个星期，一家人能吃上一次鹅蛋，就很知足了。一个鹅蛋，蒸来吃，要用一只钵碗。母亲为了更好下饭，总喜欢在蛋里放一些南瓜花、豆饵，味道更是鲜美。

村里的小孩子，个个顽劣十足，鸡狗都嫌，如与鹅狭路相逢，就另当别论。鹅一旦看你不顺眼，就会张开翅膀，踮起脚尖，扑上来撕咬。

俗话说：软的怕硬的，硬的怕横的，横的怕玩命的。人们常把舍命王一样的人，叫“鹅头”。

我的家乡还有一个笑话，说牛眼大，把人看得比山大，所以任人宰割。相反，鹅眼小，把人看得比豆子还小，所以敢藐视人。

鹅和大雁一样，以感情专一而著称。据报载，有一户人家，需要钱用，挑着一担蔬菜，和一只母鹅去街上卖，可公鹅一直追在后面，鸣声凄凉。主人动了恻隐之心，把母鹅放了。

古代的文人雅士们，喜欢把鹅养在家里，看家护院。它们不但会看护小鸡，还帮清除杂草呢。

众所周知，书圣王羲之爱鹅。《晋书 · 王羲之传》记载，会稽有一个孤老太婆，养了一只鹅，毛色雪白，鸣声嘹亮。老太婆没事的时候，经常牵着这只鹅，在外面闲逛。王羲之听说，就派一个家仆去买。老太婆不卖。一天，王羲之邀了几个朋友，驾着马车前去观赏。老太婆听说大名鼎鼎的王羲之要来她家，觉得没有什么好招待，就把鹅杀了，办了一桌全鹅宴。王羲之下车，听说鹅被杀，顿足叹息。

山阴玉皇观有个老道，很希望得到一本王羲之手书的《黄庭经》，得知王羲之爱鹅，于是精心调养一批白鹅。一日，王羲之遇见了这群白鹅，很喜欢，便想要买下来。道士说，你只要给我抄写一篇《黄庭经》，我就将这群鹅送给你。王羲之欣然应允，写毕，笼鹅而归。这《黄庭经》手书，因此也称作《换鹅帖》。

王羲之为什么喜欢鹅，据陆游祖父陆佃《埤雅》说："鹅颡如瘤。今鹅，江东呼鴚。长脰（颈），善鸣，又善转旋其项。古之学书者法以动腕，羲之好鹅者以此。"

唐太宗李世民对王羲之的《兰亭集序》，情有独钟，说其笔势，飘若浮云，矫若惊龙。

鹅虽天天与鸡鸭为伍，俯仰之间，却蕴藏着书法艺术运笔的真谛。

小䴙䴘

䴙䴘，有凤头䴙䴘、赤颈䴙䴘、角䴙䴘，在我的家乡只见过小䴙䴘。

小时候，经常去水库钓鱼，远远看见有水鸟游弋于水面，看见人，就潜入水中。当时，我们只把它叫作"水鸭"。到后来，我经常蹲在水边拍鸟，才看清了它们的本来面目——它们是䴙䴘科小䴙䴘属的一种水鸟。

《本草拾遗》曰：䴙䴘水鸟也。大如鸠，鸭脚连尾，不能陆行，常在水中。

人至即沉，或击之便起。其膏涂刀剑不锈。

《本草纲目》中记：䴙䴘，南方湖溪多有之。似野鸭而小，苍白文，多脂，味美。冬月取之，其类甚多。

小䴙䴘大的不到半斤，毛丝状，以黑褐色为主，耳羽到颈边为红栗色，下体白色，两肋灰褐色。喙黑色，稍尖，带点弯曲，有黄色斑纹。尾巴和翅膀都很短。脚好像连着尾巴，黑色，前面的三根脚趾有蹼。

小䴙䴘的潜水功夫很好，是捕鱼的高手。它们经常把水下的鱼，追逐得跳出水面。但它上岸走路，趔趔趄趄，就像是拐了脚。起飞，也就七八米。可它还有一项绝活，就是贴着水面行走。只见它昂首挺胸，拍打着翅膀，踏波而行，风生水起，溅起一路水花。

到了杂花生树，群莺乱飞的暮春，雄䴙䴘开始求爱了。咯哩咯哩地叫，引起雌性的欢心。马上，成双成对，开始筑爱巢。在水中央，选几棵芦苇或梭鱼草做依靠，再去水草丛中，衔来枯枝败叶，堆叠在一起。巢漂浮在水上。慢慢形成厚厚一大堆，经过反复踩踏，觉得很牢靠，就开始下蛋。有了四五个蛋，夫妻轮流抱窝。如遇到危险，赶紧用草把蛋掩埋好，潜进水里，只是眼睛和嘴巴留在水面，静观其变。乌龟喜欢爬到窝上来晒背，还总赖着不走。小䴙䴘实在忍无可忍，跑过来，啄它几下，一点反应都没有，就狠狠地啄它的头，乌龟才溜之大吉。

二十多天过去了，雏鸟出壳，身上有黄白相间的纵纹。夫妻俩轮流捕食喂宝宝。两三天后，雏鸟就下水了，跟着父母四处游动，学习本领。雏鸟累了，就趴在父母身上打盹儿，或躲在翅膀下面。

小鹖鹛的一家，总是那么温馨和睦！

伯 劳

有一段时间，我经常在湖边拍鸟。我喜欢挑羽毛漂亮的翠鸟、绣眼、画眉、太阳鸟、斑鱼狗……可它们总是惊鸿一瞥，有时还没有等我按下快门，就飞走了。就在我感到有些茫然若失的时候，总有伯劳飞来，落在我头顶的树苗上，引吭高歌，我就对着它“咔嚓、咔嚓”地拍了起来。

伯劳有多种，常见的是棕背伯劳。它最显著的特征是，眼睛周边有一条宽阔的黑色贯眼纹。头顶至后颈灰褐色，背棕红，尾毛修长，黄褐色，腹部棕白。嘴粗而短，弯曲成钩状，略似老鹰。脚强健，趾有利钩。喜欢单独活动，性凶猛，多以昆虫为食，也捕杀青蛙、蜥蜴、老鼠、小鸟等。

伯劳个头虽不大，却是雀中猛禽，有“屠夫鸟”之称。我经常看见伯劳把猎物挂在树杈上，或荆棘上，用嘴撕着吃。

伯劳，古代称鵙。《诗经·豳风·七月》中曰：“七月鸣鵙，八月载绩。”《尔雅·释鸟》有记：“鵙，伯劳也。”

曹植的《令禽恶鸟论》中记载：“昔尹吉甫用后妻之谗，而杀孝子伯奇，其弟伯封求而不得，作《黍离》之诗。”是说，周宣王时，大臣尹吉甫听信后妻谗言，误杀前妻之子伯奇。

尹吉甫是何许人也？他是我国第一部诗歌总集《诗经》的采集者和编纂

者。曾作《大雅·庶民》《大雅·嵩高》《大雅·江汉》《大雅·韩奕》等诗篇。其诗作，主要是歌颂周宣王的丰功伟绩，但也有善意的批评。

传说，尹吉甫妻子病故，留下一个儿子，叫伯奇。尹吉甫的后妻，把伯奇当作眼中钉，肉中刺，总是不失时机，说伯奇坏话。一天，尹吉甫一气之下，把儿子杀了。尹吉甫马上清醒过来，十分后悔。一天，他驾着马车郊游，听到桑树上有一只鸟鸣声哀婉。尹吉甫一激灵，觉得这只鸟是伯奇冤魂所化。就说："你是伯奇吗？"鸟儿拍打翅膀，摆了摆尾巴，鸣声更凄凉。尹吉甫又说："伯奇劳乎？是我子，请停我车上。非我子，就不要停留。"话音刚落，鸟儿就停留在他的车盖上。尹吉甫就调转马头，载着这只鸟回了家。到家后，鸟儿又停在井的栏杆上，对屋哀鸣不已，如泣如诉。尹吉甫假装要射鸟，拉满弓箭，却将后妻射杀了。

据说，伯劳鸟之名是由"伯奇劳乎"一语而得名。同时，民间还有一种习俗，认为伯劳对着家里叫，觉得不吉利。

"日暮伯劳飞，风吹乌臼树。"在少年时，我就喜欢读南朝乐府《西洲曲》。

那时，大哥去打猎，我总喜欢跟着，有时候，有伯劳忽高忽低地飞着，为我们引路。这有些不可思议，似乎我们打到了猎物，它也有份儿似的。有一次，它发现田里有一只鸟鸫在啄食，急冲而下，把乌鸫打翻在地，抓住翅膀，用尖嘴顶住脖子。我捡了一块石头，随手抛了过去，伯劳一惊，飞走。可乌鸫翅膀已经断了，半死不活。我们还没有走远，伯劳又飞来了，叼着乌鸫远去。

有一次，我上山砍柴，看见空中两只伯劳打架。它们吱吱地叫着，一会儿迎头痛击，一会儿急转直下，分明看见羽毛都在空中飘扬。最后它们爪子扣在一起，正好落在我的跟前。我两只手把它们按住，捉在手里，正开心，可它们却齐心协力，拼命啄我的手。我一松手，它们双双飞去。

燕　子

《诗经·邶风·燕燕》："燕燕于飞，差池其羽。之子于归，远送于野。瞻望弗及，泣涕如雨。"诗中借比翼双飞的燕子，书写爱情的美好，及思念之情。

人们常用紫燕双飞，来比喻夫妻的恩爱美好。

燕子，大如麻雀，喙短，两颊及耳羽均为黑色，前额栗红，上体羽呈蓝黑，腹部乳白，尾羽铗形，脚趾黑色。

晏殊说：“燕子来时新社，梨花落后清明。”

每年的仲春，燕子成双成对飞来。它们很守规矩，多是寻找旧巢。如果旧巢被别的燕子占领，也不争夺，就找一处楼板完好，有横梁为依托的地方，重新垒巢。

自古道：燕子走风家。燕子是春天的使者、吉祥的象征。百姓人家，见燕子飞来，便心中欢喜。燕子见这家主人病恹恹，或凶神恶煞，或人丁稀少，或关门闭屋，就会掉头而去。

以前百姓人家，出门不关大门，只关有半门，倒也为燕子行方便之门。

听过这样一个故事。有一个后生家，背着弓箭，去深山打猎，看见鹞鹰，抓了一只燕子。燕子尚在挣扎、哀鸣。后生家就从背后，取出一支箭，拉满弓，朝鹞鹰射去。鹞鹰被射死，和燕子同时落地。后生把燕子带回家，用韩信草，捣烂，包扎好。等燕子康复后，放归大自然。一天夜里，后生梦见一个穿紫衣的姑娘对他说：“你准备一个箩筐，放在东边窗子口，只要念：南来的鸟，北来的鸟，都来我家产卵。”后生试了一下，第二天，果然装了一筐蛋。别人学着做，装的都是鸟屎。

燕子筑一个新巢，要十来天时间。燕子夫妇，飞进飞出，不断衔来泥巴、草茎、鸟毛，垒砌成窝，里面大，口子小。再在底部垫一些羽毛、纤维。筑好了安乐窝，就准备下蛋了。有了三五个蛋，就开始抱蛋。母燕抱蛋，如痴如醉；公燕喂食，勤勤恳恳。

终于有一天，雏燕出壳了。它们像是“饿死鬼”投胎，并列站在洞口，张开大嘴，啾啾地叫着，等着喂食。还不时调转身子，拉下一团粪便来。这点，很多人难以忍受。好在20天过后，小燕子学飞，便去闯世界了。

燕子一天都在忙碌，有时贴着水面而飞，有时翱翔在高空，时东时西，忽上忽下，无一例外，在捕捉昆虫。据说，一窝燕子，一年要吃掉25万只昆虫，尤其喜欢吃苍蝇、蚊子。

民谚有云：“燕子高飞大晴天，燕子低飞雨涟涟。”

燕子飞累了，喜欢站在电线上，就像灵动的音符，啁啁啾啾地谈天说地。大人说，这是燕子在各自评说东家的善恶呢。

我们这些小孩子，唱道：“燕子崽，尾巴长，不借油盐不借粮，只借高堂孵儿子，多谢东家永不忘。叽叽叽，叽叽叽，不吃你家谷，不吃你家米，只借你家高楼大厦躲躲雨。”

或唱：“燕子崽，腹便便，半升米，煮夜饭。煮得多，添碗哥；煮得少，添碗狗。狗话饭太少，摇摇尾巴走。”

燕子与世无争，却会遭到八哥、麻雀、蝙蝠的欺负。夜里，经常看见蝙蝠侵扰燕子，燕子群起而攻之，叽叽地尖叫。这时，我会拿起竹棍，追打蝙蝠，捍卫燕子的尊严。

燕子每年飞来的时候，我们去山上捡枞树菇（松树菇）；燕子走的时候，也能捡到枞树菇。我们习惯把枞树菇叫燕子菇。

燕子是候鸟，到第二番幼子刚试飞，就快打霜，要去千里或万里的南边过冬。有一天，燕子相互召唤着，一起飞走了。

麻　雀

麻雀，也叫家贼雀，在我的家乡却叫奸雀子。可能是因为它们有时候，与人争食的缘故吧。

《诗经·召南·行露》就写道：“谁谓雀无角？何以穿我屋？”

麻雀，属文鸟科。头部呈栗色，嘴短呈圆锥状，喉部有黑斑，上体棕褐色有黑色条纹，脸颊及腹部呈灰白。群居。喜欢吃昆虫，也吃五谷。在早先，粮食紧缺，人都吃不饱，可这些麻雀，一眨眼工夫，就偷吃我们院子里晒的粮食，岂不让人讨厌。人们通常把比较奸叼的人，也称之为奸雀子头。

它们喜欢在屋前后的瓦缝中筑巢，故又叫瓦雀。清早，人还没起来，它们就叽叽喳喳叫开了，扰人好梦。父亲教我唱童谣：

奸雀嘚，捡块铁。捡块铁做什哩？打刀子。打刀子做什哩？斫竹子。斫竹子做什哩？做花篮子。做花篮子做什哩？嫁姐姐。姐姐嫁在哪里？嫁到梅岭头上。梅岭头上打一管铳，吓得姐姐肚子痛。大姐姐生个崽，细姐生个女。大姐的崽，会管家，细姐的女，会绣花。日里绣个团团转，夜里绣朵牡丹花。牡丹花上一对鹅，飞来飞去看阿婆。阿婆门前一棵树，留得阿婆做屋住。阿婆门前一条港，留得阿婆洗衣裳。公撑船，婆撒网，一打打到一只金丝鲤。公吃头，婆吃尾，中间留得接外孙女，外孙女不来，雷公霍闪捡到吃半年。

那时，我家的老屋，屋檐瓦缝里，就有好几个麻雀巢。庭院寂寂时，有麻雀来天井觅食。我找来一个筛子，用筷子支好，系上麻蝇，撒上米，躲在房门缝里瞧着。不一会儿，便有几只麻雀飞来，叽叽喳喳、一蹦一跳，待它们进入我的圈套中，一拉绳子，便被罩住。

麻雀，总喜欢成群结队。在冬天，有时站在一棵落光了叶子的树上，顷刻间，仿佛秃树又长出一树的叶子。这时，拿起弹弓，不用瞄准，一颗流弹飞去，十有八九能打到一只麻雀。

我打麻雀时，还唱着歌谣：

奸雀子，叫喳喳，莫到田里啄谷吃。

禾田谷子是我粮，啄了我粮饿断肠。

奸雀子，莫乱飞，屋檐旁边瓦片飞。

落下打着莫哭泣，怪你运气有点低。

奸雀子，夜读书，你读我读大家读。

读不出时你莫哭，我们一起帮你读。

由于人类长期对麻雀大肆捕杀，以及农药的残害，有段时间，在我的家乡连麻雀也难得一见了。

其实，麻雀多半在菜园地、农田里、森林中，以害虫为食。只是在寒冬腊月，天寒地冻的日子，才不得已与人争食。小小麻雀，为了大地的丰收、生态的平衡，立下了汗马功劳。

如今，我的家乡麻雀又多起来了。可我们再也不会去计较，它们与人争几粒粮食吃，更不要说去伤害它们了。

麻雀，安好！

白头翁

白头鹎，俗称白头翁。它头顶一撮醒目的白毛，很好辨认。黑喙黑爪，眼后和颏部都有白斑，背上及腰羽灰绿，翅膀和尾巴黄绿，腹部灰白。它似乎比麻雀稍微大一点，每日在田野、山间，百啭千声，或捡取谷粒，或捕捉昆虫，或啄食果实。

村前有三棵枇杷树，每年初夏，果实累累，橙黄如橘。我们还没有尝鲜，可白头翁却捷足先登，开始了一场饕餮盛宴。它们在树枝间跳跃着，叽叽喳喳地欢唱着，只见得，圆滚滚的枇杷籽，像雨点似的落下来。

白头翁，多以昆虫为食，是益鸟，大家对它们偏爱有加，一般不会与之计较。

白头翁在民间，有着白头偕老、多子多福的寓意。我有一个姓陈的朋友，喜欢收藏结婚证书，有好多张民国结婚证书上，竟然都有成双成对、相亲相爱的白头翁。

我家院子里有一棵桂花树，有一对白头翁夫妇，在枝头筑巢，或许还在孵蛋，沉浸在小家庭的甜蜜生活中。

一天，我对父亲说，这白头翁怎么就不避开人，在院子里做窝也太愚蠢了吧。父亲说，你要知道，远离人群，就有毒蛇、猛禽、老鼠等相扰，十有八九被一窝端。大自然中，看起来是莺歌燕舞，实际上危机四伏。白头翁是一种很有灵性的鸟，这叫险中求胜。

一天，我砍柴回家，坐在屋檐下喝茶。有一只白头翁站在竹篙上，唱着欢歌。突然，一只伯劳俯冲而下，把白头翁牢牢抓住。白头翁咕咕地惨叫。这时，桂花树冠中，像箭一样飞出另一只白头翁，尖叫着，在伯劳头顶上猛啄。伯劳爪子一松，飞走了。

伯劳是有着“屠夫鸟”之称的猛禽，竟然被小小白头翁斗败。

明代张宁在《白头鸟》中写道：“本是青春鸟，生来便唤翁。几多头白者，怀抱尚童蒙。”

从此，白头翁在我心中就有了光环！

乌 鸦

儿时的故乡，尚是一处未曾开发的原始林带，漫山遍野，灌木丛生，村头村尾，古木参天，杂生着好些枫树、樟树、橡栗树……

夏日里，整个村庄笼罩在绿绿的、凉森森的氛围之中。远远望去，古风依然；近来领会，犹如梦境。

荀子说，树成荫而众鸟息焉。可惜，祖辈没栽梧桐，引不来凤凰，却引来了一群群黑压压的乌鸦，每棵树上都筑上几十个老鸦窝，天刚亮，或黄昏时，它们都要呼朋引伴，叫上一通，哇哇然，响成一片。

终于有一年夏天，乌鸦像喝醉了酒，在树上扑扇着翅膀，纷纷坠落。有胆大的人，捡回家烧着吃。有一天，我同两个朋友，也来到枫树最多的村头，有几只乌鸦，在树上凄凉地啼着。我们吆喝了几声，有一只乌鸦受到惊吓，果然掉了下来。我一步当先，要捡乌鸦，谁知它反扑过来，啄住我的衣裳，拍打着翅膀，吓得我魂飞魄散，逃之夭夭。

乌鸦之殇，有人说，是一场瘟疫，也有人说，是有人投了毒。此后，偶尔看见孤零零几只乌鸦，站在枫树上，不时地“哇——哇——”叫上几声，好像在为死去的同类“喊魂”。

后来，村子里的古树，被害虫吃光了叶子，钻空了树心，慢慢枯死了许多，人们才渐渐意识到，若干年来，是乌鸦保护了树木，保护了环境，乌鸦是益鸟，是捕杀害虫的能手。科学已多方面论证：乌鸦的叫声与世间凶吉无关。

喜　鹊

今年七夕，猛然想到了喜鹊。恍惚它还在耳边喳喳地叫，我寻遍了我家乡的田野、山村，可再也看不到它们矫捷的身影了。

喜鹊，黑白相间的羽毛，长长的尾巴，走起路来一蹦一跳，叫声喳喳然，令人欢快喜悦。

师旷《禽经》说：“仰鸣则阴，俯鸣则雨，人闻其声而喜。”

欧阳修诗云：“鲜鲜毛羽耀明辉，红粉墙头绿树林；日暖风轻言语软，应将喜报主人知。”

母亲教我唱童谣：“花喜鹊，尾巴长，娶了老婆忘了娘。”

母亲问我：“你娶了老婆还记得娘吗？”

我说：“我不要老婆，只要老娘。”

喜鹊叫，客人到。我家有天井的老屋，风火墙高耸，经常有喜鹊在喳喳地叫。每有客人来了，母亲就说：“怪不得一大清早，屋上就有喜鹊叫呢。”

客人来了真好，家里平时不舍得吃的腊肉、咸鱼，都会摆到桌上，可大快

朵颐。

母亲说："在早先，一个兴旺发达的人家，就要灶里不断火，路上不离人。有道是：朝朝待客不穷，夜夜做贼不富。"

可那是计划经济时代，寻常日子，不但没有肉吃，连饭也吃不饱，经常还要吃野菜充饥。

天天吃粗茶淡饭，日日野菜充饥，口里快淡出鸟来。有时，我就问母亲："这么，许久了，屋上没有喜鹊叫？"

母亲说："嗯，过几天是七月初七，是七夕节，是牛郎、织女一年一次相会的日子，天下的喜鹊，都上天为它们搭桥去了呢。"

我想："喜鹊也够忙乎，要管人家来客，又要管牛郎织女相会。"

那天中午，母亲破例为我在萝卜里煮了几片腊肉。萝卜烧肉，我的家乡戏称：萝卜田里赶猪。

弹指几十年过去了，肉是天天有的吃，可惜，没有了喜鹊，为天上的牛郎、织女搭桥了。

他们应是"盈盈一水间，脉脉不得语"吧！

八　哥

八哥，乍看毛色如一团泼墨画，但飞起时，双翼呈现八字形的白斑，因此而得名。

八哥是留鸟，但好像要在每年大地春回时，才能看见它那矫健的身影。孩提时，春耕的时候，父亲吆喝着水牛，就有许多八哥，跟在刚翻开的土地上，寻找尚在冬眠状态的虫子和泥鳅吃。总有那么一两只八哥，飞到牛背上，展开嘹亮的歌喉，唱起了一支支故园春天的序曲。

唱着，唱着，村头的望春花开了，满山的檫木花也灿然而笑，遍地的紫云英更是红得彻底。

八哥们吃饱了，就飞到村前的古檀树上栖息。古檀树高大挺直，但老枝虬髯，八哥便在百孔千疮的树洞里筑巢、抱窝。

初夏，小八哥破壳而出了，不久就会牙牙学语，振翅欲飞。

听人说，将八哥的舌头剪去，可调教得会说人话。

父亲在农闲时，喜欢看《东周列国》《三国演义》《聊斋志异》。有一次，父亲讲了一个《聊斋志异》中，八哥巧借盘缠的故事给我听：

早先，有一个人驯养了一只八哥，很有灵性，不但会说话，还和主人形影不离。一次，随主人出游，将要离开山西绛州时，发现身上的盘缠用完了，离家尚远，正发愁。善揣人意的八哥对他说："主人，何不把我卖掉。你把我送到王府中，肯定能卖个好价钱，不愁回家无盘缠。"主人说："我怎么忍心啊！"八哥说："无妨。你得到钱，赶快走，在城西二十里的大槐树下等我。"主人只好答应了。至城中，主人与八哥一问一答，围者如墙。王府中的管家见了，禀告王爷。王爷立即召见，欲买八哥。主人说："我与八哥相依为命，不管出多少钱也不卖。"王爷很生气。转而问八哥："你愿意留在这里吗？"八哥说："愿意。"王爷大喜。八哥又说："给十两银子算了，不要多给。"王爷更是欢喜，立即给了主人十两银子。主人故意作很懊悔的样子，离去了。王爷与八哥也是一问一答，应对便捷。一回家，王爷赏肉给八哥吃。八哥吃完，又说："我要洗澡。"王爷命令佣人，用金盆盛水，打开笼子，让它洗澡。八哥洗完，飞到屋檐，梳梳羽，抖抖毛，马上展开翅膀，还操着当地山西话，说了声："我去了。"一会儿，就飞得无影无踪。

这只八哥，不但能说会道，还有着人一样的智慧和情义，让我很是景仰。

我多时想，如能逮一只八哥，教会它说话，那该是多么风光啊！

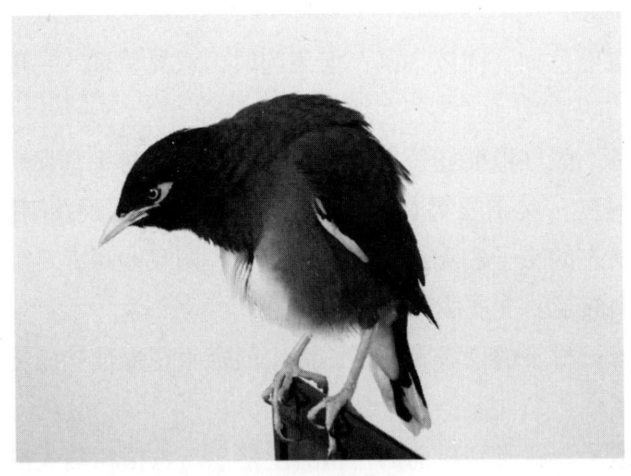

我们家有天井的老屋，那堵高耸的风火墙上，有一个比粉笔盒稍大些的方孔。不知从哪天起，有两只八哥飞进飞出，它们在忙着衔芋草筑巢。不久，每当八哥回巢，洞穴会伸出四张鲜红的小嘴巴来，并且嗷嗷地叫着。

呵，它们已有自己的儿女了！

有一天，姐姐去溪边捉鱼，鱼没有捉到，捡来一只还没有长毛的小八哥。姐姐说刚才从檀树下经过，看到这只八哥和它的兄妹们抢食时被挤下来。开始它还气息奄奄，半死不活，才过片刻，便如梦方醒，张开漏斗形的嘴巴大叫："呷！呷！"

呷，我家乡方言为吃。我说，它要吃呢。于是，姐姐喂饭它也吃，喂虫它也吃。

这只八哥整天就知道要吃，只要听见身边有点儿响动，便"呷呷"地大喊大叫，你就是往它嘴里丢下一块泥土，也会狼吞虎咽地吃下去。

有一天，我放学回来，见它饿得有气无力地张着嘴，就在饭篮里抓一把饭喂它。只要我喂得赢，它吃得赢。我把一大团饭，一下塞进它嘴里，可它噎了半天，还是咽不下去，渐渐眼皮也耷拉上了，脚也软下去了。我连用脚跺了几下地，也没有反应。我想，它是必死无疑了。可等我去外面打一转回来，它又"嘎嘎"地喊着要吃呢。

十多天后，这只八哥渐渐长出了漆黑的羽毛，我们给它取了个名字，叫小黑子。

在小黑子会飞时，二哥给它编制了一个鸟笼。但我们更多时候是把它放飞。我去菜园，或去砍柴，它总跟着，因为我总喜欢捉虫给它吃。它在我的身边飞来飞去，不时站在我的肩膀上。我看书时，它干脆站在我的书上。村子里的小朋友，对我羡慕极了，整天跟着我"小黑子、小黑子"地叫。

小黑子的眼睛像雷达似的灵敏，每有苍蝇或蜻蜓飞进我家屋里，它便迅如疾雷，一逮一个正着。

吃饭的时候，它站在桌子上，装作很老实的样子，看我们吃，但等我们一不注意，就从盘子里抢一根菜，便跑了。

你召唤它，一定要用手背接待它。如果用巴掌，就不理你，怕你捉它。如果你冒犯了它，它会很生气地站在那里，一动不动，低着头，作左顾右盼状，十分好笑。

小黑子喜欢洗澡，每天一到两次。只要打了一盆水，它就赶快跳进去，用翅膀打得水花四溅。洗完澡后，把全身的羽毛放松，躺在自己的笼子上懒洋洋地晒太阳，样子可爱极了。

不知不觉，时序到了黄叶飘零、大雁南归的季节，小黑子长冠了，毛色也更亮丽了。它每天捡起一些鸡毛、纸屑之类的东西，在阁楼一隐蔽处，为自己筑巢了。如果有谁冒犯了它的领地，它就会竖起羽毛，嘴里发出咕咕的恐吓声，或像战斗机似的做冲刺状，但一到你身边，又溜之大吉。

第二年春天，小黑子才会说“你好”“好乖，真乖”时，被一群八哥给拐跑了。

那是一个暖洋洋的春日，我们家的小黑子被关在屋檐下笼子里，不知不觉，近处树梢上，有七八只八哥在和它“对歌”。那天中午，我们才打开鸟笼，它就扑棱棱飞向了远方，再也没有回来。

小黑子走了，我们一家人都觉得很失落。但回过头来想，又替它高兴，它脱离樊笼，飞向了蓝天，回到它的同类中，这才是它最合理的归宿。

因为大自然，才是它永远的家园！

红嘴蓝鹊

孩提时，在山上砍柴，经常能邂逅红嘴蓝鹊。它们总是那样成双成对，或三五成群，声声相和，舞姿曼妙，仿佛彩凤降临人间。

红嘴蓝鹊，在我的家乡称作蛇雀，或许因为它体态修长，或许因为它喜欢吃蛇。是乌鸦科，蓝鹊属。大如喜鹊。红喙，赤爪，头部黑色有白英，背部隆起，翅膀呈翡翠色。下体雪白。尾长似野鸡，黑白相间。

红嘴蓝鹊，古代称之为鸒。《尔雅·释鸟》记载：“鸒，山鹊。”郭璞有注云：“似鹊而有文采，长尾，嘴脚赤。”清代《鸟谱》说：“此鸟性最驯扰。人畜之，教以杂戏，取果衔旗往来，悉如人意。”

此鸟被驯服后，能在庭院里轻歌曼舞。自古至今，深受文人墨客喜爱。李商隐《无题》写道：“蓬山此去无多路，青鸟殷勤为探看。”司空图在《喜山鹊初归·其一》赞美道：“翠衿红嘴便知机，久避重罗稳处飞。只为从来偏护惜，窗前今贺主人归。”

有人说，红嘴蓝鹊就是中国神话传说中的青鸟，是幸福、快乐的象征。

它的食物，以昆虫为主，也吃蜘蛛、蜗牛、蛤蟆、蜥蜴及别的雏鸟等。秋冬季节，红嘴蓝鹊吃的多是野果、草籽。尤其喜欢吃野柿子。

红嘴蓝鹊，对草木种子传播、虫害防治，以及对维持自然生态平衡，具有重要作用。

每年的暮春，是红嘴蓝鹊的繁殖期，如有别的禽类或兽类，靠近它的巢穴或幼子，它会发出尖锐的叫声，十分凶悍。

据村里人说，红嘴蓝鹊喜欢吃蛇，但有时候反被蛇吃。有人见过一只红嘴蓝鹊，捉了一条蛇，飞向空中时，突然掉下来，是被蛇反咬一口，中毒身亡。

有一天，我驮了一捆柴下山。刚到山脚下，发现两只红嘴蓝鹊在嘎嘎乱叫。我抛下柴，只见草坪里，红嘴蓝鹊围着一条近两米长的蛇，像喜鹊一样蹦着跳着，不时上去，啄上一口。蛇卷成一团，头高高竖起，眼露凶光，口吐红信，保持着进攻的架势。

渐渐地，蛇的腹部被啄得稀烂。蛇招架不住，蔫下去了，想逃走，被一只红嘴蓝鹊衔在嘴里，飞起，甩了几下，蛇肚子里掉下一只尚未被消化的幼鸟来。

我惊呆了。是仇恨，让它们变得十分强大。

红嘴蓝鹊不仅美丽，而且富有灵性。

鹞 鹰

鹞鹰，比通常所说的老鹰要小，羽毛呈麻白色，目如电，嘴如钩，爪如钳，翅大而尾长。

宋代罗愿《尔雅翼》云：“在北为鹰，在南为鹞。一云大为鹰，小为鹞。”

陈淏子《花镜》：“鹞一名鸢，一名隼。状似鹰而差小，羽青黑色，其尾如舵，飞则转折最捷。人造船用舵，实仿鹞尾而为之也。性极喜高翔，专捉鸡、雀而食。”

我在高山上砍柴，经常看见有鹞鹰孤独地在半山腰盘旋。鹞鹰背负青天，似有鸿鹄之志。

那时，我们喜欢在村前场地上，玩鹞鹰抓小鸡的游戏。一个人扮作鹞鹰，一个人扮作母鸡，其余的人都扮作小鸡。小鸡排成长队，一个牵着另一个的衣裳，跟在母鸡身后。

鹞鹰发起了攻击。母鸡遮遮掩掩，小鸡躲躲闪闪，捉起来还颇不容易。

我亲眼看见过这样一幕：那是暮春的一天，我们家的母鸡咯咯地叫着，带着一大群咿咿呀呀的鸡崽，在我家门口草丛中觅食。母鸡每寻到一只虫子，便咕咕地叫，让给鸡崽吃。谁知，这时早有一只鹞鹰在空中盘旋。它瞄准了时机，俯冲而下，抓起一只鸡崽，展翅而去。这一切让人猝不及防。

母鸡急得张开翅膀，团团打转，咯咯地叫着，把小鸡们罩在翅下。

“两脚落地两脚浮，两个尾巴两个头。两人同到深山里，一个快活一个愁。”这是鹞鹰抓小鸡的谜语。

那时，凡是养了鸡的人家，都做了一个长约三尺的“竹呱板”，不时朝天敲打一阵，还“喂嘀、喂嘀”地吆喝几声。

我的家乡很久不见鹞鹰了，连“竹呱板”也成了一种逝物。

野　鸡

野鸡也叫山鸡、雉鸡，文采斐然，似若传说中的凤凰。

熊荣《西山竹枝词》就有诗赞曰：“觅得雉雌饶五色，阿儿戏作凤凰看。”

我的家乡有《野鸡公》的歌谣唱道：

野鸡公，背弓弓，驮袋米，看阿公。阿公吃什么菜？吃芹菜。什么芹？水芹。什么水？大水。什么大？天大。什么天？黄沙天。什么黄？鸡蛋黄。什么鸡？尖脚鸡。什么尖，犁头尖。什么犁？耕田犁。什么耕？糯米粳。什么糯？红壳糯。什么红？月月红。

野鸡很早进入我们先人的视野，走进了大雅之堂的《诗经》中。《诗经·邶风·雄雉》诗云："雄雉于飞，泄泄其羽。我之怀矣，自诒伊阻。雄雉于飞，下上其音。展矣君子，实劳我心……"

野鸡喜欢生活在山脚下的荒田里、榛莽丛中。大约是它们体重太沉的缘故，飞不多远，就落地行走。我就经常在它们出没的地方，安下绳套，费尽心机，不曾捕获一只。一次雨后，在我家靠山脚下的菜园里，看见一只野鸡，羽毛湿了，飞不起来，就在后面死劲地追，可连野鸡毛都没有弄到一根。

有一次我在砍柴，看见不远处有两只野鸡打架。它不是头对头地打，而是站成一排，你啄我一下，我啄你一下。等它们打得正激烈，我从后面悄悄走近去，一手按住一只。

我读高一时，一日天才蒙蒙亮，骑脚踏车，赶去上学。走到村头，看见禾场上，有好几百只野鸡，在觅食、嬉戏。怎么会有这么多的野鸡，聚在一起呢？这种现象很罕见。我想，也许它们在迎接一个盛大的节日吧。

有的年头，在晚禾收割后，我来到山外，和表哥去捉野鸡。晚饭后，表哥背着一只装有九节电池的木匣，用两根电线，串联在头上的电筒上。一束强光，在田野间四处乱晃。我拿着一个安有竹把的网兜，在后面紧跟。每次都带着一只狗。狗的嗅觉十分灵敏，只要闻到野鸡的气息，就“汪汪”地叫几声。这时，伏在禾田里睡觉的野鸡，就抬起头来张望。我们发现了目标，先把狗稳住，朝着野鸡，悄悄走过去，用网兜，把它按住；有时没按住，可它飞不到几米就落下来。

我和父亲在黄泥地种田的日子里，不多一会儿，就能听见野鸡在山脚下，咯咯啼叫。野鸡一般成双成对，这个时候，也许它们在和情侣调情，或和幼崽嬉戏。我很喜欢听野鸡欢快而愉悦的啼叫声。一日耘禾，不经意时，看见一只野鸡，在田头边的茅草里孵窝，被我逮着，还捡到六个七彩野鸡蛋。

我发现野鸡窝，除了茅草外，还有闪闪发光的松香。

我问父亲：“野鸡筑巢还用松香做什么？”

父亲说：“因为松香里面含有雄黄，蛇不敢靠近。野鸡从开始下蛋，到幼崽会飞，起码也要三个多月的时间，难免有蛇经过，所以才这样做。”

可见，野鸡也是用心良苦。

我被野鸡的聪明和智慧折服。我和父亲商量了一下，将野鸡放了，把几个已放进了口袋的蛋，又放回了窝里。

时过境迁，我家乡野鸡已不多见了。每次在山野惊起一只咯咯啼叫的野鸡，也是恍如隔世。

竹 鸡

宋代大诗人梅尧臣，有一首《竹鸡》诗这样写道：“泥滑滑，苦竹冈。雨潇潇，马上郎。马蹄凌兢雨又急。此鸟为君应断肠。”

读了这首诗，让我想起了小桥流水人家的江南山区，更让我想起小时候关于竹鸡的回忆。

泥滑滑，竹鸡的别名。李时珍在《本草纲目》中说，竹鸡，一名山菌子，言味美如菌也。南人呼为泥滑滑，因其声也。

竹鸡喜居丛林，状如鹧鸪无尾，毛羽褐色多斑，头扁似蛇，喙尖眼突，性好斗。竹鸡好食白蚁，古谚云：“家有竹鸡啼，白蚁化为泥。”

儿时山居，每当晨起或傍晚，山前山后，竹鸡嘹亮悦耳的啼鸣声充斥于耳。正如一首古词曲所云：“泥滑滑，仆姑姑，唤晴唤雨无时无，晓窗未曙闻啼呼。”

熊荣在《西山竹枝词》中有云：“山城回互抱山溪，荒径无人叫竹鸡。一片泉声飞石溜，娟娟花坞夕阳低。”

我家有一片菜地，位于村前的葛山脚下，蔬菜常受到竹鸡的侵扰，啄去菜叶。父母对竹鸡的这种劣行习以为常，很是宽容。我却不以为然，第一个扬言要找竹鸡算账。煞费苦心，设置了一支竹做的自动机关，撑着一只筛子，在机关的舌片上放上稗谷，只要竹鸡啃一吹，准罩住。苦心经营许久，可是罩着的总是些黄雀、斑鸠之流，狡猾的竹鸡根本不上圈套。

有一天，终于总算出了一口恶气。那天清早，我来到菜园，有一群竹鸡，在山脚的蕨萁丛中，呼朋引伴，正要下山，便随手捡起一块石头，掷了过去，打中了一只竹鸡的翅膀，扑腾了几下，被我活捉。

有一年的春天来得特别早，春雷响过后，南风劲吹，一时热如炎夏，山上长出许多状如雨伞、红如杜鹃的竹菇来。村里人纷纷上山去捡。一天，我捡了满满一篮子，正准备下山，转过一个山坳，却见一只竹鸡，带着一群幼崽，与我狭路相逢。我的眼睛陡然一亮，放下篮子，忘乎所以地朝竹鸡扑去。出人意料的是，竹鸡倒竖起羽毛，弓起背，像一只鸡冠蛇似的，朝我发起反攻。我不禁一愣，稍一迟疑，竹鸡已返过身子，咯咯叫着，带着幼子，逃进柴草丛中。

哦，竹鸡虽小，却和我们人类一样，有着极崇高、极伟大的母爱。从此，我对竹鸡另眼相看。

离乡多年，那“泥滑滑，仆姑姑”的啼叫声，似乎还经常在耳边萦绕，挥之不去。如今，故乡的竹鸡远不如以前那么多了，祝愿这种可爱的小生灵，能永远繁衍生息，愿它欢快的啼叫声，与我们人类声声相伴，做个永远的朋友。

鹡 鸰

小时候在溪中捉鱼，或在水库垂钓，经常看见鹡鸰，在我身边一飞而过，忽高忽低。它们脊令、脊令地叫着，因其声而得名。

《诗经·小雅·小宛》云：“题彼脊令，载飞载鸣。”

东方朔《答客难》也说：“譬若鹡鸰，飞且鸣矣。”

鹡鸰比燕子稍大，头顶乌黑，前额纯白，嘴细长。尾长翅大，黑色有白斑。腹部白色。生活于山区的田野湖畔。偶尔能见到灰鹡鸰。

陆玑在《毛诗草木鸟兽虫鱼疏·脊令在原》记载：“脊令，大如鷃雀，长脚，长尾，尖喙。背上青灰色，腹下白，颈下黑如连钱。故杜阳人谓之连钱。”

鹡鸰经常站在水中石头上，或梳理羽毛，或引吭高歌。尾巴不住地摇摆。不时，有一只虫子飞来，便一口吃掉。不经意时，看见两群鹡鸰打架，十分凶猛，空中羽毛纷飞。

鹡鸰，同母所生，三五成群，只要有一只离散，其余的就都鸣叫寻找。诗经《诗经·小雅·常棣》有云：“常棣之华，鄂不韡韡……鹡鸰在原，兄弟急难。”后两句是说，一只鹡鸰困在原野，它的兄弟都来相救。后人常用棠棣和鹡鸰，来比喻兄弟之间手足情深。

唐玄宗时期一个深秋，有数千只鹡鸰，集聚于麟德殿的树上，十多天不散，唐玄宗与杨贵妃，一同观看它们载歌载舞的盛况。杨贵妃情不自禁地走进鹡鸰群，它们还飞到她的肩膀上、手上。唐玄宗大喜，让高力士展纸磨墨，写下了传于后世的《鹡鸰颂》书帖：“秋九月辛酉，有鹡鸰千数，栖集于麟德殿之庭树，竟旬焉，飞鸣行摇，得在原之趣，昆季相乐，纵目而观者久之，逼之不惧，翔集自若。”

鲁迅先生在《从百草园到三味书屋》中写到的张飞鸟，就是鹡鸰。有人说，因它性子躁像张飞而得名；也有人说，是因它外形像张飞京剧脸谱而得名。

有人试着把鹡鸰当宠物豢养，它不吃不喝，很快就撞死在笼子里。

鹡鸰就是这样一种有情有义，又向往自由的鸟。

斑鱼狗

斑鱼狗，不是狗，是一种翠鸟科的鸟。

有一段时间，我和几个朋友，经常在岭秀湖拍翠鸟。往往是在一大清早，就守候在湖边。一天，朋友老逯说："斑鱼狗来了！"我朝路上左看右看，不见有狗。老逯哈哈大笑，说："快看空中。"只见两只黑白分明的小鸟，越飞越近，停在湖心的一棵樟树上。

斑鱼狗长着黑黝黝的长嘴、黑亮亮的眼睛、黑漆漆的脚趾。头顶有冠羽。黑质而白章。雄性有两条黑色胸带，上宽下窄；雌性只有一条不连贯的胸带。

斑鱼狗成双成对，贴着水面飞翔，看见鱼群，立刻收敛双翅，悬停几秒钟，一头扎入水中，然后拍打着翅膀，急剧升起。其动作之优美，堪与双人跳水运动员媲美。

斑鱼狗为了防止天敌侵袭，和翠鸟一样，在有茅草掩盖的陡峭土壁上凿洞做窝，洞穴深处可达一米。有了四五个蛋，雌雄鸟轮流孵卵。雄鸟性情凶猛，捍卫着自己的领地、子女的安全。

有一年初夏，我发现一道陡壁上，有一个斑鱼狗窝，看见四五只幼鸟大张着嘴，在洞口等待父母喂食。我就把照相机架在近处，还用了防护网做掩护。有一天，我发现一条乌梢蛇打起了幼鸟的主意，它快要爬到洞口了，正在这万分危急时，雄鸟正好回巢，凄厉地尖叫一声，直冲而下，在蛇脑袋上，狠狠啄了一下。乌梢蛇被啄得皮开肉绽，掉下山崖，逃之夭夭。

斑鱼狗体形虽小，却很强大！

猫头鹰

猫头鹰虽为鸟类，却有着猫的眼，龟的嘴。其实它整个头部都像猫。

它们昼伏夜出，像幽灵一样，飘忽不定。多以老鼠为食。叫起来音节多变，据说，有八个舌头，时而如鬼哭，时而似狼嚎，时而若猿啼。

古人把猫头鹰称作鸮。明代冯梦龙《东周列国志》里的颍考叔说："此鸟名鸮，昼不见泰山，夜能察秋毫，明于细而暗于大也。小时其母哺之，既长，乃啄食其母，此乃不孝之鸟，故捕而食之。"

此鸟又叫夜猫子。俗话说，"不怕夜猫子叫，就怕夜猫子笑""夜猫子进宅，无事不来""猪来穷，狗来富，夜猫子来了蒙白布"。民间认为，猫头鹰叫不吉利，是报丧鸟、啄魂鸟。

小时候，夜半三更，听见猫头鹰叫，令人毛骨悚然。

读高中时，挑着一担箩，同父亲去山上摘茶籽，刚到自己家的油茶山，看见一棵茶树上，有一只猫头鹰。我吆喝几声，它抖了抖翅膀，飞到七八米远，又落下了。我估计它刚学飞，追赶一阵，被捉住。拿回家，用鞋绳拴着它的脚，让它飞着玩，不小心被我们家的猫给咬死。

一次，我和大哥去打猎。隔着田垄，照到一棵油茶林上，有两束亮光，与我们的手电光对接。凭两只又大又亮的眼睛，我们判断是一只山猫。一枪打过去，却是一只猫头鹰。大哥捡起猫头鹰，提在手里，抖了抖，说："嗨，划不来，豆腐花了肉价！"

还一次，同一大群孩子，在村前禾场捉迷藏。一个朋友，爬到一栋闲屋的阁楼上，不一会儿，神色慌张地跑下来，说是看见鬼了。我不相信，爬上了阁楼，借着昏暗的光线，看见一堆稻草中，果然有一眼睛放光的"怪物"，定睛一看，却是一只猫头鹰，正在孵窝。我一手把它按住，还捡了五个蛋。

我把这只猫头鹰卖给了一位邻居老太婆。听说吃了可治头风病，我把五个猫头鹰蛋一并送给了她。

此后若干个晚上，另有一只猫头鹰，在村子里长歌当哭，叫了十几个晚上。

在我的邻村，有一个吃斋念佛的老太太，在自家的院子里，看见一只被小孩用弹弓打断了翅膀的猫头鹰。老太太给它上了伤药，还天天喂养它。三个月后，待它伤势好了，把它放飞。此后，每隔十几天，猫头鹰要来看望老太太一次。每次回来，要待上十几分钟，才恋恋不舍地飞走。一个下雪天，老太太一不小心，在家门口摔断了右手臂，猫头鹰更是经常来陪伴她。

这个故事广为流传。从此，改变了乡人对猫头鹰的看法。原来，猫头鹰竟然是这样一种有情有义、可亲可敬的鸟。

鸬 鹚

少年时，我第一眼见到鸬鹚，还只当是野鸭呢。实际上，它的个头比鸭子大得多，浑身灰黑色，目光凌厉，似鹰，嘴尖而长，上喙带钩状，具有猛禽的特质。

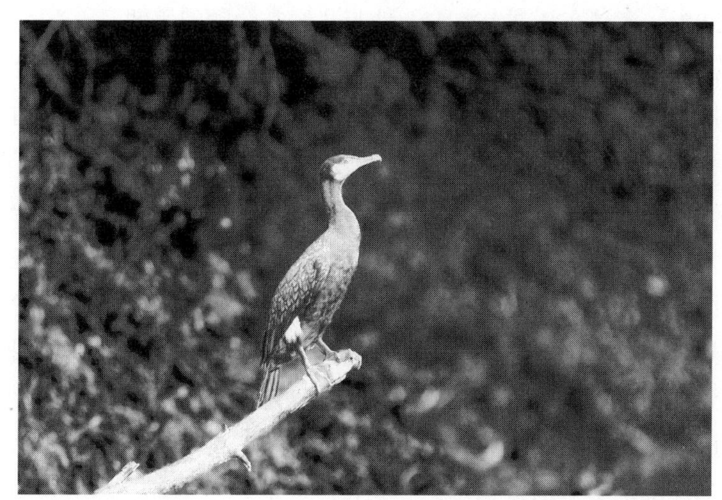

《尔雅翼·释鸟》有云："鹚，水鸟。深黑色，钩喙，善没水中逐鱼，亦名鸬鹚。《仓颉篇》曰：似鶂而黑。鸬与鹚皆黑也，故名。"

《本草纲目》中记载：鸬，处处水乡有之。似鶂而小，色黑。亦如鸦，而长喙微曲，善没水取鱼。日集洲渚，夜巢林木，久则粪毒多令木枯也。南方渔舟往往縻畜数十，令其捕鱼。

那年，我初出茅庐，来到西山脚下潦河之滨的万埠老街摆地摊，卖一些山里的竹器，还搭了一点香烟、火柴、肥皂、牙膏之类的小百货。正是“双抢”过后的酷暑八月，我每日在热浪滚滚的石头街上燎烤，只要一到傍晚，便像涸泽之鱼，钻进清凉的河水里畅游一番。这几乎成了我每日的必修课。

我游到河对岸，喜欢在浅滩上寻找好看的石头。有花纹丰富多彩的黑金刚石，有光润如玉的黄蜡石。可惜那时没有收藏意识，只是玩赏一番，也就丢了。有时还能捉到乌龟，摸到河蚌。

岸边经常停泊三四条渔船，渔民有时在沙洲上埋锅造饭。长河落日，澄江似练，几缕袅袅的炊烟，伴随着饭菜香扑鼻。这种贴近自然、简朴的生活方式，别有一番情趣。渔船上各站着七八只鸬鹚，它们或宿脖而眠，或翘首望天，或嘎嘎然地引吭高歌。这一切，看似宁静和平，却杀机四伏。它们时而“扑通”一声，钻进水里，叼上一尾鱼来。有时遇上好几斤重的大鱼，它们会协同作战，把鱼捕获上来。

有一个船家的儿子，隔三岔五来街上卖鱼，因我们面熟，就喜欢摆在我摊位边上卖。他叫胡歌，新建樵舍人，二十五岁，瘦高个，面目黧黑。他一家五口，一年到头，多是在江湖上漂泊。他与我经常会聊到鸬鹚。

鸬鹚又称鱼鹰，多栖息于江湖河，筑巢于苇丛中，或悬崖峭壁处。要驯养鸬鹚，需捡来鸬鹚蛋，用母鸡孵化。出壳后，每天喂鱼虾为主，也适当喂一些豆类食品。鸬鹚到了两个月后，就有半大，可以跟随渔船，与成鸟学习捕鱼。只要经过一两个月的训练，就掌握了捕鱼的本领。经过人工驯养的鸬鹚，飞翔能力差，只有依附于人，栖身渔船。鸬鹚捕鱼，需用细绳或稻草，在颈上系一个活套，防止它吞食鱼。每次捕鱼后，取下大鱼，还需要喂一尾小鱼，这叫以资奖励，这样可促使它不停地卖力。它们捕获一两斤重的鱼，倒是易如反掌。如遇到大鱼，会共同合作。雄性鸬鹚体形略大于雌性，捕鱼能力也优于雌性鸬鹚。如果驯养得好，每只鸬鹚平均每天可捕获三四十斤鱼。

我对渔民的渔猎生活羡慕不已，真巴不得有一条渔船，养七八只鸬鹚，成为一个漂泊江湖的渔夫。

我说：“胡歌，我不想摆地摊了，想跟你们养鸬鹚，学打渔，生活在诗意里。”

他呵呵一笑，露出雪白的牙齿，说：“你是山里人，靠山吃山；我是湖里人，靠水吃水。我们这个行当是祖传的，不得已而为之，日晒夜露，哪里还有诗意呀。你看我的皮肤，一身漆黑，二十五岁了，老婆也娶不到呢。有歌谣唱‘黄鳅短，黄鳝长，鳊鱼短，白鱼长，有女莫嫁打渔郎。白守河风黑守船，半夜三更补渔网，补好渔网又开船，开船碰到水强盗，一年辛苦又白忙’。”

可惜，我在万埠只摆过半年摊子，就回家了，以后再也没有见过鸬鹚捕鱼。且说今日的潦河，淤塞严重，再也见不到渔舟唱晚的景象了！

石 鹰

石鹰，似乎只是一个传说而已。

太平镇石壁岭村，因村后有一道横竖数十丈的石壁，而得名。从村子里朝后仰望，只见一座巍峨壮观、乱石崩空的石山，仿佛是一头昂首挺胸的雄狮。这里便是当地著名景点狮子峰。石壁上有涓涓细泉流下，在阳光的照耀下，熠熠然闪着银光。此地乃风水宝地，叫狮子流涎，相传明末大将军刘綎，就葬母于此。早先，狮子口边流涎处，长着一棵吊兰，像瀑布一样倾泻下来，花开的时候，香飘十里，乃西山岭里一大奇观。说来奇怪，这棵吊兰没有人敢采。说是狮子口里，住着两只比人还高的大鸟，轮流守候，寸步不离。

大鸟目光如电，寒光四射、嘴如弯钩、脚似铁爪。一扇翅膀，就风起云涌。

有人说，他在山上砍柴，突然觉得有一朵乌云飘过，抬头一望，是一只大鸟。这种大鸟喜欢吃豺狗而著称。豺狗可是山中一霸，集群而居，连老虎、豹子都怕它。可大鸟却是它的天敌。就在豺狗站在岩石上或悬崖上打斗嬉戏时，大鸟在空中，看准一只，俯冲而下，强健有力的巨爪，抓住豺狗两只耳朵，用力一拽，跌下崖壁。就在豺狗惊魂未定时，大鸟的大钩嘴，三两下就啄开豺狗的肚皮，抓取一把热乎乎的肠肝肚肺，长啸一声，就飞走了。

有一个人在石壁下砍柴，捡到一只学飞的幼鸟，就有三四斤，他听说它和猫头鹰一样，可治头风病，就拿到省里去卖可以卖到十五元，相当于当时工人半个月工资。到了后半夜，这两只大鸟长歌当哭，吵得全村人不得安生。此后一段时间，它们经常捕杀村里的牛羊猪狗。

当地人把这种大鸟叫石鹰，又有人说叫食猴鹰，无法考证。

后来，大鸟不知去向，这棵吊兰就被人采走了。

白鹭

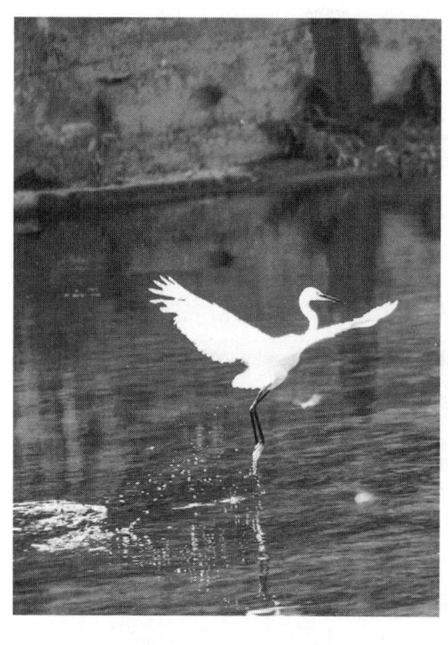

白鹭，体态纤细，洁白如雪，嘴长、颈长、腿长。夏季，枕部长着两条细长的羽毛，轻盈地飘垂在脑后，宛如清朝大员的顶戴花翎。

其实，白鹭又分大白鹭、中白鹭、小白鹭。狭义上的白鹭，特指小白鹭，体形小、黑嘴巴、黄脚爪。

《诗经·周颂·振鹭》有云：“振鹭于飞，于彼西雍。我客戾止，亦有斯容。”

《清宫鸟谱》中记载：“白鹭，黑睛红晕，绿颊，青黑嘴，顶有白翰缕缕垂出如丝，故有鹭鸶之称。通身洁白如雪，长翅翮，短尾，青胫、足，黑爪。亦有黄胫、足者。”

白鹭，在中国古代象征着自由和高贵。瓷器上画一只鹭鸶和三朵莲花，这叫一路连科。因“鹭”与“路”、“莲”与“连”谐音，寓意连中三元。清代的六品官服，绣的就是白鹭。

“白鹭下秋水，孤飞如坠霜。”这是李白写白鹭的诗。

《禽经》中云：“寀寮雍雍，鸿仪鹭序。”张华有注：“鹭，白鹭也，小不逾大，飞有次序，百官缙绅之象。”意思是说，白鹭飞行时，按照大小秩序，就像百官缙绅朝觐时，井然有序。

人们常用“捉到白鹭当鹅卖”，来形容欺行霸市，以劣充优。

只要有山水田园，就会出现白鹭的身影。它们经常行走在浅水滩，寻找食物，它们步履矫健，从容潇洒，目光四射，寻找猎物，不时往水里啄一下，就叼上一条鱼来。这个动作，有些像农民锄地，因此也叫锄春鸟。有时遇到鱼群，它就像跳芭蕾舞一样，在水里跳跃，忘乎所以。有时鱼躲在水草里，或深凼中，它还会把水搅浑，等鱼露出脊背，就被它一口啄去。每当放干湖水的时候，湖泥里有鱼虾在跳、乌龟在爬。附近的白鹭都赶来了，进行一场饕餮盛宴。

白鹭吃饱了，喜欢栖居树上，吊起一只脚，缩脖而眠，不时还哇哇地叫上两声。它们似乎知道这叫声不雅，也就不多叫。

夕阳西下，白鹭归巢。飞行时，翅膀打开，头部回缩，脚往后伸。湖光山色，有白鹭排空，就更有诗情画意。

夜　鹭

一看这名，就知道是一种夜里出来活动的涉禽。

就在夕阳西下，晚霞满天，白鹭回巢的时候，相反，夜鹭却如梦方醒。田里的蛙鸣，水里的鱼跃，都对它充满着诱惑。

它体态比白鹭粗壮，颈也短。嘴巴尖细，微向下曲，下端黑色。脚趾黄色。头顶至背黑绿色，两胁淡灰色，下体白色。枕部也有两三枚带状羽毛，下垂至背。以鱼虾及水生昆虫为食。

白天，夜鹭多是在树林中缩脖而眠，乍看，就像挂着的许多袋子。当然，也有时站在水边的岩石上，也是呆若木鸡。等有人走近，才拍打着翅膀，飞走了。

夜空中，经常听见夜鹭呱呱的叫声。

有一天傍晚，我一个人在岭秀湖散步。走过拱桥，突然，听见“扑通”一声。我大吃一惊。借着月光，看清是一只夜鹭，衔了一条巴掌大的鲫鱼，从湖里上来，要吞吞不下。

有人认为，夜鹭是古代传说中的姑获鸟。古人笔记小说记载：姑获鸟，又名夜行游女、天帝少女、鬼鸟，或名夜鹭。其所居处必有磷火，即所谓小雨暗夜里之夜鹭光也。又曰，龙灯松上者亦此鸟也。

禽类普遍有夜盲现象，而夜鹭却是个另类。

池鹭

池鹭，格局不大，只喜欢流连在田间的池塘，因而得名。

它个头比白鹭要小，嘴尖且直，尾短而圆。脚和趾暗黄色。它一年有两副“行头”。在繁殖期，头部和颈部呈栗红色，胸部呈绛紫色；到了冬天，则转为麻褐色，还有纵纹。飞起来，翅膀却是白色。

池鹭，古称䴔䴖。《博物志》中记载：“䴔䴖，巢于高树，生子穴中，衔其母翼，飞下饮食。”

《山海经·北山经》中记载：“有鸟焉，群居而朋飞，其毛如雌雉，名曰䴔，自鸣自呼，食之已风。”

宋代诗人张耒在《䴔䴖》中云：“败荷枯苇一方池，溪上䴔䴖坐得知。何事月寒风露下，挛拳孤影在风枝。”

池鹭性格温顺，喜欢与人毗邻而居。就是坐在我家门口，也经常看见它们怡然自得地觅食、嬉戏。

池鹭就在离屋场不远的树林中筑巢。雄池鹭忙着衔来树枝、藤蔓、稻草，而雌池鹭负责筑巢。巢做得像一个圆盘。它们还会反复试压，生怕巢倾蛋打。有了三五个蛋，雌雄池鹭轮流孵化。

一棵树上往往有二三十个巢。有的年头，我会和几个朋友戴着草帽，搬来梯子，手里拿着篮子来捡蛋。每当手快挨着巢，池鹭才迫不得已飞走。这时一大群池鹭在空中盘旋，呱呱地叫唤，粪便像雨点一样，洒在我们身上。

池鹭蛋比鹌鹑蛋大一点，呈蓝绿色，光亮似宝石。吃起来味道有些腥。

有一天，我们从一本科普书上得知，池鹭除了吃鱼虾外，更多是吃禾苗上的害虫。从此，我们再也没有捡过池鹭蛋了。

苍 鹭

我闲暇时，经常来到溪边或湖畔钓鱼，以打发时光。不经意时，看见浅水滩上，有苍鹭脖子缩于两肩之间，一脚缩于腹下，一站就是好几个小时，如老僧入定。它好像有意与我比耐心。每有猎物经过，总逃不出它那犀利的目光，迅如闪电，嘴到擒来。

苍鹭，又称灰鹭、老等。它主基调为灰色，头顶和颈部有白色花纹，眼边和枕部乌黑。有四根羽冠，细长，黑色，状若辫子。上体自背至尾端覆羽苍灰，尾羽暗灰。胸部、腹部为白色。前胸两侧各有一块紫黑色斑。脚爪为黄色。

苍鹭主要以鱼虾、蜥蜴、青蛙，以及各类昆虫为食。

苍鹭有时候在水边一等，就是大半天，我也不知道它能捕获多少鱼——由此，我会想起小时候从收音机里听过《长脖子老等》的故事，也让我想起不久前看过一部关于苍鹭的纪录片。

在一处陡峭的山崖上，住着许多苍鹭家族。其中有一对夫妇，浓情蜜意，收获了三枚爱情“果实”，经过一个月时间孵化，先是孵出了两只苍鹭宝宝。一天，苍鹭夫妇出去捕食，两只幼鸟摔下悬崖去了。苍鹭爸爸见状，悲苦地叫了两声，一走了之。苍鹭妈妈耐心孵出这枚蛋，悉心喂养。等小苍鹭羽毛丰满，能展翅高飞之时，突然有一天，苍鹭妈妈也不见了。小苍鹭苦苦等待，几天后，终于鼓足勇气，飞到河边觅食。好几次分明看见是一条鱼，可叼上来的却是树枝。在一浅水滩，眼看一条鲫鱼，快要到嘴，这时飞来一只苍鹭，抢走了它的鱼，还把它踩在水里，暴揍了一顿。它饿得快撑不住，分明看见山崖上，其他苍鹭爸爸、妈妈都在喂宝宝，其乐融融，就想去讨口饭吃。它们把小苍鹭当作入侵者，被啄得遍体鳞伤。小苍鹭伤心极了，来到河滩的乱石丛中，终于捕捉到了平生第一条鱼。此后，小苍鹭练就了一身生存本领，不但成了捕鱼高手，也敢于抗击一切冒犯者。深秋，苍鹭家族都往南飞去，只有它无家可归、无亲可投，孤零零留下来，等待妈妈……终于有一天，找到了妈妈，它翅膀被折断，正在孤独地走向死亡。

小苍鹭在冰天雪地里，顽强地生存下来，变得十分强大，成了苍鹭中的佼佼者。

小苍鹭的成长过程，也能给人一种精神的力量。

牛背鹭

牛背鹭，从前面看，洁白如雪；从后面看，头颈、背脊又是橙黄色。到了冬天，黄色羽毛几乎全部褪去，像是洗尽铅华的少妇。喙短而黄。趾和爪黑褐色。牛背鹭与白鹭比，体形略小，稍微壮实一些。

漠漠水田飞白鹭。其实飞的多是牛背鹭。

两只脚的飞禽，与四只脚的走兽，看似风马牛不相及，却相依相偎，不离不弃。田野间，牛在吃草，牛背鹭相伴在左右，或站在牛背上，像在放牛。它有“放牛郎”的美誉。其实，它是喜欢吃牛身上的苍蝇、牛虻、虱子，也是为了吃从草里惊飞的蚱蜢、螳螂、竹节虫等。每年春耕的时候，牛背鹭紧随其后，啄食那些从泥土里翻出来的虫子或蚂蟥。就在牛躺在水坑里，甩打着尾巴休息的时候，牛背鹭也依附在一起，或作金鸡独立状，把嘴伸进翅膀里打盹儿，或替牛清理身上的寄生虫。

牛背鹭身姿曼妙，舞姿轻盈，让牛心生欢喜。牛稳重如山，每“哞”的一声吟唱，让牛背鹭听得十分陶醉。

它们成了江南田园风光的一个重要组成部分。

傍晚，牛群哞哞地叫着回栏，牛背鹭就干脆栖息牛栏边的大树上，远远望去，就像开满一树的花朵。

鸽 子

鸽子大致像斑鸠，有的雪白、有的瓦灰、有的红绛。长长的嘴巴，稍带点弯曲；眼睛淡红色，像玛瑙；脚有的呈深红色，有的呈橙黄。

陈淏子在《花镜》中说：“鸽一名鹁鸽。随在有蓄之者，鸠之属也。亦有野鸽，其毛色名号不同，大概毛羽不过青、白、皂、绿、灰斑而已。试鸽之好丑，在持于十余里之外放之，能认旧巢而回者，方称珍异。至于相鸽之法，全在看眼色，其眼有大、小、黄、绿、朱砂数种，眼转而砂粗者为最。鸽者合也，因其喜合，故鸠亦与之为匹。凡鸟皆雄乘雌，鸽独雌乘雄，性最淫，每月必生二子，年中略无间断。哺子，朝从上而下，暮从下而上。任其飞走，不必牢笼。但置一厨，逐仓逐一格开，每格畜而鸽，听其饮啄，唯防猫咬。每日饲以浮麦，独夏月须串以绿豆。”

似乎从我记事起，就听见鸽子“咕咕”的叫声，是那样欢快而愉悦。因我家屋后的篾匠家，养着一窝鸽子。有时候，我干脆坐在后门口，看鸽子飞进飞出。

每日清晨，鸽子飞到我家屋顶，呼朋引伴，等四五十只全到齐了，齐刷刷，飞向蓝天、田野。回来时，却是三三两两。鸽子在野外，多是吃草籽、野果，也会吃一些草。

我在万埠老街居住时，邻居老李养了一大群鸽子。老李每天要给鸽子添两次食物，多是玉米、黄豆、小米、谷子，有时还要放一些泥沙在里面，我大惑不解。老李说，鸽子有腺胃、肌胃。肌胃也叫砂囊，内储小沙粒，可将食物磨碎。老李说鸽子也是“一夫一妻制”。鸽子性成熟后，就会寻找配偶。雄鸽看中雌鸽，就松开羽毛，绕着雌鸽献殷勤。如两情相悦，还会相互把舌头伸进对方嘴里亲热。一旦交配，感情专一，形影不离。每次只下两枚蛋，就开始孵化。孵化哺育，共同进行。每年可以繁殖七到八番，小鸽子一般要十八天才能破壳而出，第一天，体重就会翻倍增长，过四天，便睁开眼。过两个月，小鸽子也就长大了。

鸽子白天活动，晚间归巢栖息。尤其是经过了训练的信鸽，靠磁性感知力，及日头方位，辨别方向。夜里也能飞翔。最高速度，可日行两千里。

鸽子记忆力超强，甚至可产生牢固的条件反射。对经常照料它的人，很快与之亲昵，并牢记不忘。

老李有时候，坐在院子里，喜欢逗鸽子玩。他看见鸽子站在屋檐下，吹一声口哨，就有鸽子飞下来，站在他巴掌上。每次他都会赏给鸽子一把黄豆。

明代有个姓皇甫汸的人，在南京做官，由于性格刚直，受谗言中伤，将要辞官回乡时，叫儿子把饲养的二十只鸽子放掉。鸽子扑棱棱，一起飞走了。

皇甫汸舟车劳顿，回到老家，没想到，有一只鸽子追寻而来，站在庭院里，咕咕地叫着。他大为感动，热泪盈眶，作《义鸽赋》以寄情：“何斯禽之灵哲兮，乃恋主而踟蹰；众方嫉余之修能兮，鸟何意而怜才。”皇甫汸借题发挥，抒发了世间人情不如鸽之感叹。

鸽子就是这样一种性情温顺，用情专一，忠诚友善的精灵。怪不得人们把鸽子，视为和平的象征！

白鹇

儿时的一个傍晚，父亲去山上砍柴，迟迟未归。

母亲把饭都煮好了，对我说："去看看，你爸爸回来了没有。"

我便站在村前的石桥边，心急火燎地等着。那时，父亲在生产队赚工分，每日要出勤，只有收了工，才能匆匆忙忙上山，砍一捆柴回来。父亲经常给我摘来草莓、茶苞、山楂、猕猴桃等野果。有时，还能捡到几个五彩斑斓的野鸡蛋呢。村里的炊烟慢慢淡去，饭菜飘香。暮色苍茫中，远远看见一个人，驮着一捆柴下山。这肯定是父亲。我一蹦一跳，迎了上去。父亲喜气洋洋，一手扶着柴，一手拿着一根三四尺长的白色羽毛。

我接过羽毛，问："这是什么鸟毛啊？"

父亲说："我在一座叫插壁的高山上砍柴，竹林中惊起一只白色的大鸟。它打开翅膀，有一米多长，飞去时，与竹枝碰撞，掉下一根羽毛。这种鸟，村里的人叫它白野鸡呢。"

我们通常看见的野鸡，都是棕褐色，在田垄里、山脚下，不时咯咯地啼叫，何日不见，何日不闻。在我心中，对这种神秘的白色大鸟，很是景仰，可常在山上砍柴，却是不曾一遇。

后来，随着知识的增长，才得知，这种鸟叫白鹇，也叫银鸡，属国家二级保护动物。因它素羽似雪，神清貌闲，举止潇洒，故得名为白鹇。

春秋乐师师旷在《禽经》记载："似山鸡而色白，行止闲暇。"

唐代萧颖士在《白鹇赋》中云："白鹇，羽族之幽奇也。素质黑章，爪觜纯丹，体备冠距，颇类夫鸡翟。神貌清闲，不杂於众禽。栖心遐深，与人境罕接，固莫得而驯狎也。……情莽渺以耿洁，貌轩昂以安闲。"

白鹇生性高傲，超凡脱俗，爱好自由，一般栖居在高山竹林间。可古代的文人雅士及达官贵人，为了观赏它飘逸的神采，便在江南山林中，觅得白鹇卵，用母鸡孵化。只有这样，白鹇才习惯与人相处，得以毫无拘束地徜徉于园林花卉丛中。

在百鸟中，只有白鹇，与高人隐士的闲情逸致相匹配。

唐天宝十三年（754 年），大诗人李白，来到黄山夫子峰下的碧山村学士胡晖家中，见庭院中，有两只白鹇悠闲漫步，只要呼一声它们的名字，便飞过来，到掌上取食。李白逗之再三，十分喜欢。

胡晖说：“太白先生，如果你喜欢，愿意将这一对白鹇奉送，求得一诗，可否？”

李白欣然提笔，作《赠黄山胡公求白鹇》诗云：

请以双白璧，买君双白鹇。
白鹇白如锦，白雪耻容颜。
照影玉潭里，刷毛琪树间。
夜栖寒月静，朝步落花闲。
我愿得此鸟，玩之坐碧山。
胡公能缀赠，笼寄野人还。

胡晖真乃古今第一营销高手，区区两只白鹇，换得了大诗人的一首诗，还赢得生前死后名。

历代很多画家，喜欢以白鹇为题材作画。明代汪肇的《柳禽白鹇图》，画面上，杨柳依依，青草萋萋，桃花盛开，燕子翻飞。溪边，两只白鹇，一俯一仰，悠然闲憩。形象写实，生动传神。

现代画家王雪涛的《紫藤白鹇》，画的是山中紫藤缠绕，野趣横生，一双白鹇似在追逐飞舞的蝴蝶。白鹇神态夸张，栩栩如生。

南宋末代皇帝叫赵昺，曾与一只白鹇，有过一段生死情缘。

其时，赵昺只是一个八岁的孩子，亲自喂养这只白鹇。

这只白鹇很有灵性，能说会道，只要一看见他，就叫道：“吾皇万岁！吾皇万岁！”

不久，元兵南下，南宋小朝廷兵败如山倒，被逼到海上一艘巨舰上。赵昺知道自己危在旦夕，珍珠玛瑙、金银财宝，皆可抛撒，却硬要把白鹇带上。一天深夜，白鹇凄厉地叫着：“奇石千秋！奇石千秋！”大家不知所云，没有理睬它。

宋、元海上激战二十二天，全军覆没，有十多万军民浮尸于海。最后，丞相陆秀夫背着幼帝，走到那块缆逗的崖门奇石上，拿着传国玉玺，投海殉国。随着咕咚一声，宣告了一个王朝的结束。这时，白鹇悲鸣不止，赴海殉葬。后人称它为“义鸟”，并在慈元庙左侧，建了一座白鹇冢，作为纪念。广州会城萧燧，作有《白鹇诗》赞曰："君子为猿鹤，小人为沙虫。年年精卫志，填海泛西风。"

白鹇，真可谓是鸟中极品。

可我的足迹踏遍了家山的角角落落，却是难得寻觅到它的踪影。

爱而不见，搔首踯躅！然而，功夫不负有心人，我终于与白鹇有过一面之缘。

那是三十多年前，一个黄叶飘零的暮秋，我回乡给父母砍柴烧。来到村前的高山上，重操旧业，倍感亲切。那天，天色漠漠，一担柴还没有砍足，淅淅沥沥，落起大雨来。我急忙躲进一块偃卧着的岩石下，唯闻雨打竹叶，沙沙作响。忽然，一只白色大鸟扑棱棱地飞来，落在离我不到三十米远的一竿秀竹上。毋庸置疑，这就是我思慕已久的白鹇。

它，通体雪白，但头顶上有蓝黑色的羽冠，赤爪，红喙，体长有一米多。一双灵动的眼睛，一时仰视苍穹，一会凝视林间，真犹如射姑山翩然而降的仙子。我正心醉神迷，激赏不已，林间闪出一只鬼头鬼脑的牛尾狐狸，白鹇一惊，"咕咕"叫了两声，展开翅膀，拍打着竹枝，飞走了。

这正是"金风玉露一相逢，便胜却人间无数。"

我与白鹇翩若惊鸿的邂逅，犹如人的一生中，可遇不可求的恋人。

小田鸡

夏日的傍晚，夕阳西下，禾苗开始起露水，夜火虫也一闪一烁，我或去港边安放狗笼，或去田边放脚鱼钩。此时，除了蛙鼓如潮，还能听见小田鸡"呱呱"的叫声，在呼朋引伴，此起彼伏。

每当我读到《诗经·周南·关雎》中的"关关雎鸠，在河之洲"，倒是觉得田鸡的鸣叫，也有这种诗意美。

小田鸡，鹤形目，秧鸡科，属水鸟。我的家乡俗称田鸡婆子，也许是它的叫声，有一些像鸡婆带崽吧。它头小，嘴短，身子细长，体重不到三两，浑身麻褐色，脚细长，尾巴高高翘起。善走，很少起飞，看见人，便匆匆躲进草丛里。多生活于溪流、沼泽、田野，以昆虫、鱼虾、蛙类为食。

我在港里捉鱼，经常还遇见小田鸡带崽。有一只小田鸡崽慌了，竟然钻进岩石洞里，被我捉住。它羽毛呈黑色，下体稍有点儿花白，嘴角带一点绿色，脚长得有点儿夸张，呈黄绿色，叫起来"咿呀、咿呀"，和小鸡差不多。我把

它关在笼子里，用蚂蚱、蜻蜓等昆虫喂它。可它很有个性，不吃不喝，视死如归。到第二天，我只好把它放回原点，让它母亲来认领。

一天，我在一处偏远的荒田钓黄鳝，捡到七个绿壳蛋，还有麻麻点点的花纹，很像是鹌鹑蛋。我问了家里人，也请教了村里人，都不认得是什么鸟蛋。我把它藏在放小人书的抽斗里。第二天，我惊呆了，七个蛋全变成肉色小鸟，张开了漏斗形的黄嘴，喳喳地叫着，我知道它们是要吃。我凭它们细长的脚，就知道这就是小田鸡崽。

我如获至宝，提着一个竹筒，飞快地去田野、菜园捉昆虫。捉了一些青虫、蚂蚱，就来喂它们。它们只要听见一点响动，就把脖子伸得老长，张大了嘴巴。

几天后，它们长出了毛茸茸的羽毛，睁开了眼睛，嘴巴也有模有样了。一个多月后，看它们样子很驯良，就放在院子里，与小鸡为伍，跟母鸡学觅食。可它们羽毛还没有丰满，等我一不注意，全部跑光了。

小田鸡，是一种很可爱的小生灵。我每遇见小田鸡，总会引起故乡童年的记忆。

啄木鸟

小时候，在山上砍柴，不经意时，就能听见啄木鸟敲击树干的笃笃声，像打击乐似的悦耳动听。

啄木鸟古称鴷。《雅尔·释鸟》中记载："鴷，斫木。"郭璞注曰："口如锥，长数寸，常斫树食虫，因名云。"

李时珍曰：啄木小者如雀，大者如鸦，面如桃花，喙、足皆青色，刚爪利觜……舌长于咮，其端有针刺。啄得蠹，以舌钩出食之。

啄木鸟的种类很多。我家乡的啄木鸟，羽毛黑白相间，头顶却是红色。脚比较短，四个脚趾，两趾向前，两趾向后，趾尖上都有锐利的钩爪，便于攀缘树木。尾羽短而硬，富有弹性，啄木时可起到支撑作用。喙像凿子一样坚硬，舌头伸卷自如，可伸出三四寸长，还有倒钩。

啄木鸟有了这样的看家本领，巢都筑在树洞里，干净舒适，得天独厚。有一次，我爬上一棵大枫树斫树丫，看见一个树洞里，有四个麻麻点点的绿壳蛋，只有蚕卷那么大。

啄木鸟在树林里上蹿下跳。敲击树干，凭声音，就能判断出害虫藏身的准确位置。它们喜欢吃天牛、白蚁、吉丁虫、透翅蛾、蝽虫等害虫。一对啄木鸟夫妇，据说可保护几十亩森林。

笃！笃！笃！啄木鸟似乎有一种强烈的使命感，总是那样劳碌。或是太累了，会凄厉地长鸣一声。

啄木鸟虽很少有悠闲的时候，在暴风雨前，见蚂蚁搬家，会把长长的舌头，往蚂蚁群中一甩，蚂蚁以为是美食，纷纷爬了上去，拼命地噬。啄木鸟过一会儿就收回舌头，吞食蚂蚁，坐享其成。

熊荣《西山竹枝词》诗云："树头啄木响叮叮，树下枫人忽现形。"

有一次，我从树林中走过，听见树头有啄木声，木屑飞溅。我出于孩子的顽劣，用刀背"当当当"敲了几下树干，啄木鸟受到惊吓，从树干上窸窸窣窣滑落下来，正好落在我手心。这分明是一只羽毛还没有丰满的幼鸟，神色十分慌张，黑亮的眼睛，直勾勾看着我，祈求得到释放。其实我很怕被它啄上一口，手一扬，它飞走了。

"不见啄木鸟，但闻啄木声，"这是欧阳修的诗。不知为什么，今日的家山，已经听不到啄木声了。

第二卷　走　兽

豺

豺，在我的心中，有着挥抹不去的记忆。

豺，在我家乡中年以上的人脑海里，是一个传奇。

它，类似家犬，棕黄色的毛，尖尖的嘴巴，耳短略圆，蓬松的尾巴，稍黑，总是耷拉着。

它，有着狐狸似的狡猾，虎狼似的凶猛，野猪似的蛮横。集群而居，称霸山林。

它，还走村串户，常侵扰家畜。其生活习性，与非洲丛林中那些贪得无厌的鬣狗，颇有些相似。

我在搞不清它的学名之前，还以为它就是鬣狗，曾为之写了一篇短文，投给一家小报，被改作《毛狗》刊出，让我哭笑不得。

然而，如今走遍方圆三百里梅岭的山山岭岭，再也见不到它们的身影了。

豺，也叫红狼、江西豺。

人们常用豺狼成性、豺狼当道，以此来形容丧尽天良的人。

《说文》云："豺，狼属，狗声。"高诱《吕览·秋祀》注："豺，兽也，似狗而长毛，其色黄，于是月杀兽，四围陈之，所谓祭兽。"《仓颉篇·解诂》说："豺似狗，白色，有爪牙。迅捷，善搏噬也。"

李时珍在《本草纲目》中记载：豺，处处山中有之，野狼属也。俗名豺狗，其形似狗而颇白，前矮后高而长尾，其体细瘦而健猛，其毛黄褐色而 其牙如锥而噬物，群行虎亦畏之，又喜食羊。

它们，是凶恶残忍的代名词。

豺和狼都同属犬科，却是两种动物。在我国，狼一般都生活在北方雪山、草地、荒漠；而豺主要生活在江南气候温和的丛林中。豺比狼要小一半，介于狼与狗之间。但它的聪明与狡猾，狼与之相比，就小巫见大巫了。

清代郝懿行在《义疏》中云："豺瘦而猛捷，俗名豺狗。"

前些年，我国送了两只豺到莫斯科动物园。动物园的人听说这种动物动作迅猛，善于腾跃，便圈了一块地，养在露天，四周挖了四米宽的壕沟，沟外砌了高墙，墙外又圈一道三米高的铁丝网。以为这样便万无一失。等到两只骨瘦如柴、形象有些猥琐的豺被运到动物园，工作人员哑然失笑，都觉得是小题大做。可才放进去一只豺，一转眼的工夫，便腾空而起，蹿出了动物园，跑到莫斯科大街上，让人谈之色变，轰动一时。

我曾看过沈石溪先生写的《火豺》一文。说两个砍柴的少年，发现一个山洞里，有三对豺爸、豺妈，带十六只小崽，在分享一只牛犊。两个少年，便在洞口筑一道五米宽的火墙，本以为可以坐享其成，谁知，豺爸豺妈硬是用自己的身躯，在熊熊烈火中，为自己的孩子铺开了一条生路。

有一个猎人，一天打野物回来，见到一只幼豺，以为是狗，就养在家里。可长大后，村里人认出它是豺，就打它、骂它、逐它，就连村里的狗，也都欺负它。它只有与主人，依依惜别。此后，很长一段时间，这只豺，把整个村子闹得鸡犬不宁。相反，它经常给主人家，送来獐麂和野兔。

豺，在我的家乡习惯叫作黄狗。

儿时山居，常能邂逅黄狗，它们总是那么一副悠然自得、奈我若何的样子。

我第一次见到黄狗，大约是六七岁时。那是早春的一个上午，我同一个伙伴，提着竹篮，去村上头的田里挖黄光菜。一顿饭的工夫，已挖到半篮。偶尔间，一抬头，发现离我一箭之遥的山脚下，有两只“狗”，站在一块大岩石上，在打斗嬉戏。我正在想：这是哪家的狗呢？其中一只，作人立状，长嗥一声，令人毛骨悚然。一刹那，从灌木丛中，变戏法似的，蹿出一大群来，至少也有二十只。我无师自通地惊叫一声：“黄狗！”便同伙伴，逃命似的往村子里跑去。

午饭时，我一边吃饭，一边喋喋不休地向家里人述说着刚才的奇遇。猛然，听有人喊：“黄狗吃猪啰！”我便放下碗筷，随着人流，飞也似的，往村上头跑去。

远远看见一群黄狗，摇摆着尾巴，不紧不慢地往山上走去。红花田里，横七竖八，躺着几头猪，有的才剩一个头，有的只剩两条腿，肠肝肚肺，七零八落，血污满地，狼藉一片。其中有一头猪，便是我家的。

有人见过两只黄狗，各用嘴叼着一只猪耳，扬起尾巴，像鞭子一样，不停地抽打着猪的屁股，将两头蠢猪很利索地赶上山去了。

黄狗还会咬断绳子，把系在田边的牛，牵到山上去。

我听过一个很好笑的故事。邻村一个人，夜里打火把去找脚鱼，回来时，把一只两斤多重的脚鱼，挂在门口的节节高上，就去睡觉了。夜半，有黄狗来村中觅食。其中有一只黄狗，看见了这只脚鱼，用鼻子闻了闻，再用舌头舔。脚鱼猛地伸出头来，把黄狗的舌头死死咬住。黄狗痛得呜呜地叫，主人起来，抡起棍子，把黄狗打死。

在我的邻村，有一个老人，曾目击一群黄狗是怎样捕杀一头水牛的。那真是惊心动魄的一幕！

那一天，老人来到离村三里多远的半山腰耕田。当昼，老人耕完了一亩多田，把牛放了，任其吃草。他在小溪里洗了洗那双满是老茧的手，端起一竹筒从家里带来的冷饭，将就吃着。不经意时，发现有好几十只黄狗扇面散开，将水牛围住了。他吆喝几声，可黄狗根本不予理睬。他急了，壮着胆子，捡起一块石头，朝黄狗掷去。却有两只黄狗，向他龇牙咧嘴地嗥了几声。老人有些胆战心惊，不敢恋战，作壁上观。黄狗肆无忌惮，朝水牛发起了攻势。有的跳到牛背上，咬其脖颈；有的用腿，击牛眼睛；有的用爪子，抓牛屁眼。牛的屁眼最是不堪一击，很快被黄狗掏出一大串肥肠来，血流如注。水牛痛得在田里奔来逐去，终因寡不敌众，倒在地上，成了黄狗的美餐。老人万般无奈，心急如焚，跑回村，叫来了一大队人，拿来了几杆猎枪。其时，牛已被吃得只剩骨架。黄狗，早已溜之大吉！

然而，黄狗也有黔驴技穷的时候。它在身怀利器的人类面前，却显得那样脆弱，那样不堪一击。

20 世纪 80 年代中期，我的家乡开始发展养羊业。有一个牧民，羊群屡遭黄狗袭击，于是心生一计，将一只羊杀死，在体内注了许多毒药，抛于野外，第二天，黄狗便尸横遍野。这一招过后，故乡好像再也没见过黄狗的踪影了。

常言道，一物降一物。自从黄狗灭绝后，山上的野猪没有了天敌，数量倒是剧增。

细细思量，黄狗的所作所为，仅仅是它的一种求生本能而已。

狐 狸

《诗经·卫风·有狐》中记：“有狐绥绥，在彼淇梁。”在《诗经》中，我细数了一下，写到狐狸的就有十篇之多。

狐狸，是一种很常见的犬科动物。尖嘴，瞳孔呈椭圆形，大耳朵高高竖起，躯体细长，毛色棕黄，四肢短，尾巴蓬松下垂。

许慎在《说文解字》中说："狐，妖兽也，鬼所乘之。有三德，其色中和，小嘴大后，死则丘首，从犬瓜声。"

苏颂在《本草图经》中云："今江南亦时有之，汴洛尤多。形似黄狗，而鼻尖尾大。狐之类貒、獾、貉。三种大抵相类，头足小别。"

狐狸的视觉很差，嗅觉却特别灵敏。行动起来机警诡秘，以多疑而著称。一般都是昼伏夜出。每次出洞，都要静听外面的动静，确保无虞，才飞快蹿出来。它进洞也是如此，狐疑再三。其实它还有好几个洞，轮流居住。

狐狸，在童话故事中，阴险奸诈，是狡猾的代名词；在《聊斋志异》中，出没于古墓荒宅，被写得光怪陆离；在民间传说中，神通广大，成了"狐仙"。

我第一次见到狐狸时，六七岁吧。

一日，我同母亲在村前港边看秧，也就是赶雀子。到了午饭时间，母亲回家弄饭去了，我代母亲职，把赶雀子的竹呱板打得更响，吆喝声更是一声接一声。

突然，我发现堂哥屋侧边，有一只狗在逗鸡玩。它的玩法很特别，把一只大母鸡逼得不停打旋，母鸡招架不住，趴在地上，一动不动。这只狗张开大嘴，咬住母鸡的脖子，往村上头山脚下飞奔而去。我恍然大悟，敲着竹呱板大叫："狐狸拖鸡啰！"等屋里的人赶出来，狐狸早不见踪影。

村里有一个木工。他们家的鸡埘就放在走廊上，一次被狐狸拖了一只鸡。木工就设计了一个和鸡埘一样的木头笼子，一边关鸡，一边设有机关，当晚就猎到了一只狐狸。第二天，我也来看热闹，只见狐狸在笼子里，上蹿下跳。木工家准备要剥狐狸皮，刚要打开笼子，觉得不放心，把前后门关上，再用一个叉子，把狐狸控制住，打开上面的盖子，就要用木棍把它敲死。哪知道，狐狸一用力，挣扎脱了叉子，猛一跳，就出了笼子，飞快钻进墙上一个通风的三角形小孔，还回头望一下，就溜之大吉。

我在山上砍柴，经常邂逅狐狸。它们总一副奈我若何的样子，不慌不忙，钻进刺蓬。如果有狗在，就另当别论。有一次，我带着狗，在山上挖冬笋。走过一个山脊，看见山窝有一只狐狸，盯着一棵杉树上几只红嘴蓝鹊，垂涎三尺。我的狗狂奔而去。狐狸大惊，拔腿就跑。我在后面追赶，给狗助威。眼看就要追上，可狗停滞不前。只闻见一股恶臭，几乎让人眩晕。等我清醒过来，狐狸早不见了，狗气得汪汪大叫。

一个冰天雪地的日子，我和几个朋友，踩着厚厚的积雪，带着两只狗，在山上捉麂子。在半山腰一丛乱石中，石洞里，露出一小截黄褐色的尾巴来。我用棍子捅了几下，一只狐狸跑出来，被我们团团围住。两条狗一马当先，龇牙咧嘴，要咬狐狸。我们怕咬破狐狸皮，就把狗赶开，几个人用棍子把它按住。这只狐狸有十来斤，也许很久没有吃东西，瘦得像皮包骨，目光哀婉。我们用麻袋把它套住，装了进去扎好袋口。那天，我们收获颇丰，捉到了三只麂子，一只兔子。时近中午，大家又饥又渴，坐在一丛乱石避雪的地方休息，笑谈当时捉麂子的情景。麂子被用绳子捆好，哀哀地叫，间或挣扎几下。只有麻袋没有一点动静。有人说，狐狸脾气躁，气大，肯定是死了。我打开袋口一看，踢了一脚，一动不动，便倒了出来，看一个究竟，狐狸果然眼也闭了，腿也直了，只是余温尚存，身上还散发着热气。

天色漠漠，还飘洒着几片雪花。村子里，炊烟袅袅。我们说起麂子肉如何鲜美，馋得人直流口水。

狗坐在我们身边，似乎听懂了意思，也在流口水。

有人说，飞禽走兽，唯有狐狸肉最不好吃，又腥又骚，烹饪的时候，要多加佐料，还要趁热吃，如果是冷了，闻了都会作呕。

有人说，这只狐狸其实比三只麂子都顶钱，一张完整的皮，可顶工人一个月工资。

有人说，等狐狸皮卖了钱，让我买一双皮鞋穿。我还从来没有穿过皮鞋呢。

大家正说得津津有味。突然，狐狸唰的一声钻进一个很小的石窟里面去了。

穿山甲

我第一次邂逅穿山甲，那是早春的一天。

那天上午，我好像是从港里捉鱼回家，母亲说，家里的柴都快烧完了，去砍一捆柴回来吧。这个时候，屋场上的朋友们，按照惯例早上山去了。我一个人，夹着一把刀，懒洋洋地往后山走去。我上完一个山坡，身上有些燥热，走到一块巨石上坐下。山野，开遍了金灿灿的梓木花，有一股若有若无的芳香，让人陶醉。突然，山窝里传来窸窸窣窣的声响，只见一只小兽走得飞快。它怪模怪样，肥胖的身体，尖尖的嘴巴，四肢短粗，尾巴扁平，满身鳞甲。

哦，穿山甲!

它走到一个硕大的蚂蚁窝前，嗅了嗅，用嘴拱了几下，立即涌出许多蚂蚁来。它伸出长长的舌头，像捡芝麻一样，吃起蚂蚁来。

我捡来一颗石子，抛了过去，穿山甲吓得蜷成一团。走过去，用脚轻轻一踢，它在地上打了几个滚，一副可怜巴巴的样子。我没有伤害它，兀自砍柴去了。

听父亲说，早先在山上砍柴，经常能碰见穿山甲。它大摇大摆地在大路上走，没有人伤害它。大家都知道，它们吃白蚁，是森林的保护神。据老一辈的人说，穿山甲有毒，吃了会生牛皮癣。

穿山甲如遇到危险，鳞片会发出一种咔咔声，最后缩成一团，头与尾把自己薄弱部位牢牢包住，听天由命。

穿山甲是地栖性哺乳动物，在地球上已经生存了八千多万年，有很强的生存本领：

能泅水，穿山甲别名鲮鲤、鲮鱼，乍一看，是水生动物。《楚辞·天问》中有穿山甲的记载："鲮鱼何所。"汉王逸注云："一云鲮鱼，鲮鲤也，有四足，出南方。"它泅水时，尾巴像桨一样划动。有时找到了蚂蚁窝，立即捣毁，引得蚂蚁前来攻击，张开鳞片，等蚂蚁爬满一身，把鳞片合上，找一个水池，将身体浸泡其中，打开鳞片，蚂蚁浮在水面上挣扎，便伸长舌头，风卷残云地吃起来。

可上树。有许多蚂蚁窝，像袋子一样，挂在树上。它能迅速爬上去，饱餐一顿。有时，还把尾巴挂在树丫上，睡上一觉。它不会下树，干脆蜷缩一团，滚下来。

善打洞。它五趾如钩，前肢挖土，后肢消土，过一会儿，竖起铠甲，往后一推，把松土推出洞外。有一次，村里的郎中捉一只穿山甲做药，关在一间闲屋，可第二天一看，已经挖洞跑了。

它还仿佛知晓天文地理，天冷就住在背风向阳的山坡，天热就迁徙到通风凉爽的高山上。

如今的穿山甲，已经和熊猫一样稀有，被列为国家一级保护动物。

豪 猪

豪猪其貌不扬。长得鼠头鼠脑不说，满身的毛刺，乍看像一枚开花的炸弹，让人望而生畏。山中的豺狼虎豹见了它，也要退避三舍。谁要是招惹它，不是被刺瞎眼睛，也要被弄得头破血流。

在丛林里，别的动物行走悄无声息，甚至还夹着尾巴。可豪猪就很嚣张，肥胖的身体，大摇大摆不说，还在粗短的尾巴上，长了一个铃铛，走起路来，发出清脆的“咔嗒、咔嗒”声，在数十米以外，就能听见。

它一旦遇敌，先是扬起尾巴，把铃铛摇得“硕硕”响，嘴里也发出“噗噗”声，还能将背部的硬刺，靠肌肉弹动的力量，一支支，像箭一样射出。如需要决战，就调转身子，用背对着敌人，把身子卷成一团，毛刺根根竖起，以不变应万变。

它最脆弱的是脑壳、鼻子和肚皮，一旦攻破，也就死到临头了。所以，它任何时候，都知道要虚张声势，掩盖其软肋。

豪猪又名箭猪。清屈大均《广东新语》卷二十一《兽语》云：“箭猪，即封豕也。封者，大也，故象亦曰封兽。封豕初本泡鱼，泡鱼大如斗，身有棘刺，故化为豪猪。毫在项脊间，尺许如箸，白本黑端，人逐之则激毫以射人。妇女以金银镶之为簪，能止头痒，除白屑。其意如蒿然，亦曰蒿猪。”

这则短文，虽道出了豪猪的特性，但说箭猪是泡鱼变的，实不可信。

李时珍《本草纲目》记载：“豪猪处处深山有之，多者成群害稼，状如猪而项颈有刺，鬣长近尺许……”

每年深秋，我喜欢带着狗，邀上一个伙伴，各打着手电，走进夜幕。有一次，还没有上山，我家的狗，不知去向。突然，田里传来了它与豪猪厮打的声音。我们知道豪猪的厉害，边跑边呐喊，给狗助威。走近一看，豪猪不见了。我家可怜的狗被刺得满嘴是血，呜呜地惨叫。

有一次，我和六七个朋友，带着两只狗，去山上砍柴，看见一只豪猪，躲进了洞里。两只狗汹涌而上，对着洞口，汪汪大叫。一会儿，狗用爪子刨土。刨了两米多，累得不行了。不知道还有多深呢。我心生一计，把屁股堵在洞口，想把豪猪憋死。几分钟过去了，豪猪用嘴拱我的屁股。我慢慢地，把手伸进洞，一把拽住它的前脚，把它拎出来。其他几个朋友，把早已准备好的棍子，朝他脑袋上一阵猛击。豪猪毙命。

一天，我的大哥出猎，也看见一只豪猪逃进洞里，便用猎枪，对着洞口就是一枪，不知道什么缘故，一股强大的冲力，把大哥撂倒，枪掉在地上。大哥惊魂未定，做了一个竹钩，把死豪猪钩了出来。

豪猪昼伏夜出。夜间喜欢去人家的菜园里，偷吃瓜果蔬菜、玉米红薯等。它尤其喜欢吃红薯，把土刨松后，只要在地上打一个滚，就把红薯插在自己的刺上，来到窝里，抖动一下身子，红薯就掉在地上，留得慢慢享用。

我家有两块菜地，位于山脚下，经常遭到豪猪的侵扰。父亲曾扎稻草人、安绳套来对付它们，却没有一点用。有一年，我和父亲在菜园和山间连接的地方，挖了一个两米多深的坑，上面用东西蒙上，盖上土。终于有一天，有一只豪猪掉进陷阱。等到我们发现，它自己已经折腾死了。

这只豪猪身长三尺，重有二十多斤。它的毛刺，多半有七八寸长。豪猪的毛刺，在我的家乡叫豪猪签，很多人家都拔了几根回去，放在镜箱抽屉里，女人梳头时，用来分脊。

从那以后，我们村的人好像再也没有看见过豪猪了。

野　猪

小时候，经常有山外的猎人，来打野猪。他们一次来十多个人，各带着猎枪，还有凶巴巴的猎狗。

他们一般摸得准哪座山上有猎物，根据“虎走脊，猪走壁”的特点，分头合围，各山坳派一两人搜山。猎人或用刀背当当地敲毛竹，或嗷嗷地叫着，如果谁发现野猪的新鲜粪便或蹄印，便要相互通报，好让大家及时把握情况。

包围圈越来越小，猪群出现了，人在叫，狗在吠，枪声此起彼伏，时而传来野猪的惨叫声。不一会儿，就见猎人“嗨唷、嗨唷”地抬着猎物下山。

俗话说，上山打麂，见人有份。当然，打到野猪也不例外。有时，我们在山上砍柴，碰见这种场合，也会加入搜山之列，还常能分到两三斤野猪肉呢。

有一次，我同堂兄上山寻猎。在半山腰密匝匝的箬竹丛中，发现有许多野猪走过，留下了新鲜泥痕。堂兄屏住呼吸，放轻脚步，端着枪严阵以待。翻过一道山梁，下行数十米，有一荒田，长满芭茅、灌木，其中有一大堆枯枝败叶，有点儿像稻草垛，正要上前看个究竟，突然，唰的一声，一头两百多斤重的野猪落荒而逃。仔细一看，这里是一个上好的野猪窝，柴草垛里内空如屋，可躺下三四头野猪呢。

堂兄家有一块薯地，位于山脚下，常遭野猪糟蹋。一天，堂兄在薯地，发现了几只大如牛脚的野猪蹄印，不由得倒吸了一口凉气。估计这头野猪，少说也有五百斤。

堂兄决心与这头野猪较量。他经常在天还没断暗的时候，就穿着蓑衣，戴着斗笠，埋伏在薯地旁的一丛乱石中。蓑衣、斗笠一可防风寒，二可就地而卧。如此伏猎，不但要隐形、隐声，还须逆风，隐去猎人和猎枪的气味。

一天半夜，堂兄正要打盹儿，隐隐约约，山间传来沙沙声。不一会儿，趁着月色，看见一头牛高马大的野猪，走下山来。它似乎很警醒，走三步，就抬一下头，边观望，边嗅听，鼻子不时发出呋呋声。

野猪很快走到薯地上，拱了几下地，津津有味地嚼食起红薯来。渐渐，野猪走到了射程之内了。堂兄稍做休息，待野猪探头张望之际，已瞄准了它前肩胛的心脏部位，“砰——”的一枪，野猪腾空一跃，死去了。这头野猪有五百三十斤，獠牙长六寸。

俚语有一猪二虎之说。野猪凶且猛，是丛林中最蛮、最横、最不要命的家伙。

在民国时期，我的家乡有两兄弟，带着绳索，翻山越岭，来到老屋裘家买猪，因没有谈好价钱，空手而归。走到山脚下，看到一只野猪在拱春笋。两人突发奇想，拉这头野猪回去也不错哦。于是，两人悄悄走近，一个套绳索，一个拉尾巴。野猪正吃得津津有味，猛吃一惊，一个箭步，就把兄弟二人拖了十来米远，弄得头破血流。这个空手套野猪的故事，在乡间传为笑柄。

在 20 世纪 70 年代，我的家乡风景村有几个猎户，射伤一头野猪。这头野猪忍着痛，怒气冲天，一直伺机找人报复。翻过几座山，来到谭家，见一个妇人在牛槽挑牛粪，就狂奔过去，把她狠狠咬一通。妇人大叫：“救命哦，野猪吃人了！”

村人蜂拥而至，把野猪打死。这时，风景村猎户赶来，说：“这头野猪，可是我们打死的。”

谭家村的人说："野猪的确是你们打到的，却是我们打死的。只要你们同意治好这个堂客，就可以把野猪抬走。"

风景村的猎户，只得灰溜溜地走了。

20世纪，有一段时间，人们发展到埋兽夹、拉电网，来捕杀野猪，使其寸步难行。

近几十年，野猪被列为国家三级保护动物，又没有了豺狼虎豹等天敌，发展迅猛，致使山上的竹笋、田里的庄稼、菜园的蔬菜，大面积遭到它们的践踏。一物降一物。大自然中生物链，遭到人为的破坏，将造成严重的恶果。

黄　鼠

黄鼠狼，在我的家乡叫黄老鼠，其实读音是黄老虫，因老鼠就叫作老虫。

它长得头细身长，毛色橙黄；耳朵短而宽，好像是躲在毛丛里；目光炯炯，周边浅褐色，像个黑洞；嘴巴与鼻子处，花白如雪，镶嵌着几茎钢针一样的长须。四肢虽短，却行动敏捷，拖着一条长长的尾巴。喜欢栖息于村盘子周围的乱石丛中，或树洞里。

谚云：黄鼠狼给鸡拜年，没安好心。暮春的时候，村里家家都抱了小鸡，在屋前屋后觅食。就在母鸡与鸡仔其乐融融的时候，悲剧发生了，黄老鼠突然降临，一口咬住鸡仔的脖子，飞奔而去。

村里有人做木头笼子，一边关一只鸡仔，一边做一个活动机关，经常能猎到黄老鼠。

黄老鼠才一斤重，没有多大吃头，可它的毛可值钱了。尤其是公黄老鼠，尾巴和背脊上的毛，是做毛笔的上品。

常言道：黄老鼠狼变狗，越变越小。这是用来比喻那些没有出息的人。有些小青年，在外闯荡几年，乍一看，人倒是挺拔了许多，或西装革履，或长发披肩，或青龙文身，可与之交谈，则语言无味，面目可憎。徒长个头，不长精神。

《说文解字》里说它："如鼠，赤黄而大，食鼠者。"一只黄老鼠一年可消灭三四百只老鼠，而一只老鼠一年糟蹋十公斤粮食。这样一算，大地丰收，有黄老鼠一份功劳呢。

黄老鼠是蛇的克星。《本草纲目》就记载："按《广雅》，鼠狼即鼬也。此物健于搏鼠及离畜，又能制蛇虺。"

有一次我在讨猪草，突然看见山崖下面，有一只黄老鼠，与一条蛇不期而遇。蛇开始就吓得缩成一团。只见，黄老鼠上蹿下跳，假装攻击。蛇不敢恋战，逃之夭夭。黄老鼠咬住蛇的尾巴，拖了好几丈远。蛇掉头还击，被黄老鼠一口咬住"七寸"，很快死去了。黄老鼠像吃甘蔗一样，把一条蛇吃掉，扬长而去。

但也有人看见，一只黄老鼠咬住蛇颈，蛇紧紧缠在黄老鼠身上，同归于尽。

在我的邻村，有一个老人，在山中砍柴，看见一只黄老鼠在吃一条乌梢蛇，肚子撑得圆滚滚，留下中间一节，来到水沟边，吃了一种草，一会儿，又来到死蛇旁边，立了起来，用前脚向老人作了一个揖，走了。

黄老鼠早知道老人在看它，是特意留了一截蛇给他吃。可老人很有心机，没有要那截蛇，却把黄老鼠吃过的草扯了几棵回家。他知道，这是一味健胃消食的良药。夜饭后，煎着吃了，果然一会儿肚子就饿了，见什么都想吃，就差四只脚的桌子没有吃。

有一次，老人用这味药救了一个人的命。那是 20 世纪 60 年代初，饥殍遍地。一次，生产队一头牛摔死，有一个单身汉，分到六斤牛肉，欢天喜地，就一锅煮得吃了，撑得躺在床上，抱着青筋暴露的肚子，哭爹喊娘。老人闻讯，用这味药，煎水给他喝，还用草药在他肚子上反复揉搓，症状很快得到缓解。

此后，村里小孩子消化不良，就找他。老人嗜酒如命，规定每次酬谢两瓶"三花酒"。

老人一直不肯将这味药教给别人。一天，老人喝酒死了，这个药方子也就失传了。

有一个类似的故事。还是清代中叶，我的家乡有一个郎中，一天爬上一棵半枯的老树，采摘石斛，只见树下有六只黄老鼠，在围攻一条手臂粗的眼镜蛇。眼镜蛇嘶嘶叫着，腾空而起，喷着毒气。其中有一只黄老鼠背脊被咬伤，就近找了一棵草药，嚼碎，吐在一块石头上，便把伤口贴在草药上。一会儿，黄老鼠便纵身而起，又投入战斗。眼镜蛇被咬得遍体鳞伤，挣扎着死去。很快，一条蛇被分成六截，比尺量还要公平。

郎中从树上下来，找到那种草药，采了一些回家，试着治疗了几回蛇伤，效果十分神奇。

此后，郎中的子孙都以此为业，分布各地，看见黄老鼠，就要作揖拜谢，称之为“黄大仙”。

猫

在我读小学三年级时的一个黄昏，父亲从山外万埠街买了几十斤萝卜、一只大水缸回来，挑着，刚进屋，走到天井。那只缸滑落了绳子，咣当一声，掉在石头上。与此同时，破缸里像闪电般窜出一只小猫来，我不顾父亲摔破缸的跺脚声，一马当先，将猫捉住。

这是一只普通的小麻猫，因刚脱奶不久，有些瘦骨伶仃。我们因司马光砸缸的典故，就给它取了个名字，叫“砸缸”。

父亲说这是一只母猫，桃花庄的姑姑给的。

开始几天，父亲怕它乱跑，也怕我们家的小花狗侵袭它，把它关在房间里，系在书桌边的摇椅上。

它不肯吃干饭，须有肉汤、鱼汤拌着才吃。放学后，我多了一项任务，便是去溪里钓鱼，去田里挖泥鳅，给小猫下饭。

小猫越来越可爱了。有时，它爬上树，去逮在枝头喳喳叫的喜鹊，没等靠近，喜鹊便飞了，气得眼睁睁望着天空老半天。有时，它捉一把笤帚，抓之挠之，扑之咬之，如临大敌。

每到吃饭的时候，小猫爬上几桌，喵喵地叫着，如不及时给它开饭，便用爪抓父亲的脊背。

我家的小花狗最是看不惯它的狐媚，狭路相逢时，便龇牙咧嘴要咬它。它不甘示弱，弓起了背，呼呼地叫着，以爪还击。

一个下雪天，我弄到一只麻雀，用一绳子拴着，让飞着玩。当麻雀飞起又落下的当儿，被小猫给咬着，待我追回，麻雀已毙命。我很恼火。那天正好塑了一个雪窑，把小猫囚了进去，犹不解恨，还恶作剧地把小花狗关了进去，让小花狗来“修理”它。一会儿的短兵相接，雪窑分崩离析了，谁知，小猫毫发无损，小花狗的鼻子却被抓出了好几道血痕。我真为小花狗叫屈。

一天，不知怎的，这样一只小猫，竟然就得罪了村里一大群的恶狗。那天，我正在村前场地上玩老鹰抓小鸡的游戏，看见五六条狗气势汹汹地追着小猫，小猫急了，拿出看家本领，爬上一棵樟树。群狗狺狺然，似在商量对策，久久不肯离去。以强凌弱，实在可恶！当即，我从口袋里摸出一个叫“轰天雷”的大爆竹，点燃，朝狗扔去。狗被炸得作鸟兽散。这也算我小时候干得颇为快意的一件事。

不久，猫便可履行捕鼠的职能了。经常看见它将一只老鼠放置天井中央，匍匐在一隐蔽处，静观其变，待老鼠蠢蠢欲动时，又逮个正着。

猫长大了，春天发情时那呜呜然、如泣如诉的嚎叫声，实属不雅，稍能安

慰我的是，不多一会儿，就能带出一窝小猫来。

村里的猫越来越多，老鼠却越来越少。我们家的猫每天除了白吃饭外，还常偷袭邻居家的鸽子，惹得人家常来告状。

有一年秋天，它又不知从哪里带来一大窝小猫，足足有五只，整日大猫叫，小猫也叫，吵着要吃。那年头的口粮，连人都不够吃，家里每日要在饭中镶菜，才能填饱肚子。养了一大群的猫，又如何了得。

一天，父亲去离家五六里远的高山挖葛，便把这一窝猫，一只不剩地都装进麻袋，背上山去了。

我想，这群猫，从此就在山上做野猫了。

俗话说：猫记千，狗记万，母鸡只记二里半。过去了六七天，我们一家人正吃晚饭，突听猫叫，定睛一看，一群猫又回来了。我们惊呆了！深深被猫的灵性和恋家情结所感动，此后，再也没有抛弃它们的念头了。

老 鼠

闲居在家，不经意时，总看见老鼠从角落里，伸出头来，又缩进去。它尖尖的嘴巴，长着几根硬硬的胡须，绿豆大的小眼睛，永远保持着机警，耳朵高高竖起，长长的身子，细细的尾巴。

许慎在《说文解字》中说："鼠，穴虫之总名也。"

罗愿在《尔雅翼》中说："鼠，盗窃小虫。夜出昼匿穴，虫之黠者。其种类甚多。穴于寝庙，畏人故也。"

老鼠，在我的家乡俗称老虫。

江盈科的《雪涛小说》记载了一个有趣的故事：

楚人谓虎为老虫，姑苏人谓鼠为老虫。余官长洲，以事至娄东，宿邮馆，灭烛就寝，忽碗碟砉然有声。余问故，阍童答曰："老虫。"余楚人也，不胜惊错，曰："城中安得有此兽？"童曰："非他兽，鼠也。"余曰："鼠何名老虫？"童谓吴俗相传尔耳。嗟乎！鼠冒老虫之名，至使余惊错欲走，徐而思之，良是发笑。

苏东坡写过《黠鼠赋》，有老鼠装死的描写，这一点不奇怪。我读一年级时，一次坐在房门口写作业，看见两只老鼠，跑到床底下。一只把藏鸡蛋的坛子拱开，另一只用身子扛住，怕发出响声。然后一只钻进坛子里，抱出一个鸡蛋来，另一只接住鸡蛋。接下来，坛子里的老鼠爬出来，抱住鸡蛋，躺在地板上，另一只咬住抱鸡蛋的老鼠尾巴，拖着就走。等我缓过神来，老鼠不见了。

在早先，每家都用油缸装油，边上放着一只"油吊子"。盖子是分两边的，只留一条缝。老鼠偷油吃，用尾巴伸进油缸里，然后把沾到油的尾巴，在嘴里过一下。

《诗经》很多篇章，都以老鼠来比喻那些强取豪夺、恬不知耻的剥削者，如："硕鼠硕鼠，无食我黍""相鼠有皮，人而无仪""谁谓鼠无牙，何以穿我墉"。

老鼠虽小，危害却大。据统计，全球五分之一的粮食被它糟蹋，还可传播高达三十五种以上疾病，如鼠疫、流行性出血热、鼠型斑疹伤寒、钩端螺旋体病、狂犬病等。

老鼠不但肆意糟蹋田野的谷物，就是储存在仓库的稻谷也不放过。家里的食物，一眨眼就被老鼠掠走，防不胜防。

夜晚，人刚熄灯休息，可它们开始上班，上蹿下跳，吱吱地叫，或在墙上挖一个洞，或咬破你几件衣服，或在家具上磨牙，恨得人牙痒痒的。很多人家只有养猫，来保护家境的安宁，也会绞尽脑汁，做各种夹子、笼子，来对付老鼠。

有夹老鼠的谜语："四仙桌子八仙抬，办好鸡肉等客来。铳一响，炮一开，该死该埋不该来。"

一只老鼠，一年可怀六到八胎，一胎生五到十只。小老鼠个把月，就发育成熟，继续生育。这样算来，一只雌性老鼠，一年就可繁殖上千只。其子孙后代，可谓绵绵不绝也。

俗话说：龙生龙，凤生凤，生个老鼠打地洞。

人们常用鼠目寸光、首鼠两端、抱头鼠窜、胆小如鼠，来鄙视那些肮脏龌龊之人。

老鼠，又叫耗子，永远为消耗劳动者的粮食而奔波着。

麂

那是很多年前，一个寒风瑟瑟的冬日，我回桐源老家，探望老父、老母，晚上，禁不住山里的彻骨寒冷，便早早地上床睡了。迷迷糊糊中，远山传来了喔喔的麂叫声。

麂叫似哭，如泣如诉，勾起了我小时候，对于麂子的一些回忆。

那时，我同伙伴们在田里打猪草，或上山砍柴，常能邂逅麂子。它那梦幻般的身影，总是从我们身边一跃而过，又在我们的欢呼和惊叫声中，飞也似的消逝在灌木丛里。

麂子的外形有些像鹿，是一种怯弱的食草动物。腿细而长，前短后长。上山易，下山难。雄麂长有犄角，最大有四十来斤。它虽是与世无争，却时刻要提防着豺狼虎豹和猎人的袭击，每啃两口草，就要竖起耳朵，做聆听状。如有风吹草动，就逃之夭夭。

砍柴回家路上，我们唱着《呢了歌》：

山间一棵灵芝草，一只兔子衔着跑。兔子呢？兔子被狼吃掉了。狼呢？被老虎捉去了。老虎呢？老虎被狮子咬死了。狮子呢？狮子被大象卷死了。大象呢？大象被猎人骑走了。猎人呢？猎人进屋睡觉了。房屋呢？被晨雾笼罩了。晨雾呢？晨雾被日头赶跑了。日头呢？日头被乌云遮住了。乌云呢？乌云被风赶散哩。风呢？风息了。

上山打麂，见者有份。这是山里人的老规矩。

那时，经常会有麂子，被虎豹或豺狗赶下山。麂子以为下了山，可以歇口气。哪知道，本来十分宁静的山村，因它的到来变得十分热闹，大家欢呼着、雀跃着、追赶着。村里的狗也成为帮凶，汪汪叫着。麂子很快就被捉到，瑟瑟地抖，哀哀地叫。这个时候，犹如山村一个盛大的节日。吃午饭的时候，家家麂肉飘香。

记得在我只有五六岁的时候，有一回同一群比我大的朋友在山上砍柴，发现了一只离群的幼麂，大家分头围剿。我分明看见那只幼麂，就躲在离我不远一丛幽暗的刺蓬下面，睁着惶恐的眼睛，直直地看着我。也许是我怜悯它，或许是我本来就有些害怕，我没有吱声。一会儿，幼麂屁颠屁颠地跑了。它太小了，小得有一些弱不禁风呢。这个秘密，我一直埋在心底。

记得那时，雪一落就是两三尺深。五六天后，有的麂子饿得不行了，直往山下窜，甚至跑到人家屋里，稀里糊涂就成了盘中餐。真叫送肉上砧。

这个时候，村里人成群结队上山去捉麂子。

有一次，大哥和村里其他两个人，才上山不久，就看见了一只健壮的雄麂，躲在石坎下面，三个人拼命追赶。大哥年轻，跑得快，遥遥领先。好在踏雪留痕，怎么也不会走丢。在快到山脊时，大哥猛见一只威风凛凛的老虎，"啊呜！"大吼一声，快步上前，衔着麂子，扬长而去。霎时，一股寒风袭来，大哥打了一个寒战，不敢轻举妄动，等后面的人来了，才壮着胆子，踩着老虎碗口大的脚印寻去。跨过一丛乱石，只见满地血迹。刚才那只麂子，已被掏空了内脏。林中阴暗，不敢久留，捡得麂子，快步回家。

有一次，父亲同大哥在山上砍倒一棵松树，锯下一截，抬到路上，准备回家吃中饭。猛见得，一只老虎追着一只麂子，呼啸而来。父亲和大哥，用刀敲着竹子，大声吆喝。老虎虎视眈眈，掉头而去。那只惊慌失措的麂子，满身血污，被大哥往下山方向追赶，很快被活捉。

捉麂子，切不可从后面下手，它会用腿踢人。这是它唯一的"撒手锏"，不可不慎。

关于用绳套套麂子，我的家乡流传着这样一个故事。

话说，有一位举人，进京赶考。因抄近路，经过山地，只听见一阵凄厉的麂叫声。循声寻去，看见一只麂子，被猎人的绳套套住。麂子看见人来，更是在做垂死挣扎，哀怨而绝望。举人动了恻隐之心，把麂子放掉了。举人正准备赶路，心想，人家猎人也是以此为生计呀。于是，就拿出包袱里的一条干鱼，绑在绳套上。

第二天，猎人看见这条干鱼，百思不得其解，以为是山神所赐。这事一传十，十传百。不久，当地人自发在此建了"干鱼庙"，还有求必应，十分灵验。

举人高中后，骑着高头大马，在一群人的簇拥下，衣锦还乡。看见麂子放生之处，高耸着一座庙宇。前来朝拜的人，摩肩接踵，门庭若市。进去一看，自己的那条干鱼竟然供在神龛上，便恍然大悟，哈哈大笑，在墙上，题了一首打油诗：自从我走后，立起干鱼庙，世上本无鬼，都由人弄起。

每年的深秋，草黄麂正肥，是出猎的好季节。大哥常去打猎。有一次，我跟去做伴，大哥掮一根猎枪，背着一只装有九节电池的木匣，用两根电线串联在电筒上。一束强光，在田野间四处乱晃。我握着一只昏暗的手电，在背后跟着，不许作声，脚步要轻。出猎要在没有月亮的晚上，只有满天繁星在眨眼。虫声叽叽，时闻溪涧哗哗的流水声。

爬山越涧，来到一个山谷中，竹子长得密匝匝的。大哥突然收住了脚步，端起了枪，只见得不远处有四束绿莹莹的光，在一眨一眨。嘿，是两只好大的麂子呢！大哥也许是想一箭双雕，反复瞄着，砰的一声，枪膛射出了一股暗红色的火光。大哥一马当先，跑了过去，一只雄麂，倒在血泊中，痛苦地挣扎着，痉挛着。

硝烟还未散去，大哥将麂子捆绑得结结实实，说："等着吧，那只母麂子还会来呢！"

熄了灯，静候在三十多米远的一块岩石背后。喔——三四十分钟过去了，山头上传来麂叫声和"笃、笃"的蹄声。——越来越近了，大哥端起了枪，在开灯的那一刹那间，枪声响了，那只麂子嗖的一声，往山下蹿去。大哥气得直跺脚，狠狠地骂了一声："滑头！"

此后，这只失去了伴侣的麂子，凄厉地叫了好长一段日子，搅得村里人睡觉都不得安稳。大哥听了那长歌当哭的麂叫声，被麂子的情义所感动，发誓再也不打猎了。在我心里，也好像欠了麂子一笔债似的。

故乡多年来封山禁猎，据说麂子又多得满山乱跑呢。万物皆有灵。愿麂子和我们人类，共同享有这个绿色的世界吧！

鹿狗

一天傍晚，我与妻子在小区散步，隐约，听见近处有狗的铃铛声，可左顾右盼，不见狗的影子。猛听一声狗叫，我定睛一看，是一只高不过几寸的珍袖狗，不禁哑然失笑。等我和妻子再回过头，漫步而去时，它猛冲到我的脚后跟，狂喊乱叫，把我和妻子吓了一大跳，赶紧往前跑，可它紧追不舍。正在这万分危急的时刻，狗的主人出现了，吆喝一声，它才停止袭击。

这时，小区的路灯才亮，我才看清它的面目：目光灼灼，两耳高耸，短尾，黄褐色的毛，顶多才四斤。

狗的主人是一个七十多岁的老人，很是歉意地向我们赔不是，说："不好意思，让你们受惊吓了。它就是这样，叫起来吓人，其实从不咬人。你越跑，它就越会追你呢！"

我有些好奇，向老人请教，说："这是什么犬种哦？这样小！"

老人说："它叫鹿狗，是德国名犬，以灵巧敏捷而著称。它三岁多了，才四斤，顶多能长到五斤。它个子虽小，却凶狠好斗。每一次我回乡下老家，吃饭的时候，它要独霸桌子底下，欺负当地土狗。有一次，我开车去一个村子买牛肉，才下车，它就与一大群土狗发生冲突。它凭个子小，躲在车底下，与土狗打游击战，大获全胜。"

我们听完老人的介绍，说了一声谢谢，就走了。鹿狗还叫了两声，给我们送行。

此后，我们散步时常能看见它矫健的身影，就是多几天没见到，还有点儿失落呢！

狗 獾

在我家屋后不远处，有一棵三四抱粗的尖栗树。每年深秋，黄叶飘零的时候，我们经常起早摸黑去捡尖栗。有一对狗獾夫妇，常在树下出没，也在捡尖栗过冬吧。

狗獾毛色灰中带白。从嘴巴起，有三条白斑，延伸到脑后。有两道黑色纵纹，从鼻子延伸到耳朵，一双桀骜不驯的黑眼睛，就藏在纵纹里。肚皮和四肢，都是褐黑色。短尾巴呈花白色。

狗獾的脾气火暴，走路如有树枝绊了脚，非得把它咬碎不可。在势均力敌的情况下，不获全胜，绝不收兵。

狗獾，我的家乡习惯叫作獾狗。

汪颖在《食物本草》中曰：狗獾，处处山野有之，穴土而居。形如家狗而脚短，食果实。有数种相似。

它出洞、进洞，都要悉心观察一番，再做人立状，像狗一样要叫三声。听老人说，它们还喜欢钻进坟墓里去吃死人。我总觉得狗獾的叫声，有点儿诡异，阴森恐怖。

狗獾穴居洞中，昼伏夜出。它们的洞，很多是穿山甲留下的。其实它们自己也是挖土打洞的高手。狡兔有三窟，狗獾的巢穴，一般也有很多洞口。

猪獾

说起獾，有猪獾、狗獾、狼獾、蜜獾、鼬獾，同属鼬科，而猪獾和狗獾相似，同样四肢粗短，头大颈粗，耳小眼细，尾短，脸部也有三条花纹，不过猪獾的鼻子像猪，叫声也像猪。

猪獾，古人称之为猯。李时珍在《本草纲目》中记载，“猯，团也，其状团肥也。即今猪獾也。处处山野间有之，穴居。状似小猪，形体肥而行钝。其耳聋，见人仍走。短足短尾，尖喙褐毛，能掘地食虫蚁瓜果。”

猪獾性情凶猛。当遭遇天敌时，发出像野猪一样的吼叫声，同时竖立起来，用嘴和爪回击。它有五个爪趾，像尖刀一样锋利。

猪獾依山傍水而居，能打洞，能泅水。尤其是以打洞而著称。只要一分钟，就可挖一米深。它们夫唱妇随，协同作战，一只打洞，一只消土。它们的洞穴，四通八达，清洁干燥，卧处常铺以松软的干草。

猪獾因每年霜降前冬眠，需要大量进食，增加体内脂肪，到第二年惊蛰才出洞。入蛰后，在气温较高的中午，有时会如梦方醒，到洞口晒太阳。

猪獾食性很杂。在田里，吃青蛙、泥鳅、黄鳝、蚯蚓、田螺、雀子、老鼠；到山上，吃橡子、茅栗、杨梅、猕猴桃；来菜园，吃玉米、萝卜、红薯、花生、西瓜。它视觉虽不好，但嗅觉特别灵敏，寻找食物时，只要用鼻子嗅一下，就敲定目标，接着就用嘴唇或爪子翻泥土。

猪獾吃玉米，先把杆扳倒，剥去苞叶，再吃玉米；吃香瓜，只要闻一闻，就知道甜不甜；吃西瓜更厉害了，用爪子拍打，听声音，就知生熟，只只包甜。

鲁迅小说《故乡》里写的猹，就是猪獾了。

村子里有个人在山脚下种了三亩花生，在快要成熟时，被猪獾糟蹋了一大半。这个人很生气，就拿着猎枪，埋伏在花生地里，到第三天夜里，才打到一只猪獾。

我曾看见一只猪獾钻进洞，就用烟熏，只见石缝中、土坎上，多处冒烟，而猪獾不知去向。

时至今日，在我的家乡猪獾和狗獾一样，踪迹难觅！

挖鳅狸

食蟹獴，其实以喜欢吃泥鳅而著称，在我的家乡俗称挖鳅狸。

秋天的田里，稻谷金黄。我腰间系着鱼篓，手里拿着筲箕，来到水田中间排水沟挖泥鳅。才一漠漠子水，两只手不住地挖。运气好一上午可挖四五斤泥鳅。可有时候，好久都挖不到一只。田间到处有挖鳅狸倒腾过的痕迹。它们可是挖泥鳅的高手，只要鼻子嗅一下，就知道泥鳅在哪里了，立即用嘴和前爪挖掘，动作十分迅速，片刻便可挖出泥鳅或黄鳝。

挖鳅狸，也叫石獾、泥鳅猫、大尾巴。体型似鼬鼠，大可至六七斤。头小，后脑较宽阔；嘴尖，两侧至肩各有一道白纹；眼睛赤红，周围呈淡栗棕色；身子纤细，呈灰棕黄色；四肢粗短，呈黑褐色；尾毛粗长，蓬松。居住在田野沼泽的洞穴里，成双成对，或携带幼仔外出觅食，如遇天敌，毛发尽竖，发出呼叫声，相互援救。它们除了吃螃蟹、泥鳅、蚯蚓、田螺、青蛙、老鼠、鸟类外，尤其喜欢吃蛇。

挖鳅狸吃田螺，还嫌有壳，经常抱起田螺，往石头上砸。怪不得我的家乡把很灵活的人，比作挖鳅狸。

夏天的一天傍晚，我独自一个人在黄泥地耘禾回家。当时，晚霞满天，田野蛙声如潮。我手拄着一根棍子，肩上掮着一把锹。突然，我看见荒田里，有一只挖鳅狸半个身子钻在泥里，大尾巴在一抖一抖。我悄悄走过去，举起锹，朝挖鳅狸打去。我以为挖鳅狸被打死，一手抓住它的大尾巴，提了起来。谁知，它张牙舞爪，呲呲大叫，反转身子，要咬我。我把它扔在地上，一脚踩住。

那天吃晚饭的时候，父亲给我讲挖鳅狸大战眼镜蛇的故事。

那一天，父亲驮了一捆柴下山。远远看见两只挖鳅狸，在进攻一条眼镜蛇。挖鳅狸把眼镜蛇逼到一个草坪里，前后夹攻。眼镜蛇被激怒，头高高昂起，颈部膨大，口吐红信。挖鳅狸围着眼镜蛇打转，不时上去招惹一下。眼镜蛇被逗得眼花缭乱，伺机反扑，挖鳅狸总是敏捷地躲开。几个回合后，眼镜蛇筋疲力尽。挖鳅狸看准时间，猛扑过去，咬住眼镜蛇的“七寸”，使劲摔打，顷刻间，眼镜蛇就成了挖鳅狸的美食了。

兔

小时候，去山上砍柴，或打猪草，常能邂逅兔子。它们一蹦一跳，一闪身就不见了。

兔子毛呈棕褐色，红眼，长耳，尾短，三瓣嘴，后肢比前肢长，故善于跳跃，喜欢吃嫩草树叶，寒冬吃树皮草根也能生存，一般居住在洞穴里。兔子一年要下三番崽，一次下五六只，繁殖很快。

《诗经·王风·兔爰》中有云：“有兔爰爰，雉离于罗。”

宋代陆佃《埤雅·释兽》中云：“兔口有缺，吐而生子，故谓之兔。兔，吐也。”意思是说，兔崽子，是从兔的唇裂中吐出来的。晋代张华《博物志》也说，兔子“望月怀孕，口中吐子”。这无疑是痴人说梦。

《诗经·小雅·巧言》中云：“跃跃毚兔，遇犬获之。”

深秋的一天，我在山中打茅栗。茅栗坦开，山风吹来，茅栗子便滚落地上，如不及时捡取，就会被兔子掠走。偶尔看见兔子，都是肥滚滚的。如果看见它们钻进洞去，你去挖，里面准有三四十斤茅栗子，且粒粒饱满。有一次我上山打茅栗，身边带着狗，在一片幽暗的松林里，遇上一只兔子在打盹儿，狗闪电般跑去，才靠近，兔子嘶嘶地惊叫两声，溜了，躲进一个拳头大小的洞里。狗气得汪汪大叫，不住地用爪抓洞。我用手探洞，深不可及，就用柴刀挖。挖着，挖着，兔子“露馅儿”了，被狗一口咬住。可这是一个新洞，一粒茅栗没有。

有一次同大哥去打猎，一束强光在田野间四处乱晃。突然，路下荒田里，折射出四束亮丽的红光。大哥用猎枪瞄准，砰的一声巨响。我跑过去一看，两只兔子都被打中了。

有一年，生产队分了四条田塍，给我们家种豆子。到了谷雨，豆苗长得三寸多长，扯下来，放进土箕里，挑到田塍上去栽。父亲用削尖了的棍子，每隔七八寸印一个洞，母亲撮一点灰，我取两根豆苗，把洞口合上。田塍栽豆，得天独厚。肥力及水分充足，又通风，又向阳，十天半月，便长得油青碧绿。可兔子隔三差五要来吃叶子。父亲在路口打了篱笆，扎了稻草人，没有一点震慑作用。

我想起原来猎麂子、野鸡的办法，用一根弹性很好的树枝，一头埋进土里，压弯，用一竹片，两头插进土里，形成弧形，挖一小坑，上面铺小树枝，把设有机关的绳套，放在上面，再用草盖住。第二天去看，果然套住一只兔子，吊在空中。此后，兔子再也不敢来了。

下雪天，我和几个朋友去捉麂子，经常会捉到兔子。有一次，看见一只兔子在挖雪，想吃雪里的青草，看见我们就跑，可脚短雪深，我跑过去，一把揪住它的耳朵，提到手里，它的四只脚拼命挣扎。

还有一次，看见一只兔子蹲在雪地里，或被饿坏了，或被冻伤了，目光哀伤地望着我，一动不动，好像在说：救救我吧。我把它捉住，回家，用萝卜、青菜给它吃。这是一只健壮的公兔子。那时，我家养了好几只白兔子，想让它配种，关在一间闲屋里。第二天，我发现这只兔子不见了，墙角有一个洞，跑了！

猪

猪，脑满而肠肥，鼻长而耳大。自远古的时候，猪就与我们人类相依相伴。你看“家”字，宝盖下面就是一个“豕”。

《诗经·小雅·渐渐之石》第三章中说："有豕白蹢，烝涉波矣。"

《说文解字》中说："豕，彘也。竭其尾，故谓之豕。"

俗话说：穷养猪，富读书。那时，家家都穷，户户都养猪。

我的家乡山多田少，粮食产量不足。猪吃的多是淘米、洗锅碗的水，加点糠，就叫潲水。很多猪养了一年，也就狗那么大。当然，有的人家，菜种得好，多余的都用来喂猪。也有的人很勤快，会讨野菜喂猪。

那时的猪是放养的，吃饱了，懒洋洋，满猪场散步，或晒日头，一副悠然自得的神态，还满地撒尿拉屎。它性子好，憨态可掬。

每当村子上，炊烟四起，只要主人呼一声："啰啰——"它便欢天喜地狂奔而去。

庄稼一枝花，全靠粪当家。那时，生产队每天要安排一户人家捡猪粪，一百斤可顶十工分。就我们村，一般一天可捡三百多斤猪粪。

俗话说：猪有情，狗有义。猪看上去憨憨傻傻，可我家的猪，每次看见我扒粪，还会停下脚步，哼两声，报答几团热腾腾的粪便。

俗话说，六月天给猪婆打扇，看钱的份儿。我几乎三天两头要去田里讨猪草，有苦菜、黄光菜、鸭跖草、浮萍、盐肤木叶、构树叶等。

《诗经·豳风·七月》中说："言私其豵，献豜于公。"

《广雅》中说："兽一岁为豵，二岁为豝，三岁为肩，四岁为特。"

我们小时候，一头猪最快要一年多，甚至两年，才可出栏。可现在的猪，关在猪圈里，连阳光都没有见到过，不到半年就被宰了。

那时的乡下人，没有几个人没扒过粪。到了20世纪90年代，大学生多了，人们总说，现在的大学生，比扒粪的都多。

以前的人经常说，没吃过肉，看过猪走路。可现在的人天天吃肉，却看不到猪走路。

牛

小时候，猜过牛的谜语：四个铁墩，两个铁钉，两人打扇，一人扫厅。是的，在六畜里，唯有牛显得高大威猛，一对长角，四只铁蹄，目光如炬。其实，牛以隐忍耐劳而著称，鲁迅先生就说“俯首甘为孺子牛”。

农耕时代小康标准是：头牛担种一百谷，坐北朝南一栋屋。牛可耕田、可拉车、可拉磨，有半边家之说。

牛不但劳苦功高，还富有传奇色彩。在《牛郎织女》中，是老牛撮合了婚姻。老子过函谷关，骑的就是青牛。

常言道：牛嘴巴向下，一日吃到夜。牛是一种反刍动物，有四个胃，分别是瘤胃、网胃、瓣胃和皱胃。牛吃草的时候，风卷残云，没有经过咀嚼，就吞进瘤胃。待停止进食，食物重新回到口腔，才慢慢咀嚼。

民间传说，牛是犯了天条，罚到凡间受苦的。牛投胎的时候，问玉皇大帝：“我的口粮呢？”玉皇大帝说：“你不错，拜四方的角色，走到哪里都有吃。”牛大喜。其结果是，吃的是草，挤的是奶，耕一辈子田。

关于牛“拜四方”，听老一辈的人说，牛一生下来，脚站不稳，要往东南西北拜四下，才能走路。

我还猜过牛耕田的谜语：三头六臂，七脚落地，太公钓鱼，咒天骂地。这宛如一幅春耕图：一个人穿蓑衣，戴斗笠，左手扶犁，右手拿竹枝，在吆喝着水牛。

李纲在《病牛》中说："耕犁千亩实千箱，力尽筋疲谁复伤？但得众生皆得饱，不辞羸病卧残阳。"

牛为我们劳作了一辈子，最后肉被吃，皮用来做鼓。

我的家乡还有一个笑话，说牛眼大，把人看得比山大，所以任人宰割。相反，鹅眼小，把人看得比豆子还小，所以敢藐视人。

也许是感觉对牛亏欠太多，我的家乡专门给牛安排了一个盛大的节日——打时草。在端午节这一天，牛不用干活，要给牛洗澡，还要找芳草鲜美的地方，给牛吃。相传，这一天山中有一种时仙草，牛吃了可以成仙。几乎从子时起，大家一起，摸黑满山去放牛。

有《时仙草》童谣唱道：

松峰岭，松树下，半棵时仙草。
端午节，子午时，长得离离葆。
太阳一出就难找，有牛吃得时仙草，
放牛崽俚骑牛天上跑，做个逍遥神仙佬。

这一天，我们这些孩子们也是穿着新衣新帽，身上都带着咸鸭蛋、粽子，还带着爆竹。爆竹声此起彼伏。还摘"叫子柴"叶，看谁吹得好听。那牛听得叶笛声声，也哞哞地响应着。

鹿

欧阳持在《西山歌》中说："别鹿冈，到双岭，烟霞隔断招提境。"

鹿冈在何处？其位于今日南宝村去雷公尖的半山腰，是一处芳草鲜美的山谷，因古时候，常有鹿群相聚于此，而得名。

《西山志》中记载："鹿冈，在麈冈稍南。"

关于麈冈，山志上记载了这样一个故事：许逊少年时，曾来此打猎，射中一牝鹿，胎中流出一只小鹿来。牝鹿不顾生死而舐之，过一会儿，小鹿死去。牝鹿眼神中，透着悲凉与哀怨。许逊被牝鹿的母爱所感动，深感自己作了恶，当时砸烂了弓，发誓再不荼毒生灵了。

鹿冈还是一块风水宝地，赵子方《洪都记》中云："鹿冈对麀冈，金鸡配凤凰。铁船来进宝，石佛去拈香。金刚倒地拜，狮子把门墙。若还扦得穴，黄金使斗量。"

鹿冈多石，谷中有千人洞。山之巅，便是雷公尖。

话说唐开元十八年（730 年），山下有熊姓兄弟二人，背着弓箭，上山打猎。正是莺飞草长的春夏之交，一路上蔷薇、金银花开得艳丽。不远处，时而传来野鸡欢快的啼叫。走到鹿冈，两人惊呆了，发现鹿群中，有一只白鹿，像一朵白云，在山间飘荡。听老人说过，白鹿是祥瑞之物，所到之处，人寿年丰，六畜兴旺。如果伤害它，会遭到天谴。

兄弟二人立即下山，跨过赣江，来豫章县衙禀报。县令叫王遘，大为欢喜，说："白鹿乃灵兽，吉祥之物，国运昌盛之兆。你等回去，设法诱捕，得手后立即送来。办好此事，本官有重赏。"

兄弟二人回家，连夜准备好兽笼、罩网。第二天，请了十多个壮劳力，一同上山。发现白鹿后，包围圈逐渐缩小，靠近时，大家一拥而上，用一副罩网，将白鹿罩住，关进兽笼。当天下午，就把白鹿抬到了县衙，得到了一百两纹银的奖赏。

王县令欢天喜地连夜与衙役，将白鹿抬送到洪州都督府。

当时的洪州都督是张九龄，见王县令亲自送来白鹿，非常高兴。他刚到洪州任上时，就从当地文献资料中得知，东晋太元十六年（391 年），洪州出现过白鹿，太守范宁将其上献给朝廷。

张九龄郑重其事地沐浴，之后点一炷香，给唐玄宗李隆基写下了《洪州进白鹿表》：

臣闻圣法天则，至理调于元气；天表圣则，嘉瑞托于群生：将以幽赞王泽，觉悟生灵，知至德之所感，如虚响之必应。伏见开元神武皇帝陛下道孚神化，体合乾行，品物所资，太和罔不叶；图谍所载，殊祥罔不臻：故郡国上言，日月相继。臣所部豫章县，某月某日获白鹿一，休气所集，灵质自呈，欲效符祉，易为驯狎。臣谨按《瑞应图》云："王者明惠及下，则白鹿见。"又按《孝经·援神契》云："王者德至鸟兽，则白鹿见。"盖鹿者仙寿之物，实为祯祥之表，虽时和岁稔，固不假于羽毛；而天意人事，诚欲伸于耳目。臣不胜感庆之至，谨诣某所奉瑞鹿表进以闻，臣诚欢诚喜顿首顿首死罪死罪。谨言。

张九龄在洪州为官三年，勤政爱民，政绩卓著，不久调任桂州刺史兼岭南按察使，次年就进京任秘书少监，开元二十一年（733 年），升中书侍郎、同中书门下平章事（宰相），辅佐唐玄宗李隆基，开创了“开元盛世”。

南宋刘克庄的《西山诗》云：“绝顶遥知有隐君，餐芝种术鹿为群。多应午灶茶烟起，山下看来是白云。”

元至正壬寅年（1362 年），朱元璋鄱阳湖大捷后，来到南昌，在滕王阁上大摆庆功酒宴，犒劳三军。当陈友谅倒戈的旧臣胡廷瑞，谈到鹿囿时，朱元璋便立即下令，把鹿放归西山。

清朝乾隆年间，欧阳持后裔、《西山志》作者欧阳桂，在一个冰天雪地的日子，与亲翁符警予、同学帅万上、儿子欧阳露等，从太阳神庙登山。欧阳桂有《游鹿冈连日大雪即景谩成》诗云：

奇葩六出任飘摇，密洒林梢冻未消。
瑞霭谩空飞柳絮，浓光布野踏琼瑶。
凭君搦管添烟水，画我骑驴过板桥。
此日清芬何太满，倾尊应不叹无聊。

物换星移，今日西山虽没有鹿，还是留下了鹿冈、鹿井、鹿聚垄、鹿聚村、鹿溪书院等地名。

蝙　蝠

蝙蝠是哺乳动物，属兽类，却会飞。

蝙蝠，在我的家乡叫作檐老鼠。也有老人说，它是老鼠偷吃了食盐而变的，也叫盐老鼠。

《尔雅·释鸟》中说：“蝙蝠，服翼。”汉焦赣《易林·豫之小兽》中说：“蝙蝠夜藏，不敢昼行。”

“黄昏到寺蝙蝠飞”，这是韩愈的诗。

傍晚的时候，小鸟归林，蝙蝠才出来活动，满天飞舞。据说，那是在捕捉蚊虫、飞蛾。那时的乡下，到处是茅厕、猪槽、牛栏，蚊虫多得让人坐立不安。据说一只蝙蝠一天可吃掉二百只蚊子！

有时，蝙蝠倒挂在屋檐下，甚至接二连三，像在变魔术。看过去，就像长了翅膀的老鼠。黝黑的身子，皱巴巴的脸，一双小眼睛，耳朵高高竖起，尖嘴巴，满口白森森的细牙，大翅膀。我用棍子轻轻戳它一下，它还吱吱地叫上几声。

我们去山上砍柴，闲暇时，喜欢在岩石丛中捉迷藏。有时，我钻进一个幽暗的洞穴中，看见崖壁上悬挂着成千上万的蝙蝠，恶臭熏天。听说这样的地方有很多蟒蛇，吓得我们赶紧往外面跑。

蝙蝠虽然于人畜无害，但它携带着多种病毒，最好不要与之接触。

蝙蝠夜间飞行，是用嘴和耳朵配合，靠超声波来探路。科学家通过模仿蝙蝠的回声定位系统，发明了雷达。

或许是因“蝠”与“福”同音，在中国民间，蝙蝠一直被视为吉祥的象征。很多人家的窗棂就喜欢雕刻蝙蝠，以此来寄托对未来生活的幸福与美好。

第三卷　虫　鱼

槐树虫

村前，偃卧着一棵老槐树，枝叶繁茂，可匝地二亩荫凉。

初夏的时候，满树槐花，一串串悬挂于枝头，玉团锦簇，仿如一朵白云飘然而至。树下，常坐着品茶的老者，说悄悄话的村姑，打来蜻蜓喂蚂蚁的孩子。

孩子们在唱着歌：“问我祖先何处来，山西洪洞大槐树。问我老家在哪里，大槐树下老鸹窝。”

一阵山风吹来，树摇枝动，槐花飞谢。空气里香香的，甜甜的，令人心旷神怡。

在槐花落得差不多的时候，不经意，突然吊下一只凉阴阴的槐树虫来，着实让人大吃一惊。槐树虫，从树上吐丝挂了下来，在空中吊着，荡着，似伞兵降落。人们戏称它为“吊死鬼”。它的学名叫尺蠖，是一种昆虫的成虫。

有的年头，槐树虫多得可以将整个树叶吃个精光，然后，千丝万缕往下吊着。它们要去另谋“吃”路。

虫子着陆后，满地乱爬。尾巴一缩，腰部一弓，往前一推，就各奔前程。有的被行人踩死，有的被鸡啄食。蚂蚁则是它们的天敌，到处布下了天罗地网，围追堵截。

蚂蚁力大好斗。它一口将比自己大好几倍的虫子咬住，任其挣扎、折腾，以不变应万变。待虫子精疲力竭，拖着回巢。好在一物自有一物治。要不然，许多的虫子，岂不要毁掉好大的一片林子。

孩子们齐声唱道：“蚂蚁蚂蚁哥哥，大大细细拖拖，前咯前后咯后，骑马坐轿过桥。”

待数日后，槐树又返青了。却有那么一些侥幸逃脱的虫子，蜕变成了好看的蝴蝶，在槐树上翩翩起舞，不由得让人想起唐代诗人徐寅的诗：“青虫也学周庄梦，化作南园蛱蝶飞。”

槐树虫与蛱蝶虽一脉相承，但前者极丑，后者却极美。

黄　蜂

黄蜂也叫马蜂。它长得长身细腰，黄色有黑花纹，一对暴突的复眼，凶光毕露，尾部藏着一根毒针，可以伤人。

我的家乡有谜语云：小哥身披黄衣裳，腰儿细来腿又长。飞到田间捉害虫，尾巴毒针藏刀枪。

小时候，我或出于少年顽劣的天性，总喜欢冒犯黄蜂。每在屋檐下或柴房里，发现黄蜂窝，心里窃喜，拿来自制的射水筒，躲在一隐蔽处，猛射一通后，便逃之夭夭。

有时候，在夜里，趁黄蜂看不清人，就在竹竿一头绑一团棉花，蘸上油，点燃后，伸到黄蜂窝处焚烧，一会儿，烧掉翅膀的黄蜂，掉在地上，苦苦挣扎。

我的二祖母，住的是一间泥壁房子，上面盖的是杉树皮，经常有黄蜂在里面想筑巢，我每每看见，便用竹枝抽打它们。二祖母是个孤寡老人，这倒成了我义无反顾的事。

“树上一个窝，走来走去不敢摸”——这是黄蜂窝的谜语。

我在砍柴或捡蝉脱时，一不小心就会碰上黄蜂窝。黄蜂窝，像一只倒挂的莲蓬头，悬在柴草上或树枝上，让人防不胜防。每次只要碰上，总被螫个鼻青脸肿，叫苦连天。

怪不得人们常用“捅了黄蜂窝”，来比喻遇到很棘手的事。

山中还有一种胡蜂，也叫壶蜂。我的家乡俗称甏蜂，因它的窝像一只甏，高高挂在树梢上。

李时珍在《本草纲目》中记载，大黄蜂，黑色者称胡蜂、壶蜂、玄瓠蜂。这种蜂毒性更大，攻击性更强。据说三只胡蜂可蜇死一头牛。如果惹了它，群起而攻之，穷追不舍。如果被蜇到，便是九死一生。

以前，我的堂叔单独住在山脚下。在他屋侧边，一棵檫木上，有一个酒坛一样大的胡蜂窝。每日有蜂进进出出，我们从不敢冒犯。

堂叔家养了三箱蜜蜂，经常有胡蜂捕杀蜜蜂，很是懊恼。

一天，山外来了几个人，想在堂叔家借电，牵线捕野猪。堂叔不肯，说，你们要电死人怎么办？那几个人，突然发现了胡蜂窝，就问堂叔，这个蜂窝，你要吗？堂叔说，你想要，就给你。不过你要注意，千万不要被蜇到。

他们借来梯子。一人拿着蛇皮袋，悄悄爬到树上，往蜂窝一套，稍一用力，就把一窝胡蜂囊括而去。据他们说，拿回家用油炸着吃。幼蜂乳白色，大如花生米，更是上等的滋补佳品呢。

听大人说，黄蜂只要蜇了人，自己也会毙命，因为它的针刺连着内脏。一般来说，人只要不惹到它，它从不会主动攻击人。

反过来想，我对为了保护自己的巢穴、家室，以死相搏的黄蜂，还产生了几分敬意。

蜜　蜂

一个桃红柳绿的春日，我走出家门，往城南的一条乡间小道，踽踽独行。路边，菜花金黄，香气馥馥，令人陶醉。花丛中，除了有粉蝶在纷飞外，更有蜜蜂在唱着春曲。

走过一道小桥，有一片桃花林。林中有一户人家，四周放着几十箱蜜蜂。他们家的房子，用木板和绿色的军用帆布搭建，除了生活起居的两室外，另有一工棚。工棚里，有夫妻俩在工作着，另有一个十来岁的男孩，在专心致志地写作业。我走上前，和他们搭讪道："你们居住在鲜花丛中，好有诗意啊！"

老板说："我们一家三口，住一个风雨飘摇的棚子，已是苦不堪言，哪来的诗意？"

他们手里各拿着一列蜂巢。蜂巢中，有蜡黄色的花粉，有清亮透明的蜂蜜，还有乳白色的蜂蛹。他们的工作是用勺子把蜂巢中尚处在混沌状态的蜂蛹挑出，装在一排排人工做的塑料筒里。塑料筒比花生米稍大，放进蜂箱可采集蜂王浆。

老板姓赵，奉新人，养蜂已有二十多年。至此安家有八年。他说这里主要是繁殖种蜂，另有四百多箱蜜蜂，由他的妹夫、舅子看管。根据季节、温度、气候的变化，在全国各地，有固定的放蜂线路，哪里有花期，就往哪里赶。逐花追蜜，便是养蜂人的生活写照。

我问老赵为什么会挑选这个职业的。他说高中毕业那年，正为找不着工作而发愁，一天上山砍柴，看见一块岩石缝中，有蜜蜂飞进飞出，便借来铁锤和凿子，把石头劈开，捕获了一窝蜜蜂，得到了蜂蜜一百余斤。从此，他便迷上了养蜂这个行当。

此时，老赵已把手里那一列蜂巢里的蜂蛹挑完，戴上面罩，揭开了一箱蜜蜂。开始，蜜蜂振动翅膀，嗡嗡地叫着，有些躁动不安，他拿水枪朝蜜蜂喷了一下，蜜蜂都服帖了。

老赵随手拿起一列蜂巢，教我认哪是工蜂、哪是雄蜂。

老赵说："每箱蜜蜂，有四万到六万只工蜂，它们发育不全，不能生育，一生勤劳，白天采蜜，晚上酿蜜。工蜂采蜜时，用长长的吸管，把蜜吸到腹部带回巢，再吐出来；采花粉时，则是把花粉裹在两只后腿上。"

我看见很多蜜蜂回巢时，腿上真的有两团米粒大的黄色花粉。

老赵说："雄蜂比工蜂稍大，黑褐色，一箱只有一千左右。它们除了与蜂王交配外，什么活也不做。别的蜜蜂，各自为群，防守森严，而雄蜂来去自如，驰骋情场。可它好景不长，交尾期一过，就被逐出箱外，或被咬死。"

他随手捉了一只雄蜂。我说："它怎么不蜇你？"

老赵说："它们尾端无刺，不能蜇人。"

这时，老赵又拿起中间的那列蜂巢，说："快看，蜂王！"

在一色大小的蜂巢中间，有个栗子般大小的"王台"。蜂王呈苍青色，比一般蜜蜂要长得多。它在不停地忙碌着，很多蜜蜂毕恭毕敬地把它围成一圈。

老赵说："它在产卵呢。它几乎每天都要产成百上千的卵，是群蜂之母。一箱蜜蜂中，也只有蜂王会产卵，待蜜蜂繁殖到一定数量时，会培育出新王，便要分家了。蜂王浆是蜜蜂采食花蜜和花粉后，分泌出来供蜂王食用的乳状物质，营养价值很高。一只普通的蜂蛹成长过程中，只有三四天吃蜂王浆。若一只蜂蛹产在'王台'，可终生吃蜂王浆，它便是蜂王了。一般的蜜蜂只能活一两个月，而蜂王则可活三到五年。一箱蜜蜂就是一个王国，蜂王是群蜂的统领，只要有蜂王在，群蜂秩序井然，忙而不乱。如果有谁冒犯蜂王，便会群起而攻之。"

我听了老赵一席话，犹如上了一堂生动的蜜蜂知识课，深感蜜蜂的可敬、可爱。唐代诗人罗隐有《蜂》诗赞之曰："不论平地与山尖，无限风光尽被占。采得百花成蜜后，为谁辛苦为谁甜。"

熊荣在《西山竹枝词》中云："林间啼鸟叫钩辀，贪看阿妹忙下楼。忽向檐收野蜜，教郎下次领甜头。"

时近中午，村子里升起了袅袅炊烟，我告别了养蜂人家。

田　螺

上山砍柴，下田捡田螺。这是司空见惯的乡村生活。

我捡田螺，多是给鸭子吃。

每年春分后，鸡婆赖抱，母亲要塞三四个鸭蛋混在里面。小鸭出壳后，在小鸡队伍里厮混，经常受到欺负，稍大一些，就与鸡们分道扬镳，到港里、圳里、田里，觅食去了。

夜晚，它们摇摇摆摆回来了，大喊大叫，吵着要吃，照例是要饱食一顿。一般是喂田螺、谷子、糠拌饭等。它们很小时，需把田螺敲破壳喂它们，不久就能连壳吞下。每次吃得脖子都鼓鼓囊囊的，摸一把，分明能听见田螺壳在里面的碰撞声。

它们吃得多，长得也快，过四个月，就下蛋了。每天清早，在鸡埘里，能捡到鸭蛋，不由得让人欢喜。好在鸭子是夜里下蛋，要不然，下到野外去了。

为了让鸭婆多下蛋，就得多喂田螺。捡田螺这事，就落到我身上了。

母亲说："鸭子只要有田螺吃，还下双黄蛋呢。"

春耕后，大田小田水汪汪。我和几个朋友提着鱼篓，去捡田螺。

傍晚时分，田螺出来散步，或许是寻找伴侣，或寻找食物。它身后画着一道长长的轨迹。虽慢如蜗牛，却很执着。也只怪它运气不好，一不留神，就被捡进鱼篓里。

有时，我们几个人，看见前面有几只大田螺，踊跃向前，有人一不留神踩在沼泽上，泥巴一下没过了腰，一撒手，田螺倒进了田里，惹得大家哈哈大笑。这叫“饭田”，也就是冷浆田，有冰冷的泉水在汩汩涌出。

我经常和二侄一起捡田螺。那时他满头“火气”，有些像鬎头。我的脚步比他快，暮色苍茫中，我故意频频边弯腰边说："一只，一只，又一只。"气得他使劲抓头，哇哇乱叫。

因为田里栽了禾，生产队有规定，捡田螺不可以下田。我用一个勺子，绑在一根长长的竹竿上。夕阳下山时，一片蛙鸣。看见田螺，用勺子一舀就到手了。待禾苗上的露珠越积越重，天空中闪烁着萤火虫光。踏着月光，往家走去。

田螺捡回家，倒在一只大脚盆里，用清水养着。我认得大而圆的是雌螺，小而长的是雄螺。过一会儿，它们就纷纷露出黄褐色的田螺肉来，认真一看，有嘴脸，有触角。

有时，我翻山越岭，来到离家很远的中稻田。这里很少有人来，田螺又多又大，半个下午可捡满一大鱼篓。

有一次，我同一个朋友来到湖边，看见一群野鸭在稻田中，嘎嘎飞起。田螺自然被它们吃光了。可我们在一丛芭茅里，捡到九个鸭蛋，或淡绿，或麻褐色。据说，野鸭会算数，下足了九个蛋，就开始抱崽了。

田螺，朴拙木讷，到死也不哼一声，不动一下。

有一个田螺的谜语："生是一碗，熟是一碗，没吃是一碗，吃了还是一碗。"

每次捡到够大的田螺养一些时间，去掉泥味，敲开壳，把肉剥离出来，漂洗干净，沥干水。锅烧红了，筛油，倒入田螺，爆一会儿，放豆豉、大蒜、紫苏、料酒、辣椒等，煮几分钟，就可起锅。食之，鲜美甘香，回味无穷。

捡田螺和砍柴一样，虽是辛苦，经过了时间的发酵，却成了一种美好的回忆。

蚂　蚁

孩提时，我喜欢干一些打苍蝇喂蚂蚁的勾当。

打到苍蝇，只要往天井一丢，很快就有那么四五只蚂蚁，同心协力，拖着就走。

有时候，打到蜻蜓，也用来惹蚂蚁。蚂蚁哨兵发现"大虫"后，载欣载欢，路上只要碰见"同伴"，便用触须碰一碰，或许是问好，或许是传输信息。

不一会儿，只见蚂蚁倾巢出动，并且每隔十来只，有一只大头蚂蚁督队。当蚁群热火朝天地将猎物运回窝途中，却见天井另一头，又有一队蚂蚁，浩浩荡荡，前来拦截。

激动人心的时刻到了，我们唱着童谣："蚂蚁蚂蚁哥哥，撬动撬动窝窝。越来越多多，快来快来拖拖。"

于是，你争我夺的拉锯战开始了，僵持了片刻，便厮杀起来。不一会儿，

尸横遍野。其残酷程度，不亚于人类的战争。我看得实在不过瘾，从灶房舀来一碗水，含了一大口，噗的一声，朝蚁群喷去，“战场”成了“泽国”，蚂蚁纷纷逃命。

一个蚁穴就是一个蚂蚁王国，也是一个结构严谨、秩序井然的小社会。

槐树上生长一种虫，等它把满树的叶子吃光后，便像伞兵一样降落于地。于是，有许多蚂蚁在树下围追堵截。有的蚂蚁干脆选择老槐树的空心或地下筑巢。

唐代李公佐写了一个传奇，叫《南柯太守传》。说有一个叫淳于棼的人，一次过生日，很多朋友前来祝贺。是夜，月色清朗，凉风习习。大家在院子里一棵大槐树下喝酒，推杯换盏。夜阑人散，淳于棼就在树下的躺椅上，睡着了。在梦中，淳于棼在两个紫衣使者引导下，上了马车，朝树下一个洞穴驰去，别有洞天，风和日丽，人马不绝于途。淳于棼来到槐安国都，正值会试，高中状元，还做了驸马。不久，被派往南柯郡任太守。二三十年过去了，淳于棼政绩卓著，深得百姓爱戴。他和公主恩爱有加，生了五男二女。有一年，擅萝国进犯，槐安国屡战屡败。兵临京城。皇帝想起了政绩突出的驸马爷，派他统领全国的精兵，与敌背水一战，却也是一败涂地。皇帝大怒，说他丧师辱国，削职为民，遣回老家。淳于棼正在羞愤难当时，大叫一声，从梦中惊醒。

第二天，淳于棼按梦境，寻到所谓的槐安国，只是大槐树下的一个蚁穴而已。淳于棼顿悟道：“所谓的荣华富贵，也只是南柯一梦！”

汤显祖还根据这个传奇故事，创作了“临川四梦”之一《南柯梦》。

蚂蚁是动物界的大力士，能担负起比自身重数十倍的东西。

蚂蚁小如微尘，却很懂得团结的力量。我的家乡山上有一种蚂蚁，个头比村里的要大许多。它们在山上柴草间筑巢，乍看像个布袋。如果有谁捅破了它们的窝，里边有成千上万的蚂蚁，蜂拥而出，与之搏杀。

当然，烧的多是荒山秃岭，如洗药湖、马口等高山。火不烧山地不肥。

每到这个时候，蚂蚁只有自救，抱成一团，滚出火堆。

如果遇到山洪暴发，蚂蚁也抱在一起，在水上漂浮，风来吹不散，雨来打不散，共度危难。

据科学家推算，蚂蚁早在一亿三千万年前的白垩纪中期，就生活在这个星球上。它们能够生生不息，自有它们的生存智慧。

蚂蚁虽小，却很强大。

天　牛

天牛大如金龟子，头部黑亮，有复眼。身段略扁，有甲，如盔；两根又粗又长的触须，如鞭；咀嚼式口器，如钳；脚爪锋锐，如锯。因其力大如牛，又善飞，故名。

天牛为鞘翅目天牛科甲虫。

螳螂极富攻击性，三两招，天牛就被控制住。螳螂连咬天牛几口，纹丝不动。天牛急了，张开大板牙，在螳螂背脊上狠狠咬一口。螳螂差点儿送命，一瘸一拐，逃之夭夭。

元代《农桑辑要》中记载："又有蠹根食皮而飞者，名曰天水牛，于盛夏时，率皆沿树身匝地生子。其子形类蛆，吮树膏脂，到秋冬渐大，蠹食树心，大如蛴螬。至三四月间，化成树蛹，却变天水牛。故其树方秋先发黄叶，经冬及春，必渐枯死。"

天牛是啃树高手，不但在树木里安家，还在里面繁殖后代。它们严重危害桑、槐、杨、柳、梧桐、苦楝、橘子等树木的成长。只要看见树上钻了孔，多是天牛所为。它们会造成很多参天大树枯死或倒塌。啄木鸟则是它们的天敌。

缘　蝽

缘蝽，我的家乡俗称屁甲虫、打屁虫。你只要触碰到它，它就会散发一股难闻的恶臭。

它体形狭长，扁平，以棕黄色为主，有黑点。头部呈三角形，有复眼，大且突；眼后部变窄，还有单眼，呈赭红色；触须为紫红色，分四节；六脚，修长，多毛刺；翅膀短小，飞行不到十米。

缘蝽产卵多产在植物叶柄、叶背，或嫩茎上。每次产卵十粒左右。幼虫破卵而出，就像一只只微雕鞋子摆放在那里，很有趣。缘蝽初生时呈暗蓝色，逐渐变成黑褐色，或紫红色。

缘蝽属半翅目，缘蝽科昆虫。依靠吸取植物汁液生存，危害豆科植物。被损害的植物，或花蕾凋落，或果荚成瘪粒，严重时会造成植株死亡。

缘蝽的同科，有稻缘蝽、粟缘蝽、菲缘蝽、喙缘蝽、同缘蝽等，无一不是在山野、田间、菜园危害植物生长。

秋风萧瑟，天气转凉。缘蝽或躲进树洞，或钻进百姓人家过冬。记得小时候，不经意时，屋里总是有一股挥之不去的臭味。

蟑　螂

蟑螂，学名为蜚蠊。体态扁平，呈黑褐色。触角细长，丝状，有复眼，六脚，前短后长，长满细刺。前翅为革质，后翅是膜质，善走，不善飞。

罗愿在《尔雅翼》中记载："蜚者，负盘，臭虫也。……似蟅而小，能飞，生草中。八月九月知寒，多入人屋里逃。"

科学家从蟑螂的化石证明，它是这个星球上最古老的昆虫之一。它起源于石炭纪，比恐龙生活的时代还要早一亿年。蟑螂有一个外号叫小强。两三个月不吃不喝，仍能存活。就是没有头，还能活七八天。故民间有打不死的小强之说。

蟑螂是四害之一，携带鼠疫杆菌、大肠杆菌、痢疾杆菌、脊髓灰质炎病毒等四五十种病原体，粪便中还含有多种致癌物质。它在灶上、菜碗厨柜、衣柜、抽斗里，到处都留下它的粪便、卵鞘。

它的卵鞘呈豆荚状，卵就蕴藏其中。一只雌蟑螂一生可产八九十个卵鞘。一个卵鞘，可孵出一二十只小蟑螂。

蟑螂昼伏夜出，偶尔出现，等你一脚踩去，它却飞出老远。

蟑螂是卵生动物，如果踩死了一只怀有卵囊的蟑螂，可能会导致卵囊破裂，释放出里面的卵。这些卵，依然可能会孵化小蟑螂。

蟑螂如此讨厌，可我们小时候，还会捉蟑螂用油炸着来吃呢。

那时，家家是土灶。等一家人熄灯休息，偶尔去灶下，只见满灶都是蟑螂，还有“灶鸡”。看见人来了，蹦得蹦，跳得跳，一会儿都不见了。

灶鸡也叫灶姬、灶马。形似蟋蟀，唧唧地叫。唐代段成式在《酉阳杂俎》中有描述：“灶马，状如促织，稍大，脚长，好穴于灶侧。俗言，灶有马，足食之兆也。”意思是说，灶上有灶马，是能吃饱饭的象征。

那时，我们在一个量米的竹筒里放一点饭或糕点，搁在灶上，过一会儿去看，竹筒里准有十几只蟑螂，赶紧用东西盖上。到第二天，把蟑螂倒进开水里清洗一下，再放到油锅里炸。吃起来香喷喷，有点儿虾子的味道。

金龟子

金龟子给很多人的童年留下了美好的记忆。中央电视台曾经有一个节目叫《大风车》，里面有一个金龟子的扮演者，深受小朋友的喜爱。

金龟子，在我的家乡叫金甲虫。大如蚕豆，椭圆形，触角为鳃叶状。外壳坚硬，有着金属般的光泽，多是铜绿色，也有茶绿。外翅坚硬，内翅膜质。六脚。喜欢在夜里活动，有趋光性。

金龟子为无脊椎动物，昆虫纲，鞘翅目，是一种杂食性害虫。多危害桃、李、梨、葡萄、柑橘等果树，还祸害柳、桑、樟、女贞等林木。

记得少年时，初夏在港边玩，或捉鱼，经常看见蔷薇花，开得鲜艳夺目，灿若云霞。女孩喜欢折来一根刚长出枝叶的嫩水竹，插上许多蔷薇花，远远看去，宛若一枝盛开的桃花，真叫匠心独运。蔷薇花丛中，往往有很多金龟子。我们把金龟子放进口袋里，用手捂住。边捉边唱《日头谣》：“东边咯日头，晒西边的墙。哥哥的丈母，是嫂嫂的娘。六只草鞋，就是三双。”每捉到三双，就回家了。

回到家里，把金龟子装进一个盒子里。它开始四脚朝天，一动不动。我挑个头大的，在母亲缝补衣裳的筐篮里拽一截线，绑在它颈部缝隙里，一头绑在天井交椅靠背上，就往空中一抛，也许它怕会摔死，陡然展开翅膀，嗡嗡飞了起来。结果，只能在线长范围里，兜兜转转。

构树果子熟透的时候，树身会分泌出一种胶质，很多金龟子在大快朵颐，我有时一抓，就是一大把，收获满满。

金龟子的前身，就是菜园地里的蛴螬，我们俗称“畲虫”。深秋挖红薯，经常挖到这种虫子。它呈乳白色，胖乎乎，体态弯曲，有黄白色细毛，胸部三节，各有一对胸足。

挖出来的红薯、花生，多被它们啃噬得伤痕累累。

宋元戴侗《六书故·动物四》：“螬，蝤蛴。蛴螬，蝤蛴一物也。生粪中，食草木根。口刚而身耎耎，肥白而臃肿，故俗以比肥白者。《诗》所谓‘领如蝤蛴’也。”

蛴螬喜食红薯、花生、土豆等作物的块茎和根。大家都知道它是地下害虫，却不知道它是金龟子的幼虫。

紫茎甲

我小时候在港边捉金龟子，经常看见紫红色的甲虫，更是亮丽夺目。它比金龟子要大一些，身长如天牛，有一对长长的触角，齿尖突出，前足、中足较短，后腿特别发达。我们不知何方神圣，也不敢轻易捉它，习惯叫它紫甲虫。

后来，我才得知它是葛包虫的成虫，学名叫紫茎甲，别名葛紫茎甲，曲茎叶甲，是鞘翅目叶甲总科，负泥虫科。

山里人都知道，挖葛的时候，那粗壮的葛藤上有很多包。这包其实叫虫瘿，只要把包割开，准有两三只花生米大的虫子，体态弯曲，白如玉，胖乎乎。胆子大的人，直接放到嘴里去吃。我也尝试过，虫子放进嘴里，冰凉凉的，分明还在蠕动，咬一口，柔软如糯，细腻清悠，有着葛粉似的清香。如果捉到几十只葛包虫，就带回家，用油炸食，更是香脆可口，回味无穷。葛包虫，据说含有丰富而优质的蛋白质和脂肪。有人把葛包虫熬成油，是治疗烫伤的特效药。

我经常捉回几条葛包虫，去水库钓鱼用。这样肥美的虫子做诱饵，鱼更容易上钩。

紫茎甲幼虫，其实也在别的豆科植物茎内生存，吸取寄主细胞生长。幼虫所在部位，膨大成虫瘿，外观呈肿瘤状。

豇豆、刀豆、长豇豆、油麻藤中，经常可以看到紫茎甲。它们依赖这些植物为食，是害虫。

葛上亭长

我家菜园的葛藤上，总有一些虫子在爬。认真一看，样子蛮神气：头部朱红如漆；两根又粗又长的触须，威仪得就像清廷二品大员的顶戴；身段修长，黑色，显得很庄重。因它的装束，像古代亭长，喜在葛藤上活动，名之曰：葛上亭长。

《本草纲目 · 虫部》中记载："葛上亭长，弘景曰：此虫黑身赤头，如亭长之着玄衣赤帻，故名也。"

我二十一岁那年，在梅岭建筑公司当保管员，每天要到工地上收砂石，车来人往，一有空闲，就钻到工地旁的梓木林中去读书。林中幽暗，犹如梦境。半山腰，偃卧着一块巨石，如床，我便喜欢躺到"石床"上读书。

一日，读李宝嘉《官场现形记》，为书中"官崽"百般迎合，投机钻营，感到发怵。不经意间，看见一棵高不盈两尺，弱不禁风的灌木上，有七八只葛上亭长在往上爬，当爬到顶端，呼啦一下跌到地上，没等定神，又继续爬，循环往复。它们着了什么魔呢？它们还真有些像书中九死不悔的求官者。正好书中，有一个游手好闲的无赖，姓冒，因一心想当官，取名得官。冒得官不但用银钱走门路，还将亲生女儿奉献给上司。我给葛上亭长取外号，也叫"冒得官"。

葛上亭长每天在葛藤上吃葛叶、葛花，如风卷残云。

蚊 子

早年的乡村，家家有水沟，户户有茅厕，容易滋生蚊子，到了傍晚，真可以用聚蚊成雷来形容。很多人家会在庭院里，用艾草、辣蓼、黄荆叶熅烟。

有谜语云："细头细口细身子，细吹细打下南京。有人问我去哪里？我遇烟山就转身。"

我们听到的"嗡嗡"声，以为是蚊子在哼小曲，其实是它们翅膀振动的声音。它们每秒可振动频率在二百五到六百次。

蚊子是一种具有刺吸式口器的纤小飞虫。身子细细，呈灰褐色。复眼，有一对触角。一对翅膀，窄长，膜质。足细长，有前足、中足、后足各一对，还有黑白斑纹。喙细长，便是它的口器。

我有时在灯下静坐，有蚊子飞来，只见它轻轻落在我的手臂上，把喙扎进皮肉里。就在它渐入佳境的时，我可受不了，觉得又痛又痒，另一只手拍了过去。如果下手太快，还打不着它呢。

夏夜，当人们熟睡时，一不小心蚊帐开了一个口子，蚊子便乘虚而入。它们是依靠嗅觉、温度和二氧化碳感应来锁定目标。在人身上吃饱喝足，便飘然离去，整个过程不到一分钟。

蚊子可是公认的害虫。很多人被蚊子叮咬后，皮肤会起红包，会发痒，会溃烂，更严重的是还会传播登革热、疟疾、黄热病、丝虫病。

只有雌性蚊子才叮人，它们需要血液中的蛋白质来繁殖后代。雄性则吸食植物的汁液为生。

蚊子的生命历程包括卵、幼虫、蛹、成虫四部分。每只雌蚊子，一生产卵约为一千到三千个。一般把卵产于水面，两天后孵化成为水生的幼虫，叫孑孓。孑孓以水中的藻类为食，经过四次脱皮，才成为蛹漂浮在水面上，最终蛹表皮破裂，诞生成幼蚊。

我小时候，经常看见废弃的碓臼中，污水里有许多像虾米一样的虫子在跳跃，后来才得知是蚊子的幼虫，便摘几把醉鱼草丢进去。第二天一看，那些幼虫都死去。

在我的家乡，有一个叫南岭杨家的村子，是远近闻名的无蚊村。流传着这样一个的故事。

有一天，罗隐先生来南岭拜谒先祖罗珠墓，天色暗了，便在杨家借宿。村里人说："可惜蚊虫太多，不太好住。"

相传罗隐先生手里扇着扇子说："区区蚊虫，何足挂齿。一扇扇千里，二扇永无踪。"

村里人说："不要说扇千里，只要屋场上没有，就太好了。"

罗隐说："好，就保你屋场上没有蚊子吧！"

蚊子昼伏夜出，嗜好在阴暗、潮湿、肮脏的地方藏身。或许是杨家村地势轩敞、风力大，蚊子不好藏身的缘故吧。要说南岭还真是风水宝地，晋代郭璞为许逊母亲踩地，踏遍西山，就相中杨家左侧那块蜈蚣地呢。

清道光年间，有一个叫单斗南的高人，写了首《咏蚊》诗："性命博膏血，人间尔最愚。嗜肤凭利喙，反掌陨微躯。"作家李伯元写了一部《官场现形记》，里面的贪官污吏恰似一些以"性命博膏血"的蚊虫。

苍　蝇

我近来喜欢用微距镜头拍昆虫，一天，拍了一只苍蝇，在电脑上点开一看，呵，竟然十分亮丽迷人。它的身段匀称，呈灰黑色，还长满细毛。复眼，紫褐色，分布在头部两边。舔吸式口器。双翅，六脚，搭配得妥妥帖帖。

《诗经·小雅·青蝇》中云："营营青蝇，止于樊。岂弟君子，无信谗言。"意思是说，苍蝇嗡嗡飞鸣，落在篱笆上，仁爱真君子，不要相信谗言。《尔雅翼》中云："青蝇，古以喻谗人，以其所趋甚污，终日营营而不知止。又为声以乱人听，故以比。"

其实苍蝇是翅膀振动，发出嗡嗡声。每秒频率有三百三十次。

在生物学上，苍蝇属于典型完全变态昆虫。它的一生，要经过卵、幼虫（蛆）、蛹、成虫，四个时期。

《本草纲目·虫部》中记载："蛆，蝇之子也。凡物败臭则生之。古法治酱生蛆，以草乌切片投之。"

有人说话不着边际，谓之嚼蛆。如《红楼梦》第五七回："紫鹃笑道：'倒不是白嚼蛆，我倒是一片真心为姑娘。'"

在日常生活中，有人嚼起蛆来，还扯虎皮，做大旗，极尽坑蒙拐骗之事能。

我不但见过嚼蛆之人，还见过有人吃蛆。

以前，邻村有老夫老妻，都在八十多岁，老眼昏花。吃饭的时候，一般都是老三样：一盘盐菜、一碗豆渣、一碟豆饵。豆饵里，分明有蛆在爬，可他俩照吃不误，津津有味，不时咂嘴。

老头儿子在外地工作。他们家不但把酒埋在地下，就连豆饵也一埋十来年。据说这种豆饵，味道特别醇厚，清香撩人，乃人间至味。

青虫

镇上几位垂钓爱好者，经常在夜里去水库钓鲇鱼。第二天清早，便可十拿九稳提着几条大鲇鱼回来，很是叫人羡慕。

晚上怎么能钓鱼呢？我向他们打听：原来，鲇鱼多在夜里才出来活动，他们每人带五六根海竿，按上铃铛，用青虫作诱饵。只要铃一响，便可钓上那呆霸王似的鲇鱼来。

我很想同他们去钓一次鲇鱼。没等约好人，便急急地在山上、溪边寻找起青虫来。无意中，在邻居家的菜地里，捉到八条如手指般粗的青虫。我如获至宝，把它们装进一只小时候养蚕的木匣里，放上几片菜叶养着。

青虫也叫六点天蛾幼虫，长可达三四寸，头部呈三角形，颜色翠绿，体态光滑，腹节侧面有七条黄白色斜线，胸足淡呈红色，尾角较长。它们吃菜叶风卷残云。

几天后，我打开匣子加菜叶，惊呆了，青虫不青，变成了几粒紫红色的蛹。

又是几天过去了，我如约去钓鲇鱼，蛹又化作几只抖动着翅膀跃跃欲飞的天蛾。

我把匣子一抖，几只天蛾，翩翩飞去。

陈淏子《花镜》中云："蛱蝶，一名蝴蝶，多从蠹蠋所化。形类蛾而翅大身长，四翅轻薄而有粉，须长而美，夹翅而飞。其色有白、黑、黄，又有翠绀者，赤黄、黑黄者，五色相间者。最喜嗅花之香，以须代鼻。其交亦以鼻，交后则粉褪，不足观矣。然其出没于园林，翩跹于庭畔；暖烟则沉蕙径，微雨则宿花房；两两三三，不招而自至；蘧蘧栩栩，不扑而自亲。诚微物之得趣者也。昔唐穆宗禁中牡丹盛开，有黄白蛱蝶万数，飞集花间。网之，盖得数百，乃金也。又南海有蛱蝶，大如蒲帆，称肉得八十斤，噉之极肥美。"

元代吾丘衍《十二月乐辞十三首其五》中云："青虫化飞蛾，穴蚁登南柯。前山雨脚来，远色云嵯峨。"

在我短短几天的等待中，却是青虫羽化的全过程。

蝉

春日不可无花，秋日不可无月，冬日不可无雪。那么，夏日不可无蝉鸣。

童年的故乡，地处群山的怀抱里，山前山后，竹树满山；屋左屋右，果木成荫。

夏日蝉鸣，或独奏如琴弦，或对唱如情歌，或齐鸣如鼓乐。

这如泣如诉、如歌如叹的蝉鸣，给我枯燥乏味的童年，带来了无穷无尽的快乐。

据我所知，鸣蝉有两种。时序刚进入初夏，有一种蝉，只有小指头般大小，黛黑色，翅膀上有白色花纹，眼睛处朱红如漆，鸣声吱吱然，欢快而急促。它们似乎要警醒一些，待人走近，便停止鸣叫，还撒一泡尿，扬长而去。这种蝉，叫红眼蝉。

到了盛夏，那种漂亮的红眼蝉，已是不知去向，替代它的是一种苍黑色，大如拇指的蝉。它的叫声也要洪亮得多。通常所见的蝉，便是这种了。

蝉有雄雌之分。会叫是雄蝉，个头也要大一些，两胁有两片豆荚皮似的瓣膜，为发音器。雌蝉是不会发音的，我们叫它哑巴蝉。

我在山上砍柴，或在溪边捉鱼，或在菜园里摘黄瓜，听见蝉鸣，总是屏声静气、蹑手蹑脚地走过去，把它按住，任其嘶叫折腾，也不会放手。

我常用一根长长的竹竿，在它的顶端，将竹篾弯成弧形，再到屋檐下、菜地边，缠一些蜘蛛网，来到树林里，只要看准一只蝉，轻轻一捂，就粘住了。庄子《佝偻承蜩》里的老丈人，大概用的也是这个原理吧。

蝉，我的家乡也叫“呢哑”。有时候，它站得太高，我们捉不到，还唱道：

呢哑哩，呢哑哩，
你落得太高我上不去。
呢哑哩，呢哑哩，
快点退到我手心里。
我带你回家吃糯米，
你给我每天唱小曲。

有的妇人，摇着摇篮，听着满树蝉鸣，会唱道：

呢哑呢哑，满树乱爬。
声音小点，莫吵我娃。
我娃瞌睡，要困觉呢。

螳螂捕蝉，黄雀在后。我见过螳螂捕蝉精彩的一幕。一天傍晚，我端着饭在门口吃着，听见门前一棵虬曲如龙的小桃树上，有蝉惨叫不绝。我放下碗，爬上树一看，是一只翡翠色的螳螂，咬住蝉的脑袋，两只镰刀似的前爪，抓住蝉的翅膀，任其挣扎，死死不放。

那时候，我为了买小人书，在暑期里，经常上山捡蝉蜕。蝉蜕可做中药，卖给镇上的收购站，每斤六元。

中医认为，蝉蜕（蝉脱）味咸甘、性寒，可清热、熄风、镇惊。

蝉脱，轻若蝉翼，不知道要多少千只才有一斤。蝉一般是晚上蜕壳的，灌木丛中，每天能捡到新鲜的蝉脱。

但有一次，我在白天竟然看见蝉蜕壳的全过程。

那天，我在山上捡蝉蜕，累了，便坐在一棵油茶树下歇息。看见一个指头大的小洞，爬出一只金黄色、湿漉漉的蝉蛹来。它慢慢爬动，似幽灵。它找到一棵小树干上后，紧紧抱住，不一会儿，在背后的裂缝中，伸出头来，渐渐，整个身子都出来了，由乳白，慢慢变成黑褐色，便抖了抖翅膀，“吱呀”地叫了一声，飞走了。这是它从蛹到蝉的一次蜕变、一次飞跃。

蝉在交配后，雄蝉生命枯竭，坠地而死。雌蝉用产卵器，在一根嫩枝上，刺一圈小孔，把卵产在里面。另外，还要煞费苦心，把嫩枝上的韧皮刺破一圈，使它断绝水分，渐渐枯死。这样，被风一吹，有卵的树枝就落到地面。半个月后，幼蝉便孵化出来，钻进土里靠吸食多年生植物根中的汁液而生。蝉在地下，经过三到五年，四五次蜕皮，才钻出地面，爬到树枝上，进行最后一次蜕变。

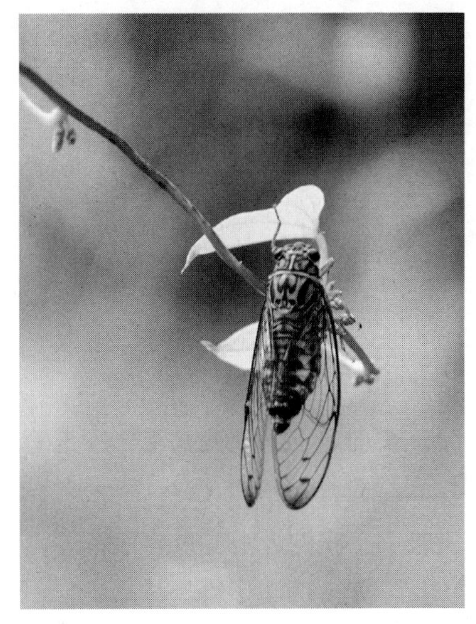

蝉在蜕变后，能活多久呢？法国生物学家法布尔曾对一只蝉跟踪观察了四年后，在《昆虫记》中写道：“四年黑暗的苦工，一月日光中的享乐……如此难得，而又如此短暂。”

《本草纲目》中记载，蝉三十日而死。所以，有人把它称为短命歌手。

蝉鸣，尤其在夏日的傍晚，最为惊心动魄。

那时，在炎热的下午，我经常要等到日头偏西，才去山上砍柴。才到山上，倏地，日头已经下山了。残阳如血，白云苍狗。那时的蝉鸣，不是此起彼伏，而是歇斯底里地嘶叫，汇成了蝉鸣的海洋，人也好像是这声浪中的一粒微尘而已。它们为什么要这样不要命地歌唱呢？是要证明自己的存在？是为了挽留行将下山的夕阳？

我不得而知，只有匆匆忙忙，砍上一捆柴，踏着暮色下山。

青　蛙

那时，我只有五六岁吧，每天像尾巴一样，跟在母亲身边。有一次，生产队分了一个任务给母亲，去秧田催赶雀子。母亲搬了一把竹交椅，坐在田边，不时，用“竹呱板”，朝天敲打一阵，还喂嗬、喂嗬地吆喝几声。

田里有无穷无尽的乐趣，可以捏泥巴、捞泥鳅、捡田螺、捉青蛙……

有一天，母亲打个谜语给我猜：“学狗坐，学狗叫，有眼睛，没有眉毛。”正巧，田里有一只青蛙在朝我呱呱地叫着，我一下就猜中了。

母亲又打谜语给我猜：“有尾不会跳，会跳没有尾。”“尾”我的家乡读“米”，我猜了好久，才猜中。

青蛙，在我的家乡叫蛤蟆、水鸡。

有童谣唱道：“蛤蟆叫连连，深更夜不眠。生坏八个字，累死也枉然。”或唱：“细蛤蟆，叫呱呱，大姐头上戴满花，又怕大风吹落伞，又怕日头晒蔫花。乘不得船，坐不得车，肚里带个小蛤蟆。”

秧田里，水汪汪的，映照着蓝天白云。不经意间，青蛙在田里产了许多卵，似一连串的水泡，中间一个黑点。这黑点便是蝌蚪的生命原点，十多天后，蜕变出一大群的蝌蚪来。小蝌蚪身子黑乎乎，圆鼓鼓，嘴细小，眼睛黑亮，尾巴宽大。我捞一尾捧在手里，它的肚皮透明，看得清五脏六腑。

小蝌蚪游来游去，嘴一张一合，似乎在找妈妈，又似乎在找吃的。渐渐地，长了两条后腿；渐渐地，又长了两条前腿。刚学会跳，一不小心把尾巴给玩丢了，干脆一蹦一跳来到岸上寻找。它的面貌已焕然一新。体态修长，青翠。头部扁平，呈三角形。嘴巴宽大，吻端稍尖。眼大而突。腹部白色。前肢短，有四指，指间无蹼。后肢长，有五趾，趾间有蹼。它的弹跳能力、游泳功夫极强，我们人类的世界冠军还得向它学习呢。

一天，母亲又给我打谜语：“什么上山点头啄？什么下山尾巴拖？什么田里打花鼓？什么树上唱清歌？”

谜底分别是：野鸡、蛇、青蛙、知了。

田边，有一只青蛙叫了几声，马上就会有几只青蛙附和，像在对歌。尤其是夏夜，满田埂的青蛙，都在鼓腹而歌，呱呱地叫，如雷鸣，如战鼓，有节奏，有韵律，宛如一场音乐盛会。

有一回，一只青蛙跳进我家天井里，呱呱地叫个不停。我用油灯一照，发现它嘴角的两边，有两个气囊，时大时小，十分奇怪。

我经常在傍晚起露水的时候，到田埂捡田螺。看见青蛙蹲在禾蔸下，紧盯禾苗上的蚱蜢，纵身一跳，舌头像鞭子一样，抽打在蚱蜢身上，马上用前脚把蚱蜢抱住，送到了嘴里。一次，我在池塘边钓鱼，有蜻蜓点水，它跳起一米来高，一口就将蜻蜓吞下。

我也用蚱蜢、蜻蜓钓青蛙，只要用钩在它身边晃动两下，就马上一口咬住。后来，我试着用棉花、用蜘蛛丝作诱饵，它照吃不误。不过我钓了青蛙，都会放掉。

青蛙是人类的好朋友。据科学家研究，一只青蛙一天可吃掉上百只害虫，那么，一个夏天可捕杀上万只害虫。

稻花香里说丰年，听取蛙声一片。

癞蛤蟆

癞蛤蟆实属不雅。比喻一个人相貌猥琐，就说此人长得像癞蛤蟆。形容一个人不切实际的幻想，就说癞蛤蟆想吃天鹅肉。

癞蛤蟆也叫蟾蜍，宽扁的大嘴，暴突的大眼，满身长了疙疙瘩瘩的毒刺，让人望而生畏。喜欢生活在荒草地、水沟边，以昆虫、蜗牛等为食。

我小孩子的时候，十分顽劣，一次捉了一只癞蛤蟆在手里，大人看见，连忙制止，说：“赶快放掉，癞蛤蟆如喷出毒液，会瞎掉眼睛，烂掉手。”

后来得知，癞蛤蟆的毒液，是从耳后腺体中喷出。这是它的看家本领。它的毒液，经过加工炮制，叫蟾酥。

李时珍在《本草纲目·虫部》中云：“弘景曰：此是腹大、皮上多痱磊者。其皮汁甚有毒，犬啮之，口皆肿。”

孙思邈说，蟾蜕除恶肿，神也。

我多次看过吃癞蛤蟆中毒的报道，癞蛤蟆的毒素会刺激迷走神经，引起心肌收缩，脉搏减慢，严重者可导致心力衰竭、虚脱、昏迷，甚至死亡。

在中国古代，一直把蟾蜍当作神物，有镇宅辟邪之功。人们常用蟾宫折桂，来比喻金榜题名。民间也有刘海戏金蟾的年画。

癞蛤蟆虽丑，却是吉祥的象征。

蜻蜓

很多人的童年都有和蜻蜓相关的故事。

那时，我家老屋的天井里，不时有蜻蜓飞来落在门边，我便蹑手蹑脚走过去，捏住它的尾巴或翅膀。捉到蜻蜓后，经常把它们放到蚊帐里吃蚊子。它们在蚊帐里，是否吃了蚊子呢，我不知道。

有时候，用棉线两头各绑一只蜻蜓，让它们飞。忽东忽西。很快，蜻蜓被折腾得筋疲力尽，掉在地上，被鸡啄食。

蜻蜓，在我的家乡叫糠鸡。大者叫雷公糠鸡（碧伟蜓），有四五寸长，身上有斑纹，飞起来“硕硕”有声，十分迅猛；最为常见的糠鸡，有青、红等几种（粗腰蜻蜓、杜松蜻蜓、褐斑蜻蜓等）；小者袅袅娜娜，是弱不禁风的豆娘。

我们常见蜻蜓点水，是它们将卵产在水中。其幼虫叫水虿，乍看有点像虾子，生活在水中，一般需两三年经过多次蜕变，才能羽化。

每当雨过天晴，经常能看见成千上万的红蜻蜓在空中飞舞、盘旋，蔚为大观。

我们捉蜻蜓时，还一边唱道:“糠鸡头，绿绿颈，三个萝卜换个饼。”或唱:“糠鸡嘚，慢慢飞，一飞飞到禾田里。谷子丰收堆打堆，吃不完时喂糠鸡，喂得糠鸡对成对。”

捉来蜻蜓放在我家天井蚂蚁出入之处，不一会儿，一大队的蚂蚁，倾巢出动，其中十来只蚂蚁，便有一只大头蚂蚁督队。更有趣的是，天井的另一边，杀出一支蚂蚁大军来，进行一场争夺战。

熊荣在《西山竹枝词》中云:“树头啄木响叮叮，树下枫人忽现形。村里小儿日卓午，蛛丝八尺网蜻蜓。”

我常用一根长长的竹竿，在它的顶端将竹篾弯成弧形，再到屋檐下、菜地边，缠一些蜘蛛网，来到田野、溪边、树荫下，只要看准一只蜻蜓，轻轻一捂就粘住了。这个时候，我身后总跟着侄子、侄女。

我记得我高中毕了业，十八岁时，一天带着小侄子正在聚精会神网蜻蜓，被我伯父看见，他责怪道："呵，你今年几岁了，还网糠鸡！"

从此，我才幡然醒悟，告别了这种残害蜻蜓的游戏。

《战国策》里庄辛对楚襄王说："王独不见夫蜻蛉乎？六足四翼，飞翔乎天地之间，俯啄蚊虻而食之，仰承甘露而饮之，自以为无患，与人无争也。不知夫五尺童子，方将调饴胶丝，加己乎四仞之上，而下为蝼蚁食也。"

是的，蜻蜓给我们的童年带来了快乐，而我们却总是有意无意地伤害它们。

蛇

蛇年伊始，翻开报刊，打开网站，关于蛇的话题，触目皆是，倒也勾起了我对蛇的一些回忆。

身居山中，常遭蛇惊。

孩提时，常听人说，山中有一种鸡冠蛇，通体红色，头上有公鸡一样的红冠，如果遇上人就腾空而起，发出"咯咯"的怪叫声，喷出毒雾。若被它掠过头顶，必被其"克"死。每当我走在山野、田间、溪边，生怕遭遇鸡冠蛇，如履薄冰。

夏日一个风雨后的傍晚，我从村侧一口水色被牛粪染成酱色的小池边走过，猛然见池中伸出一个白色的蛇头来，血红色的眼睛望着我，像魔鬼在笑。我生恐这就是鸡冠蛇，此后好几天像中了邪似的，心神不安。

至于鸡冠蛇，我从没见过，但确有其事。我家的一个堂嫂去娘家做客，走在半路上遭遇鸡冠蛇，吓得半路而回，病得很重，还请了道士打醮念经压惊。在我的家乡，再厉害的捕蛇者也不敢招惹它。

唐杜光庭在《录异记》中记载："鸡冠蛇，头如雄鸡有冠。身长尺余，围可数寸，中人必死，会稽山下有之。"

小时候，我家有天井的百年老屋地板下和排水沟中，多藏蛇。我四五岁时，父母亲被拉去批斗，我只有苦中作乐，在天井里打苍蝇喂蚂蚁。一天，不知从天井的哪个角落钻出一条毒蛇来。它口吐红信，目露凶光地望着我。我惊叫一声，正要跑，我们家的小狗狂吠几声，迎了上去。僵持了片刻，群鸡纷纷前来助战，咕咕地叫着，把蛇围住，三两下就把它给啄死了。

有一次，我捡蝉蜕时，遇到过一条蟒蛇。那天，我钻进村后一丛参天的古枫林中，耳畔蝉鸣嘶嘶，灌木丛中，蝉蜕触目皆是。正捡得起劲，只见一丛灌木在刷刷地抖动，走近一看，是一条碗口般粗、黑褐色的蟒蛇在慢慢地蠕动。我吓得一跳三尺多高，惊叫一声，脚不点地，往山下狂奔。心在怦怦直跳，像在打鼓。

我的家乡有一个捕蛇者，在山间看见一条扇头风蛇，与之挑逗再三，蛇怯阵而走，躲进一座古墓。捕蛇者是个胆大包天的人，把手伸进古墓乱摸，结果被咬了一口。他把手缩了回来，蛇还死死不放，于是蛇被活捉。捕蛇者把蛇打死后，当机立断，把一只手给斩了，才保住了一条命。

据捕蛇者说，蛇毒有的通血液，有的通神经。一般来说，多是通神经。如被咬，千万不要紧张，在伤口用刀画一个十字，来到水边，用瓦片刮，等血涌出，可以排毒。

在我从小的教材中，对于蛇都是带贬义的：农夫和蛇、人心不足蛇吞象、蛇蝎心肠、杯弓蛇影、打草惊蛇、虎头蛇尾、佛口蛇心、一朝被蛇咬，十年怕井绳。

可在中国古代文化中，蛇曾经是美好的象征，受到人们的崇拜，还是我们民族最早的图腾之一。《列子》中记载“庖牺氏、女娲氏、神龙（农）氏、夏后氏，蛇身人面，牛首虎鼻”。《山海经》有“共工氏蛇身朱发”之说。《诗经·小雅·斯干》有“维虺维蛇，女子之祥”之句。屈原《楚辞·天问》有“一蛇吞象，厥大何如”之语。《白蛇传》的女主人，是一条修炼千年的白蛇精；侍女小青，也是一条修炼百年的青蛇精。故事中有借伞、盗仙草、水漫金山、断桥、雷峰塔、祭塔等情节，扣人心弦。白素贞勇敢而智慧，美丽而善良，为了美好的爱情，九死不悔。历朝历代，大臣的礼服上绣有蟒蛇，可见古人对蛇的重视。

古代的文臣武将，很多是梦见蟒蛇入怀而生。汉代的王莽，唐代的郭子仪，清代的曾国藩，据说都是蟒蛇投胎。

《曾文正公年谱》中记载：“时竟希公在堂，寿几七十矣。是夜梦有巨蟒盘旋空中，旋绕于宅之左右，已而入室庭，蹲踞良久。公惊而寤，闻曾孙生，适如梦时，大喜曰：‘是家之祥。曾氏门闾行将大矣。’宅后旧有古树，为藤所缠，树已槁，而藤日益大且茂，矫若虬龙，树叶苍翠，垂荫一亩，亦世所罕见者。”

蛇肉可食，蛇胆可明目，蛇毒可治病，蛇皮可制乐器，可谓蛇的周身是宝。

大地的丰收，生态的平衡，还有蛇的一份功劳。据说，一条蛇平均每年可捕鼠一到二百只。

每到蛇年，我们的祖国也都国泰民安、风调雨顺，洋溢着吉祥，承载着福气。

蜈　蚣

蜈蚣，是一种有剧毒的节肢动物，与蛇、蝎、壁虎、蟾蜍，位列五毒之首。身子扁长，有五六寸，全身共二十一节，每节均有一对足。头红色，有一对颚足，有毒腺。身子暗绿，腹部黄褐。尾巴也是红色，像八字一样分开。昼伏夜出。居于潮湿的墙角、砖块、烂树叶下。夏天较为常见。是肉食性动物，喜欢捕食各种昆虫。

《广雅》中云：“蝍蛆，蜈蚣，性能制蛇，卒见大蛇，便缘而啖其脑。”

《本草纲目》中记载：“蜈蚣，西南处处有之，春出冬蛰，节节有足，双须岐尾。性畏蜘蛛。以溺射之，即断烂也。”

《本草衍义》中记载:“蜈蚣背光黑绿色，足赤，腹下黄。”

据说蜈蚣与蛇斗，专咬蛇的眼睛，让它失去反抗能力，蛇很快被蜈蚣毒死。

民间传说，鸡与蜈蚣是冤家。据说在评选十二生肖的时候，鸡的头上本来长着犄角。一天，龙要去天上面见玉皇大帝，就向鸡借犄角，还请鸡的好朋友蜈蚣担保。龙有了角，更是威风凛凛，就要赖皮，不想把犄角还给公鸡，躲到海底。公鸡找不到龙，只能向蜈蚣说理。蜈蚣理亏，逃之夭夭。此后，公鸡见到蜈蚣，怒火中烧，咕咕乱叫，拼命啄它。

胡兰成在《今生今世 · 胡村月令》中也写到这个故事，说雄鸡啼“哥哥哥”就是叫龙还它犄角。

小时候，我们看见蜈蚣，就用棍子夹住，抛在鸡群。母鸡看见活蹦乱跳的蜈蚣，有点儿害怕。公鸡则不然，上前就啄。蜈蚣痛得在地上翻滚，毫无招架之力。等被啄到七八口，蜈蚣死去，就一口吞下去。

那时的乡村，到处堆着柴火。柴火堆中，多藏有蜈蚣，蜈蚣伤人的事经常发生。我见过被蜈蚣咬伤的人，皮肤红肿，或坏死，脸色发白、恶心呕吐、头痛心悸、还发烧，甚至危及生命。有经验的人，会在伤处用嘴使劲吸吮，排出毒液。也有人捉来公鸡，让它张开口，滴出一点口水，就能立即减轻一些痛苦。接着，去上山砍来一棵博落回，让它黄色的液体滴在伤处，有祛风镇痛，解毒消肿等功效。

村里还有人捉到蜈蚣，放在瓦上，用火烤干，碾成细末备用，可治疗疖毒、无名肿毒等。

鲤　鱼

说起鱼，首先会想起的是鲤鱼。

鲤鱼，身段雄健，线条流畅，多为红色，让人欢喜。

我经常去水库钓鱼，旭日东升的时候，平静的湖面，只听拔刺一声，金光一闪，多是鲤鱼。有时在山溪深潭钓鱼，浮漂猛然一沉，起竿，钓上一条荷包鲤鱼，顿时，我觉得整个世界都霞光满天。

鲤鱼也叫文鱼。文既纹，纹理。《说文 · 文部》中记载:“文，错画也，象交文。"《埤雅·释鱼》："鲤，今之赪鲤也。一名鳣鲤。脊中鳞一道，每鳞上有小黑点文，大小皆三十六鳞。鱼之贵者。"《楚辞·河伯·九歌》中记载："乘白鼋兮逐文鱼，与女游兮河之渚。"

鲤鱼也叫鲤拐子，因它游动时尾巴左右摆动。民间有《可怜歌》唱道："天像一把伞，地像一块板。可怜的鲤鱼摔呀摔。鲤鱼呀，你也好，有根须，可怜咯黄鳅满田趋。"

在中国古代传说中，鲤鱼不但可以化龙，还颇有仙气。

葛洪在《抱朴子·对俗》中云："是以萧史偕翔凤以凌虚，琴高乘朱鲤于深渊。"

刘向在《列仙传》卷上中云："琴高者，赵人也，以鼓琴为宋康王舍人，行涓彭之术，浮游冀州、涿郡之间二百余年。后辞入涿水中取龙子，与诸弟子期曰：'皆洁斋待于水旁，设祠。'果乘赤鲤来，出坐祠中，且有万人观之。留一月余，复入水去。"

李白在《涌琴高》中云："赤鲤涌琴高，白龟道冰夷。"岑参在《随琴高》中云："愿得随琴高，骑鱼向云烟。"

鲤鱼又叫赤骥、赤鲟公。宋罗愿在《尔雅翼·释鱼一》中云："鲤者，鱼之主。形既可爱，又能神变，乃至飞越江湖。……崔豹云：兖州人谓赤鲤为赤骥，青鲤为青马，黑鲤为黑驹，白鲤为白骐，黄鲤为黄雅。"

唐段成式在《酉阳杂俎·鳞介篇》中云："国朝律：取得鲤鱼即宜放，仍不得吃，号赤鲟公。卖者杖六十，言鲤为李也。"

在大唐，鲤鱼成了皇家的吉祥物。因鲤与李同音，皇族以鲤为佩，甚至兵符也改为鲤符。还颁布法令，百姓如果捕到鲤鱼，必须放生，如有违抗者，要打六十大板。在有的地方，鲤鱼老死，还须德高望重的长者，设祭坛，主持仪式，敲锣打鼓，焚香点烛，将其埋葬。年年清明，还要祭拜。

《埤雅·释鱼》中又云："俗说鱼跃龙门，过而为龙，唯鲤或然。"

我小时候，曾听过一个这样的故事。有一家中药店老板，晚上住店，半夜，听见店门哔剥作响，以为是老鼠啃门，并不介意，后来越听越不对劲，就叫了几个伙计悄悄埋伏在门边。一会儿，门已割出一个大洞，马上钻进一个小偷来。老板敲石打火，点燃清油灯，小偷吓得瑟瑟发抖，跪地求饶。老板面色镇静，和蔼地对小偷说："老弟，你家有什么困难，就尽管说吧，年纪轻轻，怎么不走正路？"小偷说："我们家太穷，想耕田没有地，想打渔没有船，想做生意没有本钱，不得已才做这样丢人现眼的事。”老板见他有心向善，就给了他二十两银子，叫他去学做生意。从此，小偷改邪归正，走村串户贩鱼卖。外号人称鱼郎。鱼郎为报答老板的知遇之恩，每年大年初一，照例要提两条大鲤鱼去给老板拜年，祝老板生意兴隆，年年有鱼（余）。

自古至今，人们把金榜题名喻之为鲤鱼跳龙门。在日常生活中，有人遇到突如其来的好事，就说此人抱到一条大鲤鱼了。逢年过节，初一、十五，祭祀天地祖先，要用小三牲，有猪头、鲤鱼、公鸡，就连门口的对联、墙上的年画都有鲤鱼。

鲤鱼，成为金玉满堂、年年有余的象征。

石斑鱼

我想为故乡山溪中美丽可爱的石斑鱼，写一篇文章。它是我一生中，最为钟爱的一种鱼呢。

石斑鱼，在我的家乡有的人叫它锈金鱼，有的人也叫它石坎鱼、石伏鱼。它的学名叫斑条光唇鱼，或叫浅水石斑鱼。

元代贾铭在《饮食须知》有石斑鱼的记载：“生南方溪涧，长数寸，白鳞黑斑，浮游水面，闻人声则哗然深入。其子及肠有毒，误食令人吐泻，饮鱼尾草汁少许，解之。”

石斑鱼，梭形，头小而体胖，背低而脊宽，全身呈棕褐色，腹部花白，各有六七条黑色横斑纹，属冷水鱼类，只生活于南方山溪水质清冽的石缝里、深潭中。石斑鱼以溪中的石虫、小型水生动物和微生物为食。因此，生长缓慢，大的也不过二三两重。

石斑鱼以肉质细嫩，味道鲜美而著称。唐代诗人李频有“石斑鱼鲊香刺鼻，浅水沙田饭饶牙”的诗句。

小时候，母亲在溪中洗衣埠头洗衣裳，我便常陪在身边玩耍。母亲四十岁时生的我，她很疼我这个老幺。

母亲经常跪在蒲团上搓洗衣裳，不时用木杵捶打，声音响彻云霄。溪水清澈，映照着天光云影。

不经意间，总看见一大群石斑鱼在洗衣裳的石板下面，时进时出，忽东忽西。我便回家，拿来筲箕，捉上几条，养在家里的玻璃缸里。要是别的鱼，过几天也就死翘翘了。可石斑鱼的生命力极强，在缸里不急不躁，怡然自得，小嘴还一张一合，似在喃喃自语。抛下几粒米饭，或一根面条，它们会不时地啃上几口。有一天，我在溪里弄了一些沙子，给它们做沙床，又扯了几根水草，放在里面。过几天，水草居然生出了细嫩的白根来。这漂亮的石斑鱼，有青青的水草相衬托，显得更有精神、更有活力、更有野趣。

有一天，我独自在溪边摘野豆。这种野豆是细瘦的藤蔓长的，果实略似绿豆，我常摘来炆粥吃。

偶尔，发现一丛芭茅掩映，葛藤缠绕的小潭中，有许多石斑鱼在怡然嬉戏。

我来到潭边，它们并不因我的出现而躲闪。

我从口袋掏出一只红薯，洗净，嚼碎，喷于潭中，它们争着用嘴一张一合地吃着。我心中一喜，又吐一口在手心，放进水里，它们照抢不误，碰在手上，麻酥酥的，趁其不备，捞上一条来。呵！它真小呢，才小指头般大。它在我手里蹦跳着、挣扎着，乌黑的眼睛望着我，企求得到释放。我不忍心伤害这可爱的小生灵，把它搁置水中，倏地，它消失在鱼群中。我深深地爱恋上了这潭小鱼。此后，经常寻来红薯、饼干、玉米棒，嚼碎给它们吃，并挖来蚯蚓，用小刀切碎，喂养它们。我希望它们快快长大，心情不亚于母亲对家禽的期望。但，我绝不想从它们身上得到什么，或捉它们吃。

我的心，像潭水一样清澈。

在很长一段时间，石斑鱼是我最好的朋友，也是我的感情维系。

可好景不长，这个秘密终于被一个比我大三四岁的孩子发觉。一天放学后，他赤着脚，提着渔网和鱼篓来到小潭，堵住了上游的水源，把潭水泻干，鱼被一网打尽。

等我赶来，他提着大半篓活蹦乱跳的石斑鱼正“功德圆满”要回家。我心中的爱恋、心中的维系被他一网打尽了。我疯狂地哭着、骂着，要抢回鱼。他狡黠地一笑，说：“笑话，溪里的鱼怎么会是你的？你也不要闹了，我们回去请大人评理去。”

我哭丧着脸，跟在他背后，心想，鱼是我花了心血养的，你还能有理吗？

回到家里，父母正在吃饭，我哇哇地边哭边诉说，却把父母笑得直喷饭。

村里人听说了，也都笑我是个傻孩子。

春溪水涨，便想到钓鱼。

兴之所至，去柴房找来一根直挺挺的竹竿作钓竿，用母亲纳鞋底的鞋绳当渔线，弄来几枚大头针弯成钩，又风风火火地往鸭身上揪几根羽毛做成浮标，挖几条蚯蚓，急匆匆往溪边走去。来到洗衣埠头，水清见底，游鱼历历可数。垂下钓，鱼儿立即抢作一团，眼见得钩被拖走了，浮标急动，便“呀”的一声惊叫，钓竿一挥，一条指头般大小的石斑鱼，被甩在半空掉了下来。

石斑鱼随着个头渐渐长大，似乎知道了世道的艰险，把肥胖的身子总躲进深水潭里、岩石洞里，深居简出。

在我们家葛山菜园，有一块浑圆如花生的岩石，有几栋屋那么大，横跨在溪上，村里人都叫它烙铁石。其下水深莫测，多藏石斑鱼。如此地势，捉是捉不到的，便用钩钓。把用酒浸过的大米先抛上几把，把洞里的石斑鱼引出来。我躲在隐蔽处垂下钩，不多久，钩就被石斑鱼拖得跑了，一提竿就钓上一只来。

我还喜欢用笱笼捕石斑鱼。笱笼是一种用竹篾编制成的捕鱼工具，口阔而颈小，腹大而身长，有倒挂须，鱼进得去，出不来。在水深且多岩石的溪段，筑一鱼梁，布下笱笼，第二天去取，总能装到十来条石斑鱼。当然还有别的鱼，我是来者不拒。

石斑鱼，给我的童年生活带来了无穷无尽的快乐。

然而，近十多年，随着梅岭旅游事业的发展，肉质鲜美细嫩的石斑鱼，成了当地每家饭店的必备特色菜。有些急功近利的人，就用电瓶、鱼藤精等工具乱捕滥杀石斑鱼。

听乡亲们说，石斑鱼也越来越少！

马口鱼

山溪中，往来穿梭者，多是马口鱼。

马口鱼，因它口阔而得名。你看它的别名，宽口、大口扒、扯口婆。它还因颜色艳丽，又名桃花鱼、红车公。在我的家乡，俗称红霞鮤。

它体形修长，唇厚，眼小，背脊呈黑灰色，腹部银白色，体侧有十一二条垂直的蓝色条纹，其间有或红色或黄色的花斑。其腹鳍为淡红色，胸鳍上有许多黑色斑点，背鳍和尾鳍呈灰黑色。多以小鱼、小虾、昆虫为食，体重一二两，最大的也就三两左右。

下雨天，溪水满溢，它喜欢逆流而行，遇激流险滩，一跃而上，可达一米多高，宛如空中闪过一道彩虹。有时，失之偏颇，也就掉到岸上来了，让人不劳而获。这个时候，它只有干瞪一双鱼眼，一副死不瞑目的样子，让人忍俊不禁。

初夏雨后，水色稍浑，最宜钓马口鱼。它喜欢游弋于急水滩头。浮标随波逐流，人须跟着走。只要浮标急动，一提竿，就可钓上一只“花花公子”似的马口鱼来。这种鱼性急，吃钩凶猛，运气好时，一上午就可钓五六斤。

那时，我经常扛着笱笼来到溪边，在有鱼往来如织的水域，用石头垒起一道渔梁，留一缺口，将笱笼填上，用一块石头压住。再去上游，将鱼驱赶得急走直下，尽入彀中。待一会儿，我们将笱笼掀起，看见有十多条鱼儿在里面活蹦乱跳，便心花怒放。拿掉倒挂须，将鱼倒出，折一根树枝穿好，多是马口鱼。

如果将笱笼放过夜，翌日清早去取，装到的有鱼，有虾，还有脚鱼。

在我十四五岁时，更喜欢到水库捉鱼。如捉马口鱼，最好的工具是用“簿”。这种渔具，从未见过记载，别处也没有见过。指头大的毛竹片，用细绳编织，宽约四尺，长有一丈。来到水库的入水口，在流水湍急的溪段，同样筑一渔梁，将“簿”放上。颈口用棍子垫起，只留半寸水面，鱼只能进，不得出。末端水深四五寸，用柴草堵上。小一点的马口鱼，只要进来，就在这里安享它最后的时光；大一些的马口鱼，见通道受阻，气得一蹦三尺多高。

尤其是初夏的傍晚，蛙声与溪声相交织，萤火和渔火相交映。空气里散发着一股浓烈的腥气。我来到上游，用棍棒击水，鱼惊走，像箭一样射到“簿”中。

晚风轻拂，我尽情享受渔猎的快乐。

螳螂

螳螂，细长的身段，乍一看，似乎弱不禁风。但只要仔细一打量，就知道它是厉害角色。

螳螂，别名刀螂、刀螳，在我的家乡俗称“斫公”。

它有一个三角形的头，有棱有角；一双炯炯有神的复眼，能观六路；细长的脖颈，可自转一百八十度；两根长长的触须，似鞭；一对镰刀似的前爪，攻守自如。

我国明清之际，山东有个武术大师，叫王郎。一天在野外，看见螳螂与蝉相斗。只见螳螂进退有度，两臂运转灵活，从中顿悟出武学之玄机。他捉几只螳螂，用瓦盆养着，用草秆撩之，留心螳螂每一个动作，闪展腾挪，勾搂挂辟，创造出一套独特的拳法——螳螂拳。

螳螂拳的特点是：刚柔相济、长短兼备、正迎侧击、虚实相互、手脚并用。使人难以捉摸，防不胜防。

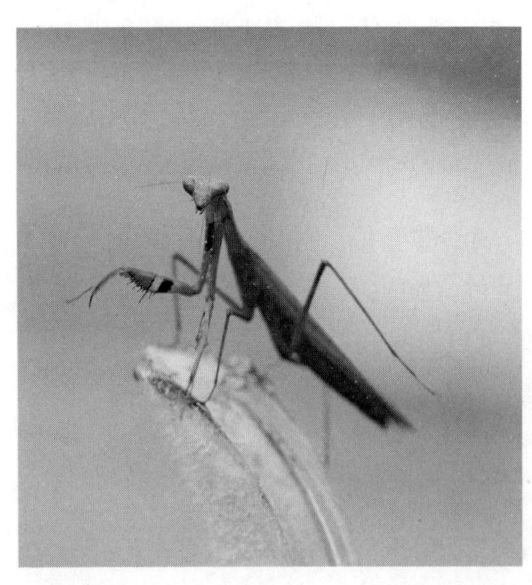

蒲松龄在《聊斋志异》中生动地描写过螳螂捕蛇的一幕：“张姓者，偶行溪谷，闻崖上有声甚厉。寻途登觇，见巨蛇围如碗，摆扑丛树中，以尾击树，树枝崩折。反侧倾跌之状，似有物捉制之。然审视殊无所见，大疑。渐近临之，则一螳螂据顶上，以刺刀攫其首，攧不可去。久之，蛇竟死。视额上革肉，已破裂云。”

螳螂能用自己区区之身，搏杀比自己大几百倍的庞然大物，可谓大智大勇。

有一次，我看见螳螂落到蜘蛛网上，蜘蛛匆匆忙忙前来收获猎物，结果反被螳螂当点心吃了。

然而，人们常用螳臂当车这个成语来比喻那些倒行逆施、自取灭亡的人。

其实，螳螂很懂物竞天择适者生存的道理。当草木青青的时候，它身上是翡翠色；当落叶凋零的时候，它也与之变色。

蚱　蜢

少年时，在生产队赚工分割禾，往往是一丘田，十几个人一字排开，在剩下最后一小块的时候，只见得集聚着许多蚱蜢，它们用脚一弹，同时振动翅膀，就飞走了。

深秋，我去山上砍柴，只见路边蚱蜢，或蹦或飞，有时会弹到我脸上。我喜欢捉顶大的来玩，它不但后腿如锯，还咬人，同时口里渗出黑汁，有黏性，很恶心。等你一不注意，就蹦出老远。

那时，我们会用渔网，去田贩捉大蚱蜢，回家用油炸着吃，香酥可口，营养丰富。

蚱蜢是直翅目蝗科动物，也叫蝗虫，南昌人习惯叫“蚱蜢弓子”。蚱蜢种类据说上万种，常见的多是黄褐色或绿色，头尖，呈圆锥形。除了一对复眼，中间还有三只单眼，用于感光。其触角细长，前脚、中脚都短小，后足发达，善于跳跃。鞘翅狭而韧，膜翅宽而薄。口器坚硬，主要啃食禾本科植物。

《诗经·召南·草虫》中云：“喓喓草虫，趯趯阜螽。未见君子，忧心忡忡。”

《诗经·小雅·大田》中，提到蝗

虫等害虫："既方既皂，既坚既好，不稂不莠。去其螟螣，及其蟊贼，无害我田稚。"

苏东坡在杭州就见过蝗灾，"上翳日月，下掩草木，遇其所落，弥望萧然。飞蝗来时半天黑"。

在中国历史上，蝗灾往往紧随旱灾，祸不单行。它们犹如天兵路过，铺天盖地，席卷而来，所到之处，庄稼颗粒无收，害得很多人家卖儿卖女，逃荒讨饭。我查阅了很多地方文献资料，有许多关于蝗灾的记录。如：

《五行志注》中记载："永平末，豫章遭蝗，谷不收，民饥死，每县几数千百十人。"

《豫章书》中记载："穆宗长庆三年，洪州、新建螟蝗害稼八万顷。"

清同治《南昌府志》卷二十六《职官》记载，道光乙未年，张寅任南昌知府时："秋复旱，蝗飞蔽田，设局收买，并示民以掩捕诸法。"

清同治《新建县志》中记载："咸丰六年丙辰秋，大旱，蝗飞集田间如雨，居民多取食之，或饲猪鸡。"

魏元矿在《西山志略》中记载："紫霄峰，山之绝顶，所谓西山第一峰也。东南一崖最高曰日照，黎明则先见日。峰上有萧仙石屋。屋前有石臼，高五六尺，深七八寸，水常不涸。居人取其水禳蝗。有凤台观，谓为秦萧史吹箫引凤处。故复曰萧峰，一曰萧岭，亦曰萧坛。"

旧时，从龙岗到萧峰，有一条登山的石路。每年过年至元宵，当地居民，成群结队，张灯结彩，鼓乐齐鸣，上萧坛，朝拜萧史弄玉。

蟋　蟀

秋风起，虫声唧唧，其中叫得最欢的便是蟋蟀了。声音凄切，岁寒将至。

蟋蟀，又名蛐蛐、促织、趋织、秋虫、斗鸡、将军虫。依人而居，多藏匿于乱石下、土墙中、草丛里。天气转凉，就穿堂入室，甚至躲在灶下过冬。

《诗经·豳风·七月》有云："五月斯螽动股，六月莎鸡振羽。七月在野，八月在宇，九月在户，十月蟋蟀入我床下。"

陆玑在《毛诗草木鸟兽虫鱼注疏》中云："蟋蟀，似蝗而小，正黑有光泽，如漆，有角翅。……楚人谓之王孙，幽州人谓之趋织，督促之言也。里语曰

‘趋织鸣，赖妇惊’是也。”

蟋蟀多以黑褐色为主，也有黄褐色、淡绿色。头部浑圆，除了一对凸起的复眼外，还有三只单眼，两只长在头须上端，一只长在触须中间前额下方。咀嚼式口器。触须细如丝，布满柔毛，位于复眼中间历前端。胸部由三个体节组成，依次为前胸、中胸、后胸，每节有一对足，也分前足、中足、后足。后足发达，善于跳跃。长有两对翅膀：前翅生于中胸，质地坚韧如革；后翅生于后胸，薄如蝉翼。腹部则是内脏和生殖器所在。

半闲堂主人贾似道在《蟋蟀经》中说：“白不如黑，黑不如赤，赤不如青麻头。青项、金翅、金银丝额，上也；黄麻头，次也；紫金黑色，又其次也。其形以头顶肥，脚腿长，身背阔者为上。顶项紧，脚瘦腿薄者为上。虫病有四：一仰头，二卷须，三练牙，四踢脚。若犯其一，皆不可用。”

《古诗十九首》中有：“明月皎夜光，促织鸣东墙。”

会鸣的是雄蟋蟀，其声嚁嚁然。其右翅上，有一些似锉样的短刺；左翅上，有刀一般的硬棘。左右翅膀相互摩擦，就可以发出悦耳的声音。生性好斗，如果别的雄蟋蟀，觊觎自己的地盘，就会鸣声激越，吓退对方，甚至与之厮杀。胜利后，便会自鸣得意。秋风萧瑟，天气转凉，雄蟋蟀或是孤单寂寞，或为了繁衍后代，振翅而歌，声音舒缓而悠长，是在寻找伴侣。

我小时候，听到蟋蟀鸣声，便屏声静气辨别方位。凭我的经验，凡声音清脆如琴者，都是小个头儿；声音沙哑，多为老者；以声音浑厚，刚烈者为佳。每看见蟋蟀所在，就蹑手蹑脚，慢慢靠近，用手掌轻轻把它控制住。有时蟋蟀躲在洞穴里，用一个罩子，堵在洞口，再用草茎轻轻一拨，或用水灌，它就自投罗网了。我捉到蟋蟀后，装在一个精制的竹榼里，再用竹筒盖上。可用饭粒、玉米、豆腐、瓜果、蔬菜，吃小昆虫。

螽 斯

《诗经·周南·螽斯》诗云：

螽斯羽，诜诜兮。宜尔子孙，振振兮。
螽斯羽，薨薨兮。宜尔子孙，绳绳兮。
螽斯羽，揖揖兮。宜尔子孙，蛰蛰兮。

螽斯，又名蝈蝈，在我的家乡俗称纺仙。它浑身碧绿，个头儿大，叫声洪亮，很讨人喜欢。它触角修长，身体稍扁，翅膀虽不发达，但善于跳跃。它和蟋蟀一样，雄性前翅附近有发音器，通过左右两翅摩擦发声。

朱熹在《诗集传》云："螽斯，蝗属，长而青，长角长股，能以两股相切作声，一生九十九子。"

螽斯在田野、菜园中一般以害虫为食，也吃一些菜叶、树叶。

小时候，我经常在菜园看见螽斯在振翅而歌，就快步上前，用手捏住它的翅膀，装进一个关蟋蟀的竹榼里养着。夜深人静，螽斯会发出轧织、轧织的鸣声。我喂它南瓜花、青菜叶，以及各种昆虫。乡间孩子，可玩的东西多着呢，养几天也就放了。

我问母亲，螽斯为什么又叫纺仙呢？母亲说，早先地主家有一个小姐，每天在阁楼上织布。小姐喜欢上了一个年轻帅气的长工，一有空闲就去幽会。可她父母硬要她另外找婆家，为了监督她，除了吃饭，不许停下织布声。小姐边织布，边唱《纺纱谣》：“小女在娘家，日夜纺棉纱。牵纱又织布，屁股坐成疤。老娘前来看，话我断根纱。娘呀莫打吧，不久就出嫁。大鸡和大肉，寻常送嫁家。”小姐被情所困，不能自拔，一天深夜，撞死在织布机上，变成一只虫子，轧织、轧织地鸣叫，人们叫它纺仙。

民国《安义县志》记载了我的家乡织布的盛况：“清咸、同后，光绪中叶前，民间衣料多用土布。安义为产棉之区，虽无大宗输出，尚足敷本地之用。比户纺织，每当清夜，环听机声轧轧。”

秋风乍起，天气变冷。螽斯和草木一样，为之色变——成了黄褐色。轧织、轧织——雄螽斯弹奏出一曲恋歌。很快就有雌螽斯飞来，触须相碰，互表衷肠。交配后，雄螽斯鸣声逐渐衰弱。

雌螽斯来到一个阳光充足的地方，把产卵管插进泥土，产下卵子，在瑟瑟寒风中，走到了生命的尽头。

蚂　蟥

蚂蟥，是一种水蛭科的吸血环节动物。其体态柔软，狭长而扁，两头都有吸盘。悠游于水中，一伸一缩。只要听见水响，就要寻找目标。

孩提时，我总喜欢拿着筲箕，提着鱼篓，去田里捉黄鳅，正开心，一不注意，就有蚂蟥爬到脚上吸血，急忙跑上岸，用棍子挑，又软又滑，不得脱，用手扯，却又牢牢吸在手上，让我心惊肉跳。就算甩掉了它，伤口还是流血不止。

蚂蟥吸血的时候，不痛不痒，据说有麻醉作用，不容易发觉。蚂蟥很耐饥饿，一旦附着在皮肤上，不多久，一条瘪瘪的蚂蟥就会撑得滚滚圆圆，可吸到自身体重二到十倍的血。这时，你把它捉在手里，用力一捏，两头飙出血来。如果把它掐成两截，抛在水里，会成为两条。最好的办法是用一根树枝，将蚂蟥穿个里朝外，插在地上，让太阳晒。

20 世纪 70 年代，有一个上海女知青，第一次下田栽禾，突然发现脚上有两条蚂蟥，便惊恐万状，一边跑，一边叫，上了岸，坐在田塍上，两只脚相互摩擦。大家以为她中了邪，后来看清她细皮嫩肉的脚上有两条蚂蟥。有一个老农跑过去，帮她捉掉，她还是惊魂未定。

只要种过田的人都知道，双抢的时候，农民每天起早摸黑，累得腰驼背曲，脚上经常鲜血直流。

飞　蛾

飞蛾，在我的家乡叫扑灯、扑叶。

孩提时，家里用灯盏照明。灯盏比碟子还小，里面装着清油（茶油或菜籽油、桐油），放着一根灯芯草。到了夜晚，灯盏发出幽幽的光芒。我家住的是有天井的老屋，风一吹，灯火摇曳，人影也跟着摇晃。不时，有飞蛾飞来，绕着灯盏，欢快地飞舞，不多一会儿，或是被火苗灼伤，或说是快活得过头了，掉进了灯盏，一命呜呼。

二哥给我出了一个灯谜："一盏清油没有渣，一棵白树又无枝。一条白蛇搭过港，口里衔朵珍珠花。"

母亲教我唱歌谣："灯盏嘚，矮波波，三岁孩儿会唱歌，不要爷娘教乖我，自己聪明会唱歌。"

几年后，我家有了玻璃灯盏，中间是一个大大的肚子，灯芯是扁的，灯头是铁的，还可调节光的大小，点的是洋油，也叫煤油。这样，家里亮堂多了，也不怕风吹雨打，飞蛾飞来，碰得灯罩啪啪作响，同时有粉尘在飞。

我问父亲，飞蛾为什么要扑火呢？父亲说，它们喜欢夜间出来行动，靠光源辨别方向。在远古的时候，它们靠日月星辰指引飞行。

在昆虫中，飞蛾是蝴蝶的姊妹，都属昆虫纲，鳞翅目，繁殖方式也一样，要经过卵、幼虫、蛹和成虫四个发育阶段。

水稻田里的飞蛾，是螟虫（包括二化螟、三化螟、大螟）、稻纵卷叶螟的成虫。

《诗经·小雅·小宛》中记载："螟蛉有子，蜾蠃负之。"《尔雅·释虫》："食苗心，螟。"清代郝懿行义疏："今食苗心小青虫，长仅半寸，与禾同色，寻之不见，故言冥冥难知。"

《周易·系辞下》中记载："易，穷则变，变则通，通则久。"飞蛾扑火，自取灭亡。只怪它们不懂悔过自新，只有死路一条。

萤火虫

一天的傍晚时分，我带着两岁的孙子小牧之，在老家的一个湖边漫步。我们一会儿看着湖底的月亮，一会儿数着天上的星星。忽见得，湖边的树丛里和草丛间，有几只流萤飞过。我看准一只，伸手一捞，它趴在我巴掌里，依然一闪一烁。

牧之第一次见到萤火虫，睁大一双好奇的眼睛，还以为爷爷一把摘下天上的一颗星星呢。

萤火虫在我的手心里，感觉到情况不妙，奋力挣扎，六条细腿一蹬，翅膀打开，用力一扇，荧灯一闪，打着灯笼，自照前程而去。

萤火虫，久违了。我离开故乡，来到山城居住许多年了，几乎再也没有见到过萤火虫了。

萤火虫，在我的家乡叫夜火虫。

在故乡的岁月，每到夏夜，有许许多多的萤火虫，在梦幻般的夜空里，忽明忽暗，忽东忽西。我们这些孩子吃过了晚饭，左手拿着一只玻璃瓶，右手拿着一把蒲扇，跳着唱着：

夜火虫子光光，
你吃绿豆，

我吃蚕豆。

你拿我打锡，

我煎个荷包蛋给你吃。

所谓的“打锡”，就是把萤火虫放在地上，用脚一踩，地上有一线荧光。

每有萤火虫飞过，我用蒲扇一扇，就落在地上，我立即捡到瓶子里。

那时的田野里，凉风习习，蛙声如潮。

父亲曾经讲过一个《车胤囊萤夜读》的故事给我听。说东晋有个叫车胤的人，小时候家里贫困，无钱点灯夜读。一天夜里，他看到许多萤火虫在空中飞舞，灵机一动，捉了一些，装在一个纱囊里，借着萤光，用功读书。车胤后来，成为一个大学问家。

我在这个故事的感召下，也学着用萤火虫来读书，照着课本一看，字迹很不分明。我与父亲说：“怎么看不清字呢？”

父亲拿出一本珍藏的木刻版《千家诗》，字体有铜钱那么大。用荧光一照，果然看得很分明。可见古人没有欺骗我们。父亲翻到唐代诗人杜牧的《秋夕》，说：“你也学学古人，借着荧光，背这首诗吧。”

《秋夕》诗云：“银烛秋光冷画屏，轻罗小扇扑流萤。天阶夜色凉如水，卧看牵牛织女星。”

在父亲的引导下，在温馨的荧光映照下，背诵了我人生的第一首唐诗。

很可惜，这种曾经漫天飞舞的小精灵，已是不多见了。据说，由于近年来大规模城镇化建设，以及乡村农药、化肥的过度使用，我们的空气、土壤、水质严重恶化，导致萤火虫，遭到了灭顶之灾。

洋辣子

洋辣子，满身毛刺，以淡绿色为主，还夹杂着红黄黑相间的花纹，身段略呈长方形，或圆柱状。头尾要仔细看，才能分辨。腹部扁圆，像是一个吸盘，看不清脚长在哪里。依附在树叶上，无须劳作，想吃就吃。叶子吃得剩下叶茎，再爬到下一片上。

洋辣子，属鳞翅目刺蛾科，别名绿刺蛾、青刺蛾、刺毛虫、痒辣子等。

宋罗愿在《尔雅翼·释虫一》中记载：“蛅蟖，蛓虫也。身扁绿色，似蚕而短，背有毒毛，能蜇人。今俗呼杨瘌虫。……今牡丹上尤多，常在叶背，不知者辄遇其毒。欲老则吐丝自裹，久渐坚凝，如巴菽大，紫白相间。”

小时候上山，一怕毒蛇，二怕黄蜂，三怕洋辣子。洋辣子最是叫人防不胜防，藏身叶子背后，一旦触碰到，蜇得人叫苦不迭。它满身毒刺，扎进人的汗毛孔，毒素就进入血液，瞬间，皮肤红肿，又痛又痒，又辣又麻，抓不得，摸不得，还通神经，让人坐立不安。

黄蜂尾巴尖上那根毒刺，在遇到危险时，只是拼死一搏。洋辣子则不然，满身毒刺，蜇了人还泰然自若。

有时候，我被蜇了，就连树叶摘下，放在地上踩，以泄愤懑。

有一次，我在山上捡知了壳，一只洋辣子莫名其妙地落在我的衣领里，开始只觉得有点儿冰凉，紧接着，它所到之处火辣辣，疼痛难忍。我掀开衣服，将洋辣子抖落在地。它竟然有手指般粗，五颜六色，除了满身长刺外，额外竖起八根狼牙棒似的毛瘤。

如果不严重，可用肥皂水，或用牙膏涂在患处，也可减轻痛苦。

洋辣子成熟了，就化成蛹，羽化后，又开始孕育出新的生命。

百脚虫

“君看百足虫，至死身不颠。”这是辛弃疾在《周氏敬荣堂诗》中的吟咏。

我孩提时，第一次看见百脚虫心惊肉跳。它满身金甲，每节有一道黑箍，走动起来，有数不清的脚在动。这时，有一个朋友，用棍子拨它一下，它立即卷成一团。看起来倒是安分守己，对人没有威胁。

百脚虫学名叫马陆，是节肢动物门，多足纲。

马陆，也叫马蚰。杨雄在《方言》卷十一中云："马蚿，其大者谓之马蚰。"

百脚虫，刚出生时也只有七节和七对足。每蜕一次皮便增加一节，可增至十一节。经过多次蜕变，体节增多，足也就随之增加。有人说，它有两百多对足。

植物学家说，百脚虫靠危害着植物的嫩根、幼苗而生存。

看到百脚虫，我总会想起《红楼梦》中冷子兴说的："百足之虫，死而不僵。"这句古语，多用来比喻那些有雄厚实力的权势门第，虽然腐朽没落，但空架子还是不倒，成为阻碍社会进步、人类文明的绊脚石。

蚕宝宝

农桑，在我国自古为衣食之根本。

《春秋》有"天子亲耕，王后亲蚕"的记载。也就是说，在小满这一天，帝王扶犁耕田，王后则要采桑喂蚕。小满为蚕神嫘祖的生日，是她发明了养蚕、缫丝、织绸和制衣。

《诗·小雅·小弁》中有记："惟桑与梓，必恭敬止。"朱熹集传："桑、梓二木。古者五亩之宅，树之墙下，以遗子孙给蚕食、具器用者也……桑梓父母所植。"

《诗经·豳风·七月》中有："七月流火，八月萑苇。蚕月条桑，取彼斧斨，以伐远扬，猗彼女桑。七月鸣鵙，八月载绩。载玄载黄，我朱孔阳，为公子裳。"诗中描写了农妇采桑，以及为公子哥制作衣裳的情景。

《隋书·地理志》中有记："豫章郡一年蚕四五熟。"可见我的家乡蚕事之盛。

熊荣在《西山竹枝词》有云："自来生长在山家，不解描鸾袛浣纱。莫笑阿侬真蠢拙，年年业得是桑麻。"

时至今日，我的家乡种桑养蚕，并不是用于纺纱织帛，只是孩子们的一种乐趣。

在我孩提时，只要看见屋后的桑树开始萌芽，就向邻居家讨来一张纸的蚕子。

蚕子像油菜籽那么大，密密麻麻，布满一纸。把蚕子折叠好，再用一张大纸包好，小心翼翼，放在内衣口袋里孵化。三四天后，孵出许多毛茸茸、黑黝黝的蚕宝宝来。我用羽毛撩拨，把它们装在有桑叶的盒子里，它们就不停地吃起桑叶来。几天后，蚕宝宝就长得白白胖胖。

沙、沙、沙，它们吃桑叶的声音，好像从来就没有停止过，争分夺秒、没日没夜。才丢下一把桑叶，一会儿就被蚕吃掉。

有的年头蚕养得多了，桑叶不够吃，真是忧心如焚。迫不得已，将自己珍藏的图书跟人家换桑叶，也换桑树。听大人说，山上的柘树可代替桑叶，于是，就是起风落雨也去寻找。

《说文·木部》中记载："柘，柘桑也。"段玉裁注："山桑、柘桑，皆桑之属……柘，亦曰柘桑。"

几天后，蚕宝宝开始脱皮，如同睡眠，不吃不动。经过第一次脱皮后，就是二龄幼虫。它们只要脱一次皮，就算增加一岁，一共要脱四次皮，成为五龄幼虫，再吃个把星期的桑叶，成为熟蚕，有指头般大，透明发亮，等稍微缩小一些，就开始吐丝结茧。它们选好位置，就摇头晃脑，吐出光亮夺目的丝线来，有黄白两种，渐渐把自己裹了起来。经过两三天，才吐完丝。据大人说，把一根茧丝拉长，有三里路那么长。

蚕在茧中，还要进行最后一次脱皮，才成为蚕蛹。蚕蛹的体形比一粒花生米稍长，形似一个纺锤，分头、胸、腹三个体段。头部不大，长有复眼和触角；胸部长有胸足和翅；腹部鼓鼓囊囊，有好几个体节。蚕刚化蛹时，体色是淡黄色的，蛹体嫩软，渐渐变成黄褐色，蛹皮就硬起来了。又经过十几天，当蛹体又开始变软，蛹皮有点儿起皱，并呈土褐色时，羽化成蚕蛾。交尾后，雄蛾死去，雌蛾产下四五百粒蚕卵，便翩然而去。

蚕的一生，也就短短五十多天，经过蚕卵—蚁蚕—熟蚕—蚕茧—蚕蛾。最后，又回归到蚕卵，好像是生命轮回的一次完美演示。

蜥蜴

蜥蜴，俗称四脚蛇，在我的家乡叫郎中蛇。它的身子细长，有四只脚，尾巴扁平，遇见危险会自行脱落，眼睛不大，和蛇一样，阴冷逼人。郎中蛇品类太多，有的圆滚滚，有的瘦如藤，有的会变色。它们可钻洞，可泅水，可上树，神通广大。

有一次，我同母亲在村头大家倒垃圾的斜坡上开荒，栽南瓜藤，不但挖到了郎中蛇，还有不少黄豆大小的蛋。母亲说，它们就喜欢在这样的地方安家并且繁衍后代。

《诗经·小雅·正月》中云："哀今之人，胡为虺蜴？"

许慎在《说文解字》中云："蜥易，蝘蜓，守宫也，象形。"

晋崔豹在《古今注·鱼虫》中记载："蝘蜓，一曰守宫，一曰龙子，善于树上捕蝉食之，其五色长大者，名为蜥蜴，其短而大者名为蝾螈，一曰蛇医。"

东坡有诗云："今年岁旱号蜥蜴，狂走儿童闹歌舞。能衔渠水作冰雹，便向蛟龙觅云雨。"

古人认为，蜥蜴和龙是亲戚。在宋神宗熙宁年间，开封大旱，老百姓就用大缸，装满水，放进蜥蜴，选几个十岁童子，人持柳枝，边敲水缸，边唱："蜥蜴蜥蜴，兴云吐雾。降雨滂沱，放汝归去。"有一次，没有找到蜥蜴，把蝎虎（壁虎）投进水缸，被淹死，童子欣然作歌曰："冤苦冤苦，我是蝎虎。似恁昏沉，怎得甘雨。"

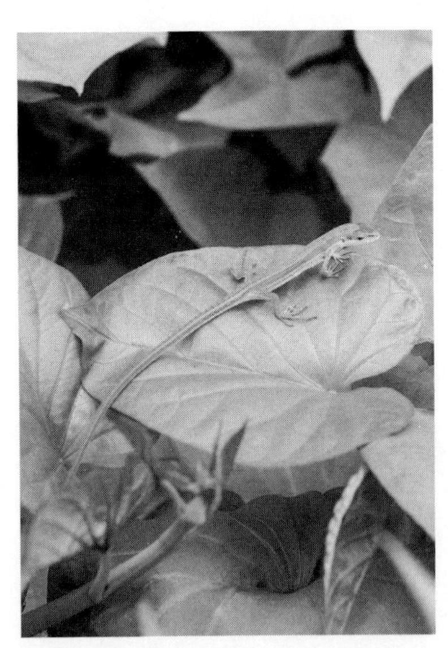

由此，我会想起一段童年往事。

那时，春夏之交，我们经常去山脚下，溪流边上摘萢子吃。所谓萢子，其实就是草莓。一种叫树萢，就是山莓，也叫米萢、刺萢。树高两米左右，弓腰曲背，往一边倾斜。叶子的形状有点儿像桑叶，边缘有锯齿状。满身长钩刺。惊蛰的时候，开白色的钟状小花，到谷雨时，浆果红艳夺目，像小灯笼似的挂满枝头。还有一种贴着地面长的草莓，我们叫地萢，也叫谷萢、空心萢。学名叫蓬蘽。它高可达两尺，叶子很像大棚里的草莓，花有铜钱那么大，白瓣黄蕊。满身长刺。地萢大的有乒乓球那么大，红艳欲滴，内空，有一个白心。

就在我们吃得津津有味的时候，经常遇见竹叶青蛇。它们的头像烙铁，目光咄咄，让人心惊胆战。村里就有人摘萢子吃，被蛇咬过，痛得死去活来。

这时，总有胆大的人，捡来一块石头，狠狠地向蛇砸去，砸完也不敢看蛇是死是活，赶紧往村里跑。

有一种鸡冠蛇，通体红色，头上有公鸡一样的红冠，如果遇上人，就腾空而起，发出“咯咯”的怪叫声，喷出毒雾。每当我走在山野、田间、溪边，生怕遭遇鸡冠蛇。

蛇衔草，有五片复叶，花分五瓣，呈金黄色，样子很像蛇莓，也叫蛇含。

我的父亲虽是个农民，曾经却读过师范学校，一有时间就喜欢看书。父亲说从前有个农夫，看见一条蛇伤得很厉害。过一会儿，有另外一条蛇衔来几片草叶给它敷在伤口上，到了日头快落山时，负伤的蛇竟然走掉了。农夫试着用这种叶子治外伤，果然很灵验。这里说的就是蛇衔草。

壁　虎

壁虎，在我的家乡叫壁蛇。因它每天行走在墙壁和天花板上，形状有些像蛇故名壁蛇。其实它是蜥蜴亚目爬行动物，更像四脚蛇。

壁虎的体态扁平，长不到五寸，嘴斜而扁，圆鼓鼓的眼睛。背面覆以细鳞，多为浅黄色。脚下有吸盘，黏附能力强，能飞檐走壁。尾巴又粗又长，断了可再生。

壁虎昼伏夜出。它固守一处，当有蚊子、苍蝇或飞蛾经过时，把舌头一伸，小飞虫便进入它的腹中。

古人把壁虎与蛇、蜈蚣、蟾蜍、蝎子归为五毒。据说壁虎的尿液有毒，入眼眼瞎、入耳耳聋，这没有见过记载。不过人的皮肤如果被壁虎沾染过，则会出现红疹，甚至溃烂。

我记得小时候一个夏夜，屋场上很多人坐在我家屋檐的路灯下纳凉，讲故事。灯下有很多蚊虫、蛾子在飞舞。天花板上，有六七只壁虎，横七竖八，守在那里捕捉虫子吃。也许是两只壁虎为抢一只蛾子吃，打起架来，其中一只掉在一个老人家的光头上，接着就进了他的衣领里。老人站起来，把衣服掀起，壁虎掉在地上跑了。第二天，老人身上出现了红肿、瘙痒、溃烂。据说老人用紫花地丁、乌桕叶搓出水，敷了两天就好了。

很多人对壁虎像对蛇蝎一样害怕。其实不必这样，壁虎在夏天以捕食蚊、蝇、飞蛾和蜘蛛等为生。

有人专门养壁虎，烤干用来做中药，有补肺肾、止咳定喘、益精血、镇痉祛风的功效呢。

壁虎看过去凶巴巴，对人类几乎没有危害。

石　鸡

石鸡，是蛙的一种，看过去类似牛蛙，大的可达一斤多。石鸡皮肤粗糙，疙疙瘩瘩，多呈赭黑色，乍看就像一块长满苔藓的石头；前肢小，后肢强壮，弹跳有力；肚皮呈蜡黄色，有黑刺，又叫刺胸蛙。

石鸡也叫石蛙，生长在山涧石缝中，喜欢阴凉，昼伏夜出，以小鱼虾、小螃蟹，及各种昆虫为食。它的肉质细嫩鲜美，营养丰富，含丰富的硒、锌和钙等微量元素。《本草纲目》记载："石蛙主治小儿痨瘦，疳疾最良，产妇尤佳。"《中国药用动物志》记载："石蛙有滋阴强壮，清凉解毒，补阴亏，驱痨瘦，化疮毒和兼补病后虚弱诸功效，其蝌蚪能乌发，卵子有明目之功效。"吃的时候，连皮都不用剥，刨去内脏，就用清水煮，十分鲜美。

小时候，去山上砍柴，傍晚下山时，总听见山脚下一口深邃的山塘里有石鸡在叫。它的叫声与一般青蛙迥然不同，咕咕的声音沉闷，似雷鸣，如战鼓，颇有一些令人惊心动魄。

有一天，我在溪边钓鱼，日头下山了，提着鱼篓，正要回家。想起山塘的蛙鸣，就捉了一只小蛤蟆挂在钩上，向山塘走去。才抛下钩，有一只石鸡，跳起脚，把钩吞下。第二钩更是奇了，一只石鸡咬住那只咬钩石鸡的后脚，死死不放，竟然一箭双雕。那一天，我钓了十来只石鸡，有四五斤重。

有时候，我去山上的深潭里放钩钓乌龟、脚鱼。第二天去取，经常钓到一两只石鸡，歪打正着。

捉石鸡，一般是在夜里。吃了晚饭，邀一个朋友做伴。原先照明的工具用火把，后来用手电。还要带柴刀、蛇皮袋、棍子等。虽是炎夏，却要穿长裤、长褂、套鞋，还要戴帽子。

用毛竹片做火把，只可燃一个半小时，如果用枞光油，可燃三四个小时。枞光油是松树的油脂，可耐烧了。

《礼记·祭法》中云："山林川谷丘陵，能出云，为风雨，见怪物，皆曰神。"

熊荣在《西山竹枝词》中云："山深到处有山精，不怕腰悬五岳形。蜮解射人狐善媚，劝郎采药莫孤行。"

以前的猎人，猎得野物，要祭了山神，才可以动筷子。

萤火与星光交相辉映，蛙鼓如潮。

我来到一个深谷，沿一条山涧跋山涉水。有时完全在藤萝、柴草、荆棘中匍匐前行；有时要蹚齐过腰深的潭水；有时要攀登悬崖峭壁。就是白天不敢走，也不会走的路，也得一往无前。

石鸡一般趴坐在岩石上、沙滩边纳凉。在手电的强光下，它瞪着两只圆鼓鼓的眼睛，一动不动。悄悄上前，一把将它按住。如若失手，它便扑通一声，遁迹而去。

如果在暴风雨前夕捉石鸡效果更佳，因天气闷热，它们会倾巢出动。

捉石鸡时，有时能碰见脚鱼、乌龟、鹰嘴龟，这是意外的收获。遇到毒蛇，便是家常便饭。蛇多的地方，石鸡也多。常见的蛇有烙铁头、竹叶青、五步蛇、扇头风（眼镜蛇）。

竹叶青多是躲在头顶柴草中，目光咄咄，见到灯光，就会口吐红信，令人胆战心惊。

如果遇到扇头风，它会昂起头来与人斗上一番，拼个你死我活。更要命的是烙铁头蛇，还会追着灯光跑。

我的家乡有不少人为吃到鲜美的石鸡，被毒蛇咬伤致残，或致死。

我有时逆流而上，攀到山顶，一般能捉到十几只石鸡，很有成就感。此时，我已筋疲力尽，咕嘟咕嘟，喝上几口山泉水，歇上一阵，便下山。

每次捉石鸡，会锻炼我的耐力和勇气，增长见闻，都是一次小冒险。其实，人生还是需要一些曲折的经历，才会有故事。

时过境迁，石鸡已被列为国家二级保护动物，禁止捕杀。

脚鱼

桐源村位于梅岭大山的角落、水的源头，盛产脚鱼。我儿时，用网兜在水草里捉鱼虾，一不注意就捞上一只脚鱼来。

脚鱼，南人叫甲鱼，北人叫老鳖，俗称王八。我的家乡有关于脚鱼的谜语云:“青石桥，白石底，四匹橹，慢慢摇。”

在天快暗下来的时候，去放脚鱼钩。在一根约一尺五寸长的竹鞭一头，绑一根三四尺长的渔线，另一头，拦腰系在一根缝衣服的针上，按上泥鳅或猪肝作诱饵。一般要选择多岩洞的深潭。只要脚鱼吃了钩，那针就卡在它的喉咙里，吞不进，也吐不出。到第二天去取，只要觉到手里沉甸甸，便十有八九是脚鱼，当然有时还能钓到乌龟、黄鳝、鲇鱼等。

有谚语说:“脚鱼下蛋离港远，洪水涨到蛋旁边。”意思是说，脚鱼下蛋，能算计到当年发洪水的水位。它把蛋下在沙堆里，埋上，每天夜里要来瞧。很多人发现了脚鱼蛋，便可来个守株待兔。

在我的家乡，有很多舂木粉的水碓。近处，总有那么几间堆放木屑的闲屋，脚鱼喜欢在木屑中下蛋。我经常去木屑中寻蛋，一窝能寻到八九个。脚鱼蛋滚圆滚圆的，晶莹剔透，比乒乓球要小一半。吃起来粉粉的，鲜美无比，是世间至味。

那时，我还喜欢用笱笼捕捉脚鱼。笱笼在我的家乡叫“毫子”，是一种用竹篾编制成的捕鱼工具，口阔而颈小，腹大而身长，设有倒挂须，鱼进得去，就出不来。

脚鱼大的三四斤，小的六七两，捕获一只，就能让一家人美美吃上一餐。大风暴的天气，脚鱼喜欢外出活动，我一晚最多用笱笼捉到两只。可我村有一个人一夜捉到七只，令我羡慕死了。

捉脚鱼可要讲究技巧，须用大拇指和无名指掐住它的两个后脚窝，任其挣扎也逃不出手掌。

我大哥是捉脚鱼的高手。经常晚上打火把出去照脚鱼，个把小时就能捉到三四只脚鱼回来。我常和大哥去捉脚鱼。火把是用干竹片或松明子扎成的，点燃后呼呼作响。来到多岩石洞的港边，或有圳与港连贯的田边。田里的脚鱼看见火光，知道自己在劫难逃，立即做缩头乌龟状。大哥快步上前，把它按住，装进网兜里。

有一次，在一个绿水萦回的潭边，看见一只脚鱼，大如脸盆，足有六斤多。大哥快步上前，先把脚鱼掀了一个底朝天，用手卡它的后脚窝，可手指的长度远远不够。大哥只有一手抓住脚鱼头，却被脚鱼前爪抓得鲜血直流。大哥手一松，脚鱼跑了。

田野里，凉风习习，蛙声如潮。夜空中，荡动着萤火虫扑朔迷离的光，与我们的渔火相辉映。

我经常赤着膀子，沿港摸脚鱼。有一次，摸到一只脚鱼，洞很深，才够得着它的半只后脚爪，我牢牢捏住，使劲往外拽，却纹丝不动。那时的心情，犹如大鱼上钩与之周旋，既兴奋又激动。骄阳当空，口干舌燥，我的臂膀在岩石上磨出了血痕。足足僵持了一个小时，我有些耐不住了，松手歇口气，等再伸手进去，怎么也摸不到脚鱼了。我回家叫来了大哥，用锄头掀去了那堵石坎，深藏的脚鱼才被逮着。

常言道："荞麦田里捉乌龟——十拿九稳。"可要在禾田里捉脚鱼，却非易事。脚鱼能打洞，能钻泥，有点儿神通广大呢。有一天，我发现一丘刚栽禾的田里，有许多脚鱼爬过的纹路。我在田边转悠了许久，又摸遍了所有的岩洞，没有寻到脚鱼。天已向晚，我骂骂咧咧正要回家，走到田角，猛然发现泥里伸出一个粗壮的脚鱼头来，绿豆般大小的眼睛，正直直地望着我。我哈哈一笑，纵身下田，翻开泥巴，将脚鱼掀了一个底朝天。这只脚鱼，足有三斤多。

俗话说："蛇有蛇路，鳖有鳖路。"有一次，我发现港里通往稻田的地方，有一条脚鱼爬过的路。因为脚鱼夜里经常要去稻田去觅食。我便在路中间，挖一个下大上小、深两尺的坑，上面用竹篾架着。夜里脚鱼经过，跌进去就出不来。这叫"土瓮捉鳖"。最多时，一夜可捉到三只脚鱼。

我还经常去湖边的沙滩上捡滩。在水深四五寸的浅滩，脚鱼埋伏在沙里，只露出两只眼睛，静候过往的小鱼。我只要看见有牛蹄似的印子，便手到擒来。脚鱼本在算计小鱼，却被我给算计了。

到了下半年，脚鱼把自己养得肥嘟嘟的，躲藏在沙堆里静养，本以为这样不招谁惹谁，可以颐养天年，却又遭到捕杀。

它们选择的沙堆，一要向阳，二要下大雨也推不动沙土的地方。

我的家乡谚语有云："七擱滩，八擱湾，十一、腊月擱中间。"

我们根据这些特点，用鱼叉东搁一下，西戳一下。只要戳到脚鱼，开始觉得有点儿弹性，稍用力，脚鱼壳很快被戳穿了。马上，就提起一只张牙舞爪的脚鱼来。

《庄子·则阳》中云："冬则擉鳖于江，夏则休乎山樊。"

大千世界，异彩纷呈，很多自然现象令人费解。脚鱼与蛇，本是两种风马牛不相及的东西，居然能达到某种"默契"，结成"攻守同盟"，总是同穴而居。有经验的人摸脚鱼，须备蛇药，以防不测。

时过境迁。昔日不上正席的脚鱼，曾几何时，已成盛筵必备的上品，价格也扶摇直上。由于大肆地捕捉，故乡已难得见到脚鱼的踪影了。如今的孩子们，读了此文，准以为我在讲很遥远的童话呢！

鹰嘴龟

第一次见到鹰嘴龟，是我读小学三年级时。那一天，我和四个小伙伴，在村后小水沟捉螃蟹。涓涓细流，鱼虾无法生存，螃蟹却很多。只要搬开一块小石头，就能找到一两只螃蟹。我们在一个水凼里，发现一只怪模怪样的东西。它很像乌龟，头大，尾长，嘴如鹰，眼睛像蛇一样露着凶光。

我很害怕。有个小伙伴胆大，用棍子把它夹到岸上，掀个底朝天。它脖子一缩，可头缩不到壳内。腹甲橘黄色。四肢橄榄色，缀有橘色斑点。

有一个小伙伴说，它是鹰嘴龟，喜欢吃蛇。顿时，我们对它有了好感，又把它放进凼里。

鹰嘴龟，学名叫平胸龟。喜欢在山高水冷的山涧生活，鱼、虾、蛇、蛙都是它的捕食对象。一般是在夜间才活动，不但可以攀岩，还能爬树。有人看见它吃蛇，只要咬住蛇，脖子一缩，蛇咬不到它的要害，挣扎一会儿，就一命呜呼。有的人干脆叫它为吃蛇龟。

到我读高中时，血气方刚，野性十足，经常去捉石鸡。挑一个闷热天气，穿着长裤、长褂、套鞋，还要戴帽子，拿着手电，来到一个山涧，在藤萝、柴草、荆棘中匍匐前行。有时要蹚齐过腰深的潭水，有时要攀登悬崖峭壁。说来奇怪，只要遇见鹰嘴龟，就很难捉到石鸡。

有一次砍柴下山，到山脚，有一个草坪，我们照例要歇上一阵。我第一个放下柴，口干舌燥，到山涧喝泉水。当我咕噜、咕噜地喝上几口，隐约听见跌水的崖头上，传来咕咕的叫声。我猜是一只受伤的鸽子。攀上崖头一看，是两只鹰嘴龟在打架，咬成一团。我当机立断，脱了一件褂子，扑了上去，把它们绑作一团。回到家用秤一称，有四斤八两。那时我们不吃乌龟，更不吃鹰嘴龟，玩了几天，就把它们放了。

到20世纪90年代，广东流行吃鹰嘴龟，很多人想尽办法捕捉，导致鹰嘴龟几乎绝迹。

黄 鳅

一天夜里，我手拿遥控器搜索电视频道，不经意看见少儿节目频道里，在唱一首《捉泥鳅》的儿歌。

歌词是这样唱的："池塘里水满了，雨也停了，田边的稀泥里到处是泥鳅。天天我等着你，等着你捉泥鳅；大哥哥好不好，咱们去捉泥鳅……"

听着听着，我的心随着那优美的旋律，飞回了大山深处的桐源老家。

捉泥鳅是我孩提时的一大乐事。那时，不管是放学后或节假期，只要稍得空闲，便拿着筲箕，提着鱼篓，飞也似的往田间跑去。

泥鳅，俗称黄鳅，溪水里、水沟里、田地里皆有之，根据季节的变化，捉法也不一样。

早春，山野、村头的望春花怒放的时候，父亲便吆喝着水牛，开始了春耕，犁铧所到之处，常有黄鳅翻出来，我便跟在父亲身后捉黄鳅。黄鳅还在冬眠状态，迷迷糊糊就被我装进了鱼篓里。

谷雨过后，大田小田水汪汪，都插了禾苗。到了晚上便打着火把去照黄鳅。工具是一把针扎子。所谓的针扎子，是用一根四尺多长的毛竹片，在一头扎上一排四五寸长的钢针。夜风吹拂，火把呼呼作响。照见黄鳅，就举起针扎，猛地扎下去，水花四溅的同时，提上一只黄鳅来，再往小木桶上一敲，就掉下去了。尤其在暴风雨的前夕，空气沉闷，黄鳅在泥里待不住，钻了出来，横七竖八地满田都是，叫你真不知道怎么下手。运气好时，还能照到脚鱼、鲶鱼、黄鳝、秤星鱼。

凉风习习，蛙声如潮。夜空中，荡动着萤火虫扑朔迷离的光，与我们的渔火相辉映。

夏天的暴雨过后，田里的流水滩头，总有许多黄鳅在戏水，我用筲箕拦在一处，再将左手一搪，能捉到十几条活蹦乱跳的黄鳅。

黄鳅还喜欢藏在石洞里。记得一个炎热的中午，太阳晒得田里的水都滚烫，我在一个石洞里就捉到两斤多黄鳅呢。

我还常用笱笼捕黄鳅。黄鳅进得去，出不来。笱笼里要放一些酒糟、油菜枯饼作诱饵。一般在头天傍晚放，第二天清早去取。一只笱笼约能捕到一二十只黄鳅。还经常能捕到黄鳝、水蛇。

立秋后，晚稻扬花时，农民在田里打了排水沟，等水干好撒红花籽。此时的黄鳅大部分积聚在水沟里。我们用手挖泥巴，就能源源不断地挖到黄鳅。有时用茶油枯饼药黄鳅，效果更佳。枯饼烧得焦黄，用碓舂成粉末。来到田边，见黄鳅集中的地方，就撒上几把。不到半个时辰，黄鳅就像喝醉了酒，全部浮出水面来。

冬天到了，黄鳅冬眠在泥土里，只要田里寻到黄鳅洞，一锹下去，黄鳅就被挖出来。

那时，黄鳅炒辣椒，便是我们家常吃的一道菜。

可惜，这些年，有很多人用电瓶触黄鳅。他们只要往水里一放电，大小黄鳅，都成盘中餐。

如今，捉黄鳅也已经成为往事了。

黄　鳝

黄鳝，头长而圆，尖嘴，眼睛大如粟米，体细长呈蛇形，无鳞，多呈黄褐色。它们喜欢生活在泥巴里，或穴居在石隙中；白天很少活动，夜间出来觅食。属于合鳃鱼科，用鳃呼吸。

孩提时，去禾田里捡田螺，或捉黄鳅，只要泥里有一个指头大的洞，如洞口还冒出白色的小气泡来，可以肯定黄鳝在呼吸或产卵。便悄悄用中指探进去，刚摸到黄鳝，就突然发力，用三个指头将它牢牢扣住。

冬天，红花田里，看见黄鳝洞，用锹铲下去，也能挖出冬眠的黄鳝。

那时，我在港里钓不到鱼，就来到山塘钓黄鳝。在钩上挂了蚯蚓，对准岩洞，一上一下，不多久黄鳝就咬钩了。用钓脚鱼的方法，把钩插在山塘里，第二天去取，准能钓到黄鳝。

夏天的晚上，用火把去田里照泥鳅，如能照到黄鳝，更是欢喜。每次看见半斤多重的大黄鳝，便屏住呼吸，把针啄高高举起，用力扎去，水花四起，提上一条黄鳝来，只见它痛得扭成麻花状，有时能把钢针扭断。在水桶上敲，怎么也掉不下去，只有用手去抓，可它还咬人，叫人又爱又恨。

还有一种捉黄鳝的工具是竹夹子。用三片毛竹片，左边两块，右边一块，长有四尺，夹口有锯齿，在下半截中间钻一个洞，装上一个螺丝。看见黄鳝，对准，用力一夹，便手到擒来。

黄鳝可炒、可炖、可烧，以味道鲜美著称。《本草纲目》记载，黄鳝具有补血、补气、消炎、解毒、祛风湿的功效。

袁枚的《随园食单》中，就记录了鳝鱼的三种烹饪方法。

炙鳝段的做法是："切鳝以寸为段，或先用油炙，再以冬瓜、鲜笋、香蕈作配，微用酱水，重用姜汁。"

炒鳝丝的做法是："拆鳝丝炒之，略焦，如炒肉鸡之法，不可用水。"

鳝丝羹的做法是："鳝鱼煮半熟，划丝去骨，加酒、秋油煨之，微用纤粉，用真金菜、冬瓜、长葱为羹。"这三种做法至今仍在流传。

月 鳢

月鳢，也叫山斑鱼、星光鱼。在我的家乡，俗称秤星鱼。头大而嘴阔，身长而多鳍。两边各有九条人字形的花纹，还点缀许多白色的花点，像满天星光。喜栖居于山区溪流、沼泽地、冷浆田。多藏于岩洞里，还会钻泥、打洞。

我依稀记得小时候钓月鳢的情景。在钩上挂一只小青蛙，只要对准溪中的岩洞，左右摆动几下，很快，就有一只月鳢，摇头摆尾地出来了，将钩吞下，待它掉过头回洞时，一提钩，可十拿九稳地把它钓上来。即使没有钓牢，只要赶紧补上一钩，它照常吞钩。

有一次雨后，溪水有些浑，村里有五六个人，在洗衣埠头钓鱼，钓上来的多是两把重的浅水石斑鱼和红车公马口鱼。大跌眼镜的是，有一个才五岁的孩

子硬是钓上一条八两多重的月鳢来，让人叹为观止。

有一年暑假，我在姑姑家做客。我和表哥或在田里捞浮萍喂猪，或捉鱼玩。我们在菜园里挖了一个一米深、两米见方的池子。池子毗邻水田，有水汩汩冒出。我们便在小溪里，捉了许多指头般大的月鳢，养在里面。我们还捉一些蝌蚪和蚯蚓喂养它们。每过几天，我们就用钩钓上一条，看看是否大了一些。但只要一下雨，池子水满，月鳢跑得精光，但我们还是乐此不疲。

在距离姑姑村一百米远，孤零零住着一户人家。一天，我俩发现他们家屋侧，水井的水草丛中，有一只近一斤重的月鳢。它静时，如老僧入定，动时游到水面吐一个泡。这只月鳢，对我们诱惑太大了。一天傍晚，我们见他们家门口没有人，就乘虚而入。才把钩放下去，那只月鳢，很快张开了血盆大口，一口将钩吞下。一提竿，月鳢钓上来了。我把月鳢捉在手里，正要往回走。这时，屋里蹿出一只狗来，汪汪叫着，朝我们跑来。我使劲奔跑，却被石头绊了一跤，摔得膝盖鲜血直流。屋里走出一个老太婆，吆喝住了狗，向我们走来。我以为她会骂我们是偷鱼贼，或羞辱我们一顿。她把地上的月鳢捡起来，放在我手里，说:“孩子，摔出了不少血呢。把鱼拿回家补损吧。”

这位慈祥的老太婆，让我感到人性的光辉。

乌　鱼

小时候，最喜欢钓的鱼便是月鳢、乌鱼。只要把钩抛在水里，它们就咬住不放。

有一天，我和堂侄来到献忠水库钓鱼。堂侄比我大七岁，不时钓上巴掌大的鲫鱼，尺把长的鲩鱼来。那时我只有七岁，钓竿长不过七尺，鞋绳做渔线，大头针作钓钩。我钓不到鱼，就发起呆来，随着水波的涟漪，恍惚坐在一艘行进的大船上。突然，手里猛一沉，一提竿，分明是一条大鱼。嗬，是一条两尺多长的大乌鱼。我两只手握紧钓竿，往岸上拖。乌鱼快离水面时，做垂死挣扎，不但把鱼竿拖跑了，还差点儿把我拽下水。

堂侄赶过来，不住地安慰我说，乌鱼力大，没有把人拉下去就好。那天，堂侄给了我一条鲩鱼，作为安慰。

乌鱼与月鳢，同是鳢科鳢属。乌鱼又称黑鱼、乌鳢，身段像圆筒。头大口阔，吻部圆形，牙齿丛生。背鳍和臀鳍长，尾巴圆形。背部多灰绿色，腹部浅白，体侧有黑色条纹。离开水域，在陆地上滑行，也能活好多天。

乌鱼，具有鳃上呼吸辅助器官，连皮肤也有呼吸功能，在暗无天日的污泥浊水中，也能生存。

乌鱼生性凶猛，繁殖力强。我村有人挖了一口小鱼塘，投下鱼苗后，又放了一对乌鱼下去。两年后干塘，只剩下两只大乌鱼和一群小乌鱼，被村里人传为笑话。

有一年，村里放干鱼塘，别的鱼被一网打尽，唯有乌鱼，深藏在泥巴里。有一天，我看见一只翠鸟，从空中俯冲而下，啄出一条两三斤重的乌鱼。

虾

孩提时，同父亲去山上砍柴，口渴了，就去找泉水喝。父亲再三叮嘱：看清哦，千万不要喝到水里的蚂蟥。我来到山涧，水清沙白，找了一个深凼，透过粼粼波光，分明有东西在动。仔细一看，是很微小的虾子。它们时动时静，身居一勺之水，怡然自得。我用两只手，捞起一只。它虽小，浑身透明，倒也须是须，脚是脚，钳是钳。眼睛乌黑发亮，看着我。等我一不留神，纵身一跳，又落入水中。

有的年头干旱，连水草都枯死了，小虾怎么活下来的呢？我百思不得其解，问父亲。父亲大有深意地说："千年鱼子，万年草籽。"

有时我钓鱼，来到山脚下的深潭中，钓石斑鱼，发现岩石洞口，有很多小虾出入。

民谚有云："黄豆开花，捉鱼摸虾。"我经常拿着筲箕，提着鱼篓，到田垄的水圳，看见岩洞，将筲箕把在洞口，用一根棍子往里面捅一下，只见虾子蜂拥而出，多时一次可捉到半斤。很多田的流水滩头也有。每次跑一两垄田，可捉三四斤虾子。

这种虾，我们叫米虾，就筷子头那么大。因生长在泉水里，极其鲜美。一般等晒干后，用来煮面条、炒萝卜、熬辣椒粉。

在溪中捉鱼，经常能捉到比大拇指还粗的虾子。

民谚有云："四月初八晴，虾子鱼子上草坪；四月初八雨，虾子鱼子落到深凼里。"

在大风暴的天气，大人披蓑戴笠，用扳罾捕鱼。选一个有活水贯入的深潭，水在旋转，鱼在跳跃。有时一个晚上，可扳两三百斤鱼，多是红尾巴梢子。我急得不行，则把家里的破蚊帐，如法炮制一个桌面大的小扳罾，在港里捡一点人家抛掉的鸡肠鸭肠，烤得喷喷香，或用蚌肉，绑在扳罾中间，来到湖边的静水湾。可我扳到的都是虾子，但还是乐此不疲。在秋天，退水的时候更好扳。

我在扳虾子的同时，还快乐地唱着歌谣："虾公嘚，背驼驼，我请阿公来栽禾。阿公问我吃什么菜？吃芹菜。什么芹？水芹。什么水？大水。什么大？天大。什么天？黄沙天。什么黄？鸡蛋黄。什么鸡？尖脚鸡。什么尖？犁头尖。什么犁？耕田犁。什么耕？糯米羹。什么糯？红壳糯。什么红？月月红。什么月？中秋月。什么中？碓舂。什么碓？麻石碓。什么麻？苎麻。"

有一个虾子的谜语："头戴乌纱帽，身穿青盔甲；走到锅灶上，换过大红袍。"

时至今日，老家的山溪中、水库里，鲜有小虾，而村子周边的臭水沟中、荒田里，倒是有大龙虾可钓！

鰲鱼

以往钓鱼，最讨厌的就是钓鰲鱼。每当我打了窝子，静静地等候，好不容易才有鲫鱼频频上钩。

正当我春风得意、渐入佳境时，只觉得水光接天的湖面，乱云飞渡，定睛一看，是鰲鱼结队而来。它们见食就吃，拽钩就跑。刹那间，窝子周围，成了鰲鱼一统天下，慢条斯理的鲫鱼，再也没有机会与钓饵"接吻"了。

鰲鱼，鰲属，鲤科，也叫白鲦，头尖，略呈三角形。体长而侧扁，体长四五寸，银白色，侧线紧靠腹部，背缘较平直，腹缘稍凸，腹棱自胸鳍下方至肛门。小如竹叶，性活泼，善跳跃，因经常浮游于水面，也叫油鮤，或写作游鮤。

《本草纲目·鳞之三·鲦鱼》载：“鲦，生江湖中小鱼也。长仅数寸，形狭而扁，状如柳叶，鳞细而整，洁白可爱，性好群游。”

《庄子·秋水》曰：“鲦鱼出游从容，是鱼之乐也。”

浪费大好时光，以及上好的饵料钓它，实在划不来。无奈，你赶它下去，驱之还来。姜太公钓鱼，愿者上钩。渐渐地，我被鮤鱼的“诚意”所感动，于是，专门干起钓鮤鱼的把戏来。经过我长期的观察和摸索，对鮤鱼采用了一种截然不同的方法。弄来一根钓竿，长只要两米，线长六尺。无须按沉水，也不用浮漂，将钩上的倒挂须去掉，好待鱼自行脱落。来到湖边，选好一块地形平坦的地方，在岸边插一些树枝做屏蔽。用和了肉蛆的秕糠，间或撒上几把，待一会儿，鮤鱼蜂拥而至。火候到了，在钩尖上挂一只蛆或苍蝇，将钩不间断地往水面甩去，就像变魔法，钩落鱼起。一会儿工夫，地上落得一片雪白。不时，还可钓上马口鱼，每看到它从头顶划过，宛如天空掠过一道彩虹，令人心花怒放。

按此法钓鮤鱼，虽不像钓巴掌大的鲫鱼，以及四五斤重的鲤鱼那样令人兴奋，却能以数量之多取胜。我曾有两个小时钓八百条的纪录。

鮤鱼虽小，但肉质鲜美，营养丰富。

鮤鱼可油炸，可煎炒，也可晒干，佐以青椒、生姜、大蒜，稍煮一会儿，起锅时，淋点米酒、生抽，鲜美可口，回味无穷。

鳊　鱼

鳊鱼，古称鲂鱼。《诗经·陈风·衡门》中记载：“岂其食鱼，必河之鲂？岂其取妻，必齐之姜？”

鳊鱼身体侧边，呈菱形，头小而尖，背部呈青灰，两侧呈银灰。

鳊鱼有三种：三角鳊、长春鳊、团头鳊。团头鳊才叫武昌鱼。据《武昌县志》记载：“有鲂即鳊鱼缩顶，鳊产樊口者甲天下，是处水势回旋，潭深无底，渔人置罾捕得之，止此味肥美，余亦胜别处。”

有一次，我在黄鹤楼附近一家大酒店，正津津有味地吃武昌鱼。有一个当地顾客，也点了武昌鱼，还没有下筷子，就对酒店老板说："老板，我点的是武昌鱼，你怎么上了鳊鱼？"全场哗然。很多人和我一样，以为鳊鱼就是武昌鱼。老板满脸赔笑，走上前来，拱了拱手，说："先生您好，请借一步说话。"当地顾客厉声说："我要你当场就要说清楚。"结果，逼得老板承诺，每盘"武昌鱼"只按照一半的价格结算。

我家乡的鳊鱼，是三角鳊，属杂食性鱼类，主要以水生植物为食，也吃昆虫、鱼虾等水生动物。

初夏，暴雨过后，我喜欢来到离家两里路远的水库捉鱼。这个季节，鳊鱼产卵，喜欢往上游跑，寻找多草的浅水滩。很多游进荒田，我将入水口堵住，把水搅浑，便可浑水摸鱼。鳊鱼平扁，很容易踩到。

有时候，来到湖边进水口的洄水湾，钓鳊鱼。我喜欢用玉米做饵料，鳊鱼一来就是一大群，一发不可收，且吃钩很凶，只要浮漂下沉，一提钓竿，十拿九稳，就钓上一条一斤多重的鳊鱼来。如果运气好，一下午可钓到二十多条。

翘嘴白

翘嘴白，体段修长，狭而扁，呈柳叶形。头小，嘴往上翘。眼大而圆。背部呈浅棕色，高高隆起。腹部呈银白。尾叉形，或红或青。背鳍腹鳍呈灰黑色。

翘嘴白，也叫翘嘴鲌。《广雅·释鱼》中记载："鲌，鲚也。"清王念孙《广雅疏正》中云："今日鱼生于江湖中，鳞细而白，首尾俱昂，大者长六七尺。"

《庄子·胠箧》中就有："钓饵网罟罾笱之知多，则鱼乱于水矣。"

每年的初夏，翘嘴白喜欢到水库的入水口散籽。暴风雨过后，冲下许多柴草，翘嘴白就喜欢躲在下面觅食，我们用安了长把的抄网，往那里随便捞一下，或许能捞到一两条翘嘴白。于是，我们在禾场扯一些秆，抛在水中，也有翘嘴白成群结队藏在下面，我们用鱼叉也能叉到鱼。

《楚辞·湘夫人》中云："鸟何萃兮苹中，罾何为兮木上？"可见，扳罾是一种古老的捕鱼方式。

扳罾，就是把一张四方形的网，长宽丈余，用两根竹竿，交叉把它四角撑开，再用一根细长的杉木棍，支在地上，起网时，只要拉绳子就行。

放扳罾一般在大风暴雨、起北风的天气。扳罾人披蓑戴笠，选一个有活水的深潭。扳罾一定要放在漩涡的边沿。把扳罾沉入水中，过个一二十分钟提起，只见得网上有鱼在活蹦乱跳。多是翘嘴白和红尾巴梢子。红尾巴梢子学名叫拟赤梢鱼，样子和习性与翘嘴白很相似。一个晚上可扳两三百斤鱼。放扳罾须大人才可以操作，小孩子只能打下手。

翘嘴白喜欢追逐游弋水面的白鲦鱼为食，穷追猛打，且动作迅猛，经常会梭到岸上。有一次，我们村有一个人在水库边耕田，听见草地上有鱼蹦跳的声音，跑去一看，竟然是一条扁担那么长的翘嘴白。

翘嘴白喜欢群居，冬天在较深的湖槽中越冬。

鲫 鱼

鲫鱼，其形似鲤，体态宽扁，头小，吻钝。肚皮两边呈银灰色，脊背呈深黑色。鲫鱼虽不大，却以多见长。东晋时期，中原沦陷，北方很多名士，纷纷南渡，来到江南，故有过江名士多如鲫之说。

鲫鱼古称鲋。《埤雅·释鱼》中记载："鲋，小鱼也，即今鲫鱼。其鱼肉厚而美，性不食钓。"《庄子·外物》所说的涸辙之鲋，就是鲫鱼。

我小时候在溪中捉鱼，一般以马口鱼、石斑鱼、秤星鱼为多。鲫鱼喜欢躲在深潭里，很难捉得到。有时我钻到水里，分明看见巴掌大的鲫鱼潜在水底。有一次，我在岩洞里摸到一条，有三四两重，真是大喜过望。

我钓鲫鱼会选一个多石头的深潭，一钓就是半天。用白酒浸得喷香的大米做饵料，撒上几把，静静等候。有鸟鸣枝头，花开岸边，不时有蜻蜓、小鸟站在鱼竿上。有时还看见蛇在我身边溜过。渐渐，水底暗流涌动，还吐出一串串水泡来。或许是鲫鱼嘴小，或许是鲫鱼性子慢，只见浮漂先微微颤动几下，然后一沉，一提鱼竿，十拿九稳，钓上一只来。只要有一只上钩，便好戏连台。有的一个深潭，可钓五六斤鲫鱼。

每年涨水，就有很多鲫鱼游进水圳，藏身稻田。禾花盛开时，只要把稻田水放干，就有许多鲫鱼，隐蔽在水凼中，下田一看，只见鱼头攒动，手到擒来。村人给这种鱼取了一个好听的名字，叫禾花鱼。

春夏之交，风暴雨过后，来到水库捉鱼。有时候，看见水圳有许多鲫鱼，在逆水而上，就用大渔网堵住，再将上游的水引到别处。一会儿，圳里的水就干了，鲫鱼就成了名副其实的涸辙之鲋。

夜里，用枞光油照鲫鱼。身上背着背箩，里面装着砍好了的枞光油。左手拿着灯盏，右手拿着“针啄”。来到脚板深的浅水滩边。鲫鱼看见灯光一动不动，对准一条，用针啄扎下去，便提上一条鲫鱼来。

来到山脚下，引来一支涓涓细流，快到水边时，用竹管接上，流往湖中。在湖边水管的流程内，挨水边，挖一个二三尺见方的坑，灌满水，上铺柴草。晚上，鲫鱼听见叮咚的流水声，就容易兴奋，只要一跃，就落入坑中。

蚌

每年闹元宵，几乎都会看到蚌壳灯。一个花枝招展的村姑，打扮成蚌壳精，在鼓乐及江南丝竹声中，蚌壳一张一合，翩翩起舞。一会儿，来了一个渔翁，头戴斗笠，脚穿草鞋，嘴上两撇八字胡须，高卷裤管，背着一张渔网，腰上系着一个鱼箩。他不时撒上一网，不时又与蚌纠扯在一起，配合默契，饶有风趣，演绎出一折乡村版的“鹬蚌相争，渔翁得利”故事。

那时，我们经常来到离家两里多路的水库摸蚌。

说是摸蚌，其实多半用脚踩。只要踩到硬邦邦、光溜溜的东西，便探下身，把它捡起，装进一只装鱼的小袋子里。水库的水清澈见底，钻进水里，睁眼打量，看见鱼在游弋，也分明看见水底纵横交错的纹路，是蚌走过的痕迹。只要看见泥里有一个小坑，用手一摸，准是一只。浮出水面，喘一口气，觉得阳光格外明媚。含一口水在嘴里，水都是甜的。

摸累了，仰在水面上，不时吸口气，让肚皮像气球一样鼓着，随波逐流。这样，可尽情饱览天光云影、湖光山色。

水库四周，峰峦叠嶂，松杉青翠，幽趣逼人。不时有野鸡在啼叫，有白鹭在翻飞。平静的水面，倒映着青山，绿得像块碧玉，令人心醉。

有活水的水域，在水流相对缓慢的淤泥底下，蚌更多。这样的地方，摸不到，也踩不到，只有用指头抠进两寸深的淤泥层，才能触摸到。有时就像淘宝一样，接二连三摸出好几十只来。有两三斤重的蚌，要老半天才抠出来。拿在手里沉甸甸，颇有成就感。有一次，摸到一物，不像蚌，也不是石头，拿出水面一看，竟然是一只一斤多重的脚鱼。

有时，蚌摸多了，拿不动，只有就地剥壳。用一把薄刀沿蚌壳缝隙插进去，割开它的肌肉，也就迎刃而解。洗去鳃和内脏，就是上好的蚌肉。

晚上，母亲用蚌肉煮豆腐，或炒芹菜，放上辣椒、葱花、生姜、料酒等佐料，汤色奶白，味道鲜美，甘脆嫩滑，回味无穷。

螃　蟹

螃蟹，身着甲壳，除了八只脚，还额外长着两只如钳大螯。走起路来，横冲直撞，不可一世。

螃蟹是节肢动物门，甲壳纲，十足目。别名横行介士、铁甲将军、无肠公子。

螃蟹种类很多，我家乡的螃蟹属石蟹。

小时候，我去溪里、圳里、田里捉鱼，经常遇到螃蟹。每当它受到惊扰，就高高竖起一对钳子。如你贸然下手，它会狠狠咬你一口。我捉螃蟹的办法是，突然下手，把它握紧，使它钳子咬不了人。

那时，我经常提着水桶，到小水沟寻找螃蟹。溪水清亮，扳开一块块小石头，也许就能得到一两只螃蟹。

我晚上放脚鱼钩，第二天去取，发现钩上发臭了的猪肝或泥鳅上，总有螃蟹咬住不放。于是，我受到启发，弄来一些鸡肠，剪成一节一节，用绳子绑好系在竹鞭上，沿溪，见多岩洞的地方插上诱饵，过个把小时，每处诱饵上都有三四只螃蟹，死死咬住诱饵不放，只等束手就擒。

秋风又起，又到了持螯赏菊的季节。《晋书・毕卓传》中载："卓尝谓人曰：'得酒满数百斛船，四时甘味置两头，右手持酒杯，左手持蟹螯，拍浮酒船中，便足了一生矣。'"

蜘 蛛

从我记事起，我家老屋的天井，是我认识世界的一个窗口。小草从石头缝里钻出来，便知春天来了。大雁从空中飞过，就知道快要打霜了。我喜欢看蚂蚁打架、听蛐蛐吟唱，更喜欢看屋檐下蜘蛛织网。

那时的我，除了在港里捉鱼，就是在用蜘蛛网网蜻蜓的路上。

我网蜻蜓的工具，就是用一根长长的竹竿，在顶端，将竹篾弯成弧形，再到屋檐下、菜地边，缠一些蜘蛛网，来到田野、溪边、树荫下，只要看准一只蜻蜓，轻轻一捂，就粘住了。

有一天，我把天井里几个蜘蛛网全部弄走，回来时，看见蜘蛛们都在忙着织网。

蜘蛛固定第一个支撑点后，一边吐丝，一边像伞兵一样降落到第二个支撑点上。等经线布好后，开始织纬线，也叫捕捉丝。蜘蛛吐出丝来，有八只脚，把丝摆布好，纹丝不乱。两三个小时后，网织好了，精密细致，巧夺天工。

蜘蛛又有了自己的“领地”，踌躇满志，巡视了一遍，便躲起来，等待着猎物。

风和日丽的日子里，母亲总是神态安详地坐在天井里抽水烟，随着一阵咕噜咕噜声，便吐出一团烟雾来，在天井上空渐渐消散。

父亲给我打过一个谜语：“小小诸葛亮，独坐中军帐，摆下八卦阵，专捉飞来将。”

一只苍蝇飞来被网住，蜘蛛马上过来，饱食一顿。有时候，同时过来的还有一只小蜘蛛，我以为是蜘蛛的幼崽，父亲却说是它的配偶。这大小比例，可将篮球之于乒乓球做比较。父亲说公蜘蛛交配后，还会被母蜘蛛吃掉。

有时候，一只黄蜂撞在网上，蜘蛛赶过来。分明看见黄蜂尾部露出一根毒针来。我以为蜘蛛这一下要尝到苦头了。只见蜘蛛用丝把黄蜂裹住。如果是麻雀、燕子触网，稍挣扎一下就飞走了。害得蜘蛛又要补网了。

一天，父亲问我，你说这蜘蛛网像伏羲八卦图形吗？我说很像。

父亲说，我们的渔网，相传就是伏羲跟蜘蛛学的呢。

《周易·系辞》中就记载："古者包牺氏之王天下也，仰则观象于天，俯则观法于地。观鸟兽之文与地之宜，近取诸身，远取诸物，于是始作八卦，以通神明之德，以类万物之情。做结绳而为网罟，以佃以渔，盖取诸离。"

跋

一方水土养一方人。

对于人类来说，世代受地域、气候、信仰等影响，形成长久固定的习俗，总会在时间长河中，慢慢沿袭、承继，即使时代在转变，所在地的人也会留下根深蒂固的影响。这就是民俗看上去既文远，又充满活力的原因。南昌梅岭，青山不老，绿水长流，自古至今，形成了特色民间文化。

得知龚家凤先生出版陟彼梅岭四部曲，分《梅岭览胜》《梅岭民俗》《梅岭草木》《梅岭动物》四册，我是既觉惊讶，又觉在意料之中。龚家凤生于梅岭、长于梅岭，对这里的山川草木、民俗风情，如同自己的掌纹一样，谙熟于心，并在自己的文章中娓娓道来，再一次印证，他被称为“梅岭之子”是当之无愧的。

平日里，家凤先生一有空闲，就行走在三百里梅岭山水间。这不只为简单的脚步移动，而是有心灵深度的行走。对于他来说，一草一木都有不凡的意义，一山一石都有内涵丰富的故事。他用心、用笔一一与之深情对话。

而对于山中的任何一位老人、任何一处老屋，家凤先生都有种难以割舍的情怀。他一次次接近他们，记下他们的所述，拍下他们的照片。不止一次，他说“这位老人我前段时间去时还在，这次却过世了”，眼里饱含遗憾与泪水。这些山中祖祖辈辈生活的人，在他看来，如同梅岭千年来的草木、胜景一样，成为梅岭民俗的活化石和传承者，让他情不自禁生出敬意，时刻在引起他的关注。

为什么写作？为谁写作？听起来是个老话题。却是在提醒每一个写作者，手中的笔其实力敌千钧。代表的是自己的内心之想、血液之淌，还有自己最关怀的一类人及生命的存在。

这种存在，既是物质的，又是精神的。现代科技和社会的发展，使梅岭和

其他地方一样，天天在变化，甚至一些看似千年生长下来的草木也在变化。只是在这个变化之中，还有许多不变的东西。这种不变，家凤一直在寻找、在证明。他以一位梅岭人的情怀、以一位有担当的作家精神引领，一年又一年，投入大量时间与精力，深入梅岭的内部及角落，以自己多年的采访和写作，为梅岭、为南昌文化建设寻找着最深的印记。

湖南的湘西很美。可在中国大地之上，还有许多美的地方。只是，湘西由于有了沈从文，它的美变得立体、深邃、久远起来。其中的山水、民俗、草木、动物等精雕细刻，为那片古老之地绣上了自己神秘、动人的特殊色泽，也成为沈从文文章的特色。这也是为什么人们想起沈从文，会想到湘西的原因。同样，想到作家迟子建，就会想到东北大兴安岭、想起如同童话的冰雪之乡；而一谈论到作家老舍，就会涌上浓厚的京味儿，仿佛进入了北京胡同……因为这些作家的作品中，都有着浓厚的当地特色。这是他们作品的特色，也是当地山水、草木、百姓生活底色、民俗等在作品中的反映。

现在，“陟彼梅岭”四部曲的出版，正是承载着梅岭的历史、文化，是与梅岭百姓心灵相连的，对梅岭地域文化、民间精神与思想意识的最厚重的呈现。

梅岭山中，草木种种，皆不相同；而地域上又十里不同风，五里不同俗。钟灵毓秀之中蕴藏着一代代人沿袭、相传下来的民间文化。其中的民俗部分，有许多并不为人知、不为人关注。在书中，我们可以看到，对于过年，此地不同于别处：一年之中要过两次年。即山中的客家人，在一年的六月初六这天，要采摘新鲜瓜果、蔬菜，进行祭拜天地，祈求五谷丰登。中午，还要用新米煮饭，好酒好菜吃一顿，名为“吃新”，这种“过半年”的民俗许多人都不了解。

而对于与百姓生活息息相关的牛，梅岭山里村民体会着牛一生的辛劳与勤恳、奉献与忍耐……每到端午节的日子，晚上人们纷纷赶着牛上山，让它寻找传说中的时仙草，特别希望这种动物能够升天成仙。书中，年同爷说的一句话：“牛为我们劳作了一辈子，到老来，肉被吃，皮用来蒙鼓。我们看杀牛时，千万记得手交背，要不然有罪过。”把人对牛的感激、体恤、歉疚和自责道了出来，引人泪目。

无论在中国，或世界何处，说到万寿宫，人们都知道是中国江西的象征。可万寿宫祖庭，就在梅岭南麓的西山镇上。时至今日，那里常年人声鼎沸、香火不断，依然能看到宗教在民间的力量……

从书中，我们可以看到，由于位于山中，梅岭从前民风淳朴，百姓日出而作，日落而息，相对封闭。也因此相对能完整保留着民族四时八节、婚丧嫁娶等传统风俗。清明节、七月半，一个家族会在一起上坟、祭祖。过年谁家杀了猪，煮好了的血旺，要相互赠送。清明节的阳绿饼、谷芽饼，也要送给邻里，相互品尝。寒冬腊月，很多人家坐在一起烤火，讲故事、唱民谣、猜谜语……

在“陟彼梅岭”四部曲中，萦绕种种名胜、草木、民俗、动物，经过一代代的历史冲刷，在这里有的延续，尚有踪迹，有的芳影难寻、成为传说…… 比如，山中几百座世代帮助人们舂米磨面的水碓，由人们生活所需之物，最后变成在野外自生自灭的无用之物。凡此种种，想来滋味百般。

“陟彼梅岭”这套丛书，全面抒写了梅岭世代相袭、相承以及几经演变、延续、变化的胜景、民俗、草木、动物，无疑成为走近梅岭之人了解梅岭、知晓梅岭最具价值的书籍。

南昌的西山指的就是梅岭。家凤先生所在的桐源村，原属安义县管辖。通过作家的写作，每个人都会深深体会到，方圆不大、山势并不高的梅岭，却有着一种博大、宽广的历史文化和民间传统。而正是这深度与广度造就了一个文化意义上的大梅岭。

其中就因为有了梅岭特殊的胜景及民俗、草木之故。

草木生命力顽强，民俗同样具有极强的生命力，因为它的气息会活生生地存在于日常生活之中，往往在无声无息中影响着一代代人。虽然我们每天生活在一些民俗之中，民俗就在每个人身上，有时也浑身不觉。好在家凤先生以这本书，以对大梅岭民俗文化的挖掘、展示，提醒我们每个人，如何对待民俗、继承民俗、推动民俗，成为一个有意识的个体。这将对开发民族的古老精神力量，提供极为强劲的精神支持。

“陟彼梅岭”这套书，不仅让梅岭人了解了梅岭，让南昌人了解了梅岭，更让南昌以外的人了解了梅岭，已然成为研究、探索当地民俗、文化最好的桥梁，它必将不仅以对梅岭胜景、草木、动物的描写，还以对梅岭民俗的挽留、展示、吟诵，让梅岭真正走出深闺，成为大梅岭的一块文化基石。

傅玉丽

2023 年 3 月 15 日

项目策划：段向民
责任编辑：沙玲玲
责任印制：钱　宬
封面设计：武爱听

图书在版编目（CIP）数据

梅岭动物 / 南昌市湾里管理局文学艺术界联合会主编 ; 龚家凤著. -- 北京 : 中国旅游出版社, 2024. 9. (陟彼梅岭四部曲). -- ISBN 978-7-5032-7414-5

Ⅰ. Q958.525.61

中国国家版本馆 CIP 数据核字第 20249T8G60 号

书　　名：梅岭动物

主　　编：南昌市湾里管理局文学艺术界联合会
作　　者：龚家凤
出版发行：中国旅游出版社
（北京静安东里 6 号　邮编：100028）
https://www.cttp.net.cn　E-mail:cttp@mct.gov.cn
营销中心电话：010-57377103，010-57377106
读者服务部电话：010-57377107
排　　版：北京旅教文化传播有限公司
经　　销：全国各地新华书店
印　　刷：三河市灵山芝兰印刷有限公司
版　　次：2024 年 9 月第 1 版　2024 年 9 月第 1 次印刷
开　　本：720 毫米 × 970 毫米　1/16
印　　张：10.25
字　　数：164 千
定　　价：300.00 元（全四册）
I S B N　978-7-5032-7414-5